异步图书
www.epubit.com

图神经网络

基础、前沿与应用

吴凌飞 崔鹏 裴健 赵亮 ◎ 编
郭晓洁等 ◎ 审校

人民邮电出版社
北京

图书在版编目（CIP）数据

图神经网络 ：基础、前沿与应用 / 吴凌飞等编. --
北京 ：人民邮电出版社，2022.12
ISBN 978-7-115-59872-1

Ⅰ. ①图… Ⅱ. ①吴… Ⅲ. ①人工神经网络 Ⅳ.
①TP183

中国版本图书馆CIP数据核字(2022)第148549号

内 容 提 要

本书致力于介绍图神经网络的基本概念和算法、研究前沿以及广泛和新兴的应用，涵盖图神经网络的广泛主题，从基础到前沿，从方法到应用，涉及从方法论到应用场景方方面面的内容。全书分为四部分：第一部分介绍图神经网络的基本概念；第二部分讨论图神经网络成熟的方法；第三部分介绍图神经网络典型的前沿领域；第四部分描述可能对图神经网络未来研究比较重要和有前途的方法与应用的进展情况。

本书适合高年级本科生和研究生、博士后研究人员、讲师以及行业从业者阅读与参考。

◆ 编　　吴凌飞　崔　鹏　裴　健　赵　亮
审　校　郭晓洁　等
责任编辑　秦　健
责任印制　王　郁　焦志炜

◆ 人民邮电出版社出版发行　北京市丰台区成寿寺路 11 号
邮编　100164　电子邮件　315@ptpress.com.cn
网址　https://www.ptpress.com.cn
北京天宇星印刷厂印刷

◆ 开本：787×1092　1/16
印张：32.25　2022 年 12 月第 1 版
字数：778 千字　2024 年 11 月北京第 6 次印刷

定价：178.80 元

读者服务热线：(010)81055410　印装质量热线：(010)81055316
反盗版热线：(010)81055315
广告经营许可证：京东市监广登字 20170147 号

推荐语（按姓氏拼音排序）

图神经网络是对深度学习的重要拓展和延伸。本书由知名学者编著，全面、系统地介绍了该领域的基础问题、前沿算法和应用场景。编者对章节之间的逻辑关系给出了清晰的梳理和导读，对初入该领域和具有一定基础的读者均具有重要的学习和参考价值。

——陈恩红

中国科学技术大学大数据学院执行院长

图神经网络是当前 AI 领域的重要前沿方向之一，在学术界和工业界都得到广泛的关注和应用。本书由相关领域的知名专家编撰而成，系统性地总结了图神经网络领域的关键技术，内容涵盖了图神经网络的基础方法和前沿应用。2021 年英文书出版时我就关注到这本书，现在很高兴看到中文版即将出版。对于国内研究和应用图神经网络的专业人士和初学者来说，本书是一本不可多得的参考书。

——崔斌

北京大学教授

图神经网络是机器学习非常热门的领域之一。本书是非常好的学习资源，内容涵盖图表征学习的广泛主题和应用。

——Jure Leskovec

斯坦福大学副教授

图神经网络已经成为图数据分析处理的基本工具。本书全面介绍了图神经网络的基础和研究前沿，可作为有关科研人员、开发者和师生的重要参考书。

——李飞飞

阿里巴巴集团副总裁，IEEE 会士

图神经网络作为一种新兴技术，近年来受到学术界和工业界的广泛关注。本书由工作在此领域前沿的杰出学者编撰，内容涵盖了图神经网络的基础概念、经典技术、应用领域以及与产业结合的进展。受益于作者在该领域的深厚积累，本书为图神经网络研究人员提供了全局视角，既适合对此领域感兴趣的初学者，其模块化的结构也适合对该领域有一定积累的学者针对某一内容进行深入研究。

——林学民

上海交通大学讲席教授，欧洲科学院外籍院士，IEEE 会士，AAIA 会士

图神经网络是一个快速发展的领域。本书涉及图神经网络的概念、基础和应用，非常适合对此领域感兴趣的读者阅读。

——刘欢

亚利桑那州立大学教授，ACM 会士，IEEE 会士

图神经网络把深度学习和图结构融合起来，是机器学习领域过去几年重要的理论发展之一，在金融科技、搜索推荐、生物医药等领域有着广泛和重要的应用。本书由该领域的知名专家编撰，是研究人员、学生和业界实践者学习图神经网络的一本参考图书。

——漆远

复旦大学浩清教授、博导，AI³研究院院长，前阿里巴巴副总裁及蚂蚁集团首席 AI 科学家

图机器学习是当前机器学习领域热门的研究方向之一。本书针对图神经网络的基础、发展、前沿以及应用进行全面且细致的介绍，是图神经网络领域值得深入学习的作品。

——陶大程

京东探索研究院院长，京东集团高级副总裁，澳大利亚科学院院士

图神经网络是一种新兴的机器学习模型，已在科学和工业界掀起风暴。现在正是加入这一行动的时机——这本书无论对新人还是经验丰富的从业者都是很好的资源！书中的内容由这一领域的专家团队精心撰写而成。

——Petar Veličković

DeepMind 高级研究科学家

图神经网络是一类基于深度学习的处理图结构数据的方法，在推荐系统、计算机视觉、生物制药等众多科学领域展现出了卓越的性能。本书由该领域的知名学者倾力打造，从图神经网络的理论基础出发，着重介绍了图神经网络的研究前沿和新兴应用。图神经网络方兴未艾，本书内容厚重，是从事该领域研究的科研人员和学生不可多得的参考书。

——文继荣

中国人民大学教授，信息学院院长，高瓴人工智能学院执行院长

图神经网络是一个具有巨大潜力的研究方向，近年来受到广泛关注。本书作者都是该领域的知名学者，具有学术界和工业界的丰富实践经验。他们通过这本书从概念、算法到应用全面地介绍了图神经网络的相关技术。强烈推荐对这个领域感兴趣的学生、工程师与研究人员阅读！

——谢幸

微软亚洲研究院首席研究员，CCF 会士，IEEE 会士

图深度学习近年来已经被广泛应用到很多人工智能的研究领域，并取得了空前的成功。本书全面总结了图神经网络的算法和理论基础，广泛介绍了各种图神经网络的前沿研究方向，并精选了 10 个图神经网络广泛应用的行业。这是一本经典的深度学习教科书！

——熊辉

香港科技大学（广州）讲座教授，AAAS 会士，IEEE 会士

图神经网络是机器学习、数据科学、数据挖掘领域新兴的发展方向。本书作者都是这个领域的知名科学家，他们全面探讨了图神经网络权威和最新的理论基础、算法设计和实践案例。这是一本不可多得的好书，我强烈推荐！

——杨强

香港科技大学讲座教授，AAAI 会士，ACM 会士，加拿大皇家科学院、加拿大工程院院士

深度学习时代，图计算与神经网络天然地结合到一起。图神经网络为人工智能的发展注入了新动力，同时也成为热门的领域之一，在工业界得到广泛应用。本书对图神经网络的基础、前沿技术以及应用做了全面讲解，是图神经网络的研究者以及实践者不可多得的参考资料。

——叶杰平
密歇根大学终身教授，IEEE 会士

本书是当前介绍图神经网络方面非常全面的书籍之一，由该领域的知名学者编撰，是不可多得的参考和学习资料。

——俞士纶
伊利诺伊大学芝加哥分校讲席教授，ACM 会士，IEEE 会士

本书全面、详细地介绍了图神经网络，为在大型图数据上更深一步研究及探寻快而准的方法提供了不可缺少的基础和方向。

——于旭（Jeffrey Xu Yu）
香港中文大学教授

本书由领域专家团队编撰，对图神经网络的基础理论进行了详细介绍，对不同主题进行了广泛覆盖。通过本书，读者可以一览图神经网络全貌，快速开展前沿研究或将之落地于实际应用。

——张成奇
悉尼科技大学副校长，人工智能杰出教授

推荐序

图神经网络（Graph Neural Network，GNN）是近年来在传统深层神经网络基础上发展起来的一个新领域，也可以称之为图上的深度学习。20 世纪末，基于传统人工神经网络的深度学习迅猛发展，深刻影响了各个学科，并促使基于数据驱动的第二代人工智能的崛起。尽管深度学习在处理大数据上表现出许多优势，但它仅能有效地处理欧氏空间的数据（如图像）和时序结构的数据（如文本），应用范围很有限。一方面，大量的实际问题，如社交网络、生物网络和推荐系统等都不满足欧氏空间或时序结构的条件，需要用更一般的图结构加以表示。另一方面，虽然深度学习可以处理图像、语音和文本等，并取得了不错的效果，但这些媒体均属分层递阶（hierarchical）结构，无论是欧氏空间还是时序结构都难给予充分的描述。以图像为例，在像素级上图像可以看成一个欧氏空间，但在其他视觉单元上，如局部区块、部件和物体等层次上并不满足欧氏空间的条件，如缺乏传递性或（和）对称性等。单纯的欧氏空间表示无法利用这些非欧氏空间的结构信息，因此也需要进一步考虑和探索图的表示形式。其他像语音与文本等时序结构的数据的处理也存在类似问题。综上所述，由于“图”（包括有环与无环、有向与无向等）具有丰富的结构，图神经网络将图论和深度学习紧密地融合在一起，充分利用结构信息，有望克服传统深度神经网络学习带来的局限性。可见，探索与发展图神经网络是必然的趋势，这也是它成为近年来在机器学习中发展最快和影响最深的研究领域的一个原因。

《图神经网络：基础、前沿与应用》一书系统地介绍了图神经网络的各个方面，从基础理论到前沿问题，从模型算法到实际应用。全书分四部分，共 27 章。

第一部分　引言：机器学习的效率不仅取决于算法，还取决于数据在特征空间中的表示方法。好的表示方法应该由数据中提取的最少和最有效的特征组成，并能通过机器学习自动获取，这就是所谓的“表示学习”（也称表征学习）。图表征学习的目标除给图中的节点指派一个低维的向量表征以外，还要求尽量保留图的结构，这是它和传统深度学习中的表征学习的重大差别。这一部分系统介绍了基于深度学习的表征学习与图表征学习的各种方法，其中包括传统和现代的图表征学习以及图神经网络等。

第二部分　基础：这一部分系统讨论了以下几个重要的基础问题。由于图神经网络本质上是深度学习在图中的应用，因此不可避免地具有深度学习带来的许多根本性缺陷，即在表达能力、可扩展性、可解释性和对抗鲁棒性等方面存在的缺陷。不过由于图神经网络与传统神经网络处理的对象有很大的不同，因此面临的挑战也有很大的区别，许多问题需要重新思考和研究。以表达能力为例，在传统神经网络中，我们已经证明前向神经网络可以近似任何感兴趣的函数，但这个结论不适用于图神经网络，因为我们通常假设传统神经网络（深度学习）所处理的数据具有空间或者时间的位移不变性。图神经网络所处理的数据更为复杂，不满足空间或时间的位移不变性，仅具有排列的不变性，即处理的结果与图中节点的处理顺序无关，因此图神经网络的表达能力需要重新定义与探索。尽管可扩展性、可解释性和对抗鲁棒性等同时存在于深度学习和图神经网络之中，但由于图神经网络中具有更复杂的结构信息，因此可扩展性、可解释性和对抗鲁棒性等问题变得更为复杂和困难。

不过与此同时，由于有更多的结构信息可以利用，解决图神经网络中的这些问题则有更多可供选择的手段，因此有可能解决得更好。总之，图神经网络给我们带来挑战的同时也带来更多的机遇。

第三部分 前沿：这一部分系统介绍了图分类、链接预测、图生成、图转换、图匹配、图结构学习、动态图神经网络、异质图神经网络、自动机器学习和自监督学习中模型和算法的发展现状、存在的问题以及未来发展的方向。

第四部分 广泛和新兴的应用：这一部分讨论图神经网络在现代推荐系统、计算机视觉、自然语言处理、程序分析、软件挖掘、药物开发中生物医学知识图谱挖掘、蛋白质功能和相互作用的预测以及异常检测和智慧城市中的应用。这一部分包括应用图神经网络的方法、已达到的效果、存在的问题以及未来的发展方向等。

这是一本内容丰富、全面和深入介绍图神经网络的书籍，对于所有需要了解这个领域或掌握这种方法与工具的科学家、工程师和学生都是一部很好的参考书。对人工智能来说，图神经网络有可能是将概率学习与符号推理结合起来的一种工具，有可能成为将数据驱动与知识驱动结合起来的一座桥梁，有望推动第三代人工智能的顺利发展。

张钹

清华大学教授，中国科学院院士

前言

近年来，图神经网络（GNN）取得了快速、令人难以置信的进展。图神经网络又称为图深度学习、图表征学习（图表示学习）或几何深度学习，是机器学习特别是深度学习领域增长最快的研究课题。图论和深度学习交叉领域的这波研究浪潮也影响了其他科学领域，包括推荐系统、计算机视觉、自然语言处理、归纳逻辑编程、程序合成、软件挖掘、自动规划、网络安全和智能交通等。

尽管图神经网络已经取得令人瞩目的成就，但我们在将其应用于其他领域时仍面临着许多挑战，包括从方法的理论理解到实际系统中的可扩展性和可解释性，从方法的合理性到应用中的经验表现，等等。然而，随着图神经网络的快速发展，要获得图神经网络发展的全局视角是非常具有挑战性的。因此，我们感到迫切需要弥合上述差距，并就这一快速增长但具有挑战性的主题编写一本全面的书，这可以使广大读者受益，包括高年级本科生、研究生、博士后研究人员、讲师及相关的从业人员。

本书涵盖图神经网络的广泛主题，从基础到前沿，从方法到应用，涉及从方法论到应用场景方方面面的内容。我们致力于介绍图神经网络的基本概念和算法、研究前沿以及广泛和新兴的应用。

在线资源

如果读者希望进一步获得关于本书的相关资源，请访问网站 https://graph-neural-networks.github.io。该网站提供本书的中英文预览版、讲座信息以及勘误等，此外还提供与图神经网络有关的公开可用的材料和资源引用。

写给教师的建议

本书可作为高年级本科生、研究生课程的教辅或参考资料。虽然本书主要是为具有计算机科学背景的学生编写的，但是也适合对概率、统计、图论、线性代数和机器学习技术（如深度学习）有基本了解的学生参考。如果学生已经掌握本书某些章节的知识，那么在教学的过程中可以跳过这些章节或作为家庭作业帮助他们复习。例如，如果学生已经学过深度学习课程，那么可以跳过第 1 章。教师也可以选择将第 1 章～第 3 章合并到一起，作为背景介绍课程的内容。

如果课程更注重图神经网络的基础和理论，那么可以选择重点介绍第 4 章～第 8 章，第 19 章～第 27 章可用于展示应用、动机和限制。关于第 4 章～第 8 章和第 19 章～第 27 章如何相互关联，请参考每章末尾的编者注。如果课程更注重研究前沿，那么可以将第 9 章～第 18 章作为组织课程的支点。例如，教师可以将本书用于高年级研究生课程，要求学生搜索并介绍每个不同研究前沿的最新研究论文，还可以要求他们根据第 19 章～第 27 章描述的应用以及我们提供的材料建立他们自己的课程项目。

写给读者的建议

本书旨在涵盖图神经网络领域的广泛主题，包括背景、理论基础、方法论、研究前沿和应用等。因此，本书可作为一本综合性的手册，供学生、研究人员和专业人士等读者使用。在阅读之前，您应该对与统计学、机器学习和图论相关的概念和术语有一定了解。我们在第 1 章～第 8 章提供并引用了一些基础知识的背景。您最好也有深度学习相关的知识和一些编程经验，以便轻松阅读本书的大部分章节。尤其是，您应该能够阅读伪代码并理解图结构。

本书内容是模块化的，对于每一章，您都可以根据自己的兴趣和需要有选择性地学习。对于那些想要深入了解图神经网络的各种技术和理论的读者，可以选择先阅读第 4 章～第 8 章；对于那些想进一步深入研究和推进相关领域的读者，请阅读第 9 章～第 18 章中感兴趣的内容，这些章提供了关于最新研究问题、开放问题和研究前沿的全面知识；对于那些想使用图神经网络来造福特定领域的读者，或者想寻找有趣的应用以验证特定的图神经网络技术的读者，请阅读第 19 章～第 27 章。

致谢

在过去的几年里，许多有天赋的研究人员进入图机器学习领域并做出开创性贡献。我们非常幸运能够讨论这些挑战和机遇，并经常与他们中的许多人在这一激动人心的领域就丰富多样的研究课题进行合作。我们非常感谢来自京东、IBM 研究院、清华大学、西蒙弗雷泽大学、埃默里大学和其他地方的这些合作者或同事，他们鼓励我们创作这样一本全面涵盖图神经网络各种主题的书，以指导感兴趣的初学者，并促进这一领域的学术研究人员和从业人员进步。

如果没有许多人的贡献，这本书是不可能完成的。我们要感谢那些为检查全书数学符号的一致性以及为本书的编著提供反馈的人。他们是来自埃默里大学的凌辰和王诗雨，以及来自清华大学的何玥、张子威和刘昊昕。我们要特别感谢来自 IBM Thomas J. Watson Research Center 的郭晓洁博士，她慷慨地为我们提供了帮助，并对许多章节提供了非常有价值的反馈。

我们也要感谢那些允许我们转载他们出版物中的图片、数字或数据的人。

最后，我们要感谢我们的家人，在我们编撰这本书的这段不寻常的时间里，感谢他们的爱、耐心和支持。

编者简介

吴凌飞博士 毕业于美国公立常春藤盟校之一的威廉与玛丽学院计算机系。他的主要研究方向是机器学习、表征学习和自然语言处理的有机结合，在图神经网络及其应用方面有深入研究。目前他是 Pinterest 公司主管知识图谱和内容理解的研发工程经理(EM)。在此之前，他是京东硅谷研究中心的首席科学家，带领一支由 30 多名机器学习/自然语言处理方面的科学家和软件工程师组成的团队，构建智能电子商务个性化系统。他目前著有图神经网络方面的图书一本，在顶级会议或期刊上发表 100 多篇论文，谷歌学术引用将近 3000 次。他主持开发的 Graph4NLP 软件包自 2021 年中发布以来收获 1500 多颗标星，180 多个分支，深受学术界和工业界欢迎。他曾是 IBM Thomas J. Watson Research Center 的高级研究员，并领导 10 多名研究科学家开发前沿的图神经网络方法和系统，3 次获得 IBM 杰出技术贡献奖。他是 40 多项美国专利的共同发明人，凭借其专利的高商业价值，共获得 8 项 IBM 发明成果奖，并被任命为 IBM 2020 级发明大师。他带领团队获得两个 2022 年 AAAI 人工智能创新应用奖（全球共 8 个），以及 IEEE ICC'19、DLGMA'20、DLG'19 等多个会议或研讨会的最佳论文奖和最佳学生论文奖。他的研究被全球众多中英文媒体广泛报道，包括 Nature News、Yahoo News、AP News、PR Newswire、*The Time Weekly*、VentureBeat、新智元、机器之心、AI 科技评论等。他是 KDD、AAAI、IEEE BigData 会议组委会委员，并开创和担任全球图深度学习研讨会（与 AAAI20-22 和 KDD20-22 等联合举办）与图深度学习自然语言处理研讨会（与 ICLR22 和 NAACL22 等联合举办）的联合主席。他同时担任 IEEE 影响因子最高期刊之一 *IEEE Transactions on Neural Networks and Learning Systems* 和 ACM SIGKDD 旗舰期刊 *ACM Transactions on Knowledge Discovery from Data* 的副主编，并定期担任主要的 AI/ML/NLP 会议如 KDD、EMNLP、IJCAI、AAAI 等的 SPC/AC。

崔鹏博士 清华大学计算机系长聘副教授。他于 2010 年在清华大学获得博士学位。他的研究兴趣包括数据挖掘、机器学习和多媒体分析，擅长网络表示学习、因果推理和稳定学习、社会动力学建模和用户行为建模等。他热衷于推动因果推理和机器学习的融合发展，解决当今人工智能技术的基本问题，包括可解释性、稳定性和公平性问题。他被公认为 ACM 的杰出科学家、CCF 的杰出成员和 IEEE 的高级会员。他在机器学习和数据挖掘领域的著名会议和期刊上发表了 100 多篇论文。他是网络嵌入领域被引用最多的几位作者之一。他提出的一些网络嵌入算法在学术界和工业界产生了重大影响。他的研究获得了 IEEE 多媒体最佳部门论文奖、IEEE ICDM 2015 最佳学生论文奖、IEEE ICME 2014 最佳论文奖、ACM MM12 大挑战多模态奖、MMM13 最佳论文奖，并分别入选 2014 年和 2016 年的 KDD 最佳专刊。他曾任 CIKM2019 和 MMM2020 的 PC 联合主席，ICML、KDD、WWW、IJCAI、AAAI 等会议的 SPC 或领域主席，*IEEE TKDE*（2017—）、*IEEE TBD*（2019—）、*ACM TIST*（2018—）和 *ACM TOMM*（2016—）等期刊的副主编。他在 2015 年获得 ACM 中国新星奖，在 2018 年获得 CCF-IEEE CS 青年科学家奖。

裴健博士 杜克大学教授，数据科学、大数据、数据挖掘和数据库系统等领域的知名领先研究人员。他擅长为新型数据密集型应用开发有效和高效的数据分析技术，并将研究成果转化为产品和商业实践。他是加拿大皇家学会（加拿大国家科学院）、加拿大工程院、ACM 和 IEEE 的会员。他还是数据挖掘、数据库系统和信息检索方面被引用最多的几位作者之一。自 2000 年以来，他已经出版一本教科书、两本专著，并在众多极具影响力的会议和期刊上发表了 300 多篇研究论文，这些论文被广泛引用。他研究的算法已在工业界的生产中以及流行的开源软件套件中被广泛采用。他还在许多学术组织和活动中表现出杰出的专业领导能力。他在 2013—2016 年担任 *IEEE Transactions of Knowledge and Data Engineering*（TKDE）主编，在 2017—2021 年担任 ACM 的 Knowledge Discovery in Data 专委会（SIGKDD）主席，并担任许多顶级会议的总联合主席或程序委员会联合主席。他是企业数据战略、医疗信息学、网络安全智能、计算金融和智能零售等方面的顾问和教练。他获得了许多著名的奖项，包括 ACM SIGKDD 创新奖（2017 年）、ACM SIGKDD 服务奖（2015 年）、IEEE ICDM 研究贡献奖（2014 年）、不列颠哥伦比亚省创新委员会青年创新者奖（2005 年）、NSERC 2008 年 Discovery Accelerator Supplements Award（全加拿大共 100 个获奖者）、IBM Faculty 奖（2006 年）、KDD 最佳应用论文奖（2008 年）、ICDE 最具影响力论文奖（2018 年）、PAKDD 最佳论文奖（2014 年）、PAKDD 最具影响力论文奖（2009 年）以及 IEEE 杰出论文奖（2007 年）等。

赵亮博士 埃默里大学计算科学系助理教授。他曾在乔治梅森大学信息科学与技术系和计算机科学系担任助理教授。他于 2016 年从弗吉尼亚理工大学计算机科学系获得博士学位。他的研究兴趣包括数据挖掘、人工智能和机器学习，特别是时空和网络数据挖掘、图深度学习、非凸优化、模型并行、事件预测和可解释机器学习等方向。他在 2020 年获得亚马逊公司颁发的机器学习研究奖，以表彰他对分布式图神经网络的研究。基于在空间网络的深度学习方面的研究，他于 2020 年获得美国国家科学基金会杰出青年教授奖；基于在生物分子的深度生成模型方面的研究，他于 2019 年获得杰夫里信托奖。他在第 19 届 IEEE 国际数据挖掘会议（ICDM 2019）上获得最佳论文奖，他还在第 27 届国际万维网大会（WWW 2021）上因深度生成模型获得最佳论文奖提名。基于在时空数据挖掘方面的研究，他于 2016 年被微软搜索评选为数据挖掘领域二十大新星之一。因为在空间数据深度学习方面的研究，他被计算社区联盟（CCC）授予“2021 年计算创新研究员导师”称号。他在 KDD、TKDE、ICDM、ICLR、*Proceedings of the IEEE*、*ACM Computing Surveys*、TKDD、IJCAI、AAAI 和 WWW 等顶级会议或期刊上发表了大量研究论文，并长期组织 SIGSPATIAL、KDD、ICDM 和 CIKM 等许多顶级会议，担任出版主席、海报主席和会议主席等。

撰稿人名单（按姓氏拼音排序）

Miltiadis Allamanis
Microsoft Research，Cambridge，UK

Yu Chen
Facebook AI，Menlo Park，CA，USA

Yunfei Chu
Alibaba Group，Hangzhou，China

Peng Cui
Tsinghua University，Beijing，China

Tyler Derr
Vanderbilt University，Nashville，TN，USA

Keyu Duan
Texas A&M University，College Station，TX，USA

Qizhang Feng
Texas A&M University，College Station，TX，USA

Stephan Günnemann
Technical University of Munich，München，Germany

Xiaojie Guo
IBM Thomas J. Watson Research Center，Yorktown Heights，NY，USA

Yu Hou
Weill Cornell Medicine，New York City，NY，USA

Xia Hu
Texas A&M University，College Station，TX，USA

Junzhou Huang
University of Texas at Arlington，Arlington，TX，USA

Shouling Ji
Zhejiang University，Hangzhou，China

Wei Jin
Michigan State University，East Lansing，MI，USA

Anowarul Kabir
George Mason University，Fairfax，VA，USA

Seyed Mehran Kazemi
Borealis AI，Montreal，Canada

Jure Leskovec
Stanford University，Stanford，CA，USA

Jiacheng Li
Zhejiang University，Hangzhou，China

Juncheng Li
Zhejiang University，Hangzhou，China

Pan Li
Purdue University，Lafayette，IN，USA

Yanhua Li
Worcester Polytechnic Institute，Worcester，MA，USA

Renjie Liao
University of Toronto，Toronto，Canada

Xiang Ling
Zhejiang University，Hangzhou，China

Bang Liu
University of Montreal，Montreal，Canada

Ninghao Liu
Texas A&M University，College Station，TX，USA

Zirui Liu
Texas A&M University，College Station，TX，USA

Hehuan Ma
University of Texas at Arlington，Arlington，TX，USA

Collin McMillan
University of Notre Dame，Notre Dame，IN，USA

Christopher Morris
Polytechnique Montréal，Montréal，Canada

Zongshen Mu
Zhejiang University，Hangzhou，China

Menghai Pan
Worcester Polytechnic Institute，Worcester，MA，USA

Jian Pei
Simon Fraser University，British Columbia，Canada

Yu Rong
Tencent AI Lab，Shenzhen，China

Amarda Shehu
George Mason University，Fairfax，VA，USA

Kai Shen
Zhejiang University，Hangzhou，China

Chuan Shi
Beijing University of Posts and Telecommunications，Beijing，China

Le Song
Mohamed bin Zayed University of Artificial Intelligence，Abu Dhabi，United Arab Emirates

Chang Su
Weill Cornell Medicine，New York City，NY，USA

Jian Tang
Mila-Quebec AI Institute，HEC Montreal，Canada

Siliang Tang
Zhejiang University，Hangzhou，China

Fei Wang
Weill Cornell Medicine，New York City，NY，USA

Shen Wang
University of Illinois at Chicago，Chicago，IL，USA

Shiyu Wang
Emory University，Atlanta，GA，USA

Xiao Wang
Beijing University of Posts and Telecommunications，Beijing，China

Yu Wang
Vanderbilt University，Nashville，TN，USA

Chunming Wu
Zhejiang University，Hangzhou，China

Lingfei Wu
Pinterest，San Francisco，CA，USA

Hongxia Yang
Alibaba Group，Hangzhou，China

Jiangchao Yao
Alibaba Group，Hangzhou，China

Philip S. Yu
University of Illinois at Chicago，Chicago，IL，USA

Muhan Zhang
Peking University，Beijing，China

Wenqiao Zhang
Zhejiang University，Hangzhou，China

Liang Zhao
Emory University，Atlanta，GA，USA

Chang Zhou
Alibaba Group，Hangzhou，China

Kaixiong Zhou
Texas A&M University，TX，USA

Xun Zhou
University of Iowa，Iowa City，IA，USA

术语

图的基本概念

图：一个图由一个节点集合和一个边集合组成。其中，节点集合中的节点代表实体，边集合中的边代表实体之间的关系。节点和边构成图的拓扑结构。除图结构以外，节点、边和（或）整个图都可以与丰富的信息相关联，这些信息被表征为节点/边/图的特征（又称为属性或内容）。

子图：子图也是图，子图的节点集合和边集合是源图的子集。

中心度：中心度用来度量图中节点的重要性。中心度的基本假设是，如果许多其他重要的节点也连接到该节点，则认为该节点是重要的。常见的中心度度量包括度数中心度、特征向量中心度、间隔性中心度和接近性中心度。

邻域：一个节点的邻域一般是指与该节点相近的其他节点的集合。例如，一个节点的 k 阶邻域也叫 k 步邻域，这个节点的 k 阶邻域内的所有节点与该节点之间的最短路径距离都不大于 k。

社群：社群是指一组内部连接密集但外部连接却不太密集的节点。

图抽样：图抽样是一种从源图中挑选节点和（或）边的子集的技术。图抽样可用于在大规模图上训练机器学习模型，同时防止发生严重的可扩展性问题。

异质图：如果一个图的节点和（或）边类型不同，那么称这个图为异质图。异质图的典型代表是知识图谱，知识图谱中的边可以是不同的类型。

超图：超图是对图的扩展，超图中的一条边可以连接任意数量的节点。

随机图：随机图通常旨在对所观察图生成的图的概率分布进行建模。目前最基本、研究最透彻的随机图模型名为 Erdős-Rényi，该模型假定节点集合是固定的，此外每条边都相同并且是独立生成的。

动态图：当一个图的数据至少有一个组成部分随时间发生变化，比如增加或删除节点、增加或删除边等，如果边的权重或节点的属性也发生变化，则称这个图为动态图，否则称其为静态图。

图机器学习

谱图论：谱图论旨在分析与图有关的矩阵，如邻接矩阵或拉普拉斯矩阵，使用的是线性代数工具，如研究矩阵的特征值和特征向量。

图信号处理：图信号处理（Graph Signal Processing，GSP）旨在开发工具以处理定义在图上的信号。图信号是数据样本的有限集合，图中的每个节点都有一个样本。

节点级任务：节点级任务是指与图中单个节点相关的机器学习任务。节点级任务的典型代表是节点分类和节点回归。

边级任务：边级任务是指与图中一对节点相关的机器学习任务。边级任务的典型代表是链接预测。

图级任务：图级任务是指与整个图相关的机器学习任务。图级任务的典型代表是图分类和图属性预测。

直推式学习和归纳式学习：直推式学习是指在训练期间观察目标实例，如节点或边（尽管目标实例的标签仍是未知的），归纳式学习旨在学习可泛化到未观察到的实例的模型。

图神经网络

网络嵌入：网络嵌入旨在将图中的每个节点表征为一个低维向量，以便在嵌入向量中保留有用的信息，比如图结构和图的一些属性。网络嵌入又称为图嵌入和节点表征学习。

图神经网络：图神经网络是指能够在图数据上工作的任何神经网络。

图卷积网络：图卷积网络通常是指由 Kipf 和 Welling（Kipf and Welling，2017a）提出的特定图神经网络。在某些文献中，图卷积网络偶尔会被用作图神经网络的同义词。

消息传递：消息传递是图神经网络的框架之一，其中的关键步骤是根据每个神经网络层的图结构在不同节点之间传递消息。采用最为广泛的表述为消息传递神经网络，也就是仅在直接连接的节点之间传递消息（Gilmer et al，2017）。在某些文献中，消息传递函数也称为图滤波器或图卷积。

读出：读出（readout）是指对各个节点的信息进行总结，以形成更高层次的信息，如形成子图/超图或获得整个图的表征。在某些文献中，读出也称为池化（pooling）或图粗粒化（graph coarsening）。

图对抗攻击：图对抗攻击旨在通过操纵图结构和（或）节点表征以产生最坏情况下的扰动，从而使得一些模型的性能下降。图对抗攻击可以根据攻击者的目标、能力及其所能够获得的知识进行分类。

鲁棒性验证：鲁棒性验证旨在提供形式化的保证，使得即使根据某个扰动模型进行扰动，GNN 的预测也不受影响。

主要符号

数、数组和矩阵

x	标量
$\boldsymbol{x}$	向量
$\boldsymbol{X}$	矩阵
$\boldsymbol{I}$	单位矩阵
$\mathbb{R}$	实数集
$\mathbb{C}$	复数集
$\mathbb{Z}$	整数集
$\mathbb{R}^n$	n 维的实数向量集合
$\mathbb{R}^{m\times n}$	m 行 n 列的实数矩阵集合
$[a, b]$	包含 a 和 b 的实数区间
$[a, b)$	包含 a 但不包含 b 的实数区间
$\boldsymbol{x}_i$	向量 $\boldsymbol{x}$ 中索引为 i 的元素
$\boldsymbol{X}_{i,j}$	矩阵 $\boldsymbol{X}$ 中行索引为 i、列索引为 j 的元素

图

$\mathscr{G}$	图
$\mathscr{E}$	边集合
$\mathscr{V}$	节点（顶点）集合
$\boldsymbol{A}$	邻接矩阵
$\boldsymbol{L}$	拉普拉斯矩阵
$\boldsymbol{D}$	对角矩阵
$\mathscr{G} \cong \mathscr{H}$	图 $\mathscr{G}$ 和图 $\mathscr{H}$ 的同构关系
$\mathscr{H} \subseteq \mathscr{G}$	图 $\mathscr{H}$ 是图 $\mathscr{G}$ 的一个子图
$\mathscr{H} \subset \mathscr{G}$	图 $\mathscr{H}$ 是图 $\mathscr{G}$ 的一个真子图
$\mathscr{H} \cup \mathscr{G}$	图 $\mathscr{H}$ 和图 $\mathscr{G}$ 的并集
$\mathscr{H} \cap \mathscr{G}$	图 $\mathscr{H}$ 和图 $\mathscr{G}$ 的交集
$\mathscr{H} + \mathscr{G}$	图 $\mathscr{H}$ 和图 $\mathscr{G}$ 的并查集
$\mathscr{H} \times \mathscr{G}$	图 $\mathscr{H}$ 和图 $\mathscr{G}$ 的笛卡儿积
$\mathscr{H} \vee \mathscr{G}$	图 $\mathscr{H}$ 和图 $\mathscr{G}$ 的连接

基本操作

$\boldsymbol{X}^{\mathrm{T}}$	矩阵 $\boldsymbol{X}$ 的转置
$\boldsymbol{X}\cdot\boldsymbol{Y}$ 或 $\boldsymbol{XY}$	矩阵 $\boldsymbol{X}$ 和 $\boldsymbol{Y}$ 的点积
$\boldsymbol{X}\odot\boldsymbol{Y}$	矩阵 $\boldsymbol{X}$ 和 $\boldsymbol{Y}$ 的阿达马积
$\det(\boldsymbol{X})$	矩阵 $\boldsymbol{X}$ 的行列式
x_p	x 的 p 范数（也叫 l_p 范数）
$\cup$	并集
$\cap$	交集
$\subseteq$	子集
$\subset$	真子集
$<\boldsymbol{x},\boldsymbol{y}>$	矢量 $\boldsymbol{x}$ 和 $\boldsymbol{y}$ 的内积

函数

$f:\mathbb{A}\rightarrow\mathbb{B}$	定义域为 $\mathbb{A}$ 、值域为 $\mathbb{B}$ 的函数
$\frac{\mathrm{d}y}{\mathrm{d}x}$	y 关于 x 的导数
$\frac{\partial y}{\partial x}$	y 关于 x 的偏导数
$\nabla_x y$	y 关于 x 的梯度
$\nabla_X y$	y 关于 X 求导后的张量
$\nabla^2 f(x)$	函数 f 在点 x 处的黑塞矩阵
$\int f(x)\mathrm{d}x$	x 整个域上的定积分
$\int_{\mathbb{S}} f(x)\mathrm{d}x$	集合 $\mathbb{S}$ 上关于 x 的定积分
$f(x;\theta)$	由 θ 参数化的关于 x 的函数
$f*g$	函数 f 和 g 的卷积

概率论

$p(a)$	变量 a 的概率分布
$p(b\|a)$	给定变量 a，变量 b 的条件概率分布
$a\perp b$	随机变量 a 和 b 是独立的
$a\perp b\|c$	给定变量 c，变量 a 和 b 有条件地独立
$a\sim p$	随机变量 a 具有分布 p
$\mathbb{E}_{a\sim p}[f(a)]$	$f(a)$相对于变量 a 在分布 p 下的期望
$\mathcal{N}(x;\mu,\Sigma)$	均值为 μ、协方差为 Σ 的 x 上的高斯分布

资源与支持

本书由异步社区出品，社区（https://www.epubit.com）为您提供相关资源和后续服务。

配套资源

本书提供如下资源：

- 图书参考文献电子版；
- 书中彩图；
- 图书学习思维导图。

您可以扫码右侧二维码并发送“59872”添加异步助手为好友获取以上配套资源。

如果您是教师，希望获得教学配套资源，请在社区本书页面中直接联系本书的责任编辑。

提交勘误

作者、译者和编辑尽最大努力来确保书中内容的准确性，但难免会存在疏漏。欢迎您将发现的问题反馈给我们，帮助我们提升图书的质量。

当您发现错误时，请登录异步社区，按书名搜索，进入本书页面，单击“提交勘误”，输入错误信息，单击“提交”按钮即可，如下图所示。本书的作者和编辑会对您提交的错误信息进行审核，确认并接受后，您将获赠异步社区的 100 积分。积分可用于在异步社区兑换优惠券、样书或奖品。

详细信息 写书评 提交勘误

页码： 页内位置（行数）： 勘误印次：

字数统计

提交

扫码关注本书

扫描下方二维码，您将会在异步社区微信服务号中看到本书信息及相关的服务提示。

与我们联系

我们的联系邮箱是 contact@epubit.com.cn。

如果您对本书有任何疑问或建议，请您发邮件给我们，并请在邮件标题中注明本书书名，以便我们更高效地做出反馈。

如果您有兴趣出版图书、录制教学视频，或者参与图书翻译、技术审校等工作，可以发邮件给我们；有意出版图书的作者也可以到异步社区投稿（直接访问 www.epubit.com/contribute 即可）。

如果您所在的学校、培训机构或企业想批量购买本书或异步社区出版的其他图书，也可以发邮件给我们。

如果您在网上发现有针对异步社区出品图书的各种形式的盗版行为，包括对图书全部或部分内容的非授权传播，请您将怀疑有侵权行为的链接通过邮件发送给我们。您的这一举动是对作者权益的保护，也是我们持续为您提供有价值的内容的动力之源。

关于异步社区和异步图书

“异步社区”是人民邮电出版社旗下 IT 专业图书社区，致力于出版精品 IT 图书和相关学习产品，为作译者提供优质出版服务。异步社区创办于 2015 年 8 月，提供大量精品 IT 图书和电子书，以及高品质技术文章和视频课程。更多详情请访问异步社区官网 https://www.epubit.com。

“异步图书”是由异步社区编辑团队策划出版的精品 IT 图书的品牌，依托于人民邮电出版社几十年的计算机图书出版积累和专业编辑团队，相关图书在封面上印有异步图书的 LOGO。异步图书的出版领域包括软件开发、大数据、人工智能、测试、前端、网络技术等。

异步社区

微信服务号

目录

第一部分 引 言

第二部分 基 础

第三部分　前　沿

第四部分　广泛和新兴的应用

第一部分　引言

第1章

表征学习

Liang Zhao、Lingfei Wu、Peng Cui 和 Jian Pei[①]

摘要

在本章中，我们将首先介绍什么是表征学习以及为什么需要表征学习。在表征学习的各种方式中，本章重点讨论的是深度学习方法：那些由多个非线性变换组成的方法，目的是产生更抽象且最终更有用的表征。接下来，我们将总结不同领域的表征学习技术，重点是不同数据类型的独特挑战和模型，包括图像、自然语言、语音信号和网络等。最后，我们将总结本章的内容，并提供基于互信息的表征学习的延伸阅读材料——一种最近出现的通过无监督学习的表征技术。

1.1 导读

机器学习技术的有效性在很大程度上不仅依赖于算法本身的设计，而且依赖于良好的数据表征（特征集）。由于缺少一些重要信息、包含不正确信息或存在大量冗余信息，无效数据表征会导致算法在处理不同任务时表现不佳。表征学习的目标是从数据中提取足够但最少的信息。传统上，该目标可以通过先验知识以及基于数据和任务的领域专业知识来实现，这也被称为特征工程。历史上，在部署机器学习和许多其他人工智能算法时，很大一部分人力需要投到预处理过程和数据转换中。更具体地说，特征工程是利用人类的聪明才智和现有知识的一种方式，旨在从数据中提取并获得用于机器学习任务的判别信息。例如，政治学家可能定义一个关键词列表用作社交媒体文本分类器的特征，以检测那些关于社会事件的文本。对于语音转录识别，人们可以通过相关操作（如傅里叶变换等）从原始声波中提取特征。尽管多年来特征工程得到了广泛应用，但其缺点也很突出，包括：（1）通常需要领域专家的密集劳动，这是因为特征工程可能需要模型开发者和领域专家之间紧密而广泛的合作；（2）不完整的和带有偏见的特征提取。具体来说，不同领域专家的知识限制了所提取特征的容量和判别能力。此外，在许多人类知识有限的领域，提取什么特征本身就是领域专家的一个开放性问题，如癌症早期预测。为了避免这些缺点，使得学习算法不

① Liang Zhao
Department of Computer Science，Emory University，E-mail：liang.zhao@emory.edu
Lingfei Wu
Pinterest，E-mail：lwu@email.wm.edu
Peng Cui
Department of Computer Science，Tsinghua University，E-mail：cuip@tsinghua.edu.cn
Jian Pei
Department of Computer Science，Simon Fraser University，E-mail：jpei@cs.sfu.ca

那么依赖特征工程，一直是机器学习和人工智能领域的一个非常理想的目标，由此可以快速构建新的应用，并有望更有效地解决问题。

表征学习的技术见证了从传统表征学习到更先进表征学习的发展与演变。传统的表征学习方法属于“浅层”模型，旨在学习数据转换，使其在建立分类器或其他预测器时更容易提取有用的信息，如主成分分析（Principal Component Analysis，PCA）（Wold et al，1987）、高斯马尔可夫随机场（Gaussian Markov Random Field，GMRF）（Rue and Held，2005）以及局部保持投影（Locality Preserving Projections，LPP）（He and Niyogi，2004）。基于深度学习的表征学习则由多个非线性变换组成，目的是产生更抽象且更有用的表征。为了介绍更多的最新进展并聚焦本书的主题，本节主要关注基于深度学习的表征学习，具体可以分为以下三种类型：（1）监督学习，需要通过大量的标记数据训练深度学习模型。给定训练良好的网络，最后一个全连接层之前的输出总是被用作输入数据的最终表征。（2）无监督学习（包括自监督学习），有利于分析没有相应标签的输入数据，旨在学习数据的潜在固有结构或分布，通过代理任务可以从大量无标签数据中探索监督信息。基于这种方式构建的监督信息可以训练深度神经网络，从而为未来下游任务提取有意义的表征。（3）迁移学习（Transfer Learning，TL），涉及利用任何知识资源（如数据、模型、标签等）增加模型对目标任务的学习和泛化能力。迁移学习囊括不同的场景，如多任务学习（Multi-Task Learning，MTL）、模型适应、知识迁移、协变量偏移等。其他重要的表征学习方法还有强化学习、小样本学习和解耦表征学习等。

定义什么是好的表征很重要。正如 Bengio（2008）所定义的那样，表征学习是关于学习数据的（底层）特征。在建立分类器或其他预测器时，基于表征更容易提取有用的信息。因此，对所学表征的评价与其在下游任务中的表现密切相关。例如，在基于生成模型的数据生成任务中，对于观察到的输入，好的表征往往能够捕捉到潜在解释因素的后验分布；而对预测任务来说，好的表征能够捕捉到输入数据的最少但足够的信息来正确预测目标标签。除从下游任务的角度进行评价以外，还可以基于好的表征可能具有的一般属性进行评价，如平滑性、线性、捕捉多个解释性的或因果性的因素、在不同任务之间保持共同因素以及简单的因素依赖性等。

1.2 不同领域的表征学习

在本节中，我们将总结表征学习在 4 个不同的代表性领域的发展状况：（1）图像处理；（2）语音识别；（3）自然语言处理；（4）网络分析。对于每个研究领域的表征学习，我们将考虑一些推动该领域研究的基本问题。具体来说，是什么让一个表征比另一个表征更好，以及应该如何计算表征？为什么表征学习在该领域很重要？另外，学习好的表征的适当目标是什么？我们还将分别从监督表征学习、无监督表征学习和迁移学习三方面介绍相关的典型方法及其发展状况。

1.2.1 用于图像处理的表征学习

图像表征学习是理解各种视觉数据（如照片、医学图像、文件扫描和视频流等）的语义的一个基本问题。通常情况下，图像处理中的图像表征学习的目标是弥合像素数据和图像语义之间的语义差距。图像表征学习已经成功解决了现实世界里的许多问题，包括但不限于图像搜索、面部识别、医学图像分析、照片处理和目标检测等。

近年来，我们见证了图像表征学习从手工特征工程到通过深度神经网络模型自动处理的快速发展过程。传统上，图像的模式是由人们基于先验知识借助手工特征提取的。例如，Huang et al（2000）从笔画中提取了字符的结构特征，然后用它们识别手写字符。Rui（2005）采用形态学方法改善了字符的局部特征，然后使用 PCA 提取字符的特征。然而，所有这些方法都需要手动从图像中提取特征，因此相关的预测表现强烈依赖于先验知识。在计算机视觉领域，由于特征向量具有高维度，手动提取特征是非常烦琐和不切实际的。因此，能够从高维视觉数据中自动提取有意义的、隐藏的、复杂的模式，这样的图像表征学习是必要的。基于深度学习的图像表征学习是以端到端的方式学习的，只要训练数据的质量足够高、数量足够多，其在目标应用中的表现就比手动制作的特征要好得多。

用于图像处理的监督表征学习。在图像处理领域，监督学习算法，如卷积神经网络（Convolution Neural Network，CNN）和深度信念网络（Deep Belief Network，DBN），被普遍应用于解决各种任务。最早的基于深度监督学习的成果之一是在 2006 年提出的（Hinton et al，2006），它专注于处理 MNIST 数字图像分类问题，其表现优于最先进的支持向量机（Support Vector Machine，SVM）。自此，深度卷积神经网络（ConvNets）表现出惊人的性能，这在很大程度上取决于它们的平移不变性、权重共享和局部模式捕获等特性。为了提高网络模型的容量，人们开发了不同类型的网络架构，而且收集的数据集越来越大。包括 AlexNet（Krizhevsky et al，2012）、VGG（Simonyan and Zisserman，2014b）、GoogLeNet（Szegedy et al，2015）、ResNet（He et al，2016a）和 DenseNet（Huang et al，2017a）等在内的各种网络以及 ImageNet、OpenImage 等大规模数据集都可以用于训练深层的卷积神经网络。凭借复杂的架构和大规模数据集，卷积神经网络在各种计算机视觉任务中不断超越之前最先进的技术。

用于图像处理的无监督表征学习。在图像数据集和视频数据集中，大规模数据集的收集和标注都很耗时且昂贵。例如，ImageNet 包含大约 130 万张有标签的图像，涵盖 1 000 个类别，每张图像都由人工标注了一个类别标签。为了减少大量的人工标注工作，人们提出了许多用于从大规模未标注的图像或视频中学习视觉特征的无监督方法，而无须任何人工标注。一种流行的解决方案是提出各种代理任务供模型解决，模型则通过学习代理任务的目标函数进行训练，并通过这个过程学习特征。针对无监督学习，人们提出了各种代理任务，包括灰度图像着色（Zhang et al，2016d）和图像修复（Pathak et al，2016）。在无监督训练阶段，需要设计供模型解决的预定义的代理任务，代理任务的伪标签是根据数据的一些属性自动生成的，然后根据代理任务的目标函数训练模型。当使用代理任务进行训练时，深度神经网络模型的浅层部分侧重于低层次的一般特征，如角落、边缘和纹理等，而深层部分则侧重于高层次的特定任务特征，如物体、场景等。因此，用预先定义的代理任务训练的模型可以通过学习内核来捕捉低层次和高层次的特征，这些特征对其他下游任务是有帮助的。在无监督训练结束后，这种在预训练模型中学习到的视觉特征便可以进一步迁移到下游任务中（特别是在只有相对较少的数据时），以提高表现并克服过拟合。

用于图像处理的迁移学习。在现实世界的应用中，由于人工标注的成本很高，可能并非总是可以获得足够的属于相同特征空间或测试数据分布的训练数据。迁移学习通过模仿人类视觉系统，在给定领域（即目标领域）执行新任务时，利用了其他相关领域（即源领域）的足够数量的先验知识。在迁移学习中，针对目标领域和源领域，训练集和测试集都可以起作用。大多数情况下，一个迁移学习任务只有一个目标领域，但可以存在一个或多个源领域。用于图像处理的迁移学习技术分为特征表征知识迁移和基于分类器的知识迁移两种。具体来说，特征表征知识迁移利用一组提取的特征将目标领域映射到源领域，这样可以显著减少目标领域和源领域之间的数据差异，从而提高目标领域的任务性能。基于分类器的知识迁移则通常有一个共同的特点，也就是将学到的源领域模型作为先验知识，用于与训练样本一起学习目标模型。基于分类器的知识迁移不是通过提高实例的表征来最小化跨领域的不相似性，而是通过提供的两个领域的训练集和学习的模型来学习另一个新的模型，进而使目标领域的泛化误差最小。

用于图像处理的其他表征学习技术。其他类型的表征学习技术也被经常用于图像处理，如强化学习和半监督学习。例如，可以尝试在一些任务中使用强化学习，如图像描述（Liu et al，2018a；Ren et al，2017）以及图像编辑（Kosugi and Yamasaki，2020），其中的学习过程可被形式化为基于策略网络的一系列行动。

1.2.2 用于语音识别的表征学习

如今，现实生活里的各种应用中和设备上已经广泛集成或开发了语音接口或系统。像Siri[①]、Cortana[②]和谷歌语音搜索[③]这样的服务已经成为人们生活的一部分，被数百万用户使用。对语音识别和分析进行探索的初衷是希望机器能够提供人机交互服务。60多年来，使机器能够理解人类语音、识别说话者和检测人类情感的研究目标吸引了越来越多研究人员的注意力，涉及的研究领域包括自动语音识别（Automatic Speech Recognition，ASR）、说话者识别（Speaker Recognition，SR）和说话者情感识别（Speaker Emotion Recognition，SER）等。

分析和处理语音一直是机器学习算法的一个关键应用。传统上，关于语音识别的研究认为，设计手工声学特征的任务与设计有效模型以完成预测和分类决策的任务是彼此独立的两个不同问题。这种方法有两个主要缺点。首先，如前所述，特征工程比较麻烦，涉及人类的先验知识；其次，设计的特征可能不是针对特定语音识别任务的最佳选择。这促使语音社群尝试使用表征学习技术的最新成果，以自动学习输入信号的中间表征，更好地适应将要面临的任务，进而提高性能。在所有这些成功的尝试中，基于深度学习的语音表征发挥了重要作用。我们在语音技术中利用表征学习技术的原因之一在于语音数据与二维图像数据有如下根本区别：图像可以作为一个整体或块进行分析，但语音必须按顺序格式，以捕捉时间依赖性和模式。

用于语音识别的监督表征学习。在语音识别和分析领域，监督表征学习得到了广泛应用，其中的特征表征是通过标签信息在数据集上学习的。例如，受限玻尔兹曼机（Restricted Boltzmann Machine，RBM）（Jaitly and Hinton，2011；Dahl et al，2010）和深度信念网络（Cairong et al，2016；Ali et al，2018）通常用于从语音中学习特征，以处理不同的任务，包括ASR、SR和SER。2012年，微软发布了MAVIS（Microsoft Audio Video Indexing Service）语音系统的新版本，该系统基于依赖上下文的深度神经网络（Seide et al，2011）。与基于高斯混合的传统模型相比，开发人员成功地将4个主要基准数据集上的单词错误率降低了约30%（例如，在RT03S

① Siri是iOS系统内置的一款人工智能助理软件。
② Cortana是微软开发的智能个人助理，被称为“全球首个跨平台的智能个人助理”。
③ 谷歌语音搜索是谷歌的一款产品，用户可以通过对着手机或计算机说话来使用谷歌语音搜索。工作过程是首先利用服务器识别设备上的内容，然后根据识别结果搜索信息。

上从27.4%降至18.5%)。卷积神经网络是另一种流行的监督模型，被广泛用于诸如语音和说话人识别等任务中的语音信号特征学习（Palaz et al，2015a，b）和SER（Latif et al，2019；Tzirakis et al，2018）。此外，人们发现LSTM（或GRU）可以学习局部和长期依赖，从而帮助CNN从语音中学习更多有用的特征（Dahl et al，2010）。

用于语音识别的无监督表征学习。利用大型无标签数据集进行无监督表征学习是语音识别的一个活跃领域。在语音分析中，这种技术支持利用实际可用的无限量的无标签语料来学习良好的中间特征表征，这些中间特征表征可用于提高各种下游监督学习语音识别任务或语音信号合成任务的表现。在ASR和SR任务中，大多数工作是基于变分自编码器（Variational AutoEncoder，VAE）的，其中的生成模型和推理模型是联合学习的，这使得它们能够从观察到的语音数据中捕获潜在的表征（Chorowski et al，2019；Hsu et al，2019，2017）。例如，Hsu et al（2017）提出了分层VAE，旨在没有任何监督的情况下从语音中捕捉可以解释和解耦的表征。其他自编码架构，如降噪自编码器（Denoised AutoEncoder，DAE），在以无监督方式寻找语音表征方面非常有前途，尤其是针对嘈杂语音的识别（Feng et al，2014；Zhao et al，2015）。除上述成果以外，最近，对抗性学习（Adversarial Learning，AL）正在成为学习无监督语音表征的有力工具，如生成对抗网络（Generative Adversarial Net，GAN）。GAN至少涉及一个生成器和一个判别器，前者试图生成尽可能真实的数据来混淆后者，后者则尽力试图去除混淆。因此，生成器和判别器都能够以对抗方式进行训练和反复改进，从而产生更多具有判别性和鲁棒性的特征。其中，GAN（Chang and Scherer，2017；Donahue et al，2018）、对抗性自编码器（AAE）（Sahu et al，2017）不仅在ASR的语音建模中，而且在SR和SER的语音建模中正变得越来越流行。

用于语音识别的迁移学习。迁移学习（Transfer Learning，TL）囊括不同的场景，如MTL、模型自适应、知识迁移、协变量偏移等。在语音识别领域，表征学习在TL的这些场景中得到了极大发展，包括领域自适应、多任务学习和自主学习等。就域适应而言，语音数据是典型的异质数据。因此，源域数据和目标域数据的概率分布之间总是存在不匹配的情况。为了在现实生活中构建更强大的语音相关应用系统，我们通常在深度神经网络的训练解决方案中应用域适应技术，以学习能够显式最小化源域数据和目标域数据分布之间差异的表征（Sun et al，2017；Swietojanski et al，2016）。就MTL而言，表征学习可以成功地提高语音识别的性能，而不需要上下文语音数据，这是因为语音包含用作辅助任务的多维信息（如消息、说话者、性别或情感等）。例如，在ASR任务中，通过将MTL与不同的辅助任务（包括性别、说话者适应、语音增强等）结合使用，研究表明，为不同任务学习的共享表征可以作为声学环境的补充信息，并表现出较低的单词错误率（Word Error Rate，WER）（Parthasarathy and Busso，2017；Xia and Liu，2015）。

用于语音识别的其他表征学习技术。除上述三类用于语音识别的表征学习技术以外，还有一些其他的表征学习技术受到广泛关注，如半监督学习和强化学习（Reinforcement Learning，RL）。例如，在ASR任务中，半监督学习主要用于解决缺乏足够训练数据的问题，这可以通过创建特征前端（Thomas et al，2013）、使用多语言声学表征（Cui et al，2015）或从大型未配对数据集中提取中间表征（Karita et al，2018）来实现。RL在语音识别领域也受到广泛关注，并且已经有多种方法可以对不同的语音问题进行建模，包括对话建模和优化（Levin et al，2000）、语音识别（Shen et al，2019）和情感识别（Sangeetha and Jayasankar，2019）。

1.2.3 用于自然语言处理的表征学习

除语音识别以外，表征学习还有许多其他自然语言处理（Natural Language Processing，NLP）方面的应用，如文本表征学习。谷歌图像搜索基于 NLP 技术利用大量数据把图像和查询映射到了同一空间（Weston et al，2010）。一般来说，表征学习在 NLP 中的应用有两种类型。在其中一种类型中，语义表征（如词嵌入）是在预训练任务中训练的（或直接由专家设计），然后被迁移到目标任务的模型中。语义表征通过语言建模目标进行训练，并作为其他下游 NLP 模型的输入。在另一种类型中，语义表征暗含在深度学习模型中，并直接以端到端的方式更好地实现目标任务。例如，许多 NLP 任务希望在语义上合成句子表征或文档表征，如情感分类、自然语言推理和关系提取等需要句子表征的任务。

传统的 NLP 任务严重依赖特征工程，这需要精心的设计和大量的专业知识。表征学习（特别是基于深度学习的表征学习）正成为近年来 NLP 最重要的技术。首先，NLP 通常关注多层次的语言条目，包括字符、单词、短语、句子、段落和文档等。表征学习能够在统一的语义空间中表征这些多层次语言条目的语义，并在这些语言条目之间建立复杂的语义依赖模型。其次，可以在同一输入上执行各种 NLP 任务。给定一个句子，我们可以执行多个任务，如单词分割、命名实体识别、关系提取、共指链接和机器翻译等。在这种情况下，为多个任务建立一个统一的输入表征空间将更加有效和稳健。最后，可以从多个领域收集自然语言文本，包括新闻文章、科学文章、文学作品、广告以及在线用户生成的内容，如产品评价和社交媒体等。此外，也可以从不同的语言中收集这些文本，如英语、汉语、西班牙语、日语等。与传统的 NLP 系统必须根据每个领域的特点设计特定的特征提取算法相比，表征学习能够使我们从大规模领域数据中自动构建表征，甚至在来自不同领域的这些语言之间建立桥梁。鉴于 NLP 表征学习在减少特征工程和性能改进方面的这些优势，许多研究人员致力于开发高效的表征学习算法，尤其是用于深度学习的 NLP 方法。

用于 NLP 的监督表征学习。近年来，用于 NLP 的监督学习设定下的深度神经网络中首先出现的是分布式表征学习，然后是 CNN 模型，最后是 RNN 模型。早期，Bengio 等人首先在统计语言建模的背景下开发了分布式表征学习，Bengio et al（2008）将其称为神经网络语言模型，该模型用于为每个词学习一个分布式表征（即词嵌入）。之后，我们需要一个从构成词或 n 元文法中提取更高层次特征的有效特征函数。鉴于 CNN 在计算机视觉和语音处理任务中出色的表现，CNN 顺理成章地被选中。CNN 有能力从输入的句子中提取突出的 n 元文法特征，从而为下游任务创建句子的信息潜在语义表征。这一领域由 Collobert et al（2011）和 Kalchbrenner et al（2014）开创，它使得基于 CNN 的网络在随后的文献中被广泛引用。通过在隐藏层中加入循环（Mikolov et al，2011a）（如 RNN），神经网络语言模型得到改进，其不仅在复杂度（预测正确下一个单词的平均负对数似然的指数）方面，而且在语音识别的误码率方面，能够击败最先进的模型（平滑的 n 元文法模型）。RNN 则采用了处理顺序信息的思路。之所以采用术语“循环”，是因为神经网络语言模型对序列中的每个词条都会进行相同的计算，并且每一步都依赖于先前的计算和结果。一般来说，可通过将词条逐个送入循环单元来生成一个固定大小的向量以表征一个序列。在某种程度上，RNN 对以前的计算具有“记忆”，支持在当前处理的任务中使用这些信息。这种模型自然适用于许多 NLP 任务，如语言建模（Mikolov et al，2010，2011b）、机器翻译（Liu et al，2014；Sutskever et al，2014）以及图像描述（Karpathy and Fei-Fei，2015）。

用于 NLP 的无监督表征学习。无监督学习（包括自监督学习）在 NLP 领域取得了巨大成功，这是因为纯文本本身含有丰富的语言知识和模式。例如，在大多数基于深度学习的 NLP 模型中，句子中的单词首先通过 word2vec（Mikolov et al，2013b）、GloVe（Pennington et al，2014）和 BERT（Devlin et al，2019）等技术被映射到相关的嵌入，然后被送入网络。不过，我们没有用于学习这些词嵌入的人工标注的“标签”。为了获得神经网络所需的训练目标，有必要从现有数据中产生内在的“标签”。语言建模是典型的无监督学习任务，可以构建单词序列的概率分布，而无须人工标注。基于分布假设，使用语言建模的目标可以获得编码单词语义的隐藏表征。在 NLP 中，另一个典型的无监督学习模型是自编码器，由降维（编码）阶段和重建（解码）阶段组成。例如，循环自编码器（其囊括具有 VAE 的循环网络）已经在全句转述检测中超越了最先进的技术，Socher et al（2011）将用于评估副词检测效果的 F1 分数几乎翻了一番。

用于 NLP 的迁移学习。近年来，在 NLP 领域，顺序迁移学习模型和架构的应用印证了迁移学习方法的快速发展，这些方法在广泛的 NLP 任务中极大改善了相关技术水平。在领域适应方面，顺序迁移学习包括两个阶段：首先是预训练阶段，主要包括在源任务或领域中学习一般的表征；其次是适应阶段，主要包括将学到的知识应用于目标任务或领域。NLP 中的领域适应可以分为以模型为中心、以数据为中心和混合方法三种。以模型为中心的方法旨在增强特征空间以及改变损失函数、结构或模型参数（Blitzer et al，2006）。以数据为中心的方法专注于数据方面，涉及伪标签（或自举），其中只有少量的类别在源数据集和目标数据集之间共享（Abney，2007）。混合方法是由以数据和模型为中心的模型建立的。同样，NLP 在多任务学习方面也取得了很大的进展，不同的 NLP 任务可以具有更好的文本表达。例如，基于卷积架构（Collobert et al，2011）开发的 SENNA 系统在语言建模、词性标签、分块、命名实体识别、语义角色标记和句法解析等任务中共享表征。在这些任务上，SENNA 接近甚至有时超过最先进的水平，同时相比传统的预测器在结构上更简单，处理速度更快。此外，学习词嵌入可以与学习图像表征相结合，从而将文本和图像关联起来。

用于 NLP 的其他表征学习技术。在 NLP 任务中，当一个问题变得比较复杂时，就需要领域专家提供更多的知识来标注细粒度任务的训练实例，这将增加标注数据的成本。因此，有时需要通过（非常）少的标注数据来有效地开发模型或系统。当每个类别只有一个或几个标注的实例时，问题就变成单样本/少样本学习问题。少样本学习问题源于计算机视觉，最近才开始应用于 NLP。例如，研究人员已经探索了少样本关系提取（Han et al，2018），其中每个关系都有几个标注实例以及并行语料库规模有限的低资源机器翻译（Zoph et al，2016）。

1.2.4 用于网络分析的表征学习

除文本、图像和声音等常见数据类型以外，网络数据是另一种重要的数据类型。在现实世界的大规模应用中，网络数据无处不在，从虚拟网络（如社交网络、引用网络、电信网络等）到现实网络（如交通网络、生物网络等）。网络数据在数学上可以表述为图，其中的顶点（节点）及其之间的关系共同表征了网络信息。网络和图是非常强大和灵活的数据表述方式，有时我们甚至可以把其他数据类型（如文本和图像）看作它们的特例。例如，图像可以认为是具有 RGB 属性的节点网格，它们是特殊类型的图；而文本也可以组织成顺序的、树状的或图结构的信息。因此，总的来说，网络的表征学习已被广泛认为是一项有前途但更具挑战性的任务，需要我们推动和促进许多针对图像、文本等开发的技术的发展。除网络数据固有的高复杂性以外，考虑到现实世界中的许多网络规模庞大，拥有从几百到几百万甚至几十亿个顶点，网络的表征学习的效率也是一个重要的问题。分析信息网络在许多学科的各种新兴应用中具有关键作用。例如，在社交网络中，将用户分类为有意义的社会群体对许多重要的任务是有用的，如用户搜索、有针对性的广告和推荐等；在通信网络中，检测群落结构可以帮助机构更好地理解谣言的传播过程；在生物网络中，推断蛋白质之间的相互作用可以促进研究治疗疾病的新方法。然而，对这些网络的高效和有效分析在很大程度上依赖于网络的良好表征。

传统的网络数据特征工程通常侧重于通过图层面（如直径、平均路径长度和聚类系数）、节点层面（如节点度和中心度）或子图层面（如频繁子图和图主题）获得一些预定义的直接特征。虽然这些手动打造的、定义明确的、数量有限的特征描述了图的几个基本方面，但却抛弃了那些不能被它们覆盖的模式。此外，现实世界中的网络现象通常是高度复杂的，需要通过由这些预定义特征组成的、复杂的、未知的组合来描述，也可能无法用任何现有的特征来描述。另外，传统的图特征工程通常涉及昂贵的计算以及具有超线性或指数级的复杂性，这些问题往往使得许多网络分析任务的计算成本高企，难以在大规模网络中使用。例如，在处理群落检测任务时，经典的方法涉及计算矩阵的谱分解，其时间复杂度至少与顶点数量成四次方关系。这种计算成本使得算法难以扩展到具有数百万个顶点的大规模网络。

最近，网络表征学习（Network Representation Learning，NRL）引起了很多人的研究兴趣。NRL 旨在学习潜在的、低维的网络顶点表征，同时保留网络拓扑结构、顶点内容和其他侧面信息。在学习新的顶点表征之后，通过对新的表征空间应用传统的基于向量的机器学习算法，就可以轻松、有效地处理网络分析任务。早期与网络表征学习相关的工作可以追溯到 21 世纪初，当时研究人员提出了将图嵌入算法作为降维技术一部分的观点。给定一组独立且分布相同的数据点作为输入，图嵌入算法首先计算成对数据点之间的相似性，以构建一个亲和图，如 k 近邻图，然后将这个亲和图嵌入一个具有更低维度的新空间。然而，图的嵌入算法主要是为降维设计的，其时间复杂度通常与顶点的数量有关，至少是平方复杂度。

自 2008 年以来，大量的研究工作转向开发直接为复杂信息网络设计的有效且可扩展的表征学习技术。许多网络表征学习算法（Perozzi et al，2014；Yang et al，2015b；Zhang et al，2016b；Manessi et al，2020）已经被提出来并嵌入现有的网络，这些算法在各种应用中表现良好，它们通过将网络嵌入一个潜在的低维空间而保留了结构相似性和属性相似性，由此产生的紧凑、低维的矢量表征可以作为任何基于矢量的机器学习算法的特征，这为我们在新的矢量空间中轻松、有效地处理各种网络分析任务铺平了道路，如节点分类（Zhu et al，2007）、链接预测（Lüand Zhou，2011）、聚类（Malliaros and Vazirgiannis，2013）、网络合成（You et al，2018b）等。本书后续各章将对网络表征学习进行系统而全面的介绍。

1.3 小结

表征学习是目前非常活跃和重要的一个领域，它在很大程度上影响着机器学习技术的有效性。表征学习是指学习数据的表征，使其在建立分类器或其他预测器时更容易提取有用的、具有鉴别性的信息。当前，在各种学习表征的算法中，深度学习算法已经在诸多领域得到广泛应用。在这些领域，深度学习算法可以基于大量复杂的高维数据，高效且自动地学习好的表征。我们对一个表征做出的评价与其在下游任务中的表现密切相关。一般来说，好的表征除有一些常见属性（如平滑性、线性、离散性）以外，通常还会有一些特殊的属性用于捕捉多个解释性的或因果性的因素。

在本章中，我们总结了不同领域的表征学习技术，重点介绍了不同领域的独特挑战和模型，包括图像、自然语言和语音信号的处理。这些领域都出现了许多基于深度学习的表征技术，可分为监督学习、无监督学习、迁移学习、解耦表征学习、强化学习等不同类别。此外，我们还简要介绍了网络上的表征学习及其与图像、文本和语音的关系，这些内容我们将在后续章节中详细阐述。

第 2 章 图表征学习

Peng Cui、Lingfei Wu、Jian Pei、Liang Zhao 和 Xiao Wang[①]

摘要

图表征学习（也称图表示学习）的目的是将图中的节点嵌入低维的表征并有效地保留图的结构信息。最近，人们在这一新兴的图分析范式方面已经取得大量的成果。在本章中，我们将首先总结图表征学习的动机。接下来，我们将系统并全面地介绍大量的图嵌入方法，包括传统图嵌入方法、现代图嵌入方法和图神经网络。

2.1 导读

许多复杂的系统具有图的形式，如社交网络、生物网络和信息网络。众所周知，由于图数据往往是复杂的，因此处理起来极具挑战性。为了有效地处理图数据，第一个关键的挑战是找到有效的图数据表征方法，也就是如何简洁地表征图，以便在时间和空间上有效地进行高级的分析任务，如模式识别、分析和预测。传统上，我们通常将一个图表征为 $\mathscr{G}=(\mathscr{V},\mathscr{E})$，其中，$\mathscr{V}$ 是一个节点集合，$\mathscr{E}$ 是一个边集合。对于大型图来说，比如那些有数十亿个节点的图，传统的图表征在图的处理和分析上面临着一些挑战。

（1）高计算复杂性。这些由边集合 $\mathscr{E}$ 编码的关系使得大多数的图处理或分析算法采用了一些迭代或组合的计算步骤。例如，一种流行的方法是使用两个节点之间的最短或平均路径长度来表示它们的距离。为了用传统图表征计算这样的距离，我们必须列举两个节点之间许多可能的路径，这在本质上是一个组合的问题。由于这种方法会导致高计算复杂性，因此不适用于现实世界的大规模图。

（2）低可并行性。并行和分布式计算是处理和分析大规模数据的事实上的方法。然而，以传统方式表征的图数据给并行和分布式算法的设计与实现带来了严重困难。瓶颈在于，图中节点之间的耦合是由 $\mathscr{E}$ 显式反映的。因此，将不同的节点分布在不同的分片或服务器

① Peng Cui
Department of Computer Science，Tsinghua University，E-mail：cuip@tsinghua.edu.cn
Lingfei Wu
Pinterest，E-mail：lwu@email.wm.edu
Jian Pei
Department of Computer Science，Simon Fraser University，E-mail：jpei@cs.sfu.ca
Liang Zhao
Department of Computer Science，Emory University，E-mail：liang.zhao@emory.edu
Xiao Wang
Department of Computer Science，Beijing University of Posts and Telecommunications，E-mail：xiaowang@bupt.edu.cn

上，往往会导致服务器之间的通信成本过高并降低加速率。

（3）机器学习方法的不适用性。最近，机器学习方法，特别是深度学习，在很多领域都发挥了强大的功能。然而，对于以传统方式表征的图数据，大多数现有的机器学习方法可能并不适用。这些方法通常假设数据样本可以用向量空间中的独立向量来表示，而图数据中的样本（即节点）在某种程度上是相互依赖的，由 $\mathcal{E}$ 中的边相互连接在一起。虽然我们可以简单地用图的邻接矩阵中相应的行向量来表示一个节点，但在一个有许多节点的大图中，这种表征的维度非常高，会增加后续图处理和分析的难度。

为了应对这些挑战，人们致力于开发新的图表征学习，如针对节点学习密集和连续的低维向量表征，这样可以减少噪声或冗余信息，并保留内在的结构信息。节点之间的关系原来是用图中的边或其他高阶拓扑度量来表征的，可由向量空间中节点之间的距离捕获，节点的结构特征则被编码到该节点的表征向量中。

基本上，为了使表征空间很好地支持图分析任务，图表征学习有两个目标。首先，原始图结构可以从学习到的表征向量中重建。具体原理是，如果两个节点之间有一条边或关系，那么这两个节点在表征空间中的距离应该相对较小。其次，学习到的表征空间可以有效地支持图推理，如预测未见的链接、识别重要的节点以及推断节点标签等。应该注意的是，仅以图重建为目标的图表征对图推理来说是不够的。在得到表征后，还需要根据这些表征来处理下游任务，如节点分类、节点聚类、图的可视化和链接预测。总的来说，图表征学习方法主要有三类——传统图嵌入方法、现代图嵌入方法和图神经网络。接下来我们将分别介绍它们。

2.2 传统图嵌入方法

传统图嵌入方法最初是作为降维技术进行研究的。图通常是从特征表示的数据集中构建出来的，如图像数据集。如前所述，图嵌入通常有两个目标——重建原始图结构和支持图推理。传统图嵌入方法的目标函数主要针对图的重建。

具体来说，首先，Tenenbaum et al（2000）使用 K 近邻（KNN）等连接算法构建了一个邻接图 $\mathcal{G}$。其次，基于 $\mathcal{G}$ 可以计算出不同数据之间的最短路径。因此，对于数据集中的 N 个数据条目，我们有一个图距离矩阵。最后，将经典多维尺度变换（Multi-Dimensional Scaling，MDS）应用于该矩阵，以获得坐标向量。我们通过 Isomap 学习的表征近似地保留了低维空间中节点间的地理距离。Isomap 的关键问题在于其高复杂性，因为需要计算成对的最短路径。随后，局部线性嵌入（Locally Linear Embedding，LLE）方法（Roweis and Saul，2000）被提出来，用于减少估计相距甚远的节点之间距离的需要。LLE 假设每个节点及其邻居节点都位于或接近一个局部的线性流体。为了描述局部几何特征，每个节点都可以通过其邻居节点来重建。最后，在低维空间中，LLE 在局部线性重建的基础上构造了一个邻域保留映射。拉普拉斯特征映射（Laplacian Eigenmap，LE）（Belkin and Niyogi，2002）也是首先通过ε邻域或 K 近邻构建一个图，然后利用热核（Berline et al，2003）来选择图中两个节点的权重，最后通过基于拉普拉斯矩阵的正则化得到节点表征。此外，人们还提出了局部保持投影（Locality Preserving Projection，LPP）（Berline et al，2003），这是一种针对非线性 LE 的线性近似算法。

在丰富的图嵌入文献中，根据构建的图的不同特征，这些方法得到了不同的扩展（Fu and Ma，2012）。我们发现，传统图嵌入方法大多适用于从特征表示的数据集中构建出来的图，其中，由边权重编码的节点之间的接近度在原始特征空间中有很好的定义。与此形成对比的是，2.3 节将要介绍的现代图嵌入方法主要工作在自然形成的网络上，如社交网络、生物网络和电子商务网络。在这些网络中，节点之间的接近度并没有明确或直接的定义。例如，两个节点之间的边通常只是意味着它们之间存在某种关系，但无法表明具体的接近度。另外，即使两个节点之间没有边，我们也不能说这两个节点之间的接近度为零。节点接近度的定义取决于具体的分析任务和应用场景。因此，现代图嵌入通常包含丰富的信息，如网络结构、属性、侧面信息和高级信息，以促进解决不同的问题和应用。现代图嵌入方法需要同时针对前面提到的两个目标。鉴于此，传统图嵌入方法可以看作现代图嵌入方法的特例，而现代图嵌入的最新研究进展则更加关注网络推理。

2.3 现代图嵌入方法

为了更好地支持图推理，现代图嵌入学习考虑了图中更丰富的信息。根据图表征学习中所保留信息的类型，现代图嵌入方法可以分为三类：（1）保留图结构和属性的图表征学习；（2）带有侧面信息的图表征学习；（3）保留高级信息的图表征学习。在技术方面，不同的模型可以用来纳入不同类型的信息或针对不同的目标。常用的模型包括矩阵分解、随机行走、深度神经网络及其变体等。

2.3.1 保留图结构和属性的图表征学习

在图中编码的所有信息中，图的结构和属性是在很大程度上影响图推理的两个关键因素。因此，图表征学习的一个基本要求就是适当地保留图的结构并捕捉图的属性。通常，图结构包括一阶结构和高阶结构（如二阶结构和群落结构）。不同类型的图有不同的属性。例如，有向图具有非对称传递性。结构平衡理论常见于符号图的处理中。

2.3.1.1 保留图结构的图表征学习

图的结构可以分为不同的类别，而且不同类别拥有不同粒度的图表征。在图表征学习中，经常用到的图结构是邻域结构、高阶接近度和群落结构。

如何定义图中的邻域结构是第一个挑战。基于短时随机行走中出现的节点分布与自然语言中单词分布相似的发现，DeepWalk（Perozzi et al，2014）采用了随机行走来捕捉邻域结构，然后对于随机行走产生的每个行走序列，按照 Skip-Gram 模型，最大化行走序列中邻居节点出现的概率。node2vec 定义了一个灵活的节点图邻域概念，并设计了一种二阶随机行走策略来对邻域节点进行抽样，从而在广度优先抽样（Breadth-First Sampling，BFS）和深度优先抽样（Depth-First Sampling，DFS）之间平稳插值。除邻域结构以外，LINE（Tang et al，2015b）被提出用于大规模的网络嵌入，LINE 可以保留一阶接近度和二阶接近度。一阶接近度指的是观察到的两个节点之间成对节点的接近度。二阶接近度是由两个节点的“环境”（邻居节点）的相似性决定的。在衡量两个节点之间的关系方面，它们两者都很重要。从本质上说，由于 LINE 是基于浅层模型的，因此其表现能力有限。SDNE（Wang et al，2016）是一个用于网络嵌入的深度模型，其目的也是捕捉一阶接近度和二阶接近度。SDNE 使用具有多个非线性层的深度自编码器架构来保留二阶接近度。为了保留一阶接近度，SDNE 采用了拉普拉斯特征映射的思想（Belkin and Niyogi，2002）。Wang et al（2017g）提出了一个用于图表征学习的模块化非负矩阵因子化（M-NMF）模型，旨在同时保留微观结构（即节点的一阶接近度和二阶接近度）以及中观群落结构（Girvan and Newman，2002）。他们首先采用 NMF 模型（Févotte and Idier，2011）来保留微观结构，同时通过模块化来最大化检测群落结构（Newman，2006a）。然后，他们引入了一个辅助的群落表征矩阵来连接节点的表征和群落结构。通过这种方式，学习到的节点表征将同时受到微观结构和群落结构的制约。

总之，许多网络嵌入方法的目的是在潜在的低维空间中保留节点的局部结构，包括邻域结构、高阶接近度以及群落结构。通过在线性和非线性模型中进行尝试，深度模型在网络嵌入方面具有巨大潜力。

2.3.1.2　保留图属性的图表征学习

目前，现有的保留属性的图表征学习方法大多数侧重于保留所有类型图的传递性以及有符号图的结构平衡性。

图常常存在传递性，同时我们也发现，保留这样的属性并不难。这是因为在度量空间中，不同数据之间的距离天然地满足三角形不等式。然而，这在现实世界中并不总是对的。Ou et al（2015）想要通过潜在的相似性组件来保留图的非传递属性。非传递属性的内容是，对于图中的节点 v_1、v_2 和 v_3，其中的（$v_1; v_2$）和（$v_2; v_3$）是相似对，但（$v_1; v_3$）可能是一个不相似对。例如，在社交网络中，一名学生可能与家人和同学有紧密联系，但这名学生的同学和家人可能彼此并不熟悉。上述方法的主要思想是，首先学习多个节点的嵌入表征，然后根据多个相似性而不是一个相似性来比较不同的节点接近度。通过观察可以发现，如果两个节点有很大的语义相似性，那么它们至少有一种嵌入表征的相似性很大，否则所有表征的相似性都很小。有向图通常具有非对称传递性。非对称传递性表明，如果有一条从节点 i 到节点 j 的有向边以及一条从节点 j 到节点 v 的有向边，则很可能存在一条从节点 i 到节点 v 的有向边，但不存在从节点 v 到节点 i 的有向边。为了测量这种高阶接近度，HOPE（Ou et al，2016）总结了 4 种测量方法，然后利用广义 SVD 问题对高阶接近度进行了因子化（Paige and Saunders，1981），这样 HOPE 的时间复杂度便大大降低了，这意味着 HOPE 对于大规模的网络是可扩展的。在一个既有正边又有负边的符号图中，社交理论〔如结构平衡理论（Cartwright and Harary，1956；Cygan et al，2012）〕与在无符号图中的区别非常大。结构平衡理论表明，在有签名的社交网络中，用户应该能够让他们的“朋友”比他们的“敌人”更亲密。为了给结构平衡现象建模，SiNE（Wang et al，2017f）提出了由两个具有非线性函数的深度图组成的深度学习模型。

人们已充分认识到在网络嵌入空间中保持图属性的重要性，特别是那些在很大程度上影响网络演化和形成的属性。关键的挑战是如何解决原始网络空间和嵌入矢量空间在属性层面的差异和不均匀性。一般来说，大多数结构和属性保护方法都考虑了节点的高阶接近度，这表明了在图嵌入中预先服务高阶接近度结构的重要性，区别在于获得高阶接近度结构的策略。一些方法通过假设从一个节点到其邻居节点的生成机制来隐含地保留高阶接近度结构，而另一些方法则通过在嵌入空间中明确地逼近高阶接近度来实现。由于拓扑结构是图数据最明显的特征，因此很大一部分文献介绍了保留拓扑结构的方法。相对而言，可以保留属性的图嵌入方法是一个相对较新的研究课题，目前只有比较浅显的研究。图属性由于通常驱动着图的形成和演化，因此它们在未来的研究和应用中具有巨大的潜力。

2.3.2 带有侧面信息的图表征学习

除图结构以外，侧面信息是图表征学习的另一个重要信息源。在图表征学习中，侧面信息可以分为两类——节点内容以及节点和边的类型，它们的区别在于整合网络结构和侧面信息的方式。

带有节点内容的图表征学习。在某些类型的图（如信息网络）中，节点伴随着丰富的信息，如节点标签、属性甚至语义描述。如何在图表征学习中把它们与网络拓扑结构结合起来？这引发了人们相当大的研究兴趣。Tu et al（2016）通过利用节点的标签信息，提出了一种半监督的图嵌入算法——MMDW。MMDW 同样基于 DeepWalk 衍生的矩阵分解，采用支持向量机（Support Vector Machine，SVM）（Hearst et al，1998）并结合标签信息来找到最佳分类边界。Yang et al（2015b）提出了 TADW——TADW 在学习节点的低维表征时会考虑与节点相关的丰富信息（如文本）。Pan et al（2016）提出了一个耦合的深度模型，旨在将图结构、节点属性和节点标签纳入图嵌入方法。虽然不同的方法采用不同的策略来整合节点内容和网络拓扑结构，但它们都认为节点内容提供了额外的接近度信息来约束节点的表征。

异质图表征学习。与带有节点内容的图不同，异质图由不同类型的节点和边组成。如何在图嵌入方法中统一异质类型的节点和边？这也是一个有趣但具有挑战性的问题。Jacob et al（2014）提出了一种用于分类节点的异质社交图表征学习算法，该算法将在一个共同的向量空间中学习所有类型节点的表征，并在这个空间中进行推理。Chang et al（2015）提出了一种针对异质图（其中的节点可以是图像、文本等类型）的深度图表征学习算法，图像和文本的非线性嵌入方法可以分别由 CNN 模型和全连接层学习到。Huang and Mamoulis（2017）提出了一种保留元路径相似性的异质信息图表征学习算法。为了对一个特定的关系进行建模，元路径（Sun et al，2011）需要是一个带有边类型的对象类型的序列。

在保留侧面信息的方法中，侧面信息引入了附加的接近度度量，这样可以更全面地学习节点之间的关系。这些方法的区别在于整合网络结构和侧面信息的方式，它们中的许多是由保留图结构的网络嵌入方法自然延伸出来的。

2.3.3 保留高级信息的图表征学习

与侧面信息不同，高级信息是指特定任务中的监督或伪监督信息。保留高级信息的网络嵌入通常包括两部分：一部分是保留网络结构，以便学习节点表征；另一部分是建立节点表征和目标任务之间的联系。高级信息和网络嵌入技术的结合使得网络的表征学习成为可能。

信息扩散。信息扩散（Guille et al，2013）是网络上无处不在的现象，尤其是在社交网络中。Bourigault et al（2014）提出了一种用于预测社交网络中信息扩散的图表征学习算法。该算法的目标是学习潜在空间中的节点表征，使得扩散核能够更好地解释训练集中的级联。该算法的基本思想是将观察到的信息扩散过程映射为连续空间中的扩散核所模拟的热扩散过程。扩散核的扩散原理是，潜在空间中的一个节点离源节点越近，这个节点就会越早被源节点的信息感染。这里的级联预测问题被定义为预测给定时间间隔后的级联规模增量（Li et al，2017a）。Li et al（2017a）认为，关于级联预测的前期工作依赖手动制作的特征袋来表征级联和图结构。作为替代，他们提出了一个端到端的深度学习模型，旨在利用图嵌入方法的思想来解决这个问题。整个过程能够以端到端的方式学习级联图的表征。

异常检测。异常检测在以前的工作中得到了广泛研究（Akoglu et al，2015）。图中的异常检测旨在推断结构上的不一致，也就是检测连接到各种具有影响力群落的异常节点（Hu et al，2016；Burt，2004）。Hu et al（2016）提出了一种基于图嵌入的异常检测方法，他们假设两个链接节点的群落成员身份应该是相似的。异常节点是指连接到一组不同群落的节点。由于学习到的节点嵌入方法捕捉了节点和群落之间的关联性，基于该节点嵌入方法，他们提出了一个新的度量来表明节点的异常程度。度量值越大，节点成为异常节点的概率就越高。

图对齐。图对齐的目标是建立两个图中节点之间的对应关系，即预测两个图之间的锚链接。不同社交网络共享的相同用户自然形成了锚链接，这些锚链接是不同图之间的桥梁。锚链接预测的问题可以定义为给定源图和目标图以及一组观察到的锚链接，识别两个图中的隐藏锚链接。Man et al（2016）提出了一种图表征学习算法来解决这个问题。学习到的表征可以保留图的结构并重视观察到的锚链接。

保留高级信息的图嵌入通常包括两部分：一部分是保留图的结构，以便学习节点表征；另一部分是建立节点表征和目标任务之间的联系。前者类似于保留结构和属性的网络嵌入，后者则通常需要考虑特定任务的领域知识。对领域知识这种高级信息的编码使得开发图应用的端到端模型成为可能。与手动提取的网络特征（如众多的图中心度量）相比，高级信息和图嵌入技术的结合使图的表征学习成为可能。许多图应用可以从这种新模式中获益。

2.4 图神经网络

在过去的 10 年中，深度学习已经成为人工智能和机器学习的“皇冠上的明珠”，在声学、图像和自然语言处理等方面具有卓越的表现。尽管众所周知，图在现实世界中无处不在，但利用深度学习方法来分析图数据仍非常具有挑战性。具体表现在：（1）图的不规则结构。与图像、音频、文本有明确的网格结构不同，图有不规则的结构，这使得一些基本的数学运算很难推广到图上。例如，为图数据定义卷积和池化操作（这是卷积神经网络中的基本操作）并不简单。（2）图的异质性和多样性。图本身可能很复杂，包含不同的类型和属性。针对这些不同的类型、属性和任务，解决具体问题时需要利用不同的模型结构。（3）大规模图。在大数据时代，现实中的图可以很容易拥有数量达到数百万或数十亿的节点和边。如何设计可扩展的模型（最好的情况是模型的时间复杂度相对于图的大小具有线性关系）是一个关键问题。（4）纳入跨学科知识。图经常与其他学科相联系，如生物学、化学和社会科学等。这种跨学科的性质使得机会和挑战并存：领域知识可以用来解决特定的问题，但整合领域知识也会使得模型设计更为复杂。

图神经网络在过去几年中得到了大量的研究与关注，所采用的架构和训练策略千差万别，从监督到非监督，从卷积到循环，包括图循环神经网络（Graph RNN）、图卷积网络（GCN）、图自编码器（GAE）、图强化学习（Graph RL）和图对抗方法等。具体来说，Graroperty h RNN 通过在节点级或图级进行状态建模来捕捉图的循环和顺序模式；GCN 则在不规则的图结构上定义卷积和读取（readout）操作，以捕捉常见的局部和全局结构模式；GAE 假设低秩图结构并采用无监督的方法进行节点表征学习；图强化学习定义了基于图的动作和奖励，以便在遵循约束条件的同时获得图任务的反馈；图对抗方法采用对抗训练技术来提高图模型的泛化能力，并通过对抗攻击测试其鲁棒性。

另外，许多正在进行的或未来的研究方向也值得进一步关注，包括针对未研究过图结构的新模型、现有模型的组合性、动态图、可解释性和鲁棒性等。总的来说，图深度学习是一个很有前途且快速发展的研究领域，它既提供了令人兴奋的机会，也带来了许多挑战。对图深度学习进行研究是关系数据建模的一个关键构件，也是迈向未来更好的机器学习和人工智能技术的重要一步。

2.5 小结

在本章中，我们首先介绍了图表征学习的动机。其次，在 2.2 节中讨论了传统图嵌入方法，并在 2.3 节中介绍了现代图嵌入方法。基本上，保留结构和属性的图表征学习是基础。如果不能很好地保留图结构并在表征空间中保留重要的图属性，就会存在严重的信息损失并损害下游的分析任务。基于保留结构和属性的图表征学习，人们可以应用现成的机器学习方法。如果有一些额外信息，那么可以将它们纳入图表征学习。此外，可以考虑将一些特定应用的领域知识作为高级信息。

第3章

图神经网络

Lingfei Wu、Peng Cui、Jian Pei、Liang Zhao 和 Le Song[①]

摘要

深度学习已经成为当今人工智能研究的主要方法之一。尽管传统的深度学习技术在图像等欧氏数据或文本和信号等序列数据上取得了巨大的成功，但仍有大量的应用可以自然地或最优地用图结构来表征。这一差距推动了对图深度学习的研究热潮，其中，图神经网络（GNN）在应对大量应用领域的各种学习任务方面非常成功。在本章中，我们将沿着三条轴线系统地梳理现有的 GNN 研究——基础、前沿和应用。首先，我们将介绍 GNN 的基本方法，从主流的模型及其表达能力到 GNN 的可扩展性、可解释性和鲁棒性。接下来，我们将讨论各种前沿研究，从图分类和链接预测到图生成、图转换、图匹配和图结构学习。在此基础上，我们将进一步总结在大量应用中充分利用各种 GNN 方法的基本流程。最后，我们将展示本书的组织结构并总结 GNN 的各种研究课题的路线图。

3.1 导读

传统的深度学习技术，如循环神经网络（Schuster and Paliwal，1997）和卷积神经网络（Krizhevsky et al，2012），已经在图像等欧氏数据或文本和信号等序列数据上取得巨大的成功。然而，在丰富的科学领域，现实世界中许多重要的对象和问题可以自然地或最优地用复杂的图结构来表达，如社交网络、推荐系统、药物发现和程序分析中的图或流形结构。一方面，这些图结构的数据可以编码复杂的点对关系，以学习更丰富的信息表征；另一方面，原始数据（图像或连续文本）的结构和语义信息中纳入的特定领域知识可以捕捉数据之间更细粒度的关系。

近年来，图深度学习引发了研究界的广泛兴趣（Cui et al，2018；Wu et al，2019e；Zhang et al，2020e）。其中，图神经网络是非常成功的学习框架，可以应对大量应用中的各种任务。新提出的图结构数据的神经网络架构（Kipf and Welling，2017a；Petar et al，2018；Hamilton

① Lingfei Wu
Pinterest，E-mail：lwu@email.wm.edu
Peng Cui
Department of Computer Science，Tsinghua University，E-mail：cuip@tsinghua.edu.cn
Jian Pei
Department of Computer Science，Simon Fraser University，E-mail：jpei@cs.sfu.ca
Liang Zhao
Department of Computer Science，Emory University，E-mail：liang.zhao@emory.edu
Le Song
Mohamed bin Zayed University of Artificial Intelligence，E-mail：dasongle@gmail.com

et al，2017b）在一些著名的领域，如社交网络和生物信息学等，已经取得令人瞩目的成果。它们还渗透到其他科学研究领域，包括推荐系统（Wang et al，2019j）、计算机视觉（Yang et al，2019g）、自然语言处理（Chen et al，2020o）、程序分析（Allamanis et al，2018b）、软件挖掘（LeClair et al，2020）、药物发现（Ma et al，2018）、异常检测（Markovitz et al，2020）以及智慧城市（Yu et al，2018a）等。

尽管现有的研究已经取得一些成就，但是当将 GNN 用于为随时间演化、多关系和多模态的高度结构化数据建模时，仍然面临许多挑战。要在图和其他高度结构化的数据（如序列、树和图）之间建立映射模型也非常困难。图结构数据面临的一个挑战是，它们的空间局部性和结构不像图像或文本数据那么强。因此，图结构数据自然不适合高度规则化的神经结构，如卷积神经网络和循环神经网络。

更重要的是，现实世界中新出现的 GNN 应用领域为 GNN 带来了巨大的挑战。图提供了一种强大的抽象，可以用来编码任意类型的数据，如多维数据。例如，相似性图、核矩阵和协同过滤矩阵也可视为图结构的特例。因此，一个成功的图的建模过程很可能包含许多应用，这些应用通常是与专门的和手动设计的方法一起使用的。

3.2 图神经网络概述

在本节中，我们将从三个重要方面总结图神经网络的发展：（1）图神经网络基础；（2）图神经网络前沿；（3）图神经网络应用。我们将首先讨论 GNN 在前两个维度下的重要研究子领域，并简要说明每个研究子领域目前的进展和面临的挑战。接下来，我们将对如何把 GNN 用于丰富的应用进行概括性总结。

3.2.1 图神经网络基础

从概念上讲，我们可以将图神经网络的基本学习任务分为 5 个不同的方向：（1）图神经网络方法；（2）图神经网络的理论理解；（3）图神经网络的可扩展性；（4）图神经网络的可解释性；（5）图神经网络的对抗鲁棒性。

图神经网络方法。图神经网络是专门设计的用于在图结构数据上进行操作的神经网络架构。图神经网络的目标是通过聚合邻居节点的表征及其在前一次迭代中的表征来迭代更新节点表征。目前已有多种图神经网络被提出（Kipf and Welling，2017a；Petar et al，2018；Hamilton et al，2017b；Gilmer et al，2017；Xu et al，2019d；Veličković et al，2019d；Veličković et al，2019；Kipf and Welling，2016)，它们可以进一步划分为有监督的 GNN 和无监督的 GNN。学习到节点表征之后，GNN 的一个基本任务就是进行节点分类，也就是将节点分类到一些预定义的类别中。尽管各种 GNN 已经取得巨大的成功，但我们在训练深度图神经网络时仍面临一个严重的问题——过平滑问题（Li et al，2018b)，其中所有的节点都有类似的表征。最近有许多研究提出了不同的补救措施来解决过平滑问题。

图神经网络的理论理解。GNN 算法的快速发展引起了人们对 GNN 理论分析的极大兴趣。特别地，为了描述 GNN 与传统图算法（如基于图核的方法）相比表达能力如何，以及如何构建更强大的 GNN 以克服 GNN 的一些限制，人们做出了很多努力。具体来说，Xu et al（2019d）证明了目前的 GNN 方法能够达到一维 Weisfeiler-Lehman 测试（Weisfeiler and Leman，1968）的表达能力，这是传统图核领域广泛使用的方法（Shervashidze et al，2011b)。

最近的许多研究进一步提出了一系列的设计策略，以进一步超越一维 Weisfeiler-Lehman 测试的表达能力，包括附加随机属性、距离属性和利用高阶结构等。

图神经网络的可扩展性。随着图神经网络日益普及，许多人尝试将各种图神经网络方法用于现实世界中的应用，其中图的大小可以有大约 1 亿个节点和 10 亿条边。遗憾的是，因为需要大量的内存，大多数 GNN 方法不能直接应用于这些大规模的图结构数据（Hu et al，2020b）。具体来说，这是因为大多数 GNN 需要在内存中存储整个邻接矩阵和中间层的特征矩阵，这对计算机内存消耗和计算成本都是巨大的挑战。为了解决这些问题，最近的许多研究提出了各种抽样策略，如节点抽样（Hamilton et al，2017b；Chen et al，2018d）、层抽样（Chen and Bansal，2018；Huang，2018）和图抽样（Chiang et al，2019；Zeng et al，2020a）。

图神经网络的可解释性。为了使机器学习过程可以被人类理解，可解释的人工智能正变得越来越流行，特别是由于深度学习技术的黑盒问题。因此，人们对提高 GNN 的可解释性同样深感兴趣。一般来说，GNN 的解释结果可以是重要的节点、边，也可以是节点或边的重要特征。从技术上讲，基于白盒近似的方法（Baldassarre and Azizpour，2019；Sanchez-Lengeling et al，2020）利用模型内部的信息（如梯度、中间特征和模型参数）来提供解释。与之相对，基于黑盒近似的方法（Huang et al，2020c；Zhang et al，2020a；Vu and Thai，2020）则放弃了对复杂模型内部信息的使用，而是利用内在可解释的简单模型（如线性回归和决策树）来适应复杂模型。然而，大多数现有的工作很耗时，这就造成处理大规模的图成为瓶颈。为此，人们最近做出了很多努力，以便在不影响解释准确性的情况下开发更有效的方法。

图神经网络的对抗鲁棒性。值得信赖的机器学习最近吸引了大量的关注。这是因为现有的研究表明，深度学习模型可以被故意愚弄、逃避、误导和窃取（Goodfellow et al，2015）。因此，在计算机视觉和自然语言处理等领域，已有一系列工作广泛地研究了模型的鲁棒性，这也启发了对 GNN 鲁棒性的类似研究。从技术上讲，研究 GNN 鲁棒性的标准方法（通过对抗性例子）是构造输入图数据的一个微小变化，然后观察是否导致预测结果产生较大变化（如节点分类准确性）。目前，越来越多的人开始研究对抗性攻击（Dai et al，2018a；Wang and Gong，2019；Wu et al，2019b；Zügner et al，2018；Zügner et al，2020）和对抗性训练（Xu et al，2019c；Feng et al，2019b；Chen et al，2020i；Jin and Zhang，2019）。最近的许多努力致力于在对抗性训练以及可认证的鲁棒性（certified robustness）方面提供理论保证和新算法开发。

3.2.2 图神经网络前沿

在上述 GNN 基本技术的基础上，在处理各种与图有关的研究问题方面，最近的成就增长快速。在本节中，我们将全面介绍这些研究前沿，它们要么是长期存在的图学习问题与新的 GNN 解决方案，要么是最近出现的 GNN 学习问题。

图神经网络——图分类和链接预测。由于 GNN 模型中的每一层都只产生节点级表征，因此需要图池化层来进一步计算基于节点级表征的图级表征。图级表征总结了输入图结构的关键特征，是图分类的关键组成部分。根据图池化层的学习技术，这些方法一般可以分为 4 类——简单的平面池化（Duvenaud et al，2015a；Mesquita et al，2020）、基于注意力的池化（Lee et al，2019d；Huang et al，2019d）、基于聚类的池化（Ying et al，2018c），以及其他类型的池化（Zhang et al，2018f；Bianchi et al，2020；Morris et al，2020b）。除图分类以外，另一个长期存在的图学习问题是链接预测任务，其目的是预测任何一对节点之间现在缺失或未来可能形成的链接。由于 GNN 可以从图结构和辅助信息（如节点特征和边特征）中共同学习，因此与其他传统的图学习方法相比，GNN 在链接预测方面具有巨大的优势。基于 GNN 进行链接预测的常见方法有两种——基于节点的方法（Kipf and Welling，2016）和基于子图的方法（Zhang and Chen，2018a，2020）。

图神经网络——图生成和图转换。基于图建立概率模型的图生成问题是一个处于概率论和图论交叉点上的经典研究问题。近年来，人们对建立在现代图深度学习技术（如 GNN）基础上的深度图生成模型的兴趣越来越大。事实证明，这些深度学习模型在成功捕捉图数据中的复杂依赖关系和生成更真实的图方面更有优势。在变分自编码器（Variational AutoEncoder，VAE）（Kingma and Welling，2013）和生成对抗网络（Generative Adversarial Network）（Goodfellow et al，2014a；Goodfellow et al，2014b）的启发下，用于图生成的基于 GNN 的代表性学习范式有三种，分别是 GraphVAE 方法（Jin et al，2018b；Simonovsky and Komodakis，2018；Grover et al，2019）、GraphGAN 方法（De Cao and Kipf，2018；You et al，2018a）和深度自回归方法（Li et al，2018d；You et al，2018b；Liao et al，2019a）。图转换问题可以表述为条件图生成概率，其目标是学习输入源图和输出目标图之间的转译映射（Guo et al，2018b）。这样的学习问题经常出现在其他领域，如自然语言处理领域的机器翻译问题和计算机视觉领域的图像风格转换问题等。根据被转换的图信息，这个问题一般可以分为 4 类，分别是节点级转换（Battaglia et al，2016；Yu et al，2018a；Li et al，2018e）、边级转换（Guo et al，2018b；Zhu et al，2017；Do et al，2019）、节点-边共同转换（Maziarka et al，2020a；Kaluza et al，2018；Guo et al，2019c）以及涉及图的转换（Bastings et al，2017；Xu et al，2018c；Li et al，2020f）。

图神经网络——图匹配和图结构学习。图匹配指的是寻找两个输入图之间的对应关系，这是一个已在各个领域得到广泛研究的问题。通常情况下，图匹配问题是已知的 NP 难问题（Loiola et al，2007），这使得该问题在现实世界中大规模问题上的精确解和最优解在计算上不可行。由于 GNN 的表达能力，人们越来越关注开发基于 GNN 的各种图匹配方法，以提高匹配的准确性和效率（Zanfir and Sminchisescu，2018；Rolínek et al，2020；Li et al，2019h；Ling et al，2020）。图匹配问题旨在衡量两个图结构之间的相似性，而是不改变它们。相比之下，图结构学习的目的是通过联合学习隐含的图结构和图节点表征来产生优化的图结构（Chen et al，2020m；Franceschi et al，2019；Veličković et al，2020）。与经常带有噪声或不完整的固有图（intrinsic graph）相比，我们往往可以将学习到的图结构视为一种转变。即便没有提供初始图，但只要提供显示数据点之间相关性的矩阵，就可以使用图结构学习。

动态图神经网络和异质图神经网络。在现实世界的应用中，图的节点（实体）和图的边（关系）经常会随着时间的推移而发生变化，这就自然地产生了动态图。由于图的演化建模对于做出准确的预测至关重要，因此各种 GNN 不能直接应用于动态图。一种简单而有效的方法是将动态图转换为静态图，但这可能导致信息丢失。根据动态图的类型，基于 GNN 的方法有两大类，分别是用于离散时间动态图的 GNN（Seo et al，2018；Manessi et al，2020）和用于持续时间动态图的 GNN（Kazemi et al，2019；Xu et al，2020a）。独立地看，实际应用中另一种流行的图是异质图——异质图由不同类型的图节点和边组成。用于同质图的各种 GNN 难以充分利用异质图中的这些信息。因此，一个新的研究方向是开发各种异质图神经网络，方法有三种，分别是基于消息传递的方法（Wang et al，2019l；Fu et al，2020；Hong et al，2020b）、基于编码器-解码器的方法（Tu et al，2018；Zhang et al，2019b）和基于对抗的方法（Wang et al，2018a；Hu et al，2018a）。

图神经网络——AutoML 和自监督学习。自动机器学习（AutoML）最近引起学术界和工业界的极大关注，其目的是应对人工调参过程中耗时巨大这一挑战，特别是对于复杂的深度学习模型而言。AutoML 的这一波研究也影响了自动识别优化 GNN 模型架构和训练超参数的研究工作。现有的研究大多集中于架构搜索空间（Gao et al，2020b；Zhou et al，2019a）或训练超参数搜索空间（You et al，2020a；Shi et al，2020）。GNN 的另一个重要研究方向是解决大多数深度学习模型的局限性——需要大量的有标注的数据集。因此，目前人们已提出自监督学习，目的是基于无标注数据设计和利用领域特定的辅助任务以预训练一个 GNN 模型。为了研究 GNN 中自监督学习的能力，有相当多的文献系统地设计和比较了 GNN 中不同的自监督代理辅助任务（Hu et al，2020c；Jin et al，2020d；You et al，2020c）。

3.2.3 图神经网络应用

由于图神经网络能够对各种具有复杂结构的数据进行建模，因此图神经网络已经被广泛用于多种应用和领域，如现代推荐系统、计算机视觉（Computer Vision，CV）、自然语言处理（Natural Language Processing，NLP）、程序分析、软件挖掘、生物信息学、异常检测和智慧城市等。尽管在不同的应用中 GNN 被用来解决不同的任务，但它们都包括两个重要步骤——图构建和图表征学习。图构建旨在将输入数据转换或表示为结构化数据。在图的基础上，图表征学习则针对下游任务，利用 GNN 来学习节点嵌入或图嵌入。接下来针对不同的应用，我们将简要介绍这两个步骤涉及的技术。

3.2.3.1 图构建

图构建对于捕捉输入数据中对象之间的依赖关系非常重要。鉴于输入数据的不同格式，不同的应用有不同的图构建技术，其中，有些任务需要预先定义节点和边的语义，以充分表达输入数据的结构信息。

具有显式图结构的输入数据。一些应用自然而然地在数据内部存在图结构，而不需要预先定义节点及其之间的边或关系。例如，在推荐系统中，用户与物品的相互作用自然地形成了一个图，其中用户与物品的偏好被视为用户和物品的节点之间的边；在药物开发的任务中，分子也被自然地表示为一个图，其中的每个节点表示一个原子，每条边表示连接两个原子的键；在蛋白质功能和相互作用的任务中，图也可以很容易地适用于蛋白质，其中的每个节点代表一个氨基酸，每条边代表氨基酸之间的相互作用。

有些图是用节点和边的属性构建的。例如，在处理智慧城市交通时，交通网络可以形式化为一个无向图来预测交通状态。具体来说，节点是交通传感位置，如传感器站、路段，边是连接这些交通传感位置的交叉口。一些城市交通网络可以建模为具有预测交通速度属性的有向图，其中的节点是路段，边是交叉口。路段的宽度、长度和方向被表示为节点的属性，交叉口的类型、是否有交通灯或收费站被表示为边的属性。

具有隐式图结构的输入数据。对于许多天然不存在结构化数据的任务，图构建变得非常具有挑战性。选择最佳的表征方法是很重要的，由此节点和边才能捕捉到所有重要的信息。例如，计算机视觉任务有三种图构建方式。第一种是将图像或视频帧分割成规则的网格，每个网格可作为视觉图的一个顶点。第二种是先得到预处理的结构，再直接借用顶点表征，如场景图的生成。第三种是利用语义信息来表示视觉顶点，比如将具有相似特征的像素分配给同一个顶点。视觉图像中的边缘可以捕捉到两种信息。第一种是空间信息。例如，对于静态方法，在生成场景图（Xu et al，2017a）和人类骨架（Jain et al，2016a）时，自然会选择视觉图中节点之间的边来表示它们的位置连接。第二种是时间信息。例如，为了表示视频，模型不仅要在帧的内部建立空间关系，也要捕捉相邻帧之间的时间联系。

在自然语言处理任务中，根据文本数据构建的图可以分为 5 类——文本图、句法图、语义图、知识图谱和混合图。下面介绍其中的 4 类。文本图通常将单词、句子、段落或文件视为节点，并通过单词共现、位置或文本相似性来构建边。句法图（或树）强调一条句子中单词之间的语法依赖关系，如依赖图和成分图。知识图谱是数据图，旨在积累和传达现实世界的知识。混合图包含多种类型的节点和边，以整合异质信息。在程序分析的任务中，对程序的图表征的表述包括语法树、控制流、数据流、程序依赖性和调用图，其中的每个图都提供了程序的不同视图。在更高的层面上，程序可以认为是一组异质的实体，它们通过各种关系相互关联。这种观点直接将程序映射为一个异质有向图，其中的每个实体被表示为一个节点，每种类型的关系则被表示为一条边。

3.2.3.2 图表征学习

在得到输入数据的图表示后，下一步是应用 GNN 来学习图表征。有些研究直接利用了典型的 GNN，如 GCN（Kipf and Welling，2017a）、GAT（Petar et al，2018）、GGNN（Li et al，2016a）和 GraphSage（Hamilton et al，2017b），而且能够推广到不同的应用任务。不过，一些特殊的任务需要在 GNN 架构上进行额外的设计，以更好地处理具体问题。例如，针对推荐系统中的任务，人们提出了 PinSage（Ying et al，2018a），旨在将一个节点的前 k 个计数节点作为其感受野并进行加权聚合。PinSage 可以扩展到具有数百万用户和物品的网络规模的推荐系统中。KGCN（Wang et al，2019d）旨在通过在知识图谱中聚合对应的实体邻域来提高物品的表征。KGAT（Wang et al，2019j）与 KGCN 的思路基本相似，前者只是在知识图谱的重建中加入了一个辅助损失。例如，在 KB-对齐的 NLP 任务中，Xu et al（2019f）将其表述为一个图匹配问题，并提出了一种基于图注意力的方法：首先匹配两个知识图谱中的所有实体，然后根据局部匹配信息进行联合建模，进而得到图级匹配向量。我们在后续内容中将详细介绍各种应用的 GNN 技术。

3.2.4 本书组织结构

本书的组织结构见图 3.1。本书分为四部分，读者可以根据需要选择性阅读。第一部分介绍图神经网络的基本概念；第二部分讨论图神经网络成熟的方法；第三部分介绍图神经网络典型的前沿领域；第四部分描述可能对图神经网络未来研究比较重要和有前途的方法与应用的进展情况。

- **第一部分　引言**　这一部分提供从不同数据类型的表征学习到图表征学习的一般介绍，此外还将介绍用于图表征学习的图神经网络的基本思想和典型变体。
- **第二部分　基础**　这一部分通过介绍图神经网络的特性以及这一领域的几个基本问题来描述图神经网络的基础。具体来说，这一部分介绍图的如下基本问题：节点分类、图神经网络的表达能力、图神经网络的可解释性和可扩展性问题，以及图神经网络的对抗鲁棒性。

- **第三部分 前沿** 这一部分提出图神经网络领域的一些前沿或高级问题。具体来说，这一部分包括关于图分类、链接预测、图生成、图转换、图匹配、图结构学习等技术的介绍。此外，这一部分还将介绍针对不同类型图的 GNN 的几种变体，如针对动态图、异质图的 GNN。这一部分的最后则介绍 GNN 的自动机器学习和自监督学习。
- **第四部分 广泛和新兴的应用** 这一部分介绍涉及 GNN 的广泛和新兴的应用。具体来说，这些基于 GNN 的应用包括现代推荐系统、计算机视觉和自然语言处理、程序分析、软件挖掘、用于药物开发的生物医学知识图谱挖掘、蛋白质和功能相互作用预测、异常检测和智慧城市等。

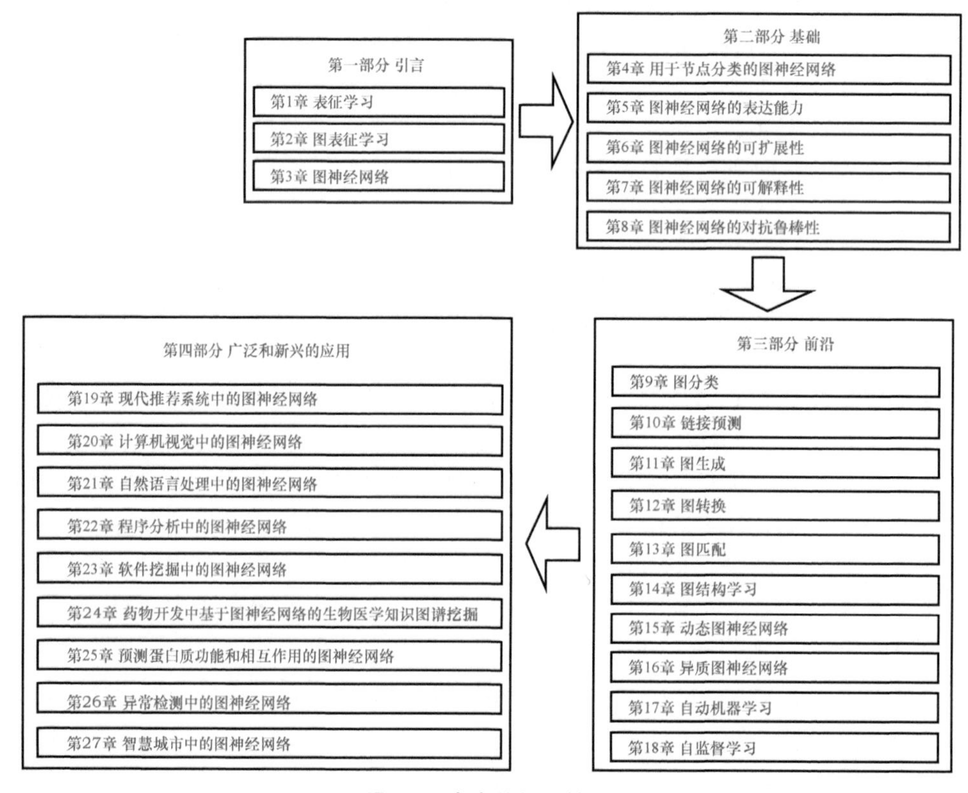

图 3.1 本书的组织结构

3.3 小结

GNN 已经迅速崛起并用于处理图结构数据。传统的深度学习技术由于是为图像和文本等欧几里得数据（又称欧氏数据）设计的，因此不能直接建模图数据。有多种应用可以自然地或最优地建模为图结构，并且已经被各种 GNN 方法成功处理。

在本章中，我们系统地介绍了 GNN 的发展和概况，涵盖对 GNN 基础、前沿和应用的介绍。具体来说，我们介绍了 GNN 的基础理论和方法，从现有的典型 GNN 方法及其表达能力到 GNN 的可扩展性、可解释性和对抗鲁棒性。这些方面促使人们更好地理解和利用

GNN。从所回顾的 GNN 的基础方法来看，人们处理图相关研究问题的兴趣正在激增，我们称之为 GNN 的前沿。我们讨论了基于 GNN 的各种前沿研究，从图分类和链接预测到图生成、图转换、图匹配和图结构学习。GNN 由于具有对各种复杂结构的数据的建模能力，目前已被广泛应用于许多应用和领域，如现代推荐系统、计算机视觉、自然语言处理、程序分析、软件挖掘、生物信息学、异常检测和智慧城市。这些任务大多由两个重要步骤组成——图构建和图表征学习。因此，我们对这两个步骤涉及的技术进行了介绍，涵盖不同的应用。最后，我们在本章的末尾提供了本书的组织结构。

第二部分　基础

第 4 章

用于节点分类的图神经网络

Jian Tang 和 Renjie Liao[1]

摘要

图神经网络是专门为学习图结构数据的表征而设计的神经网络架构，最近受到越来越多的关注并被应用于不同的领域和应用。在本章中，我们将重点讨论图的一个基本任务——节点分类。首先，我们将给出节点分类的详细定义，并介绍一些经典的方法，如标签传播。然后，我们将介绍一些用于节点分类的图神经网络的代表性架构。最后，我们将指出训练深度图神经网络面临的主要困难——过平滑问题，并介绍人们在这个方向上的一些最新进展，如连续图神经网络。

4.1 背景和问题定义

图结构的数据（如社交网络、万维网和蛋白质相互作用网络中的数据）在现实世界中无处不在，涵盖了各种应用。图的一个基本任务是节点分类，其主要目标是将节点分为几个预定义的类别。例如，在社交网络中，我们想预测每个用户的交友倾向；在万维网中，我们可能想要把网页分为不同的语义类别；在蛋白质相互作用网络中，我们则对预测每个蛋白质的功能与作用感兴趣。为了进行有效的预测，一个关键问题是我们需要获得行之有效的节点表征，这在很大程度上决定了节点分类的表现。

图神经网络是专门为学习图结构数据的表征而设计的神经网络架构，包括学习大规模图（如社交网络和万维网）的节点表征和学习整个图（如分子图）的表征。在本章中，我们将重点讨论大规模图的节点表征的学习。关于整个图的表征的学习将在其他章节中介绍。迄今为止，针对不同的任务，人们提出了不同的图神经网络（Kipf and Welling，2017b；Veličković et al，2018；Gilmer et al，2017；Xhonneux et al，2020；Liao et al，2019b；Kipf and Welling，2016；Veličković et al，2019）。在本章中，我们将全面重新审视现有的用于节点分类的图神经网络，包括有监督方法（见 4.2 节）、无监督方法（见 4.3 节），以及把图神经网络用于节点分类的一个常见问题——过平滑问题（见 4.4 节）。

问题定义 我们首先正式定义用图神经网络学习节点表征以进行节点分类的问题。设 $\mathcal{G}=(\mathcal{V}, \mathcal{E}, \boldsymbol{X})$ 表示一个属性图，其中，$\mathcal{V}$ 是节点的集合，$\mathcal{E}$ 是节点间边的集合。$\boldsymbol{A}\in\mathbb{R}^{N\times N}$ 代表

① Jian Tang
Mila-Quebec AI Institute，HEC Montreal，E-mail：jian.tang@hec.ca
Renjie Liao
University of Toronto，E-mail：rjliao@cs.toronto.edu

邻接矩阵，其中，N 是节点的总数。$\boldsymbol{X} \in \mathbb{R}^{N\times C}$ 代表节点属性矩阵，其中，C 是每个节点的特征数。图神经网络的目标是通过结合图结构信息和节点属性来学习有效的节点表征（表示为 $\boldsymbol{H} \in \mathbb{R}^{N\times F}$，其中，$F$ 是节点表征的维度），并进一步用于节点分类。

表 4.1 展示了本章中使用的符号。

表 4.1 本章中使用的符号

概念	符号
图	$\mathcal{G} = (\mathcal{V}, \mathcal{E})$
邻接矩阵	$\boldsymbol{A} \in \mathbb{R}^{N\times N}$
节点属性矩阵	$\boldsymbol{X} \in \mathbb{R}^{N\times C}$
GNN 层的总数	K
第 k 层的节点表征	$\boldsymbol{H}^k \in \mathbb{R}^{N\times F}, k \in \{1, 2, \cdots, K\}$

4.2 有监督的图神经网络

在本节中，我们将重新审视图神经网络用于节点分类的几种代表性方法。我们将重点讨论有监督方法，并在 4.3 节介绍无监督方法。我们将首先介绍图神经网络的一般框架，然后介绍这个框架下图神经网络的不同变体。

4.2.1 图神经网络的一般框架

图神经网络的基本思想是通过结合邻居节点的表征和节点自身的表征来迭代更新节点的表征。在本节中，我们将介绍（Xu et al，2019d）中提出的图神经网络的一般框架。从初始节点表征 $\boldsymbol{H}^0=\boldsymbol{X}$ 开始，每一层都有两个重要的函数，分别如下。

- AGGREGATE 函数，功能是从每个节点的邻居节点处汇总信息。
- COMBINE 函数，功能是通过结合来自邻居节点的聚合信息和当前的节点表征来更新节点的表征。

在数学上，我们可以将图神经网络的一般框架定义如下。

初始：$\boldsymbol{H}^0=\boldsymbol{X}$

对于 $k=1, 2, \cdots, K$：

$$a_v^k = \text{AGGREGATE}^k\{\boldsymbol{H}_u^{k-1} : u \in N(v)\} \tag{4.1}$$

$$H_v^k = \text{COMBINE}^k\{\boldsymbol{H}_v^{k-1}, a_v^k\} \tag{4.2}$$

其中，$N(v)$是第 v 个节点的邻居节点的集合。最后一层的节点表征 $\boldsymbol{H}^K$ 可以看作最终的节点表征。

一旦有了节点表征，它们就可以用于下游任务。以节点分类为例，节点 v 的标签（表示为 $\hat{y}_v$）可以通过 Softmax 函数进行预测：

$$\hat{y}_v = \text{Softmax}\,(\boldsymbol{W}\boldsymbol{H}_v^{\text{T}}) \tag{4.3}$$

其中，$\boldsymbol{W} \in \mathbb{R}^{|\mathcal{L}|\times F}$，$|\mathcal{L}|$是输出空间中标签的数量。

给定一组有标签的节点，可以通过最小化以下损失函数来训练整个模型：

$$O=\frac{1}{n_l}\sum_{i=1}^{n_l}\operatorname{loss}(\hat{y}_i,y_i) \tag{4.4}$$

其中，y_i 是节点 i 的标注标签，n_l 是标签节点的数量，$\operatorname{loss}(\cdot,\cdot)$ 是一个损失函数（如交叉熵损失函数）。整个神经网络可以通过反向传播使目标函数 O 最小化而得到优化。

在上述内容中，我们介绍了图神经网络的一般框架。接下来，我们介绍文献中几个最具代表性的图神经网络的实例或变体。

4.2.2 图卷积网络

我们将从图卷积网络（GCN）（Kipf and Welling，2017b）开始。GCN 由于在各种任务和应用中具有简单性和有效性，因此成为目前非常流行的图神经网络架构。具体来说，在 GCN 中，每一层的节点表征是根据以下传播规则进行更新的：

$$\boldsymbol{H}^{k+1}=\sigma(\tilde{\boldsymbol{D}}^{-\frac{1}{2}}\tilde{\boldsymbol{A}}\tilde{\boldsymbol{D}}^{-\frac{1}{2}}\boldsymbol{H}^k\boldsymbol{W}^k) \tag{4.5}$$

$\tilde{\boldsymbol{A}}=\boldsymbol{A}+\boldsymbol{I}$ 是给定无向图 $\mathscr{G}$ 的自连接的邻接矩阵，它允许在更新节点表征时纳入节点表征本身。$\boldsymbol{I}\in\mathbb{R}^{N\times N}$ 是单位矩阵。$\tilde{\boldsymbol{D}}$ 是一个对角矩阵，其中，每一个 $\tilde{\boldsymbol{D}}_{ii}=\sum_j\tilde{\boldsymbol{A}}_{ij}$。$\sigma(\cdot)$是一个激活函数，如 ReLU 函数和 Tanh 函数。激活函数 ReLU 已得到广泛使用，具体定义为 $\operatorname{ReLU}(x)=\max(0,x)$。$\boldsymbol{W}^k\in\mathbb{R}^{F\times F'}$（$F$ 和 F' 分别是第 k 层和第（k+1）层的节点表征的维度）是一个分层线性变换矩阵，它将在优化期间被训练。

我们可以进一步剖析式（4.5），以了解 GCN 中定义的 AGGREGATE 和 COMBINE 函数。对于一个节点 i，节点更新公式可以重新表示如下：

$$\boldsymbol{H}_i^k=\sigma\left(\sum_{j\in\{N(i)\cup i\}}\frac{\tilde{\boldsymbol{A}}_{ij}}{\sqrt{\tilde{\boldsymbol{D}}_{ii}\tilde{\boldsymbol{D}}_{jj}}}\boldsymbol{H}_j^{k-1}\boldsymbol{W}^k\right) \tag{4.6}$$

$$\boldsymbol{H}_i^k=\sigma\left(\sum_{j\in N(i)}\frac{\boldsymbol{A}_{ij}}{\sqrt{\tilde{\boldsymbol{D}}_{ii}\tilde{\boldsymbol{D}}_{jj}}}\boldsymbol{H}_j^{k-1}\boldsymbol{W}^k+\frac{1}{\tilde{\boldsymbol{D}}_i}\boldsymbol{H}_i^{k-1}\boldsymbol{W}^k\right) \tag{4.7}$$

在式（4.7）中，我们可以看到 AGGREGATE 函数被定义为邻居节点表征的加权平均值。邻居节点 j 的权重是由节点 i 和节点 j 之间的边的权重决定的（换言之，$\boldsymbol{A}_{ij}$ 按照两个节点的度数归一化）。COMBINE 函数被定义为聚合消息和节点表征本身的总和，其中，节点表征按照节点自身的度数归一化。

与谱图卷积的联系。接下来，我们讨论 GCN 与定义在图上的传统谱过滤器之间的联系（Defferrard et al，2016）。图上的谱卷积可以定义为节点信号 $\boldsymbol{x}\in\mathbb{R}^N$，带有傅里叶域上的卷积滤波器 $g_\theta=\operatorname{diag}(\theta)$（$\theta\in\mathbb{R}^N$ 是滤波器的参数）。在数学上：

$$g_\theta\star\boldsymbol{x}=\boldsymbol{U}g_\theta\boldsymbol{U}^{\mathrm{T}}\boldsymbol{x} \tag{4.8}$$

$\boldsymbol{U}$ 代表归一化的图拉普拉斯矩阵 $\boldsymbol{L}=\boldsymbol{I}_N-\boldsymbol{D}^{-\frac{1}{2}}\boldsymbol{A}\boldsymbol{D}^{-\frac{1}{2}}$ 的特征向量矩阵。$\boldsymbol{L}=\boldsymbol{U}\boldsymbol{\Lambda}\boldsymbol{U}^{\mathrm{T}}$，其中的 $\boldsymbol{\Lambda}$ 是一个特征值的对角矩阵，而 $\boldsymbol{U}^{\mathrm{T}}\boldsymbol{x}$ 是输入信号 $\boldsymbol{x}$ 的图傅里叶变换。在实践中，$g_{\boldsymbol{\theta}}$ 可以理解为归一化的图拉普拉斯矩阵 $\boldsymbol{L}$ 的特征值的一个函数（如 $g_{\boldsymbol{\theta}}(\boldsymbol{\Lambda})$）。然而在实践中，直接计算式（4.8）的代价是非常昂贵的，该式是节点数 N 的二次函数。根据（Hammond et al,

2011），这个问题可以通过将切比雪夫多项式 $T_k(x)$ 的截断扩展到 K 阶来对近似函数 $g_{\boldsymbol{\theta}}(\boldsymbol{\Lambda})$ 进行化简：

$$g_{\theta'}(\boldsymbol{\Lambda}) = \sum_{k=0}^{K} \boldsymbol{\theta}'_k T_k(\tilde{\boldsymbol{\Lambda}}) \tag{4.9}$$

其中，$\tilde{\boldsymbol{\Lambda}} = \frac{2}{\lambda_{\max}}\boldsymbol{\Lambda} - \boldsymbol{I}$，$\lambda_{\max}$ 是 $\boldsymbol{L}$ 的最大特征值。$\boldsymbol{\theta}' \in \mathbb{R}^K$ 是切比雪夫系数向量。$T_k(x)$ 是切比雪夫多项式，可递归定义为 $T_k(x) = 2xT_{k-1}(x) - T_{k-2}(x)$，其中 $T_0(x) = 1$，$T_1(x) = x$。通过结合式（4.8）和式（4.9），带有滤波器 $g_{\boldsymbol{\theta}'}$ 的信号 $\boldsymbol{x}$ 的卷积可以重新表示如下：

$$g_{\theta'} \star \boldsymbol{x} = \sum_{k=0}^{K} \boldsymbol{\theta}'_k T_k(\tilde{\boldsymbol{L}})\boldsymbol{x} \tag{4.10}$$

其中，$\tilde{\boldsymbol{L}} = \frac{2}{\lambda_{\max}}\boldsymbol{L} - \boldsymbol{I}$。由此我们可以看出，每个节点只取决于 K 阶邻域内的信息。求值式（4.10）的总体复杂度是 $\mathcal{O}(|\mathcal{E}|)$（与原始图 $\mathcal{G}$ 中的边数是线性关系），这是非常有效的。

为了定义一个基于图卷积的神经网络，我们可以将根据式（4.10）定义的多个卷积层堆叠在一起，每一个卷积层的后面都有一个非线性变换。GCN 的作者建议将每一层的卷积数限制为 K=1，而不是限制为由式（4.10）定义的切比雪夫多项式的明确参数化。通过这样做，我们在每一层只定义了一个关于图拉普拉斯矩阵 $\boldsymbol{L}$ 的线性函数。然而，通过堆叠多个这样的层，我们仍然能够覆盖图上丰富的卷积滤波函数类。直观地说，这样的模型能够缓解节点度分布具有高变异性的图的局部邻域结构的过拟合问题，如社交网络、万维网和引文网络。

在每一层，我们可以进一步设置 $\lambda_{\max} \approx 2$，这可以由训练期间的神经网络参数来完成。基于这些简化，可以得到

$$g_{\theta'} \star \boldsymbol{x} \approx \theta'_0\boldsymbol{x} + \theta'_1\boldsymbol{x}(\boldsymbol{L} - \boldsymbol{I}_N)\boldsymbol{x} = \theta'_0\boldsymbol{x} - \theta'_1\boldsymbol{D}^{-\frac{1}{2}}\boldsymbol{A}\boldsymbol{D}^{-\frac{1}{2}} \tag{4.11}$$

其中，θ'_0 和 θ'_0 是两个自由参数，可以在整个图上共享。在实践中，我们可以进一步减少参数的数量，这样可以降低过拟合，同时使每一层的操作数最小。于是，我们可以进一步得到以下表达式：

$$g_{\theta} \star \boldsymbol{x} \approx \theta(\boldsymbol{I} + \boldsymbol{D}^{-\frac{1}{2}}\boldsymbol{A}\boldsymbol{D}^{-\frac{1}{2}})\boldsymbol{x} \tag{4.12}$$

其中，$\theta = \theta'_0 = -\theta'_1$。一个潜在的问题是：矩阵 $\boldsymbol{I}_N + \boldsymbol{D}^{-\frac{1}{2}}\boldsymbol{A}\boldsymbol{D}^{-\frac{1}{2}}$ 的特征值位于区间[0, 2]。在深度图卷积神经网络中，重复应用上述函数可能导致梯度爆炸或梯度消失，产生数值不稳定现象。因此，我们可以进一步重新归一化这个矩阵，将 $\boldsymbol{I} + \boldsymbol{D}^{-\frac{1}{2}}\boldsymbol{A}\boldsymbol{D}^{-\frac{1}{2}}$ 转换为 $\boldsymbol{I} + \tilde{\boldsymbol{D}}^{-\frac{1}{2}}\tilde{\boldsymbol{A}}\tilde{\boldsymbol{D}}^{-\frac{1}{2}}$，其中 $\tilde{\boldsymbol{A}} = \boldsymbol{A} + \boldsymbol{I}$，$\tilde{\boldsymbol{D}}_{ii} = \sum_j \tilde{\boldsymbol{A}}_{ij}$。

在上述内容中，我们考虑了只有一个特征通道和一个滤波器的情况。这可以很容易地推广到包含 C 个通道的输入信号 $\boldsymbol{X} \in \mathbb{R}^{N\times C}$ 和 F 个滤波器（或隐藏单元）的情况，如下所示：

$$\boldsymbol{H} = \tilde{\boldsymbol{D}}^{-\frac{1}{2}}\tilde{\boldsymbol{A}}\tilde{\boldsymbol{D}}^{-\frac{1}{2}}\boldsymbol{X}\boldsymbol{W} \tag{4.13}$$

其中，$\boldsymbol{W} \in \mathbb{R}^{C\times F}$ 是滤波器参数的矩阵，$\boldsymbol{H}$ 是卷积后的信号矩阵。

4.2.3 图注意力网络

在 GCN 中，对于目标节点 i 来说，邻居节点 j 的重要性是由它们的边 $\boldsymbol{A}_{ij}$ 的权重决定的（按它们的节点度归一化）。然而在实践中，输入图可能是有噪声的。边的权重可能无法反映两个节点之间的真实强度。因此，一种更有原则的方法是自动地学习每个邻居节点的重要性。图注意力网络，又称 GAT（Veličković et al，2018），就建立在这种方法的基础上，并试图根据注意力机制来学习每个邻居节点的重要性（Bahdanau et al，2015；Vaswani et al，2017）。注意力机制已被广泛应用于自然语言理解（如机器翻译和问答）和计算机视觉（如视觉问答和图像说明）等任务中。接下来我们介绍如何在图神经网络中使用注意力。

图注意力层。图注意力层定义了如何将第（k−1）层的隐藏节点表征（表示为 $\boldsymbol{H}^{k-1} \in \mathbb{R}^{C\times F}$）更新到第 k 层的新的节点表征 $\boldsymbol{H}^{k} \in \mathbb{R}^{C\times F'}$。为了保证有足够的表达能力将低级节点表征转换为高级节点表征，图注意力层在每个节点上应用了一个共享的线性转换，表示为 $\boldsymbol{W} \in \mathbb{R}^{F\times F'}$。此外，图注意力层针对每个节点定义了一种额外的自注意力机制，旨在通过共享的注意力机制 $a:\mathbb{R}^{F'} \times \mathbb{R}^{F'} \to R$ 来测量任何一对节点的注意力系数。

$$e_{ij} = a(\boldsymbol{W}\boldsymbol{H}_i^{k-1}, \boldsymbol{W}\boldsymbol{H}_j^{k-1}) \tag{4.14}$$

e_{ij} 表示节点 i 和节点 j 之间的关系强度。注意，在本节中，我们用 $\boldsymbol{H}_i^{k-1}$ 表示列向量而不是行向量。对于每个节点，我们在理论上可以允许它关注图上的每一个其他节点，然而，这将忽略图的结构信息。一种更合理的解决方案是只关注每个节点的邻居节点，并在实践中只使用一阶邻居节点（包括节点本身）。为了使不同节点的系数具有可比性，我们通常使用 Softmax 函数将注意力系数归一化：

$$\alpha_{ij} = \mathrm{Softmax}_j(\{e_{ij}\}) = \frac{\exp(e_{ij})}{\sum_{l\in N(i)} \exp(e_{il})} \tag{4.15}$$

可以看到，对于节点 i 来说，α_{ij} 在本质上相当于定义了一个关于邻居节点的多项式分布，α_{ij} 也可以解释为从节点 i 到每个邻居节点的转移概率。

在 Veličković et al（2018）所做的研究中，注意力机制被定义为一个单层前馈神经网络（包括一个权重向量 $\boldsymbol{W}_2 \in \mathbb{R}^{1\times 2F'}$ 的线性变换）和一个非线性激活函数 LeakyReLU（带有负的输入斜率 α=0.2）。更具体地说，我们可以通过以下公式来计算注意力系数

$$\alpha_{ij} = \frac{\exp(\mathrm{LeakyReLU}(\boldsymbol{W}_2[\boldsymbol{W}\boldsymbol{H}_i^{k-1} \| \boldsymbol{W}\boldsymbol{H}_j^{k-1}]))}{\sum_{l\in N(i)} \exp(\mathrm{LeakyReLU}(\boldsymbol{W}_2[\boldsymbol{W}\boldsymbol{H}_i^{k-1} \| \boldsymbol{W}\boldsymbol{H}_l^{k-1}]))} \tag{4.16}$$

其中，$\|$ 代表两个向量的连接操作。新的节点表征是相邻节点表征的线性组合，其权重由注意力系数决定（带有潜在的非线性转换）：

$$\boldsymbol{H}_i^{k} = \sigma\left(\sum_{j\in N(i)} \alpha_{ij}\boldsymbol{W}\boldsymbol{H}_j^{k-1}\right) \tag{4.17}$$

多头注意力。在实践中，可以使用多头注意力机制，而不是只使用单一注意力机制，每个注意力头决定了节点上不同的相似度函数。对于每个注意力头，我们可以根据式（4.17）独立地获得一个新的节点表征。最终的节点表征则是由不同注意力头学习的节点表征的串

联。在数学上：

$$\boldsymbol{H}_i^k = \|_{t=1}^T \sigma\left(\sum_{j\in N(i)} \alpha_{ij}^t \boldsymbol{W}^t \boldsymbol{H}_j^{k-1}\right) \tag{4.18}$$

其中，T 是注意力头的总数，α_{ij}^t 是由第 t 个注意力头计算的注意力系数，$\boldsymbol{W}^t$ 是第 t 个注意力头的线性变换矩阵。

Veličković et al（2018）在发表的论文中提到一点：在最后一层，当试图结合来自不同注意力头的节点表征时，可以使用其他池化技术，而不是使用串联操作。例如，可以简单地从不同注意力头中获取平均节点表征：

$$\boldsymbol{H}_i^k = \sigma\left(\frac{1}{T}\sum_{t=1}^T \sum_{j\in N(i)} \alpha_{ij}^t \boldsymbol{W}^t \boldsymbol{H}_j^{k-1}\right) \tag{4.19}$$

4.2.4 消息传递神经网络

另一种非常流行的图神经网络架构是消息传递神经网络（Message Passing Neural Network，MPNN）（Gilmer et al，2017），MPNN 最初是为学习分子图表征而提出的。然而，MPNN 实际上非常通用，这是因为 MPNN 提供了一种通用的图神经网络框架，它也可以用于节点分类任务。MPNN 的基本思想是将现有的图神经网络表示为节点间神经消息传递的一般框架。MPNN 有两个重要的函数——消息函数和更新函数：

$$m_i^k = \sum_{i\in N(j)} \boldsymbol{M}_k(\boldsymbol{H}_i^{k-1}, \boldsymbol{H}_j^{k-1}, e_{ij}) \tag{4.20}$$

$$\boldsymbol{H}_i^k = \boldsymbol{U}_k(\boldsymbol{H}_i^{k-1}, m_i^k) \tag{4.21}$$

其中，$\boldsymbol{M}_k(\cdot,\cdot,\cdot)$定义了第 k 层中节点 i 和节点 j 之间的消息，具体取决于两个节点的表征及其边信息。$\boldsymbol{U}_k$ 是第 k 层的节点更新函数，它结合了来自邻居节点和节点表征本身的聚合消息。我们可以看到，MPNN 框架与 4.2.1 节介绍的一般框架非常相似，那里定义的 AGGREGATE 函数只是对来自邻居节点的所有消息进行求和，COMBINE 函数与节点更新函数相同。

4.2.5 连续图神经网络

前面介绍的图神经网络通过不同种类的图卷积层来迭代更新节点表征。在本质上，这些方法使用 GNN 对节点表征的离散动态进行建模。Xhonneux et al（2020）提出了连续图神经网络（Continuous Graph Neural Network，CGNN），旨在将现有的具有离散动态的图神经网络推广到连续场景中，即试图对节点表征的连续动态进行建模，其关键在于有效地建模节点表征的连续动态，也就是建模节点表征的导数与时间的关系。CGNN 模型的灵感来自图上基于扩散的模型，如 PageRank 和社交网络的流行病模型。节点表征的导数被定义为节点表征本身、其邻居节点的表征以及节点的初始状态的组合。具体来说，CGNN 引入了两个不同的节点动态模型：第一个模型假设节点表征的不同维度（又称为特征通道）是独立的；第二个模型更加灵活，它允许不同的特征通道相互影响。接下来，我们分别详细介绍这两个模型。

注意：这里不使用原始的邻接矩阵 $\boldsymbol{A}$，而是使用下面的正则化矩阵来描述图的结构。

$$A := \frac{\alpha}{2}(I + D^{-\frac{1}{2}}AD^{-\frac{1}{2}}) \tag{4.22}$$

其中，$\alpha \in (0,1)$ 是一个超参数。D 是原始邻接矩阵 A 的度矩阵。有了新的正则化邻接矩阵 A，A 的特征值将位于区间$[0, \alpha]$，这将使得 A^k 在指数 k 增加时收敛到 0。

模型 1：独立特征通道。由于图中的不同节点是相互连接的，因此在构建每个特征通道的动态模型解决方案时应该考虑到图结构，以便信息可以在不同的节点之间传播。CGNN 受到现有的图上基于扩散的方法的启发，如 PageRank（Page et al，1999）和标签传播（Zhou et al，2004），使用以下阶梯式传播公式定义了节点表征（或节点上的信号）的离散传播：

$$H^{k+1} = AH^k + H^0 \tag{4.23}$$

其中，$H^0 = X$ 或编码器对输入特征 X 的输出。直观地说，每次更新完的新的节点表征都是其相邻节点表征以及初始节点特征的线性组合。这样的机制允许在没有忘记初始节点特征的情况下对图上的信息传播进行建模。我们可以展开式（4.23），从而明确地推导出第 k 步的节点表征：

$$H^k = \left(\sum_{i=0}^{k} A^i\right)H^0 = (A - I)^{-1}(A^{k+1} - I)H^0 \tag{4.24}$$

由于上述公式有效地模拟了节点表征的离散动态，因此 CGNN 模型进一步将其扩展到了连续场景，也就是把离散的时间步 k 替换为连续变量 $t \in \mathbb{R}_0^+$。具体来说，人们已经证明式（4.24）是以下常微分公式（Ordinary Differential Equation，ODE）的离散化：

$$\frac{\mathrm{d}H^t}{\mathrm{d}t} = \log AH^t + X \tag{4.25}$$

初始值 $H^0 = (\log A)^{-1}(A - I)X$，其中，$X$ 是初始节点特征或应用于 X 的编码器的输出，具体的证明细节请参考原始论文（Xhonneux et al，2020）。在式（4.25）中，由于 $\log A$ 在实践中难以计算，因此我们用一阶泰勒扩展来近似，$\log A \approx A - I$。通过整合所有这些信息，我们得到以下 ODE 公式：

$$\frac{\mathrm{d}H^t}{\mathrm{d}t} = (A - I)H^t + X \tag{4.26}$$

初始值 $H^0 = X$，这是 CGNN 模型的第一个变体。

CGNN 模型实际上是非常直观的，它与传统的流行病模型联系紧密。对流行病进行建模的目的是研究人群中的感染动态。具体来说，我们通常假设人群的感染会受到三个不同因素的影响，分别是来自邻居的感染、自然恢复和人群的自然特征。如果把 H^t 当作时间 t 的感染人数，那么这三个因素便可以自然地用式（4.26）中的三个项来建模：AH^t 代表来自邻居的感染，$-H^t$ 代表自然恢复，X 代表人群的自然特征。

模型 2：对特征通道的相互作用进行建模。上面的模型假设不同的节点特征通道是相互独立的，这是一个非常强的假设，并且限制了模型的能力。受图神经网络线性变体〔如 Simple GCN（Wu et al，2019a）〕取得成功的启发，CGNN 提出了一个更强大的离散节点动态模型，以允许不同的特征通道相互作用：

$$H^{k+1} = AH^kW + H^0 \tag{4.27}$$

其中，$W \in \mathbb{R}^{F \times F}$ 是权重矩阵，用于建模不同特征通道之间的相互作用。同样，我们也可以将上述离散动力学扩展到连续情况，从而得到以下公式：

$$\frac{\mathrm{d}\boldsymbol{H}^t}{\mathrm{d}t}=(\boldsymbol{A}-\boldsymbol{I})\boldsymbol{H}^t+\boldsymbol{H}^t(\boldsymbol{W}-\boldsymbol{I})+\boldsymbol{X} \tag{4.28}$$

初始值为 $\boldsymbol{H}^0=\boldsymbol{X}$。这是 CGNN 的第二种变体，具有可训练的权重。式（4.28）定义的类似形式的 ODE 已经在控制理论的文献中被研究过，被称为 Sylvester 微分公式（Locatelli and Sieniutycz，2002）。矩阵 $\boldsymbol{A}-\boldsymbol{I}$ 和 $\boldsymbol{W}-\boldsymbol{I}$ 描述了系统的自然解，而 $\boldsymbol{X}$ 是提供给系统的信息，以驱动系统进入预期状态。

讨论 连续图神经网络（CGNN）具有多种良好的特性：（1）最近的研究表明，如果我们增加离散图神经网络的层数 K，则学习到的节点表征往往存在过平滑问题（详见 4.4 节），从而失去表达能力。相反，连续图神经网络能够训练非常深的图神经网络，并且在实验中对任意选择的集成时间具有鲁棒性。（2）对于图上的一些任务，关键是要对节点之间的长距离依赖关系进行建模，这就需要训练深的 GNN。由于过平滑问题，现有的离散 GNN 无法训练非常深的 GNN。CGNN 能够有效地对节点之间的长距离依赖性进行建模，这要归功于其在时间上的稳定性。（3）超参数 α 非常重要，它控制着扩散的速度。具体来说，超参数 α 控制着正则化矩阵 $\boldsymbol{A}$ 的高阶幂消失的速度。在（Xhonneux et al，2020）中，作者提议为每个节点学习不同的 α 值，因为这样可以为不同的节点选择最优的扩散率。

4.2.6 多尺度谱图卷积网络

下面我们先简单回顾 GCN 中的单层图卷积算法（Kipf and Welling，2017b）$\boldsymbol{H}=\boldsymbol{LHW}$，其中，$\boldsymbol{L}=\boldsymbol{D}^{-\frac{1}{2}}\tilde{\boldsymbol{A}}\boldsymbol{D}^{-\frac{1}{2}}$。这里我们去掉了表示层数的上标，以免与矩阵幂的符号发生冲突。这种简单的图卷积操作主要有两个问题。第一个问题是，一个图卷积层只能将信息从任意节点传播到最近的邻居节点，也就是一阶之外的邻居节点。如果想把信息传播给 M 阶以外的邻居节点，就必须堆积 M 个图卷积层，或者计算图卷积与图拉普拉斯的 M 次方，也就是 $\boldsymbol{H}=\sigma(\boldsymbol{L}^M\boldsymbol{HW})$。当 M 很大时，堆叠层的解决方案会使整个 GCN 模型变得非常深，从而在学习中产生问题，如梯度消失。这与我们训练非常深的前馈神经网络时的经历相似。对于矩阵幂的解决方案，朴素地计算图拉普拉斯的 M 次幂也是非常耗时耗力的（例如，对于有 N 个节点的图，时间复杂度是 $O(N^{3(M-1)})$）。第二个问题是，GCN 中没有与图拉普拉斯矩阵 $\boldsymbol{L}$ 相关的可学习参数（这里的 $\boldsymbol{L}$ 对应于图的连接或结构）。唯一可学习的参数 $\boldsymbol{W}$ 是一个同时应用于每个节点的线性变换，但与结构信息无关。需要注意的是，我们通常会将可学习的权重关联到边上，同时将卷积应用到像网格这样的规则图上（例如，将二维卷积应用到图像上），这将极大地提高模型的表达能力。然而，目前我们还不清楚如何向图拉普拉斯矩阵 $\boldsymbol{L}$ 添加可学习的参数，因为参数的尺寸可能会因图而异。

为了克服这两个问题，Liao et al（2019b）提出了 Lanczos 网络。给定图拉普拉斯矩阵 $\boldsymbol{L}$[①]和节点特征 $\boldsymbol{X}$，首先使用 M 步的 Lanczos 算法（Lanczos，1950）（详见算法 1）计算一个正交矩阵 $\boldsymbol{Q}$ 和一个对称的三对角矩阵 $\boldsymbol{T}$，使得 $\boldsymbol{Q}^{\mathrm{T}}\boldsymbol{LQ}=\boldsymbol{T}$。

① 这里假设了一个对称的图拉普拉斯矩阵，如果它是非对称的（如有向图的拉普拉斯矩阵），则可以求助于 Arnoldi 算法。

算法 1 Lanczos 算法

1 输入：S, x, M, ε
2 初始化：$\beta_0=0$，$\boldsymbol{q}_0=0$ 且 $\boldsymbol{q}_1=\boldsymbol{x}/\|\boldsymbol{x}\|$
3 对于 $j=1, 2, \cdots, \boldsymbol{K}$：
4 　　$\boldsymbol{z}=S\boldsymbol{q}_j$
5 　　$\gamma_j=\boldsymbol{q}_j^{\mathrm{T}}\boldsymbol{z}$
6 　　$\boldsymbol{z}=\boldsymbol{z}-\gamma_j\boldsymbol{q}_j-\beta_{j-1}\boldsymbol{q}_{j-1}$
7 　　$\beta_j=\|\boldsymbol{z}\|_2$
8 　　若 $\beta_j<\varepsilon$，则退出
9 　　$\boldsymbol{q}_{j+1}=\boldsymbol{z}/\beta_j$
10
11 $\boldsymbol{Q}=[\boldsymbol{q}_1, \boldsymbol{q}_2, \cdots, \boldsymbol{q}_M]$
12 按照式（4.29）构造 $\boldsymbol{T}$
13 本征分解 $\boldsymbol{T}=\boldsymbol{BRB}^{\mathrm{T}}$
14 返回 $\boldsymbol{V}=\boldsymbol{QB}$ 和 $\boldsymbol{R}.=0$

$\boldsymbol{Q}=[\boldsymbol{q}_1, \boldsymbol{q}_2, \cdots, \boldsymbol{q}_M]$，其中的列向量 $\boldsymbol{q}_i$ 是第 i 个 Lanczos 向量。请注意，M 可能比节点数 N 小得多。三对角矩阵 $\boldsymbol{T}$ 的形式如下：

$$\boldsymbol{T}=\begin{bmatrix} \gamma_1 & \beta_1 & & \\ \beta_1 & \ddots & \ddots & \\ & \ddots & & \beta_{M-1} \\ & & \beta_{M-1} & \gamma_M \end{bmatrix} \tag{4.29}$$

在得到三对角矩阵 $\boldsymbol{T}$ 后，我们可以通过将矩阵 $\boldsymbol{T}$ 对角化来计算用于近似 $\boldsymbol{L}$ 的顶部特征值及特征向量的 Ritz 值和 Ritz 向量，$\boldsymbol{T}=\boldsymbol{BRB}^{\mathrm{T}}$，其中的 $K\times K$ 对角矩阵 $\boldsymbol{R}$ 包含 Ritz 值，$\boldsymbol{B}\in\mathbb{R}^{K\times K}$ 是正交矩阵。这里的“顶部”指的是将特征值按大小以降序排列后得到的前几个特征值，这可以通过一般的特征分解或一些专门针对三对角矩阵的快速分解方法来实现。现在我们有了图拉普拉斯矩阵 $\boldsymbol{L}\approx\boldsymbol{VRV}^{\mathrm{T}}$ 的低秩近似，其中 $\boldsymbol{V}=\boldsymbol{QB}$。若将 $\boldsymbol{V}$ 的列向量表示为 $\{\boldsymbol{v}_1, \boldsymbol{v}_2, \cdots, \boldsymbol{v}_M\}$，则多尺度图卷积为

$$\begin{aligned} \boldsymbol{H} &= \hat{\boldsymbol{L}}\boldsymbol{HW} \\ \hat{\boldsymbol{L}} &= \sum_{m=1}^{M} f_\theta(r_m^{I_1}, r_m^{I_2}, \cdots, r_m^{I_u})\boldsymbol{v}_m\boldsymbol{v}_m^{\mathrm{T}} \end{aligned} \tag{4.30}$$

其中，$\{I_1, I_2, \cdots, I_u\}$ 是一组表示规模/范围的参数，它们决定了我们希望在图上传播多少阶（或多远）的信息。例如，我们可以很容易地设置 $\{I_1=50, I_2=100\}$（此时 $u=2$），以考虑分别传播 50 步和 100 步的情况。需要注意的是，我们只需要计算标量的幂，而不需要计算原始的矩阵幂。在这种情况下，Lanczos 算法的总复杂度是 $O(MN^2)$，这使得整个算法比直接计算矩阵幂要有效得多。此外，f_θ 是一个以 θ 为参数的可学习的谱滤波器，可应用于不同大小的图，这是因为我们已经对图的大小和 f_θ 的输入大小做了解耦。通过将 f_θ 直接作用于图拉普拉斯，就可以极大提高模型的表达能力。

尽管 Lanczos 算法提供了一种有效的方法来近似计算图拉普拉斯的任意幂，但这仍然是

一种低秩近似，可能会失去某些信息（如高频信息）。为了解决这个问题，我们可以进一步利用小规模的参数做普通图卷积，如 $\boldsymbol{H}=\boldsymbol{L}^S\boldsymbol{H}\boldsymbol{W}$，其中，$S$ 可以是 2 或 3 这样的小整数。由此得到的表征可以与通过式（4.30）中的远程图卷积得到的表征相连接。依靠上述设计，我们就可以通过添加非线性和堆叠多个这样的层来建立一个深层图卷积网络（也就是 Lanczos 网络），就像 GCN 一样。Lanczos 网络的整体推理过程如图 4.1 所示。这种方法在各种数据集和任务上有着很好的效果，包括量子化学中的分子特性预测以及引文网络中的文档分类。我们只需要对原始的 GCN 实现进行轻微修改即可。然而，如果输入的图非常大（例如一些大型的社交网络），则 Lanczos 算法本身将是一个计算瓶颈。因此，在这样的问题背景下如何改进这个模型？这是一个开放性的问题。

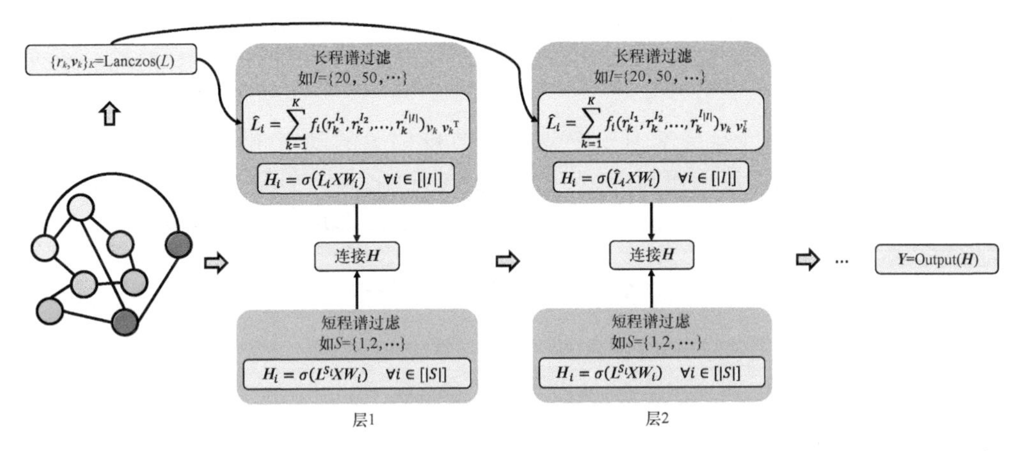

图 4.1 Lanczos 网络的推理过程。其中，近似的顶部特征值$\{r_k\}$和特征向量$\{\boldsymbol{v}_k\}$是由 Lanczos 算法计算得出的。请注意，这个步骤只对每个图执行一次。远程的图卷积（图的顶部）是通过图拉普拉斯的低秩近似来有效计算的。我们可以控制尺度（即特征值的指数）作为超参数。可学习的谱过滤器被应用于近似的顶部特征值$\{r_k\}$。短程的图卷积（图的底部）与 GCN 相同。图 4.1 改编自 Liao et al（2019b）中的图 1

在这里，我们只介绍了几个有代表性的用于节点分类的图神经网络架构。当然，除这里介绍的模型以外，还有许多其他著名的架构，比如门控图神经网络（Li et al，2016b）和 GraphSAGE（Hamilton et al，2017b），前者主要针对输出序列而设计，后者主要针对节点分类的归纳式场景而设计。

4.3 无监督的图神经网络

在本节中，我们将回顾一些有代表性的基于 GNN 的图结构数据无监督学习方法，包括变分图自编码器（Kipf and Welling，2016）和深度图信息最大化（deep graph infomax）（Veličković et al，2019）。

4.3.1 变分图自编码器

起源于变分自编码器（VAE）（Kingma and Welling，2014；Rezende et al，2014），变分图自编码器（Variational Graph Auto-Encoder，VGAE）（Kipf and Welling，2016）为图结构数据的无监督学习提供了一个框架。在接下来的内容中，我们将首先回顾 VGAE 模型，然

后讨论其优缺点。

4.3.1.1　问题设定

给定一个有 N 个节点的无向图 $\mathscr{G}=(\mathscr{V},\mathscr{E})$，其中的每个节点都有对应的特征或属性向量。把所有的节点特征都紧凑地表示为一个矩阵 $\boldsymbol{X}\in\mathbb{R}^{N\times C}$。图的邻接矩阵是 $\boldsymbol{A}$。假设自连接已被添加到原始图 $\mathscr{G}$ 中，因此 $\boldsymbol{A}$ 的对角线项是 1。这也是图卷积网络（GCN）的惯用表示形式（Kipf and Welling，2017b），即使模型在更新节点的新表征时考虑了旧表征。这里还假设每个节点都与一个隐变量相关联（所有潜表征的集合再次被紧凑地表示为一个矩阵 $\boldsymbol{Z}\in\mathbb{R}^{N\times F}$）。我们对推断图中节点的隐变量和边的解码感兴趣。

4.3.1.2　模型

与 VAE 类似，VGAE 包含一个编码器 $q_\phi(Z|\boldsymbol{A},\boldsymbol{X})$、一个解码器 $p_\theta(\boldsymbol{A}|Z)$和一个先验 $p(Z)$。

编码器。编码器的目标是学习一个与每个节点相关的隐变量的分布，以节点特征 $\boldsymbol{X}$ 和邻接矩阵 $\boldsymbol{A}$ 为条件。我们可以将 $q_\phi(Z|\boldsymbol{A},\boldsymbol{X})$实例化为一个图神经网络，其中可学习的参数为$\phi$。特别是，VGAE 假设了一个与节点无关的编码器，如下所示：

$$q_\phi(Z\mid\boldsymbol{X},\boldsymbol{A})=\prod_{i=1}^{N}q_\phi(z_i\mid\boldsymbol{X},\boldsymbol{A})\tag{4.31}$$

$$q_\phi(z_i\mid\boldsymbol{X},\boldsymbol{A})=\mathscr{N}(z_i\mid\boldsymbol{\mu}_i,\operatorname{diag}(\boldsymbol{\sigma}_i^2))\tag{4.32}$$

$$\boldsymbol{\mu},\boldsymbol{\sigma}=\mathrm{GCN}_\phi(\boldsymbol{X},\boldsymbol{A})\tag{4.33}$$

其中，$\boldsymbol{z}_i$、$\boldsymbol{\mu}_i$和 $\boldsymbol{\sigma}_i$ 分别是矩阵 $\boldsymbol{Z}$、$\boldsymbol{\mu}$ 和 $\boldsymbol{\sigma}$ 的第 i 行。一般来说，我们假设具有对角协方差的多变量正态分布是每个节点隐变量（如 $\boldsymbol{z}_i$）的近似分布。平均值和对角协方差是由编码器网络预测的，比如 4.2.2 节中描述的 GCN。例如，原论文采用了一个两层的 GCN，如下所示：

$$\boldsymbol{\mu}=\tilde{\boldsymbol{A}}\boldsymbol{H}\boldsymbol{W}_\mu\tag{4.34}$$

$$\boldsymbol{\sigma}=\tilde{\boldsymbol{A}}\boldsymbol{H}\boldsymbol{W}_\sigma\tag{4.35}$$

$$\boldsymbol{H}=\mathrm{ReLU}(\tilde{\boldsymbol{A}}\boldsymbol{X}\boldsymbol{W}_0)\tag{4.36}$$

其中，$\tilde{\boldsymbol{A}}=\boldsymbol{D}^{-\frac{1}{2}}\boldsymbol{A}\boldsymbol{D}^{-\frac{1}{2}}$ 是对称且归一化的邻接矩阵，$\boldsymbol{D}$ 是度数矩阵。因此，可学习的参数是 $\phi=[\boldsymbol{W}_\mu,\boldsymbol{W}_\sigma,\boldsymbol{W}_0]$。

解码器。给定抽样的隐变量，解码器的目的是预测节点之间的边。原论文采用了一种简单的基于点积的预测算法：

$$p(\boldsymbol{A}\mid Z)=\prod_{i=1}^{N}\prod_{j=1}^{N}p(A_{ij}\mid z_i,z_j)\tag{4.37}$$

$$p(A_{ij}\mid z_i,z_j)=\sigma(z_i^{\mathrm{T}}z_j)\tag{4.38}$$

其中，A_{ij} 表示第（i,j）个元素，$\sigma(\cdot)$是 Sigmoid 激活函数。为了便于处理，这个解码器再次假定所有可能的边都是条件独立的。请注意，这个解码器并没有相关的可学习参数。提高解码器表现的唯一方法是学习好的隐变量。

先验。隐变量的先验分布被简单地设定为具有单位方差的独立零均值高斯分布。

$$p(Z)=\prod_{i=1}^{N}\mathcal{N}(\boldsymbol{z}_i \mid \boldsymbol{0},\boldsymbol{I}) \tag{4.39}$$

在整个学习过程中，这个先验是固定的，就像典型的 VAE 所做的那样。

目标和学习。为了学习编码器和解码器，我们通常会像 VAE 那样最大限度地提高证据下限（ELBO）。

$$\mathscr{L}_{\text{ELBO}}=\mathbb{E}_{q_\phi(Z|\boldsymbol{X},\boldsymbol{A})}[\log p(\boldsymbol{A}\mid Z)]-\mathrm{KL}(q_\phi(Z\mid \boldsymbol{X},\boldsymbol{A})\,\|\,p(Z)) \tag{4.40}$$

其中，$\mathrm{KL}(q\|p)$是分布 q 和 p 之间的 Kullback-Leibler 散度。请注意，我们不能直接最大化对数似然，因为隐变量 Z 的引入会引起一个高维积分，这是难以计算的。作为替代，我们需要最大化式（4.40）中的 ELBO，这是对数似然的一个下限。然而，第一个期望项也是难以计算的。我们通常采用蒙特卡洛估计法，从编码器 $q_\phi(Z|\boldsymbol{A},\boldsymbol{X})$ 中抽出几个样本，然后用这些样本来对该项求值。为了使目标最大化，我们可以将随机梯度下降与重参数化技巧结合起来（Kingma and Welling，2014）。请注意，重参数化技巧是必要的，因为我们需要通过上述蒙特卡洛估计项中的抽样进行反向传播，以计算梯度关于编码器的参数。

4.3.1.3 讨论

VGAE 在文献中很受欢迎，这主要缘于其简单性和良好的表现。例如，由于先验和解码器没有可学习的参数，VGAE 是相当轻便的，训练过程也很迅速。此外，VGAE 是通用的，一旦学会一个好的编码器，比如好的隐变量，就可以用它来预测边（预测链接）和节点属性等。但是，VGAE 在以下几个方面仍有局限性。首先，VGAE 不能像 VAE 对图像所做的那样作为一个好的图生成模型使用，因为解码器是不可学习的。我们可以简单地设计一些可学习的解码器。然而，目前我们还不清楚学习好的隐变量和生成高质量的图的目标是否总是一致。沿着这个方向进行更多探索将会很有前景。其次，编码器和解码器都利用了条件独立假设，但效果可能是非常有限的，考虑更多的结构依赖性（如自动回归）将会比较理想，从而提高模型的能力。另外，正如原论文中所讨论的，先验分布的选择可能不是最优的。最后，对于实践中的链接预测，我们可能需要在解码器中增加边与非边的权重，并且需要仔细调整权重，因为图可能非常稀疏。

4.3.2 深度图信息最大化

起源于互信息神经估计（Mutual Information Neural Estimation，MINE）（Belghazi et al，2018）和深度信息最大化（Deep Infomax）（Hjelm et al，2018）的理论，深度图信息最大化（Veličković et al, 2019）是一个无监督的学习框架，旨在通过互信息最大化原则学习图的表征。

4.3.2.1 问题设定

根据原论文，我们将解释单图设定下的模型，即提供单一图的节点特征矩阵 $\boldsymbol{X}$ 和图邻接矩阵 $\boldsymbol{A}$ 作为输入。4.3.2.3 节将讨论对其他问题设定的扩展，如直推式和归纳式学习设定。在这里，我们的目标是以无监督方式学习节点表征。在学习节点表征后，我们可以在表征的基础上应用一些简单的线性（逻辑斯谛回归）分类器来执行监督任务，如节点分类。

4.3.2.2 模型

图 4.2 展示了深度图信息最大化的整体流程。

深度图信息最大化模型的主要思想是使节点表征（捕捉图的局部信息）和图表征（捕

捉图的全局信息）之间的局部互信息最大化。通过这样做，学习到的节点表征就可以尽可能地捕捉到图的全局信息。这里将图编码器表示为 ε, ε 可以是我们之前讨论过的任何 GNN，例如一个两层的 GCN。我们可以得到所有的节点表征：$\boldsymbol{H}=\varepsilon(\boldsymbol{X}, \boldsymbol{A})$，其中任何节点 i 的表征 $\boldsymbol{h}_i$ 都应该包含一些靠近节点 i 的局部信息。为了获得全局图信息，我们可以使用一个读出（readout）函数来处理所有的节点表征：$\boldsymbol{s}=\mathscr{R}(\boldsymbol{H})$。其中，读出函数 $\mathscr{R}$ 可以是一些可学习的集合函数，也可以是一些简单的平均运算符。

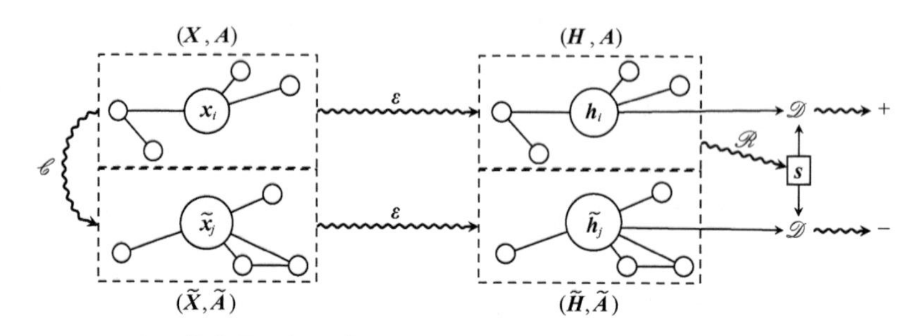

图 4.2　深度图信息最大化的整体流程。上方的路径显示的是如何处理正样本，下方的路径显示的是如何处理负样本。请注意，正负两方面的图表征是共享的。正样本和负样本的子图不一定不同。图 4.2 改编自 Veličković et al（2019）中的图 1

目标。给出局部节点表征和图全局表征 $\boldsymbol{s}$，下一步自然是计算它们之间的互信息。互信息的定义如下：

$$\mathrm{MI}(\boldsymbol{h},\boldsymbol{s})=\iint p(\boldsymbol{h},\boldsymbol{s})\log\left(\frac{p(\boldsymbol{h},\boldsymbol{s})}{p(\boldsymbol{h})p(\boldsymbol{s})}\right)\mathrm{d}\boldsymbol{h}\mathrm{d}\boldsymbol{s} \tag{4.41}$$

然而，如（Hjelm et al，2018）所述，仅仅最大化局部互信息还不足以学习有用的表征。为了形成一个更具体的目标，Veličković et al（2019）转而使用了遵循深度信息最大化（Hjelm et al，2018）的一个噪声对比型目标：

$$\mathscr{L}=\frac{1}{N+M}\left(\sum_{i=1}^{N}\mathbb{E}_{(\boldsymbol{X},\boldsymbol{A})}[\log\mathscr{D}(\boldsymbol{h}_i,\boldsymbol{s})]+\sum_{j=1}^{M}\mathbb{E}_{(\tilde{\boldsymbol{X}},\tilde{\boldsymbol{A}})}[\log(1-\mathscr{D}(\tilde{\boldsymbol{h}}_j,\boldsymbol{s}))]\right) \tag{4.42}$$

其中，$\mathscr{D}$ 是一个二元分类器，它将节点表征 $\boldsymbol{h}_i$ 和图表征 $\boldsymbol{s}$ 作为输入，并预测 $(\boldsymbol{h}_i, \boldsymbol{s})$对是来自联合分布 $p(\boldsymbol{h}, \boldsymbol{s})$（正类）还是边缘分布 $p(\boldsymbol{h}_i)p(\boldsymbol{s})$的乘积（负类）。这里将 $\tilde{\boldsymbol{h}}_j$ 表示为来自负样本的第 j 个节点表征。正样本和负样本的数量分别为 N 和 M。接下来我们解释如何抽取正负样本。我们的总体目标是训练概率分类器的负二分类交叉熵。请注意，这个目标与生成对抗网络（GAN）中使用的距离类型相同（Goodfellow et al，2014b），已被证明与 Jensen-Shannon 散度成比例（Goodfellow et al，2014b；Nowozin et al，2016）。正如 Hjelm et al（2018）所验证的，基于互信息估计器最大化 Jensen-Shannon 散度，与直接最大化互信息的行为相似（即它们有一个近似的单调关系）。因此，将式（4.42）中的目标最大化即可使互信息最大化。更重要的是，选择负样本的自由度使得这种方法相比最大化基础互信息更有可能学到有用的表征。

负抽样。为了产生正样本，我们可以直接从图中抽出几个节点来构建$(\boldsymbol{h}_i, \boldsymbol{s})$对。对于负样本，我们可以通过破坏原始图的数据来生成它们，具体可以表示为$(\tilde{\boldsymbol{X}}, \tilde{\boldsymbol{A}})=\mathscr{C}(\boldsymbol{X}, \boldsymbol{A})$。在实践中，我们可以选择这个腐坏函数 $\mathscr{C}$ 的各种形式。例如，在（Veličković et al，2019）中，

这篇论文的作者建议保持邻接矩阵不变，通过按行打乱顺序来破坏节点特征 $\boldsymbol{X}$。腐坏函数的其他可能性包括随机抽样子图以及对节点特征应用丢弃法（Srivastava et al，2014）。

一旦收集到正负样本，就可以通过最大化式（4.42）中的目标来学习表征。我们将深度图信息最大化的训练过程总结如下：

- 通过腐坏函数$(\tilde{\boldsymbol{X}}, \tilde{\boldsymbol{A}}) \sim \mathscr{C}(\boldsymbol{X}, \boldsymbol{A})$对负样本进行抽样。
- 计算正样本的节点表征 $\boldsymbol{H} = \{\boldsymbol{h}_1, \boldsymbol{h}_2, \cdots, \boldsymbol{h}_N\} = \varepsilon(\boldsymbol{X}, \boldsymbol{A})$。
- 计算负样本的节点表征 $\tilde{\boldsymbol{H}} = \{\tilde{\boldsymbol{h}}_1, \tilde{\boldsymbol{h}}_2, \cdots, \tilde{\boldsymbol{h}}_M\} = \varepsilon(\tilde{\boldsymbol{X}}, \tilde{\boldsymbol{A}})$。
- 通过读出函数 $\boldsymbol{s} = \mathscr{R}(\boldsymbol{H})$计算图表征。
- 通过梯度上升法更新 ε、$\mathscr{D}$ 和 $\mathscr{R}$，使得式（4.42）最大化。

4.3.2.3 讨论

深度图信息最大化是一种针对图结构数据的高效无监督表征学习方法。编码器、读出器和二分类交叉熵损失函数的实现都很简单。小批量训练不一定需要存储整个图，因为读出也可以应用于一组子图。因此，该方法具有很高的内存效率。另外，正负样本的处理可以并行地进行。已有文献证实，在某些条件下（如读出函数是注入式的，输入特征来自有限集合等），最小化交叉熵类型的分类误差可以用来最大化互信息。然而，腐坏函数的选择对于确保令人满意的经验结果似乎是至关重要的。由于目前还没有一个通用的好的腐坏函数，因此我们需要根据任务或数据集的情况进行反复实验，才能获得一个合适的腐坏函数。

4.4 过平滑问题

通过堆叠多层图神经网络来训练深度图神经网络通常会产生较差的结果，这是在许多不同的图神经网络架构中都能观察到的一个常见问题。Li et al（2018b）研究发现以上现象主要是过平滑问题导致的，他们还证明了图卷积网络（Kipf and Welling，2017b）是拉普拉斯平滑的一种特殊情况：

$$\boldsymbol{Y} = (1 - \gamma \boldsymbol{I})\boldsymbol{X} + \gamma \tilde{\boldsymbol{A}}_{rw}\boldsymbol{X} \tag{4.43}$$

其中，$\tilde{\boldsymbol{A}}_{rw} = \tilde{\boldsymbol{D}}^{-1}\tilde{\boldsymbol{A}}$，用于定义图上节点之间的转移概率。GCN 对应于拉普拉斯平滑的一个特例（$\gamma=1$）并且使用了对称矩阵 $\tilde{\boldsymbol{A}}_{\text{sym}} = \tilde{\boldsymbol{D}}^{-\frac{1}{2}}\tilde{\boldsymbol{A}}\tilde{\boldsymbol{D}}^{-\frac{1}{2}}$。拉普拉斯平滑将推动属于同一聚类的节点采取类似的表征，这对下游任务（如节点分类）是有利的。然而，当 GCN 变深时，节点表征会出现过平滑问题，即所有节点都会有类似的表征。因此，下游任务的表现也会受到影响。这一现象后来也被其他一些文献先后指出，如（Zhao and Akoglu，2019；Li et al，2018b；Xu et al，2018a；Li et al，2019c；Rong et al，2020b）。

PairNorm（Zhao and Akoglu，2019）。接下来，我们介绍一种名为 PairNorm 的方法，用于缓解 GNN 变深时的过平滑问题。PairNorm 的基本思想是保持节点表征的节点对的总平方距离（Total Pairwise Squared Distance，TPSD）不变，让它们与原始节点特征 $\boldsymbol{X}$ 的 TPSD 相同。假设 $\tilde{\boldsymbol{H}}$ 是图卷积的节点表征的输出，它同时也是 PairNorm 的输入，并且假设 $\hat{\boldsymbol{H}}$ 是 PairNorm 的输出。PairNorm 的目标是将 $\tilde{\boldsymbol{H}}$ 归一化，使得归一化后的 $\text{TPSD}(\hat{\boldsymbol{H}}) = \text{TPSD}(\boldsymbol{X})$。换言之：

$$\sum_{(i,j)\in\mathcal{E}} \| \hat{\boldsymbol{H}}_i - \hat{\boldsymbol{H}}_j \|^2 + \sum_{(i,j)\notin\mathcal{E}} \| \hat{\boldsymbol{H}}_i - \hat{\boldsymbol{H}}_j \|^2 = \sum_{(i,j)\in\mathcal{E}} \| \boldsymbol{X}_i - \boldsymbol{X}_j \|^2 + \sum_{(i,j)\notin\mathcal{E}} \| \boldsymbol{X}_i - \boldsymbol{X}_j \|^2 \tag{4.44}$$

在实践中，我们一般不直接测量原始节点特征 $\boldsymbol{X}$ 的 TPSD，而是在不同的图卷积层中保持一个恒定的 TPSD 值 C（Zhao and Akoglu，2019）。TPSD 值 C 将是 PairNorm 层的一个超参数，可以针对每个数据集对它进行调整。为了将 $\tilde{\boldsymbol{H}}$ 归一化为具有恒定 TPSD 的 $\hat{\boldsymbol{H}}$，我们必须首先计算 TPSD($\tilde{\boldsymbol{H}}$)。然而计算代价是非常昂贵的，这对节点数为 N 的图来说，将达到平方复杂度级别。我们注意到，TPSD 可以重新表示为

$$\text{TPSD}(\tilde{\boldsymbol{H}}) = \sum_{(i,j)\in[N]} \| \tilde{\boldsymbol{H}}_i - \tilde{\boldsymbol{H}}_j \|^2 = 2N^2 \left(\frac{1}{N}\sum_{i=1}^{N} \| \tilde{\boldsymbol{H}}_i \|_2^2 - \| \frac{1}{N}\sum_{i=1}^{N} \tilde{\boldsymbol{H}}_i \|_2^2 \right) \tag{4.45}$$

我们可以进一步简化上述公式，从每个 $\tilde{\boldsymbol{H}}_i$ 中减去行均值。换言之，$\tilde{\boldsymbol{H}}_i^C = \tilde{\boldsymbol{H}}_i - \frac{1}{N}\sum_{i=1}^{N}\tilde{\boldsymbol{H}}_i$，用以表示中心化的表征。节点表征的中心化有一个很好的特性，它既不会改变 TPSD，同时也可以将 $\| \frac{1}{N}\sum_{i=1}^{N}\tilde{\boldsymbol{H}}_i \|_2^2$ 推向 0。

因此，我们得到

$$\text{TPSD}(\tilde{\boldsymbol{H}}) = \text{TPSD}(\tilde{\boldsymbol{H}}^c) = 2N \| \tilde{\boldsymbol{H}}^c \|_F^2 \tag{4.46}$$

总而言之，PairNorm 可以分为两步——中心和尺度计算。

$$\tilde{\boldsymbol{H}}_i^c = \tilde{\boldsymbol{H}}_i - \frac{1}{N}\sum_{i=1}^{N}\tilde{\boldsymbol{H}}_i \quad （中心） \tag{4.47}$$

$$\hat{\boldsymbol{H}}_i = s \cdot \frac{\tilde{\boldsymbol{H}}_i^c}{\sqrt{\frac{1}{N}\sum_{i=1}^{N} \| \tilde{\boldsymbol{H}}_i^c \|_2^2}} = s\sqrt{N} \cdot \frac{\tilde{\boldsymbol{H}}_i^c}{\sqrt{\| \tilde{\boldsymbol{H}}^c \|_F^2}} \quad （尺度） \tag{4.48}$$

其中，s 是决定 TPSD 值 C 的一个超参数，最后得到

$$\text{TPSD}(\hat{\boldsymbol{H}}) = 2N \| \hat{\boldsymbol{H}} \|_F^2 = 2N\sum_i \| s \cdot \frac{\tilde{\boldsymbol{H}}_i^c}{\sqrt{\frac{1}{N}\sum_{i=1}^{N} \| \tilde{\boldsymbol{H}}_i^c \|_2^2}} \|_2^2 = 2N^2 s^2 \tag{4.49}$$

在不同的图卷积层中，TPSD 是一个常数。

4.5　小结

在本章中，我们全面介绍了用于节点分类的图神经网络的不同架构。这些图神经网络一般可以分为两类——有监督的和无监督的。对于有监督的图神经网络，不同架构之间的主要区别在于如何在节点之间传播信息，如何聚合来自邻居节点的信息，以及如何将来自邻居节点的聚合信息与节点表征本身结合起来。对于无监督的图神经网络，主要的差异来自目标函数的设计。本章还讨论了训练深度图神经网络的一个常见问题——过平滑问题，并介绍了解决这个问题的方法。未来，图神经网络的发展方向包括解释图神经网络行为的理论分析以及将其应用于各种领域，如推荐系统、知识图谱、药物和材料发现、计算机视觉和自然语言理解等。

编者注：节点分类是图神经网络中最为重要的任务之一。本章介绍的节点表征学习技术是本书将要介绍的其他任务的基石，包括图分类（见第 9 章）、链接预测（见第 10 章）、图生成（见第 11 章）等。熟悉节点表征学习的学习方法和设计原则是深入理解其他基本研究方向的关键，如理论分析（见第 5 章）、可扩展性（见第 6 章）、可解释性（见第 7 章）和对抗鲁棒性（见第 8 章）。

第 5 章

图神经网络的表达能力

Pan Li 和 Jure Leskovec[①]

摘要

神经网络之所以能成功，是因为其具有强大的表达能力，从而能够近似地处理从特征到预测的复杂非线性映射关系。自从 Cybenko（1989）提出万能近似定理以来，许多研究已经证明前馈神经网络可以近似任何感兴趣的函数。然而，由于对图神经网络参数空间的附加约束所带来的归纳偏置，以上成果还没有应用于图神经网络（GNN）。未来新的理论研究将有助于更好地理解这些约束条件，并描述 GNN 的表达能力。

在本章中，我们将回顾 GNN 在图表征学习中的表达能力的最新进展。首先，我们将介绍使用广泛的 GNN 框架（消息传递）并分析其能力和局限性。接下来，我们将介绍一些克服这些局限性的新技术，如注入随机属性、注入确定性距离属性以及建立高阶 GNN。我们还将介绍这些技术的核心观点，并强调其优势和缺陷。

5.1 导读

机器学习问题可以被抽象为学习一个从某个特征空间到某个目标空间的映射 f^*。这个问题的解决方案通常是由一个模型 f_θ 给出的，该模型可通过优化一些参数 θ 来近似 f^*。在实践中，真实的 f^* 通常是先验未知的。因此，人们期望模型 f_θ 能够在一个相当广泛的范围内近似于 f^*。对这个范围的估计被称为模型的**表达能力**，它提供了对模型潜力的重要衡量。最佳的情况是有表达能力更强的模型，因为这样就可以学习更复杂的映射函数。

神经网络（Neural Network，NN）以其强大的表达能力而闻名。具体来说，Cybenko（1989）首先证明了在紧空间（又称紧致空间）上定义的任何连续函数都可以由具有 Sigmoid 激活函数且只有一个隐藏层的神经网络均匀逼近。后来，这一成果被 Hornik et al（1989）泛化到任意的挤压型激活函数。

然而，这些开创性的发现并不足以解释目前神经网络在实践中的空前成功，这是因为它们强大的表达能力只能证明模型 f_θ 能够近似于 f^*，但并不能保证通过训练 $\hat{f}$ 得到的模型确实近似于 f^*。图 5.1 展示了数据量与机器学习模型性能的关系（Ng，2011）。只有在给定足够多数据的情况下，基于神经网络的方法才有可能超越传统方法。其中一

① Pan Li
Department of Computer Science，Purdue University，E-mail：panli@purdue.edu
Jure Leskovec
Department of Computer Science，Stanford University，E-mail：jure@cs.stanford.edu

个重要的原因是，作为机器学习模型的神经网络仍然受到数据量和模型复杂性之间基本权衡的制约（见图 5.2）。尽管神经网络可以有相当的表达能力，但是当有更多的参数时，却很可能会过度拟合训练实例。因此在实践中，有必要建立能够保持强大表达能力的神经网络，同时对参数进行约束。这需要我们从理论上很好地理解具有参数约束的神经网络的表达能力。

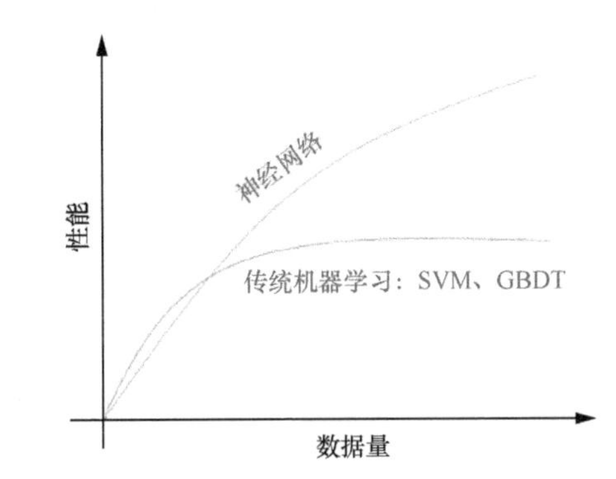

图 5.1 数据量与机器学习模型性能的关系

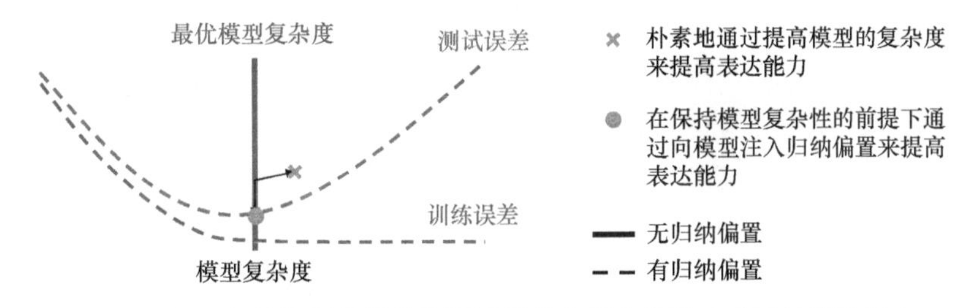

图 5.2 有无归纳偏置的训练和测试误差会极大地影响模型的表达能力

在实践中，对参数的约束通常是从我们对数据的先验知识中获得的，这些先验知识被称为归纳偏置。最近，关于具有归纳偏置的神经网络的表达能力的一些重要结果已经得到证明。Yarotsky（2017）以及 Liang and Srikant（2017）已经证明，深度神经网络（DNN）通过堆叠多个隐藏层，可以用明显少于浅层神经网络的参数实现足够好的近似。DNN 的架构利用了数据通常具有分层结构的事实。DNN 并不局限于某种数据类型，用于支持特定类型数据的专用神经网络架构已被开发出来，如循环神经网络（RNN）（Hochreiter and Schmidhuber，1997）和卷积神经网络（CNN）（LeCun et al，1989），它们分别被提议用于处理时间序列和图像。在这两类数据中，有效模式通常分别在时间和空间上保持平移不变性。为了匹配这种不变性，RNN 和 CNN 采用了在时间和空间上共享参数的归纳偏置（见图 5.3）。参数共享机制作为对参数的一种约束，限制了 RNN 和 CNN 的表达能力。然而，RNN 和 CNN 已经被证明有足够的表达能力来学习跨时空的不变函数（Siegelmann and Sontag，1995；Cohen and Shashua，2016；Khrulkov et al，2018），这让 RNN 和 CNN 在处理时间序列和图像方面取得了巨大成功。

最近，许多研究都集中在一种被称为图神经网络的新型神经网络上（Scarselli et al，2008；Bruna et al，2014；Kipf and Welling，2017a；Bronstein et al，2017；Gilmer et al，2017；Hamilton et al，2017b；Battaglia et al，2018）。这些研究旨在捕捉图/网络的归纳偏置，这是另一种重要的数据类型。图通常用于模拟多个元素之间的复杂关系和相互作用，已被广泛用于机器学习应用，如社群检测、推荐系统、分子属性预测和药品开发（Fortunato，2010；Fouss et al，2007；Pires et al，2015）。与时间序列和图像相比，图是不规则的，因此带来了新的挑战；而时间序列和图像是结构良好的，可以用表格或网格来表征。图机器学习背后的一个基本假设是：预测的目标应该与图的节点顺序无关。为了与这一假设相匹配，GNN 持有被称为排列不变量的一般归纳偏置。特别是，GNN 给出的输出应该独立于图的节点索引的分配方式，从而独立于它们被处理的顺序。GNN 要求其参数与节点排列无关，并在整个图中共享（见图 5.4）。由于 GNN 的这种新的参数共享机制，我们需要新的理论工具来描述其表达能力。

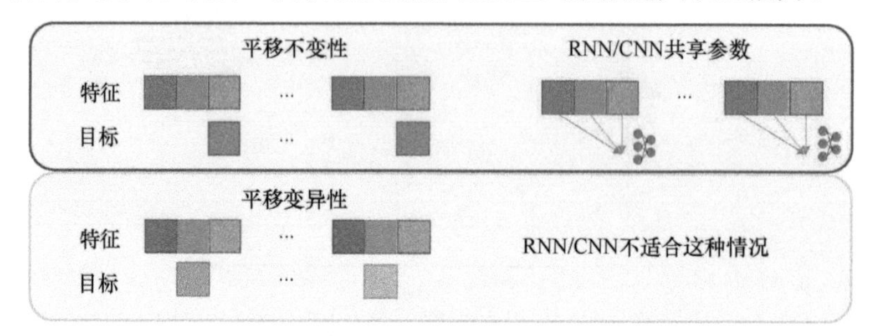

图 5.3　一维的平移不变性和平移变异性（RNN/CNN 利用平移不变性来共享参数）

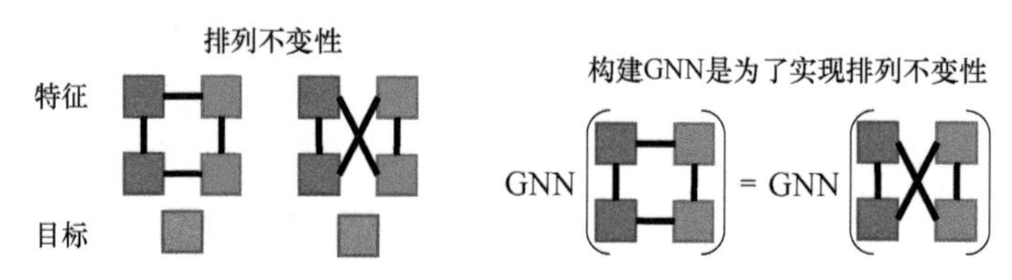

图 5.4　GNN 如何保持排列不变性

分析 GNN 的表达能力是具有挑战性的，因为这个问题与图论中一些长期存在的问题密切相关。为了理解这种联系，请考虑 GNN 如何预测一个图结构是否对应一个有效的分子。GNN 应该能够识别该图结构与已知的对应于有效分子的图结构是相同、相似还是完全不同。测量两个图是否具有相同的结构涉及解决图同构问题，目前人们还没有找到该问题的解决方法（Helfgott et al，2017）。此外，测量两个图是否具有相似的结构需要与图编辑距离问题相关联，这相比图同构问题更难解决（Lewis et al，1983）。

人们最近在描述 GNN 的表达能力方面取得了很大的进展，特别是在如何将它们的能力与传统的图算法相匹配，以及如何建立更强大的 GNN 以克服这些算法的限制方面。我们将在本章中进一步深入探讨这些最新的研究。特别地，与之前的介绍（Hamilton，2020；Sato，2020）相比，我们将重点介绍最近的关键见解和技术，以得到更强大的 GNN。具体来说，我们将介绍标准的消息传递 GNN，这种 GNN 能够达到一维 Weisfeiler-Lehman 测试（Weisfeiler and Leman，1968）的极限，这是一种被广泛使用的测试图同构的算法。我们还将讨论一些克服 Weisfeiler-Lehman 测试限制的策略，包括注入随机属性、注入确定性距离属性和建立高阶 GNN。

在 5.2 节中，我们将提出 GNN 所针对的图表征学习问题。在 5.3 节中，我们将回顾使用最为广泛的 GNN 框架——消息传递图神经网络，描述其表达能力的局限性并讨论其有效实现。在 5.4 节中，我们将介绍一些使 GNN 相比消息传递神经网络更强大的方法。在 5.5 节中，我们将通过讨论下一步的研究方向来结束本章。

图 5.5 展示了神经网络和 GNN 的表达能力及其对学习模型表现的影响。

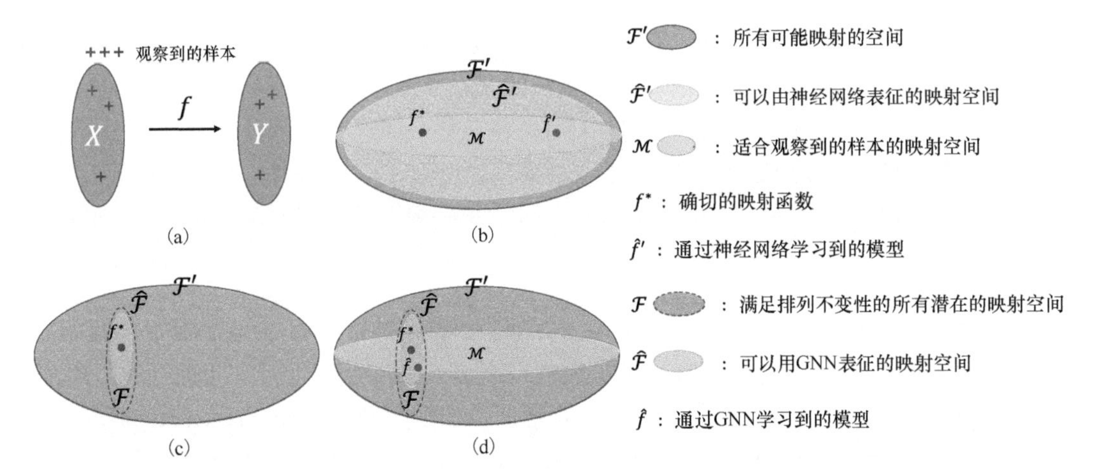

图 5.5　神经网络和 GNN 的表达能力及其对学习模型表现的影响。(a) 机器学习问题的目的是根据几个观察到的样本学习从特征空间到目标空间的映射。(b) 神经网络的表达能力是指两个空间 $\mathcal{F}$ 和 $\hat{\mathcal{F}}'$ 之间的差距。尽管神经网络是有表达能力的（$\hat{\mathcal{F}}'$ 在 $\mathcal{F}$ 中是密集的），但神经网络会对有限的观察数据过度拟合。(c) 基于神经网络的学习模型 f' 可能与 f^* 有很大的差别。潜在的映射函数的空间将从 $\hat{\mathcal{F}}'$ 减少到一个小得多的空间 $\mathcal{F}$，其中只包括排列不变的函数。如果采用 GNN，则同时近似的映射函数的空间就会减少到 $\hat{\mathcal{F}}$。(d) 尽管 GNN 的表达能力不如一般的神经网络（$\hat{\mathcal{F}}' \subset \hat{\mathcal{F}}'$），但相对于基于神经网络的模型 $\hat{f}'$，基于 GNN 学习的模型 f 却是比 f^* 好得多的近似。因此，对于图结构数据，我们对 GNN 的表达能力的理解，即 $\mathcal{F}$ 和 $\hat{\mathcal{F}}'$ 之间的差距，要比对神经网络的表达能力的理解更重要

5.2　图表征学习和问题的提出

在本节中，我们将建立图表征学习问题的正式定义、基本假设以及归纳偏置，我们还将讨论近期文献中经常研究的图表征学习问题的不同概念之间的关系（见图 5.6）。

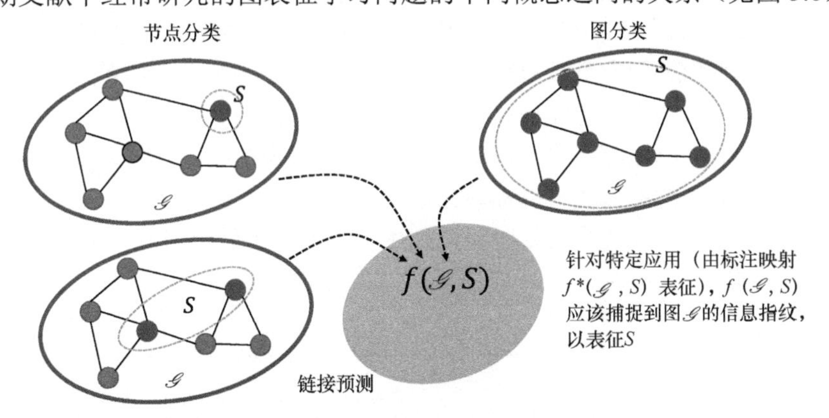

图 5.6　近期的文献中经常讨论的图表征学习问题

下面我们从定义图结构数据开始。

定义 5.1（图结构数据）　设 $\mathcal{G}=(\mathcal{V},\mathcal{E},\boldsymbol{X})$ 表示一个属性图，其中，$\mathcal{V}$是节点集合，$\mathcal{E}$是边集合，而 $\boldsymbol{X}\in\mathbb{R}^{|\mathcal{V}|\times F}$ 是节点属性矩阵。对于 $\boldsymbol{X}$ 的每一行，$\boldsymbol{X}_v\in\mathbb{R}^F$ 指的是节点 $v\in\mathcal{V}$ 上的属性。在实践中，图通常是稀疏的，即 $|\mathcal{E}|\ll|\mathcal{V}|^2$。我们引入 $\boldsymbol{A}\in\{0,1\}^{|\mathcal{V}|\times|\mathcal{V}|}$ 来表示图 $\mathcal{G}$ 的

邻接矩阵，使得若 $(u,v)\in\mathscr{E}$ ，有 $\boldsymbol{A}_{uv}$=**1**。结合邻接矩阵和节点属性，我们也可以将图表示为 $\mathscr{G}=(\boldsymbol{A},\boldsymbol{X})$ 。此外，如果 $\mathscr{G}$ 是没有节点属性的无属性图，则可以假设 $\boldsymbol{X}$ 中的所有元素都是常数。在后面的内容中，我们将使用 $\mathscr{V}[\mathscr{G}]$ 来表示某个特定图 $\mathscr{G}$ 的整个节点集合。

图表征学习的目标是通过将图结构数据作为输入，然后对其进行映射，使得某些预测目标得到匹配，从而学习一个模型。不同的图表征学习问题可能适用于图中不同数量的节点。例如，针对节点分类，要对每个节点进行预测；针对每个链接/关系，要对一对节点进行预测；针对每个图分类或图属性，要对整个节点集合 $\mathscr{V}$ 进行预测。我们可以把所有这些问题统一为图表征学习。

定义 5.2（图表征学习）　给定一个图 $\mathscr{G}\in\Gamma$ ，定义特征空间为 $\mathscr{X}:=\Gamma\times\mathscr{S}$ ，其中，Γ 是图结构数据的空间，$\mathscr{S}$ 包括所有感兴趣的节点子集。$\mathscr{X}$ 中的一个点可以表示为 $(\mathscr{G},S)$ ，其中，S 是 $\mathscr{G}$ 的一个节点子集。我们称 $(\mathscr{G},S)$ 为图表征学习（Graph Representation Learning，GRL）的实例，每个 GRL 实例 $(\mathscr{G},S)\in\mathscr{X}$ 与目标空间 $\mathscr{Y}$ 中的一个目标 y 相关联。假设特征和目标之间的标注关联函数可表示为 $f^*:\mathscr{X}\to\mathscr{Y}$，$f^*(\mathscr{G},S)=y$ 。给定一组训练实例 $\Xi=\{(\mathscr{G}^{(i)},S^{(i)},y^{(i)})\}_{i=1}^k$ 和一组测试实例 $\psi=\{(\tilde{\mathscr{G}}^{(i)},\tilde{S}^{(i)},\tilde{y}^{(i)})\}_{i=1}^k$ ，那么图表征学习问题就是学习一个基于 Ξ 的函数 f，使得 f 在 ψ 上近似于 f^* 。

上述定义具有普遍性，这意味着在一个 GRL 实例 $(\mathscr{G},S)\in\mathscr{X}$ 中，$\mathscr{G}$ 提供了原始和结构性的特征，可在此基础上对感兴趣的节点子集 S 进行预测。接下来，我们将进一步列出一些经常被研究的学习问题，这些问题可以形式化为图表征学习问题。

注记 5.1（图分类问题/图级预测）　感兴趣的节点子集 S 默认为整个节点集合 $\mathscr{V}[\mathscr{G}]$，图结构数据的空间 $\mathscr{G}$ 通常包含多个图，目标空间 $\mathscr{Y}$ 包含不同图的标签。在后面的内容中，对于图级预测，我们将使用 $\mathscr{G}$ 来表示一个 GRL 实例，而不是使用 $(\mathscr{G},S)$，以方便叙述。

注记 5.2（节点分类问题/节点级预测）　在一个 GRL 实例 $(\mathscr{G},S)$ 中，S 对应于感兴趣的单一节点。相应的 $\mathscr{G}$ 可以用不同的方式定义。一方面，只有靠近 S 的节点才能提供有效的特征。在这种情况下，$\mathscr{G}$ 可以设定为 S 周围的诱导局部子图。不同 S 的不同 $\mathscr{G}$ 可能来自同一个图。另一方面，在一个图上相距较远的两个节点仍然具有相互影响，可以作为一个特征来对另一个图进行预测。在这种情况下，$\mathscr{G}$ 需要包括一个图的很大一部分，甚至需要包括整个图。

注记 5.3（链接预测问题/节点对级预测）　在一个 GRL 实例 $(\mathscr{G},S)$ 中，S 对应于一对感兴趣的节点。与节点分类问题类似，每个实例的 $\mathscr{G}$ 可以是 S 周围的诱导局部子图或整个图。目标空间 $\mathscr{Y}$ 包含 0/1 标签，以指明两个节点之间是否存在可能的联系。$\mathscr{Y}$ 也可以被泛化为包括反映想要预测的链接类型的标签。

接下来，我们介绍大多数图表征学习问题中使用的基本假设。

定义 5.3（同构）　考虑两个 GRL 实例 $(\mathscr{G}^{(1)},S^{(1)})$ 和 $(\mathscr{G}^{(2)},S^{(2)})\in\mathscr{X}$ 。假设 $\mathscr{G}^{(1)}=(\boldsymbol{A}^{(1)},$ $\mathscr{G}^{(1)}=(\boldsymbol{A}^{(1)},\boldsymbol{X}^{(1)})$，$\mathscr{G}^{(2)}=(\boldsymbol{A}^{(2)},\boldsymbol{X}^{(2)})$ 。如果存在一个双射 $\pi:\mathscr{V}[\mathscr{G}^{(1)}]\to[\mathscr{G}^{(2)}],i\in\{1,2\}$ ，使得 $\boldsymbol{A}_{uv}^{(1)}=\boldsymbol{A}_{\pi(u)\pi(v)}^{(2)}$，$\boldsymbol{X}_u^{(1)}=\boldsymbol{X}_{\pi(u)}^{(2)}$ ，并且 π 也给出了 $S^{(1)}$ 和 $S^{(2)}$ 之间的一个双射，那么称($\mathscr{G}^{(1)}$，$S^{(1)}$)和($\mathscr{G}^{(2)}$，$S^{(2)}$)是同构的，表示为 $(\mathscr{G}^{(1)},S^{(1)})\cong(\mathscr{G}^{(2)},S^{(2)})$ 。当需要强调特定的双射 π 时，可以使用符号 $(\mathscr{G}^{(1)},S^{(1)})\overset{\pi}{\cong}(\mathscr{G}^{(2)},S^{(2)})$ 。如果不存在这样的 π，则称它们非同构，表示为 $(\mathscr{G}^{(1)},S^{(1)})$ $(\mathscr{G}^{(1)},S^{(1)})\ncong(\mathscr{G}^{(2)},S^{(2)})$ 。

假设 5.1（图表征学习中的基本假设）　考虑一个图表征学习问题，其带有一个特征空间 $\mathscr{X}$ 以及相关的目标空间 $\mathscr{Y}$。挑选任意两个 GRL 实例 $(\mathscr{G}^{(1)},S^{(1)})$ 和 $(\mathscr{G}^{(2)},S^{(2)})\in\mathscr{X}$ 。基

本假设指的是，如果$(\mathscr{G}^{(1)}, S^{(1)}) \cong (\mathscr{G}^{(2)}, S^{(2)})$，那么它们在$\mathscr{Y}$中对应的目标也是相同的。

缘于这个基本假设，我们可以很自然地将引入的相应排列不变性作为归纳偏置。所有的图表征学习模型都应该满足这种归纳偏置。

定义 5.4（排列不变性） 如果对于任意$(\mathscr{G}^{(1)}, S^{(1)}) \cong (\mathscr{G}^{(2)}, S^{(2)})$，都有$f(\mathscr{G}^{(1)}, S^{(1)}) = f(\mathscr{G}^{(2)}, S^{(2)})$，那么模型$f$满足排列不变性。

现在我们来定义图表征学习问题的模型的表达能力。

定义 5.5（表达能力） 考虑一个图表征学习问题的特征空间$\mathscr{X}$和一个定义在$\mathscr{X}$上的模型f。定义另一个空间$\mathscr{X}(f)$是商空间$\mathscr{X}/\cong$的一个子空间，使得对于两个GRL实例$(\mathscr{G}^{(1)}, S^{(1)})$和$(\mathscr{G}^{(2)}, S^{(2)}) \in \mathscr{X}(f)$，都有$f(\mathscr{G}^{(1)}, S^{(1)}) \neq f(\mathscr{G}^{(2)}, S^{(2)})$，则$\mathscr{X}(f)$的大小体现了模型$f$的表达能力。对于两个模型$f^{(1)}$和$f^{(2)}$，如果$\mathscr{X}(f^{(1)}) \supset \mathscr{X}(f^{(2)})$，我们就说$f^{(1)}$相比$f^{(2)}$更具表达能力。

注记 5.4 定义5.5中的表达能力着眼于模型如何区分非同构的GRL实例，因而与传统上着眼于函数逼近意义上的神经网络的表达能力不完全一致。实际上，严格来说，定义5.5是比较弱的，因为能够区分任意非同构的GRL实例，并不一定表明我们可以实现定义在$\boldsymbol{X}$上的任意函数f^*的近似。然而，如果一个模型f不能区分两个非同构的特征，则这个模型肯定不能近似地将这两个实例映射到两个不同目标的函数f^*。最近的一些研究已经证明，在弱假设和应用相关技术的情况下，区分非同构特征和排列不变函数近似之间存在某种等价性（Chen et al，2019f；Azizian and Lelarge，2020）。感兴趣的读者可以查看这些参考文献以了解更多细节。

如果模型f不满足排列不变性，那么为图表征学习提供模型f的表达能力是意义不大的。如果没有这样的约束，神经网络就可以近似所有的连续函数（Cybenko，1989），其中包括区分任意非同构的GRL实例的连续函数。因此，本章需要讨论的关键问题是：如何为图表征学习问题建立最具表达能力的排列不变性模型，特别是GNN？

5.3　强大的消息传递图神经网络

5.3.1　用于集合的神经网络

我们先来回顾以集合（重集）为输入的神经网络，因为一个集合可以看作一个简化版的图，其中所有的边都被移除。根据定义，集合中元素的顺序不会影响输出；编码集合的模型自然为编码图提供了一个重要的构件。我们称这种方法为不变池化。

定义 5.6（重集） 重集是一个集合，其元素可以是重复的，也就是说，有些元素会出现多次。在本章中，我们默认所有的集合都是重集，因此允许集合中出现重复的元素。如果条件与此不同，我们将另行说明。

定义 5.7（不变池化） 给定一个向量的重集$S=\{\boldsymbol{a}_1, \boldsymbol{a}_2, \cdots, \boldsymbol{a}_k\}$，其中，$\boldsymbol{a}_i \in \mathbb{R}^F$，$F$是一个任意的常数，不变池化指的是一个映射，可表示为$q(S)$，它对S中元素的顺序是不变的。

已得到广泛使用的一些不变池化操作包括和池化$q(S)=\sum_{i=1}^{k}\boldsymbol{a}_i$、平均池化$q(S)=\frac{1}{k}\sum_{i=1}^{k}\boldsymbol{a}_i$和最大池化$[q(S)]_j = \max_{i\in[1,F]}\{\boldsymbol{a}_{ij}\}$（其中，$j\in[1,F]$）。Zaheer et al（2017）证明了一个集合S的任意不变池化都可以通过$q(S)=\phi\left(\sum_{i=1}^{k}\psi(\boldsymbol{a}_i)\right)$来近似，其中，$\phi$和$\Psi$是可以由全连接的神经

网络来近似的函数，前提是 $\boldsymbol{a}_i (i \in [k])$ 来自一个可数空间。以上结论可以泛化到集合 S 是一个重集的情况（Xu et al，2019d）。

5.3.2　消息传递图神经网络

消息传递图神经网络是构建 GNN 时使用最为广泛的框架（Gilmer et al，2017）。给定一个图 $\mathscr{G} = (\mathscr{V}, \mathscr{E}, \boldsymbol{X})$，消息传递图神经网络用一个向量表征 $\boldsymbol{h}_v$ 对每个节点 $v \in \mathscr{V}$ 进行编码，然后通过迭代地收集其邻居节点的表征，并应用神经网络层对这些集合进行非线性变换，从而不断更新这个节点的表征。

- 将节点向量表征初始化为节点属性：$\boldsymbol{h}_v^{(0)} \leftarrow \boldsymbol{X}_v, \forall v \in \mathscr{V}$ 。
- 基于图结构的消息传递更新每个节点的表征。在第 l 层（l=1, 2, ⋯, L）执行以下操作。

$$\text{消息传递：} \boldsymbol{m}_{vu}^{(l)} \leftarrow \text{MSG}(\boldsymbol{h}_v^{(l-1)}, \boldsymbol{h}_u^{(l-1)}), \ \forall (u,v) \in \mathscr{E} \tag{5.1}$$

$$\text{聚合：} \boldsymbol{a}_v^{(l)} \leftarrow \text{AGG}(\{\boldsymbol{m}_{vu}^{(l)} \mid u \in \mathscr{N}_v\}), \ \forall v \in \mathscr{V} \tag{5.2}$$

$$\text{更新：} \boldsymbol{h}_v^{(l)} \leftarrow \text{UPT}(\boldsymbol{h}_v^{(l-1)}, \boldsymbol{a}_v^{(l)}), \ \forall v \in \mathscr{V} \tag{5.3}$$

其中，$\mathscr{N}_v$ 是节点 v 的邻居节点的集合。

可以通过神经网络来实现 MSG、AGG 和 UPT 操作。通常，MSG 操作由前馈神经网络实现，如 $\text{MSG}(p, q)=\sigma(p\boldsymbol{W}_1+q\boldsymbol{W}_2)$，其中，$\boldsymbol{W}_1$ 和 $\boldsymbol{W}_2$ 是可学习的权重，$\sigma(\cdot)$是一个逐元素的非线性激活函数。UPT 的选择方式与 MSG 类似。AGG 的不同之处在于其输入是一个向量的重集，因此这些向量的顺序不应该影响输出。AGG 通常作为一个不变池化来实现（见定义 5.7）。每一层相对其他层可以有不同的参数。我们称遵循这种消息传递方式的 GNN 为 **MP-GNN**。

MP-GNN 能够产生所有节点的表征 $\{\boldsymbol{h}_v^{(L)} \mid v \in V\}$ 。每个节点的表征基本上是由根节点在该节点的子树决定的（见图 5.7）。给定一个具体的图表征学习问题，例如对一组节点 $S \subseteq V$ 进行分类，则可以使用 S 中相关节点的表征进行预测。

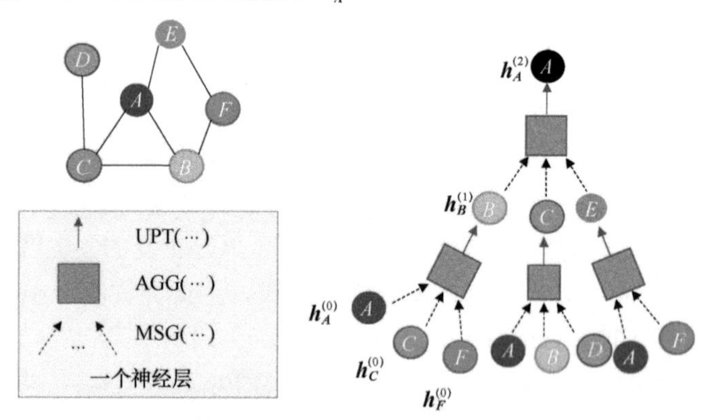

图 5.7　使用 MP-GNN 计算节点表征的流程

$$\hat{y}_S = \text{READOUT}(\{\boldsymbol{h}_v^{(L)} \mid v \in S\}) \tag{5.4}$$

其中，当$|S|$>1 时，READOUT（读出）操作通常通过另一个不变池化来实现，并通过再加上一个前馈神经网络来预测目标。结合式（5.4），MP-GNN 建立了如下用于图表征学习的 GNN 模型：

$$\hat{y}_S = f_{\text{MP GNN}}(\mathcal{G}, S) \tag{5.5}$$

我们可以通过对迭代索引 l 进行归纳来证明 MP-GNN 的排列不变性。

定理 5.1（MP-GNN 的排列不变性） 只要 AGG 和 READOUT 操作是不变池化操作（见定义 5.7），$f_{\text{MP-GNN}}(\cdot,\cdot)$就满足排列不变性（见定义 5.4）。

以上定理可以通过归纳法进行简单证明。

MP-GNN 默认情况下利用了归纳偏置，即图中的节点只通过它们连接的边相互影响。没有边连接的节点之间的相互影响可以用通过消息传递连接这些节点的路径来捕获。事实上，这样的归纳偏置可能与具体应用中的假设不一致，MP-GNN 很难捕获两个远离的节点之间的相互影响。然而，MP-GNN 对模型的实施和实际部署有三个好处。首先，MP-GNN 可以直接在原始图结构上运行，不需要预处理。其次，实践中的图通常是稀疏的($|\mathcal{E}| \ll |\mathcal{V}|^2$)，因此 MP-GNN 能够扩展到非常大但稀疏的图。最后，MSG、AGG 和 UPT 三个操作中的每一个都可以在所有的节点和边上并行计算，这对 GPU 和 map-reduce 系统等并行计算平台是有益的。

由于 MP-GNN 在实践中易于实现，因此大多数 GNN 的实现方法基本上都遵循 MP-GNN 框架并采用特定的 MSG、AGG 和 UPT 操作，其中比较有代表性的方法包括 InteractionNet（Battaglia et al，2016）、structure2vec（Dai et al，2016）、GCN（Kipf and Welling，2017a）、Graph-SAGE（Hamilton et al，2017b）、GAT（Veličković et al，2018）、GIN（Xu et al，2019d）以及其他一些方法（Kearnes et al，2016；Zhang et al，2018g）。

5.3.3 MP-GNN 的表达能力

在本节中，我们将根据 Xu et al（2019d）和 Morris et al（2019）提出的结论来介绍 MP-GNN 的表达能力。

通过进行一维 Weisfeiler-Lehman（后面简写为 1-WL）测试来区分$(\mathcal{G}^{(1)}, S^{(1)})$和$(\mathcal{G}^{(2)}, S^{(2)})$的步骤如下。

（1）假设$\mathcal{V}[\mathcal{G}^{(i)}]$中的每个节点 v 都被初始化为一种颜色 $\boldsymbol{C}_v^{(i,0)} \leftarrow \boldsymbol{X}_v^{(i)}$（$i$=1,2）。如果 $\boldsymbol{X}_v^{(i)}$ 是一个向量，那么可以使用一个单射函数将它映射到一种颜色。

（2）对于 l=1, 2, …，执行以下操作。

- 更新节点颜色：$\boldsymbol{C}_v^{(i,l)} \leftarrow \text{HASH}(\boldsymbol{C}_v^{(i,l-1)}, \{\boldsymbol{C}_u^{(i,l-1)} | u \in \mathcal{N}_v^{(i)}\})$，$i \in \{1, 2\}$ （5.6）

其中，HASH 操作可以看作一种单射，不同的元组 $(\boldsymbol{C}_v^{(i,l-1)}, \{\boldsymbol{C}_u^{(i,l-1)} | u \in \mathcal{N}_v^{(i)}\})$ 将被映射到不同的标签上。

- 测试：如果两个重集 $\{\boldsymbol{C}_v^{(1,l)} \mid v \in S^{(1)}\}$ 和 $\{\boldsymbol{C}_v^{(2,l)} \mid v \in S^{(2)}\}$ 不相等，则返回 $(\mathcal{G}^{(1)}, S^{(1)}) \not\cong (\mathcal{G}^{(2)}, S^{(2)})$，否则回到式（5.6）。

如果 1-WL 测试返回 $(\mathcal{G}^{(1)}, S^{(1)}) \not\cong (\mathcal{G}^{(2)}, S^{(2)})$，则说明 $(\mathcal{G}^{(1)}, S^{(1)})$ 和 $(\mathcal{G}^{(2)}, S^{(2)})$ 不是同构的。然而，对于某些非同构的 $(\mathcal{G}^{(2)}, S^{(2)})$ 和 $(\mathcal{G}^{(2)}, S^{(2)})$，1-WL 测试可能不会返回 $(\mathcal{G}^{(1)}, S^{(1)}) \not\cong (\mathcal{G}^{(2)}, S^{(2)})$（即使有无限次的迭代）。在这种情况下，1-WL 测试无法区分它们。请注意，1-WL 测试最初是为了测试两个完整的图是否同构，如 $S^{(i)} = \mathcal{V}[\mathcal{G}^{(i)}]$，$i \in \{1, 2\}$（Weisfeiler and Leman，1968）。在这里，1-WL 测试被进一步泛化为测试 $S^{(i)} \subset \mathcal{V}^{(i)}$ 的情况，以适合一般的图表征学习问题。

我们定义的表达能力（见定义 5.5）与图同构问题密切相关。这个问题很有挑战性，因为目前还没有找到多项式时间算法（Garey，1979；Garey and Johnson，2002；Babai，2016）。尽管有一些边角案例(Cai et al, 1992)，但图同构性的 Weisfeiler-Lehman 测试(Weisfeiler and Leman，1968)依然是一个有效的、计算效率很高的测试系列，它可以区分一大类的图(Babai and Kucera，1979)，它的一维形式（1-WL 测试，即“朴素顶点细化”）与 MP-GNN 中的邻域聚合类似。

通过比较 MP-GNN 与 1-WL 测试可以发现，节点表征的更新操作〔见式（5.3)〕可视为式（5.6）的实现，式（5.4）中的 READOUT 操作则可视为所有节点表征的总结。虽然 MP-GNN 没有被用于图的同构性测试，但 $f_{\text{MP-GNN}}$ 可用于这种测试：如果 $f_{\text{MP-GNN}}(\mathscr{G}^{(1)},S^{(1)}) \neq f_{\text{MP-GNN}}(\mathscr{G}^{(2)},S^{(2)})$，那么说明 $(\mathscr{G}^{(1)},S^{(1)}) \ncong (\mathscr{G}^{(2)},S^{(2)})$。缘于这种类比，MP-GNN 的表达能力可以通过 1-WL 测试来衡量。

定理 5.2〔(Xu et al，2019d) 中的 Lemma 2，(Morris et al，2019) 中的 Theorem 1〕 考虑两个非同构的 GRL 实例 $(\mathscr{G}^{(1)},S^{(1)})$ 和 $(\mathscr{G}^{(2)},S^{(2)})$。如果 $f_{\text{MP-GNN}}(\mathscr{G}^{(1)},S^{(1)}) \neq f_{\text{MP-GNN}}(\mathscr{G}^{(2)},S^{(2)})$，那么 1-WL 测试也会判定 $(\mathscr{G}^{(1)},S^{(1)})$ 和 $(\mathscr{G}^{(2)},S^{(2)})$ 不是同构的。

定理 5.2 表明，MP-GNN 在区分不同的图结构特征方面最多和 1-WL 测试一样强大。在这里，1-WL 测试被认为是上界（而不是等于 MP-GNN 的表达能力），因为将节点的颜色从该节点的邻居节点那里聚集起来的更新操作〔见式（5.6)〕是单射的，它可以区分节点颜色的不同聚类。这一直觉对于以后设计符合这一上界的 MP-GNN 是很有用的。

图 5.8 给出了通过 1-WL 测试区分两个图的步骤说明。

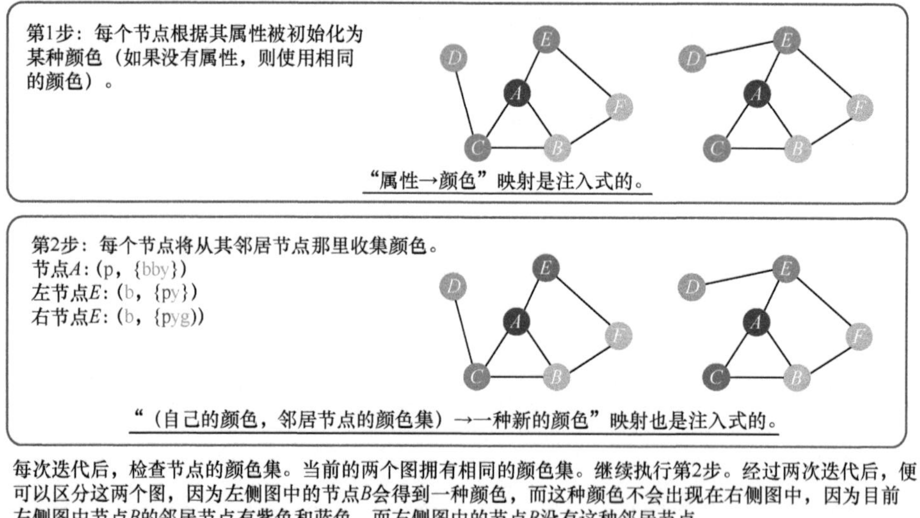

图 5.8　通过 1-WL 测试区分两个图的步骤说明（MP-GNN 通过遵循类似的步骤，也可以将两个图区分开）

既然已经建立了 MP-GNN 的表征能力的上界，那么一个很自然的后续问题就是：现有的 GNN 在原则上是否与 1-WL 测试一样强大。答案是肯定的，如定理 5.3 所示：如果消息传递操作〔见式（5.1)〕和最后的 READOUT 操作〔见式（5.4)〕都是单射的，那么得到的 MP-GNN 便与 1-WL 测试一样强大。

定理 5.3〔(Xu et al，2019d) 中的 Theorem 3〕 在经过足够的迭代次数后，MP-GNN

可以将 1-WL 测试判定为非同构的任意两个 GRL 实例 $(\mathscr{G}^{(1)}, S^{(1)})$ 和 $(\mathscr{G}^{(2)}, S^{(2)})$ 映射为不同的表征，前提是以下两个条件成立。

- MSE、AGG 和 UPT 操作的组合构成了从 $(\boldsymbol{h}_v^{(k-1)}, \{\boldsymbol{h}_u^{k-1} \mid u \in \mathscr{N}_v\})$ 到 $\boldsymbol{h}_v^{(k)}$ 的单射。
- READOUT 操作是单射的。

虽然 MP-GNN 没有超过 1-WL 测试的表征能力，但从机器学习的角度看，MP-GNN 相比 1-WL 测试却有重要的优势：节点颜色和 1-WL 测试给出的最终判断是不完整的（表示为节点颜色或“是/否”判断），因此无法捕捉图结构之间的相似性。与之形成对比的是，满足定理 5.3 所述条件的 MP-GNN 则通过学习用连续空间中的向量表示图结构泛化了 1-WL 测试。这使得 MP-GNN 不仅可以区分不同的图结构，而且可以学习将类似的图结构映射到类似的表征上，从而捕捉图结构之间的依赖性。这样学习的表征对于解决包含噪声边的数据和图结构稀疏的数据特别有帮助（Yanardag and Vishwanathan，2015）。

在 5.3.4 节中，我们将重点介绍满足定理 5.3 所述条件的 MP-GNN 的关键设计思想。

5.3.4 具有 1-WL 测试能力的 MP-GNN

Xu et al（2019d）提出了满足定理 5.3 所述条件的关键准则。首先，为了给邻接聚合的单射重集函数建模，建议 AGG 操作采用和池化操作，和池化操作已被证明可以普遍代表定义在元素来自可数空间的重集上的函数（见引理 5.1）。

引理 5.1〔(Xu et al，2019d) 中的 Lemma 4〕 假设 $\mathscr{S}$ 是元素的一个可数空间，那么存在一个函数 q：$\mathscr{S} \to \mathbb{R}^n$，使得 $q(S)=\sum_{x\in S}\psi(x)$ 对于每个有限重集 $S\subset\mathscr{S}$ 来说是唯一的，其中，ψ 单独编码了 $\mathscr{S}$ 中的每个元素。此外，任何重集函数 g 都可以分解为 $g(S)=\phi\left(\sum_{x\in S}\psi(x)\right)$，其中的 ϕ 是一个函数。

注记 5.5 请注意，和池化算子是至关重要的，因为一些流行的不变池化算子（如平均池化算子）不是单射重集函数。和池化运算的意义在于记录重集中重复元素的数量。图卷积网络（Kipf and Welling，2017a）采用的平均池化或图注意力网络（Veličković et al，2018）采用的 Softmax 归一化（注意力）池化，虽然可以学习重集中元素的分布，但却无法学习元素的精确计数。

基于万能近似定理（Hornik et al，1989），我们可以使用多层感知器（Multi-Layer Perceptron，MLP）建模并学习引理 5.1 中的 Ψ 和 ϕ，用于普遍单射型 AGG 操作。在 MP-GNN 中，我们甚至不需要明确地对 Ψ 和 ϕ 进行建模，因为 MSG 和 UPT 操作已经通过 MLP 得以实现。因此，使用和池化作为 AGG 操作就足以实现最具表达能力的 MP-GNN。

表达信息：$\boldsymbol{m}_{vu}^{(k)} \leftarrow \mathrm{MLP}_1^{(k-1)}(\boldsymbol{h}_v^{k-1} \oplus \boldsymbol{h}_u^{k-1}), \forall(u,v)\in\mathscr{E}$

表达聚合：$\boldsymbol{a}_v^{(k)} \leftarrow \sum_{u\in\mathscr{N}_v}\boldsymbol{m}_{vu}^{(k)}, \forall v\in\mathscr{V}$

表达更新：$\boldsymbol{h}_v^{(k)} \leftarrow \mathrm{MLP}_2^{(k-1)}(\boldsymbol{h}_v^{(k-1)} \oplus \boldsymbol{a}_v^{(k)}), \forall v\in\mathscr{V}$

其中，$\oplus$ 表示串联。实际上，我们甚至可以通过使用单个 MLP 来简化程序。我们还可以设置 $\boldsymbol{m}_{vu}^{(k)} \to \boldsymbol{h}_u^{(k-1)}, \forall(u,v)\in\mathscr{E}$ 而不会降低表达能力。通过将所有项结合起来，Xu et al（2019d）得到了节点表征的最简单更新机制——构建一个从 $(\boldsymbol{h}_v^{(k-1)}, \{\boldsymbol{h}_u^{(k-1)} \mid u\in\mathscr{N}_v\})$ 到 $\boldsymbol{h}_v^{(k)}$ 的单射：

$$\boldsymbol{h}_v^{(k)} \leftarrow \mathrm{MLP}^{(k-1)}\left((1+\boldsymbol{\varepsilon}^{(k)})\boldsymbol{h}_v^{(k-1)} + \sum_{u\in\mathcal{N}_v}\boldsymbol{h}_u^{(k-1)}\right),\ \forall v\in\mathcal{V} \tag{5.7}$$

其中，$\boldsymbol{\varepsilon}^{(k)}$是一个可学习的权重。这种使用基于神经网络的语言的更新方法被称为图同构网络（Graph Isomorphism Network，GIN）层（Xu et al，2019d）。

引理 5.2 形式化地指出，采用式（5.7）的 MP-GNN 符合定理 5.3 中的第一个条件。

引理 5.2　如果节点属性 $\boldsymbol{X}$ 来自一个可数空间，则按照式（5.7）更新节点表征，即可构成从 $(\boldsymbol{h}_v^{(k-1)},\{\boldsymbol{h}_u^{(k-1)}\mid u\in\mathcal{N}_v\})$ 到 $\boldsymbol{h}_v^{(k)}$ 的单射。

证明的方法：将和聚合的单射性证明与 MLP 的普遍近似属性结合起来（Hornik et al，1989）。

类似的想法也可用于 READOUT 操作，不过也需要重集的单射。

表达推理：$$\hat{y}_S = \mathrm{MLP}\left(\sum_{v\in S}\boldsymbol{h}_v^{(L)}\right) \tag{5.8}$$

Xu et al（2019d）观察到，来自早期迭代的节点表征有时可能泛化得更好，因此也建议使用跳跃知识网络（JK-Net）（Xu et al，2018a）中的 READOUT 操作，尽管从 MP-GNN 表征能力的角度看，这不是必要的。

总的来说，通过结合 UPT 和 READOUT 操作，我们可以做到 MP-GNN 与 1-WL 测试一样强大。在 5.4 节中，我们将介绍几种使 MP-GNN 能够突破 1-WL 测试限制的技术，以实现更强大的表征能力。

5.4　比 1-WL 测试更强大的图神经网络架构

在 5.3 节中，我们描述了 MP-GNN 的表征能力，MP-GNN 受到 1-WL 测试的约束。换言之，如果 1-WL 测试不能区分两个 GRL 实例 $(\mathcal{G}^{(1)},S^{(1)})$ 和 $(\mathcal{G}^{(2)},S^{(2)})$，那么 MP-GNN 也将不能区分它们。虽然 1-WL 测试只是不能区分少数边角案例的图结构，但这也确实限制了 GNN 在许多实际应用中的适用性（You et al，2019；Chen et al，2020q；Ying et al，2020b）。在本节中，我们将介绍几种方法来克服 MP-GNN 的上述限制。

5.4.1　MP-GNN 的局限性

首先，我们回顾一下 MP-GNN 和 1-WL 测试的几个关键限制，以便从直觉上理解建立更强大 GNN 的技术。MP-GNN 通过聚合邻居节点的表征来迭代更新每个节点的表征，获得的节点表征基本上是对以节点 v 为根节点的子树的编码（见图 5.7）。然而，使用这个有根节点的子树来表征一个节点可能会失去有用的信息，比如下面这些例子。

（1）多个节点之间的距离信息会丢失。You et al（2019）注意到，MP-GNN 在捕捉一个给定节点相对于图中另一个节点的位置方面能力有限。许多节点可能共享类似的子树，因此，尽管节点可能位于图中不同的位置，但 MP-GNN 会为它们产生相同的形式化结果。节点的这种位置信息对于依赖于多个节点的任务来说是至关重要的，如链接预测（Liben-Nowell and Kleinberg，2007），因为两个倾向于通过链接连接的节点通常位于彼此附近。图 5.9 给出了一个说明性示例。

（2）丢失关于环的信息。特别地，当扩展节点的子树时，MP-GNN 基本上不跟踪子树中节点的身份。图 5.10 给出了一个说明性示例。关于环的信息在子图匹配（Ying et al，2020b）和计数（Liu et al，2020e）等应用中至关重要，因为环经常出现在子图匹配/计数问题的查询子图模式中。Chen et al（2020q）证明了 MP-GNN 能够计算星形结构（树的一种特殊形式），但不能计算有三个或更多个节点（它们形成了环）的连接子图。

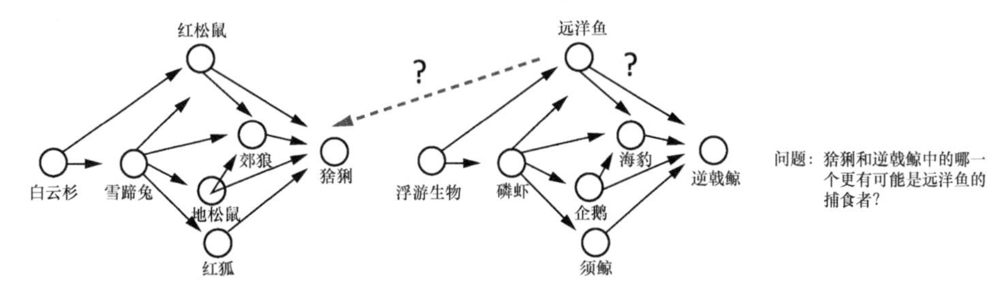

图 5.9 用于展示 MP-GNN 局限性的食物链示例（Srinivasan and Ribeiro，2020a）。MP-GNN 将猞猁和逆戟鲸（即虎鲸）关联到相同的节点表征，即 $\boldsymbol{h}_{\text{Lynx}}^{(i)}=\boldsymbol{h}_{\text{Orca}}^{(i)}$，因为这两个节点具有相同的有根子树。请注意，我们不考虑节点特征。因此，MP-GNN 不能预测到底是猞猁还是逆戟鲸更有可能成为远洋鱼的捕食者（这是一个链接预测任务）

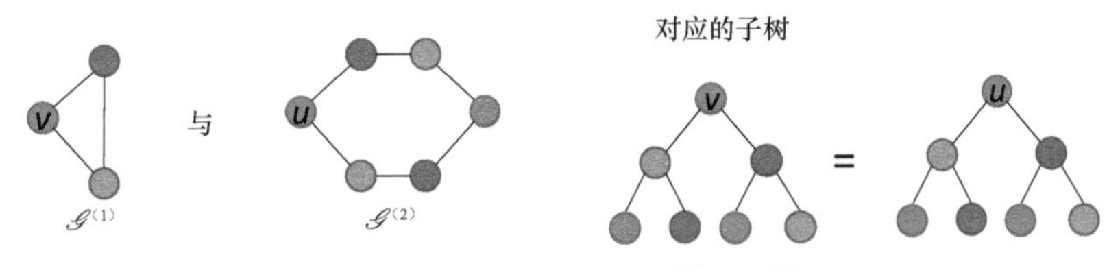

图 5.10 MP-GNN 给出的节点表征 $\boldsymbol{h}_v^{(L)}$ 和 $\boldsymbol{h}_u^{(L)}$ 是相同的，尽管它们分别属于不同的环——3 节点环和 6 节点环

理论上，由于表征有限，MP-GNN 无法解决某一类通用的图表征学习问题。为了证明这一点，我们可以定义一类图，称为有属性正则图。

定义 5.8（有属性正则图） 考虑一个有属性图 $\mathscr{G}=(\mathscr{V},\mathscr{E},\boldsymbol{X})$。对于 $\mathscr{V}$ 中的所有节点，根据它们的属性 $\mathscr{V}=\cup_{i=1}^{k}V_i$ 进行划分，使得来自同一类别 V_i 的两个节点具有相同的属性，而来自不同类别的两个节点具有不同的属性。如果对于任何两个类别 V_i 和 V_j，$i, j\in[k]$，并且对于任何两个节点 u 和 v，$u, v\in V_i$，u 在 V_j 中的邻居节点数量与 v 在 V_j 中的邻居节点数量相等，就称这个图为有属性正则图。如果用 C_i 表示 V_i 中节点的属性，同时用 r_{ij} 表示一个节点 $v\in V_i$ 在 V_j 中的邻居节点数量，则这个有属性正则图的配置可以表示为一个元组集合 $\text{Config}(\mathscr{G})=\{(C_i,C_j,r_{ij})\}_{i,j\in[k]}$。

请注意，有属性正则图的定义类似于 k 分正则图，但有属性正则图允许同一分区的节点相互连接。我们可以证明，1-WL 测试将以同样的方式给一个分区的所有节点着色。根据 MP-GNN 的表征能力所受到的约束（见定理 5.2），我们可以得到以下推论：MP-GNN 不可能区分定义在有属性正则图上的 GRL 实例。图 5.11 给出了一些例子，说明了这种不可能性。实际上，如果我们把 MP-GNN 得到的节点表征看作这个转换后的图上的节点属性，那么在有足够层数（迭代）的情况下，MP-GNN（1-WL 测试）将总是把任何有属性图转换成有属性正则图（Arvind et al，2019）[①]。

① 大多数转换后的图的每个分区都有单个节点。在这种情况下，两个共享相同配置的图是同构的。

推论 5.1　考虑两个图结构的特征 $(\mathscr{G}^{(1)}, S^{(1)})$ 和 $(\mathscr{G}^{(2)}, S^{(2)})$。如果两个有属性正则图 $\mathscr{G}^{(1)}$ 和 $\mathscr{G}^{(2)}$ 共享相同的配置，即 $\text{Config}(\mathscr{G}^{(1)}) = \text{Config}(\mathscr{G}^{(2)})$，并且两个属性的重集 $\{\boldsymbol{X}_v^{(1)} \mid v \in S^{(1)}\}$ 和 $\{\boldsymbol{X}_v^{(2)} \mid v \in S^{(2)}\}$ 也相等，那么 $f_{\text{MP-GNN}}(\mathscr{G}^{(1)}, S^{(1)}) = f_{\text{MP-GNN}}(\mathscr{G}^{(2)}, S^{(2)})$。因此，如果图表征学习问题将 $\{\boldsymbol{X}_v^{(1)} \mid v \in S^{(1)}\}$ 和 $\{\boldsymbol{X}_v^{(2)} \mid v \in S^{(2)}\}$ 与不同的目标关联，则 MP-GNN 并不具备区分它们和预测它们的正确目标的表达能力。

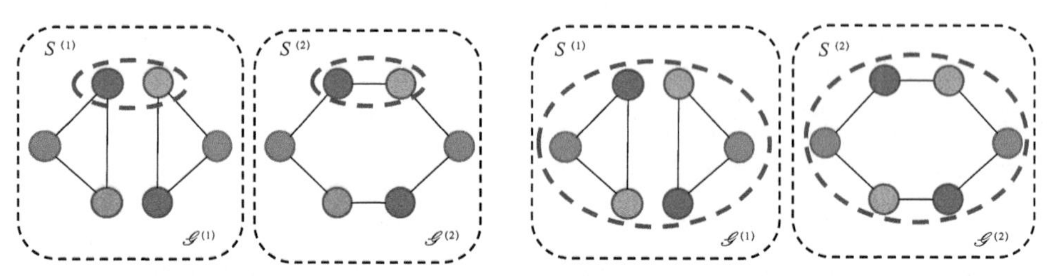

图 5.11　一对配置相同的有属性正则图 $\mathscr{G}^{(1)}$ 和 $\mathscr{G}^{(2)}$ 以及适当的选择 $S^{(1)}$ 和 $S^{(2)}$：MP-GNN 和 1-WL 测试无法区分 $(\mathscr{G}^{(1)}, S^{(1)})$ 和 $(\mathscr{G}^{(2)}, S^{(2)})$

以上推论可通过跟踪 1-WL 测试的每个迭代并进行归纳得到证明。

接下来，我们将介绍几种解决上述限制的方法，并进一步提高 MP-GNN 的表达能力。

5.4.2　注入随机属性

MP-GNN 的表达能力受限制的主要原因是 MP-GNN 不跟踪节点的身份。然而，具有相同属性的不同节点将以相同的向量表征进行初始化。除非它们的邻居节点传播不同的节点表征，否则这一条件将被保持。提高 MP-GNN 表达能力的一种方法是为每个节点注入一个独特的属性。给定一个 GRL 实例 $(\mathscr{G}, S)$，$\mathscr{G} = (\boldsymbol{A}, \boldsymbol{X})$。

$$g_{\boldsymbol{I}}(\mathscr{G}, S) = (\mathscr{G}_{\boldsymbol{I}}, S), \text{其中 } \mathscr{G}_{\boldsymbol{I}} = (\boldsymbol{A}, \boldsymbol{X} \oplus \boldsymbol{I}) \tag{5.9}$$

其中，$\oplus$ 表示串联，$\boldsymbol{I}$ 是单位矩阵，这给了每个节点唯一的独热编码，并得到一个新的有属性图 $\mathscr{G}_{\boldsymbol{I}}$。复合模型 $f_{\text{MP-GNN}} \circ g_{\boldsymbol{I}}$ 增强了表达能力，因为节点的身份已被附加到消息上，距离信息和环信息可以通过足够的消息传播迭代来学习。

然而，上述框架的局限性在于其并不是排列不变的（见定义 5.4）：给定两个同构的 GRL 实例 $(\mathscr{G}^{(1)}, S^{(1)}) \cong (\mathscr{G}^{(2)}, S^{(2)})$，则 $g_{\boldsymbol{I}}(\mathscr{G}^{(1)}, S^{(1)})$ 和 $g_{\boldsymbol{I}}(\mathscr{G}^{(2)}, S^{(2)})$ 可能不再是同构的。因此，复合模型 $f_{\text{MP-GNN}} \circ g_{\boldsymbol{I}}(\mathscr{G}^{(1)}, S^{(1)})$ 可能不等于 $f_{\text{MP-GNN}} \circ g_{\boldsymbol{I}}(\mathscr{G}^{(2)}, S^{(2)})$。得到的模型由于失去了图表征学习的基本归纳偏置，因此很难被泛化①。

注记 5.6　其他一些方法可能与 $g_{\boldsymbol{I}}$ 存在相同的限制，例如使用邻接矩阵 $\boldsymbol{A}$（$\boldsymbol{A}$ 的每一行代表节点属性）的方法。然而，Srinivasan and Ribeiro（2020a）认为，通过矩阵分解得到的节点嵌入，如 DeepWalk（Perozzi et al，2014）和 node2vec（Grover and Leskovec，2016），可以保持所需的不变性，因此仍然是可泛化的。我们将在 5.4.2.4 节中探讨这个概念。

---

① 最近的文献经常提到，综合模型不是归纳式的。归纳式和对未观察到的实例的泛化能力是相关的。在直推式场景中，$f_{\text{MP-GNN}} \circ g_{\boldsymbol{I}}$ 的泛化能力不如 $f_{\text{MP-GNN}}$，尽管由于 $f_{\text{MP-GNN}} \circ g_{\boldsymbol{I}}$ 的表达能力更强，但 $f_{\text{MP-GNN}} \circ g_{\boldsymbol{I}}$ 的预测表现可能会比 $f_{\text{MP-GNN}}$ 好一些。

为了克服上述限制，人们最近已经提出了不同的模型。这些模型的共同策略是：首先设计一些额外的随机节点属性 $\boldsymbol{Z}$，并用它们来参数化原始数据集；然后在增强的数据集上学习一个 GNN 模型（见图 5.12）。

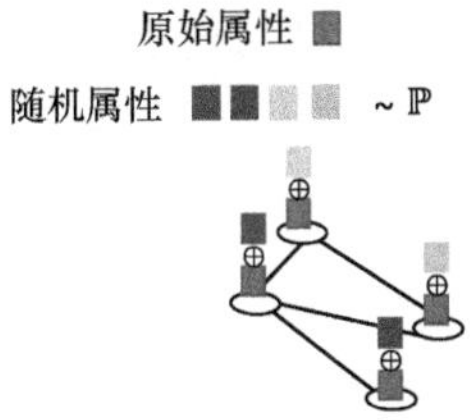

随机属性类型	位置信息	模型和引用
随机排列	否	RP-GNN (Murphy et al，2019)
(几乎均匀) 离散的随机变量	否	rGIN (Sato et al，2020)
与随机锚节点集的距离	是	PGNN (You et al，2019)
图卷积的高斯随机变量	是	CGNN (Srinivasan & Ribeiro，2020)
随机签名的拉普拉斯特征映射	是	LE-GNN (Dwivedi et al，2020)

图 5.12　通过注入随机节点属性可以提高 GNN 的表达能力。不同的研究采用了不同类型的随机节点属性，一些随机节点属性包含节点位置信息（即一个节点相对于图中其他节点的位置）

这样得到的模型将更具表达能力，因为随机节点属性可以被看作区分节点的唯一节点身份。然而，如果模型只是基于由这些随机属性增强的单个 GRL 实例进行训练，则模型并不能像上面讨论的那样保持不变。作为替代，模型需要通过多个由独立注入的随机属性增强的 GRL 实例来训练。新的增强后的 GRL 实例与产生它们的原始 GRL 实例具有相同的目标。通过在增强的实例上训练模型，基本上可以使模型的排列方差正则化，使它们的行为几乎“排列不变”。

这些随机属性的注入方法有多种，但其中一种最直接的方法是将 $\boldsymbol{Z}$ 附加到 $\boldsymbol{X}$ 上，即给定一个图结构的数据$(\mathscr{G}, S)$，其中 $\mathscr{G}=(\boldsymbol{A}, \boldsymbol{X})$。

$$g_z(\mathscr{G}, S)=(\mathscr{G}_Z, S), \text{其中 } \mathscr{G}_Z=(\boldsymbol{A}, \tilde{\boldsymbol{X}}_Z) \text{ 且 } \tilde{\boldsymbol{X}}_Z \leftarrow \boldsymbol{X} \oplus \boldsymbol{Z} \tag{5.10}$$

注意，对于每个实现 $\boldsymbol{Z}$，复合模型 $f_{\text{MP-GNN}} \circ g_Z$ 不是排列不变的。作为替代，所有这些方法旨在使得 $E[f_{\text{MP-GNN}} \circ g_Z]$ 排列不变，并希望模型保持期望不变性。为了匹配这种期望不变性，这些方法必须满足以下命题。

命题 5.1　为了通过注入随机属性 $\boldsymbol{Z}$ 建立一个模型，需要具备以下两个前提条件。

- 在训练阶段就应该对足够数量的 $\boldsymbol{Z}$ 进行抽样，以便在模型中能够确实捕捉到期望不变性。
- $\boldsymbol{Z}$ 的随机性应该与原始节点身份无关。

为了满足第一个前提条件，有研究表明，在训练阶段，当针对每一个前向传递计算 $f_{\text{MP-GNN}} \circ g_Z$ 时，一个 $\boldsymbol{Z}$ 应该被重新抽样一次或多次，以获得足够的数据进行论证。为了满足第二个前提条件，人们已经提出了 4 种不同类型的随机属性 $\boldsymbol{Z}$，具体描述如下。

5.4.2.1　关系池化-GNN（RP-GNN）

Murphy et al(2019a)考虑将节点的随机分配顺序作为其额外属性，并提出了关系池化-GNN（RP-GNN）模型。他们使用 $\boldsymbol{Z}_{\text{RP}}$ 来表示 RP-GNN 中使用的额外节点属性 $\boldsymbol{Z}$。假设图 $\mathscr{G}$ 有 n 个节点，并且 $\boldsymbol{Z}_{\text{RP}}$ 是从所有可能的排列矩阵中均匀抽样的。也就是说，随机选取一个双射（排列）$\pi: V(\mathscr{G}) \rightarrow V(\mathscr{G})$，如果 $j=\pi(i)$，则设计排列矩阵$[\boldsymbol{Z}_{\text{RP}}]_{ij}=\mathbf{1}$，否则设计排列矩阵$[\boldsymbol{Z}_{\text{RP}}]_{ij}=\mathbf{0}$。然后，RP-GNN 采用如下复合模型：

$$f_{\text{RP-GNN}}=\mathbb{E}[f_{\text{MP-GNN}} \circ g_{Z_{\text{RP}}}] \tag{5.11}$$

定理 5.4〔(Murphy et al，2019a) 中的 Theorem 2.2〕　严格来说，RP-GNN $f_{\text{RP-GNN}}$

相比原来的 $f_{\text{MP-GNN}}$ 更强大。

计算期望值 $E[f_{\text{MP-GNN}} \circ g_{z_{\text{RP}}}]$ 的想法是难以实现的，因为我们需要对所有可能的排列 $\pi: V(\mathscr{G}) \to V(\mathscr{G})$ 计算 $f_{\text{MP-GNN}} \circ g_{z_{\text{RP}}}$。为了解决这个问题，我们可能需要对 $\boldsymbol{Z}_{\text{RP}}$ 进行抽样。

然而，由于整个排列空间太大，对数量有限的 $\boldsymbol{Z}_{\text{RP}}$ 进行均匀的随机抽样可能会带来很大的方差。为了减小潜在的方差，Murphy et al（2019a）提出了只对一小部分节点子集进行排列的所有 π 进行抽样，而不是对整个节点集合进行抽样。最近，Chen et al（2020q）进一步调整了 RP-GNN 以解决子图计数问题，他们建议使用对每个连接的局部子图的所有节点进行排列的所有 π。

5.4.2.2　随机图同构网络（rGIN）

Sato et al（2021）通过设置从几乎均匀的离散概率分布中抽样每个节点的附加属性来泛化 RP-GNN。与 RP-GNN 的关键区别在于，两个节点的附加属性被设置为相互独立（而在 RP-GNN 中，由于排列组合的性质，不同节点的一次性随机属性是相关的）。他们用 $\boldsymbol{Z}_r$ 表示 rGIN 中使用的 $\boldsymbol{Z}$，并用$[\boldsymbol{Z}_r]_v$表示节点 v 的属性。例如，他们设定

$$f_{\text{rGIN}} = \mathbb{E}[f_{\text{MP-GNN}} \circ g_{z_r}]，\text{其中 } [\boldsymbol{Z}_r]_v \sim \text{Unif}(\mathscr{D}) \ \text{i.i.d.} \ \forall v \in \mathcal{V}[\mathscr{G}]$$

其中，$\mathbb{E}$ 表示期望值，$\mathscr{D}$ 是一个离散空间，对于某个 $p>0$，至少有 $1/p$ 个元素。与 RP-GNN 类似，f_{rGIN} 可以通过对 $f_{\text{MP-GNN}} \circ g_{z_r}$ 的每次求值只抽样几个 $\boldsymbol{Z}_r$ 来实现〔实际上每次正向求值抽样一个 $\boldsymbol{Z}_r$（Sato et al，2021）〕。

定理 5.5〔(Sato et al，2021)中的 Theorem 4.1〕　考虑一个 GRL 实例$(\mathscr{G}, v)$，其中只有一个节点包含在我们感兴趣的节点集合中。对于任何图结构特征$(\mathscr{G}', v')$，假设 $\mathscr{G}'$ 中的节点有一个有界的最大度，且属性 $\boldsymbol{X}$ 来自一个有限空间，则存在一个 MP-GNN，使得：

- 如果$(\mathscr{G}', v') \cong (\mathscr{G}, v)$，则 $f_{\text{MP-GNN}} \circ g_{z_r}(\mathscr{G}', v') > 0.5$ 的概率很大。
- 如果$(\mathscr{G}', v') \ncong (\mathscr{G}, v)$，则 $f_{\text{MP-GNN}} \circ g_{z_r}(\mathscr{G}', v') < 0.5$ 的概率很大。

这个结果可以看作对 rGIN 表达能力的描述。然而，由于所有图的几乎所有节点都会在 1-WL 测试的两次迭代中与不同的表征相关联（MP-GNN 也是如此），这一结果被削弱了（Babai and Kucera，1979）。此外，已知有界度的图的同构问题属于 P 问题（Fortin，1996）。但是，最近的一项研究已经能够证明 rGIN 的普遍近似性，这为 rGIN 的表达能力提供了更强的描述。

定理 5.6〔(Abboud et al，2020)中的 Theorem 4.1〕　考虑任意不变映射 $f^*: \mathscr{G}_n \to \mathbb{R}$，其中，$\mathscr{G}_n$ 包含所有具有 n 个节点的图，则存在一个 rGIN $f_{\text{MP-GNN}} \circ g_{z_r}$，使得 $p(|f_{\text{MP-GNN}} \circ g_{z_r} - f^*| < \varepsilon) > 1 - \delta$，对于给定的 $\varepsilon>0$，$\delta \in (0,1)$。

上述 RP-GNN 和 rGIN 采用的随机属性与输入数据$(\mathscr{G}, S)$完全无关。与之不同，接下来的两种方法注入了利用输入数据的随机属性。特别是，这些随机属性与图中节点的位置有关，它们倾向于抵消 MP-GNN 中损失的节点位置信息。

5.4.2.3　位置感知 GNN（PGNN）

You et al（2019）提出，MP-GNN 可能无法捕捉到节点在图中的位置信息，但这些信息在链接预测等应用中十分关键。因此，他们建议使用节点的位置嵌入作为附加属性。为了捕捉期望意义上的排列不变性，节点位置嵌入是基于随机选择的锚节点集合产生的。他们

把 PGNN 中采用的随机属性表示为 $\boldsymbol{Z}_P$，具体构造过程如下。

（1）考虑一个图 $\mathscr{G}=(\mathscr{V},\mathscr{E},\boldsymbol{X})$。随机选择几个锚节点集合（$S_1,S_2,\cdots,S_K$），其中，$S_k\subset\mathscr{V}$。注意，$S_k$ 的选择与节点身份无关：给定 k，S_k 将以相同的概率包含每个节点。

（2）对于某个节点 $u\in\mathscr{G}$，设置 $[\boldsymbol{Z}_P]_u=(d(u,S_1),\cdots,d(u,S_K))$。其中，$d(u,S_k)(k\in[K])$ 是节点 u 和锚节点集合 S_k 之间的距离度量。

由于锚节点集合的选择与节点的身份无关，因此得到的 $\boldsymbol{Z}_P$ 仍然满足命题 5.1 中的第二个前提条件。接下来，我们将说明对这些锚节点集合进行抽样的策略以及距离度量应如何选择。选择这些锚节点集合时的主要要求是保持节点之间两个距离的低失真，其中一个距离由原始图给出，另一个距离由这些锚节点集合给出。具体来说，失真用于衡量在从一个度量空间映射到另一个度量空间时，嵌入在保留距离方面的可靠度，具体定义如下。

定义 5.9 给定两个度量空间$(\mathscr{V},d)$和$(\mathscr{Z},d')$以及一个函数 $\boldsymbol{Z}_P:\mathscr{V}\rightarrow\mathscr{Z}$，如果 $\forall u,v\in\mathscr{V}$ 且 $\frac{1}{\alpha}d(u,v)\leqslant d'\left([\boldsymbol{Z}_P]_u,[\boldsymbol{Z}_P]_v\right)\leqslant d(u,v)$，我们就说 $\boldsymbol{Z}_P$ 具有失真 α。

幸运的是，Bourgain（1985）证明了从任意度量空间映射到 l_p 度量空间时存在一个低失真嵌入。

定理 5.7〔（Bourgain，1985）中的 Bourgain's Theorem〕 给定任意有限度量空间$(\mathscr{V},d)$，$|\mathscr{V}|=n$，在任意度量 l_p 下，存在一个从$(\mathscr{V},d)$到 $\mathbb{R}^K$ 的嵌入，其中 $K=O(\log^2 n)$，嵌入的失真为 $O(\log n)$。

基于定理 5.7 的构造性证明，Linial et al（1995）提出了一种通过锚节点集合构造 $O(\log^2 n)$ 维嵌入的算法，旨在得到锚节点集合的选择策略并定义 $\boldsymbol{Z}_P$ 的距离度量，它们已被 PGNN（You et al，2019）采用。

通过选择 $K=c\log^2 n$，许多随机节点集合 $S_{i,j}\subset\mathscr{V},i=1,2,\cdots,\log n,j=1,2,\cdots,c\log n$。其中，$c$ 是一个常数，$S_{i,j}$ 的选择方法是：以概率 $\frac{1}{2^i}$ 独立地包括 $\mathscr{V}$ 中的每个节点。我们可以进一步定义

$$[\boldsymbol{Z}_P]_v=\left(\frac{d(v,S_{1,1})}{k},\frac{d(v,S_{1,2})}{k},\ldots,\frac{d(v,S_{\log n,c\log n})}{k}\right)\tag{5.12}$$

其中，$d(v,S_{i,j})=\min_{u\in S_{i,j}}d(v,u)$。$\boldsymbol{Z}_P$ 是一种满足定理 5.7 的嵌入方法。

与 RP-GNN 和 rGIN 相比，PGNN 采用的随机属性则专门处理图中节点的位置信息。因此，PGNN 更适合与节点位置直接相关的任务，如链接预测。You et al（2019）没有对 PGNN 的表征能力提供数学描述。然而根据定义，建立 $\boldsymbol{Z}_P$ 的方式允许对于两个节点 u 和 v 来说，属性$[\boldsymbol{Z}_P]_u$ 和$[\boldsymbol{Z}_P]_v$ 是统计相关的。对于图 5.9 中的示例，这种相关性为 PGNN 提供的信息表明猞猁和远洋鱼之间的距离与逆戟鲸和远洋鱼之间的距离不同，从而可能成功地区分（$\mathscr{G}$, {猞猁, 远洋鱼}）和（$\mathscr{G}$, {逆戟鲸, 远洋鱼}），并做出正确的链接预测。

请注意，原始的 PGNN（You et al，2019）并不使用 MP-GNN 作为骨架来执行消息传递。相反，PGNN 允许从节点到锚节点集合的消息传递。因此，这种方法与表达能力没有直接关系，不在本章的讨论范围内。感兴趣的读者可以参考原始论文（You et al，2019）。

5.4.2.4　随机矩阵分解

Srinivasan and Ribeiro（2020a）最近提出了一个重要的观点，即只要允许一定的随机扰动，通过分解邻接矩阵 $\boldsymbol{A}$ 的一些变体得到的节点位置嵌入就可以用作节点属性，得到的模型则仍然保持期望的排列不变性。Srinivasan and Ribeiro（2020a）认为，建立在这些随机扰动的节点位置嵌入上的模型仍然是归纳性的，并且拥有良好的泛化特性。以上观点对传统观点提出了挑战。传统的观点是：建立在这些节点位置嵌入上的模型不是归纳性的。关键在于假设邻接矩阵 $\boldsymbol{A}=\boldsymbol{U\Sigma U}^{\mathrm{T}}$ 的 SVD 分解。当我们排列节点的顺序，即排列 $\boldsymbol{A}$ 的行列顺序时，$\boldsymbol{U}$ 的行顺序将同时改变。因此，使用 $\boldsymbol{U}$ 作为节点属性的模型应该保持排列不变性。这种随机扰动的分解是需要的，因为这种 SVD 分解不是唯一的。

尽管 Srinivasan and Ribeiro（2020a）提出了这个想法，但他们并没有通过矩阵分解来明确计算节点位置嵌入。作为替代，他们对一系列高斯随机矩阵 $\boldsymbol{Z}_{\mathscr{G},1}, \boldsymbol{Z}_{\mathscr{G},2}$, …进行了抽样，并让它们在图上传播。例如，对于两跳：

$$\boldsymbol{Z}_{\mathscr{G}} = \psi(\hat{\boldsymbol{A}}\psi(\hat{\boldsymbol{A}}\boldsymbol{Z}_{\mathscr{G},1}) + \boldsymbol{Z}_{\mathscr{G},2})$$

其中，ψ 是 MLP，$\hat{\boldsymbol{A}}$ 表示相邻矩阵的某种变体。$\boldsymbol{Z}_{\mathscr{G}}$中的行实际上给出了大致的节点位置嵌入。然后，获得的这些节点嵌入将被进一步用作 MP-GNN 中节点的属性。

Dwivedi et al（2020）明确地采用了矩阵分解。他们主张使用随机扰动的拉普拉斯特征映射作为附加属性。具体来说，他们假设归一化的拉普拉斯矩阵被定义为

$$\boldsymbol{L} = \boldsymbol{I} - \boldsymbol{D}^{-\frac{1}{2}}\boldsymbol{A}\boldsymbol{D}^{-\frac{1}{2}}$$

其中，$\boldsymbol{D}$ 是对角（度数）矩阵。可以将 $\boldsymbol{L}$ 的特征值分解表示为 $\boldsymbol{A}=\boldsymbol{U\Sigma U}^{\mathrm{T}}$。特征值分解不是唯一的，所以我们假设 $\boldsymbol{U}$ 可以从所有可能的选择中进行任意挑选。幸运的是，如果没有多个特征值，则 $\boldsymbol{U}$ 对于每一列都是唯一的，取决于符号是加号还是减号。因此，我们可以直接将额外的节点属性设置为

$$\boldsymbol{Z}_{\mathrm{LE}} = \boldsymbol{U\Gamma}, \text{其中 } \boldsymbol{\Gamma}_{ii} \sim \mathrm{Unif}(\{-1,1\}) \text{ i.i.d. } \forall i \in [|V|], \boldsymbol{\Gamma}_{ij} = 0 \ , \forall i \neq j \tag{5.13}$$

其中，$\boldsymbol{\Gamma}$是一个对角矩阵，它的对角线元素被均匀地独立设置为 1 或−1。在这里，$\boldsymbol{U}$ 可以用其本身的一些列的几个片段来代替。设 $g_{\boldsymbol{Z}_{\mathrm{LE}}}$ 表示将这些附加属性 $\boldsymbol{Z}_{\mathrm{LE}}$ 与原始节点属性连接起来的操作。于是，整个复合模型变成 $f_{\text{MP-GNN}} \circ g_{\boldsymbol{Z}_{\mathrm{LE}}}$。引理 5.3 表明，如果拉普拉斯矩阵有不同的特征值，则 $f_{\text{MP-GNN}} \circ g_{\boldsymbol{Z}_{\mathrm{LE}}}$ 具有期望的排列不变性。

引理 5.3　如果$(\mathscr{G}^{(1)}, S^{(1)}) \cong (\mathscr{G}^{(2)}, S^{(2)})$，并且它们相应的归一化拉普拉斯矩阵没有多个特征值，那么任何通过选择特征值的分解来获得节点嵌入的操作都会得到

$$\mathbb{E}(f_{\text{MP-GNN}} \circ g_{\boldsymbol{Z}_{\mathrm{LE}}}(\mathscr{G}^{(1)}, S^{(1)})) = \mathbb{E}(f_{\text{MP-GNN}} \circ g_{\boldsymbol{Z}_{\mathrm{LE}}}(\mathscr{G}^{(2)}, S^{(2)}))$$

证明　从上面的论证中可以很容易看出证明过程。

正如引理 5.3 所述，对于大多数图来说，复合模型能保持排列不变性，尽管它们在某些边角案例中可能会破坏排列不变性。关于表达能力，$\boldsymbol{Z}_{\mathrm{LE}}$ 能够将不同的节点与不同的属性联系起来，因为根据定义，$\boldsymbol{U}$ 是一个正交矩阵。因此，一定存在 $f_{\text{MP-GNN}} \circ g_{\boldsymbol{Z}_{\mathrm{LE}}}$，可以从图中区分出任意节点子集。

定理 5.8　对于同一个图上的任何两个 GRL 实例$(\mathscr{G}, S^{(1)})$和$(\mathscr{G}, S^{(2)})$，即使它们是同构的，

只要$S^{(1)} \neq S^{(2)}$，就存在一个$f_{\text{MP-GNN}}$，使得$f_{\text{MP-GNN}} \circ g_{Z_{\text{LE}}}(\mathscr{G}, S^{(1)}) \neq f_{\text{MP-GNN}} \circ g_{Z_{\text{LE}}}(\mathscr{G}, S^{(2)})$。然而，如果这两个 GRL 实例在同一个$\mathscr{G}$上确实是同构的（$(\mathscr{G}, S^{(1)}) \cong (\mathscr{G}, S^{(2)})$），并且$\mathscr{G}$的归一化拉普拉斯矩阵没有多个相同的特征值，那么$\mathbb{E}(f_{\text{MP-GNN}} \circ g_{Z_{\text{LE}}}(\mathscr{G}, S^{(1)})) = \mathbb{E}(f_{\text{MP-GNN}} \circ g_{Z_{\text{LE}}}(\mathscr{G}, S^{(2)}))$。

证明 从上面的论证中可以很容易看出证明过程。

定理 5.8 意味着$f_{\text{MP-GNN}} \circ g_{Z_{\text{LE}}}$有可能区分来自同一个图的不同节点集合。请注意，尽管$f_{\text{MP-GNN}} \circ g_{Z_{\text{LE}}}$实现了强大的表征能力，但与另一个模型 SEAL（Zhang and Chen，2018b）相比，前者在实践中的链接预测效果并不总是很好（Dwivedi et al，2020）〔通过比较它们在 COLLAB 数据集上的表现，见（Hu et al，2020b）〕。SEAL 基于的是 5.4.3 节介绍的确定性距离属性。是否具有排列不变性，是对模型泛化特征的更弱表达。实际上，如果模型是成对的节点位置嵌入，则会增加参数空间的维度，从而也会对泛化产生负面影响。对这一观点的全面认识有待今后研究。

在 5.4.3 节中，我们将介绍确定性距离属性，这为解决上述问题提供了一个不同的视角。距离编码具有坚实的数学基础，从而为许多经验上表现良好的模型提供了理论支持，如 SEAL（Zhang and Chen，2018b）和 ID-GNN（You et al，2021）。

5.4.3 注入确定性距离属性

在本节中，我们将介绍如何通过注入确定性距离属性来提高 MP-GNN 的表达能力。

确定性距离属性背后的关键动机如下。在 5.4.1 节中，我们已经证明 MP-GNN 在测量不同节点之间的距离、计数环[①]和区分有属性正则图的能力方面是有限的。所有这些限制基本上是从 1-WL 测试中继承下来的，1-WL 测试没有捕捉到节点之间的距离信息。如果能将 MP-GNN 与一些距离信息结合起来，那么复合模型必定实现更强的表达能力。但问题是如何正确地注入距离信息。

我们可以参考两个重要的直觉来设计这种距离属性。首先，有效的距离信息通常是与任务相关联的。例如，考虑一个 GRL 实例$(\mathscr{G}, S)$。如果任务是进行节点分类（$|S|=1$），那么一个节点到它自身（因此形成了包含这个节点的环）的距离信息是相关的，因为衡量的是关于上下文结构的信息。如果任务是进行链接预测（$|S|=2$），则链接的两个端点之间的距离信息是相关的，因为网络中相互靠近的两个节点往往是由链接连接的。对于图级预测（$S=\mathscr{V}(\mathscr{G})$），任何一对节点之间的距离信息都可能是相关的，因为它可以被看作一组链接预测。其次，除S中节点之间的距离以外，S到$\mathscr{G}$中其他节点的距离也可能提供有用的侧面信息。以上两个方面启发了距离属性的设计。

一些经验上成功的 GNN 模型利用了确定性距离属性，尽管它们对 GNN 表达能力的影响直到最近才被人提出来（Li et al，2020e）。对于链接预测，Li et al（2016a）首先考虑对感兴趣的链接的两个端点进行标注。这两个端点被标注为独热编码，所有其他节点则被标注为 0。这种标注可以通过 GNN 消息传递转换为距离信息。同样，对于链接预测，Zhang and Chen（2018b）首先在被查询链接的周围抽样了一个封闭的子图，然后使用从这个节点到链接的两个末端节点的最短路径距离（Shortest Path Distance，SPD）的独热编码来标注这个子

① 环实际上携带了一种特殊的距离信息，因为它们描述了从一个节点到这个节点自身的游走长度。如果从一个节点到这个节点自身的距离不是用最短路径距离来衡量，而是用随机游走的返回概率来衡量，那么这个距离就已经包含了环信息。

图中的每个节点。注意，决定一个节点是否在查询链接周围的包围子图已经给出了距离属性。Zhang and Chen（2019）则使用类似的想法进行矩阵补全——这是一个类似于链接预测的任务。对于图分类和图级属性预测，Chen et al（2019a）和 Maziarka et al（2020a）采用两个节点之间的 SPD 作为边属性。这些边属性也可以作为 MP-GNN 中 MSG 操作的输入。You et al（2021）将一个节点标注为 1，并将其他节点标注为 0，以改善 MP-GNN 的节点分类效果。由于我们关注的是对表达能力的理论表征，因此我们不会详细介绍这些经验上成功的研究。感兴趣的读者可以参考相关论文。

注记 5.7（确定性距离属性和随机属性的比较） 确定性距离属性有两个优点。首先，由于输入属性没有随机性，并且模型的优化过程中包含的噪声较少，因此训练过程往往相比随机属性的模型收敛得更快，模型评估表现包含的噪声也少得多。一些对随机属性的模型训练收敛的经验评估可在 Abboud et al（2020）中找到。其次，基于确定性距离属性的模型在实践中通常比基于随机属性的模型显示出更好的泛化能力。尽管从理论上讲，当基于足够多的随机属性的样本进行训练时，模型是排列不变的（如 5.4.2 节所述），但在实践中，由于高复杂性，这可能很难实现。

确定性距离属性也有两个缺点。首先，与确定性属性配对的模型可能永远无法实现普遍近似，除非图同构问题是 P 问题。然而，随机属性在概率意义上可能是普遍的（见定理 5.6）。其次，确定性距离属性通常取决于 GRL 实例$(\mathscr{G}, S)$中的信息 S。这在计算中引入了一个问题，也就是说，如果两个 GRL 实例$(\mathscr{G}^{(1)},S^{(1)})$和$(\mathscr{G}^{(2)},S^{(2)})$共享同一个图 $\mathscr{G}$，但有不同的感兴趣的节点集合 $S^{(1)} \neq S^{(2)}$，则它们将被附加不同的确定性距离属性，因此 GNN 必须对它们分别进行推理。然而，具有随机属性的 GNN 可以在两个 GRL 实例之间共享式（5.4）中的中间节点表征 $\{\boldsymbol{h}_v^{(L)} \mid v \in \mathscr{V}[\mathscr{G}]\}$，从而节省了中间计算。

5.4.3.1 距离编码

假设我们的目标是对一个 GRL 实例$(\mathscr{G}, S)$进行预测。Li et al（2020e）将距离编码$\zeta(u|S)$定义为节点$u \in \mathscr{V}[\mathscr{G}]$的额外节点属性。

定义 5.10 对于一个 GRL 实例$(\mathscr{G}, S)$，其中，$\mathscr{G} = (\boldsymbol{A}, \boldsymbol{X})$。距离编码$\zeta(u|S)$对节点 u 的定义如下：

$$\zeta(u \mid S) = \sum_{v \in S} \text{MLP}\,(\zeta(u \mid v)) \tag{5.14}$$

其中，$\zeta(u \mid v)$表示节点 u 和节点 v 之间的某种距离。我们可以选择

$$\zeta(u \mid v) = g(\ell_{uv}),\ \ \ell_{uv} = (1, (\boldsymbol{W})_{uv}, (\boldsymbol{W}^2)_{uv}, \cdots, (\boldsymbol{W}^k)_{uv}, \cdots) \tag{5.15}$$

其中，$\boldsymbol{W} = \boldsymbol{A}\boldsymbol{D}^{-1}$是随机游走矩阵，$g(\cdot)$是一个一般函数，用于将 l_{uv} 映射到不同类型的距离测量。

请注意，$\zeta(u \mid S)$取决于图结构 $\mathscr{G}$，为简单起见，我们在符号中省略了这一点。首先，将 $g(l_{uv})$ 设置为 l_{uv} 中的第一个非零位置，并给出节点 v 到节点 u 的最短路径距离（SPD）。其次，将 $g(l_{uv})$ 设置如下，并给出广义的 PageRank 分数（Li et al，2019f）。

$$\zeta_{\text{gpr}}(u \mid v) = \sum_{k \geqslant 1} \gamma_k (\boldsymbol{W}^k)_{uv} = \left(\sum_{k \geqslant 0} \gamma_k \boldsymbol{W}^k\right)_{uv},\ \ \gamma_k \in \mathbb{R}(\,k \in \mathbb{Z}_{\geqslant 0}) \tag{5.16}$$

对$\{\gamma_k \mid k \in \mathbb{Z}_{\geqslant 0}\}$的不同选择会产生节点 u 和节点 v 之间的各种距离测量。

个性化的 PageRank 分数（Jeh and Widom，2003）：$\gamma_k = \alpha^k, \alpha \in (0,1)$。

热核 PageRank 分数（Chung，2007）：$\gamma_k = \beta^k e^{-\beta} / k!$，$\beta > 0$。

反击时间（Lovász et al，1993）：$\gamma_k = k$。

重要的是，大家要看到上述距离编码的定义满足排列不变性。

引理 5.4 对于两个同构的 GRL 实例 $(\mathscr{G}^{(1)}, S^{(1)}) \overset{\pi}{\cong} (\mathscr{G}^{(2)}, S^{(2)})$，如果对于 $u \in \mathscr{V}[\mathscr{G}^{(1)}]$ 和 $v \in \mathscr{V}[\mathscr{G}^{(2)}]$，有 $\pi(u) = \pi(v)$，则它们的距离编码是相等的 $\zeta(u \mid S^{(1)}) = \zeta(v \mid S^{(2)})$。

证明 通过距离编码的定义，可以很容易看出证明过程。

Li et al（2020e）考虑使用距离编码作为节点的额外属性。具体来说，MP-GNN 可以通过设置 $\tilde{\boldsymbol{X}}_v = \boldsymbol{X}_v \oplus \zeta(v \mid S)$ 加以改进，其中，$\oplus$ 表示串联。得到的模型被称为 DE-GNN，表示为 f_{DE}。

已有研究证明，DE-GNN 比 MP-GNN 更强大。回顾一下，MP-GNN 的基本极限是图表征学习问题的 1-WL 测试（见定理 5.2）。推论 5.1 进一步指出，在某些情况下，有属性正则图可能无法被 MP-GNN 区分出来。Li et al（2020e）考虑了图是正则的、无属性的情况，并证明了 DE-GNN 能够以高概率区分两个 GRL 实例，具体的形式化表述见定理 5.9。

图 5.13 展示了距离编码可用于区分非同构图结构的示例。

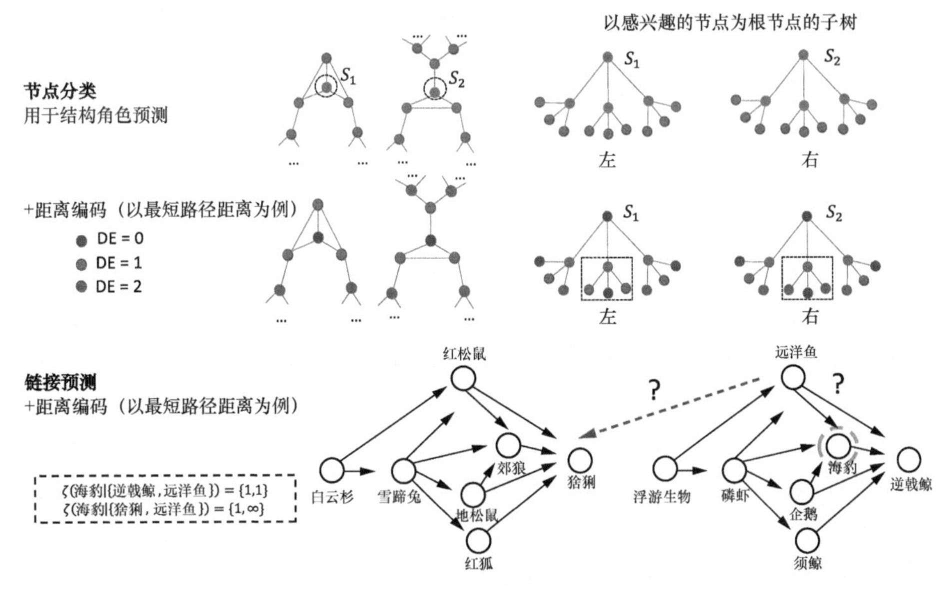

图 5.13 距离编码可用于区分非同构图结构的示例。在节点分类的示例中，我们考虑根据节点在其上下文结构中的角色进行分类，称为结构角色（Henderson et al，2012）。S_1 和 S_2 中的节点具有不同的结构角色。然而，具有两个层的 MP-GNN 会混淆这两个节点，而具有距离编码的 DE-GNN 却可以区分它们。在链接预测的示例中，尽管两个节点{猞猁, $\mathscr{G}$}和{逆戟鲸, $\mathscr{G}$}是同构的（在这里我们忽略节点的身份），但海豹节点上的距离编码使我们能够区分节点对{逆戟鲸, 远洋鱼}和{猞猁, 远洋鱼}

定理 5.9〔（Li et al，2020e）中的 Theorem 3.3〕 考虑两个 GRL 实例 $(\mathscr{G}^{(1)}, S^{(1)})$ 和 $(\mathscr{G}^{(2)}, S^{(2)})$，其中，$\mathscr{G}^{(1)}$ 和 $\mathscr{G}^{(2)}$ 是两个大小为 n 的无属性正则图，并且 $|S^{(1)}| = |S^{(2)}|$ 是常数（与 n 无关）。假设 $\mathscr{G}^{(1)}$ 和 $\mathscr{G}^{(2)}$ 是从所有大小为 n 的 r-正则图中均匀独立地抽样出来的，其中，

$3 \leqslant r < (2\log n)^{1/2}$，则对于任意小的常数 $\varepsilon > 0$，存在层数不超过 $L \leqslant \left(\frac{1}{2}+\varepsilon\right)\frac{\log n}{\log(r-1)}$ 且具有一定权重的 DE-GNN，能够以高概率区分这两个实例。具体来说，输出 $f_{\mathrm{DE}}(\mathscr{G}^{(1)}, S^{(1)}) \neq f_{\mathrm{DE}}(\mathscr{G}^{(2)}, S^{(2)})$ 的概率为 $1-o(n^{-1})$。DE 的具体形式，即式（5.15）中的 g，可以简单地选择为短路径距离。这里以及后文出现的小 o 记号是关于 n 的。

定理 5.9 关注的是无属性正则图的节点集合。我们认为，这种形式化可以泛化到有属性正则图，因为不同的属性能够进一步提高模型的区分能力。此外，对图的规则性的假设也不是至关重要的，因为 1-WL 测试或 MP-GNN 可能会将所有的图，无论是否有属性，在足够的迭代下都转换为有属性正则图（Arvind et al，2019）。

当然，DE-GNN 可能无法区分所有非同构的 GRL 实例。Li et al（2020e）介绍了 DE-GNN 的局限性。特别是，DE-GNN 不能区分具有相同交叉阵列的距离正则图中的节点，尽管 DE-GNN 可以区分其中的边（见图 5.14）。Li et al（2020e）则将上述结果泛化到了利用距离属性作为边属性的情况（以控制 MP-GNN 中的消息聚合）。感兴趣的读者可以在他们发表的原始论文中查看细节。

5.4.3.2 身份感知的 GNN

作为与 DE-GNN 同时进行的研究，You et al（2021）提出了一种特殊类型的距离编码，以改善由 MP-GNN 学习的节点表征。具体来说，当 MP-GNN 用于计算节点 v 的表征时，You et al（2021）建议给图中的每个节点 u 附加一个额外的二元属性 $\zeta_{\mathrm{ID}}(u \mid \{v\})$ 来表示节点 v 的身份，其中

$$\zeta_{\mathrm{ID}}(u \mid \{v\}) = \begin{cases} 1, & u = v \\ 0, & \text{其他} \end{cases} \tag{5.17}$$

当集合 S 只包含一个节点 v 时，利用了 $\zeta_{\mathrm{ID}}(u \mid \{v\})$ 的 MP-GNN 被称为身份感知 GNN（ID-GNN）。$\zeta_{\mathrm{ID}}(u \mid \{v\})$ 是距离编码的简单实现〔见式（5.14）〕。尽管 ID-GNN 不像 DE-GNN 那样计算距离度量，但在节点分类方面，ID-GNN 拥有与 DE-GNN 相同的表征能力，因为从另一个节点 u 到目标节点 v 的距离信息可以通过一个额外的身份属性被 ID-GNN 学习。

定理 5.10 对于两个 GRL 实例 $(\mathscr{G}^{(1)}, S^{(1)})$ 和 $(\mathscr{G}^{(2)}, S^{(2)})$，其中，$|S^{(i)}|=1$（$i \in \{1,2\}$），且 $\mathscr{G}^{(i)}$ 是无属性的，如果 DE-GNN 可以用 L 个层区分它们，则 ID-GNN 最多需要两组 L 层即可区分它们。

证明 ID-GNN 需要第一组 L 层来传播身份属性以捕捉距离信息，第二组 L 层则让这些信息传播回来，最后合并到节点表征中。

虽然 ID-GNN 采用了一种特殊类型的 DE 来学习节点表征，但 ID-GNN 也被用于进行图级预测（You et al，2021）。具体来说，对于图 $\mathscr{G}$ 中的每个节点 v，ID-GNN 会将 1 赋予该节点，并将 0 赋予其他节点，然后计算出节点表征 $\boldsymbol{h}_v$。通过遍历所有的节点，ID-GNN 将收集所有的节点表征 $\{\boldsymbol{h}_v \mid v \in \mathscr{V}(\mathscr{G})\}$。最后，根据式（5.4）（这里的 S 是整个节点集合 $\mathscr{V}(\mathscr{G})$），ID-GNN 将汇总所有节点的节点表征，并进一步做出图级预测。实际上，结合定理 5.9 的形式化和联合界，Li et al（2020e）指出了上述程序对整个图分类问题的表达能力，具体概括为以下推论。

推论 5.2〔（Li et al，2020e）中的 Corollary 3.4〕 考虑两个 GRL 实例 $\mathscr{G}^{(1)}$ 和 $\mathscr{G}^{(2)}$。

假设$\mathscr{G}^{(1)}$和$\mathscr{G}^{(2)}$是从所有大小为 n 的无属性正则图中均匀地独立抽样出来的，其中，$3 \leqslant r < (2\log n)^{1/2}$，则具有足够层数的 ID-GNN 将能够以 $1-o(1)$的概率区分这两个图。

ID-GNN 可以看作 DE-GNN 的最简版本，ID-GNN 在节点级预测中实现了与 DE-GNN 相同的表达能力。然而，当预测任务包含两个节点时，相当于进行节点对级的预测，ID-GNN 的表达能力将低于 DE-GNN。

在对一个 GRL 实例$(\mathscr{G}, S)$进行预测时，其中$|S|=2$，ID-GNN 可以采用两种不同的方法。第一种方法是，ID-GNN 可以将额外的身份属性附加到 S 中的两个节点上，分别学习它们的表征，然后将这两个表征结合起来，做出最终的预测。然而，这种方法不能捕捉到 S 中两个节点之间的距离信息。第二种方法是，ID-GNN 只给 S 中的一个节点附加额外的身份属性并执行消息传递。经过足够多的层之后，额外的节点身份便从 S 中的一个节点传播到另一个节点，这两个节点之间的距离信息可以被捕获。最后，ID-GNN 将根据 S 中的两个节点表征进行预测。请注意，尽管第二种方法捕获了 S 中两个节点之间的距离信息，但它仍然不如 DE-GNN 强大。图 5.14 展示了一个示例。

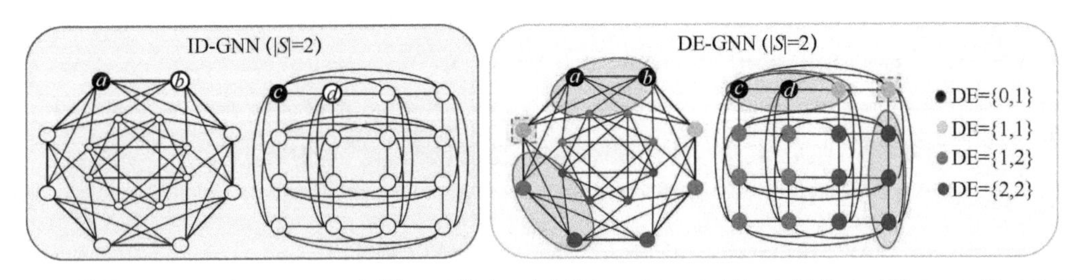

图 5.14 使用 ID-GNN 与 DE-GNN 预测一对节点。左图是 Shrikhande 图，右图是 4×4 的 Rook 图。ID-GNN（为黑色节点附加了身份属性）不能区分节点对$\{a, b\}$和$\{c, d\}$。DE-GNN 可以学习节点对$\{a, b\}$和$\{c, d\}$的不同表征。在这两个子图中，每个节点都用它的 DE 来着色，DE 是目标节点对$\{a, b\}$或$\{c, d\}$中任一节点的 SPD 集合。请注意，DE=$\{1, 1\}$的节点（虚线框）被红色的椭圆包围，这表明这两个节点的邻居节点具有不同的 DE。因此，经过一层后，这两个子图中 DE=$\{1, 1\}$的节点的中间表征是不同的，利用另一层，DE-GNN 可以区分出节点对$\{a, b\}$和$\{c, d\}$

消息传递图神经网络利用了现实世界中图的稀疏性。在 5.4.4 节中，我们将消除对稀疏性的需求，并讨论如何建立高阶图神经网络。这些图神经网络在本质上模仿了高维的 WL 测试，并实现了更强的表达能力。

5.4.4 建立高阶图神经网络

构建图神经网络的最后一组技术克服了 1-WL 测试的局限性，它们与高维 WL 测试有关。在本节中，为简单起见，我们只关注图级预测学习问题，重点是建立高阶图神经网络。

WL 测试系列构成了图同构问题的层次结构（Cai et al，1992）。高阶 WL 测试有不同的定义。下面我们遵循 Maron et al（2019a）采用的术语，介绍两种类型的 WL 测试——k-forklore WL（k-FWL）测试和 k-WL 测试。

这些高维 WL 测试的关键思想是给图中的每一个 k 元组节点着色，并通过聚合共享（k−1）个节点的其他 k 元组的颜色来更新这些颜色。k-FWL 测试和 k-WL 测试的过程如图 5.15 所示。请注意，它们是以不同的方式进行聚合的，因此它们在区分非同构的图方面具有不同的能力。这两类测试形成了一个嵌套的层次结构，详见定理 5.11。

定理 5.11 （Cai et al，1992；Grohe and Otto，2015；Grohe，2017）

- 在 k>1 的情况下，k-FWL 测试和(k+1)-WL 测试具有相同的判别能力。
- 1-FWL 测试、2-WL 测试和 1-WL 测试具有相同的判别能力。
- 在 k>2 的情况下，对于有些图，(k+1)-WL 测试可以区分，而 k-WL 测试不能区分。

根据定理 5.11，能够获得这些高维 WL 测试能力的 GNN 相比 1-WL 测试更加强大。因此，高阶图神经网络有潜力学习比 MP-GNN 更复杂的函数。

回顾一下 $\mathcal{G}^{(i)}=\{A^{(i)},X^{(i)}\}, i\in\{1,2\}$。对于 $\mathcal{G}^{(i)}, i\in\{1,2\}$，执行以下步骤。

（1）对于每个节点集合的 k 元组 $V_j=(V_{j_1},V_{j_2},\cdots,V_{j_k})\in\mathscr{V}^k, j\in[n]^k$，我们用一种颜色初始化 V_j，表示为 $C_j^{(0)}$。这些颜色满足这样的条件：对于两个 k 元组，例如 V_j 和 $V_{j'}$，$C_j^{(0)}$ 和 $C_{j'}^{(0)}$ 是相同的，当且仅当：$X_{v_{j_a}}=X_{v_{j_a}'}$；$v_{j_a}=v_{j_b}\Leftrightarrow v_{j_a}'=v_{j_b}'$；且对所有 $a,b\in[k]$，有 $(v_{j_a},v_{j_b})\in\mathscr{E}\Leftrightarrow(v_{j_a}',v_{j_b}')\in\mathscr{E}$。

（2）k-FWL：对于每个 k 元组 V_j 和 $u\in V$，定义 $N_{k\text{-FWL}}(V_j;u)$ 为一个 k 元组的 k 元组，使得 $N_{k\text{-FWL}}(V_j;u)=((u,v_{j_2},\cdots,v_{j_k}),(v_{j_1},u,\cdots,v_{j_k}),(v_{j_1},v_{j_2},\cdots,u)$，那么 V_i 的颜色可以通过以下映射来更新。

更新颜色：$C_j^{(l+1)}\leftarrow \text{HASH}(C_j^{(l)},\{(C_{j'}^{(l)}\mid V_{j'}\in N_{k\text{-FWL}}(V_j;u))\}_{u\in V})$ （5.18）

k-WL：对于每个 k 元组 V_j 和 $u\in\mathscr{V}$，定义 $N_{k\text{-WL}}(V_j;u)$ 为 k 元组的集合，使得 $N_{k\text{-WL}}(V_j;u)=((u,v_{j_2},\cdots,v_{j_k}),(v_{j_1},u,\cdots,v_{j_k}),(v_{j_1},v_{j_2},\cdots,u)$，那么 V_i 的颜色可以通过以下映射来更新。

更新颜色：$C_j^{(l+1)}\leftarrow \text{HASH}\left(C_j^{(l)},\bigcup_{u\in V}\{(C_{j'}^{(l)}\mid V_{j'}\in N_{k\text{-WL}}(V_j;u))\}\right)$。 （5.19）

在这两种情况下，HASH 操作保证了不同输入产生不同输出的单射映射。

（3）对于每一步 l，$\left\{C_j^{(l)}\right\}_{j\in[V(\mathcal{G}^{(i)})]^k}$ 是一个重集。如果两个图的这种重集不相等，则返回 $\mathcal{G}^{(1)}\ncong\mathcal{G}^{(2)}$，否则转到式（5.19）。

与 1-WL 测试相似，如果 k-(F)WL 测试返回 $\mathcal{G}^{(1)}\ncong\mathcal{G}^{(2)}$，那么说明 $\mathcal{G}^{(1)}$ 和 $\mathcal{G}^{(2)}$ 不是同构的。然而，反之则并不正确。

图 5.15 使用 k-FLW 测试和 k-WL 测试区分 $\mathcal{G}^{(1)}$ 和 $\mathcal{G}^{(2)}$ 的过程

然而，这些 GNN 的缺点在于计算的复杂性较高。根据高阶 WL 测试的定义，我们需要跟踪所有 k 元组节点的颜色。相应地，模仿高阶 WL 测试的高阶图神经网络则需要将每个 k 元组与一个向量表征相关联。因此，它们的内存复杂度至少是 $\Omega(|\mathscr{V}|^k)$，其中，$|\mathscr{V}|$ 是图中节点的数量。它们的计算复杂度至少是 $\Omega(|\mathscr{V}|^{k+1})$，这使得在大尺度的图中使用高阶图神经网络的代价过于昂贵。

5.4.4.1 k-WL 诱导的 GNN

Morris et al（2019）通过遵循 k-WL 测试首次提出了 k-GNN。具体来说，k-GNN 将每个 k 元组的节点（表示为 $V_j, j\in\mathscr{V}^k$）与一个初始化为 $\boldsymbol{h}_j^{(0)}$ 的向量表征相关联。为了节省内存，k-GNN 只考虑包含 k 个不同节点的 k 元组，而忽略这些节点的顺序。因此，每个 k 元组被简化为一个 k 节点的集合。本节对符号做了一些修改，用 $\mathscr{V}_j$ 表示这个由 k 个不同节点组成的集合。$\mathscr{V}_j$ 的初始表征 $\boldsymbol{h}_j^{(0)}$ 被选择作为一个独热编码，使得 $h_j^{(0)}=h_{j'}^{(0)}$（当且仅当 V_j 和 $V_{j'}$ 诱导的子图是同构的）。

接下来，k-GNN 遵循以下这些表征的更新过程：

$$\boldsymbol{h}_j^{(l+1)} = \text{MLP}\left(\boldsymbol{h}_j^{(l)} \oplus \sum_{V_{j'}:N_{k\text{-GNN}}(V_j)} \boldsymbol{h}_{j'}^{(l)}\right), \forall k\text{大小的节点集 } V_j \tag{5.20}$$

其中，$N_{k\text{-GNN}}(V_j)=\{V_{j'} \mid |V_{j'} \cap V_j|=k-1\}$。注意，$N_{k\text{-GNN}}(V_j)$ 对 V_j 的邻居节点的定义与 $N_{k\text{-WL}}$ 不同〔见式（5.19)〕，因为 V_j 现在是一个大小为 k 的节点集合，而不是一个 k 元组。

式(5.20)的时间复杂度至少为 $O(|\mathcal{V}|^k)$，因为 $N_{k\text{-GNN}}(V_j)$ 的大小为 $O(|\mathcal{V}|^k)$。最近，Morris et al（2019）也考虑使用 V_j 而不是 $N_{k\text{-GNN}}(V_j)$ 的局部邻域。这个局部邻域只包括 $V_{j'} \in N_{k\text{-GNN}}(V_j)$，这样 $V_{j'} \setminus V_j$ 中的节点将至少与 V_j 中的一个节点相连。Morris et al（2020b）证明了这种局部版本的 k-GNN 变体可能和 k-WL 测试一样强大，尽管前者需要更多层的深层架构来匹配表达能力。

k-GNN 最多只能和 k-WL 测试一样强大。为了比 MP-GNN 更具表达能力，需要让 k=3。因此，k-GNN 的内存复杂度至少为 $\Omega(|\mathcal{V}|^3)$。至于 k-GNN 的计算复杂度，即使是局部版本，每层也至少为 $\Omega(|\mathcal{V}|^3)$。

5.4.4.2 不变 GNN 与等价 GNN

为了构建高阶图神经网络，每个 k 元组都需要与一个向量表征相关联。因此，无论采用局部还是全局邻域聚合〔见式(5.20)〕，通过利用稀疏图结构减少计算的优势都是有限的，因为不能减少主导项 $\Omega(|\mathcal{V}|^k)$。此外，为了处理稀疏图结构，这些高阶图神经网络也需要进行随机内存访问，这就引入了额外的计算量。因此，建立高阶图神经网络的研究思路完全忽略了图的稀疏性。图被看作张量，神经网络则将这些张量作为输入。神经网络被设计为对张量索引的阶数是不变的。

目前已有许多研究（Maron et al，2018，2019a，b；Chen et al，2019f；Keriven and Peyré，2019；Vignac et al，2020a；Azizian and Lelarge，2020）采用这种思路来构建 GNN 并分析其表达能力。

每个 k 元组 $V_j \in V^k$ 都与一个向量表征 $\boldsymbol{h}_j^{(l)}$ 相关联。为简单起见，假设 $\boldsymbol{h}_j^{(l)} \in \mathbb{R}$。通过将 k 元组的表征串联起来，我们可以得到一个 k 阶张量：

$$\boldsymbol{H} \in \mathbb{R}^{\otimes_k|\mathcal{V}|}，\ 其中 \ \ \mathbb{R}^{\otimes_k|\mathcal{V}|} = \underbrace{|\mathcal{V}|\times\cdots\times|\mathcal{V}|}_{k\text{ 次}}$$

Maron et al（2018）研究了定义在 $\mathbb{R}^{\otimes_k|\mathcal{V}|}$ 上的线性不变映射和线性等价映射。

定义 5.11 给定双射 $\pi:\mathcal{V}\to\mathcal{V}$ 和 $\boldsymbol{H}\in\mathbb{R}^{\otimes_k|\mathcal{V}|}$，定义 $\pi(\boldsymbol{H}):=\boldsymbol{H}'$，其中，对于所有 k 元组 $(v_1,v_2,\cdots,v_k)\in\mathcal{V}^k$，有 $\boldsymbol{H}'_{(\pi(v_1),\pi(v_2),\cdots,\pi(v_k))=}\boldsymbol{H}_{(v_1,v_2,\cdots,v_k)}$。

定义 5.12 映射 $g:\mathbb{R}^{\otimes_k|\mathcal{V}|}\to\mathbb{R}$ 被称为不变的，对于任意双射 $\pi:\mathcal{V}\to\mathcal{V}$ 和 $\boldsymbol{H}\in\mathbb{R}^{\otimes_k|\mathcal{V}|}$，有 $g(\boldsymbol{H})=g(\pi(\boldsymbol{H}))$。

定义 5.13 映射 $g:\mathbb{R}^{\otimes_k|\mathcal{V}|}\to\mathbb{R}^{\otimes_k|\mathcal{V}|}$ 被称为等价的，对于任意双射 $\pi:\mathcal{V}\to\mathcal{V}$ 和 $\boldsymbol{H}\in\mathbb{R}^{\otimes_k|\mathcal{V}|}$，有 $\pi(g(\boldsymbol{H}))=g(\pi(\boldsymbol{H}))$。

Maron et al（2018）证明了所有可能的线性不变映射从 $\mathbb{R}^{\otimes_k|\mathcal{V}|}\to\mathbb{R}$ 的基数是 $b(k)$，其中，$b(k)$是第 k 个贝尔数。另外，从 $\mathbb{R}^{\otimes_k|\mathcal{V}|}\to\mathbb{R}^{\otimes_{k'}|\mathcal{V}|}$ 的所有可能线性等价映射所需的基数是 $b(k+k')$。为了更好地理解这一事实，下面考虑 k=1 的不变情况。在这种情况下，线性不变映射 $g:\mathbb{R}^{|\mathcal{V}|}\to\mathbb{R}$ 在本质上是一个常量集合（见定义 5.7）。由于 $b(1)$=1，线性不变映射 $g:\mathbb{R}^{|\mathcal{V}|}$

$\to \mathbb{R}$ 只持有一个基——和池化。也就是说，g 遵循 $g(a)c(\mathbf{1},a)$的形式，其中，c 是一个待学习的参数。考虑一下等价的情况，此时 $k=1$、$k'=1$。由于 $b(2)$=2，线性等价映射 $g:\mathbb{R}^{|\mathcal{V}|}\to\mathbb{R}$ 持有两个基。也就是说，g 遵循 $g(a)=(c_1\boldsymbol{I}+c_2\mathbf{1}\mathbf{1}^{\mathrm{T}})a$ 的形式，其中，c_1 和 c_2 是待学习的参数。

基于上述观察，我们可以通过复合这些线性不变映射或线性等价映射来构建 GNN，具体可以通过学习上述基之前的权重来进行。为此，Maron et al（2018，2019a）提出使用这些线性不变映射或线性等价映射来构建 GNN。

$$f_{k\text{-inv}}=g_{\text{inv}}\circ g_{\text{equ}}^{(L)}\circ\sigma\circ g_{\text{equ}}^{(L-1)}\circ\sigma\cdots\circ\sigma\circ g_{\text{equ}}^{(1)} \tag{5.21}$$

其中，g_{inv} 是一个 $\mathbb{R}^{\otimes_k|\mathcal{V}|}\to\mathbb{R}$ 的线性不变层，而 $g_{\text{equ}}^{(l)}(l\in[L])$ 是一些 $\mathbb{R}^{\otimes_k|\mathcal{V}|}\to\mathbb{R}^{\otimes_k|\mathcal{V}|}$ 的线性等价层，σ 是逐元素的非线性激活函数。可以证明，$f_{k\text{-inv}}$ 是一个线性不变映射。Maron et al（2018）以及 Azizian and Lelarge（2020）证明了 $f_{k\text{-inv}}$ 与 k-WL 测试的联系可以用以下定理来概括。

定理 5.12〔转载自（Meron et al，2018；Azizian and Lelarge，2020）〕 对于两个非同构图 $\mathcal{G}^{(1)}\not\cong\mathcal{G}^{(2)}$，如果 k-WL 测试可以区分它们，则存在可以区分它们的 $f_{k\text{-inv}}$。

Maron et al（2019b）以及 Keriven and Peyré（2019）也研究了模型 $f_{k\text{-inv}}$ 是否可以普遍地近似任何排列不变函数。然而，他们得出的结论是悲观的，因为需要高阶张量 $k=\Omega(n)$，这在实践中很难实现（Maron et al，2019b）。

与 k-GNN 类似，f_{inv} 也最多与 k-WL 测试一样强大。为了比 MP-GNN 更具表达能力，f_{inv} 至少应该使用 k=3，因此内存复杂度至少为 $\Omega(|\mathcal{V}|^3)$。线性等价层的基数为 $b(6)$=203，因此，每一层的计算结果如下：（1）将 $\mathbb{R}^{\otimes_3|\mathcal{V}|}$ 中的一个张量乘以 $\mathbb{R}^{\otimes_6|\mathcal{V}|}$ 中的 $b(6)$个张量，得到 $\mathbb{R}^{\otimes_3|\mathcal{V}|}$ 中的 $b(6)$个张量；（2）这些张量会被求和为 $\mathbb{R}^{\otimes_3|\mathcal{V}|}$ 中的一个张量。

5.4.4.3 k-FWL 诱导的 GNN

前面介绍的高阶图神经网络与 k-WL 测试的表达能力是匹配的。根据定理 5.11，k-FLW 测试拥有与 k+1-WL 测试相同的表达能力。在 k>2 的情况下，严格来说，k-FLW 测试比 k-WL 测试更强大，而 k-FLW 测试只需要跟踪 k 元组的表征。因此，如果 GNN 能够模仿 k-FWL 测试，则它们可能会保持与前面介绍的 GNN 相似的内存成本，同时更具表达能力。Maron et al（2019a）以及 Chen et al（2019f）分别提出了 PPGN 和 Ring-GNN 来匹配 k-FWL 测试。

k-FWL 测试和 k-WL 测试的关键区别在于前者利用了一个 k 元组 V_j 的相邻元组。请注意，式（5.18）中的 $N_{k\text{-FWL}}(V_j;u)$ 将 V_j 的相邻元组分组为一个更高层的图元，而 $N_{k\text{-WL}}(V_j;u)$ 由于式（5.19）中的集合合并操作而跳过了对它们的分组。这就产生了 GNN 设计中与 k-FWL 测试相匹配的关键机制：式（5.18）的 k-FWL 测试中的聚合过程是通过积和（product-sum）过程实现的。假设 V_j 的表征是 $\boldsymbol{h}_j\in\mathbb{R}$，我们可以将 $\{(C_{j'}^{(l)}\mid V_{j'}\in N_{k\text{-FWL}}(V_j;u))\}_{u\in V}$ 的聚合设计为

$$\sum_{u\in V}\prod_{V_{j'}\in N_{k\text{-FWL}}(V_j;u)}\boldsymbol{h}_{j'}$$

如果我们把所有这些表征合并成一个张量 $\boldsymbol{H}\in\mathbb{R}^{\otimes_k|V|\times F}$，则上述操作基本上可以表示为张量操作，也就是定义

$$\boldsymbol{H}' := \sum_{u \in V} \boldsymbol{H}_{u,\cdot,\cdots,\cdot} \odot \boldsymbol{H}_{\cdot,u,\cdots,\cdot} \odot \cdots \odot \boldsymbol{H}_{\cdot,\cdot,\cdots,u}\text{，其中}$$

$$[\boldsymbol{H}']_{v_{j_1},v_{j_2},\cdots,v_{j_k}} = \sum_{u \in V} \boldsymbol{H}_{u,v_{j_2},\cdots,v_{j_k}} \cdot \boldsymbol{H}_{v_{j_1},u,\cdots,v_{j_k}} \cdot \cdots \cdot \boldsymbol{H}_{v_{j_1},v_{j_2},\cdots,u}$$

基于上述观察，Maron et al（2019a）构建了 PPGN，具体如下。

首先，对于所有$V_j \in \mathscr{V}^k$，初始化$\boldsymbol{h}_j^{(0)} \in \mathbb{R}$，使得$\boldsymbol{h}_j^{(0)} = \boldsymbol{h}_{j'}^{(0)}$，前提条件是：$X_{v_{j_a}} = X_{v_{j'_a}}$；$v_{j_a} = v_{j_b} \Leftrightarrow v_{j'_a} = v_{j'_b}$；对于所有的$a,b \in [k]$，有$(v_{j_a}, v_{j_b}) \in \mathscr{E} \Leftrightarrow (v_{j'_a}, v_{j'_b}) \in \mathscr{E}$。然后，将$\boldsymbol{h}_j^{(0)}$合并到$\boldsymbol{H}^{(0)} \in \mathbb{R}^{\otimes_k |\mathscr{V}|}$中。最后针对 l=0, 1, …, L−1 执行更新：

$$\boldsymbol{H}^{(l+1)} = \tilde{\boldsymbol{H}}^{(l,0)} \oplus \left[\sum_{u \in V} \tilde{\boldsymbol{H}}^{(l,1)}_{u,\cdot,\cdots,\cdot} \odot \tilde{\boldsymbol{H}}^{(l,2)}_{\cdot,u,\cdots,\cdot} \odot \cdots \odot \tilde{\boldsymbol{H}}^{(l,k)}_{\cdot,\cdot,\cdots,u} \right] \tag{5.22}$$

$$\tilde{\boldsymbol{H}}^{(l,i)} = \text{MLP}^{(l,i)}(\boldsymbol{H}^{(l)})$$

在这里，MLP 被强加在这些张量的最后一个维度上。不同上标的 MLP 有不同的参数。执行 READOUT $\sum_{V_j \in V^k} \boldsymbol{h}_j^{(L)}$ 即可得到图的表征。

Maron et al（2019a）证明了当 k=2 时，PPGN 可以匹配 2-FLW 测试的能力。Azizian and Lelarge（2020）则将这一结果泛化到了任意的 k 值。

定理 5.13〔转载自（Azizian and Lelarge，2020）〕 对于两个非同构图$\mathscr{G}^{(1)} \not\cong \mathscr{G}^{(2)}$，如果 k-FLW 测试可以区分它们，则存在一个可以区分它们的 PPGN。

为了比 1-WL 测试更强大，PPGN 只需要设置 k=2 即可，因此内存复杂度仅为$\Omega(|\mathscr{V}|^2)$。关于计算复杂度，PPGN 的积和型聚合确实比 5.4.4.2 节介绍的 f_{inv} 更复杂。然而，当 k=2 时，式（5.22）则可简化为两个矩阵的乘积，从而在并行计算单元中实现了有效计算。

5.5 小结

图神经网络最近在许多领域取得了空前的成功，这是因为它们在学习定义在图和关系数据上的复杂函数方面具有强大的表达能力。在本章中，我们通过概述该领域的最新研究成果，对 GNN 的表达能力进行了系统研究。

我们首先确定了消息传递图神经网络在区分非同构图方面最多只能与 1-WL 测试一样强大。保证匹配极限的关键条件是节点表征的单射更新函数。接下来，我们讨论了已有的更强大的图神经网络技术。使消息传递图神经网络更具表达能力的一种方法是将输入图与额外的属性配对。特别是，我们还讨论了两种类型的额外属性——随机属性和确定性距离属性。注入随机属性允许 GNN 区分任意非同构图，尽管需要大量的数据增强来使图神经网络近似不变。同时，注入确定性距离属性不需要同样的数据增强，但由此产生的 GNN 的表达能力仍有一定的局限性。模仿高维的 WL 测试是建立更强大 GNN 的另一种方法。以上方法不跟踪节点的表征。作为替代，它们更新每个 k（k>2）元组的节点的表征。总的来说，消息传递图神经网络是强大的，但其表达能力有一些限制。不同的技术使 GNN 在不同程度上克服了这些限制，同时产生了不同类型的计算成本。

我们本想列出一些额外的关于 GNN 表达能力的研究成果，但由于篇幅受限，我们没能在前面加以介绍。Barceló et al（2019）研究了 GNN 在表示布尔分类器时的表达能力，这对于理解 GNN 如何表示知识和逻辑很有帮助。Vignac et al（2020a）提出了一种结构性的消息传递图神经网络框架，其采用矩阵而不是向量作为节点表征，从而使得 GNN 更具表达能力。Balcilar et al（2021）通过基于 GNN 的图信号变换的频谱分析研究了 GNN 的表达能力。Chen et al（2020k）研究了在消息传递过程中 GNN 的非线性对其表达能力的影响，从而加强了我们对许多建议采用线性消息传递过程的研究的理解（Wu et al，2019a；Klicpera et al，2019a；Chien et al，2021）。

GNN 的理论特征是一个重要的研究方向，对表达能力的分析只是其中之一——也许是到目前为止研究得最好的。机器学习模型拥有两个基本模块——训练和泛化。然而，只有少数研究对它们进行了分析（Garg et al，2020；Liao et al，2021；Xu　et al，2020c），作者们建议，未来关于构建更具表达能力的 GNN 的研究都应考虑到这两个模块。一个重要的相关问题是如何在只有有限的深度和宽度的情况下构建更具表达能力的 GNN[①]。请注意，限制模型的深度和宽度可以产生更有效的 GNN 训练和更好的泛化潜力。在结束本章时，我们想引用英国前首相温斯顿 • 丘吉尔的话："这还不是结束，甚至不是结束的开始。这只是开始的结束。"我们有强烈的信心，未来机器学习界会在 GNN 的理论上投入更多的精力，以配合它们的成功，并打破它们在现实世界应用中遇到的障碍。

致谢

非常感谢 Jiaxuan You 和 Weihua Hu 分享的许多转载过来的材料，同时非常感谢 Rok Sosič 和 Natasha Sharp 对内容所做的评论和润色。我们还要感谢 DARPA 的支持——HR00112190039（TAMI）和 N660011924033（MCS）、ARO 的支持——W911NF-16-1-0342（MURI）和 W911NF-16-1-0171（DURIP），NSF 的支持——OAC-1835598（CINES）、OAC-1934578（HDR）、CCF-1918940（Expeditions）和 IIS-2030477（RAPID），以及美国国立卫生研究院的支持——R56LM013365、斯坦福大学数据科学计划。同时感谢吴蔡神经科学研究所、陈扎克伯格生物中心、亚马逊、摩根大通、Docomo、日立、英特尔、京东、KDDI、英伟达、戴尔、东芝、Visa、联合健康集团等的支持。J. L.是陈扎克伯格生物中心的研究员。

编者注：对表达能力的理论分析揭示了 GNN 的结构是如何工作并获得优势的。因此，这为读者理解 GNN 在基本的图表征学习任务中取得的巨大成功提供了支持，如链接预测（见第 10 章）和图匹配（见第 13 章），以及各种下游任务，如推荐系统（见第 19 章）和自然语言处理（见第 21 章），此外还有表达能力与其他 GNN 特征的相关性，如可扩展性（见第 6 章）和对抗鲁棒性（见第 8 章）。在这些理论的启发下，人们极有可能研究出可突破现有问题中未解决挑战的更优的 GNN 模型，如图转换（见第 12 章）和药物开发（见第 24 章）。

---

① Loukas（2020）通过将 GNN 视为分布式算法来衡量 GNN 所需的深度和宽度，并且不用假设排列不变性。与之不同，我们在这里讨论的是表达能力，具体指的是 GNN 学习排列不变函数的能力。

第 6 章 图神经网络的可扩展性

Hehuan Ma、Yu Rong 和 Junzhou Huang[①]

摘要

在过去的 10 年里，图神经网络在复杂的图数据建模方面取得了显著的成功。如今，图数据的规模和数量都呈指数增长。例如，一个社交网络可以由数十亿的用户和关系构成。这种情况产生了一个关键的问题：如何提升图神经网络的可扩展性。在将图神经网络的原始实现扩展到大规模图时，存在两个主要挑战。首先，大多数图神经网络模型通常计算整个邻接矩阵和图的节点嵌入，这需要巨大的内存空间。其次，训练图神经网络需要递归地更新图中的每个节点，这对大规模图来说是不可行的，也是低效的。目前的研究主要通过三种抽样范式来解决这些挑战：节点级抽样，根据图中的目标节点进行抽样；层级抽样，在卷积层上实施；图级抽样，为模型推理构建子图。在本章中，我们将介绍每种抽样范式中具有代表性的研究。

6.1 导读

图神经网络（GNN）在许多领域受到越来越多的青睐并取得显著的成就，包括社交网络（Freeman，2000；Perozzi et al，2014；Hamilton et al，2017b；Kipf and Welling，2017b）、生物信息学（Gilmer et al，2017；Yang et al，2019b；Ma et al，2020a）、知识图谱（Liben-Nowell and Kleinberg，2007；Hamaguchi et al，2017；Schlichtkrull et al，2018）等。GNN 模型可以准确捕捉图结构信息以及节点之间的潜在连接和相互作用（Li et al，2016b；Veličković et al，2018；Xu et al，2018a）。一般来说，GNN 模型的构建依赖于节点和边的特征以及整个图的邻接矩阵。然而，由于现在的图数据增长迅速，图的大小也呈指数增长。最近发布的图基准数据集 OGB（Open Graph Benchmark）收集了几个用于图机器学习的常用数据集（Weihua Hu，2020）。表 6.1 统计了一些关于节点分类任务的数据集。可以看到，大规模的数据集 ogbn-papers100M 包含超过 1 亿个节点和 10 亿条边。即使是相对较小的数据集 ogbn-arxiv，也包含相当大规模的节点和边。

① Hehuan Ma
Department of CSE，University of Texas at Arlington，E-mail：hehuan.ma@mavs.uta.edu
Yu Rong
Tencent AI Lab，E-mail：yu.rong@hotmail.com
Junzhou Huang
Department of CSE，University of Texas at Arlington，E-mail：jzhuang@uta.edu

表 6.1 来自 OGB（Weihua Hu，2020）的用于节点分类任务的数据集

规模	名称	节点数	边数
大	ogbn-papers100M	111 059 956	1 615 685 872
中	ogbn-products	2 449 029	61 859 140
中	ogbn-proteins	132 534	39 561 252
中	ogbn-mag	1 939 743	21 111 007
小	ogbn-arxiv	169 343	1 166 243

对于这样的大规模图，GNN 的原始实现并不适合，主要障碍有两个：（1）大量的内存需求；（2）低效的梯度更新。首先，大多数 GNN 模型需要在内存中存储整个邻接矩阵和特征矩阵，这需要巨大的内存消耗。此外，内存可能不足以处理非常大的图。因此，GNN 不能直接应用于大规模图。其次，在大多数 GNN 模型的训练阶段，每个节点的梯度在每次迭代中都要更新，这对大规模图来说是低效和不可行的。这种情况类似于梯度下降法和随机梯度下降法，梯度下降法在大数据集上可能需要太长的时间以致不能收敛，而随机梯度法则被引入以加快找到最优解的过程。

为了解决这些障碍，最近的研究提出在大规模图上设计适当的抽样算法，以减少计算成本并提高可扩展性。在本章中，我们将根据基础算法对不同的抽样方法进行分类，并介绍相应的典型研究。

6.2 引言

我们首先简单介绍一下本章使用的一些概念和符号。给定一个图 $\mathcal{G}=(\mathcal{V},\mathcal{E})$，$|\mathcal{V}|=n$ 表示 n 个节点的集合，$|\mathcal{E}|=m$ 表示 m 条边的集合。节点 $u\in\mathcal{N}(v)$是节点 v 的邻居节点，其中，$v\in\mathcal{V}$，$(u,v)\in\mathcal{E}$。基本型 GNN 架构可以总结为

$$\boldsymbol{h}^{(l+1)}=\sigma(\boldsymbol{A}\boldsymbol{h}^{(l)}\boldsymbol{W}^{(l)})$$

其中，$\boldsymbol{A}$ 是归一化的邻接矩阵，$\boldsymbol{h}^{(l)}$ 表示图中节点在第 l 层或深度为 l 的嵌入，$\boldsymbol{W}^{(l)}$ 是神经网络的权重矩阵，σ 表示激活函数。

对于大规模图的学习，节点分类是指每个节点 v 都与一个标签 y 相关，目标是从图中学习，然后预测未见过的节点的标签。

6.3 抽样范式

抽样是指选择所有样本的一个分区来代表整个样本分布。因此，大规模图上的抽样算法是指使用分部图而不是整个图来解决目标问题的方法。在本章中，我们将不同的抽样算法分为三大类——节点级抽样、层级抽样和图级抽样。

节点级抽样在大规模图上实现 GCN 的早期阶段起着主导作用，如 Graph SAmple and aggreGatE（GraphSAGE）（Hamilton et al，2017b）和 Variance Reduction Graph Convolutional Network（VR-GCN）（Chen et al，2018d）。后来，人们又提出了层级抽样来解决节点级抽样过程中出现的邻域扩展问题，如 Fast Learning Graph Convolutional Network（FastGCN）（Chen et al，2018c）和 Adaptive Sampling Graph Convolutional Network（ASGCN）（Huang et al，2018）。此外，为了进一步提高效率和可扩展性，人们还设计了图级抽样，如 Cluster Graph Convolutional Network（Cluster-GCN）（Chiang et al，2019）和 Graph SAmpling based INductive learning meThod（GraphSAINT）（Zeng et al，2020a）。图 6.1 对这三种抽样范式做了比较。在节点级抽样中，节点是根据图中的目标节点来抽样的；而在层级抽样中，节点是根据 GNN 模型中的卷积层来抽样的；对于图级抽样，子图从原始图中抽样，并用于模型推理。

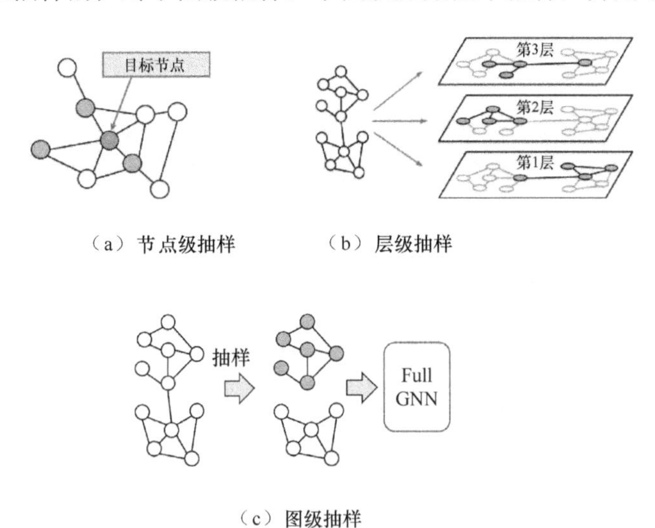

图 6.1 面向大规模图的 GNN 的三种抽样范式

根据这些抽样范式，我们在构造大规模图的 GNN 时应解决两个主要问题。（1）如何设计高效的抽样算法？（2）如何保证抽样质量？近年来，很多人都在研究如何构建大规模图的 GNN 以及如何恰当地解决上述问题。图 6.2 展示了从 2017 年到撰写本书时该领域的代表性研究的时间线。本章将对每项研究进行相应的介绍。

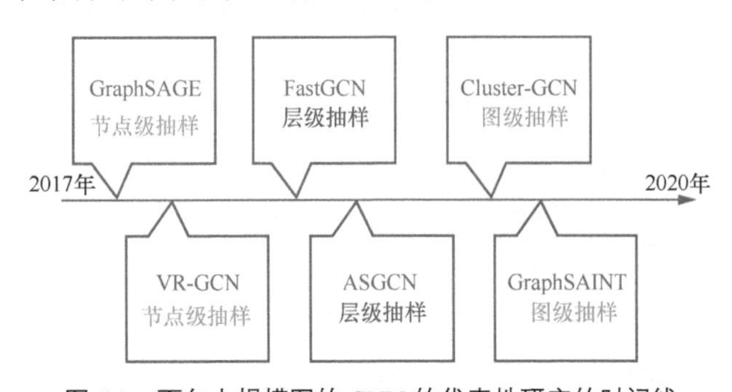

图 6.2 面向大规模图的 GNN 的代表性研究的时间线

除这些主要的抽样范式以外，最近的研究则试图从不同的角度提高大规模图的可扩展性。例如，随着数据量的快速增长，异质图已经受到越来越多的关注。大规模图不仅包括数以百万计的节点，而且包括各种数据类型。如何在这样的大规模图上训练 GNN 已经成为一个新的关注领域。Li et al（2019a）提出了一个基于 GCN 的反垃圾邮件（GCN-based Anti-Spam，GAS）模型，该模型通过考虑同构图和异质图来检测垃圾邮件。Zhang et al（2019b）设计了一种基于所有类型节点的随机游走抽样方法。Hu et al（2020e）

采用 transformer 架构来学习节点之间的相互注意力机制，并根据不同的节点类型对节点进行抽样。

6.3.1 节点级抽样

节点级抽样不是使用图中的所有节点，而是通过各种抽样算法选择某些节点来构建大规模 GNN。GraphSAGE（Hamilton et al，2017b）和 VR-GCN（Chen et al，2018d）是利用这种抽样范式的两个关键性研究成果。

6.3.1.1 GraphSAGE

在 GNN 发展的早期阶段，大多数研究的目标是在固定大小的图上进行直推式学习（Kipf and Welling，2017b，2016），而归纳式学习在许多情况下更实用。Yang et al（2016b）设计了一种关于图嵌入的归纳式学习方法，GraphSAGE（Hamilton et al，2017b）则扩展了对大规模图的研究。GraphSAGE 的整体架构如图 6.3 所示。

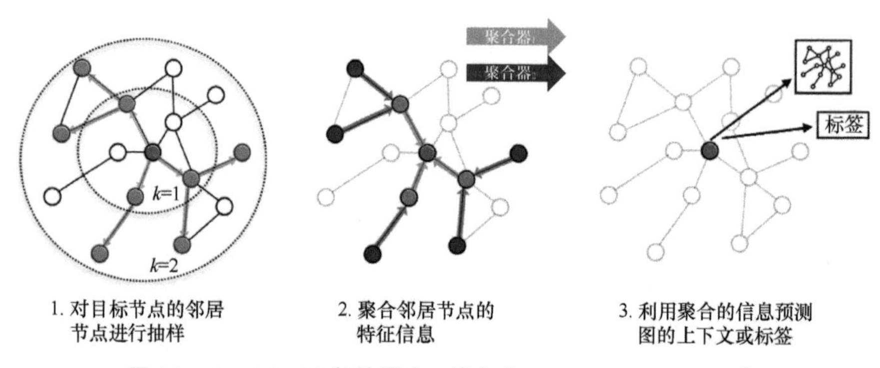

图 6.3 GraphSAGE 架构概述，摘自（Hamilton et al，2017b）

GraphSAGE 可以看作对 GCN（Kipf and Welling，2017b）的扩展。第一个扩展是广义的聚合器函数。给定 $\mathscr{G}=(\mathscr{V},\mathscr{E})$，$\mathscr{N}(v)$是节点 v 的邻域，$\boldsymbol{h}$ 是节点的表征，从目标节点 $v\in\mathscr{V}$ 出发，当前深度为（l+1）的嵌入向量可以形式化为

$$\boldsymbol{h}_{\mathscr{N}(v)}^{(l+1)}=\text{AGGREGATE}_{l}(\{\boldsymbol{h}_{u}^{(l)},\forall u\in\mathscr{N}(v)\})$$

与 GCN 中原始的平均聚合器不同，GraphSAGE 提出了 LSTM 聚合器和池化聚合器来聚合邻居节点的信息。第二个扩展是，GraphSAGE 不是使用求和函数，而是使用并置函数来结合目标节点和邻居节点的信息：

$$\boldsymbol{h}_{v}^{(l+1)}=\sigma(\boldsymbol{W}^{(l+1)}\cdot\text{CONCAT}(\boldsymbol{h}_{v}^{(l)},\boldsymbol{h}_{\mathscr{N}(v)}^{(l+1)}))$$

其中，$\boldsymbol{W}^{(l+1)}$为权重矩阵，σ 为激活函数。

为了使 GNN 适用于大规模图，GraphSAGE 引入了小批量训练策略以减少训练阶段的计算成本。具体来说，在每次训练迭代中，只考虑在该批量训练中计算表征时使用的节点，这极大减少了抽样节点的数量。以图 6.4（a）中的第 2 层为例，与考虑所有 11 个节点的完整批量训练不同，小批量训练只涉及 6 个节点。然而，小批量训练策略的简单实现存在邻域扩展的问题。如图 6.4（a）的第 1 层所示，大部分节点被抽样，这是因为：如果在每一层都抽样所有的邻居节点，则被抽样的节点数量就会呈指数增长。因此，如果模型包含很多层，则所有的节点最终都会被选中。

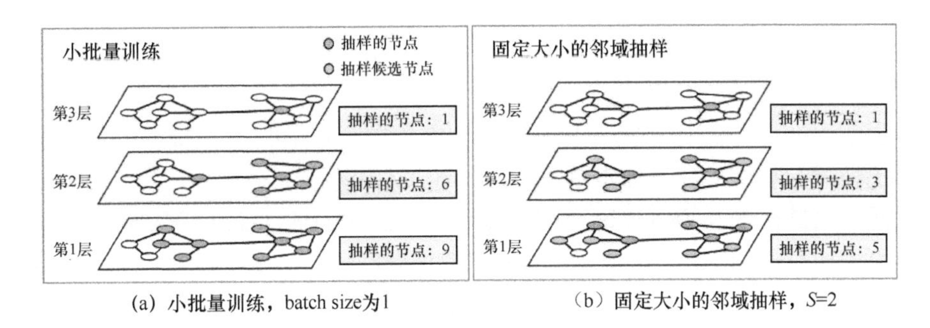

(a) 小批量训练，batch size为1　　(b) 固定大小的邻域抽样，S=2

图 6.4　比较小批量训练和固定大小的邻域抽样

为了进一步提高训练效率和消除邻域扩展问题，GraphSAGE 采用了固定大小的邻域抽样策略。具体来说，就是对于每一层都要抽出一个固定大小的邻居节点集合进行计算，而不是使用整个邻居节点集合。例如，可以将固定大小的邻居节点集合设为只有两个节点，如图 6.4（b）所示，黄色节点为被抽样的节点，蓝色节点为候选节点。可以看出，抽样的节点数量明显减少，尤其是第 1 层。

综上所述，GraphSAGE 是第一个考虑在大规模图上进行归纳式（表征）学习的方法。它引入了广义的聚合器、小批量训练和固定大小的邻域抽样策略来加速训练过程。然而，固定大小的邻域抽样策略并不能完全避免邻域扩展问题，此外也不提供对抽样质量理论上的保证。

6.3.1.2　VR-GCN

为了进一步减小抽样节点的规模以及进行全面的理论分析，VR-GCN（Chen et al，2018d）采用了一个基于控制变量的估计器。VR-GCN 通过采用节点的历史激活情况，只对任意小规模的邻居节点进行抽样。图 6.5 比较了使用不同抽样策略时目标节点的感受野。对于原始 GCN（Kipf and Welling，2017b）的实现，抽样节点的数量将随着层数的增加而呈指数增长。通过进行邻域抽样，感受野的大小将根据预设的抽样数量随机减小。与它们相比，VR-GCN 利用历史节点激活作为控制变量来保持感受野的小规模。

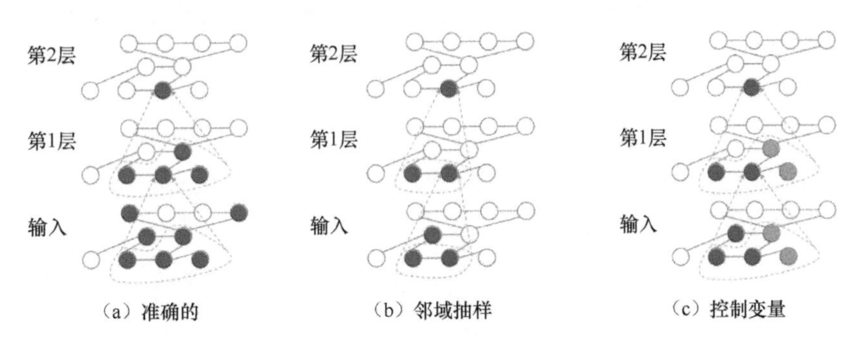

（a）准确的　　（b）邻域抽样　　（c）控制变量

图 6.5　比较对两层的图卷积神经网络使用不同抽样策略时目标节点的感受野。红色圆圈表示最新的激活，蓝色圆圈表示历史激活。摘自（Chen et al，2018d）

GraphSAGE（Hamilton et al，2017b）提出的邻域抽样（Neighborhood Sampling，NS）策略可以形式化为

$$\mathrm{NS}_v^{(l)} := R \sum_{u \in \hat{\mathcal{N}}^{(l)}(v)} \boldsymbol{A}_{vu} \boldsymbol{h}_u^{(l)},\ R = \mathcal{N}(v) / d^{(l)}$$

其中，$\mathcal{N}(v)$ 代表节点 v 的邻居节点集合，$d^{(l)}$ 是第 l 层邻居节点的抽样大小，$\hat{\mathcal{N}}^{(l)}(v) \subset \mathcal{N}(v)$ 是节点 v 在第 l 层抽样的邻居节点集合，$\boldsymbol{A}$ 代表归一化的邻接矩阵。这样的抽样已被证明存在偏置，因而会产生较大的方差。详细证明可在（Chen et al，2018d）中找到。这样的特性会导致更大的样本量。

为了解决这些问题，VR-GCN 采用了基于控制变量的估计器（CV 抽样器），以保持每个参与节点的所有历史隐藏嵌入 $\bar{\boldsymbol{h}}_v^{(l)}$，从而获得更好的估计。这是因为，如果模型权重的变化不是太快，则 $\bar{\boldsymbol{h}}_v^{(l)}$ 和 $\boldsymbol{h}_v^{(l)}$ 之间的差异就会比较小。CV 抽样器能够减小方差，最终获得较小的样本量 $\hat{n}^{(l)}(v)$。VR-GCN 的前馈层可以定义为

$$\boldsymbol{H}^{(l+1)} = \sigma(\boldsymbol{A}^{(l)}(\boldsymbol{H}^{(l+1)} - \bar{\boldsymbol{H}}^{(l)}) + \boldsymbol{A}\bar{\boldsymbol{H}}^{(l)})\boldsymbol{W}^{(l)}$$

其中，$\boldsymbol{A}^{(l)}$ 是第 l 层的抽样归一化邻接矩阵，$\bar{\boldsymbol{H}}^{(l)} = \{\bar{\boldsymbol{h}}_1^{(l)}, \bar{\boldsymbol{h}}_2^{(l)} \cdots, \bar{\boldsymbol{h}}_n^{(l)}\}$ 是历史隐藏嵌入 $\bar{\boldsymbol{h}}^{(l)}$ 的栈，$\boldsymbol{H}^{(l+1)} = \{\boldsymbol{h}_1^{(l+1)}, \boldsymbol{h}_2^{(l+2)} \cdots, \boldsymbol{h}_n^{(l+1)}\}$ 是第（l+1）层的图节点嵌入，$\boldsymbol{W}^{(l)}$ 是可学习的权重矩阵。通过这样的方式，与 GraphSAGE 相比，VR-GCN 利用历史隐藏嵌入 $\bar{\boldsymbol{h}}^{(l)}$ 极大减小了 $\boldsymbol{A}^{(l)}$ 的抽样大小，从而引入了一种更有效的计算方法。此外，VR-GCN 还研究了如何在 Dropout 模型上应用基于控制变量的估计器。更多的细节可在原始论文中找到。

综上所述，VR-GCN 首先分析了在节点上抽样时如何减小方差，并成功减小了抽样的大小，然而代价是用于存储历史隐藏嵌入的额外内存成本将非常大。另外，在大规模图上应用 GNN 的局限性在于，存储完整的邻接矩阵或特征矩阵是不现实的。在 VR-GCN 中，存储历史隐藏嵌入实际上增加了内存成本。

6.3.2 层级抽样

由于节点级抽样只能缓解而不能完全解决邻域扩展的问题，因此人们提出了层级抽样来解决这一问题。

6.3.2.1 FastGCN

为了解决邻域扩展问题，FastGCN（Chen et al，2018c）首次提出从函数泛化的角度理解 GNN。他们指出，随机梯度下降等训练算法是根据独立数据样本的损失函数的可加性实现的。然而，GNN 模型通常缺乏样本损失的独立性。为了解决这个问题，FastGCN 通过为每个节点引入概率度量，实现了将普通的图卷积视图转换为积分变换视图。图 6.6 展示了普通的图卷积视图和积分变换视图之间的转换过程。在图卷积视图中，每一层都以自举的方式对固定数量的节点进行抽样，如果节点间存在连接，则进行连接。每个卷积层负责整合节点嵌入。积分变换视图是根据概率度量进行可视化的，积分变换（以黄色三角形的形式展示）用于计算下一层的嵌入函数。更多细节可在论文（Chen et al，2018c）中找到。

在形式上，给定一个图 $\mathcal{G} = (\mathcal{V}, \mathcal{E})$，即可构建一个相对于可能性空间 $(\mathcal{V}', F, p)$ 的诱导图 $\mathcal{G}'$。具体来说，$\mathcal{V}'$ 表示节点的抽样空间，这些节点是独立的同分布样本。概率度量 p 定义了一个抽样分布，而 F 可以是任何事件空间，如 $F = 2^{\mathcal{V}'}$。以相同的概率度量 p 取节点 v 和节点 u，$g(\boldsymbol{h}^{(K)}(v))$ 为节点 v 最终嵌入的梯度，E 为期望函数，函数泛化可以形式化为

$$L = \mathrm{E}_{v \sim p}[g(\boldsymbol{h}^{(K)}(v))] = \int g(\boldsymbol{h}^{(K)}(v)) \mathrm{d}p(v)$$

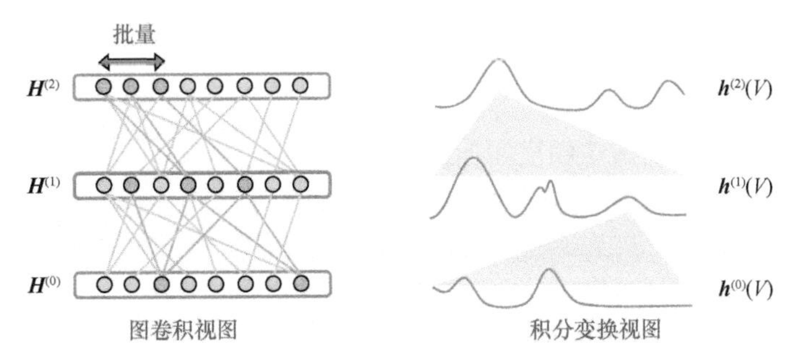

图 6.6 GCN 的两个视图：圆圈表示图中的节点，黄色的圆圈表示抽样的节点，线表示节点之间的连接

此外，考虑对每一层 l（l=0, 1, …, K−1）抽样 t_l 个独立的同分布样本 $u_1^{(l)}, u_2^{(l)}, \cdots, u_{t_l}^{(l)} \sim p$，损失函数的逐层估计为

$$L_{t_0,t_1,\cdots,t_K} := \frac{1}{t_k}\sum_{i=1}^{t_K} g(\boldsymbol{h}_{t_K}^{(K)}(u_i^{(K)}))$$

这证明了 FastGCN 是在每一层对固定数量的节点进行抽样的。

为了减小抽样方差的大小，FastGCN 还采用了与归一化邻接矩阵中的权重有关的重要性抽样。

$$q(u) = \| \boldsymbol{A}(:,u) \|^2 / \sum_{u' \in \mathcal{V}} \| \boldsymbol{A}(:,u') \|^2,\ u \in \mathscr{V} \tag{6.1}$$

其中，$\boldsymbol{A}$ 是图的归一化邻接矩阵。详细证明可在（Chen et al，2018c）中找到。根据式（6.1），整个抽样过程对每一层都是独立的，抽样概率保持不变。

与 GraphSAGE（Hamilton et al，2017b）相比，FastGCN 的计算成本要低很多。假设在第 l 层抽样到 t_l 个邻居节点，则 FastGCN 的邻域扩展大小最多是 t_l 的总和，而 GraphSAGE 的邻域扩展大小却可能达到 t_l 的乘积。图 6.7 对比了 Full GCN 和 FastGCN 的抽样差异。

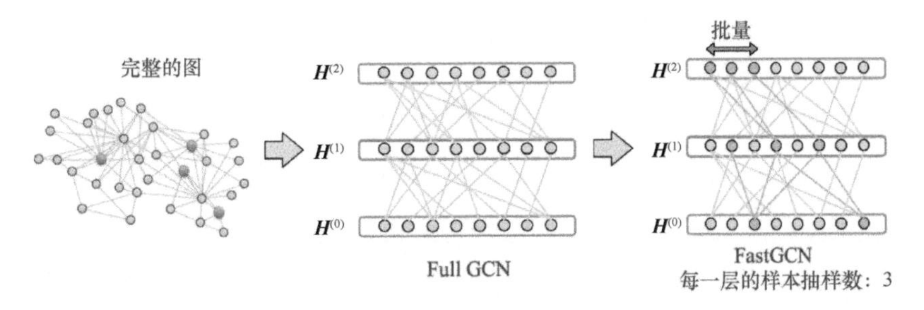

图 6.7 比较 Full GCN 和 FastGCN 的抽样差异

在 Full GCN 中，连接是非常稀疏的，所以必须计算和更新所有的梯度，而 FastGCN 在每一层只抽样固定数量的样本，因此计算成本大大降低。此外，FastGCN 仍然保留了大部分符合重要性抽样方法的信息。在每次训练迭代中，固定数量的节点被随机抽样。因此，如果训练时间足够长，则每个节点和相应的连接都可以被选中并在模型中拟合。整个图的信息基本被保留下来。

综上所述，FastGCN 根据固定大小的层级抽样解决了邻域扩展问题。同时，这种抽样策略具有质量保证。然而，FastGCN 由于对每一层都独立抽样，因此未能捕捉到层之间的相关性，这不利于模型的性能表现。

6.3.2.2　ASGCN

为了更好地捕捉层之间的相关性，ASGCN（Huang et al，2018）提出了一种自适应的层间抽样策略。具体来说，低层的抽样概率取决于高层的抽样概率。如图 6.8（a）所示，ASGCN 只从被抽样节点（黄色节点）的邻居节点中抽样，以获得更好的层间相关性，而 FastGCN 则利用所有节点的重要性进行抽样。

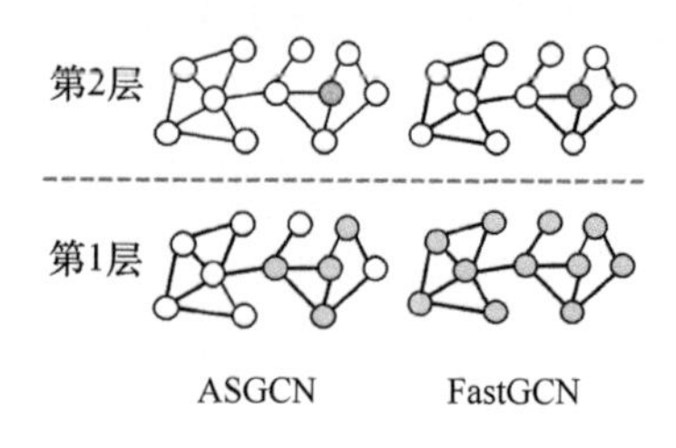

（a）对比ASGCN与FastGCN

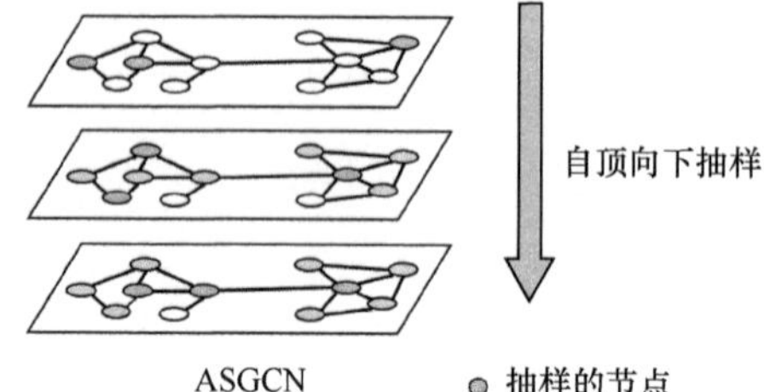

（b）ASGCN是自顶向下进行抽样的

图 6.8　ASGCN 采用的抽样策略

同时，ASGCN 的抽样过程是以自顶向下的方式进行的。如图 6.8（b）所示，抽样过程首先在输出层进行，也就是第 3 层。接下来，根据输出层的结果，对中间层的参与节点进行抽样。这样的抽样策略可以捕捉到层与层之间的稠密连接。

下层的抽样概率取决于上层的抽样概率。以图 6.9 为例，$p(u_j\mid v_i)$ 是给定节点 v_i 的抽样概率，v_i 表示第（l+1）层的节点 i，u_j 表示第 l 层的节点 j，n' 表示每一层的抽样节点数，而 n 表示图中所有节点的数量，$q(u_j|v_1,v_2,\cdots,v_{n'})$ 是给定当前层中所有节点 u_j 的抽样概率，$\hat{a}(v_i,u_j)$ 表示节点 v_i 和 u_j 在重新归一化的邻接矩阵 $\hat{\boldsymbol{A}}$ 中对应的元素。抽样概率 $q(u_j)$ 可以写为

$$q(u_j)=\frac{p(u_j\mid v_i)}{q(u_j\mid v_1,v_2,\cdots,v_{n'})}$$

$$p(u_j\mid v_i)=\frac{\hat{a}(v_i,u_j)}{\mathcal{N}(v_i)},\mathcal{N}(v_i)=\sum_{j=1}^{n}\hat{a}(v_i,u_j)$$

图 6.9　网络构建示例。摘自（Huang et al，2018）

为了进一步减小抽样方差的大小，ASGCN 引入了显式方差减小功能，以优化抽样方差作为最终目标。考虑将 $x(u_j)$ 作为节点 u_j 的节点特征，最优抽样概率 $q^*(u_j)$ 可以形式化为

$$q^*(u_j)=\frac{\sum_{i=1}^{n'}p(u_j\mid v_i)\mid g(\boldsymbol{x}(u_j))\mid}{\sum_{j=1}^{n}\sum_{i=1}^{n'}p(u_j\mid v_i)\mid g(\boldsymbol{x}(v_j))\mid},\ g(\boldsymbol{x}(u_j))=\boldsymbol{W}_g\boldsymbol{x}(u_j) \tag{6.2}$$

然而，仅仅利用式（6.2）给出的抽样器并不足以保证方差最小。因此，ASGCN 设计了

一个混合损失（通过将方差加入分类损失 $\mathcal{L}_c$ 中），如式（6.3）所示。通过这样的方式，方差就可以经过训练达到最小。

$$\mathcal{L} = \frac{1}{n'}\sum_{i=1}^{n'} \mathcal{L}_c(y_i, \overline{y}(\hat{\boldsymbol{\mu}}_q(v_i))) + \lambda \operatorname{Var}_q(\hat{\boldsymbol{\mu}}_q(v_i)) \tag{6.3}$$

其中，y_i 是标注标签，$\hat{\boldsymbol{\mu}}_q(v_i)$ 表示节点 v_i 的输出隐藏嵌入向量，$\overline{y}(\hat{\boldsymbol{\mu}}_q(v_i))$ 是预测值，λ 则是作为一个权衡参数加入的，方差减小项 $\lambda \operatorname{Var}_q(\hat{\boldsymbol{\mu}}_q(v_i))$ 可以看作针对抽样样本的一种正则化。

ASGCN 还提出了一种跳跃连接的方法，以获得跨越远距离节点的信息。如图 6.9（c）所示，第（l–1）层的节点在理论上保留了二阶相似度（Tang et al，2015b），它们是第（l+1）层节点的 2 跳邻居节点。通过在第（l–1）层和第（l+1）层之间增加一个跳跃连接，抽样的节点将包括 1 跳和 2 跳邻居节点，这样就可以捕捉到远处节点之间的信息，从而有利于模型的训练。

综上所述，通过引入自适应抽样策略，ASGCN 获得了更好的性能表现，并具备了更好的方差控制。然而，这样做也带来了抽样过程中额外的依赖性。以 FastGCN 为例，FastGCN 可以执行并行抽样以加速抽样过程，因为每一层都是独立抽样的；而在 ASGCN 中，抽样过程依赖于上层，因此并行处理是不适用的。

6.3.3 图级抽样

除层级抽样外，人们近期还引入了图级抽样，以完成对大规模图的有效训练。如图 6.10 所示，整个图可以被抽样成几个子图并放入 GNN 模型，以减少计算成本。

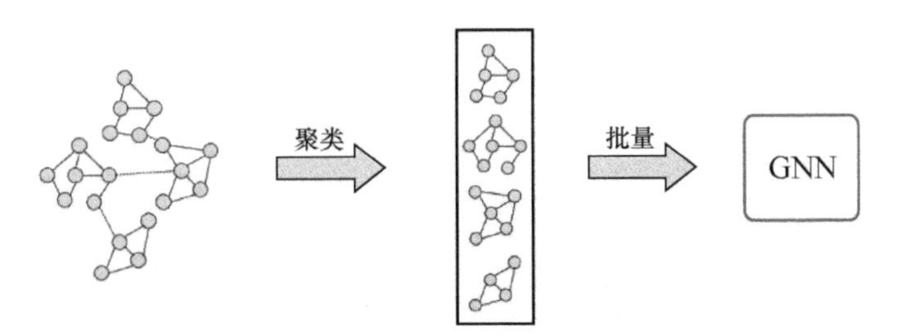

图 6.10 大规模图上的图级抽样

6.3.3.1 Cluster-GCN

Cluster-GCN（Chiang et al，2019）首次提出基于高效的图聚类算法提取小的图聚类。从直观上看，小批量算法与一个批量中节点之间的链接数量相关。因此，Cluster-GCN 是在子图层面上构建小批量，而以前的研究通常是基于节点构建小批量。

Cluster-GCN 基于以下聚类算法提取小聚类。一个图 $\mathcal{G}(\mathcal{V},\mathcal{E})$ 可以通过对其节点进行分组而被划分成 c 个部分，其中，$\mathcal{V}=[\mathcal{V}_1,\mathcal{V}_2,\cdots,\mathcal{V}_c]$。提取的子图被定义为

$$\overline{\mathcal{G}} = [\mathcal{G}_1,\mathcal{G}_2,\cdots,\mathcal{G}_c] = [\{\mathcal{V}_1,\mathcal{E}_1\},\{\mathcal{V}_2,\mathcal{E}_2\},\cdots,\{\mathcal{V}_c,\mathcal{E}_c\}]$$

$(\mathcal{V}_t,\mathcal{E}_t)$ 代表被划分到第 t 个部分的节点和链接，$t\in(1,c)$。重新排序后的邻接矩阵可以写成

$$\boldsymbol{A} = \overline{\boldsymbol{A}} + \boldsymbol{\Delta} = \begin{bmatrix} A_{11} & A_{12} & \cdots & A_{1c} \\ \vdots & \vdots & & \vdots \\ A_{c1} & A_{c2} & \cdots & A_{cc} \end{bmatrix};\ \overline{\boldsymbol{A}} = \begin{bmatrix} A_{11} & A_{12} & \cdots & 0 \\ \vdots & \vdots & & \vdots \\ 0 & A_{c2} & \cdots & A_{cc} \end{bmatrix},\ \boldsymbol{\Delta} = \begin{bmatrix} 0 & A_{12} & \cdots & A_{1c} \\ \vdots & \vdots & & \vdots \\ A_{c1} & A_{c2} & \cdots & 0 \end{bmatrix}$$

不同的图聚类算法可以通过让聚类内的节点之间有更多的联系来划分图。将子图视为批量的动机也是为了遵循图的性质——让邻居节点之间保持密切联系。

显然，这种策略可以避免邻域扩展问题，因为其只对聚类内的节点进行抽样，如图 6.11 所示。对于 Cluster-GCN 来说，由于子图之间没有连接，当层数增加时，其他子图中的节点不会被抽样。通过这种方式，抽样过程便通过对子图进行抽样实现了对邻域扩展的控制；而在层级抽样中，对邻域扩展的控制是通过固定邻居节点的抽样数量来实现的。

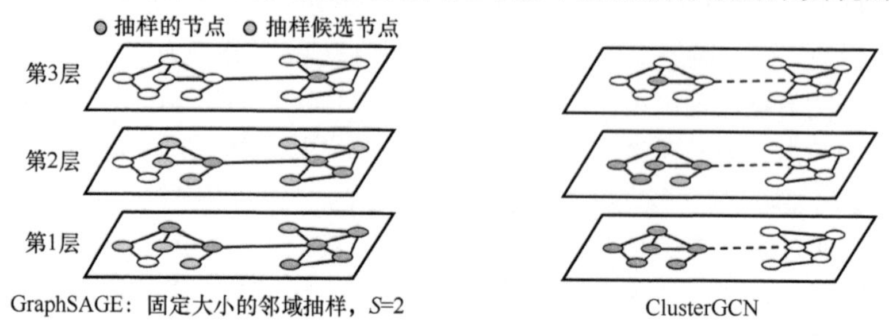

图 6.11　比较 GraphSAGE 和 Cluster-GCN，Cluster-GCN 只对每个子图中的节点进行抽样

然而，基本的 Cluster-GCN 仍然存在两个问题。首先，由于忽略了子图之间的联系，因此可能无法捕捉到重要的关联性。其次，聚类算法可能会改变数据集的原始分布并引入某些偏置。为了解决这两个问题，有人提出了随机多划分方案，从而将聚类随机组合到一个批量。具体来说，首先将图聚类为 p 个子图；然后在每个训练回合中，通过随机组合 q 个聚类（$q<p$）来形成一个新的批量，并且聚类之间的相互作用也被包括在内。如图 6.12 所示，当 q 等于 2 时，新的批量是由两个随机聚类和聚类之间保留的连接组成的。

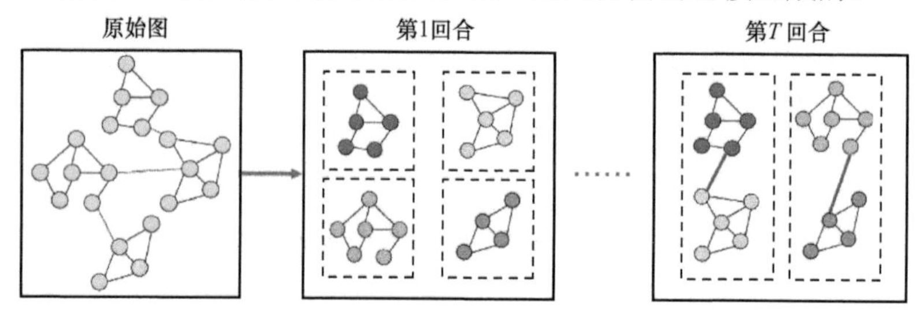

图 6.12　随机多划分方案

综上所述，Cluster-GCN 是一种基于子图批量处理的实用解决方案。它不仅有良好的表现，而且内存使用情况也很好，可以缓解传统的小批量训练中的邻域扩展问题。然而，Cluster-GCN 并没有分析抽样质量，例如抽样策略的偏差和方差。此外，Cluster-GCN 的表现与采用的聚类算法高度相关。

6.3.3.2　GraphSAINT

考虑到可能带来的偏置或噪声，GraphSAINT（Zeng et al，2020a）没有使用聚类算法来生成子图，而是根据子图抽样器直接对子图进行小批量训练，并在子图上采用完整的 GCN 来生成节点嵌入，同时对每个节点的损失函数进行反向传播。如图 6.13 所示，子图 $\mathcal{G}_s$ 由源图 $\mathcal{G}$ 构建，包括节点 0、1、2、3、4、7。接下来，在这 6 个节点上应用完整的 GCN 以及相应的连接。

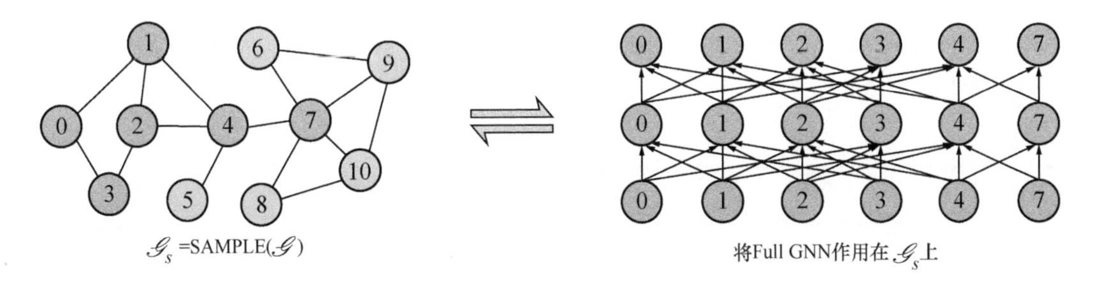

图 6.13 GraphSAINT 训练算法的示意图，黄色的圆圈表示抽样的节点

GraphSAINT 引入了三种子图抽样器来形成子图，包括节点抽样器、边抽样器和随机游走抽样器（见图 6.14）。给定图$\mathcal{G}=(\mathcal{V},\mathcal{E})$，节点$v\in\mathcal{V}$，边$(u,v)\in\mathcal{E}$，节点抽样器从$\mathcal{V}$中随机抽样节点$\mathcal{V}_s$，边抽样器根据源图$\mathcal{G}$中边的概率来选择子图，随机游走抽样器则根据从节点$u$到节点$v$存在$L$跳路径的概率来挑选节点对。

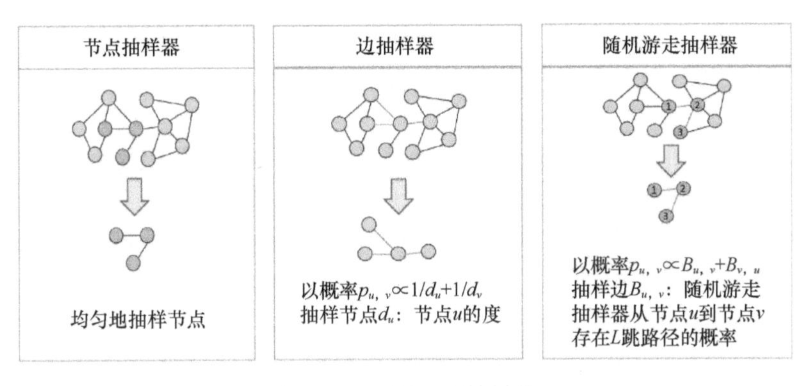

图 6.14 三种子图抽样器

此外，GraphSAINT 对如何控制抽样器的偏差和方差提供了全面的理论分析。首先，GraphSAINT 提出了损失归一化和聚合归一化来消除抽样偏差。

$$\text{损失归一化：}\ \mathcal{L}_{\text{batch}}=\sum_{v\in\mathcal{G}_s}L_v/\lambda_v,\ \lambda_v=|\mathcal{V}|p_v$$

$$\text{聚合归一化：}\ a(u,v)=p_{u,v}/p_v$$

其中，p_v是节点$v\in\mathcal{V}$被抽样的概率，$p_{u,v}$是边$(u,v)\in\mathcal{E}$被抽样的概率，L_v表示输出层中节点v的损失。

其次，GraphSAINT 还提出通过调整边抽样概率来最小化抽样方差：

$$p_{u,v}\propto 1/d_u+1/d_v$$

已有大量实验证明了 GraphSAINT 的有效性和效率，GraphSAINT 的收敛速度快、效果优越。

综上所述，GraphSAINT 提供了一个高度灵活且可扩展的框架（包括图抽样器策略和 GNN 架构），并在精度和速度方面具有良好表现。

6.3.3.3 综合比较不同的模型

表 6.2 对前面提到的模型的特点进行了比较和总结。“范式”指的是不同的抽样范式，

“模型”指的是每篇论文中提出的方法，“抽样策略”表示抽样理论，“方差减小”表示论文中是否进行了这种分析。

表 6.2 不同模型之间的比较

范式	模型	抽样策略	方差减小	解决的问题	特点
节点级抽样	GraphSAGE（Hamilton et al，2017b）	随机抽样	×	归纳式学习	小批量训练，减少邻域扩展
	VR-GCN（Chen et al，2018d）	随机抽样	√	邻域扩展	历史激活
层级抽样	FastGCN（Chen et al，2018c）	重要性抽样	√	邻域扩展	积分变换视图
	ASGCN（Huang et al，2018）	重要性抽样	√	层间相关性	显式方差减小，跳跃连接
图级抽样	Cluster-GCN（Chiang et al，2019）	随机抽样	√	图批量处理	子图上的小批量
	GraphSAINT（Zeng et al，2020a）	边可能性抽样	√	邻域扩展	方差和偏置控制

6.4 大规模图神经网络在推荐系统中的应用

大规模图神经网络在学术界的部署已经取得了显著成功。除关于如何在大规模图上扩展图神经网络的理论研究以外，另一个关键问题是如何将算法嵌入工业应用中。需要大量数据的传统应用之一是推荐系统，推荐系统学习用户的偏好并预测用户可能感兴趣的东西。传统的推荐算法（如协同过滤）主要是根据用户与物品的交互来设计的（Goldberg et al，1992；Koren et al，2009；Koren，2009；He et al，2017b）。由于数据的极度稀疏性，这类方法无法处理爆炸性增长的网络规模数据。最近，基于图的深度学习算法通过对网络规模数据的图结构进行建模，在提高推荐系统的预测性能方面取得了重大进展（Zhang et al，2019b；Shi et al，2018a；Wang et al，2018b）。因此，利用大规模图神经网络进行推荐逐渐成为业界的一个趋势（Ying et al，2018b；Zhao et al，2019b；Wang et al，2020d；Jin et al，2020b）。

推荐系统通常可以分为两个领域——物品-物品推荐和用户-物品推荐。前者的目的是根据用户的历史交互来寻找类似的物品；后者则通过学习用户的行为来直接预测用户喜好的物品。在本节中，我们将简要介绍其中每个领域在大规模图上实现的著名推荐系统。

6.4.1 物品-物品推荐

PinSage（Ying et al，2018b）是在物品-物品推荐系统中利用大规模图神经网络的早期成功应用之一，已被部署在 Pinterest 上（参见 Pinterest 网站）。Pinterest 是一个分享和发现各种内容的社交媒体应用。用户用图钉来标记他们感兴趣的内容，并将它们组织在钉板上。当用户浏览网站时，Pinterest 就会为他们推荐潜在的有趣内容。截至 2018 年，Pinterest 图包含 20 亿个图钉、10 亿个钉板，以及图钉和钉板之间的超过 180 亿条边。

为了在如此大的图上训练模型，Ying et al（2018b）提出了 PinSage（一个基于随机游走的 GCN）来实现 Pinterest 图上的节点级抽样。具体来说，就是通过短的随机游走来选择目标节点的一些数量固定的邻居节点。图 6.15 展示了 PinSage 的整体架构。以节点 A 为例，可构建一个深度为2的卷积来生成节点嵌入 $\boldsymbol{h}_A^{(2)}$。节点 A 的邻居节点的嵌入向量 $\boldsymbol{h}_{\mathcal{N}(A)}^{(1)}$ 由节点 B、

C 和 D 聚合。通过类似的过程，便可获得 1 跳邻居的节点嵌入 $\boldsymbol{h}_B^{(1)}$、$\boldsymbol{h}_C^{(1)}$ 和 $\boldsymbol{h}_C^{(1)}$。图 6.15 的底部展示了输入图中每个节点的所有参与节点。此外，可计算 L1 归一化以按其重要性对邻居节点进行排序（Eksombatchai et al，2018），还可采用课程训练策略并输入更难的样本以进一步提高预测表现。

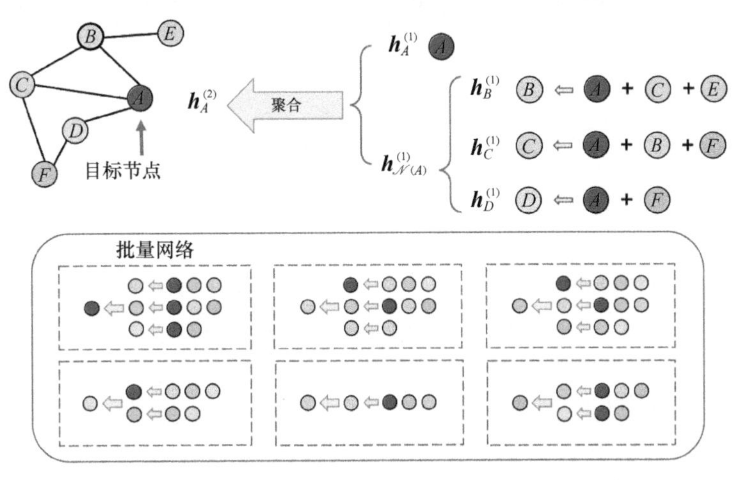

图 6.15 PinSage 架构通过节点的不同颜色来说明图卷积的构造

人们在 Pinterest 数据上进行的一系列综合实验，如离线实验、生产环境下的 A/B 测试以及用户研究等，都证明了所提方法的有效性。此外，由于采用了高效的 MapReduce 推理管道，整个图的推理过程可以在一天内完成。

6.4.2 用户-物品推荐

与物品-物品推荐系统不同，用户-物品推荐系统更加复杂，因为其目的是预测用户的行为。此外，用户与用户、物品与物品、用户与物品之间仍然存在更多的辅助信息，这就导致异质图的问题。如图 6.16 所示，用户-用户和物品-物品之间的边有各种属性，不能视为一种简单的关系。例如，用户搜索一个词或访问一个店铺应被考虑为不同的影响。

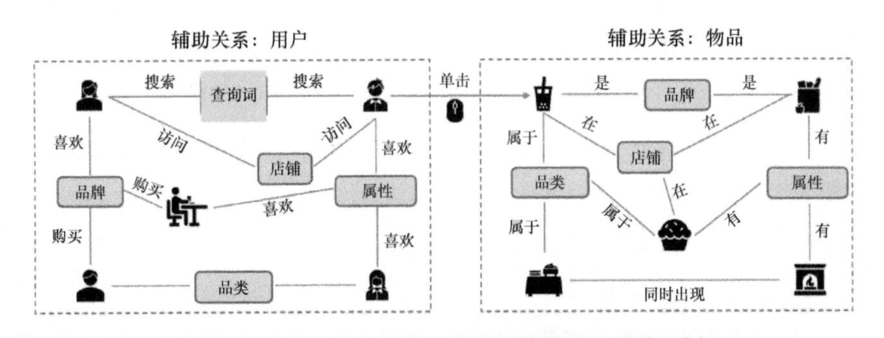

图 6.16 电子商务网站上的异质性辅助关系的示例

IntentGC（Zhao et al，2019b）提出了一个基于 GCN 的框架，用于电子商务数据的大规模用户-物品推荐。IntentGC 通过图卷积来探索明确的用户偏好以及丰富的辅助信息，并进行预测。类似亚马逊的电子商务平台包含数十亿的用户和物品数据，多样化的关系带来了更多的复杂性。因此，图的结构变得更大、更复杂。此外，由于用户-物品图网络的稀疏性，像 GraphSAGE 这样的抽样方法可能会导致一个巨大的子图。为了有效地训练图卷积，IntentGC 设计了一种更快的图卷积机制来提高训练效果，名为 IntentNet。

如图 6.17 所示，比特级操作演示了 GNN 中传统的节点嵌入构造方式。

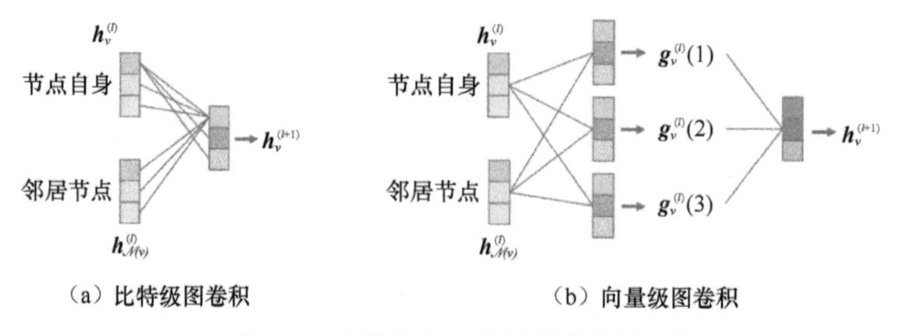

图 6.17　比特级和向量级图卷积的比较

具体来说，考虑将节点 v 作为目标节点，嵌入向量 $\boldsymbol{h}^{(l+1)}$ 是通过并置邻居节点的嵌入 $\boldsymbol{h}_{\mathcal{N}(v)}^{(l)}$ 和目标节点本身 $\boldsymbol{h}_v^{(l)}$ 而生成的。这样的操作能够捕捉两种类型的信息：目标节点与其邻居节点之间的相互作用，以及嵌入空间中不同维度之间的相互作用。然而在用户-物品网络中，当学习不同特征维度之间的信息时，可能信息量较小，也没有必要。因此，IntentNet 设计了一个向量级卷积操作，如下所示：

$$\boldsymbol{g}_v^{(l)}(i)=\sigma(\boldsymbol{W}_v^{(l)}(i,1)\cdot\boldsymbol{h}_v^{(l)}+\boldsymbol{W}_v^{(l)}(i,2)\cdot\boldsymbol{h}_{\mathcal{N}(v)}^{(l)})$$

$$\boldsymbol{h}_v^{(l+1)}=\sigma\left(\sum_{i=1}^{L}\theta_i^{(l)}\cdot\boldsymbol{g}_v^{(l)}(i)\right)$$

其中，$\boldsymbol{W}_v^{(l)}(i,1)$ 和 $\boldsymbol{W}_v^{(l)}(i,2)$ 是第 i 个局部滤波器的相关权重矩阵。$\boldsymbol{g}_v^{(l)}(i)$ 表示以向量级方式学习目标节点与其邻居节点之间相互作用的操作。另一个向量级的神经网络层则被应用于收集目标节点的最终嵌入向量，以用于下一个卷积层。最后一个卷积层的输出向量被送入一个三层的全连接网络，以进一步学习节点级的组合特征。这样的操作极大提高了训练效率并降低了时间复杂性。

人们在淘宝和亚马逊等平台的数据集上进行了大量的实验，这些数据集包含数百万到数十亿的用户和物品，结果表明，IntentGC 优于其他基线方法，并且与 GraphSAGE 相比，训练时间少了约两天。

6.5　未来的方向

总的来说，近年来，GNN 的可扩展性得到了广泛研究并取得丰硕的成果。图 6.18 总结了大规模图神经网络的研究进展。

GraphSAGE 首次提出在图上进行抽样而不是在整个图上进行计算。VR-GCN 设计了另一种节点级抽样算法，并提供了全面的理论分析，但其效率仍然有限。FastGCN 和 ASGCN 提出了层级抽样，并且都通过进行详细的分析证明了效率。Cluster-GCN 通过将图划分成子图来消除邻域扩展问题，并提高了几个基准数据集的表现。GraphSAINT 进一步改进了图的抽样算法，在常用的基准数据集上实现了最为优秀的分类表现。各种工业应用充分证明了大规模图神经网络在现实世界中的有效性和实用性。

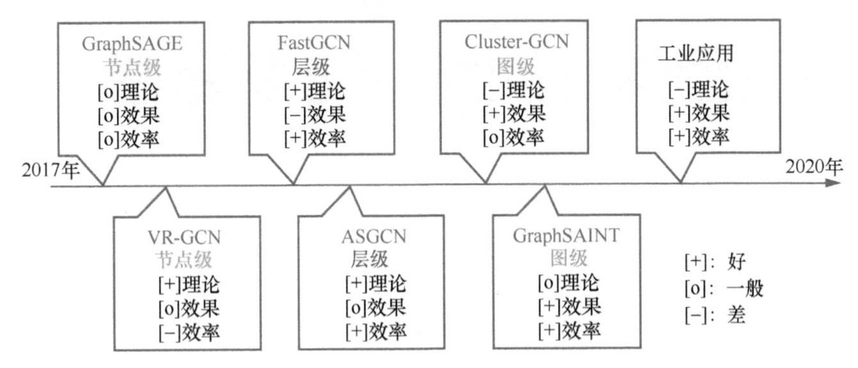

图 6.18 大规模图神经网络的研究进展

然而，许多新的开放性问题也出现了。例如，如何在抽样过程中平衡方差和偏置；如何处理复杂的图类型，如异质图/动态图；如何在复杂的图神经网络架构上设计适合的模型。对这些问题的研究将推进大规模图神经网络的发展。

编者注：对于大规模或具有快速扩展性的图，如动态图（见第 15 章）和异质图（见第 16 章），GNN 的可扩展性对于确定算法在实践中是否具有优势至关重要。例如，图抽样策略对于保证工业实验场景下的计算效率尤为必要，如推荐系统（见第 19 章）和智慧城市（见第 27 章）。随着实际问题的复杂性和规模不断增加，可扩展性中的限制在图神经网络的研究中几乎无处不在。致力于图嵌入（见第 2 章）、图结构（见第 14 章）和自监督学习（见第 18 章）的研究人员已经做了非常出色的工作来处理这个问题。

第 7 章

图神经网络的可解释性

Ninghao Liu、Qizhang Feng 和 Xia Hu[①]

摘要

为了解决深度学习技术的不透明问题，可解释的机器学习或人工智能正得到快速发展。在图分析领域，受深度学习的影响，图神经网络（GNN）在图数据建模中越来越受欢迎。最近，人们提出了越来越多为 GNN 提供解释或者改善 GNN 的可解释性的方法。我们经过全面调研后，在本章中总结了这些方法。具体来说，在 7.1 节中，我们将回顾深度学习中可解释性的基本概念。在 7.2 节中，我们将介绍用于理解 GNN 预测的事后解释方法。在 7.3 节中，我们将阐述为图数据开发更多可解释性模型的进展情况。在 7.4 节中，我们将说明用于评估解释的数据集和指标。在 7.5 节中，我们将指出这一领域未来的发展方向。

7.1 背景：深度模型的可解释性

深度学习已经成为图像处理、自然语言处理和语音识别等应用中不可缺少的工具。尽管深度模型在这些方面取得了成功，但由于其在处理信息和做出决策方面的复杂性，它一直被批评为“黑盒子”。在本节中，我们将介绍深度模型中可解释性的研究背景，包括可解释性和解释的定义，探索对模型进行解释的原因，在传统的深度模型中获得解释的方法，以及在 GNN 模型中实现可解释性的机会和挑战。

7.1.1 可解释性和解释的定义

目前，可解释性还没有统一的数学定义。一种常用的（非数学的）可解释性定义如下（Miller，2019）。

定义 7.1　可解释性是指观察者能够理解导致一个决策的原因的程度。

上述定义中有三个要素——“理解”“原因”和“一个决策”。根据不同的场景，这些要素会被重新加权，甚至一些要素被替换也是很常见的。首先，在需要强调人类作用的机器学习系统中，我们通常可以根据人类的需要来修改可解释性的定义（Kim et al，2016），以便更好地促进人类理解和推理习惯的解释结果。其次，从定义中的“原因”一词来看，

① Ninghao Liu
Department of CSE，Texas A&M University，E-mail：nhliu43@tamu.edu
Qizhang Feng
Department of CSE，Texas A&M University，E-mail：qf31@tamu.edu
Xia Hu
Department of CSE，Texas A&M University，E-mail：xiahu@tamu.edu

人们很自然地认为解释是研究模型中的因果关系属性。虽然因果关系在某些类型的解释方法的演变过程中很重要，但在因果理论的框架之外获得解释也是很常见的。最后，目前越来越多的技术跳出了解释“一个决策”的方案，并试图理解更广泛的实体，如模型组件（Olah et al，2018）和数据表征。

解释是观察者可以获得对模型或其预测的理解的一种模式，人们广泛遵循的一般定义如下（Montavon et al，2018）。

定义 7.2 解释是将抽象概念映射为人类可以理解的领域的行为。

人类可以理解的领域的典型例子包括图像中的像素阵列以及文本中的单词。上述定义中有两个要素值得注意——“概念”和“理解”。首先，要解释的“概念”可以指不同的方面，如预测类对模型组件的感知或潜在维度的意义（即预测类的 logit 值）。其次，在用户体验很重要的特定场景中，有必要将原始解释转移成便于用户理解的格式，有时甚至要以牺牲解释的准确性为代价。

值得注意的是，在这里，我们对“解释”和“说明”进行了区分。虽然它们的区别没有正式定义，但在一些文献中，解释主要是指对某个预测（如分类或回归）的重要特征进行收集（Montavon et al，2018）。同时，如果要研究事后解释或人类可理解的解释，则我们可能更喜欢使用“解释”。“解释”通常指的是更广泛的概念，特别是用于强调模型本身具有内在的可解释性（即模型的透明度）。

7.1.2 解释的价值

促使人们研究和改进模型的可解释性的原因有多个。根据谁最终从解释中受益，我们将这些原因分为面向模型的原因和面向用户的原因两种，如图 7.1 所示。

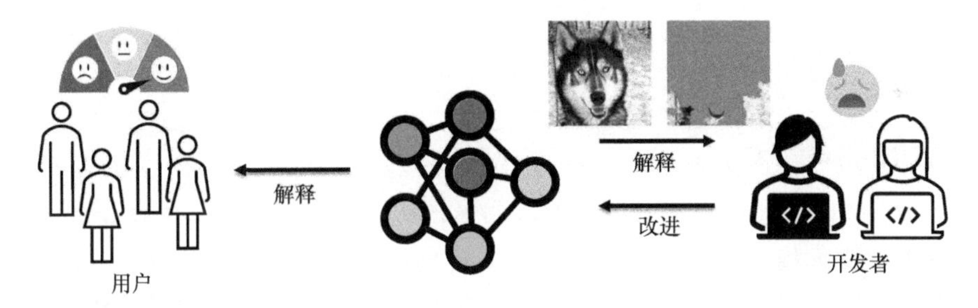

图 7.1 左图：解释可以使用户在与模型的交互中受益。右图：通过解释，我们可以识别出人类不希望看到的模型行为，并致力于改进模型（Ribeiro et al，2016）

7.1.2.1 面向模型的原因

解释是一种有效的工具，可用于诊断模型的缺陷，并提供改进的方向。因此，模型在经过多次更新迭代后，我们就有可能获得更好的模型，同时出现特定的属性，我们可以应用这些模型来获取优势。研究中通常需要考虑如下几个属性。

- **可信性**：如果预测背后使用的原理与成熟的领域知识一致，那么模型就被认为是可信的。通过解释，我们可以观察到这些预测是否基于适当的证据，或者仅仅是对数据中的人工注释证据的利用。通过从模型中提取解释并使解释与数据中的人工注释证据相匹配，我们便能够在做决策时提高模型的可信度（Du et al，2019；Wang et al，2018c）。

- **公平性**：如果机器学习系统在进行预测时依赖于敏感的属性，如种族、性别和年龄等，则存在放大社会刻板印象的风险。通过解释，我们可以观察预测是否基于一些敏感特征，从而在实际应用中加以避免。
- **对抗性攻击的鲁棒性**：对抗性攻击是指在输入中加入一些精心设计的扰动，这些扰动对人类来说几乎是不可察觉的，但会导致模型做出错误的预测（Goodfellow et al，2015）。对抗性攻击的鲁棒性是机器学习安全中一个越来越重要的话题。最近的研究表明，解释可以帮助发现新的攻击方案和设计防御策略（Liu et al，2020d）。
- **后门攻击的鲁棒性**：后门攻击是指通过植入额外的模块或毒化训练数据，将恶意功能注入模型，但模型的表现正常，除非其输入包含触发恶意功能的模式。研究模型对后门攻击的鲁棒性最近得到人们广泛的关注。最近的研究发现，解释可以用于识别模型是否受到后门感染（Huang et al，2019c；Tang et al，2020a）。

7.1.2.2 面向用户的原因

解释有助于构建人与机器之间的接口。

- **改善用户体验**：通过提供直观的视觉信息，解释可以获得用户的信任，并提高系统的易用性。比如，在医疗相关的应用中，如果模型可以向病人解释具体是如何进行诊断的，则病人会更加信服（Ahmad et al，2018）。再比如，在推荐系统中，提供解释可以帮助用户更快地做出决定，并说服用户购买推荐的产品（Li et al，2020c）。
- **促进决策**：在许多应用中，模型扮演着助手的角色，协助人类做出最后的决策。在这种情况下，解释有助于塑造人类对实例的理解，从而影响后续决策过程。例如，在离群点检测中，一些离群点具有恶意的属性，应该谨慎处理，而一些善意的实例只是碰巧“不同”。有了解释，人类决策者将更容易理解某个异常值是恶意的还是善意的。

7.1.3 传统的解释方法

一般来说，在提高模型可解释性方面有两类技术。一类技术致力于建立更透明的模型，这样我们就能够掌握模型（或模型的一部分）是如何工作的。我们将这个方向称为**可解释性建模**。同时，另一类技术不是阐明模型工作的内部机制，而是研究**事后解释**，为已构建的模型提供解释。在本节中，我们将介绍这两类技术。其中，一些方法为 GNN 解释提供了动力支持，我们将在后面的章节中介绍它们。

7.1.3.1 事后解释

事后解释在研究和实际应用中受到广泛的关注。灵活性是事后解释的优点之一，因为它对模型类型或结构的要求较低。在下面的内容中，我们将简要介绍几种常用的方法。图 7.2 显示了这些方法背后的基本思路。

下面首先介绍基于局部近似的事后解释方法。给定一个难以理解的函数 f 和一个输入实例 $\boldsymbol{x}^* \in \mathbb{R}^m$，我们可以用一个简单易懂的代理函数 h（通常选择线性函数）在 $\boldsymbol{x}^*$ 周围局部近似 f。其中，m 是每个实例中的特征数。构建代理函数 h 的方法有多种，其中一种直接的方法是基于一阶泰勒扩展：

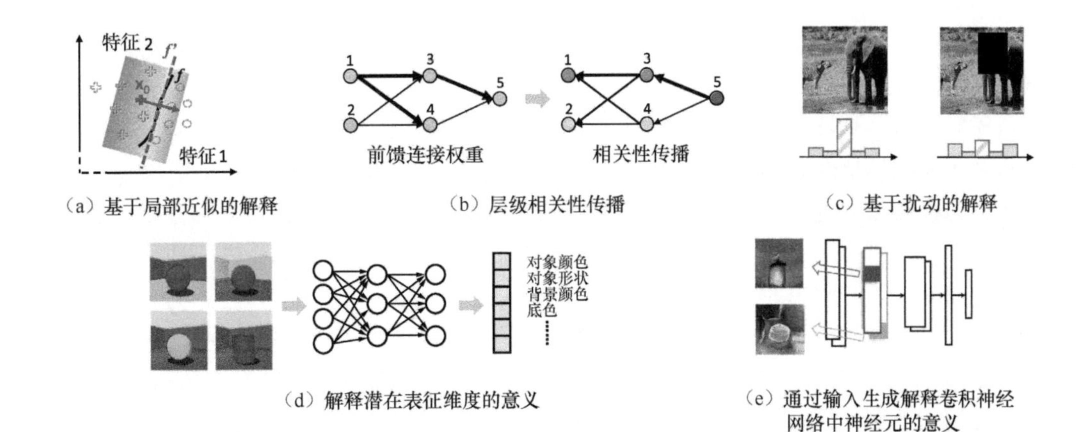

（a）基于局部近似的解释 （b）层级相关性传播 （c）基于扰动的解释

（d）解释潜在表征维度的意义 （e）通过输入生成解释卷积神经网络中神经元的意义

图 7.2 关于事后解释方法的说明

$$f(\boldsymbol{x}) \approx h(\boldsymbol{x}) = f(\boldsymbol{x}^*) + \boldsymbol{w}^{\mathrm{T}} \cdot (\boldsymbol{x} - \boldsymbol{x}^*) \tag{7.1}$$

其中，$\boldsymbol{w} \in \mathbb{R}^m$ 表示输出对输入特征的敏感程度。通常情况下，$\boldsymbol{w}$ 可以用梯度来估计（Simonyan et al，2013），因此，$\boldsymbol{w} = \nabla_{\boldsymbol{x}} f(\boldsymbol{x}^*)$。当梯度信息不可用时，例如在基于树的模型中，我们可以通过训练构建代理函数 h（Ribeiro et al，2016）。一般的思路是，在 $\boldsymbol{x}^*$ 周围抽样一些训练实例 $(\boldsymbol{x}^i, f(\boldsymbol{x}^i))(1 \leqslant i \leqslant n)$，要求 $\| \boldsymbol{x}^i - \boldsymbol{x}^* \| \leqslant \varepsilon$，然后用这些实例来训练代理函数 h，使代理函数 h 在 $\boldsymbol{x}^*$ 周围近似 f。

除直接研究输入和输出之间的敏感性以外，还有一种方法叫作**层级相关性传播**（Layer-wise Relevance Propagation，LRP）（Bach et al，2015）。具体来说，LRP 将输出神经元的激活分数重新分配给其前驱神经元，然后进行迭代，直至输入神经元。最后，基于相邻层的神经元之间的连接权重重新分配分数，每个输入神经元得到的分数将被作为其对输出的贡献。

另一种理解特征 $\boldsymbol{x}_i$ 的重要性的方法是回答"如果输入中不存在 $\boldsymbol{x}_i$，f 会发生什么"这样的问题。如果 $\boldsymbol{x}_i$ 对预测 $f(\boldsymbol{x})$ 很重要，那么删除/削弱 $\boldsymbol{x}_i$ 将导致预测置信度大幅下降。这种类型的方法被称为**扰动法**（Fong and Vedaldi，2017）。设计扰动法的关键挑战之一是如何保证扰动后的输入仍然有效。例如，有人认为对词嵌入向量的扰动不能解释深层语言模型，原因在于文本是离散的符号，因而很难确定被扰动嵌入的意义。

与之前专注于解释预测结果的方法不同，还有一类方法试图理解数据是如何在模型中被表征的，我们称之为**表征解释**。表征解释没有统一的定义，这类方法的设计通常受问题的性质或者数据的属性所驱动。例如，在自然语言处理中，已经证明一个词的嵌入可以理解为由一些基础词嵌入组成，其中，基础词构成了一个字典（Mathew et al，2020）。

除理解预测和数据表征以外，另一个解释方案是理解**模型组件**的作用。一个著名的例子是可视化 CNN 模型中最大限度激活目标神经元/层的视觉模式（Olah et al，2018）。通过这种方式，我们可以了解目标组件检测到的是什么样的视觉信号。因为解释通常是通过生成过程得到的，所以对于结果人类是可以理解的。

7.1.3.2 可解释性建模

可解释性建模是通过将可解释性直接纳入模型结构或学习过程来实现的。开发既透明又能达到最先进表现的模型仍然是一个极具挑战性的问题。为了提高深度模型内在的可解释性，人们已经付出了很多努力。下面我们讨论一些细节。

一种直接的策略是依靠**蒸馏**。具体来说，首先，我们需要构建一个具有良好表现的复杂模型（例如深度模型）。其次，我们需要使用另一个可解释的模型来模仿复杂模型的预测。可解释的模型库中包括线性模型、决策树、基于规则的模型等。这种策略也被称为模仿学习。以这种方式训练的可解释模型往往比正常训练的表现更好，而且比复杂模型更容易理解。

注意力模型最初是为机器翻译任务引入的，现在已经变得非常流行，部分原因就在于其解释特性。注意力模型背后的直觉可以用人类生物系统来解释，人们倾向于选择性地关注输入的某些部分，而忽略其他不相关的部分（Xu et al，2015）。通过检查注意力分数，我们可以知道输入中的哪些特征被用于预测。这类似于通过事后解释方法找到哪些输入特征是重要的。主要的区别是，注意力分数是在模型预测期间产生的，而事后解释是在预测之后进行的。

深度模型在很大程度上依赖于学习有效的表征以压缩下游任务的信息。然而，人类很难理解这些表征，因为不同维度的含义是未知的。为了应对这一挑战，人们提出了解耦化表征学习。解耦化表征学习能够将不同含义的特征解离，并将它们编码为表征中的独立维度。因此，我们可以检查每个维度以了解输入数据的哪些因素被编码。例如，在对三维的椅子图像进行解耦化表征学习后，椅子腿的样式、宽度和方位角等因素将被分别编码为不同的维度（Higgins et al，2017）。

7.1.4　机遇与挑战

尽管在视觉、语言和控制等领域取得了重大进展，但人类智能的许多决定性特征对于卷积神经网络（CNN）、循环神经网络（RNN）和多层感知器（MLP）等传统深度模型仍然无法实现。为了寻找新的模型架构，人们认为 GNN 架构可以为更多可解释的推理模式奠定基础（Battaglia et al，2018）。在本节中，我们将讨论 GNN 的优势及其在可解释性方面遇到的挑战。

GNN 架构之所以被认为更具可解释性，是因为它有利于学习实体、关系以及组成它们的规则。首先，由于实体是离散的，它们通常代表高层次的概念或知识项，因此相比图像像素（微小颗粒度）或单词嵌入（潜在空间矢量）更容易被人类理解。其次，由于 GNN 推理通过链接传播信息，因此人们更容易找到对预测结果有益的明确推理路径或子图。最近的一种趋势是将图像或文本数据转换成图，然后通过 GNN 模型进行预测。例如，为了从图像中构建一个图，我们可以将图像中的物体（或物体中的不同部分）视为节点，并根据节点之间的空间关系产生链接。同样，通过发现能够作为节点的概念（如名词、命名实体），并通过词法解析提取它们的关系作为链接，我们可以将文档转换为图。

尽管图的数据格式为可解释性建模奠定了基础，但仍有几个挑战无法顾全 GNN 的可解释性。首先，GNN 仍然将节点和链接映射为嵌入。因此，与传统的深度模型类似，GNN 也存在中间层信息处理不透明的问题。其次，不同的信息传播路径或子图对最终预测的贡献是不同的。GNN 并不直接为预测提供最重要的推理路径，所以仍然需要事后解释。在接下来的内容中，我们将介绍解决上述挑战的最新进展，以提高 GNN 的可描述性和可解释性。

7.2　图神经网络的解释方法

在本节中，我们将介绍用于理解 GNN 预测的事后解释。与 7.1.3 节中的分类相似，我们探讨基于近似的解释、基于相关性传播的解释、基于扰动的解释和生成式解释。

7.2.1 背景

在介绍这些方法之前，我们首先定义图并回顾一下 GNN 模型的基本表述。

图： 在本章的其余部分，如果没有特别说明，我们讨论的图仅限于同质图。

定义 7.3 同质图被定义为$\mathcal{G}=(\mathcal{V},\mathcal{E})$，其中，$\mathcal{V}$是节点的集合，$\mathcal{E}$是节点间的边的集合。

此外，设 $\boldsymbol{A}\in\mathbb{R}^{n\times n}$ 为 $\mathcal{G}$ 的邻接矩阵，其中，$n=|\mathcal{V}|$。对于非加权图，$\boldsymbol{A}_{i,j}$ 是二进制的，其中，$\boldsymbol{A}_{i,j}=1$ 表示存在一条边 $(i,j)\in\mathcal{E}$，否则 $\boldsymbol{A}_{i,j}=0$。对于加权图，每条边（i,j）被分配一个权重 $\boldsymbol{w}_{i,j}$，所以 $\boldsymbol{A}_{i,j}=\boldsymbol{w}_{i,j}$。在某些情况下，节点与特征相关联，可以表示为 $\boldsymbol{X}\in\mathbb{R}^{n\times m}$，$\boldsymbol{X}_{i,:}$ 是节点 i 的特征向量，每个节点的特征数为 m。

GNN 的基本原理： 传统的 GNN 根据传播方案，通过输入图结构来传播信息。

$$\boldsymbol{H}^{l+1}=\sigma(\tilde{\boldsymbol{D}}^{-\frac{1}{2}}\tilde{\boldsymbol{A}}\tilde{\boldsymbol{D}}^{-\frac{1}{2}}\boldsymbol{H}^{l}\boldsymbol{W}^{l}) \tag{7.2}$$

其中，$\boldsymbol{H}^{l}$ 表示第 l 层的嵌入矩阵，$\boldsymbol{W}^{l}$ 表示第 l 层的可训练参数。$\tilde{\boldsymbol{A}}=\boldsymbol{A}+\boldsymbol{I}$ 表示在加入自链接环之后的邻接矩阵。$\tilde{\boldsymbol{D}}$ 是 $\tilde{\boldsymbol{A}}$ 的对角（度数）矩阵，$\tilde{\boldsymbol{D}}_{i,j}=\sum_{j}\tilde{\boldsymbol{A}}_{i,j}$。因此，$\tilde{\boldsymbol{D}}^{-\frac{1}{2}}\tilde{\boldsymbol{A}}\tilde{\boldsymbol{D}}^{-\frac{1}{2}}$ 的作用是使邻接矩阵归一化。如果我们只关注节点 i 的嵌入更新，则 GCN 传播方案可以改写为

$$\boldsymbol{H}_{i,:}^{l+1}=\sigma\left(\sum_{j\in\mathcal{V}_i\cup\{i\}}\frac{1}{c_{i,j}}\boldsymbol{H}_{j,:}^{l}\boldsymbol{W}^{l}\right) \tag{7.3}$$

其中，$\boldsymbol{H}_{j,:}$ 表示矩阵 $\boldsymbol{H}$ 的第 j 行，$\mathcal{V}_i$ 表示节点 i 的邻居节点。$c_{i,j}$ 是一个归一化常数，$\frac{1}{c_{i,j}}=(\tilde{\boldsymbol{D}}^{-\frac{1}{2}}\tilde{\boldsymbol{A}}\tilde{\boldsymbol{D}}^{-\frac{1}{2}})_{i,j}$。因此，节点 i 在第 l 层的嵌入可以看作聚合节点 i 的邻居嵌入，然后进行某些转换。第一层 $\boldsymbol{H}^{0}$ 中的嵌入通常被设定为节点特征。随着层的深入，每个节点嵌入的计算将包含更多的节点。例如，在一个两层的 GNN 中，计算节点 i 的嵌入时需要使用节点 i 的 2 跳邻居内的节点信息，由这些节点组成的子图被称为节点 i 的**计算图**，如图 7.3 所示。

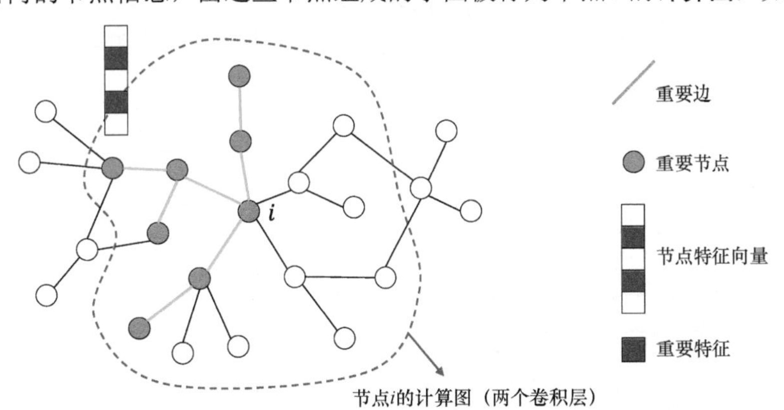

图 7.3 解释结果的格式。图神经网络的解释结果可以是重要节点、重要边、重要特征等。解释方法可以返回多种类型的结果

目标模型： 图分析有两个常见的任务——图级预测和节点级预测。我们以分类任务为例。在图级预测任务中，模型 $f(\mathcal{G})\in\mathbb{R}^{C}$ 将对整个图产生一个预测，其中，C 是类别的数量，预测分数可以写成 $f^{c}(\mathcal{G})$。在节点级预测任务中，模型 $f(\mathcal{G})\in\mathbb{R}^{n\times C}$ 将返回一个矩阵，其中

的每一行是对一个节点的预测。有些解释方法只针对图级预测任务而设计，而有些解释方法只针对节点级预测任务而设计，还有些解释方法则可以同时处理这两种情况。前面介绍的计算图通常用于解释节点级预测。

解释格式：根据前面的介绍，有几种输入模式可以包括在解释中，如图 7.3 所示。具体来说，解释方法可以识别对预测贡献最大的重要节点、重要边和重要特征。有些解释方法可以同时识别多种类型的输入模式。

7.2.2　基于近似的解释

基于近似的解释已经被广泛应用于分析具有复杂结构的模型的预测。基于近似的解释可以进一步划分为白盒近似和黑盒近似。白盒近似使用模型内部信息进行传播，包括但不限于梯度、中间特征、模型参数等。黑盒近似通常不使用模型内部信息进行传播，而是使用一个简单的、可解释的模型来拟合目标模型对输入实例的决策，然后就可以很容易地从这个简单的模型中提取解释。

7.2.2.1　白盒近似

敏感性分析（Sensitivity Analysis，SA）（Baldassarre and Azizpour，2019）研究的是自变量的某一变化对因变量的影响。在解释的背景下，因变量指的是预测，而自变量指的是特征。模型的局部梯度通常被用作敏感性分数，以表示特征与预测结果的相关性。敏感性分数被定义为

$$\mathscr{S}(\boldsymbol{x}) = \| \nabla_{\boldsymbol{x}} f(\mathscr{G}) \|^2 \tag{7.4}$$

其中，$\mathscr{G}$ 是待解释的输入实例图，$f(\mathscr{G})$是模型预测函数。这里的 $\boldsymbol{x}$ 指的是我们感兴趣的节点的特征向量。敏感性分数较高的节点特征更为重要，因为它们可以导致模型决策急剧变化。

尽管 SA 是直观且直接的，但其有效性仍然有限。SA 假定输入特征是相互独立的，因而在实际决策过程中不一定注意它们之间的关联性。另外，SA 只测量局部变化对模型预测函数$f(\mathscr{G})$的影响，而没有彻底解释模型预测函数值本身。SA 提供的解释结果通常是相对嘈杂的，有一定的理解难度。为此，人们开发了一些后续技术，试图克服这一局限。图 7.4 给出了几种基于梯度的解释方法。

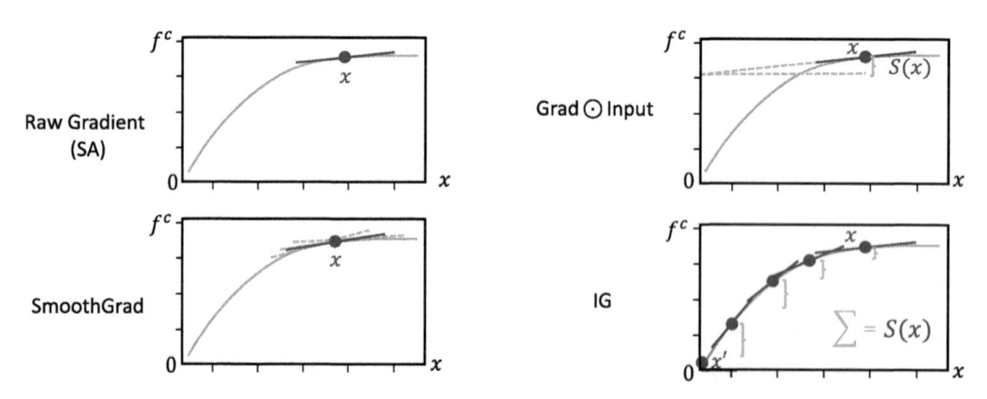

图 7.4　几种基于梯度的解释方法。依靠局部梯度的解释方法可能会受到饱和问题或输入噪声的影响，换言之，一个特征的局部敏感性与它产生的整体贡献并不一致。SmoothGrad 通过平均化附近点的多个解释来消除解释中的噪声。在测量特征贡献方面，IG 相比 Grad⊙Input 更准确

GuidedBP（Baldassarre and Azizpour，2019）与 SA 类似，但是前者只检测正向激活神经元的特征，同时假设负梯度可能会混淆重要特征的贡献，并使可视化变得嘈杂。为了遵循这一直觉，GuidedBP 修改了 SA 的反向传播过程，并且抛弃了所有的负梯度。

Grad ⊙ Input（Sanchez-Lengeling et al，2020）将特征贡献得分作为输入特征和模型预测函数相对于特征的梯度的元素级乘积：

$$\mathscr{S}(\boldsymbol{x})=\nabla_{\boldsymbol{x}}^{\mathrm{T}} f(\mathscr{G}) \odot \boldsymbol{x} \tag{7.5}$$

因此，Grad ⊙ Input 不仅考虑了特征的敏感性，而且考虑了特征值的规模。然而，上述方法都存在饱和问题——局部梯度的范围太小，无法反映每个特征的整体贡献。

集成梯度（Integrated Gradient，IG）（Sanchez-Lengeling et al，2020）通过在输入空间中沿着设计的路径聚合特征贡献来解决饱和问题。这条路径从选定的基线点 $\mathscr{G}'$ 开始，到目标输入 $\mathscr{G}$ 结束。具体来说，特征贡献的计算方法如下：

$$\mathscr{S}(\boldsymbol{x})=(\boldsymbol{x}-\boldsymbol{x}') \int_{\alpha=0}^{1} \nabla_{\boldsymbol{x}} f(\mathscr{G}'+\alpha(\mathscr{G}-\mathscr{G}')) \mathrm{d} \alpha \tag{7.6}$$

其中，$\boldsymbol{x}'$ 表示基线点 $\mathscr{G}'$ 中的一个特征向量，而 $\boldsymbol{x}$ 是原始输入 $\mathscr{G}$ 中的一个特征向量。基线点 $\mathscr{G}'$ 的选择是相对灵活的。一种典型的策略是将一个空图用作基线，这个空图虽然具有相同的拓扑结构，但其节点却使用“未指定的”分类特征。这是由 IG 在解释图像分类模型中的应用激发的（Sundararajan et al，2017），此类模型通常将纯黑色图像或具有随机噪声的图像作为基线。

通过上述方法得到的解释通常含有大量的噪声。因此，Smilkov et al（2017）提出了 SmoothGrad 来缓解这个问题。**SmoothGrad** 会对输入的一些噪声扰动的版本进行平均归因评估，这种方法最初的目的是使图像上的突出性地图更加清晰。此外，Sanchez-Lengeling et al（2020）则提出了 Grad ⊙ Input，这种方法会在节点特征和边特征中加入高斯噪声，并将多个解释平均到单个平滑的解释中。

类激活映射（Class Activation Mapping，CAM）（Pope et al，2019）是一种解释，最初是为 CNN 开发的。这种解释只适用于特定的模型架构，其中最后一个卷积层之后是全局平均池化（Global Average Pooling，GAP）层，然后是最终的 Softmax 层。最后一个卷积层中的特征映射（即激活）被聚合并重新缩放至与输入图像相同的大小，这样激活就会突出图像中的重要区域。CAM 的思路也适用于图神经网络。具体来说，GNN 中的 GAP 层可以定义为对最后一个图卷积层中的所有节点嵌入进行平均：$\boldsymbol{h}=\frac{1}{n} \sum_{i=1}^{n} \boldsymbol{H}_{i,:}^{L}$，其中的 L 是最后一个图卷积层。CAM 会将最终节点嵌入的每个维度（如 $\boldsymbol{H}_{i,:}^{L}$）作为一个特征映射。c 类的 logit 值为

$$f^{c}(\mathscr{G})=\sum_{k} \boldsymbol{w}_{k}^{c} \boldsymbol{h}_{k} \tag{7.7}$$

其中，$\boldsymbol{h}_k$ 表示 $\boldsymbol{h}$ 的第 k 个元素，$\boldsymbol{w}_k^c$ 是第 k 个特征映射对 c 类的 GAP 层权重。因此，节点 i 对预测产生的贡献为

$$\mathscr{S}(i)=\frac{1}{n} \sum_{k} \boldsymbol{w}_{k}^{c} \boldsymbol{H}_{i, k}^{L} \tag{7.8}$$

CAM 虽然简单高效，但它只适用于具有一定结构的模型，这极大限制其应用场景。

Grad-CAM（Pope et al，2019）将梯度信息与特征映射相结合，以减少 CAM 的限制。

CAM 使用 GAP 层来估计每个特征映射的权重，而 Grad-CAM 采用输出相对于特征映射的梯度来计算权重，因此：

$$\boldsymbol{w}_k^c = \frac{1}{n}\sum_{i=1}^{n}\frac{\partial f^c(\mathscr{G})}{\partial \boldsymbol{H}_{i,k}^L} \tag{7.9}$$

$$\mathscr{S}(i) = \text{ReLU}\left(\sum_k \boldsymbol{w}_k^c \boldsymbol{H}_{i,k}^L\right) \tag{7.10}$$

ReLU 函数能够迫使解释集中在对我们感兴趣的类别的积极影响上。对于输出前只有一个全连接层的 GNN 来说，Grad-CAM 等同于 CAM。与 CAM 相比，Grad-CAM 可以应用于更多的 GNN 架构，从而避免了在模型可解释性和容量之间进行权衡。

7.2.2.2　黑盒近似

与白盒近似不同，黑盒近似能够绕过获取复杂模型内部信息的需求。通常的思路是使用内在可解释的模型（如线性回归和决策树）来适应复杂的模型，然后根据简单模型来解释决策。背后的基本假设是：给定一个输入实例，模型在该实例邻域内的决策边界可以被可解释模型很好地近似。黑盒近似面临的主要挑战是如何定义邻域空间，因为输入图是一个离散的数据结构。

相关方法包括 GraphLime（Huang et al，2020c）、RelEx（Zhang et al，2020a）和 PGM-Explainer（Vu and Thai，2020），这些方法都有如下类似的过程：首先在目标实例的周围定义一个邻域空间，然后在这个邻域空间内对数据点进行抽样，并在将抽样点输入目标模型后获得预测结果；接下来构建一个训练数据集，其中的每个实例-标签对包括一个抽样点及其预测；最后通过使用该数据集来训练一个可解释的模型。这些方法的关键区别在于两个方面——邻域空间的定义和可解释模型的选择。

GraphLime 是一种针对图节点的 GNN 预测的局部解释方法。给定对目标节点 v_t 的预测结果，GraphLime 将邻域空间定义为输入图中目标节点的 k 跳邻居内节点的集合：

$$\mathscr{V}_t = \{v \mid \text{distance}(v_t, v) \leqslant k, v \in \mathscr{V}\} \tag{7.11}$$

其中，k 跳邻居指的是距离目标节点 k 跳以内的节点。GraphLime 收集 V_t 中节点的特征作为语料库，并采用 HSIC Lasso（Hilbert-Schmidt Independence Criterion Lasso）来衡量节点的特征和预测之间的独立性。由于最重要的特征被选为解释结果，因此 GraphLime 不能提供基于图结构信息的解释。

RelEx 将邻域空间定义为目标节点的计算图的一组扰动图。与 GraphLime 类似，RelEx 解释的是 GNN 对节点的预测。目标节点 v_t 的计算图 $\mathscr{G}_t$ 由节点 v_t 周围的 k 跳邻居节点以及连接它们的边组成。首先，RelEx 提出了一种 BFS 抽样策略，用于从计算图中抽样多个扰动图 $\{\mathscr{G}_{t,1}', \mathscr{G}_{t,2}', \cdots, \mathscr{G}_{t,I}'\}$，这些扰动图被输入最初的 GNN f，以建立一个训练集 $\{\mathscr{G}_{t,i}', f(\mathscr{G}_{t,i}')\}_{i=1}^I$。然后，RelEx 通过在该训练集上训练一个新的 GNN f' 来近似 f。最后，训练一个用于解释的掩蔽（mask）M，该掩蔽将被应用于 $\mathscr{G}_t$ 的邻接矩阵。由于每个掩蔽项的值都在[0, 1]区间，因此它们都是软掩蔽。用于训练掩蔽的损失项有两个：$f'(\mathscr{G}_t \odot M)$ 和掩蔽 M，前者接近于 $f'(\mathscr{G}_t)$，后者则是稀疏的。由此产生的掩蔽元素值表示 $\mathscr{G}_t$ 中边的重要性得分，掩蔽值越高意味着相应的边越重要。

PGM-Explainer 应用概率图模型来解释 GNN。为了找到目标的邻居实例，

PGM-Explainer 首先从计算图中随机选择要被扰动的节点。接下来，将所选节点的特征设置为所有节点的特征的平均值。PGM-Explainer 将采用成对的依赖性测试来过滤不重要的样本，目的是降低计算的复杂度。最后引入贝叶斯网络以适应所选样本的预测。因此，PGM-Explainer 的优势在于能够说明特征之间的依赖性。

7.2.3 基于相关性传播的解释

相关性传播将输出神经元的激活分数重新分配给前驱神经元，进行迭代，直至输入神经元。相关性传播的核心是定义神经元之间激活再分配的规则。相关性传播已被广泛用于解释计算机视觉和自然语言处理等领域的模型。最近，人们试图探索为 GNN 修改相关性传播方法的可能性。一些比较有代表性的方法包括 LRP（Layer-wise Relevance Propagation，层级相关性传播）（Baldassarre and Azizpour，2019；Schwarzenberg et al，2019）、GNN-LRP（Schnake et al，2020）和 ExcitationBP（Pope et al，2019）。

LRP 在（Bach et al，2015）中首次被提出，用于计算个别像素对图像分类器预测结果的贡献。LRP 的核心思想是使用反向传播将高层神经元的相关性分数递归到低层神经元，直至输入层特征神经元。输出神经元的相关性分数被设定为预测分数。一个神经元收到的相关性分数与激活值成正比，换言之，具有较高激活度的神经元往往对预测的贡献更大。在（Baldassarre and Azizpour，2019；Schwarzenberg et al，2019）中，传播规则定义如下：

$$R_i^l = \sum_j \frac{z_{i,j}^+}{\sum_k z_{k,j}^+ + b_j^+ + \varepsilon} R_j^{l+1} \qquad (7.12)$$

$$z_{i,j} = x_i^l w_{i,j}$$

其中，R_i^l和R_j^{l+1}分别是第 l 层中的神经元 i 和第（l+1）层中的神经元 j 的相关性分数。x_i^l 是第 l 层中神经元 i 的激活值。以上传播规则只允许正的激活值。另外，利用这种方法得到的解释受限于节点和节点特征，图的边被排除在外。原因在于邻接矩阵是作为 GNN 模型的一部分进行处理的。因此，LRP 无法分析拓扑信息，而拓扑信息在图数据中发挥着重要作用。

ExcitationBP 作为一种自上而下的注意力模型，最初是为 CNN 开发的（Zhang et al，2018d）。ExcitationBP 将相关性分数定义为概率分布，并使用条件概率模型来描述相关性传播规则。

$$P(a_j) = \sum_i P(a_j \mid a_i) P(a_i) \qquad (7.13)$$

其中，a_j 是较低层的第 j 个神经元，a_i 是较高层中 a_j 的第 i 个父神经元。当传播过程通过激活函数时，只考虑非负权重，负权重被设置为 0。为了将 ExcitationBP 扩展到图数据，人们为 Softmax 分类器、GAP 层和图卷积算子设计了新的反向传播方案。

GNN-LRP 通过定义新的传播规则缓解了传统 LRP 的不足。GNN-LRP 不使用邻接矩阵来获得传播路径，而是将相关性分数分配给一个游走（即图中的信息流路径）。相关性分数是由模型的 T 阶泰勒扩展定义的，它与合并算子（图卷积算子、线性消息函数等）有关。GNN-LRP 的设计直觉是，具有更大梯度的合并算子对最终决策的影响更大。

7.2.4　基于扰动的解释

预测解释背后的假设是，重要的输入部分对输出有较大的贡献，而不重要的部分影响较小。因此，这意味着掩蔽不重要的部分对输出的影响可以忽略不计，而掩蔽重要的部分则会产生很大的影响。我们的目标是找到一个掩蔽 M 来表示图组件的重要性。该掩蔽可以应用于图中的节点、边或特征。掩蔽值可以是二进制的 $M_i \in \{0,1\}$ 或连续的 $M_i \in [0,1]$ 。下面我们介绍一些最近的基于扰动的解释。

GNNExplainer（Ying et al，2019）是第一个基于扰动的 GNN 解释方法。给定模型对节点 v 的预测结果，GNNExplainer 试图从节点 v 的计算图中找到一个对预测最关键的紧密子图 $\mathcal{G}_S$。这个问题被定义为最大化原始计算图的预测和子图的预测之间的互信息（Mutual Information，MI）：

$$\max_{\mathcal{G}_S} \mathrm{MI}(Y,(\mathcal{G}_S,\boldsymbol{X}_S)) = H(Y) - H(Y \mid \mathcal{G} = \mathcal{G}_S, \boldsymbol{X} = \boldsymbol{X}_S) \tag{7.14}$$

其中，$\mathcal{G}_S$ 和 $\boldsymbol{X}_S$ 是子图及其节点的特征。Y 是预测的标签分布，它的熵 $H(Y)$ 是一个常数。为了解决上述优化问题，GNNExplainer 在邻接矩阵上应用了一个软掩蔽 M：

$$\min_M - \sum_{c=1}^{C} \mathbf{1}[y=c] \log P_{\Phi}(Y = y \mid G = \boldsymbol{A}_c \odot \sigma(M), \boldsymbol{X} = \boldsymbol{X}_c) \tag{7.15}$$

其中，$\boldsymbol{A}_c$ 是计算图的邻接矩阵，$\boldsymbol{X}_c$ 是对应的特征矩阵，M 表示可训练参数，Sigmoid 函数用于将掩蔽值投射到[0, 1]区间。最后，GNNExplainer 通过选择与 M 中的高值对应的边（以及由这些边连接的节点）来构建一个子图。在提供基于图结构的解释的同时，GNNExplainer 也可以通过对特征应用类似的掩蔽学习过程来提供特征上的解释。此外，也可以应用正则化技术来强制要求解释是稀疏的。作为一种与模型无关的方法，GNNExplainer 适用于任何基于图的机器学习任务和 GNN 模型。

PGExplainer（Luo et al，2020）与 GNNExplainer 有着相同的思路——通过学习一个应用于边的离散掩蔽来解释预测。PGExplainer 的做法是使用一个深度神经网络来生成边屏蔽值：

$$M_{i,j} = \mathrm{MLP}_{\Psi}([\boldsymbol{z}_i;\boldsymbol{z}_j]) \tag{7.16}$$

其中，Ψ 表示 MLP 的可训练参数。$\boldsymbol{z}^i$ 和 $\boldsymbol{z}^j$ 分别是节点 i 和节点 j 的嵌入向量。[· ; ·]表示串联。与 GNNExplainer 类似，掩蔽生成器是通过最大化原始预测和新预测之间的互信息来训练的。

GraphMask（Schlichtkrull et al，2021）也通过估计边的影响来产生解释。与 PGExplainer 类似，GraphMask 学习了一个擦除函数，从而实现了对每条边的重要性进行量化。这个擦除函数被定义为

$$z_{u,v}^{(k)} = g_{\pi}(\boldsymbol{h}_u^{(k)}, \boldsymbol{h}_v^{(k)}, \boldsymbol{m}_{u,v}^{(k)}) \tag{7.17}$$

其中，$\boldsymbol{h}_u$、$\boldsymbol{h}_v$ 和 $\boldsymbol{m}_{u,v}$ 指的是节点 u、节点 v 和图卷积中通过边发送的信息的隐藏嵌入向量。另外，GraphMask 会为每个图卷积层提供重要性估计，而 k 表示嵌入向量所属的层。GraphMast 的作者没有直接消除不重要的边的影响，而是建议将通过不重要的边发送的信息替换为

$$\widetilde{\boldsymbol{m}}_{u,v}^{(k)} = z_{u,v}^{(k)} \cdot \boldsymbol{m}_{u,v}^{(k)} + (1 - z_{u,v}^{(k)}) \cdot \boldsymbol{b}^{(k)} \tag{7.18}$$

其中，$\boldsymbol{b}^{(k)}$ 是可训练的。这项工作表明，很大比例的边可以被放弃而不会使模型的表现退化。

因果筛选（Wang et al，2021）是一种与模型无关的事后解释方法——从因果的角度找出输入中的一个子图作为一种解释。因果筛选将候选子图的因果效应作为衡量标准：

$$S(\mathcal{G}_k) = \mathrm{MI}(\mathrm{do}\,(\mathcal{G} = \mathcal{G}_k); \hat{y}) - \mathrm{MI}(\,\mathrm{do}\,(\mathcal{G} = \varnothing); \hat{y}) \tag{7.19}$$

其中，$\mathcal{G}_k$ 是候选子图，k 是边的数量，MI 是互信息，干预 $\mathrm{do}(\mathcal{G} = \mathcal{G}_k)$ 和 $\mathrm{do}(\mathcal{G} = \varnothing)$ 分别表示模型输入接受处理（将 $\mathcal{G}_k$ 输入模型）和控制（将 $\varnothing$ 输入模型），$\hat{y}$ 表示将原始图输入模型后得到的预测值。因果筛选使用一种贪心算法来搜索解释，从一个空集开始，在每一步都将一条具有最高因果效应的边添加到候选子图中。

CF-GNNExplainer（Lucic et al，2021）提出为 GNN 生成反事实解释。与之前试图找到一个稀疏子图以保持正确预测的方法不同，CF-GNNExplainer 提出应找到需要移除的最小数量的边，从而使预测发生变化。与 GNNExplainer 类似，CF-GNNExplainer 也采用了软屏蔽。因此，CF-GNNExplainer 也存在“引入的证据”问题（Dabkowski and Gal，2017），这意味着非 0 或非 1 的值有可能引入不必要的信息或噪声，从而影响解释结果。

7.2.5 生成式解释

前面介绍的许多方法将解释定义为选择包含原始输入的部分节点、边或特征的子图。最近，XGNN（Yuan et al，2020b）提出通过生成一个能使给定 GNN 模型的预测值最大化的图来获得解释。一些思路与此类似的方法已经被用于处理计算机视觉任务。例如，可以通过寻找最大限度激活神经元的输入原型来理解神经元的作用（Olah et al，2018）。寻找原型样本的问题可以被定义为一个优化问题——可通过梯度上升法来解决。然而，这种方法不能直接用于 GNN，因为梯度上升法与图数据的离散性和拓扑结构不兼容。为了解决这个问题，XGNN 将图生成定义为一个强化学习任务。

更具体地说，生成器遵循以下步骤。首先，随机选取一个节点作为初始图。其次，给定一个中间图，在这个图中添加一条新的边，具体分两步进行：先选择边的起点，再选择边的终点。XGNN 采用另一个 GNN 作为策略来决定以上动作。GNN 学习节点特征，两个 MLP 则将学到的特征作为输入，预测起点和终点的可能性。终点以及两点之间的边将被添加到更新的中间图中，作为一个动作。最后，计算出这个动作的奖励，这样我们就可以通过策略梯度算法来训练生成器。奖励由两项组成：第一项是将中间图输入目标 GNN 模型后的得分；第二项是用于保证中间图有效的正则化项。上述步骤将被反复执行，直到动作步骤的数量达到预定的上限。作为一种生成式解释方法，XGNN 为图的分类提供了一个整体的解释。未来可能会有更多的生成式解释方法用于其他图分析任务。

7.3 图神经网络的可解释模型

7.1.3.2 节介绍了两类可解释的建模方法——基于 GNN 的注意力模型和图上的解耦化表征学习。本节将详细介绍这两种建模方法。

7.3.1　基于 GNN 的注意力模型

注意力机制有利于模型的可解释性，它通过注意力分数来突出图中对应的部分，以完成给定的任务。根据图的类型，下面我们分别介绍建立在同质图和异质图上的注意力模型。

7.3.1.1　同质图的注意力模型

图注意力网络（Graph Attention Network，GAT）在聚合信息时，可以为邻域内的不同节点嵌入分配不同的权重（Veličković et al，2018），如图 7.5 所示。具体来说，假设 $\boldsymbol{h}^i$ 表示节点 i 的列式嵌入，则嵌入更新可以写成

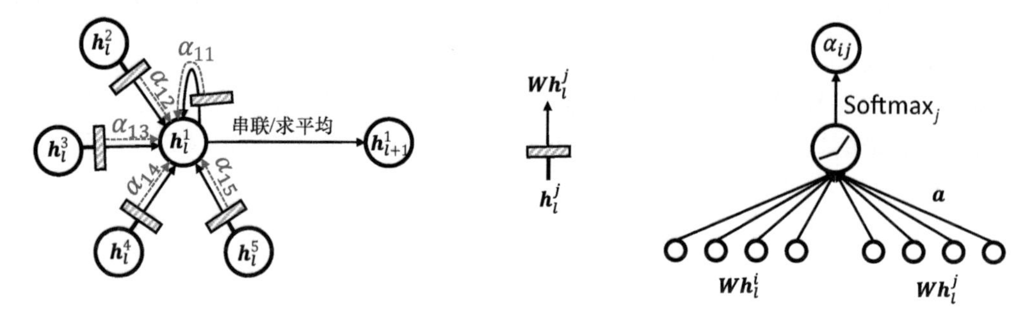

图 7.5　左图：图卷积。中间图：具有共享参数矩阵的线性变换。右图：(Veličković et al，2018）中采用的注意力机制

$$\boldsymbol{h}_{l+1}^{i}=\sigma\left(\sum_{j\in\mathscr{N}_i\cup\{i\}}\alpha_{i,j}\boldsymbol{W}\boldsymbol{h}_l^{j}\right) \tag{7.20}$$

其中，$\alpha_{i,j}$ 是注意力得分，$\mathscr{N}_i$ 表示节点 i 的邻居节点集合。另外，GAT 使用了一个与层深度无关的共享参数矩阵 $\boldsymbol{W}$。注意力得分的计算方法如下：

$$\alpha_{i,j}=\text{Softmax}\ (e_{i,j})=\frac{\exp(e_{i,j})}{\sum_{k\in\mathscr{N}_i\cup\{i\}}\exp(e_{i,k})} \tag{7.21}$$

这里应用了自注意力机制：

$$e_{i,j}=\text{LeakyReLU}\ (\boldsymbol{a}^{\mathrm{T}}[\boldsymbol{W}\boldsymbol{h}_l^{i}\parallel\boldsymbol{W}\boldsymbol{h}_l^{j}]) \tag{7.22}$$

其中，$\parallel$表示矢量连接。一般来说，注意力机制也可以表示为 $e_{i,j}=\text{attn}(\boldsymbol{h}_l^i,\boldsymbol{h}_l^j)$。因此，注意力机制是一个单层神经网络，其参数为权重向量 $\boldsymbol{a}$。注意力得分 $\alpha_{i,j}$ 显示了节点 j 对节点 i 的重要性。

上述机制也可以扩展为多头注意力。具体来说，就是并行执行 K 个独立的注意力机制，并将结果串联起来：

$$\boldsymbol{h}_{l+1}^{i}=\parallel_{k=1}^{K}\sigma\left(\sum_{j\in\mathscr{N}_i\cup\{i\}}\alpha_{i,j}^{k}\boldsymbol{W}^{k}\mathbf{h}_l^{j}\right) \tag{7.23}$$

其中，$\alpha_{i,j}^k$ 是第 k 个注意力机制中的归一化注意力得分，$\boldsymbol{W}^k$ 是对应的参数矩阵。

除学习节点嵌入以外，我们还可以应用注意力机制来学习整个图的低维嵌入（Ling et al，2021）。假设我们正在研究一个信息检索问题。给定一组图 $\{\mathscr{G}_m\}(1\leqslant m\leqslant M)$ 以及一个查询 q，

我们想返回与查询最相关的图。每个图$\mathscr{G}_m$相对于q的嵌入可以用注意力机制来计算。首先，我们可以根据式（7.2）获得每个图内部的节点嵌入。设$\boldsymbol{q}$表示查询的嵌入，$\boldsymbol{h}^{i,m}$表示图$\mathscr{G}_m$中节点i的嵌入。图$\mathscr{G}_m$相对于查询的嵌入可以按照如下公式来计算：

$$\boldsymbol{h}_{\mathscr{G}_m}^q = \frac{1}{|\mathscr{G}_m|}\sum_{i=1}^{|\mathscr{G}_m|}\alpha_{i,q}\boldsymbol{h}^{i,m} \tag{7.24}$$

其中，$\alpha_{i,q} = \text{attn}(\boldsymbol{h}^{i,m},\boldsymbol{q})$是注意力得分，$\text{attn}(\cdot,\cdot)$是注意力函数。最后，$\boldsymbol{h}_{\mathscr{G}_m}^q$可以用于在图检索任务中计算$\mathscr{G}_m$与查询的相似度。

7.3.1.2 异质图的注意力模型

异质网络是一种具有多种类型的节点、链接甚至属性的网络。结构的异质性和丰富的语义信息为设计图神经网络以融合信息带来了挑战。

定义 7.4 异质图被定义为$\mathscr{G}=(\mathscr{V},\mathscr{E},\phi,\psi)$，其中，$\mathscr{V}$是节点的集合，$\mathscr{E}$是节点间边的集合。每个节点$v\in\mathscr{V}$与一个节点类型$\phi(v)$相关联，每条边$(i,j)\in\mathscr{E}$则与一个边类型$\psi((i,j))$相关联。

下面介绍如何使用异质图注意力网络（Heterogeneous graph Attention Network，HAN）（Wang et al，2019m）来解决嵌入中的挑战。与传统的 GNN 传播方式不同，HAN 上的信息传播是基于元路径进行的。

定义7.5 元路径Φ被定义为形如$v_{i_1}\xrightarrow{r_1}v_{i_2}\xrightarrow{r_2}\cdots\xrightarrow{r_{l-1}}v_{i_l}$的路径，可缩写为带有复合关系$r_1\circ r_2\circ\cdots\circ r_{l-1}$的$v_{i_1}\ v_{i_2}\cdots v_{i_l}$。为了学习节点$i$的嵌入，我们可以从元路径中的邻居节点那里传播嵌入。邻居节点的集合被表示为$\mathscr{V}_i^{\Phi}$。考虑到不同类型的节点有不同的特征空间，节点嵌入将首先被投射到同一空间$\boldsymbol{h}^{j'}=\boldsymbol{M}_{\phi_i}\boldsymbol{h}^j$。其中，$\boldsymbol{M}_{\phi_i}$是节点类型$\phi_i$的变换矩阵。HAN 中的注意力机制与 GAT 中的相似，只是前者需要考虑当前被抽样的元路径的类型。具体来说：

$$\boldsymbol{z}^{i,\Phi} = \sigma\left(\sum_{j\in\mathscr{V}_i^{\Phi}}\alpha_{i,j}^{\Phi}\boldsymbol{h}^{j'}\right) \tag{7.25}$$

其中，归一化的注意力得分为

$$\alpha_{i,j}^{\Phi} = \text{Softmax}\ (e_{i,j}^{\Phi}) = \text{Softmax}\ (\text{attn}\ (\boldsymbol{h}^{i'},\boldsymbol{h}^{j'};\Phi)) \tag{7.26}$$

给定一组元路径$\{\Phi_1,\Phi_2,\cdots,\Phi_P\}$，我们可以得到一组节点嵌入，表示为$\{\boldsymbol{z}^{i,\Phi_1},\boldsymbol{z}^{i,\Phi_2},\cdots,\boldsymbol{z}^{i,\Phi_P}\}$。为了融合不同元路径的嵌入，我们采用了另一种注意力算法。融合后的嵌入被计算为

$$\boldsymbol{z}^i = \sum_{p=1}^{P}\beta_{\Phi_p}\boldsymbol{z}^{i,\Phi_p} \tag{7.27}$$

其中，归一化的注意力得分为

$$\beta_{\Phi_p} = \text{Softmax}\ (w_{\Phi_p}) = \text{Softmax}\left(\frac{1}{|\mathscr{V}|}\sum_{i\in\mathscr{V}}\boldsymbol{q}^{\mathrm{T}}\cdot\text{MLP}\ (\boldsymbol{z}^{i,\Phi_p})\right) \tag{7.28}$$

其中，$\boldsymbol{q}$是一个可学习的语义向量，$\text{MLP}(\cdot)$表示一个单层 MLP 模块，w_{Φ_p}可以解释为元路径Φ_P的重要性。除对节点和边的异质性类型进行建模以外，HetGNN（Zhang et al，2019b）还通过考虑节点属性（如图像、文本、分类特征）的异质性对此进行了扩展讨论。

7.3.2 图上的解耦化表征学习

由于表征空间的不透明性，传统的表征学习在可解释性方面受到了限制。在人工特征工程中，每个结果特征维度的含义都是明确的，而表征空间中每个维度的含义是未知的。图上的表征学习也受到这个限制。为了解决这个问题，有人已经提出了一些方法，旨在通过为不同的表征维度赋予具体的含义，提高图上表征学习的可解释性。

7.3.2.1 单一向量够吗

许多现有的图上表征学习方法关注于为每个节点学习单一的嵌入。然而，一些节点有多个刻面（facet），针对这种情况，单个向量是否足以代表每个节点？解决这样的问题对于诸如推荐系统这样的应用有很大的实用价值，因为在这些应用中，用户可能有多种兴趣。在这种情况下，我们可以使用多个嵌入来代表每个用户，每个嵌入对应一个兴趣。图 7.6 展示了一个相关的例子。具体来说，如果 $\boldsymbol{h}^i \in \mathbb{R}^D$ 表示节点 i 的嵌入，那么 $\boldsymbol{h}^i = [\boldsymbol{h}^{i,1};\ \boldsymbol{h}^{i,2};\ \cdots;\ \boldsymbol{h}^{i,K}]$，其中，$\boldsymbol{h}^{i,k} \in \mathbb{R}^{D/K}$ 是第 k 个刻面的嵌入。学习解耦化表征有两个挑战：如何发现 K 个刻面，以及如何在训练过程中区分不同嵌入的更新。在无监督的情况下，可以利用聚类的方式发现刻面，每个聚类代表一个刻面。接下来我们介绍几种在图上学习解耦化节点嵌入的方法。

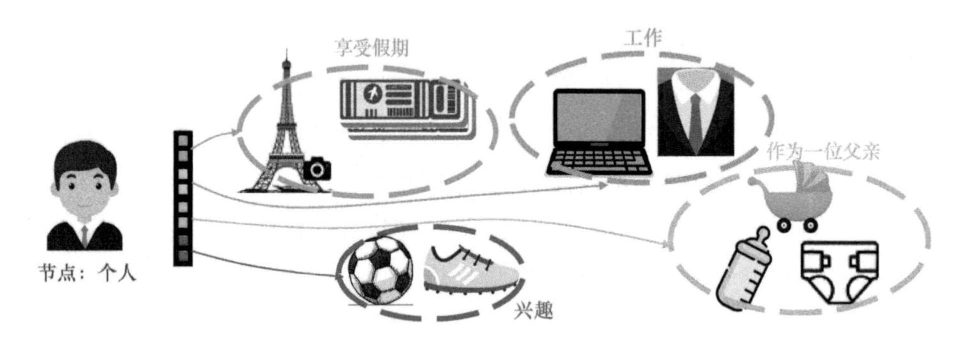

图 7.6 使用多个嵌入来表征用户的兴趣，每个嵌入对应数据中的一个方面（Liu et al，2019a）

7.3.2.2 基于原型的软聚类分配

需要提醒大家的是，我们这里基于推荐系统设计的背景来讨论这些技术。当我们学习用户和物品嵌入时，就会发现表征物品类型的刻面。这里假设每个物品只有一个刻面，而每个用户仍然可以有多个刻面。物品 t 的嵌入就是 $\boldsymbol{h}^t$，而用户 u 的嵌入是 $\boldsymbol{h}^u = [\boldsymbol{h}^{u,1};\ \boldsymbol{h}^{u,2};\ \cdots;\ \boldsymbol{h}^{u,K}]$。每个物品 t 都与一个独热向量 $\boldsymbol{c}_t = [c_{t,1}, c_{t,2}, \cdots, c_{t,K}]$ 相关，其中，如果 t 属于刻面 k，则 $c_{t,k}=1$，否则 $c_{t,k}=0$。除学习节点嵌入以外，我们还需要学习一组**原型**嵌入 $\{\boldsymbol{m}^k\}_{k=1}^K$。独热向量是从分类分布中抽取的，如下所示：

$$\boldsymbol{c}_t \sim \text{categorical}\ (\text{Softmax}\ ([s_{t,1}, s_{t,2}, \cdots, s_{t,K}])),\quad s_{t,k} = \cos(\boldsymbol{h}^t, \boldsymbol{m}^k)/\tau \tag{7.29}$$

其中，τ 是一个超参数，用于缩放余弦相似度。我们观察到一条边（u,t）的概率为

$$p(t \mid u, \boldsymbol{c}_t) \propto \sum_{k=1}^{K} c_{t,k} \cdot \text{similarity}\ (\boldsymbol{h}^t, \boldsymbol{h}^{u,k}) \tag{7.30}$$

除上面介绍的基本学习过程以外，我们还可以应用变分自编码器框架来规范学习过程（Ma et al，2019c），共同更新物品嵌入和原型嵌入，直至收敛。每个用户的嵌入 $\boldsymbol{h}^u$ 是通过

聚合交互物品的嵌入确定的，其中，$\boldsymbol{h}^{u,k}$ 收集了同属于刻面 k 的物品嵌入。在学习过程中，聚类发现、节点-聚类指定和嵌入学习是同时进行的。

7.3.2.3 基于动态路由的聚类

使用动态路由进行解耦化节点表征学习的想法受到胶囊网络（Capsule Network）（Sabour et al，2017）的启发。胶囊分两层——低层胶囊和高层胶囊。给定一个用户 u，将其互动过的物品集合表示为 $\mathscr{V}_u$。低层胶囊的集合是 $\{\boldsymbol{c}_i^l\}$，$i \in \mathscr{V}_u$，所以每个胶囊是一个互动物品的嵌入。高层胶囊的集合是 $\{\boldsymbol{c}_k^h\}, 1 \leqslant k \leqslant K$，其中，$\boldsymbol{c}_k^h$ 代表用户的第 k 个兴趣。

低层胶囊 i 和高层胶囊 k 之间的路由逻辑值 $b_{i,k}$ 被计算为

$$b_{i,k} = (\boldsymbol{c}_k^h)^{\mathrm{T}} \boldsymbol{S} \boldsymbol{c}_i^l \tag{7.31}$$

其中，$\boldsymbol{S}$ 是双线性映射矩阵。高层胶囊 k 的中间嵌入则被计算为低层胶囊的加权和：

$$\boldsymbol{z}_k^h = \sum_{i \in \mathscr{V}_u} \boldsymbol{w}_{i,k} \boldsymbol{S} \boldsymbol{c}_i^l$$

$$\boldsymbol{w}_{i,k} = \frac{\exp(b_{i,k})}{\sum_{k'=1}^{K} \exp(b_{i,k'})} \tag{7.32}$$

$\boldsymbol{w}_{i,k}$ 可以看作连接两个胶囊的注意力权重。最后，应用一个“挤压”函数即可获得高层胶囊的嵌入：

$$\boldsymbol{c}_k^h = \text{squash}\,(\boldsymbol{z}_k^h) = \frac{\|\boldsymbol{z}_k^h\|^2}{1+\|\boldsymbol{z}_k^h\|^2} \frac{\boldsymbol{z}_k^h}{\|\boldsymbol{z}_k^h\|^2} \tag{7.33}$$

上述步骤构成了动态路由的一次迭代。路由过程通常需要多次迭代才能收敛。路由完毕后，高层胶囊可以用来表征具有多个兴趣的用户 u，以输入后续的网络模块进行推理（Li et al，2019b），如图 7.7 所示。

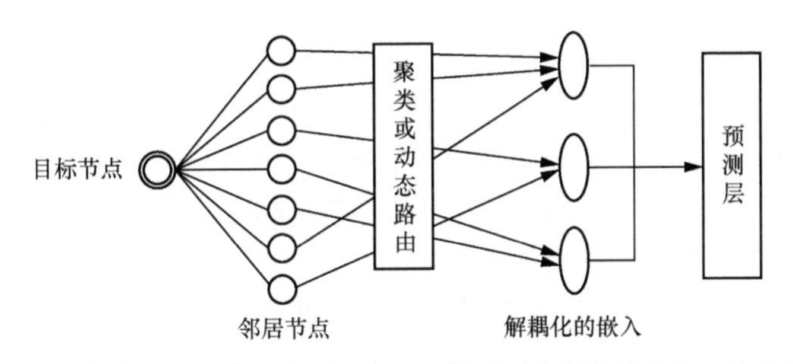

图 7.7 通过使用聚类或动态路由为目标节点学习解耦化节点嵌入的高层思路

7.4 图神经网络解释的评估

在本节中，我们将介绍评估图神经网络解释的相关内容，包括用于构建和解释 GNN 的数据集，以及用于评估解释的不同方面的指标。

7.4.1 基准数据集

随着越来越多的 GNN 解释方法被提出，各种数据集也被用来评估其有效性。由于这样

的研究方向仍处于发展的初始阶段，因此目前还没有一个被人们普遍接受的基准数据集（如用于图像物体检测的 COCO 数据集）。这里我们列出了一些用于开发 GNN 解释方法的数据集，包括合成数据集和现实世界的数据集。

7.4.1.1 合成数据集

评估解释是很困难的，因为数据集中没有标注可以进行比较。缓解这个问题的一种策略是使用合成数据集。在这种情况下，可以将人工设计的模体添加到数据中以扮演标注的角色。假设这些模体与学习任务相关。下面列出了一些合成数据集。

- **BA-Shapes**（Ying et al，2019）：一个包含 300 个节点的 Barabási-Albert 图，其中随机附加了 80 个房子形状的模体，可通过增加 10%的随机边来进一步扩大该数据集。
- **BA-Community**（Ying et al，2019）：一个由两个 BA-Shapes 组成的图，其中，不同 BA-Shapes 中的节点特征遵循不同的正态分布。
- **Tree-Cycle**（Ying et al，2019）：一个基于八级平衡树的图，其中随机附加了 80 个六边形模体。
- **Tree-Grid**（Ying et al，2019 年）：一个类似于 Tree-Cycle 的图，但使用 80 个 3×3 的网格模体代替了六边形模体。
- **Noisy BA-Community**、**Noisy Tree-Cycle** 和 **Noisy Tree-Grid**（Lin et al，2020a）：这三个数据集是通过在上述相应的数据集列表中加入 40 个重要的和 10 个不重要的节点特征得到的。这种设计可以帮助测试一种方法识别重要节点特征的能力。
- **BA-2Motifs**（Luo et al，2020）：一个包含 800 个独立图的数据集，这些图是通过在基础 BA 图上添加五边形模体或房子模体得到的。这个数据集是为图分类任务设计的，而前面的数据集是为节点分类任务设计的。

7.4.1.2 现实世界的数据集

一些现实世界的数据集如下。

- **MUTAG**：一个由 4337 个分子图组成的数据集，这些分子图已被标记为诱变的或非诱变的。图中的节点和边代表原子和化学键。相关研究表明，带有碳环和硝基的分子可能导致诱变作用。另外，还有其他几个分子数据集，如 BBBP、BACE 和 TOX21（Pope et al，2019）。
- **REDDIT-BINARY**（Yanardag and Vishwanathan，2015）：一个在线讨论互动数据集，其中包含 2000 个图，每个图都被标记为基于问题-答案或基于讨论的社群。图中的节点和边分别代表用户及其互动。
- **Delaney Solubility**（Delaney，2004）：一个包含 1127 个分子图的分子数据集，其标签是水-辛醇分布系数。这个数据集通常用于图回归任务。
- **Bitcoin-Alpha** 和 **Bitcoin-OTC**（Kumar et al，2016）：这是两个经过信任加权的签名网络。它们中的每一个都由一个图组成，图中的节点是在 Bitcoin-Alpha 或 Bitcoin-OTC 平台上交易的账户。根据其他成员的评级，这些节点被标记为值得信任或不值得信任。
- **MNIST SuperPixel-Graph**（Dwivedi et al，2020）：一个图像数据集，其中的每个

样本都是由 MNIST 数据集中的相应图像转换而成的图。图中的每个节点都是一个超级像素，代表相应区域的强度。

7.4.2 评价指标

对于解释方法的比较，有个合适的评价指标至关重要。解释的可视化（如热图）由于具有直观性，因此已被广泛应用于图像和文本数据的解释。然而，由于图数据并不直观易懂，因此它们失去了这一优势。只有具备领域知识的专家才能做出判断。在本节中，我们将介绍几个常用的指标。

- **准确率**只适合有标注的数据集。合成数据集通常包含由它们所构筑的规则定义的标注。例如，在分子数据集中，具有碳环的分子是有诱变作用的。考虑到碳环也出现在非致突变分子中，硝基被认为是标注。F1 得分和 ROC-AUC 是常用的准确率指标。准确率指标的局限性在于，GNN 模型是否以与人类相同的方式进行预测（即预设的标注是否真的有效）是未知的。
- **保真度**（Pope et al，2019）遵循的直觉是，去除真正重要的特征将极大降低模型的表现。从形式上看，保真度被定义为

$$保真度=\frac{1}{N}\sum_{i=1}^{N}(f^{y_i}(\mathscr{G}_i)-f^{y_i}(\mathscr{G}_i\setminus\mathscr{G}_i')) \tag{7.34}$$

  其中，f是输出函数目标模型。$\mathscr{G}_i$ 表示第 i 个图，$\mathscr{G}_i'$ 表示其解释，$\mathscr{G}_i\setminus\mathscr{G}_i'$ 表示被扰乱的第 i 个图，这里删除了识别出的解释。
- **对比度**（Pope et al，2019）使用汉明距离来衡量两个解释之间的差异。这两个解释对应于模型对不同类别的同一个实例的预测。我们假设模型在对不同的类别进行预测时会突出不同的特征。对比度越高，解释器的表现越好。
- **稀疏度**（Pope et al，2019）指的是解释图大小与输入图大小的比值。在某些情况下，我们鼓励解释是稀疏的，这是因为好的解释应该尽可能地只包括基本特征，而抛弃不相关的特征。
- **稳定性**（Sanchez-Lengeling et al，2020）用于衡量解释器在向解释中添加噪声前后的表现差距。好的解释应该对输入的轻微变化具有鲁棒性，而不影响模型的预测。

7.5 未来的方向

图神经网络的解释是一个新兴领域，但目前仍有许多挑战需要解决。在本节中，我们将列出几个未来的方向，以提高图神经网络的可解释性。

首先，一些在线应用需要模型和算法能够实时响应。因此，这些应用对解释方法的效率提出了很高的要求。然而，许多 GNN 解释方法都通过抽样或高度迭代的算法来获得结果，这很耗时。未来的一个研究方向是如何在不明显牺牲解释精度的情况下开发更高效的解释算法。

其次，尽管用于解释 GNN 模型的方法越来越多，但现有的工作仍然很少讨论如何利用解释来识别 GNN 模型的缺陷和改善模型的属性。GNN 模型是否会在很大程度上受到对抗攻击或后门攻击的影响？解释能否帮助我们解决这些问题？如果发现GNN模型是有偏置的

或不可信的，如何改进它们？

再次，除注意力方法和解耦化表征学习以外，是否还有其他建模或训练范式也可以提高GNN的可解释性？在可解释机器学习领域，一些学者对提供变量之间的因果关系感兴趣，而另一些学者则喜欢使用逻辑规则进行推理。因此，如何将因果关系引入 GNN 学习，或者如何将逻辑推理纳入 GNN 推理，可能是一个值得探索的方向。

最后，大多数现有的关于可解释机器学习的研究是为了获得更准确的解释，但它们通常忽略了人类经验方面。对终端用户来说，友好的解释可以促进用户体验，并获得他们对系统的信任。对没有机器学习背景的领域专家来说，一个直观的界面可以帮助他们融入系统的改进过程中。因此，另一个可能的方向如何结合人机交互（Human-Computer Interaction，HCI），从而以更友好的形式展示解释，或者如何设计更好的人机界面来促进用户与模型的交互。

致谢

这项工作部分由美国国家科学基金会支持（#IIS-1900990、#IIS-1718840 和#IIS-1750074）。本章包含的观点和结论是作者的，不应解释为代表任何资助机构。

编者注： 与机器学习领域的总体趋势类似，除那些公认的有效性（见第 4 章）、复杂性（见第 5 章）、效率（见第 6 章）和鲁棒性（见第 8 章）等指标以外，可解释性也被越来越广泛地认为是图神经网络的重要指标。可解释性不仅可以通过告知模型开发者有用的模型细节来广泛影响技术的发展（如第 9 章～第 18 章），也可以通过向各应用领域的专家提供预测的解释来使他们受益（如第 19 章～第 27 章）。

第 8 章

图神经网络的对抗鲁棒性

Stephan Günnemann[1]

摘要

图神经网络在各种图学习任务中取得了令人印象深刻的成果，并被应用于多个领域，如分子属性预测、癌症分类、欺诈检测或知识图谱推理等。随着越来越多的 GNN 模型被部署在科学应用、安全关键环境或涉及人类的决策环境中，确保其可靠性至关重要。本章将概述目前对 GNN 的对抗鲁棒性所做的研究。我们将介绍图所带来的独特挑战和机遇，并说明通过生成对抗性样本来展示经典 GNN 局限性的相关工作。在此基础上，我们将分类介绍为 GNN 提供鲁棒性保证的经过理论证明的方法，以及提高 GNN 鲁棒性的原则。最后，我们将讨论鲁棒性的正确评估方法。

8.1 动机

GNN 的成功故事令人吃惊。在短短几年内，GNN 模型就已经成为许多深度学习应用的核心组成部分。如今，GNN 模型已被用于药物开发或医疗诊断等科学应用，并被扩展到以人为本的应用中，如社交媒体中的假新闻检测、决策任务，甚至被用于自动驾驶等安全关键环境。这些领域的共同点就是 GNN 模型有着对可靠结果的关键需求；误导性的预测不仅是令人遗憾的，而且可能导致重大后果，包括从科学实验中得出的错误结论到对人体造成的伤害。因此，我们真的能相信 GNN 模型所产生的预测吗？当基础数据被破坏甚至被故意操纵时会发生什么？

事实上，众所周知，经典的机器学习模型在数据的（故意）扰动方面极其脆弱（Goodfellow et al，2015）：即使输入的微小变化也可能导致预测错误。对人类来说，这样的样本几乎与原始输入无异，但却被错误地分类，此类样本也被称为**对抗性样本**。其中一个最为著名和令人震惊的例子是：只需要对输入的一幅停车标志图像进行非常细微的改变，停车标志就会被神经网络模型归类为限速标志；尽管对我们人类来说，它看起来仍然像一个停车标志（Eykholt et al，2018）。诸如此类的例子说明了机器学习模型在对抗性扰动的情况下是如何戏剧性地失败的。因此，在安全关键环境中或科学应用领域采用机器学习仍然是个问题。为了弥补这一缺陷，许多研究者已经开始分析图像、自然语言或语音等领域的模型的鲁棒性。然而直到最近，GNN 才成为焦点。研究 GNN 鲁棒性的第一项工作（Zügner et al，2018）调查了最明显的任务之一——节点级分类，并证明了 GNN 也容易受到对抗性扰动的影响（见

① Stephan Günnemann
Department of Informatics，Technical University of Munich，E-mail：guennemann@in.tum.de

图 8.1）。此后，图上的对抗鲁棒性研究领域迅速扩大，许多人研究了不同的任务和模型，并探索了让 GNN 更加鲁棒的方法。

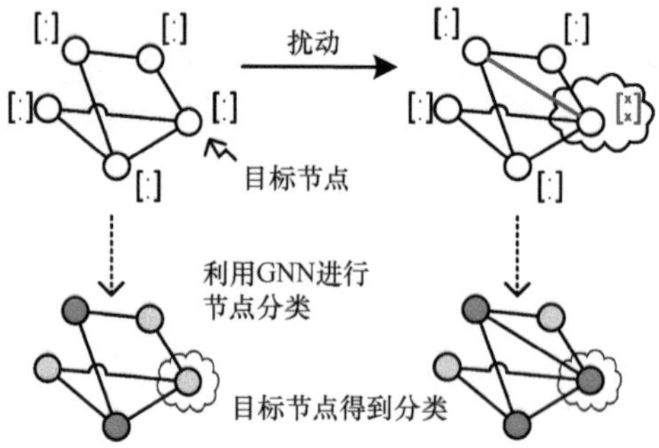

图 8.1　左上图是原始输入，右上图是做了一处细小改动后的结果（如增加一条边或改变一些节点属性），下半部分的两个图说明了从 GNN 得到的每个节点的预测类别。我们有可能改变预测结果吗？GNN 是鲁棒的吗

令人惊讶的是，从某种程度上说，在更早的时候，图并没有成为人们研究的焦点。损坏的数据和对手在许多图分析领域很常见，如社交媒体和电子商务系统等。我们以将一个 GNN 模型用于检测社交网络中的假新闻为例（Monti et al，2019；Shu et al，2020），对手有强烈的动机来欺骗系统，以避免被发现。同样，在信用评分系统中，欺诈者试图通过创建虚假连接来伪装自己。因此，鲁棒性是基于图的学习的一个重要问题。

不过，需要注意的是，对抗鲁棒性不仅仅是安全方面的问题，在这种情况下，人们可能有意主动改变，以试图欺骗预测。作为替代，对抗鲁棒性考虑的是一般情况下的最坏场景。特别是在安全关键环境或科学应用中，可靠性是关键，了解 GNN 对最坏情况下的噪声的鲁棒性是很重要的，因为自然界本身就存在多种可能性。例如，基因相互作用网络的构建经常导致包含虚假边的损坏图（Tian et al，2017）。因此，为了确保 GNN 在所有这些场景下都能可靠地工作，我们需要研究数据在**最坏情况/对抗性破坏**下的鲁棒性。

此外，GNN 的无鲁棒性在概念上是错误的：虽然假设神经网络会学习有意义的表征，以捕捉领域和任务的语义，但无鲁棒性模型显然违反了这一假设。由于导致对抗性样本的微小变化并不改变意义，因此合理的表征也不应该改变预测结果。理解对抗鲁棒性意味着理解泛化表现。

图领域的独特挑战

与深度学习的其他应用领域相比，图的鲁棒性分析由于存在多种原因而具有挑战性。

- 复杂的扰动空间：变化可以通过各种方式表现出来，包括图结构和节点属性的扰动，从而带来广阔的探索空间。更重要的是，与其他领域不同，图学习意味着在一个**离散数据域**内执行操作，如增加或删除边，这将导致出现困难的离散优化问题。我们将在后面的内容中详细介绍这一问题。
- 相互依赖的数据：GNN 的核心特征是利用实例之间的相互依赖性，例如，以消息传递或图卷积的形式。图结构的扰动改变了消息传递方案，修改了所学表征的传播方式。具体来说，图的某个部分，如一个节点的变化，可能会影响到其他许多实例。
- 相似性的概念：我们希望 GNN 模型对图中的微小变化具有鲁棒性。如果图几乎是不可区分的，那么预测应该是相同的。然而，定义图之间的相似性概念本身是一

个困难的问题，与图像等不同的是，由人类手动检查图是不切实际的。

鉴于上述挑战，在 8.2 节中，我们将首先介绍图神经网络的对抗性攻击的原理，并强调一些无鲁棒性的结果；在 8.3 节中，我们将概述鲁棒性认证，并提供证明预测可靠性的方法；在 8.4 节中，我们将介绍改善图神经网络鲁棒性的方法；在 8.5 节中，我们将讨论如何正确评估鲁棒性的各个方面。

8.2 图神经网络的局限性：对抗性样本

为了理解 GNN 的（无）鲁棒性，我们可以尝试构建最坏情况下的扰动——在输入数据中找到可以导致 GNN 输出强烈变化的一个小的数据变化，这也被称为对抗性攻击，由此产生的扰动数据通常被称为对抗性样本[①]。虽然数据的随机扰动往往影响不大，但与此相反，特定的扰动可能是严重的。因此，攻击通常被表述为一个优化问题，目标是找到一个能使某些攻击目标最大化的数据扰动（例如，使得某些错误类别的预测概率最大化）。

8.2.1 对抗性攻击的分类

在提供对抗性攻击的一般定义之前，区分两种截然不同的概念是很有帮助的，即**毒药场景**与**躲避场景**。两者的区别在于学习过程中进行数据扰动的阶段。在毒药场景中，扰动是在模型训练之前注入的，因此，受扰动的数据也影响到学习过程和获得的最终模型。相比之下，在躲避场景中，我们假设模型是给定的——已经训练好的和固定的，而扰动则在 GNN 的应用/测试阶段被应用于未来的数据。值得强调的是，对于经常考虑的 GNN 的**直推式学习设定**（没有未来的测试数据，只有给定的有/无标签数据），毒药场景是更自然的选择，尽管在原则上，任何学习（直推式学习和归纳式学习）和攻击场景（毒药场景与躲避场景）的组合都值得研究。

鉴于这一基本区别，执行毒药场景的对抗性攻击一般可以表述为一个双级优化问题。

$$\max_{\hat{\mathscr{G}} \in \Phi(\mathscr{G})} \mathscr{O}_{\text{atk}}(f_{\theta^*}(\hat{\mathscr{G}})) \text{ 使得 } \theta^* = \operatorname{argmin}_{\theta} \mathscr{L}_{\text{train}}(f_{\theta}(\hat{\mathscr{G}})) \tag{8.1}$$

其中，$\Phi(\mathscr{G})$ 表示所有我们视为与手头的给定图 $\mathscr{G}$ 无差别的图的集合，而 $\hat{\mathscr{G}}$ 表示这个集合中一个特定的受扰动图。例如，$\Phi(\mathscr{G})$ 可以捕获所有与 $\mathscr{G}$ 最多只有 10 条边或几个节点属性不同的图。攻击者的目标是找到一个图 $\hat{\mathscr{G}}$，当通过 GNN f_{θ^*} 时，使得特定的目标 $\mathscr{O}_{\text{atk}}$ 最大化，例如增加特定节点的某个类别的预测概率。重要的是，在毒药场景中，GNN 的权重 θ^* 不是固定的，而是根据扰动的数据学习的，对于受扰动图的正常训练过程来说，这将导致内部优化问题。也就是说，θ^* 是通过最小化图 $\hat{\mathscr{G}}$ 上的一些训练损失 $\mathscr{L}_{\text{train}}$ 来得到的。这种嵌套式优化会使问题变得特别困难。

为了定义躲避攻击，我们可以简单地改变上述公式——假设参数 θ^* 是固定的。通常情况下，我们假定参数 θ^* 是通过对给定的图 $\mathscr{G}$ 最小化训练损失给出的（即 $\theta^* = \operatorname{argmin}_{\theta} \mathscr{L}_{\text{train}}(f_{\theta}(\mathscr{G}))$）。这使得上述场景变成了一个单级优化问题。

这种攻击的一般形式使得我们能够提供不同方面的分类，并展示通常情况下 GNN 鲁棒

① 值得再次强调的是，这种“攻击”并不总是由人类对手造成的。因此，“变化”或“扰动”这些词可能更合适，而且具有更中立的含义。

性特征的探索空间。这种分类法虽然很笼统，但却有助于我们思考故意攻击者的问题。

方面 1：被调查的属性（攻击者的目标）

我们想分析的鲁棒性属性是什么？例如，我们是否想了解单个节点分类的鲁棒性如何？在扰动数据时，它是否会改变？被调查的属性是通过 $\mathcal{O}_{\text{atk}}$ 进行建模的。它直观地代表了攻击者的目标。例如，如果使用 $\mathcal{O}_{\text{atk}}$ 测量一个节点的标注标签和当前预测的标签之间的差异，那么通过最大化式（8.1）中的这个差异即可强制进行错误分类。

攻击者的目标是高度依赖于任务的。现有的大部分工作都集中在基于 GNN 的节点级分类的鲁棒性上，针对这种情况，我们必须区分两种场景。一些工作，如（Zügner et al，2018；Dai et al，2018a；Wang and Gong，2019；Wu et al，2019b；Chen et al，2020f；Wang et al，2020c），研究了**单个**目标节点的预测在扰动下如何变化，这种攻击也称为**局部**攻击。作为对比，另一些工作，如（Zügner and Günnemann，2019；Wu et al，2019b；Liu et al，2019c；Ma et al，2020b；Geisler et al，2021；Sun et al，2020d），研究了**整组**节点的整体表现如何下降，这种攻击也称为**全局**攻击①。以上两种场景之间的这种看似细微的差异是至关重要的：在后一种情况下，人们必须找到一个改变许多预测的单一扰动图 $\hat{\mathcal{G}} \in \Phi(\mathcal{G})$，同时考虑到所有节点级的预测确实是基于一个输入共同完成的；在前一种情况下，对于每个单独的目标节点 v_i，可以选择不同的扰动图 $\hat{\mathcal{G}}_i \in \Phi(\mathcal{G})$。这两种视角都是合理的，它们只是对不同的方面进行建模。

除节点级分类以外，进一步的工作还研究了图级分类（Chen et al，2020j）、链接预测（Chen et al，2020h；Lin et al，2020d）和节点嵌入（Bujchevski and Günnemann，2019；Zhang et al，2019e）的鲁棒性。节点嵌入值得一提，因为它针对的是无监督学习环境，目的是不受任务限制。与其他例子不同的是，节点嵌入的目标不是针对某个特定的任务，而是在总体上扰动嵌入表征的质量，从而使得一个或多个下游任务受到阻碍。由于事先不知道哪些任务（节点分类、链接预测等）将在节点嵌入的基础上进行，因此对于如何定义目标 $\mathcal{O}_{\text{atk}}$ 是有挑战性的。例如，Bujchevski and Günnemann（2019）使用训练损失本身作为替代措施，并设定 $\mathcal{O}_{\text{atk}} = \mathcal{L}_{\text{train}}$。

方面 2：扰动空间（攻击者的能力）

允许对原图进行哪些改变？我们希望扰动是什么样子的？例如，我们是否想了解删除几条边对预测的影响？我们所考虑的扰动空间是通过 $\Phi(\mathcal{G})$ 进行建模的。它直观地代表了攻击者的能力：他们能够操纵什么以及操纵多少。图的扰动空间的复杂性是与经典鲁棒性研究的最大区别之一，并且沿着两个维度在延伸。

（1）什么可以改变？图领域的独特之处在于图结构的扰动。在这方面，大多数已发表的文章（Dai et al，2018a；Wang and Gong，2019；Zügner et al，2018；Zügner and Günnemann，2019；Bojchevski and Günnemann，2019；Zhang et al，2019e；Zügner et al，2018；Tang et al，2020b；Chen et al，2020f；Zhang et al，2020b；Ma et al，2020b；Geisler et al，2021）研究了为图删除或增加边的场景。针对节点层面，一些工作（Wang et al，2020c；Sun et al，2020d；

① 局部攻击又称为有针对性的攻击，而全局攻击则是无针对性的。由于这将导致与其他社区使用的分类名称产生冲突（Carlini and Wagner，2017），因此我们决定在这里使用“局部”/“全局”。

Geisler et al，2021）考虑为图增加或删除节点。除图结构以外，也有人针对节点属性的变化（Zügner et al，2018；Wu et al，2019b；Takahashi，2019）和半监督节点分类中使用的标签（Zhang et al，2020b）探讨 GNN 的鲁棒性。

图研究的一个有趣的方向是研究节点间的相互依赖如何在鲁棒性中发挥作用。基于消息传递机制，一个节点的变化可能会影响其他节点（受影响的节点可能有许多）。例如，通常一个节点的预测取决于它的 k 跳邻域，这直观地表示了该节点的感受野。因此，不仅可以执行什么类型的改变很重要，而且在图中可以发生的位置也很重要。以图 8.1 为例，为了分析是否可以改变突出显示的节点的预测，我们并不局限于扰动节点自身的属性及其入射边，我们也可以通过扰动其他节点来达到目的。事实上，这能更好地反映现实世界中的场景，因为攻击者很可能只能访问几个节点，而不能访问整个数据或目标节点本身。简单地说，我们还必须考虑哪些节点可以被扰动。已有多项工作（Zügner et al，2018；Zhang et al，2019e；Takahashi，2019）研究了所谓的**间接攻击**（有时也称为影响者攻击），尤其是分析了在只扰动图的其他部分而不触及目标节点时，单个节点的预测会如何变化。

（2）可以改变多少？对抗性样本通常被设计成与原始输入几乎没有区别，例如，改变图像的像素值，使其在视觉上保持不变。与图像数据不同（可以很容易地通过人工检查来验证），在图的设定中，这更具挑战性。

从技术上说，扰动的集合可以根据任何衡量图之间（不）相似性的图距离函数 D 来定义。所有与给定图 $\mathscr{G}$ 相似的图都可以定义为集合 $\Phi(\mathscr{G})=\{\hat{\mathscr{G}}\in\mathbb{G}\mid D(\mathscr{G},\hat{\mathscr{G}})\leqslant\Delta\}$，其中，$\mathbb{G}$ 表示所有潜在图的空间，Δ 表示最大的可接受距离。

定义哪些是合适的图距离函数本身就是一项具有挑战性的任务。此外，对于计算这些距离并将其用在式（8.1）的优化问题中，则很难通过计算来解决（例如，考虑图编辑距离，它本身就是 NP 难度的计算问题）。因此，现有的工作主要集中在所谓的预算约束上，它限制了允许执行的**变更数量**。从技术上说，这种预算对应清洁数据和扰动数据之间的 L_0 伪模，例如，与图的邻接矩阵 $\boldsymbol{A}$ 或其节点属性 $\boldsymbol{X}$ 有关[①]。为了实现精细化控制，我们通常在每个节点的局部使用这种预算约束（例如，限制每个节点删除边的最大数量 Δ_i^{loc}），当然也可以全局使用这种预算结束（例如，限制删除边的全部数量 Δ^{glob}）。下面举例说明：

$$\Phi(\mathscr{G})=\{\hat{\mathscr{G}}=(\hat{\boldsymbol{A}},\hat{\boldsymbol{X}})\in\mathbb{G}\mid\|\boldsymbol{A}-\hat{\boldsymbol{A}}\|_0\leqslant\Delta^{\mathrm{glob}}\wedge\forall i:\|\boldsymbol{A}_i-\hat{\boldsymbol{A}}_i\|_0\leqslant\Delta_i^{\mathrm{loc}}\wedge\boldsymbol{X}=\hat{\boldsymbol{X}}\}\tag{8.2}$$

其中，假定图 $\mathscr{G}=(\boldsymbol{A},\boldsymbol{X})$ 和 $\hat{\mathscr{G}}=(\hat{\boldsymbol{A}},\hat{\boldsymbol{X}})$ 具有相同的大小；节点属性 $\boldsymbol{X}$ 与 $\hat{\boldsymbol{X}}$ 保持不变；$\boldsymbol{A}_i$ 表示 $\boldsymbol{A}$ 的第 i 行。

除这些预算约束以外，保留数据的进一步特征可能是有用的。特别是对于现实世界中的网络，许多模式（如特殊的度分布、大的聚类系数、低直径等）是已知的（Chakrabarti and Faloutsos，2006）。如果两个图显示出完全不同的模式，则很容易将它们区分开，而且可以预期有不同的预测。因此，有些人（Zügner et al，2018；Zügner and Günnemann，2019；Lin et al，2020d）的研究只考虑了在度分布中遵循类似幂律行为的扰动图。同样，我们也可以对属性施加约束，例如要求共同出现特定值。

① 这是一种类似于图像数据的方法。通常我们会把某个半径（例如围绕原始输入的 Lp 范数测量的半径）作为允许的扰动集，并假设针对小的半径，输入的语义不会发生改变。

方面 3：可用信息（攻击者的知识）

哪些信息可用于寻找有害的扰动？攻击者对系统了解多少？如果是一个类似于人类的对手，那么可用的知识越多，潜在的攻击就越强。

一般来说，我们必须区分关于数据/图的知识和关于模型的知识。对于第一种情况，要么知道整个图，要么只知道图的一部分，参见（Zügner et al，2018；Dai et al，2018a；Chang et al，2020b；Ma et al，2020b）中的研究。虽然在针对最坏情况的分析中，我们通常假设攻击者拥有全部知识，但在实际场景中，假设攻击者只观察到数据的子集更符合实际。对于监督学习的设定，目标节点的标注标签也可以对攻击者隐藏。关于模型的知识包括许多方面，如关于所使用 GNN 架构的知识、模型的权重，以及是否只有输出预测或者梯度是已知的。考虑到所有这些变化，最常见的是白盒设定（全部信息可用）和黑盒设定（这通常意味着只有图和可能的预测输出可用）。

对于上述三个方面，攻击者的知识似乎是与类人对手联系最为紧密的。不过需要强调的是，通常最坏情况下的扰动可以在白盒设定中取得最佳的效果，这使得其成为鲁棒性结果的首选。如果一个模型在白盒设定中表现鲁棒，那么它在有限场景下也会很鲁棒。此外，正如我们将在 8.2.2.1 节中看到的，攻击的可转移性意味着实际上并不需要关于模型的知识。

方面 4：算法视角

除上述侧重于攻击属性的分类以外，还可以通过考虑如何解决（两级）优化问题的算法来获得其他更多的技术视角。在关于扰动空间的讨论中，我们看到图的扰动往往与边或节点的增加/删除有关——这些都是离散的决策，它们使得求解式（8.1）成为一个离散优化问题。这与其他可能发生无穷小变化的数据领域形成了鲜明对比。因此，除采用基于梯度的近似方法以外，还可以使用其他技术来求解式（8.1），如强化学习（Sun et al，2020d；Dai et al，2018a）或光谱近似（Bojchevski and Günnemann，2019；Chang et al，2020b）。此外，攻击者的知识对算法的选择也有影响。例如，在黑盒设定中，仅能观察到输入输出，而不能使用真正的 GNN f_θ 来计算梯度，我们必须遵循其他原则，如首先学习一些代理模型。

8.2.2 扰动的影响和一些启示

前面介绍的对抗性样本的分类表明，我们可以研究不同场景下的各种对抗性扰动。通过总结截至本书撰写时相关文献获得的不同结果，我们可以发现一个明显的趋势：以标准方式训练的标准 GNN 并不鲁棒。本节将概述一些关键见解。

图 8.2 说明了（Zügner et al，2018）中介绍的 Nettack 方法的结果之一。这里针对 GCN 分析了躲避场景中侧重于图结构扰动的**局部攻击**（Kipf and Welling，2017b）。图 8.2 中显示了分类间隔，即节点真实类别的预测概率减去第二高概率类别的预测概率的差值。图 8.2 中的第一列显示了未受扰动图的结果，其中大多数节点它被正确分类，如主要的正向分类间隔所示。图 8.2 中的第二列显示了根据 Nettack 方法对图进行扰动后的分类结果，使用的全局预算为 $\Delta = \lfloor d_v / 2 \rfloor$，并确保没有单点出现，其中，$d_v$ 是被攻击节点 v 的度数。显然，GCN 模型并不鲁棒：几乎每个节点的预测可以被改变。此外，图 8.2 中的第三列显示了间接攻击的影响。回顾一下，在这些场景下，执行的扰动不可能发生在我们想要错误分类的节点上。即使在这种场景下，很大一部分节点也是脆弱的。图 8.2 中的最后两列显示了增加 $\Delta = d_v$ 的

预算的结果。毫不奇怪，攻击的影响变得更加明显了。

针对毒药场景中的**全局攻击**，我们也可以看到类似的行为。例如，在研究增加节点的影响时，Sun et al（2020d）提到，在不改变现有节点之间连通性的情况下，增加 1%的节点后，查准率相对下降 7%。对于边结构的变化，Zügner and Günnemann（2019）认为，当扰动 5%的边时，测试集的表现下降 6%～16%。值得注意的是，在一个数据集上，这些扰动会导致 GNN 获得相比只在节点属性上操作的逻辑斯谛回归基线更差的表现，也就是说，完全忽略图才是更好的选择。

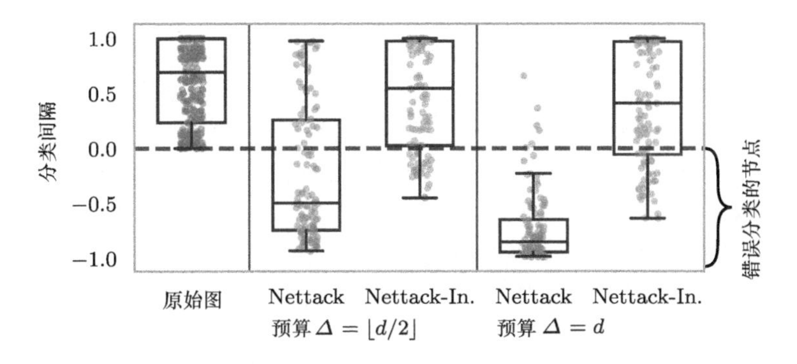

图 8.2 使用 Nettack（Zügner et al，2018）方法对 GCN 模型和 Cora ML 数据进行局部结构攻击。如果一个节点在虚线之下，那么相对于标注标签，它将被错误地分类。可以看出，几乎任何节点的预测可以被改变

下面我们着重讲述来自（Zügner and Günnemann，2019）的观察：模型在扰动图上获得较低表现的一个核心因素是学习的 GNN 权重。当使用通过毒药攻击获得的扰动图 $\hat{\mathcal{G}}$ 上训练的权重 $\theta_{\hat{\mathcal{G}}}$ 时，模型不仅在图 $\hat{\mathcal{G}}$ 上的表现很差，甚至在未扰动图 $\mathcal{G}$ 上的表现也受到了极大影响。同样，当把在未扰动图 $\mathcal{G}$ 上训练的权重 $\theta_{\mathcal{G}}$ 应用于图 $\hat{\mathcal{G}}$ 时，分类查准率几乎没有变化。因此，Zügner and Günnemann（2019）进行的毒药攻击确实破坏了训练程序，即产生了"坏"的权重。这一结果强调了训练程序对图模型表现的重要性。如果我们能够找到合适的权重，则即使是扰动的数据，也可能被更鲁棒地处理。我们在 8.4.2 节中将会再次遇到这方面的问题。

可转移性和模式

对抗性样本的可转移性与以下事实有关：对一个模型（如 GCN）有害的扰动，对另一个模型〔如 GAT（Veličković et al，2018)〕也有害。因此，我们可以简单地使用一个扰动来欺骗许多模型。已有多项工作（Zügner et al，2018；Zügner and Günnemann，2019；Lin et al，2020d；Chen et al，2020f）研究了 GNN 攻击的可转移性，并且似乎得到的结论在许多模型中成立。例如，在躲避场景中，基于 Nettack 方法的类似 GCN 的代理模型计算的局部攻击对原始的 GCN 和 Column Network（Pham et al，2017）模型也是有害的；对于毒药场景同样如此。有趣的是，即使是无监督的节点嵌入，如 DeepWalk（Perozzi et al，2014），结合随后的逻辑斯谛回归获得预测，其表现也会变差。

对抗性扰动的广泛可转移性可能表明它们遵循一般模式。似乎图的一些系统性变化阻碍了许多 GNN 模型的良好表现。例如，如果我们能找出是什么使得增加边成为强烈的对抗

性扰动，就可以利用这一知识优势来检测对抗性攻击，或者使 GNN 变得更加鲁棒（见 8.4 节）。然而，目前我们还没有完全理解是什么让这些对抗性攻击对各种模型产生了危害。

在（Zhang et al，2019b）中，研究者分析了执行 Nettack 方法后，受扰动的样本和未受扰动的样本在类别上的预测分类分布。通过检查一个节点及其邻居节点的预测分类分布的平均 KL-散度，我们可以发现，受扰动的节点似乎具有更高的散度。也就是说，攻击似乎是为了违反图中的同质性假设。由此，Wu et al（2019b）比较了相邻节点的属性之间的 Jaccard 相似度，并注意到清洁图和扰动图的分布变化。Zügner et al（2020）研究了各种图的属性，包括节点的度、紧密性中心度、PageRank（Brin and Page，1998）得分或属性相似度等。他们专注于使用 Nettack 方法的结构攻击，只允许对目标节点增加或删除边。

图 8.3 比较了考虑未受扰动图的所有节点时这种属性（如节点的度）的分布与考虑增加/删除对抗边的节点时这种属性的分布。结果表明，这两种分布之间存在着统计上的重大差异。例如，在图 8.3 的第 1 个子图中，我们可以看到，Nettack 方法倾向于将目标节点连接到低度节点，这可能是受 GCN 中进行的度数归一化的影响——低度节点对节点的聚合有更高的权重（即影响）。同样，考虑到与被对手删除的边相关的节点，我们可以观察到，Nettack 方法倾向于断开度数高的节点与目标节点之间的连接。在图 8.3 的第 2 个和第 3 个子图中，我们可以看到，攻击倾向于对目标节点与外围节点进行连接，这可以从较小的 2 跳邻域大小和对手连接节点的低亲密度看出。在图 8.3 的第 4 个子图中，我们可以看到，对手倾向于对目标节点与其他具有不同属性的节点进行连接。正如其他文献中展示的那样，对手似乎试图对抗图中的同质性属性——这并不奇怪，因为 GNN 很可能已经学会根据节点的邻居节点来部分地推断其类别。

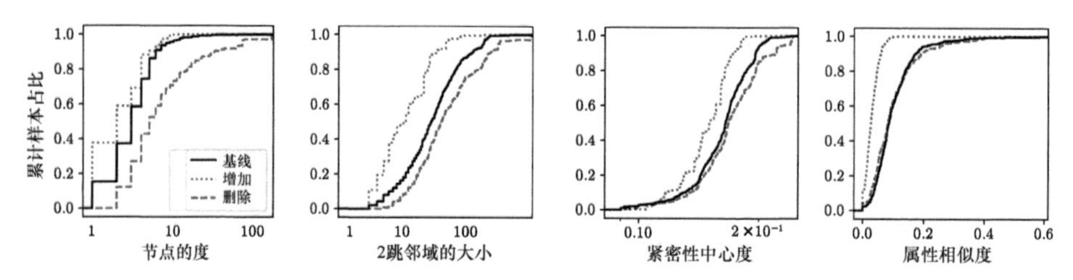

图 8.3　使用 Nettack 方法与目标节点连接（增加）或断开连接（删除）的节点的属性累积分布（以整个图中的分布为基线）

要了解检测到的这种模式是否具有普遍性，我们可以将其用于设计攻击原理本身——事实上，这甚至会导致黑盒攻击，因为分析的属性通常只与图而不是 GNN 有关。在（Zügner et al，2020）中，研究人员学习了一个预测模型，该模型使用上述属性作为输入特征来估计扰动对未见过的图的潜在影响。虽然这通常会导致找到有效的对抗性扰动，从而突出所发现模式的普遍性，但攻击表现与原始的 Nettack 方法不相上下。同样，在（Ma et al，2020b）中，研究人员通过类似 PageRank 的分数来识别潜在的有害扰动。

8.2.3　讨论和未来的方向

在研究图的对抗性攻击时，应考虑各种各样的场景。现有文献只对其中的少数场景进行了深入研究。例如，我们在实际应用中需要考虑的一个重要方面，就是扰动的成本是不同的：改变节点属性可能相对容易，而增加边可能比较困难。因此，设计改进的扰动空间可以使攻击场景更加真实，并让我们更好地捕捉到想要确保的鲁棒性属性。此外，我们还需要研究许多不同的数据领域，如知识图谱或时间图等。

重要的是，虽然目前我们已经初步了解了使这些扰动有害的模式，但仍然缺少具有合理理论支持的清晰认识。针对这方面值得重申的是，所有这些研究都集中在分析由 Nettack 方法获得的扰动上，而其他攻击可能会导致完全不同的模式。这也意味着利用重新产生的模式来设计更强大的 GNN（见 8.4.1 节）不一定是好的解决方案。此外，为了寻找可靠的模式，我们还需要对如何以可扩展的方式计算对抗性扰动进行更多研究（Wang and Gong，2019；Geisler et al，2021），因为这种模式在更大的图上可能会更加明显。

8.3 可证明的鲁棒性：图神经网络的认证

对抗性攻击方法是突出 GNN 潜在漏洞的启发式方法。然而，这些对抗性攻击方法无法为其可靠性提供保证。特别是，一种**不成功的**攻击并不意味着 GNN 具有鲁棒性，可能只是这种攻击没有找到对抗性样本，因而无法求解式（8.1）。攻击成功时，只能提供关于无鲁棒性的结果。然而，为了安全地使用 GNN，我们需要一些相反的方法——可证明的鲁棒性原则。这些方法提供了所谓的**鲁棒性认证**，给出了关于特定扰动模型 $\Phi(\mathcal{G})$ 的扰动不会改变预测的正式保证。

例如，针对节点级分类任务，这些认证方法旨在解决的问题是：给定一个图 $\mathcal{G}$、一个扰动集 $\Phi(\mathcal{G})$ 以及一个 GNN f_θ，验证对于所有的 $\hat{\mathcal{G}} \in \Phi(\mathcal{G})$，节点 v 的预测类别保持不变。如果这一点成立，我们就说节点 v 对于 $\Phi(\mathcal{G})$ 具有可证明的鲁棒性。

到目前为止，可用于 GNN 的鲁棒性认证还很少。这些认证方法主要分为两种类型——特定模型的认证和模型无关的认证。

8.3.1 特定模型的认证

特定模型的认证是为特定类别的 GNN 模型（如两层的 GCN）和特定任务（如节点级分类）设计的。这类认证方法的一个共同主题是将认证表述为一个受限的优化问题。回顾一下，在一个分类任务中，最终的预测通常是通过选择最大预测概率或 logit 概率的类别来获得的。设 $c^* = \operatorname{argmax}_{c\in\mathcal{C}} f_\theta(\mathcal{G})_c$ 表示在未扰动图 $\mathcal{G}$ 上得到的预测类别[①]，其中，$\mathcal{C}$ 是类别的集合，$f_\theta(\mathcal{G})_c$ 表示为类别 c 得到的 logit 概率。这意味着类别 c^* 和任何其他类别 c 之间的**间隔** $f_\theta(\mathcal{G})_{c^*} - f_\theta(\mathcal{G})_c$ 是正的。

对于鲁棒性认证来说，一个特别有用的量是最坏情况下的差值，即任何扰动数据 $\hat{\mathcal{G}}$ 下的最小间隔：

$$\hat{m}(c^*, c) = \min_{\hat{\mathcal{G}} \in \Phi(\mathcal{G})} [f_\theta(\hat{\mathcal{G}})_{c^*} - f_\theta(\hat{\mathcal{G}})_c] \tag{8.3}$$

如果最坏情况下的间隔 $\hat{m}(c^*, c)$ 对于所有 $c^* \neq c$ 都保持正值，则可以证明预测是鲁棒的。这是因为对 $\Phi(\mathcal{G})$ 中所有的扰动图来说，c^* 类别的 logit 概率总是最大的。图 8.4 验证了以上结论。

① 在节点级分类情况下，可以是对特定目标节点 v 的预测类别；在图级分类情况下，可以是对整个图的预测类别。这里放弃了对节点 v 的依赖，因为与讨论无关。为了简单起见，我们假设 c^* 是唯一的。

如前所述，获得认证意味着对于每个类别 c 解决了式（8.3）中的（约束）优化问题。然而毫不奇怪的是，我们通常难以通过计算来解决这个优化问题，原因类似于计算对抗性攻击的难度。那么，我们怎样才能获得认证呢？只是启发式地求解式（8.3）是没有用的，因为我们的目标是提供保证。

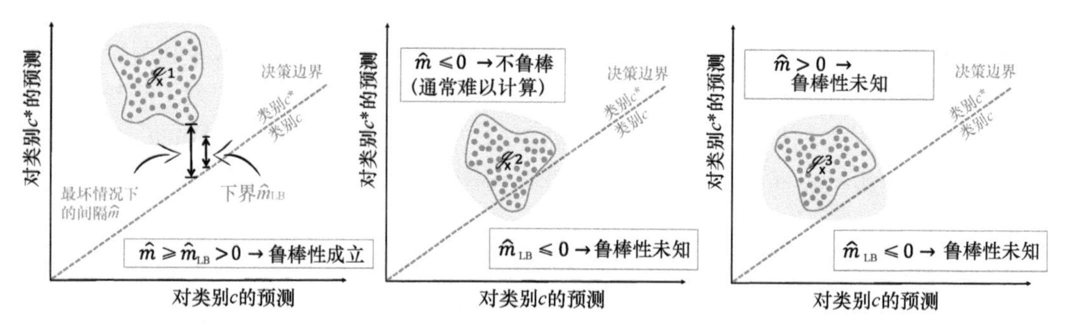

图 8.4 通过最坏情况下的间隔获得鲁棒性认证。从未受扰动图 $\mathcal{G}_i$ 中得到的预测值用一个交叉点显示，而从受扰动图 $\Phi(\mathcal{G}_i)$ 中得到的预测值则显示在这个交叉点的周围。最坏情况下的间隔衡量的是到决策边界的最短距离，如果结果是正的（见 $\mathcal{G}_1$），则所有的预测都在边界的同一侧，鲁棒性成立；如果结果是负的（见 $\mathcal{G}_2$），那么一些预测就会越过决策边界，在扰动下，类别预测就会发生变化，这意味着模型不是鲁棒的。当使用下界（图中的阴影区域）时，正值的鲁棒性得到保证（见 $\mathcal{G}_1$），因为最坏情况下的精确间隔只能更大。如果下界变成负值，则不能做出任何说明（见 $\mathcal{G}_2$ 和 $\mathcal{G}_3$，鲁棒性未知）。$\mathcal{G}_2$ 和 $\mathcal{G}_3$ 都有一个负的下界，而最坏情况下精确间隔（难以计算）的符号是不同的

最坏情况下间隔的下界

核心思想是获得最坏情况下切实可行的间隔下界。也就是说，我们的目标是找到能确保 $\hat{m}_{LB}(c^*,c) \leqslant \hat{m}(c^*,c)$ 的函数 $\hat{m}_{LB}$，而且需要计算效率更高。一种解决方案是考虑原始约束最小化问题的松弛，例如，通过凸松弛来取代模型的非线性和硬离散性约束。我们可以使用 $e \in [0, 1]$ 代替由变量 $e \in \{0, 1\}$ 表示的边是否被扰动的要求。直观地说，使用这种松弛会导致实际可达预测的超集，如图 8.4 中的阴影区域所示。

总的来说，如果下界 $\hat{m}_{LB}$ 保持正值，鲁棒性认证就成立——因为根据传递性，$\hat{m}$ 也是正值。图 8.4 显示了图 $\mathcal{G}_1$ 的情况。如果 $\hat{m}_{LB}$ 是负值，则不能做任何声明，因为这只是原始最坏情况下间隔 $\hat{m}$ 的下界，正值或负值均可。比较图 8.4 中的两个图 $\mathcal{G}_2$ 和 $\mathcal{G}_3$：虽然它们都有一个负的下界（即两个阴影区域都穿过决策边界），但它们在实际最坏情况下的间隔 $\hat{m}$ 是不同的。只有图 $\mathcal{G}_2$ 的实际可达预测值（无法有效计算）跨越了决策边界。因此，如果下界是负值，则实际的鲁棒性仍然是未知的——类似于针对一个不成功的攻击，我们仍然不清楚模型实际上是无鲁棒性的，还是攻击根本不够强。因此，除计算效率高以外，函数 $\hat{m}_{LB}$ 应该尽可能接近 $\hat{m}$，以避免出现尽管模型是鲁棒的，却无法给出答案的情况。

上述想法将模型的非线性和可接受的扰动的凸松弛应用到了 GCN 类别和节点级分类的工作中（Zügner and Günnemann，2019；Zügner and Günnemann，2020）。在（Zügner and Günnemann，2019）中，研究人员考虑了节点属性的扰动，并通过对线性程序进行松弛获得了下界。Zügner and Günnemann（2020）考虑了边删除形式的扰动，并将问题归约到一个联合约束的双线性程序。同样，Jin et al（2020a）也通过凸松弛提出了在边扰动下使用 GCN

进行图级分类的认证。除 GCN 以外，有人还为使用 PageRank 扩散的 GNN 类别设计了特定模型的边扰动认证（Bojchevski and Günnemann，2019），其中包括标签/特征传播和（A）PPNP（Klicpera et al，2019a）。Bojchevski and Günnemann（2019）的核心思想是将问题视为 PageRank 运算任务，随后便可以表达为马尔可夫决策过程。通过这种联系确实可以证明，在只使用局部预算的情况下〔见式（8.2）〕，得出的认证是精确的，即没有下界，而我们仍然可以在与图大小有关的多项式时间内计算它们。一般来说，前面介绍的所有模型都考虑了局部和全局预算约束。

除提供认证以外，为了能够有效地计算（可微的下界在）最坏情况下的间隔，见式（8.3），我们还可以通过在训练期间纳入间隔来提高 GNN 的鲁棒性，即我们的目标是使其对所有节点都是正的。我们将在 8.4.2 节详细讨论这个问题。

总的来说，特定模型的认证的一个强大优势是其在计算间隔时明确考虑了 GNN 模型结构。然而，这些认证的白盒性质同时也是其局限性：所提出的认证只抓住了现有 GNN 模型的一个子集，任何尚未开发的 GNN 都可能还需要新的认证技术。这一局限性是用模型无关的认证解决的。

8.3.2 模型无关的认证

模型无关的认证将机器学习模型视为黑盒。例如，Bojchevski et al（2020a）为任何在离散数据上操作的分类器提供了认证，包括 GNN。最重要的是，只需要考虑分类器对不同样本的输出，就可以获得认证。这使得它成为一种认证 GNN 的特别有吸引力的方式，因为它允许我们避开对信息传递动态和节点之间非线性互动的复杂分析。到目前为止，模型无关的认证主要基于随机平滑的思想（Lecuyer et al，2019；Cohen et al，2019），该认证最初是针对连续数据提出的。为了处理图，模型无关的认证被拓展成也可以处理离散数据。

模型无关的认证的核心思想是将认证建立在一个**平滑分类器**上，该分类器在被应用于包含随机扰动的输入图 $\mathscr{G}$ 时会聚合原始（基础）GNN 的输出。例如，平滑分类器可能会报告这些随机样本上最可能的（多数）类别。虽然这种方法有不同的变体，但我们将在后面的内容中直观地阐述这种方法的核心思想。

设 $f:\mathbb{G}\to\mathscr{C}$ 表示一个函数（如 GNN），它以图 $\mathscr{G}\in\mathbb{G}$ 为输入，以单一类别 $f(\mathscr{G})=c\in\mathscr{C}$ 的预测值为输出，如一个节点的预测。设 τ 是一个平滑分布（也叫随机化方案），它能够向输入图增加随机噪声。例如，τ 可能向 $\mathscr{G}$ 的邻接矩阵随机增加伯努利噪声，对应于随机增加或删除边。从技术上说，τ 会给每个图 $\mathscr{Z}\in\mathbb{G}$ 分配概率质量/密度，即 $\Pr(\tau(\mathscr{G})=\mathscr{Z})$。我们可以通过基础分类器 f 构建一个平滑的（集合）分类器 g，如下所示：

$$g(\mathscr{G})=\operatorname{argmax}_{c\in\mathscr{C}}\Pr\left(f(\tau(\mathscr{G}))=c\right) \tag{8.4}$$

换言之，$g(\mathscr{G})$ 将返回最可能的类别，该类别是通过首先用 τ 随机地对图 $\mathscr{G}$ 进行扰动，然后用基础分类器 f 对得到的图 $\tau(\mathscr{G})$ 进行分类而得到的。

正如 8.3.1 节所述，我们的目标是评估预测在扰动下是否有变化：假设用 $c^*=g(\mathscr{G})$ 表示 $\mathscr{G}$ 上的平滑分类器预测的类别，则我们希望对于所有 $\hat{\mathscr{G}}\in\varPhi(\mathscr{G})$，有 $g(\hat{\mathscr{G}})=c^*$。为简单起见，考虑到二元分类的情况，这相当于确保对于所有的 $\hat{\mathscr{G}}\in\varPhi(\mathscr{G})$，有 $\Pr(f(\tau(\hat{\mathscr{G}}))=c^*)\geqslant 0.5$，也可简写为 $\min_{\hat{\mathscr{G}}\in\varPhi(\mathscr{G})}\Pr(f(\tau(\hat{\mathscr{G}}))=c^*)\geqslant 0.5$。

毫不奇怪，由于该项难以计算，我们再次引用一个下界，以获得认证：

$$\min_{\hat{\mathcal{G}} \in \Phi(\mathcal{G})} \min_{h \in \mathcal{H}_f} \Pr(h(\tau(\hat{\mathcal{G}})) = c^*) \leqslant \min_{\hat{\mathcal{G}} \in \Phi(\mathcal{G})} \Pr(f(\tau(\hat{\mathcal{G}})) = c^*) \tag{8.5}$$

其中，$\mathcal{H}_f$ 是所有与 f 共享某些属性的分类器的集合。例如，基于 h 和 f 的平滑分类器通常会对 $\mathcal{G}$ 返回相同的概率，即 $\Pr(h(\tau(\mathcal{G})) = c^*) = \Pr(f(\tau(\mathcal{G})) = c^*)$。由于 $f \in \mathcal{H}_f$，式(8.5)明显成立。如果式（8.5）的左边大于 0.5，并且能保证右边也如此，则意味着 $\mathcal{G}$ 具有可认证的鲁棒性。

式(8.5)的直观含义是什么？它的目的是找到一个基础分类器 h，使得受扰动的样本 $\hat{\mathcal{G}}$ 被分配到 c^* 类别的概率最小。因此，h 代表了一种最坏情况下的基础分类器，当被用于平滑分类器时，它将试图为 $\hat{\mathcal{G}}$ 获得一个不同的预测。如果连这种最坏情况下的基础分类器都能导致可证明的鲁棒性〔式（8.5）的左边大于 0.5〕，则现有的实际基础分类器肯定也如此。

然而，使这一切有用的最重要的前提是：给定一组分类器 $\mathcal{H}_f$，找到最坏情况下的分类器 h，并对扰动模型 $\Phi(\mathcal{G})$ 进行最小化通常是可行的。在某些情况下，最优值甚至可以用闭合形式来计算。在 8.3.1 节中，式（8.3）中难以实现的对 $\Phi(\mathcal{G})$ 的最小化能被一些可行的下界取代，例如通过松弛。现在，通过找到最坏情况下的分类器 h，我们不仅得到一个下界，而且 $\Phi(\mathcal{G})$ 的最小化往往也变得立即可以操作。然而请注意，在 8.3.1 节中，我们得到的是基础分类器 f 的认证，而我们在这里得到的是平滑分类器 g 的认证。

模型无关的认证的实践

如前所述，给定一组分类器 $\mathcal{H}_f$，找到最坏情况下的分类器 h，并对扰动模型 $\Phi(\mathcal{G})$ 进行最小化，通常是可行的。在实践中，主要的编译挑战在于如何确定 $\mathcal{H}_f$。考虑前面的例子，当前需要强制所有的分类器 h 满足 $\Pr(h(\tau(\mathcal{G})) = c^*) = \Pr(f(\tau(\mathcal{G})) = c^*)$。为了确定 $\mathcal{H}_f$，我们需要计算 $\Pr(f(\tau(\mathcal{G})) = c^*)$。显然，这是难以计算的。作为替代，我们可以用抽样来估计概率。为了确保严格近似，基础分类器必须从平滑分布中得到大量的样本。随着 GNN 模型的规模和复杂性的增加，抽样的成本变得越来越高。此外，我们得到的估计值只有在一定的概率下才成立。相应地，得出的认证也有相同的概率，也就是说，我们只能得到**概率性的鲁棒性认证**。尽管有这些限制，但是随机平滑已经得到广泛流行，因为它往往比特定模型的认证更有效率。

（Lee et al，2019a；Dvijotham et al，2020；Bojchevski et al，2020a；Jia et al，2020）在离散数据中研究了这种模型无关的认证的基本思想，其中的后两项工作还关注与图有关的任务。在(Jia et al, 2020)中，研究人员研究了社群探索的鲁棒性。(Bojchevski et al，2020a)主要关注节点级分类和图级分类，也就是全局预算约束下的图结构和（或）属性扰动。具体来说，（Bojchevski et al，2020a）在两个方面克服了其他方法的限制：首先是明确说明了许多图中存在的数据稀疏性，其次是以大幅降低计算复杂性而获得了强大认证。这两个方面成为认证在图数据上有用的关键。由于（Bojchevski et al，2020a）的方法与基础分类器无关（只要输入是离散的就可以使用），因此已被应用于各种 GNN，包括 GCN、GAT、(A) PPNP（Klicpera et al，2019a）、RGCN（Zhu et al，2019a）、Soft Medoid（Geisler et al，2020）以及节点级分类和图级分类。

8.3.3　高级认证和讨论

对 GNN 的鲁棒性认证的研究仍处于非常早期的阶段。正如我们在 8.2 节中学到的，攻击空间是巨大的，并且有不同的特性亟待研究，有不同的扰动模型需要考虑。前面讨论的方法只涵盖了其中的几种场景。

向更强大的认证迈进的一步详见（Schuchardt et al，2021）。与对单个节点的局部攻击一样，现有的鲁棒性认证旨在对每个预测进行独立认证。因此，它们假设对手可以使用不同的扰动输入来攻击不同的预测。另外，类似于对全局攻击所做的研究，Schuchardt et al（2021）引入了集体鲁棒性认证，以计算在扰动下能够保证稳定性的预测的数量。也就是说，他们利用了 GNN 在单一共享输入的基础上同时输出多个预测的事实。在固定的扰动下，与独立认证每个预测相比，利用这种思路，可认证的预测数量可以增加几个数量级。然而，这项工作不能处理有边增加的扰动模型。如前所述，这两种视角（局部和全局）都是合理的，哪种鲁棒性保证更相关取决于应用。

为了涵盖 GNN 的全部应用，肯定需要对其他场景和任务进行进一步的认证。具体来说，到目前为止，所有的认证都假定处在躲避攻击场景中。值得再次重申的是，在上面讨论的随机平滑方法中，我们实际上是在认证平滑的（集成）分类器而不是基础分类器。从实践者的角度看，这意味着获得一个预测总是需要通过 GNN 提供大量的样本，这导致出现未来需要解决的可扩展性瓶颈。

8.4 提高图神经网络的鲁棒性

正如我们已经确定的，以传统方式训练的标准 GNN 对图的微小变化都不具有鲁棒性，因此在敏感和关键型应用中使用它们可能会有风险。认证可以为我们确保它们的表现。

然而，由于无鲁棒性，认证对标准模型很少成立，也就是说，只有少数预测可以被认证。为了解决这一局限性，部分研究者已经研究了旨在提高鲁棒性的方法，即使模型不那么容易受到扰动的影响[①]。针对这一方面，目前已确定三个广泛的、不相互排斥的类别。

8.4.1 改进图

改善鲁棒性的一个看似明确的方向是去除数据中的扰动，即恢复恶意改变并获得一个更“清洁”的图。虽然这听起来很简单，但内在的挑战是，对抗性扰动通常被设计成不易察觉的，这使得它们难以被识别。然而，正如我们在 8.2.2.1 节中看到的，可能存在一些模式。

Zhang et al（2019b）利用这一想法，依靠观察在图被用作 GNN 的输入之前对其进行“清洁”，例如受到攻击的节点的类分布预测发生了变化。同样，对于带属性的图，Wu et al（2019b）根据节点属性之间的 Jaccard 相似度来删除潜在的对抗性边。这样的预处理步骤并不局限于“攻击检测”，即试图发现个别可疑节点和边；它们也可以被认为是一种去噪。事实上，Entezari et al（2020）分析了通过 Nettack 方法获得的扰动主要影响图的邻接矩阵的高秩（低值）奇异分量。因此，为了提高鲁棒性，他们计算了图的低秩近似值，目的是在预处理过程中消除（对抗性）噪声。该方法的局限性在于，所产生的图将会变得密集。总的来说，这种图的清理可以用于毒药场景和躲避场景。但请注意，在一种场景下表现良好的方法并不意味

① 在一些工作中，这类方法被称为（启发式）防御，以强调其对攻击的恢复力的提高。同样，一些工作在提到认证时使用了“可证明的防御”一词，因为它们可证明地防止了认证集 $\Phi(\mathcal{G})$ 内的有害攻击。

着在另一种场景下也能成功。

更一般地说，虽然这些方法在特定场景下有效，但我们必须意识到如下关键的限制：被利用的模式往往基于特定的攻击，如 Nettack 方法。因此，我们得到的检测结果可能仅限于某些扰动，无法泛化到其他场景。

改进图并不局限于发生在训练或推断步骤之前，也就是说，我们不需要遵循先清洁后学习预测模型的顺序。相反，清洁工作可以与学习方法本身交织在一起。直观地说，为了使相应的训练损失最小化，我们要共同学习 GNN 参数以及如何清洁图本身。这种联合学习方法的好处是，可以考虑到手头的具体模型和任务，而且对清洁图施加的条件可以相当弱，例如只要求扰动应该是稀疏的。

有趣的是，甚至在 GNN 兴起之前，这种联合学习方法就已经被研究过。例如，Bojchevski et al（2017）提高了频谱嵌入的鲁棒性。对 GNN 来说，这样的图结构学习是在（Jin et al，2020e；Luo et al，2021）中被提出的，他们使用某些属性（如低秩图结构和属性相似性等）来定义最优清洁图的外观。

8.4.2　改进训练过程

正如 8.2.2 节所讨论的，GNN 的无鲁棒性还归因于模型在训练中学习的参数/权重。标准训练所产生的权重常常导致模型不能很好地泛化到具有轻微扰动的数据。图 8.5 中的橙色/实线决策边界说明了这一点。请注意，图 8.5 显示的是输入空间，即所有图的空间 $\mathbb{G}$；这与图 8.4 形成了鲜明对比，后者显示的是预测概率。如果我们能够改进训练程序并找到“更好的”参数（考虑到数据已经成为或可能成为潜在的扰动），也可以提高模型的鲁棒性。图 8.5 中的蓝色/虚线决策边界说明了这一点，所有来自 $\Phi_1(\mathcal{G})$ 的扰动图都得到了相同的预测。在这方面，鲁棒性通常与预测模型的泛化表现有关。

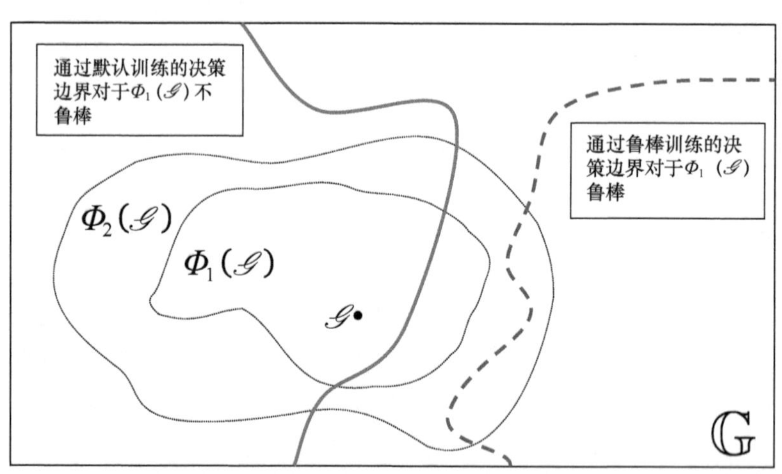

图 8.5　关于鲁棒训练的说明。与橙色/实线决策边界对应的分类器对 $\Phi_1(\mathcal{G})$ 的扰动并不鲁棒：一些图越过了边界，因此被分配到不同的类别。通过鲁棒训练得到的分类器（蓝色/虚线决策边界）为 $\Phi_1(\mathcal{G})$ 中的所有图分配了相同的类别：对 $\Phi_1(\mathcal{G})$ 鲁棒，但对 $\Phi_2(\mathcal{G})$ 不鲁棒

8.4.2.1　鲁棒训练

鲁棒训练指的是一种训练过程，旨在产生对对抗性（或其他）扰动具有鲁棒性的模

型。共同的主题是优化**最坏情况下的损失**（也称为鲁棒损失）。从技术上说，训练目标变成

$$\theta^* = \mathrm{argmin}_\theta \max_{\hat{\mathscr{G}} \in \Phi(\mathscr{G})} \mathscr{L}_{\mathrm{train}}(f_\theta(\hat{\mathscr{G}})) \tag{8.6}$$

其中，f_θ 是具有可训练权重的 GNN。如前所述，我们不评估未受扰动图的损失，而是使用最坏情况下的损失（与标准训练相比，我们只需最小化 $\mathscr{L}_{\mathrm{train}}(f_\theta(\mathscr{G}))$）。通过学习，权重被引导到在这些最坏的场景下也能获得低损失，从而得到更好的泛化。

毫不奇怪，求解式（8.6）是非常困难的，正如寻找攻击和认证是非常困难的一样：我们必须解决一个离散的、高度复杂的（minmax）优化问题。特别是，在基于梯度方法的训练过程中，我们还需要计算内部最大化的梯度。因此，为了可行性，我们通常需要参考各种目标函数，用更简单的目标代替最坏情况下的损失和由此产生的梯度。

1. 训练期间的数据增强

在这方面，最朴素的方法是在每次训练迭代时从扰动集 $\Phi(\mathscr{G})$ 中随机抽取样本。也就是说，在训练过程中，损失和梯度是根据这些随机扰动的样本计算的，需要在每次训练迭代时抽取不同的样本。例如，如果扰动集包括最多允许删除 x 条边的图，则随机创建最多删除 x 条边的图。人们经过在各种工作中对这种删除多条边的操作进行分析后，发现这并没有大幅提高对抗鲁棒性（Dai et al，2018a；Zügner and Günnemann，2020），对此一个可能的解释是，随机样本根本不能很好地代表最坏情况下的扰动。

因此，更常见的是使用对抗性训练的方法（Xu et al，2019c；Feng et al，2019a；Chen et al，2020i）。在这里，我们不从扰动集中随机取样，而是在每次训练迭代时创建一些对抗性 $\hat{\mathscr{G}}$ 样本，并随后计算它们的梯度。由于这些样本预计会导致更高的损失，因此可以更好地逼近式（8.6）中内部最大化操作的结果。Jin and Zhang（2019）没有扰动输入图，而是研究了一种扰动潜在嵌入的鲁棒的训练方案。

值得注意的是，标准形式的对抗性训练需要有标签数据，因为攻击的目的是使模型转向错误的预测。然而，我们在典型的直推式图学习任务中可以使用大量的无标签数据。虚拟对抗训练作为一种解决方案也被研究过（Deng et al，2019；Sun et al，2020d），该方法同样是在无标签数据上操作的。直观地说，就是将当前在未扰动图上获得的预测作为标注，使其成为一种自监督学习。扰动数据上的预测不应偏离清洁数据上的预测，从而强制实现平滑性。

根据经验，使用（虚拟）对抗性训练对鲁棒性产生了一些改进，但结果并不唯一。特别是，为了很好地近似式（8.6）所示鲁棒性损失中的最大项，我们需要强大的对抗性攻击，而这些攻击对图来说通常意味着昂贵的计算成本（见 8.2 节）。由于这里的攻击需要在每次训练迭代中计算，因此会在一定程度上减缓训练过程。

2. 超越数据增强：基于认证的损失函数

归根结底，前面介绍的技术在训练过程中进行了代价高昂的数据增强，即研究者使用了变更过的图。这种方法除计算成本高以外，还不能保证对抗性样本确实是式（8.6）中最大项的良好替代物。另一种方法，如（Zügner and Günnemann，2019；Bojchevski and Günnemann，2019），依赖于前面讨论过的认证理念。回顾一下，这些技术会对最坏情况下的间隔计算一个下界 $\hat{m}_{\mathrm{LB}}$。如果结果是正的，那么预测对这个节点/图来说是鲁棒的。因此，下界本身就像一个鲁棒性损失 $\mathscr{L}_{\mathrm{rob}}$，例如实现为一个合页损失函数 $\max(0, \delta - \hat{m}_{\mathrm{LB}})$。如果下界高于 δ，则

损失为 0；如果下界较小，则产生惩罚。可将这一损失函数与通常的交叉熵损失等结合起来，从而迫使模型不仅能获得良好的分类表现，而且具有鲁棒性。

最重要的是，$\mathscr{L}_{rob}$ 和下界必须是可微的，因为我们需要通过计算梯度进行训练。这确实可能是一个挑战，因为通常下界本身仍然是一个优化问题。虽然在一些特殊情况下，优化问题是直接可微的（Bojchevski and Günnemann，2019），但另一个基本想法与对偶原理有关。回顾一下，最坏情况下的间隔 $\hat{m}$ （或潜在的相应下界 $\hat{m}_{LB}$ ）是一个（主要的）**最小化**问题的结果〔见式（8.3）〕。基于对偶原理，对偶最大化问题的结果按要求提供了这个值的下界。更进一步，对偶问题的任何可行解都提供了最优解的下界。因此，我们实际上不需要求解对偶问题。相反，只要在任何一个可行的点上计算对偶的目标函数，就可以得到一个（甚至更低，因此更宽松的）下界；不需要操作，计算梯度往往就会变得很简单。对偶原理已在（Zügner and Günnemann，2019）中使用，旨在以有效的方式进行鲁棒训练。

8.4.2.2　进一步的训练原则

鲁棒训练并不是获得“更好的”GNN 权重的唯一方法。例如，Tang et al（2020b）就采用了迁移学习的思想（8.4.3 节将介绍进一步的架构变化）。他们不是在受扰动的目标图上进行纯粹的训练，而是首先采用带有人为注入的扰动的清洁图来学习合适的 GNN 权重。这些权重后来被迁移并微调到手头的实际图上。Chen et al（2020i）采用了平滑蒸馏法——在预测的软标签上进行训练，而不是在标注标签上进行训练，以增强鲁棒性。Jin et al（2019b）认为，图强化增强了鲁棒性，因而建议不仅要在原始图上，也要在由不同图强化组成的一组图上使损失函数最小。最后，You et al（2021）提出了一个使用不同（图）数据增强的对比性学习框架。尽管对抗鲁棒性不是他们的研究重点，但他们报告可以提高针对（Dai et al，2018a）中所述攻击的对抗鲁棒性。一般来说，改变损失函数或正则化项会导致不同的训练结果，尽管我们对 GNN 鲁棒性的影响还没有理解透彻。

8.4.3　改进图神经网络的架构

提高鲁棒性的最后一类方法是设计新的 GNN 架构。在过去几年里，作为神经网络研究的一个核心组成部分，架构工程取得了许多进展。虽然传统上专注于提高预测表现，但方法的鲁棒性是同样重要的属性——两者都是潜在的对立目标。

8.4.3.1　自适应降低边的权重

受到前面讨论的清洁图思想的启发，一个自然的想法是通过减少扰动边的影响的机制来提高 GNN 的效率。对此，一个明显的选项是边注意力原则。然而，假设标准的基于注意力的 GNN（如 GAT）能立即适用于这个任务是错误的。事实上，正如（Tang et al，2020b；Zhu et al，2019a）所证明的，这种模型是不可靠的。问题是，这些模型仍然假定给定的是清洁数据，它们没有意识到图可能被扰动。

因此，其他注意力方法试图在该过程中纳入更多的信息。在（Tang et al，2020b）中，注意力机制通过将人为注入的扰动的清洁图考虑在内而得到了加强。由于现在有了标注信息（即哪些边是有害的），注意力机制可以尝试学习降低这些边的权重，同时保留未受扰动的边。Zhu et al（2019a）采用了另一思路，具体如下：每层中每个节点的表征不再表示为向量，而是表示为高斯分布。他们假设受到攻击的节点往往有大的方差，因此在注意力得分中使用了这一信息。还有一些人（Feng et al，2021；Zhang and Zitnik，2020）提出了考虑模型和数据的不确定性或相邻节点的相似性等因素的进一步的注意力机制。

边注意力的一种替代方法是强化消息传递中使用的聚合。在 GNN 的消息传递过程中，一个节点的嵌入是通过对其邻居节点的嵌入进行聚合来更新的。在这方面，由于逆向增加的边为聚合添加了额外的数据点，因此扰动了消息传递阶段的输出。聚合操作（如求和、求加权平均数或标准 GNN 中使用的最大操作）可以被一个异常点任意扭曲。因此，在鲁棒统计原理的启发下，Geisler et al（2020）提出用 Medoid[①]的不同版本取代 GNN 的聚合函数。还有一些人（Wang et al，2020o；Zhang and Lu，2020）进一步研究了强化消息传递过程中使用的聚合函数的鲁棒性的想法。

总的来说，所有这些方法都降低了边的相关性。这些方法与 8.4.1 节所讨论方法的一个重要区别是：它们是自适应的，即每条边的相关性可能在 GNN 的不同层之间变化。因此，根据所学的中间表征，一条边可能在第一层中被排除/降权，但在第二层中被包括。这使得我们能够对扰动进行更精细的处理。相比之下，8.4.1 节介绍的方法得出了用于整个 GNN 的单一清洁图。

8.4.3.2 进一步的方法

研究者已经提出了许多用于提高鲁棒性的进一步想法，但这些想法并不完全适合前面提到的类别。例如，Shanthamallu et al（2021）训练了一个代理分类器，它虽然不访问图结构，但旨在与 GNN 的预测保持一致，两者都是联合训练的。由于最终的预测器不使用图，而只使用节点的属性，因此假设对结构扰动有更高的鲁棒性。Miller et al（2019）提出以特定方式选择训练数据，进而提高鲁棒性。Wu et al（2020d）采用了信息瓶颈原则（一种信息论方法），以学习平衡表达性和鲁棒性的表征。最后，我们也可以将随机平滑（见 8.3.2 节）解释为一种技术——通过使用随机输入的预测器集合来提高对抗鲁棒性。

8.4.4 讨论和未来的方向

考虑到目前的研究状况，一个令人惊讶的现象是，通过对抗性训练并不能很好地实现对图结构扰动的鲁棒性。这与图像领域形成了鲜明对比，在图像领域，鲁棒性训练（以对抗性训练的形式）可以说是提高鲁棒性的非常合适的技术之一（Tramer et al，2020）。相比之下，专注于节点的扰动，鲁棒训练确实表现得非常好，如（Zügner and Günnemann，2019）所述。令人惊讶的是，这种鲁棒训练（针对属性）还提高了图结构扰动下的鲁棒性（Zügner and Günnemann，2020），甚至超过了几种执行删除边的对抗性训练策略。问题是，结构扰动是否具有削弱鲁棒训练效果的特殊属性，或者生成的对抗性扰动是否没有捕捉到最坏的情况。这不仅再次展示了问题的难度，也解释了为什么大多数的工作集中在加权/过滤边的原理上。

就这一点而言，大家需要记住的是，所有的方法通常是以特定的扰动模型 $\Phi(\mathscr{G})$ 为基础设计的。事实上，降低权重/过滤边隐含地假设对抗性边已经被增加到图中。相反，删除

① Medoid 是一种可证明的鲁棒聚合操作。

对抗性边需要识别（重新）增加的潜在边。由于存在大量可能的边，这很快就会变得难以解决，该问题到目前为止还没有被研究过。此外，到目前为止，只有少数方法可以在理论上保证其鲁棒性。

8.5　从鲁棒性的角度进行适当评估

我们需要合理评估 GNN 鲁棒性领域发展过程中出现的技术。重要的是，我们必须意识到预测表现（如查准率）和鲁棒性之间的潜在平衡。例如，我们可以通过总是简单地预测同一类别而轻松获得一个高度鲁棒的分类模型。显然，这样的模型根本没有任何用处。因此，评估涉及两个方面：（1）对预测表现的评估。对于这一点，我们可以简单地参考既定的评估指标，如查准率、精确率、查全率或其他类似的指标，这些指标在各种有监督和无监督的学习任务中是已知的。（2）对鲁棒性表现的评估。

扰动集和半径。关于半径，第一个值得注意的问题是，鲁棒性总是与特定的扰动集 $\Phi_r(\cdot)$ 有关，该扰动集定义了模型应该具有的鲁棒性。为了能够进行适当的评估，现有的工作通常定义了扰动集的一些参数形式，例如，$\Phi_r(\mathscr{G})$ 中的变量 r 是允许执行的最大变化数，即预算（如增加的最大边数）。变量 r 通常被称为半径。这是因为预算通常与我们愿意接受的图 $\mathscr{G}$ 和受扰动图之间的某个最大范数/距离相吻合。将上述形式泛化到考虑多个预算/半径是很简单的。通过改变半径，我们能够详细分析模型的鲁棒性行为。根据半径的不同，我们预期会有不同的鲁棒性结果。具体来说，对于大半径，低鲁棒性在预料之中（甚至是希望的），因此，评估也应该包括这些显示模型极限的情况。

回顾一下，通过 8.2 节和 8.3 节中讨论的方法，我们能够得到以下关于预测的鲁棒性的答案之一。（R）它是有鲁棒性的；认证成立，因为间隔的下界是正的。（NR）它是无鲁棒性的；我们能够找到一个对抗性样本。（U）未知；我们无法做出判断，因为下界是负的，但攻击也不成功。

图 8.6 展示了一个关于 GCN 的鲁棒特性的有洞见的实例分析。其中，局部攻击和认证是在标准训练（图 8.6 的左图）和鲁棒训练（图 8.6 的右图）的 GCN 上针对节点分类任务计算的。如结果所示，鲁棒训练确实增加了 GCN 的鲁棒性，攻击成功的数量更少，得到认证的节点数量更多。

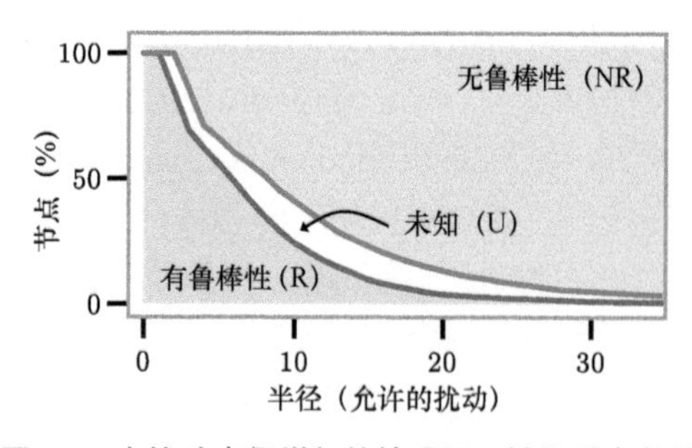

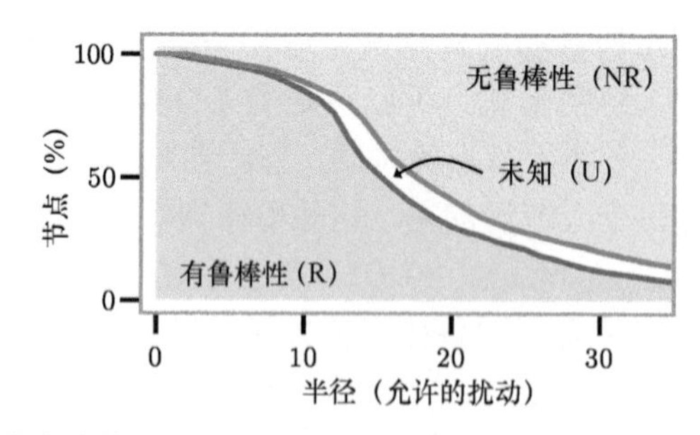

图 8.6　在扰动半径增加的情况下，被证明有鲁棒性的节点（蓝色；R）、通过对抗性样本构建的无鲁棒性的节点（橙色；NR）或鲁棒性未知的节点（“缝隙”；U）所占的份额。对于一个给定的半径，（R）+（NR）+（U）的份额为 100%。左图：标准训练。右图：Zügner and Günnemann（2019）提出的鲁棒训练。数据来自 Citeseer 数据和节点属性的扰动

值得强调的是，情况（U）——图 8.6 中的白色缝隙——只是由于算法无法准确解决攻击/认证问题而出现的。因此，情况（U）并不能清楚地表明 GNN 的鲁棒性，而只能表明攻击/认证的效果①。鉴于这种设置，在接下来的内容中，我们将在经常使用的度量指标中区分这两个评估方向。

经验性的鲁棒性评估

在经验性的鲁棒性评估中，我们对图进行攻击并观察效果。常见的度量指标如下。

- **下游任务的效果衰减程度**（如节点分类能力）。这个指标通常与全局攻击结合使用。在全局攻击中，我们考虑旨在共同改变多个预测的单一扰动（见 8.2.1 节的“方面 1”部分）。
- **攻击成功率**，衡量攻击成功改变了多少预测。这仅仅对应于图 8.6 所示的情况（NR），即橙色区域。这个指标通常与局部攻击结合使用，对每个预测可以使用不同的扰动。自然地，局部攻击的成功率要高于整体表现的下降，这是因为在挑选不同的扰动时局部攻击具有灵活性。
- 在节点分类任务中，**分类间隔**（即“正确”类别的预测概率）与第二高类别的预测概率之间的差值以及攻击后的下降。请看图 8.2 中的例子。

这种评估的关键限制在于对特定攻击方法的依赖性。攻击的威力对结果有很大的影响。事实上，它可以视为对鲁棒性的**乐观评估**，因为不成功的攻击似乎看起来具有良好的鲁棒性。然而，这个结论是危险的，因为一个 GNN 可能只对一种类型的攻击表现良好，对另一种类型的攻击则不然。因此，上述指标实际上评估了攻击的威力而不是模型的鲁棒性有多弱。**解释这些结果时必须谨慎**。在参考经验性的鲁棒性评估时，必须使用多种不同的、强大的攻击方法。事实上，正如（Tramer et al，2020）中讨论的那样，每个鲁棒性原则都应该有自己专门适合的攻击方法（也称适应性攻击）来展示其局限性。

可证明的鲁棒性评估

分析 GNN 鲁棒性行为的一个潜在的更合适的方向是考虑可证明的鲁棒性。如上所述，情况（U）对应的是不明确的预测，这些预测证明不了其鲁棒性。由于我们关心最坏情况下的鲁棒性，因此必须假设这些预测也是无鲁棒性的。简而言之：情况（NR）和（U）应该是罕见的，而情况（R）应该是最常见的，也就是可证明的鲁棒预测的数量。鉴于这种想法，我们通常考虑以下评估指标。

- **认证的比率**：它相当于在一个特定的半径 r 下，与所有预测的数量相比，可以被认证为鲁棒的预测的数量。另外，请再次注意对于每个预测是否可以从 $\Phi_r(\mathcal{G})$ 中选择不同的扰动（局部）或者只选择一个联合的单一扰动（全局）。全局认证的比率必然（而且往往明显）大于局部认证的比率。
- **认证的正确性**：在像分类这样的情况下，一个预测可能正确，也可能不正确。如果一个预测是正确的并且能被认证，那么这个预测就被称为认证正确的预测。另一个非常不受欢迎的极端是被认证为不正确的预测，它们是非常可靠的错误分类。
- **认证的表现**：基于认证正确的预测的思路，我们也可以推导出原始表现指标的认

① 较大的缝隙表明攻击/认证相当松散。当改进的攻击/认证可用时，缝隙可能会变小。因此，可以通过分析缝隙的大小来评估攻击/认证本身，因为缝隙显示了在任何一个方向上最大可能的改进是什么（例如，对于一个特定的半径，鲁棒预测的真正份额永远不可能超过 100%-NR）。

证版本，如认证的查准率。在这里，只有那些被认证为正确的预测，才会被视为正确的指标。所有其他的预测，无论是不正确的还是无法认证的，都被视为错误的指标。认证的表现给出了 GNN 在任何可接受的对于当前扰动集 $\Phi_r(\mathscr{G})$ 和给定数据的扰动下表现的可证明下界。

- **认证的半径**：虽然上述指标假设了一个固定的 $\Phi_r(\mathscr{G})$，即一个固定的半径 r，但我们也可以采取另一种视角。对于一个特定的预测，我们将该预测仍然可以被认证为鲁棒的最大半径 r^* 称为认证的半径。基于单个预测的认证半径，我们可以很容易地计算出多个预测的**平均可认证半径**。

图 8.7 显示了不同 GNN 架构在扰动图结构时对节点分类任务的认证的比率。平滑分类器使用了 10 000 个随机绘制的图，概率认证基于 α=0.05 的置信度，类似于（Geisler et al, 2020）中的设置。由于考虑了局部攻击，认证的比率自然相当低。尽管如此，这些模型的鲁棒性表现之间还是有很大的差别。

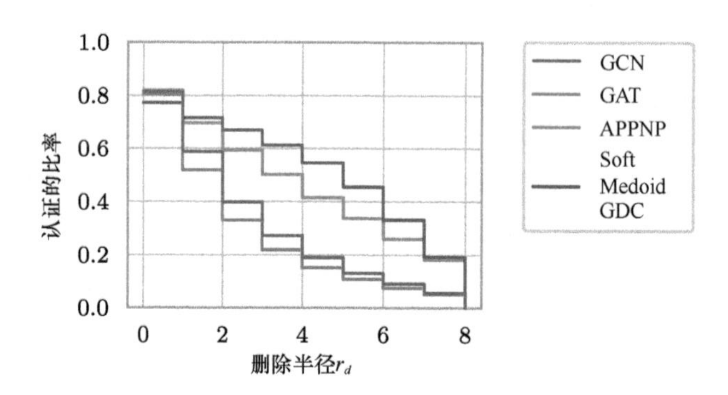

图 8.7　使用（Bojchevski et al，2020a）中的认证从不同的 GNN 模型得到的平滑分类器的认证的比率。其中，$\Phi_r(\mathscr{G})$ 由边删除扰动组成。认证的模型无关性允许我们比较不同模型的鲁棒性

评估是比较悲观的，在这个意义上，可证明的鲁棒性评估提供了强有力的保证。例如，如果认证的比率很高，则实际的 GNN 只能更好。然而请再次注意，我们仍然隐含地评估了认证；有了新的认证，结果可能会变得更好。基于随机平滑的认证（见 8.3.2 节）评估了平滑分类器的鲁棒性，因此没有为基础分类器本身提供保证。尽管如此，平滑分类器的鲁棒性预测仍然需要基础分类器以较高的概率对随机化方案预测相应的类别。

显然，评估鲁棒性相比评估通常的预测表现更复杂。为了详细了解 GNN 的鲁棒性特性，分析前面介绍的所有方面是有帮助的。

8.6　小结

随着图神经网络在各个应用领域的重要性不断增加，对其可靠性的要求也越来越高。在这方面，由于扰动数据无处不在，因此对抗鲁棒性具有核心作用。正如我们所看到的，标准的 GNN 架构和训练原则（在当前的应用中经常使用）导致了无鲁棒性的模型，包括所有不理想的结果。但还是有希望的。首先，各种提高 GNN 鲁棒性的原则已经开始出现，并且获得的结果都是有希望的，这初步表明，在不放弃 GNN 的预测表现的情况下，可以实现改进的鲁棒性。其次，鲁棒性认证为我们提供了以正式方式评估某些鲁棒性特性的方法。

也就是说，我们不需要依赖启发式方法就可以保证 GNN 的表现。在所有这些方向上，人们才刚刚开始探索巨大的可能性，许多挑战仍有待解决。因此，在未来的几年里，我们可以期待不同深入的见解，以追求如下共同的目标：通过使 GNN 在敏感和安全关键领域得到可靠使用，延续其成功的故事。

致谢

特别感谢我出色的博士生 Aleksandar Bojchevski、Simon Geisler、Jan Schuchardt 和 Daniel Zügner，他们不仅为本章提供了宝贵的反馈意见，而且使这一领域的许多研究成果成为可能。

编者注：对抗鲁棒性是当今机器学习/深度学习领域最为热门的话题之一。这一研究浪潮从计算机视觉领域的卷积神经网络的鲁棒性开始，并迅速影响到其他应用领域的机器学习/深度学习网络架构，如 NLP 和图。GNN 的对抗鲁棒性是一个非常重要的研究领域，它对许多其他的机器学习任务有着根本性的影响，包括图分类（见第 9 章）、链接预测（见第 10 章）、图生成（见第 11 章）、图转换（第 12 章）、图匹配（见第 13 章）等。一些章（如第 14 章）可视为潜在的方法之一——通过学习一个超越其固有图结构的图结构来帮助缓解对抗鲁棒性的影响。

第三部分　前沿

第 9 章 图分类

Christopher Morris[①]

摘要

近年来，图神经网络（GNN）作为领先的机器学习架构，可以用于以图和关系作为输入的监督学习。本章将概述用于图分类的 GNN，即学习图级输出的 GNN。由于 GNN 计算的是节点级表征，其中，池化层（即从节点级表征中学习图级表征的层）是图分类任务成功的关键组成部分；因此，我们将对池化层进行全面的介绍。此外，我们还将阐述关于理解 GNN 对图分类的局限性方面的研究以及在克服这些局限性方面的进展。最后，我们将调研 GNN 方面的一些图分类应用，并概述用于实证评估的基准数据集。

9.1 导读

图结构的数据在各个应用领域无处不在，从化疗和生物信息学（Barabasi and Oltvai，2004；Stokes et al，2020）到图像（Simonovsky and Komodakis，2017）和社交网络分析（Easley et al，2012）。为了在这些领域开发成功的（监督）机器学习模型，我们需要一些利用图结构的丰富信息以及节点和边的特征信息的技术。近年来，研究者提出了许多用于图的（监督）机器学习的方法，其中较为值得注意的是基于**图核**（graph kernel）的方法（Kriege et al，2020）以及最近流行的图神经网络（GNN），关于这方面内容的概述见（Chami et al，2020；Wu et al，2021d）。图核需要预先定义一组固定的特征才能工作，它遵循两步走的方法：先提取特征，再学习任务。具体来说，首先需要根据预先定义的特征，如小子图、随机游走、邻域信息或反映成对图相似性的半正定核矩阵，计算图的向量表征；然后将得到的特征或核矩阵加入学习算法中，如支持向量机（Support Vector Machine）。因此，图核方法依赖于人工特征工程。

通过以端到端的方式学习特征提取和下游任务，GNN 可能提供了对现有学习任务的更好适应性。GNN 最为突出的任务之一是图分类或图回归，即预测一组图的类标签或目标值，如化学分子的属性（Wu et al，2018）。由于 GNN 的学习节点采用向量表征或节点级表征，为了成功进行图分类，池化层是至关重要的。池化层的作用是在节点级表征的基础上学习一个向量表征，以捕捉整个图的结构。理想情况下，我们希望通过图级表征来捕捉局部模式、它们的交互和全局模式。然而，最优的表征应该适合给定的数据分布。目前用于图分类的 GNN 最近已经得到广泛应用，其中，最有前途的是药物研究，具体介绍请参考（Gaudelet

① Christopher Morris
CERC in Data Science for Real-Time Decision-Making，Polytechnique Montréal，E-mail：Chris@christophermorris.info

et al，2020）。其他重要的应用领域包括材料科学（Xie and Grossman，201f8）、工艺工程（Schweidtmann et al，2020）和组合优化（Cappart et al，2021）等，我们在此也将调研其中的一些领域。

接下来我们将对用于图分类的 GNN 进行概述。我们的调研囊括从 20 世纪 90 年代中期的典型工作到当前深度学习时期的最新工作，并对最近的池化层进行深入回顾。

在 GNN 成为图分类的主要架构之前，人们研究的重点是基于核的算法，即所谓的图核，图核通过预先定义一组特征来工作。从 21 世纪初开始，研究人员基于图的一些特征提出了大量的图核，如最短路径（Borgwardt et al，2005）、随机游走（Kang et al，2012；Sugiyama and Borgwardt，2015；Zhang et al，2018i）、局部邻域信息（Shervashidze et al，2011a；Costa and De Grave，2010；Morris et al，2017，2020b）以及图匹配（Fröhlich et al，2005；Woźnica et al，2010；Kriege and Mutzel，2012；Johansson and Dubhashi，2015；Kriege et al，2016；Nikolentzos et al，2017），关于图核的详细信息请参见（Kriege et al，2020；Borgwardt et al，2020）。关于 GNN 的全面研究与总结，可以参考（Hamilton et al，2017b；Wu et al，2021d；Chami et al，2020）。

9.2 用于图分类的图神经网络：典型工作和现代架构

在本节中，我们将调研用于图分类的 GNN 的典型工作和现代架构。用于图分类的 GNN 层至少可以追溯到 20 世纪 90 年代中期的化学信息学。例如，Kireev（1995）推导出类似 GNN 的神经结构来预测化学分子的特性，Merkwirth and Lengauer（2005）的工作也有类似的目的。Gori et al（2005）以及 Scarselli et al（2008）则通过引入一般的表述提出了最初的 GNN 架构。后来，Gilmer et al（2017）通过推导一般的**消息传递**表述重新引入和完善了 GNN 架构，现代 GNN 架构大多基于这个表述，详细内容请参见 9.2.1 节。

我们将现代 GNN 图分类层的概述分为**空间方法**和**频谱方法**两种。前者能够聚合每个节点周围的局部信息，是纯粹基于图结构的方法；后者则依靠从图的频谱中提取信息。尽管这种划分有些武断，但由于历史关系，我们将继续这样做。GNN 层的变体非常多，在本节中，我们不提供完整的调研，而是专注于有代表性和影响力的架构。

9.2.1 空间方法

最早用于图分类的**现代**空间 GNN 架构之一是由（Duvenaud et al，2015b）提出的，当时的侧重点是预测化学分子的特性。具体来说，他们提出设计一个化学信息学中著名的“扩展连接性指纹”（Extended Connectivity Fingerprint，ECFP）（Rogers and Hahn，2010）的可微变体，其工作原理与计算 WL 特征向量相似。为了计算它们的 GNN 层（表示为**神经图谱指纹**），Duvenaud et al（2015b）首先用相应原子的特征去初始化每个节点 v 的特征向量 $\boldsymbol{f}^0(v)$，例如，用一个独热编码表征分子中的原子类型。在每个迭代或第 t 层中，首先针对节点 v 计算特征表征 $\boldsymbol{f}^t(v)$。

$$\boldsymbol{f}^t(v) = \boldsymbol{f}^{t-1}(v) + \sum_{w \in N(v)} \boldsymbol{f}^{t-1}(w)$$

然后应用单层感知器。其中，$N(v)$表示节点 v 的邻域，$N(v) = \{w \in \mathscr{V} \mid (v,w) \in \mathscr{E}\}$。由于 ECFP 通常为小分子提供稀疏的特征向量，因此他们首先利用了一个线性层，然后是一个

Softmax 函数，得到：

$$\boldsymbol{f}^{t(v)} = \text{Softmax}\,(\boldsymbol{f}^{t}(v) \cdot \boldsymbol{H}^{t})$$

他们将之解释为稀疏化层，其中，$\boldsymbol{H}^t$ 是线性层的参数矩阵。最终池化的图级表征是通过对所有层的特征进行求和计算得到的，得到的特征被送入 MLP 进行下游任务的回归和分类。与分子回归数据集上的 ECFP 相比，上述 GNN 层具有良好的表现。

Dai et al（2016）引入了一个简单的 GNN 层，其灵感来自平均场（mean-field）推断。具体来说，给定一个图 $\mathcal{G}$，第 t 层的节点 v 的特征 $\boldsymbol{f}^t(v)$ 的计算方式如下

$$\boldsymbol{f}^{t}(v) = \sigma\left(\boldsymbol{f}^{t-1}(v) \cdot \boldsymbol{W}_1 + \sum_{w \in N(v)} \boldsymbol{f}^{t-1}(w) \cdot \boldsymbol{W}_2\right) \tag{9.1}$$

其中，$\boldsymbol{W}_1$ 和 $\boldsymbol{W}_2$ 是 $\mathbb{R}^{d \times d}$ 中的参数矩阵，各层共享，$\sigma(\cdot)$ 是成分级的非线性函数。在标准的、小规模的基准数据集上进行评估时，上述层具有良好的表现（Kersting et al，2016），类似于典型的核方法。Lei et al（2017a）提出了一个类似的层，并通过推导学习到的图嵌入的相应核空间来展示与核方法的联系。

为了明确支持边标签，例如化学键，Simonovsky and Komodakis（2017）引入了**边条件卷积**。其中，节点 v 的特征表示为

$$\boldsymbol{f}^{t}(v) = \frac{1}{|N(v)|} \sum_{w \in N(v)} F^{l}(l(w,v), \boldsymbol{W}(l)) \cdot \boldsymbol{f}^{t-1}(w) + \boldsymbol{b}^{l}$$

其中，$l(w,v)$是节点 v 和节点 w 共享的边的特征（或标签）。此外，$F^l: \mathbb{R}^s \to \mathbb{R}^{d_t \times d_{t-1}}$ 是一个函数，s 表示边特征的数量，d_t 和 d_{t-1} 分别表示第 t 层和第（$t-1$）层的特征的数量，这样就可以将边特征映射到 $\mathbb{R}^{d_t \times d_{t-1}}$ 中的矩阵。函数 F^l 由矩阵 $\boldsymbol{W}$ 设定参数，以边特征 l 为条件。最后，$\boldsymbol{b}^l$ 是一个偏置项，同样以边特征 l 为条件。上述层被应用于标准的、小规模的基准数据集（Kersting et al，2016）和计算机视觉中点云数据上的图分类任务。

在（Scarselli et al，2008）的基础上，Gilmer et al（2017）引入了一个通用的**消息传递**框架，从而统一了人们至今提出的大多数 GNN 架构。具体来说，Gilmer et al（2017）将上述公式中定义在邻域上的内和（inner sum）替换为一个一般的置换不变的、可微的函数（如一个神经网络），并将前一个和邻域特征表征的外和（outer sum）替换为一个逐列向量连接或 LSTM 风格的更新步骤。因此，在完全通用的情况下，一个新特征 $\boldsymbol{f}^t(v)$ 可以计算为

$$f_{\text{merge}}^{\boldsymbol{W}_1}(\boldsymbol{f}^{t-1}(v), f_{\text{aggr}}^{\boldsymbol{W}_2}(\{\{\boldsymbol{f}^{t-1}(w) \mid w \in N(v)\}\})) \tag{9.2}$$

其中，$f_{\text{aggr}}^{\boldsymbol{W}_2}$ 聚合了邻域特征的重集，$f_{\text{merge}}^{\boldsymbol{W}_1}$ 则将步骤（t−1）中的节点表征与计算出的邻域特征合并。此外还可以直接包含边特征，例如，通过学习节点本身、邻域节点和相应边特征的组合特征进行表征。Gilmer et al（2017）将上述架构用于量子化学中的回归任务，它们对于通过昂贵的数值模拟（DFT）计算的回归目标具有良好的表现（Wu et al，2018；Ramakrishnan et al，2014）。

与此同时，Morris et al（2020b）通过研究目前使用的 GNN 架构的局限性，发现它们的表达能力受到 WL 算法的限制[①]。具体来说，他们证明了不存在一个 GNN 架构能够区分 WL 算法所不能区分的非同构图。特别是，他们提出了**图同构网络**（Graph Isomorphism

① 一个简单的启发式的图同构性问题。

Network，GIN）层，并表明存在一个参数初始化过程，能使其与 WL 算法一样具有表达能力。从形式上看，给定一个图 $\mathcal{G}$，节点 v 在第 t 层的特征可计算为

$$\boldsymbol{f}^{t}(v)=\mathrm{MLP}\left((1+\varepsilon)\cdot\boldsymbol{f}^{t-1}(v)+\sum_{w\in N(v)}\boldsymbol{f}^{t-1}(w)\right) \tag{9.3}$$

其中，MLP 是一个标准的多层感知器，而 ε 是一个可学习的标量值。Morris et al（2020a）使用了标准的总和池化（见后面的内容），与其他标准的 GNN 层和核方法相比，该方法在标准的基准数据集上取得了良好的表现。

Xu et al（2018a）研究了如何结合与目标节点不同距离的局部信息。具体来说，他们研究了实现这一目标的不同架构设计选择，如串联、最大池化和 LSTM 风格的注意力，并在标准的基准数据集上展示出些许的表现改进。此外，他们还得出了与随机游走分布的一些联系。

Niepert et al（2016）通过从图中提取局部模式来研究用于图分类的神经架构。具体来说，他们首先从每个节点开始探索节点的 k 跳邻域，例如使用广度优先策略。通过标签算法（如中心性索引），邻域内的节点将被有序地转换为一个固定大小的向量。然后，他们通过一个类似于 CNN 的神经网络和一个 MLP 进行最终的图分类。在标准的、小规模的基准数据集上，与图核方法相比（Kersting et al，2016），该方法展示出良好的表现。

Corso et al（2020）研究了邻域聚合函数的效果和限制。他们设计了基于多个聚合器的聚合方案，如求和、平均值、最小值、最大值和标准差，以及所谓的**度数标量**，以对抗节点之间不同数量的邻居节点带来的负面影响。具体来说，他们引入了以下标量

$$S(d,\alpha)=\left(\frac{\log(d+1)}{\delta}\right)^{\alpha}，\ d>0，\ \alpha\in[-1,1]$$

其中

$$\delta=\frac{1}{|\,\mathrm{train}\,|}\sum_{i\in\mathrm{train}}\log(d_i+1)$$

α 是一个可变参数。在这里，集合 train 包含了训练集中的所有节点 i，d_i 表示节点 i 的度数，从而得到以下聚合函数

$$\bigoplus=\underbrace{\begin{bmatrix}\boldsymbol{I}\\ S(\boldsymbol{D},\alpha=1)\\ S(\boldsymbol{D},\alpha=-1)\end{bmatrix}}_{\text{定标器}}\otimes\underbrace{\begin{bmatrix}\mu\\ \sigma\\ \max\\ \min\end{bmatrix}}_{\text{聚合器}}$$

其中，$\otimes$ 表示张量积。他们报告了在广泛的、标准的基准数据集上相比标准聚合函数更有希望的表现，该方法对一些标准的 GNN 层能够有所改善。

Vignac et al（2020b）通过唯一的节点标识符扩展了 GNN 的表达能力（见 9.4 节），他们还通过计算和传递矩阵特征而不是向量特征概括了（Gilmer et al，2017）提出的消息传递方案，见式（9.2）。从形式上，每个节点 i 将在 $\mathbb{R}^{n\times c}$ 中维护一个矩阵 $\boldsymbol{U}_i$，用于表示局部上下文。初始化时，每个局部上下文 $\boldsymbol{U}_i$ 在 $\mathbb{R}^{n\times 1}$ 中被设置为 $\mathbf{1}$，其中，n 表示给定图的节点数。在每一层 l 上，类似于上面的消息传递框架，局部上下文信息被更新为

$$\boldsymbol{U}_i^{(l+1)} = u^{(l)}(\boldsymbol{U}_i^{(l)}, \tilde{\boldsymbol{U}}_i^{(l)}) \in \mathbb{R}^{n \times c_{l+1}} \quad \text{，其中} \quad \tilde{\boldsymbol{U}}_i^{(l)} = \phi(\{m^{(l)}(\boldsymbol{U}_i^{(l)}, \boldsymbol{U}_j^{(l)}, y_{ij})\}_{j \in N(i)})$$

其中，$u^{(l)}$、$m^{(l)}$ 和 ϕ 分别是更新函数、消息函数和聚合函数，用于计算更新的局部上下文信息，y_{ij} 表示节点 i 和节点 j 共享的边特征。此外，他们还研究了该方法的表达能力，结果表明，在原则上，上述层可以区分任何非同构图对，他们由此提出了上述架构的更可扩展的替代变体。最后，他们报告了该方法在标准的基准数据集上的测试结果。

9.2.2　频谱方法

频谱方法在图拉普拉斯矩阵的谱域中应用了卷积算子，要么直接计算前者的特征分解，要么依靠频谱图理论，详情请参见（Chami et al，2020；Wang et al，2018a）。此外，它们具有源于信号处理的坚实数学基础，参见（Sandryhaila and Moura，2013；Shuman et al，2013）。

从形式上，假设 $\mathscr{G}$ 是一个有 n 个节点的无向图，邻接矩阵为 $\boldsymbol{A}$，则图 $\mathscr{G}$ 的**图拉普拉斯矩阵**为

$$\boldsymbol{L} = \boldsymbol{I} - \boldsymbol{D}^{-\frac{1}{2}} \boldsymbol{A} \boldsymbol{D}^{-\frac{1}{2}}$$

其中，$\boldsymbol{D}$ 是对角矩阵，$\boldsymbol{D}_{i,i} = \sum_j (\boldsymbol{A}_{i,j})$。由于图拉普拉斯矩阵是半正定的，因此我们可以将其分解为

$$\boldsymbol{L} = \boldsymbol{U} \boldsymbol{\Lambda} \boldsymbol{U}^{\mathrm{T}}$$

其中，$\boldsymbol{U} = [\boldsymbol{u}_1, \boldsymbol{u}_2, \cdots, \boldsymbol{u}_n]$ 在 $\mathbb{R}^{n \times n}$ 中表示根据特征值排序的特征向量矩阵。此外，$\boldsymbol{\Lambda}$ 是一个对角，$\Lambda_{i,i} = \lambda_i$，其中，$\lambda_i$ 表示第 i 个特征值。设 $\mathbb{R}^n$ 中的 $\boldsymbol{x}$ 是一个**图信号**（即一个节点特征），则 $\boldsymbol{x}$ 的**图傅里叶变换**及其**逆变换**分别为

$$F(\boldsymbol{x}) = \boldsymbol{U}^{\mathrm{T}} \boldsymbol{x} \text{ 和 } F^{-1}(\hat{\boldsymbol{x}}) = \boldsymbol{U}\boldsymbol{x}$$

其中，$\hat{\boldsymbol{x}} = F(\boldsymbol{x})$。因此，从形式上看，图傅里叶变换是对 $\boldsymbol{U}$ 中的特征向量基所跨越空间的正交（线性）变换。因此，每个元素 $\boldsymbol{x} = \sum_i \hat{\boldsymbol{x}}_i \cdot \boldsymbol{u}_i$。

基于这一观察，基于频谱的方法成功地将卷积运算（例如在网格上）泛化到了图上。因此，它们学习了一个**卷积滤波器** g。这在形式上可以表示为

$$\boldsymbol{x} * g = \boldsymbol{U}(\boldsymbol{U}^{\mathrm{T}} \boldsymbol{x} \odot \boldsymbol{U}^{\mathrm{T}} g) = \boldsymbol{U} \cdot \mathrm{diag}\,(\boldsymbol{U}^{\mathrm{T}} g) \cdot \boldsymbol{U}^{\mathrm{T}} \boldsymbol{x}$$

其中，运算符“·”表示点乘。设 $g_\theta = \mathrm{diag}(\boldsymbol{U}^{\mathrm{T}} g)$，上述内容可以表示为

$$\boldsymbol{x} * g_\theta = \boldsymbol{U} g_\theta \boldsymbol{U}^{\mathrm{T}} \boldsymbol{x}$$

大多数频谱方法在实现算子 g_θ 方面有所不同。例如，对于**频谱卷积神经网络**（Bruna et al，2014），$g_\theta = \Theta_{i,j}^t$，这是一组可学习的参数。在此基础上，他们提出了以下频谱 GNN 层：

$$\boldsymbol{H}_{\cdot,j}^t = \sigma\left(\sum_{i=1}^{t} \boldsymbol{U} \boldsymbol{\Theta}_{i,j}^t \boldsymbol{U}^{\mathrm{T}} \boldsymbol{H}_{\cdot,i}^{t-1} \right)$$

其中，$j \in \{1, 2, \cdots, t\}$。在这里，$t$ 是层索引，$\boldsymbol{H}^{t-1} \in \mathbb{R}^{n \times (t-1)}$ 是图信号。$\boldsymbol{H}^0 = \boldsymbol{X}$，即给定的图特征，而 $\boldsymbol{\Theta}_{i,j}^t$ 是一个对角参数矩阵。然而，上述层存在一些缺点：特征向量的基不是置换不变的，这些层不能应用于具有不同结构和尺寸的图，而且特征分解的计算是节点数的立方。因此，Henaff et al（2015）通过基于谱域的平滑度概念提出了上述层的更具可扩展性的变体，以减少参数的数量并起到约束作用。

为了进一步使上述层更具可扩展性，Defferrard et al（2016）引入了**切比雪夫频谱 CNN**，旨在通过切比雪夫扩展（Hammond et al，2011）来逼近 g_θ。也就是说

$$g_\theta = \sum_{i=0}^{K} \theta_i T_i(\hat{\boldsymbol{\Lambda}})$$

其中，$\hat{\boldsymbol{\Lambda}} = 2\boldsymbol{\Lambda} / \lambda_{\max} - \boldsymbol{I}$，$\lambda_{\max}$ 表示归一化的拉普拉斯矩阵 $\hat{\boldsymbol{\Lambda}}$ 的最大特征值。归一化确保了拉普拉斯矩阵的特征值在[-1, 1]实数区间，这是切比雪夫多项式所要求的。在这里，T_i 表示第 i 个切比雪夫多项式，$T_1(x) = x$。另外，Levie et al（2019）使用了 Caley 多项式，并证明了切比雪夫频谱 CNN 是一种特殊情况。

Kipf and Welling（2017b）提出可通过设置如下公式来让切比雪夫频谱 CNN 更具可扩展性：

$$\boldsymbol{x} * g_\theta = \theta_0 \boldsymbol{x} - \theta_1 \boldsymbol{D}^{-\frac{1}{2}} \boldsymbol{A} \boldsymbol{D}^{-\frac{1}{2}} \boldsymbol{x}$$

此外，他们还通过设置 $\theta = \theta_0 = -\theta_1$ 以提高所得层的泛化能力，于是

$$\boldsymbol{x} * g_\theta = \theta \left(\boldsymbol{I} + \boldsymbol{D}^{-\frac{1}{2}} \boldsymbol{A} \boldsymbol{D}^{-\frac{1}{2}} \right) \boldsymbol{x}$$

事实上，上述层可以理解为一个空间 GNN，也就是说，相当于在给定的图 $\mathscr{G}$ 中针对节点 v 计算一个特征。

$$\boldsymbol{f}^t(v) = \sigma \left(\sum_{w \in N(v) \cup v} \frac{1}{\sqrt{d_v d_w}} \boldsymbol{f}^{t-1}(w) \cdot \boldsymbol{W} \right)$$

其中，d_v 和 d_w 分别表示节点 v 和节点 w 的度数。虽然上述层最初是为半监督的节点分类而提出的，但现在却是最为常用的层之一，已被应用于很多任务，如矩阵补充（van den Berg et al，2018）、链接预测（Schlichtkrull et al，2018），同时还被作为图分类的基准方法（Ying et al，2018C）。

9.3 池化层：从节点级输出学习图级输出

由于 GNN 学习向量节点表征，因此如果将其用于图分类，则需要一个池化层，以实现从节点级输出到图级输出。从形式上看，池化层是一个参数化的函数，用于将一个多向量集（即所学的节点级表征）映射到某个单一的向量（即图级表征）。可以说，最为简单的此类层有**总和池化层**、**平均池化层**、**最小池化层**和**最大池化层**。也就是说，给定一个图 $\mathscr{G}$ 和这个图中节点级表征的重集

$$M = \{\boldsymbol{f}(v) \in \mathbb{R}^d \mid v \in \mathscr{V}\}$$

总和池化层计算出

$$f_{\text{pool}}(\mathscr{G}) = \sum_{f(v) \in M} \boldsymbol{f}(v)$$

而平均池化层、最小池化层、最大池化层分别取 M 中元素的（成分级）平均值、最小值、最大值。许多已发表的 GNN 架构仍在使用这 4 个简单的池化层，例如（Duvenaud et al，2015b）。事实上，最近的研究（Mesquita et al，2020）表明，在许多现实世界中的数据集上，更复杂的层（如依靠聚类的层，详见后面的内容）并没有提供任何经验上的好处，特别是那些来自分子领域的层。

9.3.1 基于注意力的池化层

近年来，基于注意力的简单池化变得流行起来，这是因为与更复杂的替代方案相比，这种池化易于实施且可扩展（详见后面的内容）。例如，Gilmer et al（2017）在他们的实证研究中使用了一个 seq2seq 架构的集合（Vinyals et al，2016）来达到池化目的。为了专注于 GNN 的池化，Lee et al（2019b）通过引入 SAGPool 层（GNN 的 Self-Attention Graph Pooling（自注意力图池化）方法的简称）来使用自注意力。具体来说，他们通过将任意 GNN 层的聚合特征乘以矩阵 $\boldsymbol{\Theta}_{\text{att}} \in \mathbb{R}^{d\times 1}$ 来计算自注意力得分，其中，d 表示节点特征的成分数。例如，计算式（9.1）中简单层的自注意力得分 $\boldsymbol{Z}(v)$。

$$\boldsymbol{Z}(v)=\sigma\left(\boldsymbol{f}^{t-1}(v)\cdot \boldsymbol{W}_1+\sum_{w\in N(v)}\boldsymbol{f}^{t-1}(w)\cdot \boldsymbol{W}_2\right)\cdot \Theta_{\text{att}}$$

随后，自注意力得分 $\boldsymbol{Z}(v)$ 被用于选择图中的前 k 个节点；与 Cangea et al（2018）和（Gao et al，2018a）类似（详见后面的内容），可以省略其他节点，从而有效地从图中剪除节点。Huang et al（2019）提出了类似的基于注意力的技术。

9.3.2 基于聚类的池化层

基于聚类的池化层的想法是粗化图，即迭代地合并相似的节点。Simonovsky and Komodakis（2017）是最早提出这一想法的几个文献之一（见前面的内容），其中使用了 **Graclus** 聚类算法（Dhillon et al，2007）。然而，该算法是无参数的，也就是说，它确实适合现有的学习任务。

可以说，最著名的基于聚类的池化层是 DiffPool（Ying et al，2018c）。DiffPool 的思路是通过学习节点的软聚类来迭代粗化图，使原本离散的聚类分配变得可微。具体来说，在第 t 层，DiffPool 学习一个软聚类分配 $\boldsymbol{S}\in[0,\ 1]^{n_t\times n_{t+1}}$，其中，$n_t$ 和 n_{t+1} 分别是第 t 层和第（t+1）层的节点数。$S_{i,j}$ 表示第 t 层的节点 i 被聚类到第（t+1）层的节点 j 的概率。在每次迭代中，矩阵 $\boldsymbol{S}$ 的计算方法为

$$\boldsymbol{S}=\text{Softmax}\left(\text{GNN}\left(\boldsymbol{A}_t,\boldsymbol{F}_t\right)\right)$$

其中，$\boldsymbol{A}_t$ 和 $\boldsymbol{F}_t$ 是第 t 层的聚类图的邻接矩阵和特征矩阵，函数 GNN 是一个任意的 GNN 层。最后，在每一层，邻接矩阵和特征矩阵分别被更新为

$$\boldsymbol{A}_{t+1}=\boldsymbol{S}^{\mathrm{T}}\boldsymbol{A}_t\boldsymbol{S} \quad 和 \quad \boldsymbol{F}_{t+1}=\boldsymbol{S}^{\mathrm{T}}\boldsymbol{F}_t$$

从经验上看，他们展示了 DiffPool 层提升技术〔如 GraphSage（Hamilton et al，2017b）〕在标准的、小规模的基准数据集（Morris et al，2020a）上改善了标准 GNN 层的表现。上述层的缺点是计算成本高。在第一个池化层之后，邻接矩阵变得密集且为实值，导致每个 GNN 层的计算在节点数量上有二次成本。此外，由于必须提前选择聚类的数量，因此导致超参数的数量也增加了。

9.3.3 其他池化层

Zhang et al（2018g）提出了一个基于可微排序的池化层，名为 **SortPooling**。也就是说，给定第 t 层后的行级节点特征矩阵 $\boldsymbol{F}_t$，SortPooling 将以降序方式对 $\boldsymbol{F}_t$ 的行进行排序。具体来说，截断 $\boldsymbol{F}_t$ 的最后（$n-k$）行，如果 $n<k$，则对给定的图用全是 0 的行进行填充，以统一

图的大小。从形式上看，该层可以写为

$$\boldsymbol{F}=\operatorname{sort}(\boldsymbol{F}_t) \quad ，后跟\ \boldsymbol{F}_{\text{trunc}}=\operatorname{truncate}(\boldsymbol{F},k)$$

其中，函数 sort 对特征矩阵 $\boldsymbol{F}_t$ 按行降序排列，函数 truncate 返回输入矩阵的前 k 行。首先使用前几层的特征，即第 1 到第（t−1）层，打破并列，得到形如 $k\times\sum_{i=1}^{h}d_i$ 的张量 $\boldsymbol{F}_{\text{trunc}}$。其中，$d_i$ 表示第 i 层的特征数；而 h 为总层数，它可以被重塑为一个大小为 $k\left(\sum_{i=1}^{h}d_i\right)\times 1$ 的张量，按行排列。然后使用滤波器进行标准的一维卷积，步长为 $\sum_{i=1}^{h}d_i$。最后应用一连串的最大池化和一维卷积，以识别序列中的局部模式。

类似地，为了应对一些池化层（如 DiffPool）的高计算成本，Cangea et al（2018）引入了一个在[0, 1]区间的每一层都有 n 个节点的图中丢弃 $n-\lceil nk\rceil$ 个节点的池化层。要丢弃的节点是根据针对可学习向量 $\boldsymbol{p}$ 的投影得分来选择的。具体来说，计算得分向量

$$\boldsymbol{y}=\frac{\boldsymbol{F}_t\cdot\boldsymbol{p}}{\|\boldsymbol{p}\|} \quad 和 \quad \boldsymbol{I}=\operatorname{top-}k(\boldsymbol{y},k)$$

其中，top-k 函数根据 $\boldsymbol{y}$ 返回给定向量中的前 k 个下标。接下来，即可通过删除不在 $\boldsymbol{I}$ 中的行和列来更新邻接矩阵 $\boldsymbol{A}_{t+1}$，更新的特征矩阵为

$$\boldsymbol{F}_{t+1}=\left(\boldsymbol{F}_t\odot\tanh(\boldsymbol{y})\right)$$

结果显示，在所采用的大多数数据集上，分类查准率略低于 DiffPool 层，而在计算速度上却快得多。Gao and Ji（2019）提出了一种类似的方法。

为了得出更具表达能力的图表征，Murphy et al（2019c,b）提出了**关系池化层**。为了提高 GNN 层的表达能力，他们对给定图的所有置换进行了平均。从形式上，设 $\mathscr{G}$ 是一个图，然后学习表征

$$\boldsymbol{f}(\mathscr{G})=\frac{1}{|\mathscr{V}|}\sum_{\pi\in\Pi}g(\boldsymbol{A}_{\pi,\pi},[\boldsymbol{F}_{\pi},\boldsymbol{I}_{|V|}]) \tag{9.4}$$

其中，Π 表示 $\mathscr{G}$ 的邻接矩阵中行和列的所有可能的置换，g 是一个置换不变函数，$[\cdot,\cdot]$ 表示逐列进行矩阵连接。此外，$\boldsymbol{A}_{\pi,\pi}$ 根据置换 $\pi\in\Pi$ 对邻接矩阵 $\boldsymbol{A}$ 的行和列进行置换，同样，$\boldsymbol{F}_p$ 对特征矩阵 $\boldsymbol{F}$ 的行进行置换。结果显示，上述架构在区分非同构图方面相比 WL 算法更具表达能力，他们由此提出了基于抽样的技术来加快计算速度。

Bianchi et al（2020）引入了一个基于频谱聚类的池化层（VON-LUXBURG，2007）。为此，他们将 GNN 与 MLP 一起训练，然后使用 Softmax 函数，最终提出了一个针对 k-way 归一化最小割问题（Shi and Malik，2000）的近似版本。由此产生的聚类分配矩阵 $\boldsymbol{S}$ 的使用方法与 9.3.2 节介绍的相同。笔者在标准的、小规模的基准数据集上评估了他们提出的这种方法，该方法具有很好的表现，特别是在 DiffPool 层上。另一个基于频谱聚类的池化层详见（Ma et al，2019d）。

9.4 图神经网络和高阶层在图分类中的局限性

在本节中，我们将简要介绍 GNN 的局限性，以及它们的表达能力的上界是如何受到

Weisfeiler-Leman 方法（Weisfeiler and Leman，1968；Weisfeiler，1976；Grohe，2017）限制的。具体来说，最近的一系列工作（Morris et al，2020b；Maron et al，2019a）将 GNN 的表达能力与 WL 算法的表达能力结合了起来。结果显示，在区分非同构图时，GNN 架构一般不会比 WL 算法能力更强。也就是说，对于 WL 算法不能区分的任何图结构，任何可能的 GNN 与参数选择也将不能区分。不过也有积极的方面，结果还显示，存在一个参数初始化序列，使得 GNN 在区分非同构（子）图方面具有与 WL 算法相同的能力，参见式（9.3）。然而，WL 算法有很多缺点，参见（Arvind et al，2015；Kiefer et al，2015）。例如，WL 算法既不能区分不同长度的周期（这是化学分子的一个重要属性），也不能区分不同三角形数的图（这是社交网络的一个重要属性）。

为了解决这个问题，最近的许多工作试图为图的分类建立可证明的更有表达能力的 GNN。例如，在（Morris et al，2020b；Maron et al，2019b，2018）中，他们提出了**高阶 GNN 架构**，该架构具有与 ***k* 维** Weisfeiler-Leman（*k*-WL）**算法**相同的表达能力，随着 k 的增长，*k*-WL 算法是 WL 算法的一个更具表达能力的泛化版。在后面的内容中，我们将对此类工作进行概述。

克服限制

Morris et al（2020b）提出了第一个克服 WL 算法局限性的 GNN 架构。具体来说，他们引入了所谓的 *k*-GNN，可通过定义这些子图之间的邻接概念，在 k 个节点而不是顶点的子图集上学习特征。从形式上，对于一个给定的 k，他们考虑 $\mathscr{V}$ 上的所有 k 元素子集 $[\mathscr{V}]^k$ 。设 $s=\{s_1,s_2,\cdots,s_k\}$ 是 $[\mathscr{V}]^k$ 中的一个 k 集，他们将 s 的**邻域**定义为

$$N(s)=\{t\in[\mathscr{V}]^k \mid |s\cap t|=k-1\}$$

局部邻域 $N_L(s)$ 由 $N(s)$ 中的所有 t 组成，要求对于唯一的 $v\in s\setminus t$ 和 $w\in t\setminus s$ ，有 $(v,w)\in\mathscr{E}$ 。**全局邻域** $N_G(s)$ 被定义为 $N(s)\setminus N_L(s)$ 。

基于以上邻域定义，我们可以将大多数 GNN 层的顶点嵌入泛化为更具表达能力的子图嵌入。给定一个图 $\mathscr{G}$ ，一个子图 s 的特征可以计算为

$$\boldsymbol{f}_k^t(s)=\sigma\left(\boldsymbol{f}_k^{t-1}(s)\cdot\boldsymbol{W}_1^t+\sum_{u\in N_L(s)\cup N_G(s)}\boldsymbol{f}_k^{t-1}(u)\cdot\boldsymbol{W}_2^t\right) \tag{9.5}$$

他们在实验中通过对局部邻域进行求和，获得了更好的可扩展性和泛化性。他们还报告，经过在量子化学基准数据集上进行评估，该方法的表现相对标准 GNN 得到了显著提升（Wu et al，2018；Ramakrishnan et al，2014）。

后一种方法在（Maron et al，2019a）和（Morris et al，2019）中得到了完善。具体来说，基于（Maron et al，2018），Maron et al（2019a）提出了一个基于标准矩阵乘法的架构，该架构至少具有与 3-WL 算法相同的表达能力。Morris et al（2019）提出了 *k*-WL 算法的一个变体，与原始算法不同，这个变体算法考虑了底层图的稀疏性。结果表明，衍生的稀疏变体算法在区分非同构图方面比 *k*-WL 算法略强，他们由此提出了一个与稀疏 *k*-WL 变体算法具有相同表达能力的神经架构。

Chen et al（2019f）在研究图表征的表达能力方面选择了一个重要的方向。他们证明了当且仅当一个图表征能够区分所有的非同构图对 $\mathscr{G}$ 和 $\mathscr{H}$ （其中 $f(\mathscr{G})\neq f(\mathscr{H})$ ）时，它才能近似一个函数 f。考虑到这一点，他们在一个图表征可以区分的图对的集合以及这个

图表征可以近似的函数空间之间建立了一种等价关系，从而进一步引入了 2-WL 算法的一个变体。

Bouritsas et al（2020）通过用子图信息注释节点特征，增强了 GNN 的表达能力。具体来说，通过固定一组预定义的小子图，他们给每个节点标注了它们在这些子图中的作用，即它们的自同构类型。他们通过在标准的图分类基准数据集上进行评估，发现该方法的表现得到了有效提升。

Beaini et al（2020）研究了如何将方向信息纳入 GNN。You et al（2021）通过给中心顶点唯一着色来增强 GNN，并使用两种类型的消息函数来超越 1-WL 算法的表达能力。Sato et al（2021）以及 Abboud et al（2020）则使用随机特征来实现相同的目标，他们还研究了其衍生架构的通用属性。

9.5 图神经网络在图分类中的应用

在本节中，我们将强调 GNN 在图分类中的一些应用领域，重点是分子领域。GNN 在图分类中最有前途的应用是药物研究，参见（Gaudelet et al，2020）。在这个方向上，Stokes et al（2020）提出了一种突出的方法。他们使用一种在分子图上操作的有向消息传递神经网络来确定抗生素药物开发的改变用途候选者。此外，他们在活体中验证了自己的预测，提出了不同于已知的、合适的改变用途候选者。

Schweidtmann et al（2020）使用 2-GNN〔见式（9.5)〕推导出了 GNN 模型，用于预测三种燃料的点火质量指标，如推导出的十六烷值、研究法辛烷值以及含氧和不含氧碳氢化合物的发动机辛烷值，结果表明式（9.5）的高阶层在分子学习领域相比标准 GNN 有明显的优势。

Klicpera et al（2020）提出了一个名为 DimeNet 的用于分子领域的通用原则性 GNN。通过使用基于边的架构，他们根据原子在三维空间中的相对位置，在原子之间建立了一个信息系数。具体来说，一个节点的传入信息需要基于发送者的传入信息，以及原子之间的距离和原子键的角度。通过使用这些额外的信息，该方法在分子特性预测任务中相比最先进的 GNN 模型有显著改进。

9.6 基准数据集

由于大多数 GNN 的发展是由经验驱动的，即基于对标准基准数据集的评估，因此有意义的基准数据集对于 GNN 在图分类方面的发展至关重要。为此，研究社区建立了几个得到广泛使用的图分类基准数据集的资料库。值得强调的是其中的两个资料库。首先，TUDataset（Morris et al，2020a）收集了超过 130 个数据集，这些数据集囊括不同的数据规模和领域，如化学、生物学和社交网络等，此外还提供了基于 Python 的数据加载器以及标准图核和 GNN 的基线实现。我们可以很容易地从知名的 GNN 实现框架中获取数据集，如 Deep Graph Library（Wang et al，2019f）、PyTorch Geometric（Fey and Lenssen，2019）或 Spektral（Grattarola and Alippi，2020）。其次，OGB（Weihua Hu，2020）收集了包含许多大规模图分类的基准数据集，例如来自化学和代码分析的数据加载器、预先指定的分割和评估协议等。最后，Wu et al（2018）提供了许多来自化学和生物信息学的大规模数据集。

9.7 小结

在本章中，我们对用于图分类的 GNN 进行了概述。我们综述了该领域的传统工作和现代工作，区分了空间方法和频谱方法。由于 GNN 计算的是节点级表征，而用于学习图级表征的池化层对于图分类的成功至关重要，因此我们分析了基于注意力、聚类和其他方法的池化层。此外，我们还概述了 GNN 在图分类中的局限性，并综述了克服这些局限性的架构。最后，我们概述了 GNN 的应用以及用于评估的基准数据集。

编者注：GNN 在分类任务中的成功使用归功于 GNN 先进的表征学习（见第 2 章）和表达能力（见第 5 章），但 GNN 的表现受到算法的可扩展性（见第 6 章）、对抗鲁棒性（见第 8 章）和图转换能力（见第 12 章）的限制。作为十分突出的任务之一，人们总会在各种 GNN 课题中面临分类。例如，节点分类有助于评估 GNN 的 AutoML（见第 17 章）和自监督学习（见第 18 章）方法的表现，图分类则可以作为图生成中对抗性学习的一部分（见第 11 章）。此外，GNN 在分类方面有许多有前途的应用，例如基于节点或边的应用（如智慧城市，见第 27 章）以及基于图的应用〔如蛋白质和药物预测（见第 25 章）〕等。

第 10 章 链接预测

Muhan Zhang[1]

摘要

链接预测是图神经网络（GNN）的一个重要应用方向，其目标是预测节点对之间缺失的或未来的链接。链接预测已被广泛用于社交网络、引文网络、生物网络、推荐系统和安全等领域。传统的链接预测方法依赖于启发式节点相似度得分、节点的潜在嵌入或显式的节点特征。GNN 作为一种联合学习图结构和节点/边特征的强大工具，相比于传统方法，已经逐渐显示出在链接预测方面的优势。在本章中，我们将讨论用于链接预测的 GNN。首先，我们将介绍链接预测问题，并回顾传统的链接预测方法。接下来，我们将介绍两种流行的基于 GNN 的链接预测方法——基于节点的方法和基于子图的方法，并讨论它们在链接表征能力方面的差异。最后，我们将回顾最近基于 GNN 的链接预测的理论进展，并探讨未来的发展方向。

10.1 导读

链接预测旨在预测网络中的两个节点之间是否存在链接（Liben-Nowell and Kleinberg，2007）。鉴于网络无处不在，链接预测的应用范围非常广，如社交网络中的朋友推荐（Adamic and Adar，2003）、引文网络中的合著者预测（Shibata et al，2012）、Netflix 中的电影推荐（Bennett et al，2007）、生物网络中的蛋白质相互作用预测（Qi et al，2006）、药物反应预测（Stanfield et al，2017）、代谢网络重建（Oyetunde et al，2017）、知识图谱补全（Nickel et al，2016a）等。

链接预测在不同的应用领域名称也不同。术语“链接预测”通常是指预测同质图中的链接，其中的节点和链接都只有一种类型。链接预测研究大多基于这个最简单的设定。二分用户-物品网络中的链接预测被称为矩阵补全或推荐系统，其中，节点有两种类型（用户和物品），链接可以有多种类型，对应于用户对物品的不同评级。在知识图谱中，链接预测通常被称为知识图谱补全，其中，每个节点都是一个独立的实体，链接的多种类型对应于实体之间的不同关系。在大多数情况下，通过考虑异质的节点类型和关系类型信息，为同质图设计的链接预测算法可以很容易地被泛化到异质图（如二分图和知识图谱）。

传统的链接预测方法主要有三种类型——启发式方法、潜在特征方法和基于内容的方法。启发式方法计算启发式节点相似度得分并将其作为链接的可能性（Liben-Nowell and Kleinberg，

① Muhan Zhang
Institute for Artificial Intelligence，Peking University，E-mail：muhan@pku.edu.cn

2007)，流行的启发式方法包括共同邻居（Liben-Nowell and Kleinberg，2007)、Adamic-Adar（Adamic and Adar，2003)、偏好依附（Barabási and Albert，1999）以及 Katz 指标（Katz，1953)。潜在特征方法则对网络的矩阵表征进行因子化，以便学习节点的低维潜在表征/嵌入。一些流行的网络嵌入技术，如 DeepWalk（Perozzi et al，2014)、LINE（Tang et al，2015b）和 node2vec（Grover and Leskovec，2016)，也是潜在特征方法，因为它们隐含了网络的一些矩阵表征的因子（Qiu et al，2018)。启发式方法和潜在特征方法都利用现有的网络拓扑结构来预测未来/缺失的链接。相反，基于内容的方法利用的是明确的节点属性/特征，而不是图结构（Lops et al，2011)。相关研究表明，将图的拓扑结构与明确的节点特征相结合可以提高链接预测的表现（Zhao et al，2017)。

通过统一学习图的拓扑结构和节点/边特征，图神经网络（GNN）最近显示出比传统方法更优越的链接预测表现（Kipf and Welling，2016；Zhang and Chen，2018b；You et al，2019；Chami et al，2019；Li et al，2020e)。流行的基于 GNN 的链接预测方法有两种——基于节点的方法和基于子图的方法。基于节点的方法首先通过 GNN 学习节点表征，然后将成对的节点表征汇总为链接表征进行链接预测，这方面的一个例子是（变分）图自编码器（Kipf and Welling，2016)。基于子图的方法首先提取每个目标链接周围的局部子图，然后对每个子图应用图级 GNN（带池化）以学习子图表征，子图将作为链接预测的目标链接表征，这方面的一个例子是 SEAL（Zhang and Chen，2018b)。我们在 10.3.1 节和 10.3.2 节中将分别介绍这两类方法，并在 10.3.3 节中讨论它们在表达能力上的差异。

为了理解 GNN 在链接预测方面的能力，研究者在理论上做了很多努力。γ-衰减启发式理论（Zhang and Chen，2018b）将现有的链接预测启发式方法统一到了一个框架中，并证明了它们的局部近似性，这说明了应该使用 GNN 从图结构中“学习”启发式方法而不是使用预定义的启发式方法。贴标签技巧的理论分析（Zhang et al，2020c）证明了基于子图的方法比基于节点的方法具有更高的链接表征能力，因为基于子图的方法能够学习链接的最具表达能力的结构表征（Srinivasan and Ribeiro，2020b)，而基于节点的方法总是失败。我们将在 10.3 节中介绍这些理论。

最后，通过分析现有方法的局限性，我们将在 10.4 节中提供基于 GNN 的链接预测的几个发展方向。

10.2　传统的链接预测方法

在本节中，我们将回顾传统的链接预测方法。它们可以分为三类——启发式方法、潜在特征方法和基于内容的方法。

10.2.1　启发式方法

启发式方法使用简单而有效的启发式节点相似度得分作为链接的可能性（Liben-Nowell and Kleinberg，2007；Lüand Zhou，2011)。这里用 x 和 y 表示源节点和目标节点，以预测它们之间的联系，并用 $\Gamma(x)$ 表示节点 x 的邻居（节点）集合。

10.2.1.1　局部启发式方法

最简单的启发式方法名为**共同邻居**（Common Neighbor，CN)，这种启发式方法计算两个节点共享的邻居节点的数量，以衡量它们有一个链接的可能性：

$$f_{\mathrm{CN}}(x,y)=|\Gamma(x)\cap\Gamma(y)| \tag{10.1}$$

CN 被广泛用于社交网络中的朋友推荐。CN 假定两个人的共同朋友越多，这两个人就越有可能成为朋友。

与 CN 不同，雅卡尔指数（Jaccard score）衡量的是共同邻居的比例：

$$f_{\mathrm{Jaccard}}(x,y)=\frac{|\Gamma(x)\cap\Gamma(y)|}{|\Gamma(x)\cup\Gamma(y)|} \tag{10.2}$$

著名的**偏好依附**（Preferential Attachment，PA）启发式方法（Barabási and Albert，1999）则通过节点度数的乘积来衡量存在链接的可能性：

$$f_{\mathrm{PA}}(x,y)=|\Gamma(x)|\cdot|\Gamma(y)| \tag{10.3}$$

PA 假设 y 的度数如果较高，则 x 更有可能连接到 y。例如，在引文网络中，一篇新的论文更有可能引用那些已经拥有大量引文的论文。由 PA 机制形成的网络被称为无标度网络（Barabási and Albert，1999），这是网络科学中的重要课题之一。

现有的启发式方法可以根据计算得分所需的邻居节点的最大跳数进行分类。CN、雅卡尔指数和 PA 都是**一阶启发式方法**，因为它们只涉及两个目标节点的 1 跳邻居。接下来我们介绍两个**二阶启发式方法**。

Adamic-Adar（AA）启发式方法（Adamic and Adar，2003）考虑了共同邻居的权重：

$$f_{\mathrm{AA}}(x,y)=\sum_{z\in\Gamma(x)\cap\Gamma(y)}\frac{1}{\log|\Gamma(z)|} \tag{10.4}$$

其中，高度数共同邻居 z 的权重较低（可通过 $\log|\Gamma(z)|$ 的倒数进行降权）。前提是连接 x 和 y 的高度数节点比低度数节点提供的信息量小。

资源分配（Resource Allocation，RA）启发式方法（Zhou et al，2009）使用了一个更积极的降权因子：

$$f_{\mathrm{RA}}(x,y)=\sum_{z\in\Gamma(x)\cap\Gamma(y)}\frac{1}{|\Gamma(z)|} \tag{10.5}$$

因此，RA 更倾向于低度数的共同邻居。

AA 和 RA 都是二阶启发式方法，因为计算得分时最多需要 x 和 y 的 2 跳邻居。一阶和二阶启发式方法都是局部启发式方法，因为它们都可以从目标链接周围的局部子图中计算出来，而不需要了解整个网络。图 10.1 展示了这三种局部启发式方法。

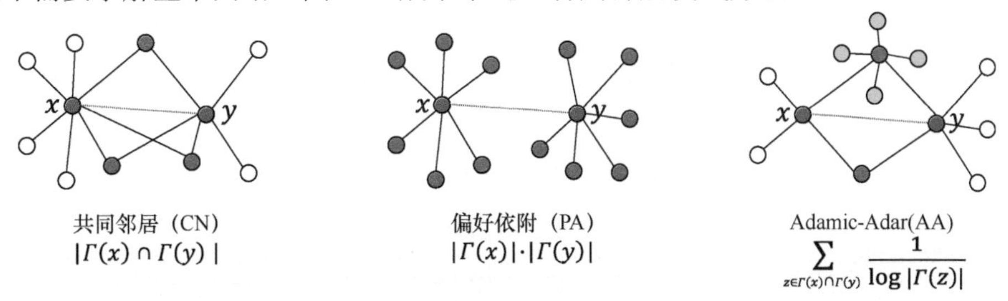

图 10.1 传统链接预测的三种局部启发式方法——CN、PA 和 AA

10.2.1.2 全局启发式方法

除局部启发式方法以外，还有一些需要了解整个网络的**高阶启发式方法**，如 Katz 指标

（Katz，1953）、Rooted PageRank（RPR）（Brin and Page，2012）和 SimRank（SR）得分（Jeh and Widom，2002）。

Katz 指标使用了 x 和 y 之间所有游走的加权和，并赋予较长的游走更小的权重：

$$f_{\text{Katz}}(x,y)=\sum_{l=1}^{\infty}\beta^{l}\,|\,\text{walks}^{\langle l\rangle}(x,y)\,| \tag{10.6}$$

其中，β 是一个介于 0 和 1 的衰减因子，$|\,\text{walks}^{\langle l\rangle}(x,y)\,|$ 统计 x 和 y 之间长度为 l 的游走。当我们只考虑长度为 2 的游走时，Katz 指标会归约为 CN。

RPR 是 PageRank 的一个泛化版本。RPR 首先计算一个从 x 开始的随机游走的平稳分布 π_x，该游走要么以概率 α 随机移动到其当前邻居节点之一，要么以概率 $1-\alpha$ 返回到 x。接下来，RPR 使用节点 y 的 π_x（用$[\pi_x]_y$表示）来预测链接（x, y）。当网络无向时，RPR 的对称版本使用以下公式来预测链接。

$$f_{\text{RPR}}(x,y)=[\pi_x]_y+[\pi_y]_x \tag{10.7}$$

SimRank（SR）得分则假设两个节点的邻居节点如果是相似的，那么这两个节点就是相似的。具体则是以递归方式定义的：如果 $x=y$，那么 $f_{\text{SR}}(x,y):=1$，否则

$$f_{\text{SR}}(x,y):=\gamma\frac{\sum_{a\in\Gamma(x)}\sum_{b\in\Gamma(y)}f_{\text{SR}}(a,b)}{|\Gamma(x)|\cdot|\Gamma(y)|} \tag{10.8}$$

其中，γ 是一个介于 0 和 1 的常数。

高阶启发式方法同时也是全局启发式方法。通过计算整个网络的启发式节点相似度得分，高阶启发式方法通常比一阶和二阶启发式方法有更好的表现。

10.2.1.3　小结

表 10.1 总结了前面介绍的 8 种启发式方法。关于上述启发式方法的更多变体，请参考（Liben-Nowell and Kleinberg，2007；Lüand Zhou，2011）。启发式方法可以理解成计算位于观察到的网络节点和边结构中预定义的**图结构特征**。尽管这些人为定义的图结构特征在许多领域很有效，但它们的表达能力有限——只能捕捉到一小部分结构模式，而不能表达不同网络中的一般图结构特征。同时，启发式方法只有在网络形成机制与启发式方法一致时才能很好地发挥作用。此外，现有的启发式方法不能很好地捕捉那些具有复杂形成机制的网络，并且大多数启发式方法只对同质图有效。

表 10.1　常用的链接预测启发式方法

名称	公式	阶数
CN	$\|\Gamma(x)\cap\Gamma(y)\|$	一阶
雅卡尔指数	$\frac{\|\Gamma(x)\cap\Gamma(y)\|}{\|\Gamma(x)\cup\Gamma(y)\|}$	一阶
PA	$\|\Gamma(x)\|\cdot\|\Gamma(y)\|$	一阶
AA	$\sum_{z\in\|\Gamma(x)\cap\Gamma(y)\|}\frac{1}{\log\|\Gamma(z)\|}$	二阶

续表

名称	公式	阶数
RA	$\sum_{z\in\|\Gamma(x)\cap\Gamma(y)\|}\frac{1}{\|\Gamma(z)\|}$	二阶
Katz 指标	$\sum_{l=1}^{\infty}\beta^l\|\text{walks}^{<l>}(x,y)\|$	高阶
RPR	$[\pi_x]_y+[\pi_y]_x$	高阶
SimRank 得分	$\gamma\frac{\sum_{a\in\Gamma(x)}\sum_{b\in\Gamma(y)}f_{\text{SR}}(a,b)}{\|\Gamma(x)\|\cdot\|\Gamma(y)\|}$	高阶

注：$\Gamma(x)$表示顶点 x 的邻居（节点）集合。$\beta<1$ 是一个阻尼因子。$|\text{walks}^{<l>}(x,y)|$ 用于统计 x 和 y 之间长度为 l 的游走的数量。$[\pi_x]_y$ 是 y 在从 x 开始的随机游走下的平稳分布概率，参见（Brin and Page，2012）。SimRank 得分是以递归方式定义的。

10.2.2 潜在特征方法

第二类传统的链接预测方法被称为潜在特征方法。在一些文献中，它们也被称为潜在因素模型或嵌入方法。潜在特征方法通常通过对来自网络的特定矩阵（如邻接矩阵和拉普拉斯矩阵）进行因子化来计算节点的潜在属性或表征。这些节点的潜在特征不是明确可观察的，它们必须通过优化从网络中计算得出。潜在特征也是不可解释的。也就是说，与每个特征维度表征节点的特定属性不同，我们不知道每个潜在特征维度描述了什么。

10.2.2.1 矩阵分解法

最为流行的潜在特征方法之一是矩阵分解法（Koren et al，2009；Ahmed et al，2013），这种方法起源于与推荐系统相关的文献。矩阵分解法将观察到的网络邻接矩阵 $\boldsymbol{A}$ 分解为低秩潜在嵌入矩阵 $\boldsymbol{Z}$ 及其转置的乘积。也就是说，矩阵分解法使用节点 i 和节点 j 之间的 k 维潜在嵌入 $\boldsymbol{z}_i$ 和 $\boldsymbol{z}_j$ 来近似地重建边：

$$\hat{\boldsymbol{A}}_{i,j}=\boldsymbol{z}_i^{\mathrm{T}}\boldsymbol{z}_j \tag{10.9}$$

然后，矩阵分解法通过使重建的邻接矩阵和真实的邻接矩阵之间的均方误差最小化，在观察到的边上学习潜在嵌入：

$$\mathscr{L}=\frac{1}{|\mathscr{E}|}\sum_{(i,j)\in\mathscr{E}}(\boldsymbol{A}_{i,j}-\hat{\boldsymbol{A}}_{i,j})^2 \tag{10.10}$$

最后，矩阵分解法通过节点的潜在嵌入之间的内积来预测新链接。矩阵分解法的变体包括使用 $\boldsymbol{A}$ 的幂（Cangea et al，2018）和使用一般的节点相似性矩阵（Ou et al，2016）取代原始邻接矩阵 $\boldsymbol{A}$。如果用拉普拉斯矩阵 $\boldsymbol{L}$ 替换 $\boldsymbol{A}$ 并定义损失如下：

$$\mathscr{L}=\sum_{(i,j)\in\mathscr{E}}\|\boldsymbol{z}_i-\boldsymbol{z}_j\|_2^2 \tag{10.11}$$

则可以用对应 $\boldsymbol{L}$ 的 k 个最小非零特征值的特征向量构建上述非平凡解，这相当于复原了拉普拉斯特征图技术（Belkin and Niyogi，2002）和频谱聚类的解决方案（VONLUXBURG U，2007）。

10.2.2.2　网络嵌入

自从 DeepWalk（Perozzi et al，2014）这一开创性的成果被提出以来，近年来网络嵌入方法获得极大普及。此类方法学习节点的低维表征（嵌入），并且通常基于对随机游走产生的节点序列来训练 skip-gram 模型（Mikolov et al，2013a）。因此，随机游走中经常出现在彼此附近的节点（即网络中接近的节点）将有类似的表征。然后，成对的节点嵌入被聚合为链接预测的链接表征。虽然矩阵没有被明确地因子化，但有研究（Qiu et al，2018）表明，许多网络嵌入方法，包括 LINE（Tang et al，2015b）、DeepWalk 和 node2vec（Grover and Leskovec，2016），会隐含地对网络的一些矩阵表征进行因子化。因此，它们也可以被归类为潜在特征方法。例如，DeepWalk 会近似地将矩阵因子化：

$$\log\left(\operatorname{vol}(\mathscr{G})\left(\frac{1}{w}\sum_{r=1}^{w}\left(\boldsymbol{D}^{-1}\boldsymbol{A}\right)^{r}\right)\boldsymbol{D}^{-1}\right)-\log(b) \tag{10.12}$$

其中，$\operatorname{vol}(\mathscr{G})$是节点度数的总和，$\boldsymbol{D}$ 是对角（度数）矩阵，w 是 skip-gram 的窗口大小，b 是一个常数。正如我们所看到的，DeepWalk 在本质上是对一些高阶归一化邻接矩阵的对数进行因子化（最高为 w）。为了直观地理解这一点，我们可以将随机游走看作把一个节点的邻域扩展到 w 跳以外，我们不仅要求直接邻居节点有相似的嵌入，而且要求通过随机游走 w 步可以到达的节点也有相似的嵌入。

类似地，LINE 算法（Tang et al，2015b）在其二阶形式中隐含了因子：

$$\log(\operatorname{vol}(\mathscr{G})(\boldsymbol{D}^{-1}\boldsymbol{A}\boldsymbol{D}^{-1}))-\log(b) \tag{10.13}$$

另一种流行的网络嵌入方法 node2vec（用负抽样和有偏置的随机游走来增强 DeepWalk）也被证明可以隐式分解矩阵。由于使用了二阶（有偏置）随机游走，因此矩阵没有闭合（Qiu et al，2018）。

10.2.2.3　小结

我们可以把潜在特征方法理解为从图结构中提取低维节点的嵌入。传统的矩阵分解方法使用节点嵌入之间的内积来预测链接。然而，我们实际上并不局限于内积。作为替代，我们可以在成对节点嵌入的任意聚合上应用一个神经网络来学习链接表征。例如，node2vec（Grover and Leskovec，2016）提供了 4 个对称的聚合函数（对两个节点的顺序不变）——平均值、阿达马积、绝对差值和平方差值。如果要预测有向链接，那么也可以使用非对称聚合函数。

潜在特征方法可以将全局属性和长程效应纳入节点表征，因为所有的节点对都被用于优化某个单一的目标函数。在优化过程中，一个节点的最终嵌入将受到同一连接组件中所有节点的影响。然而，潜在特征方法不能捕获节点之间的结构相似性（Ribeiro et al，2017），即两个共享相同邻接结构的节点不会被映射为相似的嵌入。由于潜在特征方法还需要通过一个非常大的维度来表达一些简单的启发式方法（Nickel et al，2014），这使得它们有时比启发式方法的表现更差。最后，潜在特征方法同时也是直推式学习方法——学到的节点嵌入不能泛化到新的节点或网络。

此外，为异质图设计的潜在特征方法有许多种。例如，RESCAL 模型（Nickel et al，2011）会将矩阵分解法泛化到多关系图，这在本质上相当于进行一种张量分解；而 Metapath2vec（Dong et al，2017）则将 node2vec 泛化到了异质图。

10.2.3　基于内容的方法

启发式方法和潜在特征方法都面临着冷启动的问题。也就是说，当把一个新节点加入网络时，启发式方法和潜在特征方法可能无法准确预测新节点的链接，因为这个节点与其他节点没有或只有少量的现有链接。在这种情况下，基于内容的方法可能对你会有所帮助。基于内容的方法利用与节点相关的、明确的内容特征进行链接预测，这种方法在推荐系统中得到了广泛应用（Lops et al，2011）。例如，在引文网络中，词的分布可以用作论文的内容特征；而在社交网络中，用户的个人资料（如他们的人口统计学信息和兴趣）可以作为他们的内容特征（但是，他们的朋友信息属于图结构特征，因为它们是从图结构中计算出来的）。但是，由于没有利用图结构，因此基于内容的方法通常比启发式方法和潜在特征方法的表现更差。基于内容的方法通常与其他两类方法一起使用（Koren，2008；Rendle，2010；Zhao et al，2017），以提高链接预测的表现。

10.3　基于 GNN 的链接预测方法

在 10.2 节中，我们已经介绍了三种传统的链接预测方法。在本节中，我们将讨论基于 GNN 的链接预测方法。基于 GNN 的链接预测方法将图结构特征和内容特征统一起来学习，这充分利用了 GNN 出色的图表征学习能力。

基于 GNN 的链接预测方法主要有两种——基于节点的方法和基于子图的方法。基于节点的方法通过聚合 GNN 学习的成对节点表征来构建链接表征。基于子图的方法则在每个链接的周围提取一个局部子图，并使用 GNN 学习的子图表征作为链接表征。

10.3.1　基于节点的方法

将 GNN 用于链接预测的直接方法是将 GNN 视为归纳式网络嵌入方法：首先从局部邻域学习节点嵌入，然后聚合 GNN 的成对节点嵌入以构建链接表征。我们称这些方法为基于节点的方法。

10.3.1.1　图自编码器

基于节点的方法的开创性成果是图自编码器（Graph AutoEncoder，GAE）（Kipf and Welling，2016）。给定图的邻接矩阵 $\boldsymbol{A}$ 和节点特征矩阵 $\boldsymbol{X}$，GAE 首先使用 GCN（Kipf and Welling，2017b）来计算每个节点 i 的节点表征 $\boldsymbol{z}_i$，然后使用 $\sigma(\boldsymbol{z}_i^{\mathrm{T}}\boldsymbol{z}_j)$ 来预测链接（i，j）：

$$\hat{A}_{i,j}=\sigma(\boldsymbol{z}_i^{\mathrm{T}}\boldsymbol{z}_j)\text{，其中}\boldsymbol{z}_i=\boldsymbol{Z}_{i,:},\boldsymbol{Z}=\mathrm{GCN}(\boldsymbol{X},\boldsymbol{A}) \tag{10.14}$$

其中，$\boldsymbol{Z}$ 是 GCN 输出的节点表征（嵌入）矩阵，$\boldsymbol{Z}$ 的第 i 行是节点 i 的表征 $\boldsymbol{z}_i$，$\hat{A}_{i,j}$ 是链接（i,j）的预测概率，σ 是 Sigmoid 函数。如果没有给出 $\boldsymbol{X}$，GAE 则使用独热编码矩阵 $\boldsymbol{I}$ 来代替。训练模型是为了最小化重建的邻接矩阵和真实邻接矩阵之间的交叉熵：

$$\mathscr{L}=\sum_{i\in\mathscr{V},j\in\mathscr{V}}(-A_{i,j}\log\hat{A}_{i,j}-(1-A_{i,j})\log(1-\hat{A}_{i,j})) \tag{10.15}$$

在实践中，正边（$A_{i,j}=1$）的损失被加权为 k，其中，k 是负边（$A_{i,j}=0$）和正边的比率。这么做的目的是平衡正负边对损失的贡献；否则，由于实际网络的稀疏性，损失可能被负边支配。

10.3.1.2 变分图自编码器

GAE 的变分版本被称为变分图自编码器（Variational Graph AutoEncoder，VGAE）（Kipf and Welling，2016）。VGAE 不是学习确定性的节点嵌入 z_i，而是使用两个 GCN 来分别学习 z_i 的均值 $\boldsymbol{\mu}_i$ 和方差 $\boldsymbol{\sigma}^2$。

VGAE 假定邻接矩阵 $\boldsymbol{A}$ 是通过 $p(\boldsymbol{A}|\boldsymbol{Z})$从潜在的节点嵌入 $\boldsymbol{Z}$ 产生的，其中，$\boldsymbol{Z}$ 遵循先验分布 $p(\boldsymbol{Z})$。与 GAE 类似，VGAE 使用一个基于内积的链接重建模型作为 $p(\boldsymbol{A}|\boldsymbol{Z})$：

$$p(\boldsymbol{A}\mid\boldsymbol{Z})=\prod_{i\in\mathcal{V}}\prod_{j\in\mathcal{V}}p(A_{i,j}\mid z_i,z_j)\text{，其中，}p(A_{i,j}=1\mid z_i,z_j)=\sigma(z_i^{\mathrm{T}}z_j) \tag{10.16}$$

先验分布 $p(\boldsymbol{Z})$采取了标准正态分布：

$$p(\boldsymbol{Z})=\prod_{i\in\mathcal{V}}p(z_i)=\prod_{i\in\mathcal{V}}\mathcal{N}(z_i\mid 0,\boldsymbol{I}) \tag{10.17}$$

给定 $p(\boldsymbol{A}|\boldsymbol{Z})$和 $p(\boldsymbol{Z})$，我们可以用贝叶斯法则计算 $\boldsymbol{Z}$ 的后验分布。然而，这种分布往往是难以计算的。因此，给定邻接矩阵 $\boldsymbol{A}$ 和节点特征矩阵 $\boldsymbol{X}$，VGAE 使用 GNN 来近似计算节点嵌入矩阵 $\boldsymbol{Z}$ 的后验分布：

$$q(\boldsymbol{Z}\mid\boldsymbol{X},\boldsymbol{A})=\prod_{i\in\mathcal{V}}q(z_i\mid\boldsymbol{X},\boldsymbol{A})\text{，其中，}q(z_i\mid\boldsymbol{X},\boldsymbol{A})=\mathcal{N}(z_i\mid\boldsymbol{\mu}_i,\mathrm{diag}(\boldsymbol{\sigma}_i^2)) \tag{10.18}$$

在这里，z_i 的均值 $\boldsymbol{\mu}_i$ 和方差 $\boldsymbol{\sigma}^2$ 是由两个 GCN 给出的。然后，VGAE 最大化置信下界以学习 GCN 的参数：

$$\mathcal{L}=\mathbb{E}_{q(\boldsymbol{Z}|\boldsymbol{X},\boldsymbol{A})}[\log p(\boldsymbol{A}\mid\boldsymbol{Z})]-\mathrm{KL}[q(\boldsymbol{Z}\mid\boldsymbol{X},\boldsymbol{A})\,\|\,p(\boldsymbol{Z})] \tag{10.19}$$

其中，$\mathrm{KL}[q(\boldsymbol{Z}\mid\boldsymbol{X},\boldsymbol{A})\,\|\,p(\boldsymbol{Z})]$ 是近似估计的后验与 $\boldsymbol{Z}$ 的先验分布之间的 Kullback-Leibler 散度。置信下界是使用重参数化技巧进行优化的（Kingma and Welling，2014）。最后，利用 $\hat{A}_{i,j}=\sigma(\boldsymbol{\mu}_i^{\mathrm{T}}\boldsymbol{\mu}_j)$，VGAE 使用嵌入均值 $\boldsymbol{\mu}_i$ 和 $\boldsymbol{\mu}_j$ 来预测链接（i,j）。

10.3.1.3 GAE 和 VGAE 的变体

GAE 和 VGAE 有许多变体。例如，ARGE（Pan et al，2018）用对抗性正则化来增强 GAE，使节点嵌入遵循先验分布；S-VAE（Davidson et al，2018）用 von Mises-Fisher 分布取代了 VGAE 中的正态分布，以模拟具有超球面潜在结构的数据；MGAE（Wang et al，2017a）则利用边缘化的图自编码器，通过 GCN 从损坏的节点特征中重建节点特征，并将它们应用于图聚类。

GAE 代表了一类通用的基于节点的方法。这类方法首先使用 GNN 学习节点嵌入，然后将成对的节点嵌入聚合起来以学习链接表征。原则上，我们可以用任意 GNN 替换 GAE/VGAE 中使用的 GCN，以及用$\{z_i, z_j\}$上的任何聚合函数替换内积 $z_i^{\mathrm{T}}z_j$，然后将聚合的链接表征送入 MLP 以预测链接（i, j）。按照这种方法，我们可以将任何为学习节点表征而设计的 GNN 泛化到链接预测。比如，HGCN（Chami et al，2019）将双曲图卷积神经网络与费米-狄拉克解码器相结合，用于聚合成对的节点嵌入并输出链接概率：

$$p(A_{i,j}=1\mid z_i,z_j)=[\exp(d(z_i,z_j)-r)/t+1]^{-1} \tag{10.20}$$

其中，$d(\cdot,\cdot)$表示计算双曲距离，r 和 t 是超参数。

再比如，位置感知 GNN（PGNN）（You et al，2019）在消息传递过程中只从一些选定的锚节点聚合消息，以捕获节点的位置信息，然后将节点嵌入之间的内积用于预测链接。

关于 PGNN 的这篇论文还将其他 GNN，包括 GAT（Petar et al，2018）、GIN（Morris et al，2020b）和 GraphSAGE（Hamilton et al，2017b），泛化到基于内积解码器的链接预测设置。

许多 GNN 以无监督方式将链接预测作为训练节点嵌入的目标，尽管它们的最终任务仍然是节点分类。例如，在计算节点嵌入后，GraphSAGE（Hamilton et al，2017b）将为每个 $\boldsymbol{z}_i$ 最小化以下目标，以鼓励连接的或附近的节点具有类似的表征：

$$L(\boldsymbol{z}_i) = -\log(\sigma(\boldsymbol{z}_i^{\mathrm{T}} \boldsymbol{z}_j)) - k_n \cdot \mathbb{E}_{j' \sim p_n} \log(1 - \sigma(\boldsymbol{z}_i^{\mathrm{T}} \boldsymbol{z}_{j'})) \tag{10.21}$$

其中，j 是一个节点，它在某个固定长度的随机游走上与节点 i 共同出现，p_n 是负的抽样分布，k_n 是负的样本数。如果我们专注于长度为 2 的随机游走，上述损失就会归约为一个链接预测目标。与式（10.15）中的 GAE 损失相比，上述目标不考虑所有的 $O(n)$ 个负链接，而是使用负抽样，对每个正对（i,j）只考虑 k_n 个负对 (i, j')，因此更适合于大图。

也可以将推荐系统上下文中许多基于节点的方法视为 GAE/VGAE 的变体。Monti et al（2017）使用 GNN 从各自的最近邻网络中学习用户和物品嵌入，并通过用户和物品嵌入之间的内积来预测链接。Berg et al（2017）提出了图卷积矩阵补全（GC-MC）模型，该模型将 GNN 应用于用户-物品的二分图，以学习用户和物品嵌入。他们将节点索引的独热编码作为输入节点特征，并通过用户和物品嵌入之间的双线性乘积来预测链接。SpectralCF（Zheng et al，2018a）在二分图上使用频谱-GNN 来学习节点嵌入。PinSage 模型（Ying et al，2018b）使用节点内容特征作为输入节点特征，并使用 GraphSAGE（Hamilton et al，2017b）模型将相关物品映射到类似的嵌入。

在知识图谱补全方面，R-GCN（Relational Graph Convolutional Neural Network）（Schlichtkrull et al，2018）是一种较有代表性的基于节点的方法，该方法通过在消息传递过程中对不同的关系类型赋予不同的权重来考虑关系类型。SACN（Structure-Aware Convolutional Network）（Shang et al，2019）则分别为每种关系类型的诱导子图执行消息传递，然后使用来自不同关系类型的节点嵌入的加权和。

10.3.2 基于子图的方法

基于子图的方法提取每个目标链接周围的局部子图，并通过 GNN 学习子图表征，以进行链接预测。

10.3.2.1 SEAL 框架

基于子图的方法的开创性成果是 SEAL（Zhang and Chen，2018b）。SEAL 首先为每个要预测的目标链接提取一个封闭子图，然后应用图级 GNN（带池化）来分类该子图是否存在对应的链接。围绕一个节点集合的**封闭子图**的定义如下。

定义 10.1（封闭子图） 对于图 $\mathcal{G} = (\mathcal{V}, \mathcal{E})$，给定一个节点集合 $S \subseteq \mathcal{V}$，S 的 h 跳封闭子图是由节点集和 $\bigcup_{j \in S} \{i \mid d(i,j) \leqslant h\}$ 诱导出的子图 $\mathcal{G}_S^h$，其中，$d(i,j)$ 是节点 i 和节点 j 之间的最短路径距离。

换言之，围绕一个节点集合 S 的 h 跳封闭子图包含 S 中所有节点的 h 跳以内的节点，以及这些节点之间的所有边。在一些文献中，h 跳封闭子图也被称为 h 跳局部/有根子图或 h 跳自我中心网络。在链接预测任务中，节点集合 S 表示要预测链接的两个节点。例如，当

预测节点 x 和节点 y 之间的链接时，$S=\{x, y\}$，$\mathcal{G}_{x,y}^{h}$ 表示链接（x, y）的 h 跳封闭子图。

为每个链接提取封闭子图的动机是，SEAL 的目的是从网络中自动学习图结构特征。所有的一阶启发式方法都可以从目标链接周围的 1 跳封闭子图中计算出来，所有的二阶启发式方法都可以从目标链接周围的 2 跳封闭子图中计算出来。SEAL 旨在使用 GNN 从提取的 h 跳封闭子图中学习一般的图结构特征（监督启发式方法），而不是使用预定义的启发式方法。

在提取封闭子图 $\mathcal{G}_{x,y}^{h}$ 后，下一步是进行**节点贴标签**。SEAL 应用双半径节点贴标签（Double Radius Node Labeling，DRNL）给子图中的每个节点贴上一个整数标签，并以此作为其附加特征。该操作的目的是使用不同的标签来区分封闭子图中不同角色的节点。例如，中心节点 x 和 y 是目标链接所在的目标节点，因此它们与其他节点不同，应该被区分开。同样，处于不同跳数的节点（相对于目标节点 x 和 y 而言）对于链接的存在可能有不同的结构重要性，因此也应分配不同的标签。如 10.4.2 节所述，适当地进行节点贴标签（如应用 DRNL），对于基于子图的链接预测方法的成功至关重要，这使得基于子图的方法比基于节点的方法具有更高的链接表征学习能力。

DRNL 的工作方式如下：首先将标签 1 分配给目标节点 x 和 y；然后对于半径为$(d(i,x), d(i,y))=(1,1)$的所有节点 i，分配标签 2。半径为（1, 2）或（2, 1）的节点得到标签 3，半径为（1, 3）或（3, 1）的节点得到标签 4，半径为（2, 2）的节点得到标签 5，半径为（1, 4）或（4, 1）的节点得到标签 6，半径为（2, 3）或（3, 2）的节点得到标签 7，依此类推。换言之，DRNL 迭代地将较大的标签分配给相对于两个中心节点具有较大半径的节点。

DRNL 满足以下两个条件：（1）目标节点 x 和 y 总是有明显的标签“1”，以便它们能与上下文节点区分开；（2）当且仅当节点 i 和节点 j 的“双半径”相同〔即节点 i 和节点 j 到（x, y）的距离相同〕时，它们才有相同的标签。如此一来，子图中具有相同关系位置的节点〔由双半径（$d(i, x), d(i, y)$）描述〕将总是有相同的标签。

DRNL 有一个直接将双半径（$d(i, x), d(i, y)$）映射为标签的闭式解：

$$l(i)=1+\min(d_x,d_y)+(d/2)[(d/2)+(d\%2)-1] \tag{10.22}$$

其中，$dx:=d(i, x)$，$dy:=d(i, y)$，$d:=dx+dy$，$(d/2)$和$(d\%2)$分别是 d 除以 2 的整数部分和余数部分。对于 $d(i,x)=\infty$ 或 $d(i,y)=\infty$ 的节点，DRNL 会给它们分配一个空标签 0。

在得到 DRNL 标签后，SEAL 要么将它们转换为独热编码向量，要么将它们送入嵌入层以得到嵌入。这些新的特征向量将与原始节点内容特征（如果有的话）相连接，形成新的节点特征。SEAL 还允许将一些预训练的节点嵌入（如 node2vec 嵌入）连接到节点特征。然而，正如实验结果所示，添加预训练的节点嵌入对最终表现并没有显示出明显的好处（Zhang and Chen，2018b）。此外，添加预训练的节点嵌入使得 SEAL 失去了归纳式学习能力。

最后，SEAL 将这些封闭子图以及新的节点特征向量送入图级 GNN，即 DGCNN（Zhang et al，2018g），以学习图分类函数。每个子图的真实值表明了两个中心节点是否真的有联系。为了训练这个 GNN，SEAL 从网络中随机抽取 N 个存在的链接作为正向训练链接，并抽取相同数量的未观察到的链接（随机节点对）作为负向训练链接。训练结束后，SEAL 便将训练好的 GNN 应用于新的未观察到的节点对的封闭子图，以进行预测链接。整个 SEAL 框架如图 10.2 所示。SEAL 在链接预测方面具有优异的表现，其表现持续优于预定义的启发式方法（Zhang and Chen，2018b）。

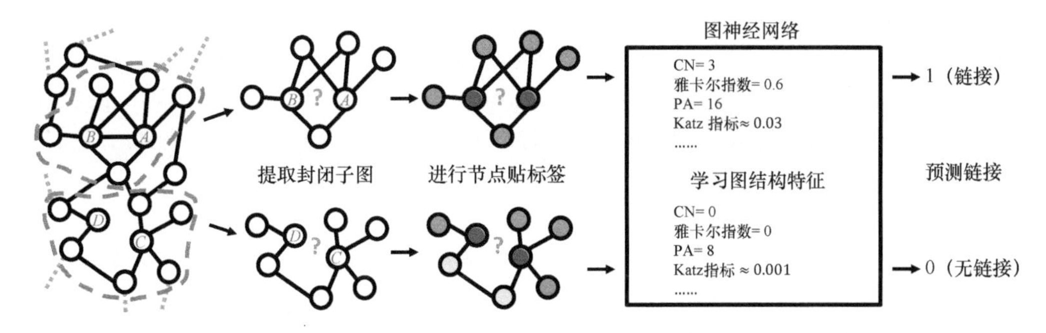

图 10.2 关于 SEAL 框架的说明。SEAL 首先提取目标链接周围的封闭子图来进行预测；然后对封闭子图进行节点标记，以区分子图中不同角色的节点；最后将有标签子图送入 GNN，以学习用于链接预测的图结构特征（监督启发式方法）

10.3.2.2 SEAL 的变体

SEAL 促发了许多后续工作。例如，Cai and Ji（2020）提出使用不同尺度的封闭子图来学习尺度不变的模型。Li et al（2020e）提出了距离编码（Distance Encoding，DE），旨在将 DRNL 泛化到节点分类和一般的节点集合分类问题，他们还从理论上分析了 DE 给 GNN 带来的力量。线图链接预测（Line Graph Link Prediction，LGLP）模型（Cai et al，2020c）将每个封闭子图转换为线图，并使用线图中的中心节点嵌入来预测原始链接。

SEAL 也被泛化用于推荐系统的双子图链接预测问题（Zhang and Chen，2019），模型被称为基于归纳图的矩阵补全（Inductive Graph-based Matrix Completion，IGMC）。IGMC 也会为每个目标（用户，物品）对周围的封闭子图进行抽样，但使用不同的节点贴标签解决方案。对于每个封闭子图，IGMC 首先给目标用户和目标物品分别贴上标签 0 和标签 1。其余节点的标签则是根据它们的节点类型以及它们与目标用户和目标物品的距离来决定的：如果一个用户类型的节点到达目标用户或目标物品的最短路径的长度为 k，那么这个节点将得到标签 $2k$；如果一个物品类型的节点到达目标用户或目标物品的最短路径的长度为 k，那么这个节点将得到标签 $2k+1$。如此一来，目标节点便总是可以与上下文节点区分开，用户也可以与物品区分开（用户的标签数量总是偶数）。此外，与中心节点距离不同的节点也可以被区分开。接下来，将封闭子图送入带有 R-GCN 卷积层的 GNN，以纳入边类型信息（每个边类型对应不同的评级）。最后，联合目标用户和目标物品的输出表征以作为链接表征，进而预测目标评级。IGMC 是一个不依赖任何内容特征的归纳式矩阵补全模型，也就是说，IGMC 只根据局部图结构来预测评级，而且学习的模型可以迁移到未见过的用户/物品或新的任务，而不需要重新训练。

在知识图谱补全的背景下，SEAL 被概括为 GraIL（图谱归纳学习）（Teru et al，2020）。GraIL 也遵循封闭子图提取、节点贴标签和 GNN 预测的框架。对于封闭子图，GraIL 提取由两个目标节点之间至少一条长度为 $h+1$ 的路径上出现的所有节点所诱导的子图。与 SEAL 不同的是，GraIL 的封闭子图不包括那些只与一个目标节点相邻但与另一个目标节点不相邻的节点。这是因为，对于知识图谱推理来说，连接两个目标节点的路径比悬空的节点更重要。在提取封闭子图后，GraIL 应用 DRNL 来标记封闭子图，同时使用 R-GCN 的一个变体，通过增强 R-GCN 的边注意力来输出每个链接的预测得分。

10.3.3 比较基于节点的方法和基于子图的方法

乍一看，基于节点的方法和基于子图的方法都基于 GNN 学习目标链接周围的结构特征。然而，正如我们将要说明的，由于对两个目标节点之间的关联进行建模，基于子图的方法实际上比基于节点的方法具有更高的链接表征能力。

我们首先通过一个例子来说明基于节点的方法在检测两个目标节点之间的关联方面的局限性。在图 10.3 中，左图是一个我们想要进行链接预测的图，其中，节点 v_2 和 v_3 是同构的（相互对称），链接（v_1,v_2）和链接（v_4,v_3）也是同构的，然而链接（v_1,v_2）和链接（v_1,v_3）**不是**同构的，因为它们在图中不是对称的。事实上，节点 v_1 在图中比节点 v_3 更接近节点 v_2，并且与节点 v_2 有更多的共同邻居。然而，由于节点 v_2 和 v_3 是同构的，基于节点的方法将为节点 v_2 和 v_3 学习相同的节点表征（因为有相同的邻居节点）。然后，由于基于节点的方法将两个节点表征聚合成了一个链接表征，它们将为链接（v_1,v_2）和链接（v_1,v_3）学习相同的链接表征，随后为它们输出相同的链接存在概率。这显然不是我们想要的结果。

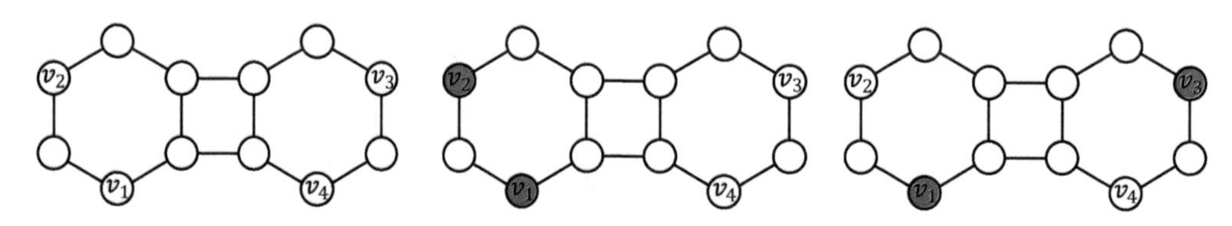

图 10.3　基于节点的方法和基于子图的方法之间不同的链接表征能力。在左图中，节点 v_2 和 v_3 是同构的，链接（v_1, v_2）和链接（v_4, v_3）是同构的，但链接（v_1, v_2）和链接（v_1, v_3）不是同构的，基于节点的方法无法区分链接（v_1, v_2）和链接（v_1, v_3）。在中间图中，当预测链接（v_1, v_2）时，我们将给这两个节点贴上与其他节点不同的标签，这样 GNN 在学习节点 v_1 和 v_2 的表征时就能意识到目标链接了。同样，当预测链接（v_1, v_3）时，节点 v_1 和 v_3 将被贴上不同的标签（如右图所示）。如此一来，左图中节点 v_2 的表征将与右图中节点 v_3 的表征不同，从而使得 GNN 能够区分链接（v_1, v_2）和链接（v_1, v_3）

产生这个问题的根本原因是，基于节点的方法**独立**计算两个节点的表征，而没有考虑两个节点之间的相对位置和关联。例如，尽管节点 v_2 和 v_3 相对于 v_1 有不同的位置，但用于学习节点 v_2 和 v_3 表征的 GNN 由于采用对称处理节点 v_2 和 v_3 的方式而没有意识到这种差异。

在基于节点的方法中，GNN **甚至不能学习计算两个节点之间的共同邻居**〔对链接（v_1,v_2）来说是 1，对链接（v_1,v_3）来说是 0〕，而这是链接预测最为基本的图结构特征之一。原因仍然是基于节点的方法在计算一个目标节点的表征时没有考虑另一个目标节点。例如，当计算节点 v_1 的表征时，基于节点的方法并不关心哪个节点是另一个目标节点——无论其他节点与它（如节点 v_2）有密集的连接还是离它（如节点 v_3）很远，基于节点的方法都会学习节点 v_1 的相同表征。如果未能对两个目标节点之间的关联进行建模，则有时会导致链接预测性能变差。

与基于节点的方法不同，基于子图的方法通过提取每个目标链接周围的封闭子图来进行链接预测。可以看到，如果我们为链接（v_1,v_2）和链接（v_1,v_3）提取 1 跳封闭子图，那么缘于它们不同的封闭子图结构，它们是可以直接被区分的——链接（v_1,v_2）周围的封闭子图是一个单一的连接组件，而链接（v_1, v_3）周围的封闭子图则由两个连接组件组成。大多数 GNN 可以很容易地为这两个子图分配不同的表征。

此外，在基于子图的方法中，节点贴标签步骤也有助于对两个目标节点之间的关联进行建模。例如，假设我们不提取封闭子图，而只是对原始图应用节点贴标签。如果只是将两个目标节点与其他节点区分开，则最简单的节点贴标签方法是给这两个目标节点分配标签 1，并给其他节点分配标签 0（我们称之为**零一贴标签技巧**）。然后，当我们想要预测链接（v_1, v_2）时，便可以为节点 v_1 和 v_2 分配一个与其他节点不同的标签，如图 10.3 中间图的不同颜色所示。节点 v_1 和 v_2 有了标签后，GNN 在计算节点 v_2 的表征时，就会“意识到”源节点 v_1 的存在。如此一来，在两个不同的有标签图中，节点 v_2 和 v_3 的节点表征将不再是相同的，因为有标签节点 v_1 的存在，我们能对链接（v_1, v_2）和链接（v_1, v_3）做出不同的预测。这种方法被称为贴标签技巧（Zhang et al，2020c），我们将在 10.4.2 节中更深入地加以讨论。

10.4 链接预测的理论

在本节中，我们将介绍一些关于基于 GNN 的链接预测的理论发展。对于基于子图的方法，一个重要的动机是从链接的邻域中学习有监督的启发式信息（图结构特征）。那么，一个重要的问题是，GNN 能学习现有成功的启发式特征到什么程度？γ-衰减启发式理论（Zhang and Chen，2018b）回答了这个问题。在 10.3.3 节中，我们已经看到使用基于节点的方法对两个目标节点之间的关联和关系进行建模的局限性，也看到了一个简单的零一贴标签技巧可以帮助我们解决这个问题。为什么这样一个简单的贴标签技巧可以达到如此好的链接表征能力？它是如何做到的？一个节点贴标签方案要达到这种能力的一般要求是什么？接下来对**贴标签技巧**的分析将回答这些问题（Zhang et al，2020c）。

10.4.1 γ-衰减启发式理论

当使用 GNN 进行链接预测时，我们希望基于消息传递学习对预测链接有用的图结构特征。然而，由于存在邻居节点爆炸引入的计算复杂性和过度平滑问题，我们通常不可能使用非常深的消息传递层来聚合整个网络的信息（Li et al，2018b）。这就是为什么基于节点的方法（如 GAE）在实践中只使用 1～3 个消息传递层，以及为什么基于子图的方法只在每个链接的周围提取一个小的 1 跳或 2 跳局部封闭子图。

γ-衰减启发式理论（Zhang and Chen，2018b）主要回答在链接的局部邻域中保留了多少对链接预测有用的结构信息，从而为在基于子图的方法中只对局部封闭子图应用 GNN 提供理由。为了回答这个问题，γ-衰减启发式理论研究了现有的链接预测启发式方法能不能从局部封闭子图中得到近似的解释。如果所有这些现有的、成功的启发式方法都能从局部封闭子图中准确计算或近似，那么我们将更有信心使用 GNN 从这些局部封闭子图中学习一般的图结构特征。

10.4.1.1 γ-衰减启发式方法的定义

首先，从 h 跳封闭子图的定义（见定义 10.1）可以得出的直接结论如下。

命题 10.1 链接（x, y）的任何 h 阶启发式得分都可以从链接（x, y）周围的 h 跳封闭子图 $\mathscr{G}_{x,y}^h$ 中准确计算出来。

例如，一个 1 跳封闭子图包含计算任何一阶启发式方法的所有信息，而一个 2 跳封闭子图包含计算任何一阶和二阶启发式方法的所有信息，这表明一阶和二阶启发式方法可以基于一个有较强表达能力的 GNN 学习局部封闭子图。然而，高阶启发式方法如何呢？高阶启发式方法通常比局部启发式方法有更好的链接预测表现。为了研究高阶启发式方法的局部近似性，γ–衰减启发式理论首先定义了高阶启发式方法的一般表述，即 **γ–衰减启发式**。

定义 10.2（γ–衰减启发式） 链接 (x,y) 的 γ–衰减启发式具有如下形式。

$$\mathcal{H}(x,y)=\eta\sum_{l=1}^{\infty}\gamma^{l}f(x,y,l) \tag{10.23}$$

其中，γ 是一个介于 0 和 1 的衰减因子；η 是一个正常数或是 γ 的正函数，其上界为一个常数；f 是给定网络下 x、y、l 的非负函数；l 可以理解为迭代数。

可以证明，在一定条件下，任何 γ–衰减启发式都可以从 h 跳封闭子图中近似，并且近似误差至少随 h 以指数形式减小。

定理 10.1 给定一个 γ–衰减启发式 $\mathcal{H}(x,y)=\eta\sum_{l=1}^{\infty}\gamma^{l}f(x,y,l)$，如果 $f(x,y,l)$满足：

- （属性 1）$f(x,y,l)\leqslant\lambda^{l}$，其中 $\lambda<\dfrac{1}{\gamma}$；
- （属性 2）对于 $l=1,2,\cdots,g(h)$，$f(x,y,l)$ 可以从 $\mathcal{G}_{x,y}^{h}$ 计算出来，其中，$g(h)=ah+b$（$a,b\in\mathbb{N}$；$a>0$）。

则 $\mathcal{H}(x,y)$ 可以从 $\mathcal{G}_{x,y}^{h}$ 中近似，并且近似误差至少随 h 以指数形式减小。

证明 我们可以通过对其第一个 $g(h)$项进行求和来近似计算 γ–衰减启发式。

$$\widetilde{\mathcal{H}}(x,y):=\eta\sum_{l=1}^{g(h)}\gamma^{l}f(x,y,l) \tag{10.24}$$

对近似误差的限制如下：

$$|\mathcal{H}(x,y)-\widetilde{\mathcal{H}}(x,y)|=\eta\sum_{l=g(h)+1}^{\infty}\gamma^{l}f(x,y,l)\leqslant\eta\sum_{l=ah+b+1}^{\infty}\gamma^{l}\lambda^{l}=\eta(\gamma\lambda)^{ah+b+1}(1-\gamma\lambda)^{-1}$$

上述证明表明，较小的 $\gamma\lambda$ 会导致更快的衰减速度和较小的近似误差。为了近似一个 γ–衰减启发式，只需要从一个 h 跳封闭子图中计算它的前几项即可。

那么，一个很自然的问题是，哪些现有的高阶启发式属于允许局部近似的 γ–衰减启发式。令人惊讶的是，γ–衰减启发式理论显示，三个最为流行的高阶启发式方法——Katz 指标、RPR 和 SimRank 得分（见表 10.1）都满足定理 10.1 中的属性。

为了证明这些，我们首先需要证明以下引理。

引理 10.1 任何长度为$l\leqslant 2h+1$的节点 x 和节点 y 之间的游走都包含在 $\mathcal{G}_{x,y}^{h}$ 中。

证明 给定任何长度为 l 的游走 $w=x,v_1,\cdots,v_{l-1},y$，我们需要证明每个节点 v_i 都包含在 $\mathcal{G}_{x,y}^{h}$ 中。考虑任意一个节点 v_i，假设 $d(v_i,x)\geqslant h+1$、$d(v_i,y)\geqslant h+1$，则 $2h+1\geqslant l=|\langle x,v_1,\cdots,v_i\rangle|+\langle v_i,\cdots,v_{l-1},y\rangle|\geqslant d(v_i,x)+d(v_i,y)\geqslant 2h+2$，这是矛盾的。因此，$d(v_i,x)\leqslant h$ 或 $d(v_i,y)\leqslant h$。根据 $\mathcal{G}_{x,y}^{h}$ 的定义，节点 v_i 必定包含在 $\mathcal{G}_{x,y}^{h}$ 中。

接下来展示人们对 Katz 指标、RPR 和 SimRank 得分所做的分析。

10.4.1.2 Katz 指标

链接（x,y）的 Katz 指标（Katz，1953）被定义为

$$\text{Katz}_{x,y}=\sum_{l=1}^{\infty}\beta^{l}\,|\,\text{walks}^{<l>}(x,y)|=\sum_{l=1}^{\infty}\beta^{l}[A^{l}]_{x,y} \tag{10.25}$$

其中，$\text{walks}^{<l>}(x,y)$ 是节点 x 和节点 y 之间长度为 l 的游走的集合，A^l 是网络邻接矩阵的第 l 次幂。Katz 指标旨在对节点 x 和节点 y 之间所有游走的集合进行求和，其中，长度为 l 的游走的缩减系数为 $\beta^l\,(0<\beta<1)$，可以给较短的游走赋予更多的权重。

Katz 指标可以直接定义为 γ-衰减启发式的形式，其中 $\eta=1$、$\gamma=\beta$、$f(x,y,l)=|\text{walks}^{<l>}(x,y)|$。根据引理 10.1，针对 $l\leqslant 2h+1$，可以从 $\mathscr{G}_{x,y}^{h}$ 中计算出 $|\text{walks}^{<l>}(x,y)|$，因此满足定理 10.1 中的属性 2。现在我们证明何时满足属性 1。

命题 10.2 对于任意节点 i 和节点 j，$[A^l]_{i,j}$ 以 d^l 为界，其中，d 是网络的最大节点度数。

证明 下面通过归纳法进行证明。当 l=1 时，对于任意链接（i,j），$A_{i,j}\leqslant d$。因此，基本情况是正确的。利用归纳法，假设对于任意链接（i,j）有 $[A^l]_{i,j}\leqslant d^l$，于是得出

$$[A^{l+1}]_{i,j}=\sum_{k=1}^{|V|}[A^l]_{i,k}A_{k,j}\leqslant d^l\sum_{k=1}^{|V|}A_{k,j}\leqslant d^l d=d^{l+1}$$

取 $\lambda=d$，可以看到，只要 $d<1/\beta$，Katz 指标就可以满足定理 10.1 中的属性 1。在实践中，缩减系数 β 通常被设置为非常小的值，如 5E−4（Liben-Nowell and Kleinberg，2007），这意味着 Katz 指标可以从 h 跳封闭子图中得到非常好的近似。

10.4.1.3 RPR

节点 x 的 RPR 计算的是从该节点开始的随机游走的平稳分布，随机游走要么以概率 α 的方式迭代移动到其当前位置的一个随机邻居节点，要么以概率 1–α 的方式返回到节点 x。假设 $\boldsymbol{\pi}_x$ 表示平稳分布向量，$[\boldsymbol{\pi}_x]_i$ 表示随机游走在平稳分布下处于节点 i 的概率。

设 $\boldsymbol{P}$ 是转移概率矩阵，如果 $(i,j)\in E$，则 $P_{i,j}=\dfrac{1}{|\Gamma(v_j)|}$，否则 $P_{i,j}=0$。设 $\boldsymbol{e}_x$ 是一个向量，其中的第 x 个元素为 1，其他元素为 0。平稳分布满足

$$\boldsymbol{\pi}_x=\alpha P\boldsymbol{\pi}_x+(1-\alpha)\boldsymbol{e}_x \tag{10.26}$$

当用于链接预测时，链接（x, y）的得分由 $[\boldsymbol{\pi}_x]_y$（或 $[\boldsymbol{\pi}_x]_y+[\boldsymbol{\pi}_y]_x$ 以示对称）给出。为了证明 RPR 是 γ-衰减启发式方法，我们引入了 **inverse P-distance** 理论（Jeh and Widom，2003），该理论指出，$[\boldsymbol{\pi}_x]_y$ 可以等价地写成

$$[\boldsymbol{\pi}_x]_y=(1-\alpha)\sum_{w:x\rightsquigarrow y}P[w]\alpha^{\text{len}(w)} \tag{10.27}$$

其中，求和取自所有从节点 x 开始到节点 y 结束的游走（有可能多次接触节点 x 和节点 y）。对于一个游走 $w=\langle v_0,v_1,\cdots,v_k\rangle$，$\text{len}(w):=|\langle v_0,v_1,\cdots,v_k\rangle|$ 是该游走的长度。$P[w]$被定义为

$\prod_{i=0}^{k-1}\frac{1}{|\Gamma(v_i)|}$，它可以解释为游走 w 的概率。

定理 10.2　RPR 是 γ–衰减启发式方法，它满足定理 10.1 中的两个属性。

证明　首先将 $[\boldsymbol{\pi}_x]_y$ 写成以下形式：

$$[\boldsymbol{\pi}_x]_y=(1-\alpha)\sum_{l=1}^{\infty}\sum_{\substack{w:x\rightsquigarrow y\\ \text{len}(w)=l}}P[w]\alpha^l \tag{10.28}$$

定义 $f(x,y,l):=\sum_{\substack{w:x\rightsquigarrow y\\ \text{len}(w)=l}}P[w]$ 导致 γ–衰减启发式的形式。请注意，$f(x,y,l)$是一个从节点 x 开始的随机游走正好在 l 步内停在节点 y 的概率，满足 $\sum_{z\in V}f(x,z,l)=1$。因此，$f(x,y,l)\leqslant 1\leqslant\frac{1}{\alpha}$（定理 10.1 中的属性 1）。根据引理 10.1，对于 $l\leqslant 2h+1$，我们可以从 $\mathcal{G}_{x,y}^h$ 计算出 $f(x,y,l)$（定理 10.1 中的属性 2）。

10.4.1.4　SimRank 得分

SimRank 得分（Jeh and Widom，2002）假设：如果两个节点的邻居节点是相似的，那么这两个节点就是相似的。SimRank 得分是用下列递归方式定义的：如果 $x=y$，则 $s(x,y):=1$；否则

$$s(x,y):=\gamma\frac{\sum_{a\in\Gamma(x)}\sum_{b\in\Gamma(y)}s(a,b)}{|\Gamma(x)|\cdot|\Gamma(y)|} \tag{10.29}$$

其中，γ 是一个介于 0 和 1 的常数。根据（Jeh and Widom，2002），SimRank 得分具有如下等价的定义：

$$s(x,y)=\sum_{w:(x,y)\multimap(z,z)}P[w]\gamma^{\text{len}(w)} \tag{10.30}$$

其中，$w:(x,y)\multimap(z,z)$ 表示所有同时进行的游走，其中一个游走从节点 x 开始，另一个游走从节点 y 开始，并且它们首先在任意顶点 z 相遇。对一个同时进行的游走 $w=\langle(v_0,u_0),\cdots,(v_k,u_k)\rangle$ 来说，$\text{len}(w)=k$ 是该游走的长度。$P[w]$被类似地定义为 $\prod_{i=0}^{k-1}\frac{1}{|\Gamma(v_i)||\Gamma(u_i)|}$，用于描述这个游走的概率。

定理 10.3　SimRank 得分是满足定理 10.1 中属性的 γ–衰减启发式方法。

证明　首先将 $s(x,y)$写成以下形式：

$$s(x,y)=\sum_{l=1}\sum_{\substack{w:(x,y)\multimap(z,z)\\ \text{len}(w)=l}}P[w]\gamma^l \tag{10.31}$$

定义 $f(x,y,l):=\sum_{\substack{w:(x,y)\multimap(z,z)\\ \text{len}(w)=l}}P[w]$ 表明，SimRank 得分是 γ–衰减启发式方法。请注意，$f(x,y,l)\leqslant 1\leqslant\frac{1}{\gamma}$。可以很容易地看出，对于 $l\leqslant h$，$f(x,y,l)$也可以通过 $\mathcal{G}_{x,y}^h$ 计算得到。

10.4.1.5 讨论

其他一些基于路径计数或随机游走的高阶启发式方法（Lüand Zhou，2011）也可以纳入γ-衰减启发式框架。另一个有趣的发现是，一阶和二阶启发式方法也可以统一到这个框架中。例如，共同邻居可以被看作一个 γ-衰减启发式，其中$\eta=\gamma=1$，对于$l=1$，$f(x,y,l)=|\Gamma(x)\cap\Gamma(y)|$，否则$f(x,y,l)=0$。

上述结果显示，大多数现有的链接预测启发式方法在本质上共享相同的 γ-衰减启发式形式，因此可以有效地从 h 跳封闭子图中近似，并且近似误差以指数形式减小。γ-衰减启发式的普遍性不是偶然的——它意味着一个成功的链接预测启发式方法最好将按指数形式减小的权重放在远离目标的结构上，因为网络的远程部分对链接的存在没有什么贡献。γ-衰减启发式理论为我们从局部封闭子图中学习有监督的启发式信息建立了基础，因为它们意味着局部封闭子图已经包含足够的信息来学习良好的图结构特征，从而进行链接预测。考虑到从整个网络中学习往往是不可行的，基于局部封闭子图进行学习有着重要的意义。这促使人们提出基于子图的方法。

总而言之，利用从链接周围提取的小封闭子图，我们能够准确地计算出一阶和二阶启发式方法，并以较小的误差逼近各种高阶启发式方法。因此，给定一个有足够表达能力的GNN，从这样的封闭子图中学习有望获得至少与各种启发式方法一样好的表现。

10.4.2 贴标签技巧

在 10.3.3 节中，我们简要讨论了基于节点的方法和基于子图的方法的链接表征学习能力之间的区别，这被形式化为对**贴标签技巧**的分析（Zhang et al，2020c）。

10.4.2.1 结构表征

下面首先介绍一些关于**结构表征**（分析贴标签技巧时的一个核心概念）的基础知识。

我们将图定义为$\mathcal{G}=(\mathcal{V},\mathcal{E},\boldsymbol{A})$，其中，$\mathcal{V}$={1, 2, ⋯, n}是 n 个节点的集合，$\mathcal{E}\subseteq\mathcal{V}\times\mathcal{V}$是边的集合，$\boldsymbol{A}\in\mathbb{R}^{n\times n\times k}$是一个包含节点特征和边特征的 3 维张量（我们称之为邻接张量）。对角线元素$\boldsymbol{A}_{i,i,:}$表示节点 i 的特征，非对角线元素$\boldsymbol{A}_{i,j,:}$表示边（i,j）的特征。我们进一步用$\boldsymbol{A}'\in\{0,1\}^{n\times n}$表示$\mathcal{G}$的邻接矩阵，如果$(i,j)\in E$，则有$\boldsymbol{A}_{i,j}=1$。如果没有节点特征/边特征，就设置$\boldsymbol{A}'$=$\boldsymbol{A}$；否则，$\boldsymbol{A}'$可以看作 $\boldsymbol{A}$ 的第一个切片，$\boldsymbol{A}'=\boldsymbol{A}_{:,:,1}$。

置换$\boldsymbol{\pi}$是一个从{1, 2, ⋯, n}到{1, 2, ⋯, n}的双射。根据上下文，$\boldsymbol{\pi}(i)$可能意味着给节点$i\in\mathcal{V}$分配一个新的索引，或者将节点 i 映射到另一个图的节点$\boldsymbol{\pi}(i)$。所有 n 个可能的$\boldsymbol{\pi}$构成了置换组$\boldsymbol{\Pi}_n$。对于一组节点上的联合预测任务，我们用 S 表示**目标节点集合**。例如，如果我们想预测节点 i 和节点 j 之间的联系，则 S={i,j}。我们可以定义$\boldsymbol{\pi}(S)=\{\boldsymbol{\pi}(i)\,|\,i\in S\}$。我们还可以进一步定义 $\boldsymbol{A}$ 的置换为$\boldsymbol{\pi}(\boldsymbol{A})$，其中，$\boldsymbol{\pi}(\boldsymbol{A})_{\boldsymbol{\pi}(i),\boldsymbol{\pi}(j),:}=\boldsymbol{A}_{i,j,:}$。

接下来，我们定义**集合同构**，从而将图的同构泛化到任意节点集合。

定义 10.3（集合同构） 给定两个 n 节点图$\mathcal{G}=(\mathcal{V},\mathcal{E},\boldsymbol{A})$和$\mathcal{G}'=(\mathcal{V}',\mathcal{E}',\boldsymbol{A}')$，以及两个节点集合$S\subseteq\mathcal{V}$和$S'\subseteq\mathcal{V}'$，如果存在$\boldsymbol{\pi}\in\boldsymbol{\Pi}_n$使得$S=\boldsymbol{\pi}(S')$且$\boldsymbol{A}=\boldsymbol{\pi}(\boldsymbol{A}')$，我们就说$(S,\boldsymbol{A})$和$(S',\boldsymbol{A}')$是同构的（用$(S,\boldsymbol{A})\simeq(S',\boldsymbol{A}')$表示）。

当$(\mathcal{V},\boldsymbol{A})\simeq(\mathcal{V}',\boldsymbol{A}')$时，我们就说两个图 $\mathcal{G}$ 和 $\mathcal{G}'$ 是**同构的**（简写为$\boldsymbol{A}\simeq\boldsymbol{A}'$，因为$\mathcal{V}=\boldsymbol{\pi}(\mathcal{V}')$对于任意$\boldsymbol{\pi}$成立）。请注意，集合同构比图同构**更严格**，因为前者不仅要求图同

构，而且要求置换 $\boldsymbol{\pi}$ 能够将一个特定的节点集合 S 映射到另一个节点集合 S' 。

在实践中，当 $S \neq \mathcal{V}$ 时，我们往往更关心 $\boldsymbol{A} = \boldsymbol{A}'$ 的情况，我们要在**同一个图中**找到同构的节点集合（自同构）。例如，当 $S = \{i\}$ 、 $S' = \{j\}$ 并且 $(i, \boldsymbol{A}) \simeq (j, \boldsymbol{A})$ 时，我们就说节点 i 和节点 j 在图 $\boldsymbol{A}$ 中是同构的（或者说它们在图 $\boldsymbol{A}$ 中具有对称的位置/相同的结构角色）。大家可以参考图 10.3 左图中的节点 v_2 和 v_3 。

如果对于 $\forall \boldsymbol{\pi} \in \boldsymbol{\Pi}_n$，$f(S, \boldsymbol{A}) = f(\boldsymbol{\pi}(S), \boldsymbol{\pi}(\boldsymbol{A}))$ ，我们就说一个定义在（$S, \boldsymbol{A}$）空间上的函数 f 是**置换不变的**（或简称**不变的**）。类似地，如果对于 $\forall \boldsymbol{\pi} \in \boldsymbol{\Pi}_n$，$\boldsymbol{\pi}(f(S, \boldsymbol{A})) = f(\boldsymbol{\pi}(S), \boldsymbol{\pi}(\boldsymbol{A}))$ ，我们就说函数 f 是**置换等变的**。

现在我们按照（Srinivasan and Ribeiro，2020b；Li et al，2020e）定义一个节点集合的结构表征，从而为每个同构的节点集合的等价类分配一个唯一的表征。

定义 10.4（最具表达能力的结构表征）　给定一个不变函数 $\Gamma(\cdot)$ ，如果对于 $\forall S$、$\boldsymbol{A}$、S' 和 $\boldsymbol{A}'$ ，有 $\Gamma(S, \boldsymbol{A}) = \Gamma(S', \boldsymbol{A}') \Leftrightarrow (S, \boldsymbol{A}) \simeq (S', \boldsymbol{A}')$ ，我们就说 $\Gamma(S, \boldsymbol{A})$ 是 $(S, \boldsymbol{A})$ 的最具表达能力的结构表征。

为简单起见，我们将在本节的其余部分简要地用**结构表征法**来表示最具表达能力的结构表征。从上下文中可以看出，我们将省略 $\boldsymbol{A}$。我们称 $\Gamma(i, \boldsymbol{A})$ 为节点 i 的**结构节点表征**，称 $\Gamma(\{i, j\}, \boldsymbol{A})$ 为链接（i, j）的**结构链接表征**。

定义 10.4 要求两个节点集合的结构表征是相同的（当且仅当它们是同构的节点集合时）。也就是说，同构的节点集合总是有**相同的**结构表征，而非同构的节点集合总是有**不同的**结构表征。这与 DeepWalk（Perozzi et al，2014）和矩阵分解（Mnih and Salakhutdinov，2008）等**位置性节点嵌入方法**形成了鲜明对比。位置性节点嵌入方法允许两个同构的节点可以有不同的节点嵌入（Ribeiro et al，2017）。

那么，我们为什么需要结构表征？从形式上说，Srinivasan and Ribeiro（2020b）证明了任何针对节点集合的联合预测任务都只需要节点集合的**最具表达能力的结构表征**（当且仅当这两个节点集合是同构的节点集合时），这些表征对这两个节点集合是相同的。这意味着对于链接预测任务，我们需要为同构的链接学习相同的表征，同时为非同构的链接学习不同的表征，从而区分它们。直观地说，两个链接是同构的，这意味着它们从任何角度看都是不可区分的——如果一个链接存在，那么另一个链接也应该存在，反之亦然。因此，链接预测最终需要为节点对找到一个可以唯一识别链接同构类的**结构链接表征**。

根据图 10.3 的左图，直接聚合两个节点表征的基于节点的方法**无法**学习如此有效的结构链接表征，因为它们不能区分非同构链接，如链接（v_1, v_2）和链接（v_1, v_3）。读者可能会想，将使用节点索引的独热编码作为输入节点特征是否有助于基于节点的方法学习这样的结构链接表征。节点区分特征确实使得基于节点的方法能够学习图 10.3 左图所示链接（v_1, v_2）和链接（v_1, v_3）的不同表征，但这同时也会失去 GNN 将同构节点（如节点 v_2 和 v_3）和同构链接〔如链接（v_1, v_2）和链接（v_4, v_3）〕映射到相同表征的能力，因为任何两个节点从一开始就有不同的表征。这可能导致不良的泛化能力——即使两个节点/链接共享相同的邻域，它们也可能有不同的最终表征。

为了简化分析，我们还可以定义**节点最具表达能力的 GNN**，用于对所有非同构的节点给出不同的表征，而对所有同构的节点给出相同的表征。换言之，节点最具表达能力的 GNN 学习的是结构性节点表征。

定义 10.5（节点最具表达能力的 GNN） 如果一个 GNN 满足以下条件，我们就说它是节点最具表达能力的 GNN：对于 $\forall i$、$\boldsymbol{A}$、j和$\boldsymbol{A}'$, $\text{GNN}(i,\boldsymbol{A})=\text{GNN}(j,\boldsymbol{A}')\Leftrightarrow(i,\boldsymbol{A})\simeq(j,\boldsymbol{A}')$。

虽然我们目前还不知道节点最具表达能力的 GNN 的多项式时间实现，但基于消息传递的实用 GNN 仍然可以区分几乎所有的非同构节点（Babai and Kucera，1979），从而很好地逼近了这种 GNN 的能力。

10.4.2.2 贴标签技巧使学习结构表征成为可能

本节介绍贴标签技巧，下面让我们看看它是如何实现学习节点集合的结构表征的。正如我们在 10.4.2 节中所看到的，简单的零一贴标签技巧可以帮助 GNN 区分非同构的链接，如图 10.3 左图所示的链接（v_1, v_2）和链接（v_1, v_3）。同时，同构链接〔如链接（v_1, v_2）和链接（v_4, v_3）〕仍将有相同的表征，因为链接（v_1, v_2）的零一有标签图仍与链接（v_4, v_3）的零一有标签图对称。相对于使用节点索引的独热编码，零一贴标签技巧具有独特的优势。

下面我们给出贴标签技巧的正式定义，其中包含零一贴标签技巧的一种具体形式。

定义 10.6（贴标签技巧） 给定链接（$S, \boldsymbol{A}$），在 $\boldsymbol{A}$ 的第三维中堆叠一个贴标签张量 $\boldsymbol{L}^{(S)}\in\mathbb{R}^{n\times n\times d}$，得到新的 $\boldsymbol{A}^{(S)}\in\mathbb{R}^{n\times n\times(k+d)}$，其中，$\boldsymbol{L}$ 满足以下两个条件：对于 $\forall S$、$\boldsymbol{A}$、S' 和 A' 以及 $\boldsymbol{\pi}\in\boldsymbol{\Pi}_n$，（1）$\boldsymbol{L}^{(S)}=\boldsymbol{\pi}(\boldsymbol{L}^{(S')})\Rightarrow S=\boldsymbol{\pi}(S')$；（2）$S=\boldsymbol{\pi}(S')$且$\boldsymbol{A}=\boldsymbol{\pi}(\boldsymbol{A}')\Rightarrow\boldsymbol{L}^{(S)}=\boldsymbol{\pi}(\boldsymbol{L}^{(S')})$。

这里解释一下，贴标签技巧为图 $\boldsymbol{A}$ 中的每个节点/边分配了一个标签向量，这就构成了贴标签张量 $\boldsymbol{L}^{(S)}$。通过串联 $\boldsymbol{A}$ 和 $\boldsymbol{L}^{(S)}$，我们得到了新的有标签图的邻接张量 $\boldsymbol{A}^{(S)}$。根据定义，我们可以给节点和边分配标签。为简单起见，我们这里只考虑节点标签，也就是让对角线外的元素 $\boldsymbol{L}_{i,j,:}^{(S)}$ 都为 0。

贴标签张量 $\boldsymbol{L}^{(S)}$应该满足定义 10.6 中的两个条件。第一个条件要求目标节点与其他节点的标签不同，这样 S 就能与其他节点区分开。这是因为，如果置换 $\boldsymbol{\pi}$ 保留节点 $\boldsymbol{A}$ 和节点 $\boldsymbol{A}'$之间存在的节点标签，那么 S 和 S' 就必须具有不同的标签，以保证 S' 通过 $\boldsymbol{\pi}$ 能够映射到 S。第二个条件要求标签函数是**置换等变的**，换言之，当链接（$S,\boldsymbol{A}$）和链接（S'，$\boldsymbol{A}'$）在 $\boldsymbol{\pi}$ 下是同构的链接时，相应的节点 $i\in S$、$j\in S'$和$i=\boldsymbol{\pi}(j)$ 必须总是有相同的标签。标签在不同的 S 中应该是一致的。

例如，零一贴标签是一种有效的贴标签技巧：总是给 S 中的节点贴上标签 1，否则就贴上标签 0，这既是一致的，也对 S 做了区别对待。然而，全一贴标签不是有效的贴标签技巧，因为不能区分目标节点集合 S。

下面我们介绍贴标签技巧的主要定理，以表明在有效的贴标签技巧下，节点最具表达能力的 GNN 可以通过聚合从**有标签**图中学习的节点表征来学习结构链接表征。

定理 10.4 给定一个节点最具表达能力的 GNN 和一个注入式集合聚合函数 AGG，对于任意 S、$\boldsymbol{A}$、S'和$\boldsymbol{A}'$，$\text{GNN}(S,\boldsymbol{A}^{(S)})=\text{GNN}(S',\boldsymbol{A}'^{(S')})\Leftrightarrow(S,\boldsymbol{A})\simeq(S',\boldsymbol{A}')$，其中，$\text{GNN}(S,\boldsymbol{A}^{(S)}):=\text{AGG}(\{\text{GNN}(i,\boldsymbol{A}^{(S)})\mid i\in S\})$。

上述定理的证明可以在（Zhang et al，2020c）的附录 A 中找到。定理 10.4 意味着 $\text{AGG}(\{\text{GNN}(i,\boldsymbol{A}^{(S)})\mid i\in S\})$ 是链接（$S, \boldsymbol{A}$）的结构表征。请记住，直接聚合从原图 $\boldsymbol{A}$ 中学习的结构节点表征并不能导致结构链接表征。定理 10.4 表明，通过将我们从**有标签图**的邻接张量 $\boldsymbol{A}^{(S)}$ 中学习的结构节点表征聚合起来（有点令人惊讶），可以得到 S 的结构表征。

定理 10.4 的意义在于缩小了 GNN 的节点表征性质和链接预测的链接表征要求之间的差

距，这解决了（Srinivasan and Ribeiro，2020b）中质疑的基于节点的 GNN 方法进行链接预测的能力问题。虽然直接聚合 GNN 学习的成对节点表征并不能导致结构链接表征，但通过将 GNN 与贴标签技巧相结合，我们就可以学习结构链接表征。

可以很容易证明，零一贴标签、DRNL 和距离编码（DE）（Li et al，2020e）都是有效的贴标签技巧。这解释了为什么基于子图的方法比基于节点的方法具有更优越的经验表现（Zhang and Chen，2018b；Zhang et al，2020c）。

10.5　未来的方向

在本节中，我们将介绍链接预测的三个重要的未来发展方向：加速基于子图的方法、设计更强大的贴标签技巧以及理解何时使用独热特征。

10.5.1　加速基于子图的方法

链接预测的一个重要的未来发展方向是加速基于子图的方法。尽管基于子图的方法在经验和理论上都展示出相比基于节点的方法更优越的表现，但基于子图的方法也存在巨大的计算复杂性，这使得它们无法被部署到现代推荐系统中。因此，如何加速基于子图的方法是一个需要研究的重要问题。

基于子图的方法的额外计算复杂性来自其节点标记步骤。原因是，对于每一个要预测的链接（i,j），我们需要根据链接（i,j）重新为图贴标签。同一个节点会被贴上不同的标签，这取决于哪一个是目标链接。当这个节点出现在不同链接的有标签图中时，GNN 会给它一个不同的节点表征。这与基于节点的方法不同，在这种方法中，由于不需要对图重新贴标签，因此每个节点只有一个表征。

换言之，对于基于节点的方法，我们只需要将 GNN 应用于整个图一次，以计算每个节点的表征，而基于子图的方法需要将 GNN 反复应用于有标签的不同子图，每个子图对应于不同的链接。因此，当计算链接表征时，基于子图的方法需要对每个目标链接重新应用 GNN。对于一个有 n 个节点和 m 个链接要预测的图来说，基于节点的方法只需要应用 GNN $O(n)$ 次即可得到每个节点的表征（然后用一些简单的聚合函数来得到链接表征），而基于子图的方法需要对所有链接应用 GNN $O(m)$次。当 $m \gg n$ 时，基于子图的方法相比基于节点的方法的时间复杂度要差得多，这也是学习更具表达能力的链接表征所需付出的代价。

有可能加速基于子图的方法吗？一种可能的方法是简化封闭子图的提取过程并简化 GNN 结构。例如，在提取封闭子图时，我们可以采用抽样或随机游走的方法，这可能会在很大程度上减小子图的大小并避免中心节点。研究这种简化对表现的影响是很有意义的。另一种可能的方法是使用分布式和并行计算技术。封闭子图的提取过程和子图上的 GNN 计算是完全独立的，因而它们自然是可并行的。最后，使用多阶段排名技术也会有所帮助。多阶段排名技术首先使用一些简单的方法（如传统的启发式方法）来过滤最不可能的链接，然后在后期使用更强大的方法（如 SEAL），只对最有希望的链接进行排名并输出最终的推荐/预测。

无论采用哪种方法，解决基于子图的方法的可扩展性问题都会对该领域做出巨大贡献。这意味着我们可以在不使用更多计算资源的情况下享受基于子图的 GNN 方法的卓越链接预测表现，这有望将 GNN 扩展到更多的应用领域。

10.5.2 设计更强大的贴标签技巧

链接预测的另一个未来发展方向是设计更强大的贴标签技巧。定义 10.6 给出了贴标签技巧的一般定义。尽管任何满足定义 10.6 的贴标签技巧都可以使一个节点最具表达能力的 GNN 学习结构链接表征，但由于实际 GNN 的表达能力和深度有限，不同的贴标签技巧在现实世界中的表现会有很大的差异。另外，在实现贴标签技巧方面的一些细微差别也会导致很大的表现差异。例如，给定两个目标节点 x 和 y，当计算一个节点 i 到目标节点 x 的距离 $d(i, x)$时，DRNL 会暂时掩蔽目标节点 y 及其所有的边；而当计算距离 $d(i, y)$时，DRNL 会暂时掩蔽目标节点 x 及其所有的边（Zhang and Chen，2018b）。使用这种“掩蔽技巧”的原因是，DRNL 旨在使用节点 i 和节点 x 之间的纯距离，而不希望受到目标节点 y 的影响。如果我们不掩蔽目标节点 y，$d(i, x)$将以 $d(i, y)+d(x, y)$为上界，这模糊了节点 i 和目标节点 x 之间的“真实距离”，可能会损害节点标签对结构不同的节点的区分能力。如（Zhang et al，2020c）中的附录 H 所示，这种掩蔽技巧可以大大提升表现。因此，研究如何设计一种更强大的贴标签技巧（不一定要像 DRNL 和 DE 那样基于最短路径距离）是有意义的。这种贴标签技巧不仅应该区分目标节点，还应该为子图中不同角色的节点分配不同但可通用的标签。我们有必要对不同贴标签技巧的能力进行进一步的理论分析。

10.5.3 了解何时使用独热特征

对于链接预测，还有一个重要的问题需要回答，那就是我们什么时候应该使用原始节点特征，什么时候应该使用节点索引的独热编码特征。一方面，尽管如 10.4.2 节所述，使用独热编码特征会导致学习结构链接表征变得不可行，但使用独热编码特征的基于节点的方法在密集网络上显示出了优越的表现（Zhang et al，2020c），比不使用独热编码特征的基于子图的方法要好得多。另一方面，Kipf and Welling（2017b）指出，使用独热编码特征的 GAE/VGAE 比使用原始节点特征的表现更差。因此，研究何时使用独热编码特征和何时使用原始节点特征，并从理论上理解它们在不同性质网络上表征能力的差异是非常有意义的。Srinivasan and Ribeiro（2020b）对此做了很好的分析，他们将位置节点嵌入（如 DeepWalk）与结构节点表征联系起来，从而表明可以将位置节点嵌入视为一个样本，而将结构节点表征视为一个分布。这可以作为研究使用独热编码特征的 GNN 的能力的起点，因为可以将使用独热编码特征的 GNN 看作位置节点嵌入与消息传递的结合。

编者注： 链接预测是指预测网络中两个节点之间是否存在链接。因此，链接预测技术对于图结构学习（见第 14 章）是有意义的，其目的是从数据中发现有用的图结构，即链接。可扩展性属性（见第 6 章）和表达能力理论（见第 5 章）在应用和设计链接预测方法时发挥了重要作用。链接预测还激励了不同领域的一些下游任务，如预测蛋白质与蛋白质以及蛋白质与药物的相互作用（见第 25 章）、药物开发（见第 24 章）、推荐系统（见第 19 章）。此外，预测复杂网络中的链接，包括动态序贯图（见第 19 章）、知识图谱（见第 24 章）和异质图（见第 26 章），则是对链接预测任务的延伸。

第11章 图生成

Renjie Liao[①]

摘要

在本章中，我们将首先回顾两个经典的图生成模型——Erdős-Rényi 模型和随机块模型。接下来，我们将介绍几个有代表性的利用深度学习技术的现代图生成模型，如图神经网络、变分自编码器、深度自回归模型和生成对抗网络。最后，我们将以对未来潜在发展方向的讨论结束本章。

11.1 导读

我们对图生成的研究主要围绕在图（在许多科学学科中也被称为**网络**）上建立概率模型。这个问题起源于数学中的一个分支——**随机图理论**（Bollobás，2013），随机图理论主要研究的是概率论和图论之间的交叉部分，该理论也是新的学术领域——**网络科学**（Barabási，2013）的核心。从历史上看，这些领域的研究人员通常对建立随机图模型（即使用特定的参数分布族构建图的分布）和证明这种模型的数学性质感兴趣。尽管这是一个非常富有成效和成功的研究方向，并且成果丰硕，但这些经典的模型由于过于简单而无法捕捉现实世界中的复杂现象（如高聚集性、良好连接、无尺度）。

随着强大的深度学习技术（如图神经网络）的出现，我们可以建立更具表达能力的图的概率模型，也就是**深度图生成模型**。这样的深度模型可以更好地捕捉图数据中的复杂依赖关系，从而生成更真实的图，并进一步建立准确的预测模型。然而缺点是，这些模型往往非常复杂，我们很少能够精确地分析其性质。最近的实践表明，这些模型在对现实世界中的图/网络（如社交网络、引文网络和分子图）进行建模时，展示出的表现令人印象深刻。

我们将首先在 11.2 节中介绍经典的图生成模型，然后在 11.3 节中介绍利用深度学习技术的现代模型。最后，我们将对本章进行总结并讨论该领域一些有前途的未来发展方向。

11.2 经典的图生成模型

在本节中，我们将回顾两个经典的图生成模型——Erdős-Rényi 模型（Erdős and Rényi，1960）和随机块模型（Holland et al，1983）。由于我们已经对它们的特性有了深刻理解，因此在许多应用中，我们经常将它们用作方便进行比较的基线算法。除这两个图生成模型以

① Renjie Liao
University of Toronto，E-mail：rjliao@cs.toronto.edu

外，目前还有许多其他的图生成模型，如 Watts-Strogatz 小世界模型（Watts and Strogatz，1998）和 Barabási-Albert（BA）偏好依附模型（Barabási and Albert，1999）。Barabási（2013）对这些模型和网络科学的其他方面进行了全面综述。机器学习中也有不少非深度学习的图生成模型，如 Kronecker 图（Leskovec et al，2010）。由于篇幅受限，本章不涉及这些模型。

11.2.1 Erdős-Rényi 模型

本节介绍著名的随机图模型之一——Erdős-Rényi 模型（Erdős and Rényi，1960），该模型是以两位匈牙利数学家 Paul Erdős 和 Alfréd Rényi 的名字命名的。请注意，这个模型大约在同一时间也由 Edgar Gilbert 在（Gilbert，1959）中独立提出。在后面的内容中，我们将首先描述这个模型及其特性，然后讨论其局限性。

11.2.1.1 模型

Erdős-Rényi 模型有两个紧密相关的变体——$G(n, p)$模型和 $G(n, m)$模型。

$G(n, p)$模型。在 $G(n, p)$模型中，我们给定 n 个有标签的节点，并通过随机地连接边，让每条边链接一个节点和另一个节点，从而生成一个图。每条边的连接概率为 p，并且独立于其他每条边。换言之，所有$\binom{n}{2}$条可能的边都有相同的概率 p。因此，在这个模型下，生成一个有 m 条边的图的概率如下：

$$p\,(\text{一个图中有 } n \text{ 个节点和 } m \text{ 条边}) = p^m (1-p)^{\binom{n}{2}-m} \tag{11.1}$$

其中，参数 p 控制图的“密度”，p 的值越大，图就越可能包含更多的边。当 $p=\frac{1}{2}$ 时，上述概率变为$\frac{1}{2}^{\binom{n}{2}}$，即所有可能的 $2^{\binom{n}{2}}$ 个图都是以相等的概率生成的。

根据 $G(n, p)$模型中边的独立性，我们可以很容易地从这个模型中推导出一些性质。

- 边数量的期望是$\binom{n}{2}p$。
- 任意节点 v 的度数分布符合二项分布。

$$p(\text{degree}(v)=k)=\binom{n}{k}p^k(1-p)^{n-1-k} \tag{11.2}$$

- 如果 np 是一个常数，$n\to\infty$，那么任意节点 v 的度数分布符合泊松分布。

$$p(\text{degree}(v)=k)=\frac{(np)^k \mathrm{e}^{-np}}{k!} \tag{11.3}$$

$G(n, p)$模型包含的大量性质已经得到证明（例如，Erdős 和 Rényi 在原始论文中进行了证明）。其中的一些性质如下。

- 如果 $p>\frac{(1+\varepsilon)\ln n}{n}$，那么一个图几乎必然是连通的。
- 如果 $p<\frac{(1+\varepsilon)\ln n}{n}$，那么一个图几乎必然包含孤立的节点，因此是不连通的。
- 如果 $np<1$，那么一个图几乎必然没有大小超过 $O(\log(n))$的连通分量。

在这里，“几乎必然”是指事件发生的概率为 1（即可能的例外集的度数为 0）。

$G(n, m)$模型。在 $G(n, m)$模型中，我们给定 n 个有标签的节点，并通过从所有具有 n 个节点和 m 条边的图集合中均匀地随机选择一个图来生成另一个图，即选择每个图的概率为 $\begin{pmatrix}\begin{pmatrix}n\\2\end{pmatrix}\\m\end{pmatrix}^{-1}$。与 $G(n, m)$模型相关的重要性质有许多。尤其是，在大多数情况下，只要 m 接近于 $\begin{pmatrix}n\\2\end{pmatrix}p$，$G(n, m)$模型与 $G(n, p)$模型就是可交换的。Bollobás and Béla（2001）的第 2 章对这两个模型之间的关系进行了全面讨论。$G(n, p)$模型在实践中比 $G(n, m)$模型更常用，部分原因在于前者基于边的独立性更方便进行分析。

11.2.1.2　讨论

作为随机图理论的一项开创性成果，Erdős-Rényi 模型激发了许多后续工作来研究和推广这个模型。然而，这个模型基于的一些假设对捕捉现实世界中图的属性来说要求太高了，例如，边是独立的、每条边产生的可能性等。Erdős-Rényi 模型的度数分布包含一个尾端的指数分布，这意味着我们很少看到节点度数跨度很大的情况，比如跨几个数量级。同时，现实世界中的图/网络（如万维网）被认为拥有一个遵循幂律的度数分布，即 $p(d) \propto d^{-\gamma}$，其中，d 是度数，指数 γ 通常在 2 和 3 之间。从本质上说，这意味着许多节点拥有小的节点度数，而在像万维网这样的图中，少数节点拥有非常大的节点度数（即枢纽）。因此，后来又有研究者提出了许多改进模型，如无标度网络（Barabási and Albert，1999），这些模型更适合现实世界中图的度数分布。

11.2.2　随机块模型

随机块模型（Stochastic Block Model，SBM）是具有节点聚类的随机图族，经常被用在社群检测和聚类等任务中。SBM 是一些科学领域特有的模型，如机器学习和统计学（Holland et al，1983）、理论计算机科学（Bui et al，1987）和数学（Bollobás et al，2007）。可以说，SBM 是最简单的带有社群/聚类的图的模型。作为生成模型，SBM 可以提供聚类成员关系的真实值，这反过来可以帮助我们衡量和理解不同的聚类/社群检测算法。在本节中，我们将首先介绍 SBM 的基础知识，然后讨论其优点和局限性。

11.2.2.1　模型

首先将节点总数表示为 n，并将社群/聚类的数量表示为 k，给出一个关于 k 个聚类的先验概率向量 $\boldsymbol{p}$ 和一个每项取值区间为[0, 1]的 $k \times k$ 矩阵 $\boldsymbol{W}$。然后按照以下步骤生成一个随机图。

（1）对于每个节点，通过独立地从 $\boldsymbol{p}$ 中抽样，生成该节点的社群标签（一个处在$\{1, 2, \cdots, k\}$范围内的整数）。

（2）对于每一对节点，用 i 和 j 表示它们的社群标签，通过独立抽样产生一条边，边的概率为 $W_{i,j}$。

基本上，一对节点的社群取值决定了我们要使用的 $\boldsymbol{W}$ 的具体项，并决定我们后续连接这对节点的可能性有多大。我们把这样的模型表示为 SBM($n, \boldsymbol{p}, \boldsymbol{W}$)。请注意，如果我们为所有社群（$i$, j）设置 $W_{i,j} = q$，则相应的 SBM 会退化为 Erdős-Rényi 模型 $G(n, q)$。

在社群检测领域，人们通常对找回从一个给定的 SBM 中抽样的随机图的社群标签感兴趣。若用 $X \in \mathbb{R}^{n\times 1}$ 和 $Y \in \mathbb{R}^{n\times 1}$ 来表示找回的社群标签及其真实值，则我们可以将两个社群标签之间的一致性 R 定义为

$$R(X,Y) = \max_{\boldsymbol{P}\in \boldsymbol{\Pi}} \frac{1}{n}\sum_{i=1}^{n} \mathbf{1}[X_i = (\boldsymbol{P}Y)_i] \tag{11.4}$$

其中，$\boldsymbol{P}$ 是一个置换矩阵，$\boldsymbol{\Pi}$ 是所有置换矩阵的集合。X_i 和 $(\boldsymbol{P}Y)_i$ 分别是 X 和 $\boldsymbol{P}Y$ 的第 i 个元素。简而言之，一致性 R 考虑的是两个标签序列之间的最佳排序。根据不同的要求，我们可以从精确找回（即聚类分配几乎必然被精确找回，$p(R(X,Y)=1)=1$）或部分找回〔即最多有 $(1-\varepsilon)$ 部分的节点几乎必然被误贴标签，$p(R(X,Y)\geqslant\varepsilon)=1$〕的角度，考查社群检测算法。研究发现，在某些条件下，恢复 SBM 图的特定类型是可能的。例如，对于 $\boldsymbol{W}=\dfrac{\log(n)\boldsymbol{Q}}{n}$ 的 SBM，其中的 $\boldsymbol{Q}$ 是一个全部取值均为正数的矩阵，其大小与 $\boldsymbol{W}$ 相同，Abbe and Sandon（2015）证明了当且仅当 $\mathrm{diag}(\boldsymbol{p})\boldsymbol{Q}$ 的任何两列之间的最小 Chernoff-Hellinger 散度不小于 1 时，精确找回才是可能的，其中，$\mathrm{diag}(\boldsymbol{p})$ 是一个对角线上的项为 $\boldsymbol{p}$ 的对角矩阵。

11.2.2.2 讨论

Abbe（2017）对 SBM 以及 SBM 中社群检测的基本限制（从信息论和计算角度）进行了全面综述。与 Erdős-Rényi 模型相比，SBM 是一个更贴近现实情况的随机图模型，用于描述具有社群结构的图。SBM 还催生了许多块模型的后续变体，如混合成员 SBM（Airoldi et al，2008）。然而，将 SBM 应用于现实世界中的图仍存在困难，因为社群的数量往往是事先未知的，而且有些图可能没有表现出清晰的社群结构。

11.3 深度图生成模型

在本节中，我们将回顾一些有代表性的深度图生成模型，这些模型的目的是使用深度神经网络建立图的概率模型。根据所使用的深度学习技术的类型，我们可以将目前已发表文献中涉及的深度图生成模型大致分为三类——变分自编码器（VAE）方法（Kingma and Welling，2014）、深度自回归方法（Van Oord et al，2016）和生成对抗网络（Generative Adversarial Network，GAN）方法（Goodfellow et al，2014b）。在 11.3.2 节到 11.3.4 节中，我们将详细介绍这三类模型。

11.3.1 表征图

我们首先介绍在深度图生成模型中如何表征图。给定一个图 $\mathcal{G}=(\mathcal{V},\mathcal{E})$，其中，$\mathcal{V}$ 是节点（顶点）的集合，$\mathcal{E}$ 是边的集合。以特定的节点排序 π 为条件，我们可以将图 $\mathcal{G}$ 表征为一个邻接矩阵 $\boldsymbol{A}_\pi$，其中，$\boldsymbol{A}_\pi \in \mathbb{R}^{|\mathcal{V}|\times|\mathcal{V}|}$，$|\mathcal{V}|$ 是集合 $\mathcal{V}$ 的大小（即节点的数量）。邻接矩阵不仅为计算机上的图提供了一种方便的表征方法，而且为我们在数学上定义图的概率分布提供了一种自然的方法。这里，我们在下标中明确写出节点排序 π，以强调 $\boldsymbol{A}$ 中的行和列是根据 π 排列的。如果我们将节点排序从 π 改为 π'，那么邻接矩阵将相应地被置换（重新排序行和列），$\boldsymbol{A}_{\pi'}=\boldsymbol{P}\boldsymbol{A}_\pi\boldsymbol{P}^{\mathrm{T}}$，其中，置换矩阵 $\boldsymbol{P}$ 是根据一对节点排序 (π,π') 构建的。换言之，$\boldsymbol{A}_\pi$ 和 $\boldsymbol{A}_{\pi'}$ 代表同一个图 $\mathcal{G}$。因此，具有邻接矩阵 $\boldsymbol{A}_\pi$ 的图 $\mathcal{G}$ 可以等价地表征为邻接矩阵的集合

$\{\boldsymbol{P}\boldsymbol{A}_{\pi}\boldsymbol{P}^{\mathrm{T}} \mid \boldsymbol{P} \in \boldsymbol{\Pi}\}$，其中，$\boldsymbol{\Pi}$ 是大小为$|\mathscr{V}|\times|\mathscr{V}|$的所有置换矩阵的集合。注意，根据 $\boldsymbol{A}_{\pi}$ 的对称结构，可能存在两个置换矩阵 $\boldsymbol{P}_1$和$\boldsymbol{P}_2 \in \boldsymbol{\Pi}$，使得 $\boldsymbol{P}_1\boldsymbol{A}_{\pi}\boldsymbol{P}_1^{\mathrm{T}} = \boldsymbol{P}_2\boldsymbol{A}_{\pi}\boldsymbol{P}_2^{\mathrm{T}}$。因此，我们去掉冗余的部分，并保留那些唯一的置换的邻接矩阵，表示为 $\mathscr{A} = \{\boldsymbol{P}\boldsymbol{A}_{\pi}\boldsymbol{P}^{\mathrm{T}} \mid \boldsymbol{P} \in \boldsymbol{\Pi}_{\mathscr{G}}\}$。更确切地说，$\boldsymbol{\Pi}_{\mathscr{G}}$ 是 $\boldsymbol{\Pi}$ 的最大子集，$\boldsymbol{P}_1\boldsymbol{A}_{\pi}\boldsymbol{P}_1^{\mathrm{T}} \neq \boldsymbol{P}_2\boldsymbol{A}_{\pi}\boldsymbol{P}_2^{\mathrm{T}}$ 对于任何 $\boldsymbol{P}_1, \boldsymbol{P}_2 \in \boldsymbol{\Pi}_{\mathscr{G}}$ 都成立。我们添加下标 $\mathscr{G}$来强调 $\boldsymbol{\Pi}_{\mathscr{G}}$ 取决于给定的图 $\mathscr{G}$。请注意，$\boldsymbol{\Pi}$ 和 $\boldsymbol{\Pi}_{\mathscr{G}}$ 之间存在着一个满射的映射。为了便于记述，从现在开始，我们将忽略节点排序的下标，用 $\mathscr{G} \equiv \mathscr{A} = \{\boldsymbol{P}\boldsymbol{A}_{\pi}\boldsymbol{P}^{\mathrm{T}} \mid \boldsymbol{P} \in \boldsymbol{\Pi}_{\mathscr{G}}\}$ 来表征图。

当考虑到节点特征/属性 $\boldsymbol{X}$ 时，我们可以将具体图结构的数据表示为 $\mathscr{G} \equiv \{(\boldsymbol{P}\boldsymbol{A}_{\pi}\boldsymbol{P}^{\mathrm{T}}, \boldsymbol{P}\boldsymbol{X}) \mid \boldsymbol{P} \in \boldsymbol{\Pi}_{\mathscr{G}}\}$。从技术上讲，$\boldsymbol{P}_1$和$\boldsymbol{P}_2 \in \boldsymbol{\Pi}$，因此 $\boldsymbol{P}_1\boldsymbol{A}_{\pi}\boldsymbol{P}_1^{\mathrm{T}} = \boldsymbol{P}_2\boldsymbol{A}_{\pi}\boldsymbol{P}_2^{\mathrm{T}}$且$\boldsymbol{P}_1\boldsymbol{X} \neq \boldsymbol{P}_2\boldsymbol{X}$。看起来有必要定义 $\mathscr{G} \equiv \{(\boldsymbol{P}\boldsymbol{A}\boldsymbol{P}^{\mathrm{T}}, \boldsymbol{P}\boldsymbol{X}) \mid \boldsymbol{P} \in \boldsymbol{\Pi}\}$，其中，$p(\boldsymbol{P}_1\boldsymbol{X}) = p(\boldsymbol{P}_2\boldsymbol{X})$。注意，$\boldsymbol{X}$ 中的行是根据 $\boldsymbol{P}$ 来重新排序的，因为 $\boldsymbol{X}$ 的每一行都对应着一个节点。在本节中，我们假设所有图的最大节点数为 n。如果一个图的节点数小于 n，则我们可以添加假节点（如具有全零特征的节点），这些节点与其他节点不连通，从而使得图的大小等于 n。因此，$\boldsymbol{X} \in \mathbb{R}^{n\times d_X}$、$\boldsymbol{A} \in \mathbb{R}^{n\times n}$，其中，$d_X$ 是特征维度。为了简单起见，我们在这里没有考虑边特征。不过，修改接下来介绍的模型以纳入边特征是很容易实现的。

11.3.2　变分自编码器方法

由于 VAE 在图像生成中取得巨大的成功(Kingma and Welling, 2014; Rezende et al, 2014)，将这个框架泛化到图生成是很自然的想法。研究者已经从不同方面对这个想法进行了探索（Kipf and Welling，2016；Jin et al，2018a；Simonovsky and Komodakis，2018；Liu et al，2018d；Ma et al，2018；Grover et al，2019；Liu et al，2019b)，他们提出的方法通常被统称为图变分自编码器（GraphVAE)。接下来，我们将首先介绍所有这些方法共享的框架，然后讨论一些重要的变体。

11.3.2.1　GraphVAE 系列

与普通的 VAE 类似，GraphVAE 系列中的每个模型实例都由一个编码器（即一个变分分布 $q_{\phi}(\boldsymbol{Z} \mid \boldsymbol{A}, \boldsymbol{X})$，参数为 ϕ）、一个解码器（即一个条件分布 $p_{\theta}(\mathscr{G} \mid \boldsymbol{Z})$，参数为 θ）和一个先验分布（即一个通常具有固定参数的分布 $p(\boldsymbol{Z})$）组成。在介绍各个组成部分之前，我们首先描述一下什么是潜向量（或称隐向量）$\boldsymbol{Z}$。在图生成领域，我们通常假设每个节点都与一个潜向量相关。如果将第 i 个节点的潜向量称为 z_i，那么 $\boldsymbol{Z} \in \mathbb{R}^{n\times d_Z}$ 是通过将$\{z_i\}$作为行向量堆叠得到的。这样的潜向量汇总了与单个节点相关的局部子图的信息，这样我们就可以根据它们解码/生成边。换言之，任何一对潜向量（z_i,z_j）都应该是有信息量的，以确定节点 i 和节点 j 是否应该被连接。我们可以进一步引入边潜向量 $\{z_{ij}\}$ 来丰富这个模型。同样，为简单起见，我们不考虑这样的选择，因为两者的底层建模技术大致相同。

编码器。我们首先解释如何使用深度神经网络构建编码器。回顾前面的内容可知，编码器的输入是图的数据（$\boldsymbol{A}$, $\boldsymbol{X}$)。图神经网络是处理这些数据的天然工具，如图卷积网络（GCN)（Kipf and Welling，2017b)。考虑一个两层的 GCN，如下所示：

$$\boldsymbol{H} = \tilde{\boldsymbol{A}}\sigma(\tilde{\boldsymbol{A}}\boldsymbol{X}\boldsymbol{W}_1)\boldsymbol{W}_2 \tag{11.5}$$

其中，$\boldsymbol{H} \in \mathbb{R}^{n\times d_H}$ 是节点表征（每个节点与一个大小为 d_H 的行向量关联）。$\tilde{\boldsymbol{A}} = \boldsymbol{D}^{-\frac{1}{2}}$

$(\boldsymbol{A}+\boldsymbol{I})\boldsymbol{D}^{-\frac{1}{2}}$，其中，$\boldsymbol{D}$ 是度数矩阵（即一个对角矩阵，其中的项是 $\boldsymbol{A}+\boldsymbol{I}$ 的行和）。σ 是非线性项，通常选择为整流线性单元（ReLU）（Nair and Hinton，2010）。$\{\boldsymbol{W}_1, \boldsymbol{W}_2\}$ 是可学习参数。我们可以对输入特征维度填充一个常数，这样偏置项就会被吸收到权重矩阵中。为了便于记述，我们决定采用这一惯例。

依靠学到的节点表征 $\boldsymbol{H}$，我们可以构建如下变分分布：

$$q_\phi(\boldsymbol{Z} \mid \boldsymbol{A}, \boldsymbol{X}) = \prod_{i=1}^{n} q(z_i \mid \boldsymbol{A}, \boldsymbol{X}) \tag{11.6}$$

$$q(z_i \mid \boldsymbol{A}, \boldsymbol{X}) = \mathcal{N}(\boldsymbol{\mu}_i, \boldsymbol{\sigma}_i \boldsymbol{I}) \tag{11.7}$$

$$\boldsymbol{\mu} = \mathrm{MLP}_\mu(\boldsymbol{H}) \tag{11.8}$$

$$\log \boldsymbol{\sigma} = \mathrm{MLP}_\sigma(\boldsymbol{H}) \tag{11.9}$$

为了考虑可操作性，这里我们通常假设变分分布 $q(\boldsymbol{Z}|\boldsymbol{A}, \boldsymbol{X})$ 对节点是条件独立的。$\boldsymbol{\mu}_i$ 和 $\boldsymbol{\sigma}_i$ 分别为 $\boldsymbol{\mu}$ 和 $\boldsymbol{\sigma}$ 的第 i 行。可学习的参数 ϕ 包括两个多层感知器（MLP）和上述 GCN 的所有参数。虽然式（11.6）中定义的近似变分分布十分简单，但其也有一些不错的特性。首先，概率分布在节点的置换中是不变的。在数学上，这意味着给定两个不同的置换矩阵 $\boldsymbol{P}_1$ 和 $\boldsymbol{P}_2 \in \boldsymbol{\Pi}$，可以得到

$$q(\boldsymbol{P}_1\boldsymbol{Z} \mid \boldsymbol{P}_1\boldsymbol{A}\boldsymbol{P}_1^{\mathrm{T}}, \boldsymbol{P}_1\boldsymbol{X}) = q(\boldsymbol{P}_2\boldsymbol{Z} \mid \boldsymbol{P}_2\boldsymbol{A}\boldsymbol{P}_2^{\mathrm{T}}, \boldsymbol{P}_2\boldsymbol{X}) \tag{11.10}$$

这可以从概率乘积的可交换性和图神经网络的置换等变性中轻松得到验证。其次，每个高斯函数（如“GNN+MLP”）的底层神经网络是非常强大的，因此条件分布在捕捉潜向量的不确定性方面是具有较强表达能力的。最后，这种编码器在计算上相比那些考虑不同 $\{z_i\}$ 之间依赖关系的编码器（如自回归编码器）要简单。因此，这为我们研究在一个给定的问题中是否需要一个更强大的编码器提供了一种坚实的基线方法。

先验。与大多数 VAE 类似，GraphVAE 在学习过程中通常采用一个固定的先验。例如，常见的选择是一个独立于节点的高斯分布，如下所示：

$$p(\boldsymbol{Z}) = \prod_{i=1}^{n} p(z_i) \tag{11.11}$$

$$p(z_i) = \mathcal{N}(0, \boldsymbol{I}) \tag{11.12}$$

同样，我们可以用更强大的先验来代替这个固定的先验，比如一个自回归模型，代价是需要进行更多的计算和（或）经过耗时的预训练阶段。但这个先验可以作为衡量更复杂替代方案的一个很好的起点，例如（Liu et al，2019b）中介绍的基于归一化流的方案。

解码器。图生成模型中的解码器的作用是在图及其特征/属性上构建一个以潜向量为条件的概率分布，如 $p(\mathscr{G}|\boldsymbol{Z})$。然而，正如我们之前所讨论的，我们需要考虑所有可能的节点排序（每个节点排序都对应一个置换过的邻接矩阵），以使图保持不变，比如：

$$p(\mathscr{G} \mid \boldsymbol{Z}) = \sum_{P \in \boldsymbol{\Pi}_{\mathscr{G}}} p(\boldsymbol{P}\boldsymbol{A}\boldsymbol{P}^{\mathrm{T}}, \boldsymbol{P}\boldsymbol{X} \mid \boldsymbol{Z}) \tag{11.13}$$

回顾一下，$\boldsymbol{\Pi}_{\mathscr{G}}$ 是所有可能的置换矩阵集合 $\boldsymbol{\Pi}$ 的最大子集，所以对于任意 $\boldsymbol{P}_1$ 和 $\boldsymbol{P}_2 \in \boldsymbol{\Pi}_{\mathscr{G}}$ 来说，$\boldsymbol{P}_1\boldsymbol{A}_\pi\boldsymbol{P}_1^{\mathrm{T}} \neq \boldsymbol{P}_2\boldsymbol{A}_\pi\boldsymbol{P}_2^{\mathrm{T}}$ 成立。为了创建这样一个解码器，我们首先需要构建一个关于邻

接矩阵和节点特征的概率分布。例如，下面展示了一种流行的简单构造（Kipf and Welling，2016）：

$$p(\boldsymbol{A},\boldsymbol{X}\mid\boldsymbol{Z})=\prod_{i,j}p(A_{ij}\mid\boldsymbol{Z})\prod_{i=1}^{n}p(\boldsymbol{x}_i\mid\boldsymbol{Z}) \tag{11.14}$$

$$p(A_{ij}\mid\boldsymbol{Z})=\text{Bernoulli}\,(\Theta_{ij}) \tag{11.15}$$

$$p(\boldsymbol{x}_i\mid\boldsymbol{Z})=\mathcal{N}(\tilde{\boldsymbol{\mu}}_i,\tilde{\boldsymbol{\sigma}}_i) \tag{11.16}$$

$$\Theta_{ij}=\text{MLP}_{\Theta}([\boldsymbol{z}_i\parallel\boldsymbol{z}_j]) \tag{11.17}$$

$$\tilde{\boldsymbol{\mu}}_i=\text{MLP}_{\tilde{\mu}}(\boldsymbol{z}_i) \tag{11.18}$$

$$\tilde{\boldsymbol{\sigma}}_i=\text{MLP}_{\tilde{\sigma}}(\boldsymbol{z}_i) \tag{11.19}$$

其中，我们对边采用伯努利分布，不同边之间互相独立；而对节点特征采用高斯分布，不同节点之间相互独立。$[\boldsymbol{z}_i\parallel\boldsymbol{z}_j]$ 表示 $\boldsymbol{z}_i$ 和 $\boldsymbol{z}_j$ 的并置。$\boldsymbol{x}_i$ 表示节点特征矩阵 $\boldsymbol{X}$ 的第 i 行。式（11.14）中的第一个乘积项综合考虑了所有 n^2 条可能的边，可学习的参数由三个 MLP 的参数组成。这个解码器简单且强大。然而，考虑到潜向量 $\boldsymbol{Z}$，该解码器在一般情况下不是置换不变的。也就是说，对于任何两个不同的置换矩阵 $\boldsymbol{P}_1$ 和 $\boldsymbol{P}_2$：

$$p(\boldsymbol{P}_1\boldsymbol{A}\boldsymbol{P}_1^{\mathrm{T}},\boldsymbol{P}_1\boldsymbol{X}\mid\boldsymbol{Z})\neq p(\boldsymbol{P}_2\boldsymbol{A}\boldsymbol{P}_2^{\mathrm{T}},\boldsymbol{P}_2\boldsymbol{X}\mid\boldsymbol{Z}) \tag{11.20}$$

请注意，在一些极端情况下，$p(\boldsymbol{P}_1\boldsymbol{A}\boldsymbol{P}_1^{\mathrm{T}},\boldsymbol{P}_1\boldsymbol{X}\mid\boldsymbol{Z})=p(\boldsymbol{P}_2\boldsymbol{A}\boldsymbol{P}_2^{\mathrm{T}},\boldsymbol{P}_2\boldsymbol{X}\mid\boldsymbol{Z})$ 成立。比如，如果一个邻接矩阵 $\boldsymbol{A}$ 具有某些对称性，则可能存在一对 $(\boldsymbol{P}_1,\boldsymbol{P}_2)$，使得 $\boldsymbol{P}_1\boldsymbol{A}\boldsymbol{P}_1^{\mathrm{T}}=\boldsymbol{P}_2\boldsymbol{A}\boldsymbol{P}_2^{\mathrm{T}}$，但这并不意味着对所有的 $(\boldsymbol{P}_1,\boldsymbol{P}_2)$ 对都成立。再比如，如果所有的 $\boldsymbol{\Theta}_{ij}$ 对于所有的节点 i 和节点 j 都是相同的，并且所有的 $\tilde{\boldsymbol{\mu}}_i$ 和 $\tilde{\boldsymbol{\sigma}}_i$ 对于所有的节点 i 也都是相同的，那么对于任何两个置换矩阵 $(\boldsymbol{P}_1,\boldsymbol{P}_2)$，有 $p(\boldsymbol{P}_1\boldsymbol{A}\boldsymbol{P}_1^{\mathrm{T}},\boldsymbol{P}_1\boldsymbol{X}\mid\boldsymbol{Z})=p(\boldsymbol{P}_2\boldsymbol{A}\boldsymbol{P}_2^{\mathrm{T}},\boldsymbol{P}_2\boldsymbol{X}\mid\boldsymbol{Z})$。尽管如此，但在实践中这两种情况很少发生。

有了式（11.14）中的分布，我们就可以对式（11.13）右侧的项进行求值。然而，$\boldsymbol{\Pi}_{\mathscr{G}}$ 中的置换矩阵的数量可以达到 $n!$，这使得计算上难以精确求值。在已发表的文献中，有几种方法可以对此进行近似计算。例如，我们可以直接使用下面的最大项：

$$p(\mathscr{G}\mid\boldsymbol{Z})=\sum_{\boldsymbol{P}\in\boldsymbol{\Pi}_{\mathscr{G}}}p(\boldsymbol{P}\boldsymbol{A}\boldsymbol{P}^{\mathrm{T}},\boldsymbol{P}\boldsymbol{X}\mid\boldsymbol{Z})\approx\max\nolimits_{\boldsymbol{P}\in\boldsymbol{\Pi}_{\mathscr{G}}}p(\boldsymbol{P}\boldsymbol{A}\boldsymbol{P}^{\mathrm{T}},\boldsymbol{P}\boldsymbol{X}\mid\boldsymbol{Z}) \tag{11.21}$$

令人遗憾的是，这个最大化问题可以解释为整数的二次规划，而整数的二次规划本身就是一个难以优化的问题。为了近似解决匹配问题，Simonovsky and Komodakis（2018）利用了一个宽松的最大集合匹配求解器（Cho et al，2014b）。另外，某些应用中存在一些典型的节点排序。例如，简化分子线性输入系统（Simplified Molecular-Input Line-Entry System，SMILES）串（Weininger，1988）提供了化学中分子图的原子（节点）的顺序排序。基于标准节点排序，我们可以构建相应的置换矩阵 $\tilde{\boldsymbol{P}}$ 并简单地将条件概率近似为

$$p(\mathscr{G}\mid\boldsymbol{Z})=\sum_{\boldsymbol{P}\in\boldsymbol{\Pi}_{\mathscr{G}}}p(\boldsymbol{P}\boldsymbol{A}\boldsymbol{P}^{\mathrm{T}},\boldsymbol{P}\boldsymbol{X}\mid\boldsymbol{Z})\approx p(\tilde{\boldsymbol{P}}\boldsymbol{A}\tilde{\boldsymbol{P}}^{\mathrm{T}},\tilde{\boldsymbol{P}}\boldsymbol{X}\mid\boldsymbol{Z}) \tag{11.22}$$

训练目标。GraphVAE 的训练目标与常规 VAE 相似，即得到证据下限（Evidence Lower BOund，ELBO）：

$$\max\nolimits_{\theta,\phi}\ \mathbb{E}_{q_{\phi}(\boldsymbol{Z}\mid\boldsymbol{A},\boldsymbol{X})}[\log p_{\theta}(\mathscr{G}\mid\boldsymbol{Z})]-\text{KL}\,(q_{\phi}(\boldsymbol{Z}\mid\boldsymbol{A},\boldsymbol{X})\parallel p(\boldsymbol{Z})) \tag{11.23}$$

为了学习编码器和解码器，我们需要从编码器中抽样，以近似式（11.23）中的期望，并利用重参数化技巧（Kingma and Welling，2014）来反向传播梯度。

11.3.2.2 分层 GraphVAE 和带约束的 GraphVAE

研究者基于前面提到的 GraphVAE 系列已经衍生出多个变体。本节简要介绍其中两类重要的变体——分层 GraphVAE（Jin et al，2018a）和带约束的 GraphVAE（Liu et al，2018d；Ma et al，2018）。

分层 GraphVAE。分层 GraphVAE 的典型代表是**联结树 VAE**（Jin et al，2018a），其目的是对分子图进行建模。联结树 VAE 的关键思想是依靠分子的分层图表征来建立 GraphVAE。具体来说，首先应用树分解，从原始分子图 $\mathcal{G}$ 中获得一棵联结树 $\mathcal{T}$。**联结树**是一棵聚类树（其中的每个节点是原始图中一个或多个变量的集合），具有传交性（running intersection property）（Barber，2004）。联结树提供了原始图的粗粒度表征，因为联结树中的一个节点可能对应原始图中由几个节点构成的子图。如图 11.1 所示，两个图对应两个层次：原始分子图 $\mathcal{G}$ 对应第一层，分解后的联结树 $\mathcal{T}$ 对应第二层。由于我们可以有效地进行树分解以获得联结树，因此树本身不是一个潜向量。Jin et al（2018a）提出使用门控图神经网络（GGNN）（Li et al，2016b）作为编码器（每层对应一个），并将变分后验概率 $q(\boldsymbol{Z}_{\mathcal{G}} \mid \mathcal{G})$ 和 $q(\boldsymbol{Z}_{\mathcal{T}} \mid \mathcal{T})$ 构建为高斯函数。为了解码分子图，我们需要执行一个以抽样的潜向量 $\boldsymbol{Z}_{\mathcal{T}}$ 和 $\boldsymbol{Z}_{\mathcal{G}}$ 为条件的两级生成过程：首先由自回归解码器基于 GGNN 生成一棵联结树；然后以生成的联结树为条件，采用最大后验（Maximum-A-Posterior，MAP）公式生成最终的分子图，也就是在联结树的每个节点上找到兼容的子图，使结果图（用选择的子图替换联结树中的每个节点）的总得分（对数似然）达到最高。整个模型的学习方法与其他 GraphVAE 类似。这个模型为 GraphVAE 提供了对分层图生成的有趣扩展，并展示了强大的经验表现。其他一些重要的与具体应用相关的细节可以极大地提高效率。例如，我们可以建立一个在化学上有效的子图字典，这样第二层解码中的每个生成步骤就会生成一个子图，而不是生成一个节点。尽管如此，这个模型的设计在很大程度上依赖于选择的联结树算法的效率以及某些与应用相关的属性。目前我们还不清楚这个模型在分子图以外的一般图上的表现如和。

带约束的 GraphVAE。在深度图生成模型的许多应用中，我们需要对生成的图进行某些约束。例如，在生成分子图时，化学键（边）的布局必须符合原子（节点）的价态标准。如何确保生成的图满足这些约束条件是一个具有挑战性的问题。在 GraphVAE 的背景下，通常克服该问题的方法有两类。第一类方法是设计一个解码器，使所有生成的图在结构上满足约束条件。例如，采用一个自回归解码器，参见（Liu et al，2018d；Dai et al，2018b）。在每一步中，以当前生成的图为条件，按照一定的规则生成一个新的节点、一条新的边以及节点/边的属性，即排除无效的选项（这些选项违反了约束），做法与 GrammarVAE（Kusner et al，2017）类似。第二类方法是对约束条件进行软处理，类似于通过添加拉格朗日乘子将有约束的优化问题转换为无约束的优化问题。Ma et al（2018）提出了基于拉格朗日函数的正则化方法，以纳入分子图的价态约束、连接性约束和节点兼容性约束等。这种方法的好处是，由于不需要一个速度较慢的自回归解码器，生成过程可以更简单、更高效。此外，正则化只在学习过程中应用，不会给生成过程带来任何成本。当然，这种方法的缺点是生成的图并不完全满足所有的约束条件，因为正则化只在优化过程中起到软性作用。

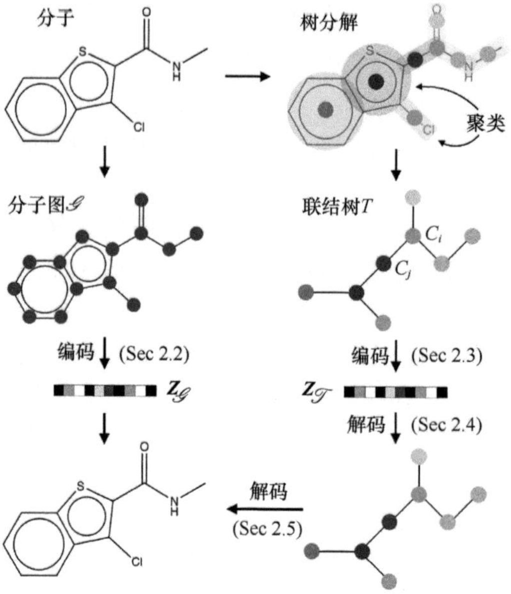

图 11.1　联结树 VAE。对应于分子图的联结树是通过树分解得到的，如右上图所示。联结树中的一个节点/聚类（彩色阴影）可能对应于原始分子图中的一个子图。两个基于 GNN 的编码器被分别应用于分子图和联结树，以构建潜向量 $Z_{\mathscr{G}}$ 和 $Z_{\mathscr{T}}$ 的变分后验分布。在生成过程中，首先使用自回归解码器生成联结树，然后通过近似解决最大后验分布问题以获得最终的分子图。改编自（Jin et al，2018a）中的图 3

11.3.3　深度自回归方法

像 PixelRNN（Van Oord et al，2016）和 PixelCNN（Oord et al，2016）这样的深度自回归模型已经在图像建模中取得巨大的成功。因此，将这种类型的方法推广到图上是很自然的做法。这些自回归模型的共同基本思想是将图生成过程描述为一个连续决策过程，并在每一步中基于先前做出的所有决策做出新的决策。例如，如图 11.2 所示，我们可以首先决定是否添加一个新的节点，然后决定是否添加一条新的边，如此反复。如果考虑到节点/边的标签，则我们可以在每一步中进一步从类别分布中抽样以指定这种标签。这类方法的关键问题是如何建立一个概率模型，使得当前的决策取决于所有的历史决策。

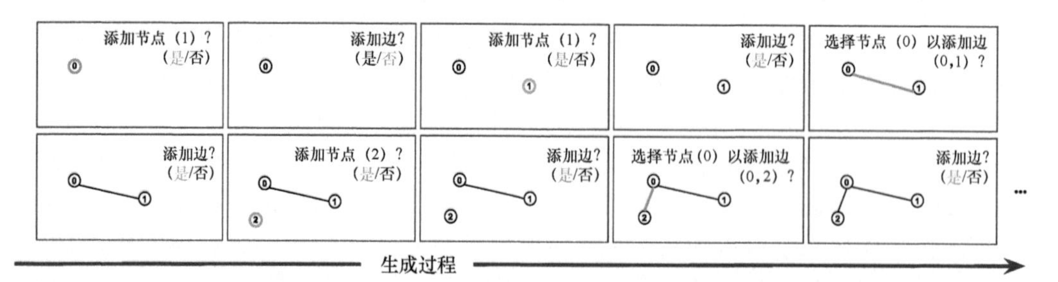

图 11.2　Li et al（2018d）对深度图生成模型做了概述。图生成被表述为一个连续决策过程。在生成的每一步，该模型需要决定：（1）是否添加一个新的节点或停止整个生成过程；（2）是否添加一条新的边（其中一端连接到新的节点）；（3）新的边要连接哪个现有的节点。改编自（Li et al，2018d）中的图 1

11.3.3.1 基于 GNN 的自回归模型

第一个基于 GNN 的自回归模型是在（Li et al，2018d）中提出的，其核心思想与图 11.2 展示的完全相同。在时间步 t–1，我们已经生成了一个分部图，表示为$\mathscr{G}^{t-1}=(\mathscr{V}^{t-1},\mathscr{E}^{t-1})$，相应的邻接矩阵和节点特征矩阵表示为$(\boldsymbol{A}^{t-1},\boldsymbol{X}^{t-1})$。在时间步 t，该模型需要决定：（1）是添加一个新的节点还是停止生成（将概率表示为 p_{AddNode}）；（2）是否添加一条边来连接任何现有节点和新添加的节点（将概率表示为 p_{AddEdge}）；（3）选择一个现有节点并连接到新添加的节点（将概率表示为 p_{Nodes}）。为简单起见，我们定义 p_{AddNode} 为一个伯努利分布，并定义 p_{AddEdge} 为另一个伯努利分布，而定义 p_{Nodes} 为一个类别分布（其大小为$|\mathscr{V}^{t-1}|$，具体则随着生成过程的进行而变化）。

消息传递图神经网络。为了构建上述决策概率，下面首先通过建立一个消息传递图神经网络（Scarselli et al，2008；Li et al，2016b；Gilmer et al，2017）来学习节点表征。在时间步 t–1，GNN 的输入是$(\boldsymbol{A}^{t-1},\boldsymbol{H}^{t-1})$，其中，$\boldsymbol{H}^{t-1}$是节点表征（一行对应一个节点）。注意，在时间 0，因为图是空的，所以我们需要生成一个新的节点作为起点。生成概率 p_{AddNode} 将由模型根据一些随机初始化的浅状态来输出。如果要对节点标签/类型或节点特征进行建模，则可以将它们作为额外的节点表征。例如，将它们与 $\boldsymbol{H}^{t-1}$ 中的行并置。

一步的消息传递如下所示：

$$\boldsymbol{m}_{ij}=f_{\text{Msg}}(\boldsymbol{h}_i^{t-1},\boldsymbol{h}_j^{t-1}) \qquad \forall(i,j)\in\mathscr{E} \tag{11.24}$$

$$\overline{\boldsymbol{m}}_i=f_{\text{Agg}}(\{\boldsymbol{m}_{ij}\mid\forall j\in\Omega_i\}) \qquad \forall i\in\mathscr{V} \tag{11.25}$$

$$\tilde{\boldsymbol{h}}_i^{t-1}=f_{\text{Update}}(\boldsymbol{h}_i^{t-1},\overline{\boldsymbol{m}}_i) \qquad \forall i\in\mathscr{V} \tag{11.26}$$

其中，f_{Msg}、f_{Agg} 和 f_{Update} 分别是消息函数、聚合函数和节点更新函数。对于消息函数，我们通常将 f_{Msg} 实例化为 MLP。请注意，如果考虑到边特征，则可以把它们作为 f_{Msg} 的输入。f_{Agg} 可以简化为一个平均或求和算子。f_{Update} 的典型代表是门控递归单元（Gated Recurrent Unit，GRU）（Cho et al，2014a）和长短期记忆（Long-Short Term Memory，LSTM）（Hochreiter and Schmidhuber，1997）。$\boldsymbol{h}^{t-1}$ 是时间步 t–1 的输入节点表征，Ω_i 表示节点 i 的邻居（节点）集合。$\tilde{\boldsymbol{h}}^{t-1}$ 是更新的节点表征，可作为下一个消息传递步骤的输入节点表征。上述消息传递过程通常执行固定的步数，该步数可作为一个超参数进行调整。请注意，生成步骤与消息传递步骤不同（我们特意省略了符号以避免读者混淆）。

输出概率。在完成消息传递过程后，我们得到了新的节点表征 $\boldsymbol{H}^t$。现在我们可以构建上面的输出概率，如下所示：

$$\boldsymbol{h}_{\mathscr{G}^{t-1}}=f_{\text{ReadOut}}(\boldsymbol{H}^t) \tag{11.27}$$

$$p_{\text{AddNode}}=\text{Bernoulli}(\sigma(\text{MLP}_{\text{AddNode}}(\boldsymbol{h}_{\mathscr{G}^{t-1}}))) \tag{11.28}$$

$$p_{\text{AddEdge}}=\text{Bernoulli}(\sigma(\text{MLP}_{\text{AddEdge}}(\boldsymbol{h}_{\mathscr{G}^{t-1}},\boldsymbol{h}_v))) \tag{11.29}$$

$$s_{uv}=\text{MLP}_{\text{Nodes}}(\boldsymbol{h}_u^t,\boldsymbol{h}_v) \qquad \forall u\in\mathscr{V}^{t-1} \tag{11.30}$$

$$p_{\text{Nodes}}=\text{Categorical}(\text{Softmax}(\boldsymbol{s})) \tag{11.31}$$

在这里，我们首先通过 f_{ReadOut} 从节点表征 $\boldsymbol{H}^t$ 中读出图表征 $\boldsymbol{h}_{\mathscr{G}^{t-1}}$（一个向量），它可以是一个平均算子或基于注意力的算子。基于 $\boldsymbol{h}_{\mathscr{G}^{t-1}}$，预测增加一个新节点的概率 p_{AddNode}，其中，

σ 是 Sigmoid 函数。如果我们决定通过从伯努利分布 p_{AddNode} 中抽取 1 来增加一个新的节点，则可以将新的节点表示为 v。接下来，计算 $\mathcal{G}^{t-1}$ 中每个现有节点 u 和新节点 v 之间的相似性得分 S_{uv}。$\boldsymbol{s}$ 是所有相似性分数的并置向量。最后，使用 Softmax 函数将分数归一化，形成类别分布，并从中抽出一个现有的节点来获得新的边。通过从所有这些概率中抽样，我们可以停止生成过程，或者获得一个具有新节点和（或）新边的新图。我们需要通过读取节点表征与生成图来重复这个过程，直到模型从 p_{AddNode} 中生成一个停止信号为止。

训练。为了训练模型，我们需要最大化所观察到的图的似然性。回顾一下，我们需要考虑 11.3.2.1 节中讨论的使图保持不变的置换。为简单起见，我们只关注邻接矩阵，根据（Li et al，2018d），$\mathcal{G} \equiv \{\boldsymbol{PAP}^{\mathrm{T}} \mid \boldsymbol{P} \in \boldsymbol{\Pi}_{\mathcal{G}}\}$，其中，$\boldsymbol{\Pi}_{\mathcal{G}}$ 是 $\boldsymbol{\Pi}$ 的最大子集，$\boldsymbol{P}_1\boldsymbol{AP}_1^{\mathrm{T}} \neq \boldsymbol{P}_2\boldsymbol{AP}_2^{\mathrm{T}}$ 对所有 $\boldsymbol{P}_1$和$\boldsymbol{P}_2 \in \boldsymbol{\Pi}_{\mathcal{G}}$ 成立。理想的目标是：

$$\max\log p(\mathcal{G}) \Leftrightarrow \max\log\left(\sum_{\boldsymbol{P}\in\boldsymbol{\Pi}_{\mathcal{G}}} p(\boldsymbol{PAP}^{\mathrm{T}})\right) \tag{11.32}$$

这里省略了被优化的变量，即前面定义的模型参数。请注意，若给定节点排序（对应于一个特定的置换矩阵 $\boldsymbol{P}$），则置换矩阵和邻接矩阵之间将存在一个双射。换言之，我们可以把 $p(\boldsymbol{PAP}^{\mathrm{T}})$ 等效地写成概率的乘积。然而，由于 $\boldsymbol{\Pi}_{\mathcal{G}}$ 在实践中几乎使用的是阶乘大小，对于式（11.32），我们难以实现右边的对数函数内部的边际化。Li et al（2018d）建议随机抽样几个不同的节点排序作为 $\tilde{\boldsymbol{\Pi}}_{\mathcal{G}}$，并用以下近似目标训练模型：

$$\max\log\left(\sum_{\boldsymbol{P}\in\tilde{\boldsymbol{\Pi}}_{\mathcal{G}}} p(\boldsymbol{PAP}^{\mathrm{T}})\right) \tag{11.33}$$

注意，以上目标是式（11.32）中的一个严格下限。如果有像分子图的 SMILES 排序那样的典型节点排序，则我们也可以用它来计算上述目标。

讨论。这个模型将图生成表述为一个顺序决策过程，并提供了一个基于 GNN 的自回归模型来构建每一步可能的决策的概率能力。整个模型的设计具有良好的动机，它在生成像分子图这样的小图（例如少于 40 个节点）时也取得了良好的经验表现。然而，由于该模型每一步最多只能生成一个新的节点和一条新的边，对密集图来说，生成步骤的总数与节点的数量是平方关系，因此生成中等规模的图（例如有几百个节点）的效率很低。

11.3.3.2 图循环神经网络

图循环神经网络（GraphRNN）（You et al，2018b）是另一个深度自回归模型，它具有与消息传递图神经网络相似的顺序决策表述，并利用 RNN 来构建条件概率。这里需要再次依赖图的邻接矩阵表征，即 $\mathcal{G} \equiv \{\boldsymbol{PAP}^{\mathrm{T}} \mid \boldsymbol{P} \in \boldsymbol{\Pi}_{\mathcal{G}}\}$。在处理置换之前，我们假设节点排序是给定的，因此 $\boldsymbol{P}=\boldsymbol{I}$。

GraphRNN 的一个简单变体。GraphRNN 从邻接矩阵概率的自回归分解开始，如下所示：

$$p(\boldsymbol{A}) = \prod_{t=1}^{n} p(\boldsymbol{A}_t \mid \boldsymbol{A}_{<t}) \tag{11.34}$$

其中，$\boldsymbol{A}_t$ 是邻接矩阵 $\boldsymbol{A}$ 的第 t 列，$\boldsymbol{A}_{<t}$ 是由 $\boldsymbol{A}_1, \boldsymbol{A}_2, \cdots, \boldsymbol{A}_{t-1}$ 列组成的矩阵。如果一个图的节点数少于 n，我们就可以像 11.3.1 节中讨论的那样添加伪节点，然后把条件概率构造成一个独立于边的伯努利分布：

$$p(\boldsymbol{A}_t \mid \boldsymbol{A}_{<t}) = \text{Bernoulli}(\boldsymbol{\Theta}_t) = \prod_{i=1}^{n} \boldsymbol{\Theta}_{t,i}^{1[A_{i,t}=1]}(1-\boldsymbol{\Theta}_{t,i})^{1[A_{i,t}=0]} \tag{11.35}$$

$$\boldsymbol{\Theta}_t = f_{\text{out}}(\boldsymbol{h}_t) \tag{11.36}$$

$$\boldsymbol{h}_t = f_{\text{trans}}(\boldsymbol{h}_{t-1}, \boldsymbol{A}_{t-1}) \tag{11.37}$$

其中，$\boldsymbol{\Theta}_t$ 是一个大小为 n 的伯努利参数向量，$\boldsymbol{\Theta}_{t,i}$ 表示其中的第 i 个元素。f_{out} 可以是一个 MLP，用于将隐藏状态 $\boldsymbol{h}_t$ 作为输入并输出 $\boldsymbol{\Theta}_t$。f_{trans} 是一个 RNN 单元函数，用于将邻接矩阵 $\boldsymbol{A}_{t-1}$ 的第（t−1）列和隐藏状态 $\boldsymbol{h}_{t-1}$ 作为输入并输出当前隐藏状态 $\boldsymbol{h}_t$。我们可以使用 LSTM 或 GRU 作为 RNN 单元函数。请注意，对 $\boldsymbol{A}_{<t}$ 的调节是通过递归使用 RNN 中的隐藏状态来实现的。隐藏状态可以被初始化为 0 或从标准正态分布中随机抽样。这个模型的变体非常简单，可以很容易实现，因为它只由几个常见的神经网络模块组成，比如 RNN 和 MLP。

完整版 GraphRNN。为了进一步改进模型，You et al（2018b）提出了一个完整版的 GraphRNN。具体的想法是，建立一个分层的 RNN，使式（11.34）中的条件分布变得更具表达能力。具体来说，不是使用独立于边的伯努利分布，而是使用另一种自回归结构来模拟邻接矩阵的一列中项与项之间的依赖关系，如下所示：

$$p(\boldsymbol{A}_t \mid \boldsymbol{A}_{<t}) = \prod_{i=1}^{n} p(\boldsymbol{A}_{i,t} \mid \boldsymbol{A}_{<i,<t}) \tag{11.38}$$

$$p\left(\boldsymbol{A}_{i,t} \mid \boldsymbol{A}_{<i,<t}\right) = \text{Sigmoid}(g_{\text{out}}(\tilde{\boldsymbol{h}}_{i,t})) \tag{11.39}$$

$$\tilde{\boldsymbol{h}}_{i,t} = g_{\text{trans}}(\tilde{\boldsymbol{h}}_{i-1,t}, \boldsymbol{A}_{<i,t}) \tag{11.40}$$

$$\tilde{\boldsymbol{h}}_{0,t} = \boldsymbol{h}_t \tag{11.41}$$

$$\boldsymbol{h}_t = f_{\text{trans}}(\boldsymbol{h}_{t-1}, \boldsymbol{A}_{t-1}) \tag{11.42}$$

其中，底层 RNN 单元函数 f_{trans} 仍然循环地更新隐藏状态以得到 $\boldsymbol{h}_t$，从而实现对邻接矩阵 $\boldsymbol{A}$ 的所有前（t−1）列的调节。为了生成第 t 列的单个项，顶部 RNN 单元函数 g_{trans} 需要将自己的隐藏状态 $\tilde{\boldsymbol{h}}_{i-1,t}$ 和已经生成的第 t 列作为输入，并将隐藏状态更新为 $\tilde{\boldsymbol{h}}_{i,t}$。输出分布是一个伯努利分布，它将 $\tilde{\boldsymbol{h}}_{i,t}$ 作为输入并由 MLP g_{out} 的输出进行参数化。注意，顶部 RNN 的初始隐藏状态 $\tilde{\boldsymbol{h}}_{0,t}$ 被设置成了底部 RNN 返回的隐藏状态 $\boldsymbol{h}_t$。

目标。为了训练 GraphRNN，我们可以再次求助与 11.3.3.1 节类似的最大对数似然。我们还需要处理节点的置换，使图保持不变。You et al（2018b）没有像（Li et al，2018d）那样随机抽样几个排序，而是提议使用随机广度优先搜索的排序。具体的做法是，首先随机抽取一个节点排序，然后挑选这个排序中的第一个节点作为根节点。从这个根节点开始应用广度优先搜索（Breadth-First-Search，BFS）算法，生成最终的节点排序。我们把相应的置换矩阵表示为 $\boldsymbol{P}_{\text{BFS}}$。最后的目标如下：

$$\max\log(p(\boldsymbol{P}_{\text{BFS}}\boldsymbol{A}\boldsymbol{P}_{\text{BFS}}^{\text{T}})) \tag{11.43}$$

这也是真实对数似然的一个严格下限。经验表明，这种随机广度优先搜索排序在一些基准上具有良好的表现（You et al，2018b）。

讨论。GraphRNN 的设计是简单而有效的。由于大多数模块是标准的，因此实现起来很简单。简单的变体比之前基于 GNN 的模型（Li et al，2018d）更有效，因为前者在每一步都会生成多条边（对应于邻接矩阵的一列）。此外，简单变体的经验表现与完整版本相当。然而，GraphRNN 仍然有某些局限性。例如，RNN 高度依赖于节点排序，因为不同的节点排序会导致完全不同的隐藏状态。顺序排序可以使两个附近的（甚至是相邻的）节点在生成序列中远离（也就是在生成时间步中远离）。通常情况下，远离生成时间步的 RNN 的隐藏状态往往是完全不同的，这就使得模型很难知道附近的这些节点是否应该连接。我们称这种现象为**顺序排序偏差**（sequential ordering bias）。

11.3.3.3　图循环注意力网络

遵循（Li et al，2018d；You et al，2018b）的工作思路，Liao et al（2019a）提出了图循环注意力网络（Graph Recurrent Attention Network，GRAN）。GRAN 是基于 GNN 的自回归模型，在容量和效率方面大大改善了之前基于 GNN 的模型（Li et al，2018d）。此外，GRAN 还缓解了 GraphRNN（You et al，2018b）的**顺序排序偏差**。在后面的内容中，我们将介绍这种模型的细节。

模型。下面我们从图的邻接矩阵表征开始，$\mathcal{G} \equiv \{\boldsymbol{PAP}^{\mathrm{T}} \mid \boldsymbol{P} \in \boldsymbol{\Pi}_{\mathcal{G}}\}$。GRAN 的目标是直接在邻接矩阵上建立一个概率模型，这与 GraphRNN 类似。同样，节点/边的特征并不重要，我们可以在不对模型做太多修改的情况下将它们纳入。具体来说，从邻接矩阵建模的角度看，基于 GNN 的自回归模型在一个步骤中生成邻接矩阵的一项（Li et al，2018d），而 GraphRNN（You et al，2018b）在一个时间步中生成一列的项。GRAN 则沿着这条路线更进一步，实现了在一个步骤中生成邻接矩阵的一个列块/行块[①]，这大大提高了生成速度。若将邻接矩阵 $\boldsymbol{A}$ 的前 k 行的子矩阵表示为 $\boldsymbol{A}_{1:k,:}$，则可以得到以下概率的自回归分解：

$$p(\boldsymbol{A}) = \prod_{t=1}^{\lceil n/k \rceil} p(\boldsymbol{A}_{(t-1)k:tk,:} \mid \boldsymbol{A}_{:(t-1)k,:}) \tag{11.44}$$

其中，$\boldsymbol{A}_{:(t-1)k,:}$ 表示第 t 步之前已经生成的邻接矩阵〔比如块大小为 k 的（$t-1$）块〕。我们用 $\boldsymbol{A}_{(t-1)k:tk,:}$ 表示第 t 个时间步的待生成块。请注意，这部分是对式（11.34）中 GraphRNN 自回归模型的直接泛化。

为了构建条件概率 $p(\boldsymbol{A}_{(t-1)k:tk,:} \mid \boldsymbol{A}_{:(t-1)k,:})$，GRAN 利用了一个消息传递图神经网络。具体来说，就是将我们在时间步 t 之前已经生成的图（对应于 $\boldsymbol{A}_{:(t-1)k,:}$）表示为 $\mathcal{G}^{t-1} = (\mathcal{V}^{t-1}, \mathcal{E}^{t-1})$。下面我们用邻接矩阵的相应行来初始化每个节点的表征向量，使得对于所有的 $v \leqslant (t-1)k$，有 $\boldsymbol{h}_v = \boldsymbol{A}_{v,:}$。由于我们假设最大的节点数是 n，并为较小的图添加了伪节点，因此 $\boldsymbol{h}_v$ 的大小也是 n。在时间步 t，我们感兴趣的是生成一个新的节点块（对应于 $\boldsymbol{A}_{(t-1)k:tk,:}$）及其相关的边。对于第 t 个块中的 k 个新节点，由于它们在邻接矩阵中的相应行最初都是 0，因此我们对它们进行从 1 到 k 的任意排序，并使用顺序索引的独热编码作为区分它们的额外表征，表示为 $\boldsymbol{x}_u$。我们首先形成一个新的图 $\tilde{\mathcal{G}}^t = (\mathcal{V}^t, \tilde{\mathcal{E}}^t)$，然后将 k 个新节点连接到它们自身（不包括自循环）和图 $\mathcal{G}^{t-1}$ 中的其他节点。我们称这样的边为增强边，如图 11.3 中的虚线所示。换言之，$\mathcal{V}^t$ 是 $\mathcal{V}^{t-1}$ 和 k 个新节点的并集，而 $\tilde{\mathcal{E}}^t$ 是 $\mathcal{E}^{t-1}$ 和增强边的并集。GRAN 的核心部分是在这种增强边上构造一个概率分布，我们可以从中抽样一个新的图 $\mathcal{G}^t$。请注意，与图 $\tilde{\mathcal{G}}^t$ 相比，图 $\mathcal{G}^t$ 有相同的节点集合，但可能有更少的边。

---

① 由于我们主要对简单的图感兴趣，即不包含自循环或多条边的非加权无向图，因此这里对列或行的建模没有区别。

为了构建概率，我们需要使用一个 GNN 并执行下面的一步消息传递过程。

$$\boldsymbol{m}_{ij} = f_{\text{msg}}(\boldsymbol{h}_i - \boldsymbol{h}_j) \qquad \forall (i,j) \in \mathcal{E}^t \tag{11.45}$$

$$\tilde{\boldsymbol{h}}_i = [\boldsymbol{h}_i \| \boldsymbol{x}_i] \qquad \forall i \in \mathcal{V}^t \tag{11.46}$$

$$\boldsymbol{a}_{ij} = \text{Sigmoid}(g_{\text{att}}(\tilde{\boldsymbol{h}}_i - \tilde{\boldsymbol{h}}_j)) \qquad \forall (i,j) \in \tilde{\mathcal{E}}^t \tag{11.47}$$

$$\boldsymbol{h}_i' = \text{GRU}\left(\boldsymbol{h}_i, \sum_{j \in \Omega(i)} \boldsymbol{a}_{ij} \boldsymbol{m}_{ij}\right) \qquad \forall i \in \mathcal{V}^t \tag{11.48}$$

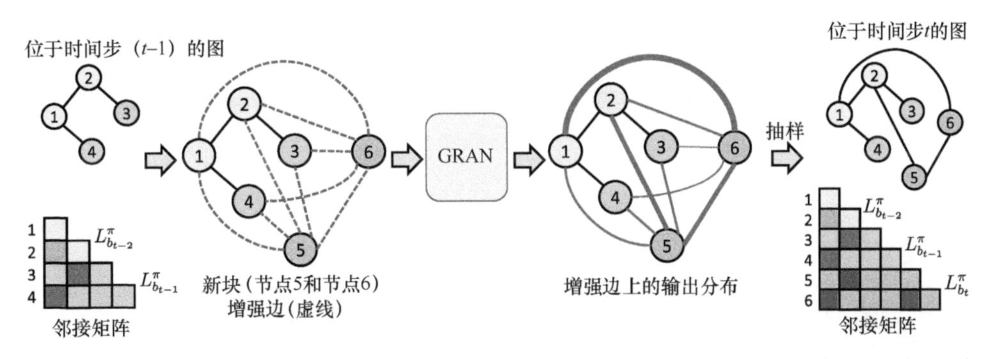

图 11.3 Liao et al（2019a）对图循环注意力网络（GRAN）做了概述。在每一步，给定一个已经生成的图，添加一个新的节点块（大小为 2，颜色表示可视化中个别组的成员）和一些增强边（虚线）。然后将 GRAN 应用于这个图，以获得增强边的输出分布（这里显示了一个独立于边的伯努利分布，其中，线宽表示产生单个增强边的概率）。最后从输出分布中取样，得到一个新的图。改编自（Liao et al，2019a）中的图 1

其中，$\boldsymbol{m}_{ij}$ 是边 (i,j) 上的消息，Ω_i 是节点 i 的邻居（节点）集合。消息函数 f_{msg} 和注意力头 g_{att} 可以是 MLP。请注意，对于已经生成的图 $\mathcal{G}^{t-1}$ 中的节点 u，我们需要将 $\boldsymbol{x}_u$ 设置为 0，因为独热编码只用于区分那些新加入的节点。$[\boldsymbol{a}\|\boldsymbol{b}]$表示并置两个向量 $\boldsymbol{a}$ 和 $\boldsymbol{b}$。更新的节点表征 $\boldsymbol{h}_i'$ 将作为下一个消息传递步骤的输入。我们通常会针对一个固定的步数展开消息传递，这个固定的步数已被设定为一个超参数。请注意，消息传递步骤独立于生成步骤。注意力权重 $\boldsymbol{a}_{ij}$ 取决于独热编码 $\boldsymbol{x}_i$，因此，与那些属于 $\mathcal{E}^{t-1}$ 的边上的消息相比，增强边上的消息的权重可能不同。基于消息传递返回的最终节点表征，我们可以构建如下输出分布：

$$p(\boldsymbol{A}_{(t-1)k:tk,:} \mid \boldsymbol{A}_{:(t-1)k,:}) = \sum_{c=1}^{C} \alpha_c \prod_{i=(t-1)k+1}^{tK} \prod_{j=1}^{n} \Theta_{c,i,j} \tag{11.49}$$

$$\alpha = \text{Softmax}\left(\sum_{i=(t-1)k+1}^{tK} \sum_{j=1}^{n} \text{MLP}_\alpha(\boldsymbol{h}_i^R - \boldsymbol{h}_j^R)\right) \tag{11.50}$$

$$\Theta_{c,i,j} = \text{Sigmoid}(\text{MLP}_\Theta(\boldsymbol{h}_i^R - \boldsymbol{h}_j^R)) \tag{11.51}$$

这里使用了伯努利分布的混合分布，其中，混合系数为$\alpha = \{\alpha_1, \cdots, \alpha_C\}$，参数为$\{\boldsymbol{\Theta}_{c,i,j}\}$。与 GraphRNN 的简单变体中使用的独立于边的伯努利分布相比，这种混合分布可以捕获多个生成的边之间的依赖关系。此外，与完整版 GraphRNN 中使用的自回归分布相比，这种混合分布的抽样效率更高。

目标。为了训练模型，我们还需要处理置换，以使对数似然最大化。与（Li et al，2018d；You et al，2018b）中使用的策略类似，Liao et al（2019a）提出使用一组典型的排序，其中包括广度优先搜索（BFS）、深度优先搜索（Depth-First-Search，DFS）、节点度数降序、节点度数升序和 k-core 排序。特别是，BFS 和 DFS 排序是从具有最大节点度数的节点开始的。Seidman（1983）证明了 k-core 图的排序对社交网络中的凝聚力群体建模非常有用。图 $\mathcal{G}$ 的 k-core 是一个包含度数为 k 或更大度数的节点的最大子图。核心是嵌套的，换言之，如果 $i>j$，则 i-core 属于 j-core，但它们不一定是连接的子图。最重要的是，我们可以在线性时间内找到（相对于边的数量）核心分解（即根据它们的顺序排列的所有核心）（Batagelj and Zaversnik，2003）。基于每个节点的最大核心数，我们可以唯一地确定所有节点的划分，即共享相同的最大核心数且不相交的节点集合。这样我们就可以通过其节点的最大核心数来分配每个不相交集合的核心数。从具有最大核心数的集合开始，将该集合中的所有节点按节点度数降序排列，然后移到第二大核心，以此类推，得到所有节点的最终排序。我们把这种核心降序称为 **k-core 节点排序**。

我们最终的训练目标是

$$\max\log\left(\sum_{P\in\tilde{\Pi}_{\mathcal{G}}} p(\boldsymbol{PAP}^{\mathrm{T}})\right) \tag{11.52}$$

其中，$\tilde{\boldsymbol{\Pi}}_{\mathcal{G}}$ 是对应于上述节点排序的置换矩阵集合。这又是真实对数似然的一个严格下限。

讨论。 GRAN 在以下方面改进了基于 GNN 的自回归模型（Li et al，2018d）和 GraphRNN（You et al，2018b）。首先，GRAN 会在每一步生成邻接矩阵的一个行块，这相比在每一步生成一项或一行更有效率。其次，GRAN 使用 GNN 来构建条件概率，这有助于缓解 GraphRNN 中的顺序排序偏差，因为 GNN 是置换等变的，也就是说，节点排序不会影响每一步的条件概率。最后，GRAN 中的输出分布更有表达能力，对抽样来说更有效率。GRAN 在经验表现和可生成的图的大小方面优于之前的深度图生成模型（例如，GRAN 可以生成含有高达 5000 个节点的图）。然而，GRAN 也有一个缺点，即整个模型取决于节点排序的特定选择。在某些应用中，我们可能很难找到好的排序。如何建立顺序不变的深度图生成模型是一个有趣的开放性问题。

11.3.4　生成对抗网络方法

在本节中，我们将回顾一些在图生成的背景下应用生成对抗网络（Goodfellow et al，2014b）思想的方法（De Cao and Kipf，2018；Bojchevski et al，2018；You et al，2018a）。根据训练期间图的表征方式，方法大致分为两类——基于邻接矩阵的 GAN 和基于随机游走的 GAN。接下来，我们将详细解释这两类方法。

11.3.4.1　基于邻接矩阵的 GAN

MolGAN（De Cao and Kipf，2018）和图卷积策略网络（Graph Convolutional Policy Network，GCPN）（You et al，2018a）使用了一个类似的基于 GAN 的框架，以生成满足某些化学特性的分子图。在这里，图数据的表征与前几节略有不同，因为需要同时指定节点类型（即原子类型）和边类型（即化学键类型）。我们把邻接矩阵表示为 $\boldsymbol{A}\in\mathbb{R}^{N\times N\times Y}$，用 Y 表示化学键类型的数量。基本上，沿着 $\boldsymbol{A}$ 的第三维的一个切片可以给出一个邻接矩阵，该邻接矩阵描述了特定化学键类型下原子之间的连接性。我们把节点类型表示为 $\boldsymbol{X}\in\mathbb{R}^{N\times T}$，其中，$T$ 是原子类型的数量。我们的目标是生成 $(\boldsymbol{A},\boldsymbol{X})$，使其与观察到的分子图相似，并具有某些理想的化学特性。

模型。下面首先解释 MolGAN 的细节，然后强调 GCPN 和 MolGAN 的区别。与普通的 GAN 类似，MolGAN 由生成器 $\mathscr{G}_\theta(\boldsymbol{Z})$ 和判别器 $\mathscr{D}_\phi(\boldsymbol{A},\boldsymbol{X})$ 组成。为了确保生成的样本满足理想的化学特性，MolGAN 采用了一个额外的反馈网络 $\mathscr{R}_\psi(\boldsymbol{A},\boldsymbol{X})$。图 11.4 展示了 MolGAN 的整体流程。

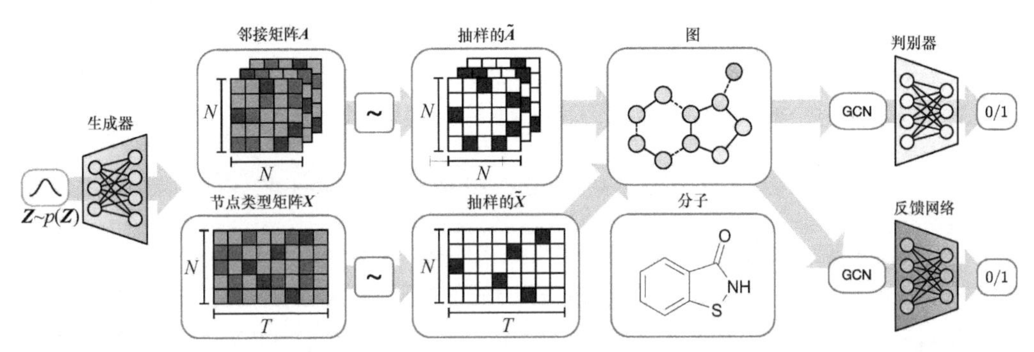

图 11.4 De Cao and Kipf（2018）对 MolGAN 做了概述。首先绘制一个潜向量 $\boldsymbol{Z} \sim p(\boldsymbol{Z})$，并将其送入一个生成器，生成一个概率（连续）邻接矩阵 $\boldsymbol{A}$ 和一个概率（连续）节点类型矩阵 $\boldsymbol{X}$。然后绘制一个离散的邻接矩阵 $\tilde{\boldsymbol{A}} \sim \boldsymbol{A}$ 和一个离散的节点类型矩阵 $\tilde{\boldsymbol{X}} \sim \boldsymbol{X}$，它们共同构成了一个分子图。在训练过程中，将生成的图分别送入判别器和反馈网络，以获得对抗性损失（评估生成的图和观察到的图的相似程度）和负反馈（衡量生成的图满足特定化学约束的可能性）。改编自（De Cao and Kipf，2018）中的图 2

为了生成一个分子图，我们首先需要从一些先验中抽样一个潜向量 $\boldsymbol{Z} \in \mathbb{R}^d$，例如 $\boldsymbol{Z} \sim \mathcal{N}(0,\boldsymbol{I})$。然后，我们需要使用 MLP 将抽样的 $\boldsymbol{Z}$ 直接映射到一个连续的邻接矩阵 $\boldsymbol{A}$ 和一个连续的节点类型矩阵 $\boldsymbol{X}$。图数据的连续版本有一个自然的概率解释，即 $A_{i,j,c}$，表示使用化学键类型 c 连接原子 i 和原子 j 的概率；而 $X_{i,t}$ 表示将第 t 种原子类型分配给原子 i 的概率。我们可以从连续版本中对离散图数据（$\tilde{\boldsymbol{A}},\tilde{\boldsymbol{X}}$）进行抽样，即 $\tilde{\boldsymbol{A}} \sim \boldsymbol{A}$ 和 $\tilde{\boldsymbol{X}} \sim \boldsymbol{X}$。这个抽样过程可以用 Gumbel Softmax 来实现（Jang et al，2017；Maddison et al，2017）。离散的邻接矩阵 $\tilde{\boldsymbol{A}}$ 与离散的节点类型矩阵 $\tilde{\boldsymbol{X}}$ 将一起指定一个分子图并完成生成过程。

为了评估生成的图和观察到的图的相似程度，我们需要构建一个判别器。由于要处理的是图，因此我们自然选择图神经网络作为判别器，如图卷积网络（GCN）（Kipf and Welling，2017b）。具体来说，我们将使用 GCN 的一个变体（Schlichtkrull et al，2018）来纳入多种边类型。一个这样的图卷积层如下所示：

$$\boldsymbol{h}_i' = \tanh\left(f_s(\boldsymbol{h}_i,\boldsymbol{x}_i) + \sum_{j=1}^{N}\sum_{y=1}^{Y}\frac{\tilde{A}_{i,j,y}}{|\Omega_i|}f_y(\boldsymbol{h}_j,\boldsymbol{x}_i)\right) \tag{11.53}$$

其中，$\boldsymbol{h}_i$ 和 $\boldsymbol{h}_i'$ 是图卷积层的输入节点表征和输出节点表征。Ω_i 是节点 i 的邻居（节点）集合。$\boldsymbol{x}_i$ 是 $\boldsymbol{X}$ 的第 i 行，即节点 i 的节点类型向量。f_s 和 f_y 是要学习的线性变换函数。在对这种类型的图卷积进行多层次堆叠后，我们可以用下面的注意力加权聚合读出图的表征：

$$\boldsymbol{h}_{\mathscr{G}} = \tanh\left(\sum_{v\in\mathscr{V}} \text{Sigmoid}\,(\text{MLP}_{\text{att}}\,(\boldsymbol{h}_v,\boldsymbol{x}_v)) \odot \tanh(\text{MLP}\,(\boldsymbol{h}_v,\boldsymbol{x}_v))\right) \tag{11.54}$$

其中，$\boldsymbol{h}_v$ 是顶部图卷积层返回的节点表征。请注意，MLP_{att} 和 MLP 是两个不同的 MLP

实例。$\odot$是指元素级乘积。我们可以使用图表征向量 $\boldsymbol{h}_{\mathscr{G}}$ 来计算判别器得分 $\mathscr{D}_{\phi}(\boldsymbol{A},\boldsymbol{X})$，也就是把一个图分类为正（比如来自数据分布）的概率。

目标。最初，GAN 通过执行如下最小化操作来学习模型：

$$\min_{\theta}\max_{\phi}\ \mathbb{E}_{\boldsymbol{A},\boldsymbol{X}\sim p_{\text{data}}(\boldsymbol{A},\boldsymbol{X})}[\log\mathscr{D}_{\phi}(\boldsymbol{A},\boldsymbol{X})]+\mathbb{E}_{\boldsymbol{Z}\sim p(\boldsymbol{Z})}[\log(1-\mathscr{D}_{\phi}(\bar{\mathscr{G}}_{\theta}(\boldsymbol{Z})))] \tag{11.55}$$

其中，生成器的目的是欺骗判别器，而判别器的目的是对生成的样本和观察到的样本进行正确分类。为了解决 GAN 训练中的某些问题，如模式坍塌和不稳定性，研究者提出了 Wasserstein GAN（WGAN）（Arjovsky et al，2017）及其改进版（Gulrajani et al，2017）。MolGAN 遵循改进的 WGAN 并使用以下目标训练判别器 $\mathscr{D}_{\phi}(\boldsymbol{A},\boldsymbol{X})$：

$$\max_{\phi}\sum_{i=1}^{B}-\mathscr{D}_{\phi}(\boldsymbol{A}^{(i)},\boldsymbol{X}^{(i)})+\mathscr{D}_{\phi}(\bar{\mathscr{G}}_{\theta}(\boldsymbol{Z}^{(i)}))+\alpha(\|\nabla_{\hat{\boldsymbol{A}}^{(i)},\hat{\boldsymbol{X}}^{(i)}}\mathscr{D}_{\phi}(\hat{\boldsymbol{A}}^{(i)},\hat{\boldsymbol{X}}^{(i)})\|-1)^2 \tag{11.56}$$

其中，B 是 mini-batch 的大小，$\boldsymbol{Z}^{(i)}$ 是从先验中抽取的第 i 个样本，$\boldsymbol{A}^{(i)}$ 和 $\boldsymbol{X}^{(i)}$ 是从数据分布中抽取的第 i 个图数据，$\hat{\boldsymbol{A}}^{(i)}$ 和 $\hat{\boldsymbol{X}}^{(i)}$ 则是它们的线性组合，$(\hat{\boldsymbol{A}}^{(i)},\hat{\boldsymbol{X}}^{(i)})=\varepsilon(\boldsymbol{A}^{(i)},\boldsymbol{X}^{(i)})+(1-\varepsilon)\bar{\mathscr{G}}_{\theta}(\boldsymbol{Z}^{(i)})$，$\varepsilon\sim\mathscr{U}(0,1)$。在式（11.56）中，右边的平方项惩罚了判别器的梯度，目的是使训练变得更加稳定。α 是一个加权项，用于平衡正则化和目标。此外，在判别器固定的情况下，我们可以通过增加额外的约束性反馈来训练生成器 $\bar{\mathscr{G}}_{\theta}(\boldsymbol{A},\boldsymbol{X})$：

$$\min_{\theta}\sum_{i=1}^{B}\lambda\mathscr{D}_{\phi}(\bar{\mathscr{G}}_{\theta}(\boldsymbol{Z}^{(i)}))+(1-\lambda)\mathscr{L}_{\text{RL}}(\bar{\mathscr{G}}_{\theta}(\boldsymbol{Z}^{(i)})) \tag{11.57}$$

其中，$\mathscr{L}_{\text{RL}}$ 是反馈网络 $\mathscr{R}_{\psi}$ 返回的负反馈；λ 是加权超参数，用于调节两种损失之间的平衡。反馈可以是一些不可微的量，用于描述生成的分子的化学特性，例如生成的分子在水中的可溶性有多大。为了学习具有无差别反馈的模型，这里使用了深度确定性策略梯度（Deep Deterministic Policy Gradient，DDPG）（Lillicrap et al，2015）。反馈网络的结构与判别器相同，也是一个 GCN。该模型是通过最小化 $\mathscr{R}_{\psi}$ 给出的预测反馈与一个产生每个分子的属性分数的外部软件之间的平方误差进行预训练的。预训练是有必要的，因为外部软件的运行速度通常比较慢，如果将其包括在整个训练框架中，则会大大延迟训练过程。

讨论。MolGAN 在一个名为 QM9（Ramakrishnan et al，2014）的大型化学数据库上展示出强大的经验表现。与其他 GAN 类似，由于该模型是无似然的，因此可以具有更灵活和强大的生成器。更重要的是，尽管生成器仍然依赖于节点排序，但判别器和反馈网络是顺序（置换）不变的，因为它们都是用 GNN 构建的。有趣的是，GCPN（You et al，2018a）使用类似的方法解决了同样的问题。GCPN 有一个类似的 GAN 类型的目标以及一些额外的特定领域的反馈，用以捕捉分子的化学特性。GCPN 还学习了一个生成器和一个判别器。然而，他们并没有使用反馈网络来加快反馈的计算速度。为了处理不可微反馈的学习，GCPN 利用了近似策略优化（Proximal Policy Optimization，PPO）（Schulman et al，2017）方法。根据经验，该方法比普通的策略梯度方法表现更好。另一个重要的区别是，GCPN 以逐项自回归的方式生成邻接矩阵，这样就可以捕捉到多条生成的边之间的依赖关系，而 MolGAN 则以潜向量为条件，平行生成邻接矩阵的所有项。GCPN 在另一个名为 ZINC（Irwin et al，2012）的大型化学数据库上也取得了令人印象深刻的经验表现。尽管如此，上述模型仍然存在局限性。离散梯度估计器（如策略梯度类型的方法）可能有很大的方差，这会减慢训练速度。由于特定领域的反馈是不可微的，而且获得反馈可能非常耗时，因此学习基于神经网络的近似反馈函数（正如 MolGAN 所做的那样）很有吸引力。然而，正如 MolGAN 所报告的那样，预训练似乎是使整个训练成功的关键。沿着学习反馈函数的路线进行更多的探索将有利于简化整个训练管道。另外，这两种方法都使用 GCN 的一些变体作为判别器，这被证明在判别某些图方面是不充分的[①]。因此，探索更强大的判别器，如利用图拉普拉斯谱作为输入特征的 Lanczos 网络（Liao et al，2019b），将有望进一步提高上述方法的表现。

11.3.4.2 基于随机游走的 GAN

与前面介绍的方法相比，NetGAN（Bojchevski et al，2018）采用了基于随机游走的图表征方法。NetGAN 的关键思想是将图映射为一组随机游走，并在游走空间中学习一个生成器和一个判别器。生成器生成的随机游走应该类似于从观察到的图中抽样的随机游走，而判别器应该正确区分随机游走是来自数据分布还是来自对应于生成器的隐藏分布。

模型。首先使用（Grover and Leskovec，2016）中描述的有偏置的二阶随机游走抽样策略，从给定的图 $\mathcal{G}$ 中抽出一组长度固定为 T 的随机游走。在这里，随机游走可以表示为序列（$v_1, v_2, \cdots, v_T$），其中，v_i 代表图 $\mathcal{G}$ 中的一个节点。请注意，随机游走可能包含重复的节点，因为它可能在抽样期间多次重访该节点。再次假设任何图的最大节点数为 N。对于任何节点 v_i，可以使用独热编码向量作为其节点特征。换言之，我们可以用一个序列连同其特征来看待随机游走。因此，与语言模型类似，使用一个 RNN 作为生成这种随机游走的生成器是很自然的。NetGAN 使用 LSTM 作为生成器，初始隐藏状态 $\boldsymbol{h}_0$ 和记忆 c_0 是通过向两个独立的 MLP 输入随机抽样的潜向量（从 $\mathcal{N}(0, \boldsymbol{I})$ 中抽取）来计算的。然后，LSTM 生成器将预测所有可能节点的分类分布，并对节点进行抽样。最后，将节点索引的独热编码视为节点表征，送入 LSTM 生成器作为下一步的输入。将这个 LSTM 展开为 T 步，即可得到最终长度为 T 的随机游走。对于判别器，我们可以使用另一个 LSTM，它将随机游走作为输入，并预测给定的随机游走从数据分布中抽样的概率。NetGAN 的训练目标与改进的 WGAN（Gulrajani et al，2017）的训练目标相同。图 11.5 展示了 NetGAN 的整体流程。

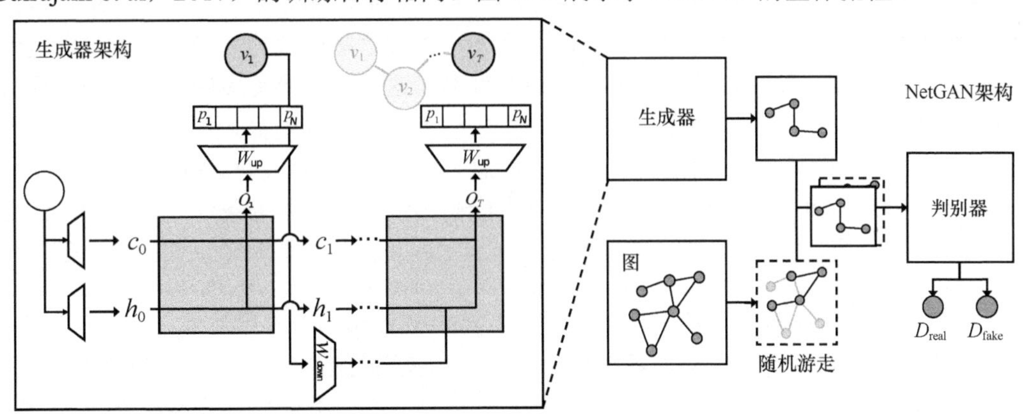

图 11.5 Bojchevski et al（2018）对 NetGAN 做了概述。首先从一个固定的先验 $\mathcal{N}(0, \boldsymbol{I})$ 中抽取一个随机向量，并初始化 LSTM 的记忆 c_0 和隐藏状态 $\boldsymbol{h}_0$。然后，LSTM 生成器生成每一步要访问的节点，并对固定的步数 T 进行展开。最后，节点索引的独热编码被送入 LSTM 并作为下一步的输入。判别器是另一个 LSTM，用于执行二分类，以预测给定的随机游走从数据分布中抽样的概率。改编自（Bojchevski et al，2018）中的图 2

① 例如，假设所有单个节点的特征都是相同的，则 GCN 无法区分一个由两个三角形组成的图形与一个六节点的圆（它们都有相同的节点数，每个节点正好有两个邻居节点）。

训练完 LSTM 生成器后，就可以生成随机游走。然而，我们需要执行一个额外的步骤才能从一组生成的随机游走中构造一个图。NetGAN 使用的策略如下：首先，计算出现在随机游走集合中的边，以获得一个得分矩阵 $\boldsymbol{S}$，它的大小与邻接矩阵相同。得分矩阵 $\boldsymbol{S}$ 的第（i,j）项 $S_{i,j}$ 表示边（i,j）在生成的随机游走集合中出现的次数。其次，对于每个节点 i，根据概率 $\frac{S_{i,j}}{\sum_v S_{i,v}}$ 抽样一个邻居节点。重复抽样，直到节点 i 至少有一个连接的邻居节点为止。如果边已经生成，则跳过。最后，对于任意一条边（i,j），根据概率 $\frac{S_{i,j}}{\sum_{u,v} S_{u,v}}$ 进行无替换抽样，直至达到最大的边数。

讨论。基于随机游走的图表征方法在深度图生成模型的背景下是新颖的。此外，它们相比邻接矩阵表征法更具有可扩展性，因为可以不受平方（相对于节点数）复杂性的约束。NetGAN 的核心模块是 LSTM，LSTM 在处理序列方面很有效，而且容易实现。但尽管如此，从一组生成的随机游走中构造图似乎有点随意性。另外，基于随机游走的图表征方法并没有从理论上保证所提出的构建方法的准确性。它们可能需要大量抽样的随机游走，以生成具有良好质量的图。

11.4　小结

在本章中，我们回顾了一些经典的图生成模型以及一些基于深度神经网络的现代模型。从模型能力和经验表现的角度看（如模型对观测数据的拟合程度），深度图生成模型明显优于其他同类模型。例如，它们可以生成有效的化学分子图，并且在图的某些统计方面与观察到的分子图相似。

尽管近年来我们已经取得令人印象深刻的进展，但深度图生成模型仍处于早期阶段。未来我们至少面临两个主要挑战。首先，我们如何扩大这些模型的规模，使得它们能够处理现实世界中的图，如大规模的社交网络和万维网？这不仅需要更多的计算资源，而且需要更多地改进算法。例如，构建一个分层图生成模型将是提升效率和规模的一个充满希望的方向。其次，我们如何有效地在一些输入信息上添加特定领域的约束或条件？这个问题很重要，因为现实世界中的许多应用要求图生成必须以某些输入为条件（如以输入图像为条件的场景图生成）。在实践中，许多图都有一定的约束条件（如分子生成中的化学特性）。

编者注：基于深度学习的图生成可被认为是图表征学习的下游任务，其中学习的表征通常被强制遵循一些概率性假设。因此，本章介绍的技术涉及前几章介绍的相关属性和理论，如可扩展性（见第 6 章）、表达能力（见第 5 章）和鲁棒性（见第 8 章）。图生成还进一步激发了各种有趣的、重要的但通常具有挑战性的领域的下游任务，如药物开发（见第 24 章）、蛋白质分析（见第 25 章）和程序分析（见第 22 章）等。

第 12 章
图转换

Xiaojie Guo、Shiyu Wang 和 Liang Zhao①

摘要

在将输入域的图“转换”为目标域的另一个图的过程中，我们会遇到许多关于结构化预测的问题，这就需要我们学习从输入域到目标域的转换映射。例如，研究结构连接如何影响大脑网络和交通网络的功能连接是很重要的，研究蛋白质（如原子网络）如何从一级结构折叠到三级结构也很常见。在本章中，我们主要讨论与深度图神经网络领域相关的图转换问题。12.1 节阐述图转换问题的形式化。根据转换过程中被转换的实体，我们可以将图的转换问题进一步分为 4 类——节点级转换、边级转换、节点-边共转换以及其他基于图的转换（如序列到图的转换和上下文到图的转换），这些内容将分别在 12.2 节～12.5 节中讨论。本章的每一节都将提供相关类别的定义及其独特挑战。

12.1 图转换问题的形式化

在将输入数据（如图像、文本）“转换”成相应的输出数据的过程中，我们会经常遇到许多关于结构化预测的问题——学习从输入域到目标域的转换映射。例如，我们可以将计算机视觉中的许多问题视作从输入图像到相应输出图像的“转换”。而在语言转换中，我们也可以找到类似的应用，比如将一种语言的句子（词的序列）转换成另一种语言的相应句子。这种通用的转换问题很重要，但它们在本质上却非常难以解决，近年来吸引了越来越多研究者的关注。传统的数据转换问题通常涉及特殊拓扑结构下的数据。例如，图像是一种网格，其中的每个像素是一个节点，每个节点都与其邻居节点有关系。文本通常被视为序列，其中的每个词是一个节点，两个上下文词之间存在一条边。网格和序列都是图的特殊类型。由于在许多实际应用中需要处理结构比网格和序列更灵活的数据，因此我们需要更强大的转换技术来处理更通用的图结构数据。研究人员为此提出了一个名为深度图转换的新问题，其目的是学习从输入域的图到目标域的图的映射。首先，我们来了解一下图转换问题的形式化。

将一个图定义为 $\mathcal{G}=(\mathcal{V},\mathcal{E},\boldsymbol{F},\boldsymbol{E})$，其中，$\mathcal{V}$是 N 个节点的集合，$\mathcal{E}\subseteq\mathcal{V}\times\mathcal{V}$ 是 M 条边的

① Xiaojie Guo
IBM Thomas J. Watson Research Center，E-mail：xguo7@gmu.edu
Shiyu Wang
Department of Computer Science，Emory University，E-mail：shiyu.wang@emory.edu
Liang Zhao
Department of Computer Science，Emory University，E-mail：liang.zhao@emory.edu

集合。$e_{i,j} \in \mathcal{E}$ 是连接节点 v_i和v_j(它们都属于集合$\mathcal{V}$)的边。一个图可以用它的（加权）邻接矩阵 $\boldsymbol{A}$ 来描述矩阵或张量。如果图有节点属性和边属性，则节点属性矩阵 $\boldsymbol{F} \in \mathbb{R}^{N \times L}$，其中，$L$ 是节点属性的数量；边属性张量 $\boldsymbol{E} \in \mathbb{R}^{N \times L \times K}$，其中，$K$ 是边属性的数量。基于图的定义，我们将输入域的输入图定义为$\mathcal{G}_S$，并将目标域的输出图定义为$\mathcal{G}_S \to \mathcal{G}_T$（Guo et al，2019c）。

根据转换过程中被转换的实体，我们可以将图的转换问题进一步分为 4 类：（1）节点级转换，在转换过程中只有节点和节点属性可以改变；（2）边级转换，在转换过程中只有拓扑或边属性可以改变；（3）节点-边共转换，在转换过程中节点和边都可以改变；（4）其他基于图的转换，包括序列到图的转换、图到序列的转换和上下文到图的转换。如果把序列看作图的一个特例，则可以将其归到前三种类型中。虽然可以如此，但我们还是想把它们分开，因为它们通常会受到不同研究团体的关注。

12.2 节点级转换

12.2.1 节点级转换的定义

节点级转换的目的是在输入图上生成或预测目标图的节点属性或节点类别。也可以将节点级转换看作一个具有随机性的节点预测问题。它要求当节点集合 $\mathcal{V}$或节点属性矩阵 $\boldsymbol{F}$ 发生变化时，图的边集合和边属性在转换过程中保持固定，即$\mathcal{G}_S = (\mathcal{V}_S, \mathcal{E}, \boldsymbol{F}_S, \boldsymbol{E}) \to \mathcal{G}_T = (\mathcal{V}_T, \mathcal{E}, \boldsymbol{F}_T, \boldsymbol{E})$。节点级转换在现实世界中有着广泛的应用，如根据节点间的固定关系（如引力）预测物理领域里系统未来的状态（Battaglia et al，2016），以及进行道路网络的交通速度预测（Yu et al，2018a；Li et al，2018e）。现有的研究采用不同的框架来模拟转换过程。

一般来说，处理节点级转换问题的直接方法是将其视为节点预测问题，通过将传统的 GNN 作为编码器来学习节点嵌入。然后，在节点嵌入的基础上，预测目标图的节点属性。在解决特定领域的节点级转换问题时，通常会有各种独特的要求，例如在交通速度预测任务中，就需要考虑空间和时间模式。因此在本节中，我们将重点介绍三种典型的节点级转换模型，以处理不同领域的此类转换问题。

12.2.2 交互网络

Battaglia et al（2016）在推理物体、关系和物理作用的任务中提出了交互网络（Interaction Network，IN），这是人类智能的核心，也是人工智能的一个关键目标。许多物理作用问题（如预测物理环境中接下来会发生什么或推断复杂场景的基本属性），都是具有挑战性的，因为它们由元素组成，可以作为一个整体相互影响。仅仅单独考虑每个物体和关系是不可能解决这类问题的。因此，针对这一节点级转换问题，我们可以通过对复杂系统中元素的相互作用和动态进行建模来处理。为了处理这个场景中的节点级转换问题，研究者提出了交互网络。交互网络结合了两种强大的主要方法——结构化模型和模拟。结构化模型能够利用物体之间的关系知识，是基于 GNN 的推理系统的重要组成部分。模拟是模仿动态系统的有效方法，旨在预测复杂系统中的元素如何受到相互作用的影响，以及预测系统的动态性。

整个复杂系统可以表示为一个有属性的、有向的多图 $\mathcal{G}$，其中，每个节点代表一个物体，边代表两个物体之间的关系。例如，一个固定物可以通过弹簧连接到一个自由移动的物体上。为了预测单个节点（即物体）的动态，研究者提出了一个以物体为中心的函数，

$\boldsymbol{h}_i^{t+1} = f_O(\boldsymbol{h}_i^t)$，该函数以物体 v_i 在时间步 t 的状态 $\boldsymbol{h}_i^t$ 为输入，并以下一个时间步 t+1 的未来状态 $\boldsymbol{h}_i^{t+1}$ 为输出。假设两个物体之间存在一种定向关系，即第一个物体 v_i 通过它们的相互作用影响第二个物体 v_j 。这种相互作用的效果或影响 $\boldsymbol{e}_{i,j}^{t+1}$ 是由一个以关系为中心的函数 f_R 预测的，该函数的输入是物体的状态以及它们的关系属性。物体的更新过程可以写成

$$\boldsymbol{e}_{i,j}^{t+1} = f_R(\boldsymbol{h}_i^t, \boldsymbol{h}_j^t, \boldsymbol{r}_i);\ \boldsymbol{h}_i^{t+1} = f_O(\boldsymbol{h}_i^t, \boldsymbol{e}_{i,j}^{t+1}) \tag{12.1}$$

其中，$\boldsymbol{r}_i$ 指的是节点 v_i 受到的交互效应。

值得注意的是，上述操作针对的是一个有属性的、有向的多图，因为边/关系可以有属性，而且两个物体之间可以有多种不同的关系（如刚性和磁性相互作用）。总之，在每个步骤，都需要计算出从每个关系中产生的相互作用效果，然后利用聚合函数汇总对相关物体的所有相互作用效果并更新物体的状态。

交互网络会对每个目标节点分别应用相同的 f_R 和 f_O，这使得它们的关系和物体推理能够处理任意数量、任意排序的物体和关系（即具有可变大小的图）。但是，为了实现这一点，交互网络必须满足如下附加的约束条件：聚合函数必须在物体和关系上是可交换的且可结合的。例如，求和函数作为聚合函数可以满足这一点，但是除法函数作为聚合函数就不满足这一点。

交互网络可以包含在消息传递神经网络（MPNN）的框架内，具有消息传递过程、聚合过程和节点更新过程。然而，与专注于二元关系的 MPNN 模型（即每对节点有一条边）不同，交互网络也可以处理超图，超图中的边可以通过组合 n 个节点（$n \geqslant 2$）来对应 n 阶关系。交互网络已经在学习准确的物理模拟方面显示出强大的能力，并且可以泛化到具有不同数量和配置的物体与关系的新系统中。交互网络还可以用于学习推断物理系统的抽象属性（如势能）。交互网络是第一个可以泛化到现实世界问题的可学习物理引擎，并且是一个有前途的推理模板，可以用在其他物理和机械系统、场景理解、社会感知、分层规划和类比推理的新人工智能方法中。

12.2.3 时空卷积循环神经网络

对于一个在动态环境中运行的学习系统来说，时空预测是一项关键的任务，它的应用范围很广，从车辆自动驾驶到能源和智能电网优化，再到物流和供应链管理。作为智能交通系统的核心组成部分，道路网络的交通速度预测可以形式化为一个节点级转换问题，其目标是给定历史交通速度（即历史节点属性），预测一个传感器网络（即图）的未来交通速度（即节点属性）。由于一系列图中存在复杂的时空依赖性以及长期预测中存在固有的困难，这种类型的节点级转换问题是独特且具有挑战性的。为了解决这个问题，我们可以将交通传感器之间的每一对空间关系用一个有向图来表示，节点是传感器，边的权重表示传感器对之间的接近程度——用道路网络距离来衡量。接下来，将交通速度的动态建模为一个扩散过程，并利用扩散卷积操作来捕捉空间依赖性。整个扩散卷积循环神经网络（Diffusion Convolutional Recurrent Neural Network，DCRNN）整合了扩散卷积、序列到序列结构和定时抽样技术。

将我们在图 $\mathcal{G}$ 上观察到的节点信息（如交通速度）表示为图信号 F，设 F^t 代表在时间 t 观察到的图信号，时间节点级转换问题旨在学习从 T' 历史图信号到 T 未来图信号的映射：$\left[F^{t-T'+1},\cdots,F^t;\mathcal{G}\right]\rightarrow\left[F^{t+1},\cdots,F^{t+T};\mathcal{G}\right]$。空间依赖性是通过将节点信息与扩散过程相关联来

建模的，扩散过程的特征是图 $\mathscr{G}$ 上的随机游走、重启概率 $\alpha \in [0, 1]$ 以及状态转换矩阵 $\boldsymbol{D}_O^{-1}\boldsymbol{W}$。其中，$\boldsymbol{D}_O$ 是出度对角矩阵。在经过许多时间步后，这种马尔可夫过程将收敛到一个静止分布 $P \in \mathbb{R}^{N\times N}$，其中的第 i 行代表从节点 v_i 扩散的可能性。因此，一个扩散卷积层可以定义为

$$H_{:,q} = f\left(\sum_{p=1}^{P} F_{:,p} \star \mathscr{G}\, f_{\Theta_{p,q,:}}\right),\ q \in \{1, 2, \cdots, Q\} \tag{12.2}$$

其中，扩散卷积操作可以定义为

$$F_{:,p} \star \mathscr{G}\, f_\theta = \sum_{k=0}^{K-1}(\phi_{k,1}(\boldsymbol{D}_O^{-1}\boldsymbol{W})^k + \phi_{k,2}(\boldsymbol{D}_I^{-1}\boldsymbol{W}^{\mathrm{T}})^k)F_{:,p},\ p \in \{1, 2, \cdots, P\} \tag{12.3}$$

其中，$\boldsymbol{D}_O$ 和 $\boldsymbol{D}_I$ 分别指出度对角矩阵和入度对角矩阵。P 和 Q 指的是每个扩散卷积层的输入节点和输出节点的特征维度。扩散卷积定义在有向图和无向图上。当应用于无向图时，可以将现有的图卷积神经网络（GCN）看作扩散卷积网络的一个特例。

我们可以利用循环神经网络（RNN）或门控循环单元（Gated Recurrent Unit，GRU）来处理节点级转换问题中的时间依赖性。例如，通过用扩散卷积代替 GRU 中的矩阵乘法，扩散卷积门控循环单元（Diffusion Convolutional Gated Recurrent Unit，DCGRU）便可以定义为

$$\begin{aligned}
\boldsymbol{r}^t &= \sigma(\Theta_r \star \mathscr{G}[F^t, H^{t-1}] + \boldsymbol{b}_r^t)\\
\boldsymbol{u}^t &= \sigma(\Theta_u \star \mathscr{G}[F^t, H^{t-1}] + \boldsymbol{b}_u^t)\\
C^t &= \tanh(\sigma(\Theta_c \star \mathscr{G}[F^t, (\boldsymbol{r}^t \odot H^{t-1})] + \boldsymbol{b}_c^t))\\
H^{t-1} &= \boldsymbol{u}^t \odot H^{t-1} + (1-\boldsymbol{u}^t) \odot C^t
\end{aligned} \tag{12.4}$$

其中，F^t 和 H^t 表示所有节点在时间步 t 的输入和输出，$\boldsymbol{r}^t$ 和 $\boldsymbol{u}^t$ 分别为时间步 t 的复位门和更新门。$\star\mathscr{G}$ 表示式（12.3）中定义的扩散卷积。Θ_r、Θ_u、Θ_c 是扩散网络中相应滤波器的参数。

另一个用于时空节点级转换问题的典型的时空图卷积网络是由（Yu et al，2018a）提出的，该模型由几个时空卷积块组成。这些时空卷积块是图卷积层和卷积序列学习层的组合，用于模拟空间和时间的依赖关系。具体来说，该模型由两个时空卷积块（ST-Conv 块）和最后一个全连接的输出层组成。每个 ST-Conv 块包含两个时间门控卷积层以及一个处于两个时间门控卷积层之间的空间图卷积层。可在每个 ST-Conv 块内应用残差连接和瓶颈策略。ST-Conv 块统一处理节点信息的输入序列，以连续地探索空间和时间上的差异。输出层整合综合特征，以生成最终的预测结果。与前面提到的 DCGRU 相比，这个模型完全由卷积结构构建，以捕捉空间和时间模式，而不需要任何循环神经网络；每个 ST-Conv 块都是专门设计的，以统一处理结构化数据。

12.3 边级转换

12.3.1 边级转换的定义

边级转换的目的是在输入图上生成目标图的拓扑结构和边属性。它要求当边集合 E 和边属性 $\mathscr{E}$ 发生变化时，图的节点集合和节点属性在转换过程中保持固定，即 $\mathscr{T}: \mathscr{G}_S = (\mathscr{V}, \mathscr{E}_S,$

$\boldsymbol{F},\boldsymbol{E}_S) \to \mathcal{G}_T = (\mathcal{V},\mathcal{E}_T,\boldsymbol{F},\boldsymbol{E}_T)$。边级转换在现实世界中有着广泛的应用，如化学反应建模（You et al，2018a）、蛋白质折叠（Anand and Huang，2018）和恶意软件网络合成（Guo et al，2018b）。例如，在社交网络中，人是节点，人与人之间的联系是边，人与人之间的联系图在不同情况下会有很大的不同。例如，当人们参加活动时，联系图会变得更加密集，并有可能出现几个特殊的“枢纽”（如关键人物）。因此，准确预测目标情况下的联系网对态势感知和资源分配是非常有益的。

研究者在边级转换方面已经做了许多工作。接下来，我们介绍三种典型的边级转换问题的建模方法，分别是图转换生成对抗网络（GT-GAN）、多尺度图转换网络（Misc-GAN）和图转换策略网络（CTPN）。

12.3.2 图转换生成对抗网络

生成对抗网络（GAN）是一种旨在解决生成问题的替代方法。GAN 是基于博弈论设计的，被称为最小-最大博弈，其中，一个判别器和一个生成器相互竞争。生成器从随机噪声中生成数据，而判别器则试图分辨数据是真实的（来自训练集）还是伪造的（来自生成器）。判别器和生成器精心计算的奖励之间的绝对差异被最小化，以便它们在试图超越对方的过程中同时学习。如果生成器和判别器都以一些额外的辅助信息为条件，如类别标签或来自其他模式的数据，则 GAN 可以泛化为一个条件模型。条件 GAN 是通过将条件信息作为额外的输入层输入判别器和生成器来实现的。在这种情况下，当条件信息是一个图时，条件 GAN 可以用来处理图转换问题，学习从条件图（即输入图）到目标图（即输出图）的映射。在此，我们将介绍两种典型的基于条件 GAN 的边级图转换技术。

由（Guo et al，2018b）提出的一种新型的图转换生成对抗网络（GT-GAN）可以成功实现并学习从输入图到目标图的映射。GT-GAN 由一个图转换器 $\mathcal{T}$和一个条件图判别器 $\mathcal{D}$ 组成。图转换器 $\mathcal{T}$被训练以产生一些目标图，这些目标图不能被条件图判别器 $\mathcal{D}$ 区分为“真实”图。具体来说，生成的目标图$\mathcal{G}_{T'} = \mathcal{T}(\mathcal{G}_S,U)$不能与基于当前输入图$\mathcal{G}_S$的真实图$\mathcal{G}_T$区分开。其中，$U$ 指的是随机噪声。$\mathcal{T}$和 $\mathcal{D}$ 可以通过求解以下损失函数，根据输入图和目标图进行对抗训练：

$$\begin{aligned}\mathcal{L}(\mathcal{T},\mathcal{D}) = &\mathbb{E}_{\mathcal{G}_S,\mathcal{G}_T\sim\mathcal{S}}[\log\mathcal{D}(\mathcal{G}_T \mid \mathcal{G}_S)] \\ &+ \mathbb{E}_{\mathcal{G}_S\sim\mathcal{S}}[\log(1-\mathcal{D}(\mathcal{T}(\mathcal{G}_S,U) \mid \mathcal{G}_S))]\end{aligned} \tag{12.5}$$

其中，$\mathcal{S}$指的是数据集。$\mathcal{T}$试图最小化这个目标，而对手 $\mathcal{D}$ 试图最大化这个目标，即$\mathcal{T}^* = \operatorname{argmin}_{\mathcal{T}}\max_{\mathcal{D}}\mathcal{L}(\mathcal{T},\mathcal{D})$。图转换器包括两部分——图编码器和图解码器。图卷积神经网络（Kawahara et al，2017）被扩展为图编码器，以便将输入图嵌入节点级表征，同时设计一个新的图反卷积网络作为解码器以生成目标图。具体来说，编码器由边到边和边到节点的卷积层组成，首先提取隐含的边级表征，然后提取节点级表征$\{\boldsymbol{H}_i\}_{i=1}^N$，其中，$\boldsymbol{H}_i \in \mathbb{R}^L$是指节点 v_i 的隐含表征。解码器由节点到边和边到边的反卷积层组成，首先根据 $\boldsymbol{H}_i$ 和 $\boldsymbol{H}_j$ 得到每个边表征 $\hat{\boldsymbol{E}}_{i,j}$，然后根据 $\hat{\boldsymbol{E}}$ 得到边属性张量 $\boldsymbol{E}$。基于上面的图反卷积网络，可以利用跳转将我们从图编码器中的各层提取的边隐含表征与图解码器中的边隐含表征联系起来。

具体来说，在图转换器中，解码器的第 l 个“边反卷积”层的输出与编码器的第 l 个“边卷积”层的输出将被并置，以形成一个联合的双通道特征图，这个双通道特征图则被输入第

(l+1）个反卷积层。值得注意的是，实现有效转换的一个关键因素是设计一个对称的编码器-解码器对，其中，图反卷积是图卷积的镜像反转方式。这种设计允许跳过连接，从而在每一层直接转换不同层的边信息。

图判别器用于区分“转换的”目标图和基于输入图的“真实”图，因为这有助于以对抗的方式训练生成器。从技术上说，这需要判别器同时接收两个图作为输入（一个真实的目标图和一个输入图，或者一个生成图和一个输入图），并将这两个图分类为相关或不相关。因此，利用编码器中相同的图卷积层的条件图判别器（Conditional Graph Discriminator，CGD）被用来进行图分类。具体来说，输入图和目标图都被 CGD 摄取并堆叠成一个张量。我们可以将这个张量看作一个双通道的输入。在获得节点表征后，可通过对这些节点级嵌入进行求和来计算图级嵌入。最后，我们可以通过实现一个 Softmax 层来区分输入图对来自真实图还是生成图。

为了进一步处理输入和输出的配对信息不可用的情况，Gao et al（2018b）提出了基于 Cycle-GAN（Zhu et al，2017）的非配对图转换生成对抗网络（Unpaired Graph Translation Generative Adversarial Net，UGT-GAN），并在 GT-GAN 中加入相同的编码器和解码器以处理非配对图转换问题。他们不仅利用了循环一致性损失，而且将其泛化成了非配对图转换的图循环一致性损失。具体来说，图循环一致性增加了一个从目标域到输入域的反方向转换器 $\mathscr{T}_r:\mathscr{G}_T\to\mathscr{G}_S$，旨在通过模拟训练两个方向的映射，增加鼓励 $\mathscr{T}_r(\mathscr{T}(\mathscr{G}_S))\approx\mathscr{G}_S$ 和 $\mathscr{T}(\mathscr{T}_r(\mathscr{G}_T))\approx\mathscr{G}_T$ 的循环一致性损失。将这一损失与 $\mathscr{G}_T$ 和 $\mathscr{G}_S$ 域上的对抗性损失结合起来，即可得到非配对图转换的全部目标。

12.3.3 多尺度图转换网络

现实世界中的许多网络在图社群上通常表现为层次分布。例如，给定一个作者协作网络，就可以通过较低级别粒度的现有图聚类方法来识别由成熟且密切合作的研究人员组成的研究小组。而从更粗略的层面看，我们可能会发现这些研究小组构成了一些大规模的社群，并且这些社群与各种研究课题或主题相对应。因此，对于边级图转换问题，有必要在图上捕捉层次化的社群结构。在这里，我们引入了一个用于学习图分布的图生成模型，它可以被形式化为一个边级图转换问题。

基于 GAN，多尺度的图生成模型 Misc-GAN 可以用于模拟不同粒度水平的图结构的基本分布。受图像转换中深度生成模型取得成功的启发，Zhu et al（2017）提出采用循环一致对抗网络（CycleGAN）来学习图结构分布，然后在每个粒度级别生成一个合成的粗粒度图。因此，我们可以通过将输入域中的图层次分布“转移”到目标域中的唯一图来实现图的生成任务。

在这个框架中，输入图被表征为多个粗粒度图。我们可以通过聚合具有较小代数距离的强耦合节点来形成粗粒度节点。总的来说，该框架可以划分为三个阶段。在第一阶段，从输入图的相邻矩阵 $\boldsymbol{A}_S$ 构建 K 级粒度的粗粒度图。粗粒度图的相邻矩阵 $\boldsymbol{A}_S^{(k)}\in\mathbb{R}^{N^{(k)}\times N^{(k)}}$ 在 k 级粒度的定义如下：

$$\boldsymbol{A}_S^{(k)}=\boldsymbol{P}^{(k-1)^{\mathrm{T}}}\cdots\boldsymbol{P}^{(1)^{\mathrm{T}}}\boldsymbol{A}_S\boldsymbol{P}^{(1)}\cdots\boldsymbol{P}^{(k-1)} \tag{12.6}$$

其中，$\boldsymbol{A}_S^{(0)}=\boldsymbol{A}_S$，$\boldsymbol{P}^{(k)}\in\mathbb{R}^{N^{(k)}\times N^{(k)}}$ 是 k 级粒度的粗粒度算子，$N^{(k)}$ 指的是 k 级粒度的粗粒度图的节点数。在第二阶段，每个 k 级粒度的粗粒度图将被重构为精细图的相邻矩阵

$\boldsymbol{A}_T^{(k)} \in \mathbb{R}^{N^{(k)} \times N^{(k)}}$，如下所示：

$$\boldsymbol{A}_T^{(k)} = R^{(1)^{\mathrm{T}}} \cdots R^{(k-1)^{\mathrm{T}}} \boldsymbol{A}_S^{(k)} R^{(k-1)} \cdots R^{(1)} \tag{12.7}$$

其中，$R^{(k)} \in \mathbb{R}^{N^{(k)} \times N^{(k)}}$ 是 k 级粒度的重建算子。因此，我们在每一层重建的精细图都基于同一尺度。在第三阶段，这些精细图通过一个线性函数被聚合成一个唯一图，最终得到的邻接矩阵为 $\boldsymbol{A}_T = \sum_{k=1}^{K} \boldsymbol{w}^k \boldsymbol{A}_T^{(k)} + b^k \boldsymbol{I}$，其中，$\boldsymbol{w}^k \in \mathbb{R}$ 和 $b^k \in \mathbb{R}$ 是权重和偏置。

12.3.4 图转换策略网络

除边级转换问题的一般框架以外，我们还有必要处理一些特定领域的问题，这些问题可能需要在转换过程中加入一些领域知识或信息。例如，化学反应产物的预测问题是一个典型的边级转换问题，其中，输入的反应物和试剂的分子可以共同作为输入图来表达，而从反应物分子生成化学反应产物分子（即输出图）的过程可以形式化为一组边级图转换。将化学反应产物的预测问题形式化为边级转换问题是有益的，原因有两个：（1）可以捕获和利用输入反应物和试剂的分子图结构模式（即具有变化连接性的原子对）；（2）可以自动从这些反应模式中选择一套正确的反应三要素来生成所需的产物。

Do et al（2019）提出了图转换策略网络（Graph Transformation Policy Network，GTPN），这是一种结合了图神经网络和强化学习优势的新型通用方法，该方法可以直接从具有最少化学知识的数据中学习化学反应。GTPN 的初始目标是将图转换过程形式化为马尔可夫决策过程，并通过几次迭代修改输入图来生成输出图。从化学反应的角度看，反应产物的预测过程可以表述为预测给定反应物和试剂分子作为输入的一组键的变化。键的变化被特征化为持有键的原子对（哪里发生了变化）和新的键类型（变化是什么）。

在数学上，可以给定一个反应物分子图作为输入图 $\mathcal{G}_S$，然后通过预先确定的一组反应三要素，将 $\mathcal{G}_S$ 转换为反应产物分子图 $\mathcal{G}_T$。这个过程可以被建模为一个由类似 $(\zeta^t, v_i^t, v_j^t, b^t)$ 这样的元素组成的序列，其中，v_i^t 和 v_j^t 是从时间步 t 的节点集合中选择的节点，这两个节点之间的连接需要修改，b^t 是新边 (v_i^t, v_j^t) 的类型，ζ^t 是一个表示序列结束的二进制信号。一般来说，在前向传递的每一步，GTPN 将执行 7 个主要步骤：（1）通过消息传递神经网络（MPNN）计算原子表征向量；（2）计算最可能的 K 个反应原子对；（3）预测延续信号 ζ^t；（4）预测反应原子对 (v_i^t, v_j^t)；（5）预测该原子对的新键类型 b^t；（6）更新原子表征；（7）更新循环状态。

具体来说，上述边级转换的迭代过程可以形式化为马尔可夫决策过程（Markov Decision Process，MDP），其表征是一个元组 $(\mathcal{S}, \mathcal{A}, f_P, f_R, \Gamma)$。其中，$\mathcal{S}$ 是一组状态，$\mathcal{A}$ 是一组动作，f_P 是一个状态转换函数，f_R 是一个奖励函数，Γ 是一个折扣系数。因此，整个模型可以通过强化学习来优化。具体来说，状态 $s^t \in \mathcal{S}$ 是在时间步 t 生成的即时图，s^0 指的是输入图。在时间步 t 执行的动作 $a^t \in \mathcal{A}$ 被表征为元组 $(\zeta^t, (v_i^t, v_j^t, b^t))$，该动作由三个连续的子动作组成，分别用于预测 ζ^t、(v_i^t, v_j^t) 和 b^t。在状态转换部分，如果 $\zeta^t = 1$，则根据反应三要素 (v_i^t, v_j^t, b^t) 修改当前图 $\mathcal{G}^t$ 以生成新的中间图 $\mathcal{G}^{t+1}$。针对奖励，可以通过即时奖励和延迟奖励来鼓励模型更快地学习最优策略。在每个时间步 t，如果模型正确预测了 $(\zeta^t, (v_i^t, v_j^t, b^t))$，则每个正确的子动作将获得正的奖励；否则获得负的奖励。预测过程结束后，如果生成的产物与真实的产物完全相同，则同样得到正的延迟奖励，否则得到负的奖励。

与 GT-GAN 的编码器-解码器框架不同，GTPN 是基于强化学习的图转换网络的典型示例，其目标图是通过迭代修改输入图的方式生成的。强化学习是一个十分常用的框架，旨在通过计算机算法（即所谓的代理）与环境互动来学习控制策略和生成过程。强化学习（即连续的生成过程）的本质使得它成为图转换问题的合适框架，因为我们有时需要对输入图进行逐步编辑以生成最终的输出图。

12.4　节点–边共转换

12.4.1　节点–边共转换的定义

节点–边共转换（Node-Edge Co-Transformation，NECT）的目的是根据输入图的属性生成目标图的节点属性和边属性。NECT 要求在进行输入图和目标图之间的转换时，节点和边都可以变化：$\mathcal{G}_S=(\mathcal{V}_S,\mathcal{E}_S,\boldsymbol{F}_S,\boldsymbol{E}_S)\rightarrow\mathcal{S}_T=(\mathcal{V}_T,\mathcal{E}_T,\boldsymbol{F}_T,\boldsymbol{E}_T)$。用于同化输入图以生成目标图的技术有两类——基于嵌入的 NECT 和基于编辑的 NECT。

基于嵌入的 NECT 通常使用一个编码器将输入图编码为隐含表征，该编码器包含输入图的高层次信息；然后通过解码器将隐含表征解码为目标图（Jin et al，2020c，2018c；Kaluza et al，2018；Maziarka et al，2020b；Sun and Li，2019）。此类技术通常基于条件 VAE（Sohn et al，2015）或条件 GAN（Mirza and Osindero，2014）。本节将介绍此类技术中的三种主要技术，分别是联结树变分自编码器 Transformer、分子循环一致对抗网络和有向无环图转换网络。

12.4.1.1　联结树变分自编码器 Transformer

分子优化是很重要的分子生成问题之一，其目标是将给定分子转化为具有优化特性的新型输出分子。分子优化问题通常可以形式化为 NECT 问题，其中，输入图指的是初始分子，输出图指的是优化分子。在转化过程中，节点和边的属性都可以改变。

作为药物开发领域分子优化的关键挑战，联结树变分自编码器（JT-VAE）的目的是找到具有所需化学性质的目标分子（Jin et al，2018a）。在模型架构方面，JT-VAE 通过引入合适的编码器和匹配的解码器将 VAE（Kingma and Welling，2014）泛化到了分子图。在 JT-VAE 架构下，每个分子被转换为从有效成分字典中选择的形式化子图。当把分子编码为向量表征并将隐含向量解码为优化的分子图时，这些成分将充当构建块。成分字典（如环、键和单个原子）应该足够大，以确保给定的分子可以被重叠的聚类覆盖，而不会形成聚类循环。一般来说，JT-VAE 分两个阶段生成分子图：首先在化学子结构上生成树结构支架，然后将它们组合成具有图消息传递网络的分子。

输入图 $\mathcal{G}$ 的隐含表征是由图消息传递网络编码的（Dai et al，2016；Gilmer et al，2017）。在这里，设 $\boldsymbol{x}_v$ 表示节点 v 的特征向量，其涉及节点的属性，如原子类型和化合价（valence）。同样，每条边 $(u,v)\in\mathcal{E}$ 有一个特征向量 $\boldsymbol{x}_{vu}$，用于表示它的键类型。两个隐含向量 $\boldsymbol{n}_{uv}$ 和 $\boldsymbol{n}_{vu}$ 分别表示从节点 u 到节点 v 的信息以及从节点 r 到节点 u 的信息。在编码器中，信息是通过迭代置信度传播进行交换的：

$$\boldsymbol{v}_{uv}^{(t)} = \tau(\boldsymbol{W}_1^g \boldsymbol{x}_u + \boldsymbol{W}_2^g \boldsymbol{x}_{uv} + \boldsymbol{W}_3^g \sum_{w \in N(u) \setminus v} \boldsymbol{v}_{wu}^{(t-1)}) \tag{12.8}$$

其中，$\boldsymbol{v}_{uv}^t$ 是第 t 次迭代中计算的信息，可以初始化为 $\boldsymbol{v}_{uv}^{(0)} = 0$，$\tau(\cdot)$ 是 ReLU 函数，$\boldsymbol{W}_1^g$、$\boldsymbol{W}_2^g$ 和 $\boldsymbol{W}_3^g$ 是权重，$N(u)$ 表示邻居节点。经过 T 次迭代后，即可生成每个节点的隐含向量，以捕捉其局部图结构：

$$\boldsymbol{h}_u = \tau\left(\boldsymbol{U}_1^g \boldsymbol{x}_u + \sum_{v \in N(u)} \boldsymbol{U}_2^g \boldsymbol{v}_{vu}^{(T)}\right) \tag{12.9}$$

其中，$\boldsymbol{U}_1^g$ 和 $\boldsymbol{U}_2^g$ 是权重。最终的图表征是 $\boldsymbol{h}_{\mathscr{G}} = \sum_i \boldsymbol{h}_i / |\mathscr{V}|$，其中，$|\mathscr{V}|$是图中节点的数量。相应的潜向量 $\boldsymbol{z}_G$ 可以从 $\mathcal{N}(\boldsymbol{z}_G; \mu_{\mathscr{G}}, \sigma_{\mathscr{G}}^2)$ 中抽样，$\mu_{\mathscr{G}}$ 和 $\sigma_{\mathscr{G}}^2$ 可以通过两个独立的仿生层根据 $\boldsymbol{h}_{\mathscr{G}}$ 计算出来。

一个联结树可以表征为$(\mathscr{V}, \mathscr{E}, \mathscr{X})$，其节点集合为 $\mathscr{V} = (C_1, C_2, \cdots, C_n)$，边集合为 $\mathscr{E} = (E_1, E_2, \cdots, E_n)$。这个联结树是用标签字典 $\mathscr{X}$ 标记的。与图表征类似，每个聚类 C_i 用一个独热 $\boldsymbol{x}_i$ 表征，每条边 (C_i, C_j) 对应两个消息向量 $\boldsymbol{v}_{ij}$ 和 $\boldsymbol{v}_{ji}$。挑选一个任意的叶子节点作为根节点，消息传播分为两个阶段：

$$\boldsymbol{s}_{ij} = \sum_{k \in N(i) \setminus j} \boldsymbol{v}_{ki} \tag{12.10}$$

$$\boldsymbol{z}_{ij} = \sigma(\boldsymbol{W}^z \boldsymbol{x}_i + \boldsymbol{U}^z \boldsymbol{s}_{ij} + \boldsymbol{b}^z)$$

$$\boldsymbol{r}_{ki} = \sigma(\boldsymbol{W}^r \boldsymbol{x}_i + \boldsymbol{U}^r \boldsymbol{v}_{ki} + \boldsymbol{b}^r)$$

$$\tilde{\boldsymbol{v}}_{ij} = \tanh(\boldsymbol{W} \boldsymbol{x}_i + \boldsymbol{U} \sum_{k \in N(i) \setminus j} \boldsymbol{r}_{ki} \odot \boldsymbol{v}_{ki})$$

$$\boldsymbol{v}_{ij} = (1 - \boldsymbol{z}_{ij}) \odot \boldsymbol{s}_{ij} + \boldsymbol{z}_{ij} \odot \tilde{\boldsymbol{v}}_{ij}$$

$\boldsymbol{h}_i$（即节点 v_i 的隐含表征）现在已经可以计算出来：

$$\boldsymbol{h}_i = \tau\left(\boldsymbol{W}^o \boldsymbol{x}_i + \sum_{k \in N(u)} \boldsymbol{U}^o \boldsymbol{v}_{ki}\right) \tag{12.11}$$

最终的树表征是 $\boldsymbol{h}_{\mathscr{T}_\mathscr{G}} = \boldsymbol{h}_{\text{root}}$。$\boldsymbol{z}_{\mathscr{T}_\mathscr{G}}$ 的抽样方式与编码过程中的类似。

在 JT-VAE 架构下，联结树通过树结构的解码器从 $\boldsymbol{z}_{\mathscr{T}_\mathscr{G}}$ 解码，该解码器从根节点开始遍历树，以深度优先顺序生成节点。在这个过程中，一个节点从其他节点接收信息，这些信息是通过消息向量 $\boldsymbol{h}_{ij}$ 进行传播的。形式上，设 $\tilde{\mathscr{E}} = \{(i_1, j_1), (i_2, j_2), \cdots, (i_m, j_m)\}$ 是遍历联结树$(\mathscr{V}, \mathscr{E})$的边的集合，其中，$m = 2|\mathscr{E}|$，因为每条边都是双向遍历的。该模型在时间步 t 访问节点 i_t。设 $\tilde{\mathscr{E}}_t$ 是 $\tilde{\mathscr{E}}$ 中的前 t 条边。消息被更新为 $\boldsymbol{h}_{i_t, j_t} = \text{GRU}(\boldsymbol{x}_{i_t}, \{\boldsymbol{h}_{k, i_t}\}_{(k, i_t) \in \tilde{\mathscr{E}}_t, k \neq j_t})$，其中，$\boldsymbol{x}_{i_t}$ 对应于节点特征。解码器首先对节点 i_t 是否还有子节点要生成进行预测，其中的概率可以计算为

$$p_t = \sigma\left(\boldsymbol{u}^d \cdot \tau\left(\boldsymbol{W}_1^d \boldsymbol{x}_{i_t} + \boldsymbol{W}_2^d \boldsymbol{z}_{\mathscr{T}_\mathscr{G}} + \boldsymbol{W}_3^d \sum_{(k, i_t) \in \tilde{\mathscr{E}}_t} \boldsymbol{h}_{k, i_t}\right)\right) \tag{12.12}$$

其中，$\boldsymbol{u}^d$、$\boldsymbol{W}_1^d$、$\boldsymbol{W}_2^d$ 和 $\boldsymbol{W}_3^d$ 是权重。然后，当子节点 j 从它的父节点 i 生成时，它的节点标签可以预测为

$$\boldsymbol{q}_j = \text{Softmax}\,(\boldsymbol{U}^l \cdot \tau(\boldsymbol{W}_1^l \boldsymbol{z}_{\mathcal{T}_{\mathcal{G}}} + \boldsymbol{W}_2^l \boldsymbol{h}_{ij})) \tag{12.13}$$

其中，$\boldsymbol{U}^l$、$\boldsymbol{W}_1^l$ 和 $\boldsymbol{W}_2^l$ 是权重，$\boldsymbol{q}_j$ 是标签字典 $\mathcal{X}$ 的分布。

该模型的最后一步是将子图组合成最终的分子图，从而再造一个分子图 $\mathcal{G}$ 来表征预测的联结树 $(\hat{\mathcal{V}}, \hat{\mathcal{E}})$。设 $\mathcal{G}(\mathcal{T}_{\mathcal{G}})$ 是对应于联结树 $\mathcal{T}_{\mathcal{G}}$ 的一组图。从联结树 $\hat{\mathcal{T}_{\mathcal{G}}} = (\hat{\mathcal{V}}, \hat{\mathcal{E}})$ 解码图 $\hat{\mathcal{G}}$ 是一个结构化的预测：

$$\hat{\mathcal{G}} = \text{argmax}_{\mathcal{G}' = \mathcal{G}(\hat{\mathcal{T}_{\mathcal{G}}})} f^a(\mathcal{G}') \tag{12.14}$$

其中，$f^a(\cdot)$是用于候选图的一个评分函数。解码器首先根据评分对根节点及其邻居节点的装配进行抽样，然后继续装配邻居节点和相关的聚类。在对每个邻域的实现进行评分方面，设 $\mathcal{G}_i$ 是树中聚类 C_i 与其邻域 $C_j (j \in N_{\hat{\mathcal{T}_{\mathcal{G}}}}(i))$ 进行特定合并后生成的子图。将 $\mathcal{G}_i$ 作为一个候选子图进行评分，方法是首先得到一个向量表征 $\boldsymbol{h}_{\mathcal{G}_i}$，$f_i^a(\mathcal{G}_i) = \boldsymbol{h}_{\mathcal{G}_i} \cdot \boldsymbol{z}_{\mathcal{G}}$ 就是子图的得分。对于 $\mathcal{G}_i$ 中的原子，若 $v \in C_i$，则设置 $\alpha_v = i$，并且若 $v \in C_j \setminus C_i$，则设置 $\alpha_v = j$，从而标记原子在联结树中的位置，并检索信息 $\hat{m}_{i,j}$，进而沿着由树编码器得到的边（i, j)，总结节点 i 之下的子树。接下来，我们便可以像使用参数的编码步骤一样获得聚合神经信息：

$$\mu_{uv}^{(t)} = \tau(\boldsymbol{W}_1^a \boldsymbol{x}_u + \boldsymbol{W}_2^a \boldsymbol{x}_{uv} + \boldsymbol{W}_3^a \tilde{\mu}_{uv}^{(t-1)})$$
$$\tilde{\mu}_{uv}^{(t-1)} = \begin{cases} \sum\limits_{w \in N(u) \setminus v} \mu_{wu}^{(t-1)} & , \alpha_u = \alpha_v \\ \hat{m}_{\alpha_u, \alpha_v} + \sum\limits_{w \in N(u) \setminus v} \mu_{wu}^{(t-1)} & , \alpha_u \neq \alpha_v \end{cases} \tag{12.15}$$

其中，$\boldsymbol{W}_1^a$、$\boldsymbol{W}_2^a$ 和 $\boldsymbol{W}_3^a$ 是权重。

12.4.1.2　分子循环一致对抗网络

循环一致对抗网络是实现基于嵌入的 NECT 的替代方案,该方案最初是为了实现图像到图像的转换而开发的。这里的目的是在没有配对示例的情况下，通过使用对抗性损失来学习将图像从输入域转换到目标域。为了促进化学化合物的设计过程，这一思想被借用到了图转换中。例如，研究者提出了分子循环一致对抗网络（Mol-CycleGAN)，用于生成与原化合物结构相似度高的优化化合物（Maziarka et al，2020b)。给定一个具有所需分子特性的分子集合 $\mathcal{G}_X$，Mol-CycleGAN 旨在训练一个模型来完成转换 $G: \mathcal{G}_X \to \mathcal{G}_Y$，然后用这个模型来优化分子。其中，$\mathcal{G}_Y$ 是不具有所需分子特性的分子集合。为了表征 $\mathcal{G}_X$ 和 $\mathcal{G}_Y$ 这两个集合，这个模型需要一个可逆的嵌入，以允许对分子进行编码和解码。为了实现这一点，JT-VAE 被用来在训练过程中提供隐空间，在这个过程中，可以直接定义计算损失函数所需的分子之间的距离。每个分子被表征为隐空间中的一个点，具体则是根据变分编码分布的平均值进行分配的。

在实现过程中，必须定义集合 $\mathcal{G}_X$ 和 $\mathcal{G}_Y$（如非活性分子/活性分子)，然后引入映射函数 $G: \mathcal{G}_X \to \mathcal{G}_Y$ 和 $F: \mathcal{G}_Y \to \mathcal{G}_X$。接下来，通过判别器 D_X 和 D_Y 迫使生成器 F 和 G 从接近 $\mathcal{G}_X$ 和 $\mathcal{G}_Y$ 的分布中生成样本。在这个过程中，F、G、D_X 和 D_Y 是用神经网络来模拟的。这种分子优化方法的设计过程如下：(1）从集合 $\mathcal{G}_X$ 中选择一个没有指定特征的先验分子 x，并计算其隐空间嵌入；(2）使用生成神经网络 G 获得分子 $G(x)$的嵌入，该分子不仅具有这一特征，也与原始分子 x 相似；(3）解码 $G(x)$给出的隐空间坐标，以获得优化后的分子。

用于训练 Mol-CycleGAN 的损失函数是

$$L(G,F,D_X,D_Y)=L_{\text{GAN}}(G,D_Y,\mathscr{G}_X,\mathscr{G}_Y)+L_{\text{GAN}}(F,D_X,\mathscr{G}_Y,\mathscr{G}_X)\\+\lambda_1 L_{\text{cyc}}(G,F)+\lambda_2 L_{\text{identity}}(G,F) \tag{12.16}$$

此外，$G^*,F^* = \text{argmin}_{G,F}\max_{D_X,D_Y} L(G,F,D_X,D_Y)$。其中，对抗性损失如下：

$$L_{\text{GAN}}(G,D_Y,\mathscr{G}_X,\mathscr{G}_Y)=\frac{1}{2}\mathbb{E}_{y\sim p_{\text{data}}^{\mathscr{G}_Y}}[(D_Y(y)-1)^2]\\+\frac{1}{2}\mathbb{E}_{x\sim p_{\text{data}}^{\mathscr{G}_X}}[D_Y(G(x))^2] \tag{12.17}$$

这确保了生成器 G（和 F）生成的样本来自一个接近 $\mathscr{G}_Y$（或 $\mathscr{G}_X$）的分布，用 $p_{\text{data}}^{\mathscr{G}_Y}$（或 $p_{\text{data}}^{\mathscr{G}_X}$）表示。如下循环一致损失减少了可能的映射函数的可用空间。

$$L_{\text{cyc}}(G,F)=\mathbb{E}_{y\sim p_{\text{data}}^{\mathscr{G}_Y}}[\| G(F(y))-y\|_1]\\+\mathbb{E}_{x\sim p_{\text{data}}^{\mathscr{G}_X}}[\| F(G(x))-x\|_1] \tag{12.18}$$

因此，对于来自集合 $\mathscr{G}_X$ 的分子 x，GAN 循环会将输出限制为类似于 x 的分子。最后，为了确保生成的分子接近原始分子，可以采用身份映射损失：

$$L_{\text{identity}}(G,F)=\mathbb{E}_{y\sim p_{\text{data}}^{\mathscr{G}_Y}}[\| F(y)-y\|_1]\\+\mathbb{E}_{x\sim p_{\text{data}}^{\mathscr{G}_X}}[\| G(x)-x\|_1] \tag{12.19}$$

这可以进一步减小可能的映射函数的可用空间，并防止该模型生成的分子在 JT-VAE 的隐空间中与原始分子相距甚远。

12.4.1.3 有向无环图转换网络

基于嵌入的 NECT 的另一个替代方案是在有向无环图（Directed Acyclic Graph，DAG）空间中学习深度函数的神经模型（Kaluza et al，2018）。在数学上，为处理图结构数据而开发的神经方法可以视为函数逼近框架，其中，目标函数的定义域和值域都可以是图空间。在这个新兴的领域，嵌入和生成方法被聚合到一个统一的框架中，使得函数可以从一个图空间学习并映射到另一个图空间，而无须在嵌入和生成过程中强加独立性假设。请注意，这里只考虑了 DAG 空间中的函数。本节介绍一个从一个 DAG 空间学习函数并映射到另一个 DAG 空间的通用编码器-解码器框架。

在这里，RNN 用于为函数 F 建模，表示为 D2DRNN。具体来说，该模型由一个具有模型参数 α 的编码器 E_α 和一个具有参数 β 的解码器 D_β 组成，前者计算输入图 $\mathscr{G}_{\text{in}}$ 的固定尺寸的嵌入表征，后者则将嵌入表征作为输入并产生输出图 $\hat{\mathscr{G}}_{\text{out}}$。另外，DAG 函数可以定义为 $F(\mathscr{G}_{\text{in}}):=D_\beta(E_\alpha(\mathscr{G}_{\text{in}}))$。

编码器借鉴了深度门控 DAG 循环神经网络（DG-DAGRNN）（Amizadeh et al，2018），DG-DAGRNN 能够将序列上的堆叠循环神经网络泛化为 DAG 结构。DG-DAGRNN 的每一层都由门控循环单元（GRU）组成（Cho et al，2014a），每个节点 $v_i\in\mathscr{G}_{\text{in}}$ 都会重复这些 GRU。节点 v 对应的 GRU 包含关于其前驱节点 $\pi(v)$ 的单元隐含状态的聚合表征。聚合表征可以通过聚合函数 A 得到：

$$\boldsymbol{h}_v=\text{GRU}(\boldsymbol{x}_v,\boldsymbol{h}_v')\text{，其中}\boldsymbol{h}_v'=\text{A}(\{\boldsymbol{h}_u \mid u\in\pi(v)\}) \tag{12.20}$$

由于节点的排序是由 $\mathscr{G}_{\text{in}}$ 的拓扑排序定义的，因此所有的隐含状态 $\boldsymbol{h}_v$ 都可以沿着

DG-DAGRNN 的一个层执行向前传递计算。编码器包含多个层，其中的每一层都将隐含状态传递给与同一节点对应的后续层中的 GRU。

编码器输出一个作为 DAG 解码器的输入的嵌入 $\boldsymbol{H}_{\text{in}}=E_{\alpha}(\mathcal{G}_{\text{in}})$。解码器遵循基于局部的节点顺序生成方式。具体来说，目标图的节点数由具有泊松回归输出层的多层感知器（MLP）预测，MLP 将输入图嵌入 $\boldsymbol{H}_{\text{in}}$ 并输出描述输出图的泊松分布的平均值。MLP 的一个模块决定了是否有必要为图中已经存在的所有节点 $u \in \{v_1, v_2, \cdots, v_{n-1}\}$ 增加一条边 e_{u,v_n}。由于输出节点是按照它们的拓扑顺序生成的，因此边的方向是从先前添加的节点指向后来添加的节点。对于每个节点 v，使用与编码器类似的方法计算出隐含状态 $\boldsymbol{h}_v$，然后将它们聚合并送入 GRU。GRU 的另一个输入由到目前为止生成的所有汇入节点（被边指向的节点）的聚合状态组成。对于第一个节点，根据编码器的输出初始化隐含状态，然后使用 MLP 的另一个模块根据其隐含状态生成输出节点特征。一旦生成最后一个节点，边就会以概率 1 的形式引入图中的汇入节点，以确保连接图的输出只有一个汇入节点。

12.4.2 基于编辑的节点–边共转换

与编码器–解码器框架不同，基于修改的 NECT 直接对输入图进行迭代修改以生成目标图（Guo et al，2019c；You et al，2018a；Zhou et al，2019c）。通常情况下，用于编辑输入图的方法有两种。一种是采用强化学习的方式，根据形式化的马尔可夫决策过程，依次修改输入图（You et al，2018a；Zhou et al，2019c）。其中，每一步的修改都来自定义的动作集，包括“添加节点”“添加边”“删除键”等。另一种是采用基于 MPNN 的迭代方式，在每次迭代时，同步更新输入图中的节点和边（Guo et al，2019c）。

12.4.2.1 图卷积策略网络

受化学空间往往较大（在设计分子结构时可能会遇到这个问题）的启发，图卷积策略网络（Graph Convolutional Policy Network，GCPN）可作为基于图卷积网络的通用模型，用于通过强化学习生成目标导向图（You et al，2018a）。在这个模型中，生成过程可以引导到特定的预期目标，同时基于基础化学规则来限制输出空间。为了生成目标导向图，GCPN 采用了三种策略——图表征、强化学习和对抗训练。在 GCPN 中，分子被表征为分子图，而部分生成的分子图可以被解释为子结构。GCPN 被设计成在包含特定领域规则的图生成环境中运行的强化学习代理。一个分子是通过新添加的键将新的子结构或原子连接到现有的分子图而连续构建的。经过训练，GCPN 通过应用策略梯度来优化原始分子的化学特性，其奖励由分子特性目标和对抗性损失组成；该奖励在一个包含特定领域规则的环境中起作用，对抗性损失是由一个在示例分子的数据集上共同训练的基于 GCN 的判别器提供的。

可以将一个迭代的图的生成过程设计和表述为一个决策过程 $M=(\mathcal{S}, \mathcal{A}, P, R, \gamma)$。其中，$\mathcal{S}=\{s_i\}$ 是包含所有可能的中间图和最终图的状态集。$\mathcal{A}=(a_i)$ 是描述每次迭代期间对当前图所做修改的动作集合。P 代表转换动力学，即指定了执行动作 $p(s_{t+1} \mid s_t, \cdots, s_0, a_t)$ 的可能结果。$R(s_t)=r_t$ 是一个奖励函数，用于指定达到状态 s_t 后的奖励。γ 是折扣因子。图的生成过程现在可以形式化为 $(s_0, a_0, r_0, \cdots, s_n, a_n, r_n)$。图在每个时间步的修改可以描述为一个状态转换分布：$p(s_{t+1} \mid s_t, \cdots, s_0)=\sum_{a_t} p(a_t \mid s_t, \cdots, s_0) p(s_{t+1} \mid s_t, \cdots, s_0, a_t)$，其中，$p(a_t \mid s_t, \cdots, s_0)$ 被表征为一个策略网络 π_θ。请注意，在这个过程中，状态转换动力学被设计为满足马尔可夫

属性 $p(s_{t+1} | s_t, \cdots, s_0) = p(s_{t+1} | s_t)$。

这个模型定义了一个独特的、维度固定的、同质的动作空间，以适用于强化学习，其中的动作类似于链接预测。具体来说，首先根据输入图定义一组支架子图 $\{C_1, C_2, \cdots, C_S\}$，从而用作子图词汇表，其中包含在图生成过程中需要添加到目标图中的子图。然后定义 $C = \bigcup_{i=1}^{S} C_i$。给定时间步 t 的修改图 $\mathscr{G}_t$，对应的扩展图可以定义为 $\mathscr{G}_t \cup C$。根据这个定义，一个动作对应于将一个新的子图 C_i 连接到 $\mathscr{G}_t$ 中的一个节点，或者连接 $\mathscr{G}_t$ 中的现有节点。GAN 也被用来定义对抗性奖励，以确保生成的分子确实类似于原始分子。

节点嵌入是通过 GCN 在 L 层的每个边类型上传递消息来实现的。我们需要在 GCN 的第 l 层聚合来自不同边类型的消息以计算下一层的节点嵌入 $\boldsymbol{H}^{(l+1)} \in \mathbb{R}^{(n+c)\times k}$，其中，$n$ 和 c 分别是 $\mathscr{G}_t$ 和 C 的大小，而 k 是嵌入维度。

$$\boldsymbol{H}^{(l+1)} = \mathrm{AGG}(\mathrm{ReLU}\,(\{\hat{\boldsymbol{D}}_i^{-\frac{1}{2}} \hat{\boldsymbol{E}}_i \hat{\boldsymbol{D}}_i^{-\frac{1}{2}} \boldsymbol{H}^{(l)} \boldsymbol{W}_i^{(l)}\},\ \forall i \in (1, \cdots, b))) \tag{12.21}$$

$\boldsymbol{E}_i$ 是边条件邻接张量 $\boldsymbol{E}$ 的第 i 个片段，$\hat{\boldsymbol{E}}_i = \boldsymbol{E}_i + \boldsymbol{I}$；$\hat{\boldsymbol{D}}_i = \sum_k \hat{\boldsymbol{E}}_{ijk}$；$\boldsymbol{W}_i^{(l)}$ 是第 i 个边类型的权重矩阵；AGG 表示{MEAN, MAX, SUM, CONTACT}中的一个聚合函数。

基于链接预测的动作 a_t 确保了每个组件都从由以下公式控制的预测分布中抽样。

$$a_t = \mathrm{CONCAT}(a_{\text{first}}, a_{\text{second}}, a_{\text{edge}}, a_{\text{stop}}) \tag{12.22}$$

$$f_{\text{first}}(s_t) = \mathrm{Softmax}(m_f(X)),\ a_{\text{first}} \sim f_{\text{first}}(s_t) \in \{0,1\}^n \tag{12.23}$$

$$f_{\text{second}}(s_t) = \mathrm{Softmax}(m_s(X_{a_{\text{first}}}, X)),\ a_{\text{second}} \sim f_{\text{second}}(s_t) \in \{0,1\}^{n+c}$$

$$f_{\text{edge}}(s_t) = \mathrm{Softmax}(m_e(X_{a_{\text{first}}}, X)),\ a_{\text{edge}} \sim f_{\text{edge}}(s_t) \in \{0,1\}^b$$

$$f_{\text{stop}}(s_t) = \mathrm{Softmax}(m_t(\mathrm{AGG}(X))),\ a_{\text{stop}} \sim f_{\text{stop}}(s_t) \in \{0,1\}$$

其中，m_f、m_s、m_e 和 m_t 分别表示不同的 MLP 模块。

12.4.2.2 分子深度 Q 网络 Transformer

除 GCPN 以外，还有一个经典模型，就是分子深度 Q 网络（MolDQN），该模型也基于编辑的方式处理节点-边共转换问题中的分子优化。MolDQN 结合了化学领域知识和先进的强化学习技术（双 Q 学习和随机化的值函数）（Zhou et al，2019c）。在这一领域，传统方法通常采用策略梯度来生成分子的图表征，但这些方法在估计梯度时存在高方差（Gu et al，2016）。相比之下，MolDQN 基于价值函数学习，通常更稳定，样本效率更高。MolDQN 还避免了对某些数据集进行专家预训练，虽然进行专家预训练可以获得较低的方差，但却会极大地限制搜索空间。

本节提出的框架直接定义了分子如何修改，以确保 100%的化学有效性。修改或优化是以分步的方式进行的，其中的每一步都属于以下三类动作之一：（1）原子添加；（2）键添加；（3）键移除。由于生成的分子完全取决于被改变的分子和所做的修改，因此我们可以将优化过程形式化为马尔可夫决策过程（MDP）。具体来说，在执行**原子添加**动作时，首先为目标分子图定义一个空的原子集 $\mathscr{V}_T$。然后，一个有效的动作被定义为在 $\mathscr{V}_T$ 中添加一个原子，并尽可能在添加的原子和原始分子之间添加一个键。当执行**键添加**动作时，则在 $\mathscr{V}_T$ 中的两个原子之间添加一个键。如果这两个原子之间不存在键，则它们之间的动作可以包括添加一个单键、双键或三键。如果键已经存在，那么该动作将通过为键类型索引增加 1 或 2 来改变键的类型。当执行**键删除**动作时，有效的键删除动作集被定义为减小现有键的键类型索引。可能的转换包括：（1）三键 $\to$ {双键，单键，无键}；（2）双键 $\to$ {单键，无键}；（3）单键 $\to$ {无键}。

基于上面定义的分子修改 MDP，强化学习旨在找到一个为每个状态选择动作的策略 π，使得未来的奖励最大化。然后，通过为状态 s 找到动作 a，使得 Q 函数最大化，从而做出决策：

$$Q^{\pi}(s,a)=Q^{\pi}(m,t,a)=\mathbb{E}_{\pi}\left[\sum_{n=t}^{T}r_n\right] \tag{12.24}$$

其中，r_n 是在步骤 n 获得的奖励。因此，最优策略可以定义为 $\pi^*(s)=\operatorname{argmax}_a Q^{\pi^*}(s,a)$。可以采用神经网络来逼近 $Q(s, a; \theta)$，并通过最小化损失函数进行训练：

$$l(\theta)=\mathbb{E}[f_l(y_t-Q(s_t,a_t;\theta))] \tag{12.25}$$

其中，$y_t=r_t+\max_a Q(s_{t+1},a;\theta)$ 是目标值，f_l 是 Huber 损失：

$$f_l(x)=\begin{cases}\dfrac{1}{2}x^2, & |x|<1\\ |x|-\dfrac{1}{2}, & \text{其他}\end{cases} \tag{12.26}$$

在现实世界中，我们通常希望同时优化几个不同的属性。在多目标强化学习配置下，环境将在每个时间步 t 返回一个奖励向量，每个目标都有一个奖励。我们可以通过应用“标量”奖励框架来实现多目标优化，并引入用户定义的权重向量 $\boldsymbol{w}=[w_1, w_2, \cdots, w_k]^{\mathrm{T}}\in\mathbb{R}^k$。奖励的计算方法如下。

$$r_{s,t}=\boldsymbol{w}^{\mathrm{T}}\boldsymbol{r}_t=\sum_{i=1}^{k}w_i r_{i,t} \tag{12.27}$$

MDP 的目标是使累积标度奖励最大化。

整个框架依赖于 Q 学习模型（Mnih et al，2015），它通过结合双 Q 学习（Van Hasselt et al，2016）而获得效果上的改进。具体来说，就是通过深度神经网络来逼近 Q 函数。输入分子被转换为一个向量，该向量采用摩根指纹（Rogers and Hahn，2010）的形式，半径为 3，长度为 2048。将剩余的步骤数目并置到该向量中，并使用带有大小为[1024, 512, 128, 32]的隐含状态和 ReLU 激活的 4 层全连接网络作为框架。

12.4.2.3　节点-边共演化深度图转换器

为了克服相关挑战（包括但不限于节点属性和边属性的相互依赖的转换，在图的转换过程中节点属性和边属性的异步和迭代变化，以及发现和执行节点属性和图谱之间正确一致性的难度），研究者提出了节点-边共演化深度图转换器（NEC-DGT）来实现所谓的多属性图转换，并且证明了该模型是对现有拓扑转换模型的泛化（Guo et al，2019c）。作为一个节点-边共演化深度图转换器，该模型通过类似于基于 MPNN 的邻接单次无条件深度图生成方法的生成过程迭代地编辑输入图，主要区别在于它将输入域中的图作为输入，而不是初始化图（Guo et al，2019c）。

NEC-DGT 采用了多块转换架构，以输入图和上下文信息为条件来学习图在目标域中的分布。具体来说，模型的输入是节点属性和图属性，而模型的输出是经过几个块处理后生成的图的节点属性和边属性。通过跨不同块实现跳连接架构可以处理不同块的异步属性，从而确保最终的转换结果充分利用块信息的各种组合。在这项工作中，我们需要最小化以下损失函数：

$$\mathscr{L}_{\mathscr{T}} = \mathscr{L}(\mathscr{T}\left(\mathscr{G}(\boldsymbol{E}_0,\boldsymbol{F}_0),\boldsymbol{C}\right),\mathscr{G}(\boldsymbol{E}',\boldsymbol{F}')) \tag{12.28}$$

其中，$\boldsymbol{C}$ 对应于上下文消息向量，$\boldsymbol{E}_0$、$\boldsymbol{E}'$ 分别对应于输入图和目标图的边属性张量，$\boldsymbol{F}_0$、$\boldsymbol{F}'$ 分别对应于输入图和目标图的节点属性张量。

为了共同处理节点和边之间的各种相互作用，我们需要针对每个块考虑它们各自的转换路径。例如，在节点转换路径中，需要考虑**边到节点**和**节点到节点**的相互作用。同样，在生成边属性时，需要考虑“节点到边”和“边到边”的相互作用。

通过学习图的频域属性，我们可以利用非参数的图拉普拉斯矩阵联合正则化节点属性和边属性之间的相互作用。此外，我们在不同块中生成的节点和边之间的共享模式也可以通过正则化得到加强。正则化项为

$$\mathscr{R}(\mathscr{G}(\boldsymbol{E},\boldsymbol{F})) = \sum_{s=0}^{S} \mathscr{R}_{\theta}(\mathscr{G}(\boldsymbol{E}_S,\boldsymbol{F}_S)) + \mathscr{R}_{\theta} \tag{12.29}$$

其中，S 对应于块的数量，θ 是谱图正则化中的整体参数。$\mathscr{G}(\boldsymbol{E}_S,\boldsymbol{F}_S)$ 是生成的目标图，其中，$\boldsymbol{E}_S$ 是生成的边属性张量，$\boldsymbol{F}_S$ 是节点属性矩阵。总损失函数为

$$\tilde{\mathscr{L}} = \mathscr{L}(\mathscr{T}(\mathscr{G}(\boldsymbol{E}_0,\boldsymbol{F}_0),\boldsymbol{C}),\mathscr{G}(\boldsymbol{E}',\boldsymbol{F}')) + \beta\mathscr{R}(\mathscr{G}(\boldsymbol{E},\boldsymbol{F})) \tag{12.30}$$

模型是通过最小化 $\boldsymbol{E}_S$ 与 $\boldsymbol{E}'$、$\boldsymbol{F}_S$ 与 $\boldsymbol{F}'$ 的 MSE 来训练的，由正则化强制执行。$\mathscr{T}(\cdot)$ 是通过多属性图转换学习的从输入图到目标图的映射。

转换过程由多个阶段组成，每个阶段生成一个即时图。具体来说，对于每个阶段 t，选项有两个——节点转换路径和边转换路径。在节点转换路径中，使用基于 MLP 的影响函数计算每个节点 v_i 受到的来自其邻居节点的影响 $I_i^{(t)}$，另一个基于 MLP 的更新函数则利用输入的影响 $I_i^{(t)}$ 将节点属性更新为 $F_i^{(t)}$。边转换路径的构建方式与节点转换路径的相同，每条边是受其相邻边的影响生成的。

12.5 其他基于图的转换

12.5.1 序列到图的转换

深度序列到图的转换旨在生成一个以输入序列 X 为条件的目标图 $\mathscr{G}_T$。这个问题经常出现在 NLP（Chen et al，2018a；Wang et al，2018g）和时间序列挖掘（Liu et al，2015；Yang et al，2020c）等领域。

现有的方法（Chen et al，2018a；Wang et al，2018g）通过将序列到图的问题转换为序列到序列的问题，并利用经典的基于 RNN 的编码器-解码器模型来学习这种映射，从而处理语义解析任务。例如，一种名为“序列到动作”的神经语义解析方法能够将语义解析建模为一个端到端的语义图生成过程（Chen et al，2018a）。给定一个句子 $X=\{x_1,x_2,\cdots,x_m\}$，在构建语义图时，序列到动作模型会生成一个动作序列 $Y=\{y_1,y_2,\cdots,y_m\}$。语义图由节点（包括变量、实体和类型）和边（语义关系）组成，语义词则包含一些通用的操作（如 argmax、 argmin、count、sum 和 not)。为了生成一个语义图，研究者定义了 6 种类型的操作：**添加变量节点、添加实体节点、添加类型节点、添加边、添加操作函数**和**添加参数动作**。通过这种方式，生成的解析树被表征为一个序列，序列到图的问题则被转换为序列到序列的问题。我们可以利用基于注意力的具有编码器和解码器的序列到序列的 RNN 模型，其中的编码器使用双向 RNN 将输入序列 X 转换为上下文敏感向量 $\{\boldsymbol{b}_1, \cdots, \boldsymbol{b}_m\}$ 的序列，而基于注意力的经典解码器则根据上下文敏感向量生成动作序列 Y（Bahdanau et al，2015）。Wang et al（2018g）将解析树的生成表征为动作序列，并借用 Stack-LSTM 神经解析模型中的概念，提出了两个改进的变体——Ti-LSTM 减法和增量 Tree-LSTM，它们改进了序列到序列映射的学习过程（Dyer et al，2015）。

目前还有很多其他方法被开发出来用于处理时间序列条件图生成问题（Liu et al，2015；Yang et al，2020c），例如给定输入的多元时间序列，目的是推断目标关系图以模拟时间序列和每个节点之间的底层相互关系。为了解决这个问题，研究者提出了一个新的模型——时间序列条件图生成-生成对抗网络（TSGG-GAN），该模型探索了 GAN 在条件设置中的应用（Yang et al，2020c）。具体来说，TSGG-GAN 中的生成器采用了一种名为单循环单元（Simple Recurrent Unit，SRU）的循环神经网络变体（Lei et al，2017b）来从时间简序列中提取基本信息，并使用 MLP 来生成有向加权图。

12.5.2　图到序列的转换

研究者提出了许多图到序列的编码器-解码器模型来处理丰富且复杂的数据结构，这些数据结构是序列到序列方法难以处理的（Gao et al，2019c；Bastings et al，2017；Beck et al，2018；Song et al，2018；Xu et al，2018c）。图到序列模型通常采用基于 GNN 的编码器以及基于 RNN/Transformer 的解码器，其中大多数用于处理自然语言生成（Natural Language Generation，NLG）等任务，NLG 是 NLP 中的一项重要任务（YILMAZ et al，2020）。图到序列模型既可以捕获输入的丰富结构信息，也可以应用于任意图结构数据。

早期的图到序列方法及其后续研究（Bastings et al，2017；Damonte and Cohen，2019；Guo et al，2019e；Marcheggiani et al，2018；Xu et al，2020b，d；Zhang et al，2020d，c）主要使用图卷积网络（GCN）（Kipf and Welling，2017b）作为图编码器。这可能是因为 GCN 是第一个得到广泛应用的 GNN 模型，从而引发了对 GNN 及其应用研究的新浪潮。早期的 GNN 变体（如 GCN）最初的设计目的并不是编码边类型的信息，因此不能直接应用于 NLP 中多关系图的编码。后来，研究者针对图到序列架构引入了更多的图转换模型（Cai and Lam，2020；Jin and Gildea，2020；Koncel-Kedziorski et al，2019）来处理这些多关系图。这些图转换模型通常通过将原始转换器中的自注意力网络替换为掩蔽自注意力网络，或者将边嵌入明确地合并到自注意力网络中来发挥作用。

由于 NLP 图中的边方向通常编码了关于语义的关键信息，因此捕捉文本中的双向信息是很有帮助的，人们在 BiLSTM 和 BERT（Devlin et al，2019）中对此进行了广泛探索。一些人还致力于扩展现有的 GNN 模型以处理有向图。例如，在进行邻域聚合时，可以针对不同的边方向（如流入/流出/自环边）引入单独的模型参数（Guo et al，2019e；Marcheggiani et al，2018；Song et al，2018）。还有人提出了类似 BiLSTM 的策略，旨在使用两个 GNN 编码器独立地学习每个方向的节点嵌入，然后将每个节点的两个嵌入并置，以获得最终的节点嵌入（Xu et al，2018b，c，d）。

在 NLP 领域，图通常是多关系的，其中的边类型信息对预测至关重要。与前面介绍的双向图编码器类似，在使用 GNN 编码边类型的信息时，需要考虑不同边类型的单独模型参数（Chen et al，2018e；Ghosal et al，2020；Schlichtkrull et al，2018）。但是，通常边类型的总数很大，导致上述策略存在不可忽视的可扩展性问题。这个问题可以通过将多关系图转换为二分图〔如 Levi 图（Levi，1942）〕来解决。为了创建 Levi 图，我们需要将输入图中的所有边都视为新节点，并添加新边以连接原始节点和新节点。

除 NLP 以外，图到序列的转换也已经被应用于其他领域。例如，对不同医疗保健子论坛上的用户活动随时间发生的复杂转换进行建模，从而了解用户与其各种健康状况之间的关系（Gao et al，2019c）。通过将用户活动转换为具有多属性节点的动态图，健康阶段推断被形式化为动态图到序列的学习问题。Gao et al（2019）提出了动态图到序列的神经网络模型 DynGraph2Seq，这个模型包含一个动态图编码器和一个可解释的序列解码器。在同一文献中，他们还提出了一种能够捕捉整个时间级和节点级注意力的动态图层次注意力机制，目的是在整个推理过程中提供模型透明度。

12.5.3 上下文到图的转换

以语义上下文为条件的深度图生成旨在生成以输入语义上下文为条件的目标图 $\mathcal{G}_T$，语义上下文通常以附加元特征的形式表征。语义上下文可以指类别、标签、模态或任何可以直观地表征为向量 $\boldsymbol{C}$ 的附加信息。这里的主要问题是决定在哪里将条件表征连接或嵌入生成过程中。总之，我们可以在以下一个或多个模块中添加条件信息：（1）节点状态初始化模块；（2）基于 MPNN 解码的消息传递过程；（3）用于顺序生成的条件分布参数化。

有研究者针对图变分生成对抗网络提出了一种新的统一模型，其中，作为条件的上下文信息被输入节点状态初始化模块中（Yang et al，2019a）。具体来说，生成过程首先用单独的隐含分布对每个节点的嵌入 $\boldsymbol{Z}_i$ 进行建模，之后可以通过将条件向量 $\boldsymbol{C}$ 连接到每个节点的隐含表征 $\boldsymbol{Z}_i$ 来直接构建条件图 VAE（CGVAE），以获得更新的节点隐含表征 $\hat{\boldsymbol{Z}}_i$。因此，假设单个边 $\mathcal{E}_{i,j}$ 的分布是伯努利分布，该分布由值 $\hat{\mathcal{E}_{i,j}}$ 参数化，并且可以计算为 $\hat{\mathcal{E}_{i,j}} = \text{Sigmoid}(f(\hat{\boldsymbol{Z}}_i)^{\mathrm{T}} f(\hat{\boldsymbol{Z}}_j))$，其中的 $f(\cdot)$ 是通过几个全连接层构建的。Li et al（2018d）利用一个条件深度图生成模型，在解码过程开始时，将语义上下文信息添加到了初始化的隐含表征 $\boldsymbol{Z}_i$ 中。

Li et al（2018f）将上下文信息 C 添加到消息传递模块中，作为其基于 MPNN 的解码过程的一部分。具体来说，解码过程被形式化为马尔可夫过程，并通过迭代完善和更新初始化的图来生成其他图。在每个时间步 t，可以根据当前节点的隐含状态 $\boldsymbol{H}^t = \{\boldsymbol{h}_1^t, \cdots, \boldsymbol{h}_N^t\}$ 执行动作。为了在每次更新图之后针对中间图 $\mathcal{G}_t$ 中的节点 v_i 计算 $\boldsymbol{h}_i^t \in \mathbb{R}^l$（$l$ 表示表征的长度），我们需要利用一个带节点信息传播的消息传递网络。因此，上下文信息 $C \in \mathbb{R}^k$ 被添加到 MPNN 层的操作中，具体如下：

$$\boldsymbol{h}_i^t = \boldsymbol{W}\boldsymbol{h}_i^{t-1} + \Phi \sum_{v_j \in N(v_j)} \boldsymbol{h}_j^{t-1} + \Theta C \tag{12.31}$$

其中，$\boldsymbol{W} \in \mathbb{R}^{l \times l}$、$\boldsymbol{\Theta} \in \mathbb{R}^{l \times l}$ 和 $\boldsymbol{\Phi} \in \mathbb{R}^{k \times l}$ 是可学习的权重向量，k 表示语义上下文向量的长度。

语义上下文也被视为顺序生成过程中计算每个步骤的条件分布参数的输入之一（Jonas，2019）。这里的目的是通过推断分子式和光谱的化学结构条件来解决分子逆向问题，这个问题

是以 MDP 为框架的，分子是在深度神经网络的基础上逐一构建的，在这个过程中，它们通过学习模拟一个“亚同构的 oracle”来判断生成的键是否正确。在这里，上下文信息（如光谱）被应用于两个地方。具体来说，整个过程从一个空的边集合 $\mathscr{E}_0$ 开始，在每个步骤 k，通过增加一条从 $p(e_{i,j} \mid \mathscr{E}_{k-1}, \mathscr{V}, C)$ 中抽样的边，将 $\mathscr{E}_0$ 依次更新到 $\mathscr{E}_K$。$\mathscr{V}$ 表示在给定分子式中定义的节点集合。持续更新边集合，直到现有的边满足分子的所有化合价约束为止。然后将生成的边集合 $\mathscr{E}_K$ 作为候选图。对于给定的条件光谱 C，将这个过程重复 T 次，从而生成 T 个（潜在的不同）候选结构 $\{\mathscr{E}_K^{(i)}\}_{i=1}^{T}$。接下来，根据光谱预测函数 $f(\cdot)$，通过测量这些候选结构的预测光谱与条件光谱 C 的接近程度来评估其质量。最后，根据 $\mathrm{argmin}_i \| f(\mathscr{E}_K^{(i)}) - C \|_2$ 选出最佳的生成图。

12.6 小结

在本章中，我们介绍了深度图神经网络领域的一些涉及图转换问题的定义和技术。我们给出了常见的深度图转换问题及其 4 个子问题的正式定义，这 4 个问题分别是节点级转换、边级转换、节点-边共转换以及其他基于图的转换（如序列到图的转换和上下文到图的转换）。对于其中的每个子问题，我们都介绍了其面临的独特挑战和几种有代表性的方法。作为一个新兴的研究领域，图转换仍有许多未解决的问题有待探索，包括但不限于如下几个。

- **提高可扩展性**。现有的深度图转换模型通常对节点数具有超线性时间复杂度，并且无法很好地扩展到大型网络。因此，大多数现有的工作仅关注有几十个到几千个节点的小型图。这些模型很难处理具有数百万个到数十亿个节点的现实网络，如物联网、生物神经元网络和社交网络等。
- **在 NLP 中的应用**。随着越来越多基于 GNN 的工作推动 NLP 的发展，图转换自然非常适合处理一些 NLP 任务，如信息提取和语义解析等。信息提取可以形式化为一个图到图（graph-to-graph）的问题，其中，输入图是依赖图，输出图是信息图。
- **可解释的图转换**。当我们学习生成的目标图的隐含分布时，学习与语义相关的图的可解释表征是非常重要的。例如，如果我们能确定哪些隐含变量控制了目标图（如分子）的哪些特定属性（如分子质量），将会非常有益。因此，对可解释的图转换过程进行研究是至关重要的，但目前人们尚未探索。

> **编者注**：图转换被认为与图生成非常相关（见第 11 章），可以看作后者的延伸。在现实世界的许多应用中，通常需要生成具有某种条件或用户控制的图。例如，人们可能想基于某些目标属性生成分子（见第 24 章和第 25 章）或基于某些函数生成程序（见第 22 章）。此外，图与图之间的转换也与链接预测（见第 10 章）和节点分类（见第 4 章）有关，尽管前者可能更具挑战性，因为通常需要同时进行节点-边预测，而且可能需要考虑随机性。

第 13 章 图匹配

Xiang Ling、Lingfei Wu、Chunming Wu 和 Shouling Ji[①]

摘要

我们研究图匹配问题的目的是在一对图结构的对象之间建立某种结构上的对应关系。现实世界中的各种应用都需要应对图匹配问题所带来的挑战。一般来说，图匹配问题可以分为两类：第一类是经典图匹配问题，即在一对输入图的节点之间找到节点到节点的最优对应关系；第二类是图相似性问题，即计算两个图之间的相似性指标。虽然近年来 GNN 在学习图的节点表征方面取得了巨大成功，但人们对以端到端方式探索 GNN 在图匹配问题上的兴趣越来越大。本章重点介绍基于 GNN 的图匹配模型的技术现状。我们将首先介绍图匹配问题的一些背景知识；然后，对于每一类图匹配问题，我们将分别为经典图匹配问题和图相似性问题提供正式的定义，并探讨基于 GNN 的最新模型；最后，我们将指出这一领域未来的发展方向。

13.1 导读

图是一种用于描述复杂数据结构的表征，而图匹配问题试图在输入的两个图结构的对象之间建立某种结构上的对应关系。图匹配问题是很多研究领域面临的关键挑战之一，如计算机视觉（Vento and Foggia，2013）、生物信息学（Elmsallati et al，2016）、化学信息学（Koch et al，2019；Bai et al，2019b）、计算机安全（Hu et al，2009；Wang et al，2019i）、源代码/二进制代码分析（Li et al，2019h；Ling et al，2021）和社交网络分析（Kazemi et al，2015）等。特别是近些年，图匹配相关的研究进展密切涉及计算机视觉领域的许多实际应用，包括视觉跟踪（Cai et al，2014；Wang and Ling，2017）、动作识别（Guo et al，2018a）、姿势估计（Cao et al，2017，2019）等。除计算机视觉方面的研究以外，图匹配也是许多其他基于图的研究任务的重要基础，例如节点分类任务和图分类任务（Richiardi et al，2013；Bai et al，2019c；Ok，2020）、图生成任务（You et al，2018b；Ok，2020）等。

从广义上说，根据现实世界的各种应用中图匹配的不同目标，一般的图匹配问题可以分为两类（Yan et al，2016）：第一类是**经典图匹配问题**（Loiola et al，2007；Yan et al，2020a），

① Xiang Ling
Department College of Computer Science and Technology，Zhejiang University，E-mail：lingxiang@zju.edu.cn
Lingfei Wu
Pinterest，E-mail：lwu@email.wm.edu
Chunming Wu
Department College of Computer Science and Technology，Zhejiang University，E-mail：wuchunming@zju.edu.cn
Shouling Ji
Department College of Computer Science and Technology，Zhejiang University，E-mail：sji@zju.edu.cn

目的是建立一对输入图之间的节点到节点的对应关系（甚至是边到边的对应关系）；第二类是**图相似性问题**（Bunke，1997；Riesen，2015；Ma et al，2019a），目的是计算两个输入图之间的相似性得分。这两类图匹配问题都有相同的输入（即一对输入图），但有不同的输出。其中，第一类图匹配问题的输出通常形式化为对应**矩阵**，而第二类图匹配问题的输出通常形式化为匹配**标量**。从输出的角度看，第二类图匹配问题可以看作第一类图匹配问题的特例，因为相似性标量反映了比对应矩阵更粗粒度的图匹配的对应表征。

一般来说，这两类图匹配问题都是 NP 难度的（Loiola et al，2007；Yan et al，2020a；Bunke，1997；Riesen，2015；Ma et al，2019a），因此这两类图匹配问题在大规模和真实世界的环境中无法通过计算获得精确和最优的解决方案。鉴于图匹配问题的重要性和固有难度，研究者在理论和实践上对其进行了大量研究，并提出了大量基于专家的理论/经验知识的近似算法，以便在可接受的时间内找到次优的解决方案。由于这些近似算法都超出了本书的讨论范围，我们不再赘述，感兴趣的读者可以参考（Loiola et al，2007；Yan et al，2016；Foggia et al，2014；Riesen，2015）以获得更广泛的背景知识。然而，令人遗憾的是，尽管在过去的几十年里，各种近似算法一直致力于解决图匹配问题，但这些近似算法仍然存在可扩展性差以及严重依赖专家知识的弊端。因此，对许多从业者来说，图匹配问题仍然是一个具有挑战性的重要研究课题。

最近几年，用于将深度学习从图像适用于非欧几里得数据（也就是图），并且以端到端方式学习图结构数据的信息表征〔如节点或（子）图等〕的 GNN 方法受到前所未有的关注（Kipf and Welling，2017b；Wu et al，2021d；Rong et al，2020c）。此后，研究者提出了大量的 GNN 模型，用于学习下游任务的有效节点嵌入，如节点分类任务（Hamilton et al，2017a；Veličković et al，2018；Chen et al，2020m）、图分类任务（Ying et al，2018c；Ma et al，2019d；Gao and Ji，2019）、图生成任务（Simonovsky and Komodakis，2018；Samanta et al，2019；You et al，2018b）等。基于 GNN 的模型在这些应用任务上的巨大成功表明，GNN 是一类强大的深度学习模型，可以更好地学习下游任务的图表征。

受到基于 GNN 的模型在许多与图相关的任务中取得巨大成功的鼓舞，研究者开始采用 GNN 来解决图匹配问题，并提出了大量基于 GNN 的模型以提高匹配的精度和效率（Zanfir and Sminchisescu，2018；Rolínek et al，2020；Wang et al，2019g；Jiang et al，2019a；Fey et al，2020；Yu et al，2020；Wang et al，2020j；Bai et al，2018，2020b，2019b；Xiu et al，2020；Ling et al，2020；Zhang，2020；Wang et al，2020f；Li et al，2019h；Wang et al，2019i）。在训练阶段，这些模型试图在有监督学习中学习输入图对和真实值对应关系之间的映射，因此在推理阶段相比传统的近似方法更加省时。在本章中，我们将介绍基于 GNN 的图匹配模型的最新进展。特别是，我们将专注于如何将 GNN 纳入图匹配/相似性学习的框架中，并试图为两类图匹配问题（13.2 节介绍的经典图匹配问题和 13.3 节介绍的图相似性问题）提供基于 GNN 的最新方法的系统性介绍和回顾。

13.2　图匹配学习

在本节中，我们将首先介绍第一类图匹配问题，即经典图匹配问题[①]，并提供图匹配问

① 为简单起见，我们会在本章的后续内容中将经典图匹配问题简化表述为图匹配问题。

题的正式定义。然后，我们将重点讨论基于深度学习的较为先进的图匹配模型，以及文献中更先进的基于 GNN 的图匹配模型。

13.2.1 问题的定义

一个大小为 n（n 为节点数）的图可以表示为 $\mathcal{G}=(\mathcal{V},\mathcal{E},\boldsymbol{A},\boldsymbol{X},\boldsymbol{E})$。其中，$\mathcal{V}=\{v_1, v_2, \cdots, v_n\}$ 表示节点（顶点）的集合，$\mathcal{E}\subseteq\mathcal{V}\times\mathcal{V}$ 表示边的集合，$\boldsymbol{A}\in\{0,1\}^{n\times n}$ 表示邻接矩阵，$\boldsymbol{X}\in\mathbb{R}^{n\times\cdot}$ 表示节点的初始特征矩阵，$\boldsymbol{E}\in\mathbb{R}^{n\times n\times\cdot}$ 表示边的可选初始特征矩阵。

图匹配问题的目的是在两个输入图（比如 $\mathcal{G}^{(1)}$ 和 $\mathcal{G}^{(2)}$）之间找到最佳的节点到节点的对应关系。在不损失一般性的情况下，我们可以考虑两个输入图大小相等的图匹配问题①。定义 13.1 提供了图匹配问题的正式定义，图 13.1 则给出了一个示例来说明节点到节点的对应关系。

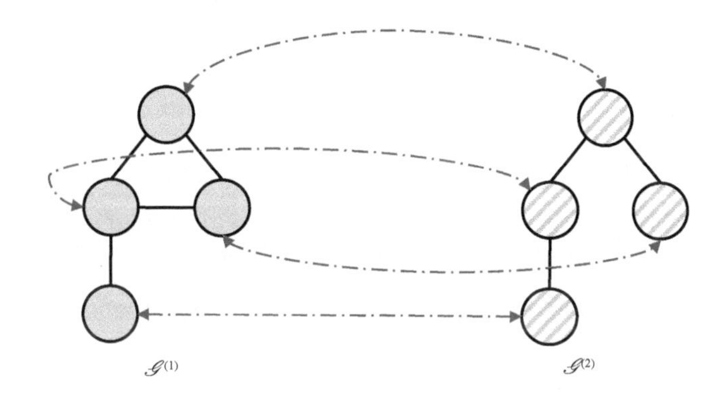

图 13.1 图匹配问题的示例说明。两个输入图（左边的图 $\mathcal{G}^{(1)}$ 和右边的图 $\mathcal{G}^{(2)}$）需要匹配，红色虚线代表这两个图之间的节点与节点的对应关系

定义 13.1（图匹配问题） 给定一对输入图 $\mathcal{G}^{(1)}=(\mathcal{V}^{(1)},\mathcal{E}^{(1)},\boldsymbol{A}^{(1)},\boldsymbol{X}^{(1)},\boldsymbol{E}^{(1)})$ 和 $\mathcal{G}^{(2)}=(\mathcal{V}^{(2)},\mathcal{E}^{(2)},\boldsymbol{A}^{(2)},\boldsymbol{X}^{(2)},\boldsymbol{E}^{(2)})$，大小同为 n，图匹配问题就是要在两个图 $\mathcal{G}^{(1)}$ 和 $\mathcal{G}^{(2)}$ 之间找到一个节点到节点的对应矩阵 $\boldsymbol{S}\in\{0,1\}^{n\times n}$（也称为分配矩阵或置换矩阵），其中的每个元素 $S_{i,a}=1$（当且仅当 $\mathcal{G}^{(1)}$ 中的节点 $v_i\in\mathcal{V}^{(1)}$ 对应于 $\mathcal{G}^{(2)}$ 中的节点 $v_a\in\mathcal{V}^{(2)}$ 时）。

直观地说，对应矩阵 $\boldsymbol{S}$ 代表了在两个图中的任何一对节点之间建立匹配关系的可能性。众所周知，图匹配问题是 NP 难度的，并且我们可以通过将其形式化为二次分配问题（Quadratic Assignment Problem，QAP）来进行研究（Loiola et al，2007；Yan et al，2016）。这里选择已在众多文献中被广泛采用的 Lawler 的 QAP（Lawler，1963）的一般形式，约束条件如下。

$$\boldsymbol{s}^*=\operatorname{argmax}_{\boldsymbol{s}}\boldsymbol{s}^{\mathrm{T}}\boldsymbol{K}\boldsymbol{s}\text{ 使得 }\boldsymbol{S}\boldsymbol{1}_n=\boldsymbol{1}_n\text{ 且 }\boldsymbol{S}^{\mathrm{T}}\boldsymbol{1}_n=\boldsymbol{1}_n \tag{13.1}$$

其中，$\boldsymbol{s}=\operatorname{vec}(\boldsymbol{S})\in\{0,1\}^{n^2}$ 是赋值矩阵 $\boldsymbol{S}$ 的列式向量版本，$\boldsymbol{1}_n$ 是一个长度为 n 的列向量，其中的元素都等于 1。特别是，$\boldsymbol{K}\in\mathbb{R}^{n^2\times n^2}$ 是相应的二阶亲和矩阵，其中的每个元素 $K_{ij,ab}$ 用

① 为简单起见，这里假设图匹配问题中的一对输入图具有相同的节点数，但我们可以通过添加假节点将问题泛化到具有不同节点数的一对输入图，这也是图匹配文献中普遍采用的方法（Krishnapuram et al，2004）。

于衡量每对节点 $(v_i,v_j)\in\mathcal{V}^{(1)}\times\mathcal{V}^{(1)}$ 与 $(v_a,v_b)\in\mathcal{V}^{(2)}\times\mathcal{V}^{(2)}$ 的匹配程度，具体定义如下（Zhou and De la Torre，2012）。

$$K_{\text{ind}(i,j),\text{ind}(a,b)}=\begin{cases}c_{ia}, & i=j \text{ 且 } a=b\\ d_{ijab}, & A_{i,j}^{(1)}A_{a,b}^{(2)}>0\\ 0, & \text{其他}\end{cases} \tag{13.2}$$

其中，$\text{ind}(\cdot,\cdot)$ 是一个双射函数，用于将一对节点映射到一个整数索引，c_{ia}（即对角线元素）用于编码节点 $v_i\in\mathcal{V}^{(1)}$ 和节点 $v_a\in\mathcal{V}^{(2)}$ 之间的节点到节点（即一阶）的亲和性，d_{ijab}（即非对角线元素）用于编码边 $(v_i,v_j)\in\mathcal{E}^{(1)}$ 和边 $(v_a,v_b)\in\mathcal{E}^{(2)}$ 之间的边到边（即二阶）的亲和性。

式（13.1）所示公式的另一个重要方面是约束条件 $\boldsymbol{S}\mathbf{1}_n=\mathbf{1}_n\,\&\,\boldsymbol{S}^{\mathrm{T}}\mathbf{1}_n=\mathbf{1}_n$，它要求图匹配问题的匹配输出（即对应矩阵 $\boldsymbol{S}\in\{0,1\}^{n\times n}$）应该被严格约束为一个**双随机矩阵**。形式上，如果对应矩阵 $\boldsymbol{S}$ 的每一列和每一行的总和为 1，那么它是一个双随机矩阵。也就是说，$\forall i,\ \sum_j S_{i,j}=1$ 且 $\forall j,\ \sum_i S_{i,j}=1$。因此，图匹配问题的结果对应矩阵应该满足双随机矩阵的要求。

一般来说，优化和求解式（13.1）的主要挑战在于如何对亲和模型进行建模，以及如何在约束条件下优化解决方案。传统方法大多利用容量有限的、预先定义的亲和模型〔例如，具有欧氏距离的高斯核（Cho et al，2010）〕，并诉诸不同的启发式优化方法〔如分级分配（Gold and Rangarajan，1996）、光谱法（Leordeanu and Hebert，2005）、随机游走（Cho et al，2010）等〕。然而，这些传统方法在大规模和广泛的应用场景中存在着可扩展性差和性能低下的问题（Yan et al，2020a）。最近，关于图匹配的研究开始探索深度学习模型的高容量，从而达到最先进的匹配性能。在接下来的内容中，我们将首先重点讨论基于深度学习的较为先进的图匹配模型，然后讨论基于 GNN 的更先进的图匹配模型。

13.2.2 基于深度学习的图匹配模型

为了提高匹配性能，自 Zanfir and Sminchisescu（2018）首次为图匹配问题引入端到端的深度学习框架，并在 CVPR 2018 中获得最佳论文荣誉奖以来，研究者开始广泛研究利用深度学习模型的高容量来解决图匹配问题。

深度图匹配。在（Zanfir and Sminchisescu，2018）中，Zanfir 和 Sminchisescu 首先拓展了式（13.1）中带有 l_2 约束的图匹配问题，如下所示：

$$\boldsymbol{s}^*=\operatorname{argmax}_{\boldsymbol{s}}\boldsymbol{s}^{\mathrm{T}}\boldsymbol{K}\boldsymbol{s}\ \text{使得}\ \|\boldsymbol{s}\|_2=1 \tag{13.3}$$

为了解决这个问题，他们试图将深度学习技术引入图匹配中，并且提出了一个具有标准可微反向传播和优化算法的端到端深度图匹配框架。首先，该深度图匹配框架使用现有的、预训练的 CNN 模型〔如 VGG-16（Simonyan and Zisserman，2014b）〕来提取计算机视觉应用场景中一对输入图像的节点特征（如 $\boldsymbol{U}^{(1)}$ 和 $\boldsymbol{U}^{(2)}\in\mathbb{R}^{n\times d}$）和边特征（即 $\boldsymbol{F}^{(1)}\in\mathbb{R}^{p\times 2d}$ 和 $\boldsymbol{F}^{(2)}\in\mathbb{R}^{q\times 2d}$）。具体来说，$\boldsymbol{F}^{(1)}$ 和 $\boldsymbol{F}^{(2)}$ 是行级边特征矩阵，p 和 q 则分别是每个图中边的数量。由于每个边属性是起始节点和终止节点的并置，因此边属性的维度是节点维度的 $2d$ 倍。

其次，该深度图匹配框架基于提取的节点特征/边特征，通过一种新型的图匹配因式分解方法（Zhou and De la Torre，2012）来构建图匹配亲和矩阵 $\boldsymbol{K}$，如下所示：

$$\begin{aligned}\boldsymbol{K} &= \lceil \operatorname{vec}(\boldsymbol{K}_p) \rfloor + (\boldsymbol{G}_2 \otimes \boldsymbol{G}_1) \lceil \operatorname{vec}(\boldsymbol{K}_e) \rfloor (\boldsymbol{H}_2 \otimes \boldsymbol{H}_1)^{\mathrm{T}} \\ &= \lceil \operatorname{vec}(\boldsymbol{U}^{(1)}\boldsymbol{U}^{(2)\mathrm{T}}) \rfloor + (\boldsymbol{G}_2 \otimes \boldsymbol{G}_1) \lceil \operatorname{vec}(\boldsymbol{F}^{(1)}\boldsymbol{\Lambda}\boldsymbol{F}^{(2)}) \rfloor (\boldsymbol{H}_2 \otimes \boldsymbol{H}_1)^{\mathrm{T}}\end{aligned} \tag{13.4}$$

其中，$\boldsymbol{X}$ 表示对角矩阵，其对角线元素都是 X；$\otimes$ 表示克罗内克积；$\boldsymbol{G}_i$ 和 $\boldsymbol{H}_i\,(i=\{1,2\})$ 是节点-边入射矩阵，由邻接矩阵 $\boldsymbol{A}^{(i)}$ 恢复而来，即 $\boldsymbol{A}^{(i)} = \boldsymbol{G}_i\boldsymbol{H}_i^{\mathrm{T}}\,(i=\{1,2\})$；$\boldsymbol{K}_p \in \mathbb{R}^{n\times n}$ 编码了节点到节点的相似性，可以直接由两个节点特征矩阵的乘积得到，即 $\boldsymbol{K}_p = \boldsymbol{U}^{(1)}\boldsymbol{U}^{(2)\mathrm{T}}$；$\boldsymbol{K}_e \in \mathbb{R}^{p\times q}$ 编码了边到边的相似性，可以由 $\boldsymbol{K}_e = \boldsymbol{F}^{(1)}\boldsymbol{\Lambda}\boldsymbol{F}^{(2)}$ 计算得到。值得注意的是，$\boldsymbol{\Lambda} \in \mathbb{R}^{2d\times 2d}$ 是一个可学习的参数矩阵，因此我们在式（13.4）中构建的图匹配亲和矩阵 $\boldsymbol{K}$ 是一个可学习的亲和模型。

接下来，该深度图匹配模型利用光谱匹配技术（Leordeanu and Hebert，2005）将图匹配问题转换为计算前导特征向量 $\boldsymbol{s}$，该向量可以通过幂迭代算法近似如下：

$$\boldsymbol{s}_{k+1} = \frac{\boldsymbol{K}\boldsymbol{s}_k}{\|\boldsymbol{K}\boldsymbol{s}_k\|_2} \tag{13.5}$$

其中，$\boldsymbol{s}$ 可以初始化为 $s_0 = 1$，$\boldsymbol{K}$ 可以由式（13.4）计算得到。值得注意的是，式（13.5）中的光谱图匹配求解器是可微的，但不可学习。因为得到的 $\boldsymbol{s}_{k+1}$ 不是双随机矩阵，所以我们需要采用一个双随机归一化层，从而迭代地按列和行对矩阵进行归一化。

最后，对整个图匹配模型以端到端的方式进行训练，位移损失 $\mathscr{L}_{\text{disp}}$ 计算预测位移和真实位移之间的差值。

$$\mathscr{L}_{\text{disp}} = \sum_{i=0}^{n} \sqrt{\|\boldsymbol{d}_i - \boldsymbol{d}_i^{\text{gt}}\|_2 + \varepsilon}\ \ \text{，其中，}\ \boldsymbol{d}_i = \sum_{v_a \in \mathscr{V}(2)} (S_{i,a}P_a^{(2)}) - P_i^{(1)} \tag{13.6}$$

其中，$P^{(1)}$ 和 $P^{(2)}$ 是节点坐标；$\boldsymbol{d}_i$ 表示像素偏移；$\boldsymbol{d}_i^{\text{gt}}$ 是相应的真实值；ε 是一个较小的值，作为鲁棒性惩罚使用。

通过黑盒组合求解器进行深度图匹配。因为受到将组合优化求解器整合到神经网络中的进展（Pogancic et al，2020）的推动，Rolínek et al（2020）提出了一种无缝嵌入黑盒组合的端到端神经网络图匹配问题的求解器——BB-GM。具体来说，给定与节点到节点以及边到边对应的两个成本向量（$\boldsymbol{c}^v \in \mathbb{R}^{n^2}$ 和 $\boldsymbol{c}^e \in \mathbb{R}^{|\mathscr{E}^{(1)}||\mathscr{E}^{(2)}|}$），图匹配问题可以形式化为

$$\operatorname{GM}(\boldsymbol{c}^v, \boldsymbol{c}^e) = \operatorname{argmin}_{(\boldsymbol{s}^v\boldsymbol{s}^e) \in \operatorname{Adm}(\mathscr{G}^{(1)},\mathscr{G}^{(2)})} \{\boldsymbol{c}^v \cdot \boldsymbol{s}^v + \boldsymbol{c}^e \cdot \boldsymbol{s}^e\} \tag{13.7}$$

其中，GM 表示黑盒组合求解器；$\boldsymbol{s}^v \in \{0,1\}^{n^2}$ 是匹配节点的指示向量；$\boldsymbol{s}^e \in \{0,1\}^{|\mathscr{E}^{(1)}||\mathscr{E}^{(2)}|}$ 是匹配边的指示向量；$\operatorname{Adm}(\mathscr{G}^{(1)},\mathscr{G}^{(2)})$ 表示 $\mathscr{G}^{(1)}$ 和 $\mathscr{G}^{(2)}$ 之间所有可能的匹配结果的集合。

根据式（13.7）可知，图匹配问题的核心是构建两个成本向量 $\boldsymbol{c}^v$ 和 $\boldsymbol{c}^e$。因此，BB-GM 首先采用预训练的 VGG-16 模型来提取节点嵌入，并通过 SplineCNN 学习边嵌入（Fey et al，2018）。然后，BB-GM 基于学习的节点嵌入，通过两个图的节点嵌入对之间的加权内积相似性以及基于图级特征向量的可学习神经网络来计算 $\boldsymbol{c}^v$。同样，$\boldsymbol{c}^e$ 也是通过两个图的边嵌入对之间的加权内积相似性以及神经网络来计算的。

13.2.3 基于 GNN 的图匹配模型

最近，人们开始研究通过 GNN 来处理图匹配问题。这是因为 GNN 为处理类图数据的

任务带来了新的机会，在考虑到图结构信息的情况下，GNN 还进一步提高了模型的表现。此外，GNN 可以轻松地与其他深度学习架构（如 CNN、RNN、MLP 等）结合，从而为图匹配问题提供端到端的学习框架。

基于跨图亲和性的图匹配。 据称，Wang et al（2019g）首次采用 GNN 进行了深度图匹配学习（至少在计算机视觉方面）。通过利用 GNN 的高效学习能力，我们可以用两个图之间的结构亲和性信息更新节点嵌入，将图匹配问题（即二次分配问题）转换为易于求解的线性分配问题。

特别是，他们提出了基于跨图亲和性的图匹配模型 PCA-GM。PCA-GM 由三个步骤组成。首先，为了使用标准消息传递网络（即图内卷积网络）来增强从单个图中学习的节点嵌入，PCA-GM 进一步用额外的跨图卷积网络（即 CrossGConv）来更新节点嵌入，CrossGConv 不仅聚合本地邻居节点的信息，而且合并来自其他图中相似节点的信息。图 13.2 对图内卷积网络和跨图卷积网络做了直观比较，具体公式如下：

$$\begin{aligned} \boldsymbol{H}^{(1)(k)} &= \text{CrossGConv}\,(\hat{\boldsymbol{S}}, \boldsymbol{H}^{(1)(k-1)}, \boldsymbol{H}^{(2)(k-1)}) \\ \boldsymbol{H}^{(2)(k)} &= \text{CrossGConv}\,(\hat{\boldsymbol{S}}^{\mathrm{T}}, \boldsymbol{H}^{(2)(k-1)}, \boldsymbol{H}^{(1)(k-1)}) \end{aligned} \tag{13.8}$$

其中，$\boldsymbol{H}^{(1)(k)}$ 和 $\boldsymbol{H}^{(2)(k)}$ 是图 $\mathscr{G}^{(1)}$ 和 $\mathscr{G}^{(2)}$ 的 k 层节点嵌入；k 表示第 k 次迭代；$\hat{\boldsymbol{S}}$ 表示由较浅的节点嵌入层计算的预测分配矩阵；初始嵌入（即 $\boldsymbol{H}^{(1)(0)}$ 和 $\boldsymbol{H}^{(2)(0)}$）是根据（Zanfir and Sminchisescu，2018），通过预训练的 VGG-16 网络提取的。

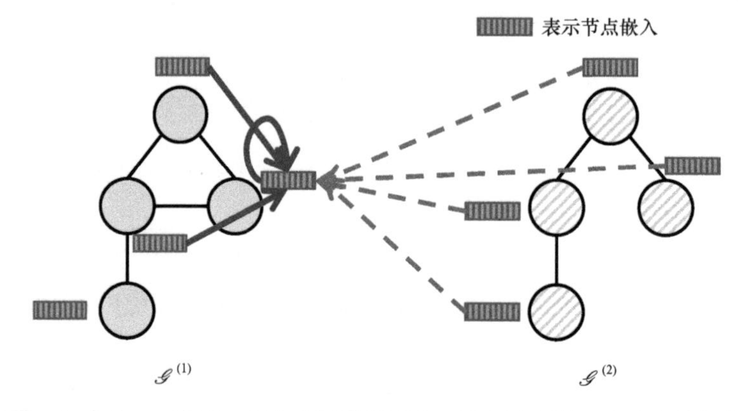

图 13.2　对于左图 $\mathscr{G}^{(1)}$ 中的一个节点，图内卷积网络只对自己的图（即 $\mathscr{G}^{(1)}$ 中的紫色实线）进行操作。然而，跨图卷积网络既对自己的图（即 $\mathscr{G}^{(1)}$ 中的紫色实线）进行操作，也对另一个图（即从 $\mathscr{G}^{(2)}$ 中的所有节点到 $\mathscr{G}^{(1)}$ 中的这个节点的蓝色虚线）进行操作

然后，基于从两个图中得到的节点嵌入 $\tilde{\boldsymbol{H}}^{(1)}$ 和 $\tilde{\boldsymbol{H}}^{(2)}$，PCA-GM 通过双线性映射和指数函数计算节点到节点的分配矩阵 $\boldsymbol{S}$，具体如下：

$$\tilde{\boldsymbol{S}} = \exp\left(\frac{\tilde{\boldsymbol{H}}^{(1)} \boldsymbol{\Theta}\, \tilde{\boldsymbol{H}}^{(2)\mathrm{T}}}{\tau}\right) \tag{13.9}$$

其中，$\boldsymbol{\Theta}$ 表示分配矩阵学习的可学习参数矩阵，$\tau > 0$ 是超参数。由于得到的 $\tilde{\boldsymbol{S}} \in \mathbb{R}^{n \times n}$ 不满足双随机矩阵的约束，因此 PCA-GM 使用 Sinkhorn（Adams and Zemel，2011）操作来处理松弛线性分配问题，因为 Sinkhorn 是完全可微的，并且已被证明对最终的图匹配预测有效。

$$S = \text{Sinkhorn}(\tilde{S}) \tag{13.10}$$

最后，PCA-GM 采用组合置换损失计算最终预测置换矩阵 S 和真实置换矩阵 S^{gt} 之间的交叉熵损失，用于监督图匹配学习。

$$\mathscr{L}_{\text{perm}} = -\sum_{v_i \in \mathscr{V}^{(1)}, v_a \in \mathscr{V}^{(2)}} S_{i,a}^{gt} \log(S_{i,a}) + (1 - S_{i,a}^{gt}) \log(1 - S_{i,a}) \tag{13.11}$$

Wang et al（2019g）的实验结果表明，具有置换损失的图匹配模型优于式（13.6）中的位移损失。

图学习–匹配网络。先前大多数关于图匹配问题的研究依赖具有固定结构信息的已建立的图，它们具有或不具有属性的边集合。所不同的是，Jiang et al（2019a）提出了图学习-匹配网络 GLMNet，旨在将图结构学习（学习图结构信息）融入一般的图匹配学习中，从而构建一个统一的端到端模型架构。具体来说，基于一对节点特征矩阵 $X^{(l)} = \{x_1^{(l)}, x_2^{(l)}, \cdots, x_n^{(l)}\}$ $(l = \{1, 2\})$，GLMNet 尝试学习一对最优图邻接矩阵 $A^{(l)}(l = \{1, 2\})$，以便更好地服务后一个图匹配学习。每个元素的计算方法如下：

$$A_{i,j}^{(l)} = \phi(x_i^{(l)}, x_j^{(l)}; \theta) = \frac{\exp(\sigma(\theta^{\mathrm{T}}[x_i^{(l)}, x_j^{(l)}]))}{\sum_{j=1}^{n} \exp(\sigma(\theta^{\mathrm{T}}[x_i^{(l)}, x_j^{(l)}]))}, \quad l = \{1, 2\} \tag{13.12}$$

其中，σ 是激活函数，例如 ReLU 函数；$[\cdot,\cdot]$表示并置操作；θ 表示两个输入图共享的图结构学习的可训练参数。

继 PCA-GM（Wang et al，2019g）之后，GLMNet 也探索了一系列图卷积模块，以学习两个输入图的信息节点嵌入，用于后面的亲和矩阵学习和匹配预测。基于获得的 $A^{(l)}$ 和 $X^{(l)}(l = \{1, 2\})$，GLMNet 采用图平滑卷积层（Kipf and Welling，2017b）、跨图卷积层（Wang et al，2019g）和图锐化卷积层〔对应（Kipf and Welling，2017b）中拉普拉斯平滑的部分〕来进一步学习和更新它们的节点嵌入，即 $\tilde{X}^{(l)}(l = \{1, 2\})$。之后，GLMNet 直接计算式（13.10）中节点到节点的分配矩阵 S，这与 PCA-GM（Wang et al，2019g）的做法完全相同。

除式（13.11）中定义的置换交叉熵损失 $\mathscr{L}_{\text{perm}}$ 以外，GLMNet 还增加了一个额外的约束正则化损失 $\mathscr{L}_{\text{con}}$，以更好地满足每个置换约束，即 $\mathscr{L} = \mathscr{L}_{\text{perm}} + \lambda \mathscr{L}_{\text{con}} (\lambda > 0)$，其中，$\mathscr{L}_{\text{con}}$ 定义如下。

$$\begin{aligned} \mathscr{L}_{\text{con}} &= \sum_{v_i, v_j \in \mathscr{V}^{(1)}} \sum_{v_a, v_b \in \mathscr{V}^{(2)}} U_{ij,ab} S_{i,a} S_{j,b} \\ U_{ij,ab} &= \begin{cases} 1 & , i = j\text{、}a \neq b \text{ 或者 } i \neq j\text{、}a = b \\ 0 & ,\text{其他} \end{cases} \end{aligned} \tag{13.13}$$

其中，$U \in \mathbb{R}^{n^2 \times n^2}$ 代表所有匹配的冲突关系，而最佳的对应关系 S 意味着 $\sum_{v_i, v_j \in \mathscr{V}^{(1)}} \sum_{v_a, v_b \in \mathscr{V}^{(2)}} U_{ij,ab} S_{i,a} S_{j,b} = 0$。

具有共识的深度图匹配。Fey et al（2020）也像之前的研究那样采用 GNN 来学习图对应关系，但他们通过引入邻域共识（Rocco et al，2018）进一步完善了学习的对应矩阵。首先，他们使用常见的 GNN 模型以及 Sinkhorm 操作来计算初始对应矩阵 S^0，具体如下，其中的 ψ_{θ_1} 表示两个图共享的 GNN 模型。

$$
\begin{aligned}
&\boldsymbol{H}^{(l)} = \Psi_{\theta_1}(\boldsymbol{X}^{(l)}, \boldsymbol{A}^{(l)}, \boldsymbol{E}^{(l)}),\ l = \{1, 2\} \\
&\boldsymbol{S}^0 = \text{Sinkhorn}\,(\boldsymbol{H}^{(1)}\boldsymbol{H}^{(2)\mathrm{T}})
\end{aligned} \tag{13.14}
$$

然后，为了在这对匹配的节点之间达成邻域共识，他们通过另一个可训练的 GNN 模型（即 Ψ_{θ_2}）和一个 MLP 模型（即 ϕ_{θ_3}）来完善初始对应矩阵 $\boldsymbol{S}^0$。

$$
\begin{aligned}
&O^{(1)} = \Psi_{\theta_2}(\boldsymbol{I}_n, \boldsymbol{A}^{(1)}, \boldsymbol{E}^{(1)}) \\
&O^{(2)} = \Psi_{\theta_2}(\boldsymbol{S}^{k\mathrm{T}}\boldsymbol{I}_n, \boldsymbol{A}^{(2)}, \boldsymbol{E}^{(2)}) \\
&\boldsymbol{S}_{i,a}^{k+1} = \text{Sinkhorn}\,(\boldsymbol{S}_{i,a}^{k} + \phi_{\theta_3}(\boldsymbol{o}_i^{(1)} - \boldsymbol{o}_a^{(2)}))
\end{aligned} \tag{13.15}
$$

其中，$\boldsymbol{I}_n$ 是单位矩阵，$\boldsymbol{o}_i^{(1)} - \boldsymbol{o}_a^{(2)}$ 计算的是两个图的节点对 $(v_i, v_a) \in \mathcal{V}^{(1)} \times \mathcal{V}^{(2)}$ 之间的邻域共识（例如，$\boldsymbol{o}_i^{(1)} - \boldsymbol{o}_a^{(2)} \neq 0$ 意味着在节点 v_i 和 v_a 的邻域中存在错误的匹配）。最后，经过 K 次迭代后，便可得到 $\boldsymbol{S}^K$。最终的损失函数包含特征匹配损失和邻域共识损失，即 $\mathcal{L} = \mathcal{L}^{\text{init}} + \mathcal{L}^{\text{refine}}$。

$$
\begin{aligned}
&\mathcal{L}^{\text{init}} = -\sum_{v_i \in \mathcal{V}^{(1)}} \log(\boldsymbol{S}_{i,\pi_{\text{gt}}(i)}^{0}) \\
&\mathcal{L}^{\text{refine}} = -\sum_{v_i \in \mathcal{V}^{(1)}} \log(\boldsymbol{S}_{i,\pi_{\text{gt}}(i)}^{K})
\end{aligned} \tag{13.16}
$$

其中，$\pi_{\text{gt}}(i)$ 表示真实对应关系。

具有匈牙利注意力的深度图匹配。Yu et al（2020）提出了一个端到端的深度学习模型，该模型与 Wang et al（2019g）提出的几乎相同，也包括基于 GNN 的图嵌入层、亲和学习层〔见式（13.9）和式（13.10）〕以及置换损失〔见式（13.11）〕。Yu et al（2020）主要做了两方面的贡献来改进该模型。首先是采用一种新颖的节点/边嵌入操作（如 CIE 操作）来取代常规的 GCN 操作。GCN 操作只更新节点嵌入，而忽略了丰富的边属性。由于边信息在决定图匹配结果方面具有关键作用，因此 CIE 操作使得我们可以通过一个通道级的更新函数，以多头的方式同时更新节点嵌入和边嵌入。感兴趣的读者可以参考（Yu et al，2020）中的 3.2 节。其次是构建了一个新颖的损失函数。由于以前使用的置换损失容易过拟合，因此他们设计了一个新颖的损失函数，在置换损失中引入了匈牙利注意力 Z，如下所示：

$$
\begin{aligned}
&Z = \text{Attention}(\text{Hungarian}\,(\boldsymbol{S}), \boldsymbol{S}^{\text{gt}}) \\
&\mathcal{L}_{\text{hung}} = -\sum_{v_i \in \mathcal{V}^{(1)}, v_a \in \mathcal{V}^{(2)}} Z_{i,a}(\boldsymbol{S}_{i,a}^{\text{gt}} \log(\boldsymbol{S}_{i,a}) + (1 - \boldsymbol{S}_{i,a}^{\text{gt}}) \log(1 - \boldsymbol{S}_{i,a}))
\end{aligned} \tag{13.17}
$$

其中，Hungarian 表示黑盒匈牙利算法，Z 的作用就像掩蔽，旨在让我们更多地关注那些不匹配的节点对，而较少地关注完全匹配的节点对。

具有分配图的图匹配。Wang et al（2020j）将图匹配问题重新形式化为在构建的**分配图**中选择可靠的节点（Cho et al，2010），其中的每个节点代表一个潜在的节点到节点的对应关系。定义 13.2 给出了分配图的正式定义，图 13.3 给出了一个示例。

定义 13.2（分配图）　给定两个图 $\mathcal{G}^{(1)} = (\mathcal{V}^{(1)}, \mathcal{E}^{(1)}, \boldsymbol{A}^{(1)}, \boldsymbol{X}^{(1)}, \boldsymbol{E}^{(1)})$ 和 $\mathcal{G}^{(2)} = (\mathcal{V}^{(2)}, \mathcal{E}^{(2)}, \boldsymbol{A}^{(2)}, \boldsymbol{X}^{(2)}, \boldsymbol{E}^{(2)})$，分配图 $\mathcal{G}^{(\mathrm{A})} = (\mathcal{V}^{(\mathrm{A})}, \mathcal{E}^{(\mathrm{A})}, \boldsymbol{A}^{(\mathrm{A})}, \boldsymbol{X}^{(\mathrm{A})}, \boldsymbol{E}^{(\mathrm{A})})$ 的构造方法如下：$\mathcal{G}^{(\mathrm{A})}$ 取这两个图之间的每个候选对应关系 $(v_i^{(1)}, v_a^{(2)}) \in \mathcal{V}^{(1)} \times \mathcal{V}^{(2)}$ 作为节点 $\mathcal{V}_{ia} \in \mathcal{V}^{(\mathrm{A})}$，并在一对节点 $v_{ia}^{(\mathrm{A})}$ 和 $v_{jb}^{(\mathrm{A})} \in \mathcal{V}^{(\mathrm{A})}$（即 $(v_{ia}^{(\mathrm{A})}, v_{jb}^{(\mathrm{A})}) \in \mathcal{E}^{(\mathrm{A})}$）之间连接一条边——当且仅当两条边（即 $(v_a^{(1)}, v_b^{(1)}) \in \mathcal{E}^{(1)}$ 和 $(v_a^{(2)}, v_b^{(2)}) \in \mathcal{E}^{(2)}$）存在于它们的原始图中时。另外，我们可以通过并置原始图中的

一对节点或边的属性来获得节点属性 $\boldsymbol{X}^{(\mathrm{A})}$ 和边属性 $\boldsymbol{E}^{(\mathrm{A})}$。

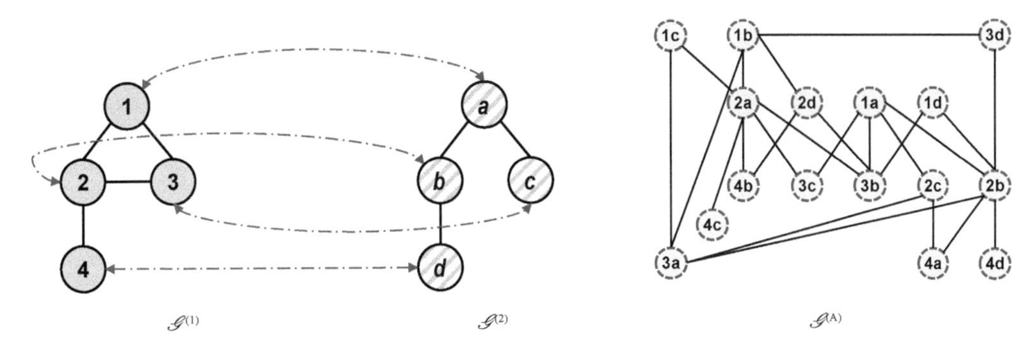

图 13.3 通过一对图 $\mathscr{G}^{(1)}$ 和 $\mathscr{G}^{(2)}$ 建立分配图 $\mathscr{G}^{(\mathrm{A})}$ 的示例说明

有了构造的分配图 $\mathscr{G}^{(\mathrm{A})}$，在 $\mathscr{G}^{(\mathrm{A})}$ 中选择可靠节点的重新形式化问题与二元节点分类任务（Kipf and Welling，2017b）就很相似了，后者会将节点分为正的或负的（意味着匹配或不匹配）。为了解决这个问题，研究者提出了一个基于 GNN 的完全可学习模型，该模型以 $\mathscr{G}^{(\mathrm{A})}$ 为输入，通过图结构信息迭代学习节点嵌入，并预测 $\mathscr{G}^{(\mathrm{A})}$ 中每个节点的标签作为输出。此外，该模型还采用类似于（Jiang et al，2019a）中的损失函数进行训练。

13.3 图相似性学习

在本节中，我们将首先介绍另一类图匹配问题——图相似性问题。然后，我们将对基于 GNN 的更先进的图相似性学习模型进行深入讨论和分析。

13.3.1 问题的定义

学习任意一对图结构对象之间的相似性度量是各种应用的基本问题之一，包括数据库中的相似图搜索（Yan 和 Han，2002）、二元函数分析（Li et al，2019h）、未知恶意软件检测（Wang et al，2019i）和语义代码检索（Ling et al，2021）等。根据不同的应用背景，我们可以用不同的结构相似性度量来定义相似性指标，如图编辑距离（Graph Edit Distance，GED）（Riesen，2015）、最大共同子图（Maximum Common Subgraph，MCS）（Bunke，1997；Bai et al，2020c），甚至更粗略的二元相似性（即相似与否）（Ling et al，2021）。由于计算 GED 等同于解决适应度函数下的 MCS 问题（Bunke，1997），因此，在本节中，我们主要考虑 GED 的计算，并更多地关注基于 GNN 的更先进的图相似性学习模型。

基本上，图相似性问题旨在计算一对图之间的相似性得分，相似性得分表示这对图的相似程度。定义13.3 给出了图相似性问题的定义。

定义 13.3（图相似性问题） 给定两个输入图 $\mathscr{G}^{(1)}$ 和 $\mathscr{G}^{(2)}$，图相似性问题的目的是产生 $\mathscr{G}^{(1)}$ 和 $\mathscr{G}^{(2)}$ 之间的相似性得分 s。根据 13.2.1 节中的定义 13.1，$\mathscr{G}^{(1)}=(\mathscr{V}^{(1)},\mathscr{E}^{(1)},\boldsymbol{A}^{(1)},\boldsymbol{X}^{(1)},\boldsymbol{E}^{(1)})$ 可以表征为 n 个节点 $v_i\in\mathscr{V}^{(1)}$ 的集合，特征矩阵 $\boldsymbol{X}^{(1)}\in\mathbb{R}^{n\times d}$，边 $(v_i,v_j)\in\boldsymbol{E}^{(1)}$ 形成了邻接矩阵 $\boldsymbol{A}^{(1)}$。同样，$\mathscr{G}^{(2)}=(\mathscr{V}^{(2)},\mathscr{E}^{(2)},\boldsymbol{A}^{(2)},\boldsymbol{X}^{(2)},\boldsymbol{E}^{(2)})$ 可以表征为 m 个节点 $v_a\in\mathscr{V}^{(2)}$ 的集合，特征矩阵 $\boldsymbol{X}^{(2)}\in\mathbb{R}^{m\times d}$，边 $(v_a,v_b)\in\mathscr{E}^{(2)}$ 形成了邻接矩阵 $\boldsymbol{A}^{(2)}$。

对于相似性得分 s，如果 $s\in\mathbb{R}$，则可以将图相似性问题视为**图-图回归任务**。另外，如

果 $s \in \{-1, 1\}$，则可以将图相似性问题视为**图-图分类任务**。

特别是，GED（Riesen，2015；Bai et al，2019b）的计算（有时归一化为[0, 1]）是图-图回归任务的典型案例。具体来说，GED 被形式化为节点或边的最短编辑操作序列的成本，这些节点和边必须能够将一个图转换为另一个图，其中，编辑操作可以是插入或删除一个节点或一条边。图 13.4 给出了 GED 计算的说明。

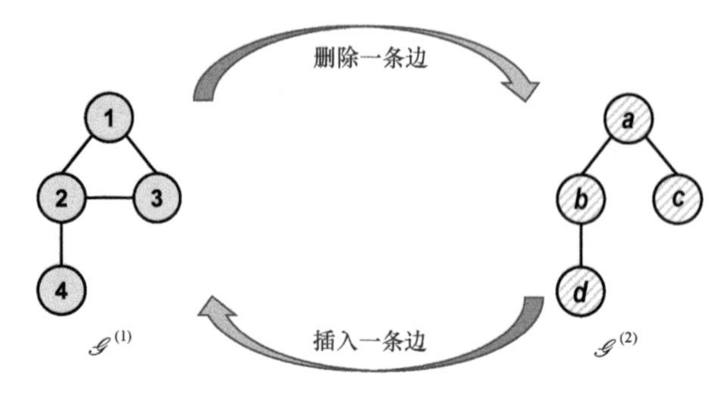

图 13.4　计算 $\mathcal{G}^{(1)}$ 和 $\mathcal{G}^{(2)}$ 之间的 GED。由于既可以通过删除边 (v_2, v_3) 将 $\mathcal{G}^{(1)}$ 转换为 $\mathcal{G}^{(2)}$，也可以通过插入边 (v_b, v_c) 将 $\mathcal{G}^{(2)}$ 转换为 $\mathcal{G}^{(1)}$，因此这两个图之间的 GED 为 1

与经典的图匹配问题类似，GED 计算也是一个经过充分研究的 NP 难度的问题。尽管已有大量的工作（Hart et al，1968；Zeng et al，2009；Riesen et al，2007）试图通过各种启发式方法在多项式时间内找到次优的解决方案（Riesen et al，2007；Riesen，2015），但这些启发式方法仍然存在可扩展性差（例如，搜索空间大或内存消耗过多）和严重依赖专家知识（如基于不同应用案例的各种启发式方法）的不足。目前，将 GNN 融入图相似性学习的端到端学习框架中的基于学习的模型正逐渐变得越来越可用，这证明了与传统的启发式方法相比，GNN 在有效性和效率方面的优势。在 13.3.2 节和 13.3.3 节中，我们将分别讨论用于图-图回归任务和图-图分类任务的更先进的基于 GNN 的图相似性模型。

13.3.2　图-图回归任务

如前所述，图-图回归任务旨在计算一对图之间的相似性得分。本节重点讨论 GED 的图相似性学习。

具有卷积集合匹配的图相似性学习。为了在保持良好性能的同时加速图相似性的计算，Bai et al（2018）首先将 GED 的计算变成学习问题（而不是使用组合搜索的近似方法），然后提出了一个用于图相似性学习的端到端的框架 GSimCNN。（Bai et al，2018）中的 GSimCNN〔或（Bai et al，2020b）[①]中的 GraphSim〕可能是第一个将 GNN 和 CNN 同时用于 GED 计算任务的框架，这个框架从总体上包括三个步骤。首先，GSimCNN 采用多层标准 GCN 为两个图中的每个节点生成节点嵌入向量。接下来，在 GCN 的每一层中，GSimCNN 使用 BFS 节点排序方案（You et al，2018b）对节点嵌入进行重新排序，并计算两个图中重新排序的节点嵌入之间的内积，以生成节点到节点的相似性矩阵。最后，在填充生成的节点到节点的相似性矩阵或调整为方阵后，GSimCNN 将计算图相似性的任务转换为图像处理问题，并探索标准 CNN 和 MLP 以进行最终的图相似性预测。GSimCNN 是使用基于预测的相似性得

① GSimCNN（Bai et al，2018）的模型架构与 GraphSim（Bai et al，2020b）的模型架构看起来相同，后者通过额外的数据集和相似性指标（如 GED 和 MCS）来评估模型。

分和相应的真实得分的均方差损失函数进行训练的。

具有图级交互的图相似性学习。 不久之后，Bai 等人提出了另一个基于 GNN 的模型 SimGNN，用于图相似性学习。在 SimGNN 中，他们不仅考虑了节点级的相互作用，而且考虑了图级的相互作用，以共同学习图的相似性得分。对于两个图之间的节点级相似性，SimGNN 首先采用类似于 GSimCNN 的方法来生成节点到节点的相似性矩阵，然后将从中提取的直方图特征向量作为节点级的比较信息。对于两个图之间的图级相似性，SimGNN 首先通过注意力机制采用简单的图池化模型为每个图生成图级嵌入向量（$\boldsymbol{h}_{\mathscr{G}^{(1)}}$ 和 $\boldsymbol{h}_{\mathscr{G}^{(2)}}$），然后采用可训练的神经张量网络（Neural Tensor Network，NTN）（Socher et al，2013）对两个图级嵌入向量之间的关系进行建模，如下所示：

$$\mathrm{NTN}(\boldsymbol{h}_{\mathscr{G}(1)},\boldsymbol{h}_{\mathscr{G}(2)})=\sigma(\boldsymbol{h}_{\mathscr{G}(1)}^{\mathrm{T}}W^{[1:K]}\boldsymbol{h}_{\mathscr{G}(2)}+V[{}^{\boldsymbol{h}_{\mathscr{G}^{(2)}}}_{\boldsymbol{h}_{\mathscr{G}^{(1)}}}]+b) \tag{13.18}$$

其中，σ 是激活函数，[:]表示并置操作。

此外，$W^{[1:K]}$、V 和 b 是 NTN 中需要学习的参数。K 是超参数，它决定了 NTN 计算的图级相似性向量的长度。最后，为了计算两个图之间的相似性得分，SimGNN 将来自节点级和图级的两个相似性向量并置，并通过一个小型 MLP 网络来进行预测。

基于分层聚类的图相似性学习。 Xiu et al（2020）认为，如果两个图是相似的，那么它们对应的紧凑图也应该是彼此相似的；反之，如果两个图是不相似的，那么它们对应的紧凑图也应该是不相似的。他们认为，对于输入的一对图，关于紧凑图对的不同视图可以提供两个输入图之间不同尺度的相似性信息，从而有利于图的相似性计算。为此，有人提出了一种分层的图匹配网络（Hierarchical Graph Matching Network，HGMN）（Xiu et al，2020）来从多尺度视图中学习图的相似性。具体来说，HGMN 首先采用多个阶段的分层图聚类来连续生成具有初始节点嵌入的更紧凑的图，从而为后续模型学习提供两个图之间差异的多尺度视图。然后，对于处于不同阶段的紧凑图对，HGMN 通过采用类似 GraphSim 的模型（Bai et al，2020b）计算出最终的图相似性得分，包括通过 GCN 更新节点嵌入，以及通过 CNN 生成相似性矩阵和预测。然而，为了确保生成的相似性矩阵的置换不变性，HGMN 基于推土机距离（Earth Mover Distance，EMD）（Rubner et al，1998）设计了不同的节点排序方案，而不是使用（Bai et al，2020b）中的 BFS 节点排序方案。根据 EMD，HGMN 首先对齐每个阶段的两个输入图的节点，然后按照对齐的顺序生成相应的相似性矩阵。

具有节点-图交互的图相似性学习。 为了学习一对输入图之间更丰富的交互特征，以便以端到端的方式计算图的相似性，Ling 等人提出了多级图匹配网络（Multi-level Graph Matching Network，MGMN）（Ling et al，2020），MGMN 由一个孪生图神经网络（Siamese Graph Neural Network，SGNN）和一个新型的节点-图匹配网络（Node-Graph Matching Network，NGMN）组成。一方面，为了学习两个图之间的图级交互，针对图 $\mathscr{G}^{(l)}(l=\{1,2\})$ 中的所有节点，SGNN 首先利用具有孪生网络的多层 GCN 来生成节点嵌入 $\boldsymbol{H}^{(l)}=\{\boldsymbol{h}^{(l)}\}_{i=1}^{\{n,m\}}\in\mathbb{R}^{\{n,m\}\times d}$，然后为每个图聚合一个相应的图级嵌入向量。另一方面，为了学习两个图之间的跨级交互特征，NGMN 进一步采用节点-图匹配层，使用学习的图的节点嵌入和另一全图的相应图级嵌入之间的跨级交互来更新节点嵌入。以 $\mathscr{G}^{(1)}$ 中的节点 $v_i\in\mathscr{V}^{(1)}$ 为例，NGMN 首先计算注意力的图级嵌入向量，方法是基于相应的针对节点 v_i 的跨图注意力系数，加权平均 $\mathscr{G}^{(2)}$ 中的所有

节点嵌入 $\boldsymbol{h}_{\mathscr{G}^{(2)}}^{i,\text{att}}$，具体计算如下：

$$\boldsymbol{h}_{\mathscr{G}^{(2)}}^{i,\text{att}} = \sum_{v_j \in \mathscr{V}^{(2)}} \alpha_{i,j} \boldsymbol{h}_j^{(2)}，\text{其中 } \alpha_{i,j} = \text{cosine}(\boldsymbol{h}_i^{(1)}, \boldsymbol{h}_j^{(2)}) \, \forall v_j \in \mathscr{V}^{(2)} \tag{13.19}$$

其中，就 $\mathscr{G}^{(1)}$ 中的节点 v_i 而言，$\boldsymbol{h}_{\mathscr{G}^{(2)}}^{i,\text{att}}$ 的上标“i, att”表示它是 $\mathscr{G}^{(2)}$ 的注意力图级嵌入向量。

然后，为了更新具有跨图交互的 v_i 的节点嵌入，NGMN 通过多视角匹配函数学习节点嵌入（即 $\boldsymbol{h}_i^{(1)}$）和注意力图级嵌入向量（即 $\boldsymbol{h}_{\mathscr{G}^{(2)}}^{i,\text{att}}$）之间的相似性特征向量。在对两个图的所有节点采用上述节点-图匹配层之后，NGMN 将为每个图聚合一个相应的图级嵌入向量。最后，MGMN 将为每个图并置来自 SGNN 和 NGMN 的图级嵌入，并将这些并置的嵌入输入最终的小型预测网络中，以进行图相似性计算。

基于 GRAPH-BERT 的图相似性学习。之前关于图相似性学习的研究由于大多以监督方式进行训练，因此无法保证 GED 等图相似性度量的基本属性（如三角不等式），Zhang（2020）在 GRAPH-BERT（Zhang et al，2020a）的基础上引入了新型训练框架 GB-DISTANCE。首先，GB-DISTANCE 采用预先训练好的 GRAPH-BERT 模型来更新节点嵌入，并进一步为图 $\mathscr{G}^{(i)}$ 聚合图级表征嵌入向量 $\boldsymbol{h}_{\mathscr{G}^{(i)}}$。然后，GB-DISTANCE 计算具有多个全连接层的一对图 $(\mathscr{G}^{(i)}, \mathscr{G}^{(j)})$ 之间的图相似性 $d_{i,j}$，如下所示。

$$d(\mathscr{G}^{(i)}, \mathscr{G}^{(j)}) = 1 - \exp(-\text{FC}((\boldsymbol{h}_{\mathscr{G}(i)} - \boldsymbol{h}_{\mathscr{G}(j)})**2)) \tag{13.20}$$

其中，FC 表示采用了全连接层，“$(\cdot)**2$”表示输入向量的元素级平方。在文献（Zhang，2020）中，GB-DISTANCE 考虑了一种场景，即输入一组数量为 m 的图（即 $\{\mathscr{G}^{(i)}\}_{i=1}^{m}$），并输出其中任意一对图之间的相似性，即相似性矩阵 $\boldsymbol{D} = \{\boldsymbol{D}_{i,j}\}_{i,j=1}^{i,j=m} = \{d(\mathscr{G}^{(i)}, \mathscr{G}^{(j)})\}_{i,j=1}^{i,j=m} \in \mathbb{R}^{m \times m}$。我们可以将图的相似性问题形式化为如下有监督或半监督的设置：

$$\min \| \boldsymbol{M} \odot (\boldsymbol{D} - \hat{\boldsymbol{D}}) \|_p \quad , M_{i,j} = \begin{cases} 1, \boldsymbol{D}_{i,j} \text{有标签} \\ \alpha, \boldsymbol{D}_{i,j} \text{无标签且} i \neq j \\ \beta, i = j \end{cases} \tag{13.21}$$

其中，$\|\cdot\|_p$ 表示 L_p 范数；$\hat{\boldsymbol{D}}$ 表示真实相似性矩阵；$\boldsymbol{M}$ 是具有两个超参数 α 和 β 的半监督学习的掩蔽矩阵；约束 $\boldsymbol{D}_{i,j} \leqslant \boldsymbol{D}_{i,k} + \boldsymbol{D}_{k,j} (\forall i, j, k \in \{1, 2, \cdots, m\})$ 用于确保图相似性度量的三角不等式。为了优化具有这种约束的模型，GB-DISTANCE 设计了一种具有约束度量细化方法的两阶段训练算法。

基于 A*算法的图相似性计算。很明显，上述所有方法都直接计算两个图之间的 GED 相似性得分，但却无法生成编辑路径，而编辑路径可以明确表达将一个图转换为另一个图的编辑操作顺序。为了像传统的 A*算法（Hart et al，1968；Riesen et al，2007）一样输出编辑路径，Wang et al 提出了一个图相似性学习模型 GENN-A*（Wang et al，2020f），该模型结合了 A*算法的现有解决方案与基于 GNN 的可学习 GENN 模型。A*算法是一种树状搜索算法，它将两个图之间所有可能的节点/边映射空间作为有序的搜索树来探索，并通过最小诱导编辑成本 $g(p)+h(p)$ 来进一步扩展搜索树中节点 p 的后继节点，其中，$g(p)$ 是迄今为止诱导的当前部分编辑路径的成本，$h(p)$ 是剩余未匹配子图之间编辑路径的估计成本。

由于 A*算法的可扩展性较差，因此 GENN-A*使用一个基于学习的模型（即 GENN）取代启发式方法来预测 $h(p)$。GENN 与 SimGNN（Bai et al，2019b）几乎相同，但前者去掉了直方图模块，用于预测剩余未匹配子图之间归一化的 GED 相似性得分 $s(p)\in(0,1)$ 。之后，得到的 $h(p)$如下，其中的 $\hat{n}$ 和 $\hat{m}$ 表示未匹配子图的节点数。

$$h(p)=-0.5(\hat{n}+\hat{m})\log(s(p)) \tag{13.22}$$

13.3.3 图-图分类任务

除计算 GED 以外，学习一对图之间的二元标签 $s\in\{-1,1\}$（即相似或不相似）可以视为图-图分类学习任务[①]。该方法已被广泛应用于现实世界的许多应用中，包括二进制代码分析、源代码分析、恶意软件检测等。

通过跨图匹配的图相似性学习。在检测两个二进制函数是否相似的场景中，Li 等人提出了基于消息传递的图匹配网络（Graph Matching Network，GMN）（Li et al，2019h），以学习代表两个输入二进制函数的两个控制流图（Control-Flow Graph，CFG）之间的相似性标签。特别是，GMN 采用了基于标准消息传递 GNN 的类似跨图匹配网络，以迭代方式为两个输入图生成更具区别性的节点嵌入（如 $\boldsymbol{H}^{(l)}=\{\boldsymbol{h}_i^{(l)}\}_{v_i\in\mathcal{V}^{(l)}}$，$l=\{1,2\}$ ）。直观地说，GMN 通过软注意力合并一个输入图的注意力关联信息来更新另一个输入图的节点嵌入，这与式（13.8）和图 13.2 中介绍的跨图卷积网络类似。随后，为了计算相似性得分，GMN 采用如下聚合操作（Li et al，2016b）为每个图输出图级嵌入向量（如 $\boldsymbol{h}_{\mathcal{G}^{(l)}}$，$l=\{1,2\}$ ），并将现有的相似性函数应用于最终的相似性预测，如 $s(\boldsymbol{h}_{\mathcal{G}^{(1)}},\boldsymbol{h}_{\mathcal{G}^{(2)}})=f_s(\boldsymbol{h}_{\mathcal{G}^{(1)}},\boldsymbol{h}_{\mathcal{G}^{(2)}})$ ，其中，f_s 可以是任意现有的相似性函数，如欧几里得函数、余弦函数或汉明相似性函数。

$$\boldsymbol{h}_{\mathcal{G}^{(l)}}=\mathrm{MLP}_{\theta 1}\left(\sum_{v_i\in\mathcal{V}^{(l)}}\sigma(\mathrm{MLP}_{\theta 2}(\boldsymbol{h}_i^{(l)}))\odot\mathrm{MLP}_{\theta 3}(\boldsymbol{h}_i^{(l)})\right),\ l=\{1,2\} \tag{13.23}$$

其中，σ 表示激活函数；$\odot$表示元素级相乘运算；$\mathrm{MLP}_{\theta 1}$、$\mathrm{MLP}_{\theta 2}$、$\mathrm{MLP}_{\theta 3}$ 为待训练的 MLP 网络。基于对训练样本的不同监督（如两个图之间的真实二元标签或三个图之间的相对相似性），GMN 采用了两个基于边际的损失函数——成对损失函数和三元组损失函数。由于采用的相似性函数 f_s 不同，相应的损失函数的形式也有很大的不同。对损失函数感兴趣的读者可以参考（Li et al，2019h）。

异质图上的图相似性学习。受不断增长的恶意软件威胁的驱动，Wang et al（2019i）提出了异质图匹配网络框架 MatchGNet，用于进行未知恶意软件的检测。为了更好地表示企业系统中的程序（如良性或恶意）并捕捉系统实体（如文件、进程、套接字等）之间的交互关系，MatchGNet 为每个程序构建了一个异质不变图。因此，恶意软件检测问题等同于检测两个表征图（即输入程序的图和现有良性程序的图）是否相似。由于不变图的异质性，MatchGNet 采用了基于分层注意力图神经编码器（Hierarchical Attention Graph Neural Encoder，HAGNE）的 GNN 来学习每个程序的图级嵌入向量。特别是，HAGNE 首先通过元路径确定路径相关邻居集（Sun et al，2011），然后通过聚合每个路径相关邻居集下的实体来更新节点嵌入。所有元路径上的图级嵌入都是通过对元路径的所有嵌入进行加权求和

① 所谓的图-图分类学习任务与一般的图分类任务（Ying et al，2018c；Ma et al，2019d）完全不同，后者只针对一个输入图而不是一对输入图预测标签。

来计算的。最后，MatchGNet 直接计算两个图级嵌入向量之间的余弦相似性，并将其作为恶意软件检测的最终预测标签。

13.4 小结

在本章中，我们介绍了常见的图匹配学习问题，其中，目标函数被形式化为经典的图匹配问题在两个图之间建立一个最优的节点到节点的对应关系矩阵，以及为图相似性问题计算两个图之间的相似性得分。特别是，我们深入分析和讨论了更先进的基于 GNN 的图匹配模型和图相似性模型。未来，为了更好地学习图匹配，我们认为需要在如下三个方向进行努力。

- **细粒度的跨图特征。**对于输入图对的图匹配问题，两个图之间的交互特征是图匹配学习和图相似性学习的基础和关键特征。尽管现有的一些模型（Li et al，2019h；Ling et al，2020）致力于学习两个图之间的交互特征，以实现更好的表征学习，但这些模型已经导致不可忽视的额外计算成本。更好的细粒度跨图特征学习和高效的算法可以使技术达到一个新的高度。
- **半监督学习和无监督学习。**缘于现实世界应用场景中图的复杂性，在半监督甚至无监督环境中训练模型是很常见的。充分利用现有图之间的关系，如果有可能，充分利用与图匹配问题不直接相关的其他数据，可以进一步促进图匹配学习和图相似性学习在更多实际应用中的发展。
- **脆弱性和鲁棒性。**尽管针对图像分类任务（Goodfellow et al，2015；Ling et al，2019）和节点分类任务/图分类任务（Zügner et al，2018；Dai et al，2018a）的对抗性攻击已得到广泛研究，但目前只有文献（Zhang et al，2020f）研究了图匹配问题的对抗性攻击。因此，研究更先进的图匹配模型和图相似性模型的脆弱性，并进一步构建更强大的模型是一个极具挑战性的问题。

编者注：图匹配网络是近年来新兴的研究课题。它具有广泛的应用领域，如计算机视觉（见第 20 章）、自然语言处理（见第 21 章）、程序分析（见第 22 章）、异常检测（见第 26 章）等。目前，图匹配网络已经受到学术界和工业界的广泛关注。图匹配网络虽然建立在图节点表征学习之上（见第 4 章），但它更侧重于两个图从低级节点到高级图的相互联系。图匹配与链接预测（见第 10 章）和自监督学习（见第 18 章）有着紧密的联系，其中，图匹配可以形式化为这些图学习任务的子任务之一。显然，对抗鲁棒性（见第 8 章）可以对图匹配网络产生直接影响，这一点最近也得到广泛研究。

第 14 章

图结构学习

Yu Chen 和 Lingfei Wu[①]

摘要

图神经网络（GNN）由于在图结构数据建模方面具有出色的表达能力，因此在自然语言处理、计算机视觉、推荐系统、药物发现等应用中取得巨大的成功。GNN 的巨大成功依赖于图结构数据的质量和可用性，而这些数据可能是有噪声或不可用的。图结构学习旨在从数据中发现有用的图结构，这可以帮助我们解决上述问题。本章将从传统机器学习和 GNN 的视角全面介绍图结构学习。读完本章后，读者将了解如何从不同的角度、出于不同的目的并通过不同的技术来解决这个问题，以及图结构学习与 GNN 结合后的巨大发展潜力。此外，读者还将了解这一领域未来的发展方向。

14.1 导读

近年来，人们对 GNN 的兴趣明显增加（Kipf and Welling，2017b；Bronstein et al，2017；Gilmer et al，2017；Hamilton et al，2017b；Li et al，2016b），GNN 已被广泛应用于自然语言处理（Bastings et al，2017；Chen et al，2020p）、计算机视觉（Norcliffe-Brown et al，2018）、推荐系统（Ying et al，2018b）、药物发现（You et al，2018a）等方面。GNN 在学习有表达能力的图表征方面的强大依赖于图结构数据的质量和可用性。然而，这也给我们使用 GNN 进行图表征学习带来了一些挑战。一方面，在一些已经有图结构的场景中，大多数基于 GNN 的方法假设给定的图拓扑结构是完美的，但这并不一定成立，因为：（1）由于不可避免的数据测量或收集错误，真实的图拓扑结构往往是有噪声或不完整的；（2）图内在的拓扑结构可能仅仅代表物理连接（如分子中的化学键），而不能捕捉节点之间的抽象或隐含关系，这些关系可能对某些下游预测任务有益。另一方面，在现实世界的许多应用（如自然语言处理或计算机视觉等）中，数据的图结构（如文本数据的文本图或图像的场景图）可能不可用。GNN 的早期实践（Bastings et al，2017；Xu et al，2018d）严重依赖于手动构建图。要想在数据预处理阶段获得表现合理的图拓扑，我们需要大量的人力和领域专业知识。

为了应对上述挑战，图结构学习旨在从数据中发现有用的图结构，以便通过 GNN 进行更好的图表征学习。最近的研究（Chen et al，2020m,o；Liu et al，2021；Franceschi et al，2019；Ma et al，2019b；Elinas et al，2020；Veličković et al，2020；Johnson et al，2020）侧重于图结构和表征

① Yu Chen
Facebook AI，E-mail：hugochan2013@gmail.com
Lingfei Wu
Pinterest，E-mail：lwu@email.wm.edu

的联合学习，而无须借助人力或领域专业知识。研究者提出了许多不同种类的技术来学习离散图结构和 GNN 的加权图结构。更广泛地说，图结构学习在传统机器学习中已得到广泛研究，涉及无监督学习和有监督学习（Kalofolias，2016；Kumar et al，2019a；Berger et al，2020；Bojchevski et al，2017；Zheng et al，2018b；Yu et al，2019a；Li et al，2020a）。此外，图结构学习也与一些重要问题密切相关，如图生成（You et al，2018a；Shi et al，2019a）、图对抗性防御（Zhang and Zitnik，2020；Entezari et al，2020；Jin et al，2020a,e）和 Transformer 模型（Vaswani et al，2017）。

本章的组织结构如下。首先，我们将介绍在 GNN 获得广泛关注之前传统机器学习是如何研究图结构学习的（见 14.2 节），并介绍现有的关于无监督图结构学习（见 14.2.1 节）和有监督图结构学习（见 14.2.2 节）的研究。读者随后将看到一些最初为传统图结构学习而开发的技术是如何被重新审视并改进 GNN 的图结构学习的。接下来，我们将介绍本章的重点——GNN 的图结构学习（见 14.3 节）。这一部分内容涵盖多种主题，包括非加权图与加权图的联合图结构和表征学习（见 14.3.1 节），以及 GNN 的图结构学习与其他问题的联系，如图生成、图对抗性防御和 Transformer 模型（见 14.3.2 节）。我们将在 14.4 节中强调一些未来的发展方向，包括鲁棒的图结构学习、可扩展的图结构学习以及异质图的图结构学习等。最后，我们将在 14.5 节对本章的内容进行总结以结束本章的学习。

14.2　传统的图结构学习

在 GNN 兴起之前，关于传统机器学习的文献就已经从不同的角度对图结构学习展开了广泛研究。在讨论 GNN 的图结构学习的最新成就之前，我们将首先从传统机器学习的视角研究这个具有挑战性的问题。

14.2.1　无监督图结构学习

无监督图结构学习旨在以无监督方式从一组数据点中直接学习图结构，学习的图结构可以被随后的机器学习方法用于各种预测任务。这类方法最主要的好处是，它们不需要已标记的数据，如用于监督信号的真实图结构，获取这些数据的代价可能非常高。然而，由于图结构学习过程不考虑数据上任何特定的下游预测任务，因此学习的图结构对下游任务来说可能不是最优的。

14.2.1.1　从平滑信号中学习图结构

在图信号处理（Graph Signal Processing，GSP）的一些文献中，研究者对图结构学习进行了广泛的研究。这些文献通常将图结构学习称为图学习问题，其目标是以无监督方式从定义在图上的平滑信号中学习拓扑结构。这些图学习技术（Jebara et al，2009；Lake and Tenenbaum，2010；Kalofolias，2016；Kumar et al，2019a；Kang et al，2019；Kumar et al，2020；Bai et al，2020a）通常用于解决对图属性（如平滑性、稀疏性）具有某些先验约束的优化问题。在此，我们将介绍一些在图上定义的具有代表性的先验约束，这些约束已被广泛用于解决图学习问题。

在介绍具体的图学习技术之前，我们首先给出图和图信号的正式定义。给定一个图 $\mathcal{G}=(\mathcal{V},\mathcal{E})$，其节点集合 $\mathcal{V}$ 的基数为 n，边集合为 $\mathcal{E}$，邻接矩阵 $\boldsymbol{A}\in\mathbb{R}^{n\times n}$ 决定了其拓扑结构。其中，$\boldsymbol{A}_{i,j}>0$ 表示有一条连接节点 i 和节点 j 的边，$\boldsymbol{A}_{i,j}$ 是这条边的权重。给定图的邻接矩阵

$\boldsymbol{A}$，我们可以进一步得到图的拉普拉斯矩阵 $\boldsymbol{L}=\boldsymbol{D}-\boldsymbol{A}$，其中，$\boldsymbol{D}_{i,i}=\sum_j \boldsymbol{A}_{i,j}$ 是度数矩阵，其非对角线上的项都是 0。

图信号被定义为一个用于为图中的每个节点分配标量值的函数。我们可以进一步定义图上的多通道信号 $\boldsymbol{X}\in\mathbb{R}^{n\times d}$，并为每个节点分配一个 d 维向量，特征矩阵 $\boldsymbol{X}$ 的每一列都可以视为一个图信号。设 $\boldsymbol{X}_i\in\mathbb{R}^d$ 表示定义在第 i 个节点上的图信号。

适应度。关于图学习的早期工作（Wang and Zhang，2007；Daitch et al，2009）利用每个数据点的邻域信息来构建图，他们假设每个数据点都可以通过其邻域的线性组合来优化重建。Wang and Zhang（2007）提出通过最小化以下目标来学习具有归一化度数的图：

$$\sum_i \left\| \boldsymbol{X}_i-\sum_j \boldsymbol{A}_{i,j}\boldsymbol{X}_j \right\|^2 \tag{14.1}$$

其中，$\sum_j \boldsymbol{A}_{i,j}=1,\ \boldsymbol{A}_{i,j}\geqslant 0$。

类似地，Daitch et al（2009）提出了一个用于最小化适应度的度量。这个度量旨在计算每个节点到其邻居节点的加权平均值的平方距离的加权和：

$$\sum_i \left\| \boldsymbol{D}_{i,i}\boldsymbol{X}_i-\sum_j \boldsymbol{A}_{i,j}\boldsymbol{X}_j \right\|^2 = \|\boldsymbol{L}\boldsymbol{X}\|_F^2 \tag{14.2}$$

其中，$\|M\|_F=\left(\sum_{i,j}M_{i,j}^2\right)^{1/2}$ 是弗罗贝尼乌斯（Frobenius）范数。

平滑性。平滑性是另一个关于自然图信号的被广泛采用的假设。假设一组图信号 $\boldsymbol{X}\in\mathbb{R}^{n\times d}$ 被定义在一个无向加权图上，其邻接矩阵 $\boldsymbol{A}\in\mathbb{R}^{n\times n}$，则图信号的平滑性通常由狄利克雷能量（Dirichlet energy）来衡量（Belkin and Niyogi，2002）：

$$\Omega(\boldsymbol{A},\boldsymbol{X})=\frac{1}{2}\sum_{i,j}\boldsymbol{A}_{i,j}\left\|\boldsymbol{X}_i-\boldsymbol{X}_j\right\|^2=\operatorname{tr}(\boldsymbol{X}^{\mathrm{T}}\boldsymbol{L}\boldsymbol{X}) \tag{14.3}$$

其中，$\boldsymbol{L}$ 是拉普拉斯矩阵，$\operatorname{tr}(\cdot)$ 表示矩阵的迹。Lake and Tenenbaum（2010）以及 Kalofolias（2016）提出通过最小化 $\Omega(\boldsymbol{A},\boldsymbol{X})$ 来学习图，这要求相邻节点具有相似的特征，从而使图信号在学习的图上平滑变化。值得注意的是，仅仅最小化上述平滑性损失会导致平凡解 $\boldsymbol{A}=\boldsymbol{0}$。

连通性和稀疏性。为了避免出现单纯最小化平滑性损失导致的平凡解，Kalofolias（2016）对学习图添加了额外的约束：

$$-\alpha\boldsymbol{1}^{\mathrm{T}}\log(\boldsymbol{A}\boldsymbol{1})+\beta\|\boldsymbol{A}\|_F^2 \tag{14.4}$$

其中，第一项通过对数障碍惩罚了非连通图的形成，第二项则通过惩罚第一项导致的大度数来控制稀疏性。请注意，**1** 表示全 1 向量。因此，以上方法提高了图的整体连通性，但不影响稀疏性。

类似地，Dong et al（2016）研究了如何解决以下优化问题：

$$\begin{aligned}
&\min_{\boldsymbol{L}\in\mathbb{R}^{n\times n},\boldsymbol{Y}\in\mathbb{R}^{n\times p}} \|\boldsymbol{X}-\boldsymbol{Y}\|_F^2+\alpha\operatorname{tr}(\boldsymbol{Y}^{\mathrm{T}}\boldsymbol{L}\boldsymbol{Y})+\beta\|\boldsymbol{L}\|_F^2\\
&\text{使得}\ \operatorname{tr}(\boldsymbol{L})=n\\
&\qquad \boldsymbol{L}_{i,j}=\boldsymbol{L}_{j,i}\leqslant 0,\ i\neq j\\
&\qquad \boldsymbol{L}\cdot\boldsymbol{1}=\boldsymbol{0}
\end{aligned} \tag{14.5}$$

这相当于同时找到图的拉普拉斯矩阵 $\boldsymbol{L}$ 和 $\boldsymbol{Y}$（即零均值的观测量 $\boldsymbol{X}$ 的“降噪”版本），使得 $\boldsymbol{Y}$ 接近于 $\boldsymbol{X}$，同时保持 $\boldsymbol{Y}$ 在稀疏图上是平滑的。请注意，式（14.5）中的第一个约束条件作为一个归一化因素，允许避免平凡解；第二和第三个约束条件则保证所学的 $\boldsymbol{L}$ 是一个有效的拉普拉斯矩阵，并且是半正定的。

Ying et al（2020a）旨在学习受拉普拉斯矩阵约束的高斯图模型下的稀疏图，并通过解决一系列的加权 $L1$ 范数正则化子问题，提出了一种非凸的惩罚性最大似然法。Maretic et al（2017）则提出通过在信号稀疏编码和图更新步骤之间交替来学习稀疏图信号模型。

为了降低解决优化问题的计算复杂性，研究者提出了许多近似技术（Daitch et al，2009；Kalofolias and Perraudin，2019；Berger et al，2020）。Dong et al（2019）从图信号处理的角度提供了很好的关于从数据中学习图的文献综述。

14.2.1.2　通过图结构学习进行谱聚类

图结构学习在聚类分析领域也得到了研究。例如，为了提高谱聚类方法对噪声输入数据的鲁棒性，Bojchevski et al（2017）假设观测的图 A 可以分解为损坏的图 A^c 和良好的（即干净的）图 A^g，并且假设只在干净的图上执行谱聚类是有益的。他们由此提出对观测的图联合执行谱聚类和分解，并采用高效的块坐标下降（交替）优化方案来近似目标函数。Huang et al（2019b）提出了一个多视角学习模型，该模型可以同时进行多视角聚类并学习核空间中数据点之间的相似性关系。

14.2.2　有监督图结构学习

有监督图结构学习旨在以有监督方式从数据中学习图结构。在模型训练阶段，有监督图结构学习可能会，也可能不会考虑特定的下游预测任务。

14.2.2.1　交互系统的关系推断

交互系统的关系推断旨在研究复杂系统中的对象如何交互。早期的研究在对对象之间的交互动态进行建模时考虑了一个固定的或全连接的交互图（Battaglia et al，2016；van Steenkiste et al，2018）。Sukhbaatar et al（2016）提出了一个神经模型来学习一组动态变化的智能体之间的连续通信，其中，通信图会随着智能体移动、进入和退出环境而随时间发生变化。最近的研究（Kipf et al，2018；Li et al，2020a）已经开始推断隐含交互图并对交互动态进行建模。Kipf et al（2018）提出了一种基于变分自编码器（VAE）（Kingma and Welling，2014）的方法，这种方法可以学习推断交互图结构，并以无监督方式从观测的轨迹中对物理对象之间的交互动态进行建模。VAE 的离散潜变量编码表征了隐含交互图的边连接，其中，编码器和解码器都采取 GNN 的形式对物体之间的交互动态进行建模。因为 VAE 的潜分布是离散的，所以研究者采用了连续松弛，以便使用重参数化技巧（Kingma et al，2014）。Kipf et al（2018）专注于推断静态交互图，Li et al（2020a）则设计了一种随时间推移自适应地演化隐含交互图的动态机制。门控循环单元（GRU）（Cho et al，2014a）可用来捕获历史信息并调整先前的交互图。

14.2.2.2　贝叶斯网络中的结构学习

贝叶斯网络（Bayesian Network，BN）是一种概率图模型（Probabilistic Graphical Model，PGM），旨在通过有向无环图（DAG）对随机变量之间的条件依赖关系进行编码，其中的每个随机变量都被表示为DAG中的一个节点。在贝叶斯网络研究中学习贝叶斯网络的结构非常重要，并且颇具挑战性。大多数现有的关于贝叶斯网络学习的工作集中在基于得分的DAG学习上，目的是找到得分最高的DAG，其中，得分表示观测的数据（和任何先验知识）对任何候选 DAG 的支持程度。早期的研究将贝叶斯网络学习视为一个组合优化问题，由于DAG的搜索空间大小与节点数成超指数比例增长，因此该问题是NP难度的。目前已有研究者提出了一些有效的方法，如通过动态规划（Koivisto and Sood，2004；Silander and Myllymäki，2006）或整数规划（Jaakkola et al，2010；Cussens，2011）进行精确的贝叶斯网络学习。最近，Zheng et al（2018b）提出将传统的组合优化问题转换为实数矩阵上的纯连续优化问题，后者具有平滑等式约束，可以确保图的无环性。因此，转换后的问题可以通过标准数值算法得到有效解决。后续的研究（Yu et al，2019a）利用GNN的表达能力提出了一个基于变分自编码器（VAE）的深度生成模型，该模型通过具有结构约束的变体来学习DAG。VAE由GNN参数化，GNN可以自然地处理离散随机变量和向量值随机变量。

14.3 图神经网络的图结构学习

最近，研究者针对GNN领域重新审视了图结构学习，以便处理图结构数据有噪声或不可用的场景。这一研究方向的最新尝试主要集中在图结构和表征的联合学习上，而无须借助人工或领域专业知识。图14.1对GNN的图结构学习做了概述。此外，我们可以看到，近年来正得到积极研究的几个重要问题（包括图生成、图对抗性防御和Transformer模型）都与GNN的图结构学习密切相关，我们将在本节中讨论它们的联系和区别。

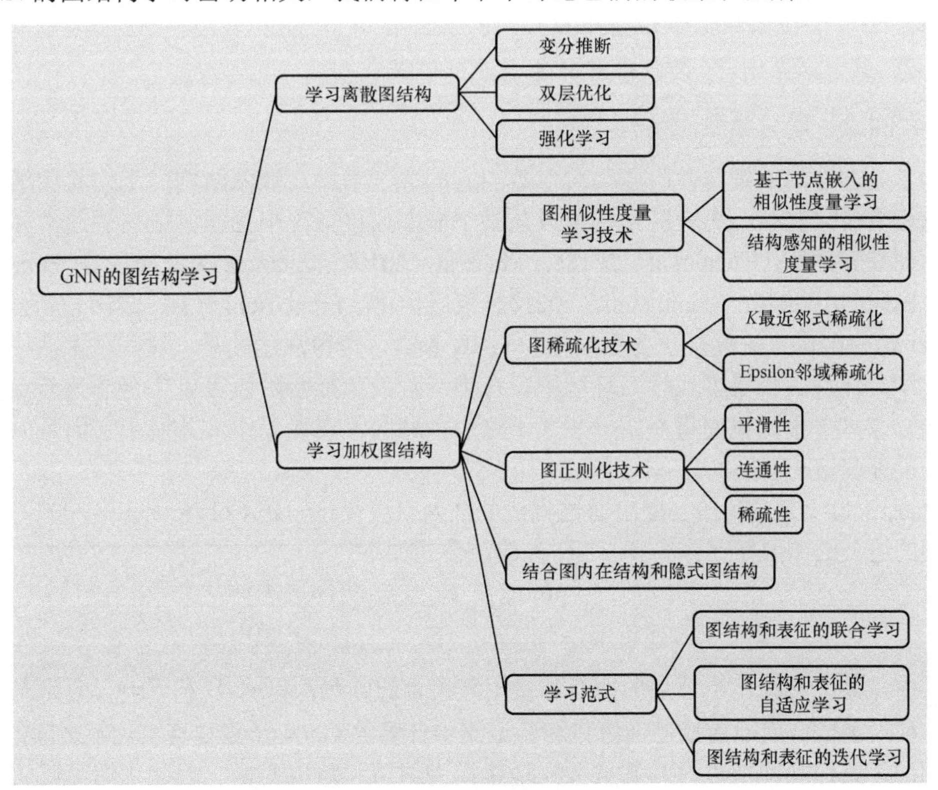

图 14.1 GNN 的图结构学习

14.3.1　图结构和表征的联合学习

在最近的 GNN 实践中，图结构和表征的联合学习引起了越来越多研究者的关注。这一研究方向旨在以端到端的方式针对下游预测任务联合优化图结构和 GNN 参数。致力于这一研究方向的方法大致可以分为两类——学习离散图结构和学习加权邻接矩阵。第一类方法（Chen et al，2018e；Ma et al，2019b；Zhang et al，2019d；Elinas et al，2020；Pal et al，2020；Stanic et al，2021；Franceschi et al，2019；Kazi et al，2020）通过从学习的概率邻接矩阵中抽样离散图结构（对应于二元邻接矩阵），然后将其反馈给后续的 GNN 来获得任务预测结果。由于抽样操作打破了整个学习系统的可微性，因此需要应用变分推断（Hoffman et al，2013）或强化学习（Williams，1992）等技术来优化学习系统。考虑到离散图结构学习往往存在不可微抽样操作带来的优化困难问题，这类方法难以学习边的权重。第二类方法（Chen et al，2020m；Li et al，2018c；Chen et al，2020o；Huang et al，2020a；Liu et al，2019b，2021；Norcliffe-Brown et al，2018）侧重于学习与加权图相关的加权邻接矩阵（通常是稀疏的），该矩阵将被随后的 GNN 用于预测任务。在讨论图结构和表征的联合学习的不同技术之前，我们首先来了解一下图结构和表征的联合学习问题。

14.3.1.1　问题表述

给定一个图 $\mathcal{G}=(\mathcal{V},\mathcal{E})$，其节点集合 $\mathcal{V}$ 的基数为 n，初始节点特征矩阵 $\boldsymbol{X}\in\mathbb{R}^{d\times n}$，$m$ 条边的集合 $(v_i,v_j)\in\mathcal{E}$（二元或加权），初始带噪声的邻接矩阵 $\boldsymbol{A}^{(0)}\in\mathbb{R}^{n\times n}$。对于一个带噪声的图输入 $\mathcal{G}:=\{\boldsymbol{A}^{(0)},\boldsymbol{X}\}$ 或只有一个节点的特征矩阵 $\boldsymbol{X}\in\mathbb{R}^{d\times n}$，图结构和表征的联合学习问题旨在产生一个与某些下游预测任务有关的优化图 $\mathcal{G}^*:=\{\boldsymbol{A}^{(*)},\boldsymbol{X}\}$ 及相应的节点嵌入 $\boldsymbol{Z}=f(\mathcal{G}^*,\theta)\in\mathbb{R}^{h\times n}$。其中，$f$ 表示 GNN，θ 表示模型参数。

14.3.1.2　学习离散图结构

为了处理图的不确定性问题，大多数现有的关于学习离散图结构的工作将图结构视为一个随机变量，其中，离散图结构可以从某个概率邻接矩阵中抽样。研究者通常利用各种技术，如变分推断（Chen et al，2018e；Ma et al，2019b；Zhang et al，2019d；Elinas et al，2020；Pal et al，2020；Stanic et al，2021）、双层优化（Franceschi et al，2019）和强化学习（Kazi et al，2020），来联合优化图结构和 GNN 参数。值得注意的是，这些技术往往局限于直推式学习环境。在直推式学习环境中，在训练阶段和推断阶段可以完全捕获节点特征和图结构。在本节中，我们将介绍一些关于这一主题的代表性工作，并展示它们是如何从不同的角度处理这一问题的。

Franceschi et al（2019）提出通过将任务视为双层优化问题 Colson et al（2007）来联合学习图的边上的离散概率分布和 GNN 参数，公式如下：

$$
\begin{aligned}
&\min_{\boldsymbol{\theta}\in\overline{\mathcal{H}}_N}\mathbb{E}_{\boldsymbol{A}\sim\mathrm{Ber}(\boldsymbol{\theta})}[F(\boldsymbol{w}_\theta,\boldsymbol{A})]\\
&\text{使得 } \boldsymbol{w}_\theta=\operatorname{argmin}_{w}\mathbb{E}_{\boldsymbol{A}\sim\mathrm{Ber}(\boldsymbol{\theta})}[L(\boldsymbol{w},\boldsymbol{A})]
\end{aligned}
\tag{14.6}
$$

其中，$\overline{\mathcal{H}}_N$ 表示 N 个节点的所有邻接矩阵集合的凸包；$L(\boldsymbol{w},\boldsymbol{A})$ 和 $F(\boldsymbol{w}_\theta,\boldsymbol{A})$ 则是特定于任务的损失函数，用于衡量在训练集和验证集中计算的 GNN 预测和真实标签之间的差异。由于图的每条边（即节点对）都被独立地建模为伯努利随机变量，因此我们可以从使用 $\boldsymbol{\theta}$ 参数化的图结构中抽样邻接矩阵 $\boldsymbol{A}\sim\mathrm{Ber}(\boldsymbol{\theta})$。外层目标（即第一个目标）旨在找到给定 GCN

的最优离散图结构，内层目标（即第二个目标）旨在找到给定图的 GCN 的最优参数 $\boldsymbol{w}_\theta$。他们使用超梯度下降法近似地解决了上述具有挑战性的双层优化问题。

考虑到现实世界中的图通常是有噪声的，Ma et al（2019b）将节点特征、图结构和节点标签视为随机变量，并针对基于图的半监督学习问题，用一个灵活的生成模型对它们的联合分布进行建模。受网络科学领域随机图模型（Newman，2010）的启发，他们假设图是基于节点特征和标签生成的，因此他们将联合分布分解如下：

$$p(X,Y,G)=p_{\boldsymbol{\theta}}(G/X,Y)p_{\boldsymbol{\theta}}(Y/X)p(X) \tag{14.7}$$

其中，X、Y 和 G 是对应于节点特征、标签和图结构的随机变量，$\boldsymbol{\theta}$ 是可学习的模型参数。请注意，条件概率 $p_{\boldsymbol{\theta}}(G|X,Y)$ 和 $p_{\boldsymbol{\theta}}(Y|X)$ 可以是任何灵活的参数化分布族，只要它们对于 $\boldsymbol{\theta}$ 是几乎处处可微的即可。在（Ma et al，2019b）中，$p_{\boldsymbol{\theta}}(G|X,Y)$ 被实例化为潜在空间模型（LSM）（Hoff et al，2002）或随机块模型（SBM）（Holland et al，1983）。在推断阶段，为了推断缺失的节点标签，他们利用可扩展变分推断的最新进展（Kingma and Welling，2014；Kingma et al，2014），通过识别模型 $q_{\boldsymbol{\phi}}(Y_{\text{miss}}|X,Y_{\text{obs}},G)$ 来近似后验分布 $p_{\boldsymbol{\theta}}(Y_{\text{miss}}|X,Y_{\text{obs}},G)$，参数为 $\boldsymbol{\phi}$，其中，Y_{obs} 表示观测的节点标签。在（Ma et al，2019b）中，$q_{\boldsymbol{\phi}}(Y_{\text{miss}}|X,Y_{\text{obs}},G)$ 被实例化为一个 GNN。可通过最大化条件 X 下观测的数据 (Y_{obs},G) 的证据下限（Bishop，2006）来联合优化模型参数 $\boldsymbol{\theta}$ 和 $\boldsymbol{\phi}$。

Elinas et al（2020）希望在给定观测数据（即节点特征 $\boldsymbol{X}$ 和观测节点标签 Y^o）的情况下最大化二元邻接矩阵的后验概率，公式如下：

$$p(\boldsymbol{A}|\boldsymbol{X},Y^o)\propto p_{\boldsymbol{\theta}}(Y^o|\boldsymbol{X},\boldsymbol{A})p(\boldsymbol{A}) \tag{14.8}$$

其中，$p_{\boldsymbol{\theta}}(Y^o|\boldsymbol{X},\boldsymbol{A})$ 是一个条件似然，它可以按照条件独立假设被进一步分解为

$$\begin{aligned}p_{\boldsymbol{\theta}}(Y^o|\boldsymbol{X},\boldsymbol{A})&=\prod_{y_i\in Y^o}p_{\boldsymbol{\theta}}(y_i|\boldsymbol{X},\boldsymbol{A})\\p_{\boldsymbol{\theta}}(y_i|\boldsymbol{X},\boldsymbol{A})&=\mathrm{Cat}(y_i|\boldsymbol{\pi}_i)\end{aligned} \tag{14.9}$$

其中，$\mathrm{Cat}(y_i|\boldsymbol{\pi}_i)$ 是分类分布，表示由 GCN 建模的概率矩阵 $\boldsymbol{\Pi}\in\mathbb{R}^{N\times C}$ 的第 i 行，即 $\boldsymbol{\Pi}=\mathrm{GCN}(\boldsymbol{X},\boldsymbol{A},\boldsymbol{\theta})$。至于图的先验分布 $p(\boldsymbol{A})$，公式如下：

$$\begin{aligned}p(\boldsymbol{A})&=\prod_{i,j}p(\boldsymbol{A}_{i,j})\\p(\boldsymbol{A}_{i,j})&=\mathrm{Bern}(\boldsymbol{A}_{i,j}|\rho_{i,j}^o)\end{aligned} \tag{14.10}$$

其中，$\mathrm{Bern}(\boldsymbol{A}_{i,j}|\rho_{i,j}^o)$ 是邻接矩阵 $\boldsymbol{A}_{i,j}$ 的伯努利分布，参数为 $\rho_{i,j}^o$。Ma et al（2019b）构建了 $\rho_{i,j}^o=\rho_1\boldsymbol{A}_{i,j}+\rho_2(1-\boldsymbol{A}_{i,j})$，该参数用来编码当 $0<\rho_1,\rho_2<0$ 时链接是否存在的置信度。请注意，$\boldsymbol{A}_{i,j}$ 是观测的可能受到扰动的图结构。如果没有可用的输入图，那么可以采用 KNN 图。鉴于上述公式，他们利用重参数化技巧（Kingma et al，2014）和 Concrete 分布技术（Maddison et al, 2017; Jang et al, 2017）开发了一种随机变分推断算法，以联合优化图的后验概率 $p(\boldsymbol{A}|\boldsymbol{X},Y^o)$ 和 GCN 参数 $\boldsymbol{\theta}$。

Kazi et al（2020）设计了一个概率图生成器，其隐含的概率分布是基于节点对相似性计算的，公式如下：

$$p_{i,j}=e^{-t\|\boldsymbol{X}_i-\boldsymbol{X}_j\|} \tag{14.11}$$

其中，t 是一个温度参数，$\boldsymbol{X}_i$ 是节点 v_i 的节点嵌入。基于上面的边概率分布，他们通过

Gumbel-Top-k 技巧（Kool et al，2019）对未加权的 KNN 图进行抽样，该 KNN 图将被输入基于 GNN 的预测网络。请注意，由于抽样操作破坏了模型的可微性，因此他们利用强化学习来奖励正确分类的边并惩罚导致错误分类的边。

14.3.1.3　学习加权图结构

与专注于为 GNN 学习离散图结构（即二元邻接矩阵）的图结构学习方法不同，还有一类方法专注于学习加权图结构（即加权邻接矩阵）。与学习离散图结构相比，学习加权图结构有两个优点。首先，优化加权邻接矩阵比优化二元邻接矩阵要容易得多，因为前者可以通过随机梯度下降技术（Bottou，1998）或凸优化技术（Boyd et al，2004）轻松实现，而后者由于具有不可微性，往往不得不求助于更具挑战性的技术，如变分推断（Hoffman et al，2013）、强化学习（Williams，1992）和组合优化技术（Korte et al，2011）。其次，与二元邻接矩阵相比，加权邻接矩阵能够编码更丰富的边信息，这可能有利于后续的图表征学习。例如，已被广泛使用的图注意力网络（GAT）（Veličković et al，2018）在本质上是为了学习输入二元邻接矩阵的边权重，这有利于后续的消息传递操作。在本节中，我们将首先介绍一些常见的图相似性度量学习技术以及在现有工作中被广泛使用的图稀疏化技术，这些技术通过考虑嵌入空间中的节点对相似性来学习稀疏加权图。然后，我们将介绍一些有代表性的图正则化技术，用于控制学习的图结构的质量。接下来，我们将讨论结合本征图结构和学习的隐式图结构对提高学习表现的重要性。最后，我们将介绍一些已被现有工作成功采用的重要的学习范式，用于图结构和表征的联合学习。

1. 图相似性度量学习技术

正如 14.2.1.1 节中介绍的，先前关于从平滑信号中学习无监督图结构的工作也旨在从数据中学习加权邻接矩阵。然而，它们无法应用于在推断阶段存在未见过的图或节点的归纳式学习环境，这是因为它们的学习方式是根据针对图属性的某些先验条件来直接优化邻接矩阵。基于类似的原因，许多关于离散图结构学习的工作（见 14.3.1.2 节）也难以进行归纳式学习。

受基于注意力的技术（Vaswani et al，2017；Veličković et al，2018）被成功用于建模对象之间关系的启发，最近很多文献中的工作将图结构学习作为定义在节点嵌入空间上的相似性度量学习，它们假设节点属性或多或少包含推断图的隐式拓扑结构的有用信息。这种策略最大的优点是，学习的相似性度量函数可以应用于未见过的节点嵌入集以推断图的结构，从而学习归纳式图结构。

对于非欧几里得数据（如图数据），欧氏距离不一定是衡量节点相似性的最佳指标。度量学习的常见选项包括余弦相似性（Nguyen and Bai，2010）、径向基函数（Radial Basis Function，RBF）核（Yeung and Chang，2007）和注意力机制（Bahdanau et al，2015；Vaswani et al，2017）。一般来说，根据需要的初始信息源的类型，我们可以将相似性度量学习函数分为两类——**基于节点嵌入的相似性度量学习**和**结构感知的相似性度量学习**。接下来，我们将分别介绍其中一些具有代表性的相似性度量学习函数，这些函数已在之前基于 GNN 的图结构学习的工作中被成功应用。

1）基于节点嵌入的相似性度量学习

基于节点嵌入的相似性度量学习函数被设计用于学习基于节点嵌入的节点对相似性矩阵。对于图结构学习，理想情况下，这些节点嵌入编码了节点的重要语义。

基于注意力的相似性度量函数。到目前为止，人们提出的大多数相似性度量函数是基于注意力机制的（Bahdanau et al，2015；Vaswani et al，2017）。Norcliffe-Brown et al（2018）采用了一个简单的度量函数，用于计算任何一对节点嵌入之间的点积〔见式（14.12）〕。鉴于这个函数有限的学习能力，它可能难以学习最优的图结构。

$$\boldsymbol{S}_{i,j} = \boldsymbol{v}_i^{\mathrm{T}} \boldsymbol{v}_j \tag{14.12}$$

其中，$\boldsymbol{S} \in \mathbb{R}^{n \times n}$ 是一个节点相似性矩阵，$\boldsymbol{v}_i$ 是节点 v_i 的向量表征。

为了增强点积的学习能力，Chen et al（2020n）通过引入可学习的参数提出了一个改良的点积计算版本，公式如下：

$$\boldsymbol{S}_{i,j} = (\boldsymbol{v}_i \odot \boldsymbol{u})^{\mathrm{T}} \boldsymbol{v}_j \tag{14.13}$$

其中，$\odot$表示逐元素相乘；$\boldsymbol{u}$ 是一个非负的可训练权重向量，用于学习如何突出节点嵌入的不同维度。请注意，输出的相似性矩阵 $\boldsymbol{S}$ 是不对称的。

Chen et al（2020o）通过引入权重矩阵，提出了一个更具表达能力的点积计算版本，公式如下：

$$\boldsymbol{S}_{i,j} = \mathrm{ReLU}(\boldsymbol{W}\boldsymbol{v}_i)^{\mathrm{T}} \mathrm{ReLU}(\boldsymbol{W}\boldsymbol{v}_j) \tag{14.14}$$

其中，$\boldsymbol{W}$ 是一个 $d \times d$ 大小的权重矩阵；$\mathrm{ReLU}(x)=\max(0, x)$是一个线性整流函数（Nair and Hinton，2010），这里用来强制实现输出的相似性矩阵的稀疏性。

与（Chen et al，2020o）类似，On et al（2020）在计算点积之前对节点嵌入引入了一个可学习的映射函数，并通过应用 ReLU 函数来强制实现稀疏性，公式如下：

$$\boldsymbol{S}_{i,j} = \mathrm{ReLU}(f(\boldsymbol{v}_i)^{\mathrm{T}} f(\boldsymbol{v}_j)) \tag{14.15}$$

其中，$f:\mathbb{R} \to \mathbb{R}$ 是没有非线性激活函数的单层前馈网络。

除使用 ReLU 函数来强制实现稀疏性以外，Yang et al（2018c）还应用平方运算来稳定训练，并通过应用行归一化运算来获得归一化的相似性矩阵，公式如下：

$$\boldsymbol{S}_{i,j} = \frac{(\mathrm{ReLU}((\boldsymbol{W}_1\boldsymbol{v}_i)^{\mathrm{T}} \boldsymbol{W}_2\boldsymbol{v}_j + b)^2}{\sum_k (\mathrm{ReLU}((\boldsymbol{W}_1\boldsymbol{v}_k)^{\mathrm{T}} \boldsymbol{W}_2\boldsymbol{v}_j + b)^2} \tag{14.16}$$

其中，$\boldsymbol{W}_1$ 和 $\boldsymbol{W}_2$ 是 $d \times d$ 大小的权重矩阵，b 是一个标量参数。

与 Chen et al（2020o）对节点嵌入应用相同的线性变换不同，Huang et al（2020a）在计算节点对的相似性时，对两个节点嵌入应用了不同的线性变换，公式如下：

$$\boldsymbol{S}_{i,j} = \mathrm{Softmax}((\boldsymbol{W}_1\boldsymbol{v}_i)^{\mathrm{T}} \boldsymbol{W}_2\boldsymbol{v}_j) \tag{14.17}$$

其中，$\boldsymbol{W}_1$ 和 $\boldsymbol{W}_2$ 是 $d \times d$ 大小的权重矩阵。他们通过应用 $\mathrm{Softmax}(\boldsymbol{z})_i = \frac{e^{z_i}}{\sum_j e^{z_j}}$，得到了一个行归一化的相似性矩阵。

Veličković et al（2020）旨在考虑时间配置情况下的图结构学习，其中，待学习的隐式图结构随时间变化。在每个时间步 t，他们首先使用与（Huang et al，2020a）相同的注意力机制计算节点对的相似性 $a_{i,j}^{(t)}$，在此基础上，他们进一步通过选择具有最大 $a_{i,j}$ 的节点 j 并为节点 i 衍生出一条新的边，来获得“聚合的”邻接矩阵 $\boldsymbol{S}_{i,j}^{(t)}$。整个过程如下：

$$
\begin{aligned}
a_{i,j}^{(t)} &= \operatorname{Softmax}\left((\boldsymbol{W}_1 \boldsymbol{v}_i^{(t)})^{\mathrm{T}} \boldsymbol{W}_2 \boldsymbol{v}_j^{(t)}\right) \\
\tilde{\boldsymbol{S}}_{i,j}^{(t)} &= \mu_i^{(t)} \tilde{\boldsymbol{S}}_{i,j}^{(t-1)} + (1-\mu_i^{(t)}) \mathbb{I}_{j=\operatorname{argmax}_k (a_{i,k}^{(t)})} \\
\tilde{\boldsymbol{S}}_{i,j}^{(t)} &= \boldsymbol{S}_{i,j}^{(t)} \vee \boldsymbol{S}_{j,i}^{(t)}
\end{aligned} \tag{14.18}
$$

其中，$\mu_i^{(t)}$ 是一个可学习的二元门控掩码，$\vee$ 表示对两个操作数进行逻辑分离以强制实现对称性，$\boldsymbol{W}_1$ 和 $\boldsymbol{W}_2$ 是 $d \times d$ 大小的权重矩阵。由于 argmax 操作使得整个学习系统不可微，因此他们在每个时间步提供真实图结构用作监督信号。

基于余弦的相似性度量函数。Chen et al（2020m）提出了一个多头加权的余弦相似性度量函数，旨在从多个角度捕捉节点对的相似性，公式如下：

$$
\begin{aligned}
S_{i,j}^{p} &= \cos(\boldsymbol{w}_p \odot \boldsymbol{v}_i, \boldsymbol{w}_p \odot \boldsymbol{v}_j) \\
S_{i,j} &= \frac{1}{m} \sum_{p=1}^{m} S_{i,j}^{p}
\end{aligned} \tag{14.19}
$$

其中，$\boldsymbol{w}_p$ 是一个与第 p 个角度相关的可学习权重向量，并且其维度与节点嵌入的维度相同。直观地说，$S_{i,j}^{p}$ 计算的是第 p 个角度的节点对余弦相似性，其中，每个角度都考虑了嵌入中捕获的语义的一部分。此外，正如（Vaswani et al，2017；Veličković et al，2018）所观察到的那样，采用多头学习器能够稳定学习过程并提高学习能力。

基于核的相似性度量函数。除基于注意力和余弦的相似性度量函数以外，研究者还探索了将基于核的相似性度量函数用于图结构学习。例如，Li et al（2018c）将高斯核应用于任意一对节点嵌入之间的距离，公式如下：

$$
\begin{aligned}
d(\boldsymbol{v}_i, \boldsymbol{v}_j) &= \sqrt{(\boldsymbol{v}_i - \boldsymbol{v}_j)^{\mathrm{T}} \boldsymbol{M} (\boldsymbol{v}_i - \boldsymbol{v}_j)} \\
S(\boldsymbol{v}_i, \boldsymbol{v}_j) &= \frac{-d(\boldsymbol{v}_i, \boldsymbol{v}_j)}{2\sigma^2}
\end{aligned} \tag{14.20}
$$

其中，σ 是一个标量超参数，它决定了高斯核的宽度；$d(\boldsymbol{v}_i, \boldsymbol{v}_j)$ 计算的是两个节点嵌入 $\boldsymbol{v}_i$ 和 $\boldsymbol{v}_j$ 之间的马氏距离。值得注意的是，如果假设图的所有节点嵌入都来自同一分布，则 $\boldsymbol{M}$ 是节点嵌入分布的协方差矩阵。如果设置 $\boldsymbol{M}=\boldsymbol{I}$，马氏距离就会归约为欧氏距离。为了使 $\boldsymbol{M}$ 成为一个对称的半正定矩阵，可以设置 $\boldsymbol{M} = \boldsymbol{W}\boldsymbol{W}^{\mathrm{T}}$，其中，$\boldsymbol{W}$ 是一个可学习的 $d \times d$ 大小的权重矩阵。我们也可以把 $\boldsymbol{W}$ 看作测量两个向量之间欧氏距离的空间的变换基。

类似地，Henaff et al（2015）首先计算了任何一对节点嵌入之间的欧氏距离，然后应用了高斯核或自调优扩散核（Zelnik-Manor and Perona，2004），公式如下：

$$
\begin{aligned}
d(\boldsymbol{v}_i, \boldsymbol{v}_j) &= \sqrt{(\boldsymbol{v}_i - \boldsymbol{v}_j)^{\mathrm{T}} (\boldsymbol{v}_i - \boldsymbol{v}_j)} \\
S(\boldsymbol{v}_i, \boldsymbol{v}_j) &= \frac{-d(\boldsymbol{v}_i, \boldsymbol{v}_j)}{\sigma^2} \\
S_{\text{local}}(\boldsymbol{v}_i, \boldsymbol{v}_j) &= \frac{-d(\boldsymbol{v}_i, \boldsymbol{v}_j)}{\sigma_i \sigma_j}
\end{aligned} \tag{14.21}
$$

其中，$S_{\text{local}}(\boldsymbol{v}_i, \boldsymbol{v}_j)$ 定义了一个自调优扩散核，我们可以对它的方差在每个节点的周围进行局部调整。具体来说，σ_i 被计算为与节点 i 的第 k 个最近的邻居节点 i_k 对应的距离 $d(\boldsymbol{v}_i, \boldsymbol{v}_{i_k})$。

2）结构感知的相似性度量学习

当我们从数据中学习隐式图结构时，如果有本征图结构，则利用它们可能是有益的。

利用本征边嵌入进行相似性度量学习。受最近关于结构感知 Transformer 的工作（Zhu et al，2019b；Cai and Lam，2020）的启发，我们可以将本征图结构引入 Transformer 架构的自注意力机制中。一些人设计了结构感知的相似性度量函数，此类函数已将本征图的边嵌入考虑在内。例如，Liu et al（2019b）提出了一种结构感知的注意力机制，具体如下：

$$S_{i,j}^{l}=\mathrm{Softmax}\,(\boldsymbol{u}^{\mathrm{T}}\tanh(\boldsymbol{W}[\boldsymbol{h}_i^l,\boldsymbol{h}_j^l,\boldsymbol{v}_i,\boldsymbol{v}_j,\boldsymbol{e}_{i,j}])) \tag{14.22}$$

其中，$\boldsymbol{v}_i$ 表示节点 i 的节点属性，$\boldsymbol{e}_{i,j}$ 表示节点 i 和节点 j 之间的边属性，$\boldsymbol{h}_i^l$ 是第 l 层 GNN 中节点 i 的向量表征，$\boldsymbol{u}$ 和 $\boldsymbol{W}$ 分别是可训练的权重向量和权重矩阵。

类似地，Liu et al（2021）提出了一种结构感知的全局注意力机制，用于学习节点对的相似性，公式如下：

$$S_{i,j}=\frac{\mathrm{ReLU}\,(\boldsymbol{W}^{Q}\boldsymbol{v}_i)^{\mathrm{T}}(\mathrm{ReLU}\,(\boldsymbol{W}^{K}\boldsymbol{v}_i)+\mathrm{ReLU}\,(\boldsymbol{W}^{R}\boldsymbol{e}_{i,j}))}{\sqrt{d}} \tag{14.23}$$

其中，$\boldsymbol{e}_{i,j}\in\mathbb{R}^{d_e}$ 是连接节点 i 和节点 j 的边嵌入，$\boldsymbol{W}^{Q}$和$\boldsymbol{W}^{K}\in\mathbb{R}^{d\times d_v}$，$\boldsymbol{W}^{R}\in\mathbb{R}^{d\times d_e}$ 是可学习的权重矩阵，d、d_v 和 d_e 分别是隐含向量、节点嵌入和边嵌入的维度。

利用本征边的连通性信息进行相似性度量学习。在本征图中只有边连通性信息的情况下，Jiang et al（2019b）提出了一种用于图结构学习的掩蔽式注意力机制，公式如下：

$$S_{i,j}=\frac{\boldsymbol{A}_{i,j}\exp(\mathrm{ReLU}\,(\boldsymbol{u}^{\mathrm{T}}\,|\,\boldsymbol{v}_i-\boldsymbol{v}_j\,|))}{\sum_k \boldsymbol{A}_{i,k}\exp(\mathrm{ReLU}\,(\boldsymbol{u}^{\mathrm{T}}\,|\,\boldsymbol{v}_i-\boldsymbol{v}_k\,|))} \tag{14.24}$$

其中，$\boldsymbol{A}_{i,j}$ 是本征图的邻接矩阵，$\boldsymbol{u}$ 是一个有着与节点嵌入 $\boldsymbol{v}_i$ 相同维度的权重向量。这种使用掩蔽注意力来合并初始图拓扑结构的想法与 GAT（Veličković et al，2018）模型有异曲同工之妙。

2. 图稀疏化技术

前面提到的相似性度量学习函数都会返回与全连接图相关的加权邻接矩阵。全连接图不仅计算成本高，而且可能引入噪声，如不重要的边。在现实世界的应用中，大多数图结构要稀疏得多。因此，增强所学图结构的稀疏性可能是有益的。除在相似性度量学习函数中应用 ReLU（Chen et al，2020o；On et al，2020；Yang et al，2018c；Liu et al，2021；Jiang et al，2019b）以外，我们还可以采用各种图的稀疏化技术来增强所学图结构的稀疏性。

Norcliffe-Brown et al（2018）、Klicpera et al（2019b）、Chen et al（2020o,n）以及 Yu et al（2021a）采用了 KNN 式的稀疏化操作，旨在从相似性度量学习函数计算的节点相似性矩阵中获得稀疏邻接矩阵，公式如下：

$$A_{i,:}=\mathrm{topk}\,(S_{i,:}) \tag{14.25}$$

其中，topk 表示 KNN 式的稀疏化操作。具体来说，对于每个节点，只保留 K 个最近的邻居节点（包括该节点自身）和相关的相似性得分，并且掩蔽其余的相似性得分。

Klicpera et al（2019b）以及 Chen et al（2020m）通过只考虑每个节点的 ε-邻域来强制实现稀疏邻接矩阵，公式如下：

$$\boldsymbol{A}_{i,j}=\begin{cases}\boldsymbol{S}_{i,j}\ , & \boldsymbol{S}_{i,j}>\varepsilon \\ 0\ , & \text{其他}\end{cases} \tag{14.26}$$

其中，$\boldsymbol{S}$ 中小于非负阈值 ε 的元素将全部被掩蔽掉（即设置为 0）。

3. 图正则化技术

如前所述，图信号处理领域的许多工作通常通过直接优化邻接矩阵来学习数据中的图结构，以最小化基于某些图属性定义的约束，而不考虑任何下游任务。相反，许多关于 GNN 的图结构学习的工作旨在针对下游预测任务优化相似性度量学习函数（用于学习图结构）。然而，它们并没有明确地强制所学习的图结构具有现实世界的图中的一些公共属性（如平滑性）。

Chen et al（2020m）提出通过最小化混合损失函数来优化图结构，混合损失函数结合了任务预测损失和图正则化损失。他们探索了三种类型的图正则化损失，这三种类型的图正则化损失对所学习图的平滑性、连通性和稀疏性构成了约束。

平滑性。平滑性假设相邻节点具有相似的特征。

$$\Omega(\boldsymbol{A},\boldsymbol{X})=\frac{1}{2n^2}\sum_{i,j}\boldsymbol{A}_{i,j}\,\|\boldsymbol{X}_i-\boldsymbol{X}_j\|^2=\frac{1}{n^2}\operatorname{tr}(\boldsymbol{X}^{\mathrm{T}}\boldsymbol{L}\boldsymbol{X}) \tag{14.27}$$

其中，$\operatorname{tr}(\cdot)$ 表示矩阵的迹，$\boldsymbol{L}=\boldsymbol{D}-\boldsymbol{A}$ 是图拉普拉斯矩阵，$\boldsymbol{D}_{i,j}=\sum_j\boldsymbol{A}_{i,j}$ 是度数矩阵。可以看出，可通过最小化 $\Omega(\boldsymbol{A},\boldsymbol{X})$ 来迫使相邻节点具有相似的特征，从而在与 $\boldsymbol{A}$ 相关的图上强制实现图信号的平滑性。然而，仅仅最小化平滑性损失将导致平凡解 $\boldsymbol{A}=\boldsymbol{0}$。我们可能还想对图施加其他约束。

连通性。以下公式通过对数障碍来惩罚非连通图的形成。

$$\frac{-1}{n}\boldsymbol{1}^{\mathrm{T}}\log(\boldsymbol{A}\boldsymbol{1}) \tag{14.28}$$

其中，n 是节点的数量。

稀疏性。以下公式通过惩罚大度数来控制图的稀疏性。

$$\frac{1}{n^2}\|\boldsymbol{A}\|_F^2 \tag{14.29}$$

其中，$\|\cdot\|_F$ 表示矩阵的弗罗贝尼乌斯范数。

在实践中，仅仅最小化一种类型的图正则化损失可能并不可取。例如，仅仅最小化平滑性损失将导致平凡解 $\boldsymbol{A}=\boldsymbol{0}$。因此，通过计算各种图正则化损失的线性组合来进行不同类型的所需图属性的权衡可能是有益的，公式如下：

$$\frac{\alpha}{n^2}\operatorname{tr}(\boldsymbol{X}^{\mathrm{T}}\boldsymbol{L}\boldsymbol{X})+\frac{-\beta}{n}\boldsymbol{1}^{\mathrm{T}}\log(\boldsymbol{A}\boldsymbol{1})+\frac{\gamma}{n^2}\|\boldsymbol{A}\|_F^2 \tag{14.30}$$

其中，α、β 和 γ 是用于控制所学习图的平滑性、连通性和稀疏性的非负超参数。

除上述图正则化技术以外，一些文献中还采用了其他先验假设，如相邻节点倾向于共享同一标签（Yang et al，2019c）、学习的隐式邻接矩阵应该接近本征邻接矩阵（Jiang et al，2019b）等。

4. 结合本征图结构和隐式图结构

回顾一下，我们进行图结构学习最重要的动机是，本征图结构（如果可用的话）可能容易出错（例如有噪声或不完整），而且对下游预测任务来说是次优的。然而，本征图通常仍带有关于下游任务的最优图结构的丰富而有用的信息。因此，完全摒弃本征图结构可能是有害的。

最近的一些工作（Li et al，2018c；Chen et al，2020m；Liu et al，2021）提出将学习的隐式图结构与本征图结构相结合，以获得更好的下游任务预测表现。具体的理由有两个。首先，他们假设优化后的图结构有可能是本征图结构的“转换”结果（如子结构），而相似性度量学习函数就是为了学习这样的“转换”，这是对本征图结构的补充。其次，考虑到没有关于相似性度量的先验知识，可训练参数是随机初始化的，可能需要较长时间才能收敛；因此，结合本征图结构有助于加速训练过程并提高训练稳定性。

研究者提出了结合本征图结构和隐式图结构的不同方法。例如，Li et al（2018c）以及Chen et al（2020m）提出计算本征图结构的归一化图拉普拉斯矩阵和隐式图结构的归一化邻接矩阵的线性组合，公式如下：

$$\tilde{\boldsymbol{A}} = \lambda \boldsymbol{L}^{(0)} + (1-\lambda) f(\boldsymbol{A}) \tag{14.31}$$

其中，$\boldsymbol{L}^{(0)}$ 是归一化的图拉普拉斯矩阵，$f(\boldsymbol{A})$是与学习的隐式图结构相关的归一化邻接矩阵，λ 是一个控制本征图结构和隐式图结构之间如何权衡的超参数。请注意，$f:\mathbb{R}^{n\times n} \to \mathbb{R}^{n\times n}$ 可以是任意的归一化操作，如图拉普拉斯操作和行归一化操作。Liu et al（2021）提出了一种用于 GNN 的混合消息传递机制，该机制分别融合了来自本征图和学习的隐式图的两个聚合节点向量，然后将融合后的向量输入 GRU（Cho et al，2014a）以更新节点嵌入。

5. 学习范式

大多数现有的 GNN 图结构学习方法包括两个关键的学习组件——图结构学习（即相似性度量学习）和图表征学习（即 GNN 模块），其最终目标是学习与某些下游预测任务有关的优化后的图结构和表征。如何优化这两个独立的学习组件以实现同一最终目标是一个重要的问题。

1）图结构和表征的联合学习

最直接的策略是以端到端的方式针对下游预测任务联合优化整个学习系统，从而提供某种形式的监督，如图 14.2 所示。Jiang et al（2019b）、Yang et al（2019c）以及 Chen et al（2020m）设计了一个混合损失函数，该函数结合了任务预测损失和图正则化损失，即 $\mathscr{L} = \mathscr{L}_{\text{pred}} + \mathscr{L}_{\mathscr{G}}$。引入图正则化损失的目的是为我们上面讨论的图属性（如平滑性、稀疏性）带来一些先验知识，以便强制学习更有意义的图结构并缓解潜在的过拟合问题。

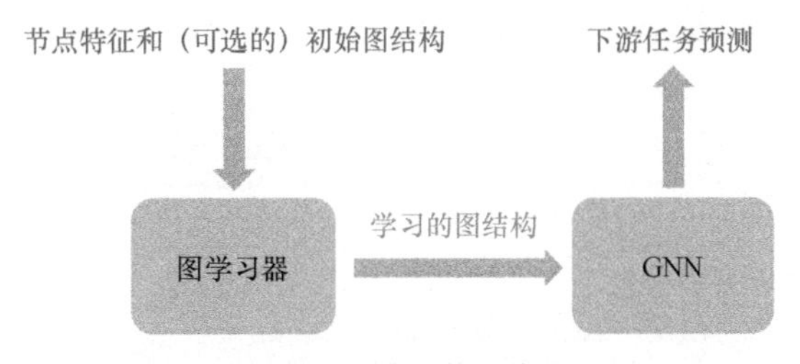

图 14.2 联合学习范式

2）图结构和表征的自适应学习

自适应学习的通常做法是依次堆叠多个 GNN 层，以捕捉图中的长程依赖关系。因此，一个 GNN 层更新的图表征将被下一个 GNN 层用作初始图表征。由于每个 GNN 层的输入图表征是由前一个 GNN 层转换过来的，因此人们自然会想到是否应该自适应地调整每个 GNN 层的输入图结构以反映图表征的变化，如图 14.3 所示。这方面的一个例子是 GAT（Veličković et al，2018）模型，该模型会在每个 GAT 层进行邻域聚合时，通过将自注意力机制应用于先前更新的节点嵌入，自适应地重新加权相邻节点嵌入的重要性。然而，GAT 模型并不更新本征图的连通性信息。在关于 GNN 的图结构学习的相关文献中，一些方法（Yang et al，2018c；Liu et al，2019b；Huang et al，2020a；Saire and Ramírez Rivera，2019）也通过基于前一个 GNN 层产生的更新图表征，为每个 GNN 层自适应地学习图结构。而整个学习系统通常以端到端的方式进行联合优化，以实现下游的预测任务。

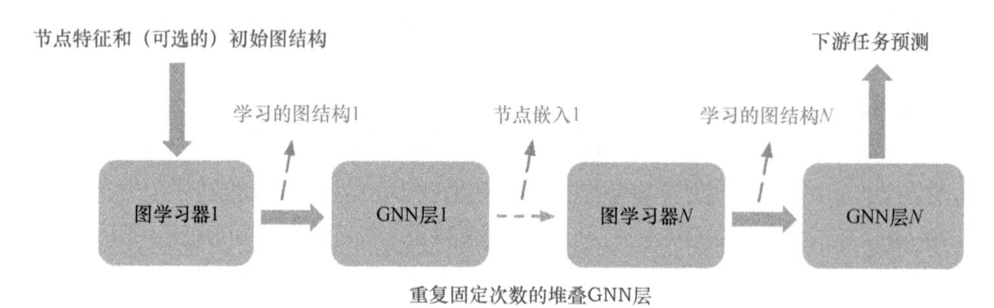

图 14.3 自适应学习范式

3）图结构和表征的迭代学习

前面提到的联合学习范式和自适应学习范式都旨在通过一次性将相似性度量函数应用于图表征来学习图结构。尽管自适应学习范式旨在基于更新的图表征学习每个 GNN 层的图结构，但每个 GNN 层的图结构学习过程仍然是一次性的。这种一次性图结构学习范式的一大局限在于学习的图结构的质量在很大程度上依赖于图表征的质量。大多数现有的方法假设初始节点特征能够捕捉到大量关于图拓扑的信息，但遗憾的是，情况并非总是如此。因此，从不包含足够的图拓扑信息的初始节点特征中学习良好的隐式图结构是具有挑战性的。

Chen et al（2020m）提出了一个新的端到端图学习框架 IDGL，用于联合、迭代地学习图结构和表征。如图 14.4 所示，IDGL 框架通过基于更好的图表征学习更好的图结构来运行，同时以迭代的方式基于更好的图结构学习更好的图表征。更具体地说，IDGL 框架迭代地搜索隐式图结构，以增强为下游预测任务优化的本征图结构（如果不可用，则使用 KNN 图）。当学习的图结构根据一定的停止标准（即连续迭代学习的邻接矩阵之间的差异小于一定的阈值）足够接近于优化图时，这个迭代学习过程就会动态停止。在每一次迭代中，将结合了任务预测损失和图正则化损失的混合损失添加到总体损失中。在所有迭代都进行完之后，对整体损失通过先前的所有迭代进行反向传播以更新模型参数。

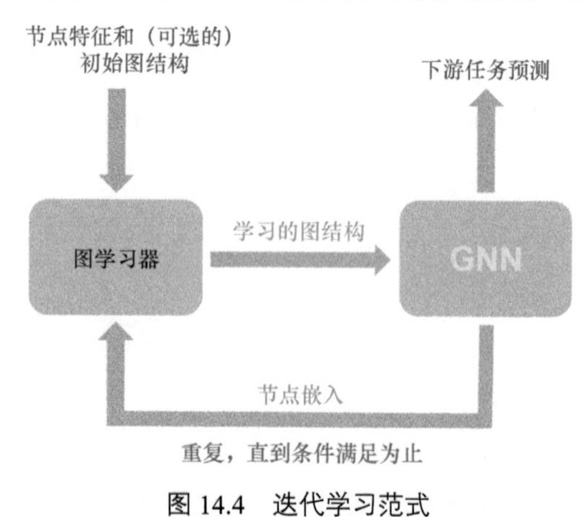

图 14.4 迭代学习范式

这种用于反复完善图结构和图表征的迭代学习范式有两个优点。首先，即使初始节点特征不包含足够的信息来学习节点之间的隐式关系，由图表征学习组件学习的节点嵌入也能理想地为学习更好的图结构提供有用的信息，因为这些节点嵌入针对下游任务进行了优化。其次，新学习的图结构可以作为图表征学习组件学习更好的节点嵌入的图输入。

14.3.2 与其他问题的联系

GNN 的图结构学习与一些重要问题有着有趣的联系。思考这些联系有可能推动针对相关领域的进一步研究。

14.3.2.1 作为图生成的图结构学习

图生成的任务侧重于生成真实且有意义的图。早期的图生成工作把这个问题表述为随机生成过程，并提出了各种随机图模型来生成预先选定的图族，如 ER 图（Erdős and Rényi，1959）、小世界网络（Watts and Strogatz，1998）和无标度图（Albert 和 Barabási，2002）。然而，这些方法通常需要对图的属性做出某些简化和精心设计的先验假设，因此一般来说对复杂图结构的建模能力有限。最近的尝试侧重于通过 RNN（You et al，2018b）、VAE（Jin et al，2018a）、GAN（Wang et al，2018a）、基于流的技术（Shi et al，2019a）和其他专门设计的模型（You et al，2018a）来构建图的深度生成模型。这些模型通常采用 GNN 作为强大的图编码器。

尽管图生成任务和图结构学习任务都侧重于从数据中学习图，但它们有着本质上不同的目标和方法。首先，图生成任务旨在生成新的图，具体地说，就是通过添加节点和边来共同构建有意义的图。然而，图结构学习任务旨在学习一组给定节点属性的图结构。其次，图生成模型通常通过从观测的图集合中学习分布来执行操作，并通过从学习的图分布中进行抽样来生成更真实的图。但是，图结构学习方法通常通过学习给定节点集合之间的成对关系来执行操作，并在此基础上建立图拓扑结构。研究这两个任务如何相互辅助将是一个有趣的方向。

14.3.2.2 用于图对抗性防御的图结构学习

最近的研究（Dai et al，2018a；Zügner et al，2018）表明，GNN 容易受到精心设计的扰动（又称对抗性攻击）的影响，比如在图结构和节点/边属性中故意进行小的扰动。致力于构建鲁棒的 GNN 的研究者发现，图结构学习是对抗拓扑结构攻击的有力工具。给定一个初始图，其拓扑结构可能因对抗性攻击而变得不可靠，他们利用图结构学习技术，尝试从中毒的图中恢复本征图拓扑结构。

例如，假设对抗性攻击有可能违反一些本征图属性（如低秩和稀疏性），Jin et al（2020e）提出通过优化一些混合损失，结合任务预测损失和图正则化损失，从扰动图中联合学习 GNN 模型和“干净”的图结构。为了恢复扰动图的结构，Zhang and Zitnik（2020）设计了一个消息传递方案，以检测假边，阻止它们产生作用，并处理真实的未被扰动的边。为了处理现实生活中大型图上与任务无关的信息带来的噪声，Zheng et al（2020b）引入了一种有监督的图稀疏化技术，以从输入图中去除潜在的与任务无关的边。Chen et al（2020d）提出了一个标签感知的 GCN（LAGCN）框架，该框架可以在 GCN 训练前细化图结构（即过滤分散注意力的邻居节点并为每个节点添加有价值的邻居节点）。

图对抗性防御和图结构学习之间有很多联系。一方面，我们进行图结构学习的部分动机是为了改进 GNN 的潜在容易出错（如噪声或不完整）的输入图，图结构学习与图对抗性防御有着相似的思想。另一方面，图对抗性防御任务可以从图结构学习技术中受益，最近的一些研究已经证明这一点。

然而，它们的问题设置之间有一个关键的区别。图对抗性防御任务面对的是初始图结构可用但可能受到对抗性攻击破坏的环境，而图结构学习任务旨在应对输入图结构可用或不可用的情况。即使在输入图结构可用的情况下，人们仍然可以通过对图结构进行“去噪”或采用隐式图结构（从而捕捉节点之间的隐式关系）来对图结构进行改进。

14.3.2.3 从图学习的角度理解 Transformer 模型

Transformer 模型（Vaswani et al，2017）已被广泛用作循环神经网络的有力替代品，特别是在自然语言处理领域。最近的研究（Choi et al，2020）表明 Transformer 模型和 GNN 之间存在密切联系。本质上，Transformer 模型旨在学习对象对之间的自注意力矩阵，该矩阵可以看作与包含每个对象作为节点的全连接图相关联的邻接矩阵。因此，可以说 Transformer 模型也在对图结构和表征进行某种类型的联合学习，尽管这些模型通常不考虑任何初始图拓扑结构，也不控制学习的全连接图的质量。最近，研究者提出许多结合了 GNN 和 Transformer 模型优点的图转换器的变体（Zhu et al，2019b；Yao et al，2020；Koncel-Kedziorski et al，2019；Wang et al，2020k；Cai and Lam，2020）。

14.4 未来的方向

在本节中，我们将介绍关于 GNN 的图结构学习的一些高级课题，并强调一些有前途的未来发展方向。

14.4.1 鲁棒的图结构学习

尽管为 GNN 开发图结构学习技术的主要动机之一是处理有噪声或不完整的输入图，但鲁棒性并不是大多数现有的图结构学习技术的核心。大多数现有的工作并没有评估其方法对有噪声的初始图的鲁棒性。最近的研究表明，随机增加或删除边的攻击会极大降低下游预测任务的表现（Franceschi et al，2019；Chen et al，2020m）。此外，大多数现有的工作承认初始图结构（如果提供的话）可能是有噪声的，因此对图表征学习来说是不可靠的，但它们仍然假设节点特征对图结构学习来说是可靠的，这在现实世界的场景中往往是不真实的。因此，对于有噪声的初始图结构和节点属性数据，探索鲁棒的图结构学习技术是具有挑战性的，但也是有益的。

14.4.2 可扩展的图结构学习

大多数现有的图结构学习技术需要对所有节点之间的成对关系进行建模，以发现隐含图结构。因此，它们的时间复杂度至少是 $O(n^2)$，其中，n 是图中节点的数量。对于现实世界中的大规模图（如社交网络）来说，这可能是非常昂贵的，甚至是难以计算的。最近，Chen et al（2020m）提出了一种可扩展的图结构学习方法，旨在通过利用基于锚的近似技术来避免显式计算节点对的相似性，并在计算时间和内存消耗方面实现与图节点数量有关的线性复杂度。为了提高 Transformer 模型的可扩展性，人们最近也开发了不同种类的近似技术（Tsai et al，2019；Katharopoulos et al，2020；Choromanski et al，2021；Peng et al，2021；Shen et al，2021；Wang et al，2020g）。考虑到 GNN 的图结构学习和 Transformer 模型之间的密切联系，我们认为在为 GNN 构建可扩展的图结构学习技术方面存在很多机会。

14.4.3 异质图的图结构学习

大多数现有的图结构学习工作集中于从数据中学习同质图结构。与同质图相比，异质图能够承载更丰富的节点类型和边类型信息，并且在现实世界里涉及图的相关应用中经常出现。由于需要从数据中学习更多类型的信息（如节点类型、边类型），因此异质图的图结构学习应该更具挑战性。最近已有一些研究（Yun et al，2019；Zhao et al，2021）尝试从异质图中学习图结构。

14.5 小结

在本章中，我们从多个角度探索和讨论了图结构学习。我们回顾了传统机器学习文献中关于图结构学习的现有工作，包括无监督图结构学习和有监督图结构学习。对于无监督图结构学习，我们主要研究了图信号处理领域的一些代表性技术。我们还介绍了最近一些利用图结构学习技术进行聚类分析的工作。对于有监督图结构学习，我们介绍了在交互系统建模和贝叶斯网络中是如何研究这个问题的。本章的重点是介绍 GNN 的图结构学习的最新进展。首先，我们通过讨论图结构数据有噪声或不可用的场景来激发 GNN 领域的图结构学习。然后，我们介绍了联合学习图结构和表征的最新研究进展，包括学习离散图结构和学习加权图结构。我们还讨论了图结构学习与图生成、图对抗性防御和 Transformer 模型等其他重要问题的联系和区别。最后，我们强调了 GNN 的图结构学习研究中仍然存在的一些挑战和未来的发展方向。

编者注：图结构学习是一个快速兴起的研究课题，近年来吸引了大量研究者。图结构学习的关键思想是学习优化的图结构，以生成更好的节点表征（见第 4 章）和更鲁棒的节点表征（见第 8 章）。显然，如果采用常规的成对学习方法，则图结构的学习成本可能非常高，因此可扩展性问题才是一个真正的主要问题（见第 6 章）。同时，图结构学习与图生成（见第 11 章）和自监督学习（见第 18 章）有着紧密联系，因为它们都部分考虑了如何修改/利用图结构。本章讨论的图结构学习拥有广泛的应用领域，如推荐系统（见第 19 章）、计算机视觉（见第 20 章）、自然语言处理（见第 21 章）、程序分析（见第 22 章）等。

第 15 章

动态图神经网络

Seyed Mehran Kazemi[①]

摘要

我们周围的世界是由实体组成的，它们之间相互作用并形成关系。这使得图成为一种重要的数据表征方式，图也是机器学习应用的重要基石。图中的节点对应于实体，图中的边对应于交互和关系。实体和关系可能会发生变化，例如，新的实体可能会出现，实体属性可能会改变，两个实体之间可能会形成新的关系，等等。这就产生了动态图。对于出现动态图的应用来说，在图的演变过程中往往存在重要的信息，建模和利用这些信息对于获得好的预测表现至关重要。在本章中，我们将首先介绍各种类型的动态图建模问题，然后介绍相关文献中提出的图神经网络对动态图的一些重要扩展，最后回顾动态图神经网络的三个著名应用——基于骨架的人类活动识别、交通预测和时序知识图谱补全。

15.1 导读

传统上，我们开发机器学习模型是为了对实体（对象或示例）进行预测，只考虑其特征，而不考虑其与数据中其他实体的关系。这类预测任务的示例包括根据社交网络用户的其他特征预测他们支持的明星，根据出版物中的文本预测其主题，根据图像像素预测图像中物体的类型，以及根据道路（或路段）的历史交通数据预测该道路（或路段）的交通情况等。

在许多应用中，实体之间存在关系，可以利用这些关系对它们做出更好的预测。例如，社交网络用户如果是亲密朋友或家庭成员关系，则他们更有可能支持同一明星；同一作者的两个出版物更有可能讲述相同的主题；从同一网站上获取（或由同一用户上传到社交媒体）的两幅图片更有可能包含类似的对象；两条相连的道路更有可能具有类似的交通流量。这些应用的数据可以用图的形式来表征，其中，节点对应于实体，边对应于这些实体之间的关系。

图包含在现实世界的许多应用中，如推荐系统、生物学、社交网络、知识图谱和金融科技等。在某些领域，图是静态的，即图的结构和节点特征不随时间变化。但在其他领域，图是随时间变化的。例如，在社交网络中，当人们结识新朋友时，就会添加新的边；当人们不再是朋友时，就会删除现有的边；当人们改变自己的属性时，节点特征也会发生变化，比如当他们改变职业时（假设职业是节点特征之一）。在本章中，我们将重点讨论图是动态

① Seyed Mehran Kazemi
Borealis AI，E-mail：mehran.kazemi@borealisai.com

的并随时间变化的领域。

在出现动态图的应用中，对图的演变进行建模往往对做出准确预测至关重要。多年来，人们已经开发出一些用于捕捉动态图的结构和演变的机器学习模型。在这些模型中，GNN（Scarselli et al，2008；Kipf and Welling，2017b）对动态图的扩展最近在一些领域获得成功并成为机器学习工具箱里的重要工具之一。在本章中，我们将回顾用于动态图的 GNN 方法，并介绍动态 GNN 已经产生显著成果的几个应用领域。本章没有综述全部文献，而是描述将 GNN 应用于动态图的常见技术。如果读者对动态图的表征学习方法的全面综述感兴趣，请参考（Kazemi et al，2020）；如果读者对基于 GNN 的动态图方法的更专业综述感兴趣，请参考（Skarding et al，2020）。

本章的内容安排如下：在 15.2 节中，我们定义本章将使用的表示法，并为本章的其余部分提供必要的背景；在 15.3 节中，我们描述不同类型的动态图以及针对这些动态图的不同预测问题；在 15.4 节中，我们回顾在动态图上应用 GNN 的几种方法；在 15.5 节中，我们回顾动态 GNN 的一些应用；在 15.6 节中，我们对本章内容进行总结。

15.2 背景和表示法

本节将定义本章使用的表示法，并提供本章其余部分所需的背景。

我们用 z 表示标量，用 $\boldsymbol{z}$ 表示向量，用 $\boldsymbol{Z}$ 表示矩阵。$\boldsymbol{z}_i$ 表示 $\boldsymbol{z}$ 的第 i 个元素，$\boldsymbol{Z}_i$ 表示与 $\boldsymbol{Z}$ 的第 i 行对应的向量，$Z_{i,j}$ 表示 $\boldsymbol{Z}$ 的第 i 行第 j 列元素。$\boldsymbol{z}^{\mathrm{T}}$ 表示 $\boldsymbol{z}$ 的转置，$\boldsymbol{Z}^{\mathrm{T}}$ 表示 $\boldsymbol{Z}$ 的转置。$(\boldsymbol{z}\boldsymbol{z}') \in \mathbb{R}^{d+d'}$ 对应于 $\boldsymbol{z}\in\mathbb{R}^d$ 和 $\boldsymbol{z}'\in\mathbb{R}^{d'}$ 的并置。我们用 $\boldsymbol{I}$ 表示单位矩阵，用⊙表示阿达马积，用 $[e_1,e_2,\cdots,e_k]$ 表示一个序列，用 $\{e_1,e_2,\cdots,e_k\}$ 表示一个集合（其中的 e_i 代表序列或集合中的元素）。

在本章中，我们主要考虑带属性的图。给定一个带属性的图 $\mathcal{G}=(\mathcal{V}, \boldsymbol{A}, \boldsymbol{X})$，其中，$\mathcal{V}=\{v_1,v_2,\cdots,v_n\}$ 是节点的集合，$n=|\mathcal{V}|$ 表示节点的数量，$\boldsymbol{A}\in\mathbb{R}^{n\times n}$ 是邻接矩阵，$\boldsymbol{X}\in\mathbb{R}^{n\times d}$ 是特征矩阵，$\boldsymbol{X}_i$ 表示与第 i 个节点 v_i 相关的特征，d 表示特征的数量。如果节点 v_i 和节点 v_j 之间没有边，那么 $\boldsymbol{A}_{i,j}=0$；否则，$\boldsymbol{A}_{i,j}\in\mathbb{R}_+$ 代表边的权重，其中，$\mathbb{R}_+$ 代表正实数。

如果 $\mathcal{G}$ 是**未加权的**，那么 $\boldsymbol{A}$ 的范围是 $\{0, 1\}$（即 $\boldsymbol{A}\in\{0,1\}^{n\times n}$）。如果 $\mathcal{G}$ 的边没有方向，那么它是**无向图**；如果 $\mathcal{G}$ 的边有方向，那么它是**有向图**。对于无向图，$\boldsymbol{A}$ 是对称的。对于有向图的每条边，$\boldsymbol{A}_{i,j}>0$，我们称节点 v_i 为这条边的源节点，并称节点 v_j 为这条边的目标节点。如果 $\mathcal{G}$ 是**多关系的**，带有一个关系集合 $R=\{r_1, r_2, \cdots, r_m\}$，那么它有 m 个邻接矩阵，其中，第 i 个邻接矩阵代表节点之间存在第 i 个关系 r_i。

15.2.1 图神经网络

在本章中，我们使用图神经网络（GNN）这个术语指代一大类神经网络——它们通过节点之间的消息传递网络来操作图。在此，我们对 GNN 做简单描述。

设 $\mathcal{G}=(\mathcal{V}, \boldsymbol{A}, \boldsymbol{X})$ 是一个静态属性图。GNN 是一个函数 $f:\mathbb{R}^{n\times n}\times\mathbb{R}^{n\times d}\rightarrow\mathbb{R}^{n\times d'}$，它以 $\mathcal{G}$（或更具体的 $\boldsymbol{A}$ 和 $\boldsymbol{X}$）为输入，并提供一个矩阵 $\boldsymbol{Z}\in\mathbb{R}^{d'}$ 作为输出。其中，$\boldsymbol{Z}_i\in\mathbb{R}^{d'}$ 对应于第 i 个节点 v_i 的隐含表征，这个隐含表征被称为节点嵌入。为每个节点 v_i 提供一个节点嵌入可以看作执行降维操作，其中，向量 $\boldsymbol{Z}_i$ 包括来自节点 v_i 的初始特征信息、来自这个节点与其他节点的连接信息以及这些节点的特征，这个向量可以用来对节点 v_i 进行知情预测。在本

节中，我们将描述两个与 GNN 相关的示例——**图卷积网络**和无向图的**图注意力网络**。

图卷积网络。图卷积网络（GCN）（Kipf and Welling，2017b）堆叠了多层图卷积。针对无向图 $\mathscr{G}=(\mathscr{V},\boldsymbol{A},\boldsymbol{X})$的 GCN 的第 l 层可以表述为

$$\boldsymbol{Z}^{(l)}=\sigma\left(\boldsymbol{D}^{-\frac{1}{2}}\tilde{\boldsymbol{A}}\boldsymbol{D}^{-\frac{1}{2}}\boldsymbol{Z}^{(l-1)}\boldsymbol{W}^{(l)}\right) \tag{15.1}$$

其中，$\tilde{\boldsymbol{A}}=\boldsymbol{A}+$ 对应于带有自环的邻接矩阵；$\boldsymbol{D}$ 是一个对角（度数）矩阵，$\boldsymbol{D}_{i,i}=\tilde{\boldsymbol{A}}_i\boldsymbol{1}$（$\boldsymbol{1}$ 代表元素为 1 的列向量），对于 $i\neq j$，$\boldsymbol{D}_{i,j}=0$；$\boldsymbol{D}^{-\frac{1}{2}}\tilde{\boldsymbol{A}}\boldsymbol{D}^{-\frac{1}{2}}$ 对应于 $\tilde{\boldsymbol{A}}$ 的行归一化和列归一化。$\boldsymbol{Z}^{(l)}\in\mathbb{R}^{n\times d^{(l)}}$ 和 $\boldsymbol{Z}^{(l-1)}\in\mathbb{R}^{n\times d^{(l-1)}}$ 分别代表第 l 层和第（$l-1$）层的节点嵌入，$\boldsymbol{Z}^{(0)}=\boldsymbol{X}$。$\boldsymbol{W}^{(l)}\in\mathbb{R}^{d^{(l-1)}\times d^{(l)}}$ 代表第 l 层的权重矩阵。σ 是激活函数。

GCN 模型的第 l 层可以用以下步骤来描述。首先，使用权重矩阵 $\boldsymbol{W}^{(l)}$对节点嵌入 $\boldsymbol{Z}^{(l-1)}$ 进行线性投影；然后，计算节点 v_i 及其邻居节点的投影嵌入的加权和，其中，加权和的权重是根据 $\boldsymbol{D}^{-\frac{1}{2}}\tilde{\boldsymbol{A}}\boldsymbol{D}^{-\frac{1}{2}}$指定的；最后，对加权和应用非线性并更新节点嵌入。请注意，在 L 层 GCN 中，每个节点的嵌入是基于其 L 跳邻域计算的（即基于距离该节点最多 L 跳的节点）。

图注意力网络。在计算邻居节点的加权和时，基于注意力的 GNN 不需要固定的权重，而是用注意力矩阵 $\hat{\boldsymbol{A}}^{(l)}\in\mathbb{R}^{n\times n}$ 代替式（15.1）中的 $\boldsymbol{D}^{-\frac{1}{2}}\tilde{\boldsymbol{A}}\boldsymbol{D}^{-\frac{1}{2}}$，使得

$$\boldsymbol{Z}^{(l)}=\sigma(\hat{\boldsymbol{A}}^{(l)}\boldsymbol{Z}^{(l-1)}\boldsymbol{W}^{(l)}) \tag{15.2}$$

$$\hat{\boldsymbol{A}}_{i,j}^{(l)}=\frac{\boldsymbol{E}_{i,j}^{(l)}}{\sum_k\boldsymbol{E}_{i,k}^{(l)}}，\text{其中 }\boldsymbol{E}_{i,j}^{(l)}=\tilde{\boldsymbol{A}}_{i,j}\exp(\alpha\boldsymbol{Z}_i^{(l-1)},\boldsymbol{Z}_j^{(l-1)};\boldsymbol{\theta}^{(l)}) \tag{15.3}$$

其中，$\alpha:\mathbb{R}^{d^{(l-1)}}\times\mathbb{R}^{d^{(l-1)}}\to\mathbb{R}$ 是一个带有参数 $\boldsymbol{\theta}^{(l)}$ 的函数，用于计算节点对的注意力权重。在这里，$\tilde{\boldsymbol{A}}$ 作为掩蔽，用于确保如果节点 v_i 和节点 v_j 不相连，则 $\boldsymbol{E}_{i,j}^{(l)}=0$（因此 $\hat{\boldsymbol{A}}_{i,j}^{(l)}=0$）。用于计算 $\boldsymbol{E}_{i,j}^{(l)}$ 的 exp 函数和 $\frac{\boldsymbol{E}_{i,j}^{(l)}}{\sum_k\boldsymbol{E}_{i,k}^{(l)}}$ 对应于（掩蔽的）注意力权重的 Softmax 函数。不同的基于注意力的 GNN 可以用不同的 α 来构建。在图注意力网络（GAT）中（Veličković et al，2018），$\boldsymbol{\theta}^{(l)}\in\mathbb{R}^{2d}$ 和 α 的定义如下：

$$\alpha(\boldsymbol{Z}_i^{(l-1)},\boldsymbol{Z}_j^{(l-1)};\boldsymbol{\theta}^{(l)})=\sigma(\boldsymbol{\theta}^{(l)}(\boldsymbol{W}^{(l)}\boldsymbol{Z}_i^{(l-1)}\parallel\boldsymbol{W}^{(l)}\boldsymbol{Z}_j^{(l-1)})) \tag{15.4}$$

其中，σ 是激活函数。式（15.2）对应于一个基于**单头**注意力的 GNN。基于**多头**注意力的 GNN 则使用式（15.3）计算多个注意力矩阵 $\hat{\boldsymbol{A}}^{(l,1)},\hat{\boldsymbol{A}}^{(l,2)},\cdots,\hat{\boldsymbol{A}}^{(l,\beta)}$，但使用不同的权重 $\boldsymbol{\theta}^{(l,1)},\boldsymbol{\theta}^{(l,2)},\cdots,\boldsymbol{\theta}^{(l,\beta)}$ 和 $\boldsymbol{W}^{(l,1)},\boldsymbol{W}^{(l,2)},\cdots,\boldsymbol{W}^{(l,\beta)}$，然后将式（15.2）替换为

$$\boldsymbol{Z}^{(l)}=\sigma(\hat{\boldsymbol{A}}^{(l,1)}\boldsymbol{Z}^{(l-1)}\boldsymbol{W}^{(l,1)}\parallel\cdots\parallel\hat{\boldsymbol{A}}^{(l,\beta)}\boldsymbol{Z}^{(l-1)}\boldsymbol{W}^{(l,\beta)}) \tag{15.5}$$

其中，β 表示注意力头的数量。每个注意力头可以学习以不同方式聚合的邻居节点并提取不同的信息。

15.2.2 序列模型

多年来，人们提出了多种用于对序列进行操作的模型。在本节中，我们主要介绍神经序

列模型，该模型将观测值的序列$[\boldsymbol{x}^{(1)}, \boldsymbol{x}^{(2)}, \cdots, \boldsymbol{x}^{(\tau)}]$作为输入（其中，对于所有$t \in \{1, 2, \cdots, \tau\}$，$\boldsymbol{x}^{(t)} \in \mathbb{R}^{d}$），并将生成的隐含表征$[\boldsymbol{h}^{(1)}, \boldsymbol{h}^{(2)}, \cdots, \boldsymbol{h}^{(\tau)}]$作为输出（其中，对于所有$t \in \{1, 2, \cdots, \tau\}$，$\boldsymbol{h}^{(t)} \in \mathbb{R}^{d'}$）。在这里，$\tau$代表序列的长度或序列中最后一个元素的时间戳。每个隐含表征$\boldsymbol{h}^{(t)}$是一个序列嵌入，用于捕捉前t个观测值的信息。为给定序列提供序列嵌入可以视为降维，其中，序列中前t个观测值的信息被捕获在单个向量$\boldsymbol{h}^{(t)}$中，该向量可用于对序列进行知情预测。在本节中，我们将描述用于序列建模的**循环神经网络**、**卷积神经网络**和 **Transformer** 模型。

循环神经网络。循环神经网络（RNN）（Elman，1990）及其变体在一系列序列建模问题上取得了令人印象深刻的成果。RNN 的核心原理在于其输出是当前数据点的函数以及之前输入的表征。基本型 RNN 逐个消耗输入序列，并通过以下公式提供嵌入（对$t \in [1, 2, \cdots, \tau]$依次应用）：

$$\boldsymbol{h}^{(t)} = \mathrm{RNN}(\boldsymbol{x}^{(t)}, \boldsymbol{h}^{(t-1)}) = \sigma(\boldsymbol{W}^{(i)}\boldsymbol{x}^{(t)} + \boldsymbol{W}^{(h)}\boldsymbol{h}^{(t-1)} + \boldsymbol{b}) \tag{15.6}$$

其中，$\boldsymbol{W}^{(\cdot)}$和$\boldsymbol{b}$是模型参数，$\boldsymbol{h}^{(t)}$是对应于前t个观测值的嵌入的隐含状态，$\boldsymbol{x}^{(t)}$是第t个观测值。我们可以初始化$\boldsymbol{h}^{(0)}=\boldsymbol{0}$，其中，$\boldsymbol{0}$是由 0 构成的向量，或者使$\boldsymbol{h}^{(0)}$在训练期间能够被学习。由于梯度消失和梯度爆炸，训练基本型 RNN 通常很困难。

长短期记忆（LSTM）（Hochreiter and Schmidhuber，1997）〔和**门控循环单元**（GRU）（Cho et al，2014a）〕通过门控机制和加法运算缓解了基本型 RNN 的训练问题。LSTM 模型会逐个消耗输入序列，并通过以下公式提供嵌入：

$$\boldsymbol{i}^{(t)} = \sigma(\boldsymbol{W}^{(ii)}\boldsymbol{x}^{(t)} + \boldsymbol{W}^{(ih)}\boldsymbol{h}^{(t-1)} + \boldsymbol{b}^{(i)}) \tag{15.7}$$

$$\boldsymbol{f}^{(t)} = \sigma\left(\boldsymbol{W}^{(fi)}\boldsymbol{x}^{(t)} + \boldsymbol{W}^{(fh)}\boldsymbol{h}^{(t-1)} + \boldsymbol{b}^{(f)}\right) \tag{15.8}$$

$$\boldsymbol{c}^{(t)} = \boldsymbol{f}^{(t)} \odot \boldsymbol{c}^{(t-1)} + \boldsymbol{i}^{(t)} \odot \tanh\left(\boldsymbol{W}^{(ci)}\boldsymbol{x}^{(t)} + \boldsymbol{W}^{(ch)}\boldsymbol{h}^{(t-1)} + \boldsymbol{b}^{(c)}\right) \tag{15.9}$$

$$o^{(t)} = \sigma(\boldsymbol{W}^{(oi)}\boldsymbol{x}^{(t)} + \boldsymbol{W}^{(oh)}\boldsymbol{h}^{(t-1)} + \boldsymbol{b}^{(o)}) \tag{15.10}$$

$$\boldsymbol{h}^{(t)} = \boldsymbol{o}^{(t)} \odot \tanh(\boldsymbol{c}^{(t)}) \tag{15.11}$$

其中，$\boldsymbol{i}^{(t)}$、$\boldsymbol{f}^{(t)}$和$\boldsymbol{o}^{(t)}$分别表示输入门、遗忘门和输出门，$\boldsymbol{c}^{(t)}$是记忆单元，$\boldsymbol{h}^{(t)}$是对应前t个观测值的嵌入序列的隐含状态，σ是激活函数（通常是 Sigmoid 函数），tanh 代表双曲正切函数，$\boldsymbol{W}^{(..)}$和$\boldsymbol{b}^{(.)}$是权重矩阵和偏置向量。与基本型 RNN 类似，我们可以初始化$\boldsymbol{h}^{(0)}=\boldsymbol{c}^{(0)}=0$，或者使它们成为具有可学习参数的向量。图 15.1 展示了 LSTM 模型的概况。

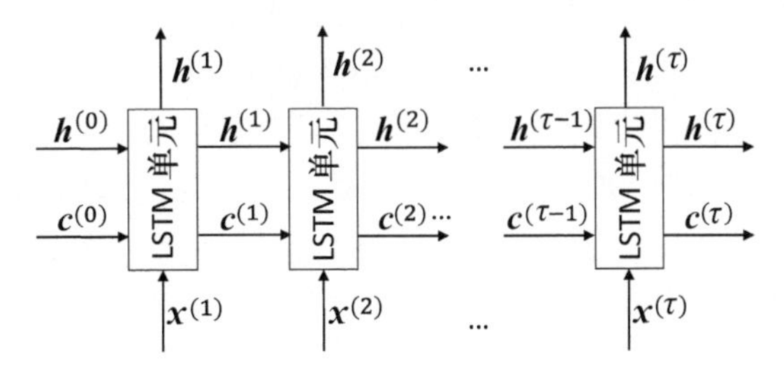

图 15.1 LSTM 模型将序列$\boldsymbol{x}^{(1)}, \boldsymbol{x}^{(2)}, \cdots, \boldsymbol{x}^{(\tau)}$作为输入，并将生成的隐含表征$\boldsymbol{h}^{(1)}, \boldsymbol{h}^{(2)}, \cdots, \boldsymbol{h}^{(\tau)}$作为输出。式（15.7）~式（15.11）描述了 LSTM 单元中发生的操作

双向 RNN（BiRNN）（Schuster and Paliwal，1997）是两个 RNN 的组合，其中一个 RNN 前向消耗输入序列$[\boldsymbol{x}^{(1)}, \boldsymbol{x}^{(2)}, \cdots, \boldsymbol{x}^{(\tau)}]$并生成隐含表征$[\boldsymbol{h}^{(1)}, \boldsymbol{h}^{(2)}, \cdots, \boldsymbol{h}^{(\tau)}]$作为输出，另一个 RNN

反向消耗输入序列$[\boldsymbol{x}^{(\tau)},\boldsymbol{x}^{(\tau-1)},\cdots,\boldsymbol{x}^{(1)}]$并生成隐含表征$[\boldsymbol{h}^{(\tau)},\cdots,\boldsymbol{h}^{(2)},\boldsymbol{h}^{(1)}]$作为输出。然后将这两个隐含表征并置，生成单一的隐含表征$\boldsymbol{h}^{(t)}=(\vec{\boldsymbol{h}}^{(t)}\bar{\boldsymbol{h}}^{(t)})$。注意，在 RNN 中，只基于 t 观测时或 t 观测前的观测值计算 $\boldsymbol{h}^{(t)}$；而在 BiRNN 中，则根据 t 观测时、t 观测前或 t 观测后的观测值计算 $\boldsymbol{h}^{(t)}$。BiLSTM（Graves et al，2005）是 BiRNN 的特殊版本，其中的 RNN 是一个 LSTM。

Transformer 模型。逐个消耗输入序列使得 RNN 不适合并行化处理，这也使得捕捉长距离的依赖性变得很困难。为了解决这个问题，Vaswani et al（2017）的 **Transformer 模型**允许将一个序列作为一个整体来处理。Transformer 模型的核心操作在于自注意力机制。设$\boldsymbol{H}^{(l-1)}$是第（l–1）层的嵌入矩阵，这样它的第 t 行 $\boldsymbol{H}_t^{(l-1)}$ 便代表前 t 个观测值的嵌入。针对基于注意力的 GNN，第 l 层的自注意力机制可以用类似式（15.2）和式（15.3）的公式来描述。将式（15.3）中的 $\tilde{\boldsymbol{A}}$ 定义为一个下三角矩阵，其中，如果 $i\leqslant j$，则 $\tilde{\boldsymbol{A}}_{i,j}=1$，否则 $\tilde{\boldsymbol{A}}_{i,j}=0$。用 $\boldsymbol{H}^{(l)}$和 $\boldsymbol{H}^{(l-1)}$替换 $\boldsymbol{Z}^{(l)}$和 $\boldsymbol{Z}^{(l-1)}$，并将式（15.3）中的α函数定义如下：

$$\alpha(\boldsymbol{H}_t^{(l-1)},\boldsymbol{H}_{t'}^{(l-1)};\boldsymbol{\theta}^{(l)})=\frac{\boldsymbol{Q}_t\boldsymbol{K}_{t'}}{\sqrt{d^{(k)}}}，\text{其中，}\boldsymbol{Q}=\boldsymbol{W}^{(l,Q)}\boldsymbol{H}^{(l-1)},\boldsymbol{K}=\boldsymbol{W}^{(l,K)}\boldsymbol{H}^{(l-1)} \tag{15.12}$$

其中，$\boldsymbol{\theta}^{(l)}=\{\boldsymbol{W}^{(l,Q)},\boldsymbol{W}^{(l,K)}\}$是权重，$\boldsymbol{W}^{(l,Q)}$ 和$\boldsymbol{W}^{(l,K)}\in\mathbb{R}^{d^{(l-1)}\times d^{(k)}}$。矩阵 $\boldsymbol{Q}$ 和 $\boldsymbol{K}$ 分别被称为查询矩阵和键矩阵①。$\boldsymbol{Q}_t$ 和 $\boldsymbol{K}_{t'}$ 分别代表与 $\boldsymbol{Q}$ 和 $\boldsymbol{K}$ 的第 t 行和第 t'行对应的列向量。在 L 层之后，隐含表征 $\boldsymbol{H}^{(L)}$包含序列嵌入，其中，$\boldsymbol{H}_t^{(L)}$ 对应在 t 观测前的嵌入（对 RNN 来说表示为 $\boldsymbol{h}^{(t)}$）。下三角矩阵 $\tilde{\boldsymbol{A}}$ 确保了嵌入 $\boldsymbol{H}_t^{(L)}$ 只基于 t 观测时和 t 观测前的观测值来计算。我们可以将 $\tilde{\boldsymbol{A}}$ 定义为全 1 矩阵，以允许 $\boldsymbol{H}^{(L)}$基于 t 观测时、t 观测前和 t 观测后的观测值进行计算（类似于 BiRNN）。

在式（15.12）中，嵌入是根据之前时间戳的嵌入的聚合进行更新的，但是这些嵌入的顺序没有被明确建模。为了将嵌入的顺序考虑在内，可以初始化 Transformer 模型中的嵌入为 $\boldsymbol{H}_t^{(0)}=\boldsymbol{x}^{(t)}+p^{(t)}$ 或 $\boldsymbol{H}_t^{(0)}=(\boldsymbol{x}^{(t)}\parallel p^{(t)})$，其中，$\boldsymbol{H}_t^{(0)}$ 是 $\boldsymbol{H}^{(0)}$的第 t 行，$\boldsymbol{x}^{(t)}$是第 t 个观测值，而 $p^{(t)}$是位置编码，用于捕获关于序列中观测值的位置的信息。位置编码的定义如下：

$$p_{2i}^{(t)}=\sin(t/10000^{2i/d})，p_{2i+1}^{(t)}=\sin(t/10000^{2i/d}+\pi/2) \tag{15.13}$$

请注意，$p^{(t)}$是常数，它在训练过程中不会发生变化。

卷积神经网络。卷积神经网络（CNN）（Le Cun et al，1989）彻底改变了许多计算机视觉应用。最初，CNN 被提议用于处理二维信号，如图像。后来，CNN 被用于处理一维信号，如普通序列和时间序列。在这里，我们介绍一维 CNN。让我们从描述一维卷积开始。设 $\boldsymbol{H}\in\mathbb{R}^{n\times d}$ 是一个矩阵，$\boldsymbol{F}\in\mathbb{R}^{u\times d}$ 是一个卷积滤波器。在 $\boldsymbol{H}$ 上应用卷积滤波器 $\boldsymbol{F}$，生成一个向量 $\boldsymbol{h}'\in\mathbb{R}^{n-u+1}$。

$$\boldsymbol{h}_i'=\sum_{j=1}^{u}\sum_{k=1}^{d}\boldsymbol{H}_{i+j-1,k}\boldsymbol{F}_{j,k} \tag{15.14}$$

也可以通过用 0 填充 $\boldsymbol{H}$ 来生成一个向量 $\boldsymbol{h}'\in\mathbb{R}^n$（一个维数与 $\boldsymbol{H}$ 的第一维相同的向量）。

① 对熟悉 Transformer 模型的读者来说，数值矩阵对应式（15.2）中嵌入矩阵与权重矩阵 $\boldsymbol{W}^{(l)}$的乘积。

有了 d'个卷积滤波器，就可以像式（15.14）那样生成 d'个向量并将它们堆叠，以生成矩阵 $\boldsymbol{H}'\in\mathbb{R}^{(n-u+1)\times d'}$（或 $\boldsymbol{H}'\in\mathbb{R}^{n\times d'}$）。图 15.2 提供了一维卷积操作的示例。

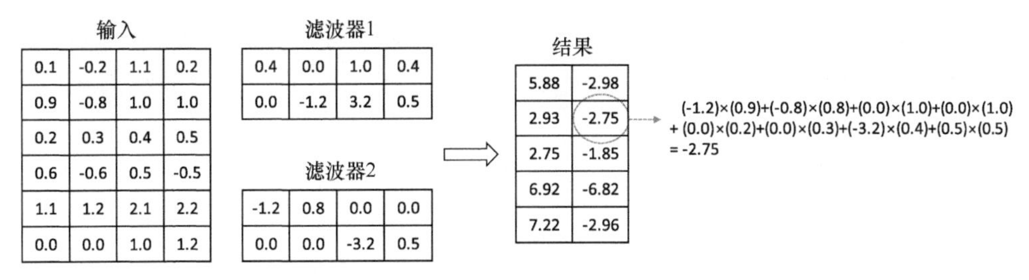

图 15.2 具有两个卷积滤波器的一维卷积操作的示例

式（15.14）中的一维卷积操作是一维 CNN 的主要构建模块。与式（15.12）类似，假设 $\boldsymbol{H}^{(l-1)}$表示第 l 层中的嵌入，$\boldsymbol{H}_t^{(0)}=\boldsymbol{x}^{(t)}$，其中，$\boldsymbol{H}_t^{(0)}$ 代表 $\boldsymbol{H}^{(0)}$的 t 行，$\boldsymbol{x}^{(t)}$是第 t 个观测值。如上所述，一维 CNN 模型会将多个卷积滤波器应用于 $\boldsymbol{H}^{(l-1)}$并生成一个矩阵，然后对该矩阵进行激活并执行（可选的）池化操作以生成 $\boldsymbol{H}^{(l)}$。卷积滤波器是该模型的可学习参数。

15.2.3 编码器–解码器框架和模型训练

深度神经网络模型通常可以分解成编码器模块和解码器模块。编码器模块接收输入并生成向量表征（或嵌入），而解码器模块接收嵌入并生成预测。15.2.1 节和 15.2.2 节描述的 GNN 和序列模型对应完整模型的编码器模块，它们分别提供节点嵌入 $\boldsymbol{Z}$ 和序列嵌入 $\boldsymbol{H}$。解码器通常是特定于任务的。比如，对于节点分类任务，解码器可以是前馈神经网络，被应用于由编码器提供的节点嵌入 $\boldsymbol{Z}_i$，然后是一个 Softmax 函数。这样的解码器提供了一个向量 $\hat{\boldsymbol{y}}\in\mathbb{R}^{|C|}$，其中，$C$ 代表类别，$|C|$代表类别的数量，而 $\hat{\boldsymbol{y}}_j$ 代表节点属于 j 类别的概率。类似的解码器可用于序列分类。再比如，对于链接预测任务，解码器可以将节点对嵌入作为输入，并对节点对嵌入的点积进行 Sigmoid 处理，然后将生成的数字作为两个节点之间存在边的概率。

模型的参数是通过优化来学习的，即最小化一个特定于任务的损失函数。例如，对于分类任务，通常假设可以获得一组真实标签 $\boldsymbol{Y}$，如果实例 i 属于 j 类别，则 $\boldsymbol{Y}_{i,j}=1$，否则 $\boldsymbol{Y}_{i,j}=0$。我们可以通过最小化（如使用随机梯度下降法）交叉熵损失来学习模型的参数，如下所示：

$$L=-\frac{1}{\left|\boldsymbol{Y}_{i,j}\right|}\sum_i\sum_j\boldsymbol{Y}_{i,j}\log(\hat{\boldsymbol{Y}}_{i,j})\tag{15.15}$$

其中，$\left|\boldsymbol{Y}_{i,j}\right|$ 表示 $\boldsymbol{Y}_{i,j}$ 中的行数，对应有标签实例的数量，$\hat{\boldsymbol{Y}}_{i,j}$ 则是根据模型得到的实例 i 属于 j 类别的概率。对于其他任务，我们可以使用其他适当的损失函数。

15.3 动态图的类型

不同的应用会产生不同类型的动态图和不同的预测问题。在开始开发模型之前，关键是要确定动态图的类型及其静态和动态部分，并且要对预测问题有一个清晰的认识。在接下来内容中，我们将描述动态图的一般类型、演变类型以及一些常见的预测问题。

15.3.1　离散型与连续型

正如（Kazemi et al，2020）中指出的那样，动态图一般可以分为离散时间动态图和连续时间动态图两类。本节将介绍这两种类型，并指出可以将离散时间动态图视为连续时间动态图的特殊情况。

离散时间动态图（Discrete-Time Dynamic Graph，DTDG）是图快照的一个序列 $[\mathscr{G}^{(1)},\mathscr{G}^{(2)},\cdots,\mathscr{G}^{(\tau)}]$，其中的每个图 $\mathscr{G}^{(t)}=(\mathscr{V}^{(t)},\boldsymbol{A}^{(t)},\boldsymbol{X}^{(t)})$ 包含节点集合 $\mathscr{V}^{(t)}$、邻接矩阵 $\boldsymbol{A}^{(t)}$和特征矩阵 $\boldsymbol{X}^{(t)}$。DTDG 主要出现在以固定间隔捕获（传感）数据的应用中。

例 15.1　图 15.3 显示了一个 DTDG 示例的三个快照。第一个快照有三个节点。第二个快照在第一个快照的基础上添加了一个新的节点 v_4，这个节点和节点 v_2 之间形成了一条边，此外更新节点 v_1 的特征。第三个快照在节点 v_3 和节点 v_4 之间添加了一条新的边。

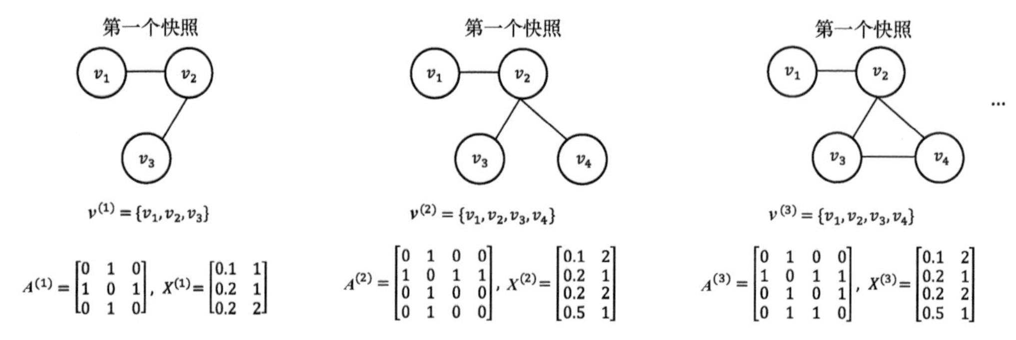

图 15.3　一个 DTDG 示例的三个快照

DTDG 的典型代表是时空图，其中，一组实体在空间和时间上是相关的，并且数据是以固定间隔采集的。时空图的一个示例是一座城市或一个地区的交通数据，其中，每条道路的交通统计是以固定的时间间隔计算的；一条道路在时间 t 的交通既与连接到它的道路在时间 t 的交通相关（空间相关），也与这条道路和连接到它的道路在之前时间戳的交通相关（时间相关）。在这个示例中，每个图 $\mathscr{G}^{(t)}$中的节点可以代表道路（或路段），邻接矩阵 $\boldsymbol{A}^{(t)}$ 可以代表道路的连接方式，而特征矩阵 $\boldsymbol{X}^{(t)}$可以代表每条道路在时间 t 的交通统计。

连续时间动态图（Continuous-Time Dynamic Graph，CTDG）是一对$(\mathscr{G}^{(t_0)}, O)$。其中，$\mathscr{G}^{(t_0)}=(\mathscr{V}^{(t_0)},\boldsymbol{A}^{(t_0)},\boldsymbol{X}^{(t_0)})$ 是静态图①，代表图在时间 t_0 的初始状态；O 是时间观测/事件的序列。每个观测是一个形式为（**事件类型**, **事件**, **时间戳**）的元组，其中，**事件类型**可以是节点或边的添加、删除以及节点特征的更新等，**事件**代表实际发生的事件，**时间戳**是事件发生的时间。

例 15.2　CTDG 的一个示例是一对 $(\mathscr{G}^{(t_0)},O)$，其中，$\mathscr{G}^{(t_0)}$ 是图 15.3 所示第一个快照中的图，观测如下：

O=[(添加节点, v_4, 20-05-2020), (添加边，(v_2, v_4), 21-05-2020), (更新特征, (v_1, [0.1, 2]), 28-05-2020), (添加边, (v_3, v_4), 04-06-2020)]

---

① 请注意，我们可以有 $\mathscr{V}^{(t_0)}=\{\}$，这对应一个没有节点的图。我们也可以有 $\boldsymbol{A}_{i,j}^{(t_0)}=0$，对于所有节点 i 和节点 j，这对应一个没有边的图。

其中，（添加节点, v_4, 20-05-2020）对应于在时间 20-05-2020 将一个新节点 v_4 添加到图的一次观测中。

对于任何一个时间点 $t > t_0$，通过根据时间 t 之前（或时间 t）发生的观测结果 O 依次更新 $\mathscr{G}^{(t_0)}$，我们可以从 CTDG 中获得快照 $\mathscr{G}^{(t)}$（对应于静态图）。在某些情况下，两个节点之间可能已经添加了多条边，从而产生了多重图；如果需要的话，可以将这些边聚合，并将多重图转换成简单图。因此，我们可以将 DTDG 看作 CTDG 的特例，只有 CTDG 的一些有规律的快照可用。

例 15.3 对于例 15.2 中的 CTDG，假设 t_0=01-05-2020，则我们只能观测每个月第一天（在本例中为 01-05-2020、01-06-2020 和 01-07-2020）的图的状态。在这种情况下，CTDG 将还原为图 15.3 中的 DTDG 快照。

15.3.2 演变类型

对于 DTDG 和 CTDG，图的各个部分都可能发生变化和演变。在本节中，我们将描述一些主要的演变类型。作为一个运行示例，我们使用与社交网络相对应的动态图，其中的节点代表**用户**，边代表连接（如**友谊**）。

增加/删除节点：在这个运行示例中，新用户可能加入平台，导致新的节点被添加到图中；而一些用户可能离开平台，导致一些节点从图中被删除。

更新特征：用户可能有多个特征，如年龄、居住地、职业等。这些特征可能会随着时间的推移而改变，例如用户年纪大了、搬到一个新的地方居住或更换了职业等。

增加/删除边：随着时间的推移，一些用户成为朋友，生成新的边；还有一些用户不再是朋友，导致一些边从图中被删除。正如（Trivedi et al，2019）中指出的那样，对应于两个节点之间的事件的观测可以分为**关联**事件和**通信**事件。前者对应于导致图中结构发生变化并导致节点之间长期信息流的事件（如社交网络中新友谊的形成），后者对应于导致节点之间临时信息流的事件（如社交网络中的信息交流）。这两类事件通常以不同的速度发展，人们可以对它们进行不同的建模，特别是在它们同时存在的应用中。

更新边的权重：对应于友谊的邻接矩阵可以是加权的，其中，权重代表友谊的强度（可根据友谊的持续时间或其他特征进行计算）。在这种情况下，友谊的强度可能会随着时间的推移而变化，从而导致边的权重被更新。

更新关系：用户之间的边可以被标记，其中，标签表示连接的类型（如**友谊**、**订婚**和**兄弟姐妹**）。在这种情况下，两个用户的关系可能会随着时间的推移而变化（例如，可能会从**友谊**变为**订婚**）。我们可以把更新关系看作边演变的特例，在这种情况下，删除一条边的同时添加另一条边（如删除**友谊**边的同时添加**订婚**边）。

15.3.3 预测问题、内插法和外推法

在本节中，我们将回顾动态图的 4 种预测问题——节点分类/回归、图分类、链接预测和时间预测。其中一些问题可以使用两种方法进行研究——内插法和外推法。此外，这些问题也可以在直推式或归纳式的预测设定下进行研究。假设 $\mathscr{G}^{(t)}$是一个（离散时间或连续时间）动态图，其中包含时间间隔$[t_0, \tau]$中的信息。

节点分类/回归：设 $\mathscr{V}^{(t)} = \{v_1, v_2, \cdots, v_n\}$ 代表图在时间 t 的节点。时间 t 的节点分类问题

指的是将节点 $v_i \in \mathscr{V}^{(t)}$ 归入预定义的类别 C。时间 t 的节点回归问题指的是对节点 $v_i \in \mathscr{V}^{(t)}$ 的连续特征进行预测。在外推设定下，我们是对未来的状态（$t \geqslant \tau$）进行预测，预测是基于 τ 之前或 τ 时的观测值进行的（如预测未来几天的天气）。在内插设定下，$t_0 \geqslant t \geqslant \tau$，预测是基于所有的观测值进行的（如填补缺失值）。

图分类： 设 $\mathscr{G}^{(1)},\mathscr{G}^{(2)},\cdots,\mathscr{G}^{(i)}$（$i \in \{1, 2, \cdots, k\}$）是一组动态图。图分类问题指的是将每个动态图 $\mathscr{G}^{(i)}$ 归入预定义的类别 C。

链接预测： 链接预测问题指的是预测动态图的节点之间新的链接。在内插设定下，目标是预测在时间戳 $t_0 \geqslant t \geqslant \tau$（或 t_0 和 τ 之间的某个时间间隔）的两个节点 v_i 和 v_j 之间是否有一条边（假设在时间 t 存在节点 v_i 和节点 v_j）。插值问题也被称为**补全**问题，可用于预测缺失的链接。在外推设定下，目标是预测在时间戳 $t > \tau$（或 τ 之后的某个时间间隔）的两个节点 v_i 和 v_j 之间是否有一条边，同样需要假设在时间 t 存在节点 v_i 和节点 v_j。

时间预测： 时间预测问题指的是预测一个事件何时发生或何时将发生。在内插设定下（有时称为**时间范围**），目标是预测事件发生的时间 $t_0 \geqslant t \geqslant \tau$（如两个节点 v_i 和 v_j 何时开始或结束连接）。在外推设定下（有时称为**事件时间预测**），目标是预测事件将要发生的时间 $t > \tau$（如节点 v_i 和节点 v_j 何时将连接）。

直推式与归纳式： 上述关于节点分类/回归、链接预测和时间预测的问题定义对应直推式设定，在测试时，我们将对训练期间已经观测的实体进行预测。而在归纳式设定下，在测试时，我们需要提供关于以前未见过的实体（或全新的图）的信息，并对这些实体进行预测〔详见（Hamilton et al，2017b；Xu et al，2020a；Albooyeh et al，2020）〕。图分类任务在本质上是归纳式的，因为需要在测试时对以前未见过的图进行预测。

15.4　用图神经网络对动态图进行建模

在 15.2.1 节中，我们介绍了如何在静态图 $\mathscr{G}$ 上应用 GNN 以提供嵌入矩阵 $\boldsymbol{Z} \in \mathbb{R}^{n \times d'}$。其中，$n$ 是节点数；d' 是嵌入维度；$\boldsymbol{Z}_i$ 代表第 i 个节点 v_i 的嵌入，可以用于预测。对于动态图，我们希望扩展 GNN 以获得对于任何时间 t 的嵌入 $\boldsymbol{Z}^{(t)} \in \mathbb{R}^{n_t \times d'}$，其中，$n_t$ 是图在时间 t 的节点数，$\boldsymbol{Z}_i^{(t)}$ 则捕捉了第 i 个节点 v_i 在时间 t 的信息。在本节中，我们将回顾 GNN 的几个类似扩展。我们主要介绍动态图模型的编码器部分，解码器和损失函数的定义与 15.2.3 节介绍的类似。

15.4.1　将动态图转换为静态图

在动态图上应用 GNN 的一种简单但有时很有效的方法是首先将动态图转换为静态图，然后将 GNN 应用于得到的静态图。这种方法的主要好处是简单，并且让我们能够使用大量的 GNN 模型和技术来处理静态图。然而，这种方法的缺点是可能会造成信息损失。在接下来的内容中，我们将介绍两种转换方法。

时间性聚合： 我们首先描述一种特定类型的动态图的时间性聚合，然后解释如何将其泛化到更普遍的情况。考虑一个 DTDG：$[\mathscr{G}^{(1)},\mathscr{G}^{(2)},\cdots,\mathscr{G}^{(\tau)}]$。其中，$\mathscr{G}^{(t)} = (\mathscr{V}^{(t)}, \boldsymbol{A}^{(t)}, \boldsymbol{X}^{(t)})$，

$\mathscr{V}^{(1)}=\cdots=\mathscr{V}^{(\tau)}=\mathscr{V}$，$\boldsymbol{X}^{(1)}=\cdots=\boldsymbol{X}^{(\tau)}=\boldsymbol{X}$（换言之，节点及其特征随时间固定，只有邻接矩阵会发生变化）。注意，在这种情况下，邻接矩阵具有相同的形状。将这个 DTDG 转换为静态图的一种方法是通过加权聚合邻接矩阵，如下所示：

$$\boldsymbol{A}^{(\mathrm{agg})}=\sum_{t=1}^{\tau}\phi(t,\tau)\boldsymbol{A}^{(t)} \tag{15.16}$$

其中，$\phi:\mathbb{R}\times\mathbb{R}\rightarrow\mathbb{R}$ 提供 t 邻接矩阵的权重作为 t 和 τ 的函数。对于外推问题，ϕ的常见选择是 $\phi(t,\tau)=\exp(-\theta(\tau-t))$，对应于旧邻接矩阵的重要性呈指数衰减（Yao et al，2016）。在这里，θ是控制重要性衰减速度的超参数。对于要对时间 $1\leqslant t'\leqslant\tau$ 进行预测的内插问题，可以将函数定义为 $\phi(t,t')=\exp(-\theta|t'-t|)$，对应于当邻接矩阵距离 t'越来越远时，邻接矩阵的重要性呈指数衰减。通过这种聚合，我们可以把上面的 DTDG 转换成静态图 $\mathscr{G}=(\mathscr{V},\boldsymbol{A}^{(\mathrm{agg})},\boldsymbol{X})$，然后应用静态 GNN 模型进行预测。需要注意的是，由于聚合的邻接矩阵是加权的（$\boldsymbol{A}^{(\mathrm{agg})}\in\mathbb{R}^{n\times n}$），因此我们只可以使用能够处理加权图的 GNN 模型。

在节点特征也发生变化的情况下，我们可以使用与式（15.16）类似的聚合，并根据 $[\boldsymbol{X}^{(1)},\boldsymbol{X}^{(2)},\cdots,\boldsymbol{X}^{(\tau)}]$ 计算 $\boldsymbol{X}^{(\mathrm{agg})}$。在添加和删除节点的情况下，一种可能的聚合方式如下。设 $\mathscr{V}^{(s)}=\{v|v\in\mathscr{V}^{(1)}\cup\mathscr{V}^{(2)}\cup\cdots\cup\mathscr{V}^{(\tau)}\}$ 代表整个时间内存在的所有节点的集合。我们可以首先将每个 $\boldsymbol{A}^{(t)}$ 扩展为 $\mathbb{R}^{|\mathscr{V}^{(s)}|\times|\mathscr{V}^{(s)}|}$ 中的一个矩阵，其中，对应于任何节点 $v\notin\mathscr{V}^{(t)}$ 的行和列的值都是 0。特征向量可以用类似的方法展开。然后，将式（15.16）应用于扩展后的邻接矩阵和特征矩阵。对于 CTDG 也可以进行类似的聚合，方法是首先将其转换为 DTDG（见 15.3.1 节），然后应用式（15.16）。

例 15.4 考虑一个带有图 15.3 所示三个快照的 DTDG。设 $\mathscr{V}^{(s)}=\{v_1,v_2,v_3,v_4\}$。首先给 $\boldsymbol{A}^{(1)}$ 增加一行和一列的 0，并给 $\boldsymbol{X}^{(1)}$ 增加一行的 0。然后使用式（15.16）和一些 θ 值来计算 $\boldsymbol{A}^{(\mathrm{agg})}$ 和 $\boldsymbol{X}^{(\mathrm{agg})}$。最后在聚合图上应用 GNN。

时间解卷。将动态图转换为静态图的另一种方法是解卷动态图，并在不同的时间连接对应于同一对象的节点。考虑一个 DTDG：$[\mathscr{G}^{(1)},\mathscr{G}^{(2)},\cdots,\mathscr{G}^{(\tau)}]$。设 $\mathscr{G}^{(t)}=(\mathscr{V}^{(t)},\boldsymbol{A}^{(t)},\boldsymbol{X}^{(t)})$，$t\in\{1,2,\cdots,\tau\}$。设 $\mathscr{G}^{(s)}=(\mathscr{V}^{(s)},\boldsymbol{A}^{(s)},\boldsymbol{X}^{(s)})$ 代表根据这个 DTDG 生成的静态图。设 $\mathscr{V}^{(s)}=\{v^{(t)}\mid v\in\mathscr{V}^{(t)}(t\in\{1,2,\cdots,\tau\}\}$）。也就是说，每个节点 $v\in\mathscr{V}^{(t)}$ 在每个时间戳 $t\in\{1,\cdots,\tau\}$ 都会成为 $\mathscr{V}^{(s)}$ 中的一个新节点 $v^{(t)}$（因此，$\left|\mathscr{V}^{(s)}\right|=\sum_{t=1}^{\tau}\left|\mathscr{V}^{(t)}\right|$）。请注意，这与我们构建 $\mathscr{V}^{(s)}$ 时采用的方式不同：在这里，每个时间戳的每个节点都会成为 $\mathscr{V}^{(s)}$ 中的一个节点；而在时间性聚合中，我们采用的是跨时间戳的节点的并集。对于每个节点 $v^{(t)}\in\mathscr{V}^{(s)}$，我们让 $v^{(t)}$ 在 $\boldsymbol{X}^{(s)}$ 中的特征与其在 $\boldsymbol{X}^{(t)}$ 中的特征相同。如果两个节点 v_i和$v_j\in\mathscr{V}^{(t)}$ 是根据 $\boldsymbol{A}^{(t)}$ 连接的，就连接 $\boldsymbol{A}^{(s)}$ 中相应的节点。我们还将每个节点 $v^{(t)}$ 与 $t'\in\{\max(1,t-\omega),\cdots,t-1\}$ 的节点 $v^{(t')}$ 相连，所以对应于时间 t 的实体的节点会被连接到对应于前ω个时间戳的同一个实体的节点，其中，ω是超参数。我们可以根据 t 和 t' 之间的差异为 $\boldsymbol{A}^{(s)}$ 中的这些时间边分配不同的权重（如指数衰减权重）。在构建静态图 $\mathscr{G}^{(s)}$ 之后，便可以对其应用 GNN 模型。例如，我们可以使用得到的这些 $v^{(t)}$ 节点（即 DTDG 的时间戳 t 对应的节点）的嵌入来对节点进行预测。

例 15.5　图 15.4 提供了一个通过时间解卷将 DTDG（ω=1）转换为静态图的示例。由于这个图从总体上有 11 个节点，因此 $\boldsymbol{A}^{(s)} \in \mathbb{R}^{11\times 11}$。节点特征采用图 15.3 中的设定，例如，$v_1^{(2)}$ 的特征值为 0.1 和 2。

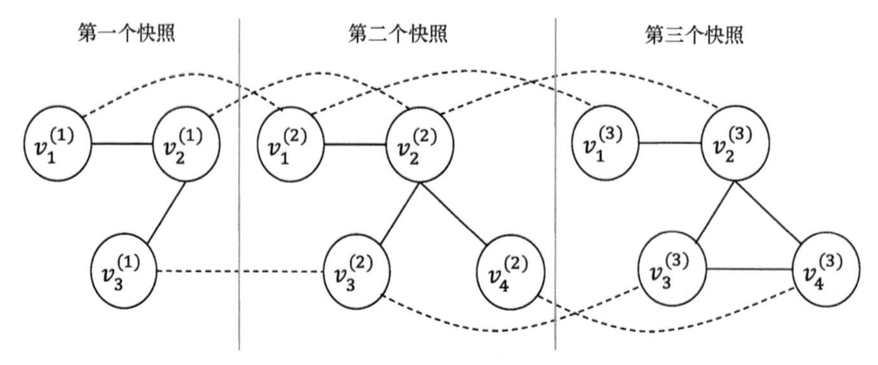

图 15.4　通过时间解卷将 DTDG 转换为静态图的一个示例。实线代表图中不同时间戳的边，虚线代表新添加的边。在这个示例中，每个节点只在前一个时间戳与对应于同一实体的节点相连（$\omega=1$）

15.4.2　用于 DTDG 的图神经网络

开发 DTDG 模型的一种自然方式是将 GNN 与序列模型相结合：GNN 捕捉节点连接中的信息，序列模型捕捉演变中的信息。现有文献中关于动态图的大量工作都遵循这种方式，参见（Seo et al，2018；Manessi et al，2020；Xu et al，2019a）。本节将介绍一些将 GNN 与序列模型相结合的通用方法。

GNN-RNN：给定一个 DTDG：$[\mathcal{G}^{(1)}, \mathcal{G}^{(2)}, \cdots, \mathcal{G}^{(\tau)}]$。其中，对于每个 $t \in \{1, 2, \cdots, \tau\}$，$\mathcal{G}^{(t)} = (\mathcal{V}^{(t)}, \boldsymbol{A}^{(t)}, \boldsymbol{X}^{(t)})$。假设我们想要根据 t 观测时或 t 观测前的观测值，获得时间 $t \leqslant \tau$ 时的节点嵌入。为简单起见，假设 $\mathcal{V}^{(1)} = \mathcal{V}^{(2)} = \cdots = \mathcal{V}^{(\tau)} = \mathcal{V}$，也就是假设节点在整个时间段内是相同的（在节点改变的情况下，我们可以使用类似于例 15.4 中采用的策略）。

我们可以对每个 $\mathcal{G}^{(t)}$ 应用 GNN，从而得到隐含表征矩阵 $\boldsymbol{Z}^{(t)}$，其中的行对应于节点嵌入。然后，对于第 i 个节点 v_i，我们得到嵌入序列 $[\boldsymbol{Z}_i^{(1)}, \boldsymbol{Z}_i^{(2)}, \cdots, \boldsymbol{Z}_i^{(\tau)}]$。这些嵌入还不包含时间信息。为了将 DTDG 的时间方面纳入嵌入并获得节点 v_i 在时间 t 的时态嵌入（temporal embedding），我们可以将嵌入序列 $[\boldsymbol{Z}_i^{(1)}, \boldsymbol{Z}_i^{(2)}, \cdots, \boldsymbol{Z}_i^{(t)}]$ 送入式（27.1）定义的 RNN 模型中，也就是用 $\boldsymbol{Z}^{(t)}$ 代替 $\boldsymbol{X}^{(t)}$，并用 RNN 模型的隐含表征作为节点 v_i 的时态嵌入。其他节点的时态嵌入也可以通过将 GNN 模型生成的嵌入序列送入同一个 RNN 模型来获得。下面的公式描述了 GNN-RNN 模型的一个变体，其中，GNN 是一个 GCN〔定义在式（15.1）中〕，RNN 是一个 LSTM 模型，LSTM 操作被同时应用于所有节点嵌入（逐个对 $t \in [1, 2, \cdots, \tau]$ 进行应用）。

$$\boldsymbol{Z}^{(t)} = \mathrm{GCN}(\boldsymbol{X}^{(t)}, \boldsymbol{A}^{(t)}) \tag{15.17}$$

$$\boldsymbol{I}^{(t)} = \sigma(\boldsymbol{Z}^{(t)}\boldsymbol{W}^{(ii)} + \boldsymbol{H}^{(t-1)}\boldsymbol{W}^{(ih)} + \boldsymbol{b}^{(i)}) \tag{15.18}$$

$$\boldsymbol{F}^{(t)} = \sigma(\boldsymbol{Z}^{(t)}\boldsymbol{W}^{(fi)} + \boldsymbol{H}^{(t-1)}\boldsymbol{W}^{(fh)} + \boldsymbol{b}^{(f)}) \tag{15.19}$$

$$\boldsymbol{C}^{(t)} = \boldsymbol{F}^{(t)} \odot \boldsymbol{C}^{(t-1)} + \boldsymbol{I}^{(t)} \odot \tanh(\boldsymbol{Z}^{(t)}\boldsymbol{W}^{(ci)} + \boldsymbol{H}^{(t-1)}\boldsymbol{W}^{(ch)} + \boldsymbol{b}^{(c)}) \tag{15.20}$$

$$\boldsymbol{O}^{(t)} = \sigma(\boldsymbol{Z}^{(t)}\boldsymbol{W}^{(oi)} + \boldsymbol{H}^{(t-1)}\boldsymbol{W}^{(oh)} + \boldsymbol{b}^{(o)}) \tag{15.21}$$

$$\boldsymbol{H}^{(t)} = \boldsymbol{O}^{(t)} \odot \tanh(\boldsymbol{C}^{(t)}) \tag{15.22}$$

其中，与式（15.7）～式（15.11）类似，$\boldsymbol{I}^{(t)}$、$\boldsymbol{F}^{(t)}$ 和 $\boldsymbol{O}^{(t)}$ 分别表示节点的输入门、遗

忘门和输出门，$\boldsymbol{C}^{(t)}$ 是记忆单元，$\boldsymbol{H}^{(t)}$ 是对应于前 t 个观测值的嵌入序列的隐含状态，$\boldsymbol{W}^{(..)}$ 和 $\boldsymbol{b}^{(.)}$ 是权重矩阵和偏置向量。在上述公式中，当我们将矩阵 $\boldsymbol{Z}^{(t)}\boldsymbol{W}^{(.i)}+\boldsymbol{H}^{(t-1)}\boldsymbol{W}^{(.h)}$ 与偏置向量 $\boldsymbol{b}^{(.)}$ 相加时，偏置向量 $\boldsymbol{b}^{(.)}$ 会被加到矩阵的每一行。$\boldsymbol{H}^{(0)}$ 和 $\boldsymbol{C}^{(0)}$ 可以用 0 来初始化，也可以从数据中学习得到。$\boldsymbol{H}^{(t)}$ 对应于时间 t 的时间节点嵌入，可以用于预测。我们可以将上面的公式总结为

$$\boldsymbol{Z}^{(t)}=\text{GCN}(\boldsymbol{X}^{(t)},\boldsymbol{A}^{(t)}) \tag{15.23}$$

$$\boldsymbol{H}^{(t)},\boldsymbol{C}^{(t)}=\text{LSTM}(\boldsymbol{Z}^{(t)},\boldsymbol{H}^{(t-1)},\boldsymbol{C}^{(t-1)}) \tag{15.24}$$

以类似的方式，我们可以构建 GNN-RNN 模型的其他变体，如 GCN-GRU、GAT-LSTM、GAT-RNN 等。图 15.5 对 GCN-LSTM 模型做了概述。

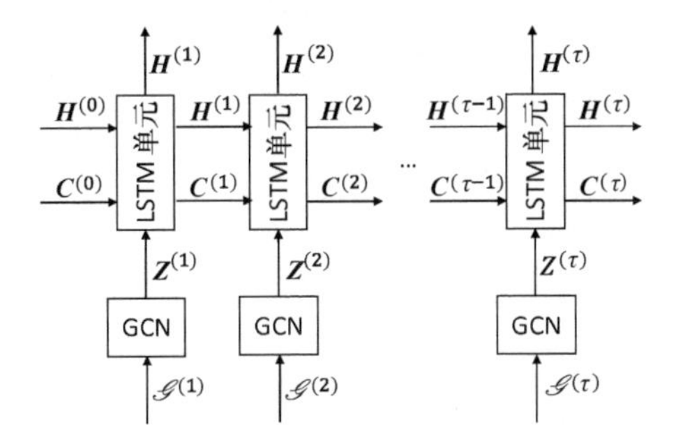

图 15.5 GCN-LSTM 模型以序列 $\mathscr{G}^{(1)},\mathscr{G}^{(2)},\cdots,\mathscr{G}^{(\tau)}$ 为输入，并将生成的隐含表征 $\boldsymbol{H}^{(1)},\boldsymbol{H}^{(2)},\cdots,\boldsymbol{H}^{(\tau)}$ 作为输出。式（15.18）~式（15.22）描述了 LSTM 单元中发生的操作

RNN-GNN：在图结构随时间固定的情况下（$\boldsymbol{A}^{(1)}=\cdots=\boldsymbol{A}^{(\tau)}=\boldsymbol{A}$），由于只有节点特征发生变化，与其先应用 GNN 模型，再应用序列模型来获得时间节点嵌入，不如先应用序列模型来捕获节点特征的时间演变，再应用 GNN 模型来捕获节点之间的关联性。我们可以通过使用不同的 GNN 和序列模型（如 LSTM-GCN、LSTM-GAT、GRU-GCN 等）来创建这个通用模型的不同变体。LSTM-GCN 模型的公式如下：

$$\boldsymbol{H}^{(t)},\boldsymbol{C}^{(t)}=\text{LSTM}(\boldsymbol{X}^{(t)},\boldsymbol{H}^{(t-1)},\boldsymbol{C}^{(t-1)}) \tag{15.25}$$

$$\boldsymbol{Z}^{(t)}=\text{GCN}(\boldsymbol{H}^{(t)},\boldsymbol{A}) \tag{15.26}$$

其中，$\boldsymbol{Z}^{(t)}$ 包含时间 t 的时间节点嵌入。请注意，RNN-GNN 仅适用于邻接矩阵不随时间变化的情况；否则，RNN-GNN 无法捕捉到图结构演变中的信息。

GNN-BiRNN 和 BiRNN-GNN：在使用 GNN-RNN 或 RNN-GNN 模型的情况下，获得的节点嵌入 $\boldsymbol{H}^{(t)}$ 包含 t 观测时或 t 观测前的观测值，这适用于外推问题。然而，对于内插问题（例如，预测时间戳 $t\leqslant\tau$ 时边之间缺失的链接），我们可能想使用 t 观测前、t 观测时或 t 观测后的观测值。实现这一点的一种可能的方法是将 GNN 与 BiRNN 相结合，这样 BiRNN 不仅提供 t 观测时或 t 观测前的观测结果，也提供 t 观测后的信息。

GNN-Transformer：可以采用类似于 GNN-RNN 的方式将 GNN 与 Transformer 模型结合起来。为此，首先将 GNN 应用于每个 $\mathscr{G}^{(t)}$，得到隐含表征矩阵 $\boldsymbol{Z}^{(t)}$，其中的行对应于节点嵌入。然后，对于第 i 个实体 v_i，创建矩阵 $\boldsymbol{H}^{(0,i)}$，使得 $\boldsymbol{H}_t^{(0,i)}=\boldsymbol{Z}_i^{(t)}+\boldsymbol{p}^{(t)}$（或 $\boldsymbol{H}_t^{(0,i)}=\boldsymbol{Z}_i^{(t)}\boldsymbol{p}^{(t)}$），其中，$\boldsymbol{p}^{(t)}$ 是 t 的位置编码向量。也就是说，$\boldsymbol{H}^{(0,i)}$ 的第 t 行包含通过在 $\mathscr{G}^{(t)}$ 上应用 GCN 模型得到的节点 v_i 的嵌入 $\boldsymbol{Z}^{(t)}$ 以及位置编码。$\boldsymbol{H}^{(0,i)}$ 中的上标 0 表明 $\boldsymbol{H}^{(0,i)}$ 对应于第 0（编号从

0 开始）层的 Transformer 模型的输入。一旦有了 $\boldsymbol{H}^{(0,i)}$，我们就可以应用 L 层的 Transformer 模型〔见式（15.2）、式（15.3）和式（15.12）〕来获得 $\boldsymbol{H}^{(L,i)}$，其中，$\boldsymbol{H}_t^{(L,i)}$ 对应于节点 v_i 在时间 t 的时间节点嵌入。对于外推问题，式（15.3）中的 $\tilde{\boldsymbol{A}}$ 是一个下三角矩阵，如果 $i \leqslant j$，则 $\tilde{\boldsymbol{A}}_{i,j}=1$，否则为 0；对于内插问题，$\tilde{\boldsymbol{A}}$ 是一个全 1 矩阵。GNN-Transformer 模型的变体可以用以下公式来描述：

$$\boldsymbol{Z}^{(t)}=\mathrm{GCN}(\boldsymbol{X}^{(t)},\boldsymbol{A}^{(t)}),\ t\in\{1,2,\cdots,\tau\} \tag{15.27}$$

$$\boldsymbol{H}_t^{(0,i)}=\boldsymbol{Z}_i^{(t)}+\boldsymbol{p}^{(t)},\ t\in\{1,2,\cdots,\tau\},\ i\in\{1,2,\cdots,|\mathscr{V}|\} \tag{15.28}$$

$$\boldsymbol{H}^{(L,i)}=\text{Transformer}\,(\boldsymbol{H}^{(0,i)},\widetilde{\boldsymbol{A}}),\ i\in\{1,2,\cdots,|\mathscr{V}|\} \tag{15.29}$$

GNN-CNN：与 GNN-RNN 和 GNN-Transformer 模型类似，我们也可以将 GNN 与 CNN 相结合。其中，GNN 提供$[\boldsymbol{Z}^{(1)},\boldsymbol{Z}^{(2)},\cdots,\boldsymbol{Z}^{(t)}]$。首先，将每个节点 v_i 的嵌入$[\boldsymbol{Z}_i^{(1)},\boldsymbol{Z}_i^{(2)},\cdots,\boldsymbol{Z}_i^{(t)}]$堆叠成矩阵 $\boldsymbol{H}^{(0,i)}$，这类似于 GNN-Transformer 模型，然后将一个一维的 CNN 模型应用于 $\boldsymbol{H}^{(0,i)}$（见 15.2.2 节）以生成最终的节点嵌入。

创建更深的模型：考虑图 15.5 中的 GCN-LSTM 模型，其中，GCN 模块的输出是一个序列$[\boldsymbol{Z}^{(1)},\boldsymbol{Z}^{(2)},\cdots,\boldsymbol{Z}^{(\tau)}]$，LSTM 模块的输出是一个由隐含表征矩阵组成的序列$[\boldsymbol{H}^{(1)},\boldsymbol{H}^{(2)},\cdots,\boldsymbol{H}^{(\tau)}]$。我们把 GCN 模块的输出称为$[\boldsymbol{Z}^{(1,1)},\boldsymbol{Z}^{(1,2)},\cdots,\boldsymbol{Z}^{(1,\tau)}]$，并把 LSTM 模块的输出称为$[\boldsymbol{H}^{(1,1)},\boldsymbol{H}^{(1,2)},\cdots,\boldsymbol{H}^{(1,\tau)}]$，其中的标号 1 表示它们是在第 1 层创建的隐含表征。首先，我们可以将每个 $\boldsymbol{H}^{(1,t)}$ 视为 $\mathscr{G}^{(t)}$ 中节点的新特征，并再次运行 GCN 模块（采用与初始 GCN 不同的参数）以获得$[\boldsymbol{Z}^{(2,1)},\boldsymbol{Z}^{(2,2)},\cdots,\boldsymbol{Z}^{(2,\tau)}]$。然后使用 LSTM 模块操作这些矩阵以生成$[\boldsymbol{H}^{(2,1)},\boldsymbol{H}^{(2,2)},\cdots,\boldsymbol{H}^{(2,\tau)}]$。接下来堆叠 L 个这样的 GCN-LSTM 块，并将生成的$[\boldsymbol{H}^{(L,1)},\boldsymbol{H}^{(L,2)},\cdots,\boldsymbol{H}^{(L,\tau)}]$作为输出。最后，这些隐含表征矩阵可以用来对节点进行预测。上述模型的第 l 层可以表述如下（逐个对 $t\in[1,2,\cdots,\tau]$ 进行应用）。

$$\boldsymbol{Z}^{(l,t)}=\mathrm{GCN}(\boldsymbol{H}^{(l-1,t)},\boldsymbol{A}^{(t)}) \tag{15.30}$$

$$\boldsymbol{H}^{(l,t)},\boldsymbol{C}^{(l,t)}=\mathrm{LSTM}(\boldsymbol{Z}^{(l,t)},\boldsymbol{H}^{(l,t-1)},\boldsymbol{C}^{(l,t-1)}) \tag{15.31}$$

其中，对于 $t\in\{1,2,\cdots,\tau\}$，$\boldsymbol{H}^{(0,t)}=\boldsymbol{X}^{(t)}$。以上两个公式定义了所谓的 GCN-LSTM 块，其他的块也可以用类似的组合来构建。

15.4.3　用于 CTDG 的图神经网络

最近，开发在 CTDG 上运行而非将 CTDG 转换为 DTDG（或将它们转换为静态图）的模型已经成为一些研究的主题。一类用于 CTDG 的模型是基于 15.2.2 节描述的序列模型的扩展，尤其是 RNN。这些模型背后的一般思想是按顺序消耗观测值，并在对某个节点（或是在某些工作中，对它的一个邻居节点）进行新的观测时更新该节点的嵌入。在介绍基于 GNN 的 CTDG 方法之前，我们先简要地描述一些基于 RNN 的 CTDG 模型。

给定一个 CTDG：$\mathscr{G}^{(t_0)}=(\mathscr{V}^{(t_0)},\boldsymbol{A}^{(t_0)},\boldsymbol{X}^{(t_0)})$。其中，对于所有的节点 i 和节点 j，$\boldsymbol{A}_{i,j}^{(t_0)}=0$（即没有初始边），观测 O 的唯一类型是边添加（edge addition）。由于唯一的观测类型是边添加，因此，对这个 CTDG 来说，节点及其特征在一段时间内是固定的。设 $\boldsymbol{Z}^{(t-)}$ 代表时间

t 之前的节点嵌入（最初，$\boldsymbol{Z}^{(t_0)}=\boldsymbol{X}^{(t_0)}$ 或 $\boldsymbol{Z}^{(t_0)}=\boldsymbol{X}^{(t_0)}\boldsymbol{W}$，其中，$\boldsymbol{W}$ 是具有可学习参数的权重矩阵）。在对两个节点 v_i 和 $v_j\in\mathscr{V}$ 之间新的有向边进行观测（AddEdge, (v_i,v_j), t）时，Kumar et al（2019b）开发的模型对节点 v_i 和节点 v_j 的嵌入做了如下更新：

$$\boldsymbol{Z}_i^{(t)}=\mathrm{RNN}_{\mathrm{source}}((\boldsymbol{Z}_j^{(t-)}\|\Delta t_i\|\boldsymbol{f}),\boldsymbol{Z}_i^{(t-)}) \tag{15.32}$$

$$\boldsymbol{Z}_j^{(t)}=\mathrm{RNN}_{\mathrm{target}}((\boldsymbol{Z}_i^{(t-)}\|\Delta t_j\|\boldsymbol{f}),\boldsymbol{Z}_j^{(t-)}) \tag{15.33}$$

其中，$\mathrm{RNN}_{\mathrm{source}}$ 和 $\mathrm{RNN}_{\mathrm{target}}$ 是两个具有不同权重的 RNN①，Δt_i 和 Δt_j 分别代表自节点 v_i 和节点 v_j 互动以来经过的时间②，$\boldsymbol{f}$ 代表对应于边特征（如果有的话）的特征向量，$\|$表示并置，$\boldsymbol{Z}_i^{(t)}$ 和 $\boldsymbol{Z}_j^{(t)}$ 代表时间 t 的更新嵌入。第一个 RNN 将一个新的观测（$\boldsymbol{Z}_j^{(t-)}\|\Delta t_i\|\boldsymbol{f}$）和一个节点之前的隐含状态 $\boldsymbol{Z}_i^{(t-)}$ 作为输入，并提供一个更新的表征（第二个 RNN 也是如此）。除学习上面的时态嵌入 $\boldsymbol{Z}^{(t)}$ 以外，Kumar et al（2019b）还为每个实体学习了另一个嵌入向量，该向量不随时间变化并捕捉节点的静态特征。他们然后将这两个嵌入并置，以生成用于预测的最终嵌入。

Trivedi et al（2017）采用类似的策略来开发具有多关系图的 CTDG 模型。其中，只要两个自定义的 RNN 观测到源节点和目标节点之间存在新的有标签边，它们的节点嵌入就会被更新。Trivedi et al（2019）开发了一个与上述模型类似但在本质上更接近于 GNN 的模型。在观测（AddEdge, (v_i, v_j), t）时，他们按照如下公式更新节点 v_i 的嵌入（对节点 v_j 也是如此）：

$$\boldsymbol{Z}_i^{(t)}=\mathrm{RNN}(z_{\mathcal{N}}((v_j)\Delta t_i),\boldsymbol{Z}_i^{(t-)}) \tag{15.34}$$

其中，$z_{\mathcal{N}}(v_j)$ 是一个嵌入，它是根据节点 v_j 及其邻居节点在时间 t 的嵌入的自定义注意力加权聚合计算的，而 Δt_i 的定义与式（15.32）相似。与式（15.32）不同的是，RNN 仅根据节点 v_j 的嵌入来更新节点 v_i 的嵌入。在式（15.34）中，节点 v_i 的嵌入是根据节点 v_j 的一阶邻域的嵌入聚合来更新的，这使得该模型在本质上更接近于 GNN。

许多现有的基于 RNN 的 CTDG 方法只计算基于其邻居节点（或与之相距 1 跳的节点）的嵌入，而没有考虑到多跳以外的节点。下面我们描述一个基于 GNN 的 CTDG 模型，名为**时空图注意力网络**（Temporal Graph Attention Network，TGAT）（Xu et al，2020a），该模型基于节点的 k 跳邻域（即基于最多 k 跳的节点）计算节点嵌入。作为一个基于 GNN 的 CTDG 模型，TGAT 可以为添加到图中的新节点学习嵌入，并可用于归纳式环境。在测试时，TGAT 将对以前未见过的节点进行预测。

与 Transformer 模型类似，TGAT 移除了**循环**，取而代之的是依靠自注意力和位置编码对连续时间进行编码的一个扩展，名为 Time2Vec。在 Time2Vec（Kazemi et al，2019）中，时间 t〔或式（15.32）和式（15.34）中的时间差值〕表示向量 $z^{(t)}$，定义如下：

$$z_i^{(t)}=\begin{cases}\omega_i t+\varphi_i & ,i=0\\ \sin(\omega_i t+\varphi_i) & ,1\leqslant i\leqslant k\end{cases} \tag{15.35}$$

其中，ω 和 φ 是带有可学习参数的向量。TGAT 利用了 Time2Vec 的一种特定情况，其

① 使用两个 RNN 是为了让有向图的源节点和目标节点在进行观测（AddEdge, (v_i, v_j), t）时有不同的更新。如果图是无向的，则可以使用一个 RNN。

② 如果这是节点 v_i（或节点 v_j）的第一次交互，那么 Δt_i（或 Δt_j）可以是自 t_0 以来经过的时间。

中移除了线性项，参数 φ 被固定为 0 和 $\frac{\pi}{2}$，类似于式（15.13）。关于这种时间编码的更多理论和实践动机，请参考（Kazemi et al，2019；Xu et al，2020a）。

下面我们描述 TGAT 如何计算节点嵌入。对于节点 v_i 和时间戳 t，设 $\mathcal{N}_i^{(t)}$ 代表在时间 t 或之前与节点 v_i 互动的节点集合以及时间戳。$\mathcal{N}_i^{(t)}$ 中的每个元素使用的都是 (v_j,t_k) 的形式，其中 $t_k \leqslant t$。TGAT 的第 l 层通过以下步骤计算节点 v_i 在时间 t 的嵌入 $\boldsymbol{h}^{(t,l,i)}$。

（1）对于任意节点 v_i，$\boldsymbol{h}^{(t,0,i)}$（对应于在时间 t 时，节点 v_i 在第 0 层的嵌入）被假定对于 t 的任何值都等于 $\boldsymbol{X}_i$。

（2）创建一个具有 $\left|\mathcal{N}_i^{(t)}\right|$ 行的矩阵 $\boldsymbol{K}^{(t,l,i)}$，使得对于每个 $(v_j,t_k)\in\mathcal{N}_i^{(t)}$，$\boldsymbol{K}^{(t,l,i)}$ 中存在一行 $(\boldsymbol{h}^{(t_k,l-1,j)} \| \boldsymbol{z}^{(t-t_k)})$。其中，$\boldsymbol{h}^{(t_k,l-1,j)}$ 对应的是节点 v_j 在与节点 v_i 相互作用的时间 t_k，在第 $(l-1)$ 层的嵌入；$\boldsymbol{z}^{(t-t_k)}$ 是对时间差值 $(t-t_k)$ 的编码，如式（15.35）所示。请注意，每个 $\boldsymbol{h}^{(t_k,l-1,j)}$ 都是用这里概述的相同步骤**循环**计算的。

（3）向量 $\boldsymbol{q}^{(t,l,i)}$ 被计算为 $(\boldsymbol{h}^{(t,l-1,i)}\boldsymbol{z}^{(0)})$。其中，$\boldsymbol{h}^{(t,l-1,i)}$ 是时间 t 的节点 v_i 在第（$l-1$）层的嵌入；$\boldsymbol{z}^{(0)}$ 是对时间差值（$t-t_k=0$）的编码，如式（15.35）所示。

（4）$\boldsymbol{q}^{(t,l,i)}$ 用于确定对应于邻居节点的表征[①] $\boldsymbol{K}^{(t,l,i)}$ 的每一行，节点 v_i 的注意力是多少。注意力权重 $\boldsymbol{a}^{(t,l,i)}$ 是用式（15.12）计算的，其中，$\boldsymbol{a}^{(t,l,i)}$ 的第 j 个元素被计算为 $\boldsymbol{a}_j^{(t,l,i)} = \alpha(\boldsymbol{q}^{(t,l,i)},\boldsymbol{K}_j^{(t,l,i)};\boldsymbol{\theta}^{(l)})$。

（5）有了注意力权重，就可以通过式（15.2）计算出节点 v_i 的表征 $\tilde{\boldsymbol{h}}^{(t,l,i)}$，其中，注意力矩阵 $\hat{\boldsymbol{A}}^{(l)}$ 被替换为注意力向量 $\boldsymbol{a}^{(t,l,i)}$。

（6）最后，利用 $\boldsymbol{h}^{(t,l,i)} = \boldsymbol{FF}^{(l)}(\boldsymbol{h}^{(t,l-1,i)}\tilde{\boldsymbol{h}}^{(t,l,i)})$ 计算第 l 层中的节点 v_i 在时间 t 的表征，其中，$\boldsymbol{FF}^{(l)}$ 是第 l 层的前馈神经网络。

一个 L 层的 TGAT 模型是根据节点的 L 跳邻域计算节点嵌入的。

假设我们在一个时间图上运行一个两层的 TGAT 模型，其中，节点 v_i 在时间 $t_1<t$ 时与节点 v_j 互动，节点 v_j 在时间 $t_2<t_1$ 时与节点 v_k 互动。嵌入 $\boldsymbol{h}^{(t,2,i)}$ 是基于嵌入 $\boldsymbol{h}^{(t_1,1,j)}$ 计算的，而嵌入 $\boldsymbol{h}^{(t_1,1,j)}$ 本身是基于嵌入 $\boldsymbol{h}^{(t_2,0,k)}$ 计算的。由于我们现在处于第 0 层，TGAT 中的 $\boldsymbol{h}^{(t_2,0,k)}$ 是用 $\boldsymbol{X}_k$ 近似计算的，因此我们忽略了节点 v_k 在时间 t_2 之前的相互作用。如果节点 v_k 在时间 t_2 之前有重要的相互作用，则这样做可能是次优的。这些相互作用因为没有反映在 $\boldsymbol{h}^{(t,1,i)}$ 上，所以也就没有反映在 $\boldsymbol{h}^{(t,2,i)}$ 上。在（Rossi et al，2020）中，他们通过使用一个循环模型（类似于本节开始时介绍的那些模型）解决了这个问题，该模型根据节点之前的局部交互随时提供节点嵌入，并用这些嵌入初始化 $\boldsymbol{h}^{(t,0,i)}$。

15.5 应用

在本节中，我们将提供一些实际应用（涉及的领域包括计算机视觉、交通预测和知识图谱），这些应用可以概括为通过 GNN 对动态图进行建模和预测。

① 为简单起见，这里描述的是 TGAT 的一个基于注意力的 GNN 单头版本，原始文献中使用的是多头版本〔详见式（15.5）〕。

15.5.1 基于骨架的人类活动识别

视频中的人类活动识别是计算机视觉领域的一个已经得到充分研究的问题，并且具有多种应用。例如，给定一个人的视频，目标是将视频中人的活动归类到预定义的类型，如**走路**、**跑步**、**跳舞**等。解决这个问题的一种可能的方法是根据人体骨架进行预测，因为骨架传递了人体动作识别的重要信息。在本节中，我们将提供这个问题的动态图表述，并介绍主要基于文献（Yan et al，2018a）中所述方法（简化版）的建模方式。

首先，我们可以把基于骨架的人类活动识别问题表述为对动态图进行推断。一段视频是一连串的帧，其中的每一帧都可以用计算机视觉技术转换为一组与骨架中的关键点相对应的 n 个节点（Cao et al，2017）。这 n 个节点都有一个特征向量，用于表示它们在图像帧中的（二维或三维）坐标。人体规定了这些关键点是如何相互连接的。有了这样的描述，我们就可以将问题表述为对由一系列图 $[\mathcal{G}^{(1)},\mathcal{G}^{(2)},\cdots,\mathcal{G}^{(\tau)}]$ 组成的 DTDG 进行推断，其中的每个图 $\mathcal{G}^{(t)}=(\mathcal{V}^{(t)},\boldsymbol{A}^{(t)},\boldsymbol{X}^{(t)})$ 对应于视频的第 t 帧，$\mathcal{V}(t)$代表第 t 帧中关键点的集合，$\boldsymbol{A}^{(t)}$ 代表连接，$\boldsymbol{X}^{(t)}$ 代表特征。图 15.6 提供了一个示例。读者可能会注意到，$\mathcal{V}^{(1)}=\mathcal{V}^{(2)}=\cdots=\mathcal{V}^{(\tau)}=\mathcal{V}$，$\boldsymbol{A}^{(1)}=\boldsymbol{A}^{(2)}=\cdots=\boldsymbol{A}^{(\tau)}=\boldsymbol{A}$，这表明节点和邻接矩阵在整个序列中保持固定，因为它们对应于关键点以及这些关键点在人体中的连接方式。例如，在图 15.6 中，编号为 3 的节点总是与编号为 2 和 4 的节点相连。然而，特征矩阵 $\boldsymbol{X}^{(t)}$ 会随着关键点的坐标在不同帧中的变化而变化。现在，我们可以将人类活动识别问题转换为将动态图归类到一组预定义的类别 C。

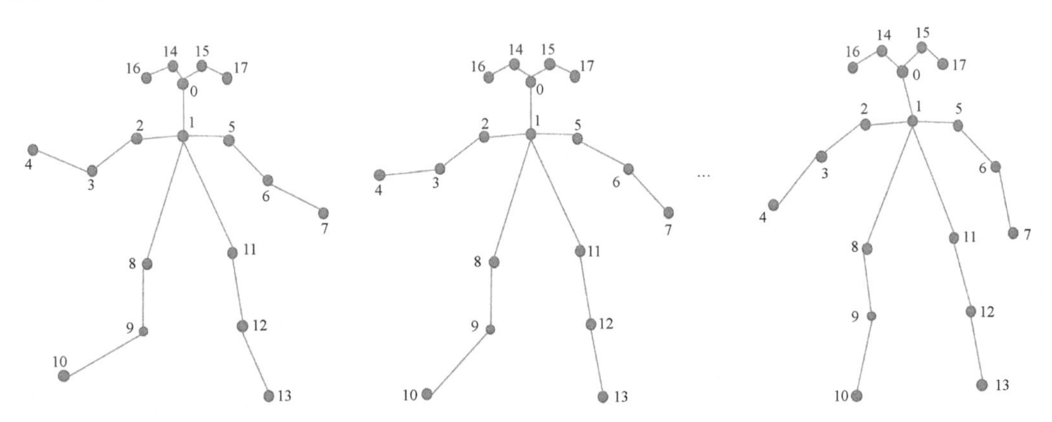

图 15.6 在人类活动视频的每个快照中，人类骨架被表征为一个图：其中的节点代表关键点，边代表这些关键点之间的联系

文献（Yan et al，2018a）中采用的方法是通过时间解卷将上述 DTDG 转换为静态图（见 15.4.1 节）。在静态图中，时间 t 的某个关键点对应的节点根据人体（或者说，按照 $\boldsymbol{A}^{(t)}$），与时间 t 的其他关键点以及代表同一关键点的节点及其在之前 w 个时间戳中的邻居节点相连。一旦构建了静态图，就可以应用 GNN 来捕捉每个关节在每个时间戳的嵌入。由于人类活动识别对应于图分类，因此解码器可能由节点嵌入的（最大、平均或其他类型的）池化层组成，以获得图嵌入，然后通过前馈网络和 Softmax 层进行类型预测。

在文献（Yan et al，2018a）所述 GNN 的第 l 层中，邻接矩阵被逐元素地乘以具有可学习参数的掩蔽矩阵 $\boldsymbol{M}^{(l)}$（即 $\boldsymbol{A}\odot\boldsymbol{M}^{(l)}$ 被用作邻接矩阵）。我们可以认为 $\boldsymbol{M}^{(l)}$ 是一个与数据无关的注意力投影，它可以学习 $\boldsymbol{A}$ 中边的权重。利用 $\boldsymbol{M}^{(l)}$，我们可以了解哪些连接对人类活动识别更重要。乘以 $\boldsymbol{M}^{(l)}$ 只允许改变 $\boldsymbol{A}$ 中边的权重，但不能添加新的边。可以说，根据人体连接关键点可能不是最佳选择，例如，双手之间的连接对于识别拍手活动很重要。在文献（Li et al，2019e）中，他们将邻接矩阵与另外两个矩阵 $\boldsymbol{B}^{(l)}$ 和 $\boldsymbol{C}^{(l)}$ 相加（也就是将 $\boldsymbol{A}+\boldsymbol{B}^{(l)}+\boldsymbol{C}^{(l)}$ 作为邻接矩阵），其中，$\boldsymbol{B}^{(l)}$ 是一个类似于 $\boldsymbol{M}^{(l)}$ 的数据无关的注意力矩阵，而 $\boldsymbol{C}^{(l)}$ 是一个数据有关的注意力矩阵。通过将矩阵 $\boldsymbol{B}^{(l)}$ 和 $\boldsymbol{C}^{(l)}$ 添加到 $\boldsymbol{A}$ 中，我们不仅可以改变 $\boldsymbol{A}$ 中边的权重，也可以添加新的边。

Shi et al（2019b）（除其他变化以外）使用了 GNN-CNN 模型，而不是像前两个研究那样通过进行时间解卷并在静态图上应用 GNN 来将动态图转换为静态图。我们也可以使用 GNN 和序列模型的其他组合（如 GNN-RNN）来获得不同时间戳的关节嵌入。请注意，人类活动识别不是一个推断问题（即目标不是根据过去预测未来）。因此，为了获得时间 t 的关节嵌入，我们不仅可以使用来自 $\mathscr{G}^{(t')}$ 的信息（其中，$t'\leqslant t$），而且可以使用来自时间戳 $t'>t$ 的信息。这可以通过使用类似 GNN-BiRNN 的模型来实现（见 15.4.2 节）。

15.5.2 交通预测

对于城市交通控制，交通预测起着至关重要的作用。为了预测一条道路未来的交通信息，我们需要考虑两个重要因素——空间依赖性和时间依赖性。不同道路的交通量在空间上是相互依赖的，因为一条道路未来的交通量取决于与它相连的其他道路的交通量。空间依赖性是关于道路网络拓扑结构的一个函数。此外，每条道路也有时间上的依赖性，因为一条道路在任何时候的交通量都取决于这条道路以前的交通量。道路的交通量还具有周期性，例如，一条道路的交通量在一天或一周中的相同时间可能是相似的。

早期的交通预测方法主要关注时间依赖性而忽略空间依赖性（Fu et al，2016）。后来的交通预测方法旨在使用卷积神经网络（CNN）来捕捉空间依赖性（Yu et al，2017b），但 CNN 通常只限于网格结构。为了能够捕捉空间和时间上的依赖性，最近的一些研究将交通预测问题表述为对动态图（特别是 DTDG）进行推断。

下面我们先来看看如何将交通预测表述为动态图上的推断问题。一种可能的表述是将每个路段看作一个节点，如果两个节点对应的路段相互交错，就将它们连接起来。节点的特征是交通流的变量（如速度、流量和密度）。边可以是有向的，例如显示单向道路的交通流；边也可以是无向的，以显示交通流是双向的。图的结构也可以随着时间的推移而改变，例如，一些路段或交叉口可能会被（临时）关闭。我们可以在固定的时间间隔内记录交通流变量以及道路和交叉口的状态，从而形成一个 DTDG；我们也可以在不同的（异步的）时间间隔内记录这些变量，从而形成一个 CTDG。预测问题是一个节点回归问题，因为我们需要预测节点的交通流；预测问题也是一个外推问题，因为我们需要预测交通流的未来状态。这个问题可以在直推式设定下进行研究，即根据一个地区的交通数据训练一个模型，并测试该模型对同一地区的预测效果；这个问题也可以在归纳式设定下进行研究，即根据多个地区的交通数据训练模型，并在新的地区对模型进行测试。

Zhao et al（2019c）提出了一个用于直推式交通预测的模型，其中，交通预测问题被表述为对具有快照序列 $[\mathscr{G}^{(1)},\mathscr{G}^{(2)},\cdots,\mathscr{G}^{(\tau)}]$ 的 DTDG 进行推断。另外，图结构被认为是固定的（即道路或交叉口没有变化），但对应交通流特征的节点特征会随时间变化。他们提出的这个模型是一个 GCN-GRU 模型（见 15.4.2 节），其中，GCN 捕捉空间依赖性，GRU 捕捉时间依赖性。在任何时间 t，这个模型都可以根据 t 观测时或 t 观测前的信息提供一个隐含表

征矩阵 $\boldsymbol{H}^{(t)}$，该矩阵的行对应于节点嵌入。接下来便可以使用这些嵌入来预测下一个时间戳的交通流。假设 $\hat{\boldsymbol{Y}}^{(t+1)}$ 代表下一个时间戳的预测值，并假设 $\boldsymbol{Y}^{(t+1)}$ 代表真实值，则我们可以通过最小化绝对误差 $\|\hat{\boldsymbol{Y}}^{(t+1)}-\boldsymbol{Y}^{(t+1)}\|$ 的 $L2$ 正则化总和来训练模型。

正如 15.2.2 节所解释的那样，基于 RNN 的模型（如上面的 GCN-GRU 模型）通常需要顺序计算，并且不适合并行化。Yu et al（2018a）使用 CNN 而不是 RNN 来捕获时间依赖性。他们提出的模型包含 CNN-GNN-CNN 的多个块，其中，GNN 是 GCN 对多维张量的泛化，而 CNN 是门控的。

到目前为止，我们所描述的两项研究都认为邻接矩阵在不同的时间戳是固定的。然而，正如前面所解释的那样，邻接矩阵可能会随着时间的推移而变化，比如由于交通事故和路障。在文献（Diao et al，2019）中，他们通过基于短期交通数据估计道路拓扑结构的变化来考虑邻接矩阵的变化。

15.5.3 时序知识图谱补全

知识图谱（Knowledge Graph，KG）是事实的数据库。一个 KG 包含一组事实，其形式为三元组 (v_i,r_j,v_k)。其中，v_i 和 v_k 分别被称为主体和客体实体，r_j 是关系。可以将一个 KG 看作一个有向多关系图，节点 $\mathscr{V}=\{v_1,v_2,\cdots,v_n\}$，关系 $R=\{r_1,r_2,\cdots,r_m\}$。一个 KG 有 m 个邻接矩阵，其中，根据三元组，第 j 个邻接矩阵对应节点间 r_j 类型的关系。

时序知识图谱（Temporal Knowledge Graph，TKG）包含一组与时间相关的事实，其中的每个事实都可能与一个时间戳相关联，这个时间戳表明了事实所描述事件发生的时间。具有单个时间戳的事实通常代表通信事件，具有时间间隔的事实通常代表关联事件（见 15.3.2 节）[①]。在这里，我们专注于具有单个时间戳的事实，对于这些事实，TKG 可以被定义为一组形式为 (v_i,r_j,v_k,t) 的 4 元组，其中，t 表示事实 (v_i,r_j,v_k) 发生的时间。根据时间戳的粒度，我们可以把 TKG 看作 DTDG 或 CTDG。

TKG 补全是指基于 TKG 中现有的时间事实来学习模型，从而回答类型为 $(v_i,r_j,?,t)$ 或 $(?,r_j,v_k,t)$ 的查询，查询的正确答案是一个实体 $v\in\mathscr{V}$，使得 (v_i,r_j,v,t) 或 (v,r_j,v_k,t) 在训练期间没有被观测到。这主要是一个内插问题，因为要根据过去、现在和未来的事实，在时间戳 t 上回答查询。目前，大多数用于 TKG 补全的模型不是基于 GNN 的〔参见（Goel et al，2020；García-Durán et al，2018；Dasgupta et al，2018；Lacroix et al，2020）〕。这里描述了一种基于 GNN 的方法，该方法主要基于文献（Wu et al，2020b）中的研究工作。

由于 TKG 对应于多关系图，因此为了开发在 TKG 上运行的基于 GNN 的模型，我们首先需要一个关系 GNN。在这里，我们描述了一个名为关系图卷积网络（Relational Graph Convolution Network，RGCN）的模型（Schlichtkrull et al，2018），不过我们也可以使用其他关系 GNN 模型〔参见（Vashishth et al，2020）〕。GCN 使用相同的权重矩阵投影一个节点的所有邻居节点（见 15.2.1 节），RGCN 则应用特定关系的投影。设 $\hat{R}$ 是一个关系集合，其包括 $R=\{r_1,\cdots,r_m\}$ 中的每一个关系以及一个自环关系 r_0。注意，每个节点只与自身之间存在关系 r_0。正如在有向图中常

① 但这并不总是正确的，因为人们可能会把一个时间间隔为[2010, 2015]（意味着从 2010 年到 2015 年）的事实（如$(v_i$, LivedIn, $v_j)$）分解为一个时间戳为 2010 年的事实（如$(v_i$, StartedLivingIn, $v_j)$）和另一个时间戳为 2015 年的事实（如$(v_i$, EndedLivingIn, $v_j)$）。

见的那样〔参见（Marcheggiani and Titov，2017）〕，特别是多关系图〔参见（Kazemi and Poole，2018）〕，对于每个关系 $r_j \in R$，我们还会在 $\hat{R}$ 中添加一个辅助关系 r_j^{-1}，其中，节点 v_i 与节点 v_k 之间存在关系 r_j^{-1}——当且仅当这两个节点之间存在关系 r_j 时。RGCN 模型的第 l 层可以描述如下：

$$\boldsymbol{Z}^{(l)} = \sigma\left(\sum_{r \in \hat{R}} \boldsymbol{D}^{(r)^{-1}} \boldsymbol{A}^{(r)} \boldsymbol{Z}^{(l-1)} \boldsymbol{W}^{(l,r)}\right) \tag{15.36}$$

其中，$\boldsymbol{A}^{(r)} \in \mathbb{R}^{n \times n}$ 代表关系 r 对应的邻接矩阵，$\boldsymbol{D}^{(r)}$ 是 $\boldsymbol{A}^{(r)}$ 的度数矩阵，$D_{i,i}^{(r)}$ 代表节点 i 的 r 型传入关系的数量，$\boldsymbol{D}^{(r)^{-1}}$ 是归一化项①，$\boldsymbol{W}^{(l,r)}$ 是第 l 层的特定关系权重矩阵，$\boldsymbol{Z}^{(l-1)}$ 代表第（l−1）层的节点嵌入，$\boldsymbol{Z}^{(l)}$ 代表第 l 层的更新节点嵌入。如果提供初始特征矩阵 $\boldsymbol{X}$ 作为输入，则 $\boldsymbol{Z}^{(0)}$ 可以设置为 $\boldsymbol{X}$；否则，$\boldsymbol{Z}^{(0)}$ 可以设置为独热编码。$\boldsymbol{Z}^{(0)}$ 是一个元素几乎为 0 的向量，除在位置 i 是 1 以外。$\boldsymbol{Z}^{(0)}$ 也可以随机初始化，然后从数据中学习得到。

在文献（Wu et al，2020b）中，TKG 被表述为由多关系图的快照序列 $[\mathscr{G}^{(1)}, \mathscr{G}^{(2)}, \cdots, \mathscr{G}^{(\tau)}]$ 组成的 DTDG。每个 $\mathscr{G}^{(t)}$ 包含相同的实体集合 $\mathscr{V}$ 和关系集合 R（对应于 TKG 中的所有实体和关系），并包含 TKG 中的在时间 t 发生的事实 (v_i, r_j, v_k, t)。然后，他们基于 TKG 的 DTDG 公式提出了 RGCN-BiGRU 和 RGCN-Transformer 模型（见 15.4.2 节）。其中，RGCN 模型提供每个时间戳的节点嵌入，BiGRU 和 Transformer 模型聚合时间信息。请注意，在每个 $\mathscr{G}^{(t)}$ 中，有可能存在几个没有传入和传出边的节点（此外也没有特征，因为 TKG 通常没有节点特征）。由于 $\mathscr{G}^{(t)}$ 中不存在关于这些节点的信息，因此 RGCN 不会为这些节点学习表征。为了处理这个问题，Wu et al（2020b）开发出特殊的 BiGRU 和 Transformer 模型来处理缺失值。

RGCN-BiGRU 和 RGCN-Transformer 模型提供了任何时间戳 t 的节点嵌入 $\boldsymbol{H}^{(t)}$。要回答诸如 $(v_i, r_j, ?, t)$ 这样的查询，可以计算每个 $v_k \in \mathscr{V}$ 的 (v_i, r_j, v_k, t) 的可信度得分，并选择可信度得分最高的实体。在上述查询中，找到实体 v_k 的可信度得分的常用方法是使用 TransE 解码器（Bordes et al，2013），利用这种方法计算出的可信度得分是 $-\left\|\boldsymbol{H}_i^{(t)} + \boldsymbol{R}_j - \boldsymbol{H}_k^{(t)}\right\|$。其中，$\boldsymbol{H}_i^{(t)}$ 和 $\boldsymbol{H}_k^{(t)}$ 对应时间 t 的节点嵌入（由 RGCN 提供）；$\boldsymbol{R}$ 是一个具有可学习参数的矩阵，共有 $m = |\boldsymbol{R}|$ 行，其中的每一行对应一个关系的嵌入。众所周知，TransE 及其扩展对关系类型和属性做了不切实际的假设（Kazemi and Poole，2018），为此，我们可以选择知识图谱嵌入社区开发的其他解码器〔比如文献（Kazemi and Poole，2018）和（Trouillon et al，2016）中介绍的模型〕。

如果 TKG 中的时间戳是离散的且数量不多，则可以使用与上述方法类似的方法来回答形如 $(v_i, r_j, v_k, ?)$ 的问题，具体做法是寻找离散时间戳集合中每个 t 的得分并选择得分最高的查询〔参见（Leblay and Chekol，2018）〕。TKG 的时间预测在外推设定中也得到了研究，其目标是预测事件未来发生的时间，这主要是通过将时序点过程（temporal point process）作为解码器来实现的〔参见（Trivedi et al，2017，2019）〕。

---

① 我们需要处理 $D_{i,i}^{(r)}$=0 的情况，以避免产生数字上的问题。

15.6 小结

基于图的技术正在成为具有关系信息的应用领域的领先方法。在这些技术中，图神经网络（GNN）是目前表现良好的方法之一。虽然 GNN 和其他基于图的技术最初主要是为静态图开发的，但把这些方法泛化到动态图是最近一些研究的主题，并且在几个重要领域获得了成功。在本章中，我们回顾了将 GNN 应用于动态图的技术，我们还回顾了动态 GNN 在不同领域的一些应用，包括计算机视觉、交通预测和知识图谱等。

编者注："唯一不变的是'变化'自身"，网络也是如此。因此，将简单的静态网络技术泛化到动态网络技术是不可避免的趋势，针对这个领域的研究正在不断进步。虽然近年来对动态网络的研究正迅速增加，但为了在第 5 章和其他章中讨论的可扩展性和有效性等关键问题上取得实质性进展，我们还需要付出更多努力。第 9 章～第 18 章涉及的技术也是如此。从根本上说，现实世界中的许多应用都需要考虑动态网络，如推荐系统（见第 19 章）和智慧城市（见第 27 章）。因此，它们也可以从动态网络技术的进步中受益。

第 16 章

异质图神经网络

Chuan Shi[①]

摘要

异质图（Heterogeneous Graph，HG）又称异质信息网络（Heterogeneous Information Network，HIN），它在现实世界的场景中无处不在。最近有人研究将图神经网络（GNN）用于异质图，出现了异质图神经网络（Heterogeneous Graph Neural Network，HGNN），旨在学习低维空间的嵌入，同时为下游任务保持异质结构和语义，HGNN 已经引起广泛关注。在本章中，我们将首先简要回顾 HG 嵌入的最新发展，然后从浅层和深度模型的角度介绍典型的方法，特别是 HGNN，最后指出这一领域未来的发展方向。

16.1 HGNN 简介

由不同类型的实体和关系组成的异质图（Sun and Han，2013）也被称为异质信息网络，它在现实世界的场景中无处不在，从文献网络、社交网络到推荐系统等。例如，在图 16.1（a）中，一个文献网络可以用 HG 表示，它由 4 种类型的实体（作者、论文、会场和术语）和 3 种类型的基本关系（作者-写作-论文、论文-包含-术语和会议-发表-论文）组成，而且这些基本关系可以进一步衍生出更复杂的语义（如作者-写作-论文-包含-术语）。人们已经充分认识到，HG 是一个包含丰富语义和结构信息的强大模型。因此，关于 HG 的研究在数据挖掘和机器学习领域得到巨大发展。HG 已经在很多方面得到成功应用，如推荐系统（Shi et al，2018a；Hu et al，2018a）、文本分析（Linmei et al，2019；Hu et al，2020a）以及网络安全（Hu et al，2019b；Hou et al，2017）等。

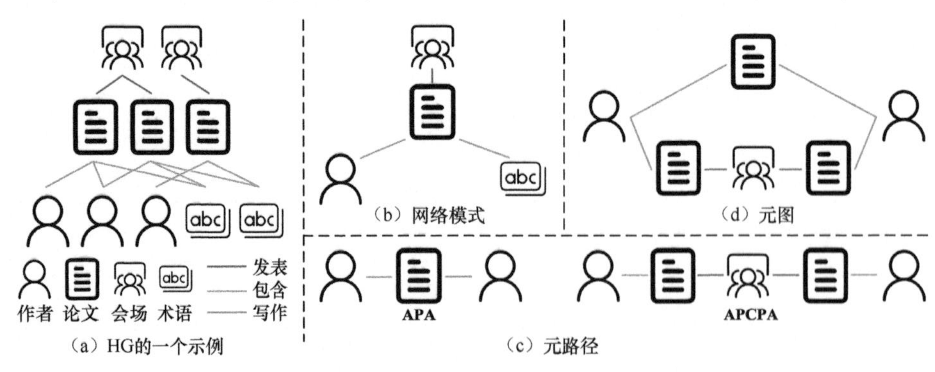

图 16.1　异质图的一个说明性示例（Wang et al，2020l）

---

① Chuan Shi
School of Computer Science，Beijing University of Posts and Telecommunications，E-mail：shichuan@bupt.edu.cn

缘于 HG 的普遍性，如何学习 HG 的嵌入是各种图分析应用中的关键研究问题，例如节点分类/图分类（Dong et al，2017；Fu et al，2017）以及节点聚类（Li et al，2019g）。传统上，矩阵分解方法（Newman，2006b）会在 HG 中生成隐含特征。然而，分解大规模矩阵的计算成本通常非常昂贵，而且存在统计性能缺陷（Shi et al，2016；Cui et al，2018）。为了应对这一挑战，近年来 HG 嵌入引起人们广泛关注。它旨在学习一个将输入空间映射到低维空间，同时保留异质结构和语义的函数。

同质图仅由一种类型的节点和边组成。尽管已经有大量关于同质图的嵌入技术研究（Cui et al，2018），但由于存在异质性，这些技术不能直接用于 HG。具体来说：（1）HG 中的结构通常是语义相关的，例如，当考虑不同类型的关系时，元路径结构（Dong et al，2017）可能会完全不同；（2）不同类型的节点和边在不同的特征空间中具有不同的属性；（3）HG 通常依赖于应用，而选择元路径/元图可能要求具备足够的领域知识。

为了解决上述问题，人们提出了各种 HG 嵌入方法（Chen et al，2018b；Hu et al，2019a；Dong et al，2017；Fu et al，2017；Wang et al，2019m；Shi et al，2018a；Wang et al，2020n）。从技术角度看，我们可以将 HG 嵌入中广泛使用的模型分为两类——浅层模型和深度模型。总之，浅层模型随机地初始化节点嵌入，然后通过优化一些精心设计的目标函数来学习节点嵌入，以保留异质结构和语义。深度模型旨在使用深度神经网络（DNN）从节点属性或交互中学习嵌入，其中 HGNN 脱颖而出。本章将重点介绍 HGNN。事实证明，HG 嵌入技术已经在现实世界的应用中部署成功，包括推荐系统（Shi et al，2018a；Hu et al，2018a；Wang et al，2020n）、恶意软件检测系统（Hou et al，2017；Fan et al，2018；Ye et al，2019a）和医疗系统（Cao et al，2020；Hosseini et al，2018）等。

本章剩余部分的内容组织如下：16.1.1 节介绍 HG 的基本概念，其中的 16.1.2 节讨论异质性给 HG 嵌入带来的独特挑战，16.1.3 节则对 HG 嵌入的最新发展进行简要概述；16.2 节和 16.3 节根据浅层模型和深度模型对 HG 嵌入进行详细分类和介绍；16.4 节进一步回顾上述模型的优缺点；16.5 节预测 HGNN 的未来研究方向。

16.1.1 HG 的基本概念

在本节中，我们将首先正式介绍 HG 的基本概念，并说明本章使用的符号。HG 是由不同类型的实体（即节点）和（或）不同类型的关系（即边）组成的图，定义如下。

定义 16.1 异质图（或异质信息网络）（Sun and Han，2013）。HG 被定义为图 $\mathscr{G}=\{\mathscr{V},\mathscr{E}\}$，其中，$\mathscr{V}$和 $\mathscr{E}$分别代表节点集合和边集合。每个节点 $v\in\mathscr{V}$和每条边 $e\in\mathscr{E}$都与它们的映射函数 $\phi(v):\mathscr{V}\rightarrow\mathscr{A}$ 和 $\varphi(e): \mathscr{E}\rightarrow\mathscr{R}$相关联。$\mathscr{A}$和 $\mathscr{R}$分别表示节点类型集合和边类型集合，其中，$|\mathscr{A}|+|\mathscr{R}|>2$。$\mathscr{G}$的**网络模式**被定义为 $\mathscr{S}=(\mathscr{A},\mathscr{R})$，可以将其看作异质图 $\mathscr{G}=\{\mathscr{V},\mathscr{E}\}$的元模板，其中具有节点类型映射函数$\phi(v): \mathscr{V}\rightarrow\mathscr{A}$和边类型映射函数 $\varphi(e): \mathscr{E}\rightarrow\mathscr{R}$。网络模式是在节点类型集合 $\mathscr{A}$上定义的图，图中的边则是 $\mathscr{R}$中的关系类型。

HG 不仅提供了数据关联的图结构，而且描绘了更高层次的语义。图 16.1（a）是 HG 的一个示例，它由 4 种类型的实体（作者、论文、会场和术语）和 3 种类型的关系（作者-写作-论文、论文-包含-术语和会议-发表-论文）组成；图 16.1（b）展示了对应的网络模式。为了制定实体间高阶关系的语义，人们进一步提出了元路径（Sun et al，2011），定义如下。

定义 16.2 元路径（Sun et al，2011）。元路径 p 基于网络模式 $\mathscr{S}$，网络模式 $\mathscr{S}$可以表

示为 $p = N_1 \xrightarrow{R_1} N_2 \xrightarrow{R_2} \cdots \xrightarrow{R_l} N_{l+1}$（可简写为 $N_1 N_2 \cdots N_{l+1}$），节点类型为 $N_1, N_2, \cdots, N_{l+1} \in \mathcal{N}$，边类型为 $R_1, R_2, \cdots, R_l \in \mathcal{R}$。

注意，不同的元路径描述了不同视图中的语义关系。例如，元路径 APA 表示共同作者关系，APCPA 表示共同会议关系，它们两者都可以用来描述作者之间的关联性。尽管元路径可以用来描述实体之间的关联性，但是它无法捕捉更复杂的关系，比如模体（motif）（Milo et al，2002）。为了解决这个问题，Huang et al（2016b）提出了元图，旨在通过实体和关系类型的有向无环图来捕捉实体之间更复杂的关系。元图的定义如下。

定义 16.3 元图（Huang et al，2016b）。元图 $\mathcal{T}$ 可以看作由多个具有共同节点的元路径组成的有向无环图（DAG）。在形式上，元图被定义为 $\mathcal{T}=(\mathcal{V}_{\mathcal{T}}, \mathcal{E}_{\mathcal{T}})$，其中，$\mathcal{V}_{\mathcal{T}}$ 是一组节点，$\mathcal{E}_{\mathcal{T}}$ 是一组边。对于任意节点 $v \in \mathcal{V}_{\mathcal{T}}$，$\phi(v) \in \mathcal{A}$；对于任意边 $e \in \mathcal{E}_{\mathcal{T}}$，$\varphi(e) \in \mathcal{R}$。

图 16.1（d）是元图的一个示例。元图可以看作元路径 APA 和 APCPA 的组合，元图反映了两个节点的高阶相似性。请注意，元图可以是对称的或不对称的（Zhang et al，2020g）。为了学习 HG 嵌入，人们形式化了 HG 嵌入的问题。

定义 16.4 HG 嵌入（Shi et al，2016）。HG 嵌入旨在学习一个函数 $\Phi: \mathcal{V} \rightarrow \mathbb{R}^d$，以便将 HG 中的节点 $v \in \mathcal{V}$ 嵌入低维欧几里得空间，且 $d \ll |\mathcal{V}|$。

16.1.2 异质性给 HG 嵌入带来的独特挑战

与 HG 嵌入不同（Cui et al，2018），同质图嵌入的基本问题是在节点嵌入中保留结构和属性（Cui et al，2018）。由于存在异质性，HG 嵌入将面临更多挑战。以下是对这些挑战的说明。

复杂的结构（由多种类型的节点和边引起的复杂的 HG 结构）。在同质图中，基本结构可以视为一阶、二阶甚至高阶结构（Tang et al，2015b）。所有这些结构都定义明确，并且具有良好的直观性。然而，HG 中的结构会因所选关系的不同而发生巨大变化。我们仍然以图 16.1（a）中的学术图为例，在“写作”的关系下，一篇论文的邻居节点会是作者；而在“包含”的关系下，一篇论文的邻居节点会是术语。更复杂的是，这些关系（在 HG 中可视为高阶结构）的组合将导致不同且更复杂的结构。因此，如何高效且有效地保留这些复杂结构是 HG 嵌入面临的巨大挑战，人们目前在元路径结构（Dong et al，2017）和元图结构（Zhang et al，2018b）方面做出了不少努力。

异质属性（由属性的异质性引起的融合问题）。由于同质图中的节点和边具有相同的类型，因此节点属性或边属性的每个维度都具有相同的含义。在这种情况下，节点可以直接融合其邻居节点的属性。然而，在 HG 中，不同类型的节点和边的属性可能具有不同的含义（Zhang et al，2019b；Wang et al，2019m）。例如，作者节点的属性可以是研究领域，而论文节点可能使用关键词作为属性。因此，如何克服属性的异质性并有效地融合邻居节点的属性，是 HG 嵌入面临的另一个挑战。

应用依赖性。HG 与现实世界中的应用密切相关，而许多实际问题仍未解决。例如，在实际应用中，构建合适的 HG 可能需要足够多的领域知识。另外，元路径/元图已被广泛用于捕捉 HG 的结构。与结构（如一阶和二阶结构）定义明确的同质图不同，在异质图中，元路径的选择可能还需要先验知识。此外，为了更好地促进实际应用，我们通常需要将附加信息（如节点属性）（Wang et al，2019m；Zhang et al，2019b）或更高级的领域知识（Shi et al，2018a；Chen and Sun，2017）精心编码到 HG 嵌入中。

16.1.3 对 HG 嵌入最新发展的简要概述

大多数关于图数据的早期工作基于高维稀疏向量进行矩阵分析。然而，现实世界中图的稀疏性和不断增长的规模给这类方法带来了严峻的挑战。一种更有效的方法是将节点投影到隐含空间，并用低维向量来表示它们。因此，它们可以更灵活地应用于不同的数据挖掘任务（如图嵌入）。

目前已经有很多致力于同质图嵌入的研究（Cui et al，2018），这些研究主要基于深度模型并结合图的属性来学习节点或边的嵌入。例如，DeepWalk（Perozzi et al，2014）结合了随机游走和 skip-gram 模型；LINE（Tang et al，2015b）利用一阶和二阶相似性来学习大规模图的突出的节点嵌入；SDNE（Wang et al，2016）使用深度自编码器来提取图结构的非线性特征。除结构信息以外，许多方法还进一步使用节点的内容或其他附加信息（如文本、图像和标签）来学习更准确和有意义的节点嵌入。一些综述论文全面总结了这一领域的研究（Cui et al，2018；Hamilton et al，2017c）。

由于存在异质性，同质图的嵌入技术不能直接用于 HG。因此，研究人员已经开始探索 HG 的嵌入方法，这些方法虽然最近几年才出现，但发展迅速。我们从技术角度总结了 HG 嵌入中广泛使用的技术（或模型），它们一般可以分为两类——浅层模型和深度模型，如图 16.2 所示。具体来说，浅层模型主要依靠元路径来简化 HG 的复杂结构。根据所涉及技术的不同，可以将浅层模型分为基于分解的方法和基于随机游走的方法两类。基于分解的方法（Chen et al，2018b；Xu et al，2017b；Shi et al，2018b，c；Matsuno and Murata，2018；Tang et al，2015a；Gui et al，2016）会将复杂的异质结构分解为几个较简单的同质结构；而基于随机游走的方法（Dong et al，2017；Hussein et al，2018）则利用元路径引导的随机游走来保留特定的一阶和高阶结构。为了充分利用异质结构和属性，我们将深度模型分为三类——基于消息传递的方法（HGNN）、基于编码器-解码器的方法和基于对抗的方法。消息传递机制（即图神经网络的核心思想）能够将结构和属性信息无缝整合。HGNN 继承了消息传递机制并设计了合适的聚合函数来捕捉 HG 中丰富的语义（Wang et al，2019m；Fu et al，2020；Hong et al，2020b；Zhang et al，2019b；Cen et al，2019；Zhao et al，2020b；Zhu et al，2019d；Schlichtkrull et al，2018）。基于编码器-解码器的方法（Tu et al，2018；Chang et al，2015；Zhang et al，2019c；Chen and Sun，2017）和基于对抗的方法（Hu et al，2018a；Zhao et al，2020c）则分别采用编码器-解码器框架和对抗性学习来保留 HG 的复杂属性和结构信息。在接下来的内容中，我们将详细介绍各子类别的代表性研究成果，并比较它们的优缺点。

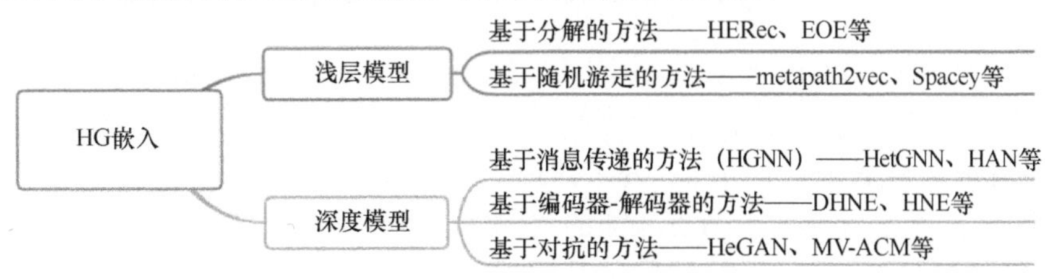

图 16.2 HG 嵌入的树分类图

16.2 浅层模型

早期的 HG 嵌入方法主要采用浅层模型。它们首先随机地初始化节点嵌入，然后通过优化一些精心设计的目标函数来学习节点嵌入。根据所涉及技术的不同，可以将浅层模型分为两类——基于分解的方法和基于随机游走的方法。

16.2.1 基于分解的方法

为了应对异质性带来的挑战，基于分解的方法（Chen et al，2018b；Xu et al，2017b；Shi et al，2018b，c；Matsuno and Murata，2018；Tang et al，2015a；Gui et al，2016）会将 HG 分解成几个更简单的子图，并保留每个子图中节点的接近性，最后合并信息以达到分而治之的效果。

具体来说，HERec（Shi et al，2018a）旨在学习不同元路径下用户和物品的嵌入，并在融合它们后进行推荐。如图 16.3 所示，HERec 首先根据用户-物品 HG 上的元路径引导的随机游走找到用户和物品的共同出现序列。然后，HERec 使用 node2vec（Grover and Leskovec，2016）从用户和物品的共同出现序列中学习初步嵌入。由于不同元路径下的嵌入包含不同的语义信息，为了提高推荐表现，他们为 HERec 设计了一个融合函数来统一多个嵌入：

$$g(\boldsymbol{h}_u^p)=\frac{1}{|p|}\sum_{p-1}^{p}(\boldsymbol{W}^p\boldsymbol{h}_u^p+\boldsymbol{b}^p) \tag{16.1}$$

其中，$\boldsymbol{h}_u^p$ 是用户节点 u 在元路径 p 下的嵌入。P 表示元路径的集合。物品嵌入的融合与用户类似。最后，HERec 通过预测层来预测用户喜欢的物品。HERec 联合优化了图嵌入和推荐目标。

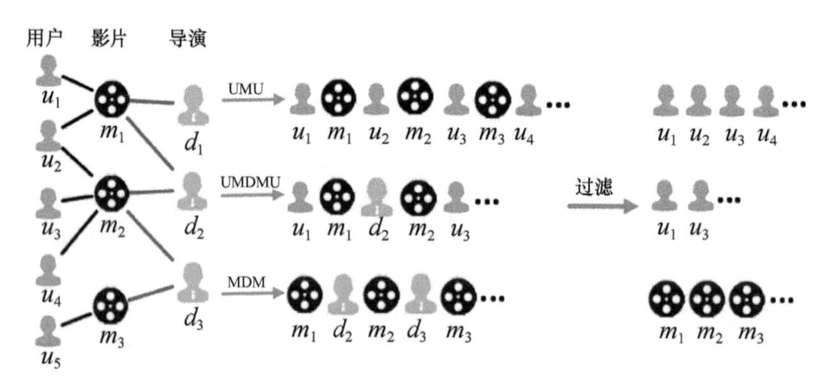

图 16.3 HERec（Shi et al，2018a）中提出的元路径引导的随机游走的一个说明性示例。HERec 首先在一些选定的元路径引导下进行随机游走，然后过滤不符合用户类型或物品类型的节点序列

作为另一个示例，EOE 被提出来用于学习耦合 HG 的嵌入。EOE 由两个不同但相关的子图组成。HG 中的边被分为图内边和图间边。图内边连接具有相同类型的两个节点，而图间边连接具有不同类型的两个节点。为了捕捉图间边的异质性，EOE（Xu et al，2017b）使用关系特定矩阵 $\boldsymbol{M}_r$ 来计算两个节点之间的相似性，具体可以表述为

$$S_r(v_i,v_j)=\frac{1}{1+\exp\{-\boldsymbol{h}_i^{\mathrm{T}}\boldsymbol{M}_r\boldsymbol{h}_j\}} \tag{16.2}$$

类似地，PME（Chen et al，2018b）根据边的类型将 HG 分解为一些二分图，并将每个二分图投影到一个特定关系的语义空间。PTE（Tang et al，2015a）首先将文档分为词-词图、词-文档图和词-标签图，然后使用 LINE（Tang et al，2015b）来学习每个子图的共享节点嵌入。HEBE（Gui et al，2016）则从 HG 中抽取一系列子图，并保留中心节点与其子图之间的接近性。

上述包含分解和融合的两步框架作为从同质网络到 HG 的过渡产物，在 HG 嵌入的早期尝试中经常被使用。后来，研究者逐渐意识到，从 HG 中提取异质图会不可逆地丢失异质邻域所携带的信息，于是人们开始探索真正适合异质结构的 HG 嵌入方法。

16.2.2 基于随机游走的方法

随机游走会在图中生成一些节点序列，它们经常被用来描述节点之间的可达性。因此，基于随机游走的方法被广泛用于图表征学习中，以抽样节点的邻接关系并捕捉图中的局部结构（Grover and Leskovec，2016）。在同质图中，节点类型是单一的，随机游走可以沿着任何路径游走；而在 HG 中，由于存在节点和边的类型约束，我们通常采用元路径引导的随机游走，这样生成的节点序列将不仅包含结构信息，而且包含语义信息。通过保留节点序列结构，节点嵌入可以同时保留一阶和高阶接近性（Dong et al，2017）。在这方面，一个比较有代表性的成果是 metapath2vec（Dong et al，2017），它使用元路径引导的随机游走来捕捉两个节点的语义信息，例如学术图中的共同作者关系，如图 16.4 所示。

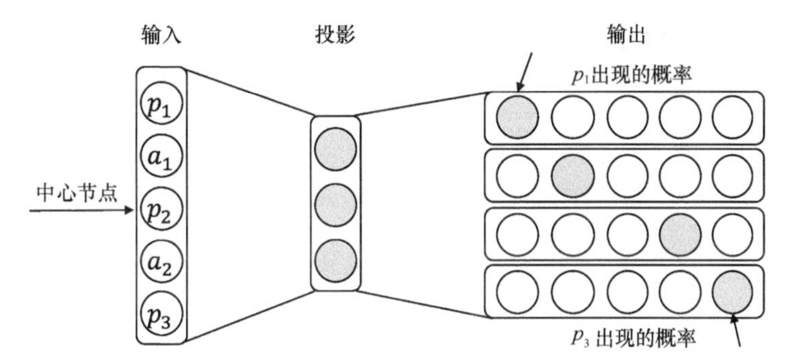

图 16.4 metapath2vec 的架构（Dong et al，2017）。节点序列是在元路径 PAP 下生成的。metapath2vec 会将中心节点（如 p_2）的嵌入投影到隐含空间，并使其基于元路径的上下文节点（如节点 p_1、p_3、a_1 和 a_2）出现的概率得到最大化

metapath2vec（Dong et al，2017）主要使用元路径引导的随机游走来生成具有丰富语义的异质节点序列，然后设计一种异质 skip-gram 技术来保留节点 v 与其上下文节点（即随机游走序列中的邻居节点）之间的接近性：

$$\operatorname{argmax}_{\theta} \sum_{v\in\mathscr{V}} \sum_{t\in\mathcal{N}} \sum_{c_t\in C_t(v)} \log p(c_t \mid v;\theta) \tag{16.3}$$

其中，$C_t(v)$代表节点 v 的上下文节点的集合，这些节点的类型为 t。$p(c_t \mid v;\theta)$ 表示节点 v 与其上下文邻居节点 c_t 的异质相似性函数：

$$p(c_t \mid v;\theta) = \frac{e^{\boldsymbol{h}_{c_t}\cdot \boldsymbol{h}_v}}{\sum_{\tilde{v}\in\mathscr{V}} e^{\boldsymbol{h}_{\tilde{v}}\cdot \boldsymbol{h}_v}} \tag{16.4}$$

从图 16.4 可知，式（16.4）需要计算中心节点与其邻居节点之间的相似性。后来，Mikolov et al（2013b）引入了一种负抽样策略来减少计算量。因此，式（16.4）可以近似为

$$\log\sigma(\boldsymbol{h}_{c_t}\cdot \boldsymbol{h}_v) + \sum_{q=1}^{Q} \mathbb{E}_{\tilde{v}^q\sim P(\tilde{v})}[\log\sigma(-\boldsymbol{h}_{\tilde{v}^q}\cdot \boldsymbol{h}_v)] \tag{16.5}$$

其中，σ是 Sigmoid 函数，$P(\tilde{v})$ 是负节点 $\tilde{v}^q$ 被抽样 Q 次的分布。通过引入这种负抽样策

略，时间复杂度得到极大降低。然而，在选择负样本时，metapath2vec 并不考虑节点的类型。换言之，不同类型的节点来自同一分布 $P(\tilde{v})$。为此，人们进一步设计出 metapath2vec++，旨在对与中心节点相同类型的负节点进行抽样，如 $\tilde{v}_t^q \sim P(\tilde{v}_t)$。于是，式（16.5）可以改写为

$$\log \sigma(\boldsymbol{h}_{c_t} \cdot \boldsymbol{h}_v) + \sum_{q=1}^{Q} \mathbb{E}_{\tilde{v}_t^q \sim P(\tilde{v}_t)}[\log \sigma(-\boldsymbol{h}_{\tilde{v}_t^q} \cdot \boldsymbol{h}_v)] \tag{16.6}$$

在最小化目标函数后，metapath2vec 和 metapath2vec++可以有效地捕获结构信息和语义信息。

基于 metapath2vec，人们提出了一系列的变体。例如，Spacey（He et al，2019）设计了一种异质空间随机游走方法，旨在用二阶超矩阵来控制不同节点类型之间的转换概率，从而统一不同的元路径。JUST（Hussein et al，2018）提出了一种带有“跳跃和停留”（Jump and Stay）策略的随机游走方法，旨在灵活地选择改变或维持无元路径的随机游走中下一个节点的类型。BHIN2vec（Lee et al，2019e）提出了一种扩展的 skip-gram 技术来平衡各种类型的关系，旨在将 HG 嵌入视为多个基于关系的任务，并通过调整不同任务的训练比例来平衡不同关系对节点嵌入的影响。HHNE（Wang et al，2019n）则在双曲空间（Helgason，1979）中进行元路径引导的随机游走，节点之间的相似性可以用双曲距离来衡量，如此就可以自然地将 HG 的一些特性（如层次结构和幂律结构）反映在学习的节点嵌入中。

16.3　深度模型

近年来，深度神经网络（DNN）在计算机视觉和自然语言处理领域取得了巨大成功。一些工作也开始使用深度模型从 HG 的节点属性或节点之间的相互作用中学习嵌入。与浅层模型相比，深度模型可以更好地捕捉非线性关系。深度模型大致可以分为三类——基于消息传递的方法、基于编码器-解码器的方法和基于对抗的方法。

16.3.1　基于消息传递的方法

GNN 是最近才出现的，它的核心思想在于消息传递机制，消息传递机制能够聚合邻域信息并以消息的形式将它们传送给邻域节点。与 GNN 可以直接融合邻居节点的属性来更新节点嵌入不同，由于节点和边的类型不同，基于消息传递的方法（HGNN）需要克服属性的异质性，并设计有效的融合方法来利用邻居节点的信息。因此，HGNN 的关键部分是设计一个合适的聚合函数，以捕捉 HGNN 的语义和结构信息（Wang et al，2019m；Fu et al，2020；Hong et al，2020b；Zhang et al，2019b；Cen et al，2019；Zhao et al，2020b；Zhu et al，2019d；Schlichtkrull et al，2018）。

无监督 HGNN　无监督 HGNN 旨在学习具有良好泛化的节点嵌入。为此，它们总是利用不同类型的属性之间的相互作用来捕捉隐含的共同点。HetGNN（Zhang et al，2019b）是无监督 HGNN 的典型代表，它由三部分组成——内容聚合、邻居聚合和类型聚合。内容聚合旨在从不同的节点内容（如图像、文本或属性）中学习融合的嵌入：

$$f_1(v) = \frac{\sum_{i \in C_v} [\overrightarrow{\mathrm{LSTM}}\{\mathscr{FC}(\boldsymbol{h}_i)\} \oplus \overleftarrow{\mathrm{LSTM}}\{\mathscr{FC}(\boldsymbol{h}_i)\}]}{|C_v|} \tag{16.7}$$

其中，C_v 是节点 v 的属性类型，$\boldsymbol{h}_i$ 是节点 v 的第 i 个属性。一个双向长短期记忆（Bi-LSTM）

（Huang et al，2015）网络被用来融合由多个属性编码器 FC 学习的嵌入。

邻居聚合的目的是通过 Bi-LSTM 捕捉位置信息来聚合具有相同类型的节点：

$$f_2^t(v)=\frac{\sum_{v'\in N_t(v)}[\overrightarrow{\mathrm{LSTM}}\{f_1(v')\}\oplus\overleftarrow{\mathrm{LSTM}}(f_1(v'))]}{|N_t(v)|} \tag{16.8}$$

其中，$N_t(v)$是类型为 t 的节点 v 的一阶邻居节点。

类型聚合则使用一种注意力机制来混合不同类型的嵌入，并生成最终的节点嵌入。

$$\boldsymbol{h}_v=\alpha^{v,v}f_1(v)+\sum_{t\in O_v}\alpha^{v,t}f_2^t(v) \tag{16.9}$$

其中，$\boldsymbol{h}_v$ 是节点 v 的最终嵌入，O_v 表示节点类型的集合。最后，HetGNN 使用异质 skip-gram 损失作为无监督图的上下文损失函数来更新节点嵌入。通过这三种聚合方法，HetGNN 实现了保留图结构和节点属性的异质性。

其他的无监督方法要么捕捉节点属性的异质性，要么捕捉图结构的异质性。HNE（Chang et al，2015）用于学习 HG 中跨模型数据的嵌入，但其忽略了各种类型的边。SHNE（Zhang et al，2019c）设计了一个带有门控循环单元（GRU）的深度语义编码器（Chung et al，2014），以着重捕捉节点的语义信息。虽然 SHNE 使用异质 skip-gram 技术来保留图的异质性，但其却是专门为文本数据设计的。Cen 提出了 GATNE（Cen et al，2019），旨在学习多重图中的节点嵌入，即具有不同类型边的异质图。与 HetGNN 相比，GATNE 更注重区分节点对之间不同的边关系。

半监督 HGNN 与无监督 HGNN 不同，半监督 HGNN 旨在以端到端方式学习特定于任务的节点嵌入。基于这个原因，它们更倾向于使用注意力机制来捕捉与任务最相关的结构和属性信息。Wang（Wang et al，2019m）提出了异质图注意力网络（HAN），旨在使用分层注意力机制来捕捉节点和语义的重要性。HAN 的框架如图 16.5 所示。

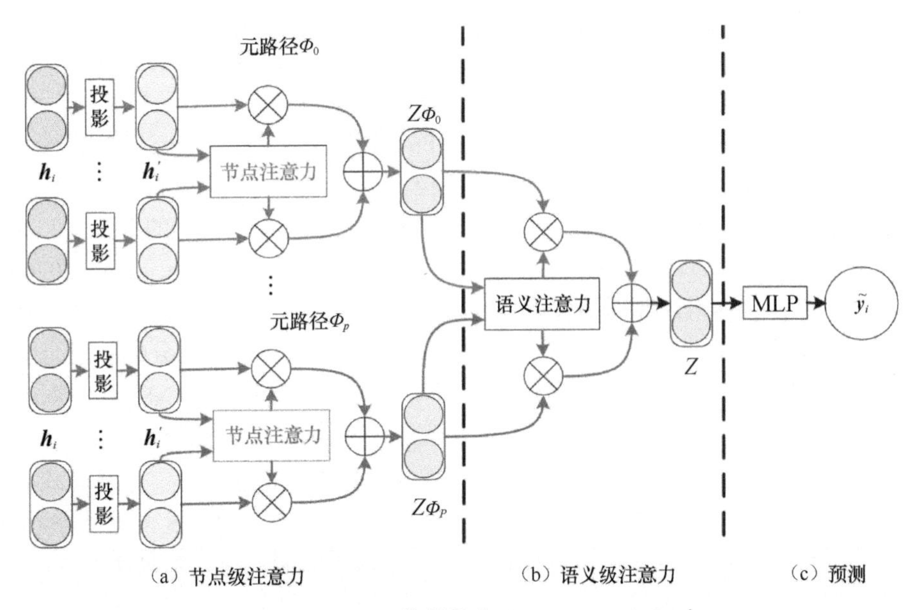

图 16.5 HAN 的框架（Wang et al，2019m）

HAN 由三部分组成——节点级注意力、语义级注意力和预测。节点级注意力旨在利用自注意力机制（Vaswani et al，2017）来学习某个元路径下邻居节点的重要性：

$$\alpha_{ij}^{m} = \frac{\exp(\sigma(\boldsymbol{a}_m^{\mathrm{T}} \cdot [\boldsymbol{h}_i' \| \boldsymbol{h}_j']))}{\sum\limits_{k \in \mathcal{N}_i^m} \exp(\sigma(\boldsymbol{a}_m^{\mathrm{T}} \cdot [\boldsymbol{h}_j' \| \boldsymbol{h}_k']))} \tag{16.10}$$

其中，$\mathcal{N}_i^m$ 是节点 v_i 在元路径 m 下的邻居节点，α_{ij}^m 是节点 v_j 到节点 v_i 在元路径 m 下的权重。

节点级聚合被定义为

$$\boldsymbol{h}_i^m = \sigma\left(\sum_{j \in \mathcal{N}_i^m} \alpha_{ij}^m \cdot \boldsymbol{h}_j\right) \tag{16.11}$$

其中，$\boldsymbol{h}_i^m$ 表示基于元路径 m 下的节点 i 学习的嵌入。由于不同的元路径捕捉 HG 的不同语义信息，因此这里设计了一种语义级注意力机制来计算元路径的重要性。给定一组元路径 $\{m_0, m_1, \cdots, m_P\}$，在将节点特征输入节点级注意力后，便得到 P 个语义特定的节点嵌入 $\{\boldsymbol{H}_{m_0}, \boldsymbol{H}_{m_1}, \cdots, \boldsymbol{H}_{m_P}\}$。为了有效地聚合不同的语义嵌入，人们为 HAN 设计了如下语义级注意力机制：

$$\boldsymbol{w}_{m_i} = \frac{1}{|\mathcal{V}|} \sum_{i \in \mathcal{V}} \boldsymbol{q}^{\mathrm{T}} \cdot \tanh(\boldsymbol{W} \cdot \boldsymbol{h}_i^m + \boldsymbol{b}) \tag{16.12}$$

其中，$\boldsymbol{W} \in \mathbb{R}^{d' \times d}$ 和 $\boldsymbol{b} \in \mathbb{R}^{d' \times 1}$ 分别表示 MLP 的权重矩阵和偏置矩阵。$\boldsymbol{q} \in \mathbb{R}^{d' \times 1}$ 是语义级注意力向量。为了防止节点嵌入过大，HAN 使用 Softmax 函数来归一化 $\boldsymbol{w}_{m_i}$。因此，语义级聚合被定义为

$$\boldsymbol{H} = \sum_{i=1}^{P} \boldsymbol{\beta}_{m_i} \cdot \boldsymbol{H}_{m_i} \tag{16.13}$$

其中，$\boldsymbol{\beta}_{m_i}$ 表示归一化的 $\boldsymbol{w}_{m_i}$，代表语义重要性。$\boldsymbol{H} \in \mathbb{R}^{N \times d}$ 表示最终的节点嵌入。最后，HAN 使用一个特定的任务层来微调具有少量标签的节点嵌入。嵌入 $\boldsymbol{H}$ 可以用于下游任务，如节点聚类和链接预测。HAN 不仅首次将 GNN 泛化到了异质图，而且设计了一种分层的注意力机制，这种注意力机制可以同时捕捉结构和语义信息。

随后，一系列基于注意力的 HGNN 被提出（Fu et al，2020；Hong et al，2020b；Hu et al，2020e）。MAGNN（Fu et al，2020）设计了元路径内聚合和元路径间聚合：前者旨在对目标节点周围的一些元路径实例进行抽样，并使用注意力层来学习不同实例的重要性；后者旨在学习不同元路径的重要性。HetSANN（Hong et al，2020b）和 HGT（Hu et al，2020e）则将一种类型的节点作为查询来计算周围其他类型节点的重要性，通过使用这种方法，它们不仅可以捕捉不同类型节点之间的相互作用，而且可以在聚合时为邻居节点分配不同的权重。

除上面介绍的 HGNN 以外，还有一些专注于其他问题的 HGNN。NSHE（Zhao et al，2020b）提出在聚合邻域信息时纳入网络模式而不是元路径。GTN（Yun et al，2019）的目的是在学习节点嵌入的过程中自动识别有用的元路径和高阶边。RSHN（Zhu et al，2019d）使用原始节点图和粗线图设计出了可以感知关系结构的 HGNN。RGCN（Schlichtkrull et al，2018）则使用多个权重矩阵将节点嵌入投影到不同的关系空间，从而捕捉图的异质性。

与浅层模型相比，HGNN 有一个明显的优势，就是具有归纳式学习的能力，它们可以学习样本外节点的嵌入。此外，HGNN 需要较小的内存空间，因为它们只需要存储模型参数。HGNN 的这两个优势对现实世界中的应用非常重要。然而，它们在推理和再训练方面仍然存在巨大的时间成本。

16.3.2 基于编码器–解码器的方法

基于编码器-解码器的方法旨在采用一些神经网络作为编码器，从节点属性中学习嵌入，并设计解码器来保留图的一些属性（Tu et al，2018；Chang et al，2015；Zhang et al，2019c；Chen and Sun，2017；Zhang et al，2018a；Park et al，2019）。

例如，DHNE（Tu et al，2018）提出了基于超路径的随机游走方法，以保留超图的结构信息和不可分解性。具体来说，他们设计了一个新颖的深度模型，以产生一个非线性元组相似性函数，同时捕捉给定 HG 的局部和全局结构。如图 16.6 所示，这里以一个包含三个节点 a、b、c 的超边为例进行介绍。DHNE 的第一层是一个自编码器，用于学习隐含嵌入并保留图的二阶结构（Tang et al，2015b）。DHNE 的第二层是一个全连接层，其嵌入将被并置：

$$\boldsymbol{L} = \sigma(\boldsymbol{W}_a\boldsymbol{h}_a \oplus \boldsymbol{W}_b\boldsymbol{h}_b \oplus \boldsymbol{W}_c\boldsymbol{h}_c) \tag{16.14}$$

其中，$\boldsymbol{L}$ 表示超边的嵌入；$\boldsymbol{h}_a$、$\boldsymbol{h}_b$ 和 $\boldsymbol{h}_c \in \mathbb{R}^{d\times1}$ 是由自编码器学习的节点 a、b 和 c 的嵌入。$\boldsymbol{W}_a$、$\boldsymbol{W}_b$ 和 $\boldsymbol{W}_c \in \mathbb{R}^{d'\times d}$ 是不同节点类型的变换矩阵。

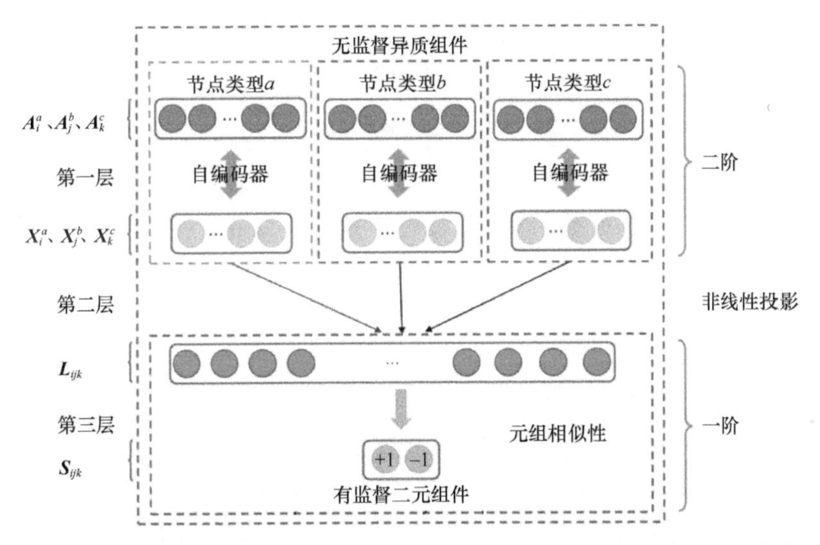

图 16.6 DHNE 的框架（Tu et al，2018）。DHNE 通过学习异质超网络中的节点嵌入，可以同时解决不可分解的超边问题并保留丰富的结构信息

DHNE 的第三层用于计算超边的不可分解性：

$$\mathcal{S} = \sigma(\boldsymbol{W} \cdot \boldsymbol{L} + \boldsymbol{b}) \tag{16.15}$$

其中，$\mathcal{S}$表示超边的不可分解性，$\boldsymbol{W} \in \mathbb{R}^{1\times3d'}$ 和 $\boldsymbol{b} \in \mathbb{R}^{1\times1}$ 分别为权重矩阵和偏置矩阵。$\mathcal{S}$的值越大，越意味着这些节点来自现有的超边，否则$\mathcal{S}$的值应该很小。

类似地，HNE（Chang et al，2015）专注于多模式异质图。HNE 首先使用 CNN 和自编码器来学习图像和文本的嵌入，然后使用这些嵌入来预测图像和文本之间是否存在边。Camel（Zhang et al，2018a）使用 GRU 作为编码器，并从摘要中学习论文节点的嵌入表征。Camel 还使用一个 skip-gram 目标函数来保留图的局部结构。

16.3.3 基于对抗的方法

基于对抗的方法利用生成器和判别器之间的博弈来学习鲁棒的节点嵌入。在同质图中，基于对抗的方法只考虑结构信息，例如，GraphGAN（Wang et al，2018a）在生成虚拟节点时使用广度优先搜索。在 HG 中，判别器和生成器被设计为具有关系感知能力，以捕捉 HG 上丰富的语义。HeGAN（Hu et al，2018a）则首次在 HG 嵌入中使用了 GAN。HeGAN 将多重关系合并到了生成器和判别器中，从而考虑给定图的异质性。

如图 16.7（c）所示，HeGAN 主要由两部分组成——生成器和判别器。给定一个节点，生成器试图生成与给定节点相关的假样本，并提供给判别器；而判别器则试图改进其参数，以区分假样本与实际连接到给定节点的真实样本。训练得更好的判别器将迫使生成器生成更好的假样本，然后重复这一过程。在这样的迭代过程中，生成器和判别器都会得到实际的、积极的强化。虽然这种设置看起来可能与以前基于 GAN 的网络嵌入的研究（Cai et al，2018c；Dai et al，2018c；Pan et al，2018）相似，但 HeGAN 采用了两个主要的创新手段来解决在 HIN 上进行对抗性学习时面临的挑战。

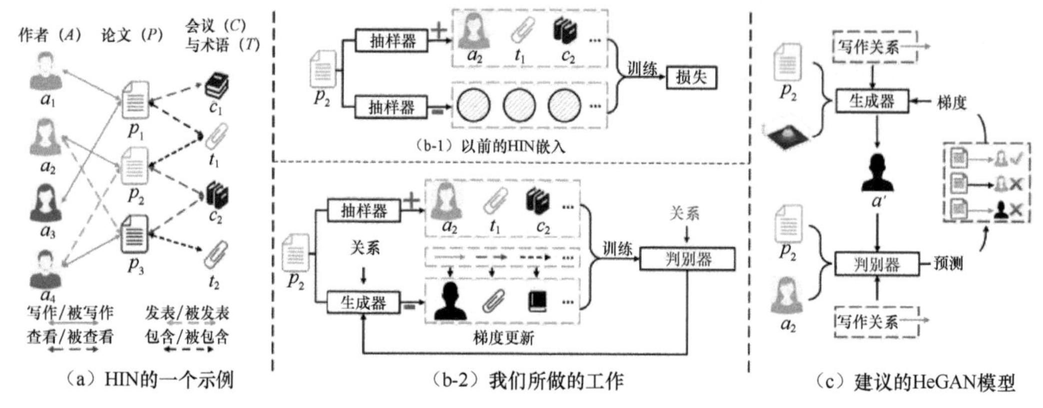

（a）HIN的一个示例　（b-2）我们所做的工作　（c）建议的HeGAN模型

图 16.7　Hu et al（2018a）对 HeGAN 做了概述。（a）用于文献数据的小型 HG；（b）HeGAN 和以前工作的比较；（c）在 HG 上进行对抗性学习的 HeGAN 框架

首先，现有的研究只针对给定节点的结构连接，利用 GAN 来区分一个节点是真的还是假的，而没有考虑到 HIN 中的异质性。例如，给定一篇论文 p_2，节点 a_2 和 a_4 被视为真的，而节点 a_1 和 a_3 由于只基于图 16.7（a）所示 HIN 的拓扑结构，因此被视为假的。然而，a_2 和 a_4 被连接到 p_2 的原因有所不同：a_2 写了 p_2，而 a_4 只是查看了 p_2。因此，它们错过了 HG 所承载的有价值的语义，无法区分 a_2 和 a_4，尽管它们扮演不同的语义角色。给定一篇论文 p_2 和一个关系（比如写作/被写作），HeGAN 引入了关系感知判别器来区分 a_2 和 a_4。在形式上，关系感知判别器 $C(\boldsymbol{e}_v \mid u,r;\theta^C)$ 评估了节点 u 和节点 v 之间的连接性（即关系 r）：

$$C(\boldsymbol{e}_v \mid u,r;\theta^C)=\frac{1}{1+\exp(-\boldsymbol{e}_u^{C^{\mathrm{T}}}\boldsymbol{M}_r^C\boldsymbol{e}_v)} \tag{16.16}$$

其中，$\boldsymbol{e}_v \in \mathbb{R}^{d\times 1}$ 是样本 v 的输入嵌入，$\boldsymbol{e}_u \in \mathbb{R}^{d\times 1}$ 是节点 u 的可学习嵌入，$\boldsymbol{M}_r^C \in \mathbb{R}^{d\times d}$ 是关系 r 的可学习关系矩阵。

其次，现有的研究在样本生成方面的效果和效率都是有限的，它们通常使用某种形式的 Softmax 函数对原始图中所有节点的分布进行建模。就有效性而言，它们的假样本被限制在图中的节点上，而最具代表性的假样本可能会落在嵌入空间中现有节点“之间”。例如，给定一篇论文 p_2，它们只能从 $\mathscr{V}$ 中选择假样本，如 a_1 和 a_3。然而，这两个假样本可能与真实样本（如a_2）并不充分相似。为了更好地生成样本，我们引入了一个广义生成器，它可以生成图 16.7（c）所示的 a'等隐含节点，其中，让 $a' \notin \mathscr{V}$ 是有可能的。特别是，这个广义生成器利用了以下高斯分布：

$$\mathcal{N}(\boldsymbol{e}_u^{G^{\mathrm{T}}} \boldsymbol{M}_r^G, \sigma^2 \boldsymbol{I}) \tag{16.17}$$

其中，$\boldsymbol{e}_u^{G^{\mathrm{T}}} \in \mathbb{R}^{d\times 1}$ 和 $\boldsymbol{M}_r^G \in \mathbb{R}^{d\times d}$ 分别表示 $u \in \mathscr{V}$ 的节点嵌入以及生成器的 $r \in \mathscr{R}$ 的关系矩阵。

除 HeGAN 以外，MV-ACM（Zhao et al，2020c）使用 GAN 并通过计算不同视图中节点的相似性来生成互补视图。总的来说，基于对抗的方法倾向于利用负样本来提高嵌入的鲁棒性。但是负样本的选择对表现有很大的影响，从而导致更高的方差。

16.4 回顾

基于以上浅层模型和深度模型的代表性研究可以发现，浅层模型主要关注 HG 的结构，而很少使用属性等附加信息。可能的原因之一是，浅层模型很难描述附加信息和结构信息的关系。DNN 的学习能力支持这种复杂关系的建模。例如，基于消息传递的方法擅长同时编码结构和属性，并融合不同的语义信息。与基于消息传递的方法相比，由于缺乏消息传递机制，基于编码器-解码器的方法在融合信息方面比较弱，但它们更灵活，可以通过不同的解码器引入不同的目标函数。基于对抗的方法倾向于利用负样本来提高嵌入的鲁棒性，但是负样本的选择对表现有很大的影响，从而导致更高的方差（Hu et al，2019a）。

然而，浅层模型和深度模型各有优缺点。浅层模型缺乏非线性表示能力，但效率高，易于并行化。特别是，随机游走技术的复杂性由两部分组成——随机游走和 skip-gram，这两部分与节点的数量是线性关系。基于分解的技术需要根据边的类型将 HG 划分为子图，因此其复杂度与边的数量是线性关系，相比随机游走要高。深度模型具有更强的表征能力，但它们更容易拟合噪声，具有更高的时间和空间复杂度。此外，深度模型烦琐的超参数调整也被人诟病。但随着深度学习的普及，深度模型，尤其是 HGNN，已经成为 HG 嵌入的主要研究方向。

16.5 未来的方向

近年来，HGNN 已经取得很大的进展，这清晰地表明 HGNN 是一个强大且有前途的图分析范式。在本节中，我们将讨论更多的问题与挑战，并探讨未来一系列可能的研究方向。

16.5.1 结构和属性保存

HGNN 的成功建立在 HG 结构保存的基础之上。这也促使许多 HGNN 利用不同的 HG 结构，其中最典型的是元路径（Dong et al，2017；Shi et al，2016）。沿着这个思路，我们自然要将元图结构考虑在内（Zhang et al，2018b）。然而，HG 远不止这些结构。在现实世界中，选择最合适的元路径仍然是非常具有挑战性的。不恰当的元路径将从根本上阻碍 HGNN 的表现。我们是否可以探索其他技术，比如利用模体（Zhao et al，2019a；Huang et al，2016b）或网络模式（Zhao et al，2020b）来捕捉 HG 结构。此外，如果重新思考传统图嵌入的目标——用度量空间中的距离/相似性代替结构信息，则我们需要探索的一个研究方向是，我们是否可以设计出能够自然学习这种距离/相似性的 HGNN，而不是使用预先定义的元路径/元图。

如前所述，目前许多 HGNN 主要考虑的是结构。然而，一些通常为 HG 模型提供额外有用信息的属性还没有得到充分考虑。其中一个典型的属性是 HG 的动态性，现实世界中的 HG 总是随着时间的推移而演变。尽管研究者提出了对动态 HG 进行增量学习（Wang et al，2020m），但是动态 HG 嵌入仍然面临巨大的挑战。例如，Bian et al（2019）只提出了一个浅层模型，这极大限制了其嵌入能力。如何在 HGNN 框架下学习动态 HG 嵌入是一个值得研究的问题。另一个典型的属性是 HG 的不确定性，HG 的生成通常是多方面的，HG 中的节点包含不同的语义。传统上，学习一个向量嵌入通常并不能很好地捕捉这种不确定性。高斯分布可能天生代表了不确定性属性（Kipf and Welling，2016；Zhu et al，2018），但它在很大程度上被当前的 HGNN 忽略了。这为改进 HGNN 提供了一个巨大的潜在方向。

16.5.2　更深入的探索

我们见证了 GNN 的巨大成功和影响，其中大多数现有的 GNN 是针对同质图提出的（Kipf and Welling，2017b；Veličković et al，2018）。最近，HGNN 引起人们相当大的关注（Wang et al，2019m；Zhang et al，2019b；Fu et al，2020；Cen et al，2019）。

人们自然而然地会问：GNN 和 HGNN 的本质区别是什么？针对 HGNN，目前还缺乏更多的理论分析。例如，人们普遍认为 GNN 存在过平滑问题（Li et al，2018b），那么 HGNN 也存在这样的问题吗？如果答案是肯定的，那么既然 HGNN 通常包含多种聚合策略（Wang et al，2019m；Zhang et al，2019b），是什么因素导致过平滑问题呢？

除理论分析以外，新技术的设计也很重要。其中一个很重要的方向是自监督学习。自监督学习使用代理任务来训练神经网络，从而减少对人工标签的依赖（Liu et al，2020f）。考虑到标签不足的实际需求，自监督学习非常有利于无监督和半监督学习，并且在同质图嵌入上具有引人注目的表现（Sun et al，2020c）。因此，在 HGNN 上探索自监督学习有望进一步促进该领域的发展。

另一个重要的方向是对 HGNN 进行预训练（Hu et al，2020d；Qiu et al，2020a）。目前，HGNN 是独立设计的，也就是说，已提出的方法通常对某些任务很有效，但没有考虑到跨不同任务的迁移能力。当处理一个新的 HG 或任务时，我们必须从头开始训练 HGNN，这既耗时又需要大量的标签。在这种情况下，如果有一个预先训练好的具有很强泛化能力的 HGNN，并且只需要使用很少的标签进行微调，就可以减少时间和标签消耗。

16.5.3　可靠性

除 HG 的属性和技术以外，我们还须关注 HGNN 的伦理问题，如公平性、鲁棒性和可解释性。考虑到大多数方法是黑盒方法，让 HGNN 具有可靠性是未来的一项重要工作。

公平性　模型学习的嵌入有时与某些属性高度相关，如年龄或性别，这可能会放大预测结果中的社会刻板印象（Du et al，2020）。因此，学习公平或无偏见的嵌入是一个重要的研究方向。目前虽然已有一些关于同质图嵌入的公平性方面的研究（Bose and Hamilton，2019；Rahman et al，2019），但 HGNN 的公平性仍然是一个有待解决的问题，这也是未来的一个重要研究方向。

鲁棒性　HGNN 的鲁棒性，特别是对抗攻击性，始终是一个重要问题（Madry et al，

2017)。由于现实世界中的许多应用都是基于 HG 建立的，因此 HGNN 的鲁棒性成为一个紧迫而未解决的问题。HGNN 的弱点是什么以及如何加强以提高鲁棒性，这些都需要做进一步研究。

可解释性　在一些要求风险控制的场景中，例如欺诈检测（Hu et al，2019b）和生物医学（Cao et al，2020），对模式或嵌入进行解释是很重要的。HG 的一个重要优势就在于其包含丰富的语义，这有可能为提高 HGNN 的可解释性提供洞察力。此外，我们还可以考虑新兴的解耦学习（Siddharth et al，2017；Ma et al，2019c），以便将嵌入表征解耦为不同的隐含空间以提高可解释性。

16.5.4　应用

许多基于 HG 的应用已经步入图嵌入的时代。HGNN 在电子商务和网络安全方面的强大性能已经得到证明。探索 HGNN 在其他领域的更多应用，这在未来有着巨大的发展潜力。例如，在软件工程领域，测试样本、申请表和问题表之间存在复杂的关系，这些关系可以自然地建模为 HG。因此，HGNN 有望为这些新领域开辟广阔的前景，并成为一种有前途的分析工具。生物逻辑系统也可以自然地建模为 HG，典型的生物逻辑系统包含许多类型的对象，如基因表达、化学、表型和微生物。基因表达和表型之间也有多重关系（Tsuyuzaki and Nikaido，2017）。HG 结构已经作为一种分析工具被应用于生物逻辑系统，这意味着 HGNN 有望提供更具前景的结果。

此外，由于 HGNN 的复杂性相对较大，而且技术难以并行化，因此现有的 HGNN 难以应用于大规模的工业场景。例如，电子商务推荐中的节点数量可能达到 10 亿（Zhao et al，2019b）。因此，在解决可扩展性和效率挑战的同时，在各种应用中成功部署技术将是非常有前途的。

编者注：异质图的概念在本质上起源于数据挖掘领域。尽管异质图通常可以表述为属性图（见第 4 章），但前者的研究重点通常是子图（如路径）中节点类型的频繁组合模式。异质图代表了现实世界中的广泛应用，这些应用通常由多个异质数据源组成。例如，在第 19 章介绍的推荐系统中，我们既有“用户”节点和“物品”节点，也有由多节点类型形成的高阶模式。同样，分子和蛋白质以及自然语言处理和程序分析中的许多网络也可以视为异质图（见第 21 章、第 22 章、第 24 章和第 25 章）。

第 17 章 自动机器学习

Kaixiong Zhou、Zirui Liu、Keyu Duan 和 Xia Hu[①]

摘要

图神经网络（GNN）是分析网络数据的高效深度学习工具。GNN 已被广泛应用于图分析任务中，它的快速发展促进了越来越多新型架构的出现。在实践中，神经架构的构建和训练超参数的调整对节点表征的学习和最终模型的表现都至关重要。然而，在现实世界的系统中，由于图数据特征差异很大，因此在特定的场景下，需要通过丰富的人类专业知识和大量的辛苦实验才能确定合适的 GNN 架构并训练超参数。最近，自动机器学习（AutoML）在为机器学习应用自动寻找最佳解决方案方面显示出了潜力。在减轻人工调参过程负担的同时，AutoML 可以保证在没有大量专家经验的情况下获得最佳解决方案。在 AutoML 成功的激励下，一些初步的 AutoGNN 框架已经被开发出来，以解决 GNN 神经架构搜索（GNN Neural Architecture Search，GNN-NAS）和训练超参数调整的问题。在本章中，我们将从搜索空间和搜索算法两个角度对自动 GNN 进行全面、最新的回顾。具体来说，我们主要关注 GNN-NAS 问题并介绍这两个角度的先进技术。在本章的最后，我们将指出这一领域未来的发展方向。

17.1 背景

在整合深度学习方法以分析从各种行为中收集的图结构数据方面，GNN 已取得实质性进展，如社交网络（Ying et al，2018b；Huang et al，2019d；Monti et al，2017；He et al，2020）、学术网络（Yang et al，2016b；Kipf and Welling，2017b；Gao et al，2018a）以及生化模块图（Zitnik and Leskovec，2017；Aynaz Taheri，2018；Gilmer et al，2017；Jiang and Balaprakash，2020）。GNN 遵循通用的消息传递策略，通过应用空间图卷积层聚合邻居节点的表征并将它们结合到节点本身，来学习节点的嵌入表征。GNN 架构是由多个这样的层以及层间跳连接堆叠而成的，其中层的基本操作（如聚合和组合）以及具体的层间连接在每个设计中都有具体规定。为了适用于不同的实际应用，人们探索了各种 GNN 架构，包括

① Kaixiong Zhou
Department of Computer Science and Engineering，Texas A&M University，E-mail：zkxiong@tamu.edu
Zirui Liu
Department of Computer Science and Engineering，Texas A&M University，E-mail：tradigrada@tamu.edu
Keyu Duan
Department of Computer Science and Engineering，Texas A&M University，E-mail：k.duan@tamu.edu
Xia Hu
Department of Computer Science and Engineering，Texas A&M University，E-mail：hu@cse.tamu.edu

GCN（Kipf and Welling，2017b）、GraphSAGE（Hamilton et al，2017b）、GAT（Veličković et al，2018）、SGC（Wu et al，2019a）、JKNet（Xu et al，2018a）和 GCNII（Chen et al，2020l）。这些架构在聚合邻域信息（例如，GCN 中的平均聚合与 GAT 中的邻域注意力学习）和跳连接的选择（例如，GCN 中的无连接与 GCNII 中的初始连接）方面有所不同。

尽管 GNN 已经在很多领域取得巨大的成功，但它们在这些领域的经验性实现通常伴随着细致的架构工程和训练超参数的调整，目的是适应不同类型的图结构数据。基于研究者的先验知识和试错调优过程，我们可以在模型空间中对 GNN 架构进行具体的实例化，并在每个图分析任务中进行评估。例如，考虑到基础模型 GraphSAGE（Hamilton et al，2017b），可将由不同隐含单元确定的各种规模的架构分别应用于引文网络和蛋白质-蛋白质相互作用图。此外，JKNet 架构中的最佳跳连接机制（Xu et al，2018a）会随着现实世界中的任务而变化。除架构工程以外，训练超参数（包括学习率、权重衰减和训练周期数）在最终的模型表现中也发挥了重要作用。在开源仓库中，这些超参数需要手动操作，以获得所需的模型表现。烦琐的 GNN 架构选择和超参数训练不仅给数据科学家带来负担，也使初学者难以快速获得表现优秀的解决方案来完成他们手头的任务。

AutoML 已经成为一个热门的研究课题，它将研究者从耗时的人工调参过程中解放出来（Chen et al，2021）。给定任意任务并基于预定义的搜索空间，AutoML 旨在自动优化机器学习解决方案（或称为设计），包括神经架构搜索（NAS）和自动超参数调整（AutoHPT）。NAS 的目标是优化与架构相关的参数（如层数和隐藏单元），而 AutoHPT 旨在选择与训练相关的参数（如学习率和权重衰减），它们都是 AutoML 的子领域。据广泛报道，NAS 发现的新型神经架构在许多机器学习应用中优于人类设计的架构，包括图的分类（Zoph and Le，2016；Zoph et al，2018；Liu et al，2017b；Pham et al，2018；Jin et al，2019a；Luo et al，2018；Liu et al，2018b，c；Xie et al，2019a；Kandasamy et al，2018）、语义图像分割（Chenxi Liu，2019）和图的生成（Wang and Huan，2019；Gong et al，2019）。追溯到 20 世纪（Kohavi and John，1995），人们普遍认为 AutoHPT 比默认的训练设置有所改进（Feurer and Hutter，2019；Chen et al，2021）。在 AutoML 先前成功应用的激励下，最近一些专家正努力将 AutoML 和 GNN 的研究结合起来（Gao et al，2020b；Zhou et al，2019a；You et al，2020a；Ding et al，2020a；Zhao et al，2020a，g；Nunes and Pappa，2020；Li and King，2020；Shi et al，2020；Jiang and Balaprakash，2020）。他们一般将自动 GNN（AutoGNN）定义为优化问题，并从三个角度制定自己的工作流水线。如图 17.1 所示，这三个角度分别是搜索空间、搜索算法和效果评估策略。搜索空间由大量的候选设计组成，包括 GNN 架构和训练超参数。在搜索空间上，研究者提出了几种启发式搜索算法——通过迭代逼近表现良好的设计（包括随机搜索）来解决 NP 完全优化问题（You et al，2020a）。效果评估的目标是准确评估每一步探索的每个候选设计的任务表现。一旦搜索过程结束，就返回带有合适训练超参数的最佳神经架构，以便在下游的机器学习任务中进行评估。

在本章中，我们将首先组织现有的工作并通过以下内容说明 AutoGNN 框架——AutoGNN 的表示法、问题定义和挑战（见 17.1.1 节～17.1.3 节）、搜索空间（见 17.2 节），以及搜索算法（见 17.3 节）。然后，我们将在 17.4 节中提出未来研究的开放性问题。特别是，由于社区的兴趣主要集中在发现强大的 GNN 架构上，因此我们在本章中将对 GNN-NAS 给予更多关注。

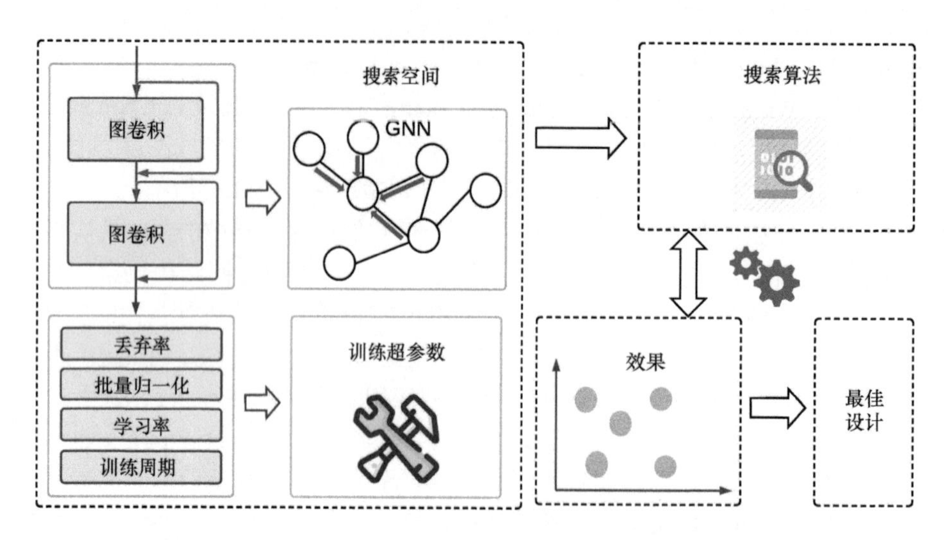

图 17.1 AutoGNN 的通用框架。搜索空间由大量的候选设计组成，包括 GNN 架构和训练超参数。在每一步，搜索算法从搜索空间中抽样一个候选设计，并评估其在下游任务中的模型表现。一旦搜索过程结束，就返回回在验证集上具有最优表现的设计，并将其用在现实世界的系统中

17.1.1 AutoGNN 的表示法

按照之前的表示方式（You et al，2020a），我们用“设计”一词指代 AutoGNN 中优化问题的可用解决方案。设计由具体的 GNN 架构和一组特定的训练超参数组成。具体来说，设计由多个维度组成，包括架构维度（如层数、跳连接、聚合和组合函数）和超参数维度（如学习率和权重衰减）。注意，在每个设计维度上都有一系列不同的基本选项，以支持自动化的架构工程或训练超参数的调整。例如，可以在聚合函数维度上使用候选的{SUM, MEAN, MAX}，而在学习率维度上使用{1e–4, 5e–4, 1e–3, 5e–3, 0.01, 0.1}。考虑到每个维度上的一系列候选方案，AutoGNN 的搜索空间是由所有设计维度的笛卡儿积构成的。可通过为这些维度分配具体的值来实例化设计，比如聚合函数为 MEAN、学习率为 1e–3 的 GNN 架构。注意，GNN-NAS 和 AutoHPT 分别在由扩展的 GNN 架构和超参数组合构成的搜索空间中进行探索，而 AutoGNN 则在包含以上两者的更全面的搜索空间中进行优化。

17.1.2 AutoGNN 的问题定义

在深入研究详细的技术之前，我们可以通过正式定义 AutoGNN 的优化问题来研究其本质。具体来说，设 $\mathcal{F}$ 为搜索空间，设 $\mathcal{D}_{\text{train}}$ 和 $\mathcal{D}_{\text{valid}}$ 分别为训练集和验证集，设 M 为在任意给定的图分析任务中设计的表现评估指标，如节点分类任务中的 F1 得分或准确率。AutoGNN 的目标是根据在验证集 $\mathcal{D}_{\text{valid}}$ 上评估的 M 找到最佳设计 $f^* \in \mathcal{F}$。从形式上看，AutoGNN 需要解决以下双层优化问题：

$$f^* = \operatorname{argmax}_{f \in \mathcal{F}} M(f(\boldsymbol{\theta}^*); \mathcal{D}_{\text{valid}})\text{，使得 } \boldsymbol{\theta}^* = \operatorname{argmin}_{\theta} L(f(\boldsymbol{\theta}); \mathcal{D}_{\text{train}}) \tag{17.1}$$

其中，$\boldsymbol{\theta}^*$ 表示设计 f 的优化可训练权重，L 表示损失函数。对于每个设计，AutoGNN 将首先通过使用梯度下降法最小化训练集上的损失来优化其相关权重 $\boldsymbol{\theta}$，然后在验证集上进行评估，以决定该设计是否为最优设计。通过解决上述优化问题，AutoGNN 实现了架构工

程和训练超参数调整过程的自动化，并推动 GNN 设计检查广泛的候选解决方案。然而，众所周知，这样的双层优化问题是 NP 完全的（Chen et al，2021），因此在具有大量节点和边的大型图上搜索和评估表现良好的设计会非常耗时。幸运的是，人们提出了一些启发式搜索技术来定位局部最优设计（如 CNN 或 RNN 架构）。这些技术可以在图像分类和自然语言处理的应用中尽可能地接近全局最优解。这些技术包括强化学习（Zoph and Le，2016；Zoph et al，2018；Pham et al，2018；Cai et al，2018a；Baker et al，2016）、演化方法（Liu et al，2017b；Real et al，2017；Miikkulainen et al，2019；Xie and Yuille，2017；Real et al，2019）以及贝叶斯优化（Jin et al，2019a）。它们能够迭代地探索下一个设计并根据新设计的表现反馈来更新搜索算法，以便向全局最优解推进。与之前的工作相比，AutoGNN 问题的特点可以从两个方面来观察——搜索空间以及为确定 GNN 的最优设计而定制的搜索算法。在 17.1.3 节中，我们将列出挑战的细节和现有的 AutoGNN 工作。

17.1.3 AutoGNN 的挑战

直接应用现有的 AutoML 框架来实现 GNN 设计的自动化并不容易，我们主要面临以下两个挑战。

首先，AutoGNN 的搜索空间与 AutoML 文献中的搜索空间明显不同。以把 NAS 应用于发现 CNN 架构（Zoph and Le，2016）为例，卷积运算的搜索空间主要由卷积核大小指定。相比之下，考虑到基于消息传递的图卷积，空间图卷积的搜索空间是由多个关键架构维度构建的，包括聚合、组合和嵌入激活函数。随着 GNN 模型变体的数量不断增加，制定既有表达能力又紧凑的良好搜索空间非常重要。一方面，搜索空间应该涵盖重要的架构维度，以包括现有的人类设计的架构，并适应一系列不同的图分析任务。另一方面，搜索空间应该是紧凑的，能排除非一般维度并在每个维度上纳入适度的选择范围，以节省搜索时间。

其次，我们应该根据 AutoGNN 的特殊搜索空间来调整搜索算法，以有效地发现表现良好的设计。搜索控制器决定如何迭代探索搜索空间，并根据抽样设计的表现反馈更新搜索算法。好的搜索控制器需要在搜索过程中做好探索和利用的权衡，以避免过早出现次优区域并快速发现表现良好的设计。然而，以前的搜索算法对于 GNN-NAS 的应用可能是低效的。具体来说，GNN 架构的一个关键特性是，模型的表现可能会因为沿着架构维度的轻微修改而发生明显变化。例如，我们在理论和经验上都已经证明，只要在 GNN 的聚合函数维度上用池化求和（sum pooling）取代最大池化，就可以提高图的分类精度（Xu et al，2019d）。以前的基于强化学习的方法是在每个搜索步骤中对整个架构进行抽样和评估，对于搜索算法来说，它们很难通过学习以下关系来探索更好的 GNN：修改架构维度的哪一部分可以提高或降低模型的表现。

另外，由于图分析任务激增，我们需要巨大的计算资源来优化 GNN 架构。与其从头开始寻找最优 GNN，不如将之前发现的表现良好的 GNN 转移到新的任务中，以节省昂贵的计算成本。

17.2 搜索空间

在本节中，我们将总结文献中的搜索空间。如图 17.2 所示，我们在 AutoGNN 中设计的搜索空间是根据 GNN 架构和训练超参数来区分的。

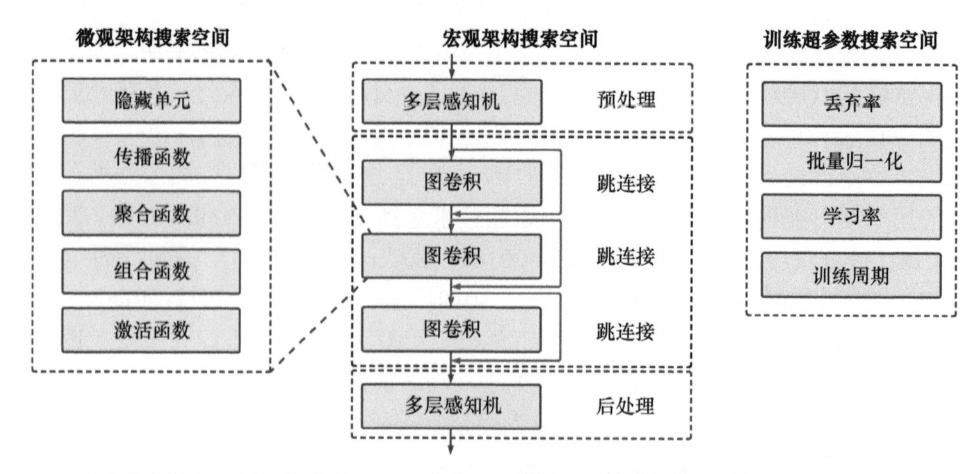

图 17.2　全面搜索空间由微观架构搜索空间、宏观架构搜索空间和训练超参数搜索空间组成。每个搜索空间都有多个维度的特征，如微观架构搜索空间中的隐藏单元、传播函数等。每个维度都提供了一系列的候选方案，搜索空间由其所有维度的笛卡儿积构成。全面搜索空间中的一个离散点代表一个特定的设计，每个设计在每个维度上都会采用一个选项

17.2.1　架构搜索空间

考虑到现有的 AutoGNN 框架（Gao et al，2020b；Zhou et al，2019a），GNN 模型通常基于空间图卷积机制来实现。具体来说，空间图卷积将输入图作为计算图，并通过沿着边传递消息来学习节点嵌入。节点嵌入通过聚合邻居节点的嵌入表征并将它们合并到节点本身来递归更新。在形式上，GNN 的第 k 个空间图卷积层可以表示为

$$\begin{aligned}\boldsymbol{h}_i^{(k)} &= \text{AGGREGATE}\left(\{\boldsymbol{a}_{ij}^{(k)}\boldsymbol{W}^{(k)}\boldsymbol{x}_j^{(k-1)} : j \in \mathcal{N}(i)\}\right)\\ \boldsymbol{x}_i^{(k)} &= \text{ACT}(\text{COMBINE}(\boldsymbol{W}^{(k)}\boldsymbol{x}_i^{(k-1)}, \boldsymbol{h}_i^{(k)}))\end{aligned} \tag{17.2}$$

其中，$\boldsymbol{x}_i^{(k)}$ 表示节点 v_i 在第 k 层的嵌入向量；$\mathcal{N}(i)$ 表示与节点 v_i 相邻的邻居（节点）集合；$\boldsymbol{W}^{(k)}$ 表示用于投影节点嵌入的可训练权重矩阵；$\boldsymbol{a}_{ij}^{(k)}$ 表示沿连接节点 v_i 和 v_j 的边的消息传递权重，由归一化的图邻接矩阵确定或从注意力机制中学习；函数 AGGREGATE（如均值函数、最大值函数与池化求和函数）用于聚合邻居（节点）表征；函数 COMBINE 用于结合邻居（节点）嵌入 $\boldsymbol{h}_i^{(k)}$ 以及上一层的节点嵌入 $\boldsymbol{h}_i^{(k-1)}$；函数 ACT（如 ReLU 函数）用于为嵌入学习增加非线性。

如图 17.2 所示，GNN 架构由式（17.2）中定义的几个图卷积层组成，并且可以在任意两个层之间加入跳连接，类似于残差 CNN（He et al，2016a）。按照之前 NAS 中的定义，我们使用术语“微观架构”来表示图卷积层，其中包括隐藏单元和图卷积函数的具体选择；并使用术语“宏观架构”来表示网络拓扑，其中包括层深度、层间跳连接和预处理层/后处理层的选择。架构搜索空间包含大量不同的 GNN 架构，可分为微观架构搜索空间和宏观架构搜索空间。

17.2.1.1　微观架构搜索空间

根据式（17.2）并参照图 17.2，图卷积层的微观架构具有以下 5 个架构维度的特征。

- **隐藏单元**：可训练权重矩阵 $\boldsymbol{W}^{(k)} \in \mathbb{R}^{d^{(k-1)} \times d^{(k)}}$ 会将节点嵌入投影到新的空间并学习提取信息特征。$d^{(k)}$ 为隐藏单元的数量，它对任务表现起着关键作用。在 GraphNAS（Gao et al，2020b）和 AGNN（Zhou et al，2019a）的 GNN-NAS 框架中，$d^{(k)}$ 通常是从集合{4, 8, 16, 32, 64, 128, 256}中选择的。

- **传播函数**：传播函数确定了消息传递权重 $\boldsymbol{a}_{ij}^{(k)}$，以说明节点嵌入在输入图结构上的传播方式。在一系列的 GNN 模型（Kipf and Welling，2017b；Wu et al，2019a；Hamilton et al，2017b；Ding et al，2020a）中，$\boldsymbol{a}_{ij}^{(k)}$ 是由归一化的邻接矩阵中的对应元素定义的：$\tilde{\boldsymbol{D}}^{-\frac{1}{2}}\tilde{\boldsymbol{A}}\tilde{\boldsymbol{D}}^{-\frac{1}{2}}$ 或 $\tilde{\boldsymbol{D}}^{-1}\tilde{\boldsymbol{A}}$。其中，$\tilde{\boldsymbol{A}}$ 是自环图邻接矩阵，$\tilde{\boldsymbol{D}}$ 是其度数矩阵。注意，现实世界中的图结构数据可能既复杂又有噪声（Lee et al，2019c），这导致邻居聚合效率低下。GAT（Veličković et al，2018）应用注意力机制来计算 $\boldsymbol{a}_{ij}^{(k)}$，以关注相关的邻居节点。基于现有的 GNN-NAS 框架（Gao et al，2020b；Zhou et al，2019a；Ding et al，2020a），表 17.1 列出了传播函数的常见选择。如果节点 v_i 和节点 v_j 相连，则计算权重 $\boldsymbol{a}_{ij}^{(k)}$ 的传播函数候选集合，否则 $\boldsymbol{a}_{ij}^{(k)}=0$。在表 17.1 中，符号||表示并置，$\boldsymbol{a}$、$\boldsymbol{a}_l$ 和 $\boldsymbol{a}_r$ 为可训练向量，$\boldsymbol{W}_G^{(k)}$ 为可训练权重矩阵。

表 17.1 传播函数的常见选择

传播类型	传播函数	公式
归一化邻接矩阵	$\tilde{\boldsymbol{A}}$	1
	$\tilde{\boldsymbol{D}}^{-\frac{1}{2}}\tilde{\boldsymbol{A}}\tilde{\boldsymbol{D}}^{-\frac{1}{2}}$	$\frac{1}{\sqrt{\lvert\mathcal{N}(i)\rvert\lvert\mathcal{N}(j)\rvert}}$
	$\tilde{\boldsymbol{D}}^{-1}\tilde{\boldsymbol{A}}$	$\frac{1}{\lvert\mathcal{N}(i)\rvert}$
注意力机制	GAT	$\text{LeakyReLU}\,(\boldsymbol{a}^{\mathrm{T}}(\boldsymbol{W}^{(k)}\boldsymbol{x}_i^{(k-1)} \,\Vert\, \boldsymbol{W}^{(k)}\boldsymbol{x}_j^{(k-1)}))$
	SYM-GAT	$\boldsymbol{a}_{ij}^{(k)}+\boldsymbol{a}_{ji}^{(k)}$，基于 GAT
	COS	$\boldsymbol{a}^{\mathrm{T}}(\boldsymbol{W}^{(k)}\boldsymbol{x}_i^{(k-1)} \,\Vert\, \boldsymbol{W}^{(k)}\boldsymbol{x}_j^{(k-1)})$
	LINEAR	$\tanh(\boldsymbol{a}_l^{\mathrm{T}}\boldsymbol{W}^{(k)}\boldsymbol{x}_i^{(k-1)} \,\Vert\, \boldsymbol{a}_r^{\mathrm{T}}\boldsymbol{W}^{(k)}\boldsymbol{x}_i^{(k-1)})$
	GERE-LINEAR	$\boldsymbol{W}_G^{(k)}\tanh(\boldsymbol{W}^{(k)}\boldsymbol{x}_i^{(k-1)} \,\Vert\, \boldsymbol{W}^{(k)}\boldsymbol{x}_i^{(k-1)})$

- **聚合函数**：根据输入图的结构，应用适当的聚合函数对于学习信息量大的邻域分布是很重要的。例如，均值池化函数取邻居节点的平均值，而最大值池化函数只保留重要的值。聚合函数通常选自集合{SUM, MEAN, MAX}。
- **组合函数**：组合函数用于结合邻居嵌入 $\boldsymbol{h}_i^{(k)}$ 和节点本身的嵌入 $\boldsymbol{W}^{(k)}\boldsymbol{x}_i^{(k-1)}$，相关的示例包括求和操作与多层感知机（MLP）等。求和操作只是将两个嵌入相加，而 MLP 则在求和或并置两个嵌入的基础上进一步应用线性映射。
- **激活函数**：候选的激活函数通常选自集合{Sigmoid, tanh, ReLU, Linear, Softplus, LeakyReLU, ReLU6, ELU}。

鉴于上述 5 个架构维度以及相关的候选操作，微观架构搜索空间是由它们的笛卡儿积构成的。微观架构搜索空间中的每个离散点都对应一个具体的微观架构，比如具有{隐藏单元:64, 传播函数: GAT, 聚合函数: SUM, 组合函数: MLP, 激活函数:ReLU}的图卷积层。通过沿每个维度提供广泛的候选项，微观架构搜索空间涵盖最先进模型中大部分层的实现，如 Chebyshev（Defferrard et al，2016）、GCN（Kipf and Welling，2017b）、GAT（Veličković et al，2018）和 LGCN（Gao et al，2018a）。

17.2.1.2　宏观架构搜索空间

如图 17.2 所示，除微观架构以外，GNN 的另一架构层次是宏观架构，如网络拓扑。GNN 的宏观架构决定了图卷积层和预处理层/后处理层的深度以及跳连接的选择（You et al，2020a；Li et al，2018b，2019c）。下面详细介绍这 4 个架构维度的细节。

- **图卷积层的深度：**我们通常采用多层直接堆叠的方式来提高节点的感受野。设 l_{gc} 表示图卷积层的数量，通常 l_{gc} 的取值范围为[2, 10]。
- **预处理层的深度：**在现实世界的应用中，节点的输入特征的长度可能过大，这将导致隐含特征学习的计算成本过高。已有文献（You et al，2020a）首次将特征预处理包含在搜索空间中并由 MLP 执行。设 l_{pre} 表示 MLP 的层数，l_{pre} 是从候选集合{0, 1, 2, 3}中抽样的。
- **后处理层的深度：**同样，MLP 的后处理层用于将隐含嵌入投影到特定的任务空间。例如，嵌入空间的维度与节点分类任务中的类别标签相同。设 l_{post} 表示 MLP 的层数，l_{post} 是从候选集合{0, 1, 2, 3}中抽样的。
- **跳连接的选择：**继计算机视觉中的残差深度 CNN 和最近的深度 GNN 之后，跳连接已被纳入 GNN-NAS 框架的搜索空间（You et al，2020a；Zhao et al，2020g，a）。具体来说，在第 l 层，最多可以抽样（l–1）个先前层的嵌入并结合到当前层的输出中，从而导致第 k 层有 2^{k-1} 个可能的决策。对于连接到当前输出的先前节点嵌入，人们开发了一系列的候选项来组合它们，即{SUM, CAT, MAX, LSTM}。特别是，候选项 SUM、CAT 和 MAX 会分别对这些连接的嵌入进行求和、并置以及元素级的最大值池化。LSTM 使用注意力机制来计算每一层的重要性得分，然后得到连接嵌入的加权平均值（Xu et al，2018a）。

整个架构空间是由微观架构搜索空间和宏观架构搜索空间的笛卡儿积构成的，可完全用 9 个架构维度来描述。如果将最近的残差 GNN 模型〔如 JKNet（Xu et al，2018a）和 deeperGCN（Li et al，2018b）〕包括在内，则整个架构空间将非常庞大和全面。

17.2.2　训练超参数搜索空间

训练超参数对 GNN 架构的任务表现有重大影响，对此已经有人在 AutoGNN 框架中进行了探索（You et al，2020a；Shi et al，2020）。本节总结训练超参数的 4 个重要维度，如图 17.2 所示。

- **丢弃率：**应用于图卷积层或预处理层/后处理层之前，适当的丢弃率对于避免出现过拟合问题至关重要。已得到广泛使用的丢弃率包括{无, 0.05, 0.1, 0.2, 0.3, 0.4, 0.5, 0.6}。
- **批量归一化：**应用于图卷积层或预处理层/后处理层之后，旨在对整个图或一批图的节点嵌入进行归一化（Zhou et al，2020d；Zhao and Akoglu，2019；Ioffe and Szegedy，2015）。候选的归一化技术包括{无，BatchNorm（Ioffe and Szegedy，2015），PairNorm（Zhao and Akoglu，2019），DGN（Zhou et al，2020d），NodeNorm（Zhou et al，2020c），GraphNorm（Cai et al，2020d）}。
- **学习率：**虽然较高的学习率会导致过早出现次优解，但较低的学习率能使优化过程收敛缓慢。候选的学习率包括{1e–4, 5e–4, 1e–3, 5e–3, 0.01, 0.1}。

- **训练周期**：根据通常的做法（You et al，2020a；Kipf and Welling，2017b），训练周期包括{100, 200, 400, 500, 1000}。

17.2.3 高效的搜索空间

鉴于微观架构搜索空间、宏观架构搜索空间和训练超参数搜索空间，在实际系统中，应用的搜索空间是由它们的任意组合的笛卡儿积构成的。尽管一个大的搜索空间包含不同的 GNN 架构和训练环境，以适应不同的图分析任务，但要探索出最佳设计却非常耗时。为了提高搜索效率，现有的 AutoGNN 框架采用了两个主流的简化搜索空间。

- **聚焦于 GNN-NAS**：大多数 AutoGNN（或 GNN-NAS）框架（Gao et al，2020b；Zhou et al，2019a；Zhao et al，2020a,g；Ding et al，2020a；Nunes and Pappa，2020；Li and King，2020；Jiang and Balaprakash，2020）没有完全调整训练超参数，而是聚焦于解决表现良好的 GNN 架构发现问题。与 AutoHPT 相比，人们普遍认为，从 GNN-NAS 中发现的新架构对研究界来说更加重要和具有挑战性，这可以激励数据科学家在未来改进 GNN 模型范式。在 GNN-NAS 中，搜索空间因此减小到只包含神经架构变体的空间。
- **简化架构搜索空间**：即使在 GNN-NAS 中，大量的架构维度以及相关的候选项仍然会使搜索空间变得复杂。基于不同模块对模型表现影响的先验知识，人们更愿意在实际系统中只沿着关键的架构维度进行探索。例如，以聚合函数和跳连接为特征的简化搜索空间（Zhao et al，2020a）可以产生与全面搜索空间（Gao et al，2020b；Zhou et al，2019a）相当的表现优秀的 GNN 架构。特别是，由于跳连接的决策基数会随着层数的增加而呈指数增长，简化的搜索空间甚至只探索与 JKNet 相似的最后一层的跳连接（Xu et al，2018a）。在另一个简化的搜索空间中，我们可以根据专家经验排除并预定义特定于模型的架构维度，包括隐藏单元、传播函数和组合函数。

17.3 搜索算法

用来探索 AutoGNN 的搜索空间的不同搜索策略有许多种，包括随机搜索、进化搜索、基于强化学习的搜索和可微搜索。本节将介绍这些搜索方法的基本概念以及如何利用它们来探索候选设计。

17.3.1 随机搜索

给定一个搜索空间，随机搜索以相同的概率随机抽样各种设计。随机搜索虽然是最基本的搜索方法，但在实践中却相当有效。除作为 AutoGNN 工作的基准（Zhou et al，2019a；Gao et al，2020b）以外，随机搜索也是在搜索空间中沿某个维度比较不同候选项的有效性的标准基准（You et al，2020a）。特别是，假设要评估的维度是批量归一化，候选项由{False，BatchNorm}给出。为了全面比较这两个候选项的有效性，我们可以从搜索空间中随机抽出一系列不同的设计，在每个设计中，批量归一化被分别重置为 False 和 BatchNorm。接下来，在下游的图分析任务中，根据模型表现对每对设计（称为 Normalization=False 和 Normalization=BatchNorm）进行比较，我们可以发现，Normalization=BatchNorm 的设计通常比其他设计的排名高，这就是在模型设计中包括 BatchNorm 的好处。

17.3.2 进化搜索

进化搜索方法演化出了一组设计——不同的 GNN 架构和训练超参数的集合。在每个进化步骤中，至少从设计集合中抽样一个设计并作为父设计，可通过对其应用突变来生成新的子设计。在使用 AutoGNN 的背景下，设计突变是局部操作，例如将聚合函数从 MAX 改为 SUM、改变隐藏单元或者改变特定的训练超参数。训练完子设计后，便可在验证集上对其表现进行评估。优秀的设计将被添加到设计集合中。具体来说，Shi et al（2020）提出先选择两个父设计，再沿着某些维度对它们进行交叉。为了生成多样化的子设计，Shi et al（2020）还进一步对上述交叉设计进行了变异。

17.3.3 基于强化学习的搜索

强化学习（Silver et al，2014；Sutton and Barto，2018）是一种学习范式，它关注代理应该如何在环境中采取行动以最大化奖励。在使用 AutoGNN 的背景下，代理是所谓的“控制器”，它试图生成有前途的设计。设计的生成可以看作控制器的行动。控制器的奖励通常被定义为生成的设计在验证集上的模型表现，如节点分类任务的验证准确率。如图 17.3 所示，控制器是在一个循环中训练候选设计的：首先抽样候选设计，然后训练其收敛，以衡量其在期望任务上的表现。注意，控制器通常是由 RNN 实现的，RNN 生成 GNN 架构的设计并将超参数训练为一个强度可变的字符串。最后，控制器利用验证表现作为指导信号更新自身，以便在未来的搜索过程中找到更有前途的设计。

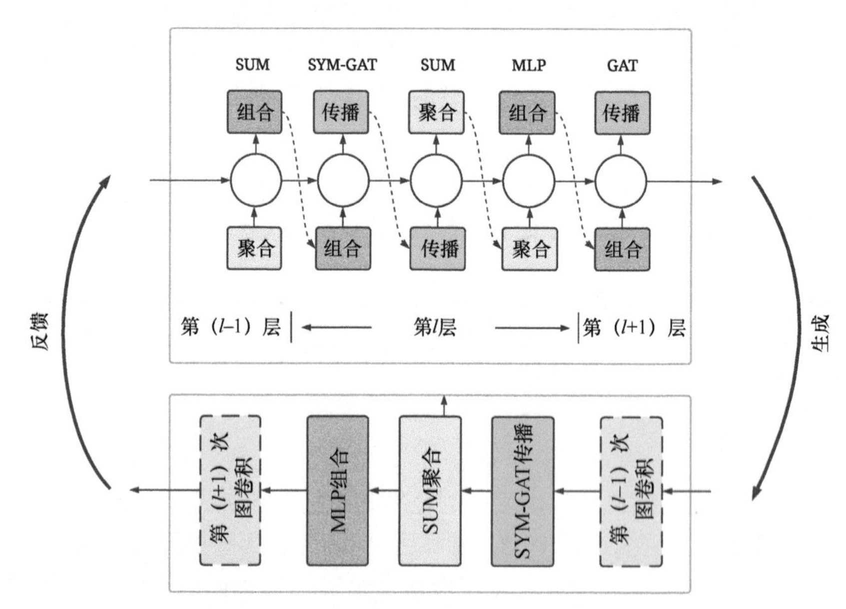

图 17.3 基于强化学习的搜索算法的示例。控制器（图 17.3 的上半部分）生成 GNN 架构（图 17.3 的下半部分）并在验证数据集上对其进行测试。通过将架构视为一个长度可变的字符串，控制器通常应用 RNN 对不同的维度（如组合函数、聚合函数和传播函数）进行顺序抽样，以形成最终的 GNN 架构。然后，我们可以将验证表现作为反馈来训练控制器。注意，这里的架构维度仅用于说明目的。关于搜索空间的完整介绍，请参考 17.2 节

现有的基于强化学习的 AutoGNN 框架针对的是 GNN-NAS 的子领域问题。一般来说，基于强化学习的 GNN-NAS 中有两组可训练参数：控制器参数，用ω表示；以及 GNN 架构的参数，用θ表示。训练过程由两个交错阶段组成，以交替解决双层优化问题，如式（17.1）所示。第一阶段在训练数据集 $\mathscr{D}_{\text{train}}$ 上使用标准的反向传播方法以固定的训练周期数对θ进行训练。第二阶段则训练ω，以学习在验证数据集 $\mathscr{D}_{\text{valid}}$ 上具有优秀评估表现的 GNN 架构的样本。这两个阶段在训练中交替进行。具体来说，在第一阶段，控制器提出一个 GNN 架构f，并对θ执行梯度下降，以最小化损失函数 $\mathscr{L}(f(\theta);\mathscr{D}_{\text{train}})$，该函数是在成批的训练数据上执行计算的。在第二阶段，优化后的参数θ^*被固定下来，以更新控制器参数ω，目的是使预期奖励最大化。

$$\omega^* = \operatorname{argmax}_{\omega} \mathbb{E}_{f\sim\pi(f;\omega)}[\mathscr{R}(f(\theta^*);\mathscr{D}_{\text{valid}})] \tag{17.3}$$

其中，$\pi(f;\omega)$ 是控制器的策略——以ω为参数抽样和生成 GNN 架构f。奖励$\mathscr{R}(f(\theta^*)$ $(;\mathscr{D}_{\text{valid}}))$ 是由期望任务定义的模型表现，如节点分类任务的准确率。此外，奖励是在验证数据集而不是训练数据集上计算的，以鼓励控制器选择泛化好的架构。在大多数现有的工作中，预期奖励的梯度 $\mathbb{E}_{f\sim\pi(f;\omega)}[\mathscr{R}(f(\theta^*);\mathscr{D}_{\text{valid}})]$ 相对于ω是使用 REINFORCE 规则计算的（Sutton et al，2000）。

考虑到已有文献中的 GNN-NAS 工作，基于强化学习的搜索算法在如何表示和训练控制器方面有所不同。GraphNAS 使用 RNN 控制器从多个架构维度顺序抽样，并生成编码 GNN 架构的字符串（Gao et al，2020b）。为了基于预期奖励反映整个架构的质量，RNN 控制器必须沿着所有维度优化抽样策略。提出 AGNN（Zhou et al，2019a）的动机是人们观测到对架构维度的微小改动会导致表现突然变化。例如，仅仅通过改变聚合函数的选择，比如从 MAX 改为 SUM，GNN 的图分类准确率就有可能得到很大改进。基于这一观测，AGNN 提供了一个更有效的控制器。这个控制器由一系列的 RNN 子控制器组成，每个 RNN 子控制器对应一个独立的架构维度。在每一步，AGNN 只应用其中一个 RNN 子控制器来从相关的响应维度中抽样新的候选项，并使用这些候选项来突变到目前为止发现的最佳架构。通过评估这种轻微变异的设计，RNN 子控制器可以排除因修改其他架构维度而产生的噪声，从而更好地训练自身维度的抽样策略。

17.3.4 可微搜索

我们发现，在每个架构维度上都有多个候选项。例如，对于特定层的聚合函数，我们可以选择应用 SUM、MEAN 或 MAX 池化。GNN-NAS 中常见的一些搜索方法（如随机搜索、进化搜索和基于强化学习的搜索）将选择最佳候选项视为离散域的黑盒优化问题。在每个搜索步骤中，它们会从离散架构搜索空间中抽样并评估单个架构。然而，由于可能的模型数量非常多，这样的搜索过程对表现良好的 GNN 来说将非常耗时。可微搜索将离散搜索空间放宽为连续空间，并对其通过梯度下降进行有效优化。具体来说，对于每个架构维度，可微搜索通常将候选集的硬性选择放宽为连续分布，这样每个候选项都会被分配一个概率。图 17.4 显示了一个沿聚合函数维度进行可微搜索的示例。在第 k 层，聚合函数的节点嵌入输出可被分解并表示为

$$
\boldsymbol{h}_i^{(k)} = \begin{cases} \sum_m \alpha_m o_m(\boldsymbol{x}_j^{(k-1)} : j \in \mathscr{N}(i) \cup \{i\}) \\ \text{或} \\ \alpha_m o_m(\boldsymbol{x}_j^{(k-1)} : j \in \mathscr{N}(i) \cup \{i\}),\ m \sim p(\alpha_m) \end{cases}, \text{使得} \sum_m \alpha_m = 1 \tag{17.4}
$$

其中，o_m 代表第 m 个聚合函数候选项，α_m 是与相应候选项相关的抽样概率。沿着一个维度的概率分布将被正则化，概率总和为 1。架构分布是用所有维度的联合概率分布进行表示的。在每个搜索步骤中，如式（17.4）所示（以聚合函数维度为例），新架构中一个维度的实际操作可以通过两种不同的方式生成——加权候选项组合和候选项抽样。针对加权候选项组合的情况，实际操作是用所有候选项的加权平均值来表示的；针对候选项抽样的情况，实际操作是从相应架构维度的概率分布 $p(\alpha_m)$中抽样的。在这两种情况下，采用的候选项都是由它们的抽样概率缩放的，以支持通过梯度下降进行架构分布优化。接下来，通过在每个训练步骤中反向传播训练损失来直接更新架构分布。在测试过程中，可通过保留每个维度上概率最高的最强候选者来获得离散架构。与黑盒优化相比，基于梯度的优化明显提高了数据效率，因此极大加快了搜索过程。

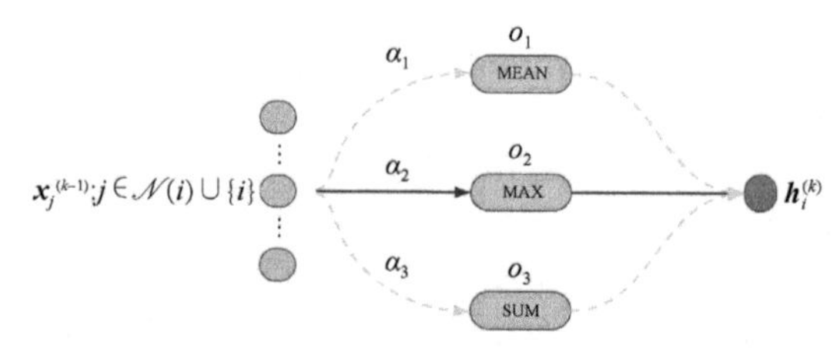

图 17.4　用于展示聚合函数的可微搜索的示例。在一个搜索步骤中，聚合函数由三个候选项的加权组合给出，或由一个抽样的候选项来实现（如使用概率α_2 缩放的 MAX）。一旦搜索过程结束，具有最高概率的候选项（如带有实心箭头的 MAX）就将被用于最终的架构，可在测试集上对其进行评估

与基于强化学习的搜索相比，可微搜索在关于 GNN-NAS 的文献中不太流行。PDNAS（Zhao et al，2020g）则通过采用 gumbel-sigmoid 将离散的搜索空间放宽为连续空间，并通过梯度下降实现了优化。

17.3.5　高效的表现评估

为了解决 AutoGNN 的双层优化问题，上述所有搜索方法都有一个共同的两阶段工作流水线：对新设计进行抽样，并根据新设计在每个搜索步骤中的表现评估和调整搜索方法。一旦搜索过程结束，具有最高模型表现的优化设计就将被视为相关优化问题的理想解决方案。因此，准确的表现评估策略对 AutoGNN 框架至关重要。最简单的表现评估方法是对生成的每个设计进行标准训练，然后获得模型在拆分的验证数据集上的表现。然而，考虑到漫长的搜索过程和海量的图数据集，这种直观策略的计算成本非常高。

参数共享是降低表现评估成本的有效策略之一，它可以避免对每个设计从头开始训练。Pham et al（2018）在 ENAS 中首次提出了参数共享，他们强制所有设计共享权重以提高搜

索效率。通过重用之前训练好的权重，我们可以立即评估新设计。然而，这种策略不能直接用于 GNN-NAS，因为搜索空间中的 GNN 架构可能具有不同维度或形状的权重。为了应对这一挑战，人们修改了参数共享策略以自定义 GNN。例如，GraphNAS（Gao et al，2020b）根据形状对优化权重进行了分类和存储，并将具有相同形状的权重应用到新设计中。在进行参数共享后，AGNN（Zhou et al，2019a）进一步使用几个训练周期来使转移的权重完全适应新设计。在可微的 GNN-NAS 框架中，参数共享是在共享共同计算候选项的 GNN 架构之间自然进行的（Zhao et al，2020g；Ding et al，2020a）。

17.4 未来的方向

至此，我们已经回顾了目前已有文献中提出的各种搜索空间和搜索方法。尽管研究者已经完成一些初步的 AutoGNN 工作，但与计算机视觉中 AutoML 的快速发展相比，AutoGNN 仍处于初步研究阶段。本节将讨论 AutoML 未来的几个研究方向，特别是关于 GNN-NAS 的研究。

- **搜索空间**。架构搜索空间的设计是 GNN-NAS 框架中最重要的部分。搜索空间应该是全面的，要涵盖关键的架构维度及其最先进的原始候选项，以保证任何特定于任务的搜索架构表现良好。此外，搜索空间还应该是紧凑的，能通过合并适量的功能强大的选项来提高搜索效率。然而，大多数现有的架构搜索空间是基于典型的 GCN 和 GAT 构建的，它们没有考虑到最近的 GNN 发展情况。例如，图池化（Ying et al，2018c；Gao and Ji，2019；Lee et al，2019b；Zhou et al，2020e）正吸引越来越多的人展开研究，以实现对图结构的分层编码。基于各种各样的池化算法，相应的分层 GNN 架构逐渐缩小了图的大小、增强了邻域感受野并从经验上改善了下游的图分析任务。此外，人们还从不同的角度提出了一系列新颖的图卷积机制，比如用于加速计算的邻域抽样方法（Hamilton et al，2017b；Chen et al，2018c；Zeng et al，2020a）以及基于 PageRank 图卷积以扩展邻域大小（Klicpera et al，2019a，a；Bujchevski et al，2020b）。随着 GNN 社区的发展，更新搜索空间以包括最先进的模型至关重要。
- **深度图神经网络**。现有的所有搜索空间都是用浅层 GNN 架构实现的，换言之，图卷积层的数量 $l_{gc} \leqslant 10$。与计算机视觉和自然语言处理中广泛采用的深度神经网络（如 CNN 和转换器）不同，GNN 架构通常被限制在 3 层以下（Kipf and Welling，2017b；Veličković et al，2018）。随着层数的增加，由于循环邻域聚合和非线性激活，节点表征将收敛为无差别的向量（Li et al，2018b；Oono and Suzuki，2020）。这种现象被称为过平滑问题（NT and Maehara，2019），过平滑问题会阻碍深度 GNN 的构建，使其无法对高阶邻域的依赖关系进行建模。最近，人们提出了许多方法来缓解过平滑问题并构建深度 GNN，包括嵌入归一化（Zhao and Akoglu，2019；Zhou et al，2020d；Ioffe and Szegedy，2015）、残差连接（Li et al，2019c，2018b；Chen et al，2020l；Klicpera et al，2019a）和随机数据增强（Rong et al，2020b；Feng et al，2020）。然而，与相应的浅层模型相比，深度 GNN 中的大多数只能达到相当甚至更差的表现。通过将这些新技术纳入搜索空间，GNN-NAS 可以有效地将它们结合起来，确定新颖的深度 GNN 模型，从而释放图网络的深度学习能力。

- **应用于新兴的图分析任务。**目前已有文献中的 GNN-NAS 框架的一个局限性在于，它们通常在一些基准数据集上进行评估，如用于节点分类的 Cora、Citeseer 和 Pubmed（Yang et al，2016b）。然而，图结构数据无处不在，新的图分析任务总是出现在现实世界的应用中，如生化分子的属性预测（即图分类）（Zitnik and Leskovec，2017；Aynaz Taheri，2018；Gilmer et al，2017；Jiang and Balaprakash，2020）、社交网络中的物品/朋友推荐（即链接预测）（Ying et al，2018b；Monti et al，2017；He et al，2020）以及电路设计（即图生成）（Wang et al，2020b；Li et al，2020h；Zhang et al，2019d）。缘于任务的不同数据特征和目标以及高昂的搜索成本，新任务的激增对未来在 GNN-NAS 中搜索表现良好的架构提出了重大挑战。一方面，由于新任务可能与现有的任何基准都不相似，我们必须通过考虑其特定的数据特征来重新构建搜索空间。例如，在具有信息边属性的知识图谱中，微观架构搜索空间需要纳入边感知的图卷积层，以保证理想的模型表现（Schlichtkrull et al，2018；Shang et al，2019）。另一方面，如果新任务与现有任务相似，则搜索算法可以重新利用之前发现的最佳架构来加速新任务的搜索进度。例如，可以使用这些复杂的架构来简单初始化搜索过程，并在一个小的区域内通过几个训练周期来探索隐含的良好架构。特别是，对于具有大量节点和边的海量图来说，重用类似任务中表现良好的架构可以大大节省计算成本。未来研究的挑战在于如何量化不同图结构数据之间的相似性。

致谢

这项工作得到美国国家科学基金会（#IIS-1750074 和#IIS-1718840）的部分支持。文中的观点、意见和（或）发现是作者的，不应解释为代表任何资助机构。

> **编者注：**AutoGNN 通过引入 AutoML 来解决 GNN 神经架构搜索和超参数搜索的问题。因此，本章与本书其他大部分章是正交的，那些章一般依靠专家经验来设计特定模型和调整超参数。GNN 神经架构搜索空间包含人工设计的模型中的组件，如第 4 章和第 5 章介绍的各种聚合器。AutoGNN 支持常见的图分析任务，如节点分类（见第 4 章）、图分类（见第 9 章）和链接预测（见第 10 章）。

第 18 章 自监督学习

Yu Wang、Wei Jin 和 Tyler Derr[①]

摘要

虽然深度学习在许多领域取得了优秀的表现，但这些模型通常需要大量的注释数据集来发挥其全部潜力并避免过拟合。这样的数据集有可能需要付出很高的相关成本才能获得，甚至根本无法获得。自监督学习（Self-Supervised Learning，SSL）试图在无标签的数据上创建和利用特定的代理任务，以帮助缓解深度学习模型的这一基本限制。虽然 SSL 最初被应用于图像和文本领域，但人们最近的兴趣是在图域中利用 SSL 提高图神经网络的表现。对于节点级任务，GNN 可以通过邻域聚合自然地纳入无标签的节点数据，这与图像或文本领域不同；但它们仍然可以通过应用新的代理任务来编码更丰富的信息，人们最近已经开发出许多这样的方法。对于解决图级任务的 GNN 来说，应用 SSL 的方法与其他传统领域更加一致，虽然仍有一些独特的挑战，这也是少数工作的重点。在本章中，我们将总结把 SSL 应用于 GNN 的最新进展，并通过不同的训练策略以及用于构建其代理任务的数据类型对它们进行分类。

18.1 导读

近年来，深度学习在许多领域的应用取得了巨大成功。然而，深度学习的优越表现在很大程度上取决于有标签数据提供的监督质量，而收集高质量的大量有标签数据往往需要花费大量的时间和资源（Hu et al，2020c；Zitnik and Leskovec，2017）。因此，为了缓解对大量有标签数据的需求并提供足够的监督，自监督学习（SSL）被引入。具体来说，SSL 设计了特定领域的代理任务，以利用无标签数据的额外监督来训练深度学习模型，并为下游任务学习更好的表征。在计算机视觉领域，人们已经研究了各种代理任务，包括预测图像小块的相对位置（Noroozi and Favaro，2016）以及识别由图像处理技术〔如裁剪、旋转和调整大小（Shorten and Khoshgoftaar，2019）〕产生的增强图像。在自然语言处理领域，自监督学习也被大量利用，如预测 BERT 中的掩蔽词（Devlin et al，2019）。

同时，在过去几年里，图表征学习已经成为分析图结构数据的强大策略（Hamilton，2020）。作为深度学习对图域的概括，图神经网络由于在现实世界应用中的效率和强大的表

① Yu Wang
Department of Electrical Engineering and Computer Science，Vanderbilt University，E-mail：yu.wang.1@vanderbilt.edu
Wei Jin
Department of Computer Science and Engineering，Michigan State University，E-mail：jinwei2@msu.edu
Tyler Derr
Department of Electrical Engineering and Computer Science，Vanderbilt University，E-mail：tyler.derr@vanderbilt.edu

现，已经成为一种十分有前途的范式（You et al，2021；Zitnik and Leskovec，2017）。然而，基本型 GNN 模型〔也就是图卷积网络（Kipf and Welling，2017b）〕和更先进的现有 GNN 模型（Hamilton et al，2017b；Xu et al，2019d，2018a）大多以半监督或监督方式建立，这仍然需要高成本的标签注释。此外，这些 GNN 模型可能并没有充分利用无标签数据中的丰富信息，如图的拓扑结构和节点属性。因此，SSL 可以很自然地帮助 GNN 获得额外的监督，并彻底利用无标签数据中的信息。

与基于网格的数据（如图像或文本）相比（Zhang et al，2020e），图结构数据则由于高度不规则的拓扑结构、涉及的内在互动和丰富的特定领域语义而复杂得多（Wu et al，2021d）。在图像和文本中，整个结构代表单一的实体或表达单一的语义。与之不同的是，图中的每个节点都是一个独立的实例，它有着自己的特征并被定位在自己的局部上下文中。此外，这些实例之间还有内在的联系，从而形成不同的局部结构，里面编码了更复杂的信息有待发现和分析。虽然这种复杂性给分析图结构数据带来巨大的挑战，但节点特征、节点标签、局部/全局图结构以及它们的相互作用和组合中所包含的大量不同信息，为设计自监督的代理任务提供了绝佳机会。

为了迎接研究 GNN 中自监督学习的挑战和机遇，一些人（Hu et al，2020c，2019c；Jin et al，2020d；You et al，2020c）在工作中首次系统地设计和比较了 GNN 中不同的自监督代理任务。例如，有人（Hu et al，2019c；You et al，2020c）通过设计代理任务来编码节点的属性（如 GNN 输出的嵌入中的个体特征和聚类分配）或拓扑属性（如中心度、聚类系数以及图分区分配），也有人（Jin et al，2020d）通过在工作中设计代理任务，让成对的特征相似性或图中两个节点之间的拓扑距离与嵌入空间中两个节点的接近程度保持一致。除在创建代理任务时采用的监督信息以外，设计有效的训练策略和选择合理的损失函数是将 SSL 纳入 GNN 的另一关键组成部分。两种经常使用的让 GNN 包含 SSL 的训练策略如下：一种是首先通过完成代理任务对 GNN 进行预训练，然后在下游任务上对 GNN 进行微调；另一种则是在代理任务和下游任务上联合训练 GNN（Jin et al，2020d；You et al，2020c）。此外，有少数人（Chen et al，2020c；Sun et al，2020c）在将 SSL 纳入 GNN 时采用了自训练的思想。损失函数的选择是为特定的代理任务量身定制的，其中包括基于分类的任务（交叉熵损失）、基于回归的任务（均方差损失）和基于对比的任务（对比损失）。

鉴于图神经网络领域取得的实质性进展和自监督学习的巨大潜力，本章旨在对将自监督学习应用于图神经网络进行系统而全面的回顾。本章剩余部分的内容组织如下：18.2 节首先介绍自监督学习和代理任务，然后总结在图像和文本领域经常使用的自监督方法。18.3 节介绍用于将 SSL 纳入 GNN 的训练策略，并对已开发的 GNN 的代理任务进行分类。18.4 节和 18.5 节详细总结为节点级和图级代理任务开发的许多代表性 SSL 方法。18.6 节讨论使用节点级和图级监督开发的一些代表性 SSL 方法，它们又称为节点-图级代理任务。18.7 节收集并讨论前几节提到的主要研究成果以及一些有洞见的发现。18.8 节提供关于 GNN 中 SSL 发展的结论性意见和未来预测。

18.2 自监督学习概述

监督学习是这样一种机器学习任务：根据有标签数据集提供的具有基础事实的输入-输出对，训练一个将输入映射到输出的模型。监督学习的良好表现需要相当数量的有标签数据（尤其是在使用深度学习模型时），而这些数据的人工收集成本很高。相反，自监督学习从无标签数据中生成监督信号，然后根据生成的监督信号训练模型。基于生成的监督信号训练模型的任务被称为代理任务。相比之下，我们最为关心的希望模型能够解决的最终表现的任务则被称为下游任务。为了保证自监督学习的表现优势，我们应该精心设计一些代理任务，使得完成这些代理任务能够鼓励模型拥有与完成下游任务类似或互补的理解。自监督学习最初起源于解决图像和文本领域的任务。下面我们着重介绍这两个领域的自监督学习，并特别强调不同的代理任务。

人们在计算机视觉（Computer Vision，CV）领域已经提出许多关于图像数据的自监督表征学习的想法。一个常见的例子是，我们期望图像上的微小失真不会影响图像的原始语义或几何形式。Dosovitskiy et al（2014）提出了用无标签的图像小块创建代理训练数据集的想法：首先从不同图像的不同位置抽样图像小块，然后通过应用各种随机变换来扭曲图像小块。代理任务旨在区分从同一图像或不同图像中扭曲的图像小块。旋转整个图像是修改输入图像而不改变语义内容的另一种有效且廉价的方法（Gidaris et al，2018）。首先，每张输入图像被随机旋转 90° 多次。然后，模型被训练以预测哪种旋转已被应用。然而，除在整个图像上执行代理任务以外，我们还可以通过提取局部图像小块来构建代理任务。使用这种方法的例子包括预测一幅图像中两个随机图像小块之间的相对位置（Doersch et al，2015）、设计拼图游戏，以及将 9 个打乱的图像小块放回原来的位置（Noroozi and Favaro，2016）等。除此以外，还有更多的代理任务（如着色、自编码器和对比预测编码等）被引入并得到有效利用（Oord et al，2018；Vincent et al，2008；Zhang et al，2016d）。

虽然近年来计算机视觉在自监督学习方面取得惊人的进展，但自监督学习在自然语言处理（Natural Language Processing，NLP）中也被大量利用了很长时间。word2vec（Mikolov et al，2013b）是第一个在 NLP 领域普及 SSL 思想的模型。中心词预测和邻接词预测是 word2vec 中的两个代理任务，模型被给予一小块文本并被要求预测这一小块文本中的中心词，反之亦然。BERT（Devlin et al，2019）是 NLP 中另一个著名的预训练模型，其中的两个代理任务是恢复文本中的随机掩蔽词以及对两个句子是否能相继出现进行分类。类似的情形还有很多，比如让代理任务对两个句子的顺序是否正确进行分类（Lan et al，2020）；或者先随机打乱句子的顺序，再寻求恢复原始顺序的代理任务（Lewis et al，2020）。

与在图像和文本领域遇到的数据获取困难相比，图领域的机器学习在获取高质量的有标签数据方面则面临更大的挑战。例如，对于分子图来说，进行必要的实验室实验以标记一些分子的代价是非常大的（Rong et al，2020a）；而在社交网络中，获得单个用户的基础事实标签可能需要进行大规模的调查，并且可能由于隐私协议或顾虑而无法发布（Chen et al，2020a）。因此，在 CV 和 NLP 领域通过应用 SSL 取得的成功自然导致 SSL 是否可以有效应用于图领域的问题。鉴于图神经网络是更为强大的图表征学习范式之一，本章接下来的内容将主要关注如何在图神经网络的框架内引入自监督学习，并强调和总结这些最新进展。

18.3 将 SSL 应用于图神经网络：对训练策略、损失函数和代理任务进行分类

在寻求将自监督学习应用于 GNN 时，我们需要做出的主要决定是如何构建代理任务，

包括从无标签数据中利用什么信息，使用什么损失函数，以及使用什么训练策略来有效提高 GNN 的表现。因此，本节将首先从数学上对自监督学习的图神经网络进行形式化，然后对上述每个问题进行讨论。具体地说，本节将介绍三种训练策略和当前文献中经常采用的三种损失函数，并根据它们在构建代理任务时利用的信息类型，对当前最先进 GNN 的代理任务进行分类。

给定带属性的无向图 $\mathcal{G}=(\mathcal{V},\mathcal{E},\boldsymbol{X})$，其中，$\mathcal{V}=\{v_1,v_2,\cdots,v_{|\mathcal{V}|}\}$ 代表具有$|\mathcal{V}|$个节点的节点集合，$\mathcal{E}$ 代表边集合，$e_{ij}=(v_i,v_j)$ 是节点 v_i 和节点 v_j 之间的边，$\boldsymbol{X}\in\mathbb{R}^{|\mathcal{V}|\times d}$ 代表特征矩阵，$\boldsymbol{x}_i=\boldsymbol{X}[i,:]^{\mathrm{T}}\in\mathbb{R}^d$ 是节点 v_i 的 d 维特征矢量。$\boldsymbol{A}\in\mathbb{R}^{|\mathcal{V}|\times|\mathcal{V}|}$ 是图邻接矩阵，其中，如果 $e_{ij}\in\mathcal{E}$，则 $\boldsymbol{A}_{ij}=1$；如果 $e_{ij}\notin\mathcal{E}$，则 $\boldsymbol{A}_{ij}=0$。我们把所有基于 GNN 的特征提取器表示为 $f_\theta:\mathbb{R}^{|\mathcal{V}|\times d}\times\mathbb{R}^{|\mathcal{V}|\times|\mathcal{V}|}\to\mathbb{R}^{|\mathcal{V}|\times d'}$，参数为 θ。特征提取器 f_θ 可以接收任意节点的特征矩阵 $\boldsymbol{X}$ 和图邻接矩阵 $\boldsymbol{A}$，然后输出每个节点的 d' 维表征 $\boldsymbol{Z}_{\mathrm{GNN}}=f_\theta(\boldsymbol{X},\boldsymbol{A})\in\mathbb{R}^{|\mathcal{V}|\times d'}$，并将其进一步输入任意置换不变函数 READOUT：$\mathbb{R}^{|\mathcal{V}|\times d'}\to\mathbb{R}^{d'}$，以获得图嵌入 $\boldsymbol{z}_{\mathrm{GNN},\mathcal{G}}=\mathrm{READOUT}(f_\theta(\boldsymbol{X},\boldsymbol{A}))\in\mathbb{R}^{d'}$。更具体地说，这里的 θ 代表 GNN 相应网络架构中编码的参数（Hamilton et al，2017b；Kipf and Welling，2017b；Petar et al，2018；Xu et al，2019d，2018a）。考虑到直推式半监督任务，我们得到了有标签的节点集合 $\mathcal{V}_l\subset\mathcal{V}$、有标签的图 $\mathcal{G}$、相关的节点标签矩阵 $\boldsymbol{Y}_{\mathrm{sup}}\in\mathbb{R}^{|\mathcal{V}_l|\times l}$ 以及标签维度为 l 的图标签 $\boldsymbol{y}_{\mathrm{sup},\mathcal{G}}\in\mathbb{R}^l$，我们的目的是对节点和图进行分类。GNN 输出的节点和图的表征首先由额外的适配层 $h_{\theta_{\mathrm{sup}}}$ 处理，该适配层由监督适配参数 θ_{sup} 初始化，以获得预测的一维节点标签 $\boldsymbol{Z}_{\mathrm{sup}}\in\mathbb{R}^{|\mathcal{V}|\times l}$ 和图标签 $\boldsymbol{z}_{\mathrm{sup},\mathcal{G}}\in\mathbb{R}^l$。节点标签 $\boldsymbol{Z}_{\mathrm{sup}}$ 和图标签 $\boldsymbol{z}_{\mathrm{sup},\mathcal{G}}$ 可通过式（18.1）和式（18.2）得出。基于 GNN 的特征提取器 f_θ 中的模型参数 θ 和适配层 $h_{\theta_{\mathrm{sup}}}$ 中的参数 θ_{sup} 是通过优化输出/预测标签和真实标签之间的监督损失来学习的，对于有标签的节点和有标签的图，这可以公式化为

$$\boldsymbol{Z}_{\mathrm{sup}}=h_{\theta_{\mathrm{sup}}}(f_\theta(\boldsymbol{X},\boldsymbol{A}))\tag{18.1}$$

$$\boldsymbol{z}_{\mathrm{sup},\mathcal{G}}=h_{\theta_{\mathrm{sup}}}(\mathrm{READOUT}(f_\theta(\boldsymbol{X},\boldsymbol{A})))\tag{18.2}$$

$$\theta^*,\theta^*_{\mathrm{sup}}=\mathrm{argmin}_{\theta,\theta_{\mathrm{sup}}}\ \mathcal{L}_{\mathrm{sup}}(\theta,\theta_{\mathrm{sup}})=\begin{cases}\underbrace{\mathrm{argmin}_{\theta,\theta_{\mathrm{sup}}}\dfrac{1}{|\mathcal{V}_l|}\displaystyle\sum_{v_i\in\mathcal{V}_l}\mathcal{C}_{\mathrm{sup}}(\boldsymbol{z}_{\mathrm{sup},i},\boldsymbol{y}_{\mathrm{sup},i})}_{\text{节点监督任务}}\\ \underbrace{\mathrm{argmin}_{\theta,\theta_{\mathrm{sup}}}\mathcal{C}_{\mathrm{sup}}(\boldsymbol{z}_{\mathrm{sup},\mathcal{G}},\boldsymbol{y}_{\mathrm{sup},\mathcal{G}})}_{\text{图监督任务}}\end{cases}\tag{18.3}$$

其中，$\mathcal{L}_{\mathrm{sup}}$ 是总监督损失函数，$\mathcal{C}_{\mathrm{sup}}$ 是每个实例的监督损失函数，$\boldsymbol{y}_{\mathrm{sup},i}=\boldsymbol{Y}_{\mathrm{sup}}[i,:]^{\mathrm{T}}$ 表示节点监督任务中节点 v_i 的真实标签，$\boldsymbol{y}_{\mathrm{sup},\mathcal{G}}$ 表示图监督任务中图 $\mathcal{G}$ 的真实标签，相应的预测标签的分布则被表示为 $\boldsymbol{z}_{\mathrm{sup},i}=\boldsymbol{Z}_{\mathrm{sup}}[i,:]^{\mathrm{T}}$ 和 $\boldsymbol{z}_{\mathrm{sup},\mathcal{G}}$。$\theta$ 和 θ_{sup} 分别是任何 GNN 模型和监督下游任务的额外适配层需要优化的参数。注意，为了便于描述，这里假设上面的图监督任务只在一个图上操作，但上述框架可以很容易地适配于多个图上的监督任务。

18.3.1 训练策略

在本章中，我们将 SSL 看作设计一个特定的代理任务并在这个代理任务上学习模型的过程。在这个意义上，SSL 既可以作为无监督的预训练，也可以与半监督学习相结合。

可通过优化模型参数θ、θ_{ssl}和θ_{sup}（其中的θ_{ssl}是适配层的参数）来提高模型提取特征的能力，以完成代理任务和下游任务。在相关讨论（Hu et al，2019c；Jin et al，2020d；Sun et al，2020c；You et al，2020b，c）的启发下，我们总结了文献中流行的三种可能的训练策略——自训练、带微调的预训练和联合训练，以便在自监督环境中训练 GNN。

18.3.1.1 自训练

自训练策略在训练过程中利用了模型本身产生的监督信息（Li et al，2018b；Riloff，1996）。典型的自训练策略在开始时，会首先在有标签数据上训练模型，然后为具有高度置信的预测的无标签样本生成伪标签，并在下一轮训练中把它们纳入有标签数据。这样代理任务与下游任务就都利用了一些原先无标签数据的伪标签。图 18.1 概述了带有 SSL 的 GNN 使用自训练策略的过程，预测结果被重新利用，以增强下一轮迭代中的训练数据，正如（Sun et al，2020c）所做的那样。

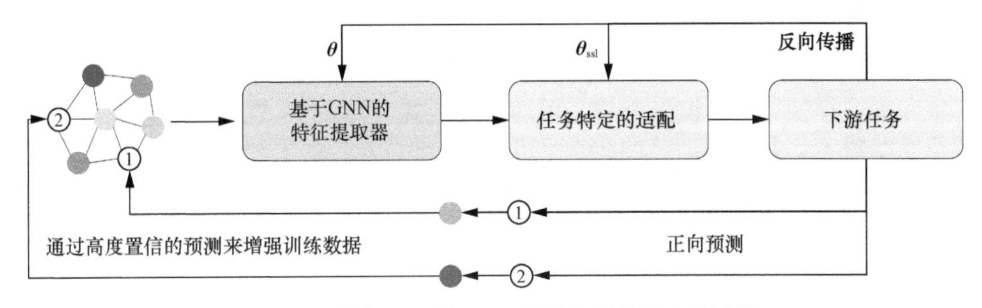

图 18.1 带有 SSL 的 GNN 使用自训练策略的过程

18.3.1.2 带微调的预训练

带微调的预训练策略利用了从完成代理任务的过程中学到的特征，包括使用自监督的优化参数实现下游任务微调的初始化。这种训练策略包括两个阶段——对自监督的代理任务进行预训练和对下游任务进行微调。图 18.2 概述了带有 SSL 的 GNN 使用这种两阶段策略的过程。

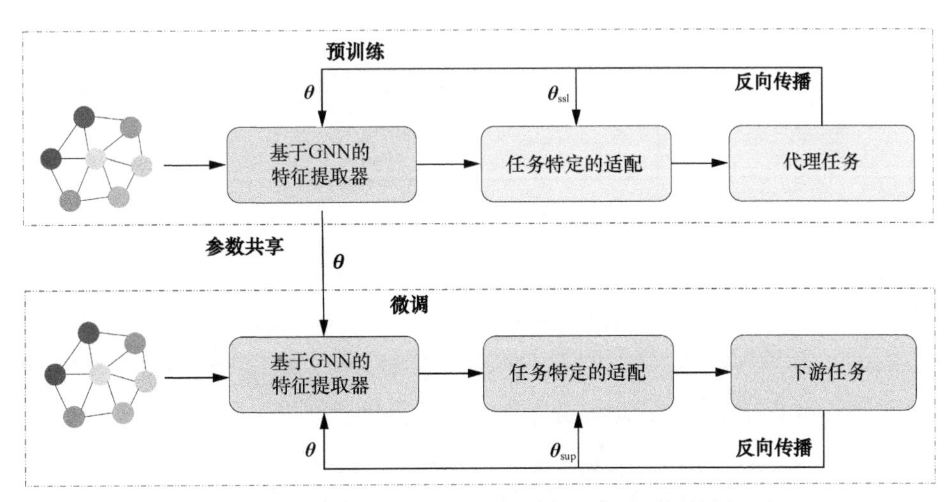

图 18.2 带有 SSL 的 GNN 使用带微调的预训练策略的过程

整个模型由一个共享的基于 GNN 的特征提取器和两个适配模块组成，其中一个适配模块用于代理任务，另一个适配模块用于下游任务。在预训练过程中，整个模型是以自监督的代理任务为基础进行训练的：

$$\boldsymbol{Z}_{\mathrm{ssl}} = h_{\theta_{\mathrm{ssl}}}(f_\theta(\boldsymbol{X}, \boldsymbol{A})) \tag{18.4}$$

$$\boldsymbol{z}_{\mathrm{ssl},\mathscr{G}} = h_{\theta_{\mathrm{ssl}}}(\mathrm{READOUT}(f_\theta(\boldsymbol{X}, \boldsymbol{A}))) \tag{18.5}$$

$$\theta^*, \theta^*_{\mathrm{ssl}} = \mathrm{argmin}_{\theta,\theta_{\mathrm{ssl}}} \mathscr{L}_{\mathrm{ssl}}(\theta, \theta_{\mathrm{ssl}}) = \begin{cases} \underbrace{\mathrm{argmin}_{\theta,\theta_{\mathrm{ssl}}} \dfrac{1}{|\mathscr{V}|} \sum_{v_i \in \mathscr{V}} \ell_{\mathrm{ssl}}(\boldsymbol{z}_{\mathrm{ssl},i}, \boldsymbol{y}_{\mathrm{ssl},i})}_{\text{节点代理任务}} \\ \underbrace{\mathrm{argmin}_{\theta,\theta_{\mathrm{ssl}}} \ell_{\mathrm{ssl}}(\boldsymbol{z}_{\mathrm{ssl},\mathscr{G}}, \boldsymbol{y}_{\mathrm{ssl},\mathscr{G}})}_{\text{图代理任务}} \end{cases} \tag{18.6}$$

其中，θ_{ssl} 是代理任务的适配层 $h_{\theta_{\mathrm{ssl}}}$ 的参数，ℓ_{ssl} 是每个实例的自监督损失函数，$\mathscr{L}_{\mathrm{ssl}}$ 是完成自监督任务的总损失函数。在节点代理任务中，$\boldsymbol{z}_{\mathrm{ssl},i} = \boldsymbol{Z}_{\mathrm{ssl}}[i,:]^{\mathrm{T}}$ 和 $\boldsymbol{y}_{\mathrm{ssl},i} = \boldsymbol{Y}_{\mathrm{ssl}}[i,:]^{\mathrm{T}}$ 分别是节点 v_i 的自监督预测标签和真实标签。在图代理任务中，$\boldsymbol{z}_{\mathrm{ssl},\mathscr{G}}$ 和 $\boldsymbol{y}_{\mathrm{ssl},\mathscr{G}}$ 分别是图 $\mathscr{G}$ 的自监督预测标签和真实标签。在微调过程中，可通过完成式（18.1）~ 式（18.3）中的下游任务来训练特征提取器 f_θ，并以预训练的 θ^* 进行初始化。请注意，为了利用预训练的节点/图表征，在微调过程中也可以用训练线性分类器〔如 Logistic Regression（Peng et al，2020；Veličković et al，2019；You et al，2020b；Zhu et al，2020c）〕代替。

18.3.1.3 联合训练

将自监督学习（SSL）应用于图神经网络的自然想法是将完成代理任务和下游任务的损失结合起来，共同训练模型，这就是联合训练，如图 18.3 所示。

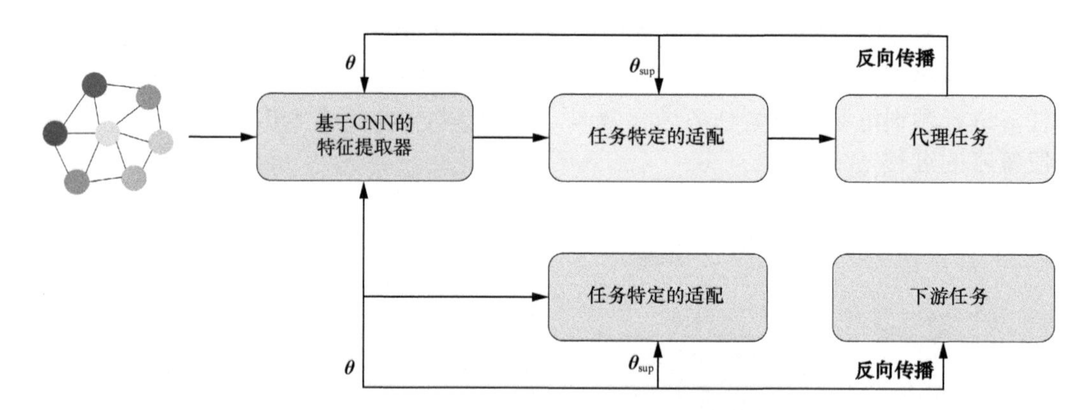

图 18.3 带有 SSL 的 GNN 使用联合训练策略的过程

联合训练包括两个阶段——GNN 的特征提取阶段和代理任务与下游任务的适配阶段。在特征提取阶段，GNN 将图的邻接矩阵 $\boldsymbol{A}$ 和特征矩阵 $\boldsymbol{X}$ 作为输入，输出节点嵌入 $\boldsymbol{Z}_{\mathrm{GNN}}$ 和/或图嵌入 $\boldsymbol{z}_{\mathrm{GNN},\mathscr{G}}$。在适配阶段，提取的节点嵌入和图嵌入则被进一步转换为通过 $h_{\theta_{\mathrm{ssl}}}$ 和 $h_{\theta_{\mathrm{sup}}}$ 分别完成代理任务和下游任务。代理任务和下游任务优化后的损失为

$$\boldsymbol{Z}_{\mathrm{sup}} = h_{\theta_{\mathrm{sup}}}(f_\theta(\boldsymbol{X}, \boldsymbol{A})), \boldsymbol{Z}_{\mathrm{ssl}} = h_{\theta_{\mathrm{ssl}}}(f_\theta(\boldsymbol{X}, \boldsymbol{A})) \tag{18.7}$$

$$\boldsymbol{z}_{\mathrm{sup},\mathscr{G}} = h_{\theta_{\mathrm{sup}}}(\mathrm{READOUT}(f_\theta(\boldsymbol{X}, \boldsymbol{A}))), \boldsymbol{z}_{\mathrm{ssl},\mathscr{G}} = h_{\theta_{\mathrm{ssl}}}(\mathrm{READOUT}(f_\theta(\boldsymbol{X}, \boldsymbol{A}))) \tag{18.8}$$

$$\theta^*,\theta^*_{\text{sup}},\theta_{\text{ssl}}=\begin{cases}\underbrace{\operatorname{argmin}_{\theta,\theta_{\text{sup}},\theta_{\text{ssl}}}\frac{1}{|\mathcal{V}|}\sum_{v_i\in\mathcal{V}}(\alpha_1\mathcal{L}_{\text{sup},i},(\boldsymbol{z}_{\text{sup},i},\boldsymbol{y}_{\text{sup},i})+\alpha_2\mathcal{L}_{\text{ssl}}(\boldsymbol{z}_{\text{ssl},i},\boldsymbol{y}_{\text{ssl},i})}_{\text{节点代理任务}}\\ \underbrace{\operatorname{argmin}_{\theta,\theta_{\text{sup}},\theta_{\text{ssl}}}\alpha_1\mathcal{L}_{\text{sup}}(\boldsymbol{z}_{\text{sup},\mathcal{G}},\boldsymbol{y}_{\text{sup},\mathcal{G}})+\alpha_2\mathcal{L}_{\text{ssl}}(\boldsymbol{z}_{\text{ssl},\mathcal{G}},\boldsymbol{y}_{\text{ssl},\mathcal{G}})}_{\text{图代理任务}}\end{cases}\tag{18.9}$$

其中，α_1和$\alpha_2\in\mathbb{R}>0$是结合了监督损失$\mathcal{L}_{\text{sup}}$和自监督损失$\mathcal{L}_{\text{ssl}}$的权重。

18.3.2 损失函数

损失函数被用来评估算法对数据建模的效果。一般来说，在自监督学习的 GNN 中，代理任务的损失函数有三种形式——分类损失、回归损失和对比学习损失。请注意，这里讨论的损失函数针对的是代理任务而非下游任务。

18.3.2.1 分类损失和回归损失

在完成基于分类的代理任务（如节点聚类）时，节点嵌入编码了聚类的分配信息，代理任务的目标是最小化如下损失函数：

$$\mathcal{L}_{\text{ssl}}=\begin{cases}\underbrace{\frac{1}{|\mathcal{V}|}\sum_{v_i\in\mathcal{V}}\mathcal{L}_{\text{CE}}(\boldsymbol{z}_{\text{ssl},i},\boldsymbol{y}_{\text{ssl},i})}_{\text{节点代理任务}}=-\frac{1}{|\mathcal{V}|}\sum_{v_i\in\mathcal{V}}\sum_{j=1}^{L}1(\boldsymbol{y}_{\text{ssl},ij}=1)\log(\tilde{\boldsymbol{z}}_{\text{ssl},ij})\\ \underbrace{\mathcal{L}_{\text{CE}}(\boldsymbol{z}_{\text{ssl},\mathcal{G}},\boldsymbol{y}_{\text{ssl},\mathcal{G}})}_{\text{图代理任务}}=\sum_{j=1}^{L}1(\boldsymbol{y}_{\text{ssl},\mathcal{G}j}=1)\log(\tilde{\boldsymbol{z}}_{\text{ssl},\mathcal{G}j})\end{cases}\tag{18.10}$$

其中，$\mathcal{L}_{\text{CE}}$表示交叉熵函数，$\boldsymbol{z}_{\text{ssl},i}$和$\boldsymbol{z}_{\text{ssl},\mathcal{G}}$表征节点$v_i$和图$\mathcal{G}$在代理任务中预测的标签分布，相关的类概率分布$\tilde{\boldsymbol{z}}_{\text{ssl},i}$和$\tilde{\boldsymbol{z}}_{\text{ssl},\mathcal{G}}$可分别通过 Softmax 归一化进行计算。例如，$\tilde{\boldsymbol{z}}_{\text{ssl},ij}$是节点$v_i$属于类别$j$的概率。由于每个节点$v_i$都有自己的伪标签$\boldsymbol{y}_{\text{ssl},i}$，因此在完成代理任务时，我们可以考虑图中所有的节点$\mathcal{V}$，而不是像以前那样在下游任务中只考虑有标签节点$\mathcal{V}_l$的集合。

在完成基于回归的代理任务（如特征补全）时，我们通常使用平均平方误差损失作为损失函数：

$$\mathcal{L}_{\text{ssl}}=\begin{cases}\underbrace{\frac{1}{|\mathcal{V}|}\sum_{v_i\in\mathcal{V}}\mathcal{L}_{\text{MSE}}(\boldsymbol{z}_{\text{ssl},i},\boldsymbol{y}_{\text{ssl},i})}_{\text{节点代理任务}}=-\frac{1}{|\mathcal{V}|}\sum_{v_i\in\mathcal{V}}\left\|\boldsymbol{z}_{\text{ssl},i}-\boldsymbol{y}_{\text{ssl},i}\right\|^2\\ \underbrace{\mathcal{L}_{\text{MSE}}(\boldsymbol{z}_{\text{ssl},\mathcal{G}},\boldsymbol{y}_{\text{ssl},\mathcal{G}})}_{\text{图代理任务}}=\left\|\boldsymbol{z}_{\text{ssl},\mathcal{G}}-\boldsymbol{y}_{\text{ssl},\mathcal{G}}\right\|^2\end{cases}\tag{18.11}$$

其中，代理任务的目标是最小化我们学习的嵌入到$\boldsymbol{y}_{\text{ssl},i}$的距离，$\boldsymbol{y}_{\text{ssl},i}$表征了节点$v_i$的所有基础事实值，如特征补全中的原始属性或节点$v_i$的其他值。

18.3.2.2 对比学习损失

受自然语言处理和计算机视觉中采用对比学习取得的重大进展的启发（Le-Khac et al，2020），最近有人（Hassani and Khasahmadi，2020；Veličković et al，2019；You et al，2020b；Zhu et al，2020c，2021）提出类似的对比框架来实现 GNN 中的 SSL。在 GNN 中，对比

学习的一般目标是训练基于 GNN 的编码器，使相似的图实例（例如，从同一实例产生的多个视图）之间的表征一致性最大化，而使不相似的图实例（例如，从不同实例产生的多个视图）之间的表征一致性最小化，如图 18.4 所示。这种不同实例之间表征一致性的最大化和最小化，通常被表述为最大化两个不同视图下表征 $\boldsymbol{Z}_{\text{ssl}}^1$ 和 $\boldsymbol{Z}_{\text{ssl}}^2$ 之间的互信 $\mathscr{I}(\boldsymbol{Z}_{\text{ssl}}^1,\boldsymbol{Z}_{\text{ssl}}^2)$，也就是

$$\max_{\theta,\theta_{\text{ssl}}}\mathscr{I}(\boldsymbol{Z}_{\text{ssl}}^1,\boldsymbol{Z}_{\text{ssl}}^2) \tag{18.12}$$

其中，$\boldsymbol{Z}_{\text{ssl}}^1$ 和 $\boldsymbol{Z}_{\text{ssl}}^2$ 对应于任何基于 GNN 的编码器（后面还有适配层 $h_{\theta_{\text{ssl}}}$）在两个不同的图 $\mathscr{G}_1$ 和 $\mathscr{G}_2$ 下的输出表征。

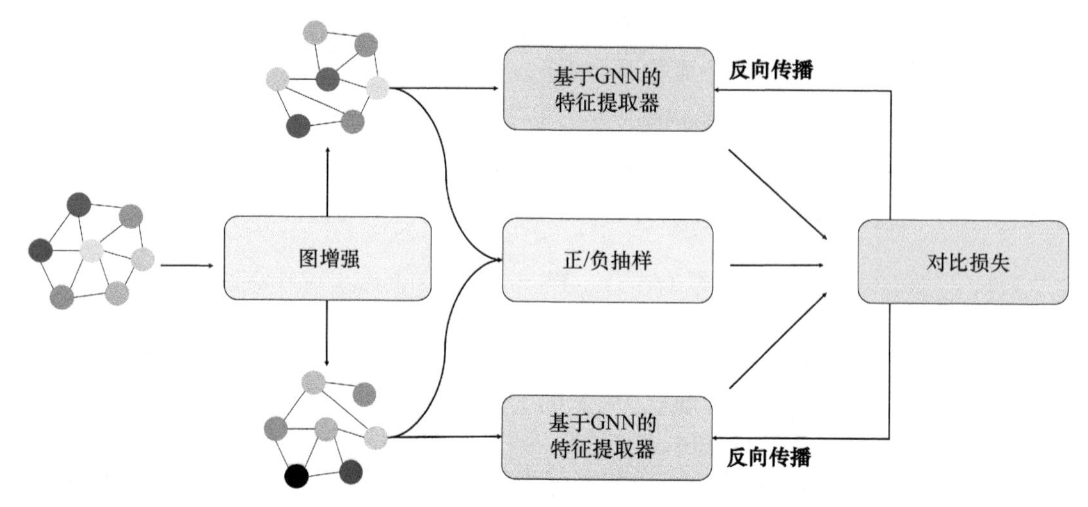

图 18.4　带有 SSL 的 GNN 使用对比学习的过程

在大多数情况下，最初的互信息是难以精确计算的（Belghazi et al，2018；Gabrié et al，2019；Paninski，2003；Xie et al，2021）。为了在计算时估计和最大化互信息，人们推导出多种估计方法来评估互信息的下限，包括归一化温度尺度交叉熵 NT-Xent（Chen et al，2020l）、KL-散度的 Donsker-Varadhan 表征（Donsker and Varadhan，1976）、噪声对比估计（InfoNCE）gutmann2010noise 以及 Jensen-Shannon 估计器（Nowozin et al，2016）。为了简单起见，这里只介绍常用的互信息估计器 NT-Xent，NT-Xent 可形式化为

$$\mathscr{L}_{\text{ssl}}=\frac{1}{\left|\mathscr{P}^+\right|}\sum_{(i,j)\in\mathscr{P}^+}\ell_{\text{NT-Xent}}(\boldsymbol{z}_{\text{ssl}}^1,\boldsymbol{z}_{\text{ssl}}^2,\mathscr{P}^-)=-\frac{1}{\left|\mathscr{P}^+\right|}\sum_{(i,j)\in\mathscr{P}^+}\log\frac{\exp(\mathscr{D}(\boldsymbol{z}_{\text{ssl},i}^1\boldsymbol{z}_{\text{ssl},j}^2))}{\sum\limits_{k\in\{j\cup\mathscr{P}^-\}}\exp(\mathscr{D}(\boldsymbol{z}_{\text{ssl},i}^1,\boldsymbol{z}_{\text{ssl},k}^2))} \tag{18.13}$$

其中，$\mathscr{D}(\boldsymbol{z}_{\text{ssl},i}^1,\boldsymbol{z}_{\text{ssl},j}^2)=\dfrac{\text{sim}(\boldsymbol{z}_{\text{ssl},i}^1,\boldsymbol{z}_{\text{ssl},j}^2)}{\tau}$ 是一个可学习的判别器，参数为相似性（如余弦相似性）函数和温度系数 τ，$\mathscr{P}^+$ 代表所有正样本对的集合，而 $\mathscr{P}^-=\bigcup\limits_{i,j\in\mathscr{P}^+}\mathscr{P}_i^-$ 代表所有负样本对的集合。特别是，$\mathscr{P}_i^-$ 包含样本 i 的所有负样本。注意，我们可以对比不同图下的节点表征、图表征和节点-图表征。因此，$\boldsymbol{z}_{\text{ssl}}^1$ 并不限于节点嵌入，而是可以指代第一个图 $\mathscr{G}_1$ 下的节点嵌入和图嵌入。因此，i、j、k 可以指代节点样本和图样本。

自监督学习中代理任务的分类如图 18.5 所示。

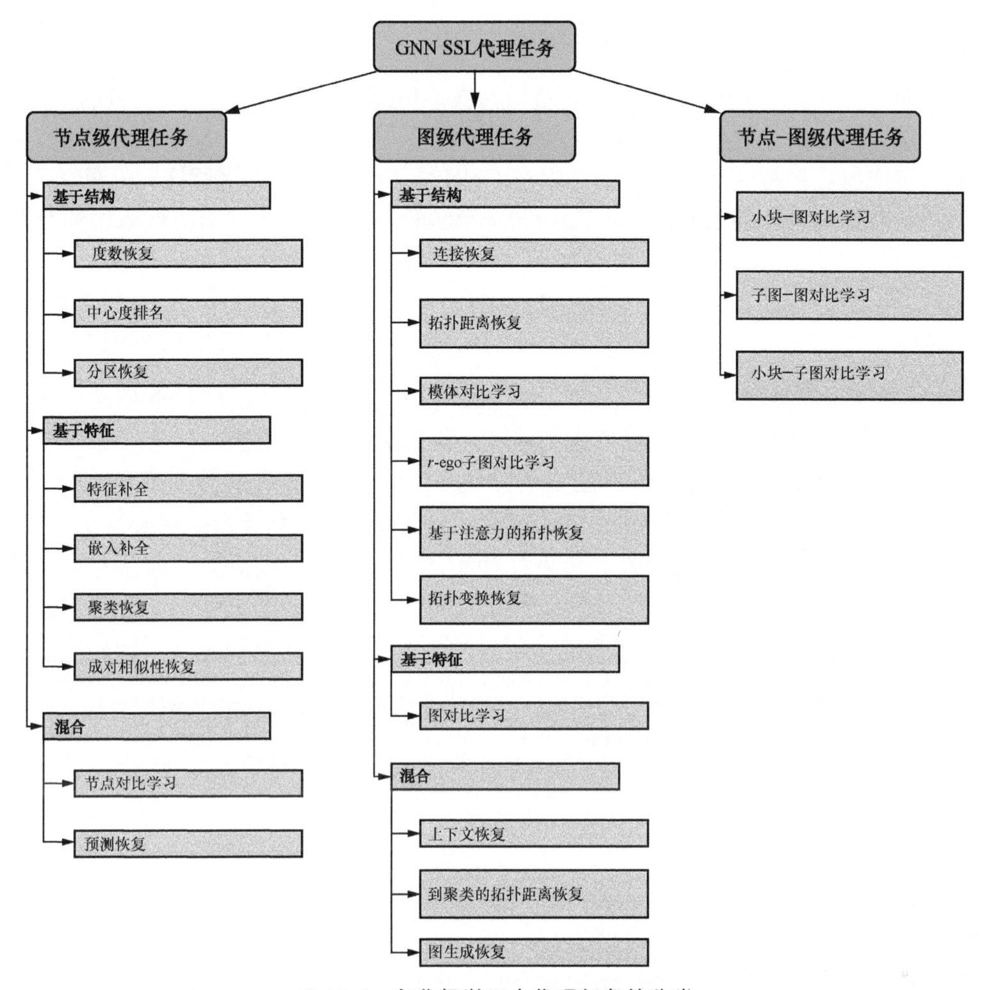

图 18.5　自监督学习中代理任务的分类

18.3.3　代理任务

代理任务是通过利用来自图的不同组成部分的不同类型的监督信息来构建的。基于产生监督信息的组件，文献中普遍存在的代理任务可分为节点级、图级和节点-图级代理任务三种。在完成节点级和图级代理任务时，可利用三种类型的信息——图结构信息、节点特征信息和混合信息，其中的混合信息结合了节点特征信息、图结构信息甚至已知训练标签的信息（Jin et al，2020d）。我们不妨将代理任务的分类总结为一棵树，其中的每个叶子节点代表图 18.5 中特定类型的代理任务，同时还包括相应的参考文献。在接下来的 18.4 节~18.6 节中，我们将对每一种代理任务进行详细的解释，并对大多数现有方法进行总结。

18.4　节点级代理任务

对于节点级代理任务，人们已经开发出一些方法来使用容易获得的数据，为每个节点或每对节点的关系生成伪标签。通过这种方式，GNN 被训练以对标签进行预测，或保持节点嵌入与原始节点关系之间的等价性。

18.4.1　基于结构的节点级代理任务

不同的节点在图拓扑中具有不同的结构属性，可用节点度数、节点中心度、节点分区等进行衡量。因此，对于基于结构的节点级代理任务，我们希望从 GNN 中提取的节点嵌入与它们的结构属性保持一致，以试图确保在 GNN 学习节点嵌入时保留这一信息。

节点度数是最基本的拓扑属性，Jin et al（2020d）设计的用于从节点嵌入中恢复节点度数的代理任务如下：

$$\mathcal{L}_{\text{ssl}} = \frac{1}{|\mathcal{V}|}\sum_{v_i \in \mathcal{V}} \ell_{\text{MSE}}(\boldsymbol{z}_{\text{ssl},i}, d_i) \tag{18.14}$$

其中，d_i 表示节点 i 的度数，$\boldsymbol{z}_{\text{ssl},i} = \boldsymbol{Z}_{\text{ssl}}[i,:]^{\text{T}}$ 表示节点 i 的自监督 GNN 嵌入。需要注意的是，我们可以将这个代理任务推广为利用节点级的任何结构属性。

节点中心度是根据节点在整个图中的结构作用来度量节点的重要性的（Newman，2018）。Hu et al（2019c）设计了一个代理任务，目的是让 GNN 估计节点中心度的等级得分，具体需要考虑特征中心度、间隔性、接近性和子图中心度等。节点对（u，v）和中心度得分 s 带有相对顺序 $R_{u,v}^{s} = 1(s_u > s_v)$，如果 $s_u > s_v$，则 $R_{u,v}^{s} = 1$；如果 $s_u \leqslant s_v$，则 $R_{u,v}^{s} = 0$。针对节点中心度得分 s 的解码器 D_s^{rank} 则通过 $S_v = D_s^{\text{rank}}(\boldsymbol{z}_{\text{GNN},v})$ 来估计等级顺序，估计的等级顺序的概率由 Sigmoid 函数 $\tilde{R}_{u,v}^{s} = \dfrac{\exp(s_u - s_v)}{1 + \exp(s_u - s_v)}$ 定义。预测的相对顺序可以形式化为二元分类问题，损失为

$$\mathcal{L}_{\text{ssl}} = -\sum_{s}\sum_{u,v \in \mathcal{V}} (R_{u,v}^{s} \log \tilde{R}_{u,v}^{s} + (1 - R_{u,v}^{s}) \log(1 - \tilde{R}_{u,v}^{s})) \tag{18.15}$$

与同行采用的做法不同，Hu et al（2019c）直接从图的拓扑结构中提取节点特征，包括：

（1）度数，定义节点的局部重要性；

（2）核心数，定义节点周围子图的连通性；

（3）集体影响力，定义节点的邻域重要性；

（4）局部聚类系数，定义节点 1 跳邻域的连通性。

以上 4 个节点特征（经过最小-最大归一化）可用非线性变换并置起来并送入 GNN。Hu et al（2019c）使用了如下代理任务——中心度排名、聚类恢复和边预测。他们的另一个创新想法是在 GNN 的中间层选择一条固定-微调的边界。这条边界以下的 GNN 块是固定的，这条边界以上的 GNN 块则是微调的。与预训练的任务密切相关的下游任务使用了较高的边界。

另一个重要的节点级结构属性，就是在执行图的划分后每个节点所属的分区。在文献（You et al，2020c）中，代理任务是训练 GNN 以编码节点的分区信息。对图进行划分是为了将图的节点分成不同的组，并使每组之间的边数最小。给出节点集合 $\mathcal{V}$、边集合 $\mathcal{E}$ 和预设的分区数 $p \in [1, |\mathcal{V}|]$，图划分算法〔如 You et al（2020c）使用的图划分算法（Karypis and Kumar，1995）〕将输出节点集合 $\{\mathcal{V}_{\text{par}_1}, \mathcal{V}_{\text{par}_2}, \cdots, \mathcal{V}_{\text{par}_p} \mid \mathcal{V}_{\text{par}_i} \subset \mathcal{V}, i = 1, 2, \cdots, p\}$。分类损失为

$$\mathcal{L}_{\text{ssl}} = -\frac{1}{|\mathcal{V}|}\sum_{v_i \in \mathcal{V}} \ell_{\text{CE}}(\boldsymbol{z}_{\text{ssl},i}, \boldsymbol{y}_{\text{ssl},i}) \tag{18.16}$$

其中，$\boldsymbol{z}_{\text{ssl},i}$ 表示节点 v_i 的嵌入，这里假设分区标签是独热编码 $\boldsymbol{y}_{\text{ssl},i} \in \mathbb{R}^{p}$。如果 $v_i \in \mathcal{V}_{\text{par}_k}$（$i = 1, 2, \cdots, |\mathcal{V}|$，$\exists k \in [1, p]$），则第 k 项为 1，其他项为 0。

18.4.2 基于特征的节点级代理任务

节点特征是另一类重要信息，可利用节点特征提供额外的监督。由于最先进的 GNN 存在过平滑问题（Chen et al，2020c），原始的特征信息在送入 GNN 后会部分丢失。为了减少节点嵌入中损失的信息，一些人（Hu et al，2020c；Jin et al，2020d；Manessi and Rozza，2020；Wang et al，2017a；You et al，2020c）开发的代理任务会掩蔽节点特征并让 GNN 预测这些特征。具体地说，他们首先利用特殊的掩蔽指标来随机掩蔽输入的节点特征，然后通过应用 GNN 来获得相应的节点嵌入，最后在嵌入的基础上通过应用线性模型来预测相应的被掩蔽的节点特征。假设被掩蔽的节点集合为 $\mathscr{V}_m$，则重建这些被掩蔽特征的自监督回归损失为

$$\mathscr{L}_{\mathrm{ssl}}=\frac{1}{|\mathscr{V}_m|}\sum_{v_i\in\mathscr{V}_m}\ell_{\mathrm{MSE}}(\boldsymbol{z}_{\mathrm{ssl},i},\boldsymbol{x}_i) \tag{18.17}$$

为了处理节点特征的高稀疏性，首先对特征矩阵 $\boldsymbol{X}$ 进行特征降维是有益的〔参见文献（Jin et al，2020d）中使用的主成分分析（Principle Component Analysis，PCA）〕。此外，节点嵌入也可以从损坏的版本中重建，而不是重建节点特征（Manessi and Rozza，2020）。

与图分区中的节点按图拓扑结构分组不同，在图聚类中，节点的聚类是根据其特征发现的（You et al，2020c），这样代理任务就可以设计为恢复节点聚类的分配。给定节点集合 $\mathscr{V}$ 特征矩阵 $\boldsymbol{X}$ 和预设的聚类数 $p\in[1,|\mathscr{V}|]$（如果聚类算法能自动学习聚类数，则不需要给定聚类数）作为输入，聚类算法将输出一组节点聚类 $\{\mathscr{V}_{\mathrm{clu}_1},\mathscr{V}_{\mathrm{clu}2},\cdots,\mathscr{V}_{\mathrm{clu}_p}\mid\mathscr{V}_{\mathrm{clu}_i}\subset\mathscr{V}，i=1,2,\cdots,p\}$。假设对于节点 v_i，分区标签是独热编码 $\boldsymbol{y}_{\mathrm{ssl},i}\in\mathbb{R}^p$。如果 $v_i\in\mathscr{V}_{\mathrm{clu}_k}(i=1,2,\cdots,|\mathscr{V}|,\ \exists k\in[1,p])$，则第 k 项为 1，其他项为 0。分类损失与式（18.16）相同。

除关注单个节点的代理任务以外，人们还开发了基于节点对之间关系的代理任务（Jin et al，2021，2020d），其基本思想是在 GNN 的节点嵌入中保留节点成对特征的相似性。假设 $\mathscr{T}_s$ 和 $\mathscr{T}_d$ 分别表示具有最高和最低相似度的节点对集合：

$$\mathscr{T}_s=\{(v_i,v_j)\,|\,\mathrm{sim}(\boldsymbol{x}_i,\boldsymbol{x}_j)\text{最大的}B\text{个}\{\mathrm{sim}(\boldsymbol{x}_i,\boldsymbol{x}_b)\}_{b=1}^{B}\setminus\mathrm{sim}(\boldsymbol{x}_i,\boldsymbol{x}_i),\forall v_i\in\mathscr{V}\} \tag{18.18}$$

$$\mathscr{T}_d=\{(v_i,v_j)\,|\,\mathrm{sim}(\boldsymbol{x}_i,\boldsymbol{x}_j)\text{ 最小的}B\text{个}\{\mathrm{sim}(\boldsymbol{x}_i,\boldsymbol{x}_b)\}_{b=1}^{B}\setminus\mathrm{sim}(\boldsymbol{x}_i,\boldsymbol{x}_i),\forall v_i\in\mathscr{V}\} \tag{18.19}$$

其中，$\mathrm{sim}(\boldsymbol{x}_i,\boldsymbol{x}_j)$ 用于衡量两个节点 v_i 和 v_j 之间特征的余弦相似度，B 表示每个节点选择的顶对/底对的数量。代理任务的作用是优化以下回归损失：

$$\mathscr{L}_{\mathrm{ssl}}=\frac{1}{|\mathscr{T}_s\cup\mathscr{T}_d|}\sum_{(v_i,v_j)\in\mathscr{T}_s\cup\mathscr{T}_d}\ell_{\mathrm{MSE}}(f_w(|\boldsymbol{z}_{\mathrm{GNN},i}-\boldsymbol{z}_{\mathrm{GNN},j}|,\mathrm{sim}(\boldsymbol{x}_i,\boldsymbol{x}_j)) \tag{18.20}$$

其中，函数 f_w 用于将 GNN 的两个节点嵌入之间的差异映射为表示它们之间相似度的标量。

18.4.3 混合代理任务

一些代理任务并非仅采用拓扑结构或特征信息作为额外的监督，而是将它们结合在一起作为混合监督，甚至利用已知训练标签的信息。

Zhu et al（2020c）提出了一个用于无监督图表征学习的对比框架。这个框架首先通过随机对属性（掩蔽节点特征）和拓扑结构〔移除或添加图边（graph edge）〕进行破坏，产生两个相关的图视图；然后利用对比损失训练 GNN，使这两个图视图中的节点嵌入之间的一

致性最大化。在每次迭代中，根据输入图 $\mathscr{G}=\{\boldsymbol{A},\boldsymbol{X}\}$ 的可能增强函数，随机生成两个图视图 $\mathscr{G}^1=\{\boldsymbol{A}^1,\boldsymbol{X}^1\}$ 和 $\mathscr{G}^2=\{\boldsymbol{A}^2,\boldsymbol{X}^2\}$。

我们的目的是使图的不同视图中相同节点的相似性最大化，同时使图的相同或不同视图中不同节点的相似性最小化。因此，如果把两个图视图中的节点嵌入表示为 $\boldsymbol{Z}_{\text{GNN}}^1=f_\theta(\boldsymbol{X}^1,\boldsymbol{A}^1)$ 和 $\boldsymbol{Z}_{\text{GNN}}^2=f_\theta(\boldsymbol{X}^2,\boldsymbol{A}^2)$，那么 NT-Xent 对比损失为

$$\mathscr{L}_{\text{ssl}}=\frac{1}{|\mathscr{P}^+|}\sum_{(v_i^1,v_i^2)\in\mathscr{P}^+}\ell_{\text{NT-Xent}}(\boldsymbol{Z}_{\text{GNN}}^1,\boldsymbol{Z}_{\text{GNN}}^2,\mathscr{P}^-) \tag{18.21}$$

其中，$\mathscr{P}^+$ 包含正对 (v_i^1,v_i^2)，v_i^1和v_i^2 对应于相同的节点；而 $\mathscr{P}^-=\bigcup_{(v_i^1,v_i^2)\in\mathscr{P}^+}\mathscr{P}_{v_i^1}^-$ 代表所有负样本的集合，$\mathscr{P}_{v_i^1}^-$ 包含同一视图中不同于节点 v_i 的节点（视图内负对）或另一视图中的节点（视图间负对）。

具体地说，在上述情况下，对图的两种破坏分别是删除边和掩蔽节点特征。在删除边时，掩蔽矩阵 $\boldsymbol{M}\in\{0,1\}^{|\mathscr{V}|\times|\mathscr{V}|}$ 是随机抽样的，其中的元素来自伯努利分布。如果原图的 $\boldsymbol{A}_{ij}=1$，则 $\boldsymbol{M}_{ij}\sim\mathscr{B}(1-p_r)$。$p_r$ 是每条边被移除的概率。由此产生的矩阵可以计算为 $\boldsymbol{A}'=\boldsymbol{A}\odot\boldsymbol{M}$，也就是从 $\mathscr{G}$ 中创建 $\mathscr{G}'$ 的邻接矩阵。

在掩蔽节点特征时，我们需要利用随机向量 $\boldsymbol{m}\in\{0,\ 1\}^d$，$\boldsymbol{m}$ 的每个维度都是独立地从伯努利分布中抽取的，概率为 $1-p_m$，d 是节点特征 $\boldsymbol{X}$ 的维度。从 $\mathscr{G}$ 中为 $\mathscr{G}'$ 生成的节点特征 $\boldsymbol{X}'$ 是通过以下方式计算的：

$$\boldsymbol{X}'=[\boldsymbol{x}_1\odot\boldsymbol{m};\boldsymbol{x}_2\odot\boldsymbol{m};\cdots;\boldsymbol{x}_{|\mathscr{V}|}\odot\boldsymbol{m}] \tag{18.22}$$

其中，[;]是并置运算符。此外，在 GRACE 的一个改进版本（Zhu et al，2021）中，整个对比过程与 GRACE 相同，只是图的扩展是根据节点和边的重要性自适应进行的。具体来说，删除节点 v_i 和节点 v_j 之间的边的概率应反映边（v_i, v_j）的重要性，这样增强函数才更有可能破坏不重要的边，并在增强的视图中保持重要的连接结构不变。同样，经常出现在有影响力的节点中的特征维度也会被看重，这些节点被掩蔽的概率较低。

Chen et al（2020b）观察到，与有标签节点的拓扑距离远的节点更有可能被错误分类，这表明 GNN 在整个图中嵌入节点特征的能力分布并不均匀。然而，现有的图对比学习方法忽略了这种不均匀的分布，这促使（Chen et al， 2020b）提出了基于距离的图对比学习（DwGCL）方法，这种方法可以自适应地增强图的拓扑结构，对正对和负对进行抽样并最大化互信息。拓扑信息增益（Topology Information Gain，TIG）是基于 Group PageRank 和节点特征计算的，以描述节点从图拓扑的有标签节点中获得的任务信息有效性。通过利用有/无对比学习的 TIG 值对 GNN 在节点上的表现进行排名，我们发现对比学习主要提高了在拓扑逻辑上远离有标签节点的那些节点的表现。基于上述发现，Chen et al（2020b）提出了以下建议：

（1）根据节点的 TIG 值，通过增强节点来扰乱图的拓扑结构；

（2）考虑局部/全局拓扑距离和节点嵌入距离，对正对和负对进行抽样；

（3）根据节点的 TIG 排名，在自监督损失中为节点分配不同的权重。结果表明，与典型的对比学习方法相比，这种基于距离的图对比学习的表现有所提高。

另一类可以利用的特殊监督信息是模型本身的预测结果。Sun et al（2020c）利用了多阶段训练框架，以在下几轮训练中使用预测产生的伪标签信息。多阶段训练算法会重复地

把对每个类别的最有把握的预测添加到标签集中，并重新利用这些伪标签数据训练 GNN。另外，有人还进一步提出了一种基于 DeepCluster（Caron et al，2018）的自检查机制，以保证有标签数据的精度。假设节点 v_i 的聚类分配为 $c_i \in \{0,1\}^p$（这里假设聚类的数量等于下游分类任务中预定义的类别数量 p），质心矩阵 $\boldsymbol{C} \in R^{d' \times p}$ 代表每个聚类的特征。可通过优化得到每个节点 v_i 的聚类分配 c_i：

$$\min_C \frac{1}{\mathscr{V}} \sum_{v_i \in \mathscr{V}} \min_{\boldsymbol{c}_i \in \{0,1\}^p} \left\| \boldsymbol{z}_{\mathrm{GNN},i} - \boldsymbol{C}\boldsymbol{c}_i \right\|_2^2, \text{使得 } \boldsymbol{c}_i^{\mathrm{T}} \boldsymbol{1}_p = 1 \tag{18.23}$$

在应用 DeepCluster 将节点分成多个聚类后，便可使用对齐机制将每个聚类中的节点分配给下游任务确定的相应类别。对于无标签数据中的每个聚类 $k \in [1, p]$，对齐机制计算为

$$c^k = \operatorname{argmin}_m \left\| \kappa_k - \mu_m \right\|^2 \tag{18.24}$$

其中，μ_m 表示有标签数据中 m 类别的质心；κ_k 表示无标签数据中 k 聚类的质心；c^k 表示对于原始的有标签数据来说，所有类别的质心中与 k 聚类的质心距离最近的对齐类别。注意，自检查可以直接通过比较每个无标签节点与有标签数据中类别质心的距离来进行。然而，以这种自然方式直接进行检查是非常耗时的。

18.5 图级代理任务

本节介绍图级代理任务，我们希望来自 GNN 的节点嵌入能够编码图级属性的信息。

18.5.1 基于结构的图级代理任务

作为图中节点的对应物，边编码了图的丰富信息，这也可以作为额外的监督来设计代理任务。Zhu et al（2020a）开发的代理任务旨在随机删除图中的边，而后恢复图的拓扑结构，如预测边。在得到每个节点 v_i 的节点嵌入 $\boldsymbol{z}_{\mathrm{GNN},i}$ 后，任何一对节点 v_i 和 v_j 之间边的概率便可通过它们的特征相似度来计算：

$$A'_{ij} = \operatorname{Sigmoid}(\boldsymbol{z}_{\mathrm{GNN},i}(\boldsymbol{z}_{\mathrm{GNN},j})^{\mathrm{T}}) \tag{18.25}$$

可在训练中使用加权交叉熵损失，加权交叉熵损失被定义为

$$\mathscr{L}_{\mathrm{ssl}} = -\sum_{v_i, v_j \in \mathscr{V}} W(A_{ij} \log A'_{ij}) + (1 - A_{ij}) \log(1 - A'_{ij}) \tag{18.26}$$

其中，W 是用于平衡两个类别（有边的节点对和没有边的节点对）的权重超参数。

众所周知，不干净的图结构通常会影响 GNN 的适用性（Cosmo et al，2020；Jang et al，2019）。Fatemi et al（2021）引入了一种方法：根据完成自监督的代理任务后重建的干净图结构，通过下游监督任务来训练 GNN。自监督的代理任务旨在训练单独的 GNN 来去噪，当有二元特征时，可通过随机将原始节点特征 $\boldsymbol{X}$ 的某些维度归零，或者当 $\boldsymbol{X}$ 连续时通过添加独立的高斯噪声，来产生损坏的节点特征 $\hat{\boldsymbol{X}}$。有两种方法可用于生成初始的邻接矩阵 $\tilde{\boldsymbol{A}}$：其中一种方法是全参数化（Full Parametrization，FP），也就是将 $\tilde{\boldsymbol{A}}$ 中的每一项作为一个参数，并通过去噪损坏的特征 $\hat{\boldsymbol{X}}$，直接优化其 $|\mathscr{V}|^2$ 参数；另一种方法是 MLP-kNN，考虑映射函数 kNN(MLP($\boldsymbol{X}$))，其中，多层感知机（$\mathrm{MLP}(\cdot)$）更新原始节点特征 $\boldsymbol{X}$，kNN(•) 则通过选择每个节点的前 k 个相似节点并在它们之间添加边来产生稀疏矩阵。生成的初始邻接矩阵 $\tilde{\boldsymbol{A}}$ 将被归一化并对称化为新的邻接矩阵 $\boldsymbol{A}$，如下所示：

$$\boldsymbol{A}=\boldsymbol{D}^{-\frac{1}{2}}\frac{\tilde{P}(\tilde{\boldsymbol{A}})+\tilde{P}(\tilde{\boldsymbol{A}})^{\mathrm{T}}}{2}D^{-\frac{1}{2}} \tag{18.27}$$

其中，$\tilde{P}$ 是一个具有非负范围的函数，作用是确保 $\boldsymbol{A}$ 中的每一项为正。在 MLP-kNN 方法中，$\tilde{P}$ 是元素级 ReLU 函数。然而，ReLU 函数可能会导致 FP 方法中的梯度流问题，因此应使用元素级 ELU 函数，然后加 1 以避免产生梯度流问题。接下来，单独的基于 GNN 的编码器会将噪声节点特征 $\hat{\boldsymbol{X}}$ 和新的归一化邻接矩阵 $\boldsymbol{A}$ 作为输入，并输出更新的节点特征 $\hat{\boldsymbol{Z}}=\mathrm{GNN}(\hat{\boldsymbol{X}},\boldsymbol{A})$。用于生成初始邻接矩阵 $\tilde{\boldsymbol{A}}$ 的 FP 和 MLP-kNN 方法中的参数可通过以下方式进行优化：

$$\mathcal{L}_{\mathrm{ssl}}=\frac{1}{|\mathcal{V}_m|}\sum_{v_i\in\mathcal{V}_m}\ell_{\mathrm{MSE}}(\boldsymbol{x}_i,\hat{\boldsymbol{z}}_i) \tag{18.28}$$

其中，$\hat{\boldsymbol{z}}_i=\hat{\boldsymbol{Z}}[i,:]^{\mathrm{T}}$ 是由基于 GNN 的单独编码器得到的节点 v_i 的噪声嵌入向量。FP 和 MLP-kNN 方法中的优化参数会导致生成更干净的邻接矩阵，这反过来促成下游任务中更好的表现。

除边和邻接矩阵以外，节点之间的拓扑距离是图中另一个重要的全局结构属性。Peng et al（2020）开发的代理任务旨在恢复节点之间的拓扑距离。具体地说，他们首先利用了节点之间的最短路径长度，表示为节点 v_i 和节点 v_j 之间的 p_{ij}，但这也可以用任何其他距离度量代替。然后，他们把 $\mathcal{C}_i^k$ 定义为所有与节点 v_i 有最短路径长度的节点，长度为 k。这可以更正式地定义为

$$\mathcal{C}_i=\mathcal{C}_i^1\cup\mathcal{C}_i^2\cup\cdots\cup\mathcal{C}_i^{\delta_i},\mathcal{C}_i^k=\{v_j\,|\,d_{ij}=k\},\ k=1,2,\cdots,\delta_i \tag{18.29}$$

其中，δ_i 是其他节点到节点 v_i 的跳数的上限，d_{ij} 是路径 p_{ij} 的长度，$\mathcal{C}_i$ 是所有 k 跳最短路径邻居集 C_i^k 的并集。基于这些集合并根据它们的距离 d_{ij}，可为成对的节点 v_i 和 v_j（其中，$v_j\in\mathcal{C}_i$）创建独热编码 $\boldsymbol{d}_{ij}\in\mathbb{R}^{\delta_i}$，然后引导 GNN 模型提取编码节点拓扑距离的节点嵌入，如下所示：

$$\mathcal{L}_{\mathrm{ssl}}=\sum_{v_i\in\mathcal{V}}\sum_{v_j\in\mathcal{C}_i}\ell_{\mathrm{CE}}(f_w(|\boldsymbol{z}_{\mathrm{GNN},i}-\boldsymbol{z}_{\mathrm{GNN},j}|),\boldsymbol{d}_{ij}) \tag{18.30}$$

其中，函数 f_w 用于将两个节点嵌入之间的差异映射到节点对属于拓扑距离的相应类别的概率。由于类别的数量取决于跳数（拓扑距离）的上限，但精确地确定跳数的上限对于大图来说十分耗时，因此假定跳数是基于小世界现象（Newman，2018）来控制的，并且可以进一步划分为几个主要类别，以明确区分不相似性和部分容忍相似性。实验表明，将拓扑距离分为 4 类（$\delta_i=4$）〔$\mathcal{C}_i^1$、$\mathcal{C}_i^2$、$\mathcal{C}_i^3$和 $\mathcal{C}_i^k$（$k>4$）〕时表现最佳。另一个问题是，接近焦点节点 v_i 的节点远少于较远的节点（$\mathcal{S}_i^{\delta_i}$ 明显大于其他集合）。为了规避这种不平衡问题，我们需要对节点对以自适应比例进行抽样。

网络模体是较大图的递归和统计意义上的子图。Zhang et al（2020f）设计了一个代理任务来训练可以自动提取图模体的 GNN 编码器，学到的模体则被进一步利用以生成用于图-子图对比学习的信息子图。首先，基于 GNN 的编码器 f_θ 和 m 个位置的嵌入表 $\{\boldsymbol{m}_1,\boldsymbol{m}_2,\cdots,\boldsymbol{m}_m\}$ 表示 m 个模体的聚类中心被初始化。然后，通过对式（18.13）中节点 i 和节点 j 之间的嵌入相似度 $\mathcal{D}(\boldsymbol{z}_{\mathrm{GNN},i},\boldsymbol{z}_{\mathrm{GNN},j})$ 进行 Softmax 归一化，计算出节点亲和矩阵 $\boldsymbol{U}\in\mathbb{R}^{|\mathcal{V}|\times|\mathcal{V}|}$。最后，对 $\boldsymbol{U}$ 进行谱聚类（VON-LUXBURG，2007）以产生不同的分组。其中，有三个以上节点的 $n_{\mathcal{S}}$

个连接组件被收集为图 $\mathscr{G}$ 中的抽样子图，它们的嵌入可通过应用 READOUT 函数来计算。对于每个子图，计算其与 m 个模体中每个模体的余弦相似度，以获得相似度指标 $S \in \mathbb{R}^{m \times n_{\mathscr{G}}}$。为了产生接近模体的有语义的子图，我们需要根据相似度指标 S 来选择与每个模体最为相似的前 10%的子图，并将它们收集为集合 $\mathscr{G}^{\text{top}}$。通过优化损失，我们可以增加这些子图中每一对节点之间在 $\boldsymbol{U}$ 中的亲和值：

$$\mathscr{L}_1 = -\frac{1}{\left|\mathscr{G}^{\text{top}}\right|} \sum_{|i=1|}^{\left|\mathscr{G}^{\text{top}}\right|} \sum_{(v_j, v_k) \in \mathscr{G}_i^{\text{top}}} \boldsymbol{U}[j, k] \tag{18.31}$$

上述损失的优化将迫使类似模体的子图中的节点更有可能在谱聚类中被分组，并导致更多的子图样本与模体对齐。接下来，根据抽样的子图，对模体的嵌入表进行优化。聚类分配矩阵 $\boldsymbol{Q} \in \mathbb{R}^{m \times n_{\mathscr{G}}}$ 是通过最大化嵌入与分配的模体之间的相似性找到的：

$$\max_{\boldsymbol{Q}} \operatorname{Tr}(\boldsymbol{Q}^{\mathrm{T}} \boldsymbol{S}) - \frac{1}{\lambda} \sum_{i,j} \boldsymbol{Q}[i, j] \log \boldsymbol{Q}[i, j] \tag{18.32}$$

在式（18.32）中，由超参数 λ 控制的第 2 项是为了避免所有表征塌缩到某个聚类中心。在得到聚类分配矩阵 $\boldsymbol{Q}$ 之后，基于 GNN 的编码器和模体嵌入表将被训练，这相当于一个有监督的 m 级分类问题，$\boldsymbol{Q}$ 和预测分布 $\tilde{\boldsymbol{S}}$ 是通过应用温度系数为 τ 的列式 Softmax 归一化得到的：

$$\mathscr{L}_2 = -\frac{1}{n_{\mathscr{G}}} \sum_{i=1}^{n_{\mathscr{G}}} \ell_{\mathrm{CE}}(\boldsymbol{q}_i, \tilde{\boldsymbol{s}}_i) \tag{18.33}$$

其中，$\boldsymbol{q}_i = \boldsymbol{Q}[:, i]$ 和 $\tilde{\boldsymbol{s}}_i = \tilde{\boldsymbol{S}}[:, i]$ 分别表示子图 i 的分配分布和预测分布。式（18.33）增强了 GNN 编码器提取与模体相似的子图的能力，并且改进了模体的嵌入。最后一步是通过执行分类任务来训练基于 GNN 的编码器。在分类任务中，子图被重新分配到它们的相关图中。注意，这些子图是由模体引导的提取器生成的，与随机抽样的子图相比，它们更有可能捕获更高层次的语义信息。整个框架是通过加权组合 $\mathscr{L}_1$ 和 $\mathscr{L}_2$ 以及对比损失共同训练的。

除网络模体以外，也可利用其他的子图结构，以便为设计代理任务提供额外的监督。在设计代理任务时，提供额外的监督是允许的。在 Qiu et al（2020a）设计的代理任务中，节点的 r-ego 网络被定义为由长度短于 r 的最短路径的节点引起的子图。我们可以通过两次随机游走得到两个以节点 v_i 为中心的增强型 r-ego 网络（$\mathscr{G}_i$ 和 $\mathscr{G}_i^+$），它们被定义为正对，因为它们来自同一个 r-ego 网络。相比之下，负对对应从不同的 r-ego 网络增强的两个子图（比如一个来自 v_i，另一个来自 v_j，这将分别产生随机游走诱导的子图 $\mathscr{G}_i$ 和 $\mathscr{G}_j$）。基于上述定义的正负子图对，我们可以设置如下对比损失来优化 GNN：

$$\mathscr{L}_{\text{ssl}} = \frac{1}{\left|\mathscr{P}^+\right|} \sum_{(\mathcal{Y}_i, \mathcal{Y}_i^+) \in \mathscr{P}^+} \ell_{\text{NT-Xent}}(\boldsymbol{Z}_{\text{ssl}}^1, \boldsymbol{Z}_{\text{ssl}}^2, \mathscr{P}^-) \tag{18.34}$$

其中，$\boldsymbol{Z}_{\text{ssl}}^1$ 和 $\boldsymbol{Z}_{\text{ssl}}^2$ 表示基于 GNN 的图嵌入。在这里，由于两个图是相同的，因此 $\boldsymbol{Z}_{\text{ssl}}^1 = \boldsymbol{Z}_{\text{ssl}}^2$。$\mathscr{P}^+$ 包含正对的子图 $(\mathscr{G}_i, \mathscr{G}_i^+)$，可通过随机游走从同一图中的同一节点 v_i 开始进行抽样；而 $\mathscr{P}^- = \bigcup_{(\mathscr{G}_i, \mathscr{G}_i^+) \in \mathscr{P}^+} \mathscr{P}_{\mathscr{G}_i}^-$ 代表所有负样本的集合。具体来说，$\mathscr{P}_{\mathscr{G}_i}^-$ 代表由随机游走抽样的子图，起点要么是 $\mathscr{G}$ 中不同于 v_i 的节点，要么在不同于 $\mathscr{G}$ 的图中通过随机游走直接抽样。

尽管图注意力网络（Graph Attention Network，GAT）（Petar et al，2018）相比原来的 GCN（Kipf and Welling，2017b）在表现上有所改进，但 GAT 对图注意力学习的内容了解

甚少。为此，Kim and Oh（2021）开发了一个特定的代理任务，旨在利用边信息监督图注意力学习的内容：

$$\mathscr{L}_{\text{ssl}} = \frac{1}{\left|\mathscr{E} \cup \mathscr{E}^-\right|} \sum_{(j,i)\in\mathscr{E}\cup\mathscr{E}^-} 1((j,i)\in\mathscr{E})\cdot\log\chi_{ij} + 1((j,i)\in\mathscr{E}^-)\log(1-\chi_{ij}) \tag{18.35}$$

其中，$\mathscr{E}$是边的集合，$\mathscr{E}^-$ 是没有边的节点对的抽样集合；χ_{ij} 是节点 i 和节点 j 之间的边概率，由它们的嵌入计算得出。基于两种主要的边注意力——GAT 注意力（简称 GO 注意力）（Petar et al，2018）和点积注意力（简称 DP 注意力）（Luong et al，2015），人们提出了两种高级注意力机制——SuperGAT$_{\text{SD}}$（Scaled Dot-product，SD）和 SuperGAT$_{\text{MX}}$（Mixed GO and DP，MX）：

$$\boldsymbol{e}_{ij,\text{SD}} = \boldsymbol{e}_{ij,\text{DP}} / \sqrt{F},\ \chi_{ij,\text{SD}} = \sigma(\boldsymbol{e}_{ij,\text{SD}}) \tag{18.36}$$

$$\boldsymbol{e}_{ij,\text{MX}} = \boldsymbol{e}_{ij,\text{GO}} \cdot \sigma(\boldsymbol{e}_{ij,\text{DP}}),\ \chi_{ij,\text{MX}} = \sigma(\boldsymbol{e}_{ij,\text{DP}}) \tag{18.37}$$

其中，σ是 Sigmoid 函数，作用是取边权重 $\boldsymbol{e}_{ij}$ 并计算出边概率 χ_{ij}。SuperGAT$_{\text{SD}}$ 和 Transformer 模型（Vaswani et al，2017）一样，也将 $\boldsymbol{e}_{ij,\text{DP}}$ 的点积除以维度的平方根，以防止一些大值在进行完 Softmax 归一化后支配整个注意力。SuperGAT$_{\text{MX}}$ 则将 GO 注意力和 DP 注意力乘以 Sigmoid 函数，这是由门控递归单元（Gated Recurrent Unit，GRU）的门控机制引起的（Cho et al，2014a）。由于 DP 注意力与 Sigmoid 表示边概率，因此在计算 $\boldsymbol{e}_{ij,\text{MX}}$ 时乘以 $\sigma(\boldsymbol{e}_{ij,\text{DP}})$ 可以柔和地放弃那些不可能有联系的邻居节点，同时隐含地将重要性分配给其余节点。$\boldsymbol{e}_{ij,\text{DP}}$和$\boldsymbol{e}_{ij,\text{GO}}$ 是用于计算 GO 注意力和 DP 注意力的边（i, j）的权重。结果发现，GO 注意力能比 DP 注意力更好地学习标签的一致性，而 DP 注意力能比 GO 注意力更好地预测边的存在。注意力机制的表现不是固定的，具体取决于特定图的同质性和平均度数。

拓扑信息也可以手动生成，用于设计代理任务。Gao et al（2021）提出在 GNN 获得的节点表征中编码两种不同图拓扑结构之间的转换信息。首先，他们通过随机添加或删除原始边集合中的边，将初始邻接矩阵 $\boldsymbol{A}$ 转换为 $\hat{\boldsymbol{A}}$。然后，他们通过将原始和转换后的图拓扑结构和节点特征矩阵输入任何基于 GNN 的编码器，计算出拓扑结构转换前后的特征表征 $\boldsymbol{Z}_{\text{GNN}}$ 和 $\hat{\boldsymbol{Z}}_{\text{GNN}}$，它们的差值 $\Delta\boldsymbol{Z} \in \mathbb{R}^{N\times F'}$ 被定义为

$$\Delta\boldsymbol{Z} = \hat{\boldsymbol{Z}}_{\text{GNN}} - \boldsymbol{Z}_{\text{GNN}} = [\Delta\boldsymbol{z}_{\text{GNN},1},\cdots,\Delta\boldsymbol{z}_{\text{GNN},N}]^{\text{T}} = [\hat{\boldsymbol{z}}_{\text{GNN},1} - \boldsymbol{z}_{\text{GNN},1},\cdots,\hat{\boldsymbol{z}}_{\text{GNN},N} - \boldsymbol{z}_{\text{GNN},N}]^{\text{T}} \tag{18.38}$$

最后，他们通过节点级的特征差异 $\Delta\boldsymbol{Z}$ 来预测节点 v_i 和节点 v_j 之间拓扑结构的转变，构建的边表征为

$$\boldsymbol{e}_{ij} = \frac{\exp(-(\Delta\boldsymbol{z}_i - \Delta\boldsymbol{z}_j)) \odot (\Delta\boldsymbol{z}_i - \Delta\boldsymbol{z}_j)}{\left\|\exp(-(\Delta\boldsymbol{z}_i - \Delta\boldsymbol{z}_j)) \odot (\Delta\boldsymbol{z}_i - \Delta\boldsymbol{z}_j)\right\|} \tag{18.39}$$

其中，$\odot$表示哈达玛积，边表征 $\boldsymbol{e}_{ij}$ 随后被送入 MLP，用于预测拓扑结构的变化，一共包括 4 类——边增加、边删除、保持断开和保持连接（在每对节点之间）。因此，基于 GNN 的编码器是通过以下方式训练的：

$$\mathscr{L}_{\text{ssl}} = \frac{1}{|\mathscr{V}|^2} \sum_{v_i,v_j\in\mathscr{V}} \ell_{\text{CE}}(\text{MLP}(\boldsymbol{e}_{ij}), \boldsymbol{t}_{ij}) \tag{18.40}$$

其中，用于表示节点 v_i 和节点 v_j 之间拓扑变换类别的是独热编码 $\boldsymbol{t}_{ij} \in \mathbb{R}^4$。

18.5.2 基于特征的图级代理任务

通常情况下，图不带有任何特征信息，这里的图级特征是指对 GNN 的所有节点嵌入应用池化层后得到的图嵌入。

GraphCL（You et al，2020b）设计的代理任务首先对图进行了 4 种不同的增强，包括节点删除、边扰动、属性掩蔽和子图提取；然后最大化从同一原始图产生的不同增强视图之间图嵌入的互信息，同时最小化从不同图产生的不同增强视图之间图嵌入的互信息（图嵌入 $\boldsymbol{Z}_{\text{ssl}}$ 是利用节点嵌入的任何排列不变读出函数获得的，后面是适配层）；最后通过优化 NT-Xent 对比损失，使互信息最大化：

$$\mathscr{L}_{\text{ssl}} = \frac{1}{|\mathscr{P}^+|} \sum_{(\mathscr{G}_i, \mathscr{G}_j) \in \mathscr{P}^+} \ell_{\text{NT-Xent}}(\boldsymbol{Z}_{\text{ssl}}^1, \boldsymbol{Z}_{\text{ssl}}^2, \mathscr{P}^-) \tag{18.41}$$

其中，$\boldsymbol{Z}_{\text{ssl}}^1$ 和 $\boldsymbol{Z}_{\text{ssl}}^2$ 分别代表两个不同视图下的图嵌入。这里的视图既可以是没有任何增强的原始图，也可以是应用 4 种不同的增强后产生的视图。$\mathscr{P}^+$ 包含从同一原始图增强的正对图 $(\mathscr{G}_i, \mathscr{G}_j)$，而 $\mathscr{P}^- = \bigcup_{(\mathscr{G}_i, \mathscr{G}_j) \in \mathscr{P}^+} \mathscr{P}_{\mathscr{G}_i}^-$ 表示所有负样本的集合。具体来说，$\mathscr{P}_{\mathscr{G}_i}^-$ 包含从不同于 $\mathscr{G}_i$ 的图增强后的那些图。结果表明，增强的边扰动对社交网络有利，但对生化分子有害。通过应用属性掩蔽，我们可以在稠密图中取得更好的表现。在所有的数据集中，节点下降和子图提取通常是有益的。

18.5.3 混合代理任务

在设计代理任务时，使用训练节点的信息的一种方法是由（Hu et al，2020c）提出的，他们还提出了上下文的概念。他们的目标是对 GNN 进行预训练，使其将出现在类似于图结构上下文中的节点映射到附近的嵌入。对于每个节点 v_i，它的 r 跳邻域包含图中与其相距最多 r 跳的所有节点和边。节点 v_i 的上下文图是距离该节点介于 r_1 跳和 r_2 跳的一个子图。我们要求 $r_1 < r$，从而使有些节点在邻域图和上下文图之间是共享的，它们被称为上下文锚节点。图 18.6 展示了上下文图和邻域图的一个例子。

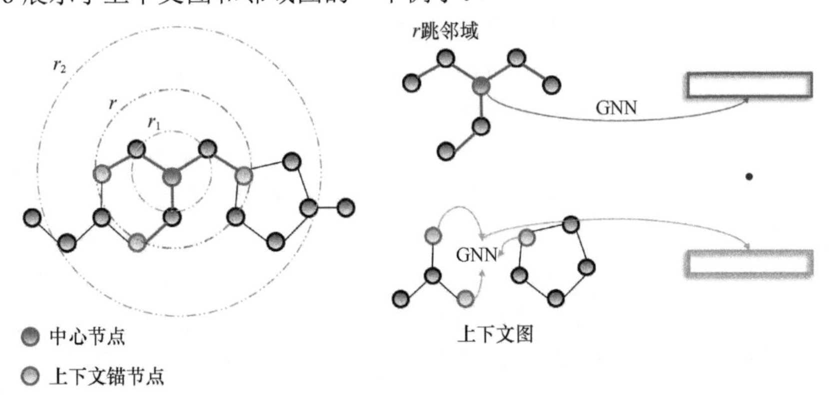

图 18.6 上下文图和邻域图的一个例子

观察图 18.6 后可以看出，其中设置了两个 GNN：主 GNN 是为了获得节点嵌入 $\boldsymbol{z}_{\text{GNN},i}^r$ 基于其 r 跳邻域节点的特征；而上下文 GNN 是为了获得上下文锚节点集合中其他每个节点的节点嵌入，然后进行平均化，从而得到节点的上下文嵌入 $\boldsymbol{c}_i$。

接下来便可使用负抽样来联合学习主 GNN 和上下文 GNN。在优化过程中，正样本指的是上下文中心节点和邻域图相同的情况，而负样本指的是上下文中心节点和邻域图不同的情况。学习目标是对特定的邻域图和上下文图是否有相同的中心节点进行二元分类，负似然损失的使用方法如下：

$$\mathscr{L}_{\text{ssl}} = -\left(\frac{1}{|\mathscr{K}|}\sum_{(v_i,v_j)\in\mathscr{K}}(y_i\log(\sigma((\boldsymbol{z}_{\text{GNN},i}^r)^{\text{T}}\boldsymbol{c}_j)) + (1-y_i)\log(1-\sigma(\boldsymbol{z}_{\text{GNN},i}^r)^{\text{T}}\boldsymbol{c}_j))\right) \quad (18.42)$$

其中，$y_i=1$ 表示 $i=j$ 的正样本，而 $y_i=0$ 表示 $i\neq j$ 的负样本，$\mathscr{K}$ 表示正负对的集合，σ 表示计算概率的 Sigmoid 函数。

Jin et al（2020d）提出了类似的想法：在完成代理任务时采用上下文的概念。具体来说，上下文被定义为

$$\boldsymbol{y}_{ic} = \frac{|\Gamma_{\mathscr{V}_l}(v_i,c)| + |\Gamma_{\mathscr{V}_u}(v_i,c)|}{|\Gamma_{\mathscr{V}_l}(v_i)| + |\Gamma_{\mathscr{V}_u}(v_i)|},\ c=1,2,\cdots,l \quad (18.43)$$

其中，$\mathscr{V}_u$ 和 $\mathscr{V}_l$ 分别表示无标签和有标签的节点集合，$\Gamma_{\mathscr{V}_u}(v_i)$ 表示与节点 v_i 相邻的无标签节点，$\Gamma_{\mathscr{V}_u}(\mathscr{V}_i,c)$ 表示被分配为 c 类别且与节点 v_i 相邻的无标签节点，$\mathscr{N}_{\mathscr{V}_l}(v_i)$ 表示与节点 v_i 相邻的有标签节点，$\Gamma_{\mathscr{V}_l}(v_i,c)$ 表示与节点 v_i 相邻且被分配为 c 类别的有标签节点。为了生成无标签节点的标签，以便计算每个节点 v_i 的上下文向量 $\boldsymbol{y}_i$，标签传播（Label Propagation，LP）（ZHU，2002）或迭代分类算法（Iterative Classification Algorithm，ICA）（Neville and Jensen，2000）被用来构建 $\mathscr{V}_u$ 中无标签节点的伪标签。

最后，可通过优化以下损失函数来处理代理任务：

$$\mathscr{L}_{\text{ssl}} = \frac{1}{|\mathscr{V}|}\sum_{v_i\in\mathscr{V}}\ell_{\text{CE}}(\boldsymbol{z}_{\text{ssl},i},\boldsymbol{y}_i) \quad (18.44)$$

上述代理任务的主要问题在于由 LP 算法或 ICA 生成标签时引起的误差。为此，Jin et al（2020d）进一步提出了两种方案来改进上述代理任务。第一种方案是，用集合多种不同方法的结果来分配标签取代只基于一种算法（LP 算法或 ICA）来分配无标签节点的标签。第二种方案是，首先将来自 LP 算法或 ICA 的初始标签视为噪声标签，然后利用迭代方法（Han et al，2019）改进上下文向量，从而促成基于这一修正阶段的重大改进。

之前的代理任务旨在恢复节点之间的拓扑距离。然而，即使在抽样之后，计算所有节点对的最短路径长度也仍然十分耗时。因此，Jin et al（2020d）用节点和它们的相关聚类之间的距离代替了节点之间的成对距离。对于每个聚类，建立一个固定的锚节点/中心节点集合；对于每个节点，计算这个节点与这组锚节点的距离。代理任务旨在提取节点特征，并编码节点与其聚类距离的信息。假设通过应用 METIS 图划分算法（Karypis and Kumar，1998）得到 k 个聚类，并且假设具有最高度数的节点是相应聚类的中心，则每个节点 v_i 都将有一个聚类距离向量 $\boldsymbol{d}_i\in\mathbb{R}^k$，计算到聚类距离的代理任务可通过以下优化来完成：

$$\mathscr{L}_{\text{ssl}} = \frac{1}{|\mathscr{V}|}\sum_{v_i\in\mathscr{V}}\ell_{\text{MSE}}(\boldsymbol{z}_{\text{ss},i},\boldsymbol{d}_i) \quad (18.45)$$

除图的拓扑结构和节点特征以外，训练节点的分布以及它们的训练标签是设计代理任务的另一个十分有价值的信息来源。Jin et al（2020d）开发了一个代理任务，目的是求 GNN 输出的节点嵌入编码从任意节点到训练节点的拓扑距离信息。假设类别总数为 p，对于类别

$c \in \{1, 2, \cdots, p\}$ 和节点 $v_i \in \mathcal{V}$，计算从节点 v_i 到类别 c 中全部有标签节点的平均、最小和最大最短路径长度并表示为 $\boldsymbol{d}_i \in \mathbb{R}^{3p}$，目标是优化式（18.45）中定义的回归损失。

网络的生成过程为设计代理任务编码了丰富的信息。Hu et al（2020d）提出了 GPT-GNN 框架用于 GNN 的生成性预训练。GPT-GNN 框架支持进行属性和边的生成，以使预训练的模型能够捕捉到节点属性和图结构之间固有的依赖关系。假设 GNN 模型对图 $\mathcal{G}$ 的似然是 $p(\mathcal{G};\theta)$，$p(\mathcal{G};\theta)$ 代表图 $\mathcal{G}$ 中节点的属性和连接方式。GPT-GNN 框架旨在通过最大化图 $\mathcal{G}$ 的似然来预训练 GNN 模型，$\theta^* = \max_\theta p(\mathcal{G};\theta)$。给定排列顺序，对数似然将被分解成自回归因子，每次迭代产生的节点为

$$\log p_\theta(\boldsymbol{X},\mathcal{E}) = \sum_{i=1}^{|\mathcal{V}|} \log p_\theta(\boldsymbol{x}_i,\mathcal{E}_i \mid \boldsymbol{X}_{<i},\mathcal{E}_{<i}) \tag{18.46}$$

对于在节点 i 之前生成的所有节点，它们的属性 $\boldsymbol{X}_{<i}$ 以及这些节点之间的边 $\mathcal{E}_{<i}$ 被用来生成新的节点 v_i，包括新节点的属性 $\boldsymbol{x}_i$ 及其与现有节点 $\mathcal{E}_i$ 的连接。他们没有直接假设 $\boldsymbol{x}_i$ 和 $\mathcal{E}_i$ 是独立的，而是设计了一种意识到依赖关系的因子化机制来维持节点属性与边存在的依赖关系。生成过程可分解为两个耦合的部分：

（1）根据观察到的边生成节点属性；

（2）根据观察到的边和生成的节点属性生成其余的边。

为了计算属性生成损失，生成的节点特征矩阵 $\boldsymbol{X}$ 将通过掩蔽一些维度被损坏，得到损坏的版本 $\hat{\boldsymbol{X}}^{\text{Attr}}$，并进一步与生成的边被一起输入 GNN，得到嵌入 $\hat{\boldsymbol{Z}}_{\text{GNN}}^{\text{Attr}}$。然后，解码器 $\text{Dec}^{\text{Attr}}(\cdot)$ 被指定，该解码器将 $\hat{\boldsymbol{Z}}_{\text{GNN}}^{\text{Attr}}$ 作为输入并输出预测的属性 $\text{Dec}^{\text{Attr}}(\hat{\boldsymbol{Z}}_{\text{GNN}}^{\text{Attr}})$。属性生成损失如下：

$$\mathcal{L}_{\text{ssl}}^{\text{Attr}} = \frac{1}{|\mathcal{V}|} \sum_{v_i \in \mathcal{V}} \ell_{\text{MSE}}(\text{Dec}^{\text{Attr}}(\hat{\boldsymbol{z}}_{\text{GNN},i}^{\text{Attr}}), \boldsymbol{x}_i) \tag{18.47}$$

其中，$\hat{\boldsymbol{z}}_{\text{GNN},i}^{\text{Attr}} = \hat{\boldsymbol{Z}}_{\text{GNN}}^{\text{Attr}}[i,:]^{\text{T}}$ 表示节点 v_i 的解码嵌入。为了弥补边重建损失，生成的原始节点特征矩阵 $\boldsymbol{X}$ 直接与生成的边被一起输入 GNN，得到嵌入 $\boldsymbol{Z}_{\text{GNN}}^{\text{Edge}}$。最后计算 NT-Xent 对比损失：

$$\mathcal{L}_{\text{ssl}}^{\text{Edge}} = \frac{1}{|\mathcal{P}^+|} \sum_{(v_i,v_j) \in \mathcal{P}^+} \ell_{\text{NT-Xent}}(\boldsymbol{Z}_{\text{GNN}}^{\text{Edge}}, \boldsymbol{Z}_{\text{GNN}}^{\text{Edge}}, \mathcal{P}^-) \tag{18.48}$$

其中，$\mathcal{P}^+$ 包含连接节点的正对 (v_i, v_j)，而 $\mathcal{P}^- = \bigcup_{(v_i,v_j)\in\mathcal{P}^+} \mathcal{P}_{v_i}^-$ 代表所有负样本的集合，$\mathcal{P}_{v_i}^-$ 包含所有与节点 v_i 没有直接联系的节点。注意，这里的两个视图被设置为相等：$\boldsymbol{Z}^1 = \boldsymbol{Z}^2 = \boldsymbol{Z}_{\text{GNN}}^{\text{Edge}}$。

18.6 节点－图级代理任务

上述所有代理任务都是基于节点级或图级监督而设计的。然而，还有另一条最终的研究路线——结合这两种监督来源设计代理任务。

Veličković et al（2019）提出要最大化高层图和低层小块的表征之间的互信息。首先在每个迭代中，通过洗刷节点特征和删除边来损坏图，产生负样本 $\hat{\boldsymbol{X}}$ 和 $\hat{\boldsymbol{A}}$。然后，一个基于 GNN 的编码器被用于提取节点表征 $\boldsymbol{Z}_{\text{GNN}}$ 和 $\hat{\boldsymbol{Z}}_{\text{GNN}}$，它们被命名为局部小块表征。局部小块表征被进一步送入注入式读出函数，得到全局图表征 $\boldsymbol{z}_{\text{GNN},\mathcal{G}} = \text{READOUT}(\boldsymbol{Z}_{\text{GNN}})$。最后，通

过最小化以下损失函数，使 $\boldsymbol{Z}_{\mathrm{GNN}}$ 和 $\boldsymbol{z}_{\mathrm{GNN},\mathscr{G}}$ 之间的互信息最大化：

$$\mathscr{L}_{\mathrm{ssl}}=\frac{1}{|\mathscr{P}^{+}|+|\mathscr{P}^{-}|}\left(\sum_{i=1}^{|\mathscr{P}^{+}|}\mathbb{E}_{(\boldsymbol{X},\boldsymbol{A})}[\log\sigma(\boldsymbol{z}_{\mathrm{GNN},i}^{\mathrm{T}}\boldsymbol{W}\boldsymbol{z}_{\mathrm{GNN},\mathscr{G}})]+\sum_{j=1}^{|\mathscr{P}^{-}|}\mathbb{E}_{(\hat{\boldsymbol{X}},\hat{\boldsymbol{A}})}[\log(1-\sigma(\tilde{\boldsymbol{z}}_{\mathrm{GNN},i}^{\mathrm{T}}\boldsymbol{W}\boldsymbol{z}_{\mathrm{GNN},\mathscr{G}}))]\right) \tag{18.49}$$

其中，$|\mathscr{P}^{+}|$和$|\mathscr{P}^{-}|$是正负对的数量，σ 是任何非线性激活函数，PReLU 函数被用在（Veličković et al，2019）中，$\boldsymbol{z}_{\mathrm{GNN},i}^{\mathrm{T}}\boldsymbol{W}\boldsymbol{z}_{\mathrm{GNN},\mathscr{G}}$ 则计算以节点 v_i 为中心的小块表征和图表征之间的加权相似度。

在完成上述对比代理任务后，一个线性分类器会跟进，用于对节点进行分类。

与（Veličković et al，2019）类似（小块表征和图表征之间的互信息被最大化），Hassani and Khasahmadi（2020）提出了另一个框架——对比一个视图的节点表征和另一个视图的图表征。其中，第一个视图是原始图，第二个视图则是由图扩散矩阵生成的。需要考虑的热度和个性化 PageRank（Personalized PageRank，PPR）扩散矩阵如下：

$$S^{\mathrm{heat}}=\exp(t\boldsymbol{A}\boldsymbol{D}^{-1}-t) \tag{18.50}$$

$$S^{\mathrm{PPR}}=\alpha(\boldsymbol{I}_n-(1-\beta)\boldsymbol{D}^{-1/2}\boldsymbol{A}\boldsymbol{D}^{-1/2})^{-1} \tag{18.51}$$

其中，β表示远距离传输概率，t 表示扩散时间，$\boldsymbol{D}$ 表示对角（度数）矩阵。得到 $\boldsymbol{D}$ 后，两个不同的GNN编码器和一个共享的投影头被应用于原图邻接矩阵中的节点和生成的扩散矩阵，得到两个不同的节点嵌入 $\boldsymbol{Z}_{\mathrm{GNN},\mathscr{G}}^{1}$ 和 $\boldsymbol{Z}_{\mathrm{GNN},\mathscr{G}}^{2}$。两个不同的图嵌入 $\boldsymbol{z}_{\mathrm{GNN},\mathscr{G}}^{1}$ 和 $\boldsymbol{z}_{\mathrm{GNN},\mathscr{G}}^{2}$ 可通过以下方式进一步得到：对节点表征应用图池化函数（在投影头之前），然后是另一个共享的投影头。不同视图中节点和图之间的互信息可通过以下方式最大化：

$$\mathscr{L}_{\mathrm{ssl}}=-\frac{1}{|\mathscr{V}|}\sum_{v_i\in\mathscr{V}}(\mathrm{MI}\,(\boldsymbol{z}_{\mathrm{GNN},i}^{1},\boldsymbol{z}_{\mathrm{GNN},\mathscr{G}}^{2})+\mathrm{MI}\,(\boldsymbol{z}_{\mathrm{GNN},i}^{2},\boldsymbol{z}_{\mathrm{GNN},\mathscr{G}}^{1})) \tag{18.52}$$

其中，MI 代表互信息估计器。有 4 个互信息估计器，分别是噪声对比估计器、Jensen-Shannon 估计器、归一化温度尺度交叉熵和 KL-散度的 Donsker-Varadhan 表征。注意，式（18.52）中的互信息是原始工作中所有图的平均数（Hassani and Khasahmadi，2020）。结果表明，Jensen-Shannon 估计器在所有的图分类任务中都能够取得更好的结果；而在节点分类任务中，噪声对比估计器能够取得更好的结果。Hassani and Khasahmadi（2020）还发现，增加视图的数量并不能提高下游任务的表现。

18.7 讨论

现有的采用自监督的图神经网络的方法实现了表现提升，同时人们也发现了许多有洞见的结果。虽然大多数自监督的代理任务对下游任务有帮助，但仍有相当比例的代理任务仅带来微弱的表现提升，甚至无法提升表现（Gao et al，2021；Jin et al，2020d；Manessi and Rozza，2020；You et al，2020c），要么因为这些代理任务与主要任务高度不相关——对代理任务有用的编码特征对下游任务无用甚至有害（Manessi and Rozza，2020），要么因为从完成代理任务中学到的信息已经可以通过 GNN 从完成下游任务中学到（Jin et al，2020d）。另外，表现提升的强度取决于完成代理任务和下游任务的特定 GNN 架构。对于基本的 GNN

架构，如 GCN、GAT 和 GIN，改进更为显著；但对于更高级的 GNN 架构，如 GMNN，改进较小（You et al，2020c）。由于代理任务在多个数据集中并非普遍最好（Gao et al，2021；Manessi and Rozza，2020），因此自监督的代理任务是否有助于 GNN 的标准目标表现，首先取决于数据集是否允许 GNN 通过完成代理任务提取额外的特征信息，其次取决于额外的自监督信息是否与现有架构中提取的信息相辅相成、相互矛盾或已经被覆盖（You et al，2020c）。许多研究都集中于应用对比学习作为自监督学习的一种形式（Chen et al，2020b；Hassani and Khasahmadi，2020；Veličković et al，2019；You et al，2020b；Zhu et al，2021）。通常情况下，人们发现，虽然组成不同的增强对表现有好处（You et al，2020b），但将同一图增强技术产生的视图数量增加到两个以上，不会产生进一步的改善（Hassani and Khasahmadi，2020），这与视觉表征学习不同。另外，由于图结构数据的高度异质性，增强的有益组合是数据特定的，较难的对比任务比过于简单的对比任务更有帮助（You et al，2020b）。因此，设计可行的代理任务需要具体的知识，并应针对特定类型的网络、GNN 架构和下游任务。

18.8 小结

在本章中，我们对最近在图神经网络中利用自监督学习的研究进行了分类以及系统、全面的概述。尽管人们最近在文本和图像领域应用自监督学习取得了成功，但应用于图领域的自监督学习，尤其是图神经网络，仍处于新兴阶段。为了进一步推动这一领域的发展，我们可以探索几个有前途的方向。首先，尽管大量的研究集中于设计有效的代理任务以提高图神经网络的表现，但很少有研究集中于可视化、解释和说明促使这种有益表现提高的根本原因。深入了解 SSL 为什么以及如何帮助 GNN 的内在机制，有益于我们设计更强大的代理任务。其次，类似于定义 GNN 的架构设计空间，以快速查询新数据集上新任务的最佳 GNN 设计（You et al，2020a），我们应该收集和分类各种代理任务，并为 GNN 中的 SSL 创建设计空间。这样就可以在不同的下游任务、GNN 架构和数据集之间转移代理任务的最佳设计。通过阐明将自监督学习应用于图神经网络的主要思想和相关应用，我们希望本章能够促进这一领域的发展。

编者注： 尽管前面有些章（见第 4 章～第 6 章、第 15 章和第 16 章）介绍的方法在相应的任务中取得了十分优秀的表现，但它们需要大量的注释数据集。自监督学习试图在无标签数据上创建和利用代理标签。代理任务与传统的图分析任务有关，如节点级任务（见第 4 章）和图级任务（见第 9 章），代理任务使用了伪标签。自监督 GNN 的发展对那些难以获得有标签数据的领域具有重要意义，如药物开发（见第 24 章）。此外，那些积累了大量无标签数据集的领域，如计算机视觉（见第 20 章）和自然语言处理（见第 21 章），也能从自监督学习中受益。

第四部分
广泛和新兴的应用

第 19 章

现代推荐系统中的图神经网络

Yunfei Chu、Jiangchao Yao、Chang Zhou 和 Hongxia Yang[①]

摘要

图是一种表达能力很强的数据结构，由于其在建模和表示图结构数据方面的灵活性和有效性，图得到了广泛应用。图在生物、金融、交通、社交网络等多个领域越来越受欢迎。推荐系统是人工智能非常成功的商业应用之一，其用户与物品之间的互动可以自然地融入图结构数据中，此外它在应用图神经网络（GNN）方面也受到广泛关注。在本章中，我们将首先总结 GNN 的最新进展，特别是在推荐系统中的进展；然后，我们将分享两个案例研究——动态的 GNN 学习和设备-云协作的 GNN 学习。最后，我们将指出这一领域未来的发展方向。

19.1 图神经网络在推荐系统中的实践

19.1.1 简介

19.1.1.1 GNN 简介

图有着悠久的历史，它起源于 1736 年的柯尼斯堡七桥问题（Biggs et al，1986）。图可以灵活地模拟个体之间的复杂关系，这使它成为一种无处不在的数据结构，被广泛应用于许多领域，如生物、金融、交通、社交网络、推荐系统等。

尽管图论中存在提取确定性信息的传统课题，如最短路径、连通分支、局部聚类、图同构等，但图数据的机器学习应用更注重预测缺失部分或未来动态。在这些应用中，近年来最为典型的研究课题是预测两个节点之间是否存在或将要出现一条边（链接预测），以及推断节点级或图级标签（节点分类/图分类）。

深度学习的最新进展催生出一种蓬勃发展的学习范式——表征学习，这也成为解决图机器学习问题的事实上的标准。图表征学习的理念是将图基元编码为同一度量空间中的实

① Yunfei Chu
DAMO Academy，Alibaba Group，E-mail：fay.cyf@alibaba-inc.com
Jiangchao Yao
DAMO Academy，Alibaba Group，E-mail：jiangchao.yjc@alibaba-inc.com
Chang Zhou
DAMO Academy，Alibaba Group，E-mail：ericzhou.zc@alibaba-inc.com
Hongxia Yang
DAMO Academy，Alibaba Group，E-mail：yang.yhx@alibaba-inc.com

值向量，然后参与下游应用。编码器将节点属性向量和图邻接矩阵等原始图作为端到端快速输入，而不是像传统方法那样需要提取启发式特征，如间隔性中心度、PageRank 值、封闭三角形的数量等。

接下来，我们将在一个统一的框架中总结最近的图节点表征技术，并且只关注链接预测任务。我们将从以节点为中心的角度说明最近文献中的几种代表性方法，因为以节点为中心的观点可以自然地适应可扩展的消息传递实现，这些方法最初在图挖掘社区十分流行（Malewicz et al，2010；Y. Low et al，2012），后被借用到 GNN 社区（Wang et al，2019f；Zhu et al，2019c）。

对于带有邻接矩阵 $\boldsymbol{A}$ 的图 $\mathcal{G}=(\mathcal{V},\mathcal{E})$，标准的图神经网络工作模型由以下 3 部分构成。

- 自我中心网络提取器 EGO，用于提取节点 v 周围的一个局部子图。这个局部子图也称为节点 v 的感受野，供节点编码器使用。
- 编码器 ENC，用于将每个节点 $v\in\mathcal{V}$ 映射为度量空间 $\boldsymbol{R}^d$ 中的一个向量。编码器 ENC 会将节点 v 的自我中心网络以及 EGO(v)中的任何节点表征/边表征作为输入。一个定义在 $\boldsymbol{R}^d$ 中的相似性函数用于衡量两个节点看起来有多接近。
- 学习目标 $\mathscr{L}$。我们在这里不讨论节点分类，而只关注无监督的节点表征学习。学习目标可以是重新构建邻接矩阵 $\boldsymbol{A}$、$\boldsymbol{A}$ 的变换或者 $\boldsymbol{A}$ 及其变换的任何抽样形式。

1. 随机游走式

深度学习时代早期的图表征学习方法（Perozzi et al，2014；Tang et al，2015b；Cao et al，2015；Zhou et al，2017；Ou et al，2016；Grover and Leskovec，2016）受到 word2vec（Mikolov et al，2013b）的启发，word2vec 是自然语言处理领域的一种有效的词嵌入方法。这些图表征学习方法不需要任何邻域用于编码，其中的 EGO 起身份映射的作用。编码器 ENC 则以图中节点的 id 为基础，给每个节点分配一个可训练的向量。

在这些图表征学习方法中，完全不同的部分是学习目标。诸如 DeepWalk、LINE、node2vec 等方法使用不同的随机游走策略来创建正节点对(u,v)作为训练的例子，并估计给定 u 访问 v 的概率 $p(v|u)$作为一个多项式分布：

$$p(v|u)=\frac{\exp(\mathrm{sim}(u,v))}{\sum_{v'}\exp(\mathrm{sim}(u,v'))}$$

其中的 sim 是相似性函数。他们利用了一种近似的噪声约束估计（Noise Constrained Estimation，NCE）损失（Gutmann and Hyvärinen，2010）——源于 word2vec 的负抽样的 skip-gram，以降低计算成本：

$$\log\sigma(\mathrm{sim}(u,v))+k\mathbb{E}_{v'\sim q_{\mathrm{neg}}}\log(1-\sigma(\mathrm{sim}(u,v')))$$

q_{neg}是建议的负分布，它会影响优化目标的变化（Yang et al，2020d）。注意，上面这个公式也可以用抽样的 Softmax（Bengio and Senécal，2008；Jean et al，2014）来近似，根据我们的经验，当节点数变得非常大时，Softmax 在 top-k 推荐任务中表现更好（Zhou et al，2020a）。

这些学习目标与图挖掘领域的传统节点接近度测量有关系。GraRep（Cao et al，2015）和 APP（Zhou et al，2017）借用了（Levy and Goldberg，2014）的想法，并指出这些基于随机游走的方法相当于保留了它们相应的邻接矩阵 $\boldsymbol{A}$ 的变换，如个性化的 PageRank 值。

2. 矩阵分解式

HOPE（Ou et al，2016）提供了其他类型的节点接近度测量的广义矩阵形式（如 katz

和 adamic-adar），并采用矩阵分解来学习保留这些接近度的嵌入。NetMF（Qiu et al，2018）将几种经典的图嵌入方法统一在了矩阵因数化的框架中，并提供了类似 DeepWalk 的方法与图拉普拉斯理论的关系。

3. GNN 式

图神经网络（Kipf and Welling，2017b；Scarselli et al，2008）提供了一种端到端的半监督学习范式，与以往通过标签传播来建模不同，也可以像上述图嵌入方法一样，以无监督方式学习节点表征。与类似 DeepWalk 的方法相比，用于无监督学习的类似 GNN 的方法在捕捉局部结构方面更有力量，比如上限是具备 WL 测试的能力。我们需要意识到，局部结构的表征或与节点特征合作的下游链接预测任务可能更受益于 GNN 式的方法。

EGO 算子收集并构建每个节点的感受野。对于 GCN（Kipf and Welling，2017b）来说，每个节点都需要一个完整的 k 层邻域，这使得它很难适用于通常遵循幂律度数分布的大型图。GraphSage（Hamilton et al，2017b）通过从每一层中取样一个大小固定的邻域缓解了这个问题，并且可以扩展到大图。LCGNN（Qiu et al，2021）通过短的随机游走在每个节点的周围抽样了一个局部聚类，并有理论保证。

随后，不同种类的聚合函数在这个感受野中被相继提出。GraphSage 研究了几种邻域聚合方法，包括平均/最大池化和 LSTM。GAT（Veličković et al，2018）利用自注意力来执行聚合，它在许多图的基准测试中显示出稳定和优越的表现。GIN（Xu et al，2019d）则使用一个稍微不同的聚合函数，其判别/表征能力被证明与 WL 测试能力差不多。由于链接预测任务除考虑两个节点之间的距离以外，还可能考虑其结构相似性，因此这种局部结构保留方法对于具有明显局部结构模式的网络可能会取得良好表现。

GNN 式方法的学习目标与随机游走式方法的学习目标相似。

19.1.1.2 现代推荐系统简介

推荐系统是人工智能最为成功的商业应用之一，用户与物品之间的互动可以自然地融入图结构数据中，GNN 的应用已受到广泛关注。下面我们简单介绍问题设定和经典的推荐模型。

用户-物品关系是推荐系统最典型的研究课题，如新闻推荐、电子商务推荐、视频推荐等。尽管推荐系统最终是为一个由多方参与者（用户、平台和内容提供商）组成的复杂生态系统进行优化的（Abdollahpouri et al，2020），但我们在本章中只关注平台如何将用户方的效用最大化。

在一个具有推荐算法 $\mathscr{A}$ 的用户-物品推荐系统 $\mathscr{S}$ 中，$\mathscr{U}$ 是用户集，$\mathscr{I}$ 是物品集。在时间戳 t，一个用户 $u\in\mathscr{U}$ 访问 $\mathscr{S}$，$\mathscr{A}$ 产生一个物品列表 $\mathscr{I}_{u,t}$。用户 u 对 $\mathscr{I}_{u,t}$ 中的部分物品采取积极的行动，如点击、购买、播放，称为 $\mathscr{I}_{u,t}^{+}$；而对其他物品采取相应的消极行动，如不点击、不购买、不播放，称为 $\mathscr{I}_{u,t}^{-}$。

从工业推荐系统中收集的基本数据可以描述为

$$\mathscr{D}_{\mathscr{S},\mathscr{A}}=\{(t,\mathscr{I}_{u,t}^{+},\mathscr{I}_{u,t}^{-})\big|u\in\mathscr{U},t\} \tag{19.1}$$

在现代推荐系统中，算法的短期目标[①]可以概括为

① 这里将算法的短期目标表述为每个请求-响应意义上的目标，并且不考虑算法对生态系统带来的进一步影响。

$$\mathscr{A} = \operatorname{argmax}_{\mathscr{A}} \sum_{u,t} \text{Utility}\left(\mathscr{I}_{u,t}^{+}\right) \tag{19.2}$$

其中，Utility 函数可被认为是最大化点击率、GMV 或多种目标的混合（Ribeiro et al，2014；McNee et al，2006）。

现代的商业推荐系统，尤其是那些拥有超过数百万终端用户和物品的推荐系统，已经采用了一个多阶段的建模流水线，目的是在有限的计算资源条件下，在商业目标和效率之间进行权衡。不同的阶段有不同的组织形式和目标的简化，对此业界鲜有提出。

在接下来的内容中，我们将首先回顾工业推荐背景下的几种简化，这几种简化对研究来说足够清晰。然后，我们将描述多阶段流水线和其中每个阶段的问题，回顾处理此类问题的典型方法并重新审视 GNN 在现有方法中的应用，从客观的角度审视这些方法。

1. 对收集的数据进行简化

- 印象偏差。在算法 A 下产生的用户反馈数据，对估计谕示的用户偏好有偏差。对于推荐系统来说，这个关键而独特的问题通常没有被考虑，特别是在推荐系统早期的研究中。
- 负反馈。在一次展示中，负行为的数量 $\left|\mathscr{L}_{u,t}^{-}\right|$ 要比正行为的数量 $\left|\mathscr{L}_{u,t}^{+}\right|$ 大出几个数量级，而且很少有数据集收集到负反馈。研究界的大多数知名论文忽略了这些真实的用户负反馈，作为替代，一些人通过从建议的分布中抽样来模拟负反馈，但这并不是基础事实，他们在模拟反馈上设计的指标可能无法显示出真实的表现。
- 时间信息。早期的研究更倾向于推荐的静态观点，这消除了用户行为序列中的时间信息 t。

2. 现代推荐系统中的多阶段模型流水线

- 提取阶段。提取阶段也称为候选者生成阶段或召回阶段。在提取阶段，可通过有效的基于相似性的学习、索引和搜索，将相关物品的集合从数十亿缩小到数百个。为了防止因拟合观测分布而陷入死循环，提取阶段必须为不同的下游目的或策略独立提供足够的多样性，同时保持准确性。由于候选集的规模非常大，提取通常是以点式建模的形式进行的，这样就可以简单地建立复杂的索引并进行有效的提取。在提取阶段，使用最广泛的测量指标是 top-k 命中率。
- 排名阶段。排名阶段的问题空间与提取阶段的问题空间有很大的不同，因为排名阶段需要在一个更小的子空间内进行精确的比较，而不是从整个物品集中检索尽可能好的物品。限于少量的候选物品，这样就能够在可接受的响应时间内利用更复杂的用户–物品互动方法。
- 重排阶段。考虑到人们在离散选择模型（Train，1986）中取得的研究效果，显示物品之间的关系可能会对用户行为产生重大影响。这为我们从组合优化的角度考虑问题提供了机会，也就是选择一个子集的组合，使推荐列表的整体效用最大化。

上述阶段可以根据推荐场景的不同特点进行调整。例如，假设候选集有成百上千个，则不一定需要提取阶段，因为计算能力通常足以一次性覆盖这种排名的全部操作。如果每个请求的物品数量很少，则重排阶段也是不必要的。

表 19.1 总结了可在不同的问题设定中进行的不同数据简化以及相应的流水线阶段。

表 19.1 不同问题设定中的数据简化以及相应的流水线阶段

问题设定/流水线阶段	数据简化
矩阵补全/提取阶段	$\mathscr{D}_{\mathscr{S}}=\{\mathscr{L}_u^+ \mid u\in\mathscr{U}\}$
点击率预测/排名阶段	$\mathscr{D}_{\mathscr{S}}=\{(\mathscr{L}_u^+,\mathscr{L}_u^-) \mid u\in\mathscr{U}\}$
序贯推荐/提取阶段	$\mathscr{D}_{\mathscr{S}}=\{(t,\mathscr{L}_{u,t}^+) \mid u\in\mathscr{U}\}$

19.1.2 预测用户–物品偏好的经典方法

推荐系统所需的基本能力是预测用户对显示的特定物品采取行动的可能性，我们称之为点式偏好估计，用 p(物品|用户)表示。下面回顾处理表 19.1 中矩阵补全的设定最为简洁的几种经典方法。

用户–物品交互矩阵角度的数据组织 $\mathscr{D}_{\mathscr{S}}=\{\mathscr{L}_u^+ \mid u\in\mathscr{U}\}$ 是 $\boldsymbol{M}=\{M_{u,i} \mid u\in\mathscr{U}, i\in\mathscr{I}\}$，其中，每一行的 $M_u=\mathscr{L}_u^+$。在推荐系统中，著名的协作过滤方法分为基于邻域的和基于模型的两种。

1. 基于邻域的协作过滤方法

基于物品的协作过滤首先为用户点击/购买/评价过的每个物品确定一组相似的物品，然后通过聚合相似性推荐前 N 个物品；而基于用户的协作过滤首先识别相似的用户，然后对他们点击的物品进行聚合。

基于邻域的协作过滤方法的关键是对相似度进行定义。以基于物品的协作过滤为例，top-k 启发式方法从用户与物品的交互矩阵 $\boldsymbol{M}$ 中计算物品与物品的相似度，如皮尔森相关系数、余弦相似度等。由于存储 $|\mathscr{I}|x|\mathscr{I}|$ 相似性分数对难以实现，因此，为了帮助有效地产生 top-k 推荐列表，基于邻域的 k–近邻协作过滤通常会记忆每个物品的前几个相似物品，从而产生稀疏的相似度矩阵 $\boldsymbol{C}$。尽管有启发式方法，但 SLIM（Ning and Karypis，2011）选择通过 $\boldsymbol{MC}$ 重建 $\boldsymbol{M}$ 并在 $\boldsymbol{C}$ 中使用零对角线和稀疏约束来学习这种稀疏的相似度。

只存储稀疏相似性的一个缺点是无法识别不太相似的关系，这限制了这种方法的下游应用。

2. 基于模型的协作过滤方法

基于模型的协作过滤方法通过优化一个目标函数来学习用户和物品的相似性函数。在矩阵分解法中，先验如下：用户行为矩阵是低秩的。也就是说，所有用户的品位都可以用一些风格的隐含因素的线性组合来描述。用户对某一物品偏好的预测可以计算为相应的用户和物品因素的点乘。

19.1.3 用户–物品推荐系统中的物品推荐：二分图的视角

矩阵补全的设定在二分图中也有等效的形式，如下所示：

$$\mathscr{G}=(\mathscr{V},\mathscr{E}) \tag{19.3}$$

其中，$\mathscr{V}=\mathscr{U}\cup\mathscr{I}$（$\mathscr{V}$是用户集 $\mathscr{U}$和物品集 $\mathscr{I}$的并集），$\mathscr{E}=\{(u,i) \mid i\in\mathscr{I}_u^+, u\in\mathscr{U}\}$（$\mathscr{E}$是用户 u 及其点击的物品 i 之间边的集合）。点对点的用户–物品偏好估计可以看作用户–物品交互二分图中的链接预测任务。

启发式的图挖掘方法属于基于邻域的协作过滤类别，被广泛用于提取阶段。我们可以通过执行图挖掘任务，如 Common Neighbors、Adar（Adamic and Adar，2003）、Katz（Katz，1953）、个性化 PageRank（Haveliwala，2002）等，来计算用户-物品相似性，抑或基于诱导的物品-物品相关图计算物品-物品相似性（Zhou et al，2017；Wang et al，2018b），然后用于最终的用户偏好聚合。

用于工业推荐系统的图嵌入技术首先在（Zhou et al，2017）及其后续的边信息支持（Wang et al，2018b）中得到了探索：首先基于用户-物品点击序列构建一个由数十亿条边组成的物品-物品相关图，这些边是按会话组织的；然后应用深度游走式的图嵌入方法来计算物品表征；最后在提取阶段提供物品-物品相似度。尽管（Zhou et al，2017）表明基于嵌入的方法在 top-k 启发式方法无法提供任何物品对相似性的情况下具有优势，但是当所有的 top-k 相似物品都能被提取到时，图嵌入方法给出的相似性是否胜过精心设计的启发式方法，仍值得商榷。

我们还注意到，图嵌入技术可以看作图邻接矩阵 $\boldsymbol{A}$ 的变换的矩阵分解，这在前面的内容中已经讨论过。这意味着从理论上讲，图嵌入技术和基本的矩阵分解的区别在于它们的先验，也就是说，区别在于假设什么矩阵是最好的分解。对图邻接矩阵 $\boldsymbol{A}$ 的变换进行分解表示适合未来的演化系统，而传统的矩阵分解方法则对当前的静态系统进行分解。

用于工业推荐系统的图神经网络在（Ying et al，2018b）中首次得到研究，其后台模型是 GraphSage 的变体 PinSage。PinSage 计算从给定节点 v 开始的随机游走中节点的 L1 归一化访问计数，被计数的前 k 个节点可视为节点 v 的感受野。可根据节点的 L1 归一化访问计数，在这些节点之间进行加权聚合。由于类似 GraphSage 的方法不会受到邻域过大的影响，因此 PinSage 可以扩展到具有数百万用户和物品的网络规模的推荐系统中。PinSage 采用了三元损失，而不是其他论文中通常使用的 NCE 变体。

我们想要更多地讨论在提取阶段基于表征学习的推荐模型（包括 GNN）中负实例的选择。由于提取阶段旨在从整个物品空间中提取出 k 个最为相关的物品，因此保持一个物品的全局位置远离所有不相关的物品至关重要。在具有非常大的候选集的工业系统中，我们发现所有基于表征的模型的表现都对负样本和损失函数的选择非常敏感。虽然在二元交叉熵损失或三元损失中似乎有混合各种手动制作的硬实例的趋势（Ying et al，2018b；Huang et al，2020b；Grbovic and Cheng，2018），但遗憾的是，这甚至没有理论支持可以引导我们走向正确的方向。在实践中，我们发现在提取阶段应用抽样的 Softmax（Jean et al，2014；Bengio and Senécal，2008）和 InfoNCE（Zhou et al，2020a）是很好的选择，因为 InfoNCE 也有去噪的效果。

GNN 是一个很有用的工具，它可以结合用户和物品的关系特征。KGCN（Wang et al，2019e）通过在知识图谱中对相应的实体邻域进行聚合，增强了物品的表征。KGNN-LS（Wang et al，2019c）则进一步提出了一个标签平滑性假设——知识图谱中的类似物品可能具有类似的用户偏好，可通过增加一个正则化项来帮助学习此类个性化的加权知识图谱。KGAT（Wang et al，2019j）的思想与 KGCN 基本相似，唯一的区别是用于知识图谱重构的辅助损失。

尽管还有很多论文讨论了如何融合外部知识与其他实体的关系，并且这些论文都认为这样做对下游的推荐任务有益，但我们应该认真考虑系统是否真的需要这样的外部知识，否则就会带来更多的噪声而不是好处。

19.2 案例研究 1：动态的 GNN 学习

19.2.1 动态序贯图

在推荐器中，我们可以得到一个能够在时间窗口中观察到的用户-物品交互元组的列表 $\mathcal{E} = \{(u,i,t)\}$。其中，用户 $u \in \mathcal{U}$ 与一个和时间戳 $t \in \mathbb{R}^+$ 相关的物品 $i \in \mathcal{I}$ 交互。对于时间戳 t 的用户 $u \in \mathcal{U}$（或物品 $i \in \mathcal{I}$），将时间戳 t 的用户 u（或物品 i）的 1 深度动态序贯子图定义为时间戳 t 之前用户 u（或物品 i）按时间顺序的互动集合，用 $\mathcal{G}_{u,t}^{(1)} = \{(u,i,\tau) \mid \tau < t, (u,i,\tau) \in \mathcal{E}\}$（或 $\mathcal{G}_{i,t}^{(1)} = \{(u,i,\tau) \mid \tau < t, (u,i,\tau) \in \mathcal{E}\}$）表示。给定 $i \in \mathcal{I}$ 的 k 深度动态序贯子图 $\mathcal{G}_{i,t}^{(k)}$（或 $\mathcal{G}_{u,t}^{(k)}$，$u \in \mathcal{U}$），将用户 u（或物品 i）在时间戳 t 的（k+1）深度动态序贯子图定义为一个 k 深度动态序贯子图的集合。换言之，用户 u（或物品 i）按时间顺序与其 1 深度动态序贯子图交互，$\mathcal{G}_{u,t}^{(k+1)} = \{\mathcal{G}_{i,\tau}^{(k)} \mid \tau < t, (u,i,\tau) \in \mathcal{E}\} \cup \mathcal{G}_{u,t}^{(1)}$（或 $\mathcal{G}_{i,t}^{(k+1)} = \{\mathcal{G}_{u,\tau}^{(k)} \mid \tau < t, (u,i,\tau) \in \mathcal{E}\} \cup \mathcal{G}_{i,t}^{(1)}$）。图 19.1 对动态序贯图（Dynamic Sequential Graph，DSG）做了说明，可将用户 u（或物品 i）在时间戳 t 的历史行为序列定义为按时间顺序排列的互动物品（或用户）序列，表示为 $\mathcal{L}_{u,t} = \{(i,\tau) \mid \tau < t, (u,i,\tau) \in \mathcal{E}\}$（或 $\mathcal{L}_{i,t} = \{(u,\tau) \mid \tau < t, (u,i,\tau) \in \mathcal{E}\}$）。

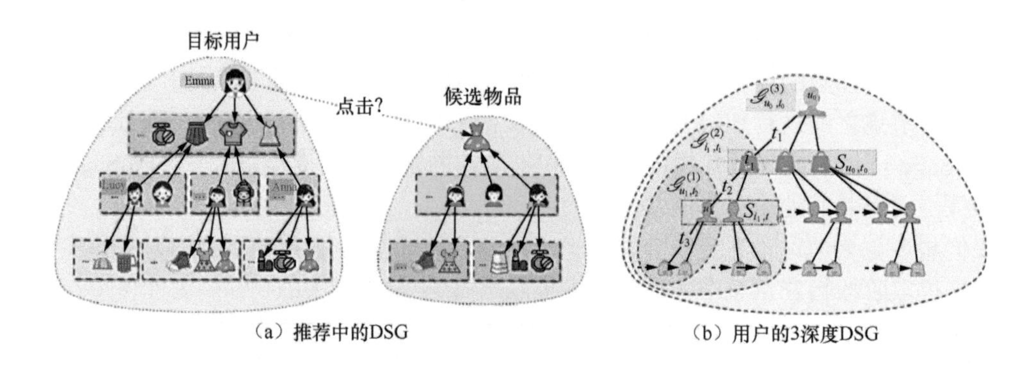

图 19.1 动态序贯图（DSG）是异质性的时间演化动态图，DSG 结合了图中的高跳连接性和序列中的时间依赖性，并且是自底向上反复构建的

19.2.2 DSGL

19.2.2.1 DSGL 概述

基于构建的用户-物品交互 DSG，人们提出了名为动态序贯图学习（Dynamic Sequential Graph Learning，DSGL）的边学习模型，如图 19.2 所示。DSGL 的基本思想是对目标用户和候选物品在它们对应设备上的 DSG 反复进行图卷积，然后聚合邻居节点的嵌入作为目标节点的新表征。聚合器由两部分组成。

（1）时间感知的序列编码，用于对具有时间信息和时间依赖性的行为序列进行编码。

（2）二阶图注意力，用于激活序列中的相关行为，以消除噪声。

除以上两部分以外，人们还提出了一个用于初始化用户、物品和时态嵌入的嵌入层，一个结合了多个层的嵌入以实现最终表征的层组合模块，以及一个用于输出预测分数的预测层。

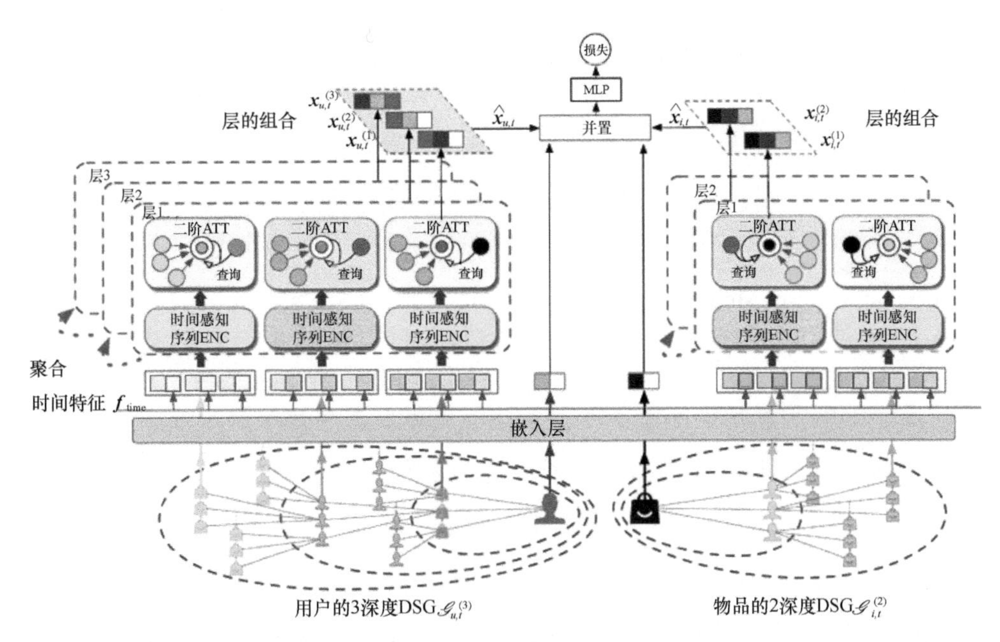

图 19.2 DSGL 方法的框架。DSGL 分别为目标用户 u（左图）和候选物品 i（右图）构建 DSG。它们的表征被多个聚合层细化，每个聚合层包括一个时间感知序列编码层和一个二阶图注意力层。DSGL 通过层的组合和基于 MLP 的预测层来获得最终的表征。相同颜色的模块共享相同的参数集

19.2.2.2 嵌入层

DSGL 有 4 组输入——目标用户 u、候选物品 i、目标用户的 k 深度 DSG $\mathscr{G}_{u,t}^{k}$ 和候选物品的（k–1）深度 DSG $\mathscr{G}_{i,t}^{k-1}$。对于离散特征的每个字段，如年龄、性别、类别、品牌和 id，可将其表示为一个嵌入矩阵。通过并置所有的特征字段，我们可以得到物品的节点特征，用 $\boldsymbol{f}_{\text{item}} \in \mathbb{R}^{d_i}$ 表示。类似地，$\boldsymbol{f}_{\text{user}} \in \mathbb{R}^{d_u}$ 表示用户类别中字段的并置嵌入向量。至于 DSG 中的交互时间戳，则可以随着时间的衰减计算交互时间与其父级交互时间之间的时间间隔。给定用户 u 在时间戳 t 的历史行为序列 $\mathscr{S}_{u,t}$，每个交互 $(u,i,t) \in \mathscr{S}_{u,t}$ 对应一个时间衰减 $\Delta_{(u,i,\tau)} = t - \boldsymbol{\tau}$。按照（Li et al，2020g），可通过将连续的时间衰减值映射到一系列范围为 $[b^0,b^1)$, $[b^1,b^2),\cdots,[b^l,b^{l+1})$ 的桶中，将其转换为离散特征；然后通过执行嵌入查找操作，即可得到时间衰减嵌入，用 $\boldsymbol{f}_{\text{time}} \in \mathbb{R}^{d_t}$ 表示。

19.2.2.3 时间感知序列编码

在 DSG 中，每一层的节点都是按时间顺序排列的，这反映了用户随时间变化的偏好以及物品的流行度演变。正因为如此，我们将序列建模作为 GNN 的一部分，以捕捉交互序列的动态变化。我们设计了一个时间感知的序列编码器来明确地利用时间信息。对于每次交互 (u,i,t)，我们有用户 u 的历史行为序列 $\mathscr{S}_{u,t}$ 和物品 i 的历史行为序列 $\mathscr{S}_{i,t}$。对于序列 $\mathscr{S}_{u,t}$，通过将每个交互的物品与序列中的时间衰减一起送入嵌入层，我们可以得到嵌入序列 $\{\boldsymbol{e}_{i,\tau} \mid (i,\tau) \in \mathscr{S}_{u,t}\}$。其中，$\boldsymbol{e}_{i,\tau} = [\boldsymbol{f}_{\text{item}_i}; \boldsymbol{f}_{\text{item}_\tau}] \in \mathbb{R}^{d_i+d_t}$ 是物品 i 在序列中的嵌入。类似地，对于序列 $\mathscr{S}_{i,t}$，我们有嵌入序列 $\{\boldsymbol{e}_{u,\tau} \mid (u,\tau) \in \mathscr{S}_{i,t}\}$。其中，$\boldsymbol{e}_{u,\tau} = [\boldsymbol{f}_{\text{item}_u}; \boldsymbol{f}_{\text{item}_\tau}] \in \mathbb{R}^{d_u+d_t}$。我们可以把得到的嵌入作为时间感知的零层输入：$\boldsymbol{x}_{u,t}^{(0)} = \boldsymbol{e}_{u,t}$，$\boldsymbol{x}_{i,t}^{(0)} = \boldsymbol{e}_{i,t}$。为了便于记述，我们在接下来的描述中将省略上标。

在时间感知序列编码中，我们以基于 RNN 的方式一步步推断行为序列中每个节点的隐藏状态。考虑到行为序列 $\mathscr{S}_{u,t}$ 和 $\mathscr{S}_{i,t}$，我们将序列 $\mathscr{S}_{u,t}$ 中第 j 个物品的隐藏状态和输入表示为 $\boldsymbol{h}_{\text{item}_j}$ 和 $\boldsymbol{x}_{\text{item}_j}$，而将序列 $\mathscr{S}_{i,t}$ 中第 j 个用户的隐藏状态和输入表示为 $\boldsymbol{h}_{\text{user}_j}$ 和 $\boldsymbol{x}_{\text{user}_j}$。正向公式为

$$\boldsymbol{h}_{\text{item}_j} = \mathscr{H}_{\text{item}}(\boldsymbol{h}_{\text{item}_{j-1}}, \boldsymbol{x}_{\text{item}_j}); \boldsymbol{h}_{\text{user}_j} = \mathscr{H}_{\text{user}}(\boldsymbol{h}_{\text{user}_{j-1}}, \boldsymbol{x}_{\text{user}_j}) \tag{19.4}$$

其中，$\mathscr{H}_{\text{user}}(\cdot,\cdot)$ 和 $\mathscr{H}_{\text{item}}(\cdot,\cdot)$ 分别代表用户和物品的特定编码函数。我们采用长短期记忆（Long Short-Term Memory，LSTM）（Hochreiter and Schmidhuber，1997）而不是转换器（Vaswani et al，2017）作为编码器，因为 LSTM 可以利用时间特征来控制将要传播的信息，同时以时间衰减特征作为输入。经过时间感知序列编码后，我们得到了用户 u 的历史行为序列 $\mathscr{S}_{u,t}$ 和物品 i 的历史行为序列 $\mathscr{S}_{i,t}$ 的相应隐藏状态序列：

$$\begin{aligned} &\text{LSTM}_{\text{item}}(\{\boldsymbol{x}_{i,\tau} | (i,\tau) \in \mathscr{S}_{u,t}\}) = \{\boldsymbol{h}_{i,\tau} | (i,\tau) \in \mathscr{S}_{u,t}\} \\ &\text{LSTM}_{\text{user}}(\{\boldsymbol{x}_{u,\tau} | (u,\tau) \in \mathscr{S}_{i,t}\}) = \{\boldsymbol{h}_{u,\tau}\tau | (u,\tau) \in \mathscr{S}_{i,t}\} \end{aligned} \tag{19.5}$$

19.2.2.4　二阶图注意力

在实践中，可能存在一些有噪声的邻居节点，它们的兴趣或受众与目标节点无关。为了消除不可靠节点带来的噪声，我们提出了一种注意力机制来激活行为序列中的相关节点。传统的图注意力机制，如 GAT（Veličković et al，2018），计算的是中心节点和邻居节点之间的注意力权重，以表明每个邻居节点对中心节点的重要性。虽然它们在节点分类任务上表现良好，但是当存在不可靠的连接时，它们可能会增加推荐的噪声。

为了解决上述问题，我们提出了一种图注意力机制，这种图注意力机制使用中心节点的父节点和中心节点本身来建立查询，并将邻居节点作为键和值。由于使用中心节点的父节点来提高查询的表达能力，因此中心节点与键节点之间存在两跳的连接，我们称之为“二阶图注意力”。当中心节点不可靠时，中心节点的父节点可以看作一种补充，从而提高鲁棒性。

按照缩放点积注意力（Vaswani et al，2017），注意力函数可定义为

$$\text{Attention}(\boldsymbol{Q},\boldsymbol{K},\boldsymbol{V}) = \frac{\text{Softmax}(\boldsymbol{Q}\boldsymbol{K}^{\text{T}})}{\sqrt{d}}\boldsymbol{V} \tag{19.6}$$

其中，$\boldsymbol{Q}$、$\boldsymbol{K}$ 和 $\boldsymbol{V}$ 分别代表查询、键和值，d 代表 $\boldsymbol{K}$ 和 $\boldsymbol{Q}$ 的维度。多头注意力可定义为

$$\text{MultiHead}(\boldsymbol{Q},\boldsymbol{K},\boldsymbol{V}) = [\text{head}_1; \text{head}_2; \cdots; \text{head}_h]\boldsymbol{W}_O \tag{19.7}$$

$$\text{head}_i = \text{Attention}(\boldsymbol{Q}\boldsymbol{W}_{Q_i}, \boldsymbol{K}\boldsymbol{W}_{K_i}, \boldsymbol{V}\boldsymbol{W}_{V_i}) \tag{19.8}$$

其中，权重 $\boldsymbol{W}_Q$、$\boldsymbol{W}_K$、$\boldsymbol{W}_V$ 和 $\boldsymbol{W}_O$ 是训练的参数。

给定行为隐藏状态序列 $\{\boldsymbol{h}_{i,\tau} | (i,\tau) \in \mathscr{S}_{u,t}\}$ 和 $\{\boldsymbol{h}_{u,\tau} | (u,\tau) \in \mathscr{S}_{i,t}\}$，在进行时间感知序列编码之后，可将注意力过程表示为

$$\boldsymbol{x}_{u,t} = \text{ATT}_{\text{item}}(\{\boldsymbol{h}_{i,\tau} | (i,\tau) \in \mathscr{S}_{u,t}\}); \ \boldsymbol{x}_{i,t} = \text{ATT}_{\text{user}}(\{\boldsymbol{h}_{u,\tau} | (u,\tau) \in \mathscr{S}_{i,t}\}) \tag{19.9}$$

19.2.2.5　聚合与层组合

GCN 的核心思想是通过对节点的邻域进行卷积来学习节点的表征。在 DSGL 中，可以将时间感知序列编码和二阶图注意力叠加在一起。聚合器可以表示为

$$\begin{aligned} \boldsymbol{x}_{u,t}^{(k+1)} &= \text{ATT}_{\text{item}}(\text{LSTM}_{\text{item}}(\{\boldsymbol{x}_{i,t}^{(k)} | i \in \mathscr{S}_{u,t}\})) \\ \boldsymbol{x}_{i,t}^{(k+1)} &= \text{ATT}_{\text{user}}(\text{LSTM}_{\text{user}}(\{\boldsymbol{x}_{u,t}^{(k)} | i \in \mathscr{S}_{i,t}\})) \end{aligned} \tag{19.10}$$

与传统的 GCN 模型将最后一层作为最终节点表征不同，受 He et al（2020）的启发，我们将每一层获得的嵌入结合起来，形成用户（物品）的最终表征：

$$\hat{\boldsymbol{x}}_{u,t}=\frac{1}{k_u}\sum_{k=1}^{k_u}\boldsymbol{x}_{u,t}^{(k)};\ \hat{\boldsymbol{x}}_{i,t}=\frac{1}{k_i}\sum_{k=1}^{k_i}\boldsymbol{x}_{i,t}^{(k)} \tag{19.11}$$

其中，K_u 和 K_i 分别表示用户 u 和物品 i 的 DSGL 层数。

19.2.3 模型预测

给定交互三元组（u, i, t），即可预测用户与物品交互的可能性：

$$\hat{y}=\mathscr{F}(u,i,\mathscr{G}_{u,t}^{(k)},\mathscr{G}_{i,t}^{(k-1)};\Theta)=\mathrm{MLP}([\boldsymbol{e}_{u,t};\boldsymbol{e}_{i,t},\hat{\boldsymbol{x}}_{u,t};\hat{\boldsymbol{x}}_{i,t}]) \tag{19.12}$$

其中，$\mathrm{MLP}(\cdot)$ 表示 MLP 层，Θ 表示网络参数。这里采用交叉熵损失函数：

$$\mathscr{L}=-\sum_{(u,i,t,y)\in\mathscr{D}}[y\log\hat{y}+(1-y)\log(1-\hat{y})] \tag{19.13}$$

其中，$\mathscr{D}$是训练样本的集合，$y\in\{0,1\})$ 表示真实标签。算法程序详见算法一。

算法一 DSGL 算法

输入：

训练集 $\mathscr{D}=\{(u, i, t, y)\}$；用户集 $\mathscr{U}$；物品集 $\mathscr{I}$；交互集 $\mathscr{E}$；深度 k_u 和 k_i；周期数 E。

输出： 网络参数 Θ。

1：初始化用户 $u\in\mathscr{U}$ 的特征 $\boldsymbol{f}_{\text{user}_u}$ 和物品 $i\in\mathscr{I}$ 的特征 $\boldsymbol{f}_{\text{item}_i}$；

2：**for** $e\leftarrow 1$ to E **do**

3：　**for** $(u, i, t, y)\in\mathscr{D}$ **do**

4：　　针对来自 $\mathscr{E}$的用户 u 和物品 i 构造 DSG $\mathscr{G}_{u,t}^{(k_u)}$和$\mathscr{G}_{i,t}^{(k_i)}$；

5：　　**for** $(v, j, \tau)\in\mathscr{G}_{u,t}^{(k_u)}\cup\mathscr{G}_{i,t}^{(k_i)}$ **do**

6：　　　获取行为序列 $\mathscr{I}_{v,\tau}$ 和 $\mathscr{I}_{j,\tau}$；

7：　　　$\boldsymbol{x}_{v,\tau}^{(0)}\leftarrow\boldsymbol{e}_{v,\tau}$；$\boldsymbol{x}_{j,\tau}^{(0)}\leftarrow\boldsymbol{e}_{j,\tau}$；

8：　　　**for** $k\leftarrow 1$ to k_u **do**

9：　　　　$\boldsymbol{x}_{v,\tau}^{(k)}\leftarrow\mathrm{ATT}_{\text{item}}(\mathrm{LSTM}_{\text{item}}(\{\boldsymbol{x}_{j,\tau}^{(k-1)}\mid i\in\mathscr{I}_{v,\tau}\}))$；

10：　　　**end for**

11：　　　**for** $k\leftarrow 1$ to k_i **do**

12：　　　　$\boldsymbol{x}_{j,\tau}^{(k)}\leftarrow\mathrm{ATT}_{\text{user}}(\mathrm{LSTM}_{\text{user}}(\{\boldsymbol{x}_{v,\tau}^{(k-1)}\mid i\in\mathscr{I}_{j,\tau}\}))$；

13：　　　**end for**

14：　　**end for**

15：　　$\hat{\boldsymbol{x}}_{u,t}\leftarrow\frac{1}{k_u}\sum_{k=1}^{k_u}\boldsymbol{x}_{u,t}^{(k)}$；$\hat{\boldsymbol{x}}_{i,t}\leftarrow\frac{1}{k_i}\sum_{k=1}^{k_i}\boldsymbol{x}_{i,t}^{(k)}$

16：　　$\hat{\boldsymbol{y}}_{u,i,t}\leftarrow\mathrm{MLP}([\boldsymbol{e}_{u,t};\boldsymbol{e}_{i,t};\hat{\boldsymbol{x}}_{u,t};\hat{\boldsymbol{x}}_{i,t}])$；

17：　　通过式（19.13）更新参数 Θ；

18：　**end for**

19：**end for**=0

19.2.4 实验和讨论

我们在真实世界中的亚马逊产品数据集上评估了自己的方法，其间使用了 5 个子集和两个被广泛用于 CTR 预测任务的指标——AUC（ROC 曲线下的面积）和 Logloss。所比较的推荐方法可以分为 5 类——传统方法〔SVD++（Koren，2008）和 PNN（Qu et al，2016）〕、有用户行为的顺序方法〔GRU4Rec（Hidasi et al，2015）、CASER（Tang and Wang，2018）、ATRANK（Zhou et al，2018a）和 DIN（Zhou et al，2018b）〕、有用户行为和物品行为的顺序方法〔Topo-LSTM（Wang et al，2017b）、TIEN（Li et al，2020g）和 DIB（Guo et al，2019a）〕、基于静态图的方法〔NGCF（Wang et al，2019k）和 LightGCN（He et al，2020）〕以及基于动态图的方法〔SR-GNN（Wu et al，2019c）〕。

19.2.4.1 对表现进行比较

为了证明所提议模型的表现，我们对 DSGL 与最先进的推荐方法进行了比较。结果表明，DSGL 的表现一直优于其他所有的基线模型，从而证明了 DSGL 的有效性。顺序模型的表现在很大程度上超出传统模型，这证明了在推荐中捕捉时间依赖性的有效性。对用户行为和物品行为进行建模的顺序方法优于只使用用户行为序列的方法，这证明了用户和物品两方面行为信息的重要性。基于静态图的方法包括 LightGCN 和 NGCF 等，它们的表现不具有竞争力。原因有两方面：一方面，这些方法在推理阶段忽略了测试集中的新交互；另一方面，由于它们没有对交互的时间依赖性进行建模，因此无法捕捉不断变化的兴趣，与顺序模型相比，表现有所下降。基于动态图的方法 SR-GNN 优于基于静态图的方法，因为 SR-GNN 会将当前时刻之前的所有互动物品动态地纳入图中。但是，SR-GNN 的表现低于基于静态图的方法。其中一个可能的原因是，在亚马逊的产品数据集中，序列中重复物品的比例很低，而且物品的转换不够复杂，无法建模为图。

19.2.4.2 图结构和层组合的有效性

为了显示图结构和层组合的有效性，我们比较了 DSGL 与其变体 DSGL w/o LC 的表现。对于不同的层数，DSGL w/o LC 使用最后一层而不是组合层作为最终的表征。聚焦于有层组合的 DSGL，表现会随着层数的增加而逐渐提高。我们将这种改善归因于图结构中二阶和三阶连接携带的协作信息。通过比较 DSGL 和 DSGL w/o LC，我们发现在去掉层组合后，表现会极大降低，这证明了层组合的有效性。

19.2.4.3 时间感知序列编码的有效性

在 DSGL 中，我们想要进行时间感知序列编码，以保留行为顺序和时间信息。为此，我们设计了消融实验来研究 DSGL 中的时间依赖性以及时间信息对最终表现的贡献。为了评估时间信息的作用，我们测试了只去除物品行为的时间表征（DSGL w/o time in UBH）、只去除用户行为的时间表征（DSGL w/o time in IBH）以及这两种行为都去除的时间表征（DSGL w/o time）。为了评估行为顺序的贡献，我们测试了在去除序列编码模块的同时保留时间信息的感知序列编码（DSGL w/o Seq ENC）与去除时间的感知序列编码（DSGL w/o TA Seq ENC）。通过比较我们发现，DSGL 的表现相比 DSGL w/o TA Seq ENC 要好得多，这证明了时间感知序列编码层的有效性。通过将 DSGL w/o time、DSGL w/o time in UBH、DSGL w/o time in IBH 与默认的 DSGL 进行比较，我们发现，在用户行为或物品行为方面，去除时间信息会导致表现下降。DSGL 的表现优于 DSGL w/o Seq ENC，这证明了历史行为序列携带的时间依赖性的重要性。

19.2.4.4 二阶图注意力的有效性

在 DSGL 中，我们提出了二阶图注意力，以消除来自不可靠邻居节点的噪声。为了证明其合理性，我们在此探讨了不同的选择。我们不仅测试了没有图注意力的表现（DSGL w/o ATT），而且用传统的图注意力取代了二阶图注意力（DSGL-GAT）。注意在这里，DSGL-GAT 的注意力函数与 DSGL 的相同，唯一的区别在于查询。DSGL-GAT 将中心节点作为查询对象。从结果看，我们得出以下结论。

- 在所有情况下，最好的设定是采用二阶图注意力（比如目前 DSGL 的设计）。用 GAT 代替二阶图注意力会降低表现，这证明了二阶注意力在激活相关邻居节点和消除可靠邻居节点的噪声方面的有效性。
- 在去掉注意力机制后（比如 DSGL w/o ATT），表现基本会下降——相比带有传统图注意力的 DSGL 要差，在某些情况下甚至不如最佳基线。这一观察结果表明，由于多跳邻域中存在不可避免的噪声，在基于 GNN 的推荐方法中引入注意力机制是必要的。

19.3 案例研究 2：设备－云协作的 GNN 学习

19.3.1 提议的框架

最近的一些研究（Sun et al，2020e；Cai et al，2020a；Gong et al，2020；Yang et al，2019e；Lin et al，2020e；Niu et al，2020）探索了推荐系统中的设备上计算优势，这推动了设备上 GNN 的发展，比如 19.2 节中的 DSGL。然而，这些早期的研究要么只考虑云端建模，要么只考虑设备上的推理，要么只考虑设备上临时训练片段的聚合以处理隐私约束。很少有人对设备建模和云建模进行联合探索，以使 GNN 的双方都受益。为了弥补这一差距，我们引入了设备-云协作学习（Device-Cloud Collaborative Learning，DCCL）框架，如图 19.3 所示。给定一个推荐数据集$\{(\boldsymbol{x}_n, y_n)\}_{n=1,2,\cdots,N}$，在云端学习一个基于 GNN 的映射函数$f：\boldsymbol{x}_n \to y_n$。在这里，$\boldsymbol{x}_n$是包含所有可用的候选特征和用户背景的图特征，$y_n$是用户对相应的候选特征的隐性反馈（点击与否），$N$是样本数。在设备方面，每台设备（以 m 为索引）都有自己的本地数据集$\{\boldsymbol{x}_n^{(m)}, y_n^{(m)}\}_{n=1,2,\cdots,N^{(m)}}$。为云 GNN 模型$f$添加一些参数有效的补丁（Yuan et al，2020a）（在设备侧冻结其参数），并为每台设备建立新的 GNN，$f^{(m)}:\boldsymbol{x}_n^{(m)} \to y_n^{(m)}$。在接下来的内容中，我们将介绍在实际部署过程中面临的挑战和相应的解决方案。

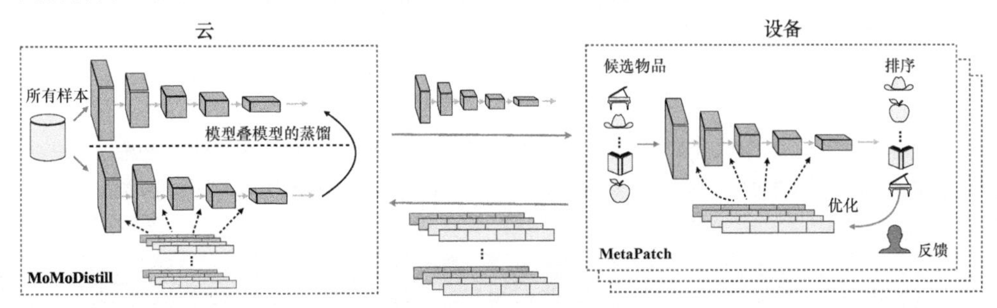

图 19.3 用于推荐的通用 DCCL 框架。云端负责从个性化的设备上的 GNN 模型中，通过模型叠模型的蒸馏（model-over-models distillation）来学习集中的云 GNN 模型。设备接收云 GNN 模型以进行设备上的个性化。我们提出了 MoMoDistill 和 MetaPatch 来分别实例化其中的每一方

19.3.1.1 用于设备上个性化的 MetaPatch

尽管近年来设备硬件得到极大改善，但在设备上学习一个完整的大模型仍受资源的限制。同时，由于预训练层的特征基础，只对最后几层进行微调的表现是有限的。幸运的是，以前的一些工作已经证明，通过补丁学习有可能达到与整个网络微调相当的表现（Cai et al，2020b；Yuan et al，2020a；Houlsby et al，2019）。受这些工作的启发，我们在云模型 f 的基础上插入了模型补丁，用于设备上的个性化。在形式上，第 l 层的输出与第 m 台设备上的一个补丁相连，表示为

$$f_l^{(m)}(\cdot)=f_l(\cdot)+\boldsymbol{h}_l^{(m)}(\cdot)\circ f_l(\cdot) \tag{19.14}$$

式（19.14）计算的是原始 $f_l(\cdot)$ 与 $f_l(\cdot)$ 的补丁响应之和。在这里，$h_l^{(m)}(\cdot)$ 是可训练的补丁函数，$\circ$ 表示将前一个函数的输出作为输入的函数组合。注意，模型补丁可以有不同的神经结构。在这里，我们不探讨其变体，而是像（Houlsby et al，2019）那样指定相同的瓶颈架构。

尽管如此，根据经验我们发现，多个补丁的参数空间仍然相对过大，容易过拟合稀疏的局部样本。为了克服这个问题，我们提出了 MetaPatch 来减小参数空间。这是一种生成参数的元学习方法（Ha et al，2017；Jia et al，2016）。具体来说，首先假设每个补丁的参数可以用 $\boldsymbol{\theta}_l^{(m)}$ 表示（将补丁中的所有参数扁平化成一个向量），然后推导出下面的分解方法：

$$\boldsymbol{\theta}_l^{(m)}=\Theta_l*\hat{\boldsymbol{\theta}}^{(m)} \tag{19.15}$$

其中，Θ_l 是全局共享的参数基（冻结在设备上并在云端学习），$\hat{\boldsymbol{\theta}}^{(m)}$ 是代用的可调整参数向量，用于生成设备-GNN-模型 $f^{(m)}$ 中的每个补丁参数 $\boldsymbol{\theta}_l^{(m)}$。为了便于理解，我们将 $\hat{\boldsymbol{\theta}}^{(m)}$ 称为元补丁参数。在这里，我们保留补丁参数的数量大大少于针对个性化需要学习的元补丁参数的数量。注意，关于 Θ_l 的预训练，我们将在后面的章节中讨论，以避免混乱，因为 Θ_l 是在云端学习的。根据式（19.15），可通过元补丁参数 $\hat{\boldsymbol{\theta}}^{(m)}$ 来实现补丁参数的生成，而不是直接学习 $\boldsymbol{\theta}^{(m)}$。为了学习元补丁参数 $\hat{\boldsymbol{\theta}}^{(m)}$，可利用本地数据集最小化以下损失函数：

$$\min_{\hat{\boldsymbol{\theta}}(m)} \ell(y,\tilde{y})\Big|_{\tilde{y}=f^{(m)}(\boldsymbol{x})} \tag{19.16}$$

其中，l 是点级交叉熵损失，$f^{(m)}(\cdot)=f_L^{(m)}(\cdot)\circ\cdots\circ f_l^{(m)}(\cdot)\circ\cdots\circ f_l^{(m)}(\cdot)$，$L$ 是总层数。在通过式（19.16）训练出设备特定参数 $\hat{\boldsymbol{\theta}}^{(m)}$ 后，便可以利用式（19.15）生成所有补丁，并通过式（19.14）将它们插入云 GNN 模型 f 中，得到最终的个性化 GNN 模型 $f^{(m)}$，从而提供设备上的个性化推荐。

19.3.1.2 用于加强云计算建模的 MoMoDistill

传统的集中式云计算模型的增量训练遵循“模型-数据”范式。也就是说，当我们从设备上收集新的训练样本时，可以直接根据早期样本收集中训练的模型进行增量学习。这一目标可以表述如下：

$$\min_{W_f} \ell(y,\hat{y})\Big|_{\hat{y}=f(\boldsymbol{x})} \tag{19.17}$$

其中，W_f 是待训练的云 GNN 模型 f 的网络参数。这是一个不考虑设备建模的独立视角。然而，设备上的个性化实际上可以比集中式云模型更有力地处理相应的本地样本。因此，来自设备上模型的指导可以成为一个有意义的能够帮助云建模的先决条件。受此启发，我们提

出了"模型+模型"范式，也就是同时从数据中学习并聚合设备上模型的知识，以增强集中式云模型的训练。从形式上看，对来自所有设备的样本执行蒸馏程序的目标可定义为

$$\min_{W_f} \ell(y,\hat{y}) + \beta\, \mathrm{KL}(\tilde{y},\hat{y})\big|_{\hat{y}=f(\boldsymbol{x}),\tilde{y}=f^{(m)}(\boldsymbol{x})} \tag{19.18}$$

其中，β是用于平衡蒸馏和"模型–数据"学习的超参数。注意在式（19.18）中，蒸馏的可行性关键取决于前面介绍的补丁机制，因为补丁机制允许我们输入元补丁参数（如特征），同时只加载 $f^{(m)}$ 的其他参数。否则，我们将遭受频繁重新加载众多检查点的工程问题，这对目前的框架来说几乎是不可能的。

在 MetaPatch 中，我们引入了全局参数基$\{\Theta_i\}$（后面简写为Θ），以减小设备上的参数空间。关于全局参数基Θ的训练，我们根据经验发现，与 W_f的耦合学习很容易陷入不理想的局部最优，因为它们在语义上扮演不同的角色。因此，我们采用了渐进式优化策略，也就是首先根据式（19.18）优化f，然后用学到的f蒸馏出全局参数基Θ的知识。其间，我们通过考虑来自所有设备的元补丁的异质性特征和开始时的冷启动问题，设计了一个辅助组件。具体来说，给定数据集$\{(x,y,\boldsymbol{u}^{(I(x))},\hat{\boldsymbol{\theta}}^{(I(x))})\}_{n=1,2,\cdots,N}$，其中的 I 用于将样本索引映射到设备索引，$\boldsymbol{u}\subset x$ 是相应设备的用户配置文件特征（如年龄、性别、购买水平等），我们可以定义以下辅助编码器：

$$U(\hat{\boldsymbol{\theta}},\boldsymbol{u}) = \boldsymbol{W}^{(1)}\tanh(\boldsymbol{W}^{(2)}\hat{\boldsymbol{\theta}} + \boldsymbol{W}^{(3)}\boldsymbol{u}) \tag{19.19}$$

其中，$\boldsymbol{W}^{(1)}$、$\boldsymbol{W}^{(2)}$和$\boldsymbol{W}^{(3)}$是可调整的投影矩阵。在这里，为了简单起见，我们用$\boldsymbol{W}_e$表示集合$\{\boldsymbol{W}^{(1)},\boldsymbol{W}^{(2)},\boldsymbol{W}^{(3)}\}$。为了学习全局参数基$\Theta$，我们用$U(\hat{\boldsymbol{\theta}},\boldsymbol{u})$代替$\hat{\boldsymbol{\theta}}$，并模拟式（19.15）生成模型补丁（$\Theta * U(\hat{\boldsymbol{\theta}},\boldsymbol{u})$），我们这么做是因为实际上$\hat{\boldsymbol{\theta}}$的异质性太强，无法直接使用。然后，将$\Theta * U(\hat{\boldsymbol{\theta}},\boldsymbol{u})$与蒸馏过程中学到的$f$相结合，便可以形成一个新的代理设备模型$\hat{f}^{(m)}$（不同于补丁生成中的$f^{(m)}$）。在这里，我们可以利用这样的代理$\hat{f}^{(m)}$直接蒸馏从设备上收集的真实$f^{(m)}$的知识，从而优化$\Theta$和辅助编码器的参数：

$$\min_{(\Theta,\boldsymbol{W}_e)} \ell(y,\hat{y}) + \beta\, \mathrm{KL}(\tilde{y},\hat{y})\big|_{\hat{y}=\hat{f}^{(m)}(x),\tilde{y}=f^{(m)}(x)} \tag{19.20}$$

式（19.18）和式（19.20）能逐步帮助我们学习集中式云模型和全局参数基。我们特别将这种渐进式的蒸馏机制称为 MoMoDistill，以强调我们的"模型–模型"范式与传统的"模型–数据"范式在云端增量训练方面的不同。DCCL 的完整程序详见算法二。

算法二 面向 GNN 的 DCCL

预训练云 GNN 模型f，然后基于式（19.20），通过将$\hat{\boldsymbol{\theta}}$设置为 0 来学习全局参数基$\Theta$。

当循环成立时发送f和Θ到设备

Device(f，Θ)：▷MetaPath

（1）将本地数据累积到 batch 中。

（2）通过式（19.16）实现设备上的个性化。

（3）如果 time 大于 threshold：更新个性化的 GNN 模型$f^{(m)}$。

（4）否则：返回到步骤（1）。

回收所有的模型补丁$\{\hat{\boldsymbol{\theta}}^{(m)}\}$。

Cloud($\{\hat{\boldsymbol{\theta}}^{(m)}\}$)：▷MoMoDistill

（1）基于式（19.18）优化云 GNN 模型 f。
（2）通过式（19.20）学习全局参数基 Θ。

19.3.2 实验和讨论

为了证明 DCCL 的有效性，我们在 Amazon、Movielens-1M 和 Taobao 三个推荐数据集上进行了一系列实验。一般来说，这三个数据集是用户互动历史的序列，用户最后互动的物品将被截取出来作为测试样本。对于每个最后互动的物品，我们随机抽取 100 个没有出现在用户历史中的物品。我们将自己的框架与一些经典的云计算模型做了比较，包括传统方法 MF（Koren et al，2009）和 FM（Rendle，2010）、基于深度学习的方法 NeuMF（He et al，2017b）和 DeepFM（Guo et al，2017），以及基于序列的方法 SASRec（Kang and McAuley，2018）和 DIN（Zhou et al，2018b）。在整个实验过程中，我们在 DIN 的基础上实现了自己的模型，我们还在最后的第二个全连接层以及特征嵌入层后的前两个全连接层中插入了模型补丁。在所有的比较中，我们把 MetaPatch 称为 DCCL-e，并把 MoMoDistill 称为 DCCL-m，因为整个框架类似于 EM 迭代。比较基线的默认方法被命名为 DCCL，以表明同时经历了设备上的个性化和“模型–模型”蒸馏。表现是由 HitRate、NDCG 和 macro-AUC 衡量的。

19.3.2.1 DCCL 的表现与 SOTA 相比如何

我们不仅在 Amazon、Movielens-1M 和 Taobao 三个推荐数据集上进行了实验，而且与一系列基线进行了比较。与流行的实验设定相一致（He et al，2017b; Zhou et al，2018b），每个用户在这三个数据集上的最后一个活动物品被用于评估，而最后一个物品之前的所有物品被用于训练。对于 DCCL，我们根据时间顺序将训练数据平均分成了两部分：一部分用于骨干网的预训练（DIN），另一部分用于 DCCL 的训练。在实验中，我们进行了单轮 DCCL-e 和 DCCL-m，最后用 DCCL-m 与 6 个代表性模型做了比较。我们发现，基于深度学习的方法 NeuMF 和 DeepFM 通常优于传统方法 MF 和 FM，而基于序列的方法 SASRec 和 DIN 一直优于以前的非基于序列的方法。我们的 DCCL 在最佳基线 DIN 的基础上，进一步提升了表现。具体来说，DCCL 在这三个数据集上的 NDCG@10 方面有 2%以上的改进，在 HitRate@10 方面也有至少 1%的改进。DCCL 在小型和大型数据集上的表现证明了其优越性。

19.3.2.2 设备上的个性化对云模型是否有利

这个实验的目标是证明与集中式的云模型相比，通过 MetaPatch（缩写为 DCCL-e）的设备上的个性化是如何提高来自不同层次用户的推荐表现的。考虑到数据规模和用于可视化的上下文信息的可用性，本实验只使用 Taobao 数据集来进行。为了验证 DCCL-e 在细粒度上的表现，我们首先根据用户的样本数对他们进行了排序，然后沿排序后的用户轴将他们平均分成 20 组。在设备上的模型完成个性化之后，我们根据个性化的模型计算每一组用户的表现。这里使用了指标 macro-AUC 以平等对待组内的用户，而不是使用（Zhou et al，2018b）中的分组 AUC。

对于 DIN，首先以 DIN 作为基线，在前 20 天的 Taobao 数据集上对其进行预训练，然后在剩余 10 天的 Taobao 数据集上测试 DIN。对于 DCCL-e，首先在前 10 天的 Taobao 数据集上对 DIN 进行预训练，然后在预训练的 DIN 中插入补丁，这与之前的设定相同，最后在剩余的 10 天里进行设备上的个性化设置。与 DIN 一样，我们也在最后 10 天的 Taobao 数据集上测试 DCCL-e。评估分别在 20 个组中进行。根据结果我们发现，随着组下标的增加，表现大约会下降。这是因为下标较大的组内的用户更像基于分区的长尾用户，他们的模式很容易被集中式的云模型忽略甚至牺牲。相比 DIN，DCCL-e 在所有组中都显示出稳定的改进，尤其对于长尾用户组，DCCL-e 能取得较大的改进。

19.3.2.3 多轮 DCCL 的迭代特性

为了说明 DCCL 的收敛特性，我们在 Taobao 数据集上进行了不同设备-云交互时间间隔的实验。具体来说，我们规定设备和云之间每隔 2 天、5 天、10 天进行一次交互，并分别跟踪每个用户的最后一次点击所评估的每轮表现。根据结果，我们发现频繁的交互比不频繁的交互能取得更好的表现。我们据此推测，由于 MetaPatch 和 MoMoDistill 可以在每一轮中相互促进，因此随着交互更加频繁，表现上的优势也会不断加强。然而，副作用是我们必须经常更新设备上的模型，这可能引入其他不确定的碰撞风险。因此，在现实世界的场景中，我们需要在表现和交互时间间隔之间做出权衡。

19.3.2.4 DCCL 的消融研究

对于 19.2 节的案例研究 1，我们给出了 Taobao 数据集上单轮 DCCL 的结果，并与 DIN 做了比较。从结果中可以观察到，在应用 DCCL-e 和 DCCL-m 之后，表现逐步有了改善，DCCL-m 在改善方面相比 DCCL-e 能带来更多的好处。DCCL-e 背后的收益是 MetaPatch 会为每个用户定制一个个性化的模型，一旦在设备上收集到新的行为日志，就可以改善他们的推荐体验，而不需要从集中式的云服务器上做延迟更新。DCCL-m 取得的进一步改进证实了 MoMoDistill 有必要长期重新校准骨干网和参数基。然而，如果在没有这两个模块的情况下进行实验，模型的表现就将和 DIN 一样，并不优于 DCCL。

在案例研究 2 中，我们探讨了模型补丁在不同层结（layer junction）中的影响。在前面的章节中，我们在特征嵌入层之后的两个全连接层中分别插入了两个补丁（第 1 和第 2 个节点），并在最后一个 Softmax 转换层之前的一层中插入了另一个补丁（第 3 个节点）。在这个实验中，我们通过只保留每一个 DCCL 中的一个回合来验证它们的有效性。与完整的模型相比，我们发现，去除模型补丁会降低表现。结果表明，第 1 和第 2 个节点的补丁比第 3 个节点的补丁更有效。

19.4 未来的方向

当然，我们已经看到 GNN 在各个领域的应用趋势。我们认为，为了让 GNN 在大数据领域产生更广泛的影响，特别是在搜索、推荐或广告方面，我们应该更加关注以下方向。

- 关于 GNN 我们还有很多需要了解的地方，但是对于它们的工作原理已有很多重要的研究成果（Loukas，2020；Xu et al，2019e；Oono and Suzuki，2020）。未来的 GNN 研究工作应该在技术上的简单性、高度的实际影响和深远的理论洞察力之间取得平衡。
- 把 GNN 应用于现实世界中的其他任务也是非常好的（Wei et al，2019；Wang et al，

2019a；Paliwal et al，2020；Shi et al，2019a；Jiang and Balaprakash，2020；Chen et al，2020o）。例如，我们可以看到 GNN 在修复 JavaScript 中的错误、玩游戏、回答类似 IQ（Intelligence Quotient，智商）问题的测试、TensorFlow 计算图的优化、分子生成和对话系统的问题生成等方面的应用。

- 把 GNN 应用于推理知识图谱将变得很流行（Ren et al，2020；Ye et al，2019b）。知识图谱是表示事实的一种结构化方式，其中的节点和边实际上具有一些语义，例如演员的名字或电影中的角色。
- 最近，人们对于应该如何处理学习图表征的问题有了新的观点，特别是考虑了局部信息和全局信息之间的平衡。例如，Deng et al（2020）提出了一种方法来改善任何无监督嵌入方法的运行时间和节点分类问题的准确性。Chen et al（2019c）指出，如果将非线性邻域聚合函数替换为线性对应函数，其中包括邻域的度数和传播的图属性，那么模型的表现就不会降低。这与以前的说法是一致的，即许多图数据集对于分类来说微不足道，人们由此提出了这个任务的适当验证框架的问题。
- GNN 的算法工作应该与系统设计更紧密地结合起来，为用户提供端到端的解决方案，并通过将图纳入深度学习框架以适用于它们的应用场景，此外还应该允许可插拔的算子以适应 GNN 社区的快速发展，并在图构建和抽样方面表现出色。作为一个独立且可移植的系统，AliGraph（Zhu et al，2019c）的接口可以与任何用于表达神经网络模型的张量引擎集成。通过共同设计类似于 Gremlin 的灵活的图查询和抽样接口，用户可以自由定制数据访问模式。另外，AliGraph 还具有出色的表现和可扩展性。

编者注： 推荐系统是研究界和工业界的热门话题之一，因为它对于一些企业来说具有巨大的价值，如 Amazon、Facebook、LinkedIn 等。由于用户与物品的交互、用户与用户的交互以及物品与物品的相似性可以自然地形成图结构数据，因此各种图表征学习技术（见第 4 章的 GNN 方法、第 6 章的 GNN 可扩展性、第 14 章的图结构学习、第 15 章的动态 GNN 和第 16 章的异质 GNN）可以为应用 GNN 开发高效的现代推荐系统提供强有力的算法基础。

第 20 章

计算机视觉中的图神经网络

Siliang Tang、Wenqiao Zhang、Zongshen Mu、Kai Shen、Juncheng Li、Jiacheng Li 和 Lingfei Wu①

摘要

最近，图神经网络（GNN）被纳入许多计算机视觉（CV）模型。它们不仅为许多 CV 相关的任务带来表现上的提升，而且为这些 CV 模型提供了更多可解释的分解。本章将全面介绍 GNN 是如何应用于各种 CV 任务的，从单一图像分类到跨媒体理解。本章还将从前沿视角对这一快速发展的领域进行讨论。

20.1 导读

近年来，卷积神经网络（CNN）在计算机视觉（CV）领域取得了巨大成功。然而，这些方法大多缺乏对视觉数据之间关系（如关系视觉区域、相邻的视频帧等）的精细分析。例如，图像可以表征为空间占有图，而图像中的区域往往在空间和语义上是相关的。同样，视频可以表征为时空图，其中的每个节点代表视频中的一个令人感兴趣的区域，边则代表这些区域之间的关系。这些边可以描述关系并捕捉视觉数据中节点之间的相互依赖关系。这种细粒度的依赖关系对于感知、理解和推理视觉数据至关重要。因此，图神经网络可以自然地用于从这些图中提取模式，以促进完成相应的计算机视觉任务。

本章将介绍图神经网络模型在各种计算机视觉任务中的应用，包括图像、视频和跨媒体（跨模态）的具体任务（Zhuang et al，2017）。对于每个任务，本章将展示图神经网络如何适应和改善上述计算机视觉任务的代表性算法。

① Siliang Tang
College of Computer Science and Technology，Zhejiang University，E-mail：siliang@zju.edu.cn
Wenqiao Zhang
College of Computer Science and Technology，Zhejiang University，E-mail：wenqiaozhang@zju.edu.cn
Zongshen Mu
College of Computer Science and Technology，Zhejiang University，E-mail：zongshen@zju.edu.cn
Kai Shen
College of Computer Science and Technology，Zhejiang University，E-mail：shenkai@zju.edu.cn
Juncheng Li
College of Computer Science and Technology，Zhejiang University，E-mail：junchengli@zju.edu.cn
Jiacheng Li
College of Computer Science and Technology，Zhejiang University，E-mail：lijiacheng@zju.edu.cn
Lingfei Wu
Pinterest，E-mail：lwu@email.wm.edu

最后，为了提供前沿视角，本章还将介绍其他一些与众不同的 GNN 建模方法及其在这一子领域的应用场景。

20.2　将视觉表征为图

在本节中，我们将介绍视觉图 $\mathcal{G}^V=\{\mathcal{V},\ \mathcal{E}\}$ 的表征。本节将重点讨论如何在视觉图中构建节点集合 $\mathcal{V}=\{v_1,v_2,\cdots,v_N\}$ 和边（或关系）集合 $\mathcal{E}=\{e_1,e_2,\cdots,e_M\}$。

20.2.1　视觉节点表征

节点是图中的基本实体。有三种方法可用来表征图像 $\boldsymbol{X}\in\mathbb{R}^{h\times w\times c}$ 或视频 $\boldsymbol{X}\in\mathbb{R}^{f\times h\times w\times c}$ 中的节点，其中，(h,w) 代表原始图像的分辨率，c 代表通道数，f 代表帧数。

首先，可以参照图 20.1 将图像或视频中的帧划分成规则的网格，每个网格都是分辨率为 (p,p) 的图像小块（Dosovitskiy et al，2021；Han et al，2020），将每个网格作为视觉图中的顶点，应用神经网络获得其嵌入。

图 20.1　将图像或视频中的帧划分成图像小块并视为顶点

其次，一些像图 20.2 这样的预处理结构，通过 Faster R-CNN（Ren et al，2015）或 YOLO（Heimer et al，2019）这样的物体检测框架，可被直接借用于顶点表征。例如，图 20.2 中第一列的视觉区域已经被处理过，可认为是图中的顶点。可将不同的区域映射为相同维度的特征，并将它们送入下一个训练步骤。观察图 20.2 的中间一列，场景图生成模型（Xu et al，2017a；Li et al，2019i）不仅实现了视觉检测，而且旨在将图像解析成语义图，语义图由物体及其语义关系组成。在这里，获得顶点和边是可行的，以部署图像或视频中的下游任务。在图 20.2 的最后一列中，由骨架连接的人体关节自然形成一个图，可以从中学习人体动作模式（Jain et al，2016b；Yan et al，2018a）。

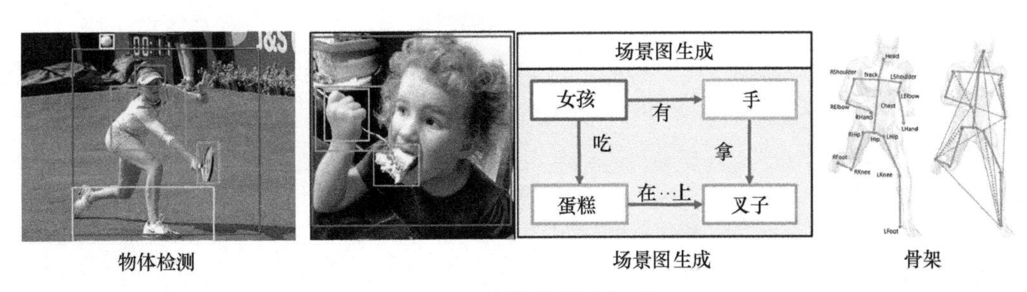

物体检测　　场景图生成　　骨架

图 20.2　几个预处理的视觉图

最后，一些研究利用语义信息来表征视觉顶点。Li and Gupta（2018）将具有相似特征的像素分配给同一个顶点，这个过程是软的并且很可能将像素分组到一致的区域。组内的像素特征被进一步聚合，形成单一的顶点特征，如图 20.3 所示。Wu et al（2020a）使用卷积来学习密集分布的低层模式——用几个卷积块处理输入图像并将这些来自不同滤波器的特征作为顶点来学习更多稀疏分布的高层语义概念。点云是一组由 LiDAR 扫描记录的三维点。Te et al（2018）以及 Landrieu and Simonovsky（2018）将 k 近邻聚集起来形成超点，并通过 ConvGNN 建立它们的关系以探索拓扑结构，从而“看到”周围的环境。

图 20.3　将相似的像素归为顶点（颜色是不同的）

20.2.2　视觉边表征

边描述了节点的关系，它们在图神经网络中起着重要的作用。对于二维图像，图像中的节点可以用不同的空间关系联系起来。对于由连续帧堆叠而成的视频片段，除帧内的空间关系以外，还存在帧之间的时间关系。一方面，这些关系可以通过预定义的规则固定下来，用于训练 GNN，称为静态关系；另一方面，学会学习关系（称为动态关系）正在吸引越来越多的关注。

20.2.2.1　空间边

捕捉空间关系是图像或视频处理中的关键步骤。对于静态方法，生成场景图（Xu et al，2017a）和人类骨架（Jain et al，2016b）是选择图 20.2 描述的视觉图中节点之间的边的自然方法。最近，一些研究（Bajaj et al，2019；Liu et al，2020g）使用全连接图（每个顶点都与其他顶点相连）来模拟视觉节点之间的关系，并计算它们的结合区域以表征边。另外，自注意力机制（Yun et al，2019；Yang et al，2019f）被引入以学习视觉节点之间的关系，其主要思想是受 NLP 中转换器（Vaswani et al，2017）的启发。当边被表征时，便可以选择基于谱域或空间的 GNN 进行应用（Zhou et al，2018c；Wu et al，2021d）。

20.2.2.2　时间边

为了理解视频，此类模型不仅要在一帧中建立空间关系，而且要捕捉帧之间的时间关系。目前，有一系列的方法（Yuan et al，2017；Shen et al，2020；Zhang et al，2020h）支持通过 k 近邻等语义相似度方法来计算当前帧中的每个节点与附近的帧，从而构建帧之间的时间关系。

特别是，正如我们在图 20.4 中可以看到的，Jabri et al（2020）使用马尔可夫链将视频表征为一个图，并通过进行动态调整来学习节点之间的随机游走，其中的节点是图像小块，边是相邻帧的节点之间的密切关系（在一定的特征空间中）。Zhang et al（2020g）使用区域作为视觉顶点，并通过评估帧之间节点的 IoU（Intersection of Union，交并比）来表征权重边。

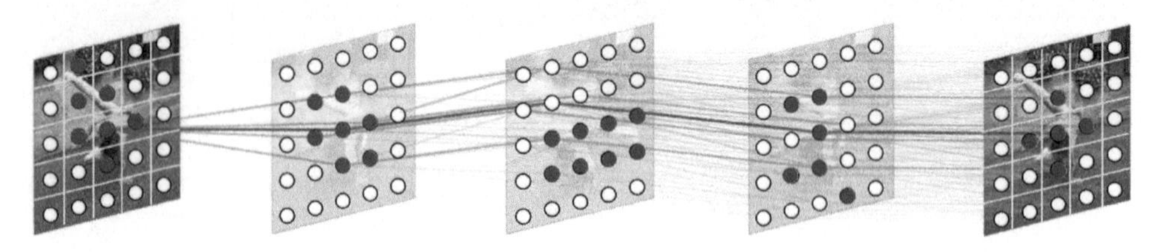

图 20.4 通过从每一帧中提取节点并允许相邻帧的节点之间存在有向边来形成时空图

20.3 案例研究 1：图像

20.3.1 物体检测

物体检测是计算机视觉中一个基本的较具挑战性的问题，近年来受到极大且持久的关注。给定一幅自然图像，物体检测任务试图从某些类别（如人类、动物或树木）中找到视觉物体实例。一般来说，物体检测可以分为两类（Liu et al，2020b）：通用物体检测和显著物体检测。通用物体检测的目标是检测数字图像中没有限制的物体实例，并从一些预设的分类中预测它们的类别属性。显著物体检测的目标则是检测最为突出的物体。近年来，基于深度学习的方法在这一领域取得巨大的成功，如 Faster-RCNN（Ren et al，2015）、YOLO（Heimer et al，2019）等。一些早期方法及其后续方法（Ren et al，2015；He et al，2017a）通常采用区域选择模块来提取区域特征并预测每个候选区域的激活概率，虽然被证明是成功的，但它们中的大多数将每个候选区域的识别分开处理，因此在面对非典型和非理想的场合（如重度长尾数据分布和大量混乱的类别）时，会导致不可忽视的表现下降（Xu et al，2019b）。于是 GNN 被引入，GNN 通过对区域之间的相关性进行显式建模并利用它们来得到更好的表现，从而有效解决了这一麻烦。在本节中，我们将通过介绍一个典型的案例 SGRN（Xu et al，2019b）来讨论这个很有前景的方向。

SGRN 可被简单地划分为两个模块：

（1）稀疏图学习器，作用是在训练过程中显式地学习图结构信息；

（2）空间感知图嵌入模块，作用是利用学到的图结构信息获得图表征。

为了清楚起见，这里将图表示为 $\mathcal{G}(\mathcal{V},\mathcal{E})$，其中的 $\mathcal{V}$ 是节点集合，$\mathcal{E}$ 是边集合。对于特定的图像 $\mathcal{I}$，可将区域表述为 $R=\{\boldsymbol{f}_i\}_{i=1}^{n_{\mathcal{V}}}$，$\boldsymbol{f}_i \in \mathbb{R}^d$，其中的 d 是区域特征的维度。我们将讨论这两部分，而忽略其他细节。

与之前在相关领域建立类别时对类别图所做的尝试不同（Dai et al，2017；Niepert et al，2016），SGRN 将候选区域 R 视为图节点 $\mathcal{V}$，并在此基础上构建动态图 $\mathcal{G}$。从技术上讲，SGRN 是通过以下方式将区域特征投影到隐含空间 $\boldsymbol{z}$ 中的：

$$z_i=\phi(\boldsymbol{f}_i) \tag{20.1}$$

其中，ϕ是带有 ReLU 函数的两个全连接层，$z_i \in \mathbb{R}^l$，l 是隐层维度。

区域图是由隐含表征 z 构建的，如下所示：

$$S_{i,j}=z_i z_j^{\mathrm{T}} \tag{20.2}$$

其中，$S\in\mathbb{R}^{n_r\times n_r}$。保留区域对之间的所有关系是不恰当的，因为候选区域中存在许多负的样本（如背景样本），这有可能影响下游任务的表现。如果使用稠密矩阵 S 作为图的邻接矩阵，图将是全连接的，这会导致计算负担增大或表现下降，因为大多数现有的 GNN 方法在全连接的图上表现更差（Sun et al，2019）。为了解决这个问题，SGRN 采用 k 近邻使图变得稀疏了（Chen et al，2020n，o）。换言之，对于学到的相似度矩阵 $S_i\in\mathbb{R}^{N_r}$，它们只保留 k 个最近的邻居节点（包括它们自身）以及相关的相似度分数（也就是说，它们会屏蔽掉其余的相似度分数）。学到的图邻接关系可表示为

$$A=\mathrm{KNN}(S) \tag{20.3}$$

节点的初始嵌入是由预训练的视觉分类器得到的，这里省略细节，简单表示为 $X=\{x_i\}_{i=1}^{n_r}$。SGRN 引入了一个空间感知图推理模块来学习空间感知的节点嵌入。在形式上，SGRN 引入的是一个由图卷积网络（GCN）采用的带有可学习的高斯核的补丁算子，如下所示：

$$f_k'(i)=\sum_{j\in\mathcal{N}(i)}\omega_k(\mu(i,j))x_j A_{i,j} \tag{20.4}$$

其中，$\mathcal{N}(i)$ 表示节点 i 的邻域，$\mu(i,j)$是节点 i 和节点 j 在极坐标系统中以它们的中心计算的距离，ω_k 是第 k 个高斯核。接下来，将 k 个高斯核的结果并置起来并投影到隐含空间中，如下所示：

$$h_i=g([f_1'(i);f_2'(i);\cdots;f_K'(i)]) \tag{20.5}$$

其中，$g(\cdot)$ 表示非线性投影。最后，将 h_i 与原始视觉区域特征 f_i 相结合，以提高分类和回归表现。

20.3.2 图像分类

受深度学习技术取得成功的启发，图像分类领域已经取得重大进展，如 ResNet（He et al，2016a）。然而，基于 CNN 的模型在对样本之间的关系进行建模方面是有局限的。图神经网络（GNN）被引入图像分类的目的就是对细粒度的区域关联进行建模，以提高分类表现（Hong et al，2020a），同时结合有标签和无标签的图像实例进行半监督的图像分类（Luo et al，2016；Satorras and Estrach，2018）。在本节中，我们将通过介绍一个半监督图像分类的典型案例来展现 GNN 的有效性。

将数据样本表示为$(x_i,y_i)\in\mathcal{T}$，其中，x_i 是图像，$y_i\in\mathbb{R}^K$ 是图像标签。在半监督设定下，$\mathcal{T}$ 被分为有标签的部分 $\mathcal{T}_{\text{labeled}}$ 和无标签的部分 $\mathcal{T}_{\text{unlabeled}}$。假设分别有 N_l 个有标签的样本和 N_u 个无标签的样本。我们提出的 GNN 是动态且多层的，这意味着对于每一层，都将从上一层的节点嵌入中学习图的拓扑结构，并在此基础上学习新的嵌入。因此，这里将层数表示为 M，并且只详细介绍第 k 层的图构造和图嵌入技术。从技术上讲，我们可以为图像集构造图并将后验预测任务表述为图神经网络中的消息传递。另外，我们还可以将样本投影成图 $\mathcal{G}(\mathcal{V},\mathcal{E})$，其节点集合是由有标签数据和无标签数据组成的图像集合，边集合$\mathcal{E}$是在训练期间构建的。

首先，将初始节点表征为 $X=\{x_i\}_{i=1}^{n_l+n_u}$，如下所示：

$$x_i^0=(\phi(x_i),h(y_i)) \tag{20.6}$$

在式（20.6）中，$\phi()$是卷积神经网络，$h()$是独热标签编码。注意，对于无标签数据，可以用 K−单纯型上的均匀分布代替 $h()$。

其次，图的拓扑结构是通过当前层的节点嵌入来学习的，表示为 $\boldsymbol{x}^k$。对节点间嵌入空间的距离进行建模的距离矩阵可表示为 $\boldsymbol{S}$，如下所示：

$$\boldsymbol{S}_{i,j}^k = \varphi(\boldsymbol{x}_i, \boldsymbol{x}_j) \tag{20.7}$$

在式（20.7）中，φ ()是一个参数化的对称函数，如下所示：

$$\varphi(\boldsymbol{a}, \boldsymbol{b}) = \text{MLP}\,(\text{abs}(\boldsymbol{a} - \boldsymbol{b})) \tag{20.8}$$

在式（20.8）中，MLP()是多层感知机，abs()是绝对值函数。可通过执行 Softmax 操作对 $\boldsymbol{S}$ 中的行进行归一化来计算邻接矩阵 $\boldsymbol{A}$。

最后，GNN 层被调整为使用学到的拓扑结构 $\boldsymbol{A}$ 对图中的节点进行编码。GNN 层接收节点嵌入矩阵 $\boldsymbol{x}^k$ 并输出聚合的节点表征 $\boldsymbol{x}^{k+1}$，如下所示：

$$\boldsymbol{x}_l^{k+1} = \rho\left(\sum_{\boldsymbol{B} \in \boldsymbol{A}} \boldsymbol{B}\boldsymbol{x}^k \theta_{\boldsymbol{B},l}^k\right),\ \ l = d_1, d_2, \cdots, d_{k+1} \tag{20.9}$$

在式(20.9)中，$\{\theta_1^k, \theta_2^k, \cdots, \theta_{|A|}^k\}$ 是可训练参数，$\rho()$是非线性激活函数(这里是 LeakyReLU 函数)。

图神经网络能够有效地对非结构化数据的关系进行建模。在这项工作中，图神经网络显式地利用了样本之间的关系，特别是有标签数据和无标签数据，这有助于解决小样本图片分类难题。

20.4　案例研究 2：视频

20.4.1　视频动作识别

视频动作识别是一个非常活跃的研究领域，它在视频理解中起关键作用。给定一个视频作为输入，视频动作识别的任务是识别视频中出现的动作并预测动作的类别。在过去的几年里，对视频的时空性质进行建模一直是视频理解和动作识别领域研究的核心。早期的活动识别方法，如 Hand-crafted Improved Dense Trajectory（iDT）（Wang and Schmid，2013）、two-Stream ConvNets(Simonyan and Zisserman，2014a)、C3D(Tran et al，2015)和 I3D(Carreira and Zisserman，2017）等，都专注于使用时空表观特征。为了更好地建模更长期的时间信息，研究人员还试图使用循环神经网络（RNN）将视频建模为有序的帧序列（Yue-Hei Ng et al，2015；Donahue et al，2015；Li et al，2017b)。然而，这些传统的深度学习方法只注重从整个场景中提取特征，无法对空间和时间上不同物体实例之间的关系进行建模。例如，为了识别视频中对应于“打开一本书”的动作，物体的时间动态以及人与物体之间、物体与物体之间的互动至关重要。我们需要在时间上将图书的区域联系起来，以捕捉图书的形状及其如何随时间变化。

为了捕捉在不同时间物体之间的关系，业界最近引入了几个深度模型（Chen et al，2019d；Herzig et al，2019；Wang and Gupta，2018；Wang et al，2018e)，旨在将视频表征为时空图并利用最近提出的图神经网络。这几个深度模型将稠密的物体候选作为图节点，并学习它们之间的关系。在本节中，我们将以（Wang and Gupta，2018）提出的框架为例，介绍如何把图神经网络应用于动作识别任务。

图 20.5 所示的基于 GNN 的视频动作识别模型首先将一长段视频帧作为输入，并将它们前向传播给三维卷积神经网络，得到特征图 $I \in \mathbb{R}^{t \times h \times w \times d}$，其中的 t 表征时间维度，$h \times w$ 表征空间维度，d 表征通道编号；然后使用候选区域网络（Region Proposal Network，RPN）（Ren et al，2015）提取物体的边框，由 RoIAlign（He et al，2017a）为每个候选物体提取 d 维特征。输出的 n 个候选物体被汇总到 t 个帧，对应于所构建图中的 n 个节点。这里主要有两种类型的图——相似性图和时空图。

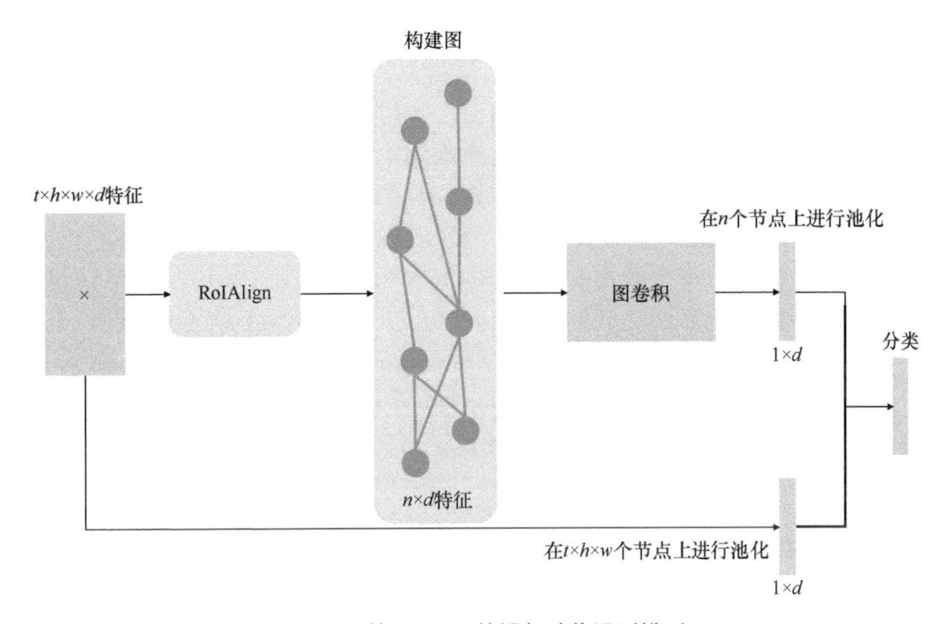

图 20.5 基于 GNN 的视频动作识别模型

构建相似性图是为了衡量对象之间的相似性。在相似性图中，成对的语义相关对象被连接起来。在形式上，每两个节点之间的节点对相似性可以表示为

$$F(\boldsymbol{x}_i, \boldsymbol{x}_j) = \phi(\boldsymbol{x}_i)^{\mathrm{T}} \phi'(\boldsymbol{x}_j) \tag{20.10}$$

其中，ϕ和ϕ'表示原始特征的两种不同变换。

在计算出相似性矩阵后，从节点 i 到节点 j 的归一化边值 $\boldsymbol{A}_{ij}^{\text{sim}}$ 便可以定义为

$$\boldsymbol{A}_{ij}^{\text{sim}} = \frac{\exp F(\boldsymbol{x}_i, \boldsymbol{x}_j)}{\sum_{j=1}^{n} \exp F(\boldsymbol{x}_i, \boldsymbol{x}_j)} \tag{20.11}$$

时空图用于编码物体之间的相对空间和时间关系，在空间和时间上位置邻近的物体被连接在一起。时空图的归一化边值可以定义为

$$\boldsymbol{A}_{ij}^{\text{front}} = \frac{\sigma_{ij}}{\sum_{j=1}^{n} \sigma_{ij}} \tag{20.12}$$

其中，$\mathcal{G}^{\text{front}}$ 表示连接第 t 帧和第（t+1）帧的对象的前向图，σ_{ij} 表示第 t 帧的对象 i 和第（t+1）帧的对象 j 之间的 IoU（Intersection Over Union，交并比）值。后向图 $\mathcal{G}^{\text{back}}$ 可以用类似的方法来计算。接下来，将图卷积网络（GCN）（Kipf and Welling，2017b）应用于更新每个物体节点的特征。图卷积中的层可以表示为

$$\boldsymbol{Z}=\boldsymbol{AXW} \tag{20.13}$$

其中，$\boldsymbol{A}$ 代表邻接矩阵之一（$\boldsymbol{A}^{\mathrm{sim}}$、$\boldsymbol{A}^{\mathrm{front}}$ 或 $\boldsymbol{A}^{\mathrm{back}}$），$\boldsymbol{X}$ 代表节点特征，$\boldsymbol{W}$ 代表 GCN 的权重矩阵。

图卷积后更新的节点特征被前向传播到一个平均池化层，以获得全局图表征。最后，图表征和池化的视频表征被并置起来，用于视频分类。

20.4.2　时序动作定位

时序动作定位的任务是训练一个模型以预测未处理视频中动作实例的边界和类别。大多数现有的方法（Chao et al，2018；Gao et al，2017；Lin et al，2017；Shou et al，2017，2016；Zeng et al，2019）是在一个两阶段的流水线中进行时序动作定位：首先生成一组一维的候选，然后对每个候选单独执行分类和时序边界回归。然而，这些方法在单独处理每个候选时，未能利用候选之间的语义关系。为了对视频中候选之间的关系进行建模，我们采用图神经网络来促进对每个候选的识别。P-GCN（Zeng et al，2019）是最近提出的方法，旨在通过图卷积网络利用候选之间的关系。首先，P-GCN 构建候选动作图，其中的每个候选被表征为一个节点，两个候选之间的关系被表征为一条边。然后，P-GCN 对候选动作图进行推理，并使用 GCN 对不同候选之间的关系进行建模，同时更新节点表征。最后，更新的节点表征被用来改进它们的边界以及基于已建立的候选依赖关系的分类分数。

20.5　其他相关工作：跨媒体

图结构数据不仅广泛存在于不同模态的数据（如图像、视频和文本）中，而且被广泛用于现有的跨媒体任务（如视觉描述、视觉问答、跨媒体检索）中。换言之，通过合理地使用图结构数据和 GNN，我们可以有效提高跨媒体任务的表现。

20.5.1　视觉描述

视觉描述的目的是建立一个系统，以自动生成给定图像或视频的自然语言描述。图像描述是个很有趣的问题，这不仅因为它有重要的实际应用（比如帮助视觉有障碍的人看东西），而且因为它被认为是视觉理解的一个巨大挑战。视觉描述的一些典型解决方案受到机器翻译的启发，相当于将图像翻译成文字。这些解决方案（Li et al，2017d；Lu et al，2017a；Ding et al，2019b）通常利用卷积神经网络（CNN）或基于区域的 CNN（R-CNN）来编码图像，并利用有注意力机制或无注意力机制的循环神经网络（RNN）解码器来生成句子。然而，鉴于物体之间的相互关联或相互作用是描述图像的自然基础，应如何利用视觉关系呢？这是一个未经充分研究的问题。

近年来，Yao et al（2018）提出了图卷积网络-长短期记忆（Graph Convolutional Networks-Long Short-Term Memory，GCN-LSTM）框架。GCN-LSTM 架构探索了视觉关系，以提升图像描述。如图 20.6 所示，他们从建模对象/区域之间相互作用的角度研究了这个问题，以丰富区域级表征并将它们输入句子解码器。具体来说，他们在检测到的区域上建立了两种视觉关系——语义关系和空间关系，并为具有视觉关系的区域级表征设计了图卷积，以学习更强大的表征。接下来，这种关系感知的区域级表征被输入注意力 LSTM 中，用于句子的生成。

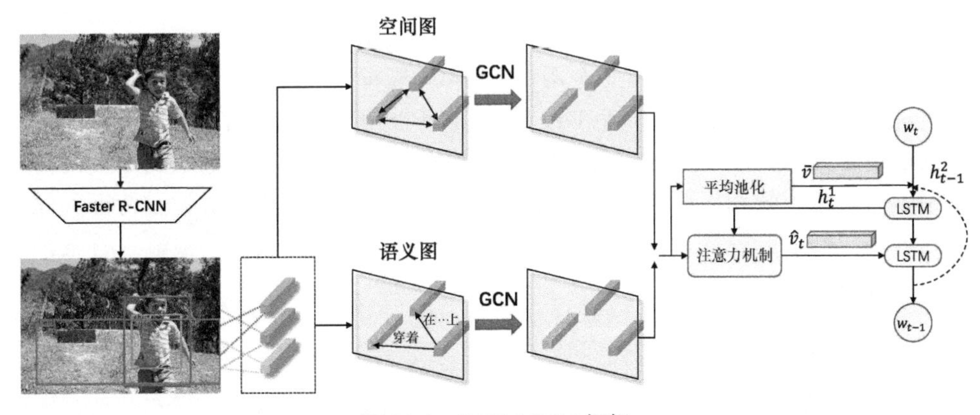

图 20.6 GCN-LSTM 框架

随后，Yang et al（2019g）提出了 SGAE （Scene Graph Auto-Encoder，场景图自编码器）用于图像描述。图像描述流水线包括两个步骤：

（1）提取图像的场景图，使用 GCN 对相应的场景图进行编码，通过重新编码表征对句子进行解码；

（2）将图像的场景图纳入描述模型。

他们还使用 GCN 对视觉场景图进行了编码。给定视觉场景图的表征，他们引入了联合视觉和语言记忆，以选择适当的表征来生成图像描述。

20.5.2 视觉问答

视觉问答（Visual Question Answering，VQA）的目的是建立一个系统，以自动回答关于视觉信息的自然语言问题。这是一项具有挑战性的任务，涉及跨不同模态的相互理解和推理。在过去的几年里，受益于深度学习的快速发展，前期的图像和视频问答方法（Shah et al，2019；Zhang et al，2019g；Yu et al，2017a）更倾向于在一个共同的隐含子空间中表征视觉和语言模态，并且通过使用编码器-解码器框架和注意力机制取得显著进展。

然而，上述图像和视频问答方法并没有考虑 VQA 任务中的图信息。最近，Zhang et al（2019a）研究了一种受传统 QA 系统启发的替代方法，操作是在知识图谱上进行的。具体来说，如图 20.7 所示，他们研究了如何使用来自图像的场景图，然后自然地将信息编码在场景图上，并为视觉 QA 进行结构化推理。实验结果表明，场景图（即使是由机器自动生成的场景图）如果能与 GNN 等适当的模型配对，则明显有利于视觉问答。换言之，利用场景图可在很大程度上提高与计数、物体存在和属性以及多物体关系相关的问题的视觉问答准确性。

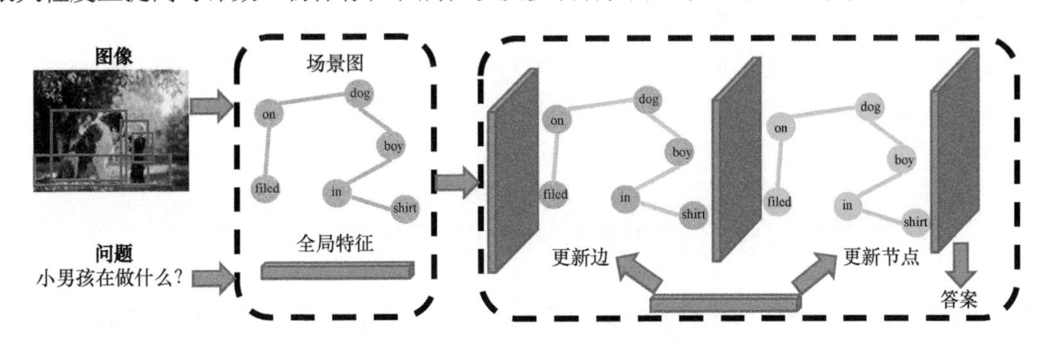

图 20.7 基于 GNN 的视觉问答

另一项研究（Li et al，2019d）提出了关系感知图注意力网络（Relation-aware Graph Attention Network，ReGAT），这是一个用于 VQA 的新框架，旨在以问题自适应注意力机制为多类型对象关系建模。首先，一个 Faster R-CNN 被用于生成一组候选物体区域，一个问题编码器被用于嵌入问题；然后，每个区域的卷积和边界框特征被输入关系编码器，以便从图像中学习关系感知和问题自适应的区域级表征。这些关系感知的视觉特征和问题嵌入随后被送入多模态融合模块，以产生一个联合表征，这个联合表征则被输入答案预测模块以生成一个答案。

20.5.3 跨媒体检索

图像-文本检索任务在最近几年成为一个流行的跨媒体研究课题，旨在从数据库中检索出最为相似的其他模态的样本。这里的关键挑战是如何通过理解它们的内容和测量它们的语义相似度来匹配跨模态的数据。有许多应用方法（Faghri et al，2017；Gu et al，2018；Huang et al，2017b）已经被提出，这些方法通常使用全局表征或局部表征来描述整个图像和句子，然后设计一个指标来衡量不同模态下几个特征的相似性。然而，上述方法忽略了多模态数据中对象之间的关系，这也是图像-文本检索的关键点。

为了更好地利用图像和文本中的图数据，如图 20.8 所示，Yu et al（2018b）提出了一种新型的跨模态检索模型，名为双通道神经网络与图卷积网络。该模型同时考虑了不规则图结构的文本表征和规则向量结构的视觉表征，以共同学习耦合特征和共用隐含语义空间。

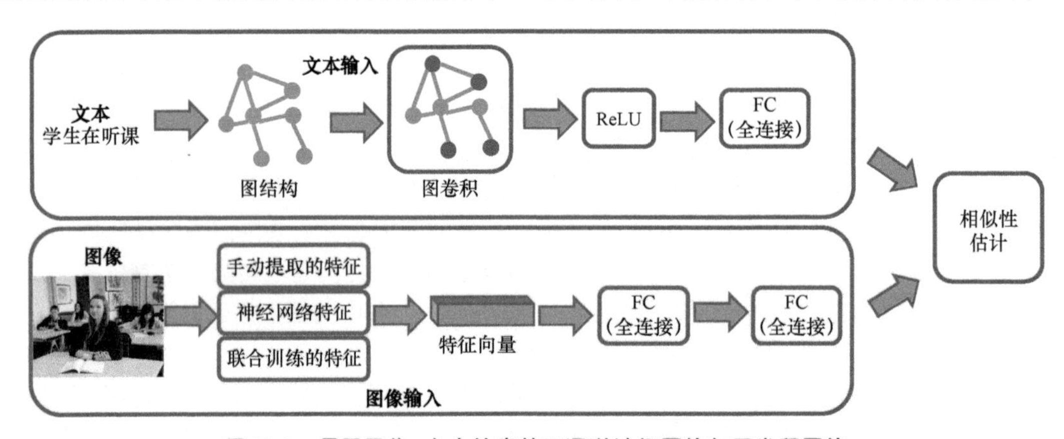

图 20.8 用于图像-文本检索的双通道神经网络与图卷积网络

另外，Wang et al（2020i）则从图像和文本中检索对象和关系，形成了视觉场景图和文本场景图。他们还设计出所谓的场景图匹配（Scene Graph Matching，SGM）模型。在 SGM 模型中，两个定制的图编码器用于将视觉场景图和文本场景图编码为特征图，然后在每个图中学习对象层面和关系层面的特征，从而最终在两个层面上更合理地匹配两个模态对应的特征图。

20.6 图神经网络在计算机视觉中的前沿问题

本节介绍图神经网络在计算机视觉中的前沿问题，包括用于计算机视觉的高级图神经网络以及图神经网络在计算机视觉中的更广泛应用。

20.6.1 用于计算机视觉的高级图神经网络

在计算机视觉中，GNN 建模方法的主要思想是将视觉信息表征为图。常见的做法是将像素、物体边框或图像帧作为节点，并进一步建立同质图来模拟它们的关系。除这种方法以外，还有一些新的方法可用于 GNN 建模。

考虑到具体任务的性质，一些研究试图在图中表征不同形式的视觉信息。

- **人物特征小块**。Yan et al（2019）、Yang et al（2020b）以及 Yan et al（2020b）为人物重识别（re-identification，Re-ID）建立了空间图和时间图。他们将每个人物特征图水平地划分为一些小块并将这些小块作为图的节点。GCN 则被进一步用于建模各帧中身体部位的关系。
- **不规则聚类区域**。Liu et al（2020h）提出了用于乳房 X 光片质量检测的二分图 GNN。具体来说，他们首先利用 kNN 前向映射将图像特征图划分成一些不规则区域，然后将这些不规则区域的特征进一步整合为节点。二分图的节点集合分别由跨视角的图像构成，二分图的边则学习为固有的跨视角几何约束和外观相似性提供模型。
- **NAS 单元**。Lin et al（2020c）提出了图引导的神经架构搜索（Neural Architecture Search，NAS）算法，旨在将操作单元表征为节点并应用 GCN 对 NAS 中的单元关系进行建模。

20.6.2 图神经网络在计算机视觉中的更广泛应用

本节介绍 GNN 在计算机视觉中的一些其他应用，包括但不限于以下场景。

- **点云分析**。点云分析旨在识别坐标系中的一组点。每个点可用这个点的三个坐标和其他一些特征来表征。为了利用 CNN，早期的一些研究（Chen et al，2017；Yan et al，2018b；Yang et al，2018a；Zhou and Tuzel，2018）是将点云转换为图像和体素等规则网格，最近的一些研究（Chen et al，2020g；Lin et al，2020f；Xu et al，2020e；Shi and Rajkumar，2020；Shu et al，2019）则使用图表征来保留点云的不规则性。GCN 在图像处理中发挥与 CNN 类似的作用——聚合局部信息。Chen et al（2020g）为点云中三维物体的检测开发了一种分层的图网络结构。Lin et al（2020f）提出了一个可学习的 GCN 内核，并提议对具有 k 最近邻节点的感受野的三维图像进行最大值池化。Xu et al（2020e）提出了覆盖感知网格查询（Coverage-Aware Grid Query）和网格上下文聚合（Grid Context Aggregation），以加速三维场景的划分。Shi and Rajkumar（2020）设计了具有自动注册机制的 Point-GNN，以便在单个样本中检测多个物体。
- **低资源学习**。低资源学习是指从非常少的数据中进行学习或从先验中进行迁移学习。一些研究利用 GNN 将结构信息纳入低资源图像分类。Wang et al（2018f）以及 Kampffmeyer et al（2019）使用知识图谱作为额外的信息来指导零样本学习图像分类。每个节点对应一个物体类别，节点的词嵌入则作为预测不同类别的分类器的输入。除知识图谱以外，数据集中图像之间的相似性也对少样本学习有帮助。Garcia and Bruna（2017）、Liu et al（2018e）以及 Kim et al（2019）设置了相似性指标，他们还进一步将概率学习问题建模为标签传播或边的贴标签问题。
- **人脸识别**。Wang et al（2019p）将人脸聚类任务表述为链接预测问题，他们利用

GCN 来推断人脸子图中节点对链接的可能性。Yang et al（2019d）提出了一个在相似度图上进行人脸聚类的候选-检测-分割框架。Zhang et al（2020b）则提出一个全局-局部 GCN 来进行人脸识别的标签清洗。

- **其他场景**。Wei et al（2020）提出了 View-GCN，旨在通过投影的二维图像识别三维形状。Wald et al（2020）则将场景图的概念扩展到了三维室内场景。Ulutan et al（2020）利用 GCN 来推理人与物体之间的互动。Cucurull et al（2019）通过建模边预测问题来预测两个物品之间的时尚兼容性。Sun et al（2020b）通过从视频中建立社会行为图并使用 GNN 来传播社会互动信息以进行轨迹预测。Zhang et al（2020i）则通过建立视觉和语言关系图来缓解带文本定位的视频描述任务中的幻觉问题。

20.7 小结

GNN 是一个快速发展的很有前途的研究领域，它为计算机视觉技术提供了一个令人兴奋的机会。但是 GNN 也带来了一些挑战，例如，图通常与真实场景有关，而 GNN 缺乏可解释性，特别是对于计算机视觉领域的决策问题（如医疗诊断模型）。然而，与其他黑盒模型（如 CNN）相比，基于图的深度学习的可解释性甚至更具挑战性，因为图的节点和边往往是大量且相互连接的。因此，一个很值得进一步探索的方向就是如何提高计算机视觉任务中 GNN 的可解释性和鲁棒性。

编者注：卷积神经网络（CNN）在计算机视觉领域已经取得巨大的成功。然而近年来，像 GNN 和 Transformer 这样的关系机器学习正在兴起，它们实现了在图像和视频中进行更细微的关联建模。当然，第 14 章的图结构学习技术对于从图像或视频中构建优化的图并在学到的隐式图上学习节点表征正变得非常重要。第 15 章的动态 GNN 在处理视频时能够发挥重要作用。第 4 章的 GNN 方法和第 6 章的 GNN 可扩展性是将 GNN 用于计算机视觉的另外两个基本构件。本章与第 21 章（用于 NLP 的 GNN）高度相关，因为计算机视觉和自然语言处理是快速增长的两个研究领域，多模态数据在今天已经得到广泛使用。

第 21 章

自然语言处理中的图神经网络

Bang Liu 和 Lingfei Wu[①]

摘要

自然语言处理（Natural Language Processing，NLP）和理解的目的是从无格式的文本中阅读，以完成不同的任务。虽然通过深度神经网络学习的词嵌入已被广泛使用，但文本片段的潜在语言和语义结构并不能在这些表征中得到充分利用。图是一种自然的方式，可用于捕捉不同文本片段之间的联系，如段落、句子和文档。为了克服向量空间模型的局限性，研究人员将深度学习模型与图结构表征结合了起来，用于 NLP 和文本挖掘中的各种任务。这种组合有助于充分利用文本中的结构信息和深度神经网络的表征学习能力。本章将介绍 NLP 中广泛使用的各种图表征，并展示如何从图的角度完成不同的 NLP 任务。我们将总结关于最近的基于图的 NLP 的研究工作，并详细讨论与基于图的文本聚类、匹配和多跳机器阅读理解有关的两个案例研究，最后指出这一领域未来的研究方向。

21.1 导读

语言是人类认知的基石，使机器理解自然语言是机器智能的核心所在。NLP 关注的是机器和人类语言的交互，它是计算机科学、语言学和人工智能的一个重要子领域。自从 20 世纪 50 年代出现关于机器翻译的早期研究以来，NLP 一直在机器学习和人工智能的研究中发挥着重要作用。

NLP 在现代社会的生活和商业中有着广泛的应用。关键的 NLP 应用包括但不限于：机器翻译应用，旨在将文本或语音从源语言翻译成另一种语言（如 Google Translation 和 Yandex Translate）；聊天机器人或虚拟助手，旨在与人类代理进行在线聊天对话（如 Apple Siri、Microsoft Cortana 和 Amazon Alexa）；用于信息检索的搜索引擎（如谷歌、百度和必应）；不同领域和应用中的 QA 和机器阅读理解（如搜索引擎中开放领域里的问答、医学问答等）；从多源提取并表征知识以改善各种应用的知识图谱和知识本体（如 DBpedia（Bizer et al，2009）和谷歌知识图谱）；以及基于文本分析的电子商务推荐系统（如阿里巴巴和亚马逊的电子商务推荐系统）。因此，人工智能在 NLP 方面的突破对于商业来说是十分重要的。

① Bang Liu
Department of Computer Science and Operations Research，University of Montreal，E-mail：bang.liu@umontreal.ca
Lingfei Wu
Pinterest，E-mail：lwu@email.wm.edu

NLP 的核心是如下两个关键的研究问题：

（1）如何以计算机可以阅读的格式表征自然语言文本；

（2）如何基于输入格式进行计算以理解输入的文本片段。

我们通过观察发现，在 NLP 漫长的发展历史中，研究者们关于表征和建模文本的想法在不断演变。

直到 20 世纪 80 年代，大多数 NLP 系统一直是基于符号的。不同的文本片段被视为符号，各种 NLP 任务的模型是基于复杂的手写规则集实现的。例如，经典的基于规则的机器翻译（RBMT）涉及由语言学家在语法书中定义的大量规则。此类系统包括 Systran、Reverso、Prompt 和 LOGOS（Hutchins，1995）。基于规则的符号表征是快速、准确且可解释的。然而，为不同的任务获取规则是困难的，需要大量的专家努力工作。

从 20 世纪 80 年代末开始，统计机器学习算法给 NLP 研究带来了革命性的变化。在统计 NLP 系统中，一段文本通常被看作一个词袋，不考虑语法，甚至不考虑词序，但需要保持多义性（Manning and Schutze，1999）。由于统计模型被开发出来，机器翻译中出现了许多引人注目的早期成果。统计系统虽然能够利用多语言文本语料库，但是由于仅仅把文本看作词袋，因此很难对人类语言的语义结构和信息进行建模。

进入 21 世纪以来，NLP 领域已经转向神经网络和深度学习，词嵌入技术，如 word2vec（Mikolov T，2013）和 GloVe（Pennington et al，2014），被开发出来，从而可以将单词表征为固定向量。我们见证了诸多端到端的学习方法被用于问答等任务。另外，通过将文本表征为词嵌入向量的序列，不同的神经网络架构，如普通型循环神经网络（Pascanu et al，2013）、长短期记忆（LSTM）网络（Greff et al，2016）和卷积神经网络（Dos Santos and Gatti，2014），被用于文本建模。深度学习为 NLP 带来一场新的革命，极大提高了各种任务的表现。

2018 年，谷歌推出一种基于神经网络的 NLP 预训练技术，名为“来自 Transformers 的双向编码器表征”（Bidirectional Encoder Representations from Transformers，BERT）（Devlin et al，2019）。BERT 技术使许多 NLP 任务在不同的基准中有了超强的表现，并引发一系列关于预训练大规模语言模型的后续研究（Qiu et al，2020b）。在这种方式下，词的表征是对上下文敏感的向量。通过考虑上下文信息，我们可以对词的多义性进行建模。然而，大规模的预训练语言模型需要大量的数据并消耗大量的计算资源。此外，现有的基于神经网络的模型缺乏可解释性或透明度，这在健康、教育和金融领域是一个主要的缺陷。

伴随着文本表征和计算模式的不断发展，以及从符号表征到上下文敏感的嵌入，我们可以看到文本建模中的语义和结构信息也在增加。一个关键的问题是：如何进一步改善各种文本片段的表征和针对不同 NLP 任务的计算模型？我们认为，将文本表征为图并将图神经网络应用于 NLP 是一个非常有前景的研究方向。图对于 NLP 研究具有重要意义，原因是多方面的，下面详细加以说明。

首先，我们的世界由事物和它们之间的关系组成。就不同事物之间的关系得出逻辑结论的能力或者所谓的关系推理，是人类和机器智能的核心。在 NLP 中，理解人类语言也需要对不同的文本片段进行建模，并对其关系进行推理。图提供了一种统一的格式来表征事物和它们之间的关系。通过将文本建模为图，便可以对不同文本的句法和语义结构进行描述，并对这些表征进行能够解释的推理和推论。

其次，语言的结构在本质上是组合而成的、分层的且灵活的。从语料库到文档、转述、句子、短语和单词，不同的文本片段形成一种层次化的语义结构，其中更高层次的语义单位（如句子）可以进一步分解为更小的单位（如短语和单词）。人类语言的这种结构性可以用树状结构来表征。另外，由于语言的灵活性，相同的含义可以用不同的句子来表达，比如主动语态和被动语态。不过，我们可以利用语义图来统一表征不同的句子，如 AMR（Abstract Meaning Representation，抽象意义表征）（Schneider et al，2015），从而使 NLP 模型更加鲁棒。

最后同样重要的是，一方面，图一直在被广泛利用，从而形成了 NLP 应用的重要组成部分，包括基于语法的机器翻译、基于知识图谱的问答、常识推理任务的抽象意义表征等；另一方面，随着图神经网络研究的蓬勃发展，近年来图神经网络与 NLP 相结合的研究趋势越发明显。此外，利用图的通用表征能力，我们可以将多模态信息（如图像或视频）纳入 NLP，整合不同信号，对世界背景和动态进行建模，共同学习多任务。

本章将简要介绍图在 NLP 中的地位。其中，21.2 节介绍和分类我们可以采用的不同的图表征方法，并展示 NLP 任务如何映射到基于图的问题上，此类问题可通过基于图的神经网络方法来解决。然后，本章将讨论两个案例研究：21.3 节的案例研究 1 介绍基于图的文本聚类和匹配，以发现和组织热点事件；21.4 节的案例研究 2 介绍基于图的多跳机器阅读理解。接下来，21.5 节提供了关于这个子领域的一些重要开放问题的协同论证。最后，21.6 节对本章进行了总结。

同时，最近的一些研究和论文（Wu et al，2021c，b；Vashishth et al，2019）旨在全面介绍用于 NLP 的图上机器学习（特别是深度学习）的历史和现代发展。例如，最近发布的 Graph4NLP 库[①]是第一个易于使用的图上深度学习和自然语言处理的交叉库。Graph4NLP 库既为数据科学家提供了先进模型的完整实现，也为研究人员和开发人员提供了灵活的接口，以建立具有整体流水线支持的定制模型。

21.2 将文本建模为图

本节将首先对 NLP 中不同的图表征进行概述，然后讨论如何从图的角度完成不同的 NLP 任务。

21.2.1 自然语言处理中的图表征

不同的图表征已经被提出用于文本建模。根据图中节点和边的类型的不同，大部分现有的图可以归纳为 5 类——文本图、句法图、语义图、知识图谱和混合图。

文本图使用单词、句子、段落或文档作为节点，并通过单词共现、位置或文本相似性建立边。Rousseau and Vazirgiannis（2013）以及 Rousseau et al（2015）将文档表征为文本图，其中的节点代表独特的术语，有向边代表大小固定的滑动窗口内术语之间的共现。Wang et al（2011）用句法依赖关系连接术语。Schenker et al（2003）提议在文档的标题、正文或链接中，如果一个词恰好在另一个词之前，则用一条有向边连接这两个词。图中的边可按照三种不同的连接类型进行分类。Balinsky et al（2011）、Mihalcea and Tarau（2004）以及 Erkan and Radev（2004）提议，如果句子彼此接近，并且至少有一个共同的关键词，或者句子的相似度高于阈值，则将它们连接起来。Page et al（1999）通过超链接连接网络文档。Putra and

① Graph4NLP 库可从 GitHub 官网获取。

Tokunaga（2017）构建了用于文本连贯性评估的句子的有向图。可利用句子的相似性作为权重，并以关于句子相似性或位置的各种约束条件连接句子。文本图虽然可以快速建立，但它们不能表征句子和文档的句法或语义结构。

句法图（或树）强调句子中单词之间的句法依赖关系。这样的句子结构表征是通过解析来实现的：根据正式的语法构建句子的句法结构。成分解析树和依赖解析图是两种使用不同语法的句子的句法表征（Jurafsky，2000）。基于句法分析，文档也可以被结构化。例如，Leskovec et al（2004）基于句法分析从文本中提取主-谓-宾三元组，并将它们合并成一个有向图，这个有向图可通过利用 WordNet（Miller，1995）来合并属于相同语义模式的三元组，从而得到进一步规范化。

句法图显示了文本的语法结构，语义图则旨在表征传达的意义。当多种解释都有效时，语义模型可以帮助消除一条句子的二义性。抽象意义表征（AMR）图（Banarescu et al，2013）是有根节点且有标签的有向无环图（Directed Acyclic Graph，DAG），由整个句子组成。意思相似的句子会被分配到相同的 AMR，即使它们的措辞不尽相同。通过这种方式，AMR 图便可从句法表述中抽象出来。AMR 图中的节点是一些 AMR 概念，可以是英语单词、PropBank 框架集（Kingsbury and Palmer，2002）或特殊的关键词。AMR 图中的边是大约 100 个关系，包括符合 PropBank 约定的框架参数、语义关系、数量、日期-实体、列表等。

知识图谱（Knowledge Graph，KG）是旨在积累和传达现实世界知识的数据图。KG 中的节点代表我们感兴趣的实体，边代表这些实体之间的关系（Hogan et al，2020）。一些典型的 KG 包括 DBpedia（Bizer et al，2009）、Freebase（Bollacker et al，2007）、Wikidata（Vrandečić and Krötzsch，2014）和 YAGO（Hoffart et al，2011），涵盖不同的领域。KG 已被广泛地应用于商业场景，如 Bing（Shrivastava，2017）和 Google（Singhal，2012）的网络搜索、Airbnb（Chang，2018）和 Amazon（Krishnan，2018）的商业推荐以及 Facebook（Noy et al，2019）和 LinkedIn（He et al，2016b）社交网络等。另外，也有一些图表征将文档中的术语与现实世界中的实体或基于 KG 的概念连接了起来，如 DBpedia（Bizer et al，2009）和 WordNet（Miller，1995）。Hensman（2004）用 WordNet 和 VerbNet 识别句子中的语义角色，他通过将这些语义角色与一组句法规则结合起来，构建了一个概念图。

混合图包含多种类型的节点和边，以整合异质信息。通过这种方式，各种文本属性和关系便可以共同用于 NLP 任务。Rink et al（2010）利用句子作为节点，在边上编码词法、句法和语义关系。Jiang et al（2010）从每条句子中提取标记、句法结构节点、语义节点等，并通过不同类型的边把它们连接起来。Baker and Ellsworth（2017）基于“框架语义学和结构语法”构建了一个句子图。

21.2.2 从图的角度完成自然语言处理任务

理解自然语言实际上就是理解不同的文本元素及其关系。因此，可根据前面介绍的不同表征，从图的角度完成不同的 NLP 任务。近年来，许多研究工作应用图神经网络（Wu et al，2021d）来解决 NLP 问题，其中大部分实际上是在解决以下问题——节点分类、链接预测、图分类、图匹配、社群检测、图-文本生成，以及对图的推理。

对于专注于为单词或短语分配标签的任务，它们可以建模为节点分类问题。Cetoli et al（2017）通过使用图卷积网络（Graph Convolutional Network，GCN）（Kipf and Welling，2017b）

提升了双向 LSTM 的结果，这表明依赖树在命名实体识别（Named Entity Recognition，NER）中能够发挥积极作用。Gui et al（2019）提出了一种基于 GNN 的方法来缓解中文 NER 中的词汇模糊问题，词条被用于构建图并提供词级特征。Yao et al（2019）提出了一种名为文本图卷积网络的文本分类方法，用于为整个语料库建立一个异质性的词文档图，从而将文档分类问题转换为节点分类问题。

除节点分类以外，预测两个元素的关系也是 NLP 研究中的一个基本问题，尤其对于知识图谱而言。Zhang and Chen（2018b）提出了一个新颖的链接预测框架，旨在基于图神经网络同时从局部包围子图、嵌入和属性中进行学习。Rossi et al（2021）对基于 KG 嵌入的链接预测模型进行了广泛的对比分析，他们发现，图的结构特征对链接预测模型的有效性起到至关重要的作用。Guo et al（2019d）引入了用于关系提取任务的“注意力引导的图卷积网络”（Attention Guided Graph Convolutional Network，AGGCN），实现了直接在完整的依赖树上进行操作，并以端到端的方式学习如何从中提取有用的信息。

图分类技术已被应用于文本分类问题，以利用文本的内在结构。Peng et al（2018）提出了一个基于图-CNN 的深度学习模型用于文本分类，过程如下：首先将文本转换为单词图，然后利用图卷积操作卷积单词图。Huang et al（2019a）以及 Zhang et al（2020d）提出了基于图的文本分类方法：假设每个文本都拥有结构图，并且可以学习文本级别的词之间的相互关系。

对于涉及一对文本的 NLP 任务，可以应用图匹配技术来纳入文本的结构信息。Liu et al（2019a）提出了“概念交互图”，实现了首先将文章表征为概念图；然后通过一系列的编码技术，对包含相同概念节点的句子进行比较，并对一对文章进行匹配；最后通过图卷积网络聚合匹配信号。Haghighi et al（2005）将句子表征为从依赖性分析器中提取的有向图，他们还开发了一种图匹配方法来近似文本的包含关系。Xu et al（2019f）将知识库匹配任务表述为图匹配问题，并且提出了一种基于图注意力的方法：首先匹配两个 KG 中的所有实体，然后对局部匹配信息进行联合建模，得出图级匹配向量。

社群检测提供了一种方法来粗粒度化节点之间复杂的交互或关系，这适用于文本聚类问题。Liu et al（2017a，2020a）描述了腾讯的一个新闻内容组织系统，该系统能够从庞大的突发新闻流中发现事件，并以在线方式演化出新闻故事结构。他们还构建了一个关键词图，并通过在其上应用社群检测来进行粗粒度的基于关键词的文本聚类。之后，他们进一步为每个粗粒度的聚类构建了一个文档图，并再次通过应用社群检测来获得细粒度的事件级文档聚类。

图-文本生成旨在产生保留输入图的意义的句子（Song et al，2020b）。Koncel-Kedziorski et al（2019）引入了一个图转换编码器，以利用知识图谱的关系结构并从中生成文本。Wang et al（2020k）以及 Song et al（2018）提出了图-序列模型（Graph Transformer），旨在从 AMR 图中生成自然语言文本。Alon et al（2019a）提出利用编程语言的句法结构对源代码进行编码并生成文本。

最后但同样重要的是，对图的推理在多跳问答（Question Answering，QA）、基于知识的 QA 和对话 QA 任务中起着关键作用。Ding et al（2019a）提出使用 CogQA 框架来解决大规模的多跳机器阅读问题：将推理过程组织成认知图，以达到实体级的可解释性。Tu et al（2019）将文档表征为异质图并采用基于 GNN 的消息传递算法，然后在得到的异质图上积累证据，以解决跨多个文档的多跳阅读理解问题。Fang et al（2020）通过在不同的粒度级别（如问题、段落、句子、实体）构建节点创建了一个层次图，他们还提出了“层次图网络”（Hierarchical Graph Network，HGN）用于多跳 QA。Chen et al（2020n）在每个对话回合中动态地构建了一个问题和对话历史感知的上下文图，并利用循环图神经网络和流机制来捕捉对话中的对话流。

在接下来的内容中，我们将通过两个案例研究来详细说明如何将图和图神经网络应用于不同的 NLP 任务。

21.3 案例研究 1：基于图的文本聚类和匹配

在这个案例研究中，我们将描述“故事森林”（Story Forest）智能新闻组织系统（后文简称“故事森林”系统），该系统被设计用于从网络规模的突发新闻中发现和组织细粒度的热点事件（Liu et al，2017a，2020a）。“故事森林”系统已经被部署到 QQ 浏览器中，这是一个为超过 1.1 亿日活跃用户服务的移动应用。具体来说，我们将看到一些图表征是如何被用于细粒度的文档聚类和文档配对的，此外我们还将看到 GNN 是如何为系统做出贡献的。

21.3.1 基于图聚类的热点事件发现和组织

在快节奏的现代社会里，不同的媒体提供者不断地产生大量的新闻文章，导致“信息爆炸”。同时，大量的日常新闻报道可能涵盖不同的主题，并包含冗余或重复的数据，它们对读者来说越来越难以消化。许多新闻应用程序的用户感到自己正被各种当前热点事件的极为重复的信息所淹没，同时这些新闻应用程序仍在努力获取用户真正感兴趣的事件的信息。另外，搜索引擎虽然是根据用户输入的请求进行文档检索的，但它们并没有为用户提供一种自然的方式来查看趋势性的话题或突发新闻。

为了应对上述挑战，名为“故事森林”的智能新闻组织系统应运而生，该系统的关键思想如下：不再根据输入的查询为用户提供网络文章列表，而是提出了“事件”和“故事”的概念，并建议将大量的新闻文章组织成故事树，以组织和跟踪不断变化的热点事件，揭示它们之间的关系，减少冗余的内容。事件是一组报道同一条真实世界里突发新闻的文章，故事树则是一棵由相关事件组成的树，其中涉及一系列不断发展的现实世界中的突发新闻。

“故事森林”系统的架构如图 21.1 所示。首先，一系列的 NLP 和机器学习工具被用来处理输入的新闻文档流，包括文档过滤和单词分割。其次，系统提取关键词，构建/更新关键词的关键词图，并将关键词图划分为子图。然后，系统利用 EventX（一种基于图的细粒度聚类算法）将文档聚类为细粒度的事件。最后，之前生成的故事树被更新，同时将发现的每个事件插入现有故事树的正确位置。如果一个事件不属于任何当前的故事，则生成一棵新的故事树。

从图 21.1 可以观察到，“故事森林”系统利用了各种文本图。具体来说，EventX 聚类算法基于两种类型的文本图——关键词共现图和文档关系图。关键词共现图的作用是将两个关键词连接起来，如果它们在新闻语料库中共同出现超过 n 次的话，其中的 n 是一个超参数。文档关系图则根据两个文档是否在谈论同一事件来连接文档对。基于这两类文本图，EventX 聚类算法可以准确地提取细粒度的文档集群，其中的每个文档集群包含一组关注同一事件的文档。

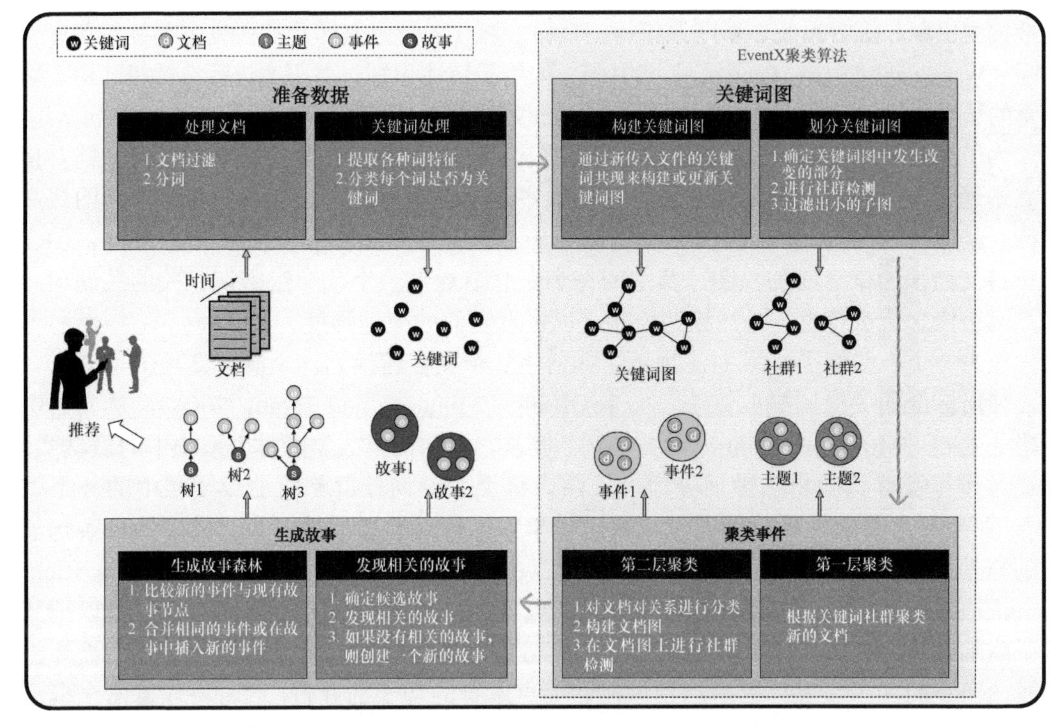

图 21.1 “故事森林”系统的架构〔图源：Liu et al（2020a）〕

具体来说，EventX 聚类算法通过执行基于图的两层聚类来提取事件。第一层聚类对构建的关键词共现图进行社群检测并将其划分为一系列子图，其中的每个子图都是特定主题的关键词。这一步给人的直觉是，与某个共同话题相关的关键词通常会出现在属于这个共同话题的文档中。因此，高度相关的关键词会相互连接，形成稠密的子图，而非高度相关的关键词之间会有稀疏的连接或不存在连接。这里的目标是提取与各种主题相关的稠密的关键词子图。在获得关键词子图（或社区）后，便可通过计算它们的 TF-IDF 相似度，将每个文档分配给与其最相关的关键词子图。对于这一点，我们已经在第一层聚类中按照主题对文档进行了分组。

在第二层聚类中，EventX 聚类算法将为第一层聚类得到的每个主题构建一个文档关系图。具体来说，一个二元分类器将被应用于主题中的每一对文档，以检测这对文档是否在谈论同一事件。如果是，就把这对文档连接起来，这样主题中的文档集就变成了一个文档关系图。之后，与第一层聚类中相同的社群检测算法将被应用于文档关系图，从而将其划分为一系列子图，其中的每个子图现在代表一个细粒度的事件，而不再代表一个粗粒度的话题。由于在进行完第一层文档聚类后，属于每个主题的新闻文章的数量明显减少，因此第二层的基于图的文档聚类效率很高，从而能够适用于现实世界中的应用。在提取细粒度的事件后，可通过将事件插入相关的故事中来更新故事树。如果事件不属于任何现有的故事，则创建一棵新的故事树。关于“故事森林”系统的更多细节，可以参考（Liu et al，2020a）。

21.3.2 使用图分解和卷积进行长文档匹配

对于“故事森林”系统，在构建文档关系图的过程中，一个基本的问题是确定两篇新闻文章是否在谈论同一事件。这是一个语义匹配问题，同时也是许多 NLP 应用的核心研究问题，包括搜索引擎、推荐系统、新闻系统等。然而，以往关于语义匹配的研究主要针对句子对的匹配（Wan et al，2016；Pang et al，2016），如用于转述识别、对答案进行选择等。由于新闻文章的长度较长，此类方法并不适合，它们在文档匹配上表现不佳（Liu et al，2019a）。

为了应对这一挑战，Liu et al（2019a）提出了一种分治策略，旨在对齐一对文档并使深度文本理解从目前占主导地位的语言元素顺序建模转向更适合长文章的新层次的图式文档表征。具体来说，Liu et al（2019a）提出了概念交互图（Concept Interaction Graph，CIG），旨在将文档视为概念的加权图，其中的每个概念节点是一个或一组密切相关的关键词。此外，两个概念节点将由一条加权边连接，以表示它们的交互强度。

作为一个小的例子，图 21.2 展示了如何将一个文档转换为一个概念交互图（CIG）。首先，使用标准的关键词提取算法，如 TextRank（Mihalcea and Tarau，2004），从文档中提取诸如 Rick、Morty 和 Summer 等关键词。其次，与前面“故事森林”系统中的做法类似，可通过进行社群检测将关键词分组为子图。每个关键词社群都将变成文档中的一个“概念”。在提取出概念之后，可通过计算句子和每个概念的相似性，将文档中的每条句子附加到与其最为相关的概念节点上。在图 21.2 中，第 5 句和第 6 句主要谈论的是 Rick 和 Summer 的关系，因此它们被附加到概念节点（Rick, Summer）上。同样，也可以把其他句子附加到概念节点上，从而把文档的内容分解成若干概念。为了构建边，我们需要将每个概念节点的句子集表征为附加到该概念节点本身的句子的并置，同时将任意两个概念节点之间边的权重设定为它们的句子集之间的 TF-IDF 相似度，以创建显示不同概念节点之间相关性的边。如果一条边的权重低于某个阈值，这条边将被删除。对于一对文档，将它们转换为 CIG 的过程是类似的。唯一不同的是，关键词都来自这对文档，而且每个概念节点都有来自这对文档的两组句子。最终，我们实现了用一个关键概念图来表征原始文档（或文档对），其中的每个概念节点都有一个或一对句子子集，此外还有它们之间的交互拓扑结构。

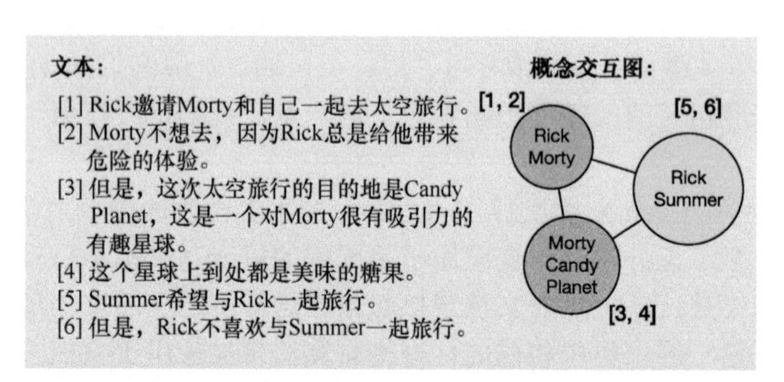

图 21.2　将一个文档转换为一个概念交互图〔图源：Liu et al（2020a）〕

在有一对文档的 CIG 表征后，便可以将这对文档的内容分解为多个部分。接下来，我们需要根据 CIG 表征来匹配文档。图 21.3 演示了一对长文档的匹配过程，具体包括 4 个步骤：

（1）预处理输入的文档对并将其转换为 CIG；

（2）在每个概念节点上匹配两个文档的句子，以获得局部匹配特征；

（3）通过图卷积层对局部匹配特征进行结构化转换；

（4）聚合所有的局部匹配特征，以获得最终结果。

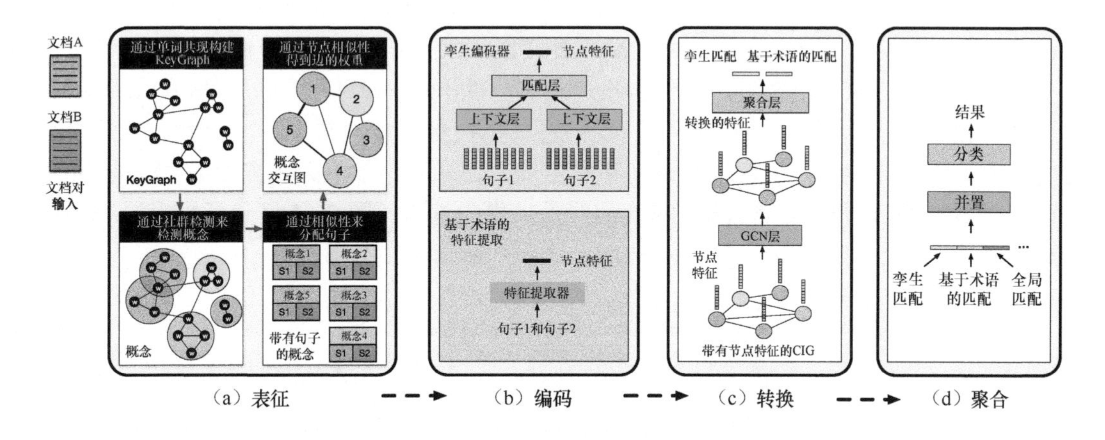

图 21.3　从一对文档中构建概念交互图（CIG）并通过图卷积网络对其进行分类〔图源：Liu et al（2019a）〕

具体来说，对于每个概念节点的局部匹配，输入是来自两个文档的两组句子。由于每个概念节点只包含文档中一少部分的句子，因此长文本匹配问题被转换为若干概念节点上的短文本匹配问题。Liu et al（2019a）利用了两种不同类型的匹配：

（1）基于相似性的匹配，旨在计算两组句子的各种文本相似性；

（2）孪生匹配，旨在利用孪生神经网络（Mueller and Thyagarajan，2016）对两组句子进行编码，得到一个局部匹配向量。

在得到局部匹配的结果后，接下来的问题是：如何得到整体的匹配分数呢？Liu et al（2019a）通过图卷积网络滤波器（Kipf and Welling，2017b），将局部匹配向量聚合成了一对文章的最终匹配分数，以捕捉 CIG 在多个尺度上表现出来的模式。特别是，多层 GCN 中的层对概念节点的局部匹配向量做了转换，以考虑节点（或两个文档中的概念）之间的交互结构。在得到转换后的特征向量后，便可通过均值集合得到一个全局匹配向量。最后，这个全局匹配向量将被送入分类器（如前馈神经网络）以获得最终的匹配标签或分数。本地匹配模块、全局聚合模块和最终的分类模块都得到了端到端的训练。

Liu et al（2019a）进行了广泛的评估以测试提出的方法在文档匹配中的表现，他们的一个关键发现是，图卷积操作明显提高了匹配的表现，这证明了将 GCN 应用于文本图表征的效果。通过使用 GCN 对匹配向量进行结构转换，我们可以有效捕捉到句子之间的语义交互，而转换后的匹配向量通过整合邻居节点的信息，能够更好地捕捉到每个概念节点上的语义距离。

21.4　案例研究 2：基于图的多跳阅读理解

在这个案例研究中，我们将进一步介绍如何将图神经网络（GCN）应用于 NLP 中的机器阅读理解（Machine Reading Comprehension，MRC）。机器阅读理解旨在教会机器像人一样阅读和理解非结构化文本。这是人工智能领域的一项挑战性任务，在各种企业级应用中具有巨大的潜力。大家将会看到，通过将文本表征为图并将图神经网络应用于其中，就可以模仿人类的推理过程并使 MRC 任务实现重大改进。

假设可以使用维基百科的搜索引擎，检索实体 x 的介绍性段落 para[x]。如何用搜索引擎回答如下问题：“Who is the director of the 2003 film which has scenes in it filmed at the Quality Cafe in Los Angeles?（2003 年拍摄的场景在洛杉矶的 Quality Cafe 的一部电影的导演

是谁？）” 我们会自然地从关注相关实体（如“Quality Cafe”）开始，通过维基百科查询相关介绍，当涉及好莱坞电影时，我们会迅速找到“Old School”和“Gone in 60 Seconds”。通过继续查询关于这两部电影的介绍，我们进一步找到了它们的导演。最后一步是确定最终的答案，这需要我们分析句子的语义和限定词。在知道这部电影是在 2003 年拍摄之后，我们可以做出最后的判断。“Todd Phillips”是最终的答案。图 21.4 展示了以上过程。回答上述问题需要对不同的信息进行多跳推理，这就是所谓的多跳问答。

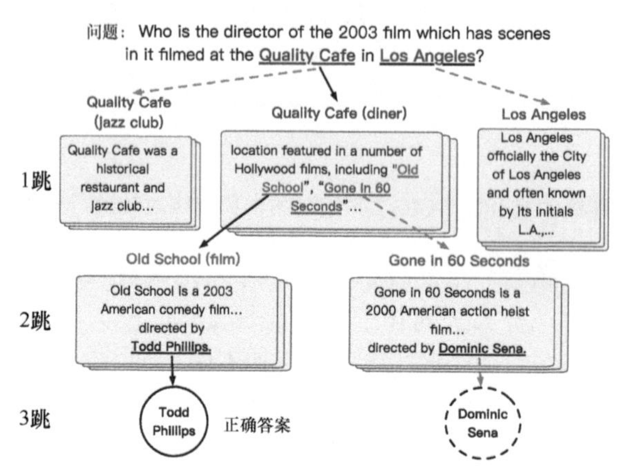

图 21.4　一个多跳问答的认知图，其中的每个跳跃节点都会对一个实体（如“Los Angeles”）做出反应，后面是相关的介绍性段落。圆圈代表答案节点，里面是问题的候选答案。认知图能够模仿人类的推理过程。当调用一个实体到“思维”（mind）中时，就会建立边，黑色的实心边代表正确的推理路径〔图源：Ding et al（2019a）〕

事实上，“快速关注相关实体”和“通过分析句子的含义进行推理”是两个不同的思维过程。在认知方面，众所周知的“双重过程理论”（Kahneman，2011）认为，人类的认知分为两个系统——系统 1 和系统 2。系统 1 是隐式的、无意识的、直观的思考系统，其运作依赖于经验和联想。系统 2 执行明确的、有意识的、可控制的推理过程。系统 2 使用工作记忆中的知识来进行缓慢但可靠的逻辑推理。系统 2 是人类高级智能的体现。

在“双重过程理论”的指导下，Ding et al（2019a）提出了“认知图问答”（Cognitive Graph QA，CogQA）框架。CogQA 框架采用了一种名为“认知图”的有向图，以便在多跳问答的认知过程中进行分步推导和探索。可将图 21.4 所示的认知图表示为 $\mathcal{G}$，其中的每一个节点代表一个实体或可能的答案 x，也可互换表示为节点 x。黑色的实心边是回答问题的正确推理路径。认知图是用一个提取模块构建的，这个提取模块的作用类似于系统 1——将实体 x 的介绍性段落 para[x]作为输入并从中输出答案候选者（也就是答案节点）和有用的下一跳实体（也就是跳跃节点）。使用这些新的节点逐渐扩展 $\mathcal{G}$，从而为系统 2 的推理模块形成明确的图结构。在扩展 $\mathcal{G}$ 的过程中，新节点或现有的节点与新传入的边带来了关于答案的新线索，这样的节点被称为“前沿节点”。对于线索来说，这是一个形式灵活的概念，系统 2 将参考前面的信息，指导系统 1 更好地提取各个实体。为了对 $\mathcal{G}$ 进行基于神经网络而不是基于规则的推理，系统 1 在提取实体的同时，也会将介绍性段落 para[x]总结为一个初始的隐藏表征向量，系统 2 则根据图结构更新所有段落的隐藏表征向量，作为下游预测的推理结果。

CogQA 框架的工作原理如下：使用问题 Q 中提到的实体初始化认知图 $\mathcal{G}$，同时将这些实体标记为初始的前沿节点。在完成初始化之后，从前沿节点中弹出节点 x，用两个模型 $\mathcal{f}_1$ 和 $\mathcal{f}_2$ 分别模仿系统 1 和系统 2，进行两阶段的迭代过程。

在第一阶段，CogQA 框架的系统 1 从段落中提取与问题相关的实体和候选答案，并对它们的语义信息进行编码。接下来，将提取出来的实体组织成认知图，这类似于工作记忆。具体来说，给定 x，CogQA 框架将从 x 的前驱节点收集 clues[x, $\mathcal{G}$]，其中的线索可以是提到 x 的句子。在进一步从维基百科数据库 $\mathcal{W}$ 中获取到介绍性段落 para[x]（如果有的话）之后，$\mathcal{f}_1$ 将生成 sem[x, Q, clues]，这就是初始的 $\boldsymbol{X}_x$（也就是 x 的嵌入）。如果 x 是一个跳跃节点，那么 $\mathcal{f}_1$ 就可以在 para[x]中找到 hop span（下一跳实体）和 answer span（候选答案）。对于每个 hop span y，如果 $y \notin \mathcal{G}$ 且 $y \in \mathcal{W}$，则为 y 创建一个新的跳跃节点并将其添加到 $\mathcal{G}$ 中。如果 $y \in \mathcal{G}$ 但边$(x, y) \notin \mathcal{G}$，则在 $\mathcal{G}$ 中添加一条新的边（x, y），并将节点 y 标记为前沿节点，因为需要用新的信息重新访问它。对于每个 answer span y，新的答案节点 y 和边(x,y)将被添加到 $\mathcal{G}$ 中。

在第二阶段，CogQA 框架的系统 2 将基于认知图进行推理，并收集线索以指导系统 1 更好地提取下一跳实体。特别是，所有段落的隐藏表征 $\boldsymbol{X}$ 将被 $\mathcal{f}_2$ 更新。上述过程将反复进行，直到认知图中没有前沿节点（即所有可能的答案都被找到）或认知图足够大为止。最后根据系统 2 的推理结果 $\boldsymbol{X}$，用预测器选出最终的答案。

CogQA 框架可以实现图 21.5 中的系统，该系统将 BERT（Devlin et al，2019）作为系统 1，并将 GNN 作为系统 2。线索 clues[x, $\mathcal{G}$]是节点 x 的前驱节点的段落中的句子。从图 21.5 可以看出，BERT 的输入是问题、从前驱节点传来的线索以及节点 x 的介绍性段落的并置。基于这些输入，BERT 将输出 hop span 和 answer span，并使用位置 0 的输出作为 sem[x, Q, clues]。

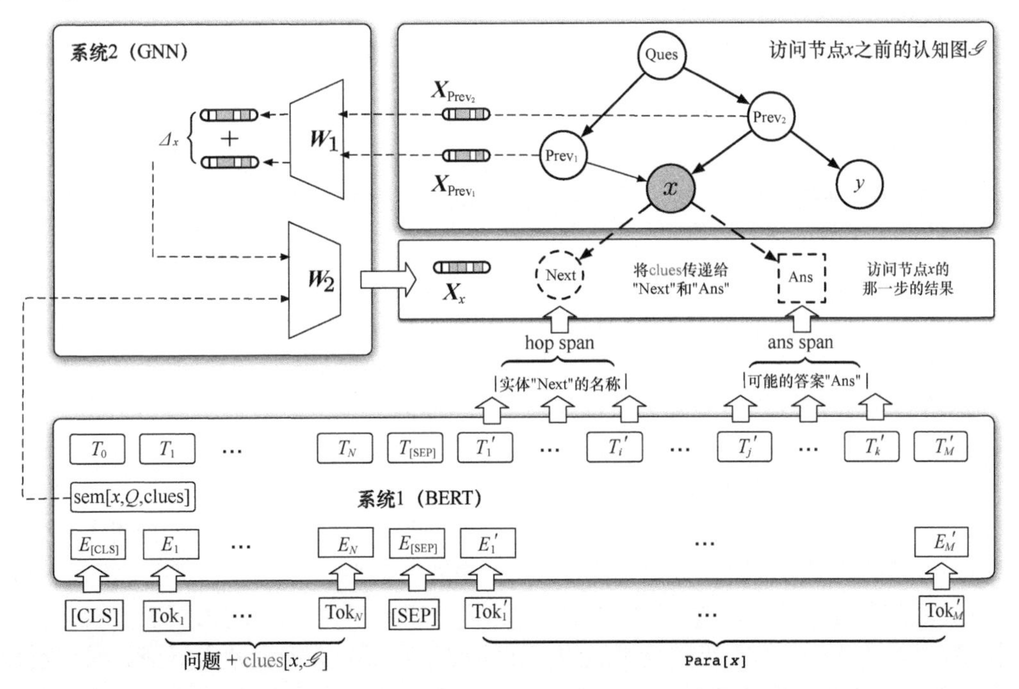

图 21.5　CogQA 框架的实现概览：当访问节点 x 时，系统 1 将根据发现的 clues[x, $\mathcal{G}$]生成新的跳跃节点和答案节点，此外还将创建初始表征 sem[x, Q, clues]，系统 2 中的 GNN 则在此基础上更新隐藏表征 $\boldsymbol{X}_x$
〔图源：Ding et al（2019a）〕

对于系统 2，CogQA 框架利用 GNN 的一个变体来更新所有节点的隐藏表征。对于每个节点 x，其初始表征 $\boldsymbol{X}_x \in \mathbb{R}^h$ 是系统 1 的语义向量 sem[x, Q, clues]。GNN 层的更新公式如下：

$$\Delta=\sigma(\boldsymbol{A}\boldsymbol{D}^{-1})^{\mathrm{T}}\sigma(\boldsymbol{X}\boldsymbol{W}_1)) \tag{21.1}$$

$$\boldsymbol{X}'=\sigma(\boldsymbol{X}\boldsymbol{W}_2+\Delta) \tag{21.2}$$

其中，$\boldsymbol{X}'$是执行完 GNN 的传播步骤之后的新隐藏表征。$\boldsymbol{W}_1$ 和 $\boldsymbol{W}_2 \in \mathbb{R}^{h\times h}$ 是权重矩阵，σ 是激活函数。$\Delta \in \mathbb{R}^{n\times h}$ 是传播过程中从邻居节点传来的聚合向量。$\boldsymbol{A}$ 是 $\mathscr{G}$ 的邻接矩阵，已被列归一化为 $\boldsymbol{A}\boldsymbol{D}^{-1}$，其中的 $\boldsymbol{D}$ 是 $\mathscr{G}$ 的度数矩阵。通过对转换后的隐藏向量 $\sigma(\boldsymbol{X}\boldsymbol{W}_1)$ 左乘 $(\boldsymbol{A}\boldsymbol{D}^{-1})^{\mathrm{T}}$，GNN 实现了局部的谱滤波。在访问前沿节点 x 的迭代步骤中，可按照上述公式更新隐藏表征 $\boldsymbol{X}_x$。

最后，将一个两层的全连接网络（Fully Connected Network，FCN）用作预测器 $\mathscr{F}$：

$$答案 = \operatorname{argmax}_{答案节点x} \mathscr{F}(\boldsymbol{X}_x) \tag{21.3}$$

通过这种方式，我们可以选择一个候选答案作为最终答案。在 HotpotQA 数据集（Yang et al，2018b）中，有些问题旨在比较实体 x 和 y 的某种属性，这类问题可视为输入 $\boldsymbol{X}_x-\boldsymbol{X}_y$ 的二元分类问题，它们可用另一个相同的 FCN 来解决。

CogQA 框架中的认知图结构提供了有序的、实体层面的可解释性，适用于关系推理，因为里面有明确的推理路径。除简单的路径以外，CogQA 框架还可以清楚地显示联合或循环的推理过程，其中新的前驱节点可能会带来关于答案的新线索。正如我们所看到的，通过将上下文信息建模为认知图并将 GNN 应用于这种表征，便可以模仿人类感知和推理的双重过程，从而在多跳机器阅读理解任务中取得优异的表现，就如文献（Ding et al,2019a）中展示的那样。

21.5　未来的方向

正如我们通过案例研究讨论和展示的那样，将图神经网络（GNN）应用于具有合适的文本图表征的自然语言处理（NLP）任务可以带来巨大的好处。尽管 GNN 在许多任务中取得了出色的表现，包括文本聚类、分类、生成、机器阅读理解等，但目前仍有许多开放性问题需要解决，以便利用基于图的表征和模型更好地理解人类语言。正因为如此，本节特意从 GNN 的模型设计、数据表达学习、多任务关系建模、世界模型和学习范式 5 个方面对基于图的 NLP 的开放性问题或未来方向进行分类和讨论。

尽管有几个 GNN 模型适用于 NLP 任务，但它们在模型设计方面仅仅探索了其中的一少部分。可通过利用或改进更高级的 GNN 模型来处理自然语言文本的规模、深度、动态、异质性和可解释性。第一，将 GNN 扩展到大型图有助于更好地利用大规模的知识图谱等资源。第二，大多数 GNN 架构是浅层的，在超过三层后，其表现就会下降。通过设计更深的 GNN，可让节点表征学习来自更大、更有适应性的感受野的信息（Liu et al，2020c）。第三，我们可以利用动态图来模拟文本中不断变化的或时间性的现象，如故事或事件的发展。相应地，动态或时序 GNN（Skarding et al，2020）可以帮助我们捕捉特定 NLP 任务中的动态性质。第四，NLP 中的句法图、语义图和知识图谱在本质上是异质图，开发异构 GNN（Wang et al，2019i；Zhang et al，2019b）有助于我们更好地利用文本中的各种节点和边信息并理解其语义。第五，同样重要的是，改善人工智能系统中模型整体和单个预测的可解释性以及可信度的需求需要有一些原则性方法，其中一种方法是使用 GNN 作为神经符号的计算和推理模型（Lamb et al，2020），因为数据结构和推理过程可以自然地被图捕获到。

对于数据表征，大多数现有的GNN只能在输入数据的图结构可用时从输入中进行学习。然而，现实世界中的图往往是有噪声的、不完整的，抑或可能根本无法获得。通过设计有效的模型和算法以自动学习输入数据中的关系结构和有限的结构化归纳偏置，我们可以有效地解决这个问题。我们可以让模型自动识别输入数据点之间隐含的、高阶的甚至偶然的关系，并学习输入的图结构和图表征，而不是为不同的应用手动设计特定的图表征。为了实现这些，最近关于图池化（Lee et al，2019b）、图转换（Yun et al，2019）和超图神经网络（Feng et al，2019c）的研究值得应用并进一步探索。

用于 NLP 的深度神经网络中的多任务学习（Multi-Task Learning，MTL）最近重新受到人们越来越多的关注，因为它有可能做到有效地规范化模型并减少对有标签数据的需求（Bingel and Søgaard，2017）。我们可以将图结构的表征能力与 MTL 结合起来，整合不同的输入数据，如图像、文本片段和知识库，并为各种任务共同学习一个统一的结构化表征。此外，我们还可以学习不同任务之间的关系或相关性，并利用学到的关系进行课程式学习，以加快模型训练的收敛速度。最后，随着不同数据的统一图示和整合以及不同任务的联合式学习和课程式学习，NLP 或 AI 系统将得到在其整个生命周期内不断获取、微调、迁移知识和技能的能力。

扎根式语言学习或习得（Matuszek，2018；Hermann et al，2017）是另一个趋势性的研究课题，旨在学习语言的意义，因为其适用于真实世界。直观地说，当一种语言在其所涉及世界的背景下被展示和解释时，我们便可以更好地学习它。事实证明，GNN 可以有效地捕捉世界上不同元素之间的联合依赖关系（Li et al，2017e）。此外，GNN 还可以有效地利用世界上多种模式的丰富信息来帮助理解场景文本的含义（Gao et al，2020a）。因此，对于使用图和 GNN 表征世界或环境以提高对语言的理解，值得我们进行更多的研究。

最后，关于 GNN 的自监督预训练的研究也在引起人们更多的关注。自监督表征学习将输入数据本身作为监督，这有利于几乎所有类型的下游任务（Liu et al，2020f）。很多成功的自监督预训练策略，如 BERT（Devlin et al，2019）和 GPT（Radford et al，2018），已经被开发出来，以解决各种语言任务。对于图学习来说，当特定任务的标记数据极其稀少或者训练集中的图与测试集中的图在结构上有很大不同时，预训练 GNN 可以作为在图结构数据上进行迁移学习的有效方法（Hu et al，2020c）。

21.6 小结

在过去的几年里，图神经网络（GNN）已经成为一个强大而实用的工具，可用来处理各种能够用图来建模的问题。本章针对在 NLP 任务中如何结合图表征和图神经网络做了全面概述。首先，我们通过 NLP 研究的发展历史介绍了将图表征和 GNN 应用于解决 NLP 问题的动机。接下来，我们简要介绍了 NLP 中的各种图表征，并讨论了如何从图的角度处理不同的 NLP 任务。为了更详细地说明图和 GNN 在 NLP 中的应用，我们还介绍了两个与基于图的热点事件发现和多跳机器阅读理解有关的案例研究。最后，我们对基于图的 NLP 的一些前沿研究和开放性问题进行了分类和讨论。

编者注： 在过去的 20 年里，基于图的自然语言处理方法得到长期研究。事实上，人类的语言是高级符号，因此在原始的简单文本序列之外，还有丰富的隐藏结构信息。为了在 NLP 中充分利用 GNN，第 4 章的 GNN 方法和第 14 章的图结构学习技术是两个基本的构建模块。同时，第 6 章的 GNN 可扩展性、第 8 章的 GNN 对抗鲁棒性、第 16 章的异质 GNN 等，对于为各种 NLP 应用开发有效且高效的 GNN 方法也非常重要。本章与第 20 章（计算机视觉中的 GNN）高度相关，因为计算机视觉和自然语言处理是快速增长的两个研究领域，多模态数据在今天已经得到广泛使用。

第 22 章
程序分析中的图神经网络

Miltiadis Allamanis[①]

摘要

程序分析的目的是确定程序的行为是否符合某些规范。通常情况下，程序分析需要由人类定义和调整，这是一个代价高昂的过程。最近，机器学习方法已经显示出在概率上实现广泛的程序分析的前景。鉴于程序的结构化性质以及程序分析中图表征的共性，GNN 提供了一种表征、学习和推理程序的优雅方式，并被普遍应用于基于机器学习的程序分析。本章将讨论 GNN 在程序分析中的应用，并展示两个实际的案例研究——检测变量误用缺陷和预测动态类型化语言中的类型，最后指出这一领域未来的发展方向。

22.1 导读

在编程语言研究中，程序分析几十年来一直是一个活跃的、充满活力的领域，有许多富有成效的研究成果。程序分析的目标是确定程序的行为属性（Nielson et al，2015）。传统的程序分析方法旨在为某些程序属性提供形式上的保证，例如保证一个函数的输出总是满足某些条件，或者保证一个程序总是会终止运行。为了提供这些保证，传统的程序分析依赖于一些严格的数学方法，这些数学方法可以确定性地、结论性地证明或反驳关于程序行为的正式声明。

然而，传统的程序分析无法学习使用编码模式或概率性地处理现实生活中大量存在并被程序员广泛使用的模糊信息。例如，当一位软件工程师遇到一个名为 counter 的变量时，如果没有任何额外的上下文，该软件工程师大概率会得出如下结论：counter 变量是一个非负的整数，用来枚举一些元素或事件。相比之下，传统的程序分析（没有额外的上下文）将保守地得出 counter 变量可能包含任何数值的结论。

基于机器学习的程序分析（见 22.2 节）旨在提供这种类似于人类的能力，以放弃提供（绝对）保证的能力为代价，学习推理模糊和部分信息。作为替代，通过学习常见的编码模式，如命名约定和语法习惯，这些程序分析方法可以提供关于程序行为的（概率）证据。这并不是说机器学习使传统的程序分析变得多余，而是说机器学习在程序分析方法的武器库中添加了一个有用的武器。

程序的图表征在程序分析中起着核心作用，它们允许对程序的复杂结构进行推理。

---

① Miltiadis Allamanis
Microsoft Research，E-mail：miallama@microsoft.com

在 22.3 节中，我们将介绍本章使用的一种图表征并讨论替代方案。我们还将讨论 GNN（人们已经发现 GNN 自然地适用于基于机器学习的程序分析）并将其与其他机器学习模型联系起来（见 22.4 节）。GNN 允许我们通过整合程序实体之间丰富的、确定性的关系以及对模糊编码模式的学习能力，来优雅地表征、学习和推理程序。我们将讨论如何使用 GNN 进行两种实际的静态程序分析——缺陷检测（见 22.5 节）和概率类型推理（见 22.6 节），并在本章的末尾总结这一子领域的重要开放性问题以及一些有前途的研究方向（见 22.7 节）。

22.2 程序分析中的机器学习

在讨论使用 GNN 进行程序分析之前，我们有必要退一步，问一问自己：机器学习在哪些方面有助于程序分析，为什么？乍看起来，静态程序分析和动态程序分析似乎不兼容：静态程序分析旨在寻求某些保证（如程序永远不会达到某种状态），动态程序分析则旨在证明程序执行的某些方面（如特定的输入产生预期的输出）。机器学习是对事件的概率进行建模。

与此同时，针对代码的机器学习这一新兴领域（Allamanis et al，2018a）已经表明，机器学习可以应用到一系列软件工程任务的源代码中。前提是，尽管代码具有确定性的、无二义性的结构，但人类编写的代码包含模式和模糊的信息（如注释和变量名等），这对于了解程序的功能很有价值，并且这也正是程序分析可以利用的地方。

机器学习在程序分析中可以被用于两个广泛的领域：学习证明启发式方法以及学习静态或动态程序分析。常见的静态程序分析是将分析任务转换成组合搜索问题〔如布尔可满足性问题（SAT）〕或另一种形式的定理证明。众所周知，这样的问题往往是计算难解的。基于机器学习的方法，如 Irving et al（2016）以及 Selsam and Bjørner（2019）的研究成果，可以通过学习启发式方法来指导组合搜索。这一令人振奋的研究领域不在本章的讨论范围之内。所不同的是，我们专注于静态程序分析学习问题。

从概念上讲，规范定义了程序功能的某个理想方面，并且可以采取多种形式，从自然语言描述到正式的数学结构。传统的程序分析通常采用严格的形式化方法来进行静态程序分析，而通过观察程序的执行来进行动态程序分析。遗憾的是，定义这样的程序分析是一项烦琐的手动任务，很少能扩展到广泛的属性和程序。尽管安全关键型应用必须使用传统的程序分析，但仍有大量的应用没有机会从程序分析中获益。基于机器学习的程序分析旨在解决这个问题，但需要牺牲提供保证的能力。具体来说，机器学习可以帮助程序分析处理两个常见的模糊性来源——隐含的规范和模糊的执行环境（缘于动态加载的代码）。

程序分析学习通常采取以下三种形式之一。

规范调整。即便健全的程序分析也可能产生许多假阳性（假警报）。大量的错误警报会导致类似于“狼来了”的情况——真正的阳性被忽略，分析的效用被降低。为了解决这个问题，Raghothaman et al（2018）以及 Mangal et al（2015）提出使用机器学习方法来“调整”（或后处理）程序分析，通过学习传统程序分析的哪些方面可以打折扣，实现以查全率（健全性）为代价提高查准率。

规范推断。规范推断要求机器学习模型学会从现有的代码中预先判断出合理的规范。

通过做出（合理的）假设，让代码库中的大部分代码符合一些隐含规范，机器学习模型被要求推断出这些规范的闭形（closed form）。随后，预测的规范可以输入传统的程序分析中，以检查程序是否满足这些规范。规范推断的例子有用于检测资源泄漏的因子图（Kremenek et al，2007）、用于信息流分析的研究（Livshits et al，2009；Chibotaru et al，2019）、用于生成循环不变式的研究（Si et al，2018）以及用于从实例中合成基于规则的静态分析器的研究（Bielik et al，2017）。22.6 节讨论的类型推理问题也是规范推断的一个例子。

较弱的规范（通常用于动态程序分析）也可以被推理出来。例如，Ernst et al（2007）以及 Hellendoorn et al（2019a）旨在通过观察执行期间的值来预测不变量（断言语句），Tufano et al（2020）旨在学习生成单元测试并描述代码行为的各个方面。

黑盒分析学习。机器学习模型作为黑盒，虽然执行程序分析并提出警告，但从未明确给出具体规范。这种形式的程序分析具有很大的灵活性，它们所能做到的超出了许多传统形式的程序分析。然而，它们往往牺牲了可解释性，并且不提供任何保证。黑盒分析学习的例子包括 DeepBugs（Pradel and Sen，2018）、Hoppity（Dinella et al，2020）以及 22.5 节将要讨论的变量误用问题（Allamanis et al，2018b）。

22.5 节和 22.6 节将展示两个使用 GNN 的静态程序分析案例。不过，现在我们首先需要讨论如何将程序表征为图（见 22.3 节）以及如何使用 GNN 处理这些图（见 22.4 节）。

22.3 程序的图表征

许多传统的程序分析方法是通过程序的图表征来表达的，这种表征的例子包括语法树、控制流、数据流、程序依赖性和调用图，它们都提供了程序的不同视图。在高层次上，程序可被认为是一组异质的实体，它们通过各种关系联系在一起。这种视图可以直接将程序映射为异质有向图 $\mathcal{G}=(\mathcal{V}, \mathcal{E})$，其中的每个实体被表征为一个节点，每个 r 类型的关系则被表征为一条边$(v_i, r, v_j)\in\mathcal{E}$。这些图虽然类似于知识库，但却具有如下两个重要的区别：

（1）节点和边可以确定地从源代码和其他程序工件中提取；

（2）每个程序/代码片段都有一个图。

然而，决定哪些实体和关系应包括在程序的图表征中则是一种特征工程，取决于任务。需要注意的是，并不存在一种唯一的或被广泛接受的方法可以将程序转换为图表征；不同的表征会在表达各种程序属性、图表征的大小以及生成它们所需的（人力和计算）工作量之间进行权衡。

本节将介绍一种可能的程序图表征，其灵感来自（Allamanis et al，2018b），他们将每个源代码文件建模为一个单一的图。我们在本节的末尾将讨论其他的图表征。图 22.1 展示了一个手动制作的合成了 Python 代码片段的异质图表征，以说明图表征的几个方面。

在图 22.1 中，源代码被表征为一个带有类型节点和边（显示在图的底部）的异质图。代码最初是由词条（词条节点）组成的，它们可以确定地被解析为具有非终端节点（顶点）的语法树。代码片段中存在的符号（如变量）可以计算出来（符号节点），对每个符号的引用则用一条 Occurrence Of 边来表示。数据流边可以计算出来（May Next Use），以表示程序中可能存在的数值流。注意，这里的代码片段在第 4 行有一个 bug（见 22.5 节）。

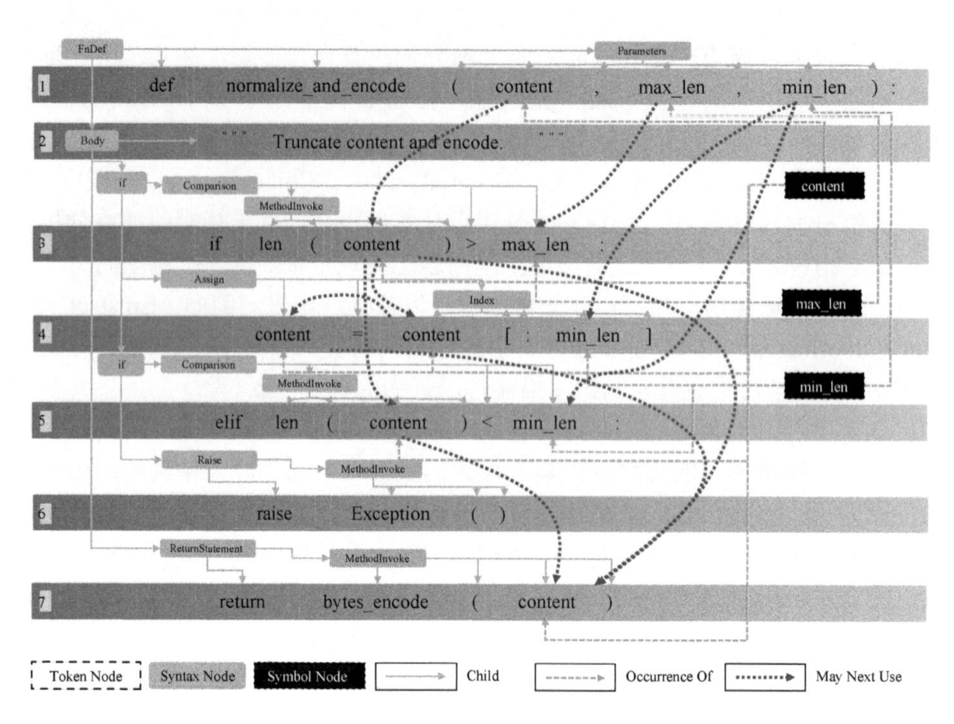

图 22.1　一个简单的合成了 Python 代码片段的异质图表征（为了让图看起来清晰，这里省略了一些节点）

下面对实体和关系进行高层次解释。至于相关概念的详细解释，请参考编程语言文献，如（Aho et al，2006）的编译器教科书。

词条。程序的源代码在其最基本的形式上是一串字符。根据结构，编程语言可以被确定地分词为一连串的标记（又称为词素）。然后，每个词条可以表征为一个“词条”类型的节点（图 22.1 中带有灰色边框的白色方框）。这些节点可用 Next Token 边（图 22.1 中未显示）连接起来，形成线性链。

语法。词条序列被解析成一棵语法树，其中的叶子节点是词条，剩余的其他所有节点是“语法节点”（图 22.1 中用灰色填充的圆角方框）。可使用一条 Child 边将所有的语法节点和词条节点连接起来，形成一种树状结构。这种树状结构提供了关于词条的语法作用的上下文信息，可将它们分组为表达式和语句；它们是程序分析中的核心单位。

符号。下面引入“符号”节点（图 22.1 中用黑色填充的带虚线的方框）。Python 中的符号是指在程序的特定范围内可用的变量、函数和包。与大多数编译器和解释器一样，在解析完代码之后，Python 会创建一个符号表，里面包含每个代码文件中的所有符号。可首先为每个符号创建一个节点，然后将每个标识符词条（比如图 22.1 中的 content 词条）或表达式节点连接到其所指的符号节点。符号节点作为变量使用的中心参考点，对于建模长距离关系（比如一个对象应如何使用）非常有用。

数据流。为了传达关于程序执行的信息，可使用程序内数据流分析将数据流边添加到图中（图 22.1 中的虚线）。尽管由于在循环和 if 语句中使用了分支，程序在执行过程中的实际数据流是未知的，但我们仍然可以通过添加边来表明数据在程序中可能流动的所有有效路径。以图 22.1 中的参数 min_len 为例，如果第 3 行的条件为真，那么第 4 行将访问 min_len，但第 5 行不会访问 min_len；相反，如果第 3 行的条件为假，那么程序将进入第 5 行并在那里访问 min_len。可使用 May Next Use 边来代表这一信息。这种结构类似于编译器和传统程序分析中使用的程序依赖图（Program Dependence Graph，PDG）。与之前讨论的边相比，May Next Use 边不代表一种确定的关系，而是勾勒出执行过程中所有可能的数据流。这种关系在需要计算程序的存在性或普遍性的程序分析中很重要。例如，程序分析可能需要针对如下情况进行计算：对于所有（∀）可能的执行路径，某个属性为真；抑或存在（∃）至少一个使用某属性的可能执行。

有趣的是，仅仅使用词条节点和 Next Token 边，便可以（确定性地）计算所有其他节点和边。编译器就能做到这一点。既然如此，为什么还要引入这些额外的节点和边，而不是让神经网络计算它们？提取这样的图表征在计算成本上是很低的，可以使用编程语言的编译器/解释器来执行，而不需要付出大量的努力。通过直接向机器学习模型（如 GNN）提供这些信息，可避免“浪费”模型的能力来学习确定的事实，并引入有助于完成程序分析任务的归纳偏置。

其他的图表征。到目前为止，我们仅展示了一种简化的图表征，其灵感来自（Allamanis et al，2020）。然而，这只是众多图表征中的一种，这种图表征强调代码的局部方面，如语法和程序内的数据流，这些对于 22.5 节和 22.6 节将要讨论的任务是有用的。在图 22.1 所示的图表征中，我们还可以添加其他实体和关系。例如，Allamanis et al（2018b）使用 Guarded By 边来表示一条语句受条件保护（换言之，只有当条件为真时，这条语句才执行），Cvitkovic et al（2018）使用 Subtoken Of 边连接词条节点和特殊的子词条节点，以表示节点共享某共同的子词条（例如，图 22.1 中的词条 max_len 和 min_len 共享 len 子词条）。

这里介绍的图表征是局部的，强调代码的局部结构，允许检测和使用细粒度的模式。其他的局部表征，如 Cummins et al（2020）提出的图表征，强调数据和控制流，并且会去除标识符和注释中丰富的自然语言信息，这对于一些编译器程序分析任务来说是不必要的。然而，当表征多个文件时，这种局部表征会产生非常大的图，目前的 GNN 架构无法有意义地处理它们（因为节点之间的距离会非常长）。尽管包括所有可以想象到的实体和关系的单一、通用的图表征似乎很有用，但现有的 GNN 在处理大量的数据时会受到影响。

当然，也有文献强调不同程序方面的替代图表征，并且提供了不同的权衡。其中一种图表征是 Wei et al（2019）提出的全局超图表征，其强调程序中表达式之间的过程间和过程内的类型约束，而忽略关于语法模式、控制流和程序内数据流的信息。这种图表征虽然允许以适合预测类型标注的方式处理整个程序（而不是单个文件，见图 22.1 所示的图表征），但却错失了从句法和控制流模式中学习的机会。例如，业内对于将这种图表征用于 22.5 节讨论的变量误用缺陷检测是有争议的。另一种图表征是由 Abdelaziz et al（2020）定义的外在图表征，他们将程序的句法和语义信息与元数据（如来自文档和问答网站的内容）相结合。这样的图表征通常不强调代码结构，而侧重于软件开发的其他自然语言和社会元素。这样的图表征不适合 22.5 节和 22.6 节的程序分析。

22.4 用于程序图的图神经网络

鉴于代码的图表征占主导地位，早在图神经网络（GNN）确立于机器学习领域之前，各种机器学习技术就已经被用于程序图的分析。从这些技术中，我们发现了 GNN 的一些起源和动机。

首先，一种流行的方式是将图投影到其他机器学习方法可以接受的另一个更简单的表征中，这种投影包括序列、树和路径。例如，Mir et al（2021）对每个变量使用周围的词条序列进行编码，以预测其类型（见 22.6 节中的用例）。基于序列的模型提供了极大的简单性，并且具有良好的计算性能，但却有可能错失捕捉复杂结构模式（如数据和控制流）的机会。

其次，一种成功的表征是从树或图中提取路径。例如，Alon et al（2019a）提取了抽象语法树中每两个终端节点之间的路径样本，这类似于随机游走方法（Vishwanathan et al，2010）。这样的方法可以捕捉到句法信息并学习推导出一些代码的语义信息。这些路径很容易提取，它们能提供有用的特征来学习代码。然而，它们是程序中实体和关系的有损投影，原则上，GNN 可以完全使用。

最后，因子图，如条件随机场（Conditional Random Field，CRF），可以直接在图上工作。这类模型通常包括精心构建的图，它们只捕捉相关的关系。程序分析中最突出的例子包括 Raychev et al（2015）所做的工作，他们捕捉了表达式之间的类型约束和标识符的名称。虽然这类模型能够准确地代表实体和关系，但它们通常需要手动的特征工程，并且不能轻易地学习那些明确建模之外的“软”模式。

图神经网络（GNN）正迅速成为学习型程序分析的重要工具，因为 GNN 可以灵活地从丰富的模式中进行学习，并且容易与其他神经网络组件相结合。给定程序的图表征，GNN 将计算每个节点的网络嵌入，以用于下游任务，如 22.5 节和 22.6 节讨论的任务。

刚开始，每个实体/节点 v_i 将被嵌入一个向量表征 $\boldsymbol{n}_{v_i}$。程序图中的节点拥有丰富多样的信息，比如有意义的标识符名称（如 max_len）。为了利用每个词条和符号节点中的信息，字符串表征将被子词条化（如“max”“len”），每个初始节点表征 $\boldsymbol{n}_{v_i}$ 是通过池化子词条的嵌入来计算的。以用于池化求和的节点 v_i 为例，输入节点表征可以计算为

$$\boldsymbol{n}_{v_i} = \sum_{s \in \mathrm{SUBTOKENIZE}(v_i)} \boldsymbol{t}_s$$

其中，$\boldsymbol{t}_s$ 是学到的子词条 s 的嵌入。对于语法节点，它们的初始状态是节点类型的嵌入。

接下来，任何能够处理有向异构图[①]的 GNN 架构都可以用来计算网络嵌入：

$$\{\boldsymbol{h}_{v_i}\} = \mathrm{GNN}(\mathcal{G}', \{\boldsymbol{n}_{v_i}\}) \tag{22.1}$$

其中，GNN 通常有固定的“层数”（比如 8）；$\mathcal{G}' = (\mathcal{V}, \mathcal{E} \cup \mathcal{E}_{\mathrm{inv}})$，$\mathcal{E}_{\mathrm{inv}}$ 是 $\mathcal{E}$ 中的逆向边的集合，$\mathcal{E}_{\mathrm{inv}} = \{f(v_j, r^{-1}, v_i), \forall (v_i, r, v_j) \in \mathcal{E}\}$；网络嵌入 $\{\boldsymbol{h}_{v_i}\}$ 是具有特定任务的神经网络的输入。

22.5 案例研究 1：检测变量误用缺陷

下面重点讨论一个黑盒分析学习问题，这里需要用到 22.4 节讨论的图表征。具体来说，本节将要讨论的变量误用缺陷检测任务是由 Allamanis et al（2018b）首次提出的，但他们采纳了（Vasic et al，2018）中的表述。变量误用是指错误地使用一个非作用域内的变量。图 22.1 中的第 4 行就包含这样一个缺陷——应该使用 max_len 而不是 min_len 来正确截断内容。为了完成检测任务，模型需要首先定位（确定）此类缺陷（如果存在的话），然后建议进行修复。

① GGNN（Li et al，2016b）历来是一种常见的选择，但其他架构在某些任务上相比普通的 GGNN 有一定的改进（Brockschmidt，2020）。

这样的缺陷经常发生，并且往往是因为不小心的复制/粘贴操作造成的，它们通常被认为是“录入错误”。Karampatsis and Sutton（2020）发现，在一组大型的 Java 代码库中，超过 12%的缺陷是变量误用；Tarlow et al（2020）发现，在 Google 工程系统中，6%的 Java 构建错误是变量误用。6%是下限，因为 Java 编译器只能通过其类型检查器来检测变量误用缺陷。笔者猜测（根据个人经验），更多的变量误用缺陷是在代码编辑过程中出现的，并且它们可以在将代码提交到资源库之前得到解决。

注意，这是一个黑盒分析学习问题，没有关于用户试图实现什么的明确规定。与之不同，GNN 则需要通过常见的编码模式、注释中的自然语言信息（见图 22.1 中的第 2 行）和标识符名称（如 min、max 和 len）来推断可能存在的缺陷。以图 22.1 为例，我们可以合理地假设开发者的意图是在内容超过最大长度时将其截断（见图 22.1 中的第 4 行）。因此，变量误用分析的目标如下：

（1）通过指向有缺陷的节点（见图 22.1 中第 4 行的 min_len 词条）来定位缺陷（如果存在的话）；

（2）建议进行修复（max_len 符号）。

为此，我们需要假设 GNN 已经计算出图 $\mathscr{G}$ 中所有节点 $v_i \in \mathscr{V}$ 的网络嵌入 $\{\boldsymbol{h}_{v_i}\}$〔见式（22.1）〕，并且假设 $\mathscr{V}_{vu} \subset \mathscr{V}$ 是变量使用的词条节点的集合，比如图 22.1 中第 4 行的 min_len 词条。定位模块旨在确定哪一个变量是对另一个变量的误用（如果有的话），这将被实现为 $\mathscr{V}_{vu} \cup \{\phi\}$ 上的指针网络（Vinyals et al，2015），其中，ϕ 表示具有学习的 $\boldsymbol{h}_\phi$ 嵌入的“无缺陷”事件。利用（可学习的）投影 $\boldsymbol{u}$ 和 Softmax 函数，我们可以计算 $\mathscr{V}_{vu}$ 上的概率分布以及特殊的“无缺陷”事件：

$$p_{\text{loc}}(v_i) = \text{Softmax}_{v_j \in \mathscr{V}_{vu} \cup \{\phi\}}(\boldsymbol{u}^{\text{T}} \boldsymbol{h}_{v_i}) \tag{22.2}$$

以图 22.1 为例，GNN 检测到其中的第 4 行存在变量误用缺陷，于是便给对应于 min_len 词条的节点分配一个高的 p_{loc}，这就是变量误用缺陷的位置。在（监督）训练过程中，损失就是标注位置概率的交叉熵损失〔见式（22.2）〕。

需要修复的变量误用缺陷的位置也可以表示为变量误用位置 v_{bug} 范围内符号节点的指针网络。可将 $\mathscr{V}_{s@v_{\text{bug}}}$ 定义为除 v_{bug} 范围内的符号节点以外，v_{bug} 范围内其他候选符号的符号节点的集合。以图 22.1 中第 4 行的缺陷为例，$\mathscr{V}_{s@v_{\text{bug}}}$ 将包含内容以及最大长度的符号节点。用符号 s_i 修复局部变量误用缺陷的概率为

$$p_{\text{rep}}(s_i) = \text{Softmax}_{s_j \in \mathscr{V}_{s@v_{\text{bug}}}}(\boldsymbol{w}^{\text{T}}[\boldsymbol{h}_{v_{\text{bug}}}, \boldsymbol{h}_{s_i}])$$

以图 22.1 为例，$p_{\text{rep}}(s_i)$ 对于 max_len 的符号节点来说应该是很高的，这是对变量误用缺陷的预期修复。同样，在有监督的训练中，应尽量降低标注修复概率的交叉熵损失。

训练。如果可以挖掘一个大型的可变误用缺陷的数据集和相关的修复方法，那么本节讨论的基于 GNN 的模型就可以采用监督的方式进行训练。然而，这样的数据集难以通过现有的深度学习方法所需的规模来收集，以达到合理的表现。作为替代，这一领域的研究选择在使用开源资源库（如 GitHub）抓取的代码中自动插入随机变量误用缺陷，并创建随机插入缺陷的语料库（Vasic et al，2018；Hellendoorn et al，2019b）。不过，随机生成缺陷代码的操作需要谨慎进行。如果随机引入的缺陷“太明显”，那么学到的模型就没有什么用了。例如，随机缺陷生成器应该避免引入变量误用，以防止变量在定义之前就被使用（use-beforedef）。尽管这种随机生成的语料库并不完全代表现实生活中的缺陷，但它们已经被用来训练那些捕捉现实生活中缺陷的模型。

在评估变量误用模型（比如本节介绍的那些模型）时，它们在随机生成的语料库中取得了相对较高的准确率，高达 75%（Hellendoorn et al，2019b）。然而，根据笔者的经验，对于现实生活中的缺陷（虽然一些变量误用缺陷已被召回），准确率往往很低，这使得它们在部署时并不实用。如何改进它们？这是一个重要的开放性研究问题。尽管如此，实际的缺陷在实践中还是被捕捉到了。如下代码展示了如何使用基于 GNN 的变量误用检测器捕获此类缺陷。在这里，开发者错误地传递了 identity_pool 而不是 identity_pool_id 作为异常参数，而 identity_pool 为 None（找不到具有所需 id 的 pool）。基于 GNN 的黑盒分析似乎已经学会"理解"开发者的意图——不可能是将 None 传递给 ResourceNotFoundError 构造函数，而是建议将其替换为 identity_pool_id。这里既没有表述正式的规范，也没有创建符号化的程序分析规则。

```
1 def describe_identity_pool(self,identity_pool_id):
2   identity_pool = self.identity_pools.get(identity_pool_id,None)
3
4   if not identity_pool:
5 -     raise ResourceNotFoundError(identity_pool)
6 +     raise ResourceNotFoundError(identity_pool_id)
7 ...
```

22.6 案例研究 2：预测动态类型化语言中的类型

类型是编程语言中最为成功的创新之一。具体来说，类型标注是指对变量可以采取的有效值进行明确的规范。在对程序进行类型检查时，我们将得到如下正式的保证：变量只能采取所标注类型的值。例如，如果一个变量是用 int 类型标注的，那么这个变量必须包含整数，而不能包含字符串、浮点数等。另外，类型可以帮助编码者更容易地理解代码，代码的自动补全和导航也将更精确。然而，许多编程语言要么不得不决定放弃类型提供的保证，要么要求用户明确地提供类型标注。

为了克服这些限制，我们可以使用规范推理方法来预测合理的类型标注，并从中取得类型化代码的一些优势，这对于具有部分上下文的代码（例如，网页中独立的代码片段）或可选择的类型化语言特别有用。Python 提供了一种可选的机制来定义类型标注。例如，图 22.1 中的 content 变量可在第 1 行标注为 content: str，以表明开发者期望其中只包含字符串。然后，这些标注可由类型检查器〔如 mypy（mypy Contributors，2021）以及其他开发者工具和代码编辑器〕使用。这就是概率类型推理问题，最早由 Raychev et al（2015）提出，这里采用 Allamanis et al（2020）提出的基于 GRAPH2CLASS GNN 的表述，将其视为类似于 Hellendoorn et al（2018）提出的程序符号分类任务。Pandi et al（2020）提供了这一问题的另一种表述。

对于类型检查操作，明确的类型标注需要由用户提供。当这些标注不存在时，类型检查可能无法发挥作用并提供关于程序的任何保证，但这样也就失去了从其他信息来源（如变量名和注释）对程序的类型进行概率推理的机会。具体来说，以图 22.1 为例，考虑到变量 min_len 和 max_len 的名称及用法，假设它们都是 int 类型是合理的。然后便可基于这种

“有根据的猜测”来检查程序的类型，并检索出一些关于程序执行的保证。

对于这样的模型，我们可以找到其很多应用。例如，它们可用在帮助开发者标注代码库的推荐系统中。它们还可以帮助开发者发现不正确的类型标注，或者允许根据预测的类型提供辅助功能，如自动完成。它们甚至可以帮助开发者对程序进行“模糊”类型检查（Pandi et al，2020）。

在最简单的形式下，预测类型是在符号节点子集上进行的节点分类任务。假设 $\mathcal{V}_s$ 是程序的异质图中符号节点的集合，同时假设 Z 是固定的类型标注词汇表，里面包含比较特殊的 Any 类型[①]。我们可以使用每个节点 $v \in \mathcal{V}_s$ 的节点嵌入来预测每个符号的可能类型。

$$p(s_j : \tau) = \text{Softmax}_{\tau' \in Z}(\boldsymbol{E}_\tau^{\text{T}} \boldsymbol{h}_{v_{s_j}} + \boldsymbol{b}_\tau)$$

也就是说，每个符号的可能类型是通过对每个符号节点嵌入与每种类型 $\tau \in T$ 的可学习类型嵌入 $\boldsymbol{E}_\tau$ 的内积加上可学习偏置 $\boldsymbol{b}_t$ 得到的。接下来，我们可以通过最小化一些分类损失，如交叉熵损失，在（部分）标注的代码语料库上进行训练。

类型检查。类型预测是规范推理问题（见 22.2 节），预测的类型标注可以传递给标准的类型检查工具，以验证预测是否与源代码的结构一致（Allamanis et al，2020）或者搜索最可能与程序结构一致的预测（Pradel et al，2020）。这种方法虽然可以减少误报，但却无法消除误报。以恒等函数 def foo(x): return x 为例，机器学习模型可能会错误地推断 x 是字符串，于是预测 foo()函数将返回一个字符串。尽管类型检查器判断预测的类型是正确的，但在实践中却很难证明。

训练。本节讨论的类型预测模型支持以监督的方式进行训练。通过抓取大量的代码语料库，比如在 GitHub 上找到的开源代码[②]，我们可以收集成千上万的类型标注符号。将这些类型标注符号从原始代码中剥离出来并作为样本，便可以生成训练集和验证集。

这样的系统已经可以达到相当高的准确率（Allamanis et al，2020），但也有一些限制：类型标注是高度结构化和稀疏的。以类型标注 Dict[Tuple[int, str]为例，List[bool]]虽然有效，但却不经常出现在代码中。另外，新的用户自定义类型（类）也会在测试时出现。因此，若把类型标注当作分类问题对待，则容易出现严重的类型不平衡问题，而且无法捕捉到有关类型内部结构的信息。至于向模型中添加新的类型，则可以通过采用元学习（meta-learning）技术来解决，比如 Typilus（Allamanis et al，2020；Mir et al，2021）中使用的技术。不过，如何利用类型的内部结构和丰富的类型层次仍是一个开放性的研究问题。

类型预测模型的应用包括为以前未标注的代码建议新的类型标注，此外也可以应用于其他下游任务，包括利用信息对一些符号的类型进行概率估计。类型预测模型可以帮助我们找到用户提供的不正确的类型标注。如下代码展示了一个来自 Typilus（Allamanis et al，2020）的例子：神经模型从参数的名称和用法（未显示）中“理解”到变量不能包含浮点数，而是应该包含整数。

```
1 def __init__(
2  self,
3- embedding_dim: float = 768,
4- ffn_embedding_dim: float = 3072,
5- num_attention_heads: float = 8,
```

① 类型 Any 代表类型网格的顶端，它有点类似于 NLP 中使用的 UNKNOWN 词条。

② 众所周知，自动抓取的代码语料库中存在大量的重复内容（Allamanis，2019）。当收集此类语料时，需要特别注意去除这些重复的内容，以确保测试集不被训练实例污染。

```
6+ embedding_dim: int = 768,
7+ ffn_embedding_dim: int = 3072,
8+ num_attention_heads: int = 8,
9 dropout: float = 0.1,
10 attention_dropout: float = 0.1,
```

22.7　未来的方向

用于程序分析的 GNN 是一个令人兴奋的跨学科研究领域，它将符号人工智能、编程语言研究和深度学习的理念与现实生活中的许多应用结合了起来。我们的首要目标是建立分析，以帮助软件工程师建立和维护渗透到我们生活各个方面的软件。但要实现这一目标，仍有许多开放性的挑战需要解决。

从程序分析和编程语言的角度看，我们需要做大量的工作，才能将社区的领域专业知识与机器学习联系起来。什么样的学习型程序分析对程序员有用？如何利用学习组件改进现有的程序分析？机器学习模型需要纳入哪些归纳偏置，以更好地表达与程序有关的概念？在缺乏大型标注语料库的情况下，应该如何评估学习的程序分析？直到最近，程序分析研究仍局限于主要使用程序的形式结构，从而忽略了标识符和代码注释中的模糊信息。通过研究能够更好地利用这些信息的程序分析，我们有可能探索出新的、富有成效的方向，从而帮助许多应用领域里的程序员。

至关重要的是，对于如何将程序分析的形式化方面整合到学习过程中，仍是一个开放性的问题。大多数规范推理工作（见 22.6 节）会将形式化分析作为一个单独的预处理或后处理步骤。将这两个观点更紧密地结合起来，就有可能创造出更好、更强大的工具。例如，通过研究将（符号）约束、搜索和优化概念纳入神经网络和 GNN 的更好方法，可以实现更理想的程序分析学习，从而更好地捕捉程序属性。

从软件工程研究的角度看，我们还需要对呈现给用户的程序分析结果的用户体验（User Experience，UX）进行额外的研究。大多数现有的机器学习模型不具备自主工作的表现特点；相反，它们会给出一些概率性建议，并将这些建议呈现给用户。创造或找到开发者环境的承受力，允许浮现概率性观察并传达机器学习模型预测的倾向性，将有助于加速程序分析学习的使用。

GNN 的研究领域有许多开放性的问题有待解决。GNN 已经显现出学习复制常见程序分析技术中使用的一些算法的能力（Veličković et al，2019），但使用的是强监督。如何通过 GNN 学习复杂的算法，但只使用弱监督？现有的技术往往缺乏形式化方法的表征能力。形式化方法中的组合概念，如集合和 lattice，在深度学习中缺乏直接的类似概念。研究更丰富的组合性（以及可能的非参数化）表征能为学习型程序分析提供宝贵的工具。

最后，深度学习中的一些共同主题也会出现在如下领域。

- 对程序员来说，学习过的程序分析所给出的决定和警告的可解释性是很重要的，他们需要理解这些决定和警告，并将它们标记为假阳性或适当地处理它们，这对黑盒分析尤为重要。
- 传统的程序分析对程序的行为提供了明确的保证，即使是在对抗性设定中。基于机器学习的程序分析则放宽了许多保证，以减少误报或提供除传统程序分析方法以外的一些价值（比如使用模糊信息）。但是，基于机器学习的程序分析容易受到对抗性攻击（Yefet et al，2020）。检索某种形式的对抗鲁棒性对于学习型程序分析来说仍然可取，这是一个开放性的研究问题。

- 数据效率也是一个很重要的问题。大多数现有的基于 GNN 的程序分析方法要么利用相对较大的代码标注数据集（见 22.6 节），要么使用无监督/自监督的代理目标（见 22.5 节）。然而，我们所需的许多程序分析并不适合这些框架，它们至少需要某种形式的弱监督。对图进行预训练是一个很有希望的方向，可用来解决这个问题，但是到目前为止，研究主要集中在同质图上，如社交/城市网络。另外，为同质图开发的技术，如使用的预训练目标，并不能很好地转移到异质图上，就如程序分析中使用的那些。
- 所有的机器学习模型必然产生假阳性建议。然而，当模型提供精心校准的置信度估计时，建议会被准确过滤，以减少假阳性并将置信度更好地传达给用户。通过研究能够做出准确和校准的置信度估计的神经方法，我们可以使学习型程序分析产生更大的影响。

致谢

感谢 Earl T. Barr 对本章草稿做出的有益讨论和反馈。

编者注：程序分析是图生成（见第 11 章）的重要下游任务之一。程序分析的主要挑战性问题在于图表征学习（见第 2 章），图表征学习将程序的关系和实体整合了起来。在图表征的基础上，异质 GNN（见第 16 章）和其他变体便可学习每个节点的嵌入，并将它们用于特定任务的神经网络。GNN 虽然在缺陷检测和概率类型推理方面取得了良好的表现，但其却在程序分析方面出现了一些新的问题，如决策和警告的可解释性（见第 7 章）以及对抗鲁棒性（见第 8 章）。

第 23 章 软件挖掘中的图神经网络

Collin McMillan[①]

摘要

软件挖掘包括一系列涉及软件的任务，例如在程序的源代码中寻找 bug 的位置，生成软件行为的自然语言描述，以及检测两个程序何时做了基本相同的事情等。由于源代码的语言限制以及程序员在大团队中工作时需要保持代码的可读性和兼容性，软件往往具有定义良好的结构，基于图的软件表征的例子已经大量涌现。同时，软件库维护方面的进展最近帮助我们创建了非常大的源代码数据集，其结果是为软件的图神经网络表征提供了肥沃的土壤，从而促进我们完成了大量的软件挖掘任务。本章将简要介绍这些表征形式的历史，并描述受益于 GNN 的典型软件挖掘任务，然后通过详细展示其中一个软件挖掘任务来解释 GNN 可以提供的好处，此外还将讨论注意事项和建议。

23.1 导读

软件挖掘被广义地定义为旨在通过分析项目中无数的工件及其联系来解决软件工程问题的任何任务（Hassan and Xie，2010；Kagdi et al，2007；Zimmermann et al，2005）。考虑一项编写文档的任务，执行这项任务的人可以通过阅读源代码和了解代码的不同部分如何相互作用来获得对软件的理解，然后便可以基于自己的理解编写文档，解释系统的行为。同样，如果需要机器自动编写文档，那么机器也必须分析并理解软件，这种分析通常被称为“软件挖掘”。

人类对软件的理解是一个认知过程，在工程师阅读并与软件互动的过程中自然地发生（Letovsky，1987；Maalej et al，2014），但机器对软件的理解必须是正式定义和量化的。一般来说，这可以归结为每个软件工件的向量表征。例如，对于一个函数中的每个标识符名称，我们可以为其分配一个长度为 100 的向量，以表示它在词嵌入空间中的位置。然后，这个函数可能是它所包含的标识符名称对应的向量的平均值，它还可能是给定这些标识符名称向量的一个循环神经网络的输出，它甚至可能只是出现在特定位置的名称。重点是，机器对软件的理解通常可以量化为组成软件的工件的向量表征。

越来越多的证据表明，图神经网络不仅是获得这些向量表征的有效手段，而且可以提高机器对软件的理解能力。在关于软件工程的研究文献中，将软件视为图有着悠久的传统。

① Collin McMillan
Department of Computer Science，University of Notre Dame，E-mail：cmc@nd.edu

控制流图、调用图、抽象语法树、执行路径图以及许多其他的图，通常是静态和动态分析的结果。同时，软件资源库管理的进步使得创建涵盖数十亿行代码的数据集成为可能，其结果就是为 GNN 提供了肥沃的土壤。

本章涵盖将软件作为 GNN 的图表征的历史和先进技术，接下来是对当前方法的高层次讨论、对特定方法的详细描述以及未来的研究注意事项。

23.2 将软件建模为图

软件是 GNN 的高价值目标之一，部分原因在于软件往往是高度结构化的图或图集。不同的软件挖掘任务可以利用软件的不同图结构。软件的图表征远远超出任何特定的软件挖掘任务。在编译器将源代码转换为机器代码的过程中，会有图表征（如解析树）产生，它们用在连接和依赖关系解决过程中（如程序依赖关系图），而且它们长期以来一直是许多可视化和支持工具的基础，用于帮助程序员理解大型软件项目（Gema et al，2020；Ottenstein and Ottenstein，1984；Silva，2012）。

当考虑如何在软件中利用这些不同的图结构时，我们通常需要问一些问题，如“什么是节点？”“什么是边？”这些问题在软件工程研究中有两种形式——宏观和微观层面的表征。宏观层面的表征倾向于关注大型软件工件之间的联系，以图结构为例，其中的每个源代码文件是一个节点，文件之间的依赖关系则是一条边。相比之下，微观层面的表征则倾向于包括小的细节，仍以图结构为例，函数中的每个词条是一个节点，每条边则是节点之间的语法链接，可从抽象语法树（Abstract Syntax Tree，AST）中提取出来。

本节将对这些表征进行比较，因为它们与使用 GNN 执行软件挖掘任务有关。

23.2.1 宏观与微观层面的表征

软件中的图结构可被广泛地划分为宏观和微观层面。在理论上，这种划分是多余的，因为微观层面的表征可以扩展至任意大小。例如，整个程序可以表征为一棵抽象语法树（AST）。但在实践中，由于受时间和空间的限制，我们必须将宏观和微观层面的表征分开。在最近收集的一组 Java 程序中（LeClair and McMillan，2019），函数的 AST 的平均节点数超过 120，每个节点至少有一条边，每个 Java 程序平均包含的函数超过 1800 个，数据集中则有超过 28 000 个程序。现实情况是，对整个程序进行微观层面的表征往往是不可行的，因此才引入宏观层面的表征来获得“大局观”。

23.2.1.1 宏观层面的表征

软件的宏观层面的图表征捕捉了程序背后的高层结构和意图，同时避免了对实现意图所需细节做深入挖掘。引入宏观层面的表征的灵感通常来自软件设计文档，例如那些通过 UML 正式定义的文档（Braude and Bernstein，2016；Horton，1992）。以面向对象程序的类图为例，其中的每个类是类图中的一个节点，类图中的边可以表示依赖、继承、实现、组合等关系。节点可以有属性，属性指的是类的成员变量或方法。

在实践中，使用 GNN 为软件挖掘任务选择宏观层面的表征通常受到从数据集中所能实际获取的数据的限制。这种限制通常导致我们排除使用基于行为的图，如用例图，因为合适的用例图很少，而那些可用的用例图通常没有一致的格式。例如，因为一些工程师可能遵循不同的惯例，抑或这些图只是以一种非正式的方式被提供，所以软件库中往往充满源代码，缺乏文档，尤其是设计文档（Kalliamvakou et al，2014）。

到目前为止，最流行的宏观层面的图表征往往可以直接从源代码中提取。在实践中，人们通常会做出与粒度有关的决定，一般可在包/目录、类/文件或方法/函数之间进行选择。类图比较容易定位软件项目中的每一个类，然后分析每一个类，找到它们的依赖关系、继承关系等。类似地，包图的优点是可以快速提供非常高层次的程序视图。即使是大型项目，也可能只有几十个包。一种非常流行的替代方案是函数/方法调用图，在调用图中，程序的每个函数是一个节点，从一个函数到另一个函数的调用关系则是两个节点之间的有向边。调用图在软件工程文献中很流行，因为它们相对容易提取，同时又能提供足够的细节，让人们从宏观上了解程序，而不至于数据量过大〔回想一下，比较典型的程序大约有 1800 个函数（LeClair and McMillan，2019）〕。

23.2.1.2 微观层面的表征

微观层面的表征可以非常详细地描述软件的某个部分。微观层面的表征一直是使用 GNN 进行软件挖掘的大部分研究的重点。Allamanis et al（2018b）描述了一种方法，他们指出“程序图的骨干是程序的抽象语法树”。然而如上所述，依靠整个程序的 AST 建立模型往往是不可行的。作为替代，典型的做法是为代码的一小部分（如单个函数）生成 AST，然后将每个函数视为一个图并独立于所有其他函数。

将每个函数作为单独的图来处理的好处在于，可以在每个函数上独立地训练 GNN 模型。几乎任何类型的预测模型都需要独立、自成一体的例子。因为有一些关于输出预测如何生成的上下文（或用于训练的预测样本），通过将每个函数视为一个独立的图，我们可以将这些函数作为上下文来训练 GNN。这在软件挖掘中是一种整洁的解决方案，原因有两个。首先，软件挖掘中的许多任务涉及对特定函数的预测，例如函数是否可能包含故障。其次，从 AST 中得到的函数图会表现出一种社群结构。在典型的函数中，函数内部的节点之间有很多联系，但是从函数内部的节点到函数外部的节点之间的联系相对较少。函数中的变量、条件、循环等彼此之间的互动很密切，必须较少地引用函数外部的对象，为此，我们可以使用全局变量或调用。

可根据源代码中不同词条和这些词条之间的关系，构思出任意数量的软件微观层面的表征。例如，人们有时会强调，控制流关系比数据依赖性更有价值（Dearman et al，2005；Ko et al，2006）。不过也有人认为，方法调用（Mcmillan et al，2013；Sillito et al，2008）或签名（Roehm et al，2012）能为不同的软件挖掘任务提供卓越的信息。但不管怎样，模式都是为软件系统的许多小部分生成微观层面的表征，并且这些小的部分是相互独立的。GNN 可以利用这些微观层面的表征，将每一个表征作为不同的样本来学习。

23.2.2 将宏观和微观层面的表征结合起来

宏观和微观层面的表征可以结合起来。一种策略是首先独立计算宏观和微观层面的表征，然后将它们并置为一个大的上下文矩阵。这样的模型被称为“双编码器”（Chidambaram et al，2019；Yang et al，2019h）或“级联”模型（Wang et al，2017h），因为学习的是同一对象的两个表征，尽管粒度不同。另一种策略是将微观层面的表征的输出作为宏观层面的表征的种子，例如，首先使用 AST 学习每个函数的表征，然后将它们作为函数调用图中节点的初始值。

23.3 相关的软件挖掘任务

图神经网络正在成为软件挖掘任务研究的重点。一些文献（Allamanis et al，2018a；Lin et al，2020b；Semasaba et al，2020；Song et al，2019b）记录了用于软件挖掘任务的深度学习的历史。Allamanis et al（2018a）撒了一张特别大的网，他们将依赖神经网络的软件挖掘任务大致分为“代码生成型”和“代码表征型”，这种分类主要基于对这些任务所使用模型的全局视图。在代码生成型软件挖掘任务中，模型输出的是源代码，此类软件挖掘任务包括自动程序修复（Chen et al，2019e；Dinella et al，2020；Wang et al，2018d；Vasic et al，2018；Yasunaga and Liang，2020）、代码补全（Li et al，2018a；Raychev et al，2014）以及编译器优化（Brauckmann et al，2020）。这些模型倾向于使用大量的代码进行训练，以确保软件质量，目的是学习代码中确保软件质量的规范。然后在推理过程中，使可疑的代码与这些规范更加一致。例如，模型可能会遇到含有错误的代码，但错误可通过修改代码来纠正，我们希望这更像是模型的预测（使模型能够表征训练中学习的规范）。

与代码生成型软件挖掘任务相反的是代码表征型软件挖掘任务。代码表征型软件挖掘任务在训练期间虽然主要使用源代码作为神经模型的输入，但却有各种各样的输出，此类软件挖掘任务包括代码克隆检测（Ain et al，2019；Li et al，2017c；White et al，2016）、代码搜索（Chen and Zhou，2018；Sachdev et al，2018；Zhang et al，2019f）、类型预测（Pradel et al，2020）和代码总结（Song et al，2019b）。对于旨在完成这些任务的模型来说，目标通常是创建代码的向量表征，然后用于某个特定任务，该特定任务可能只与代码本身有关。例如，对于源代码搜索，可以首先使用一个神经模型将资源库中的源代码投影到一个向量空间，然后使用另一个不同的神经模型将自然语言查询投影到同一向量空间。在这个向量空间中，最接近查询的代码将被认为是搜索结果。代码克隆检测与此类似：代码被投影到一个向量空间，这个向量空间中最接近的代码将被认为是克隆结果。

在这两类软件挖掘任务中，图神经网络的使用正在迅速增长。代码生成型软件挖掘任务的重点倾向于对程序图进行修改，如 AST，从而使程序图更接近模型的期望。虽然有些方法专注于将代码作为序列（Chen et al，2019e），但最近的趋势是进行图的转换或突出图中不符合要求的区域（Dinella et al，2020；Yasunaga and Liang，2020）。这在代码中很有用，因为建议可能与彼此相距甚远的代码元素有关，比如一个变量的声明与这个变量的使用。相比之下，在代码表征型软件挖掘任务中，重点往往在于创建越来越复杂的代码图表征，然后通过 GNN 架构利用这种复杂性。例如，早期的基于 GNN 的方法倾向于只使用 AST（LeClair et al，2020），较新的方法则使用基于注意力的 GNN 来强调可以从代码中提取的众多边中最重要的边（Zügner et al，2021）。尽管在代码的生成和表征方面存在差异，但这两类软件挖掘任务的趋势都非常有利于 GNN。

代码总结任务体现了 GNN 的趋势。代码总结任务是指编写源代码的自然语言描述。通常，这些描述被用在源代码的文档中，如 JavaDoc。这一研究领域的演变如图 23.1 所示。术语“代码总结”是在 2010 年左右提出的，随后几年人们利用模板化和基于 IR 的解决方案对其进行了积极研究。2017 年左右，基于神经网络的解决方案大量涌现。起初，它们基本上是 seq2seq 模型，其中，编码器序列是代码，解码器序列是描述。大约从 2018 年开始，最先进的技术逐渐转移到线性化的 AST 表征上，图神经网络作为更好的解决方案被提出来（Allamanis et al，2018b），但基于 GNN 的方法又过了一年甚至更长时间才出现在文献中。GNN 有望成为最先进技术的基础。在 23.4 节中，我们将深入探讨基于 GNN 的解决方案的细节，并展示其工作原理和未来的改进方向。

	IR	M	T	A	S	G
Haiduc et al（2010）	x					
Sridhara et al（2011）		x	x			
Rastkar et al（2011）	x	x	x			
De Lucia et al（2012）	x					
Panichella et al（2012）	x	x				
Moreno et al（2013）	x		x			
Rastkar and Murphy（2013）	x					
McBurney and McMillan（2014）		x	x			
Rodeghero et al（2014）	x					
Rastkar et al（2014）		x				
Cortés-Coy et al（2014）	x					
Moreno et al（2014）	x					
Oda et al（2015）				x		
Abid et al（2015）		x	x			
Iyer et al（2016）				x		
McBurney et al（2016）	x	x				
Zhang et al（2016a）		x	x			
Rodeghero et al（2017）		x				
Fowkes et al（2017）	x					
Badihi and Heydarnoori（2017）		x	x			
Loyola et al（2017）				x		
Lu et al（2017b）				x		
Jiang et al（2017）				x		
Hu et al（2018c）				x		
Hu et al（2018b）				x	x	
Wan et al（2018）				x	x	
Liang and Zhu（2018）				x	x	
Alon et al（2019a,b）				x	x	
Gao et al（2019b）				x		
LeClair et al（2019）				x	x	
Nie et al（2019）				x	x	
Haque et al（2020）				x	x	
Haldar et al（2020）				x	x	
LeClair et al（2020）				x	x	x
Ahmad et al（2020）			x	x	x	
Zügner et al（2021）				x	x	x
Liu et al（2021）				x	x	x

图 23.1　有关代码总结任务的论文（从 2010 年提出“代码总结”这一术语的论文到随后 11 年左右发表的其他论文）概览：从基于 IR/模板的解决方案到神经模型，再到如今 GNN 模型的演变。IR 列表示方法基于信息检索，M 列表示人工特征/启发式方法，T 列表示模板化的自然语言，A 列表示人工智能（通常是神经网络）解决方案，S 列表示使用结构化数据〔如 AST（用于基于 AI 的模型）〕，G 列表示 GNN 是表征结构化数据的主要手段

23.4 软件挖掘任务实例：源代码总结

本节将要描述的源代码总结是受益于 GNN 的软件挖掘任务的典型代表。如上所述，代码总结任务是指编写源代码的自然语言描述。代码总结模型的输入至少应包括要描述的源代码，但也可能包括关于代码来源的软件项目的其他细节。代码总结模型的输出是自然语言描述。代码总结任务被认为是代码表征型软件挖掘任务，因为其主要依赖于从代码学到的表征，以便对描述进行预测。

23.4.1 基于 GNN 的源代码总结快速入门

作为对基于 GNN 的源代码总结的快速入门，可考虑 LeClair et al（2020）提出的一个模型，这个模型旨在成为 graph2seq（Xu et al，2018c）中卷积 GNN 的直接应用。

23.4.1.1 模型的输入输出

模型的输入是代码的微观层面的表征——单一子程序的 AST。AST 中的节点是 GNN 中的所有节点，而无论它们对程序员是否可见。唯一的边类型是 AST 中的父-子关系。考虑例 23.1 中的 sendGuess()函数和参考总结以及图 23.2 所示的 sendGuess()函数的 AST。

例 23.1 sendGuess()函数和参考总结。

参考总结

reference	服务器需要 guess
ast-attendgru-gnn (LeClair et al, 2020)	插座需要 guess
ast-attendgru-flat (LeClair et al, 2019)	初始化 guess

源代码

```
public void sendGuess(String guess) {
  if(isConnected()) {
    gui.statusBarInfo("Querying...",false);
    try {
      os.write((guess + "\\r\\n").getBytes());
      os.flush();
    }catch(IOException e) {
      gui.statusBarInfo("Failed to send guess.",true);
      System.err.println("IOException during send guess");
    }
  }
}
```

图 23.2 中的粗体表示源代码中的文字，人类读者在源代码文件中可以看到这些文字——通过对叶子节点进行深度优先搜索就可以看到代码序列，例如“public void send guess...”。图 23.2 中的非粗体表示编译器用来表征结构的 AST 节点。可见的文本已预处理过，它们会出现在模型中。例如，标识符 sendGuess 会被拆分成 send 和 guess，这两个节点是 name 节点的子节点，而 name 节点是 function 节点的子节点。对于人类读者来说，name 和 function 是不可见的。

图 23.2 所示的 AST 是模型的唯一输入，模型必须从 AST 中生成总结。从技术上讲，AST 是由 srcml（Collard et al，2011）使用社区标准程序（LeClair and McMillan，2019）预处理的（比如将 sendGuess 这样的标识拆分为 send 和 guess）。例 23.1 中的参考总结是由人类程序员写的。标有“ast”和“gnn”的是这种方法的预测结果，标有“ast”和“flat”的

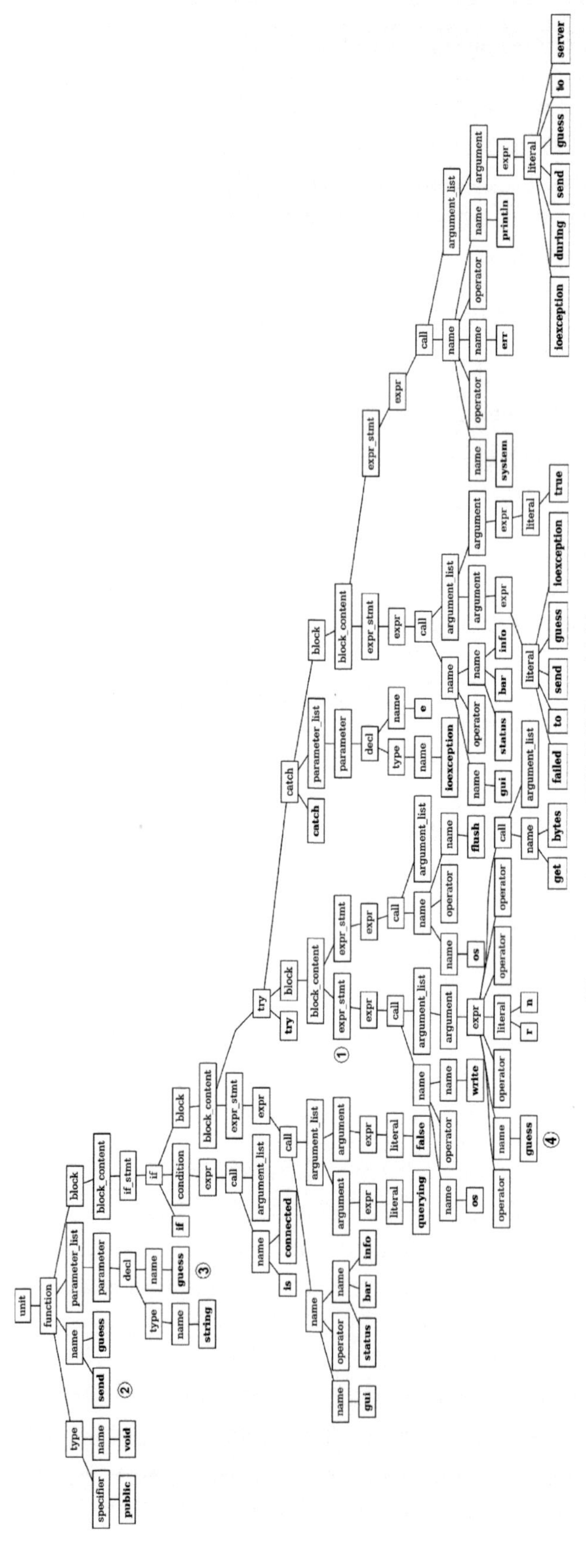

图 23.2　sendGuess()函数的抽象语法树（AST）

是直接前驱的输出，直接前驱在 AST 的线性化之上使用了 RNN。GNN 和 flat AST 方法之间的唯一区别在于编码器的结构，所有其他模型的细节都是相同的。然而我们也注意到，基于 GNN 的方法与参考文献完全匹配，而 flat AST 方法只匹配了几个单词。稍后我们将对这个例子进行分析，以提供关于这个模型为何表现如此出色的直觉知识。

23.4.1.2 模型的架构

如前所述，模型的架构设计在本质上源于卷积 GNN 的 2 跳 graph2seq 模型。模型的细节可参考（LeClair et al，2020），图 23.3 是 2 跳 graph2seq 模型的鸟瞰图。

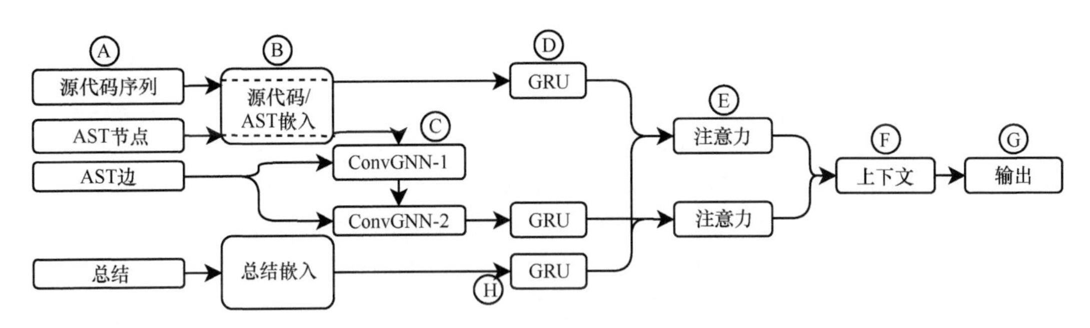

图 23.3 2 跳 graph2seq 模型的鸟瞰图

模型的输入仅来自一个被描述的子程序：作为序列的代码以及 AST 中的节点和边（见图 23.3 中的 A 区）。用一个词嵌入将序列中的标记和 AST 中的节点投影到同一向量空间是可能的，因为序列和节点输入中的词汇是相同的（见图 23.3 中的 B 区）。一个 2 跳的卷积 GNN 被用来形成 AST 的向量表征（见图 23.3 中的 C 区）。第 2 跳之后的输出是一个矩阵，其中的每一列是表征 AST 中节点的向量。将一个 GRU 应用于这个矩阵，以获取关于节点出现顺序的信息，同时将另一个 GRU 直接应用于序列（见图 23.3 中的 D 区）。解码器是关于总结的简单 GRU（Gated Recurrent Unit，门控循环单元）表征（见图 23.3 中的 H 区）。在解码器的输出和序列 GRU 的输出以及 GNN 的输出之间应用注意力（见图 23.3 中的 E 区），并将应用了注意力之后的矩阵并置为一个上下文矩阵（见图 23.3 中的 F 区），然后连接到一个输出密集层（见图 23.3 中的 G 区）。

模型的一个关键特征就是解码器和 GNN 输出之间的注意力，这里应用注意力的目的是突出 AST 中与解码器序列中的词最为相关的节点。稍后我们将描述这种注意力是如何通过共享词的嵌入（见图 23.3 中的 B 区）变得更加有效的。

23.4.1.3 实验

有一个实验不仅证明 GNN 模型相比各种基线有了改进，而且探索了各种模型设计决策的影响。这个实验使用了 210 万个 Java 方法和相关 JavaDoc 总结的数据集（LeClair et al，2020）。前提条件是，在整个数据集中，训练集占 80%，验证集/测试集各占 10%。根据社群标准（LeClair and McMillan，2019），首先从数据集中删除重复的内容和其他缺陷；然后使用训练集训练模型，训练一共持续 10 个训练周期；最后选择验证准确率最高的模型进行测试，并将测试的预测结果与参考总结做比较。

LeClair et al（2020）有三个关键的发现。第 1 个关键的发现是，基于 GNN 的方法相比最为相似的基线（ast-attendgru-flat）好大约 1 个 BLEU 点（大约 5%的改进）。由于 flat 模型和基于 GNN 的模型的唯一区别就是模型的 AST 编码器部分，因此这种改进可以归功于使用 GNN（而不是 RNN）进行 AST 编码。与其他两个基线相比，基于 GNN 的方法也有一定的改进。只有 AST 而没有序列编码器的基本型 graph2seq 模型（见图 23.3 中的 A 区），在总的 BLEU 分数方面与 flat AST 模型大致相当，但这个 BLEU 分数掩盖了表现的一些细节。

第 2 个关键的发现是，两跳距离的结果是最好的整体表现。虽然模型的 GNN 迭代在第 1～10 次之间取得了相比基线更高的 BLEU 分数，但模型在两次迭代时表现最好。一种解释是，AST 中的节点只在大约两跳距离内相关。AST 是一棵树，所以信息是在这棵树的上下两层传播的。对于两跳来说，这意味着一个节点的信息会在第一跳传播到其父节点，然后在第二跳传播到其祖先节点和兄弟姐妹节点。超出这个范围的节点有可能与代码总结模型并不那么相关。另一种解释是，每一跳中的信息聚合方法在两跳之后效率变低，这种解释与 Xu et al（2018c）的发现一致，即聚合过程对 GNN 部署至关重要。但无论怎样，我们对模型设计者的实际建议都是，这项任务的 GNN 最佳迭代次数并不高。

第 3 个关键的发现是，在 GNN 之后（也就是在图 23.3 中的 C 区之后）使用 GRU 可以提高整体表现。标有后缀“+GRU”的模型使用了 GRU，标有后缀“+dense”的模型计算了解码器和 GNN 的输出矩阵之间的注意力。模型的表现并没有想象中那么好，一个可能的解释是，源代码不仅有像 AST 这样的树状结构，也有从头到尾的顺序。GNN 之后的 GRU 捕捉到了这个顺序，并且似乎导致对代码的更好表征，以便进行总结。

23.4.1.4　GNN 可以带来什么好处

GNN 可以带来什么好处？这个问题值得我们讨论。虽然在使用 GNN 时我们有可能观察到整体 BLEU 分数的提高（LeClair et al，2020；Zügner et al，2021；Liu et al，2021），但关键是 GNN 为模型贡献了正交信息。

1．改进的集中性

改进集中在一组子程序中，在这些子程序中，GNN 带来的改进最为明显。并不是所有子程序的 BLEU 分数都会有微小的提高，而是有一组子程序受益最大。观察图 23.4，其中的饼图将前面描述的那个实验中的测试集分成了 5 组：一组是 ast-attendgru-gnn 模型表现最好，一组是 ast-attendgru-flat 模型表现最好，一组是 ast-attendgru-gnn 和 ast-attendgru-flat 模型打成平手，一组是 attendgru 模型表现最好，还有一组是在其他情况下打成平手（包括当所有模型都做出相同的预测时）。为了简单起见，这里使用了 BLEU-1 分数（BLEU-1 是指单词精度，衡量的是单词预测的准确性）。

我们可以观察到，每个模型能在 20%～25%的子程序中取得最高的 BLEU-1 分数。对于大约 12%的子程序，基于 AST 的模型打成平手，这意味着总共有超过 50%的子程序受益于 AST 信息（GNN + flat AST 模型）。但是仍然存在一大批子程序，attendgru 模型的表现优于其他所有子程序。观察图 23.4 中的柱状图。“all”列显示了模型的 BLEU-1 分数，注意 ast-attendgru-gnn 模型只比其他模型略高。“best”列显示了模型取得最高 BLEU-1 分数的一组子程序（饼图中标有相应模型名称的测试集）的分数。可以观察到，ast-attendgru-gnn 模型的 BLEU-1 分数要比其他模型高很多。

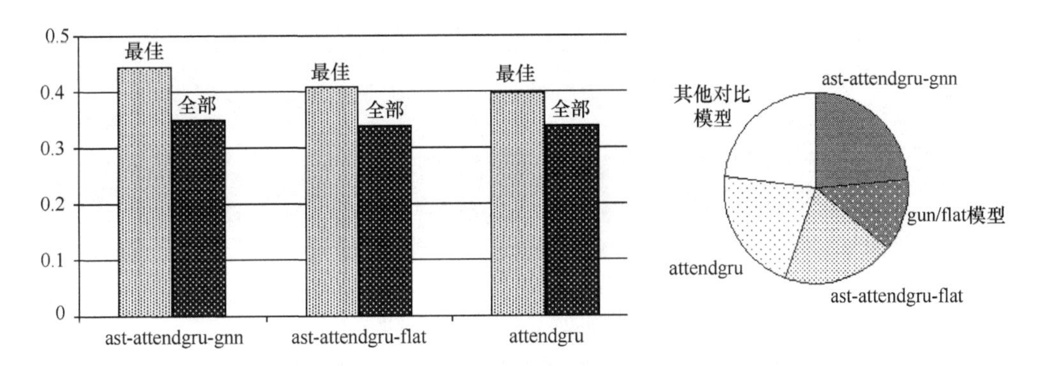

图 23.4　左图对每个模型表现最佳的子程序的 BLEU-1 分数与整个测试集的 BLEU-1 分数做了比较，右图显示了每个模型获得最高 BLEU-1 分数的测试集的百分比

2. 展示例 23.1 中的改进

通过深入研究例 23.1 中的 sendGuess()函数，我们可以看到 GNN 带来的改进。回顾一下，ast-attendgru-gnn 模型计算了解码器中的每个位置和 GNN 输出的每个节点之间的注意力（见图 23.3 中的 E 区）。结果是一个 $m \times n$ 矩阵，其中，m 是解码器序列的长度，n 是节点的数量（在实现中，m=13，n=100）。因此，注意力矩阵中的每个位置都表征了 AST 节点与所输出总结中一个词的相关性。事实上，ast-attendgru-flat 模型的注意力矩阵具有相同的含义：除 ast-attendgru-gnn 模型使用 GNN 和 GRU 对 AST 进行编码，而 ast-attendgru-flat 模型只使用 GRU 对 AST 进行编码以外，其他模型是相同的。通过比较这些注意力矩阵的值，我们可以提供模型的有用对比，因为它们显示了 AST 编码对预测做出的贡献。

GNN 带来的好处在图 23.5 所示的注意力网络中十分明显。模型 ast-attendgru-gnn 和 ast-attendgru-flat 对源代码序列中的词条具有非常相似的注意力激活能力〔见图 23.5（a）和图 23.5（c）〕。这两个模型都显示出对代码序列中位置 2 的密切注意力，也就是单词“send”。考虑到单词“send”出现在函数的名称中，这并不令人惊讶。但是，ast-attendgru-flat 模型仍然错误地将总结的第一个单词预测为“attempts”，而 ast-attendgru-gnn 模型则正确地预测出总结的第一个单词是“sends”。原因就在于这两个模型对 AST 节点的注意力。ast-attendgru-flat 模型关注的是节点 37〔见图 23.5（d）〕，这是一个紧跟 try 语句块的 expr_stmt 节点，正好在调用 os.write()之前，在图 23.2 中表示为区域 1。在关于 flat AST 模型的原始论文（LeClair et al，2019）中，对此给出的解释是，flat AST 模型倾向于学习大致类似的代码结构，如“if 语句块、try 语句块、调用 os.write()等”。在这种解释下，训练集中具有 if-try-call-catch 模式的函数便与单词“attempts”有关。

相比之下，基于 GNN 的模型关注的是位置 8，也就是函数名称中的“send”一词，就像对代码序列的注意力一样〔见图 23.5（b）〕。结果是，基于 GNN 的 AST 编码在预测总结的第一个单词时加强了对“send”的注意力。考虑图 23.2 所示的 AST，位置 8 是区域 2 的 send 节点。在 2 跳的 GNN 中，send 节点将与其父节点 name、祖先节点 function 和兄弟姐妹节点 guess 共享信息。在训练过程中，基于 GNN 的模型了解到与节点 function 和 name 相关的那些词很可能是代码总结中的第一个单词的候选词，因而特别强调了这些词。

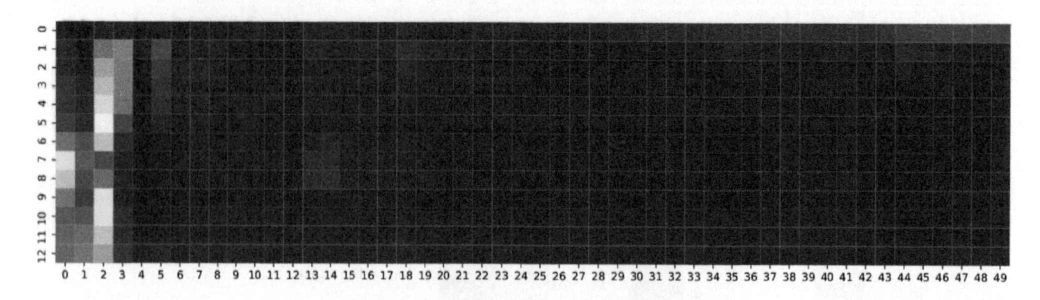

(a) ast-attendgru-gnn 模型对源代码序列的注意力

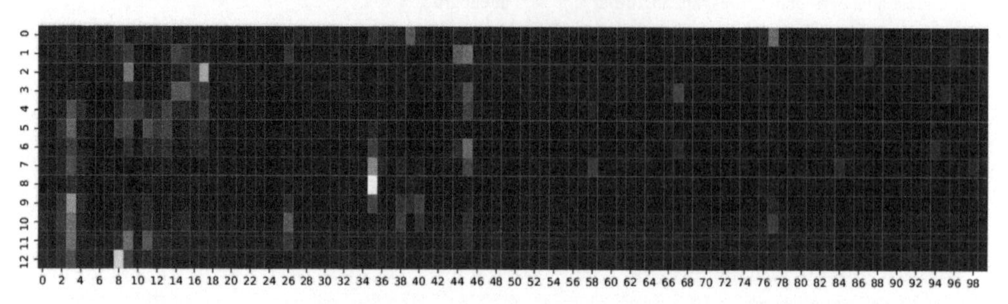

(b) ast-attendgru-gnn 模型对 AST 节点的注意力

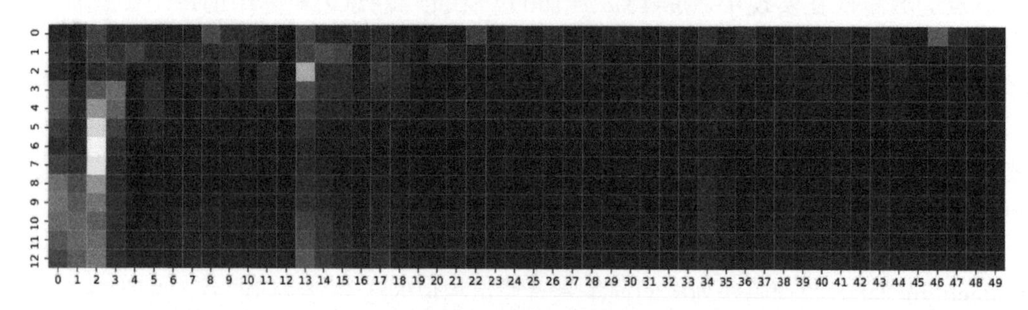

(c) ast-attendgru-flat 模型对源代码序列的注意力

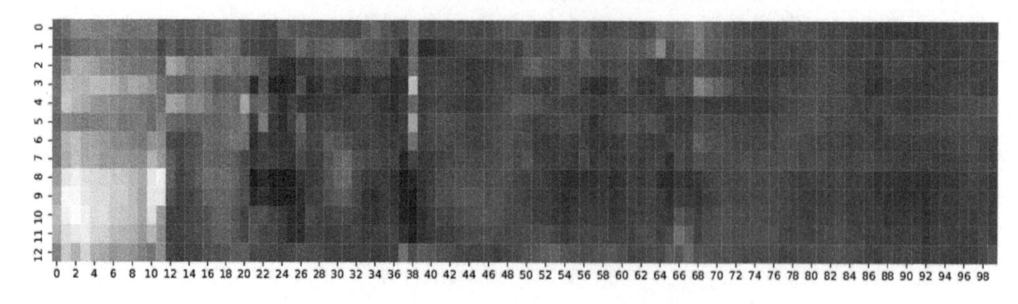

(d) ast-attendgru-flat 模型对 AST 节点的注意力

图 23.5　用于例 23.1 中的 sendGuess()函数与图 23.2 所示 AST 的 ast-attendgru-gnn 和 ast-attendgru-flat 模型的注意力网络的可视化。注意力矩阵的大小为 13×100，因为在解码器输出中的每个位置（长度为 13）以及编码器中的每个位置（100 个节点或 100 个代码词条）之间都应用了注意力。明亮的区域表示存在高注意力。例如，这两个模型都高度关注代码序列中的位置 2，这个位置对应的是“send”一词

简而言之，基于 GNN 的模型之所以表现出色，就在于它们向特定的一组子程序传达了一种有倾向的好处，而它们能够传达这种好处的原因之一，很有可能就在于它们学会了将

AST 词条与代码总结中的特定位置关联起来。

23.4.2 改进的方向

23.2 节提到的将软件视为图的观点指明了两个改进方向——改进微观或宏观层面的表征。从本质上讲，也就是选择是从被描述的源代码中挤出更多信息（微观层面），还是从源代码之外汲取更多信息（宏观层面）。如果目标是生成一些 Java 方法的总结，那么我们可以学习更多关于这些 Java 方法的细节信息，或者使用有关这些 Java 方法周围的类、包、依赖关系等的信息。微观和宏观层面的改进往往是互补的，而不是竞争关系。学习更多宏观层面的图信息有利于改进微观层面图信息的模型，反之亦然（Haque et al，2020）。

23.4.2.1 微观层面的改进实例

Liu et al（2021）举了一个例子，旨在使用更丰富的软件微观层面的图表征改进基于 GNN 的代码总结。这种方法在本质上与前面描述的方法（LeClair et al，2020）相似：模型的输入是子程序的源代码，输出则是关于子程序的文字描述。编码器基于一个 GNN，这个 GNN 的输入是子程序的 AST。图中的节点也是 AST 中的节点，图中的边则是 AST 中的父子关系。不过，模型还会考虑其他类型的边——控制流和数据的依赖关系〔它们被统一为代码属性图（Yamaguchi et al，2014）〕。这种结构的好处在于，AST 中的节点将直接从代码的其他相关部分接收信息，而不是只从 AST 中附近的节点接收信息。

观察图 23.2 中的区域 3，这是一个 AST 节点，对应例 23.1 中的字符串变量“guess”。ast-attendgru-gnn 模型将把这个变量的信息传递给父节点、祖先节点和兄弟姐妹节点（在两跳配置中）。这些节点在词嵌入中都有相关的位置，而且这些节点几乎出现在数据集的每个子程序中。因此，模型将学习这些节点的使用方法，并将它们与程序员称为变量声明的东西关联起来。在这里，模型将判断出“guess”是声明的变量名。

Liu 等人采用的模型相比 ast-attendgru-gnn 模型已经有所改进，因为前者除可以学习这种关系以外，还可以学习其他几种关系。关于 ast-attendgru-gnn 模型的实验表明，AST 的结构信息可以带来更好的代码表征——知道“guess”是变量名很有用，但也存在其他几种关系。变量“guess”在调用 os.write()时会用到，这是一种数据依赖关系，对人类读者来说有用（Freeman，2003）。试图理解该代码的人可能会注意到，以变量“guess”作为参数传入子程序的任何东西随后都可以通过方法调用写出来。Liu 等人采用的模型有个好处，就是抓住了这种关系，并且形成了更完整的基于 GNN 的代码表征。

需要注意的是，随着更多类型的边被添加到图中，更多的信息将在节点之间传播，这有可能产生难以预料的影响。想象一下，在图 23.2 中，如果区域 4 的“guess”和区域 1 的“guess”之间存在一条边，则这条边表示一种数据依赖性。典型的 GNN 设计会在这条边上传播信息，其结果是，使用“guess”的位置周围的节点将从定义了“guess”的节点那里获得信息。但现在想象一下从 try 语句块开始到调用 os.write()的控制依赖关系，信息会从 try 语句块传播到控制流边的“guess”的使用节点，然后从“guess”的使用节点传播到数据流边的“guess”的定义节点。这很难解释，因为不清楚 try 语句块与参数列表到底是什么关系。人类读者可能会对这个特殊的子程序进行解释，但是像 ast-attendgru-gnn 这样的模型却总是在这些边上传播信息，即便这样做没有意义。

Liu 等人利用 Zhu et al（2019b）提出的注意力 GNN 解决了这个问题。从本质上讲，注意力 GNN 会在传播信息穿越边之前，增加注意力层作为一个门。这个门的输入包括边的源节点的节点嵌入，再加上此类型边的边嵌入。其结果是，模型在训练期间学会了何时将信息从一个节点传播到一条特定类型的边。这样类似于来自 try 语句块的信息就有可能传播到参数列表中，但也有可能不会，这取决于这种特殊连接在训练中是否有用。Liu 等人使用学到的代码表征来帮助定位数据库中类似的代码注释。具体的思路是，当代码的图表征变得庞大和复杂时，使用注意力 GNN 强调代码中的一些边而不是其他边，这个思路可以作为各种软件挖掘任务的灵感。以上实例说明了更好的代码微观层面的表征有助于完成这些软件挖掘任务。

23.4.2.2　宏观层面的改进实例

对代码总结进行宏观层面改进的灵感来自（Aghamohammadi et al，2020），他们采用的方法专注于生成 Android 项目中的代码总结，具体分为两部分。第一部分围绕着一个类似于（LeClair et al，2019）中描述的 attendgru 基线的注意力编码器-解码器模型，他们使用这个模型来生成仅基于子程序本身的单词的初始代码总结。第二部分则使用同一项目中其他子程序的代码总结中的短语来扩充初始代码总结。他们采用这种方法是为了获得 Android 程序的动态调用图，以表征从一个子程序到另一个子程序的实际运行时控制流。接下来便可以使用 PageRank 选择动态调用图中的一组子程序，从而强调那些被多次调用的子程序，或拥有其他可在动态调用图结构中衡量的重要性（McMillan et al，2011）。最后，这些子程序的代码总结将被附加到初始代码总结中。

Aghamohammadi et al（2020）采用的方法体现了宏观层面信息的优势。宏观层面的信息是整个程序的动态调用图，被用于扩展从源代码本身创建的代码总结。这些代码总结往往更长，它们为读者提供了更多的背景信息。回顾例 23.1 中的 sendGuess()函数，ast-attendgru-gnn 模型为其输出了“sends a guess to the socket”。Aghamohammadi et al（2020）采用的方法可能（假设）发现调用 sendGuess()函数的是鼠标单击事件处理子程序，于是附加输出“called when the mouse is used to click the button”（当使用鼠标单击按钮时调用）。由于文档的人类读者可以从了解子程序如何使用中受益，因此包括这种宏观层面信息的代码总结往往会让这些读者觉得它们很有价值（Holmes and Murphy，2005；Ko et al，2006；McBurney and McMillan，2016）。

用于软件挖掘任务的宏观层面的代码表征可能是基于 GNN 的技术的沃土。Aghamohammadi et al（2020）提取的动态调用图包含来自实际运行时的信息，GNN 可以作为一个有用的工具来生成这些信息的表征。然而，GNN 在软件挖掘任务的宏观层面数据的应用方面仍处于起步阶段。

23.5　小结

软件挖掘任务是 GNN 的应用领域之一。软件中任何方法的高层次视角都是将软件表征为图，然后创建相应的 GNN 模型，从而通过软件图来学习为特定目的进行预测。我们提出了软件图的两种视角——微观和宏观层面的表征。微观层面的表征占主导地位。例如，对于子程序中的错误预测任务，大多数方法倾向于只在这些子程序中寻找与错误相关的模式。然而，正在出现的证据表明，宏观层面的表征也可能有利于完成错误预测任务，因为代码周围的文本很可能包含理解代码所需的信息。未来可能会出现组合了软件微观和宏观层面的图表征的 GNN 模型。

在本章中，我们将讨论的重点放在了源代码总结这一任务上，并将其作为基于 GNN 的模型如何帮助产生更好的软件挖掘任务预测的例子。我们描述了一种直接的方法，其中，子程序的 AST 被用来训练 GNN，这在许多情况下可以产生更好的微观层面的表征。基于注意力 GNN 取得的改进表明，较复杂的图也可以更好地用于这一目的。然而，对代码总结的这些改进可能预示着许多软件挖掘任务的改进。代码表征型和代码生成型软件挖掘任务在很大程度上依赖于对代码结构的细微差别的理解，而 GNN 可能是捕捉这种结构的一个有效工具。本章回顾了这项研究的历史、具体的目标问题并对未来的研究方向提出了建议。

编者注： 代码的人工智能是近年来发展非常迅速的一个领域。与人类使用的语言相比，计算机软件或程序就像人类的第二语言，这并不奇怪，因为它们有许多共同的特点。正因为如此，NLP 和软件社区开始大量关注 GNN 在各自领域的应用，并且 GNN 取得了巨大的成功。就像用于 NLP 的 GNN 一样，第 4 章的 GNN 方法、第 6 章的 GNN 可扩展性、第 8 章的 GNN 对抗鲁棒性、第 14 章的图结构学习技术和第 16 章的异质 GNN，也都是开发有效且高效的 GNN 方法（用于代码）的非常重要的基石。

第 24 章

药物开发中基于图神经网络的生物医学知识图谱挖掘

Chang Su、Yu Hou 和 Fei Wang[①]

摘要

药物开发是一个极其昂贵且耗时的过程。从无到有，成功地将一种药物推向市场需要数十年的时间和数十亿美元的资金，这使得药物开发过程在面对像新型冠状病毒肺炎（COVID-19）这样的紧急情况时效率极低。同时，在过去几十年里，人类在药物开发过程中积累了大量的知识和经验。这些知识和经验被总结在了生物医学文献中，作为人类宝贵的财富，里面包含很多对未来药物开发过程极具参考价值的见解。知识图谱（Knowledge Graph，KG）是组织此类文献中有用信息的一种有效方式，目的是让它们能够被有效检索到。另外，KG 也是连接药物开发过程中涉及的异质生物医学概念的桥梁。在本章中，我们将回顾现有的生物医学 KG，并介绍 GNN 技术如何促进 KG 上的药物开发过程。此外，我们还将介绍两个关于帕金森病和 COVID-19 的案例研究，并指出这一领域未来的发展方向。

24.1 导读

生物医学这门学科在生物实验和临床实践中积累了大量高度专业化的知识。这些知识通常埋藏在大量的生物医学文献中，这使得有效的知识组织和高效的知识检索成为一项很有挑战性的任务。知识图谱（KG）是最近出现的一个概念，旨在实现知识检索目标。KG 通过构建一个描述实体及实体间相互关系的语义网络来存储和表征知识。构成知识图谱的基本元素是<头，关系，尾>元组，其中的“头”和“尾”是概念实体，“关系”则用于将这些实体与语义关系联系起来。在生物医学中，典型的实体是疾病、药物、基因等，关系则是治疗、结合、相互作用等。大规模的生物医学 KG 使得高效的知识检索和推理成为可能。

生物医学知识图谱（Biomedical Knowledge Graph，BKG）可以有效地增强生物医学数据分析程序。尤其是，许多不同类型的生物医学数据是异质的和有噪声的（Wang et al，2019f；Wang and Preininger，2019；Zhu et al，2019e），这使得在这些数据上开发的数据驱动模型在实际应用中

① Chang Su
Department of Population Health Sciences，Weill Cornell Medicine，E-mail：Chs4001@med.cornell.edu
Yu Hou
Department of Population Health Sciences，Weill Cornell Medicine，E-mail：Yuh4001@med.cornell.edu
Fei Wang
Department of Population Health Sciences，Weill Cornell Medicine，E-mail：Few2001@med.cornell.edu

并不可靠。BKG 有效编码了生物医学实体及其语义关系，可以作为“先验知识”指导下游的数据驱动分析程序，提高模型的质量。另外，我们也可以利用 BKG 产生假设（比如哪种药物可以用来治疗哪种疾病），并在现实世界的健康数据（如电子健康记录）中对产生的假设进行验证。

在本章中，我们将回顾现有的 BKG 并介绍将 BKG 用于生成有关药物再利用的假设的例子，最后指出这一领域未来的研究方向。

24.2 现有的生物医学知识图谱

本节将概述现有的且已公开的生物医学知识图谱（见表 24.1）及其构建和组织方式。

表 24.1 现有的且已公开的生物医学知识图谱（BKG）

BKG	实体	关系	关注点	构建方法
Clinical Knowledge Graph（Santos et al，2020）	1 600 万个实体，来自 33 种实体类型	2.2 亿个关系，来自 51 种关系类型	通用	资源集成
Drug Repurposing Knowledge Graph（Ioannidis et al，2020）	97 238 个实体，来自 13 种实体类型	5 874 261 个关系，来自 107 种关系类型	通用	资源集成
Hetionet（Himmelstein et al，2017）	47 031 个实体，来自 11 种实体类型	2 250 197 个关系，来自 24 种关系类型	通用	资源集成
iDISK（Rizvi et al，2019）	144 059 个实体，来自 6 种实体类型	708 164 个关系，来自 6 种关系类型	饮食营养补充	资源集成
PreMedKB（Yu et al, 2019b）	404 904 个实体，来自 4 种实体类型	496 689 个关系，来自 52 种关系类型	通用	资源集成
Zhu et al（2020b）	5 种实体类型	9 种关系类型	通用	资源集成
Zeng et al（2020b）	145 179 个实体，来自 4 种实体类型	15 018 067 个关系，来自 39 种关系类型	通用	资源集成
COVID-19 Knowledge Graph（Domingo-Fernández et al，2020）	3 954 个实体，来自 10 种实体类型	9 484 个关系	COVID-19	文献挖掘
COVID-KG（Wang et al，2020e）	67 217 个实体，来自 3 种实体类型	85 126 762 个关系，来自 3 种关系类型	COVID-19	文献挖掘
Global Network of Biomedical Relationships（Percha and Altman，2018）	3 种实体类型（化学、疾病和基因）	2 236 307 个关系，来自 36 种关系类型	通用	文献挖掘
KGHC（Li et al，2020d）	5 028 个实体，来自 9 种实体类型	13 296 个关系	肝癌	文献挖掘
Li et al（2020b）	22 508 个实体，来自 9 种实体类型	579 094 个关系	通用	EHR 挖掘
QMKG（Goodwin and Harabagiu，2013）	634 000 个实体	1 390 000 000 个关系	通用	EHR 挖掘
Rotmensch et al（2017）	647 个实体，来自两种实体类型	疾病-症状	通用	EHR 挖掘
Sun et al（2020a）	1 616 549 个实体，来自 62 种实体类型	5 963 444 个关系，来自 202 种关系类型	通用	EHR 挖掘

构建 BKG 的一种常见方式是从一些数据资源中提取和整合数据，这些数据资源通常是由人组织的，用于总结来自生物实验、临床试验、基因组广泛关联分析、临床实践等的生物医学知识（Santos et al，2020；Ioannidis et al，2020；Himmelstein et al，2017；Rizvi et al，2019；Yu et al，2019b；Zhu et al，2020b；Zeng et al，2020b, b；Domingo-Fernández et al，

2020；Wang et al，2020e；Percha and Altman，2018；Li et al，2020d, b；Goodwin and Harabagiu，2013；Rotmensch et al，2017；Sun et al，2020a）。

表 24.2 总结了一些常用于构建 BKG 的公共数据资源。例如，毒性与基因比较数据库（Comparative Toxicogenomics Database，CTD）（Davis et al，2019）包含了丰富的、经过人工整理的化学-基因、化学-疾病和基因-疾病关系数据，目的是推进理解环境暴露对人类健康的影响；DrugBank（Wishart et al，2018）数据库包含了已批准的和正在试验的药物的信息以及药理学数据（如药物-目标的相互作用）；一些本体资源，如基因本体（Ashburner et al，2000）和疾病本体（Schriml et al，2019），则存储了基因和疾病的机能及语义背景。

表 24.2　一些常用于构建 BKG 的公共数据资源

数据库	实体	关系	简短描述
Bgee（Bastian et al，2021）	60 072 个解剖学和基因实体	关于存在/不存在表达的 11 731 369 个关系	一个用于解剖学-基因表达的数据库
Comparative Toxicogenomics Database（Davis et al，2019）	73 922 个疾病、基因、化学、途径实体	38 344 568 个化学-基因、化学-疾病、化学-途径、基因-疾病、基因-途径和疾病-途径关系	一个人工组织的数据库，其中包括化学-疾病-基因-途径关系
Drug-Gene Interaction Database（Cotto et al，2018）	160 054 个药物和基因实体	96 924 个药物-基因相互作用关系	一个关于药物-基因相互作用的数据库
DISEASES（Pletscher-Frankild et al, 2015）	22 216 个疾病和基因实体	543 405 个关系	一个疾病-基因关联数据库
DisGeNET（Piñero et al,，2020）	159 052 个疾病、基因和变异实体	839 138 个基因-疾病、变异-疾病关系	一个整合了来自专家组织的与人类疾病相关的基因和变异数据的数据库
IntAct（Orchard et al，2014）	119 281 个化学和基因实体	1 130 596 个关系	一个关于分子相互作用的数据库
STRING（Szklarczyk et al，2019）	24 584 628 个蛋白质实体	3 123 056 667 个蛋白质-蛋白质相互作用关系	一个关于蛋白质-蛋白质相互作用网络的数据库
SIDER（Kuhn et al，2016）	7 298 个药物和副作用实体	139 756 个药品-副作用效应关系	一个包含药品以及记录的药品不良反应的数据库
SIGNOR（Licata et al，2020）	7 095 个实体，来自 10 种实体类型	26 523 个关系	一个整合了发表在科学文献中的信号信息的数据库
TISSUE（Palasca et al，2018）	26 260 个组织和基因实体	6 788 697 个关系	一个通过人工整理的文献建立的关于组织-基因表达的数据库
DrugBank（Wishart et al，2018）	15 128 个药物实体	28 014 个药物-目标、药物-酶、药物-载体、药物-转运体关系	一个关于药物和药物目标信息的数据库
KEGG（Kanehisa and Goto，2000）	33 756 186 个药物、途径、基因等实体	—	一个关于基因组、生物途径、疾病、药物和化学物质的数据库
PharmGKB（Whirl-Carrillo et al，2012）	43 112 个基因、变异、药物/化学和表现型实体	61 616 个关系	一个关于药品和药品相关关系的数据库
Reactome（Jassal et al，2020）	21 087 个途径实体	—	一个人工组织的用于同行评议的途径数据库
Semantic MEDLINE Database（Kilicoglu et al，2012）	—	109 966 978 个关系	一个包含来自文献的语义预测的数据库
Gene Ontology（Ashburner et al，2000）	44 085 个基因实体	—	基因功能的本体

通过整合这些丰富的数据，人们已经构建了一些 BKG（Santos et al，2020；Ioannidis et al，2020；Himmelstein et al，2017；Rizvi et al，2019；Yu et al，2019b；Zhu et al，2020b；Zeng et al，2020b，b；Domingo-Fernández et al，2020；Wang et al，2020e）。例如，于 2017 年发布的 Hetionet（Himmelstein et al，2017）就是一个精心组织的 BKG，其中整合了 29 个公开可用的生物医学数据库，包含 11 种类型的 47 031 个生物医学实体和 24 种类型的超过 200 万个这些实体之间的再连接。与 Hetionet 类似，Drug Repurposing Knowledge Graph（DRKG）（Ioannidis et al，2020）是通过整合 6 个不同的现有生物医学数据库中的数据建立的，包含 13 种类型的约 10 万个实体和 107 种类型的超过 500 万个关系。Zhu et al（2020b）通过系统地整合多个药物数据库，如 DrugBank（Wishart et al，2018）和 PharmGKB（Whirl-Carrillo et al，2012），构建了一个以药物为中心的 BKG。Hetionet、DRKG 和 BKG 已被用于加速计算药物的再利用。PreMedKB（Yu et al，2019b）通过整合现有资源中的关系数据，实现了包括疾病、基因、变异和药物方面的信息。Rizvi et al（2019）通过整合多个膳食相关的数据库，构建了一个名为膳食补充剂知识库（iDISK）的 BKG，其中涵盖膳食补充剂方面的知识，包括维生素、草药、矿物质等。临床知识图谱（Clinical Knowledge Graph，CKG）（Santos et al，2020）是通过整合相关的现有生物医学数据库（如 DrugBank（Wishart et al，2018）、Disease Ontology（Schriml et al，2019）、SIDER（Kuhn et al，2016）等）并基于从科学文献中提取的知识构建的，其中包含超过 1600 万个节点和超过 2.2 亿个关系。与其他 BKG 相比，CKG 的知识颗粒度更细，因为其中涉及更多的实体类型，如代谢物、修饰蛋白、分子功能、转录物、遗传变异、食物、临床变量等。

随着生物医学研究的快速发展，每天都有大量的生物医学文章被发表。人工从文献中提取知识用于 BKG 计算已经无法满足当前需求。为此，人们努力利用文本挖掘方法从文献中提取生物医学知识以构建 BKG（Domingo-Fernández et al，2020；Wang et al，2020e；Percha and Altman，2018；Li et al，2020d）。例如，Sun et al（2020a）通过从药物描述、医学词典和文献中提取生物医学实体和关系，构建了一个知识图谱，以识别索赔文件中涉嫌欺诈、浪费和滥用的案例。COVID-KG（Wang et al，2020e）和 COVID-19 知识图谱（Domingo-Fernández et al，2020）则是通过从生物医学文献中提取 COVID-19 特定的知识而建立的，由此产生的 COVID-19 特定的 BKG 包含诸如疾病、化学、基因和路径等实体以及它们之间的关系。KGHC（Li et al，2020d）是一个专门针对肝癌的 BKG，它是通过从互联网上的文献和内容中提取知识，并从 SemMedDB（Kilicoglu et al，2012）中提取结构化的三元组而建立的。此外，一些研究（Goodwin and Harabagiu，2013；Li et al，2020b；Rotmensch et al，2017；Sun et al，2020a）试图从电子健康记录（Electronic Health Record，EHR）和电子医疗记录（Electronic Medical Record，EMR）等临床数据中建立 BKG。例如，Rotmensch et al（2017）使用数据驱动的方法，通过从 EHR 数据中提取疾病-症状关系来构建 BKG。Li et al（2020b）提出了一个系统化的流水线，用于从大规模的 EMR 数据中提取 BKG；与其他基于三元组结构的 BKG 相比，他们得到的 KG 基于四元组结构——<头，关系，尾，属性>，其中的“属性”包括相应的<头，关系，尾>三元组的共现次数、共现概率、特异性和可靠性等信息。

24.3 知识图谱的推理

在知识图谱（KG）的推理过程中，通常会提到 KG 的如下两个重要属性。

- KG 的局部和全局结构属性。
- 实体和关系的异质性（Wang et al，2017d；Cai et al，2018b；Zhang et al，2018c；Goyal and Ferrara，2018；Su et al，2020c；Zhao et al，2019d）。

标准的 KG 推理流水线通常包含如下两个主要步骤。

（1）学习实体（和关系）的嵌入（即表征向量），同时保留它们的结构特征和 KG 中的实体及关系属性。

（2）使用学到的嵌入执行下游任务，如实体分类和链接预测。

值得注意的是，既可以单独执行这两个步骤，也可以通过建立一个端到端的模型，联合学习嵌入并执行下游任务。在本节中，我们将回顾对 KG 进行推理的现有技术，包括传统的 KG 推理技术和基于 GNN 的 KG 推理技术。

24.3.1 传统的 KG 推理技术

传统的 KG 推理技术如下。

语义匹配模型。语义匹配模型通过利用基于相似性的能量函数来匹配实体和关系隐含在嵌入空间中的语义表征。著名的语义匹配模型 RESCAL（Nickel et al，2011；Jenatton et al，2012）基于如下思想：通过相似关系与相似实体相连的实体通常是相似的（Nickel and Tresp，2013）。通过将每个关系 r_k 与一个矩阵 $\boldsymbol{M}_k$ 关联起来，便可使用一个双线性模型 $f(e_i,r_k,e_j)=\boldsymbol{h}_i^{\mathrm{T}}\boldsymbol{M}_k\boldsymbol{h}_j$ 来定义能量函数，其中，$\boldsymbol{h}_i,\boldsymbol{h}_j\in\mathbb{R}^d$ 分别是实体 e_i 和 e_j 的 d 维嵌入向量。RESCAL 通过 e_i 和 e_j 共同学习实体的嵌入结果，并通过 $\boldsymbol{M}_k$ 学习关系的嵌入结果。语义匹配模型 DistMult（Yang et al，2015a）则通过限制关系 r_k 的矩阵 $\boldsymbol{M}_k$ 为对角矩阵来简化 RESCAL。尽管 DistMult 相比 RESCAL 效率更高，但 DistMult 只能处理无向图。为了解决这个问题，语义匹配模型 HolE（Nickel et al，2016b）实现了通过它们的循环关联来组合 e_i 和 e_j。因此，HolE 继承了 RESCAL 的功能和 DistMult 的高效。其他语义匹配模型参考了神经网络架构，它们将嵌入作为输入层，并将能量函数作为输出层，比如语义匹配能量（Semantic Matching Energy，SME）模型（Bordes et al，2014）和多层感知机（Multi-Layer Perceptron，MLP）（Dong et al，2014）。

平移距离模型。平移距离模型基于如下思想：对于每个三元组 (e_i,r_k,e_j)，关系 r_k 可被认为是嵌入空间中从头实体 e_i 到尾实体 e_j 的平移，因此可以利用基于距离的能量函数来模拟 KG 中的三元组。著名的平移距离模型 TransE（Bordes et al，2013）通常将关系 r_k 表征为平移向量 $\boldsymbol{g}_k$，这样 e_i 和 e_j 就被 r_k 紧密连接了起来，能量函数被定义为 $f(e_i,r_k,e_j)=\|\boldsymbol{h}_i+\boldsymbol{g}_k+\boldsymbol{h}_j\|_2$。由于所有需要学习的参数都是位于同一低维空间的实体和关系嵌入向量，TransE 显然很容易训练。TransE 存在的一个问题是无法很好地处理 KG 中的 N 对 1、N 对 1 和 N 对 N 结构。为了解决这个问题，TransH（Wang et al，2014）对 TransE 做了扩展：为每个关系 r_k 引入一个超平面，并在构建平移方案之前将 e_i 和 e_j 投影到这个超平面上。通过采用这种方式，TransH 提高了模型容量，同时保留了效率。同样，TransR（Lin et al，2015）通过引入特定关系空间扩展了 TransE。此外，对于更精细的嵌入，TransD（Ji et al，2015）通过为每个关系 r_k 构建两个矩阵 $\boldsymbol{M}_k^1$ 和 $\boldsymbol{M}_k^2$ 扩展了 TransE，以便分别投影 e_i 和 e_j，从而同时捕获实体多样性和关系多样性。TranSparse（Ji et al，2016）通过使用自适应的稀疏矩阵对不同类型的关系进行建模来简化 TransR，TransF（Feng et al，2016）则将平移限制放宽至 $\boldsymbol{h}_i+\boldsymbol{g}_k\approx\alpha\boldsymbol{h}_j$。

基于元路径的模型。语义匹配模型和平移距离模型的潜在问题在于，由于主要关注单跳的形成（即三元组中的相邻实体建模），因此它们有可能忽略 KG 的全局结构属性。为了解决这个问题，基于元路径的模型旨在捕捉局部和全局结构属性以及实体和关系类型，以便进行 KG 推理。通常，元路径被定义为由边缘类型分隔的节点类型序列（Sun et al，2011）。以长度为 l 的元路径 $a_1 \xrightarrow{b_1} a_2 \xrightarrow{b_2} \cdots \xrightarrow{b_{l-1}} a_l$ 为例，其中的 $\{a_1, a_2, \cdots, a_l\}$ 和 $\{b_1, b_2, \cdots, b_{l-1}\}$ 分别是节点类型和关系类型的集合。按照这一思路，异质信息网络嵌入（Heterogeneous Information Network Embedding，HINE）（Huang and Mamoulis，2017）定义了基于元路径的接近性，HINE 通过最小化嵌入空间中基于元路径的接近性和预期接近性的差异，保留了异质结构。此外，metapath2vec（Dong et al，2017）对基于元路径的随机游走做了形式化，并且扩展了单词嵌入模型 SkipGram 以学习实体嵌入，从而将每个随机游走路径视为一条句子，并将实体视为单词。

卷积神经网络（CNN）模型。CNN 模型也被用于完成 KG 推理任务。例如，ConvE（Dettmers et al，2018）使用 CNN 架构来预测 KG 中的链接。对于每个三元组 (e_i, r_k, e_j)，ConvE 首先将 e_i 和 r_k 的嵌入向量重塑为两个矩阵，并将它们并置起来；然后将得到的矩阵送入卷积层以产生特征图，最后将产生的特征图转换到实体嵌入空间中以匹配 e_j 的嵌入。ConvKB（Nguyen et al，2017）则直接将每个三元组 (e_i, r_k, e_j) 的嵌入向量并置成一个 3 列的矩阵，这个矩阵随后被送入卷积层以学习实体和关系嵌入。

24.3.2 基于 GNN 的 KG 推理技术

基于 GNN 的 KG 推理技术如下。

基于图卷积网络（GCN）的架构。在 KG 推理中，使用和扩展 GCN 的先驱模型之一是关系型 GCN（Relational GCN，R-GCN）（Schlichtkrull et al，2018）。与原来的应用场景不同，KG 的结构属性通常是异质的，具有不同的实体类型和关系类型。为了解决这个问题，R-GCN 对常规的 GCN 架构进行了两处微妙的修改（Berg et al，2017）。具体来说，对于每个实体，R-GCN 使用了一种特定的关系转换机制，而不是简单地汇总所有邻近实体的信息。这种机制首先根据关系类型和关系方向分别收集邻近实体的信息，然后将它们累积到一起。

$$\boldsymbol{h}_i^{(l+1)} = \sigma\left(\sum_{r_k \in \mathbb{R}} \sum_{j \in \mathcal{N}_i^k} \frac{1}{c_{i,k}} \boldsymbol{W}_k^{(l)} \boldsymbol{h}_j^{(l)} + \boldsymbol{W}_0^{(l)} \boldsymbol{h}_i^{(l)}\right) \tag{24.1}$$

其中，$\boldsymbol{h}_i^{(l+1)}$ 是实体 e_i 在第（l+1）个图卷积层的嵌入向量；$\mathbb{R}$ 是所有关系的集合；$\mathcal{N}_i^k$ 是实体 e_i 在关系 r_k 下的邻近实体；问题特定的归一化系数 $c_{i,k}$ 既可以是通过学习得到的，也可以是预先定义的。通过对每个实体进行 Softmax 归一化，R-GCN 可以被训练用于实体分类。在链接预测中，R-GCN 被用作学习实体嵌入向量的编码器，因子化模型 DistMult 则被用作解码器，可根据学习的实体嵌入来预测 KG 中缺失的链接。与 DistMult 和 TransE 等基线模型相比，R-GCN 的表现有明显改进。

Cai et al（2019）提出了 TransGCN。TransGCN 将 GCN 架构与平移距离模型（如 TransE 和 RotatE）结合了起来，用于 KG 中的链接预测任务。与 R-GCN 相比，TransGCN 旨在解

决链接预测任务，但它不需要像 R-GCN 那样的特定任务解码器，也不需要同时学习实体嵌入和关系嵌入。对于每个三元组 (e_i, r_k, e_j)，TransGCN 假设 r_k 是嵌入空间中从头 e_i 到尾 e_j 的转换，然后扩展 GCN 层并将 e_i 的嵌入更新为

$$\boldsymbol{m}_i^{(l+1)} = \frac{1}{c_i}\boldsymbol{W}_0^{(l)}\left(\sum_{(e_j,r_k,e_i)\in\mathcal{N}_i^{(\text{in})}} \boldsymbol{h}_i^{(l)} \circ \boldsymbol{g}_k^{(l)} + \sum_{(e_i,r_k,e_j)\in\mathcal{N}_i^{(\text{out})}} \boldsymbol{h}_j^{(l)} \star \boldsymbol{g}_k^{(l)}\right) \tag{24.2}$$

$$\boldsymbol{h}_i^{(l+1)} = \sigma(\boldsymbol{m}_i^{(l+1)} + \boldsymbol{h}_i^{(l)}) \tag{24.3}$$

其中，$\circ$ 和 $\star$ 是转换运算符，可根据使用的平移机制来定义； $N_i^{(\text{in})}$ 和 $N_i^{(\text{out})}$ 分别是 e_i 的传入和传出三元组；归一化常数 c_i 是由实体 e_i 的总度数定义的；每个关系 r_k 的嵌入则被简单地更新为 $\boldsymbol{g}_k^{(l+1)} = \sigma(\boldsymbol{W}_l^{(l)}\boldsymbol{g}_k^{(l)})$。TransGCN 采用了两种平移机制——TransE 和 RotatE，并相应地定义了转换运算符“$\circ$”和“$\star$”以及评分函数。得到的最终架构 TransE-GCN 和 RotatE-GCN 在实验中显示出了相比 TransE、RotatE 和 R-GCN 更好的表现。

结构感知卷积网络（Structure-Aware Convolutional Network，SACN）（Shang et al，2019）是另一种基于 GCN 的知识图谱推理架构。与 R-GCN 类似，SACN 采用加权的图卷积网络（Weighted Graph Convolutional Network，WGCN）作为编码器来捕获 KG 的结构属性。WGCN 将具有多种关系类型的 KG 视为具有单一关系类型的多个子图的组合，每个实体 e_i 的嵌入向量则可以通过基于每个子图的信息传播的加权组合得到：

$$\boldsymbol{h}_i^{(l+1)} = \sigma\left(\sum_{j\in\mathcal{N}_i} \alpha_k^{(l)}\boldsymbol{h}_j^{(l)}\boldsymbol{W}^{(l)} + \boldsymbol{h}_i^{(l)}\boldsymbol{W}^{(l)}\right) \tag{24.4}$$

其中，$\alpha_k^{(l)}$ 是第 l 层的关系 r_k 的权重。从 WGCN 学到的嵌入将被送入解码器 Conv-TransE——一个使用了 TransE 的平移机制的 CNN，用于链接预测。

基于图注意力网络（Graph Attention Network，GAT）的架构。GCN 架构的一个潜在问题是，对于每个实体，GCN 架构都将平等地对待相邻实体并收集信息。然而，不同的相邻实体、关系或三元组在表示某特定实体时可能有不同的重要性，同一关系下相邻实体的权重也可能不同。为了解决这个问题，GAT 被用于解决 KG 推理问题。早期的研究成果之一 GATE-KG（KG 中基于图的注意力嵌入）（Nathani et al，2019）引入了一种扩展且通用的注意力机制作为编码器，以产生实体和关系嵌入，同时捕捉 KG 中的不同关系类型。对于每个三元组 (e_i, r_k, e_j)，GATE-KG 都将产生这个三元组的表征向量 $\boldsymbol{c}_{ijk}^{(l)}$。

$$\boldsymbol{c}_{ijk}^{(l)} = \boldsymbol{W}_1^{(l)}\left[\boldsymbol{h}_i^{(l)} \| \boldsymbol{h}_j^{(l)} \| \boldsymbol{g}_k^{(l)}\right] \tag{24.5}$$

其中，$\|$是并置操作。注意力系数 α_{ijk} 可通过以下方式获得：

$$\beta_{ijk}^{(l)} = \text{LeakyReLU}\,(\boldsymbol{W}_2^{(l)}\boldsymbol{c}_{ijk}^{(l)}) \tag{24.6}$$

$$\alpha_{ijk}^{(l)} = \frac{\exp(\beta_{ijk}^{(l)})}{\sum_{j'\in\mathcal{N}_i}\sum_{k'\in\mathcal{R}_{ij'}} \exp(\beta_{ij'k'}^{(l)})} \tag{24.7}$$

其中，$\mathcal{R}_{ij}$ 是 e_i 和 e_j 之间所有关系的集合。通过基于不同的关系汇总邻居节点的信息，实体 e_i 的嵌入向量 $\boldsymbol{h}_i^{(l+1)}$ 在第$(l+1)$层可计算为

$$\boldsymbol{h}_i^{(l+1)} = \sigma\left(\sum_{j\in\mathcal{N}_i}\sum_{k\in\mathcal{R}_{ij}} \alpha_{ijk}^{(l)} \boldsymbol{c}_{ijk}^{(l)}\right) \tag{24.8}$$

此外，我们可以通过使用 n 跳邻居节点之间的辅助关系，在第 n 个图注意力层反复地积累 n 跳邻居节点的信息。由于对 1 跳邻居节点赋予高权重，而对 n 跳邻居节点赋予低权重，因此 GATE-KG 可以捕捉到 KG 的多跳结构信息。

RGHAT（Relational Graph neural network with Hierarchical ATtention）（Zhang et al，2020i）是另一个基于 GAT 的模型，用于完成 KG 中的链接预测任务。具体来说，RGHAT 采用了一种两层的注意力机制。首先，关系层的注意力机制定义了表示特定实体 e_i 的每个关系 r_k 的权重为

$$\boldsymbol{a}_{ik} = \boldsymbol{W}_1[\boldsymbol{h}_i \,\|\, \boldsymbol{g}_k] \tag{24.9}$$

$$\alpha_{ik} = \frac{\exp(\sigma(\boldsymbol{z}_1 \cdot \boldsymbol{a}_{ik}))}{\sum_{r_x\in\mathcal{N}_i}\exp(\sigma(\boldsymbol{z}_1 \cdot \boldsymbol{a}_{ix}))} \tag{24.10}$$

其中，$\boldsymbol{z}_1$ 表示一个可学习的参数向量，σ 表示 LeakyReLU 函数，$\mathcal{N}_i$ 表示实体 e_i 的相邻关系。其次，实体层的注意力机制为

$$\boldsymbol{b}_{ikj} = \boldsymbol{W}_2[\boldsymbol{a}_{ik} \,\|\, \boldsymbol{h}_j] \tag{24.11}$$

$$\beta_{kj} = \frac{\exp(\sigma(\boldsymbol{z}_2 \cdot \boldsymbol{b}_{ikj}))}{\sum_{r_y\in\mathcal{N}_{i,k}}\exp(\sigma(\boldsymbol{z}_1 \cdot \boldsymbol{b}_{iyj}))} \tag{24.12}$$

其中，$\boldsymbol{z}_2$ 表示一个可学习的参数向量，$\mathcal{N}_{i,k}$ 表示关系 r_k 下实体 e_i 的尾实体的集合。通过三元组 (e_i, r_k, e_j) 收集信息的最终注意力系数则计算为 $\mu_{ijk} = \alpha_{ik} \cdot \beta_{kj}$。与 GATE-KG 类似，RGHAT 使用 ConvE 作为链接预测的解码器。

Wang et al（2019j）提出了基于 KG 的知识图谱注意力网络（Knowledge Graph Attention Network，KGAT），其中包含三种类型的层。首先，嵌入层使用 TransR 学习实体和关系的嵌入。其次，带注意力的嵌入传播层扩展了 GAT，以捕获 KG 的高阶结构属性（即多跳邻居节点的信息）。具体来说，KGAT 为每个三元组 (e_i, r_k, e_j) 定义了一个注意力系数，这个注意力系数取决于 e_i 和 e_j 在关系 r_k 的空间中的距离：

$$\beta_{ijk} = (\boldsymbol{W}_k \boldsymbol{h}_i)^{\mathrm{T}} \tanh(\boldsymbol{W}_k \boldsymbol{h}_j + \boldsymbol{g}_k) \tag{24.13}$$

$$\alpha_{ijk} = \frac{\exp(b_{ijk})}{\sum_{j'\in\mathcal{N}_i}\sum_{k'\in\mathcal{R}_{ij'}}\exp(\beta_{ij'k'})} \tag{24.14}$$

KGAT 将通过堆叠多个带有表征注意力的嵌入传播层，来获取每个实体的多跳邻居节点的信息。具体而言，第 $(l+1)$ 层的实体 e_i 的嵌入 $\boldsymbol{h}_i^{(l+1)} = \sigma(\boldsymbol{h}_i^{(l)}, \boldsymbol{h}_{\mathcal{N}_i}^{(1)})$，其中 $\boldsymbol{h}_{\mathcal{N}_i}^{(1)} = \sum_{(e_i,r_k,e_j)\in\mathcal{N}_i} \alpha_{ijk} \boldsymbol{h}_j^{(l)}$。

最后，预测层将每个图注意力层的嵌入并置起来，并对每个实体进行预测。

异质图注意力网络（Heterogeneous graph Attention Network，HAN）（Wang et al，2019m）使用 GAT 解决了异质图中的节点（即实体）分类问题（可将 KG 作为异质图的一种特殊类型）。HAN 将图注意力机制与元路径结合了起来，以捕捉异质结构的特性。HAN 还引入了

一种包含节点层注意力和语义层注意力的分层注意力机制。节点层注意力的目的是学习基于元路径的邻居节点在指示节点方面的重要性。具体来说，HAN 首先通过 $\boldsymbol{h}_i = \boldsymbol{M}_{\phi_i}\boldsymbol{h}'$ 将不同类型的实体投影到同一空间，其中，ϕ_i 是实体 e_i 的类型，$\boldsymbol{h}_i$ 和 $\boldsymbol{h}'$ 分别是 e_i 的投影嵌入和原始嵌入；然后计算实体对 (e_i, e_j) 在元路径 $\varPhi$ 下的注意力权重 $\alpha_{ij}^{\varPhi}$。

$$\alpha_{ij}^{\varPhi} = \frac{\exp(\boldsymbol{a}_{\varPhi}^{\mathrm{T}} \cdot [\boldsymbol{h}_i \parallel \boldsymbol{h}_j])}{\sum_{j' \in \mathcal{N}_i^{\varPhi}} \exp(\boldsymbol{a}_{\varPhi}^{\mathrm{T}} \cdot [\boldsymbol{h}_i \parallel \boldsymbol{h}_{j'}])} \tag{24.15}$$

其中，$\mathcal{N}_i^{\varPhi}$ 是 e_i 在元路径 $\varPhi$ 下的所有邻居节点，$\boldsymbol{a}_{\varPhi}$ 是节点层注意力向量。

语义层注意力通过以下方式学习元路径 $\varPhi$ 在分类任务中的重要性。

$$w_{\varPhi} = \frac{1}{|\mathscr{V}|} \sum_{e_i \in \mathscr{V}} \boldsymbol{q}^{\mathrm{T}} \cdot \tanh(\boldsymbol{W} \cdot \boldsymbol{z}_i^{\varPhi} + \boldsymbol{b}) \tag{24.16}$$

其中，$\mathscr{V}$ 表示所有实体，$\boldsymbol{q}$ 表示通过训练学到的语义层注意力向量，$\boldsymbol{b}$ 表示偏置。语义层注意力的权重为 $\beta_{\varPhi} = \frac{\exp(w_{\varPhi})}{\sum_{\varPhi'} \exp(w_{\varPhi'})}$，所有实体的最终嵌入 $Z = \sum_{\varPhi} \beta_{\varPhi} Z_{\varPhi}$ 被用于分类。

24.4　药物开发中基于 KG 的假设生成

一般来说，药物再利用包括三个主要步骤——假设生成、假设评估和假设验证（Pushpakom et al，2019）。其中第一步也是最重要的一步就是假设生成。通常情况下，药物再利用的假设生成旨在确定与感兴趣的治疗适应症相关的高置信度的候选药物。如今，大量可用的 BKG 内含巨量的生物医学知识，它们成为药物再利用的宝贵资源。在 KG 中，假设生成被表述为链接预测问题，也就是根据现有的知识（KG 的结构特性）计算识别具有高置信度的潜在药物-靶点或药物-疾病的关系。本节将介绍一些利用 BKG 的计算方法进行药物再利用的假设生成的初步工作。

24.4.1　基于 KG 的药物再利用的机器学习框架

Zhu et al（2020b）所做的研究是以前在 BKG 中使用计算推理进行药物再利用的典型代表。这项研究的主要贡献有两方面——通过数据整合构建 KG 以及构建基于 KG 的机器学习流水线用于药物再利用。

首先，通过整合 6 个药物知识库，包括 PharmGKB（Whirl-Carrillo et al，2012）、TTD（Yang et al，2016a）、KEGG DRUG（Kanehisa et al，2007）、DrugBank（Wishart et al，2018）、SIDER（Kuhn et al，2016）和 DID（Sharp，2017），他们构建了一个以药物为中心的 KG，其中包括药物、疾病、基因、通路和副作用 5 种实体类型以及药物-疾病治疗、药物-药物相互作用、药物-基因调节、绑定、关联、药物-副作用原因关系、基因-基因关联、基因-疾病关联和基因-通路参与 9 种关系类型。

其次，他们基于以药物为中心的 KG 建立了用于药物再利用的机器学习流水线。具体来说，他们这样做的目的是预先判断药物-疾病对之间是否存在关系。这样问题就被转换为如何完成一种有监督的分类任务，输入的样本是药物-疾病对。计算每个样本（药物-疾病对）的表征的方式有两种——基于元路径的表征和基于 KG 嵌入的表征。基于元路径的表征首先列举药物和疾病之间99条可能的元路径，如药物 $\xrightarrow{治疗}$ 基因 $\xrightarrow{关联}$ 疾病和药物 $\xrightarrow{治疗}$ 基因 $\xrightarrow{关联}$ 基因 $\xrightarrow{关联}$ 疾病；然后为每一个药物-疾病对计算出一个99维的表征向量，其中的每个元素表示基于某特定元路径的这两个实体之间的连接度。在元路径 Φ 下，有4种不同的连接度量可以使用。

- 路径计数 $\mathrm{PC}_{\Phi}(e_{\mathrm{dr}},e_{\mathrm{di}})$，表示药物 e_{dr} 和疾病 e_{di} 之间的路径数。
- 头归一化路径计数 $\mathrm{HNPC}_{\Phi}=\dfrac{\mathrm{PC}_{\Phi}(e_{\mathrm{dr}},e_{\mathrm{di}})}{\mathrm{PC}_{\Phi}(e_{\mathrm{dr}},*)}$。
- 尾归一化路径计数 $\mathrm{TNPC}_{\Phi}=\dfrac{\mathrm{PC}_{\Phi}(e_{\mathrm{dr}},e_{\mathrm{di}})}{\mathrm{PC}_{\Phi}(*,e_{\mathrm{di}})}$。
- 归一化路径计数 $\mathrm{NPC}_{\Phi}=\dfrac{\mathrm{PC}_{\Phi}(e_{\mathrm{dr}},e_{\mathrm{di}})}{\mathrm{PC}_{\Phi}(e_{\mathrm{dr}},*)+\mathrm{PC}_{\Phi}(*,e_{\mathrm{di}})}$。

基于KG嵌入的表征使用了三种平移距离模型——TransE（Bordes et al，2013）、TransH（Wang et al，2014）和TransR（Lin et al，2015）。具体来说，对于每一对药物 e_{dr} 和疾病 e_{di}，我们可以使用这三种模型中的每一种，首先学习它们的嵌入向量 $\boldsymbol{h}_{\mathrm{dr}}$ 和 $\boldsymbol{h}_{\mathrm{di}}$，然后将药物-疾病对 $(e_{\mathrm{dr}},e_{\mathrm{di}})$ 的表征计算为 $\boldsymbol{h}_{\mathrm{di}}-\boldsymbol{h}_{\mathrm{dr}}$。

最后，他们建立了一个机器学习流水线，其中的输入是药物-疾病对的表征。对于一个药物-疾病对来说，如果存在关系，则将其标记为有标签，不存在关系的药物-疾病对则被标记为无标签。

针对这种情况，我们做了一次实验，使用的是一个正样本和无标签的（Positive and Unlabeled，PU）学习框架（Elkan and Noto，2008），决策树、随机森林和支持向量机（SVM）分别被用作这个学习框架的基本分类器。在此次实验中，与8种疾病相关的药物-疾病关系被用作测试集，其余的药物-疾病关系和143 830个用于将这8种疾病与其他药物联系起来的配对（无标签）被用作训练集。实验结果表明，只使用其他疾病的治疗信息，KG驱动的流水线就可以对已知的糖尿病治疗产生高的预测结果。

24.4.2 基于KG的药物再利用在COVID-19中的应用

2020年，COVID-19的突然爆发严重冲击了医疗系统，极大影响了世界各地人们的生活。迄今为止，许多治疗COVID-19的药物尚在研究之中，耗费了巨大的投资，然而获批的COVID-19抗病毒药物却非常有限。在这种情况下，人们迫切需要一种更为高效和有效的方法来开发对抗大流行疾病的药物，基于KG的药物再利用有望帮助我们解决这个难题。

Zeng et al（2020b）做了一项极具开创性的工作，就是在COVID-19中基于KG推断，通过计算对抗病毒药物进行再利用。首先，他们通过整合全球生物医学关系网（Global Network of Biomedical Relationship，GNBR）（Percha and Altman，2018）和DrugBank（Wishart et al，2018）这两个生物医学关系数据资源以及实验中发现的COVID-基因关系（Zhou et al，2020f），构建了一个全面的生物医学KG，并形成了另一个由4种类型（药物、疾病、基因和药物副作用信息）的145 179个实体和39种类型的1 501 867个关系组成的KG。其次，一个深度的KG嵌入模型（RotatE）被用来学习实体和关系的低维表征。根据学到的这些嵌入向量，嵌入空间中与COVID-19实体最为接近的前100种药物被优先确定为候选药物。他们将正在进行的COVID-19临床试验药物作为验证集，结果表现理想，受试者工作特征曲线下的面积（AUROC）为0.85。此外，他们还进行了基因集富集分析（Gene Set Enrichment

Analysis，GSEA），其中涉及外周血和 Calu-3 细胞的转录组数据以及 Caco-2 细胞的蛋白质组数据，以验证候选药物。最后，41 种药物被确定为 COVID-19 疗法的潜在可再利用候选药物，特别是其中 9 种正在进行 COVID-19 临床试验的药物。在这 41 种候选药物中，他们强调了其中三种类型的药物：（1）抗炎药，如地塞米松、吲哚美辛和褪黑激素；（2）选择性雌激素受体调节剂（Selective Estrogen Receptor Modulator，SERM），如氯米芬、巴多昔芬和托瑞米芬；（3）抗寄生虫药，包括羟基氯喹和磷酸氯喹。

Hsieh et al（2020）一直专注于在 KG 中使用 GNN 解决药物再利用的问题。他们首先通过从 CTD（Davis et al，2019）中提取并整合药物-靶点相互作用、路径、基因/药物-表型相互作用，构建了一个 SARS-CoV-2 KG，其中包括 27 个 SARS-CoV-2 诱饵、5677 个宿主基因、3 635 个药物和 1 285 个表型以及 330 个病毒-宿主蛋白-蛋白相互作用、13 423 个基因-基因共享通路相互作用、16 972 个药物-靶点相互作用、1 401 个基因-表型关联和 935 个药物-表型相互作用。接下来，他们通过一个变分的图自编码器（Kipf and Welling，2016），利用 R-GCN（Schlichtkrull et al，2018）作为编码器来学习 SARS-CoV-2 KG 中的实体嵌入。由于 SARS-CoV-2 KG 特别关注与 COVID-19 相关的知识，因此可能缺少一些普遍但有意义的生物医学知识。为了解决这个问题，他们引入了一个迁移学习框架。具体来说，就是使用文献（Zeng et al，2020b）中用于编码一般生物医学知识的实体嵌入来初始化 SARS-CoV-2 KG 中的实体嵌入，并通过 GNN 对 SARS-CoV-2 KG 中的实体嵌入进行微调。最后，他们使用一个定制的神经网络排名模型，选出 300 种与 COVID-19 最为相关的药物作为候选药物。与 Zeng et al（2020b）所做的工作类似，Hsieh et al（2020）利用 GSEA、回顾性体外药物筛选和电子健康记录（Electronic Health Record，EHR）中基于人群的治疗效果分析，进一步验证了可再利用的候选药物。通过这样的流水线，22 种药物被强调用于潜在的 COVID-19 治疗，包括阿奇霉素、阿托伐他汀、阿司匹林、对乙酰氨基酚和沙丁胺醇等。

以上研究揭示了基于 KG 的方法在药物再利用中的重要性，以对抗像 COVID-19 这样的复杂疾病。有报告显示，重新组合的候选药物集与正在进行的 COVID-19 试验中的药物之间有很高的重叠率，这不仅证明了基于 KG 的方法的有效性，也为正在进行的临床试验提供了生物学依据。另外，这些人还提出了使用其他公开的数据来验证或完善由 KG 得出的假设的可行方法，从而提高基于 KG 的方法的可用性。

24.5 未来的方向

KG 在生物医学中发挥着越来越重要的作用。越来越多的基于 KG 的机器学习方法和深度学习方法已经被用于生物医学研究，如计算性药物开发中的假设生成。作为人工智能（AI）的最新进展之一，GNN 已经在图像和文本数据挖掘方面取得巨大进展（Kipf and Welling，2017b；Hamilton et al，2017b；Veličković et al，2018），并且已经被引入以辅助解决 KG 推理问题。在这种情况下，将 GNN 用于生物医学 KG，对于改善计算性药物开发中的假设生成具有很大的潜力。然而，这种新技术与计算性药物开发的成功仍存在巨大的差距。本节将讨论这方面潜在的机会和未来研究的可能性，以改善计算性药物开发中的假设生成。

24.5.1 KG 质量控制

构建和管理生物医学 KG 的过程通常包括手动收集、注释和提取文本（如文献或实验报告）中的知识，自动或手动规范术语以整合多种数据资源，以及自动进行文本挖掘以提取知识等。然而，其中没有任何一个环节是完美的。因此，质量问题一直是 KG 推理面临的一项挑战。在基于 KG 的药物再利用项目的假设生成中，质量差的 KG 将导致无信息或错误的表征，从而导致生成不正确的假设（药物-疾病关系），甚至导致整个药物再利用项目失败。因此，我们迫切需要进行准确和适当的 KG 质量控制。一般来说，KG 的质量问题有两类——不正确性和不完全性。

不正确性是指 KG 中存在不正确的三元组。例如，KG 中虽然存在三元组，但两个实体的相应关系却与现实世界中的证据不一致。为了解决这个问题，一种常见的策略是用抽样的小子集进行手动标注。如果需要评估足够多的三元组以达到统计学标准，则标注过程将十分耗时耗力。为了减轻负担，Gao et al（2019a）提出了一个用于 KG 准确性评估的迭代评估框架。具体来说，受实践中观察到的成本标注函数的属性的启发，他们通过不等概率理论开发了一种聚类抽样策略。这个迭代评估框架使标注成本降低了 60%，并且可以很容易扩展到解决不断变化的 KG。通过使用设计良好的生物医学词汇表，如统一医学语言系统（Unified Medical Language System，UMLS）（Bodenreider，2004），我们可以改善实体术语的规范化，从而降低由模糊的生物医学实体引起错误的风险。此外，通过基于 KG 结构的学习对 KG 进行完善也是解决这个问题的潜在方法。早期的一些研究，如（Zhao et al，2020d），主要集中在这个领域。

不完全性是指 KG 中缺少在生物学或临床上有意义的三元组。为了解决这个问题，一种常见的策略是通过整合多种数据资源、生物医学数据库和生物医学 KG，构建一个更全面的 KG。CKG（Santos et al，2020）、Hetionet（Himmelstein et al，2017）、DRKG（Ioannidis et al，2020）、KG（Zhu et al，2020b）等是这种策略的典型代表。然而，没人能保证它们足够全面，也没人能保证它们涵盖所有的生物医学知识。如今，大量可用的生物医学文献和医疗数据（如 EHR 数据）是生物医学领域的巨大财富。在这种情况下，以前的研究主要集中于从生物医学文献（Zhao et al，2020e；Xu et al，2013；Zhang et al，2018h；Sahu and Anand，2018）和 EHR 数据（Rotmensch et al，2017；Chen et al，2020e）中导出知识，导出的知识可以作为生物医学 KG 的良好补充。此外，KG 嵌入模型（如 TransE 和 TransH）和 GNN（如 R-GCN）等计算方法已被用于 KG 补全（Arora，2020），它们能够根据 KG 的结构特性预测 KG 内部缺失的关系。

24.5.2 可扩展的推理

生物医学数据库的最终目标是全面地纳入生物医学知识。例如，通过整合 26 个公开的生物医学数据库，CKG（Santos et al，2020）已经包括超过 1600 万个生物医学实体，这些实体之间有超过 2.2 亿个关系；另一个 KG——DRKG（Ioannidis et al，2020），则通过整合 6 个数据库以及从最近的 COVID-19 出版物中收集的数据，包括了 1 万个实体和 580 万个关系。同时，如今先进的高通量测序技术以及计算机软件和硬件引发数量不断增加的关系数据的涌入，这些关系数据将生物医学实体（如药物、基因、蛋白质、化合物、疾病）与人们从临床数据中提取的医学概念联系了起来，从而使我们在很大程度上得以提取已知的知识来充实生物医学 KG，这些 KG 目前仍在不断扩展。

在这种情况下，巨大的甚至持续增长的 KG 数量可能会对像 GNN 这样的计算模型构成挑战。为此，我们迫切需要可扩展的技术来解决 KG 的高内存和时间成本问题。例如，Deep Graph Library（DGL）（Wang et al，2019f）是一个开源、免费的 Python 软件包，由 Amazon

设计，用于促进 GNN 系列模型的实施。DGL 可以运行在多个深度学习框架之上，包括 PyTorch（Paszke et al，2019）、TensorFlow（Abadi et al，2016）和 MXNet（Chen et al，2015）。截至 2021 年 3 月 1 日，DGL 的最新版本是 0.6。通过将 GNN 的消息传递过程提炼为广义稀疏张量操作，DGL 提供了内核融合、多线程和多进程加速以及自动稀疏格式调整等优化技术的实现，以加快训练过程并减轻内存负荷。除 GNN 以外，DGL 还发布了 DGL-KE（Zheng et al，2020c）。DGL-KE 是一个易于使用的框架，用于实现 KG 表征模型，如 TransE、DistMult、RotatE 等。DGL-KE 已被用于现有的基于 KG 的药物再利用研究，如（Zeng et al，2020b）。

24.5.3 KG 与其他生物医学数据的结合

除 KG 以外，现实中还有大量其他的生物医学数据，如临床数据和组学数据（omics data），这些数据也是有前景的计算性药物再利用资源。临床数据是医疗保健和医学研究的重要资源，包括 EHR 数据、索赔数据和临床试验数据等。其中，EHR 数据是在日常的患者护理过程中例行收集的，包含患者的各种信息，如人口统计学信息、诊断信息、实验室测试结果、用药信息和临床记录等。这些丰富的信息使得医院跟踪患者的健康状况变化、药物处方和临床结果成为可能。此外，医院已经收集了大量的 EHR 数据，而且数据量正在迅速增加，这在很大程度上增强了基于 EHR 分析的统计能力。因此，除诊断和预后预测（Xiao et al，2018；Si t al，2020；Su et al，2020e，a）、表型分析（Chiu and Hripcsak，2017；Weng et al，2020；Su et al，2020d，2021）等常见用途以外，EHR 数据还被用于计算性药物再利用（Hurle et al，2013；Pushpakom et al，2019）。例如，Wu et al（2019d）利用 HER 数据筛选出了一些非癌症药物作为治疗癌症的可再利用候选药物；Gurwitz（2020）则通过分析 EHR 数据，实现了将药物再利用于治疗 COVID-19。

在高通量测序技术的推动下，包括基因组学数据、蛋白质组学数据、转录组学数据、表观基因组学数据和代谢组学数据在内的大量组学数据已被收集并公开供研究人员分析。整合和分析组学数据能让我们获得新的生物医学见解，并在分子水平上更好地了解人类健康和疾病（Subramanian et al，2020；Nicora et al，2020；Su et al，2020b）。组学数据太丰富了，计算性药物开发也涉及组学数据（Pantziarka and Meheus，2018；Nicora et al，2020；Issa et al，2020）。例如，通过挖掘全息图谱数据，Zhang et al（2016c）确定了 18 个蛋白质为潜在的抗阿尔茨海默病（Alzheimer’s Disease，AD）靶点，并优先选出 7 种抑制该靶点的可再利用药物；Mokou et al（2020）则提出了基于患者组学数据（蛋白质组学数据和转录组学数据）的膀胱癌药物再利用流水线。

在这种情况下，将 KG、临床数据和多组学数据结合起来共同学习，是推进计算性药物开发的一条很有希望的途径（见图 24.1）。结合这些数据进行推理的好处是双向的。

首先，临床数据和多组学数据的计算模型通常受到数据质量的影响，如噪声和有限的人群规模，特别是对于罕见病的人群和模型的可解释性。纳入 KG 已被证明能够有效地解决这些问题，并加速临床数据和全向组学数据的分析。例如，Nelson et al（2019）将 EHR 数据与生物医学 KG 联系了起来，并为每一特定人群（如减肥人群）学习了一个条形码向量，其中不仅编码了 KG 结构和 EHR 信息，而且展示了每个生物医学实体（如基因、症状和药物）对于该特定人群的重要性。这种人群特定的条形码向量进一步显示了链接预测（如疾病-基因关联预测）的有效性。Wang et al（2017c）通过对患者的 EHR 数据与 BKG 进行桥接，并将 KG 嵌入模型扩展到安全药物推荐中，全面考虑了药物间的相互作用等相关知识。Santos et al（2020）开发了一个开放平台，实现了将临床知识图谱（Clinical Knowledge Graph，CKG）与典型的蛋白质组学工作流程相结合。通过这种方式，CKG 促进了对蛋白质组学数据的分析和解释。

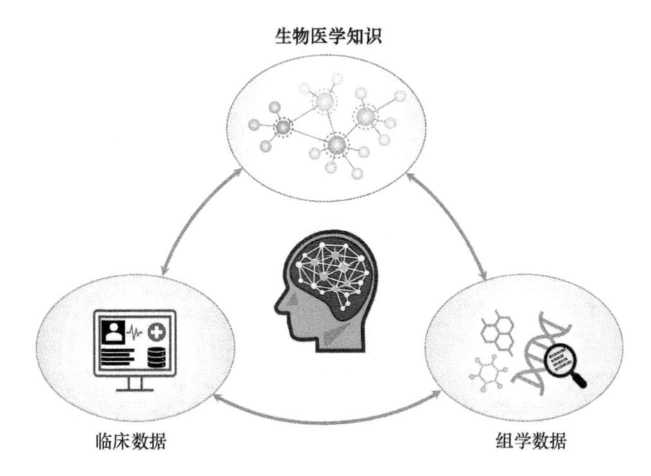

图 24.1 将生物医学 KG 与其他生物医学数据结合起来，以改善计算性药物开发

其次，纳入临床数据和组学数据可以潜在地改善 KG 推理。目前，基于 KG 的药物再利用研究已经涉及临床数据和组学数据（Zeng et al，2020b；Hsieh et al，2020），这些数据通常用于独立的验证过程，以验证/完善生成的新假设（即新的疾病-药物关联）。此外，之前的研究显示，利用临床数据（Rotmensch et al，2017；Chen et al，2020e；Pan et al，2020c）和组学数据（Ramos et al，2019）可以得出新的知识。因此我们认为，在 KG 推理中加入临床数据和组学数据可在很大程度上减小 KG 质量问题带来的影响，尤其是不完整性的影响。总之，当设计用于药物再利用的下一代 GNN 模型时，十分重要的方向之一就是设计可行且灵活的架构，从而巧妙地利用 KG、临床数据和多组学数据来递归地改善彼此。

表 24.3 总结了现有的所有 BKG。

表 24.3 现有的所有 BKG

BKG	实体数量	实体类型	关系数量	关系类型	关注点	可用格式	来源类型
Clinical Knowledge Graph（Santos et al，2020）	1 600 万	33 种实体类型，如药物、基因、疾病等	2.2 亿	51 种关系类型，如关联、已量化的蛋白质等	—	Neo4j	KG（集成）
Drug Repurposing Knowledge Graph（Ioannidis et al，2020）	97 238	13 种实体类型，如化合物、疾病等	5 874 261	107 种关系类型，如交互等	—	TSV	KG（集成）
Hetionet（Himmelstein et al，2017）	47 031	11 种实体类型，如疾病、基因、化合物等	2 250 197	24 种关系类型	—	Neo4j 和 TSV	KG（集成）
iDISK（Rizvi et al，2019）	144 059	6 种实体类型，如语义学上的膳食补充剂成分、膳食补充剂产品、疾病等	708 164	6 种关系类型，如有不良反应、有效等	膳食补充剂	Neo4j 和 RRF	KG（集成）
PreMedKB（Yu et al，2019b）	404 904	药物、变异、基因、疾病	496 689	52 种关系类型，如原因、关联等	变异	—	KG（集成）

续表

BKG	实体数量	实体类型	关系数量	关系类型	关注点	可用格式	来源类型
Zhu et al（2020b）	—	药物、副作用、疾病、基因、途径	—	9 种关系类型，如原因、绑定、治疗等	药物再利用	—	KG(集成)
Zeng et al（2020b）	145 179	药物、基因、疾病和药物作用	15 018 067	39 种关系类型，如治疗、绑定等	药物再利用	—	KG(集成)
COVID-19 Knowledge Graph（Domingo-Fernández et al，2020）	3 954	10 种实体类型，如蛋白质、基因、化学等	9 484	增加、减少、关联等	COVID-19	JSON	KG
COVID-KG（Wang et al，2020e）	67 217	疾病、化学、基因	85 126 762	化学-基因、化学-疾病、基因-疾病	—	CSV	KG
KGHC（Li et al，2020d）	5 028	9 种实体类型，如药物、蛋白质、疾病等	13 296	关联、原因等	肝癌	Neo4j	KG
Li et al（2020b）	22 508	9 种实体类型，如疾病、症状等	579 094	—	疾病-症状	—	KG
QMKG（Goodwin and Harabagiu，2013）	634 000	—	1 390 000 000	—	—	—	KG
Rotmensch et al（2017）	647	疾病、症状	—	疾病-症状	疾病和症状的关系	—	KG
Sun et al（2020a）	1 616 549	62 种实体类型，如疾病、药物等	5 963 444	202 种关系类型	临床疑似索赔检测	—	KG
Bgee（Bastian et al，2021）	60 072	解剖学、基因	11 731 369	表达-存在、表达-不存在	解剖-基因表达	TSV	KB
Comparative Toxicogenomics Database（Davis et al，2019）	73 922	疾病、基因、化学、途径	38 344 568	化学-基因、化学-疾病、化学-途径、基因-疾病、基因-途径、疾病-途径	—	CSV 和 TSV	KB
Drug-Gene Interaction Database（Cotto et al，2018）	160 054	药物、基因	96 924	—	药物-基因交互	TSV	KB
DISEASES（Pletscher-Frankild et al，2015）	22 216	疾病、基因	543 405	—	疾病和基因的关系	TSV	KB
DisGeNET（Piñero et al，2020）	159 052	疾病、基因、变体	839 138	基因-疾病、变异-疾病	基因和疾病的关系以及变异和疾病的关系	TSV	KB
Global Network of Biomedical Relationships（Percha and Altman，2018）	—	化学、疾病、基因	2 236 307	36 种关系类型，如致病突变、治疗等	—	TXT	KB

续表

BKG	实体数量	实体类型	关系数量	关系类型	关注点	可用格式	来源类型
IntAct（Orchard et al，2014）	119 281	化学、基因	1 130 596	—	分子相互作用	TXT	KB
STRING（Szklarczyk et al，2019）	24 584 628	蛋白质	3 123 056 667	蛋白质-蛋白质交互	蛋白质-蛋白质相互作用	TXT	KB
SIDER（Kuhn et al，2016）	7 298	药物、副作用	139 756	药物副作用	药物及记录的药物不良反应	TSV	KB
SIGNOR（Licata et al，2020）	7 095	10 种实体类型，如蛋白质、化学等	26 523	—	信令信息	TSV	KB
TISSUE（Palasca et al，2018）	26 260	组织、基因	6 788 697	表现	组织-基因表达	TSV	KB
Catalogue of Somatic Mutations in Cancer（Tate et al，2019）	12 339 359	变异	—	—	癌症中的细胞突变	TSV	数据库
ChEMBL（Mendez et al，2019）	1 940 733	分子	—	—	分子	TXT	数据库
ChEBI（Hastings et al，2016）	155 342	分子	—	—	分子	TXT	数据库
DrugBank（Wishart et al，2018）	15 128	药物	28 014	药物-靶点、药物-酶、药物-载体、药物-转运体	药物	CSV	数据库
Entrez Gene（Maglott et al，2010）	30 896 060	基因	—	—	基因	TXT	数据库
HUGO Gene Nomenclature Committee（Braschi et al，2017）	41 439	基因	—	—	基因	TXT	数据库
KEGG（Kanehisa and Goto，2000）	33 756 186	药物、途径、基因等	—	—	—	TXT	数据库
PharmGKB（Whirl-Carrillo et al，2012）	43 112	基因、变异、药物/化学、表象	61 616	—	—	TSV	数据库
Reactome（Jassal et al，2020）	21 087	途径	—	—	途径	TXT	数据库
Semantic MEDLINE Database（Kilicoglu et al，2012）	—	—	109 966 978	主体-预测-对象三联体	文献中的语义预测	CSV	数据库
UniPort（?）	243 658	蛋白质	—	—	蛋白质	XML 和 TXT	数据库
Brenda Tissue Ontology（Gremse et al，2010）	6 478	组织	—	—	组织	OWL	本体

续表

BKG	实体数量	实体类型	关系数量	关系类型	关注点	可用格式	来源类型
Disease Ontology（Schriml et al，2019）	10 648	疾病	—	—	疾病	OWL	本体
Gene Ontology（Ashburner et al，2000）	44 085	基因	—	—	基因	OWL	本体
Uberon（Mungall et al，2012）	14 944	解剖学	—	—	解剖学	OWL	本体

编者注：药物假设生成的目的是利用生物和临床知识来生成生物医学分子。这些知识可有效地以知识图谱（KG）的形式存储。KG 的构建与图生成（见第 11 章）相关，如文本挖掘（见第 21 章）。基于 KG，假设生成过程主要包括图表征学习（见第 2 章）和图结构学习（见第 14 章）。假设生成也可表述为链接预测（见第 10 章）问题，我们可以计算出候选药物的置信度。药物开发的未来方向主要是可扩展性（见第 6 章）和可解释性（见第 7 章）。

第 25 章

预测蛋白质功能和相互作用的图神经网络

Anowarul Kabir 和 Amarda Shehu[①]

摘要

图神经网络（GNN）在分子建模研究中正成为越来越受欢迎的强大工具，因为它们能够在非欧（non-Euclidean）数据上运行。由于能够在图中嵌入内在结构并保留语义信息，GNN 正在推动对各种分子结构-功能的研究。在本章中，我们将重点讨论一些 GNN 辅助研究，这些研究将一个或多个以蛋白质为中心的数据来源结合了起来，目的是阐明蛋白质的功能。我们将对 GNN 及其最为成功的最新变体进行一次简短的综述，旨在解决预测蛋白质分子的生物功能和分子相互作用的相关问题。我们还将回顾最新的方法进展和发现，并总结一些有望鼓励进一步研究的重要开放性问题。

25.1 从蛋白质的相互作用到功能简介

分子生物学目前正在从大数据中获益，因为快速发展的高通量技术和自动化的湿实验（wet-laboratory）协议已经产生了大量的生物序列、表达、相互作用和结构数据（Stark，2006；Zoete et al，2011；Finn et al，2013；Sterling and Irwin，2015；Dana et al，2018；Doncheva et al，2018）。由于功能鉴定滞后，现在的数据库中虽有数以百万计的蛋白质产物，但却没有它们的功能信息；也就是说，我们不知道细胞中的许多蛋白质是做什么的（Gligorijevic et al，2020）。

回答蛋白质分子执行什么功能的问题，不仅是理解生物学和以蛋白质为中心的疾病的关键，也是推进蛋白质靶向治疗的关键。因此，这个问题仍然是分子生物学中许多湿实验和干实验（dry-laboratory）研究的驱动力（Radivojac et al，2013；Jiang et al，2016）。根据寻求的或可能的细节，这个问题有多种回答形式。通过直接暴露目标蛋白质在细胞中与之相互作用的其他分子，我们就可以提供最大量的细节来回答这个问题——通过阐明一个蛋白质与之结合的分子伙伴来揭示其作用。

在此次简短的综述中，我们将重点讨论 GNN 如何提高我们在硅芯片计算机上回答这个问题的能力。本章的组织结构如下：首先，我们将提供简短的历史概述，以便读者了解一

① Anowarul Kabir
Department of Computer Science，George Mason University，E-mail：akabir4@gmu.edu
Amarda Shehu
Department of Computer Science，George Mason University，E-mail：amarda@gmu.edu

些思想和数据的演变，它们使得将机器学习应用于蛋白质功能预测问题成为可能；然后，我们将对 GNN 之前的（浅层）模型简要地进行概述。此次综述的剩余部分将专门讨论这个问题如何基于 GNN 形式化为链接预测问题，并总结目前最先进的（State-Of-The-Art，SOTA）基于 GNN 的方法，此外我们还将在相关的地方强调一些选定的方法，阐述面临的其他挑战以及 GNN 在这一领域的潜在发展方向。

25.1.1 登上舞台：蛋白质-蛋白质相互作用网络

从历史上看，最早的蛋白质功能预测方法是将蛋白序列的相似性与蛋白质功能的相似性联系起来，直到后来人们有了新的重大发现——远程同源物，也就是序列相似度虽然低但三维/三级结构和功能却高度相似的蛋白质，于是逐渐形成了利用三级结构的方法，不过适用性有限，因为三级结构的确定无论在过去还是现在都是一个十分费力的过程。其他的蛋白质功能预测方法则利用基因表达数据的模式来推断相互作用的蛋白质，依据是相互作用的蛋白质首先需要在细胞中同时表达。

随着高通量技术的发展，如用于酵母蛋白相互作用组的双杂交分析（Ito et al，2001）、用于表征多蛋白复合物和蛋白-蛋白关联（Huang et al，2016a）的串联亲和纯化质谱分析（Tandem-Affinity Purification and Mass Spectrometry，TAP-MS）（Gavin et al，2002）、高通量质谱蛋白复合物鉴定（High-throughput Mass Spectrometric Protein Complex Identification，HMS-PCI）（Ho et al，2002）和免疫共沉淀结合质谱分析（Foltman and Sanchez-Diaz，2016），蛋白质-蛋白质相互作用（Protein-Protein Interaction，PPI）数据突然变得可用，并且数据规模很大。在人类、酵母、小鼠及其他物种的 PPI 网络中，边表示相互作用的蛋白质节点，它们突然变得可供研究人员使用。小到包含几个节点，大到包含几万个节点的 PPI 网络，给机器学习方法带来了推动力，改善了浅层模型的表现。目前已经有一些介绍详细的蛋白质功能预测方法的演变历史的文献，如（Shehu et al，2016），计算生物学家可以从中获得不同来源的湿实验数据。

25.1.2 问题形式化、假设和噪声：从历史的视角

如果能够获得 PPI 数据，那么我们在蛋白质功能方面还有什么可以预测？尽管已经取得重大进展，但现实情况是，仍有很多 PPI 没有绘制出来，这被称为链接预测问题。由于各种因素，PPI 网络是不完整的——它们要么完全丢失一个蛋白质的信息，要么可能包含一个蛋白质的不完整信息。特别是，我们现在已经知道 PPI 存在很高的 I 型和 II 型错误，并且 PPI 具有低包容性（Luo et al，2015；Byron and Vestergaard，2015）。通过实验确定的 PPI 链接数量仍然是中等规模的（Han et al，2005）。PPI 数据本身是有噪声的，因为实验方法经常产生假阳性结果（Hashemifar et al，2018）。因此，通过计算预测蛋白质的功能仍然是一项十分重要的任务。

蛋白质功能预测问题通常被形式化为链接预测问题，也就是预测给定的 PPI 网络中的两个节点之间是否存在连接。虽然链接预测方法根据生物或网络的相似性连接蛋白质，但研究报告指出，相互作用的蛋白质不一定相似，相似的蛋白质也不一定相互作用（Kovács et al，2019）。

有关蛋白质功能的信息可以在不同的细节层面上提供，目前已有几个广泛使用的蛋白质功能标注方案，包括基因本体（Gene Ontology，GO）协会（Lovell et al，2003）、京都基

因和基因组（Kyoto Encyclopedia of Genes and Genomes，KEGG）百科全书（Wang and Dunbrack，2003）、酶学委员会（Enzyme Commission，EC）编号（Rhodes，2010）、人类表型本体（Robinson et al，2008）等。其中最为流行的是 GO 标注方案，这种标注方案能将蛋白质分类为层次相关的功能类，并将它们组织成三个不同的本体——分子功能（Molecular Function，MF）、生物过程（Biological Process，BP）和细胞成分（Cellular Component，CC），以描述蛋白质功能的不同方面。蛋白质功能标注自动化和严格评估设计方法的核心，就是利用功能标注关键评估（Critical Assessment of Functional Annotation，CAFA）社群范围内的实验（Radivojac et al，2013；Jiang et al，2016；Zhou et al，2019b）和 MouseFunc（Peña-Castillo et al，2008）进行系统基准测试工作。

25.1.3 浅层机器学习模型

多年来，人们开发了许多浅层机器学习模型。例如，Xue-Wen 和 Mei 提出了基于领域的决策树随机森林来推断酿酒酵母菌数据集上的蛋白质相互作用（Chen and Liu，2005）。Shinsuke 等人应用多个支持向量机（Support Vector Machine，SVM）通过增加更多的负样本对而不是正样本对预测了成对的酵母蛋白与成对的人类蛋白的相互作用（Dohkan et al，2006）。Fiona 等人在不同的大规模功能数据上评估了朴素贝叶斯（Naive Bayesian，NB）、多层感知机（Multi-Layer Perceptron，MLP）和 *K* 近邻（*K*-Nearest Neighbor，*K*NN）算法，以推断成对（Pair Wise，PW）和基于模块（Module-Based，MB）的相互作用网络（Browne et al，2007）。PRED_PPI 提供了一个基于 SVM 的服务器，用于预测人类、酵母、果蝇、大肠杆菌和秀丽新小杆线虫的 PPI（Guo et al，2010）。Xiaotong 和 Xue-wen 整合了从微阵列表达测量、GO 标注和直系同源物得分中提取的特征，并应用树-增强的朴素贝叶斯分类器对来自模式生物的人类 PPI 进行预测（Lin and Chen，2012）。Zhu-Hong 等人提出了一种多尺度的局部描述符特征表征方案，旨在从蛋白质序列中提取特征并使用随机森林（You et al，2015a）。Zhu-Hong 等人还提出在基于矩阵的蛋白质序列表征上应用 SVM，从而充分考虑蛋白质序列顺序和主序列的二肽信息以检测 PPI（You et al，2015b）。

尽管浅层机器学习模型已经取得许多进展（Chen and Liu，2005；Guo et al，2010；Lin and Chen，2012；You et al，2015a，b），参见表 25.1，但离解决蛋白质功能预测问题仍相差甚远。浅层机器学习模型在很大程度上依赖于特征提取和特征计算，这影响了模型的表现。特征工程任务，特别是当整合不同的数据来源（序列、表达、相互作用）时，不仅复杂、费力，而且受限于人类的创造力以及对蛋白质功能决定因素的领域特定的理解。特别是，基于特征的浅层机器学习模型无法完全纳入一个或多个 PPI 网络中存在的丰富、局部和远端的拓扑信息。这些原因促使研究人员研究 GNN 用于蛋白质功能预测。

表 25.1 浅层机器学习模型的表现

文献	模型	数据集	灵敏度/%	特异度/%	准确率/%
Chen and Liu，2005	随机森林	酿酒酵母	79.78	64.38	NA
Yanzhi et al，2010（Guo et al，2010）	支持向量机	人类	89.17	92.17	90.67
		酵母	88.17	89.81	88.99
		果蝇	99.53	80.65	90.09
		大肠杆菌	95.11	90.35	92.73
		秀丽新小杆线虫	96.46	98.55	97.51

续表

文献	模型	数据集	灵敏度/%	特异度/%	准确率/%
Xiaotong and Xue-wen, 2012（Lin and Chen，2012）	树-增强的朴素贝叶斯（TAN）	人类	88	70	NA
Zhu-Hong et al，2015 （You et al，2015a）	随机森林	酿酒酵母	94.34	NA	94.72
Zhu-Hong et al，2015 （You et al，2015b）	支持向量机	酿酒酵母	85.74	94.37	90.06

25.1.4 好戏上演：图神经网络

本节首先介绍如何将蛋白质功能预测基于GNN形式化为链接预测问题，为了节省篇幅，我们假设读者已经对 GNN 有了一定的了解，因此不再赘述细节。本节的其余部分着重于表述三个特定的任务，以利用 GNN 进行蛋白质功能预测。

25.1.4.1 预备知识

给定一个无向、无权的分子相互作用图（即 PPI 网络），用 $\mathscr{G}=(\mathscr{V},\mathscr{E})$ 表征，其中的 $\mathscr{V}$ 和 $\mathscr{E}$ 分别表示表征蛋白质的顶点和表征蛋白质之间相互作用的边。将第 i 个蛋白质表征为 m 维特征向量，$\boldsymbol{p}_i \in \mathbb{R}^m$。GNN 的目标是使用消息传递协议学习嵌入 $\boldsymbol{h}_i$，消息传递协议用于聚合与转换邻居节点的信息，以更新当前节点的向量表征。假设 f 和 g 是两个带参函数，用于计算单一蛋白质的嵌入和输出，参照（Scarselli et al，2008），它们可以表述如下：

$$\boldsymbol{h}_i = f(\boldsymbol{p}_i, \boldsymbol{p}_{e[i]}, \boldsymbol{p}_{\mathrm{ne}[i]}, \boldsymbol{h}_{\mathrm{ne}[i]}) \tag{25.1}$$

$$o_i = g(\boldsymbol{h}_i, \boldsymbol{p}_i) \tag{25.2}$$

其中，$\boldsymbol{p}_i$、$\boldsymbol{p}_{e[i]}$、$\boldsymbol{p}_{\mathrm{ne}[i]}$和 $\boldsymbol{h}_{\mathrm{ne}[i]}$ 分别表示第 i 个蛋白质的特征、与第 i 个蛋白质相连的所有边的特征、第 i 个蛋白质的邻近蛋白质的特征以及所邻近蛋白质的嵌入。

现在考虑 $|\mathscr{V}|=n$ 个蛋白质的情况。将所有的蛋白质表征为矩阵 $\boldsymbol{P}$，$\boldsymbol{P}\in\mathbb{R}^{n\times m}$。邻接矩阵 $\boldsymbol{A}\in\mathbb{R}^{n\times n}$ 编码了蛋白质的连接性，换言之，$\boldsymbol{A}_{i,j}$ 表示第 i 个蛋白质和第 j 个蛋白质之间是否存在联系。对每个蛋白质强制增加自环，更新后的邻接矩阵为 $\tilde{\boldsymbol{A}}$，$\tilde{\boldsymbol{A}}=\boldsymbol{A}+\boldsymbol{I}$。接下来定义对角（度数）矩阵 $\boldsymbol{D}$，$\boldsymbol{D}_{i,j}=\sum_{j=1}^{n}\tilde{\boldsymbol{A}}_{i,j}$。由此可以计算出对称拉普拉斯矩阵 $\boldsymbol{L}=\boldsymbol{D}-\tilde{\boldsymbol{A}}$。迭代过程可以表述如下：

$$\boldsymbol{H}^{t+1} = F(\boldsymbol{H}^t, \boldsymbol{P}\,\|\,\boldsymbol{A}\,\|\,\boldsymbol{L}\,\|\,\boldsymbol{X}) \tag{25.3}$$

$$\boldsymbol{O} = G(\boldsymbol{H}, \boldsymbol{P}\,\|\,\boldsymbol{A}\,\|\,\boldsymbol{L}\,\|\,\boldsymbol{X}) \tag{25.4}$$

其中，$\boldsymbol{H}^t$ 表示 $\boldsymbol{H}$ 的第 t 次迭代，$(\cdot\|\cdot)$ 表示基于当前任务的聚合操作，$\boldsymbol{O}$ 是最终的叠加输出。

25.1.4.2 用于表征学习的 GNN

现在，我们希望通过捕捉节点和边之间的线性与非线性关系，将复杂的高维信息（如蛋白质 $\boldsymbol{P}$、生物学相互作用 $\boldsymbol{A}$、相互作用网络 $\mathscr{G}$等）编码成低维嵌入 $\boldsymbol{Z}$。原则上，我们的表征应该包含下游机器学习任务的所有信息，如链接预测、蛋白质分类、蛋白质聚类分析、相互作用预测等。

假设我们想从相互作用网络 $\mathscr{G}$ 中学习图嵌入 $\boldsymbol{Z}$。为此，我们可通过应用图自编码器神经网络（Kipf and Welling，2016）来学习 $\boldsymbol{Z}$：

$$\boldsymbol{Z} = \text{GNN}(\boldsymbol{P}, \boldsymbol{A}; \theta_{\text{gnn}}) \tag{25.5}$$

其中，θ_{gnn} 表示 GNN（编码器）特定的可学习参数。

25.1.4.3 用于链接预测问题的 GNN

给定两个蛋白质，预测它们之间是否存在联系。用概率 $p(\boldsymbol{A}_{i,j}) \approx 1$ 表示存在高置信度的相互作用，而用概率 $p(\boldsymbol{A}_{i,j}) \approx 0$ 表示存在低置信度的相互作用，这样预测两个给定蛋白质之间联系的问题便可设定为二分类问题。节点之间的关系有好几种类型，从节点 u 到节点 v 的 r 类型的边可定义为 $u \xrightarrow{r} v \in \mathscr{E}$，这可以形式化为多关系的链接预测问题。

通过使用 GNN，我们可以将图中的节点映射到一个低维的向量空间；而在这个低维的向量空间中，我们可以保留局部的图结构和节点特征之间的不相似性。为了解决链接预测问题，我们可以通过采用双层的编码器-解码器，让模型从式（25.5）中学习图嵌入 $\boldsymbol{Z}$：

$$\boldsymbol{A}' = \text{DECODER}(\boldsymbol{Z} \mid \boldsymbol{P}, \boldsymbol{A}; \theta_{\text{decoder}}) \tag{25.6}$$

其中，θ_{decoder} 表示解码器（任务）特定的可学习参数，$\boldsymbol{A}'_{i,j}$ 表示预测的第 i 个蛋白质和第 j 个蛋白质之间联系的置信度得分。

25.1.4.4 建模为多标签分类问题的用于自动功能预测的 GNN

给定 n 个 GO 术语和 m 个蛋白质，假设其中的 l 个蛋白质已经被标注，则剩余 $u = m - l$ 个蛋白质需要进行标注。因此，对于第 i 个蛋白质来说，预测将是 $y_i = y_{i,1}, y_{i,2}, \cdots, y_{i,n}$，其中，$y_{i,j} \in \{0, 1\}$。这是一个二元的多标签分类问题，因为一个蛋白质通常参与多种生物功能。我们既可以蛋白质为中心，为每个蛋白质标注一个 GO 术语；也可以 GO 术语为中心，为每个 GO 术语标注一个蛋白质；我们还可以蛋白质-术语对为中心，为每一个蛋白质-术语对预测概率关联得分。

25.2 三个典型的案例研究

在本节中，我们将介绍三个典型的案例研究，它们具有十分先进的技术和表现。

25.2.1 案例研究 1：蛋白质-蛋白质和蛋白质-药物相互作用的预测

Liu et al（2019）将图卷积神经网络（GCN）应用到了 PPI 预测中，并作为一项有监督的二分类任务来完成。GCN 学到的两个蛋白质的表征将被送入模型，以预测蛋白质之间相互作用的概率。模型首先捕捉 PPI 网络内部的特定位置信息，并结合氨基酸序列信息，为每个蛋白质输出最终的嵌入向量。每个氨基酸将被编码为一个独热向量，可采用图卷积层从图中学习隐含表征。Liu et al（2019）利用消息传递协议，通过聚合原始特征和一阶邻居节点的信息来更新每个蛋白质的嵌入：

$$\boldsymbol{X}_1 = \text{ReLU}(\boldsymbol{D}^{-1} \tilde{\boldsymbol{A}} \boldsymbol{X}_0 \boldsymbol{W}_0) \tag{25.7}$$

其中，$X_0 \in \mathbb{R}^{n \times n}$ 是原始蛋白质的特征矩阵，同时也是一个单位矩阵；$X_1 \in \mathbb{R}^{n \times f}$ 是最终输出的特征矩阵，其中，f 是每个蛋白质经图卷积操作后的特征维度，W_0 是可训练的权重矩阵。在预测阶段，首先使用全连接层以及后面的批归一化层和丢弃层提取高层特征，然后使用 Softmax 预测最终的相互作用概率得分。实验表明，这种方法在酵母和人类数据集上达到的平均 AUPR（精确率-召回率曲线下的面积）分别为 0.52 和 0.45，已经超出基于序列的最先进方法。此外，在酵母数据集上，这种方法在 93%的灵敏度下可以达到 95%的准确率。因此，提取于 PPI 图的信息表明，单个的图卷积层就能为 PPI 预测任务提取有用的信息。

Brockschmidt（2020）提出了一种新的 GNN 变体，旨在使用特征级的线性调制（GNN-FiLM）。GNN-FiLM 最初由 Perez et al（2018）在视觉问答领域提出，并在三个不同的任务上完成了评估，包括 PPI 网络的节点级分类。GNN-FiLM 的目标应用是将蛋白质分类到已知的蛋白质家族或超家族中，这在许多应用领域都非常重要，如精准药物设计。在常见的 GNN 变体中，信息是从源节点传递到目标节点的，并且同时需要考虑所学的权重和源节点的表征。然而，GNN-FiLM 提出了一个针对图设定的超网络——一个专为其他网络计算参数的神经网络（Ha et al，2017），其中的特征权重是根据目标节点持有的信息动态学习的。因此，不妨考虑将函数 g 作为计算仿射变换参数的一个可学习函数，此时对第 l 层的更新规则定义如下：

$$\beta_{r,v}^{(l)}\gamma_{r,v}^{(l)} = g(\boldsymbol{h}_v^{(l)}; \theta_{g,r}) \tag{25.8}$$

$$\boldsymbol{h}_v^{(l+1)} = \sigma\left(\sum_{u \xrightarrow{r} v \in \mathscr{E}} \gamma_{r,v}^{(l)} \odot \boldsymbol{W}_r \boldsymbol{h}_u^{(l)} + \beta_{r,v}^{(l)}\right) \tag{25.9}$$

其中，g 在实践中被实现为单一的线性层，$\beta_{e,v}^{(t)}$ 和 $\gamma_{e,v}^{(t)}$ 是 GNN 中信息传递操作的超参数，$u \xrightarrow{r} v$ 表示消息通过一条 r 类型的边从节点 u 传递到节点 v。在实验中，GNN-FiLM 实现了 99%的微观平均 F1 得分，GNN-FiLM 在评估蛋白质分类任务时优于其他 GNN 变体。

Zitnik et al（2018）采用 GCN 预测多重用药的副作用，这些副作用在对患者组合用药时有可能出现。这个问题可以形式化为多模态图结构数据中的多关系链接预测问题。具体来说，Zitnik et al（2018）考虑了两类节点——蛋白质节点和药物节点，他们通过将蛋白质-蛋白质、蛋白质-药物、药物-药物相互作用作为多重用药的副作用来构建网络，其中的每个副作用可以是不同类型的边，称为 Decagon。更确切地说，两个节点（蛋白质或药物）u 和 v 的 r 类型关系被定义为 $(u, r, v) \in \mathscr{E}$。在这里，关系可以是两个蛋白质之间的副作用、两个蛋白质的结合亲和力或者蛋白质和药物的关联性。更严格地说，给定药物对 (u, r)，任务是预测一条边 $A_{u,v} = (u, r, v)$ 的可能性。为此，他们设计了一个非线性且多层的图卷积编码器，旨在使用原始节点特征计算每个节点的嵌入。为了更新一个节点的表征，我们可以利用边上的聚合和传播操作来转换相邻节点的信息。更新操作符是用以下规则定义的：

$$\boldsymbol{h}_i^{(l+1)} = \phi\left(\sum_r \sum_{j \in \mathscr{N}_r^i} c_r^{i,j} \boldsymbol{W}_r^{(l)} \boldsymbol{h}_j^{(l)} + c_r^i \boldsymbol{h}_i^{(l)}\right) \tag{25.10}$$

其中，ϕ表示非线性激活函数，$\boldsymbol{h}_i^{(l)}$ 表示第 l 层的第 i 个节点的隐含状态，$\boldsymbol{W}_r^{(l)}$ 表示特定关系的可学习参数矩阵。$j \in \mathscr{N}_r^i$ 是第 i 个节点的邻居节点。$c_r^{i,j} = \dfrac{1}{\sqrt{|\mathscr{N}_r^i||\mathscr{N}_r^j|}}$ 和 $c_r^i = \dfrac{1}{\sqrt{|\mathscr{N}_r^i|}}$

是归一化常数。利用这些嵌入，张量分解模型被用来预测多重用药的副作用。节点 u 和节点 v 之间出现 r 类型连接的概率被定义为

$$\boldsymbol{x}_r^{u,v} = \sigma(g(u,r,v)) \tag{25.11}$$

其中，σ 是 Sigmoid 函数，函数 g 的定义如下：

$$g(u,r,v) = \begin{cases} \boldsymbol{z}_u^{\mathrm{T}}\boldsymbol{D}_r\boldsymbol{R}\boldsymbol{D}_r\boldsymbol{z}_v，& u\text{和}v\text{都表示药物节点} \\ \boldsymbol{z}_u^{\mathrm{T}}\boldsymbol{M}_r\boldsymbol{z}_v，& u\text{和}v\text{中的一个不表示药物节点} \end{cases} \tag{25.12}$$

其中，$\boldsymbol{D}_r$、$\boldsymbol{R}$ 和 $\boldsymbol{M}_r$ 是参数矩阵，$\boldsymbol{D}_r$ 定义了特定副作用的对角矩阵，$\boldsymbol{R}$ 是全局药物-药物相互作用矩阵，$\boldsymbol{M}_r$ 是特定关系类型的参数矩阵。Decagon 在 80%的精度下可以得到 83%的 AUPR，相比其他基线的表现高出 69%。如此大的改进主要归功于使用了图结构的卷积编码器和张量分解模型。

25.2.2 案例研究 2：蛋白质功能和功能重要的残差的预测

自动功能预测（Automated Function Prediction，AFP）问题通常被建模为多标签分类问题，这比预测两个蛋白质之间的相互作用更加微妙。许多研究指出，连接在同一分子网络中的蛋白质具有相同的功能（Schwikowski et al，2000），但最近的研究表明，相互作用的蛋白质不一定相似，而相似的蛋白质也不一定相互作用（Kovács et al，2019）。此外，超过 80%的蛋白质在工作时会与其他分子相互作用（Berggård et al，2007）。因此，确定或预测蛋白质在生物体内的作用至关重要。目前，社群范围内的挑战性任务已经确立，以推进实现这一目标的相关研究，其中包括功能标注的关键评估（Critical Assessment of Function Annotation，CAFA）（Radivojac et al，2013；Jiang et al，2016；Zhou et al，2019b）和 MouseFunc（Peña-Castillo et al，2008）。

人们已经开发出许多计算方法来分析蛋白质与功能的关系。传统的机器学习方法，如支持向量机（Guan et al，2008；Wass et al，2012；Cozzetto et al，2016）、启发式方法（Schug，2002）、高维统计方法（Koo and Bonneau，2018）和层次监督聚类方法（Das et al，2015）等，已经在 AFP 任务中得到广泛研究。虽然整合多个特征（如基因和蛋白质网络或结构）优于基于序列的特征，但是这些传统的机器学习方法在很大程度上依赖于手动设计的特征。

深度学习方法目前已经得到普遍应用。例如，DeepSite（Jiménez et al，2017）、Torng and Altman（2018）以及 Enzynet（Amidi et al，2018）就是通过应用三维卷积神经网络（CNN）从蛋白质结构数据中提取特征并进行预测的。然而，存储蛋白质结构的高分辨率三维表征并在表征上应用三维卷积却是低效的（Gligorijevic et al，2020）。最近，GCN（Kipf and Welling，2017b；Henaff et al，2015；Bronstein et al，2017）已被证明可以针对类似于图的分子表征推广卷积操作并克服这些限制。

特别是，Ioannidis et al（2019）将图残差神经网络（Graph Residual Neural Network，GRNN）用于多关系 PPI 图的半监督学习任务，以解决 AFP 问题。他们将多关系连接图表述为 $n\times n\times I$ 的张量 $\boldsymbol{S}$，其中，$\boldsymbol{S}_{n,n',i}$ 表示蛋白质 v_n 和 $v_{n'}$ 之间第 i 个关系的边。n 个蛋白质被编码在特征矩阵 $\boldsymbol{X}\in\mathbb{R}^{n\times f}$ 中，其中，第 i 个蛋白质被表征为一个 $f\times 1$ 的特征向量。标签矩阵 $\boldsymbol{Y}\in\mathbb{R}^{n\times k}$ 编码了 k 个标签。部分蛋白质包含真正的标签，任务是为没有标签的蛋白质预测标签。第 n 个蛋白质和第 i 个关系在第 l 层的邻域聚合可由以下公式定义：

$$\boldsymbol{H}_{n,i}^{(l)} = \sum_{n' \in \mathcal{N}_n^{(i)}} \boldsymbol{S}_{n,n',i} \check{\boldsymbol{Z}}_{n',i}^{(l-1)} \tag{25.13}$$

其中，n' 表示第 n 个蛋白质的邻居节点，$\check{\boldsymbol{Z}}_{n',i}^{(l-1)}$ 表示第 i 个关系中的第 n 个蛋白质在第 1 层到第 l 层的特征向量。邻居节点只能定义为一阶，这实际上包含了一跳扩散，但连续的操作最终会将信息传播到整个网络。为了应用多关系图，可将 $\boldsymbol{H}_{n,i}^{(l)}$ 跨 i 组合如下：

$$\boldsymbol{G}_{n,i}^{(l)} = \sum_{i'=1}^{I} \boldsymbol{R}_{i,i'}^{(l)} \boldsymbol{H}_{n,i'}^{(l)} \tag{25.14}$$

其中，$\boldsymbol{R}_{i,i'}^{(l)}$ 是可学习参数。

最后，用一个线性操作将提取的特征混合起来，如下所示：

$$\boldsymbol{Z}^{(l)} = \boldsymbol{G}_{n,i}^{\mathrm{T}} \boldsymbol{W}_{n,i}^{(l)} - 1 \tag{25.15}$$

其中，$\boldsymbol{W}_{n,i}$ 是可学习参数。

综上所述，领域卷积和传播的步骤可以表示为

$$\boldsymbol{Z}^{(l)} = f(\boldsymbol{Z}^{(l-1)}; \boldsymbol{\theta}_z^{(l)}) \tag{25.16}$$

其中，$\boldsymbol{\theta}_z^{(l)}$ 由两个权重矩阵 $\boldsymbol{W}$ 和 $\boldsymbol{R}$ 组成，它们分别线性结合了相邻节点的信息和多关系信息。此外，我们也可以结合残差连接，将输入的 $\boldsymbol{X}$ 在 L 跳邻域中扩散，也就是

$$\boldsymbol{Z}^{(l)} = f(\boldsymbol{Z}^{(l-1)}; \boldsymbol{\theta}_z^{(l)}) + f(\boldsymbol{X}; \boldsymbol{\theta}_x^{(l)}) \tag{25.17}$$

一个 Softmax 分类层将被用于进行最终的预测。将这个模型应用于三个多关系网络，包括普通类型的、神经类型的和循环类型的。结果表明，这个模型相比普通的图卷积神经网络表现更好。

最近，Gligorijevic et al（2020）采用基于 GCN 的 DeepFRI 对蛋白质序列和结构进行了功能标注。DeepFRI 允许为每个功能输出概率。他们选择在蛋白质家族数据库 Pfam（Finn et al，2013）中的大约 1 000 万个蛋白质序列上预训练一个长短期记忆语言模型（LSTM-LM）（Graves，2013）以提取残差级位置-上下文特征，并且使用了以下公式：

$$\boldsymbol{H}^0 = \boldsymbol{H}^{\text{input}} = \text{ReLU}\,(\boldsymbol{H}^{\text{LM}} \boldsymbol{W}^{\text{LM}} + \boldsymbol{X}\boldsymbol{W}^X + \boldsymbol{b}) \tag{25.18}$$

其中，$\boldsymbol{H}^0$ 是最终的残差级特征表征和第一个图卷积层。$\boldsymbol{W}^{\text{LM}}$、$\boldsymbol{W}^X$ 和 $\boldsymbol{b}$ 是在图卷积层中训练的可学习参数。用于编码三级蛋白质结构的接触图特征，连同 LSTM-LM 任务无关的序列嵌入被送入 GCN，同时保持 LSTM-LM 固定。卷积的第 l 层接收序列嵌入和接触图 $\boldsymbol{A}$，并将残差级嵌入输出到下一层，也就是第（l+1）层。残差级特征是通过传播残差信息到近似的残差来提取的。更新节点表征的规则如下：

$$\boldsymbol{H}^{(l+1)} = \text{ReLU}\left(\tilde{\boldsymbol{D}}^{-\frac{1}{2}} \tilde{\boldsymbol{A}} \tilde{\boldsymbol{D}}^{-\frac{1}{2}} \boldsymbol{H}^{(l)} \boldsymbol{W}^{(l)}\right) \tag{25.19}$$

这些特征将被并置成单一的特征矩阵，作为蛋白质嵌入。直观地说，来自不同层的嵌入可认为是上下文感知的特征。此外，以上特征提取策略还利用了相邻残差的线性或非线性关系，以及在序列上相距甚远但在结构上却相近的残差。

我们可以将学到的蛋白质表征送入两个连续的全连接层，以获得对所有 GO 术语的类别概率预测。Gligorijevic et al（2020）在实验和预测结构上评估了自己的模型，并与现有的

基线模型，包括类似于 CAFA 的 BLAST（Wass et al，2012）和基于 CNN 的纯序列 DeepGOPlus（Kulmanov and Hoehndorf，2019），在 GO 术语和 EC 编号的每个子本体上做了比较，结果表明他们的模型在每个类别中都表现优异。

Zhou et al（2020b）应用 GCN 模型 DeepGOA 来预测玉米蛋白功能。他们利用 GO 结构信息和蛋白质序列信息进行多标签分类。由于 GO 将功能标注术语组织成了一个有向无环图（DAG），因此他们选择利用 GO 层次结构中编码的知识。首先，蛋白质的氨基酸被编码为独热向量——每个氨基酸的 21 维特征向量。一个蛋白质有 20 种氨基酸，不过有时候，蛋白质的里面还会有其他未确定的氨基酸。蛋白质的长度可能不同，因此，对于那些长度超出设定的蛋白质，我们可以只提取前 2 000 个氨基酸，其他的用零填充。于是，第 i 个蛋白质便可以表征为

$$\boldsymbol{X}_i = [x_{i1}, x_{i2}, \cdots, x_{i2000}] \tag{25.20}$$

为了学习每个蛋白质序列的低维特征表示，我们可以应用 8、16、24 和 32 共 4 种不同卷积核大小的 CNN 来提取假定非线性的二级或三级结构信息。一维卷积运算的表述如下：

$$c_{\text{im}} = f(w * x_{i(m:m+h)}),\ \ m \in [1, k-h] \tag{25.21}$$

其中，h 表示滑动窗口的宽度，$w \in \mathbb{R}^{21\times h}$ 是卷积核，$f(\cdot)$ 是一个非线性激活函数。接下来，我们需要将 GO 结构纳入模型中。为此，可采用一些图卷积层，通过使用 GO 层次结构中的相邻术语，在 GO 术语之间传播信息以生成 GO 术语的嵌入。对于 τ 个 GO 术语，初始的独热特征描述 $\boldsymbol{H}^0 \in \mathbb{R}^{\tau\times\tau}$ 和相关矩阵 $\boldsymbol{A} \in \mathbb{R}^{\tau\times\tau}$ 被计算作为输入。对于第 l 层的表征，$\boldsymbol{H}^l$ 使用以下邻域信息传播公式进行更新：

$$\boldsymbol{H}^l = f(\hat{\boldsymbol{A}}\boldsymbol{H}^{l-1}\boldsymbol{W}^l) \tag{25.22}$$

其中，$\hat{\boldsymbol{A}} \in \mathbb{R}^{\tau\times\tau}$ 是从 $\boldsymbol{A}$ 推导出的对称归一化相关矩阵，$f(\cdot)$ 是一个非线性激活函数，$\boldsymbol{W}^l \in \mathbb{R}^{d_{l-1}\times d_l}$ 是可学习的转换矩阵。最后，这些图卷积层将被堆叠起来，以捕捉 GO 有向无环图的高阶和低阶信息。这样 DeepGOA 模型就可以在某 d 维语义空间中学习 GO 术语的语义表征 $\boldsymbol{H} \in \mathbb{R}^{\tau\times d}$ 和蛋白质序列的表征 $\boldsymbol{Z} \in \mathbb{R}^{n\times d}$，并利用点积计算蛋白质-术语对的关联概率，具体如下：

$$\hat{\boldsymbol{Y}} = \boldsymbol{H}\boldsymbol{Z}^{\mathrm{T}} \tag{25.23}$$

多标签损失函数的交叉熵损失被用于端到端的模型训练。Zhou et al（2020b）在 Maize PH207 自交系（Hirsch et al，2016）和人类蛋白质序列数据集上进行了实验，结果表明 DeepGOA 模型的表现优于其他模型。

25.2.3 案例研究 3：使用图自编码器从生物网络的表征中学习多关系链接预测

Yang et al（2020a）提出了使用有符号的变分图自编码器（Signed Variational Graph Auto-Encoder，S-VGAE）自动学习图表征，并将蛋白质序列信息作为 PPI 预测任务的特征。他们还比较了 S-VGAE 在一些数据集上的表现与现有的基于序列的模型的表现，结果表明 S-VGAE 更优。

蛋白质相互作用网络被编码为无向图，不同的符号（+、−和=）被添加到邻接矩阵中以提取细粒度的特征，模型被假定为学习高度负相互作用的负面影响。此外，通过在损失函数中只考虑高置信度的相互作用，可使模型更准确地学习嵌入。

首先使用 CT 方法对蛋白质序列进行编码（Shen et al，2007）。考虑到偶极和侧链量，所有氨基酸被分为 7 组，其中的每一组表征类似的突变，因为每一组中的氨基酸具有类似的特性。因此，一个蛋白质可以表征为代表某个类别的数字序列。

然后使用一个大小为三个氨基酸的窗口在数字序列上逐步滑过，并计算每个三联体类型出现的次数。假设蛋白质 CT 向量的大小为 343（m=343），这可以定义为

$$\boldsymbol{V}=[r_1,r_2,\cdots,r_M] \tag{25.24}$$

其中，r_i 是每个三联体类型出现的次数。对于 n 个蛋白质，每个蛋白质的输入特征可以总结为矩阵 $\boldsymbol{X}\in\mathbb{R}^{n\times m}$。

最后，按照 Kipf and Welling（2016）提出的变分图自编码器，通过结合图结构和序列信息，使用 S-VGAE 提取蛋白质嵌入。考虑到主/序列特征、邻接结构以及在图中的位置，用编码器将每一个蛋白质 x_i 映射为一个低维向量 $\boldsymbol{z}_i$。核心思想是利用增强的信息邻接矩阵 $\boldsymbol{A}$ 将蛋白质的原始特征矩阵 $\boldsymbol{X}$ 映射为低维嵌入 $\boldsymbol{Z}$。编码规则如下：

$$q(\boldsymbol{Z}|\boldsymbol{X},\boldsymbol{A})=\prod_{i=1}^{N}q(z_i|\boldsymbol{Z},\boldsymbol{A}) \tag{25.25}$$

$$q(z_i|\boldsymbol{Z},\boldsymbol{A})=\mathcal{N}(z_i|\boldsymbol{\mu}_i,\operatorname{diag}(\boldsymbol{\sigma}_i^2)) \tag{25.26}$$

均值向量 $\boldsymbol{\mu}_i$ 和标准差向量 $\boldsymbol{\sigma}_i$ 定义如下：

$$\boldsymbol{\mu}=\mathrm{GCN}_{\mu}(\boldsymbol{X},\boldsymbol{A}) \tag{25.27}$$

$$\log\boldsymbol{\sigma}=\mathrm{GCN}_{\sigma}(\boldsymbol{X},\boldsymbol{A}) \tag{25.28}$$

其中，GCN 是邻域聚合传播步骤，表述如下：

$$\mathrm{GCN}(\boldsymbol{X},\boldsymbol{A})=\boldsymbol{A}\,\mathrm{ReLU}(\boldsymbol{AXW}_0) \tag{25.29}$$

$$\mathrm{GCN}_{\mu}(\boldsymbol{X},\boldsymbol{A})=\boldsymbol{A}\,\mathrm{ReLU}(\boldsymbol{AXW}_1) \tag{25.30}$$

$$\mathrm{GCN}_{\sigma}(\boldsymbol{X},\boldsymbol{A})=\boldsymbol{A}\,\mathrm{ReLU}(\boldsymbol{AXW}_2) \tag{25.31}$$

其中，$\boldsymbol{W}_0$、$\boldsymbol{W}_1$ 和 $\boldsymbol{W}_2$ 是可训练的参数，并且 GCN_{μ} 和 GCN_{σ} 可以共享 $\boldsymbol{W}_0$ 以减少参数。解码器是通过获取蛋白质 i 和 j 的低维嵌入 $\boldsymbol{z}_i$ 和 $\boldsymbol{z}_j$ 的点积来预测它们的分类标签的。相互作用概率表示两个蛋白质之间是否存在联系，定义如下：

$$p(\boldsymbol{A}|\boldsymbol{Z})=\prod_{i=1}^{N}\prod_{j=1}^{N}p(\boldsymbol{A}_{i,j}|\boldsymbol{z}_i,\boldsymbol{z}_j) \tag{25.32}$$

$$p(\boldsymbol{A}_{i,j}=1|\boldsymbol{z}_i,\boldsymbol{z}_j)=\sigma(\boldsymbol{z}_i^{\mathrm{T}}\boldsymbol{z}_j) \tag{25.33}$$

其中，$\boldsymbol{\sigma}(\cdot)$ 是 logistic sigmoid 函数。S-VGAE 通过解决将学到的嵌入解码回原始图结构的问题，实现了将蛋白质嵌入编码学习为低维特征。Yang et al（2020a）没有把解码器作为最后的分类层，而是作为学习隐含特征的生成模型使用，三个全连接层被用于执行分类任务。总体而言，S-VGAE 在 5 个不同的数据集上可以得到 98%以上的准确率。

Hasibi and Michoel（2020）提出了一个图特征自编码器（Graph Feature Auto-Encoder，GFAE）模型，名为 FeatGraphConv，这个模型是在特征重建任务而不是图重建任务上训练的，并且它在预测生物网络（如转录、蛋白质-蛋白质和基因相互作用网络）中未观察到的节点特征方面表现良好。FeatGraphConv 模型用于研究 GNN 在多大程度上可以保持节点特

征，目的是确定图结构和特征的取值是否编码了类似的信息。图 $\mathscr{G}$ 和隐含嵌入 $\boldsymbol{Z}$ 的关系可以用图卷积层作为信息传递协议，通过聚合邻域信息来表述，如下所示：

$$\boldsymbol{Z} = \mathrm{GCN}(\mathscr{G};\boldsymbol{\theta}) = \mathrm{GCN}(\boldsymbol{X},\tilde{\boldsymbol{A}};\boldsymbol{\theta}) \tag{25.34}$$

$$\boldsymbol{Z} = \sigma(\tilde{\boldsymbol{A}}\,\mathrm{ReLU}(\tilde{\boldsymbol{A}}\boldsymbol{X}\boldsymbol{W}_0)\boldsymbol{W}_1) \tag{25.35}$$

其中，$\boldsymbol{\theta}$ 包含可学习权重，$\boldsymbol{\theta} = \boldsymbol{W}_0;\boldsymbol{W}_1;\cdots;\boldsymbol{W}_i$，$\sigma$ 则是一个非线性的、任务特定的映射函数。Hasibi and Michoel（2020）利用了 4 个消息传递操作和邻域信息聚合操作，他们根据 GCN 更新规则（Gilmer et al，2017），在第 l 层计算第 i 个蛋白质的表征 $\boldsymbol{h}_i^l$。

$$\boldsymbol{h}_i^l = \sum_{j\in\mathscr{N}(i)\cup i} \frac{1}{\sqrt{\deg(i)} * \sqrt{\deg(j)}} \boldsymbol{W}\boldsymbol{h}_j^{l-1} \tag{25.36}$$

然后使用 GraphSAGE（Hamilton et al，2017b）更新规则：

$$\boldsymbol{h}_i^l = \boldsymbol{W}_1\boldsymbol{h}_i^{l-1} + \boldsymbol{W}_2\ \mathrm{Mean}_{\ j\in\mathscr{N}(i)\cup i}\boldsymbol{h}_j^{l-1} \tag{25.37}$$

接下来，通过应用 GraphConv（Morris et al，2020b）算子：

$$\boldsymbol{h}_i^l = \boldsymbol{W}_1\boldsymbol{h}_i^{l-1} + \sum_{j\in\mathscr{N}(i)} \boldsymbol{W}_2\boldsymbol{h}_j^{l-1} \tag{25.38}$$

我们可以得到如下更新规则：

$$\boldsymbol{h}_i^l = \boldsymbol{W}_2(\boldsymbol{W}_1\boldsymbol{h}_i^{l-1} \,\|\, \mathrm{Mean}_{\ j\in\mathscr{N}(i)\cup i}(\boldsymbol{W}_1\boldsymbol{h}_j^{l-1})) \tag{25.39}$$

其中，$(\cdot\|\cdot)$ 表示并置操作。最后在嵌入力上对可学习参数进行训练，以重构邻接矩阵：

$$\tilde{\boldsymbol{A}} = \mathrm{Sigmoid}\,(\boldsymbol{Z}\boldsymbol{Z}^{\mathrm{T}}) \tag{25.40}$$

$\boldsymbol{A}$ 和 $\hat{\boldsymbol{A}}$ 之间的交叉熵损失及梯度下降被用来更新权重，嵌入 $\boldsymbol{Z}$ 被用来预测 Y 类别在邻接矩阵中的缺失连接，进而预测图中的缺失连接。

25.3 未来的方向

综上所述，GNN 的许多变体已被应用于获取蛋白质功能信息，目前我们还有很多工作要做。这一领域未来的研究方向大致可以分为两类——面向方法的研究和面向任务的研究。

许多现有的基于 GNN 的方法仅限于相同大小（氨基酸数）的蛋白质，这实际上削弱了它们对眼前特定任务的建模能力。因此，未来的研究需要关注规模无关的以及任务无关的模型。选择正确的模型始终是一项困难的任务。然而，基准数据集和可用的软件包正在使快速开发模型变得更加容易。

增强模型的可解释性也是一个重要的研究方向。有些人将模型开发的重点放在了 GCN 上，以便为功能预测任务学习语义和拓扑信息。但事实上，还有许多其他的 GNN 变体。例如，图注意力网络被证明是有用的。现有的文献还常常忽略消融研究，但消融研究对于提供强有力的理由来选择模型中的某一组成部分而不是其他组成部分非常重要。

大多数 PPI 预测任务假定为生物体训练单一的模型。利用多生物体的 PPI 网络可以提供更多的数据，并且可能获得更好的表现。同理，将多组学数据与序列数据和结构数据相结合，有可能推动技术的发展。

最后，我们需要注意场域特定的功能预测任务，以提供更多对特定功能十分重要的信息并突出特定残差。这种细粒度的功能预测任务对于支持其他任务（如药物研发）可能更为关键。此外，跨相关任务的迁移学习有可能为学习重要的属性提供启示。

致谢

这项工作得到了美国国家科学基金会第 1907805 号拨款和第 1763233 号拨款的部分支持。本文还基于美国国家科学基金会支持的 AS 的工作（在职期间）。文中的观点、意见和（或）发现是作者的，不应解释为代表任何资助机构。

编者注： 除本章介绍的小分子以外，蛋白质和 DNA 等大分子的相关研究表明生物信息学的另一个领域也开始大量利用图神经网络技术。最近，图深度学习在小分子和大分子领域的流行似乎有着相似的原因。一方面，其中一个原因是问题的形式化工作做得很好，而且有基准数据集，另一个原因是问题的高度复杂性和现有技术的不足。另一方面，它们之间也有一些细微的区别。图深度学习社区以前似乎致力于为小分子建立更广泛的新模型，而不是针对大分子，但近年来的研究往往开始将小分子的成功经验转移到大分子上，如 AlphaFold 等代表性技术。

第 26 章 异常检测中的图神经网络

Shen Wang 和 Philip S. Yu[①]

摘要

异常检测是一项重要的任务，旨在通过分析大量的数据来解决“不寻常”的信号或模式问题，从而识别和预防重大故障。异常检测已被用于网络安全、金融、电子商务、社交网络、工业监测等领域的许多影响力大的应用以及任务关键型应用。在过去的几十年里，人们已经开发出多种处理非结构化的多维数据集的技术。其中，图结构感知技术最近引起人们普遍关注。一些新开发出来的技术可以利用图结构进行异常检测。例如，GNN 作为一种强大的基于深度学习的图表征技术，在利用图结构方面很有优势，已被用于异常检测。在本章中，我们将对现有的将 GNN 应用于异常检测的研究进行总体的、全面的、结构化的概述，并指出这一领域未来的发展方向。

26.1 导读

在机器学习时代，异常检测在一些影响较大的领域发挥着关键作用，如网络安全（网络入侵或网络故障检测、恶意程序检测）、金融（信用卡欺诈检测、恶意账户检测、套现用户检测、贷款欺诈检测）、电子商务（垃圾评论检测）、社交网络（关键人物检测、异常用户检测、真实货币交易检测）和工业监测（故障检测）等。

在过去的几十年里，人们已经开发出许多利用图结构进行异常检测的技术，又称基于图的异常检测。与非基于图的异常检测不同，基于图的异常检测进一步考虑了数据实例之间的相互依赖性，在物理学、生物学、社会科学和信息系统等更广泛的学科中，数据实例是相互关联的。与非基于图的方法相比，基于图的方法的表现有了极大提升。下面举一个网络安全领域的恶意程序检测的例子，如图 26.1 所示。

在图 26.1 所示的钓鱼邮件攻击中，为了从计算机/服务器上的数据库中窃取敏感数据，攻击者利用了微软 Office 中的一个已知漏洞，向企业的一名 IT 人员发了一封附有恶意 Word 文件的钓鱼邮件。当这名 IT 人员通过浏览器打开附件中的 Word 文件时，就会触发一个恶意的宏。这个恶意的宏将创建并执行一个恶意程序的可执行文件（已伪装成开源的 Java.exe 文件）。随后，这个恶意程序为攻击者打开一个后门，允许其通过受影响的计算机读取和转储目标数据库中的

① Shen Wang
Department of Computer Science，University of Illinois at Chicago，E-mail：swang224@uic.edu
Philip S. Yu
Department of Computer Science，University of Illinois at Chicago，E-mail：psyu@uic.edu

数据。在这种情况下，基于签名或行为的恶意程序检测方法通常无法很好地检测这个例子中的恶意程序。由于攻击者可以通过二进制混淆技术从头开始制作恶意程序，基于签名的恶意程序检测方法会因为缺乏已知的恶意签名而失败，而基于行为的恶意程序检测方法也可能失效，除非恶意程序的样本以前被用来训练过检测模型。使用现有的主机级异常检测技术有可能检测到恶意程序。这些基于主机的异常检测方法虽然能够在进程事件中局部提取模式并作为异常行为的判别因素，但这种检测方法需要基于对单一操作的观察并牺牲假阳性率才能检测出恶意程序。例如，主机级异常检测可以通过捕获数据库读取操作来检测伪装的 Java.exe 文件。然而，基于 Java 的 SQL 客户端也可能出现同样的操作。如果只是简单地检测数据库读取操作，则有可能把正常的基于 Java 的 SQL 客户端归类为异常程序实例并产生假阳性结果。在企业环境中，太多的假阳性会导致警报疲劳问题，使网络分析员无法发现攻击。为了准确地将恶意的 Java 实例与真正的 Java 实例分开，我们需要考虑它们的更高语义级别的上下文。如图 26.1 所示，恶意的 Java 实例往往是非常简单的程序，它们直接访问数据库；相反，真正的 Java 实例除读取数据库以外，还必须加载一组 DLL 文件。通过比较恶意 Java 实例和真正 Java 实例的行为图，我们可以发现哪些 Java 实例是不正常的，并准确地报告恶意程序。因此，图有助于我们识别异常的数据实例。

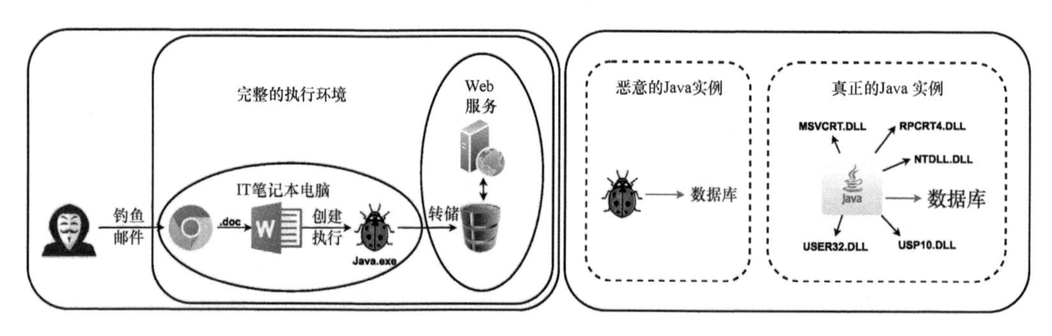

图 26.1　左图显示了一个钓鱼邮件攻击的例子：黑客创建并执行一个恶意程序的可执行文件（已伪装成开源的 Java.exe 文件），随后，这个恶意程序为攻击者打开一个后门，允许其通过受影响的计算机从目标数据库中读取和转储数据。右图显示了恶意 Java 实例与真正 Java 实例的行为图

具体来说，基于图的方法的好处如下。

- **相互依赖的属性**。在物理学、生物学、社会科学和信息系统等广泛的学科中，数据实例在本质上是相互关联的，可以形成图。图结构除提供每个数据实例的属性以外，还可以提供额外的侧面信息以识别异常情况。
- **关系属性**。异常的数据实例有时可以表现出它们自身的关联性。例如，在欺诈检测领域，异常数据实例的上下文数据实例有很大的可能性也是异常的，异常的数据实例往往与一组数据实例密切相关。如果我们在图结构中检测出一个异常的数据实例，那么基于这个异常数据实例的一些其他异常数据实例也将能够被检测出来。
- **有成果的数据结构**。图是一种编码有成果信息的数据结构。图由节点和边组成，并且允许将节点和边的属性/类型用于异常数据实例的识别。另外，每对数据实例之间存在多条路径，从而允许在不同范围内提取关系。
- **鲁棒的数据结构**。图是一种更具有对抗性的鲁棒数据结构。例如，攻击者或欺诈者通常只能攻击或欺诈特定的数据实例或其上下文数据实例，因此对整个图的全局视图作用有限。在这种情况下，异常的数据实例很难融入图中。

近年来，人们对开发基于图的深度学习算法的兴趣越来越大，包括无监督算法（Grover and Leskovec，2016；Liao et al，2018；Perozzi et al，2014）和监督算法（Wang et al，2016，2017e；Hamilton et al，2017b；Kipf and Welling，2017b；Veličković et al，2018）。在这些基于图的深度学习算法中，GNN（Hamilton et al，2017b；Kipf and Welling，2017b；Veličković et al，2018）作为一种强大的深度图表征学习技术，在利用图结构方面表现出很大的优越性。GNN 的基本思想是聚合来自局部邻域的信息，以结合内容特征和图结构来学习新的图表征。特别是，GCN（Kipf and Welling，2017b）利用“图卷积”操作来聚合一跳邻居节点的特征，并通过迭代的“图卷积”传播多跳信息。GraphSage（Hamilton et al，2017b）在归纳式设定中开发了图神经网络，旨在进行邻域采样和聚合，以有效地生成新的节点表征。GAT（Veličković et al，2018）则进一步将注意力机制纳入 GCN，以执行邻域的注意力聚合。鉴于基于图的异常检测的重要性和图神经网络的成功，学术界和工业界对于应用 GNN 解决异常检测问题很感兴趣。近年来，一些研究人员已经成功地将 GNN 应用于几个重要的异常检测任务。在本章中，我们将总结不同的基于 GNN 的异常检测方法，并根据不同的标准对它们进行分类。尽管在过去的 3 年里已有十几篇相关的论文发表，但直到现在仍有一些挑战性问题没有解决，本章将总结并介绍这些挑战性问题。

- **基于 GNN 的异常检测的问题**。与 GNN 在其他领域的应用不同，GNN 在应用于异常检测时有一些独特的问题，它们来自数据、任务和模型。我们将对这些问题进行简要讨论和总结，以全面了解这些问题的难度。
- **流水线**。基于 GNN 的异常检测工作分好几种，了解所有这些工作的全貌是很有挑战性的，也很耗时。为了便于理解这一领域的现有工作，我们将总结基于 GNN 的异常检测方法的一般流水线。
- **分类法**。在基于 GNN 的异常检测领域，目前人们已经开展了一些工作。与其他 GNN 应用相比，由于面临独特的挑战和问题定义，基于 GNN 的异常检测更为复杂。为了快速了解现有工作之间的相似性和差异性，我们将列出其中一些较有代表性的工作，并根据不同的标准总结出新的分类法。
- **案例研究**。本章将提供一些较有代表性的基于 GNN 的异常检测方法的案例研究。

本章剩余部分的组织结构如下：26.2 节讨论并总结基于 GNN 的异常检测的问题，26.3 节提供基于 GNN 的异常检测的统一流水线，26.4 节提供现有的基于 GNN 的异常检测方法的分类法，26.5 节提供一些较有代表性的基于 GNN 的异常检测方法的案例研究，26.6 节讨论这一领域未来的研究方向。

26.2 基于 GNN 的异常检测的问题

在本节中，我们将对基于 GNN 的异常检测的问题进行简要的讨论和总结。特别是，这些问题可以分为三类——特定于数据的问题、特定于任务的问题和特定于模型的问题。

26.2.1 特定于数据的问题

异常检测系统由于通常使用真实世界中的数据，因此表现出高容量、高维度、高异质性、高复杂性和动态属性。

- **高容量**。随着信息存储技术的进步，收集大量的数据变得更加容易。例如，在像“闲鱼”这样的电子商务平台上，有超过 1000 万用户发布了 10 亿件二手物品；在企业网络监控系统中，一天之内从单个计算机系统中收集的系统事件数据很容易就能达到 20GB，而与某个特定程序相关的事件数量很容易就能达到数千。对这样的海量数据进行分析的成本，在时间和空间上都将非常高。
- **高维度**。受益于信息存储技术的进步，大量的信息被收集，这导致每个数据实例的属性出现高维度。例如，在像“闲鱼”这样的电子商务平台上，每个数据实例都会收集到不同类型的属性，如用户的人口统计学信息、兴趣、角色以及不同类型的社会关系等；在企业网络监控系统中，收集的每个系统事件都与数百个属性相关，包括所涉及的系统实体信息及其关系，于是造成“维度灾难”。
- **高异质性**。由于收集了类型十分丰富的信息，每个数据实例的属性都具有高异质性——每个数据实例的特征可以是多视图或多源的。例如，在像“闲鱼”这样的电子商务平台上，平台从用户那里收集了多种类型的数据，如个人资料、购买历史、探索历史等。但是，像社会关系和用户属性这样的多视图数据具有不同的统计属性，这种异质性给整合多视图数据带来巨大的挑战。
- **高复杂性**。随着越来越多的信息被收集，我们收集到的数据在内容上是很复杂的，它们可以是分类的或数字的，这会增加联合利用所有内容的难度。
- **动态属性**。数据收集通常是每天或连续进行的。例如，每天都有数十亿笔信用卡交易发生，每天也都有数十亿的网络用户点击痕迹产生。这种数据可被认为是流数据，因为它们表现出了动态属性。

上述针对数据的问题具有普遍性，适用于所有类型的数据。在这里，我们还需要讨论图数据的具体问题，包括关系属性、图的异质性、图的动态性、定义的多样性、缺乏固有的距离/相似性指标以及搜索空间大小。

- **关系属性**。图数据的关系属性使得量化图对象的异常性具有一定的挑战性。在传统的离群点检测中，对象或数据实例被视为“独立同分布”，而图数据中的数据实例是成对关联的。因此，异常性的“扩散激活”或“关联惩罚”需要仔细考虑。例如，套现用户不仅具有不正常的特征，而且在互动关系中的行为也是不正常的。套现用户可能同时与特定的商家有许多笔交易和资金来往，此类情形很难被传统的特征提取利用。
- **图的异质性**。与一般数据的高异质性问题类似，图实例类型和关系类型通常是异质的。例如，在计算机系统图中，有三种类型的实体——进程（P）、文件（F）和互联网套接字（I），此外还有多种类型的关系——一个进程分叉出另一个进程（$P \to P$）、一个进程访问一个文件（$P \to F$）、一个进程连接到一个互联网套接字（$P \to I$）等。由于异质图中实体（节点）和依赖关系（边）的异质性，不同依赖关系之间的差异很大，这增加了联合利用这些节点和边的难度。
- **图的动态性**。由于数据是定期或连续收集的，因此构建的图也会显示出动态性。由于这种动态性，检测异常情况也有了挑战性。一些异常操作虽然显示出明确的模式，但却试图将它们隐藏在一个大图中，另一些异常操作则具有隐含模式。

以推荐系统中明确的异常模式为例，由于异常用户通常控制多个账户来推广目标物品，因此这些账户和目标物品之间的边有可能构成一个稠密子图，并在短时间内出现。此外，尽管涉及异常交易的账户有时会产生异常操作，但这些账户在大部分时间是正常的，这就隐藏了此类用户长期的异常行为，增加了检测难度。

- **定义的多样性**。考虑到图的丰富表现形式，图中的异常定义相比传统的异常值检测更加多样化。例如，与图的子结构有关的新异常现象是许多应用的兴趣所在，如交易网络中的洗钱团伙。
- **缺乏固有的距离/相似性指标**。固有的距离/相似性指标并不明确。例如，在真实的计算机系统中，给定两个程序，就会有成千上万的系统事件与之相关，衡量它们的距离/相似性是一项很困难的任务。
- **搜索空间大小**。与更复杂的异常现象（如图的子结构）相关的主要问题是搜索空间太大，就像许多与图搜索有关的图的理论问题一样。对可能的子结构的枚举是组合性的，这使得找出异常点成为一项更难的任务。当图被赋予属性时，搜索空间就更大了，因为可能性同时跨越了图结构和属性空间。

综上所述，基于图的异常检测算法的设计不仅要考虑有效性，而且要考虑效率和可扩展性。

26.2.2 特定于任务的问题

由于异常检测任务的特殊性，问题有时也来自这些任务，包括标签数量和质量、类的不平衡和非对称差错以及新的异常现象。

- **标签数量和质量**。异常检测的主要问题是数据往往没有或只有很少的类别标签，我们不知道哪些数据是异常的或正常的。通常情况下，从领域专家那里获得真实的标签不仅昂贵而且耗时。此外，由于数据的复杂性，产生的标签可能是有噪声和偏差的。因此，这个问题限制了监督机器学习算法的表现。更重要的是，由于缺乏真正干净的标签，比如缺乏真实数据，异常检测技术的评估具有很大的挑战性。
- **类的不平衡和非对称差错**。由于异常情况很少，只有一少部分数据被认为是异常的，因此数据非常不平衡。此外，为好的数据实例与为坏的数据实例贴上错误标签的成本可能会因为应用的不同而发生改变，并且可能很难事先做出评估。例如，把套现诈骗犯误判为正常用户对整个金融系统是有害的，而把正常用户误判为套现诈骗犯则可能失去客户忠诚度。因此，类的不平衡和非对称差错会严重影响基于机器学习的方法。
- **新的异常现象**。在某些领域，如欺诈检测或恶意程序检测，异常现象是由人创造的，它们是通过分析检测系统而产生的，并被设计和伪装成正常的实例以绕过检测。因此，异常检测算法不仅应该适应随时间变化和增长的数据，而且应该适应并且能够在面对攻击时检测到新的异常情况。

26.2.3 特定于模型的问题

除特定于数据的问题和特定于任务的问题以外，由于图神经网络独有的模型属性，如同质聚焦和脆弱性，将其直接应用于异常检测任务也是一种挑战。

- **同质聚焦**。大多数图神经网络模型是为同质图设计的，考虑的是单一类型的节点和边。在现实世界的许多应用中，数据可以自然地表征为异质图。然而传统的 GNN 对不同的特征一视同仁，所有的特征都将被映射和传播到一起，以得到节点的表征。考虑到每个节点的角色只是高维特征空间中的一维特征，并且存在很多与角色无关的特征，如年龄、性别和受教育程度，在进行邻域聚合后，与不同角色的申请人的表征相比，它们在表征空间中并没有什么区别，最终导致传统的 GNN 失败。
- **脆弱性**。最近的理论研究证实了当图中包含有噪声的节点和边时 GNN 的局限性和脆弱性。因此，节点特征的一个小变化就可能导致表现急剧下降，无法解决伪装问题，使得欺诈者成功破坏基于 GNN 的欺诈检测器。

26.3 流水线

在本节中，我们将介绍基于 GNN 的异常检测的标准流水线。通常情况下，基于 GNN 的异常检测方法由三个重要部分组成，分别是图的构建和转换、图表征学习和预测。

26.3.1 图的构建和转换

如 26.2 节所述，现实世界中的异常检测系统存在一些特定于数据的问题。因此，我们需要首先对原始数据进行数据分析，并对它们进行修正；然后，我们可以构建图，从而捕捉复杂的相互关系并消除数据冗余。

- 根据数据实例和关系的类型，图可以构建为同质图或异质图。其中，同质图仅包含单一类型的数据实例和关系，异质图则包含多种类型的数据实例和关系。
- 基于时间戳的可用性，图可以构建为静态图或动态图。其中，静态图是指具有固定节点和边的图，而动态图是指节点和/或边会随时间变化的图。
- 根据节点属性和/或边属性的可用性，图可以构建为普通图或属性图。其中，普通图只包含结构信息，而属性图在节点和/或边上有属性。

如果构建的图是异质图，那么简单地聚合邻域并不能捕捉不同类型的实体之间的语义和结构相关性。为了解决图的异质性问题，我们需要进行图的转换，将异质图转换为由元路径引导的多通道图。其中，元路径（Sun et al，2011）是指通过异质网络中的关系序列来连接实体类型的一种路径。例如，在计算机系统中，元路径可以是系统事件（$P \to P$、$P \to F$ 和 $P \to I$），其中的每个系统事件都定义了两个实体的独特关系。多通道图则是这样一种图，其中的每条通道都是通过某种类型的元路径构建的。在形式上，给定具有一组元路径 $\mathcal{M}| = \{M_1, M_2, \cdots, M_{|\mathcal{M}|}\}$ 的异质图 $\mathcal{G}$，转换后的多通道图 $\hat{\mathcal{G}}$ 定义如下：

$$\hat{\mathcal{G}} = \{\mathcal{G}_i | \mathcal{G}_i = (\mathcal{V}_i, \mathcal{E}_i, \boldsymbol{A}_i), i = 1, 2, \cdots, |\mathcal{M}|\} \tag{26.1}$$

其中，$\mathcal{E}_i$ 表示 $\mathcal{V}_i$ 中实体之间的同质连接，这些实体已通过元路径 M_i 连接在一起。每个通道图 $\mathcal{G}_i$ 都与一个邻接矩阵 $\boldsymbol{A}_i$ 关联在一起。$|\mathcal{M}|$ 表示元路径的数量。注意，从异质网络中可以得到的潜在的元路径可能是无限的，但并不是每一条元路径都与我们感兴趣的具体任务有关和有用。幸运的是，最近人们开发出一些算法（Chen and Sun，2017）用于自动选择特定任务的元路径。

26.3.2 图表征学习

图在被构建和转换后，我们需要进行图表征学习以获得图的适当的新表征。一般来说，GNN 是由 7 种基本操作堆叠而成的，执行这 7 种基本操作的函数分别是神经聚合函数 AGG()、线性映射函数 $\mathrm{MAP}_{\mathrm{linear}}()$、非线性映射函数 $\mathrm{MAP}_{\mathrm{nonlinear}}()$、多层感知机函数 MLP()、特征并置函数 CONCAT()、注意力特征融合函数 $\mathrm{COMB}_{\mathrm{att}}()$ 以及读出函数 Readout()。在这些函数中，线性映射函数、非线性映射函数、多层感知机函数、特征并置函数和注意力特征融合函数执行的是传统深度学习算法中的典型操作。

线性映射函数 $\mathrm{MAP}_{\mathrm{linear}}()$ 如下：

$$\mathrm{MAP}_{\mathrm{linear}}(\boldsymbol{x})=\boldsymbol{W}\boldsymbol{x} \tag{26.2}$$

其中，$\boldsymbol{x}$ 是输入特征向量，$\boldsymbol{W}$ 是可训练的权重矩阵。

非线性映射函数 $\mathrm{MAP}_{\mathrm{nonlinear}}()$ 如下：

$$\mathrm{MAP}_{\mathrm{nonlinear}}(\boldsymbol{x})=\sigma(\boldsymbol{W}\boldsymbol{x}) \tag{26.3}$$

其中，$\boldsymbol{x}$ 是输入特征向量，$\boldsymbol{W}$ 是可训练的权重矩阵，σ 是非线性激活函数。

多层感知机函数 MLP() 如下：

$$\mathrm{MLP}(\boldsymbol{x})=\sigma(\boldsymbol{W}^{k}\cdots\sigma(\boldsymbol{W}^{1}\boldsymbol{x})) \tag{26.4}$$

其中，$\boldsymbol{x}$ 是输入特征向量，$\boldsymbol{W}^{i}$（i=1, 2, ⋯, k）是可训练的权重矩阵，k 是层数，σ 是非线性激活函数。

特征并置函数 CONCAT() 如下：

$$\mathrm{CONCAT}(\boldsymbol{x}_1,\boldsymbol{x}_2,\cdots,\boldsymbol{x}_n)=[\boldsymbol{x}_1,\boldsymbol{x}_2,\cdots,\boldsymbol{x}_n] \tag{26.5}$$

其中，n 表示特征的数量。

注意力特征融合函数 $\mathrm{COMB}_{\mathrm{att}}()$ 如下：

$$\mathrm{COMB}_{\mathrm{att}}(\boldsymbol{x}_1,\boldsymbol{x}_2,\cdots,\boldsymbol{x}_n)=\sum_{i=1}^{n}\mathrm{Softmax}(\boldsymbol{x}_i)\boldsymbol{x}_i \tag{26.6}$$

$$\mathrm{Softmax}(\boldsymbol{x}_i)=\frac{\exp(\mathrm{MAP}(\boldsymbol{x}_i))}{\sum_{j=1}^{n}\exp(\mathrm{MAP}(\boldsymbol{x}_j))} \tag{26.7}$$

其中，MAP() 函数可以是线性或非线性的。

与传统的深度学习算法不同，GNN 支持一种独特的操作，执行这种操作的是神经聚合函数 AGG()，依照所聚合对象的层次，具体可细分为节点级神经聚合函数 $\mathrm{AGG}_{\mathrm{node}}()$、层级神经聚合函数 $\mathrm{AGG}_{\mathrm{layer}}()$ 和路径级神经聚合函数 $\mathrm{AGG}_{\mathrm{path}}()$。

节点级神经聚合函数 $\mathrm{AGG}_{\mathrm{node}}()$ 是 GNN 模块，旨在对节点邻域进行聚合，从形式上，可以描述如下：

$$\boldsymbol{h}_v^{(i)(k)}=\mathrm{AGG}_{\mathrm{node}}(\boldsymbol{h}_v^{(i)(k-1)},\{\boldsymbol{h}_u^{(i)(k-1)}\}_{u\in\mathcal{N}_v^i}) \tag{26.8}$$

其中，i 是元路径（关系）描述符，$k\in\{1, 2, \cdots, K\}$ 是层描述符，$\boldsymbol{h}_v^{(i)(k)}$ 是节点 v 在第 k 层的关系 M_i 的特征向量，$\mathcal{N}_v^i$ 是节点 v 在关系 M_i 下的邻域。通常情况下，根据节点邻域的聚合方式，节点级神经聚合函数可以是 GCN $\mathrm{AGG}^{\mathrm{GCN}}()$（Kipf and Welling，2017b）、GAT

$\mathrm{AGG}^{\mathrm{GAT}}()$（Veličković et al，2018）或消息传递 $\mathrm{AGG}^{\mathrm{MPNN}}()$（Gilmer et al，2017）。对于 GCN 和 GAT，节点级神经聚合函数可以用式（26.8）来描述。对于消息传递，由于在聚合节点邻域的过程中还会用到边，因此从形式上，节点级神经聚合函数可以描述如下：

$$\boldsymbol{h}_v^{(i)(k)} = \mathrm{AGG}_{\mathrm{node}}\left(\boldsymbol{h}_v^{(i)(k-1)}, \left\{\boldsymbol{h}_v^{(i)(k-1)}, \boldsymbol{h}_u^{(i)(k-1)}, \boldsymbol{h}_{vu}^{(i)(k-1)}\right\}_{u \in \mathcal{N}_v^i}\right) \tag{26.9}$$

其中，$\boldsymbol{h}_{vu}^{(i)(k-1)}$ 是目标节点 v 与其邻居节点 u 之间的边嵌入，$\{\}$表示融合函数，用于将目标节点、目标节点的邻居节点以及它们之间的相应边结合起来。

层级神经聚合函数 $\mathrm{AGG}_{\mathrm{layer}}()$ 是旨在聚合来自不同跳数的上下文信息的 GNN 模块。例如，如果层数 k=2，GNN 将得到 1 跳邻域信息；如果层数 k=K+1，GNN 将得到 K 跳邻域信息。k 越大，GNN 得到的全局信息越多。从形式上，层级神经聚合函数可以描述如下：

$$\boldsymbol{I}_v^{(i)(k)} = \mathrm{AGG}_{\mathrm{layer}}\left(\boldsymbol{I}_v^{(i)(k-1)}, \boldsymbol{h}_v^{(i)(k)}\right) \tag{26.10}$$

其中，$\boldsymbol{I}_v^{(i)(k)}$ 是关系 M_i 在第 k 层的（$k-1$）跳邻域节点 v 的聚合表示。

路径级神经聚合函数 $\mathrm{AGG}_{\mathrm{path}}()$ 是旨在聚合来自不同关系的上下文信息的 GNN 模块。一般来说，关系可以通过基于元路径（Sun et al，2011）的上下文搜索来描述。从形式上看，路径级神经聚合函数可以描述如下：

$$\boldsymbol{p}_v^{(i)} = \boldsymbol{I}_v^{(i)(K)} \tag{26.11}$$

$$\boldsymbol{p}_v = \mathrm{AGG}_{\mathrm{path}}\left(\boldsymbol{p}_v^{(1)}, \boldsymbol{p}_v^{(2)}, \cdots, \boldsymbol{p}_v^{(|M|)}\right) \tag{26.12}$$

其中，$\boldsymbol{p}_v^{(i)}$ 是节点 v 在关系 M_i 下聚合的最终的层表征。

最终的节点表征是来自不同元路径（关系）的融合表征，如下所示：

$$\boldsymbol{h}_v^{(\mathrm{final})} = \boldsymbol{p}_v \tag{26.13}$$

根据任务，也可以通过执行读出函数 Readout( ) 来计算图表征，以聚合所有节点的最终表征。读出函数可以描述如下：

$$\boldsymbol{g} = \mathrm{Readout}\left(\boldsymbol{h}_{v_1}^{(\mathrm{final})}, \boldsymbol{h}_{v_2}^{(\mathrm{final})}, \cdots, \boldsymbol{h}_{v_V}^{(\mathrm{final})}\right) \tag{26.14}$$

通常情况下，我们可以得到不同层次的图表征，包括节点级、边级和图级表征。节点级和边级表征是初步表征，可通过图神经网络来学习。图级表征则是更高层次的表征，可通过对节点级和边级表征执行读出函数得到。基于任务的目标，特定级别的图表征将被送入下一阶段。

26.3.3　预测

根据任务和目标标签的不同，预测类型有两种——基于分类的预测和基于匹配的预测。在基于分类的预测中，我们需要假定已经提供足够多的有标签的异常数据实例。尽管可通过训练好的分类器来识别给定的图目标是否异常，但正如 26.2 节所述，实际上有可能没有或者只有很少的异常数据实例。在这种情况下，我们需要使用基于匹配的预测方法。如果只有非常少的异常样本，我们就学习异常数据实例的表征，当候选样本与其中一个异常样本相似时，就会触发警报。如果没有异常样本，我们就学习正常数据实例的表征，当候选样本与任何正常样本都不相似时，就会触发警报。

26.4 分类法

缘于图数据和异常情况的多样性，基于 GNN 的异常检测有多种分类法。本节介绍其中的 6 种分类法——任务分类法、异常分类法、静态图/动态图分类法、同质图/异质图分类法、普通图/属性图分类法和目标分类法。

在任务分类法中，现有的工作可以分为基于 GNN 的金融网络异常检测、基于 GNN 的计算机网络异常检测、基于 GNN 的电信网络异常检测、基于 GNN 的社交网络异常检测、基于 GNN 的舆论网络异常检测以及基于 GNN 的传感器网络异常检测。

在异常分类法中，现有的工作可以分为节点级异常检测、边级异常检测和图级异常检测。

在静态图/动态图分类法中，现有的工作可以分为基于 GNN 的静态异常检测和基于 GNN 的动态异常检测。

在同质图/异质图分类法中，现有的工作可以分为基于同质 GNN 的异常检测和基于异质 GNN 的异常检测。

在普通图/属性图分类法中，现有的工作可以分为基于普通 GNN 的异常检测和基于属性 GNN 的异常检测。

在目标分类法中，现有的工作可以分为基于分类的方法和基于匹配的方法。

表 26.1 详细介绍了基于 GNN 的各种异常检测方法。

表 26.1 基于 GNN 的异常检测方法

异常检测方法	年份	会场	任务	异常	静态/动态	同质/异质	属性图/普通图	模型	目标
GEM（Liu et al，2018f）	2018	CIKM	恶意账户检测	节点	静态	异质	属性图	GCN，注意力（路径）	分类
HACUD（Hu et al，2019b）	2019	AAAI	提现用户检测	节点	静态	异质	属性图	GCN，注意力（特征，路径）	分类
DeepHGNN（Wang et al，2019h）	2019	SDM	恶意程序检测	节点	静态	异质	属性图	GCN，注意力（路径）	分类
MatchGNet（Wang et al，2019i）	2019	IJCAI	恶意程序检测	图	静态	异质	属性图	GCN，注意力（节点，层，路径）	匹配
AddGraph（Zheng et al，2019）	2019	IJCAI	恶意连接检测	边	动态	同质	普通图	GCN，GRU_{att}	匹配
SemiGNN（Wang et al，2019b）	2019	ICDM	恶意账户检测	节点	静态	异质	属性图	GCN，注意力（节点，路径）	分类和匹配
MVAN（Tao et al，2019）	2019	KDD	金钱交易检测	节点	静态	异质	属性图	GAT，注意力（路径，视图）	分类
GAS（Li et al，2019a）	2019	CIKM	垃圾评论检测	边	静态	异质	属性图	MPNN，注意力（消息）	分类
iDetective（Zhang et al，2019a）	2019	CIKM	关键人物检测	节点	静态	异质	属性图	GCN，注意力（路径）	分类
GAL（Zhao et al，2020f）	2020	CIKM	异常用户检测	节点	静态	同质	属性图	GCN/GAT	匹配
CARE-GNN（Dou et al，2020）	2020	CIKM	欺诈检测	节点	静态	异质	属性图	GCN，注意力（节点）	分类

26.5 案例研究

在本节中，我们将通过案例研究详细介绍一些较有代表性的基于 GNN 的异常检测方法。

26.5.1 案例研究 1：用于恶意账户检测的图嵌入

用于恶意账户检测的图嵌入（GEM）（Liu et al，2018f）是将 GNN 应用于异常检测的首次尝试，旨在检测移动无现金支付平台——“支付宝”上的恶意账户。

从原始数据构建而来的图是静态和异质的。我们构建的图 $\mathcal{G}=(\mathcal{V},\mathcal{E})$ 由 7 种类型的节点组成，包括账户类型的节点（U）和 6 种设备类型的节点〔电话号码（PN）、用户机器 ID（UMID）、MAC 地址（MACA）、国际移动用户身份（IMSI）、设备 ID（APDID）以及一个通过 IMSI 和 IMEI 生成的随机数（TID）〕，$\mathcal{V}=U\cup \mathrm{PN}\cup \mathrm{UMID}\cup \mathrm{MACA}\cup \mathrm{IMSI}\cup \mathrm{APDID}\cup \mathrm{TID}$。为了克服异质图带来的挑战并使 GNN 适用于异质图，通过进行图的转换，GEM 构建了一个 6 通道的图 $\hat{\mathcal{G}}=\{\mathcal{G}_i\,|\,\mathcal{G}_i=(\mathcal{V}_i,\mathcal{E}_i,\boldsymbol{A}_i),\ i=1,2,\cdots,|\mathcal{M}|\},\|\mathcal{M}\|=6$。具体来说，就是通过对 6 种不同类型的边进行建模来捕捉边的异质性，例如账户连接手机号码（$U\rightarrow \mathrm{PN}$）、账户连接 UMID（$U\rightarrow \mathrm{UMID}$）、账户连接 MAC 地址（$U\rightarrow \mathrm{MACA}$）、账户连接 IMSI（$U\rightarrow \mathrm{IMSI}$）、账户连接设备 ID（$U\rightarrow \mathrm{APDID}$）和账户连接 TID（$U\rightarrow \mathrm{TID}$）。随着活动属性被构建，我们构建的图将是属性图。在图被构建和转换后，GEM 利用图卷积网络，在每个通道图上聚合邻域。由于每个通道图被视为对应于特定关系的同质图，因此 GNN 可以直接应用于每个通道图。

在图表征学习阶段，节点聚合表征 $\boldsymbol{h}_v^{(i)(k)}$ 是通过执行 GCN 聚合函数 $\mathrm{AGG}^{\mathrm{GCN}}()$ 计算出来的。为了得到路径聚合表征，我们可以采用注意力特征融合的方法，将每个通道图 $\mathcal{G}_i$ 中的节点聚合表征融合在一起。此外，我们还可以为每个节点构建一个活动特征，并将这个活动特征的线性映射添加到路径聚合表征的注意力特征融合中。在形式上，这些 GNN 操作可以描述如下。

节点级聚合：

$$\begin{aligned}\boldsymbol{h}_v^{(i)(k)}&=\mathrm{AGG}_{\mathrm{node}}(\boldsymbol{h}_v^{(i)(k-1)},\{\boldsymbol{h}_u^{(i)(k-1)}\}_{u\in\mathcal{N}_v^i})\\&=\mathrm{AGG}^{\mathrm{GCN}}(\boldsymbol{h}_v^{(i)(k-1)},\{\boldsymbol{h}_u^{(i)(k-1)}\}_{u\in\mathcal{N}_v^i})\end{aligned}\tag{26.15}$$

路径级聚合：

$$\boldsymbol{p}_v^{(k)}=\mathrm{MAP}_{\mathrm{linear}}(\boldsymbol{x}_v)+\mathrm{COMB}_{\mathrm{att}}(\boldsymbol{h}_v^{(1)(k)},\cdots,\boldsymbol{h}_v^{(|\mathcal{M}|)(k)})\tag{26.16}$$

层级聚合：

$$\boldsymbol{l}_v^{(K)}=\boldsymbol{p}_v^{(K)}\tag{26.17}$$

最后的节点表征：

$$\boldsymbol{h}_v^{(\mathrm{final})}=\boldsymbol{l}_v^{(K)}\tag{26.18}$$

其中，K 表示层的数量。

GEM 的目标是分类，同时把学到的账户节点嵌入一个标准的 logistic 损失函数中。

26.5.2 案例研究 2：基于层次注意力机制的套现用户检测

基于层次注意力机制的套现用户检测（HACUD）（Hu et al，2019b）通过将 GNN 应用于信用支付服务平台来检测套现用户，旨在避免此类用户以非法或不诚实的手段套用现金。

HACUD 从原始数据中构建了一个静态的异质图。具体来说，这个异质图由多种类型的节点〔比如用户（U）、商家（M）和设备（D）〕组成，具有丰富的属性和关系（比如用户间的资金转移关系以及用户与商家的交易关系）。与 GEM 处理图的异质性问题的方式不同，在图转换阶段，HACUD 只对用户节点建模，并考虑成对用户之间两种特定类型的元路径（关系），包括用户-（资金转移）-用户（UU）和用户-（交易）-商户-（交易）-用户（UMU），从而构建一个双通道图 $\hat{\mathcal{G}}$，$\hat{\mathcal{G}}=\{\mathcal{G}_i \mid \mathcal{G}_i=(\mathcal{V}_i,\mathcal{E}_i,\boldsymbol{A}_i),\ i=1,\cdots,|\mathcal{M}|\},|\mathcal{M}|=2,\ \mathcal{V}_i\in U$。HACUD 选定的这两条元路径捕捉了不同的语义。例如，UU 路径连接了有资金转移的用户，而 UMU 路径连接了有交易的用户。每个通道图都是同质的，可以直接使用 GNN。由于用户属性是可用的，因此构建的图也是有属性的。

在图表征阶段，HACUD 通过图卷积网络对每个通道图进行节点级聚合。与 GEM（Liu et al，2018f）不同的是，HACUD 以一种注意力方式将用户特征 x_v 添加到聚合的节点表征中。节点级聚合可扩展为三个步骤——初始节点级聚合、特征融合和特征关注。在初始的节点级聚合表征 $\tilde{\boldsymbol{h}}_v^{(i)}$ 经 GCN $\text{AGG}^{\text{GCN}}()$ 计算出来后，便可通过执行特征融合将其与用户特征 x_v 融合起来，最后执行特征关注。由于仅考虑了 1 跳邻域，因此没有层级聚合，最终的节点级聚合表征 $\boldsymbol{h}_v^{(i)}$ 直接被送入路径级聚合。在形式上，这些 GNN 操作可以描述如下。

节点级聚合：

- 初始节点级聚合。

$$\tilde{\boldsymbol{h}}_v^{(i)}=\text{AGG}_{\text{node}}(\boldsymbol{h}_v^{(i)},\{\boldsymbol{h}_u^{(i)}\}_{u\in\mathcal{N}_v^i})=\text{AGG}^{\text{GNN}}(\boldsymbol{h}_v^{(i)},\{\boldsymbol{h}_u^{(i)}\}_{\mathcal{N}\in_v^i}) \tag{26.19}$$

- 特征融合。

$$\boldsymbol{f}_v^{(i)}=\text{MAP}_{\text{nonlinear}}(\text{CONCAT}(\text{MAP}_{\text{linear}}(\tilde{\boldsymbol{h}}_v^{(i)}),\text{MAP}_{\text{linear}}(\boldsymbol{x}_v))) \tag{26.20}$$

- 特征关注。

$$\alpha_v^{(i)}=\text{MAP}_{\text{nonlinear}}(\text{MAP}_{\text{nonlinear}}(\text{CONCAT}(\text{MAP}_{\text{linear}}(\boldsymbol{x}_v),\boldsymbol{f}_v^{(i)}))) \tag{26.21}$$

$$\boldsymbol{h}_v^{(i)}=\text{Softmax}(\alpha_v^{(i)})\odot\boldsymbol{f}_v^{(i)} \tag{26.22}$$

其中，$\odot$ 表示元素级别的乘积。由于只使用了 1 跳信息，因此不存在层描述符 k。

路径级聚合：

$$\boldsymbol{p}_v=\text{AGG}_{\text{path}}(\boldsymbol{h}_v^{(0)},\boldsymbol{h}_v^{(1)})=\text{COMB}_{\text{att}}(\boldsymbol{h}_v^{(0)},\boldsymbol{h}_v^{(1)}) \tag{26.23}$$

最后的节点表征：

$$\boldsymbol{h}_v^{(\text{final})}=\text{MLP}(\boldsymbol{p}_v) \tag{26.24}$$

与 GEM 一样，HACUD 的目标是分类，同时将学到的用户节点嵌入一个标准的 logistic 损失函数中。

26.5.3 案例研究 3：用于恶意程序检测的注意力异质图神经网络

用于恶意程序检测的注意力异质图神经网络（DeepHGNN）（Wang et al，2019h）通过将 GNN 应用于企业网络的计算机系统来检测恶意程序。

DeepHGNN 从原始数据（由大量的系统行为数据构成，具有丰富的程序/进程级事件信息）中构建了一个静态的异质图，以模拟程序行为，形式如下：给定某个时间窗口（如 1 天）内许多

机器上的程序事件数据，为目标程序构建异质图$\mathcal{G}=(\mathcal{V},\mathcal{E})$。其中，$\mathcal{V}$表示一组节点，并且里面的每一个节点都代表三种类型的实体——进程（P）、文件（F）和 INETSocket（I），$\mathcal{V}=P\cup F\cup I$；$\mathcal{E}$表示源实体$v_s$与具有关系$r$的目标实体$v_d$之间的一组边$(v_s,v_d,r)$。为了解决异质图带来的挑战，DeepHGNN 采用了三种类型的关系——一个进程分叉出另一个进程（$P\to P$）、一个进程访问一个文件（$P\to F$）以及一个进程连接到一个互联网套接字（$P\to I$）。与 GEM 类似，DeepHGNN 也设计了一个图转换模块，用于将异质图转换为由上述 3 条元路径（关系）指导的 3 通道图$\hat{\mathcal{G}}$，$\hat{\mathcal{G}}=\{\mathcal{G}_i\,|\,\mathcal{G}_i=(\mathcal{V}_i,\mathcal{E}_i,\boldsymbol{A}_i),\ i=1,2,\cdots,|\mathcal{M}|\}$。其中，$|\mathcal{M}|=3$，$\mathcal{V}_i=\mathcal{V}$。接下来为每个节点构建属性。由于进程节点、文件节点和 INETSocket 节点具有完全不同的属性，因此需要构建图统计特征$\boldsymbol{x}_v^{(i)(\text{gstat})}$作为节点属性。

与 GEM 和 HACUD 类似，DeepHGNN 也采用$\text{GCNAGG}^{\text{GCN}}()$进行节点级聚合。为了捕捉 3 跳上下文中的程序行为，DeepHGNN 使用了三个层。与 GEM 和 HACUD 不同，DeepHGNN 使用图统计节点属性作为每个通道图的初始化节点表征。经过三次节点级和层级聚合后，来自不同通道图的节点表征便通过 GEM 和 HACUD 的注意力特征融合被融合起来。从形式上，这些 GNN 操作可以描述如下。

节点级聚合：

$$\boldsymbol{h}_v^{(i)(0)}=\boldsymbol{x}_v^{(i)(\text{gstat})} \tag{26.25}$$

$$\boldsymbol{h}_v^{(i)(k)}=\text{AGG}_{\text{node}}(\boldsymbol{h}_v^{(i)(k-1)},\{\boldsymbol{h}_u^{(i)(k-1)}\}_{u\in\mathcal{N}_v^i})=\text{AGG}^{\text{GNN}}(\boldsymbol{h}_v^{(i)(k-1)},\{\boldsymbol{h}_u^{(i)(k-1)}\}_{u\in\mathcal{N}_v^i}) \tag{26.26}$$

层级聚合：

$$\boldsymbol{l}_v^{(i)(k)}=\boldsymbol{h}_v^{(i)(k)} \tag{26.27}$$

路径级聚合：

$$\boldsymbol{p}_v=\text{COMB}_{\text{att}}(\boldsymbol{l}_v^{(1)(K)},\cdots,\boldsymbol{l}_v^{(|\mathcal{M}|)(K)}) \tag{26.28}$$

最后的节点表征：

$$\boldsymbol{h}_v^{(\text{final})}=\boldsymbol{p}_v \tag{26.29}$$

DeepHGNN 的目标是分类。但是，DeepHGNN 与 GEM 和 HACUD 不同，GEM 和 HACUD 只是为所有样本建立单一的分类器，而 DeepHGNN 还可以形式化恶意程序检测中的程序再识别问题。图表征学习的目的是学习目标程序的表征，而每个目标程序都将学习一个独特的分类器。给定一个目标程序在时间窗口$U=\{e_1,e_2,\cdots\}$期间的相应事件数据以及声明的名称/ID，并检查它是否属于声明的名称/ID。如果与声明的名称/ID 的行为模式匹配，就对预测的标签加 1，否则减 1。

26.5.4 案例研究 4：通过图神经网络学习程序表征和相似性度量的图匹配框架，用于检测未知的恶意程序

通过图神经网络学习程序表征和相似性度量的图匹配框架（MatchGNet）（Wang et al，2019i）是另一种基于 GNN 的异常检测工具，主要用于检测企业网络的计算机系统中的恶意程序。MatchGNet 在以下 5 个方面与 DeepHGNN 不同。

（1）经过图转换后，得到的通道图只保留目标类型的节点——进程节点，这与 HACUD 类似。

（2）原始程序属性被用于初始化节点表征。

（3）GNN 聚合是在节点、层和路径上分层次进行的。

（4）异常目标是目标程序的子图。

（5）最终的图表征被送入一个具有对比损失的相似性学习框架以处理未知的异常情况。

MatchGNet 遵循类似的风格，从系统行为数据中构建静态的异质图。在图的转换过程中，MatchGNet 采用了三种元路径（关系）——一个进程分叉出另一个进程（$P \to P$）、两个进程访问同一个文件（$P \leftarrow F \to P$），以及两个进程打开同一个互联网套接字（$P \leftarrow I \to P$）（其中的每一个进程都定义了这两个进程之间的独特关系）。在此基础上，MatchGNet 从异质图中构建了一个三通道图 $\hat{\mathcal{G}}$，$\hat{\mathcal{G}} = \{\mathcal{G}_i \mid \mathcal{G}_i = (\mathcal{V}_i, \mathcal{E}_i, \boldsymbol{A}_i),\ i = 1, \cdots, |\mathcal{M}|\}$，$|\mathcal{M}| = 3$，$\mathcal{V}_i \in P$。GNN 可以直接应用于每个通道图。由于只有程序类型的节点可用，因此我们使用这些程序的原始属性初始化节点表征。

在图表征阶段，设计一个层次化的注意力图神经网络，其中包括节点级注意力神经聚合器、层级稠密连接的神经聚合器和路径级注意力神经聚合器。特别是，节点级注意力神经聚合器旨在通过有选择地聚合每个通道图中的实体来生成节点嵌入，依据是随机游走得分 $\alpha_{(u)}^i$。层级稠密连接的神经聚合器用于将不同层产生的节点嵌入聚合为稠密连接的节点嵌入。路径级注意力神经聚合器用于对层级稠密连接的表征执行注意力特征融合。最终的节点表征将被用作图表征。在形式上，这些 GNN 操作可以描述如下。

节点级聚合：

$$\boldsymbol{h}_v^{(i)(0)} = \boldsymbol{x}_v \tag{26.30}$$

$$\boldsymbol{h}_v^{(i)(k)} = \text{AGG}_{\text{node}}(\boldsymbol{h}_v^{(i)(k-1)}, \{\boldsymbol{h}_u^{(i)(k-1)}\}_{u \in \mathcal{N}_v^i}) = \text{MLP}\left((1+\varepsilon^{(k)})\boldsymbol{h}_v^{(i)(k-1)} + \sum_{u \in \mathcal{N}_v^i} \alpha_{(u)(:)}^i \boldsymbol{h}_u^{(i)(k-1)}\right) \tag{26.31}$$

其中，k 表示层的数量，ε 表示一个小的数字。

层级聚合：

$$\boldsymbol{l}_v^{(i)(k)} = \text{AGG}_{\text{layer}}(\boldsymbol{h}_v^{(i)(0)}; \boldsymbol{l}_v^{(i)(1)}, \cdots, \boldsymbol{l}_v^{(i)(k)}) = \text{MLP}(\text{CONCAT}(\boldsymbol{h}_v^{(i)(0)}; \boldsymbol{l}_v^{(i)(1)}, \cdots, \boldsymbol{l}_v^{(i)(k)})) \tag{26.32}$$

路径级聚合：

$$\boldsymbol{p}_v = \text{COMB}_{\text{att}}(\boldsymbol{l}_v^{(i)(K)}, \cdots, \boldsymbol{l}_v^{(|\mathcal{M}|)(K)}) \tag{26.33}$$

最后的节点表征：

$$\boldsymbol{h}_v^{(\text{final})} = \boldsymbol{p}_v \tag{26.34}$$

最后的图表征：

$$\boldsymbol{h}_{\mathcal{G}_v} = \boldsymbol{h}_v^{(\text{final})} \tag{26.35}$$

与 GEM、HACUD 和 DeepHGNN 不同，MatchGNet 的目标是匹配。最终的图表征被送入一个具有对比损失的相似性学习框架以处理未知的异常情况。在训练过程中，我们收集了 P 对程序图快照 $(\mathcal{G}_{i(1)}, \mathcal{G}_{i(2)})$（$i \in \{1, 2, \cdots, P\}$）和相应的真实配对信息 $y_i \in (+1, -1)$。如果一对程序图快照属于同一个程序，那么真实标签为 $y_i = +1$，否则真实标签为 $y_i = -1$。对于每一对程序图快照，用余弦函数衡量两个程序嵌入的相似性，输出定义如下：

$$\mathrm{Sim}(\mathscr{G}_{i(1)},\mathscr{G}_{i(2)})=\cos(\boldsymbol{h}_{\mathscr{G}_{i(1)}},\boldsymbol{h}_{\mathscr{G}_{i(2)}})=\frac{\boldsymbol{h}_{\mathscr{G}_{i(1)}}\cdot\boldsymbol{h}_{\mathscr{G}_{i(2)}}}{\left\|\boldsymbol{h}_{\mathscr{G}_{i(1)}}\right\|\cdot\left\|\boldsymbol{h}_{\mathscr{G}_{i(2)}}\right\|} \tag{26.36}$$

相应地，目标函数定义如下：

$$\ell=\sum_{i=1}^{P}(\mathrm{Sim}(\mathscr{G}_{i(1)},\mathscr{G}_{i(2)})-y_i)^2 \tag{26.37}$$

26.5.5 案例研究 5：使用基于注意力的时间 GCN 进行动态图的异常检测

使用基于注意力的时间 GCN（AddGraph）进行动态图的异常检测（Zheng et al，2019）旨在应用 GNN 解决动态图中异常边的检测问题。AddGraph 专注于通过 GNN 对动态图进行建模，并在电信网络和社交网络中进行异常连接的检测。这里的图是从边流数据中构建的，并且构建的图是动态的、同质的且普通的。

AddGraph 的基本思想是首先通过在训练阶段使用快照图中所有可能的特征，包括结构、内容和时间特征，建立框架来描述正常的边，然后在预测阶段使用类似于 MatchGNet 的匹配目标。特别是，AddGraph 通过执行 GCN $\mathrm{AGG}^{\mathrm{GCN}}()$ 并聚合节点在当前快照图中的邻域来计算节点的当前状态 $\boldsymbol{c}_v^t$，这可以描述如下：

$$\boldsymbol{c}_v^t=\mathrm{AGG}^{\mathrm{GCN}}(\boldsymbol{h}_v^{t-1}) \tag{26.38}$$

由于节点的当前状态 $\boldsymbol{c}_v^t$ 可以通过聚合上一个时间戳 t–1 的相邻隐藏状态来计算，因此我们可以得到小窗口 w 中的节点隐藏状态，并通过将其结合起来得到短期嵌入 $\boldsymbol{s}_v^t$。特别是，AddGraph 是通过执行注意力特征融合来结合小窗口中的这些节点隐藏状态的，如下所示：

$$\boldsymbol{s}_v^t=\mathrm{COMB}_{\mathrm{att}}(\boldsymbol{h}_v^{t-w},\cdots,\boldsymbol{h}_v^{t-1}) \tag{26.39}$$

接下来，短期嵌入 $\boldsymbol{s}_v^t$ 和节点的当前状态 $\boldsymbol{c}_v^t$ 被送入 GRU——一种经典的循环神经网络，以计算当前的隐藏状态并编码图中的动态变化。这个阶段可以描述如下：

$$\boldsymbol{h}_v^t=\mathrm{GRU}(\boldsymbol{c}_v^t,\boldsymbol{s}_v^t) \tag{26.40}$$

AddGraph 的目标是匹配。节点在每个时间戳的隐藏状态被用来计算现有边和负采样边的异常概率，然后反馈给边际损失。

26.5.6 案例研究 6：使用 GAS 进行垃圾评论检测

GAS（GCN-based Anti-Spam）（Li et al，2019a）通过将 GNN 应用于电商平台“闲鱼”来检测垃圾评论。这里构建的图是静态的、异质的和有属性的，如 $\mathscr{G}=(\mathscr{U},\mathscr{I},\mathscr{E})$。图 $\mathscr{G}$ 有两种类型的节点——用户节点 $\mathscr{U}$ 和物品节点 $\mathscr{I}$，边 $\mathscr{E}$ 是一组评论。与之前不同的是，这里的边 $\mathscr{E}$ 是异常目标。此外，由于每条边代表一个句子，因此边的建模很复杂，边的类型数也会急剧增加。为了更好地捕捉边表征，GAS 使用了消息传递 GNN。边级聚合是指并置以前的边自身的表征 $\boldsymbol{h}_{iu}^{k-1}$ 以及相应的用户节点表征 $\boldsymbol{h}_u^{k-1}$ 和物品节点表征 $\boldsymbol{h}_i^{k-1}$。为了得到边的初始属性，GAS 首先通过对百万规模的评论数据集进行嵌入函数的预训练，提取出边评论中每个词的 word2vec 词嵌入；然后将边评论中每个词的词嵌入 $\boldsymbol{w}_0,\boldsymbol{w}_1,\cdots,\boldsymbol{w}_n$ 送入 TextCNN() 函数，得到评论嵌入 $\boldsymbol{h}_{iu}^0$ 并作为边的初始属性。边级聚合定义如下：

$$\boldsymbol{h}_{iu}^0=\mathrm{TextCNN}(\boldsymbol{w}_0,\boldsymbol{w}_1,\cdots,\boldsymbol{w}_n) \tag{26.41}$$

$$\boldsymbol{h}_{iu}^{k} = \text{MAP}_{\text{nonlinear}}(\text{CONCAT}(\boldsymbol{h}_{iu}^{k-1}, \boldsymbol{h}_{i}^{k-1}, \boldsymbol{h}_{u}^{k-1})) \tag{26.42}$$

同时，节点级聚合也需要考虑边的因素。节点级聚合是指对目标节点及其连接的边执行注意力特征融合，然后进行非线性映射，这可以通过用户节点级聚合和物品节点级聚合来描述。

节点级聚合：

- 用户节点级聚合。

$$\boldsymbol{h}_{u}^{k} = \text{CONCAT}(\text{MAP}_{\text{linear}}(\boldsymbol{h}_{u}^{k-1}), \text{MAP}_{\text{nonlinear}}(\text{COMB}_{\text{att}}(\boldsymbol{h}_{u}^{k-1}, \text{CONCAT})(\boldsymbol{h}_{iu}^{k-1}, \boldsymbol{h}_{i}^{k-1}))) \tag{26.43}$$

- 物品节点级聚合：

$$\boldsymbol{h}_{i}^{k} = \text{CONCAT}(\text{MAP}_{\text{linear}}(\boldsymbol{h}_{i}^{k-1}), \text{MAP}_{\text{nonlinear}}(\text{COMB}_{\text{att}}(\boldsymbol{h}_{i}^{k-1}, \text{CONCAT}(\boldsymbol{h}_{iu}^{k-1}, \boldsymbol{h}_{u}^{k-1}))) \tag{26.44}$$

其中，k 是层描述符。最终的边表征可通过对原始边嵌入 $\boldsymbol{h}_{iu}^{0}$、新的边嵌入 $\boldsymbol{h}_{iu}^{K}$、对应的新用户节点嵌入 $\boldsymbol{h}_{u}^{K}$ 和新物品节点嵌入 $\boldsymbol{h}_{i}^{K}$ 并置得到。

$$\boldsymbol{h}_{iu}^{\text{final}} = \text{CONCAT}(\boldsymbol{h}_{vu}^{0}, \boldsymbol{h}_{vu}^{K}, \boldsymbol{h}_{u}^{K}, \boldsymbol{h}_{i}^{K}) \tag{26.45}$$

GAS 的目标是分类，同时将最终的边表征送入一个标准的 logistic 损失函数中。

26.6 未来的方向

用于异常检测的图神经网络是一个重要的研究方向，旨在利用从内容和结构中提取的多源、多视角特征进行异常样本的分析和检测，它在网络安全、金融、电子商务、社交网络、工业监测等领域的高影响力应用以及其他任务关键型应用中发挥着重要作用。然而，由于数据、模型和任务的多重性，对于用于异常检测的图神经网络，仍有大量的工作要做。

从异常分析的角度看，如何在不同的任务中定义和识别图中的异常情况？如何有效地将大规模的原始数据转换为图？如何有效地利用属性？如何在图的构建过程中对动态性进行建模？如何在图的构建过程中保持异质性？最近，由于特定于数据的问题以及特定于任务的问题，基于图神经网络的异常检测的应用是有限的，但潜在的应用场景仍然很多。

从机器学习的角度看，如何对图进行建模？如何表征图？如何利用上下文？如何融合内容和结构特征？应该捕捉结构的哪一部分，局部还是全局？如何提供模型的可解释性？如何保护模型免受对抗性攻击？如何克服时空可扩展性瓶颈？最近，有人已经从机器学习的角度做出很多贡献。然而，由于异常检测问题的特殊性，使用哪一种图神经网络以及如何应用图神经网络仍是关键性问题。

编者注：用于异常检测的图神经网络可以视为图表征学习的下游任务，其中异常检测的长期挑战与图神经网络的脆弱性紧密相关，如第 6 章讨论的可扩展性和第 8 章讨论的对抗鲁棒性。图神经网络在异常检测中的应用还进一步有利于完成各种有趣的、重要的但通常具有挑战性的下游任务，如动态网络中的异常检测、推荐系统中的垃圾评论检测和恶意程序检测等，这些都与第 15 章、第 19 章和第 22 章介绍的主题高度相关。

第 27 章

智慧城市中的图神经网络

Yanhua Li、Xun Zhou 和 Menghai Pan[①]

摘要

近年来，智能互联的城市基础设施经历了快速扩张，产生了大量的城市数据，如人类流动数据、基于位置的交易数据、区域天气和空气质量数据、社交联系数据等。这些异质数据源蕴含丰富的城市信息，并且可以自然地与图相联系或用图来建模，如城市社交图、交通图等。这些城市图数据可以赋能智能解决方案解决各种城市挑战，如城市设施规划、空气污染等。然而，管理、分析和理解如此大量的城市图数据非常具有挑战性。最近，有很多关于推进和扩展图神经网络（GNN）方法的研究，已被用于各种智慧城市应用。在本章中，我们将全面介绍 GNN 在智慧城市中的应用领域，分别是交通和城市规划、城市环境监测、城市能源供应和消耗、城市事件和异常情况检测、城市人类行为分析等。此外，我们将在本章的末尾指出这一领域未来的发展方向。

27.1 用于智慧城市的图神经网络

27.1.1 导读

根据联合国在 2018 年发布的报告（Desa，2018），2018 年全球城市人口已经达到总人口的 55%，并且随着时间的推移，城市人口正在迅速增长。到 2050 年，农村人口将占全球人口的三分之一，剩余三分之二为城市人口。此外，由于近年来传感技术的快速发展，各种传感器被广泛部署在城市地区，如车辆上的 GPS 装置、个人设备、空气质量监测站、气压调节器等。在庞大的城市人口以及传感器的广泛使用的刺激下，产生了大量的城市数据，如共享服务中车辆的轨迹数据、空气质量监测数据等。基于大量的异质城市数据，我们从中能获得什么益处？又如何获得呢？例如，能否利用车辆的 GPS 数据帮助城市规划者更好地设计城市道路网？能否根据有限的现有监测站推断整座城市的空气质量指数？为了回答这些实际问题，近年来，跨学科的研究领域——智慧城市得到广泛研究。一般来说，**智慧城市**又称**城市计算**，是指对城市空间中由传感器、设备、车辆、建筑和人类等多种来源产生的大数据和异质数据进行采集、整合、分析的过程，以解决城市中的主要问题（Zheng et al，2014）。

① Yanhua Li
Computer Science Department，Worcester Polytechnic Institute，E-mail：yli15@wpi.edu
Xun Zhou
Tippie College of Business，University of Iowa，E-mail：un-zhou@uiowa.edu
Menghai Pan
Computer Science Department，Worcester Polytechnic Institute，E-mail：mpan@wpi.edu

数据分析（如数据挖掘、机器学习、优化等）技术通常用来分析城市场景中产生的众多类型的数据，用于预测、发现模式和做出决策。对于这些技术的设计和实施来说，如何表征城市数据是最基本的问题。鉴于城市数据的异质性，我们可以使用各种数据结构来表征它们。例如，城市地区的空间数据可以用网格数据（如图像）来表征，其中的区域则可以划分为网格单元（像素）并相应地施加属性函数（Pan et al，2020b；Zhang et al，2019，2020b，a；Pan et al，2019，2020a）。这些空间数据也可以表征为对象〔如车辆、兴趣点（Points Of Interest，POI）和轨迹 GPS 点〕的集合，并定义它们的位置和拓扑关系（Ding et al，2020b）。

另外，许多城市数据的内在结构使得人们能够用图表达它们。例如，城市道路网的结构可以帮助人们用图对交通数据进行建模（Xie et al，2019b；Dai et al，2020；Cui et al，2019；Chen et al，2019b；Song et al，2020a；Zhang et al，2020e；Zheng et al，2020a；Diao et al，2019；Guo et al，2019b；Li et al，2018e；Yu et al，2018a；Zhang et al，2018e）；燃气供应网中的管道使得人们能够用图模拟燃气压力监测数据（Yi and Park，2020）；我们还可以通过将城市划分为不同的功能区，用图表征地图上的数据（Wang et al，2019o；Yi and Park，2020；Geng et al，2019；Bai et al，2019a；Xie et al，2016）。用图表征城市数据后，就可以捕捉到城市数据中固有的拓扑信息和知识，于是大量的技术便可以用来分析城市图数据。

GNN 很自然地被用于解决城市图数据的各种现实问题。例如，卷积图神经网络（ConvGNN）（Kipf and Welling，2017b）被用于捕捉城市图数据的空间依赖性，循环图神经网络（RecGNN）（Li et al，2016b）被用于捕捉城市图数据的时间依赖性。时空图神经网络（STGNN）（Yu et al，2018a）由于可以同时捕捉城市图数据的空间依赖性和时间依赖性，因此被广泛用于处理许多智慧城市问题，例如基于城市交通数据预测交通状况（Zhang et al，2018e；Li et al，2018e；Yu et al，2018a）。城市交通数据被建模为时空图，其中的节点是路段上的传感器，并且每一个节点都有一个窗口内的平均交通速度作为动态输入特征。

在本章接下来的内容中，我们将首先总结图神经网络在智慧城市中的应用场景，然后介绍城市场景中的图表征学习方法，最后提供更多关于图神经网络在交通和城市规划、城市事件和异常情况预测以及城市人类行为分析中的应用细节。

27.1.2 图神经网络在智慧城市中的应用场景

图神经网络在智慧城市中的应用场景包括城市规划、城市交通、城市环境、城市能源消耗、城市人类行为分析、经济、公共安全等。下面介绍这些应用场景中的示例任务和示例数据源（见表 27.1）。注意，这里仅介绍一些关键问题和文献中的典型示例。

表 27.1 图神经网络在智慧城市中的应用场景和示例

应用场景	示例任务	示例数据源
城市规划	估计建筑的影响（Zhang et al，2019c）	出租车 GPS、路网
	发现功能区（Yuan et al，2012）	出租车 GPS、POI
城市交通	提高出租车司机的效率（Pan et al，2019）	出租车 GPS、路网
城市环境	推断空气质量（Zheng et al，2013）	监测站的空气质量数据、路网、POI
城市能源消耗	估计汽油消耗（Shang et al，2014）	出租车 GPS

续表

应用场景	示例任务	示例数据源
城市人类行为分析	估计用户的相似度（Li et al，2008）	手机 GPS
经济	零售店选址（Karamshuk et al，2013）	POI、人类移动数据
公共安全	检测异常的交通流量模式（Pang et al，2011）	出租车 GPS、路网

城市规划。城市规划对于实现智能城市至关重要，涉及土地的使用、人类居住区的布局、路网的设计等，具体包括估计建筑物的影响（Zhang et al，2019c）、发现城市的功能区（Yuan et al，2012）、检测城市边界（Ratti et al，2010）等。Zhang et al（2019c）通过采用并分析历史的出租车 GPS 数据和路网数据，将非部署的交通估计问题定义为交通生成问题，并据此设计了一个新的深度生成模型 TrafficGAN，用于捕捉一些跨区域的共有模式，这些共有模式基于交通状况是如何根据旅行需求发生变化的以及基础路网结构的演变。解决这个问题对于城市规划人员制定和评估城市规划非常重要。Yuan et al（2012）提出的 DRoF 框架旨在利用从出租车 GPS 和 POI 收集到的数据，通过区域间的人员流动发现城市的不同功能区。知道了城市的功能区，便可以调整城市规划并促进其他工作的开展，比如为企业选址。Ratti et al（2010）提出的模型旨在通过分析从英国的一个大型电信数据库推断出的人类网络来检测城市边界，这可以帮助城市规划人员了解城市的确切范围，因为城市的范围会随着时间的推移而发生变化。

城市交通。交通在城市地区发挥着重要作用。智慧城市需要解决关于城市交通的几个问题，例如为司机制定路线、估计旅行时间、提高出租车系统和公共交通系统的效率等。Yuan et al（2010）提出的 T-Drive 系统旨在提供适应天气和交通状况以及个人驾驶习惯的个性化驾驶路线。T-Drive 系统是基于出租车的历史轨迹数据建立的。Pan et al（2019）提出的解决框架旨在分析出租车司机的学习曲线，具体使用的方法如下：首先学习司机在每个时间段对不同习惯特征的偏好，然后分析不同司机群体的偏好动态。结果表明，出租车司机倾向于改变他们对一些习惯特征的偏好，以提高运营效率。这一发现可以帮助新司机更快地提高运营效率。Watkin set al（2011）对于直接在乘客的手机上提供实时公交车到站信息的影响进行了研究，他们发现这不仅能减少已经在公交站台的乘客的预计等待时间，而且能减少使用这种信息计划行程的客户的实际等待时间。

城市环境。智慧城市的建设需要处理城市化对环境造成的潜在影响。环境对人的健康至关重要，如空气质量、噪音等。Zheng et al（2013）根据现有监测站报告的（历史和实时）空气质量数据以及从城市观察到的各种数据源，如气象、交通流量、路网结构和 POI，推断出整座城市的实时和细粒度的空气质量信息。这些信息可以用来建议人们何时何地进行户外活动，如慢跑。除此以外，这些信息还可以帮助城市管理人员推断部署新空气质量监测站的合适位置。噪音污染在城市地区通常很严重，噪音对人的精神和身体健康都有影响。Santini et al（2008）使用无线传感器网络的监测数据来评估城市地区的环境噪音污染。

城市能源消耗。智慧城市需要能够感知城市规模的能源成本，改善能源基础设施并最终降低能源消耗。常见的能源包括燃油和电力。Shang et al（2014）利用车辆（如出租车）样本的 GPS 轨迹推断当前时段行驶在城市道路上的车辆的燃油消耗和污染排放。这些信息不仅可以用来建议具有成本效益的驾驶路线，而且可以用来识别燃油被严重浪费的路段。

Momtazpour et al（2012）提出的框架旨在根据车主的活动、城市中不同地点的 EV（Electronic Vehicle，电动汽车）充电需求以及 EV 电池的可用电量来预先判断实际的 EV 充电需求，并设计分布式机制来管理 EV 到不同充电站的动向。

城市人类行为分析。随着智能设备的普及，人们每天都在产生大量的位置嵌入信息，如带有位置标签的文字、图像、视频、签到、GPS 轨迹等。智慧城市的建设需要估计用户的相似性，相似的用户可以推荐为朋友。Li et al（2008）让具有相似兴趣的用户取得了联系，即使他们之前可能并不认识对方；社群识别则利用了从手机等装有 GPS 的设备上收集的 GPS 轨迹信息。

经济。智慧城市可以使城市经济受益。人类流动数据和 POI 统计数据显示了城市的经济情况。例如，餐馆里晚餐的平均价格反映了人的收入水平和消费能力。Karamshuk et al（2013）研究了基于位置的社交网络背景下的最佳零售店选址问题。他们从 Foursquare（一个基于用户地理位置信息的手机服务网站）收集了人类流动数据，然后做了分析，以了解零售店的受欢迎程度是如何形成的，依据是入店次数。结果表明，一些 POI，如火车站和航空港，可以暗示零售店的受欢迎程度。同时，竞争性零售店的数量也是衡量指标之一。

公共安全。城市地区的公共安全和治安总是引起人们的关注。不同数据的可用性使得我们能够从历史中学习如何处理公共安全问题，如交通事故（Yuan et al，2018）、大的事件（Vahedian et al，2019；Khezerlou et al，2021，2017；Vahedian et al，2017）、流行病（Bao et al，2020）等，我们可以利用数据来发现和预测异常事件。Pang et al（2011）从车辆的时空数据中发现了异常的交通状况，他们将一座城市划分为统一的网格，并统计在某个时间段到达网格的车辆数量，目的是识别与预期行为（车辆数量）有最大统计显著偏离的连续单元组和时间间隔。

27.1.3 将城市系统表征为图

可采用各种数据结构和模型来定义城市系统的空间设定。例如，一种简单的模型是网格结构，城市区域被划分为网格单元，并且每个网格单元都有一组相关的属性值（如平均交通速度、出租车数量、人口、降雨量）。这样的模型虽然很容易实现，但却忽略了城市数据中存在的许多内在且重要的关系。例如，网格结构可能失去城市底层交通系统中的道路连接信息。在许多情况下，图是捕捉数据中内在的拓扑信息和知识的优雅选择。许多城市系统组件可以表征为图。额外的属性可以与节点和/或边相关联。在本节中，我们将介绍城市系统中的各种图表征，表 27.2 对它们做了总结，涵盖的应用领域包括交通和城市规划、城市环境监测、城市能源供应和消耗、城市事件和异常情况预测以及城市人类行为分析。

表 27.2 城市系统中的图表征

应用领域	节点	边	示例
交通和城市规划	路段	交叉口	交通流量预测 （Xie et al，2019b） （Dai et al，2020） （Cui et al，2019）

续表

应用领域	节点	边	示例
交通和城市规划	路段	交叉口	（Chen et al，2019b） （Song et al，2020a） （Zhang et al，2020e） （Zheng et al，2020a） （Diao et al，2019） （Guo et al，2019b） （Li et al，2018e） （Yu et al，2018a） （Zhang et al，2018e）
	功能区	道路连接	路网表征学习（Wu et al，2020c）
	POI	道路连接	停车位可用性预测、POI 推荐 （Zhang et al，2020h） （Chang et al，2020a）
城市环境监测	监测传感器	位置接近	空气质量推断 （Wang et al，2020h） （Li et al，2017f）
城市能源供应和消耗	调节阀	管道	燃气压力监测（Yi and Park，2020）
城市事件和异常情况预测	城市地区	位置接近	交通事故预测 （Zhou et al，2020g） （Zhou et al，2020h） （Yu et al，2021b）
城市人类行为分析	会话、地点、对象	事件流	用户行为建模（Wang et al，2020a）
	城市地区	位置接近	客运需求预测 （Wang et al，2019o） （Yi and Park，2020） （Geng et al，2019） （Bai et al，2019a） （Xie et al，2016）

交通和城市规划。将城市交通网络建模为图的做法已被广泛用于解决现实世界中的智慧城市问题，如交通流量预测（Xie et al，2019b；Dai et al，2020；Cui et al，2019；Chen et al，2019b；Song et al，2020a；Zhang et al，2020e；Zheng et al，2020a；Diao et al，2019；Guo et al，2019b；Li et al，2018e；Yu et al，2018a；Zhang et al，2018e）、路网表征学习（Wu et al，2020c）、停车位可用性预测（Zhang et al，2020h）等。这些图通常是基于现实世界中的路网建立的。为了预测交通流量，Cui et al（2019）采用了一个无向图，其中的节点是交通传感位置，如传感站、路段，边是连接这些交通传感位置的交叉口或路段；Xie et al（2019b）和 Dai et al（2020）则将城市交通网络建模为一个带有属性的有向图，其中的节点是路段，边是交叉口，路段的宽度、长度和方向是节点的属性，交叉口的类型、是否有红绿灯以及是否有收费站是边的属性。为了学习路网表征，Wu et al（2020c）采用了一个分层的 GNN 框架，层次图中的节点包括路段、结构区域和功能区，边是交叉口和超边（hyperedge）。为了预测停车位的可用性，Zhang et al（2020h）将停车场和周围的 POI 及人口特征建模为一个图，其中的节点是停车场，而边是由道路上距离小于阈值的两个停车场之间的连接决定的，上下文特征（如 POI 分布、人口等）是节点的属性。

城市环境监测。可将空气质量监测系统建模为图，以预测城市地区的空气质量（Wang et

al，2020h；Li et al，2017f）。例如，Wang et al（2020h）提出了 PM2.5-GNN 来预测不同地点的 PM2.5。其中的节点是由纬度、经度、海拔确定的地点，如果两个节点之间的距离和海拔差分别小于阈值（例如，距离小于 300 千米且海拔差小于 1200 米），则存在一条边。节点的属性包括 PBL（Planetary Boundary Layer，行星边界层）高度、*K* 指数（又称"磁情指数"，地磁活动性指数之一）、风速、地下两米处的温度、相对湿度、降水和表面压力。边的属性包括源点的风速、源点和汇点的距离、源点的风向以及从源点到汇点的方向。

城市能源供应和消耗。GNN 也可以用于分析城市能源供应和消耗。例如，Yi and Park（2020）提出了一个框架来预测燃气供应网中的燃气压力。其中的节点是气体调节器，边是连接每两个气体调节器的管道。

城市事件和异常情况预测。城市事件和异常情况预测是智慧城市领域的热门话题之一。可采用机器学习模型来预测发生在城市地区的事件，如交通事故（Zhou et al，2020g，h；Yu et al，2021b）。Zhou et al（2020g）提出了一个框架来预测城市里不同区域的交通事故，方法是将城市划分为子区域（即网格），如果两个子区域内的交通要素有很强的关联性，则表示存在着连接。

城市人类行为分析。研究城市地区的人类行为可以使我们在许多方面受益，如人口属性预测、个性化推荐、乘客需求预测等。目前已经有人将 GNN 用于研究人类行为建模。人类行为建模对于现实世界中的许多应用是至关重要的，如内容推荐和目标广告等。Wang et al（2020a）提出了一个三部图来对人类行为进行建模，其中的节点包括用户的会话、位置和物品。如果用户在某个位置开始会话，那么会话节点和位置节点之间存在一条边。同样，如果用户在会话中与物品进行互动，那么会话节点和物品节点之间也存在一条边。每条边都有一个时间属性，用于表示两个节点之间互动的时间信号。城市人类行为分析的另一应用是预测乘客需求。了解人类在日常交通中的行为可以帮助提高城市交通系统的运营效率。例如，预测公共汽车系统中的乘客需求可以帮助公共汽车公司和司机提高运营效率。在最近发表的一些文献中，许多研究人员采用图神经网络来解决人员如何流动的预测问题（Wang et al，2019o；Yi and Park，2020；Geng et al，2019；Bai et al，2019a；Xie et al，2016），其中的节点是城市的子区域，边则通常根据空间上的位置接近程度来定义。

27.1.4 案例研究 1：图神经网络在交通和城市规划中的应用

智慧城市可以帮助城市规划者规划城市并从不同角度改善城市交通系统，如运营效率、安全、环境保护等。为了在交通和城市规划领域实现智慧城市，研究人员开发了一些实用的机器学习方法。在本节中，我们将介绍目前最为先进的一些 GNN 设计，以解决现实世界中的交通和城市规划问题。

预测城市交通状况（如速度和车流量），对于实现智慧城市非常重要。预测城市交通状况是典型的时间序列预测问题。

定义 27.1 城市交通预测问题。根据历史的交通观测数据和路网的上下文特征，预测路网中未来时段的交通状况（如速度、车流量等）。

为了解决城市交通预测问题，我们可以采用时空图神经网络（STGNN）。路段是节点，交通状况是节点的属性。不同时间段的交通状况对应于图的时间动态性。通常情况下，我们可以使用图卷积操作捕捉节点间的空间依赖关系，然后使用一维卷积操作捕捉不同时间段的时间依赖关系。图 27.1 展示了基于 CNN 的 STGNN。时空表征嵌入可用于预测交通状况。

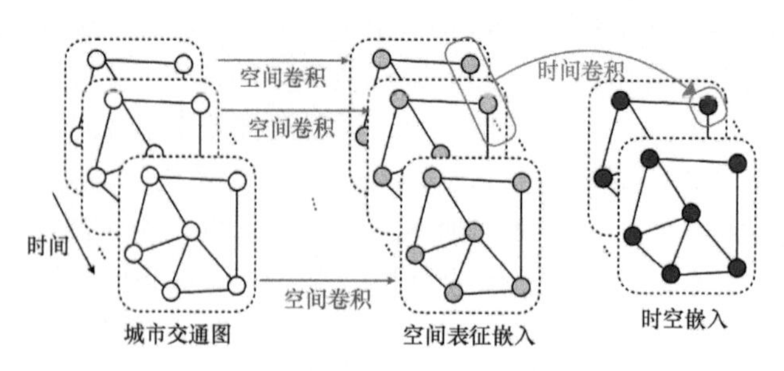

图 27.1 基于 CNN 的 STGNN

STGNN 的另一种设计是基于循环神经网络（RNN）预测时空图中的交通状况。大多数基于 RNN 的方法通过过滤输入信号以及以隐含状态传递给使用图卷积操作的递归单元来捕捉时空依赖关系。基本的 RNN 可以公式化为

$$\boldsymbol{H}^{(t)}=\sigma(\boldsymbol{W}\boldsymbol{X}^{(t)}+\boldsymbol{U}\boldsymbol{H}^{(t-1)}+\boldsymbol{b}) \tag{27.1}$$

其中，$\boldsymbol{X}^{(t)}$ 是时间步 t 的节点特征矩阵，$\boldsymbol{H}$ 是隐含状态，$\boldsymbol{W}$、$\boldsymbol{U}$ 和 $\boldsymbol{b}$ 是网络参数。基于 RNN 的 STGNN 可以公式化为

$$\boldsymbol{H}^{(t)}=\sigma(\mathrm{Gconv}(\boldsymbol{X}^{(t)},\boldsymbol{A};\boldsymbol{W})+\mathrm{Gconv}(\boldsymbol{H}^{(t-1)},\boldsymbol{A};\boldsymbol{U})+\boldsymbol{b}) \tag{27.2}$$

其中，$\mathrm{Gconv}(\cdot)$ 是图卷积运算，$\boldsymbol{A}$ 是图邻接矩阵。给定城市交通的时空图，STGNN 的这两种设计都可以用来预测节点属性（即交通状态）。

城市路网是城市规划的重要组成部分。如何表征城市路网是对现实世界中的智慧城市应用进行分析和研究的关键。由于现实世界中的城市路网十分复杂，具有层次结构，单元之间具有长距离依赖性以及功能交互，因此设计有效的路网表征学习方法比较具有挑战性。

定义 27.2　路网表征学习问题。给定城市路网，目标是构建能够表征城市路网的结构和拓扑信息的图。

受益于图的拓扑结构，我们可以用分层图表征城市路网。Wu et al（2020c）提出了一个三层的层次图来表征城市路网，其中每个层次的节点分别与路段、结构区域和功能区相关，如图 27.2 所示。结构区域是一些连接的路段的集合，代表一些特定的交通设施，如交叉口、立交桥。功能区是结构区域的聚合，代表城市里的一些功能设施，如交通枢纽、购物区等。为了学习分层图表征，我们可以首先通过上下文的嵌入来表征路段，如道路类型、车道数、路段长度等；然后采用图聚类和网络重建技术形成结构区域图。车辆轨迹数据可以用来捕捉结构区域的功能特性。

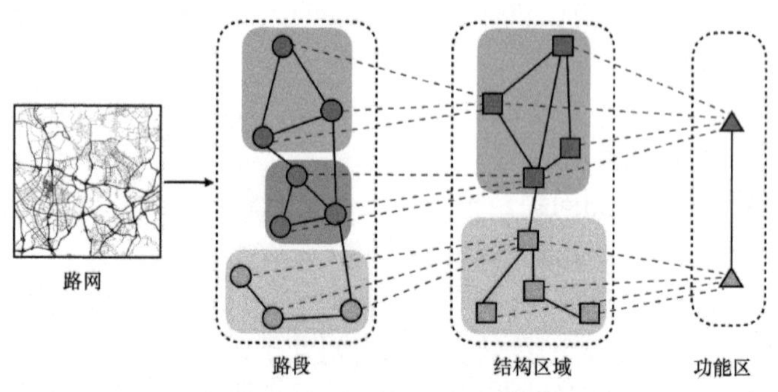

图 27.2 分层的城市路网图

27.1.5 案例研究 2：图神经网络在城市事件和异常情况预测中的应用

城市地区的公共安全和治安总是引起人们的关注。不同数据的可用性使得我们能够从历史中学习如何处理公共安全问题，如交通事故、犯罪、大的事件、流行病等，我们可以利用这些数据来发现和预测城市事件和异常情况。

预测交通事故对于提高城市路网的安全性具有重要意义。虽然“事故”是一个与“随机性”有关的词汇，但交通事故的发生与周围的环境特征（如交通流量、路网结构、天气等）存在显著的相关性。因此，机器学习方法（如 GNN）可以用于预测交通事故，这有助于智慧城市的建设。

定义 27.3 交通事故预测问题。给定城市路网数据和历史环境特征，目标是预测发生交通事故的风险。

环境特征包括交通状况、周围的 POI 等。最近发表的一些文献（Zhou et al，2020g,h；Yu et al，2021b）提出使用 GNN 来解决交通事故预测问题。

用于解决交通事故预测问题的图通常是在将城市区域划分为一系列网格的基础上构建的，其中的节点是城市区域划分后的每一个网格。如果两个节点之间的交通状况有很强的关联性，那么它们之间就有一条边。上下文环境特征是每个网格的属性。在不同的历史时间段构建图之后，首先使用图卷积神经网络（GCN）提取每个时间段的隐藏嵌入，然后使用处理时间序列输入的方法（如基于 RNN 的神经网络）捕捉节点的时间依赖性，最后利用时空信息预测发生交通事故的风险。图 27.3 展示了一个用于预测交通事故的 GNN 示例框架，更多细节可参考（Zhou et al，2020g,h；Yu et al，2021b）。

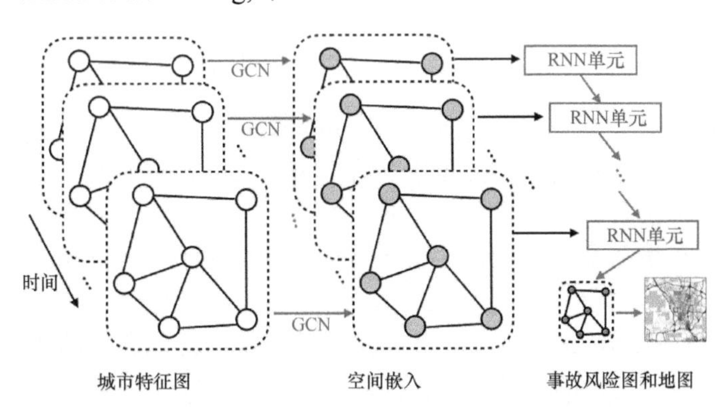

图 27.3 一个用于预测交通事故的 GNN 示例框架

27.1.6 案例研究 3：图神经网络在城市人类行为分析中的应用

城市人类行为分析在实现智慧城市方面发挥着重要作用。例如，研究司机的行为有助于提高城市交通系统的运营效率，分析乘客的行为有助于提高出租车或叫车服务中司机的工作效率，了解用户的行为模式有助于提升商品的个性化推荐效果，这些都有利于城市经济的发展。在本节中，我们将通过现实世界中的两个应用——预测客运需求和建模用户行为，证实图神经网络（GNN）在分析城市人类行为方面的作用。

预测客运需求多数是在区域层面进行的，也就是说，城市区域会被划分为一系列网格。

定义 27.4 客运需求预测问题。给定历史数据和上下文特征分布，目标是预测每个区域的客运需求。

与大多数交通图以路段为节点构建图不同，在客运需求预测问题中，通常以网格为节点构建图，边（每对节点之间的相关性）由空间上的接近程度、上下文环境的相似性或远处网格的路网连接性决定。

时空图神经网络（STGNN）是预测客运需求时使用最为流行的 GNN 模型。Geng et al（2019）提出了时空多图卷积网络（ST-MGCN）来预测客运需求。图 27.4 展示了一个用于预测客运需求的 STGNN 示例框架。该框架首先根据每两个网格之间不同方面的关系构建多个图，这些关系包括位置接近性、功能相似性和交通连接性；然后将全局上下文信息纳入考虑，使用 RNN 汇总不同时间的观察结果，并使用 GCN 模拟区域之间的非欧几里得相关关系；最后使用聚合的嵌入预测客运需求。

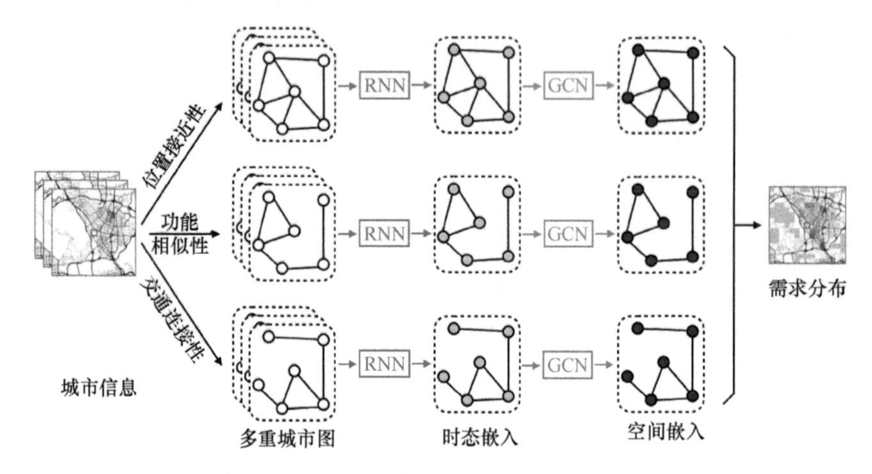

图 27.4　一个用于预测客运需求的 STGNN 示例框架

建模用户行为对现实世界中的许多应用非常重要，如人口属性预测、内容推荐和目标广告等。研究城市场景中的用户行为可以在许多方面（如经济、交通等）为智慧城市带来好处。下面介绍一个使用三部图（Wang et al，2020a）对用户的时空行为进行建模的例子。

以城市居民的在线浏览行为为例，用户的时空行为可以定义在一组用户 U、一组会话 S、一组物品 V 和一组地点 L 上，每个用户的行为日志可以用一组会话-地点元组来表征，每个会话包含多个物品-时间戳元组。于是，用户的时空行为便可以通过图 27.5 所示的三部图来捕获。其中的节点包括用户的会话 S、地点 L 和物品 V。边的类型分为“会话-物品”边和“会话-位置”边。

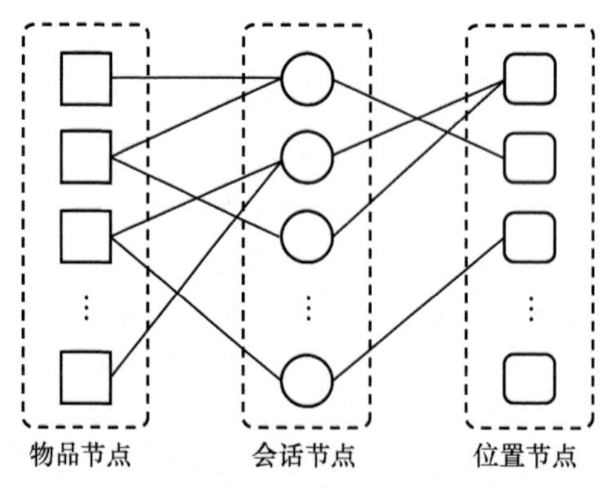

图 27.5　用户的时空行为图

为了从每个用户的时空行为图中提取用户表征，我们可以采用 GNN，过程如下：首先从每个会话的物品中提取会话嵌入并使用 RNN 聚合物品的信息；然后将会话嵌入进一步汇总为不同时间段（如一天或一周）的时态嵌入，同时将会话嵌入和位置组合起来以产生空间嵌入；最后将空间嵌入和时态嵌入融合起来，产生可以表征用户时空行为的嵌入。更多细节可参考（Wang et al，2020a）。

27.2 未来的方向

令人振奋的是，GNN 在智慧城市中的应用已经取得显著成效，未来的研究方向如下。

GNN 模型在智慧城市中的可解释性。GNN 在智慧城市中的应用与现实世界里的问题密切相关。除提高 GNN 模型的表现以外，我们仍有必要提高 GNN 模型的可解释性。例如，在预测交通流量的应用中，识别能够影响交通流量的隐藏因素（如路网结构）非常重要。这些隐藏因素可以帮助城市规划者更好地设计路网以平衡交通流量。

最近人们在可解释的人工智能和机器学习研究方面取得的进展，促进了许多内在或事后（post-hoc）可解释的 GNN 模型的发展（Huang et al，2020c）。然而，其中很少有设计用于解决城市问题的 GNN 模型。由于城市数据具有独特的属性，设计可解释的城市 GNN 并不容易。比如，城市数据通常是异质的。也就是说，对输入特征和目标变量之间学习关系的解释会随着空间而变化。再如，交通事故的风险因素在从人口稠密区转移到非居住区时也可能会发生变化。另外，由于空间数据的自相关性，GNN 在附近位置（如相邻节点）的解释模型也有相似之处（Pan et al，2020b）。在设计可解释的城市 GNN 模型时，我们应考虑这些因素。

GNN 在智慧城市中的新应用。GNN 已经在智慧城市的许多应用领域证明了其有效性和高效性，如交通、环境、能源、安全、人类行为等。GNN 在城市场景中也有着潜在的应用，如改善城市电力供应、追踪传染病（如 COVID-19）患者以及对复杂环境和气候事件（如洪水、飓风等）进行建模。

编者注： 智慧城市牵涉广泛的、规模巨大的物理网络，如城市交通网和电力网，它们是空间网络的典型代表。空间网络中的节点和边被嵌入空间约束（如平面性）之下，因此，智慧城市在很大程度上可以从空间数据和网络数据的深度学习技术中受益。与第 19 章～第 26 章介绍的大多数应用领域不同，智慧城市的许多子领域通常有设计良好的计算模型，因此探索深度图学习技术如何贡献并弥补现有策略的不足是非常重要的。

参考文献

Abadi M, Barham P, Chen J, Chen Z, Davis A, Dean J, Devin M, Ghemawat S, Irving G, Isard M, et al (2016) TensorFlow: A system for large-scale machine learning. In: 12th USENIX Symposium on Operating Systems Design and Implementation (OSDI 16), pp 265-283

Abbe E (2017) Community detection and stochastic block models: recent developments. Journal of Machine Learning Research 18(1):6446-6531

Abbe E, Sandon C (2015) Community detection in general stochastic block models: Fundamental limits and efficient algorithms for recovery. In: IEEE 56th Annual Symposium on Foundations of Computer Science, pp 670-688

Abboud R, Ceylan ii, Grohe M, Lukasiewicz T (2020) The surprising power of graph neural networks with random node initialization. CoRR abs/2010.01179

Abdelaziz I, Dolby J, McCusker JP, Srinivas K (2020) Graph4Code: A machine interpretable knowledge graph for code. arXiv preprint arXiv:200209440

Abdollahpouri H, Adomavicius G, Burke R, Guy I, Jannach D, Kamishima T, Krasnodebski J, Pizzato L (2020) Multistakeholder recommendation: Survey and research directions. User Modeling and User-Adapted Interaction 30(1):127-158

Abid NJ, Dragan N, Collard ML, Maletic JI (2015) Using stereotypes in the automatic generation of natural language summaries for C++ methods. In: 2015 IEEE International Conference on Software Maintenance and Evolution (ICSME), IEEE, pp 561-565

Abney S (2007) Semisupervised learning for computational linguistics. CRC Press Adamic LA, Adar E (2003) Friends and neighbors on the web. Social networks 25(3):211-230

Adams RP, Zemel RS (2011) Ranking via sinkhorn propagation. arXiv preprint arXiv:11061925

Aghamohammadi A, Izadi M, Heydarnoori A (2020) Generating summaries for methods of event-driven programs: An android case study. Journal of Systems and Software 170:110,800

Ahmad MA, Eckert C, Teredesai A (2018) Interpretable machine learning in healthcare. In: Proceedings of the 2018 ACM international conference on bioinformatics, computational biology, and health informatics, pp 559-560

Ahmad WU, Chakraborty S, Ray B, Chang KW (2020) A transformer-based approach for source code summarization. arXiv preprint arXiv:200500653

Ahmed A, Shervashidze N, Narayanamurthy S, Josifovski V, Smola AJ (2013) Distributed large-scale natural graph factorization. In: Proceedings of the 22nd international conference on World Wide Web, pp 37-48

Aho AV, Lam MS, Sethi R, Ulman JD (2006) Compilers: principles, techniques and tools. Pearson Education

Ain QU, Butt WH, Anwar MW, Azam F, Maqbool B (2019) A systematic review on code clone detection. IEEE Access 7:86,121-86,144

Airoldi EM, Blei DM, Fienberg SE, Xing EP (2008) Mixed membership stochastic blockmodels. Journal of Machine Learning Research 9(Sep):1981-2014

Akoglu L, Tong H, Koutra D (2015) Graph based anomaly detection and description: a survey. Data mining and knowledge discovery 29(3):626-688

Al Hasan M, Zaki MJ (2011) A survey of link prediction in social networks. In: Social network data analytics, Springer, pp 243-275

Albert R, Barabási AL (2002) Statistical mechanics of complex networks. Reviews of modern physics 74(1):47

Albooyeh M, Goel R, Kazemi SM (2020) Out-of-sample representation learning for knowledge graphs. In: Empirical Methods in Natural Language Processing: Findings, pp 2657-2666

Ali H, Tran SN, Benetos E, Garcez ASd (2018) Speaker recognition with hybrid features from a deep belief network. Neural Computing and Applications 29(6):13-19

Allamanis M (2019) The adverse effects of code duplication in machine learning models of code. In: Proceedings of the 2019 ACM SIGPLAN International Symposium on New Ideas, New Paradigms, and

Reflections on Programming and Software, pp 143-153

Allamanis M, Barr ET, Devanbu P, Sutton C (2018a) A survey of machine learning for big code and naturalness. ACM Computing Surveys (CSUR) 51(4):1-37

Allamanis M, Brockschmidt M, Khademi M (2018b) Learning to represent programs with graphs. In: International Conference on Learning Representations (ICLR)

Allamanis M, Barr ET, Ducousso S, Gao Z (2020) Typilus: neural type hints. In: Proceedings of the 41st ACM SIGPLAN Conference on Programming Language Design and Implementation, pp 91-105

Alon U, Brody S, Levy O, Yahav E (2019a) code2seq: Generating sequences from structured representations of code. International Conference on Learning Representations

Alon U, Zilberstein M, Levy O, Yahav E (2019b) code2vec: Learning distributed representations of code. Proceedings of the ACM on Programming Languages 3(POPL):1-29

Amidi A, Amidi S, Vlachakis D, et al (2018) EnzyNet: enzyme classification using 3d convolutional neural networks on spatial representation. PeerJ 6:e4750

Amizadeh S, Matusevych S, Weimer M (2018) Learning to solve circuit-sat: An unsupervised differentiable approach. In: International Conference on Learning Representations

Anand N, Huang PS (2018) Generative modeling for protein structures. In: Proceedings of the 32nd International Conference on Neural Information Processing Systems, pp 7505-7516

Arjovsky M, Chintala S, Bottou L (2017) Wasserstein generative adversarial networks. In: International Conference on Machine Learning, pp 214-223

Arora S (2020) A survey on graph neural networks for knowledge graph completion. arXiv preprint arXiv:200712374

Arvind V, Köbler J, Rattan G, Verbitsky O (2015) On the power of color refinement. In: International Symposium on Fundamentals of Computation Theory, pp 339-350

Arvind V, Fuhlbrück F, Köbler J, Verbitsky O (2019) On weisfeiler-leman invariance: subgraph counts and related graph properties. In: International Symposium on Fundamentals of Computation Theory, Springer, pp 111-125

Ashburner M, Ball CA, Blake JA, Botstein D, Butler H, Cherry JM, Davis AP, Dolinski K, Dwight SS, Eppig JT, et al (2000) Gene ontology: tool for the unification of biology. Nature genetics 25(1):25-29

Aynaz Taheri TBW Kevin Gimpel (2018) Learning graph representations with recurrent neural network autoencoders. In: KDD'18 Deep Learning Day

Azizian W, Lelarge M (2020) Characterizing the expressive power of invariant and equivariant graph neural networks. arXiv preprint arXiv:200615646

Babai L (2016) Graph isomorphism in quasipolynomial time. In: Proceedings of the Forty-Eighth Annual ACM Symposium on Theory of Computing, pp 684-697

Babai L, Kucera L (1979) Canonical labelling of graphs in linear average time. In: Foundations of Computer Science, 1979. 20th Annual Symposium on, IEEE, pp 39-46

Bach S, Binder A, Montavon G, Klauschen F, Müller KR, Samek W (2015) On pixel-wise explanations for non-linear classifier decisions by layer-wise relevance propagation. PloS one 10(7):e0130,140

Badihi S, Heydarnoori A (2017) Crowdsummarizer: Automated generation of code summaries for java programs through crowdsourcing. IEEE Software 34(2):71-80

Bahdanau D, Cho K, Bengio Y (2015) Neural machine translation by jointly learning to align and translate. In: 3rd International Conference on Learning Representations

Bai L, Yao L, Kanhere SS, Wang X, Liu W, Yang Z (2019a) Spatio-temporal graph convolutional and recurrent networks for citywide passenger demand prediction. In: Proceedings of the 28th ACM International Conference on Information and Knowledge Management, Association for Computing Machinery, CIKM '19, pp 2293-2296, DOI 10.1145/3357384.3358097

Bai X, Zhu L, Liang C, Li J, Nie X, Chang X (2020a) Multi-view feature selection via nonnegative structured graph learning. Neurocomputing 387:110-122

Bai Y, Ding H, Sun Y, Wang W (2018) Convolutional set matching for graph similarity. In: NeurIPS 2018 Relational Representation Learning Workshop

Bai Y, Ding H, Bian S, Chen T, Sun Y, Wang W (2019b) Simgnn: A neural network approach to fast graph similarity computation. In: Proceedings of the Twelfth ACM International Conference on Web Search and Data Mining, pp 384-392

Bai Y, Ding H, Qiao Y, Marinovic A, Gu K, Chen T, Sun Y, Wang W (2019c) Unsupervised inductive graph-level representation learning via graph-graph proximity. arXiv preprint arXiv:190401098

Bai Y, Ding H, Gu K, Sun Y, Wang W (2020b) Learning-based efficient graph similarity computation via multi-scale convolutional set matching. In: Proceedings of the AAAI Conference on Artificial Intelligence, pp 3219-3226

Bai Y, Xu D, Wang A, Gu K, Wu X, Marinovic A, Ro C, Sun Y, Wang W (2020c) Fast detection of maximum common subgraph via deep q-learning. arXiv preprint arXiv:200203129

Bajaj M, Wang L, Sigal L (2019) G3raphground: Graph-based language grounding. In: Proceedings of the IEEE/CVF International Conference on Computer Vision, pp 4281-4290

Baker B, Gupta O, Naik N, Raskar R (2016) Designing neural network architectures using reinforcement learning. arXiv preprint arXiv: 161102167

Baker CF, Ellsworth M (2017) Graph methods for multilingual framenets. In: Proceedings of TextGraphs-11: the Workshop on Graph-based Methods for Natural Language Processing, pp 45-50

Balcilar M, Renton G, Héroux P, Gaüzère B, Adam S, Honeine P (2021) Analyzing the expressive power of graph neural networks in a spectral perspective. In: International Conference on Learning Representations

Baldassarre F, Azizpour H (2019) Explainability techniques for graph convolutional networks. arXiv preprint arXiv: 190513686

Balinsky H, Balinsky A, Simske S (2011) Document sentences as a small world. In: 2011 IEEE International Conference on Systems, Man, and Cybernetics, IEEE, pp 2583-2588

Banarescu L, Bonial C, Cai S, Georgescu M, Griffitt K, Hermjakob U, Knight K, Koehn P, Palmer M, Schneider N (2013) Abstract meaning representation for sembanking. In: Proceedings of the 7th linguistic annotation workshop and interoperability with discourse, pp 178-186

Bao H, Zhou X, Zhang Y, Li Y, Xie Y (2020) Covid-gan: Estimating human mobility responses to covid-19 pandemic through spatio-temporal conditional generative adversarial networks. In: Proceedings of the 28th International Conference on Advances in Geographic Information Systems, pp 273-282

Barabási AL (2013) Network science. Philosophical Transactions of the Royal Society A: Mathematical, Physical and Engineering Sciences 371(1987):20120, 375

Barabási AL, Albert R (1999) Emergence of scaling in random networks. science 286(5439):509-512

Barabasi AL, Oltvai ZN (2004) Network biology: Understanding the cell's functional organization. Nature Reviews Genetics 5(2):101-113

Barber D (2004) Probabilistic modelling and reasoning: The junction tree algorithm. Course Notes

Barceló P, Kostylev EV, Monet M, Pérez J, Reutter J, Silva JP (2019) The logical expressiveness of graph neural networks. In: International Conference on Learning Representations

Bastian FB, Roux J, Niknejad A, Comte A, Fonseca Costa SS, De Farias TM, Moretti S, Parmentier G, De Laval VR, Rosikiewicz M, et al (2021) The bgee suite: integrated curated expression atlas and comparative transcriptomics in animals. Nucleic Acids Research 49(D1): D831-D847

Bastings J, Titov I, Aziz W, Marcheggiani D, Sima'an K (2017) Graph convolutional encoders for syntax-aware neural machine translation. arXiv preprint arXiv:170404675

Batagelj V, Zaversnik M (2003) An o(m) algorithm for cores decomposition of networks. arXiv preprint cs/0310049

Battaglia P, Pascanu R, Lai M, Rezende DJ, kavukcuoglu K (2016) Interaction networks for learning about objects, relations and physics. In: Proceedings of the 30th International Conference on Neural Information Processing Systems, pp 4509-4517

Battaglia PW, Hamrick JB, Bapst V, Sanchez-Gonzalez A, Zambaldi V, Malinowski M, Tacchetti A, Raposo D, Santoro A, Faulkner R, et al (2018) Relational inductive biases, deep learning, and graph networks. arXiv preprint arXiv:180601261

Beaini D, Passaro S, Létourneau V, Hamilton WL, Corso G, Liò P (2020) Directional graph networks. CoRR abs/2010.02863

Beck D, Haffari G, Cohn T (2018) Graph-to-sequence learning using gated graph neural networks. arXiv preprint arXiv:180609835

Belghazi MI, Baratin A, Rajeswar S, Ozair S, Bengio Y, Hjelm RD, Courville AC (2018) Mutual information neural estimation. In: Dy JG, Krause A (eds) Proceedings of the 35th International Conference on Machine Learning, ICML 2018, Stockholmsmässan, Stockholm, Sweden, July 10-15, 2018, PMLR, Proceedings of Machine Learning Research, vol 80, pp 530-539

Belkin M, Niyogi P (2002) Laplacian eigenmaps and spectral techniques for embedding and clustering. In: Advances in neural information processing systems, pp 585-591

Bengio Y (2008) Neural net language models. Scholarpedia 3(1): 3881

Bengio Y, Senécal JS (2008) Adaptive importance sampling to accelerate training of a neural probabilistic language model. IEEE Transactions on Neural Networks 19(4):713-722

Bennett J, Lanning S, et al (2007) The netflix prize. In: Proceedings of KDD cup and workshop, New York, vol 2007, p 35

van den Berg R, Kipf TN, Welling M (2018) Graph convolutional matrix completion. KDD18 Deep Learning Day

Berg Rvd, Kipf TN, Welling M (2017) Graph convolutional matrix completion. arXiv preprint arXiv:170602263

Berger P, Hannak G, Matz G (2020) Efficient graph learning from noisy and incomplete data. IEEE Trans Signal Inf Process over Networks 6: 105-119

Berggård T, Linse S, James P (2007) Methods for the detection and analysis of protein-protein interactions. PROTEOMICS 7(16): 2833-2842

Berline N, Getzler E, Vergne M (2003) Heat kernels and Dirac operators. Springer Science & Business Media

Bian R, Koh YS, Dobbie G, Divoli A (2019) Network embedding and change modeling in dynamic heterogeneous networks. In: Proceedings of the 42nd International ACM SIGIR Conference on Research and Development in Information Retrieval, pp 861-864

Bianchi FM, Grattarola D, Alippi C (2020) Spectral clustering with graph neural networks for graph pooling. In: International Conference on Machine Learning, ACM, pp 2729-2738

Bielik P, Raychev V, Vechev M (2017) Learning a static analyzer from data. In: International Conference on Computer Aided Verification, Springer, pp 233-253

Biggs N, Lloyd EK, Wilson RJ (1986) Graph Theory, 1736-1936. Oxford University Press

Bingel J, Søgaard A (2017) Identifying beneficial task relations for multi-task learning in deep neural networks. In: Proceedings of the 15th Conference of the European Chapter of the Association for Computational Linguistics: Volume 2, Short Papers, pp 164-169

Bishop CM (2006) Pattern recognition and machine learning. springer

Bizer C, Lehmann J, Kobilarov G, Auer S, Becker C, Cyganiak R, Hellmann S (2009) Dbpedia-a crystallization point for the web of data. Journal of web semantics 7(3):154-165

Blitzer J, McDonald R, Pereira F (2006) Domain adaptation with structural correspondence learning. In: Proceedings of the 2006 conference on empirical methods in natural language processing, pp 120-128

Bodenreider O (2004) The unified medical language system (umls): integrating biomedical terminology. Nucleic acids research 32(suppl 1):D267-D270

Bojchevski A, Günnemann S (2019) Adversarial attacks on node embeddings via graph poisoning. In: International Conference on Machine Learning, PMLR, pp 695-704

Bojchevski A, Günnemann S (2019) Certifiable robustness to graph perturbations. In: Wallach H, Larochelle H, Beygelzimer A, d'Alché-Buc F, Fox E, Garnett R (eds) Advances in Neural Information Processing Systems, Curran Associates, Inc., vol 32

Bojchevski A, Matkovic Y, Günnemann S (2017) Robust spectral clustering for noisy data: Modeling sparse corruptions improves latent embeddings. In: Proceedings of the 23rd ACM SIGKDD International Conference on Knowledge Discovery and Data Mining, pp 737-746

Bojchevski A, Shchur O, Zügner D, Günnemann S (2018) Netgan: Generating graphs via random walks. arXiv preprint arXiv:180300816

Bojchevski A, Klicpera J, Günnemann S (2020a) Efficient robustness certificates for discrete data:

Sparsity-aware randomized smoothing for graphs, images and more. In: International Conference on Machine Learning, PMLR, pp 1003-1013

Bojchevski A, Klicpera J, Perozzi B, Kapoor A, Blais M, Rózemberczki B, Lukasik M, Günnemann S (2020b) Scaling graph neural networks with approximate pagerank. In: Proceedings of the 26th ACM SIGKDD International Conference on Knowledge Discovery & Data Mining, pp 2464-2473

Bollacker K, Tufts P, Pierce T, Cook R (2007) A platform for scalable, collaborative, structured information integration. In: Intl. Workshop on Information Integration on the Web (IIWeb'07), pp 22-27

Bollobás B (2013) Modern graph theory, vol 184. Springer Science & Business Media Bollobás B, Béla B (2001) Random graphs. 73, Cambridge university press

Bollobás B, Janson S, Riordan O (2007) The phase transition in inhomogeneous random graphs. Random Structures & Algorithms 31(1): 3-122

Bordes A, Usunier N, Garcia-Duran A, Weston J, Yakhnenko O (2013) Translating embeddings for modeling multi-relational data. In: Neural Information Processing Systems, pp 1-9

Bordes A, Glorot X, Weston J, Bengio Y (2014) A semantic matching energy function for learning with multi-relational data. Machine Learning 94(2): 233-259

Borgwardt KM, Ong CS, Schönauer S, Vishwanathan SVN, Smola AJ, Kriegel HP (2005) Protein function prediction via graph kernels. Bioinformatics 21(Supplement 1): i47-i56

Borgwardt KM, Ghisu ME, Llinares-López F, O'Bray L, Rieck B (2020) Graph kernels: State-of-the-art and future challenges. Found Trends Mach Learn 13(5-6)

Bose A, Hamilton W (2019) Compositional fairness constraints for graph embeddings. In: International Conference on Machine Learning, PMLR, pp 715-724

Bottou L (1998) Online learning and stochastic approximations. Online learning in neural networks 17(9): 142

Bourgain J (1985) On lipschitz embedding of finite metric spaces in hilbert space. Israel Journal of Mathematics 52(1-2): 46-52

Bourigault S, Lagnier C, Lamprier S, Denoyer L, Gallinari P (2014) Learning social network embeddings for predicting information diffusion. In: Proceedings of the 7th ACM international conference on Web search and data mining, pp 393-402

Bouritsas G, Frasca F, Zafeiriou S, Bronstein MM (2020) Improving graph neural network expressivity via subgraph isomorphism counting. CoRR abs/2006.09252, 2006.09252

Boyd S, Boyd SP, Vandenberghe L (2004) Convex optimization. Cambridge university press

Braschi B, Denny P, Gray K, Jones T, Seal R, Tweedie S, Yates B, Bruford E (2017) Genenames. org: the HGNC and VGNC resources in 2019

Brauckmann A, Goens A, Ertel S, Castrillon J (2020) Compiler-based graph representations for deep learning models of code. In: Proceedings of the 29th International Conference on Compiler Construction, pp 201-211

Braude EJ, Bernstein ME (2016) Software engineering: modern approaches. Waveland Press

Brin S, Page L (1998) The anatomy of a large-scale hypertextual web search engine. Computer networks and ISDN systems 30(1-7):107-117

Brin S, Page L (2012) Reprint of: The anatomy of a large-scale hypertextual web search engine. Computer networks 56(18): 3825-3833

Brockschmidt M (2020) GNN-FiLM: Graph neural networks with feature-wise linear modulation. In: III HD, Singh A (eds) Proceedings of the 37th International Conference on Machine Learning, PMLR, Virtual, Proceedings of Machine Learning Research, vol 119, pp 1144-1152

Bronstein MM, Bruna J, LeCun Y, Szlam A, Vandergheynst P (2017) Geometric deep learning: going beyond euclidean data. IEEE Signal Processing Magazine 34(4): 18-42

Browne F, Wang H, Zheng H, et al (2007) Supervised statistical and machine learning approaches to inferring pairwise and module-based protein interaction networks. In: 2007 IEEE 7th International Symposium on BioInformatics and BioEngineering, pp 1365-1369, DOI 10.1109/BIBE.2007.4375748

Bruna J, Zaremba W, Szlam A, LeCun Y (2014) Spectral networks and deep locally connected networks on graphs. In: 2nd International Conference on Learning Representations, ICLR 2014

Bui TN, Chaudhuri S, Leighton FT, Sipser M (1987) Graph bisection algorithms with good average case behavior. Combinatorica 7(2): 171-191

Bunke H (1997) On a relation between graph edit distance and maximum common subgraph. Pattern Recognition Letters 18(8): 689-694

Burt RS (2004) Structural holes and good ideas. American journal of sociology 110(2): 349-399

Byron O, Vestergaard B (2015) Protein-protein interactions: a supra-structural phenomenon demanding trans-disciplinary biophysical approaches. Current Opinion in Structural Biology 35: 76-86, catalysis and regulation • Protein-protein interactions

Cai D, Lam W (2020) Graph transformer for graph-to-sequence learning. In: Proceedings of the AAAI Conference on Artificial Intelligence, vol 34, pp 7464-7471

Cai H, Chen T, Zhang W, Yu Y, Wang J (2018a) Efficient architecture search by network transformation. In: Proceedings of the AAAI Conference on Artificial Intelligence, vol 32

Cai H, Zheng VW, Chang KCC (2018b) A comprehensive survey of graph embedding: Problems, techniques, and applications. IEEE Transactions on Knowledge and Data Engineering 30(9): 1616-1637

Cai H, Gan C, Wang T, Zhang Z, Han S (2020a) Once for all: Train one network and specialize it for efficient deployment. In: ICLR

Cai H, Gan C, Zhu L, Han S (2020b) Tinytl: Reduce memory, not parameters for efficient on-device learning. Advances in Neural Information Processing Systems 33

Cai JY, Fürer M, Immerman N (1992) An optimal lower bound on the number of variables for graph identification. Combinatorica 12(4): 389-410

Cai L, Ji S (2020) A multi-scale approach for graph link prediction. In: Proceedings of the AAAI Conference on Artificial Intelligence, vol 34, pp 3308-3315

Cai L, Yan B, Mai G, Janowicz K, Zhu R (2019) Transgcn: Coupling transformation assumptions with graph convolutional networks for link prediction. In: Proceedings of the 10th International Conference on Knowledge Capture, pp 131-138

Cai L, Li J, Wang J, Ji S (2020c) Line graph neural networks for link prediction. arXiv preprint arXiv: 201010046

Cai T, Luo S, Xu K, He D, Liu Ty, Wang L (2020d) Graphnorm: A principled approach to accelerating graph neural network training. arXiv preprint arXiv: 200903294

Cai X, Han J, Yang L (2018c) Generative adversarial network based heterogeneous bibliographic network representation for personalized citation recommendation. In: Proceedings of the AAAI Conference on Artificial Intelligence, vol 32

Cai Z, Wen L, Lei Z, Vasconcelos N, Li SZ (2014) Robust deformable and occluded object tracking with dynamic graph. IEEE Transactions on Image Processing 23(12): 5497-5509

Cairong Z, Xinran Z, Cheng Z, Li Z (2016) A novel dbn feature fusion model for cross-corpus speech emotion recognition. Journal of Electrical and Computer Engineering 2016

Cangea C, Velickovic P, Jovanovic N, Kipf T, Liò P (2018) Towards sparse hierarchical graph classifiers. CoRR abs/1811.01287

Cao S, Lu W, Xu Q (2015) Grarep: Learning graph representations with global structural information. In: Proceedings of the 24th ACM international on conference on information and knowledge management, pp 891-900

Cao Y, Peng H, Philip SY (2020) Multi-information source hin for medical concept embedding. In: Pacific-Asia Conference on Knowledge Discovery and Data Mining, Springer, pp 396-408

Cao Z, Simon T, Wei SE, Sheikh Y (2017) Realtime multi-person 2d pose estimation using part affinity fields. In: Proceedings of the IEEE conference on computer vision and pattern recognition, pp 7291-7299

Cao Z, Hidalgo G, Simon T, Wei SE, Sheikh Y (2019) Openpose: realtime multi-person 2d pose estimation using part affinity fields. IEEE transactions on pattern analysis and machine intelligence 43(1): 172-186

Cappart Q, Chételat D, Khalil E, Lodi A, Morris C, Veličković P (2021) Combinatorial optimization and reasoning with graph neural networks. CoRR abs/2102.09544

Carlini N, Wagner D (2017) Towards Evaluating the Robustness of Neural Networks. IEEE Symposium on Security and Privacy pp 39-57, DOI 10.1109/SP. 2017.49

Caron M, Bojanowski P, Joulin A, Douze M (2018) Deep clustering for unsupervised learning of visual features. In: Proceedings of the European Conference on Computer Vision (ECCV), pp 132-149

Carreira J, Zisserman A (2017) Quo vadis, action recognition? a new model and the kinetics dataset. In: proceedings of the IEEE Conference on Computer Vision and Pattern Recognition, pp 6299-6308

Cartwright D, Harary F (1956) Structural balance: a generalization of heider's theory. Psychological review 63(5):277

Cen Y, Zou X, Zhang J, Yang H, Zhou J, Tang J (2019) Representation learning for attributed multiplex heterogeneous network. In: Proceedings of the 25th ACM SIGKDD International Conference on Knowledge Discovery & Data Mining, pp 1358-1368

Cetoli A, Bragaglia S, O'Harney A, Sloan M (2017) Graph convolutional networks for named entity recognition. In: Proceedings of the 16th International Workshop on Treebanks and Linguistic Theories, pp 37-45

Chakrabarti D, Faloutsos C (2006) Graph mining: Laws, generators, and algorithms. ACM computing surveys (CSUR) 38(1)

Chami I, Ying Z, Ré C, Leskovec J (2019) Hyperbolic graph convolutional neural networks. In: Advances in neural information processing systems, pp 4868-4879

Chami I, Abu-El-Haija S, Perozzi B, Ré C, Murphy K (2020) Machine learning on graphs: A model and comprehensive taxonomy. CoRR abs/2005.03675

Chang B, Jang G, Kim S, Kang J (2020a) Learning graph-based geographical latent representation for point-of-interest recommendation. In: Proceedings of the 29th ACM International Conference on Information & Knowledge Management, pp 135-144

Chang H, Rong Y, Xu T, Huang W, Zhang H, Cui P, Zhu W, Huang J (2020b) A Restricted Black-Box Adversarial Framework Towards Attacking Graph Embedding Models. In: AAAI Conference on Artificial Intelligence, vol 34, pp 3389-3396, DOI 10.1609/aaai.v34i04.5741

Chang J, Scherer S (2017) Learning representations of emotional speech with deep convolutional generative adversarial networks. In: 2017 IEEE International Conference on Acoustics, Speech and Signal Processing (ICASSP), IEEE, pp 2746-2750

Chang S (2018) Scaling knowledge access and retrieval at airbnb. Airbnb Engineering and Data Science

Chang S, Han W, Tang J, Qi GJ, Aggarwal CC, Huang TS (2015) Heterogeneous network embedding via deep architectures. In: Proceedings of the 21th ACM SIGKDD international conference on knowledge discovery and data mining, pp 119-128

Chao YW, Vijayanarasimhan S, Seybold B, Ross DA, Deng J, Sukthankar R (2018) Rethinking the faster r-cnn architecture for temporal action localization. In: Proceedings of the IEEE Conference on Computer Vision and Pattern Recognition, pp 1130-1139

Chen B, Sun L, Han X (2018a) Sequence-to-action: End-to-end semantic graph generation for semantic parsing. arXiv preprint arXiv:180900773

Chen B, Barzilay R, Jaakkola T (2019a) Path-augmented graph transformer network. ICML 2019 Workshop on Learning and Reasoning with Graph-Structured Data

Chen B, Zhang J, Zhang X, Tang X, Cai L, Chen H, Li C, Zhang P, Tang J (2020a) Coad: Contrastive pre-training with adversarial fine-tuning for zero-shot expert linking. arXiv preprint arXiv:201211336

Chen C, Li K, Teo SG, Zou X, Wang K, Wang J, Zeng Z (2019b) Gated residual recurrent graph neural networks for traffic prediction. In: Proceedings of the AAAI Conference on Artificial Intelligence, vol 33, pp 485-492

Chen D, Lin Y, Li L, Li XR, Zhou J, Sun X, et al (2020b) Distance-wise graph contrastive learning. arXiv preprint arXiv: 201207437

Chen D, Lin Y, Li W, Li P, Zhou J, Sun X (2020c) Measuring and relieving the over-smoothing problem for graph neural networks from the topological view. In: The Thirty-Fourth AAAI Conference on Artificial Intelligence, AAAI 2020, The Thirty-Second Innovative Applications of Artificial Intelligence Conference, IAAI 2020, The Tenth AAAI Symposium on Educational Advances in Artificial Intelligence, EAAI 2020, New York, NY, USA, February 7-12, 2020, AAAI Press, pp 3438-3445

Chen H, Yin H, Wang W, Wang H, Nguyen QVH, Li X (2018b) Pme: projected metric embedding on heterogeneous networks for link prediction. In: Proceedings of the 24th ACM SIGKDD International Conference on Knowledge Discovery & Data Mining, pp 1177-1186

Chen H, Xu Y, Huang F, Deng Z, Huang W, Wang S, He P, Li Z (2020d) Labelaware graph convolutional networks. In: The 29th ACM International Conference on Information and Knowledge Management, pp 1977-1980

Chen IY, Agrawal M, Horng S, Sontag D (2020e) Robustly extracting medical knowledge from ehrs: A case study of learning a health knowledge graph. In: Pac Symp Biocomput, World Scientific, pp 19-30

Chen J, Ma T, Xiao C (2018c) Fastgcn: Fast learning with graph convolutional networks via importance sampling. In: International Conference on Learning Representations

Chen J, Zhu J, Song L (2018d) Stochastic training of graph convolutional networks with variance reduction. In: International Conference on Machine Learning, PMLR, pp 942-950

Chen J, Chen Y, Zheng H, Shen S, Yu S, Zhang D, Xuan Q (2020f) MGA: Momentum Gradient Attack on Network. IEEE Transactions on Computational Social Systems pp 1-10, DOI 10.1109/TCSS.2020.3031058

Chen J, Lei B, Song Q, Ying H, Chen DZ, Wu J (2020g) A hierarchical graph network for 3d object detection on point clouds. In: Proceedings of the IEEE/CVF Conference on Computer Vision and Pattern Recognition, pp 392-401

Chen J, Lin X, Shi Z, Liu Y (2020h) Link Prediction Adversarial Attack Via Iterative Gradient Attack. IEEE Transactions on Computational Social Systems 7(4): 1081-1094, DOI 10.1109/TCSS.2020.3004059

Chen J, Lin X, Xiong H, Wu Y, Zheng H, Xuan Q (2020i) Smoothing Adversarial Training for GNN. IEEE Transactions on Computational Social Systems pp 1-12, DOI 10.1109/TCSS. 2020.3042628

Chen J, Xu H, Wang J, Xuan Q, Zhang X (2020j) Adversarial Detection on Graph Structured Data. In: Workshop on Privacy-Preserving Machine Learning in Practice

Chen L, Tan B, Long S, Yu K (2018e) Structured dialogue policy with graph neural networks. In: Proceedings of the 27th International Conference on Computational Linguistics, pp 1257-1268

Chen L, Chen Z, Bruna J (2020k) On graph neural networks versus graph-augmented mlps. arXiv preprint arXiv:201015116

Chen M, Wei Z, Huang Z, Ding B, Li Y (2020l) Simple and deep graph convolutional networks. In: International Conference on Machine Learning, PMLR, pp 1725-1735

Chen Q, Zhou M (2018) A neural framework for retrieval and summarization of source code. In: 2018 33rd IEEE/ACM International Conference on Automated Software Engineering (ASE), IEEE, pp 826-831

Chen T, Sun Y (2017) Task-guided and path-augmented heterogeneous network embedding for author identification. In: Proceedings of the Tenth ACM International Conference on Web Search and Data Mining, pp 295-304

Chen T, Li M, Li Y, Lin M, Wang N, Wang M, Xiao T, Xu B, Zhang C, Zhang Z (2015) Mxnet: A flexible and efficient machine learning library for heterogeneous distributed systems. arXiv preprint arXiv:151201274

Chen T, Bian S, Sun Y (2019c) Are powerful graph neural nets necessary? a dissection on graph classification. arXiv preprint arXiv: 190504579

Chen X, Ma H, Wan J, Li B, Xia T (2017) Multi-view 3d object detection network for autonomous driving. In: Proceedings of the IEEE conference on Computer Vision and Pattern Recognition, pp 1907-1915

Chen XW, Liu M (2005) Prediction of protein-protein interactions using random decision forest framework. Bioinformatics 21(24): 4394-4400

Chen Y, Rohrbach M, Yan Z, Shuicheng Y, Feng J, Kalantidis Y (2019d) Graph-based global reasoning networks. In: Proceedings of the IEEE/CVF Conference on Computer Vision and Pattern Recognition, pp 433-442

Chen Y, Wu L, Zaki M (2020m) Iterative deep graph learning for graph neural networks: Better and robust node embeddings. Advances in Neural Information Processing Systems 33

Chen Y, Wu L, Zaki MJ (2020n) Graphflow: Exploiting conversation flow with graph neural networks for conversational machine comprehension. In: Proceedings of the Twenty-Ninth International Joint Conference on Artificial Intelligence, pp 1230-1236

Chen Y, Wu L, Zaki MJ (2020o) Reinforcement learning based graph-to-sequence model for natural question generation. In: 8th International Conference on Learning Representations

Chen Y, Wu L, Zaki MJ (2020p) Toward subgraph guided knowledge graph question generation with graph neural networks. arXiv preprint arXiv: 200406015

Chen YC, Bansal M (2018) Fast abstractive summarization with reinforce-selected sentence rewriting. arXiv preprint arXiv: 180511080

Chen YW, Song Q, Hu X (2021) Techniques for automated machine learning. ACM SIGKDD Explorations Newsletter 22(2): 35-50

Chen Z, Kommrusch SJ, Tufano M, Pouchet LN, Poshyvanyk D, Monperrus M (2019e) Sequencer: Sequence-to-sequence learning for end-to-end program repair. IEEE Transactions on Software Engineering pp 1-1, DOI 10.1109/TSE. 2019.2940179

Chen Z, Villar S, Chen L, Bruna J (2019f) On the equivalence between graph isomorphism testing and function approximation with gnns. In: Advances in Neural Information Processing Systems, pp 15868-15876

Chen Z, Chen L, Villar S, Bruna J (2020q) Can graph neural networks count substructures? vol 33

Chenxi Liu FSHAWHAYLFF Liang-Chieh Chen (2019) Auto-deeplab: Hierarchical neural architecture search for semantic image segmentation. arXiv preprint arXiv: 190102985

Chiang WL, Liu X, Si S, Li Y, Bengio S, Hsieh CJ (2019) Cluster-gcn: An efficient algorithm for training deep and large graph convolutional networks. In: ACM SIGKDD International Conference on Knowledge Discovery and Data Mining (KDD), pp 257-266

Chibotaru V, Bichsel B, Raychev V, Vechev M (2019) Scalable taint specification inference with big code. In: Proceedings of the 40th ACM SIGPLAN Conference on Programming Language Design and Implementation, pp 760-774

Chidambaram M, Yang Y, Cer D, Yuan S, Sung YH, Strope B, Kurzweil R (2019) Learning cross-lingual sentence representations via a multi-task dual-encoder model. ACL 2019 p 250

Chien E, Peng J, Li P, Milenkovic O (2021) Adaptive universal generalized pagerank graph neural network. In: International Conference on Learning Representations Chiu PH, Hripcsak G (2017) Ehr-based phenotyping: bulk learning and evaluation.Journal of biomedical informatics 70: 35-51

Cho K, van Merriënboer B, Gulcehre C, Bahdanau D, Bougares F, Schwenk H, Bengio Y (2014a) Learning phrase representations using RNN encoder-decoder for statistical machine translation. In: Proceedings of the 2014 Conference on Empirical Methods in Natural Language Processing (EMNLP), Association for Computational Linguistics, Doha, Qatar, pp 1724-1734, DOI 10.3115/v1/D14-1179

Cho M, Lee J, Lee KM (2010) Reweighted random walks for graph matching. In: European conference on Computer vision, Springer, pp 492-505

Cho M, Sun J, Duchenne O, Ponce J (2014b) Finding matches in a haystack: A max-pooling strategy for graph matching in the presence of outliers. In: IEEE Conference on Computer Vision and Pattern Recognition, pp 2083-2090

Choi E, Xu Z, Li Y, Dusenberry M, Flores G, Xue E, Dai AM (2020) Learning the graphical structure of electronic health records with graph convolutional transformer. In: The Thirty-Fourth AAAI Conference on Artificial Intelligence, pp 606-613

Choromanski K, Likhosherstov V, Dohan D, Song X, Gane A, Sarlós T, Hawkins P, Davis J, Mohiuddin A, Kaiser L, Belanger D, Colwell L, Weller A (2021) Rethinking attention with performers. In: International Conference on Learning Representations

Chorowski J, Weiss RJ, Bengio S, van den Oord A (2019) Unsupervised speech representation learning using wavenet autoencoders. IEEE/ACM transactions on audio, speech, and language processing 27(12):2041-2053

Chung F (2007) The heat kernel as the pagerank of a graph. Proceedings of the National Academy of Sciences 104(50): 19735-19740

Chung J, Gulcehre C, Cho K, Bengio Y (2014) Empirical evaluation of gated recurrent neural networks on sequence modeling. arXiv preprint arXiv: 14123555

Cohen J, Rosenfeld E, Kolter Z (2019) Certified adversarial robustness via randomized smoothing. In: International Conference on Machine Learning, PMLR, pp 1310-1320

Cohen N, Shashua A (2016) Convolutional rectifier networks as generalized tensor decompositions. In: International Conference on Machine Learning, PMLR, pp 955-963

Collard ML, Decker MJ, Maletic JI (2011) Lightweight transformation and fact extraction with the srcml toolkit. In: Source Code Analysis and Manipulation (SCAM), 2011 11th IEEE International Working Conference on, IEEE, pp 173-184

Collobert R, Weston J, Bottou L, Karlen M, Kavukcuoglu K, Kuksa P (2011) Natural language processing (almost) from scratch. Journal of machine learning research 12(ARTICLE): 2493-2537

Colson B, Marcotte P, Savard G (2007) An overview of bilevel optimization. Annals of operations research 153(1): 235-256

Corso G, Cavalleri L, ini D, Liò P, Velickovic P (2020) Principal neighbourhood aggregation for graph nets. CoRR abs/2004.05718

Cortés-Coy LF, Linares-Vásquez M, Aponte J, Poshyvanyk D (2014) On automatically generating commit messages via summarization of source code changes. In: 2014 IEEE 14th International Working Conference on Source Code Analysis and Manipulation, IEEE, pp 275-284

Cosmo L, Kazi A, Ahmadi SA, Navab N, Bronstein M (2020) Latent patient network learning for automatic diagnosis. arXiv preprint arXiv: 200313620

Costa F, De Grave K (2010) Fast neighborhood subgraph pairwise distance kernel. In: International Conference on Machine Learning, Omnipress, pp 255-262

Cotto KC, Wagner AH, Feng YY, Kiwala S, Coffman AC, Spies G, Wollam A, Spies NC, Griffith OL, Griffith M (2018) Dgidb 3.0: a redesign and expansion of the drug-gene interaction database. Nucleic acids research 46(D1): D1068-D1073

Cozzetto D, Minneci F, Currant H, et al (2016) FFPred 3: feature-based function prediction for all gene ontology domains. Scientific Reports 6(1)

Cucurull G, Taslakian P, Vazquez D (2019) Context-aware visual compatibility prediction. In: Proceedings of the IEEE/CVF Conference on Computer Vision and Pattern Recognition, pp 12,617-12,626

Cui J, Kingsbury B, Ramabhadran B, Sethy A, Audhkhasi K, Cui X, Kislal E, Mangu L, Nussbaum-Thom M, Picheny M, et al (2015) Multilingual representations for low resource speech recognition and keyword search. In: 2015 IEEE Workshop on Automatic Speech Recognition and Understanding (ASRU), IEEE, pp 259-266

Cui P, Wang X, Pei J, Zhu W (2018) A survey on network embedding. IEEE Transactions on Knowledge and Data Engineering 31(5): 833-852

Cui Z, Henrickson K, Ke R, Wang Y (2019) Traffic graph convolutional recurrent neural network: A deep learning framework for network-scale traffic learning and forecasting. IEEE Transactions on Intelligent Transportation Systems 21(11): 4883-4894

Cummins C, Fisches ZV, Ben-Nun T, Hoefler T, Leather H (2020) Programl: Graph-based deep learning for program optimization and analysis. arXiv preprint arXiv: 200310536

Cussens J (2011) Bayesian network learning with cutting planes. In: Proceedings of the Twenty-Seventh Conference on Uncertainty in Artificial Intelligence, pp 153-160

Cvitkovic M, Singh B, Anandkumar A (2018) Deep learning on code with an unbounded vocabulary. In: Machine Learning for Programming

Cybenko G (1989) Approximation by superpositions of a sigmoidal function. Mathematics of control, signals and systems 2(4): 303-314

Cygan M, Pilipczuk M, Pilipczuk M, Wojtaszczyk JO (2012) Sitting closer to friends than enemies, revisited. In: International Symposium on Mathematical Foundations of Computer Science, Springer, pp 296-307

Dabkowski P, Gal Y (2017) Real time image saliency for black box classifiers. arXiv preprint arXiv: 170507857

Dahl G, Ranzato M, Mohamed Ar, Hinton GE (2010) Phone recognition with the mean-covariance restricted boltzmann machine. Advances in neural information processing systems 23: 469-477

Dai B, Zhang Y, Lin D (2017) Detecting visual relationships with deep relational networks. In: Proceedings of the IEEE conference on computer vision and Pattern recognition, pp 3076-3086

Dai H, Dai B, Song L (2016) Discriminative embeddings of latent variable models for structured data. In: International conference on machine learning, PMLR, pp 2702-2711

Dai H, Li H, Tian T, Huang X, Wang L, Zhu J, Song L (2018a) Adversarial attack on graph structured data. In: International conference on machine learning, PMLR, pp 1115-1124

Dai H, Tian Y, Dai B, Skiena S, Song L (2018b) Syntax-directed variational autoencoder for structured data. arXiv preprint arXiv: 180208786

Dai Q, Li Q, Tang J, Wang D (2018c) Adversarial network embedding. In: Proceedings of the AAAI Conference on Artificial Intelligence, vol 32

Dai R, Xu S, Gu Q, Ji C, Liu K (2020) Hybrid spatio-temporal graph convolutional network: Improving traffic prediction with navigation data. In: Proceedings of the 26th ACM SIGKDD International Conference on Knowledge Discovery & Data Mining, pp 3074-3082

Daitch SI, Kelner JA, Spielman DA (2009) Fitting a graph to vector data. In: Proceedings of the 26th Annual International Conference on Machine Learning, pp 201-208

Damonte M, Cohen SB (2019) Structural neural encoders for amr-to-text generation. arXiv preprint arXiv: 190311410

Dana JM, Gutmanas A, Tyagi N, et al (2018) SIFTS: updated structure integration with function, taxonomy and sequences resource allows 40-fold increase in coverage of structure-based annotations for proteins. Nucleic Acids Research 47(D1): D482-D489

Das S, Lee D, Sillitoe I, et al (2015) Functional classification of CATH superfamilies: a domain-based approach for protein function annotation. Bioinformatics 31(21): 3460-3467

Dasgupta SS, Ray SN, Talukdar P (2018) Hyte: Hyperplane-based temporally aware knowledge graph embedding. In: Empirical Methods in Natural Language Processing, pp 2001-2011

Davidson TR, Falorsi L, De Cao N, Kipf T, Tomczak JM (2018) Hyperspherical variational auto-encoders. In: 34th Conference on Uncertainty in Artificial Intelligence 2018, UAI 2018, Association for Uncertainty in Artificial Intelligence (AUAI), pp 856-865

Davis AP, Grondin CJ, Johnson RJ, Sciaky D, McMorran R, Wiegers J, Wiegers TC, Mattingly CJ (2019) The comparative toxicogenomics database: update 2019. Nucleic acids research 47(D1): D948-D954

De Cao N, Kipf T (2018) Molgan: An implicit generative model for small molecular graphs. arXiv preprint arXiv: 180511973

De Lucia A, Di Penta M, Oliveto R, Panichella A, Panichella S (2012) Using ir methods for labeling source code artifacts: Is it worthwhile? In: 2012 20th IEEE International Conference on Program Comprehension (ICPC), IEEE, pp 193-202

Dearman D, Cox A, Fisher M (2005) Adding control-flow to a visual data-flow representation. In: 13th International Workshop on Program Comprehension (IWPC'05), IEEE, pp 297-306

Defferrard M, X B, Vandergheynst P (2016) Convolutional neural networks on graphs with fast localized spectral filtering. In: Advances in Neural Information Processing Systems, pp 3844-3852

Delaney JS (2004) Esol: estimating aqueous solubility directly from molecular structure. Journal of chemical information and computer sciences 44(3): 1000-1005

Deng C, Zhao Z, Wang Y, Zhang Z, Feng Z (2020) Graphzoom: A multi-level spectral approach for accurate and scalable graph embedding. In: International Conference on Learning Representations

Deng Z, Dong Y, Zhu J (2019) Batch Virtual Adversarial Training for Graph Convolutional Networks. In: ICML 2019 Workshop: Learning and Reasoning with Graph-Structured Representations

Desa U (2018) Revision of world urbanization prospects. UN Department of Economic and Social Affairs 16

Dettmers T, Minervini P, Stenetorp P, Riedel S (2018) Convolutional 2d knowledge graph embeddings. In: Proceedings of the AAAI Conference on Artificial Intelligence, vol 32

Devlin J, Chang MW, Lee K, Toutanova K (2019) BERT: Pre-training of deep bidirectional transformers for language understanding. In: Proceedings of the 2019 Conference of the North American Chapter of the Association for Computational Linguistics: Human Language Technologies, Volume 1 (Long and Short Papers), Association for Computational Linguistics, Minneapolis, Minnesota, pp 4171-4186, DOI 10.18653/v1/N19-1423

Dhillon IS, Guan Y, Kulis B (2007) Weighted graph cuts without eigenvectors a multilevel approach. IEEE Transactions on Pattern Analysis and Machine Intelligence 29(11): 1944-1957

Diao Z, Wang X, Zhang D, Liu Y, Xie K, He S (2019) Dynamic spatial-temporal graph convolutional neural networks for traffic forecasting. In: Proceedings of the AAAI Conference on Artificial Intelligence, vol 33, pp 890-897

Dinella E, Dai H, Li Z, Naik M, Song L, Wang K (2020) Hoppity: Learning graph transformations to detect and fix bugs in programs. In: International Conference on Learning Representations (ICLR)

Ding M, Zhou C, Chen Q, Yang H, Tang J (2019a) Cognitive graph for multi-hop reading comprehension at scale. In: Proceedings of the 57th Annual Meeting of the Association for Computational Linguistics, pp 2694-2703

Ding S, Qu S, Xi Y, Sangaiah AK, Wan S (2019b) Image caption generation with high-level image features. Pattern Recognition Letters 123: 89-95

Ding Y, Yao Q, Zhang T (2020a) Propagation model search for graph neural networks. arXiv preprint arXiv: 201003250

Ding Y, Zhou X, Bao H, Li Y, Hamann C, Spears S, Yuan Z (2020b) Cycling-net: A deep learning approach to predicting cyclist behaviors from geo-referenced egocentric video data. Association for Computing Machinery, SIGSPATIAL'20, p 337-346, DOI 10.1145/3397536.3422258

Do K, Tran T, Venkatesh S (2019) Graph transformation policy network for chemical reaction prediction. In: Proceedings of the 25th ACM SIGKDD International Conference on Knowledge Discovery & Data Mining, pp 750-760

Doersch C, Gupta A, Efros AA (2015) Unsupervised visual representation learning by context prediction. In: 2015 IEEE International Conference on Computer Vision, ICCV 2015, Santiago, Chile, December 7-13, 2015, IEEE Computer Society, pp 1422-1430, DOI 10.1109/ICCV. 2015.167

Dohkan S, Koike A, Takagi T (2006) Improving the performance of an svm-based method for predicting protein-protein interactions. In Silico Biology 6: 515-529

Domingo-Fernández D, Baksi S, Schultz B, Gadiya Y, Karki R, Raschka T, Ebeling C, Hofmann-Apitius M, et al (2020) Covid-19 knowledge graph: a computable, multi-modal, cause-and-effect knowledge model of covid-19 pathophysiology. BioRxiv

Donahue C, McAuley J, Puckette M (2018) Synthesizing audio with generative adversarial networks. arXiv preprint arXiv: 180204208 1

Donahue J, Anne Hendricks L, Guadarrama S, Rohrbach M, Venugopalan S, Saenko K, Darrell T (2015) Long-term recurrent convolutional networks for visual recognition and description. In: Proceedings of the IEEE conference on computer vision and pattern recognition, pp 2625-2634

Doncheva NT, Morris JH, Gorodkin J, Jensen LJ (2018) Cytoscape StringApp: Network analysis and visualization of proteomics data. Journal of Proteome Research 18(2): 623-632

Dong X, Gabrilovich E, Heitz G, Horn W, Lao N, Murphy K, Strohmann T, Sun S, Zhang W (2014) Knowledge vault: A web-scale approach to probabilistic knowledge fusion. In: Proceedings of the 20th ACM SIGKDD international conference on Knowledge discovery and data mining, pp 601-610

Dong X, Thanou D, Frossard P, Vandergheynst P (2016) Learning laplacian matrix in smooth graph signal representations. IEEE Transactions on Signal Processing 64(23): 6160-6173

Dong X, Thanou D, Rabbat M, Frossard P (2019) Learning graphs from data: A signal representation perspective. IEEE Signal Processing Magazine 36(3): 44-63

Dong Y, Chawla NV, Swami A (2017) metapath2vec: Scalable representation learning for heterogeneous networks. In: Proceedings of the 23rd ACM SIGKDD international conference on knowledge discovery and data mining, pp 135-144

Donsker M, Varadhan S (1976) Asymptotic evaluation of certain markov process expectations for large time-iii. Communications on Pure and Applied Mathematics 29(4): 389-461, copyright: Copyright 2016 Elsevier B.V., All rights reserved.

Dos Santos C, Gatti M (2014) Deep convolutional neural networks for sentiment analysis of short texts. In: Proceedings of COLING 2014, the 25th International Conference on Computational Linguistics: Technical Papers, pp 69-78

Dosovitskiy A, Springenberg JT, Riedmiller MA, Brox T (2014) Discriminative unsupervised feature learning with convolutional neural networks. In: Ghahramani Z, Welling M, Cortes C, Lawrence ND, Weinberger KQ (eds) Advances in Neural Information Processing Systems 27: Annual Conference on Neural Information Processing Systems 2014, December 8-13 2014, Montreal, Quebec, Canada, pp 766-774

Dosovitskiy A, et al (2021) An image is worth 16x16 words: Transformers for image recognition at scale. ICLR

Dou Y, Liu Z, Sun L, Deng Y, Peng H, Yu PS (2020) Enhancing graph neural network-based fraud detectors against camouflaged fraudsters. In: Proceedings of the 29th ACM International Conference on Information & Knowledge Management, pp 315-324

Du M, Liu N, Yang F, Hu X (2019) Learning credible deep neural networks with rationale regularization. In:

2019 IEEE International Conference on Data Mining (ICDM), IEEE, pp 150-159

Du M, Yang F, Zou N, Hu X (2020) Fairness in deep learning: A computational perspective. IEEE Intelligent Systems

Duvenaud DK, Maclaurin D, Iparraguirre J, Bombarell R, Hirzel T, Aspuru-Guzik A, Adams RP (2015a) Convolutional networks on graphs for learning molecular fingerprints. In: Advances in neural information processing systems, pp 2224-2232

Duvenaud DK, Maclaurin D, Iparraguirre J, Bombarell R, Hirzel T, Aspuru-Guzik A, Adams RP (2015b) Convolutional networks on graphs for learning molecular fingerprints. In: Advances in Neural Information Processing Systems, pp 2224-2232

Dvijotham KD, Hayes J, Balle B, Kolter Z, Qin C, Gyorgy A, Xiao K, Gowal S, Kohli P (2020) A framework for robustness certification of smoothed classifiers using f-divergences. In: International Conference on Learning Representations, ICLR

Dwivedi VP, Joshi CK, Laurent T, Bengio Y, Bresson X (2020) Benchmarking graph neural networks. arXiv preprint arXiv:200300982

Dyer C, Ballesteros M, Ling W, Matthews A, Smith NA (2015) Transition-based dependency parsing with stack long short-term memory. arXiv preprint arXiv:150508075

Easley D, Kleinberg J, et al (2012) Networks, crowds, and markets: Reasoning about a highly connected world. Significance 9(1): 43-44

Eksombatchai C, Jindal P, Liu JZ, Liu Y, Sharma R, Sugnet C, Ulrich M, Leskovec J (2018) Pixie: A system for recommending 3+ billion items to 200+ million users in real-time. In: Proceedings of the 2018 world wide web conference, pp 1775-1784

Elinas P, Bonilla EV, Tiao L (2020) Variational inference for graph convolutional networks in the absence of graph data and adversarial settings. In: Advances in Neural Information Processing Systems, vol 33, pp 18648-18660

Elkan C, Noto K (2008) Learning classifiers from only positive and unlabeled data. In: Proceedings of the 14th ACM SIGKDD international conference on Knowledge discovery and data mining, pp 213-220

Elman JL (1990) Finding structure in time. Cognitive Science 14(2): 179-211

Elmsallati A, Clark C, Kalita J (2016) Global alignment of protein-protein interaction networks: A survey. IEEE/ACM Trans Comput Biol Bioinformatics 13(4):689-705

Entezari N, Al-Sayouri SA, Darvishzadeh A, Papalexakis EE (2020) All you need is low (rank) defending against adversarial attacks on graphs. In: Proceedings of the 13th International Conference on Web Search and Data Mining, pp 169-177

Erdős P, Rényi A (1959) On random graphs i. Publ Math Debrecen 6:290-297 Erdős P, Rényi A (1960) On the evolution of random graphs. Publ Math Inst Hung Acad Sci 5(1): 17-60

Erkan G, Radev DR (2004) Lexrank: Graph-based lexical centrality as salience in text summarization. Journal of artificial intelligence research 22: 457-479

Ernst MD, Perkins JH, Guo PJ, McCamant S, Pacheco C, Tschantz MS, Xiao C (2007) The Daikon system for dynamic detection of likely invariants. Science of computer programming 69(1-3): 35-45

Eykholt K, Evtimov I, Fernandes E, Li B, Rahmati A, Xiao C, Prakash A, Kohno T, Song D (2018) Robust physical-world attacks on deep learning visual classification. In: IEEE Conference on Computer Vision and Pattern Recognition, CVPR, pp 1625-1634

Faghri F, Fleet DJ, Kiros JR, Fidler S (2017) Vse++: Improving visual-semantic embeddings with hard negatives. arXiv preprint arXiv: 170705612

Fan Y, Hou S, Zhang Y, Ye Y, Abdulhayoglu M (2018) Gotcha-sly malware! scorpion a metagraph2vec based malware detection system. In: Proceedings of the 24th ACM SIGKDD International Conference on Knowledge Discovery & Data Mining, pp 253-262

Fang Y, Sun S, Gan Z, Pillai R, Wang S, Liu J (2020) Hierarchical graph network for multi-hop question answering. In: Proceedings of the 2020 Conference on Empirical Methods in Natural Language Processing (EMNLP), pp 8823-8838

Fatemi B, Asri LE, Kazemi SM (2021) Slaps: Self-supervision improves structure learning for graph neural networks. arXiv preprint arXiv:210205034

Feng B, Wang Y, Wang Z, Ding Y (2021) Uncertainty-aware Attention Graph Neural Network for Defending Adversarial Attacks. In: AAAI Conference on Artificial Intelligence

Feng F, He X, Tang J, Chua T (2019a) Graph adversarial training: Dynamically regularizing based on graph structure. TKDE pp 1-1

Feng J, Huang M, Wang M, Zhou M, Hao Y, Zhu X (2016) Knowledge graph embedding by flexible translation. In: Proceedings of the Fifteenth International Conference on Principles of Knowledge Representation and Reasoning, pp 557-560

Feng W, Zhang J, Dong Y, Han Y, Luan H, Xu Q, Yang Q, Kharlamov E, Tang J (2020) Graph random neural networks for semi-supervised learning on graphs. In: Advances in Neural Information Processing Systems, vol 33, pp 22092-22103

Feng X, Zhang Y, Glass J (2014) Speech feature denoising and dereverberation via deep auto-encoders for noisy reverberant speech recognition. In: 2014 IEEE international conference on acoustics, speech and signal processing (ICASSP), IEEE, pp 1759-1763

Feng Y, Lv F, Shen W, Wang M, Sun F, Zhu Y, Yang K (2019b) Deep session interest network for click-through rate prediction. arXiv preprint arXiv: 190506482

Feng Y, You H, Zhang Z, Ji R, Gao Y (2019c) Hypergraph neural networks. In: Proceedings of the AAAI Conference on Artificial Intelligence, vol 33, pp 3558-3565

Feurer M, Hutter F (2019) Hyperparameter optimization. In: Automated Machine Learning, Springer, Cham, pp 3-33

Févotte C, Idier J (2011) Algorithms for nonnegative matrix factorization with the β-divergence. Neural computation 23(9): 2421-2456

Fey M, Lenssen JE (2019) Fast graph representation learning with PyTorch Geometric. CoRR abs/1903.02428

Fey M, Lenssen JE, Weichert F, Müller H (2018) Splinecnn: Fast geometric deep learning with continuous b-spline kernels. In: Proceedings of the IEEE Conference on Computer Vision and Pattern Recognition, pp 869-877

Fey M, Lenssen JE, Morris C, Masci J, Kriege NM (2020) Deep graph matching consensus. In: International Conference on Learning Representations

Finn RD, Bateman A, Clements J, et al (2013) Pfam: the protein families database. Nucleic Acids Research 42(D1): D222-D230

Foggia P, Percannella G, Vento M (2014) Graph matching and learning in pattern recognition in the last 10 years. International Journal of Pattern Recognition and Artificial Intelligence 28(01): 1450,001

Foltman M, Sanchez-Diaz A (2016) Studying protein-protein interactions in budding yeast using co-immunoprecipitation. In: Yeast Cytokinesis, Springer, pp 239-256, DOI 10.1007/978-1-4939-3145-3 17

Fong RC, Vedaldi A (2017) Interpretable explanations of black boxes by meaningful perturbation. In: Proceedings of the IEEE International Conference on Computer Vision, pp 3429-3437

Fortunato S (2010) Community detection in graphs. Physics reports 486(3-5): 75-174

Fouss F, Pirotte A, Renders JM, Saerens M (2007) Random-walk computation of similarities between nodes of a graph with application to collaborative recommendation. IEEE Transactions on knowledge and data engineering 19(3): 355-369

Fowkes J, Chanthirasegaran P, Ranca R, Allamanis M, Lapata M, Sutton C (2017) Autofolding for source code summarization. IEEE Transactions on Software Engineering 43(12): 1095-1109

Franceschi L, Niepert M, Pontil M, He X (2019) Learning discrete structures for graph neural networks. In: Proceedings of the 36th International Conference on Machine Learning, vol 97, pp 1972-1982

Freeman LA (2003) A refresher in data flow diagramming: an effective aid for analysts. Commun ACM 46(9): 147-151, DOI 10.1145/903893.903930

Freeman LC (2000) Visualizing social networks. Journal of social structure 1(1): 4 Fröhlich H, Wegner JK, Sieker F, Zell A (2005) Optimal assignment kernels for attributed molecular graphs. In: International Conference on Machine Learning, pp 225-232

Fu R, Zhang Z, Li L (2016) Using lstm and gru neural network methods for traffic flow prediction. In: 2016 31st Youth Academic Annual Conference of Chinese Association of Automation (YAC), IEEE, pp 324-328

Fu Ty, Lee WC, Lei Z (2017) Hin2vec: Explore meta-paths in heterogeneous information networks for representation learning. In: Proceedings of the 2017 ACM on Conference on Information and Knowledge Management, pp 1797-1806

Fu X, Zhang J, Meng Z, King I (2020) Magnn: metapath aggregated graph neural network for heterogeneous graph embedding. In: Proceedings of The Web Conference 2020, pp 2331-2341

Fu Y, Ma Y (2012) Graph embedding for pattern analysis. Springer Science & Business Media

Gabrié M, Manoel A, Luneau C, Barbier J, Macris N, Krzakala F, Zdeborová L (2019) Entropy and mutual information in models of deep neural networks. Journal of Statistical Mechanics: Theory and Experiment 2019(12):124,014

Gao D, Li K, Wang R, Shan S, Chen X (2020a) Multi-modal graph neural network for joint reasoning on vision and scene text. In: Proceedings of the IEEE/CVF Conference on Computer Vision and Pattern Recognition, pp 12,746-12,756

Gao H, Ji S (2019) Graph u-nets. In: International Conference on Machine Learning, PMLR, pp 2083-2092

Gao H, Wang Z, Ji S (2018a) Large-scale learnable graph convolutional networks. In: Proceedings of the 24th ACM SIGKDD International Conference on Knowledge Discovery & Data Mining, ACM, pp 1416-1424

Gao J, Yang Z, Nevatia R (2017) Cascaded boundary regression for temporal action detection. arXiv preprint arXiv: 170501180

Gao J, Li X, Xu YE, Sisman B, Dong XL, Yang J (2019a) Efficient knowledge graph accuracy evaluation. arXiv preprint arXiv: 190709657

Gao S, Chen C, Xing Z, Ma Y, Song W, Lin SW (2019b) A neural model for method name generation from functional description. In: 2019 IEEE 26th International Conference on Software Analysis, Evolution and Reengineering (SANER), IEEE, pp 414-421

Gao X, Hu W, Qi GJ (2021) Unsupervised learning of topology transformation equivariant representations

Gao Y, Guo X, Zhao L (2018b) Local event forecasting and synthesis using unpaired deep graph translations. In: Proceedings of the 2nd ACM SIGSPATIAL Workshop on Analytics for Local Events and News, pp 1-8

Gao Y, Wu L, Homayoun H, Zhao L (2019c) Dyngraph2seq: Dynamic-graph-to-sequence interpretable learning for health stage prediction in online health forums. In: 2019 IEEE International Conference on Data Mining (ICDM), IEEE, pp 1042-1047

Gao Y, Yang H, Zhang P, Zhou C, Hu Y (2020b) Graph neural architecture search. In: International Joint Conference on Artificial Intelligence, pp 1403-1409

Garcia V, Bruna J (2017) Few-shot learning with graph neural networks. arXiv preprint arXiv: 171104043

García-Durán A, Dumančić S, Niepert M (2018) Learning sequence encoders for temporal knowledge graph completion. In: Proceedings of the 2018 Conference on Empirical Methods in Natural Language Processing, pp 4816-4821, DOI 10. 18653/v1/D18-1516

Garey MR (1979) A guide to the theory of np-completeness. Computers and intractability

Garey MR, Johnson DS (2002) Computers and intractability, vol 29. wh freeman New York

Garg V, Jegelka S, Jaakkola T (2020) Generalization and representational limits of graph neural networks. In: International Conference on Machine Learning, PMLR, pp 3419-3430

Gaudelet T, Day B, Jamasb AR, Soman J, Regep C, Liu G, Hayter JBR, Vickers R, Roberts C, Tang J, Roblin D, Blundell TL, Bronstein MM, Taylor-King JP (2020) Utilising graph machine learning within drug discovery and development. CoRR abs/2012.05716

Gavin AC, Bösche M, Krause R, et al (2002) Functional organization of the yeast proteome by systematic analysis of protein complexes. Nature 415(6868):141-147

Geisler S, Zügner D, Günnemann S (2020) Reliable graph neural networks via robust aggregation. Advances in Neural Information Processing Systems 33

Geisler S, Zügner D, Bojchevski A, Günnemann S (2021) Attacking Graph Neural Networks at Scale. In: Deep Learning for Graphs at AAAI Conference on Artificial Intelligence

Gema RP, Robles G, Alexander S, Zaidman A, Germán DM, Gonzalez-Barahona JM (2020) How bugs are born: a model to identify how bugs are introduced in software components. Empirical Software Engineering 25(2): 1294-1340

Geng X, Li Y, Wang L, Zhang L, Yang Q, Ye J, Liu Y (2019) Spatiotemporal multigraph convolution network for ride-hailing demand forecasting. In: Proceedings of the AAAI conference on artificial intelligence, vol 33, pp 3656-3663

Ghosal D, Hazarika D, Majumder N, Roy A, Poria S, Mihalcea R (2020) Kingdom: Knowledge-guided domain adaptation for sentiment analysis. arXiv preprint arXiv: 200500791

Gidaris S, Singh P, Komodakis N (2018) Unsupervised representation learning by predicting image rotations. In: 6th International Conference on Learning Representations, ICLR 2018, Vancouver, BC, Canada, April 30-May 3, 2018, Conference Track Proceedings

Gilbert EN (1959) Random graphs. The Annals of Mathematical Statistics 30(4): 1141-1144

Gilmer J, Schoenholz SS, Riley PF, Vinyals O, Dahl GE (2017) Neural message passing for quantum chemistry. In: Precup D, Teh YW (eds) Proceedings of the 34th International Conference on Machine Learning, ICML 2017, Sydney, NSW, Australia, 6-11 August 2017, PMLR, Proceedings of Machine Learning Research, vol 70, pp 1263-1272

Girvan M, Newman ME (2002) Community structure in social and biological networks. Proceedings of the national academy of sciences 99(12): 7821-7826

Gligorijevic V, Renfrew PD, Kosciolek T, Leman JK, Berenberg D, Vatanen T, Chandler C, Taylor BC, Fisk IM, Vlamakis H, et al (2020) Structure-based function prediction using graph convolutional networks. bioRxiv p 786236

Goel R, Kazemi SM, Brubaker M, Poupart P (2020) Diachronic embedding for temporal knowledge graph completion. In: Proceedings of the AAAI Conference on Artificial Intelligence, vol 34, pp 3988-3995

Gold S, Rangarajan A (1996) A graduated assignment algorithm for graph matching. IEEE Transactions on pattern analysis and machine intelligence 18(4): 377-388

Goldberg D, Nichols D, Oki BM, Terry D (1992) Using collaborative filtering to weave an information tapestry. Communications of the ACM 35(12): 61-70

Gong X, Chang S, Jiang Y, Wang Z (2019) Autogan: Neural architecture search for generative adversarial networks. In: Proceedings of the IEEE/CVF International Conference on Computer Vision, pp 3224-3234

Gong Y, Jiang Z, Feng Y, Hu B, Zhao K, Liu Q, Ou W (2020) Edgerec: Recommender system on edge in mobile taobao. In: Proceedings of the 29th ACM International Conference on Information & Knowledge Management, pp 2477-2484

Goodfellow I, Shlens J, Szegedy C (2015) Explaining and harnessing adversarial examples. In: International Conference on Learning Representations

Goodfellow IJ, Pouget-Abadie J, Mirza M, Bing X, Bengio Y (2014a) Generative adversarial nets. MIT Press

Goodfellow IJ, Pouget-Abadie J, Mirza M, Xu B, Warde-Farley D, Ozair S, Courville A, Bengio Y (2014b) Generative adversarial networks. arXiv preprint arXiv: 14062661

Goodwin T, Harabagiu SM (2013) Automatic generation of a qualified medical knowledge graph and its usage for retrieving patient cohorts from electronic medical records. In: 2013 IEEE Seventh International Conference on Semantic Computing, IEEE, pp 363-370

Gori M, Monfardini G, Scarselli F (2005) A new model for learning in graph domains. In: IEEE International Joint Conference on Neural Networks, vol 2, pp 729-734, DOI 10.1109/IJCNN.2005.1555942

Goyal P, Ferrara E (2018) Graph embedding techniques, applications, and performance: A survey. Knowledge-Based Systems 151: 78-94

Grattarola D, Alippi C (2020) Graph neural networks in TensorFlow and Keras with Spektral. CoRR abs/2006.12138, 2006.12138

Graves A (2013) Generating sequences with recurrent neural networks. CoRR abs/1308.0850

Graves A, Fernández S, Schmidhuber J (2005) Bidirectional lstm networks for improved phoneme classification and recognition. In: International Conference on Artificial Neural Networks, Springer, pp 799-804

Grbovic M, Cheng H (2018) Real-time personalization using embeddings for search ranking at airbnb. In: Proceedings of the 24th ACM SIGKDD International Conference on Knowledge Discovery & Data Mining, pp 311-320

Greff K, Srivastava RK, Koutník J, Steunebrink BR, Schmidhuber J (2016) Lstm: A search space odyssey. IEEE transactions on neural networks and learning systems 28(10): 2222-2232

Gremse M, Chang A, Schomburg I, Grote A, Scheer M, Ebeling C, Schomburg D (2010) The brenda tissue ontology (bto): the first all-integrating ontology of all organisms for enzyme sources. Nucleic acids research 39(suppl 1): D507-D513

Grohe M (2017) Descriptive complexity, canonisation, and definable graph structure theory, vol 47. Cambridge University Press

Grohe M, Otto M (2015) Pebble games and linear equations. The Journal of Symbolic Logic pp 797-844

Grover A, Leskovec J (2016) node2vec: Scalable feature learning for networks. In: Proceedings of the 22nd ACM SIGKDD international conference on Knowledge discovery and data mining, pp 855-864

Grover A, Zweig A, Ermon S (2019) Graphite: Iterative generative modeling of graphs. In: International Conference on Machine Learning, pp 2434-2444

Gu J, Cai J, Joty SR, Niu L, Wang G (2018) Look, imagine and match: Improving textual-visual cross-modal retrieval with generative models. In: Proceedings of the IEEE Conference on Computer Vision and Pattern Recognition, pp 7181-7189

Gu S, Lillicrap T, Ghahramani Z, Turner RE, Levine S (2016) Q-prop: Sample-efficient policy gradient with an off-policy critic. arXiv preprint arXiv:161102247

Guan Y, Myers CL, Hess DC, et al (2008) Predicting gene function in a hierarchical context with an ensemble of classifiers. Genome Biology 9(Suppl 1): S3

Gui H, Liu J, Tao F, Jiang M, Norick B, Han J (2016) Large-scale embedding learning in heterogeneous event data. In: 2016 IEEE 16th International Conference on Data Mining (ICDM), IEEE, pp 907-912

Gui T, Zou Y, Zhang Q, Peng M, Fu J, Wei Z, Huang XJ (2019) A lexicon-based graph neural network for chinese ner. In: Proceedings of the 2019 Conference on Empirical Methods in Natural Language Processing and the 9th International Joint Conference on Natural Language Processing (EMNLP-IJCNLP), pp 1039-1049

Guille A, Hacid H, Favre C, Zighed DA (2013) Information diffusion in online social networks: A survey. ACM Sigmod Record 42(2):17-28

Gulrajani I, Ahmed F, Arjovsky M, Dumoulin V, Courville A (2017) Improved training of wasserstein gans. arXiv preprint arXiv: 170400028

Guo G, Ouyang S, He X, Yuan F, Liu X (2019a) Dynamic item block and prediction enhancing block for sequential recommendation. In: Proceedings of the International Joint Conference on Artificial Intelligence, pp 1373-1379

Guo H, Tang R, Ye Y, Li Z, He X (2017) Deepfm: a factorization-machine based neural network for ctr prediction. In: Proceedings of the International Joint Conference on Artificial Intelligence, pp 1725-1731

Guo M, Chou E, Huang DA, Song S, Yeung S, Fei-Fei L (2018a) Neural graph matching networks for fewshot 3d action recognition. In: Proceedings of the European Conference on Computer Vision (ECCV), pp 653-669

Guo S, Lin Y, Feng N, Song C, Wan H (2019b) Attention based spatial-temporal graph convolutional networks for traffic flow forecasting. In: Proceedings of the AAAI Conference on Artificial Intelligence, vol 33, pp 922-929

Guo X, Wu L, Zhao L (2018b) Deep graph translation. arXiv preprint arXiv: 180509980

Guo X, Zhao L, Nowzari C, Rafatirad S, Homayoun H, Dinakarrao SMP (2019c) Deep multi-attributed graph translation with node-edge co-evolution. In: 2019 IEEE International Conference on Data Mining (ICDM), IEEE, pp 250-259

Guo Y, Li M, Pu X, et al (2010) Pred ppi: a server for predicting protein-protein interactions based on sequence data with probability assignment. BMC Research Notes 3(1): 145

Guo Z, Zhang Y, Lu W (2019d) Attention guided graph convolutional networks for relation extraction. In: Proceedings of the 57th Annual Meeting of the Association for Computational Linguistics, pp 241-251

Guo Z, Zhang Y, Teng Z, Lu W (2019e) Densely connected graph convolutional networks for graph-to-sequence learning. Transactions of the Association for Computational Linguistics 7:297-312

Gurwitz D (2020) Repurposing current therapeutics for treating covid-19: A vital role of prescription records data mining. Drug development research 81(7): 777-781

Gutmann M, Hyvärinen A (2010) Noise-contrastive estimation: A new estimation principle for unnormalized statistical models. In: Proceedings of the International Conference on Artificial Intelligence and Statistics

Ha D, Dai A, Le QV (2017) Hypernetworks. In: Proceedings of the International Conference on Learning

Representations (ICLR)

Haghighi A, Ng AY, Manning CD (2005) Robust textual inference via graph matching. In: Proceedings of Human Language Technology Conference and Conference on Empirical Methods in Natural Language Processing, pp 387-394

Haiduc S, Aponte J, Moreno L, Marcus A (2010) On the use of automated text summarization techniques for summarizing source code. In: 2010 17th Working Conference on Reverse Engineering, IEEE, pp 35-44

Haldar R, Wu L, Xiong J, Hockenmaier J (2020) A multi-perspective architecture for semantic code search. arXiv preprint arXiv:200506980

Hamaguchi T, Oiwa H, Shimbo M, Matsumoto Y (2017) Knowledge transfer for out-of-knowledge-base entities: a graph neural network approach. In: Proceedings of the 26th International Joint Conference on Artificial Intelligence, pp 1802-1808

Hamilton W, Ying Z, Leskovec J (2017a) Inductive representation learning on large graphs. In: Advances in Neural Information Processing Systems, vol 30

Hamilton WL (2020) Graph representation learning. Synthesis Lectures on Artificial Intelligence and Machine Learning 14(3):1-159

Hamilton WL, Ying R, Leskovec J (2017b) Inductive representation learning on large graphs. In: Advances in Neural Information Processing Systems, pp 1025-1035

Hamilton WL, Ying R, Leskovec J (2017c) Representation learning on graphs: Methods and applications. IEEE Data Engineering Bulletin 40(3): 52-74

Hammond DK, Vandergheynst P, Gribonval R (2011) Wavelets on graphs via spectral graph theory. Applied and Computational Harmonic Analysis 30(2): 129-150

Han J, Luo P, Wang X (2019) Deep self-learning from noisy labels. In: 2019 IEEE/CVF International Conference on Computer Vision, ICCV 2019, Seoul, Korea (South), October 27-November 2, 2019, IEEE, pp 5137-5146, DOI 10.1109/ICCV.2019.00524

Han JDJ, Dupuy D, Bertin N, et al (2005) Effect of sampling on topology predictions of protein-protein interaction networks. Nature Biotechnology 23(7): 839-844

Han K, Wang Y, Chen H, Chen X, Guo J, Liu Z, Tang Y, Xiao A, Xu C, Xu Y, et al (2020) A survey on visual transformer. arXiv preprint arXiv: 201212556

Han X, Zhu H, Yu P, Wang Z, Yao Y, Liu Z, Sun M (2018) Fewrel: A large-scale supervised few-shot relation classification dataset with state-of-the-art evaluation. In: Proceedings of the 2018 Conference on Empirical Methods in Natural Language Processing, pp 4803-4809

Haque S, LeClair A, Wu L, McMillan C (2020) Improved automatic summarization of subroutines via attention to file context. International Conference on Mining Software Repositories p 300-310

Hart PE, Nilsson NJ, Raphael B (1968) A formal basis for the heuristic determination of minimum cost paths. IEEE transactions on Systems Science and Cybernetics 4(2): 100-107

Hashemifar S, Neyshabur B, Khan AA, et al (2018) Predicting protein-protein interactions through sequence-based deep learning. Bioinformatics 34(17): i802-i810

Hasibi R, Michoel T (2020) Predicting gene expression from network topology using graph neural networks. arXiv preprint arXiv:200503961

Hassan AE, Xie T (2010) Software intelligence: the future of mining software engineering data. In: Proceedings of the FSE/SDP workshop on Future of software engineering research, pp 161-166

Hassani K, Khasahmadi AH (2020) Contrastive multi-view representation learning on graphs. In: International Conference on Machine Learning, PMLR, pp 4116-4126

Hastings J, Owen G, Dekker A, Ennis M, Kale N, Muthukrishnan V, Turner S, Swainston N, Mendes P, Steinbeck C (2016) Chebi in 2016: Improved services and an expanding collection of metabolites. Nucleic acids research 44(D1): D1214-D1219

Haveliwala TH (2002) Topic-sensitive pagerank. In: Proceedings of the 11th international conference on World Wide Web, ACM, pp 517-526

He K, Zhang X, Ren S, Sun J (2016a) Deep residual learning for image recognition. In: Proceedings of the IEEE conference on computer vision and pattern recognition, pp 770-778

He K, Gkioxari G, Dollár P, Girshick R (2017a) Mask r-cnn. In: Proceedings of the IEEE international conference on computer vision, pp 2961-2969

He Q, Chen B, Agarwal D (2016b) Building the linkedin knowledge graph

He X, Niyogi P (2004) Locality preserving projections. Advances in neural information processing systems 16(16): 153-160

He X, Liao L, Zhang H, Nie L, Hu X, Chua TS (2017b) Neural collaborative filtering. In: Proceedings of the 26th international conference on world wide web, pp 173-182

He X, Deng K, Wang X, Li Y, Zhang Y, Wang M (2020) Lightgcn: Simplifying and powering graph convolution network for recommendation. In: Proceedings of the 43rd International ACM SIGIR Conference on Research and Development in Information Retrieval, pp 639-648

He Y, Song Y, Li J, Ji C, Peng J, Peng H (2019) Hetespaceywalk: A heterogeneous spacey random walk for heterogeneous information network embedding. In: Proceedings of the 28th ACM International Conference on Information and Knowledge Management, pp 639-648

Hearst MA, Dumais ST, Osuna E, Platt J, Scholkopf B (1998) Support vector machines. IEEE Intelligent Systems and their applications 13(4): 18-28

Heimer RZ, Myrseth KOR, Schoenle RS (2019) Yolo: Mortality beliefs and household finance puzzles. The Journal of Finance 74(6): 2957-2996

Helfgott HA, Bajpai J, Dona D (2017) Graph isomorphisms in quasi-polynomial time. arXiv preprint arXiv: 171004574

Helgason S (1979) Differential geometry, Lie groups, and symmetric spaces. Academic press

Hellendoorn VJ, Bird C, Barr ET, Allamanis M (2018) Deep learning type inference. In: Proceedings of the 2018 26th ACM joint meeting on european software engineering conference and symposium on the foundations of software engineering, pp 152-162

Hellendoorn VJ, Devanbu PT, Polozov O, Marron M (2019a) Are my invariants valid? a learning approach. arXiv preprint arXiv: 190306089

Hellendoorn VJ, Sutton C, Singh R, Maniatis P, Bieber D (2019b) Global relational models of source code. In: International Conference on Learning Representations Henaff M, Bruna J, LeCun Y (2015) Deep convolutional networks on graphstructured data. arXiv preprint arXiv:150605163

Henderson K, Gallagher B, Eliassi-Rad T, Tong H, Basu S, Akoglu L, Koutra D, Faloutsos C, Li L (2012) Rolx: structural role extraction & mining in large graphs. In: the ACM SIGKDD international conference on Knowledge discovery and data mining, pp 1231-1239

Hensman S (2004) Construction of conceptual graph representation of texts. In: Proceedings of the Student Research Workshop at HLT-NAACL 2004, pp 49-54

Hermann KM, Hill F, Green S, Wang F, Faulkner R, Soyer H, Szepesvari D, Czarnecki WM, Jaderberg M, Teplyashin D, et al (2017) Grounded language learning in a simulated 3d world. arXiv preprint arXiv: 170606551

Herzig R, Levi E, Xu H, Gao H, Brosh E, Wang X, Globerson A, Darrell T (2019) Spatio-temporal action graph networks. In: 2019 IEEE/CVF International Conference on Computer Vision Workshop (ICCVW), pp 2347-2356, DOI 10.1109/ICCVW.2019.00288

Hidasi B, Karatzoglou A, Baltrunas L, Tikk D (2015) Session-based recommendations with recurrent neural networks. arXiv preprint arXiv: 151106939

Higgins I, Matthey L, Pal A, Burgess C, Glorot X, Botvinick M, Mohamed S, Lerchner A (2017) beta-vae: Learning basic visual concepts with a constrained variational framework. ICLR

Himmelstein DS, Lizee A, Hessler C, Brueggeman L, Chen SL, Hadley D, Green A, Khankhanian P, Baranzini SE (2017) Systematic integration of biomedical knowledge prioritizes drugs for repurposing. Elife 6: e26726

Hinton GE, Osindero S, Teh YW (2006) A fast learning algorithm for deep belief nets. Neural computation 18(7): 1527-1554

Hirsch CN, Hirsch CD, Brohammer AB, et al (2016) Draft assembly of elite inbred line PH207 provides insights into genomic and transcriptome diversity in maize. The Plant Cell 28(11): 2700-2714

Hjelm RD, Fedorov A, Lavoie-Marchildon S, Grewal K, Bachman P, Trischler A, Bengio Y (2018) Learning deep representations by mutual information estimation and maximization. arXiv preprint arXiv: 180806670

Ho Y, Gruhler A, Heilbut A, et al (2002) Systematic identification of protein complexes insaccharomyces cerevisiae by mass spectrometry. Nature 415(6868):180-183

Hochreiter S, Schmidhuber J (1997) Long short-term memory. Neural computation 9(8): 1735-1780

Hoff PD, Raftery AE, Handcock MS (2002) Latent space approaches to social network analysis. Journal of the american Statistical association 97(460): 1090-1098

Hoffart J, Suchanek FM, Berberich K, Lewis-Kelham E, De Melo G, Weikum G (2011) Yago2: exploring and querying world knowledge in time, space, context, and many languages. In: Proceedings of the 20th international conference companion on World wide web, pp 229-232

Hoffman MD, Blei DM, Wang C, Paisley J (2013) Stochastic variational inference. The Journal of Machine Learning Research 14(1): 1303-1347

Hogan A, Blomqvist E, Cochez M, d'Amato C, de Melo G, Gutierrez C, Gayo JEL, Kirrane S, Neumaier S, Polleres A, et al (2020) Knowledge graphs. arXiv preprint arXiv: 200302320

Holland PW, Laskey KB, Leinhardt S (1983) Stochastic blockmodels: First steps. Social networks 5(2): 109-137

Holmes R, Murphy GC (2005) Using structural context to recommend source code examples. In: Proceedings. 27th International Conference on Software Engineering, 2005. ICSE 2005, IEEE, pp 117-125

Hong D, Gao L, Yao J, Zhang B, Plaza A, Chanussot J (2020a) Graph convolutional networks for hyperspectral image classification. IEEE Transactions on Geoscience and Remote Sensing pp 1-13, DOI 10.1109/TGRS.2020.3015157

Hong H, Guo H, Lin Y, Yang X, Li Z, Ye J (2020b) An attention-based graph neural network for heterogeneous structural learning. In: Proceedings of the AAAI Conference on Artificial Intelligence, vol 34, pp 4132-4139

Hornik K, Stinchcombe M, White H, et al (1989) Multilayer feedforward networks are universal approximators. Neural Networks 2(5):359-366

Horton T (1992) Object-oriented analysis & design. Englewood Cliffs (New Jersey): Prentice-Hall

Hosseini A, Chen T, Wu W, Sun Y, Sarrafzadeh M (2018) Heteromed: Heterogeneous information network for medical diagnosis. In: Proceedings of the 27th ACM International Conference on Information and Knowledge Management, pp 763-772

Hou S, Ye Y, Song Y, Abdulhayoglu M (2017) Hindroid: An intelligent android malware detection system based on structured heterogeneous information network. In: Proceedings of the 23rd ACM SIGKDD international conference on knowledge discovery and data mining, pp 1507-1515

Houlsby N, Giurgiu A, Jastrzebski S, Morrone B, De Laroussilhe Q, Gesmundo A, Attariyan M, Gelly S (2019) Parameter-efficient transfer learning for nlp. In: International Conference on Machine Learning, PMLR, pp 2790-2799

Hsieh K, Wang Y, Chen L, Zhao Z, Savitz S, Jiang X, Tang J, Kim Y (2020) Drug repurposing for covid-19 using graph neural network with genetic, mechanistic, and epidemiological validation. arXiv preprint arXiv: 200910931

Hsu WN, Zhang Y, Glass J (2017) Unsupervised learning of disentangled and interpretable representations from sequential data. In: Proceedings of the 31st International Conference on Neural Information Processing Systems, pp 1876-1887

Hsu WN, Zhang Y, Weiss RJ, Chung YA, Wang Y, Wu Y, Glass J (2019) Disentangling correlated speaker and noise for speech synthesis via data augmentation and adversarial factorization. In: ICASSP 2019-2019 IEEE International Conference on Acoustics, Speech and Signal Processing (ICASSP), IEEE, pp 5901-5905

Hu B, Shi C, Zhao WX, Yu PS (2018a) Leveraging meta-path based context for top-n recommendation with a neural co-attention model. In: Proceedings of the 24th ACM SIGKDD International Conference on Knowledge Discovery & Data Mining, pp 1531-1540

Hu B, Fang Y, Shi C (2019a) Adversarial learning on heterogeneous information networks. In: Proceedings of the 25th ACM SIGKDD International Conference on Knowledge Discovery & Data Mining, pp 120-129

Hu B, Zhang Z, Shi C, Zhou J, Li X, Qi Y (2019b) Cash-out user detection based on attributed heterogeneous information network with a hierarchical attention mechanism. In: Proceedings of the AAAI Conference on Artificial Intelligence, vol 33, pp 946-953

Hu L, Xu S, Li C, Yang C, Shi C, Duan N, Xie X, Zhou M (2020a) Graph neural news recommendation with unsupervised preference disentanglement. In: Proceedings of the 58th Annual Meeting of the Association for Computational Linguistics, pp 4255-4264

Hu R, Aggarwal CC, Ma S, Huai J (2016) An embedding approach to anomaly detection. In: 2016 IEEE 32nd International Conference on Data Engineering (ICDE), IEEE, pp 385-396

Hu W, Fey M, Zitnik M, Dong Y, Ren H, Liu B, Catasta M, Leskovec J (2020b) Open graph benchmark: Datasets for machine learning on graphs. arXiv preprint arXiv: 200500687

Hu W, Liu B, Gomes J, Zitnik M, Liang P, Pande VS, Leskovec J (2020c) Strategies for pre-training graph neural networks. In: 8th International Conference on Learning Representations, ICLR 2020, Addis Ababa, Ethiopia, April 26-30, 2020

Hu X, Chiueh Tc, Shin KG (2009) Large-scale malware indexing using function-call graphs. In: Proceedings of the 16th ACM Conference on Computer and Communications Security (CCS), Association for Computing Machinery, New York, NY, USA, p 611-620

Hu X, Li G, Xia X, Lo D, Jin Z (2018b) Deep code comment generation. In: Proceedings of the 26th Conference on Program Comprehension, ACM, pp 200-210

Hu X, Li G, Xia X, Lo D, Lu S, Jin Z (2018c) Summarizing source code with transferred api knowledge. In: Proceedings of the 27th International Joint Conference on Artificial Intelligence, AAAI Press, pp 2269-2275

Hu Z, Fan C, Chen T, Chang KW, Sun Y (2019c) Pre-training graph neural networks for generic structural feature extraction. arXiv preprint arXiv: 190513728

Hu Z, Dong Y, Wang K, Chang KW, Sun Y (2020d) Gpt-gnn: Generative pretraining of graph neural networks. In: Proceedings of the 26th ACM SIGKDD International Conference on Knowledge Discovery & Data Mining, pp 1857-1867

Hu Z, Dong Y, Wang K, Sun Y (2020e) Heterogeneous graph transformer. In: Proceedings of The Web Conference 2020, pp 2704-2710

Huang D, Chen P, Zeng R, Du Q, Tan M, Gan C (2020a) Location-aware graph convolutional networks for video question answering. In: The Thirty-Fourth AAAI Conference on Artificial Intelligence, AAAI Press, pp 11,021-11,028

Huang G, Liu Z, Van Der Maaten L, Weinberger KQ (2017a) Densely connected convolutional networks. In: Proceedings of the IEEE conference on computer vision and pattern recognition, pp 4700-4708

Huang H, Wang X, Yi Z, Ma X (2000) A character recognition based on feature extraction. Journal of Chongqing University (Natural Science Edition) 23:66-69 Huang H, Alvarez S, Nusinow DA (2016a) Data on the identification of protein interactors with the evening complex and PCH1 in arabidopsis using tandem affinity purification and mass spectrometry (TAP-MS). Data in Brief 8: 56-60

Huang J, Li Z, Li N, Liu S, Li G (2019) Attpool: Towards hierarchical feature representation in graph convolutional networks via attention mechanism. In: IEEE/CVF International Conference on Computer Vision, pp 6479-6488

Huang JT, Sharma A, Sun S, Xia L, Zhang D, Pronin P, Padmanabhan J, Ottaviano G, Yang L (2020b) Embedding-based retrieval in facebook search. In: Proceedings of the 26th ACM SIGKDD International Conference on Knowledge Discovery & Data Mining, pp 2553-2561

Huang L, Ma D, Li S, Zhang X, Houfeng W (2019a) Text level graph neural network for text classification. In: Proceedings of the 2019 Conference on Empirical Methods in Natural Language Processing and the 9th International Joint Conference on Natural Language Processing (EMNLP-IJCNLP), pp 3435-3441

Huang Q, Yamada M, Tian Y, Singh D, Yin D, Chang Y (2020c) Graphlime: Local interpretable model explanations for graph neural networks. arXiv preprint arXiv: 200106216

Huang S, Kang Z, Tsang IW, Xu Z (2019b) Auto-weighted multi-view clustering via kernelized graph learning. Pattern Recognition 88: 174-184

Huang W, Zhang T, Rong Y, Huang J (2018) Adaptive sampling towards fast graph representation learning. Advances in Neural Information Processing Systems 31: 4558-4567

Huang X, Alzantot M, Srivastava M (2019c) Neuroninspect: Detecting backdoors in neural networks via output explanations. arXiv preprint arXiv: 191107399

Huang X, Song Q, Li Y, Hu X (2019d) Graph recurrent networks with attributed random walks. In: Proceedings of the 25th ACM SIGKDD International Conference on Knowledge Discovery & Data Mining, pp

732-740

Huang Y, Wang W, Wang L (2017b) Instance-aware image and sentence matching with selective multimodal lstm. In: Proceedings of the IEEE Conference on Computer Vision and Pattern Recognition, pp 2310-2318

Huang Z, Mamoulis N (2017) Heterogeneous information network embedding for meta path based proximity. arXiv preprint arXiv: 170105291

Huang Z, Xu W, Yu K (2015) Bidirectional lstm-crf models for sequence tagging. arXiv preprint arXiv:150801991

Huang Z, Zheng Y, Cheng R, Sun Y, Mamoulis N, Li X (2016b) Meta structure: Computing relevance in large heterogeneous information networks. In: Proceedings of the 22nd ACM SIGKDD International Conference on Knowledge Discovery and Data Mining, pp 1595-1604

Hurle M, Yang L, Xie Q, Rajpal D, Sanseau P, Agarwal P (2013) Computational drug repositioning: from data to therapeutics. Clinical Pharmacology & Therapeutics 93(4): 335-341

Hussein R, Yang D, Cudré-Mauroux P (2018) Are meta-paths necessary? revisiting heterogeneous graph embeddings. In: Proceedings of the 27th ACM International Conference on Information and Knowledge Management, pp 437-446

Hutchins WJ (1995) Machine translation: A brief history. In: Concise history of the language sciences, Elsevier, pp 431-445

Ioannidis VN, Marques AG, Giannakis GB (2019) Graph neural networks for predicting protein functions. In: 2019 IEEE 8th International Workshop on Computational Advances in Multi-Sensor Adaptive Processing (CAMSAP), pp 221-225, DOI 10.1109/CAMSAP45676. 2019.9022646

Ioannidis VN, Song X, Manchanda S, Li M, Pan X, Zheng D, Ning X, Zeng X, Karypis G (2020) Drkg-drug repurposing knowledge graph for covid-19.

Ioffe S, Szegedy C (2015) Batch normalization: Accelerating deep network training by reducing internal covariate shift. In: International Conference on Machine Learning, pp 448-456

Irving G, Szegedy C, Alemi AA, Eén N, Chollet F, Urban J (2016) DeepMath-deep sequence models for premise selection. Advances in neural information processing systems 29: 2235-2243

Irwin JJ, Sterling T, Mysinger MM, Bolstad ES, Coleman RG (2012) Zinc: a free tool to discover chemistry for biology. Journal of Chemical Information and Modeling 52(7):1757-1768

Issa NT, Stathias V, Schürer S, Dakshanamurthy S (2020) Machine and deep learning approaches for cancer drug repurposing. In: Seminars in cancer biology, Elsevier

Ito T, Chiba T, Ozawa R, et al (2001) A comprehensive two-hybrid analysis to explore the yeast protein interactome. Proceedings of the National Academy of Sciences of the United States of America 98(8): 4569-4574

Iyer S, Konstas I, Cheung A, Zettlemoyer L (2016) Summarizing source code using a neural attention model. In: Proceedings of the 54th Annual Meeting of the Association for Computational Linguistics (Volume 1: Long Papers), pp 2073-2083

Jaakkola T, Sontag D, Globerson A, Meila M (2010) Learning bayesian network structure using lp relaxations. In: Proceedings of the Thirteenth International Conference on Artificial Intelligence and Statistics, JMLR Workshop and Conference Proceedings, pp 358-365

Jabri A, Owens A, Efros AA (2020) Space-time correspondence as a contrastive random walk. arXiv preprint arXiv: 200614613

Jacob Y, Denoyer L, Gallinari P (2014) Learning latent representations of nodes for classifying in heterogeneous social networks. In: Proceedings of the 7th ACM international conference on Web search and data mining, pp 373-382

Jain A, Zamir AR, Savarese S, Saxena A (2016a) Structural-RNN: Deep learning on spatio-temporal graphs. In: IEEE Conference on Computer Vision and Pattern Recognition, pp 5308-5317

Jain A, Zamir AR, Savarese S, Saxena A (2016b) Structural-rnn: Deep learning on spatio-temporal graphs. In: Proceedings of the ieee conference on computer vision and pattern recognition, pp 5308-5317

Jaitly N, Hinton G (2011) Learning a better representation of speech soundwaves using restricted boltzmann machines. In: 2011 IEEE International Conference on Acoustics, Speech and Signal Processing (ICASSP), IEEE, pp 5884-5887

Jang E, Gu S, Poole B (2017) Categorical reparameterization with gumbel-softmax. In: 5th International

Conference on Learning Representations

Jang S, Moon SE, Lee JS (2019) Brain signal classification via learning connectivity structure. arXiv preprint arXiv: 190511678

Jassal B, Matthews L, Viteri G, Gong C, Lorente P, Fabregat A, Sidiropoulos K, Cook J, Gillespie M, Haw R, et al (2020) The reactome pathway knowledgebase. Nucleic acids research 48(D1): D498-D503

Jean S, Cho K, Memisevic R, Bengio Y (2014) On using very large target vocabulary for neural machine translation. arXiv preprint arXiv: 14122007

Jebara T, Wang J, Chang SF (2009) Graph construction and b-matching for semi-supervised learning. In: Proceedings of the 26th annual international conference on machine learning, pp 441-448

Jeh G, Widom J (2002) Simrank: a measure of structural-context similarity. In: Proceedings of the eighth ACM SIGKDD international conference on Knowledge discovery and data mining, ACM, pp 538-543

Jeh G, Widom J (2003) Scaling personalized web search. In: the International Conference on World Wide Web, pp 271-279

Jenatton R, Le Roux N, Bordes A, Obozinski G (2012) A latent factor model for highly multi-relational data. In: Advances in Neural Information Processing Systems 25 (NIPS 2012), pp 3176-3184

Ji G, He S, Xu L, Liu K, Zhao J (2015) Knowledge graph embedding via dynamic mapping matrix. In: Proceedings of the 53rd annual meeting of the association for computational linguistics and the 7th international joint conference on natural language processing, pp 687-696

Ji G, Liu K, He S, Zhao J (2016) Knowledge graph completion with adaptive sparse transfer matrix. In: Proceedings of the AAAI Conference on Artificial Intelligence, vol 30

Jia J, Wang B, Cao X, Gong NZ (2020) Certified robustness of community detection against adversarial structural perturbation via randomized smoothing. In: The Web Conference, pp 2718-2724

Jia X, De Brabandere B, Tuytelaars T, Gool LV (2016) Dynamic filter networks. Advances in neural information processing systems 29: 667-675

Jiang B, Sun P, Tang J, Luo B (2019a) GLMNet: Graph learning-matching networks for feature matching. arXiv preprint arXiv: 191107681

Jiang B, Zhang Z, Lin D, Tang J, Luo B (2019b) Semi-supervised learning with graph learning-convolutional networks. In: Proceedings of the IEEE Conference on Computer Vision and Pattern Recognition, pp 11313-11320

Jiang C, Coenen F, Sanderson R, Zito M (2010) Text classification using graph mining-based feature extraction. In: Research and Development in Intelligent Systems XXVI, Springer, pp 21-34

Jiang S, Balaprakash P (2020) Graph neural network architecture search for molecular property prediction. arXiv preprint arXiv: 200812187

Jiang S, McMillan C, Santelices R (2016) Do programmers do change impact analysis in debugging? Empirical Software Engineering pp 1-39

Jiang S, Armaly A, McMillan C (2017) Automatically generating commit messages from diffs using neural machine translation. In: Proceedings of the 32nd IEEE/ACM International Conference on Automated Software Engineering, IEEE Press, pp 135-146

Jiménez J, Doerr S, Martínez-Rosell G, et al (2017) DeepSite: protein-binding site predictor using 3d-convolutional neural networks. Bioinformatics 33(19): 3036-3042

Jin H, Zhang X (2019) Latent Adversarial Training of Graph Convolution Networks. In: ICML 2019 Workshop: Learning and Reasoning with Graph-Structured Representations

Jin H, Song Q, Hu X (2019a) Auto-keras: An efficient neural architecture search system. In: Proceedings of the 25th ACM SIGKDD International Conference on Knowledge Discovery & Data Mining, pp 1946-1956

Jin H, Shi Z, Peruri VJSA, Zhang X (2020a) Certified robustness of graph convolution networks for graph classification under topological attacks. Advances in Neural Information Processing Systems 33

Jin J, Qin J, Fang Y, Du K, Zhang W, Yu Y, Zhang Z, Smola AJ (2020b) An efficient neighborhood-based interaction model for recommendation on heterogeneous graph. In: Proceedings of the 26th ACM SIGKDD International Conference on Knowledge Discovery & Data Mining, pp 75-84

Jin L, Gildea D (2020) Generalized shortest-paths encoders for amr-to-text generation. In: Proceedings of the 28th International Conference on Computational Linguistics, pp 2004-2013

Jin M, Chang H, Zhu W, Sojoudi S (2019b) Power up! robust graph convolutional network against evasion attacks based on graph powering. CoRR abs/1905.10029, 1905.10029

Jin W, Barzilay R, Jaakkola T (2018a) Junction tree variational autoencoder for molecular graph generation. In: Proceedings of the 35th International Conference on Machine Learning, pp 2323-2332

Jin W, Barzilay R, Jaakkola TS (2018b) Junction tree variational autoencoder for molecular graph generation. In: International Conference on Machine Learning, pp 2328-2337

Jin W, Yang K, Barzilay R, Jaakkola T (2018c) Learning multimodal graph-to-graph translation for molecular optimization. arXiv preprint arXiv: 181201070

Jin W, Barzilay R, Jaakkola T (2020c) Composing molecules with multiple property constraints. arXiv preprint arXiv:200203244

Jin W, Derr T, Liu H, Wang Y, Wang S, Liu Z, Tang J (2020d) Self-supervised learning on graphs: Deep insights and new direction. arXiv preprint arXiv:200610141 Jin W, Ma Y, Liu X, Tang X, Wang S, Tang J (2020e) Graph structure learning for robust graph neural networks. In: The 26th ACM SIGKDD Conference on Knowledge Discovery and Data Mining, pp 66-74

Jin W, Derr T, Wang Y, Ma Y, Liu Z, Tang J (2021) Node similarity preserving graph convolutional networks. In: Proceedings of the 14th ACM International Conference on Web Search and Data Mining, pp 148-156

Johansson FD, Dubhashi D (2015) Learning with similarity functions on graphs using matchings of geometric embeddings. In: ACM SIGKDD International Conference on Knowledge Discovery and Data Mining, pp 467-476

Johnson D, Larochelle H, Tarlow D (2020) Learning graph structure with a finitestate automaton layer. In: Larochelle H, Ranzato M, Hadsell R, Balcan MF, Lin H (eds) Advances in Neural Information Processing Systems, Curran Associates, Inc., vol 33, pp 3082-3093

Jonas E (2019) Deep imitation learning for molecular inverse problems. Advances in Neural Information Processing Systems 32:4990-5000

Jurafsky D (2000) Speech & language processing. Pearson Education India

Kagdi H, Collard ML, Maletic JI (2007) A survey and taxonomy of approaches for mining software repositories in the context of software evolution. Journal of software maintenance and evolution: Research and practice 19(2): 77-131

Kahneman D (2011) Thinking, fast and slow. Macmillan

Kalchbrenner N, Grefenstette E, Blunsom P (2014) A convolutional neural network for modelling sentences. In: Proceedings of the 52nd Annual Meeting of the Association for Computational Linguistics, Association for Computational Linguistics, pp 655-665, DOI 10.3115/v1/ P14-1062

Kalliamvakou E, Gousios G, Blincoe K, Singer L, German DM, Damian D (2014) The promises and perils of mining github. In: Proceedings of the 11th working conference on mining software repositories, pp 92-101

Kalofolias V (2016) How to learn a graph from smooth signals. In: Artificial Intelligence and Statistics, PMLR, pp 920-929

Kalofolias V, Perraudin N (2019) Large scale graph learning from smooth signals. In: 7th International Conference on Learning Representations

Kaluza MCDP, Amizadeh S, Yu R (2018) A neural framework for learning dag to dag translation. In: NeurIPS'2018 Workshop

Kampffmeyer M, Chen Y, Liang X, Wang H, Zhang Y, Xing EP (2019) Rethinking knowledge graph propagation for zero-shot learning. In: Proceedings of the IEEE/CVF Conference on Computer Vision and Pattern Recognition, pp 11487-11496

Kandasamy K, Neiswanger W, Schneider J, Poczos B, Xing E (2018) Neural architecture search with bayesian optimisation and optimal transport. In: Advances in Neural Information Processing Systems

Kanehisa M, Goto S (2000) Kegg: kyoto encyclopedia of genes and genomes. Nucleic acids research 28(1): 27-30

Kanehisa M, Araki M, Goto S, Hattori M, Hirakawa M, Itoh M, Katayama T, Kawashima S, Okuda S, Tokimatsu T, et al (2007) Kegg for linking genomes to life and the environment. Nucleic acids research 36(suppl 1): D480-D484

Kang U, Tong H, Sun J (2012) Fast random walk graph kernel. In: SIAM International Conference on Data

Mining, pp 828-838

Kang WC, McAuley J (2018) Self-attentive sequential recommendation. In: 2018 IEEE International Conference on Data Mining (ICDM), IEEE, pp 197-206

Kang Z, Pan H, Hoi SC, Xu Z (2019) Robust graph learning from noisy data. IEEE transactions on cybernetics 50(5): 1833-1843

Karampatsis RM, Sutton C (2020) How often do single-statement bugs occur? the ManySStuBs4J dataset. In: Proceedings of the 17th International Conference on Mining Software Repositories, pp 573-577

Karamshuk D, Noulas A, Scellato S, Nicosia V, Mascolo C (2013) Geo-spotting: mining online location-based services for optimal retail store placement. In: Proceedings of the 19th ACM SIGKDD international conference on Knowledge discovery and data mining, pp 793-801

Karita S, Watanabe S, Iwata T, Ogawa A, Delcroix M (2018) Semi-supervised endto-end speech recognition. In: Interspeech, pp 2-6

Karpathy A, Fei-Fei L (2015) Deep visual-semantic alignments for generating image descriptions. In: Proceedings of the IEEE conference on computer vision and pattern recognition, pp 3128-3137

Karypis G, Kumar V (1995) Multilevel graph partitioning schemes. In: ICPP (3), pp 113-122

Karypis G, Kumar V (1998) A fast and high quality multilevel scheme for partitioning irregular graphs. SIAM Journal on scientific Computing 20(1): 359-392

Katharopoulos A, Vyas A, Pappas N, Fleuret F (2020) Transformers are rnns: Fast autoregressive transformers with linear attention. In: International Conference on Machine Learning, PMLR, pp 5156-5165

Katz L (1953) A new status index derived from sociometric analysis. Psychometrika 18(1):39-43

Kawahara J, Brown CJ, Miller SP, Booth BG, Chau V, Grunau RE, Zwicker JG, Hamarneh G (2017) Brainnetcnn: Convolutional neural networks for brain networks; towards predicting neurodevelopment. NeuroImage 146: 1038-1049

Kazemi E, Hassani SH, Grossglauser M (2015) Growing a graph matching from a handful of seeds. Proc VLDB Endow 8(10): 1010-1021

Kazemi SM, Poole D (2018) Simple embedding for link prediction in knowledge graphs. In: Neural Information Processing Systems, p 4289-4300

Kazemi SM, Goel R, Eghbali S, Ramanan J, Sahota J, Thakur S, Wu S, Smyth C, Poupart P, Brubaker M (2019) Time2vec: Learning a vector representation of time. arXiv preprint arXiv: 190705321

Kazemi SM, Goel R, Jain K, Kobyzev I, Sethi A, Forsyth P, Poupart P (2020) Representation learning for dynamic graphs: A survey. Journal of Machine Learning Research 21(70): 1-73

Kazi A, Cosmo L, Navab N, Bronstein M (2020) Differentiable graph module (dgm) graph convolutional networks. arXiv preprint arXiv: 200204999

Kearnes S, McCloskey K, Berndl M, Pande V, Riley P (2016) Molecular graph convolutions: moving beyond fingerprints. Journal of computer-aided molecular design 30(8): 595-608

Keriven N, Peyré G (2019) Universal invariant and equivariant graph neural networks. In: Advances in Neural Information Processing Systems, pp 7090-7099

Kersting K, Kriege NM, Morris C, Mutzel P, Neumann M (2016) Benchmark data sets for graph kernels

Khezerlou AV, Zhou X, Li L, Shafiq Z, Liu AX, Zhang F (2017) A traffic flow approach to early detection of gathering events: Comprehensive results. ACM Transactions on Intelligent Systems and Technology (TIST) 8(6): 1-24

Khezerlou AV, Zhou X, Tong L, Li Y, Luo J (2021) Forecasting gathering events through trajectory destination prediction: A dynamic hybrid model. IEEE Transactions on Knowledge and Data Engineering 33(3): 991-1004, DOI 10.1109/ TKDE.2019.2937082

Khrulkov V, Novikov A, Oseledets I (2018) Expressive power of recurrent neural networks. In: International Conference on Learning Representations

Kiefer S, Schweitzer P, Selman E (2015) Graphs identified by logics with counting. In: International Symposium on Mathematical Foundations of Computer Science, pp 319-330

Kilicoglu H, Shin D, Fiszman M, Rosemblat G, Rindflesch TC (2012) Semmeddb: a pubmed-scale repository of biomedical semantic predications. Bioinformatics 28(23): 3158-3160

Kim B, Koyejo O, Khanna R, et al (2016) Examples are not enough, learn to criticize! criticism for interpretability. In: NIPS, pp 2280-2288

Kim D, Oh A (2021) How to find your friendly neighborhood: Graph attention design with self-supervision. In: International Conference on Learning Representations

Kim J, Kim T, Kim S, Yoo CD (2019) Edge-labeling graph neural network for fewshot learning. In: Proceedings of the IEEE/CVF Conference on Computer Vision and Pattern Recognition, pp 11-20

Kingma DP, Welling M (2013) Auto-encoding variational bayes. arXiv preprint arXiv: 13126114

Kingma DP, Welling M (2014) Auto-encoding variational bayes. In: 2nd International Conference on Learning Representations

Kingma DP, Rezende DJ, Mohamed S, Welling M (2014) Semi-supervised learning with deep generative models. In: Proceedings of the 27th International Conference on Neural Information Processing Systems-Volume 2, pp 3581-3589

Kingsbury PR, Palmer M (2002) From treebank to propbank. In: LREC, Citeseer, pp 1989-1993

Kipf T, Fetaya E, Wang KC, Welling M, Zemel R (2018) Neural relational inference for interacting systems. In: International Conference on Machine Learning, pp 2688-2697

Kipf TN, Welling M (2016) Variational graph auto-encoders. arXiv preprint arXiv: 161107308

Kipf TN, Welling M (2017a) Semi-supervised classification with graph convolutional networks. In: International Conference on Learning Representations

Kipf TN, Welling M (2017b) Semi-supervised classification with graph convolutional networks. In: 5th International Conference on Learning Representations, ICLR 2017, Toulon, France, April 24-26, 2017, Conference Track Proceedings

Kireev DB (1995) ChemNet: A novel neural network based method for graph/property mapping. Journal of Chemical Information and Computer Sciences 35(2): 175-180

Klicpera J, Bojchevski A, Günnemann S (2019a) Predict then propagate: Graph neural networks meet personalized pagerank. In: International Conference on Learning Representations

Klicpera J, Weißenberger S, Günnemann S (2019b) Diffusion improves graph learning. In: Advances in Neural Information Processing Systems, pp 13333-13345

Klicpera J, Groß J, Günnemann S (2020) Directional message passing for molecular graphs. In: International Conference on Learning Representations

Ko AJ, Myers BA, Coblenz MJ, Aung HH (2006) An exploratory study of how developers seek, relate, and collect relevant information during software maintenance tasks. IEEE Transactions on software engineering 32(12): 971-987

Koch O, Kriege NM, Humbeck L (2019) Chemical similarity and substructure searches. In: Encyclopedia of Bioinformatics and Computational Biology, Academic Press, Oxford, pp 640-649

Kohavi R, John GH (1995) Automatic parameter selection by minimizing estimated error. In: Machine Learning Proceedings 1995, Elsevier, pp 304-312

Koivisto M, Sood K (2004) Exact bayesian structure discovery in bayesian networks. The Journal of Machine Learning Research 5: 549-573

Koncel-Kedziorski R, Bekal D, Luan Y, Lapata M, Hajishirzi H (2019) Text generation from knowledge graphs with graph transformers. In: Proceedings of the 2019 Conference of the North American Chapter of the Association for Computational Linguistics: Human Language Technologies, Volume 1 (Long and Short Papers), pp 2284-2293

Koo DCE, Bonneau R (2018) Towards region-specific propagation of protein functions. Bioinformatics 35(10): 1737-1744

Kool W, Van Hoof H, Welling M (2019) Stochastic beams and where to find them: The gumbel-top-k trick for sampling sequences without replacement. In: International Conference on Machine Learning, PMLR, pp 3499-3508

Koren Y (2008) Factorization meets the neighborhood: a multifaceted collaborative filtering model. In: Proceedings of the 14th ACM SIGKDD international conference on Knowledge discovery and data mining, ACM, pp 426-434

Koren Y (2009) Collaborative filtering with temporal dynamics. In: Proceedings of the 15th ACM SIGKDD international conference on Knowledge discovery and data mining, pp 447-456

Koren Y, Bell R, Volinsky C (2009) Matrix factorization techniques for recommender systems. Computer 42(8): 30-37

Korte BH, Vygen J, Korte B, Vygen J (2011) Combinatorial optimization, vol 1. Springer

Kosugi S, Yamasaki T (2020) Unpaired image enhancement featuring reinforcement-learning-controlled image editing software. In: Proceedings of the AAAI Conference on Artificial Intelligence, vol 34, pp 11296-11303

Kovács IA, Luck K, Spirohn K, et al (2019) Network-based prediction of protein interactions. Nature Communications 10(1)

Kremenek T, Ng AY, Engler DR (2007) A factor graph model for software bug finding. In: IJCAI, pp 2510-2516

Kriege N, Mutzel P (2012) Subgraph matching kernels for attributed graphs. In: Proceedings of the 29th International Coference on International Conference on Machine Learning, Omnipress, Madison, WI, USA, ICML'12, p 291-298

Kriege NM, P-L G, Wilson RC (2016) On valid optimal assignment kernels and applications to graph classification. In: Advances in Neural Information Processing Systems, pp 1615-1623

Kriege NM, Johansson FD, Morris C (2020) A survey on graph kernels. Applied Network Science 5(1): 6

Krishnan A (2018) Making search easier: How amazon's product graph is helping customers find products more easily. ed Amazon Blog

Krishnapuram R, Medasani S, Jung SH, Choi YS, Balasubramaniam R (2004) Content-based image retrieval based on a fuzzy approach. IEEE transactions on knowledge and data engineering 16(10):1185-1199

Krizhevsky A, Sutskever I, Hinton GE (2012) Imagenet classification with deep convolutional neural networks. Advances in neural information processing systems 25: 1097-1105

Kuhn M, Letunic I, Jensen LJ, Bork P (2016) The sider database of drugs and side effects. Nucleic acids research 44(D1): D1075-D1079

Kulmanov M, Hoehndorf R (2019) DeepGOPlus: improved protein function prediction from sequence. Bioinformatics

Kumar S, Spezzano F, Subrahmanian V, Faloutsos C (2016) Edge weight prediction in weighted signed networks. In: 2016 IEEE 16th International Conference on Data Mining (ICDM), IEEE, pp 221-230

Kumar S, Ying J, de Miranda Cardoso JV, Palomar D (2019a) Structured graph learning via laplacian spectral constraints. In: Advances in Neural Information Processing Systems, pp 11651-11663

Kumar S, Zhang X, Leskovec J (2019b) Predicting dynamic embedding trajectory in temporal interaction networks. In: ACM SIGKDD International Conference on Knowledge Discovery & Data Mining, pp 1269-1278

Kumar S, Ying J, de Miranda Cardoso JV, Palomar DP (2020) A unified framework for structured graph learning via spectral constraints. Journal of Machine Learning Research 21(22): 1-60

Kusner MJ, Paige B, Hernández-Lobato JM (2017) Grammar variational autoencoder. In: International Conference on Machine Learning, pp 1945-1954

Lacroix T, Obozinski G, Usunier N (2020) Tensor decompositions for temporal knowledge base completion. In: International Conference on Learning Representations

Lake B, Tenenbaum J (2010) Discovering structure by learning sparse graphs. In: Proceedings of the Annual Meeting of the Cognitive Science Society, vol 32

Lamb LC, Garcez A, Gori M, Prates M, Avelar P, Vardi M (2020) Graph neural networks meet neural-symbolic computing: A survey and perspective. In: Proceedings of IJCAI-PRICAI 2020

Lan Z, Chen M, Goodman S, Gimpel K, Sharma P, Soricut R (2020) ALBERT: A lite BERT for self-supervised learning of language representations. In: 8th International Conference on Learning Representations, ICLR 2020, Addis Ababa, Ethiopia, April 26-30, 2020

Lanczos C (1950) An iteration method for the solution of the eigenvalue problem of linear differential and integral operators. United States Governm. Press Office Los Angeles, CA

Landrieu L, Simonovsky M (2018) Large-scale point cloud semantic segmentation with superpoint graphs. In: Proceedings of the IEEE Conference on Computer Vision and Pattern Recognition, pp 4558-4567

Latif S, Rana R, Khalifa S, Jurdak R, Epps J (2019) Direct modelling of speech emotion from raw speech. In: Proceedings of the 20th Annual Conference of the International Speech Communication Association

(INTERSPEECH 2019), International Speech Communication Association (ISCA), pp 3920-3924

Lawler EL (1963) The quadratic assignment problem. Management science 9(4):586-599

Le Cun Y, Boser B, Denker JS, Henderson D, Howard RE, Hubbard W, Jackel LD (1989) Handwritten digit recognition with a back-propagation network. In: Neural Information Processing Systems, pp 396-404

Le-Khac PH, Healy G, Smeaton AF (2020) Contrastive representation learning: a framework and review. IEEE Access 8:1-28

Leblay J, Chekol MW (2018) Deriving validity time in knowledge graph. In: Companion Proceedings of the The Web Conference 2018, pp 1771-1776

LeClair A, McMillan C (2019) Recommendations for datasets for source code summarization. In: Proceedings of the 2019 Conference of the North American Chapter of the Association for Computational Linguistics: Human Language Technologies, Volume 1 (Long and Short Papers), pp 3931-3937

LeClair A, Jiang S, McMillan C (2019) A neural model for generating natural language summaries of program subroutines. In: Proceedings of the 41st International Conference on Software Engineering, IEEE Press, pp 795-806

LeClair A, Haque S, Wu L, McMillan C (2020) Improved code summarization via a graph neural network. In: 28th ACM/IEEE International Conference on Program Comprehension (ICPC'20)

LeCun Y, Boser B, Denker JS, Henderson D, Howard RE, Hubbard W, Jackel LD (1989) Backpropagation applied to handwritten zip code recognition. Neural computation 1(4): 541-551

Lecuyer M, Atlidakis V, Geambasu R, Hsu D, Jana S (2019) Certified robustness to adversarial examples with differential privacy. In: IEEE Symposium on Security and Privacy, DOI 10.1109/SP.2019.00044

Lee G, Yuan Y, Chang S, Jaakkola TS (2019a) Tight certificates of adversarial robustness for randomly smoothed classifiers. In: Wallach HM, Larochelle H, Beygelzimer A, d'Alché-Buc F, Fox EB, Garnett R (eds) Advances in Neural Information Processing Systems 32: Annual Conference on Neural Information Processing Systems 2019, NeurIPS 2019, December 8-14, 2019, Vancouver, BC,Canada, pp 4911-4922

Lee J, Lee I, Kang J (2019b) Self-attention graph pooling. In: International Conference on Machine Learning, PMLR, pp 3734-3743

Lee JB, Rossi RA, Kim S, Ahmed NK, Koh E (2019c) Attention models in graphs: A survey. ACM Transactions on Knowledge Discovery from Data (TKDD) 13(6): 1-25

Lee JB, Rossi RA, Kong X, Kim S, Koh E, Rao A (2019d) Graph convolutional networks with motif-based attention. In: 28th ACM International Conference on Information, pp 499-508

Lee S, Park C, Yu H (2019e) Bhin2vec: Balancing the type of relation in heterogeneous information network. In: Proceedings of the 28th ACM International Conference on Information and Knowledge Management, pp 619-628

Lei T, Jin W, Barzilay R, Jaakkola T (2017a) Deriving neural architectures from sequence and graph kernels. In: Proceedings of the 34th International Conference on Machine Learning-Volume 70, pp 2024-2033

Lei T, Zhang Y, Wang SI, Dai H, Artzi Y (2017b) Simple recurrent units for highly parallelizable recurrence. arXiv preprint arXiv: 170902755

Leordeanu M, Hebert M (2005) A spectral technique for correspondence problems using pairwise constraints. In: IEEE International Conference on Computer Vision, pp 1482-1489

Leskovec J, Grobelnik M, Milic-Frayling N (2004) Learning sub-structures of document semantic graphs for document summarization. In: LinkKDD Workshop, pp 133-138

Leskovec J, Chakrabarti D, Kleinberg J, Faloutsos C, Ghahramani Z (2010) Kronecker graphs: an approach to modeling networks. Journal of Machine Learning Research 11(2)

Letovsky S (1987) Cognitive processes in program comprehension. Journal of Systems and software 7(4): 325-339

Levi FW (1942) Finite geometrical systems: six public lectues delivered in February, 1940, at the University of Calcutta. University of Calcutta

Levie R, Monti F, Bresson X, Bronstein MM (2019) Cayleynets: Graph convolutional neural networks with complex rational spectral filters. IEEE Trans Signal Process 67(1): 97-109

Levin E, Pieraccini R, Eckert W (2000) A stochastic model of human-machine interaction for learning dialog strategies. IEEE Transactions on speech and audio processing 8(1): 11-23

Levy O, Goldberg Y (2014) Neural word embedding as implicit matrix factorization. In: Advances in neural information processing systems, pp 2177-2185

Lewis HR, et al (1983) Michael r. garey, david s. johnson, computers and intractability. a guide to the theory of np-completeness. Journal of Symbolic Logic 48(2): 498-500

Lewis M, Liu Y, Goyal N, Ghazvininejad M, Mohamed A, Levy O, Stoyanov V, Zettlemoyer L (2020) BART: Denoising sequence-to-sequence pre-training for natural language generation, translation, and comprehension. In: Proceedings of the 58th Annual Meeting of the Association for Computational Linguistics, p 7871, DOI 10.18653/v1/2020.acl-main.703

Li A, Qin Z, Liu R, Yang Y, Li D (2019a) Spam review detection with graph convolutional networks. In: Proceedings of the 28th ACM International Conference on Information and Knowledge Management, pp 2703-2711

Li C, Ma J, Guo X, Mei Q (2017a) Deepcas: An end-to-end predictor of information cascades. In: Proceedings of the 26th international conference on World Wide Web, pp 577-586

Li C, Liu Z, Wu M, Xu Y, Zhao H, Huang P, Kang G, Chen Q, Li W, Lee DL (2019b) Multi-interest network with dynamic routing for recommendation at tmall. In: Proceedings of the 28th ACM International Conference on Information and Knowledge Management, pp 2615-2623

Li F, Gan C, Liu X, Bian Y, Long X, Li Y, Li Z, Zhou J, Wen S (2017b) Temporal modeling approaches for large-scale youtube-8m video understanding. arXiv preprint arXiv: 170704555

Li G, Muller M, Thabet A, Ghanem B (2019c) Deepgcns: Can gcns go as deep as cnns? In: Proceedings of the IEEE/CVF International Conference on Computer Vision, pp 9267-9276

Li J, Wang Y, Lyu MR, King I (2018a) Code completion with neural attention and pointer networks. In: Proceedings of the 27th International Joint Conference on Artificial Intelligence, pp 4159-25

Li J, Yang F, Tomizuka M, Choi C (2020a) Evolvegraph: Multi-agent trajectory prediction with dynamic relational reasoning. Advances in Neural Information Processing Systems 33

Li L, Feng H, Zhuang W, Meng N, Ryder B (2017c) Cclearner: A deep learning-based clone detection approach. In: 2017 IEEE International Conference on Software Maintenance and Evolution (ICSME), IEEE, pp 249-260

Li L, Tang S, Deng L, Zhang Y, Tian Q (2017d) Image caption with global-local attention. In: Proceedings of the AAAI Conference on Artificial Intelligence, vol 31

Li L, Gan Z, Cheng Y, Liu J (2019d) Relation-aware graph attention network for visual question answering. In: Proceedings of the IEEE/CVF International Conference on Computer Vision, pp 10313-10322

Li L, Wang P, Yan J, Wang Y, Li S, Jiang J, Sun Z, Tang B, Chang TH, Wang S, et al (2020b) Real-world data medical knowledge graph: construction and applications. Artificial intelligence in medicine 103: 101,817

Li L, Zhang Y, Chen L (2020c) Generate neural template explanations for recommendation. In: Proceedings of the 29th ACM International Conference on Information & Knowledge Management, pp 755-764

Li M, Chen S, Chen X, Zhang Y, Wang Y, Tian Q (2019e) Actional-structural graph convolutional networks for skeleton-based action recognition. In: IEEE/CVF Conference on Computer Vision and Pattern Recognition, pp 3595-3603

Li N, Yang Z, Luo L, Wang L, Zhang Y, Lin H, Wang J (2020d) Kghc: a knowledge graph for hepatocellular carcinoma. BMC Medical Informatics and Decision Making 20(3):1-11

Li P, Chien I, Milenkovic O (2019f) Optimizing generalized pagerank methods for seed-expansion community detection. In: Advances in Neural Information Processing Systems, pp 11705-11716

Li P, Wang Y, Wang H, Leskovec J (2020e) Distance encoding: Design provably more powerful neural networks for graph representation learning. Advances in Neural Information Processing Systems 33

Li Q, Zheng Y, Xie X, Chen Y, Liu W, Ma WY (2008) Mining user similarity based on location history. In: Proceedings of the 16th ACM SIGSPATIAL international conference on Advances in geographic information systems, pp 1-10

Li Q, Han Z, Wu XM (2018b) Deeper insights into graph convolutional networks for semi-supervised learning. In: Proceedings of the AAAI Conference on Artificial Intelligence, vol 32

Li R, Tapaswi M, Liao R, Jia J, Urtasun R, Fidler S (2017e) Situation recognition with graph neural networks.

In: Proceedings of the IEEE International Conference on Computer Vision, pp 4173-4182

Li R, Wang S, Zhu F, Huang J (2018c) Adaptive graph convolutional neural networks. In: Proceedings of the AAAI Conference on Artificial Intelligence, vol 32

Li S, Wu L, Feng S, Xu F, Xu F, Zhong S (2020f) Graph-to-tree neural networks for learning structured input-output translation with applications to semantic parsing and math word problem. In: Findings of the Association for Computational Linguistics: EMNLP 2020, Association for Computational Linguistics, Online, pp 2841-2852

Li X, Cheng Y, Cong G, Chen L (2017f) Discovering pollution sources and propagation patterns in urban area. In: Proceedings of the 23rd ACM SIGKDD International Conference on Knowledge Discovery and Data Mining, pp 1863-1872

Li X, Kao B, Ren Z, Yin D (2019g) Spectral clustering in heterogeneous information networks. In: Proceedings of the AAAI Conference on Artificial Intelligence, vol 33, pp 4221-4228

Li X, Wang C, Tong B, Tan J, Zeng X, Zhuang T (2020g) Deep time-aware item evolution network for click-through rate prediction. In: Proceedings of the 29th ACM International CIKM, pp 785-794

Li Y, Gupta A (2018) Beyond grids: Learning graph representations for visual recognition. In: Proceedings of the 32nd International Conference on Neural Information Processing Systems, pp 9245-9255

Li Y, King I (2020) Autograph: Automated graph neural network. In: International Conference on Neural Information Processing, Springer, pp 189-201

Li Y, Tarlow D, Brockschmidt M, Zemel R (2016a) Gated graph seqrlence neural networks. In: International Conference on Learning Representations

Li Y, Tarlow D, Brockschmidt M, Zemel R (2016b) Gated graph sequence neural networks. In: International Conference on Learning Representations (ICLR)

Li Y, Vinyals O, Dyer C, Pascanu R, Battaglia P (2018d) Learning deep generative models of graphs. arXiv preprint arXiv:180303324

Li Y, Yu R, Shahabi C, Liu Y (2018e) Diffusion convolutional recurrent neural network: Data-driven traffic forecasting. In: International Conference on Learning Representations

Li Y, Zhang L, Liu Z (2018f) Multi-objective de novo drug design with conditional graph generative model. Journal of cheminformatics 10(1): 1-24

Li Y, Gu C, Dullien T, Vinyals O, Kohli P (2019h) Graph matching networks for learning the similarity of graph structured objects. In: International Conference on Machine Learning, PMLR, pp 3835-3845

Li Y, Liu M, Yin J, Cui C, Xu XS, Nie L (2019i) Routing micro-videos via a temporal graph-guided recommendation system. In: Proceedings of the 27th ACM International Conference on Multimedia, pp 1464-1472

Li Y, Lin Y, Madhusudan M, Sharma A, Xu W, Sapatnekar SS, Harjani R, Hu J (2020h) A customized graph neural network model for guiding analog ic placement. In: International Conference On Computer Aided Design, IEEE, pp 1-9

Liang S, Srikant R (2017) Why deep neural networks for function approximation? In: 5th International Conference on Learning Representations, ICLR 2017

Liang Y, Zhu KQ (2018) Automatic generation of text descriptive comments for code blocks. In: McIlraith SA, Weinberger KQ (eds) Proceedings of the ThirtySecond AAAI Conference on Artificial Intelligence (AAAI-18), AAAI Press, pp 5229-5236

Liao L, He X, Zhang H, Chua TS (2018) Attributed social network embedding. IEEE Transactions on Knowledge and Data Engineering 30(12): 2257-2270

Liao R, Li Y, Song Y, Wang S, Nash C, Hamilton WL, Duvenaud D, Urtasun R, Zemel RS (2019a) Efficient graph generation with graph recurrent attention networks. arXiv preprint arXiv:191000760

Liao R, Zhao Z, Urtasun R, Zemel RS (2019b) Lanczosnet: Multi-scale deep graph convolutional networks. arXiv preprint arXiv: 190101484

Liao R, Urtasun R, Zemel R (2021) A pac-bayesian approach to generalization bounds for graph neural networks. In: International Conference on Learning Representations

Liben-Nowell D, Kleinberg J (2007) The link-prediction problem for social networks. Journal of the American society for information science and technology 58(7): 1019-1031

Licata L, Lo Surdo P, Iannuccelli M, Palma A, Micarelli E, Perfetto L, Peluso D, Calderone A, Castagnoli L, Cesareni G (2020) Signor 2.0, the signaling network open resource 2.0: 2019 update. Nucleic acids research 48(D1): D504-D510

Lillicrap TP, Hunt JJ, Pritzel A, Heess N, Erez T, Tassa Y, Silver D, Wierstra D (2015) Continuous control with deep reinforcement learning. arXiv preprint arXiv: 150902971

Lin C, Sun GJ, Bulusu KC, Dry JR, Hernandez M (2020a) Graph neural networks including sparse interpretability. arXiv preprint arXiv: 200700119

Lin G, Wen S, Han QL, Zhang J, Xiang Y (2020b) Software vulnerability detection using deep neural networks: a survey. Proceedings of the IEEE 108(10): 1825-1848

Lin P, Sun P, Cheng G, Xie S, Li X, Shi J (2020c) Graph-guided architecture search for real-time semantic segmentation. In: Proceedings of the IEEE/CVF Conference on Computer Vision and Pattern Recognition, pp 4203-4212

Lin T, Zhao X, Shou Z (2017) Single shot temporal action detection. In: Proceedings of the 25th ACM international conference on Multimedia, pp 988-996

Lin W, Ji S, Li B (2020d) Adversarial Attacks on Link Prediction Algorithms Based on Graph Neural Networks. In: ACM Asia Conference on Computer and Communications Security

Lin X, Chen X (2012) Heterogeneous data integration by tree-augmented näıve bayes for protein-protein interactions prediction. PROTEOMICS 13(2):261-268

Lin Y, Liu Z, Sun M, Liu Y, Zhu X (2015) Learning entity and relation embeddings for knowledge graph completion. In: Proceedings of the AAAI Conference on Artificial Intelligence, vol 29

Lin Y, Ren P, Chen Z, Ren Z, Yu D, Ma J, Rijke Md, Cheng X (2020e) Meta matrix factorization for federated rating predictions. In: Proceedings of the 43rd International ACM SIGIR Conference on Research and Development in Information Retrieval, pp 981-990

Lin ZH, Huang SY, Wang YCF (2020f) Convolution in the cloud: Learning deformable kernels in 3d graph convolution networks for point cloud analysis. In: Proceedings of the IEEE/CVF Conference on Computer Vision and Pattern Recognition, pp 1800-1809

Ling X, Ji S, Zou J, Wang J, Wu C, Li B, Wang T (2019) DEEPSEC: A uniform platform for security analysis of deep learning model. In: 2019 IEEE Symposium on Security and Privacy (S&P), IEEE, pp 673-690

Ling X, Wu L, Wang S, Ma T, Xu F, Liu AX, Wu C, Ji S (2020) Multi-level graph matching networks for deep graph similarity learning. arXiv preprint arXiv: 200704395

Ling X, Wu L, Wang S, Pan G, Ma T, Xu F, Liu AX, Wu C, Ji S (2021) Deep graph matching and searching for semantic code retrieval. ACM Transactions on Knowledge Discovery from Data (TKDD)

Linial N, London E, Rabinovich Y (1995) The geometry of graphs and some of its algorithmic applications. Combinatorica 15(2): 215-245

Linmei H, Yang T, Shi C, Ji H, Li X (2019) Heterogeneous graph attention networks for semi-supervised short text classification. In: Proceedings of the 2019 Conference on Empirical Methods in Natural Language Processing and the 9th International Joint Conference on Natural Language Processing (EMNLP-IJCNLP), pp 4823-4832

Liu A, Xu N, Zhang H, Nie W, Su Y, Zhang Y (2018a) Multi-level policy and reward reinforcement learning for image captioning. In: IJCAI, pp 821-827

Liu B, Niu D, Lai K, Kong L, Xu Y (2017a) Growing story forest online from massive breaking news. In: Proceedings of the 2017 ACM on Conference on Information and Knowledge Management, pp 777-785

Liu B, Niu D, Wei H, Lin J, He Y, Lai K, Xu Y (2019a) Matching article pairs with graphical decomposition and convolutions. In: Proceedings of the 57th Annual Meeting of the Association for Computational Linguistics, pp 6284-6294

Liu B, Han FX, Niu D, Kong L, Lai K, Xu Y (2020a) Story forest: Extracting events and telling stories from breaking news. ACM Transactions on Knowledge Discovery from Data (TKDD) 14(3):1-28

Liu C, Zoph B, Neumann M, Shlens J, Hua W, Li LJ, Fei-Fei L, Yuille A, Huang J, Murphy K (2018b) Progressive neural architecture search. In: Proceedings of the European conference on computer vision, pp 19-34

Liu H, Simonyan K, Vinyals O, Fernando C, Kavukcuoglu K (2017b) Hierarchical representations for efficient architecture search. arXiv preprint arXiv: 171100436

Liu H, Simonyan K, Yang Y (2018c) Darts: Differentiable architecture search. arXiv preprint arXiv:180609055

Liu J, Chi Y, Zhu C (2015) A dynamic multiagent genetic algorithm for gene regulatory network reconstruction based on fuzzy cognitive maps. IEEE Transactions on Fuzzy Systems 24(2): 419-431

Liu J, Kumar A, Ba J, Kiros J, Swersky K (2019b) Graph normalizing flows. arXiv preprint arXiv:190513177

Liu L, Ma Y, Zhu X, et al (2019) Integrating sequence and network information to enhance protein-protein interaction prediction using graph convolutional networks. In: 2019 IEEE International Conference on Bioinformatics and Biomedicine (BIBM), pp 1762-1768, DOI 10.1109/BIBM47256.2019.8983330

Liu L, Ouyang W, Wang X, Fieguth P, Chen J, Liu X, Pietikäinen M (2020b) Deep learning for generic object detection: A survey. International journal of computer vision 128(2): 261-318

Liu M, Gao H, Ji S (2020c) Towards deeper graph neural networks. In: Proceedings of the 26th ACM SIGKDD International Conference on Knowledge Discovery & Data Mining, pp 338-348

Liu N, Tan Q, Li Y, Yang H, Zhou J, Hu X (2019a) Is a single vector enough? exploring node polysemy for network embedding. In: Proceedings of the 25th ACM SIGKDD International Conference on Knowledge Discovery & Data Mining, pp 932-940

Liu N, Du M, Hu X (2020d) Adversarial machine learning: An interpretation perspective. arXiv preprint arXiv: 200411488

Liu P, Chang S, Huang X, Tang J, Cheung JCK (2019b) Contextualized non-local neural networks for sequence learning. In: Proceedings of the AAAI Conference on Artificial Intelligence, vol 33, pp 6762-6769

Liu Q, Allamanis M, Brockschmidt M, Gaunt AL (2018d) Constrained graph variational autoencoders for molecule design. arXiv preprint arXiv: 180509076

Liu S, Yang N, Li M, Zhou M (2014) A recursive recurrent neural network for statistical machine translation. In: Proceedings of the 52nd Annual Meeting of the Association for Computational Linguistics, ACL 2014, June 22-27, 2014, Baltimore, MD, USA, Volume 1: Long Papers, The Association for Computer Linguistics, pp 1491-1500

Liu S, Chen Y, Xie X, Siow JK, Liu Y (2021) Retrieval-augmented generation for code summarization via hybrid gnn. In: 9th International Conference on Learning Representations

Liu X, Si S, Zhu X, Li Y, Hsieh CJ (2019c) A Unified Framework for Data Poisoning Attack to Graph-based Semi-supervised Learning. In: Neural Information Processing Systems, NeurIPS

Liu X, Pan H, He M, Song Y, Jiang X, Shang L (2020e) Neural subgraph isomorphism counting. In: Proceedings of the 26th ACM SIGKDD International Conference on Knowledge Discovery & Data Mining, pp 1959-1969

Liu X, Zhang F, Hou Z, Wang Z, Mian L, Zhang J, Tang J (2020f) Self-supervised learning: Generative or contrastive. arXiv preprint arXiv: 200608218 1(2)

Liu Y, Lee J, Park M, Kim S, Yang E, Hwang SJ, Yang Y (2018e) Learning to propagate labels: Transductive propagation network for few-shot learning. arXiv preprint arXiv: 180510002

Liu Y, Wan B, Zhu X, He X (2020g) Learning cross-modal context graph for visual grounding. In: Proceedings of the AAAI Conference on Artificial Intelligence, vol 34, pp 11645-11652

Liu Y, Zhang F, Zhang Q, Wang S, Wang Y, Yu Y (2020h) Cross-view correspondence reasoning based on bipartite graph convolutional network for mammogram mass detection. In: Proceedings of the IEEE/CVF Conference on Computer Vision and Pattern Recognition, pp 3812-3822

Liu Z, Chen C, Yang X, Zhou J, Li X, Song L (2018f) Heterogeneous graph neural networks for malicious account detection. In: Proceedings of the 27th ACM International Conference on Information and Knowledge Management, pp 2077-2085

Livshits B, Nori AV, Rajamani SK, Banerjee A (2009) Merlin: specification inference for explicit information flow problems. ACM Sigplan Notices 44(6): 75-86

Locatelli A, Sieniutycz S (2002) Optimal control: An introduction. Appl Mech Rev 55(3): B48-B49

Loiola EM, de Abreu NMM, Boaventura-Netto PO, Hahn P, Querido T (2007) A survey for the quadratic assignment problem. European journal of operational research 176(2): 657-690

Lops P, De Gemmis M, Semeraro G (2011) Content-based recommender systems: State of the art and trends.

In: Recommender systems handbook, Springer, pp 73-105

Loukas A (2020) What graph neural networks cannot learn: depth vs width. In: International Conference on Learning Representations

Lovász L, et al (1993) Random walks on graphs: A survey. Combinatorics, Paul erdos is eighty 2(1): 1-46

Lovell SC, Davis IW, Arendall WB, et al (2003) Structure validation by c geometry, and c deviation. Proteins: Structure, Function, and Bioinformatics 50(3): 437-450

Loyola P, Marrese-Taylor E, Matsuo Y (2017) A neural architecture for generating natural language descriptions from source code changes. In: Proceedings of the 55th Annual Meeting of the Association for Computational Linguistics (Volume 2: Short Papers), pp 287-292

Lü L, Zhou T (2011) Link prediction in complex networks: A survey. Physica A: statistical mechanics and its applications 390(6): 1150-1170

Lu X, Wang B, Zheng X, Li X (2017a) Exploring models and data for remote sensing image caption generation. IEEE Transactions on Geoscience and Remote Sensing 56(4): 2183-2195

Lu Y, Zhao Z, Li G, Jin Z (2017b) Learning to generate comments for api-based code snippets. In: Software Engineering and Methodology for Emerging Domains, Springer, pp 3-14

Lucic A, ter Hoeve M, Tolomei G, de Rijke M, Silvestri F (2021) Cfgnnexplainer: Counterfactual explanations for graph neural networks. arXiv preprint arXiv: 210203322

Luo D, Cheng W, Xu D, Yu W, Zong B, Chen H, Zhang X (2020) Parameterized explainer for graph neural network. arXiv preprint arXiv: 201104573

Luo D, Cheng W, Yu W, Zong B, Ni J, Chen H, Zhang X (2021) Learning to Drop: Robust Graph Neural Network via Topological Denoising. In: International Conference on Web Search and Data Mining, WSDM

Luo R, Liao W, Huang X, Pi Y, Philips W (2016) Feature extraction of hyper-spectral images with semi-supervised graph learning. IEEE Journal of Selected Topics in Applied Earth Observations and Remote Sensing 9(9): 4389-4399

Luo R, Tian F, Qin T, Chen EH, Liu TY (2018) Neural architecture optimization. In: Advances in neural information processing systems

Luo X, You Z, Zhou M, et al (2015) A highly efficient approach to protein inter-actome mapping based on collaborative filtering framework. Scientific Reports 5(1): 7702

Luong T, Pham H, Manning CD (2015) Effective approaches to attention-based neural machine translation. In: Proceedings of the 2015 Conference on Empirical Methods in Natural Language Processing, Association for Computational Linguistics, Lisbon, Portugal, pp 1412-1421, DOI 10.18653/v1/D15-1166

Ma G, Ahmed NK, Willke TL, Yu PS (2019a) Deep graph similarity learning: A survey. arXiv preprint arXiv: 191211615

Ma H, Bian Y, Rong Y, Huang W, Xu T, Xie W, Ye G, Huang J (2020a) Multiview graph neural networks for molecular property prediction. arXiv e-prints pp arXiv-2005

Ma J, Tang W, Zhu J, Mei Q (2019b) A flexible generative framework for graph-based semi-supervised learning. In: Advances in Neural Information Processing Systems, pp 3281-3290

Ma J, Zhou C, Cui P, Yang H, Zhu W (2019c) Learning disentangled representations for recommendation. In: Wallach HM, Larochelle H, Beygelzimer A, d'Alché-Buc F, Fox EB, Garnett R (eds) Advances in Neural Information Processing Systems 32: Annual Conference on Neural Information Processing Systems 2019, NeurIPS 2019, December 8-14, 2019, Vancouver, BC, Canada, pp 5712-5723

Ma J, Ding S, Mei Q (2020b) Towards more practical adversarial attacks on graph neural networks. In: Larochelle H, Ranzato M, Hadsell R, Balcan M, Lin H (eds) Advances in Neural Information Processing Systems 33: Annual Conference on Neural Information Processing Systems 2020, NeurIPS 2020, December 6-12,2020, virtual

Ma T, Chen J, Xiao C (2018) Constrained generation of semantically valid graphs via regularizing variational autoencoders. In: Advances in Neural Information Processing Systems, pp 7113-7124

Ma Y, Wang S, Aggarwal CC, Tang J (2019d) Graph convolutional networks with eigenpooling. In: ACM SIGKDD International Conference on Knowledge Discovery & Data Mining, ACM, pp 723-731

Maalej W, Tiarks R, Roehm T, Koschke R (2014) On the comprehension of program comprehension. ACM Transactions on Software Engineering and Methodology (TOSEM) 23(4): 1-37

Maddison C, Mnih A, Teh Y (2017) The concrete distribution: A continuous relaxation of discrete random variables. International Conference on Learning Repre-sentations

Madry A, Makelov A, Schmidt L, Tsipras D, Vladu A (2017) Towards deep learning models resistant to adversarial attacks. arXiv preprint arXiv: 170606083

Maglott D, Ostell J, Pruitt KD, Tatusova T (2010) Entrez gene: genecentered information at ncbi. Nucleic acids research 39(suppl 1): D52-D57

Malewicz G, Austern MH, Bik AJ, Dehnert JC, Horn I, Leiser N, Czajkowski G (2010) Pregel: a system for large-scale graph processing. In: Proceedings of the 2010 ACM SIGMOD International Conference on Management of data, pp 135-146

Malliaros FD, Vazirgiannis M (2013) Clustering and community detection in directed networks: A survey. Physics reports 533(4): 95-142

Man T, Shen H, Liu S, Jin X, Cheng X (2016) Predict anchor links across social networks via an embedding approach. In: Ijcai, vol 16, pp 1823-1829

Manessi F, Rozza A (2020) Graph-based neural network models with multiple self-supervised auxiliary tasks. arXiv preprint arXiv: 201107267

Manessi F, Rozza A, Manzo M (2020) Dynamic graph convolutional networks. Pattern Recognition 97: 107,000

Mangal R, Zhang X, Nori AV, Naik M (2015) A user-guided approach to program analysis. In: Proceedings of the 2015 10th Joint Meeting on Foundations of Software Engineering, pp 462-473

Manning C, Schutze H (1999) Foundations of statistical natural language processing. MIT press

Marcheggiani D, Titov I (2017) Encoding sentences with graph convolutional networks for semantic role labeling. In: EMNLP 2017-Conference on Empirical Methods in Natural Language Processing, Proceedings, pp 1506-1515

Marcheggiani D, Bastings J, Titov I (2018) Exploiting semantics in neural machine translation with graph convolutional networks. arXiv preprint arXiv: 180408313

Maretic HP, Thanou D, Frossard P (2017) Graph learning under sparsity priors. In:2017 IEEE International Conference on Acoustics, Speech and Signal Processing (ICASSP), Ieee, pp 6523-6527

Markovitz A, Sharir G, Friedman I, Zelnik-Manor L, Avidan S (2020) Graph embedded pose clustering for anomaly detection. In: Proceedings of the IEEE/CVF Conference on Computer Vision and Pattern Recognition, pp 10539-10547

Maron H, Ben-Hamu H, Shamir N, Lipman Y (2018) Invariant and equivariant graph networks. In: International Conference on Learning Representations

Maron H, Ben-Hamu H, Serviansky H, Lipman Y (2019a) Provably powerful graph networks. In: Advances in Neural Information Processing Systems, pp 2153-2164

Maron H, Fetaya E, Segol N, Lipman Y (2019b) On the universality of invariant networks. In: International Conference on Machine Learning, pp 4363-4371

Mathew B, Sikdar S, Lemmerich F, Strohmaier M (2020) The polar framework: Polar opposites enable interpretability of pre-trained word embeddings. In: Proceedings of The Web Conference 2020, pp 1548-1558

Matsuno R, Murata T (2018) Mell: effective embedding method for multiplex networks. In: Companion Proceedings of the The Web Conference 2018, pp 1261-1268

Matuszek C (2018) Grounded language learning: Where robotics and nlp meet (invited talk). In: Proceedings of the 27th International Joint Conference on Artificial Intelligence, pp 5687-5691

Maziarka Ł, Danel T, Mucha S, Rataj K, Tabor J, Jastrzebski S (2020a) Molecule attention transformer. arXiv preprint arXiv: 200208264

Maziarka Ł, Pocha A, Kaczmarczyk J, Rataj K, Danel T, Warchoł M (2020b) Molcyclegan: a generative model for molecular optimization. Journal of Cheminformatics 12(1): 1-18

McBurney PW, McMillan C (2014) Automatic documentation generation via source code summarization of method context. In: Proceedings of the 22nd International Conference on Program Comprehension, ACM, pp 279-290

McBurney PW, McMillan C (2016) Automatic source code summarization of context for java methods. IEEE Transactions on Software Engineering 42(2): 103-119

McBurney PW, Liu C, McMillan C (2016) Automated feature discovery via sentence selection and source code summarization. Journal of Software: Evolution and Process 28(2): 120-145

McMillan C, Grechanik M, Poshyvanyk D, Xie Q, Fu C (2011) Portfolio: finding relevant functions and their usage. In: Proceedings of the 33rd International Conference on Software Engineering, pp 111-120

Mcmillan C, Poshyvanyk D, Grechanik M, Xie Q, Fu C (2013) Portfolio: Searching for relevant functions and their usages in millions of lines of code. ACM Transactions on Software Engineering and Methodology (TOSEM) 22(4): 1-30

McNee SM, Riedl J, Konstan JA (2006) Being accurate is not enough: how accuracy metrics have hurt recommender systems. In: CHI'06 extended abstracts on Human factors in computing systems, pp 1097-1101

Mendez D, Gaulton A, Bento AP, Chambers J, De Veij M, Félix E, Magariños MP, Mosquera JF, Mutowo P, Nowotka M, et al (2019) Chembl: towards direct deposition of bioassay data. Nucleic acids research 47(D1): D930-D940

Merkwirth C, Lengauer T (2005) Automatic generation of complementary descriptors with molecular graph networks. Journal of Chemical Information and Modeling 45(5): 1159-1168

Mesquita DPP, Jr AHS, Kaski S (2020) Rethinking pooling in graph neural networks. In: Advances in Neural Information Processing Systems

Mihalcea R, Tarau P (2004) Textrank: Bringing order into text. In: Proceedings of the 2004 conference on empirical methods in natural language processing, pp 404-411

Miikkulainen R, Liang J, Meyerson E, Rawal A, Fink D, Francon O, Raju B, Shahrzad H, Navruzyan A, Duffy N, et al (2019) Evolving deep neural networks. In: Artificial Intelligence in the Age of Neural Networks and Brain Computing, Elsevier, pp 293-312

Mikolov T, Karafiát M, Burget L, Cernocký J, Khudanpur S (2010) Recurrent neural network based language model. In: Kobayashi T, Hirose K, Nakamura S (eds) INTERSPEECH 2010, 11th Annual Conference of the International Speech Communication Association, Makuhari, Chiba, Japan, September 26-30, 2010, ISCA, pp 1045-1048

Mikolov T, Deoras A, Kombrink S, Burget L, Cernocký J (2011a) Empirical evaluation and combination of advanced language modeling techniques. In: INTERSPEECH 2011, 12th Annual Conference of the International Speech Communication Association, Florence, Italy, August 27-31, 2011, ISCA, pp 605-608

Mikolov T, Kombrink S, Burget L, Černockỳ J, Khudanpur S (2011b) Extensions of recurrent neural network language model. In: 2011 IEEE international conference on acoustics, speech and signal processing (ICASSP), IEEE, pp 5528-5531

Mikolov T, Chen K, Corrado G, Dean J (2013a) Efficient estimation of word representations in vector space. arXiv preprint arXiv: 13013781

Mikolov T, Sutskever I, Chen K, Corrado GS, Dean J (2013b) Distributed representations of words and phrases and their compositionality. In: Advances in neural information processing systems, pp 3111-3119

Mikolov T CGDJ Chen K (2013) Efficient estimation of word representations in vector space. In: International Conference on Learning Representations

Miller BA, C¸ amurcu M, Gomez AJ, Chan K, Eliassi-Rad T (2019) Improving Robustness to Attacks Against Vertex Classification. In: Deep Learning for Graphs at AAAI Conference on Artificial Intelligence

Miller GA (1995) Wordnet: a lexical database for english. Communications of the ACM 38(11): 39-41

Miller T (2019) Explanation in artificial intelligence: Insights from the social sciences. Artificial intelligence 267: 1-38

Milo R, Shen-Orr S, Itzkovitz S, Kashtan N, Chklovskii D, Alon U (2002) Network motifs: simple building blocks of complex networks. Science 298(5594): 824-827

Min S, Gao Z, Peng J, Wang L, Qin K, Fang B Stgsn-a spatial-temporal graph neural network framework for time-evolving social networks. Knowledge-Based Systems p 106746

Mir AM, Latoskinas E, Proksch S, Gousios G (2021) Type4Py: Deep similarity learning-based type inference for Python. arXiv preprint arXiv:210104470

Mirza M, Osindero S (2014) Conditional generative adversarial nets. arXiv preprint arXiv:14111784

Mnih A, Salakhutdinov RR (2008) Probabilistic matrix factorization. In: Advances in neural information processing systems, pp 1257-1264

Mnih V, Kavukcuoglu K, Silver D, Rusu AA, Veness J, Bellemare MG, Graves A, Riedmiller M, Fidjeland AK, Ostrovski G, et al (2015) Human-level control through deep reinforcement learning. Nature 518(7540): 529-533

Mokou M, Lygirou V, Angelioudaki I, Paschalidis N, Stroggilos R, Frantzi M, Latosinska A, Bamias A, Hoffmann MJ, Mischak H, et al (2020) A novel pipeline for drug repurposing for bladder cancer based on patients' omics signatures. Cancers 12(12): 3519

Momtazpour M, Butler P, Hossain MS, Bozchalui MC, Ramakrishnan N, Sharma R (2012) Coordinated clustering algorithms to support charging infrastructure design for electric vehicles. In: Proceedings of the ACM SIGKDD International Workshop on Urban Computing, pp 126-133

Montavon G, Samek W, Müller KR (2018) Methods for interpreting and understanding deep neural networks. Digital Signal Processing 73: 1-15

Monti F, Bronstein M, Bresson X (2017) Geometric matrix completion with recurrent multi-graph neural networks. In: Advances in Neural Information Processing Systems, pp 3700-3710

Monti F, Frasca F, Eynard D, Mannion D, Bronstein MM (2019) Fake news detection on social media using geometric deep learning. In: Workshop on Representation Learning on Graphs and Manifolds

Moreno L, Aponte J, Sridhara G, Marcus A, Pollock L, Vijay-Shanker K (2013) Automatic generation of natural language summaries for java classes. In: 2013 21st International Conference on Program Comprehension (ICPC), IEEE, pp 23-32

Moreno L, Bavota G, Di Penta M, Oliveto R, Marcus A, Canfora G (2014) Automatic generation of release notes. In: Proceedings of the 22nd ACM SIGSOFT International Symposium on Foundations of Software Engineering, ACM, pp 484-495

Morris C, Kersting K, Mutzel P (2017) Glocalized Weisfeiler-Lehman kernels: Global-local feature maps of graphs. In: IEEE International Conference on Data Mining, IEEE, pp 327-336

Morris C, Ritzert M, Fey M, Hamilton WL, Lenssen JE, Rattan G, Grohe M (2019) Weisfeiler and leman go neural: Higher-order graph neural networks. In: the AAAI Conference on Artificial Intelligence, vol 33, pp 4602-4609

Morris C, Kriege NM, Bause F, Kersting K, Mutzel P, Neumann M (2020a) TU-Dataset: A collection of benchmark datasets for learning with graphs. CoRR abs/2007.08663

Morris C, Rattan G, Mutzel P (2020b) Weisfeiler and leman go sparse: Towards scalable higher-order graph embeddings. Advances in Neural Information Processing Systems 33

Mueller J, Thyagarajan A (2016) Siamese recurrent architectures for learning sentence similarity. In: Proceedings of the AAAI Conference on Artificial Intelligence, vol 30

Mungall CJ, Torniai C, Gkoutos GV, Lewis SE, Haendel MA (2012) Uberon, an integrative multi-species anatomy ontology. Genome biology 13(1):1-20

Murphy R, Srinivasan B, Rao V, Ribeiro B (2019a) Relational pooling for graph representations. In: International Conference on Machine Learning, pp 4663-4673

Murphy RL, Srinivasan B, Rao VA, Ribeiro B (2019b) Janossy pooling: Learning deep permutation-invariant functions for variable-size inputs. In: International Conference on Learning Representations

Murphy RL, Srinivasan B, Rao VA, Ribeiro B (2019c) Relational pooling for graph representations. In: International Conference on Machine Learning, pp 4663-4673

Nair V, Hinton GE (2010) Rectified linear units improve restricted boltzmann machines. In: Fürnkranz J, Joachims T (eds) Proceedings of the 27th International Conference on Machine Learning (ICML-10), June 21-24, 2010, Haifa, Israel, Omnipress, pp 807-814

Nathani D, Chauhan J, Sharma C, Kaul M (2019) Learning attention-based embeddings for relation prediction in knowledge graphs. arXiv preprint arXiv: 190601195

Nelson CA, Butte AJ, Baranzini SE (2019) Integrating biomedical research and electronic health records to create knowledge-based biologically meaningful machine-readable embeddings. Nature communications 10(1): 1-10

Neville J, Jensen D (2000) Iterative classification in relational data. In: Proc. AAAI-2000 workshop on learning statistical models from relational data, pp 13-20

Newman M (2010) Networks: an introduction. Oxford university press Newman M (2018) Networks. Oxford university press

Newman ME (2006a) Finding community structure in networks using the eigenvectors of matrices. Physical review E 74(3): 036,104

Newman ME (2006b) Modularity and community structure in networks. Proceedings of the national academy of sciences 103(23): 8577-8582

Nguyen DQ, Nguyen TD, Nguyen DQ, Phung D (2017) A novel embedding model for knowledge base completion based on convolutional neural network. arXiv preprint arXiv: 171202121

Nguyen HV, Bai L (2010) Cosine similarity metric learning for face verification. In: Asian conference on computer vision, Springer, pp 709-720

Nickel M, Tresp V (2013) Tensor factorization for multi-relational learning. In: Joint European Conference on Machine Learning and Knowledge Discovery in Databases, Springer, pp 617-621

Nickel M, Tresp V, Kriegel HP (2011) A three-way model for collective learning on multi-relational data. In: Proceedings of the 28th International Conference on International Conference on Machine Learning, Omnipress, Madison, WI, USA, ICML'11, p 809-816

Nickel M, Jiang X, Tresp V (2014) Reducing the rank in relational factorization models by including observable patterns. In: Advances in Neural Information Processing Systems, pp 1179-1187

Nickel M, Murphy K, Tresp V, Gabrilovich E (2016a) A review of relational machine learning for knowledge graphs. Proceedings of the IEEE 104(1): 11-33

Nickel M, Rosasco L, Poggio T (2016b) Holographic embeddings of knowledge graphs. In: Proceedings of the AAAI Conference on Artificial Intelligence, vol 30

Nicora G, Vitali F, Dagliati A, Geifman N, Bellazzi R (2020) Integrated multi-omics analyses in oncology: a review of machine learning methods and tools. Frontiers in oncology 10: 1030

Nie P, Rai R, Li JJ, Khurshid S, Mooney RJ, Gligoric M (2019) A framework for writing trigger-action todo comments in executable format. In: Proceedings of the 2019 27th ACM Joint Meeting on European Software Engineering Conference and Symposium on the Foundations of Software Engineering, ACM, pp 385-396

Nielson F, Nielson HR, Hankin C (2015) Principles of program analysis. Springer Niepert M, Ahmed M, Kutzkov K (2016) Learning convolutional neural networks for graphs. In: International Conference on Machine Learning, pp 2014-2023

Nikolentzos G, Meladianos P, Vazirgiannis M (2017) Matching node embeddings for graph similarity. In: AAAI Conference on Artificial Intelligence, pp 2429-2435

Ning X, Karypis G (2011) Slim: Sparse linear methods for top-n recommender systems. In: 2011 IEEE 11th International Conference on Data Mining, IEEE, pp 497-506

Niu C, Wu F, Tang S, Hua L, Jia R, Lv C, Wu Z, Chen G (2020) Billion-scale federated learning on mobile clients: A submodel design with tunable privacy. In: Proceedings of the 26th Annual International Conference on Mobile Computing and Networking, pp 1-14

Norcliffe-Brown W, Vafeias S, Parisot S (2018) Learning conditioned graph structures for interpretable visual question answering. In: Advances in neural information processing systems, pp 8334-8343

Noroozi M, Favaro P (2016) Unsupervised learning of visual representations by solving jigsaw puzzles. In: European conference on computer vision, Springer, pp 69-84

Nowozin S, Cseke B, Tomioka R (2016) f-gan: Training generative neural samplers using variational divergence minimization. In: Advances in Neural Information Processing Systems, vol 29

Noy N, Gao Y, Jain A, Narayanan A, Patterson A, Taylor J (2019) Industry-scale knowledge graphs: lessons and challenges. Communications of the ACM 62(8): 36-43

NT H, Maehara T (2019) Revisiting graph neural networks: All we have is low-pass filters. arXiv preprint arXiv: 190509550

Nunes M, Pappa GL (2020) Neural architecture search in graph neural networks. In: Brazilian Conference on Intelligent Systems, Springer, pp 302-317

Oda Y, Fudaba H, Neubig G, Hata H, Sakti S, Toda T, Nakamura S (2015) Learning to generate pseudo-code from source code using statistical machine translation (t). In: 2015 30th IEEE/ACM International Conference on Automated Software Engineering (ASE), IEEE, pp 574-584

Ok S (2020) A graph similarity for deep learning. In: Larochelle H, Ranzato M, Hadsell R, Balcan MF, Lin H (eds) Advances in Neural Information Processing Systems, Curran Associates, Inc., vol 33, pp 1-12

Olah C, Satyanarayan A, Johnson I, Carter S, Schubert L, Ye K, Mordvintsev A (2018) The building blocks of interpretability. Distill DOI 10.23915/distill.00010

On K, Kim E, Heo Y, Zhang B (2020) Cut-based graph learning networks to discover compositional structure of sequential video data. In: The Thirty-Fourth AAAI Conference on Artificial Intelligence, pp 5315-5322

Oono K, Suzuki T (2020) Graph neural networks exponentially lose expressive power for node classification. In: International Conference on Learning Representations

Oord Avd, Kalchbrenner N, Vinyals O, Espeholt L, Graves A, Kavukcuoglu K (2016) Conditional image generation with pixelcnn decoders. In: Proceedings of the 30th International Conference on Neural Information Processing Systems, pp 4797-4805

Oord Avd, Li Y, Vinyals O (2018) Representation learning with contrastive predictive coding. arXiv preprint arXiv: 180703748

Orchard S, Ammari M, Aranda B, Breuza L, Briganti L, Broackes-Carter F, Campbell NH, Chavali G, Chen C, Del-Toro N, et al (2014) The mintact project-intact as a common curation platform for 11 molecular interaction databases. Nucleic acids research 42(D1): D358-D363

Ottenstein KJ, Ottenstein LM (1984) The program dependence graph in a software development environment. ACM Sigplan Notices 19(5): 177-184

Ou M, Cui P, Wang F, Wang J, Zhu W (2015) Non-transitive hashing with latent similarity components. In: Proceedings of the 21th ACM SIGKDD International Conference on Knowledge Discovery and Data Mining, pp 895-904

Ou M, Cui P, Pei J, Zhang Z, Zhu W (2016) Asymmetric transitivity preserving graph embedding. In: Proceedings of the 22nd ACM SIGKDD international conference on Knowledge discovery and data mining, pp 1105-1114

Oyetunde T, Zhang M, Chen Y, Tang YJ, Lo C (2017) Boostgapfill: improving the fidelity of metabolic network reconstructions through integrated constraint and pattern-based methods. Bioinformatics 33(4): 608-611

Page L, Brin S, Motwani R, Winograd T (1999) The pagerank citation ranking: Bringing order to the web. Tech. rep., Stanford InfoLab

Paige CC, Saunders MA (1981) Towards a generalized singular value decomposition. SIAM Journal on Numerical Analysis 18(3): 398-405

Pal S, Malekmohammadi S, Regol F, Zhang Y, Xu Y, Coates M (2020) Nonparametric graph learning for bayesian graph neural networks. In: Conference on Uncertainty in Artificial Intelligence, PMLR, pp 1318-1327

Palasca O, Santos A, Stolte C, Gorodkin J, Jensen LJ (2018) Tissues 2.0: an integrative web resource on mammalian tissue expression. Database 2018

Palaz D, Collobert R, et al (2015a) Analysis of cnn-based speech recognition system using raw speech as input. Tech. rep., Idiap

Palaz D, Doss MM, Collobert R (2015b) Convolutional neural networks-based continuous speech recognition using raw speech signal. In: 2015 IEEE International Conference on Acoustics, Speech and Signal Processing (ICASSP), IEEE, pp 4295-4299

Paliwal A, Gimeno F, Nair V, Li Y, Lubin M, Kohli P, Vinyals O (2020) Reinforced genetic algorithm learning for optimizing computation graphs. In: International Conference on Learning Representations

Pan M, Li Y, Zhou X, Liu Z, Song R, Lu H, Luo J (2019) Dissecting the learning curve of taxi drivers: A data-driven approach. In: Proceedings of the 2019 SIAM International Conference on Data Mining, SIAM, pp 783-791

Pan M, Huang W, Li Y, Zhou X, Liu Z, Song R, Lu H, Tian Z, Luo J (2020a) Dhpa: Dynamic human preference analytics framework: A case study on taxi drivers' learning curve analysis. ACM Trans Intell Syst Technol 11(1), DOI 10. 1145/3360312

Pan M, Huang W, Li Y, Zhou X, Luo J (2020b) Xgail: Explainable generative adversarial imitation learning for explainable human decision analysis. In: Proceedings of the 26th ACM SIGKDD International Conference on Knowledge Discovery amp; Data Mining, Association for Computing Machinery, KDD '20, p 1334-1343, DOI 10.1145/3394486.3403186

Pan S, Wu J, Zhu X, Zhang C, Wang Y (2016) Tri-party deep network representation. In: Proceedings of the

Twenty-Fifth International Joint Conference on Artificial Intelligence, pp 1895-1901

Pan S, Hu R, Long G, Jiang J, Yao L, Zhang C (2018) Adversarially regularized graph autoencoder for graph embedding. In: Proceedings of the 27th International Joint Conference on Artificial Intelligence, pp 2609-2615

Pan W, Su C, Chen K, Henchcliffe C, Wang F (2020c) Learning phenotypic associations for parkinson's disease with longitudinal clinical records. medRxiv

Pandi IV, Barr ET, Gordon AD, Sutton C (2020) OptTyper: Probabilistic type inference by optimising logical and natural constraints. arXiv preprint arXiv: 200400348

Pang L, Lan Y, Guo J, Xu J, Wan S, Cheng X (2016) Text matching as image recognition. In: Proceedings of the AAAI Conference on Artificial Intelligence, vol 30 Pang LX, Chawla S, Liu W, Zheng Y (2011) On mining anomalous patterns in road traffic streams. In: International conference on advanced data mining and applications, Springer, pp 237-251

Panichella S, Aponte J, Di Penta M, Marcus A, Canfora G (2012) Mining source code descriptions from developer communications. In: 2012 20th IEEE International Conference on Program Comprehension (ICPC), IEEE, pp 63-72

Paninski L (2003) Estimation of entropy and mutual information. Neural computation 15(6): 1191-1253

Pantziarka P, Meheus L (2018) Omics-driven drug repurposing as a source of innovative therapies in rare cancers. Expert Opinion on Orphan Drugs 6(9): 513-517

Park C, Kim D, Zhu Q, Han J, Yu H (2019) Task-guided pair embedding in heterogeneous network. In: Proceedings of the 28th ACM International Conference on Information and Knowledge Management, pp 489-498

Parthasarathy S, Busso C (2017) Jointly predicting arousal, valence and dominance with multi-task learning. In: Interspeech, vol 2017, pp 1103-1107

Pascanu R, Mikolov T, Bengio Y (2013) On the difficulty of training recurrent neural networks. In: International conference on machine learning, PMLR, pp 1310-1318

Paszke A, Gross S, Massa F, Lerer A, Bradbury J, Chanan G, Killeen T, Lin Z, Gimelshein N, Antiga L, Desmaison A, Kopf A, Yang E, DeVito Z, Raison M, Tejani A, Chilamkurthy S, Steiner B, Fang L, Bai J, Chintala S (2019) Pytorch: An imperative style, high-performance deep learning library. In: Advances in Neural Information Processing Systems, vol 32

Pathak D, Krahenbuhl P, Donahue J, Darrell T, Efros AA (2016) Context encoders: Feature learning by inpainting. In: Proceedings of the IEEE conference on computer vision and pattern recognition, pp 2536-2544

Peña-Castillo L, Tasan M, Myers CL, et al (2008) A critical assessment of mus musculus gene function prediction using integrated genomic evidence. Genome Biology 9(Suppl 1):S2, DOI 10.1186/gb-2008-9-s1-s2

Peng H, Li J, He Y, Liu Y, Bao M, Wang L, Song Y, Yang Q (2018) Large-scale hierarchical text classification with recursively regularized deep graph-cnn. In: Proceedings of the 2018 world wide web conference, pp 1063-1072

Peng H, Pappas N, Yogatama D, Schwartz R, Smith N, Kong L (2021) Random feature attention. In: International Conference on Learning Representations

Peng Z, Dong Y, Luo M, Wu XM, Zheng Q (2020) Self-supervised graph representation learning via global context prediction. arXiv preprint arXiv:200301604

Pennington J, Socher R, Manning CD (2014) Glove: Global vectors for word representation. In: Proceedings of the 2014 conference on empirical methods in natural language processing (EMNLP), pp 1532-1543

Percha B, Altman RB (2018) A global network of biomedical relationships derived from text. Bioinformatics 34(15): 2614-2624

Perez E, Strub F, De Vries H, Dumoulin V, Courville A (2018) Film: Visual reasoning with a general conditioning layer. In: Proceedings of the AAAI Conference on Artificial Intelligence, vol 32

Perozzi B, Al-Rfou R, Skiena S (2014) Deepwalk: Online learning of social representations. In: Proceedings of the 20th ACM SIGKDD international conference on Knowledge discovery and data mining, pp 701-710

Petar V, Guillem C, Arantxa C, Adriana R, Pietro L, Yoshua B (2018) Graph attention networks. In: International Conference on Learning Representations

Pham H, Guan M, Zoph B, Le Q, Dean J (2018) Efficient neural architecture search via parameter sharing. In: International Conference on Machine Learning, pp 4092-4101

Pham T, Tran T, Phung D, Venkatesh S (2017) Column networks for collective classification. In:

Proceedings of the Thirty-First AAAI Conference on Artificial Intelligence, AAAI Press, AAAI'17, p 2485-2491

Piñero J, Ramírez-Anguita JM, Saüch-Pitarch J, Ronzano F, Centeno E, Sanz F, Furlong LI (2020) The disgenet knowledge platform for disease genomics: 2019 update. Nucleic acids research 48(D1): D845-D855

Pires DE, Blundell TL, Ascher DB (2015) pkcsm: predicting small-molecule pharmacokinetic and toxicity properties using graph-based signatures. Journal of medicinal chemistry 58(9): 4066-4072

Pletscher-Frankild S, Pallejà A, Tsafou K, Binder JX, Jensen LJ (2015) Diseases: Text mining and data integration of disease-gene associations. Methods 74: 83-89

Pogancic MV, Paulus A, Musil V, Martius G, Rolinek M (2020) Differentiation of blackbox combinatorial solvers. In: International Conference on Learning Repre-sentations

Pope PE, Kolouri S, Rostami M, Martin CE, Hoffmann H (2019) Explainability methods for graph convolutional neural networks. In: Proceedings of the IEEE/CVF Conference on Computer Vision and Pattern Recognition, pp 10772-10781

Pradel M, Sen K (2018) Deepbugs: A learning approach to name-based bug detection. Proceedings of the ACM on Programming Languages 2(OOPSLA): 1-25

Pradel M, Gousios G, Liu J, Chandra S (2020) TypeWriter: Neural type prediction with search-based validation. In: Proceedings of the 28th ACM Joint Meeting on European Software Engineering Conference and Symposium on the Foundations of Software Engineering, pp 209-220

Pushpakom S, Iorio F, Eyers PA, Escott KJ, Hopper S, Wells A, Doig A, Guilliams T, Latimer J, McNamee C, et al (2019) Drug repurposing: progress, challenges and recommendations. Nature reviews Drug discovery 18(1): 41-58

Putra JWG, Tokunaga T (2017) Evaluating text coherence based on semantic similarity graph. In: Proceedings of TextGraphs-11: the Workshop on Graph-based Methods for Natural Language Processing, pp 76-85

Qi Y, Bar-Joseph Z, Klein-Seetharaman J (2006) Evaluation of different biological data and computational classification methods for use in protein interaction prediction. Proteins: Structure, Function, and Bioinformatics 63(3): 490-500

Qiu J, Dong Y, Ma H, Li J, Wang K, Tang J (2018) Network embedding as matrix factorization: Unifying deepwalk, line, pte, and node2vec. In: Proceedings of the eleventh ACM international conference on web search and data mining, pp 459-467

Qiu J, Chen Q, Dong Y, Zhang J, Yang H, Ding M, Wang K, Tang J (2020a) Gcc: Graph contrastive coding for graph neural network pre-training. In: Proceedings of the 26th ACM SIGKDD International Conference on Knowledge Discovery & Data Mining, pp 1150-1160

Qiu J, Cen Y, Chen Q, Zhou C, Zhou J, Yang H, Tang J (2021) Local clustering graph neural networks. OpenReview

Qiu X, Sun T, Xu Y, Shao Y, Dai N, Huang X (2020b) Pre-trained models for natural language processing: A survey. Science China Technological Sciences pp 1-26

Qu Y, Cai H, Ren K, Zhang W, Yu Y, Wen Y, Wang J (2016) Product-based neural networks for user response prediction. In: 2016 IEEE 16th International Conference on Data Mining (ICDM), IEEE, pp 1149-1154

Radford A, Narasimhan K, Salimans T, Sutskever I (2018) Improving language understanding with unsupervised learning. Tech. rep., OpenAI

Radivojac P, Clark WT, Oron TR, et al (2013) A large-scale evaluation of computational protein function prediction. Nature Methods 10(3): 221-227

Raghothaman M, Kulkarni S, Heo K, Naik M (2018) User-guided program reasoning using Bayesian inference. In: Proceedings of the 39th ACM SIGPLAN Conference on Programming Language Design and Implementation, pp 722-735

Rahman TA, Surma B, Backes M, Zhang Y (2019) Fairwalk: Towards fair graph embedding. In: IJCAI, pp 3289-3295

Ramakrishnan R, Dral PO, Rupp M, Von Lilienfeld OA (2014) Quantum chemistry structures and properties of 134 kilo molecules. Scientific data 1(1): 1-7

Ramos PIP, Arge LWP, Lima NCB, Fukutani KF, de Queiroz ATL (2019) Leveraging user-friendly network approaches to extract knowledge from high-throughput omics datasets. Frontiers in genetics 10: 1120

Rastkar S, Murphy GC (2013) Why did this code change? In: Proceedings of the 2013 International Conference on Software Engineering, IEEE Press, pp 1193-1196

Rastkar S, Murphy GC, Bradley AW (2011) Generating natural language summaries for crosscutting source code concerns. In: 2011 27th IEEE International Conference on Software Maintenance (ICSM), IEEE, pp 103-112

Rastkar S, Murphy GC, Murray G (2014) Automatic summarization of bug reports. IEEE Transactions on Software Engineering 40(4): 366-380

Ratti C, Sobolevsky S, Calabrese F, Andris C, Reades J, Martino M, Claxton R, Strogatz SH (2010) Redrawing the map of great britain from a network of human interactions. PloS one 5(12)

Raychev V, Vechev M, Yahav E (2014) Code completion with statistical language models. In: Proceedings of the 35th ACM SIGPLAN Conference on Programming Language Design and Implementation, pp 419-428

Raychev V, Vechev M, Krause A (2015) Predicting program properties from Big Code. In: Principles of Programming Languages (POPL)

Real E, Moore S, Selle A, Saxena S, Suematsu YL, Tan J, Le Q, Kurakin A (2017) Large-scale evolution of image classifiers. arXiv preprint arXiv: 170301041

Real E, Aggarwal A, Huang Y, Le QV (2019) Regularized evolution for image classifier architecture search. In: Proceedings of the AAAI Conference on Artificial Intelligence, vol 33, pp 4780-4789

Ren H, Hu W, Leskovec J (2020) Query2box: Reasoning over knowledge graphs in vector space using box embeddings. In: International Conference on Learning Representations

Ren S, He K, Girshick R, Sun J (2015) Faster r-cnn: towards real-time object detection with region proposal networks. In: Proceedings of the 28th International Conference on Neural Information Processing Systems-Volume 1, pp 91-99

Ren Z, Wang X, Zhang N, Lv X, Li LJ (2017) Deep reinforcement learning-based image captioning with embedding reward. In: Proceedings of the IEEE conference on computer vision and pattern recognition, pp 290-298

Rendle S (2010) Factorization machines. In: 10th IEEE International Conference on Data Mining (ICDM), IEEE, pp 995-1000

Rezende DJ, Mohamed S, Wierstra D (2014) Stochastic backpropagation and approximate inference in deep generative models. In: International conference on machine learning, PMLR, pp 1278-1286

Rhodes G (2010) Crystallography made crystal clear: a guide for users of macromolecular models. Elsevier

Ribeiro LF, Saverese PH, Figueiredo DR (2017) struc2vec: Learning node representations from structural identity. In: the ACM SIGKDD International Conference on Knowledge Discovery and Data Mining, pp 385-394

Ribeiro MT, Ziviani N, Moura ESD, Hata I, Lacerda A, Veloso A (2014) Multiobjective pareto-efficient approaches for recommender systems. ACM Transactions on Intelligent Systems and Technology (TIST) 5(4): 1-20

Ribeiro MT, Singh S, Guestrin C (2016) " why should i trust you?" explaining the predictions of any classifier. In: Proceedings of the 22nd ACM SIGKDD international conference on knowledge discovery and data mining, pp 1135-1144

Richiardi J, Achard S, Bunke H, Van De Ville D (2013) Machine learning with brain graphs: predictive modeling approaches for functional imaging in systems neuroscience. IEEE Signal Processing Magazine 30(3): 58-70

Riesen K (2015) Structural Pattern Recognition with Graph Edit Distance Approximation Algorithms and Applications. Springer

Riesen K, Fankhauser S, Bunke H (2007) Speeding up graph edit distance computation with a bipartite heuristic. In: MLG, Citeseer, pp 21-24

Riloff E (1996) Automatically generating extraction patterns from untagged text. In: Proceedings of the national conference on artificial intelligence, pp 1044-1049

Rink B, Bejan CA, Harabagiu SM (2010) Learning textual graph patterns to detect causal event relations. In: FLAIRS Conference

Rizvi RF, Vasilakes JA, Adam TJ, Melton GB, Bishop JR, Bian J, Tao C, Zhang R (2019) Integrated dietary supplement knowledge base (idisk)

Robinson PN, Köhler S, Bauer S, et al (2008) The human phenotype ontology: A tool for annotating and analyzing human hereditary disease. The American Journal of Human Genetics 83(5):610-615

Rocco I, Cimpoi M, Arandjelović R, Torii A, Pajdla T, Sivic J (2018) Neighbourhood consensus networks. In: Advances in Neural Information Processing Systems, vol 31

Rodeghero P, McMillan C, McBurney PW, Bosch N, D'Mello S (2014) Improving automated source code summarization via an eye-tracking study of programmers. In: Proceedings of the 36th international conference on Software engineering, ACM, pp 390-401

Rodeghero P, Jiang S, Armaly A, McMillan C (2017) Detecting user story information in developer-client conversations to generate extractive summaries. In: 2017 IEEE/ACM 39th International Conference on Software Engineering (ICSE), IEEE, pp 49-59

Roehm T, Tiarks R, Koschke R, Maalej W (2012) How do professional developers comprehend software? In: 2012 34th International Conference on Software Engineering (ICSE), IEEE, pp 255-265

Rogers D, Hahn M (2010) Extended-connectivity fingerprints. Journal of Chemical Information and Modeling 50(5): 742-754

Rolínek M, Swoboda P, Zietlow D, Paulus A, Musil V, Martius G (2020) Deep graph matching via blackbox differentiation of combinatorial solvers. In: European Conference on Computer Vision, Springer, pp 407-424

Rong Y, Bian Y, Xu T, Xie W, Wei Y, Huang W, Huang J (2020a) Self-supervised graph transformer on large-scale molecular data. Advances in Neural Information Processing Systems 33

Rong Y, Huang W, Xu T, Huang J (2020b) Dropedge: Towards deep graph convolutional networks on node classification. In: International Conference on Learning Representations

Rong Y, Xu T, Huang J, Huang W, Cheng H, Ma Y, Wang Y, Derr T, Wu L, Ma T (2020c) Deep graph learning: Foundations, advances and applications. In: Proceedings of the 26th ACM SIGKDD International Conference on Knowledge Discovery & Data Mining, ACM, Virtual Event, pp 3555-3556

Rossi A, Barbosa D, Firmani D, Matinata A, Merialdo P (2021) Knowledge graph embedding for link prediction: A comparative analysis. ACM Transactions on Knowledge Discovery from Data (TKDD) 15(2): 1-49

Rossi E, Chamberlain B, Frasca F, Eynard D, Monti F, Bronstein M (2020) Temporal graph networks for deep learning on dynamic graphs. arXiv preprint arXiv: 200610637

Rotmensch M, Halpern Y, Tlimat A, Horng S, Sontag D (2017) Learning a health knowledge graph from electronic medical records. Scientific reports 7(1): 5994

Rousseau F, Vazirgiannis M (2013) Graph-of-word and tw-idf: new approach to ad hoc ir. In: Proceedings of the 22nd ACM international conference on Information & Knowledge Management, pp 59-68

Rousseau F, Kiagias E, Vazirgiannis M (2015) Text categorization as a graph classification problem. In: Proceedings of the 53rd Annual Meeting of the Association for Computational Linguistics and the 7th International Joint Conference on Natural Language Processing (Volume 1: Long Papers), pp 1702-1712

Roweis ST, Saul LK (2000) Nonlinear dimensionality reduction by locally linear embedding. science 290(5500): 2323-2326

Rubner Y, Tomasi C, Guibas LJ (1998) A metric for distributions with applications to image databases. In: Sixth International Conference on Computer Vision (IEEE Cat. No. 98CH36271), IEEE, pp 59-66

Rue H, Held L (2005) Gaussian Markov random fields: theory and applications. CRC press

Rui SCLDJZJL T (2005) A character recognition based on feature extraction. Journal of Chinese Computer Systems, 26(2), 289-292 26(2): 289-292

Sabour S, Frosst N, Hinton GE (2017) Dynamic routing between capsules. In: Proceedings of the 31st International Conference on Neural Information Processing Systems, pp 3859-3869

Sachdev S, Li H, Luan S, Kim S, Sen K, Chandra S (2018) Retrieval on source code: a neural code search. In: Proceedings of the 2nd ACM SIGPLAN International Workshop on Machine Learning and Programming Languages, pp 31-41

Sahu S, Gupta R, Sivaraman G, AbdAlmageed W, Espy-Wilson C (2017) Adversarial auto-encoders for speech based emotion recognition. Proc Interspeech 2017 pp 1243-1247

Sahu SK, Anand A (2018) Drug-drug interaction extraction from biomedical texts using long short-term memory network. Journal of biomedical informatics 86: 15-24

Saire D, Ramírez Rivera A (2019) Graph learning network: A structure learning algorithm. In: Workshop on Learning and Reasoning with Graph-Structured Data (ICMLW 2019)

Samanta B, Abir D, Jana G, Chattaraj PK, Ganguly N, Rodriguez MG (2019) Nevae: A deep generative model for molecular graphs. In: Proceedings of the AAAI Conference on Artificial Intelligence, vol 33, pp 1110-1117

Sanchez-Lengeling B, Wei J, Lee B, Reif E, Wang P, Qian W, McCloskey K, Colwell L, Wiltschko A (2020) Evaluating attribution for graph neural networks. In: Larochelle H, Ranzato M, Hadsell R, Balcan MF, Lin H (eds) Advances in Neural Information Processing Systems, Curran Associates, Inc., vol 33, pp 5898-5910

Sandryhaila A, Moura JF (2013) Discrete signal processing on graphs. IEEE Trans

Signal Process 61(7):1644-1656

Sangeetha J, Jayasankar T (2019) Emotion speech recognition based on adaptive fractional deep belief network and reinforcement learning. In: Cognitive Informatics and Soft Computing, Springer, pp 165-174

Santini S, Ostermaier B, Vitaletti A (2008) First experiences using wireless sensor networks for noise pollution monitoring. In: Proceedings of the workshop on Real-world wireless sensor networks, pp 61-65

Santos A, Colaço AR, Nielsen AB, Niu L, Geyer PE, Coscia F, Albrechtsen NJW, Mundt F, Jensen LJ, Mann M (2020) Clinical knowledge graph integrates proteomics data into clinical decision-making. bioRxiv

Sato R (2020) A survey on the expressive power of graph neural networks. arXiv preprint arXiv:200304078

Sato R, Yamada M, Kashima H (2021) Random features strengthen graph neural networks. In: Proceedings of the 2021 SIAM International Conference on Data Mining (SDM), SIAM, pp 333-341

Satorras VG, Estrach JB (2018) Few-shot learning with graph neural networks. In: International Conference on Learning Representations

Scarselli F, Gori M, Tsoi AC, Hagenbuchner M, Monfardini G (2008) The graph neural network model. IEEE transactions on neural networks 20(1): 61-80

Schenker A, Last M, Bunke H, Kandel A (2003) Clustering of web documents using a graph model. In: Web Document Analysis: Challenges and Opportunities, World Scientific, pp 3-18

Schlichtkrull M, Kipf TN, Bloem P, Van Den Berg R, Titov I, Welling M (2018) Modeling relational data with graph convolutional networks. In: European semantic web conference, Springer, pp 593-607

Schlichtkrull MS, De Cao N, Titov I (2021) Interpreting graph neural networks for nlp with differentiable edge masking. In: International Conference on Learning Representations

Schnake T, Eberle O, Lederer J, Nakajima S, Schütt KT, Müller KR, Montavon G (2020) Xai for graphs: Explaining graph neural network predictions by identifying relevant walks. arXiv preprint arXiv: 200603589

Schneider N, Flanigan J, O'Gorman T (2015) The logic of amr: Practical, unified, graph-based sentence semantics for nlp. In: Proceedings of the 2015 Conference of the North American Chapter of the Association for Computational Linguistics: Tutorial Abstracts, pp 4-5

Schriml LM, Mitraka E, Munro J, Tauber B, Schor M, Nickle L, Felix V, Jeng L, Bearer C, Lichenstein R, et al (2019) Human disease ontology 2018 update: classification, content and workflow expansion. Nucleic acids research 47(D1):D955-D962

Schuchardt J, Bojchevski A, Klicpera J, Günnemann S (2021) Collective robustness certificates. In: International Conference on Learning Representations, ICLR

Schug J (2002) Predicting gene ontology functions from ProDom and CDD protein domains. Genome Research 12(4): 648-655

Schulman J, Wolski F, Dhariwal P, Radford A, Klimov O (2017) Proximal policy optimization algorithms. arXiv preprint arXiv: 170706347

Schuster M, Paliwal KK (1997) Bidirectional recurrent neural networks. IEEE Transactions on Signal Processing 45(11): 2673-2681

Schwarzenberg R, Hübner M, Harbecke D, Alt C, Hennig L (2019) Layerwise relevance visualization in convolutional text graph classifiers. In: Proceedings of the EMNLP 2019 Workshop on Graph-Based Natural Language Processing

Schweidtmann AM, Rittig JG, König A, Grohe M, Mitsos A, Dahmen M (2020) Graph neural networks for prediction of fuel ignition quality. Energy & Fuels 34(9): 11395-11407

Schwikowski B, Uetz P, Fields S (2000) A network of protein-protein interactions in yeast. Nature Biotechnology 18(12): 1257-1261

Seide F, Li G, Yu D (2011) Conversational speech transcription using context-dependent deep neural networks. In: Twelfth annual conference of the international speech communication association

Seidman SB (1983) Network structure and minimum degree. Social Networks 5(3): 269-287

Selsam D, Bjørner N (2019) Guiding high-performance SAT solvers with unsat-core predictions. In: International Conference on Theory and Applications of Satisfiability Testing, Springer, pp 336-353

Semasaba AOA, Zheng W, Wu X, Agyemang SA (2020) Literature survey of deep learning-based vulnerability analysis on source code. IET Software

Seo Y, Defferrard M, Vandergheynst P, Bresson X (2018) Structured sequence modeling with graph convolutional recurrent networks. In: Neural Information Processing, Springer, pp 362-373

Shah M, Chen X, Rohrbach M, Parikh D (2019) Cycle-consistency for robust visual question answering. In: Proceedings of the IEEE/CVF Conference on Computer Vision and Pattern Recognition, pp 6649-6658

Shang C, Tang Y, Huang J, Bi J, He X, Zhou B (2019) End-to-end structure-aware convolutional networks for knowledge base completion. In: Proceedings of the AAAI Conference on Artificial Intelligence, vol 33, pp 3060-3067

Shang J, Zheng Y, Tong W, Chang E, Yu Y (2014) Inferring gas consumption and pollution emission of vehicles throughout a city. In: Proceedings of the 20th ACM SIGKDD international conference on Knowledge discovery and data mining, pp 1027-1036

Shanthamallu US, Thiagarajan JJ, Spanias A (2021) Uncertainty-Matching Graph Neural Networks to Defend Against Poisoning Attacks. In: AAAI Conference on Artificial Intelligence

Sharp ME (2017) Toward a comprehensive drug ontology: extraction of drug-indication relations from diverse information sources. Journal of biomedical semantics 8(1): 1-10

Shehu A, Barbará D, Molloy K (2016) A survey of computational methods for protein function prediction. In: Wong KC (ed) Big Data Analytics in Genomics, Springer Verlag, pp 225-298

Shen J, Zhang J, Luo X, et al (2007) Predicting protein-protein interactions based only on sequences information. Proceedings of the National Academy of Sciences 104(11): 4337-4341

Shen K, Wu L, Xu F, Tang S, Xiao J, Zhuang Y (2020) Hierarchical attention based spatial-temporal graph-to-sequence learning for grounded video description. In:Bessiere C (ed) Proceedings of the Twenty-Ninth International Joint Conference on Artificial Intelligence, IJCAI-20, International Joint Conferences on Artificial Intelligence Organization, pp 941-947, main track

Shen YL, Huang CY, Wang SS, Tsao Y, Wang HM, Chi TS (2019) Reinforcement learning based speech enhancement for robust speech recognition. In: ICASSP 2019-2019 IEEE International Conference on Acoustics, Speech and Signal Processing (ICASSP), IEEE, pp 6750-6754

Shen Z, Zhang M, Zhao H, Yi S, Li H (2021) Efficient attention: Attention with linear complexities. In: Proceedings of the IEEE/CVF Winter Conference on Applications of Computer Vision, pp 3531-3539

Shervashidze N, Schweitzer P, van Leeuwen EJ, Mehlhorn K, Borgwardt KM (2011a) Weisfeiler-Lehman graph kernels. Journal of Machine Learning Research 12: 2539-2561

Shervashidze N, Schweitzer P, Leeuwen EJv, Mehlhorn K, Borgwardt KM (2011b) Weisfeiler-lehman graph kernels. Journal of Machine Learning Research 12(Sep): 2539-2561

Shi C, Li Y, Zhang J, Sun Y, Philip SY (2016) A survey of heterogeneous information network analysis. IEEE Transactions on Knowledge and Data Engineering 29(1): 17-37

Shi C, Hu B, Zhao WX, Philip SY (2018a) Heterogeneous information network embedding for recommendation. IEEE Transactions on Knowledge and Data Engineering 31(2): 357-370

Shi C, Xu M, Zhu Z, Zhang W, Zhang M, Tang J (2019a) Graphaf: a flow-based autoregressive model for molecular graph generation. In: International Conference on Learning Representations

Shi J, Malik J (2000) Normalized cuts and image segmentation. IEEE Transactions on Pattern Analysis and Machine Intelligence 22(8):888-905, DOI 10.1109/34. 868688

Shi L, Zhang Y, Cheng J, Lu H (2019b) Skeleton-based action recognition with directed graph neural networks. In: IEEE/CVF Conference on Computer Vision and Pattern Recognition, pp 7912-7921

Shi M, Wilson DA, Zhu X, Huang Y, Zhuang Y, Liu J, Tang Y (2020) Evolutionary architecture search for graph neural networks. arXiv preprint arXiv:200910199

Shi W, Rajkumar R (2020) Point-gnn: Graph neural network for 3d object detection in a point cloud. In: Proceedings of the IEEE/CVF conference on computer vision and pattern recognition, pp 1711-1719

Shi Y, Gui H, Zhu Q, Kaplan L, Han J (2018b) Aspem: Embedding learning by aspects in heterogeneous information networks. In: Proceedings of the 2018 SIAM International Conference on Data Mining, SIAM, pp 144-152

Shi Y, Zhu Q, Guo F, Zhang C, Han J (2018c) Easing embedding learning by comprehensive transcription of heterogeneous information networks. In: Proceedings of the 24th ACM SIGKDD International Conference on Knowledge Discovery & Data Mining, pp 2190-2199

Shibata N, Kajikawa Y, Sakata I (2012) Link prediction in citation networks. Journal of the American society for information science and technology 63(1): 78-85

Shorten C, Khoshgoftaar TM (2019) A survey on image data augmentation for deep learning. Journal of Big Data 6(1): 1-48

Shou Z, Wang D, Chang SF (2016) Temporal action localization in untrimmed videos via multi-stage cnns. In: Proceedings of the IEEE conference on computer vision and pattern recognition, pp 1049-1058

Shou Z, Chan J, Zareian A, Miyazawa K, Chang SF (2017) Cdc: Convolutionalde-convolutional networks for precise temporal action localization in untrimmed videos. In: Proceedings of the IEEE conference on computer vision and pattern recognition, pp 5734-5743

Shrivastava S (2017) Bring rich knowledge of people places things and local businesses to your apps. Bing Blogs

Shu DW, Park SW, Kwon J (2019) 3d point cloud generative adversarial network based on tree structured graph convolutions. In: Proceedings of the IEEE/CVF International Conference on Computer Vision, pp 3859-3868

Shu K, Mahudeswaran D, Wang S, Liu H (2020) Hierarchical propagation networks for fake news detection: Investigation and exploitation. In: International AAAI Conference on Web and Social Media

Shuman DI, Narang SK, Frossard P, Ortega A, Vandergheynst P (2013) The emerging field of signal processing on graphs: Extending high-dimensional data analysis to networks and other irregular domains. IEEE Signal Process Mag 30(3): 83-98

Si X, Dai H, Raghothaman M, Naik M, Song L (2018) Learning loop invariants for program verification. Advances in Neural Information Processing Systems 31: 7751-7762

Si Y, Du J, Li Z, Jiang X, Miller T, Wang F, Zheng J, Roberts K (2020) Deep representation learning of patient data from electronic health records (ehr): A systematic review. Journal of Biomedical Informatics pp 103671-103671

Siddharth N, Paige B, van de Meent JW, Desmaison A, Goodman ND, Kohli P, Wood F, Torr PH (2017) Learning disentangled representations with semi-supervised deep generative models. In: Proceedings of the 31st International Conference on Neural Information Processing Systems, pp 5927-5937

Siegelmann HT, Sontag ED (1995) On the computational power of neural nets. Journal of computer and system sciences 50(1): 132-150

Silander T, Myllymäki P (2006) A simple approach for finding the globally optimal bayesian network structure. In: Proceedings of the Twenty-Second Conference on Uncertainty in Artificial Intelligence, pp 445-452

Sillito J, Murphy GC, De Volder K (2008) Asking and answering questions during a programming change task. IEEE Transactions on Software Engineering 34(4): 434-451

Silva J (2012) A vocabulary of program slicing-based techniques. ACM computing surveys (CSUR) 44(3):1-41

Silver D, Lever G, Heess N, Degris T, Wierstra D, Riedmiller M (2014) Deterministic policy gradient algorithms. In: International conference on machine learning, PMLR, pp 387-395

Simonovsky M, Komodakis N (2017) Dynamic edge-conditioned filters in convolutional neural networks on graphs. In: IEEE Conference on Computer Vision and Pattern Recognition, pp 29-38

Simonovsky M, Komodakis N (2018) Graphvae: Towards generation of small graphs using variational autoencoders. arXiv preprint arXiv: 180203480

Simonyan K, Zisserman A (2014a) Two-stream convolutional networks for action recognition in videos. In: Proceedings of the 27th International Conference on Neural Information Processing Systems, pp 568-576

Simonyan K, Zisserman A (2014b) Very deep convolutional networks for large-scale image recognition. arXiv preprint arXiv: 14091556

Simonyan K, Vedaldi A, Zisserman A (2013) Deep inside convolutional networks: Visualising image classification models and saliency maps. arXiv preprint arXiv: 13126034

Singhal A (2012) Introducing the knowledge graph: things, not strings. Official google blog 5:16

Skarding J, Gabrys B, Musial K (2020) Foundations and modelling of dynamic networks using dynamic graph neural networks: A survey. arXiv preprint arXiv: 200507496

Smilkov D, Thorat N, Kim B, Viégas F, Wattenberg M (2017) Smoothgrad: removing noise by adding noise. Workshop on Visualization for Deep Learning, ICML Socher R, Huang EH, Pennington J, Ng AY, Manning CD (2011) Dynamic pooling and unfolding recursive autoencoders for paraphrase detection. In: NIPS, vol 24, pp 801-809

Socher R, Chen D, Manning CD, Ng A (2013) Reasoning with neural tensor networks for knowledge base completion. In: Advances in neural information processing systems, Citeseer, pp 926-934

Sohn K, Lee H, Yan X (2015) Learning structured output representation using deep conditional generative models. Advances in neural information processing systems 28: 3483-3491

Song C, Lin Y, Guo S, Wan H (2020a) Spatial-temporal synchronous graph convolutional networks: A new framework for spatial-temporal network data forecasting. In: Proceedings of the AAAI Conference on Artificial Intelligence, vol 34, pp 914-921

Song L, Zhang Y, Wang Z, Gildea D (2018) A graph-to-sequence model for amr-to-text generation. In: Proceedings of the 56th Annual Meeting of the Association for Computational Linguistics (Volume 1: Long Papers), pp 1616-1626

Song L, Wang A, Su J, Zhang Y, Xu K, Ge Y, Yu D (2020b) Structural information preserving for graph-to-text generation. In: Proceedings of the 58th Annual Meeting of the Association for Computational Linguistics, pp 7987-7998

Song W, Xiao Z, Wang Y, Charlin L, Zhang M, Tang J (2019a) Session-based social recommendation via dynamic graph attention networks. In: ACM International Conference on Web Search and Data Mining, pp 555-563

Song X, Sun H, Wang X, Yan J (2019b) A survey of automatic generation of source code comments: Algorithms and techniques. IEEE Access 7:111411-111428

Sridhara G, Pollock L, Vijay-Shanker K (2011) Automatically detecting and describing high level actions within methods. In: Proceedings of the 33rd International Conference on Software Engineering, ACM, pp 101-110

Srinivasan B, Ribeiro B (2020a) On the equivalence between node embeddings and structural graph representations. In: International Conference on Learning Representations

Srinivasan B, Ribeiro B (2020b) On the equivalence between positional node embeddings and structural graph representations. In: 8th International Conference on Learning Representations, ICLR 2020, Addis Ababa, Ethiopia, April 26-30, 2020

Srivastava N, Hinton G, Krizhevsky A, Sutskever I, Salakhutdinov R (2014) Dropout: a simple way to prevent neural networks from overfitting. The journal of machine learning research 15(1): 1929-1958

Stanfield Z, Cos¸kun M, Koyutürk M (2017) Drug response prediction as a link prediction problem. Scientific reports 7(1): 1-13

Stanic A, van Steenkiste S, Schmidhuber J (2021) Hierarchical relational inference. In: Proceedings of the AAAI Conference on Artificial Intelligence

Stark C (2006) BioGRID: a general repository for interaction datasets. Nucleic Acids Research 34(90001): D535-D539

van Steenkiste S, Chang M, Greff K, Schmidhuber J (2018) Relational neural expectation maximization: Unsupervised discovery of objects and their interactions. In: International Conference on Learning Representations

Sterling T, Irwin JJ (2015) ZINC 15-ligand discovery for everyone. Journal of Chemical Information and Modeling 55(11): 2324-2337

Stokes J, Yang K, Swanson K, Jin W, Cubillos-Ruiz A, Donghia N, MacNair C, French S, Carfrae L, Bloom-Ackerman Z, Tran V, Chiappino-Pepe A, Badran A, Andrews I, Chory E, Church G, Brown E, Jaakkola T, Barzilay R, Collins J (2020) A deep learning approach to antibiotic discovery. Cell 180:688-702.e13

Su C, Aseltine R, Doshi R, Chen K, Rogers SC, Wang F (2020a) Machine learning for suicide risk prediction in children and adolescents with electronic health records. Translational psychiatry 10(1): 1-10

Su C, Tong J, Wang F (2020b) Mining genetic and transcriptomic data using machine learning approaches in parkinson's disease. npj Parkinson's Disease 6(1): 1-10

Su C, Tong J, Zhu Y, Cui P, Wang F (2020c) Network embedding in biomedical data science. Briefings in bioinformatics 21(1): 182-197

Su C, Xu Z, Hoffman K, Goyal P, Safford MM, Lee J, Alvarez-Mulett S, GomezEscobar L, Price DR, Harrington JS, et al (2020d) Identifying organ dysfunction trajectory-based subphenotypes in critically ill patients with covid-19. medRxiv

Su C, Xu Z, Pathak J, Wang F (2020e) Deep learning in mental health outcome research: a scoping review. Translational Psychiatry 10(1): 1-26

Su C, Zhang Y, Flory JH, Weiner MG, Kaushal R, Schenck EJ, Wang F (2021) Novel clinical subphenotypes in covid-19: derivation, validation, prediction, temporal patterns, and interaction with social determinants of health. medRxiv

Subramanian I, Verma S, Kumar S, Jere A, Anamika K (2020) Multi-omics data integration, interpretation, and its application. Bioinformatics and biology insights 14: 1177932219899,051

Sugiyama M, Borgwardt KM (2015) Halting in random walk kernels. In: Advances in Neural Information Processing Systems, pp 1639-1647

Sukhbaatar S, Fergus R, et al (2016) Learning multiagent communication with backpropagation. Advances in neural information processing systems 29: 2244-2252

Sun C, Gong Y, Wu Y, Gong M, Jiang D, Lan M, Sun S, Duan N (2019) Joint type inference on entities and relations via graph convolutional networks. In: Proceedings of the 57th Annual Meeting of the Association for Computational Linguistics, pp 1361-1370

Sun H, Xiao J, Zhu W, He Y, Zhang S, Xu X, Hou L, Li J, Ni Y, Xie G (2020a) Medical knowledge graph to enhance fraud, waste, and abuse detection on claim data: Model development and performance evaluation. JMIR Medical Informatics 8(7): e17653

Sun J, Jiang Q, Lu C (2020b) Recursive social behavior graph for trajectory prediction. In: Proceedings of the IEEE/CVF Conference on Computer Vision and Pattern Recognition, pp 660-669

Sun K, Lin Z, Zhu Z (2020c) Multi-stage self-supervised learning for graph convolutional networks on graphs with few labeled nodes. In: Proceedings of the AAAI Conference on Artificial Intelligence, vol 34, pp 5892-5899

Sun M, Li P (2019) Graph to graph: a topology aware approach for graph structures learning and generation. In: The 22nd International Conference on Artificial Intelligence and Statistics, PMLR, pp 2946-2955

Sun S, Zhang B, Xie L, Zhang Y (2017) An unsupervised deep domain adaptation approach for robust speech recognition. Neurocomputing 257: 79-87

Sun Y, Han J (2013) Mining heterogeneous information networks: a structural analysis approach. Acm Sigkdd Explorations Newsletter 14(2): 20-28

Sun Y, Han J, Yan X, Yu PS, Wu T (2011) Pathsim: Meta path-based top-k similarity search in heterogeneous information networks. Proceedings of the VLDB Endowment 4(11): 992-1003

Sun Y, Wang S, Tang X, Hsieh TY, Honavar V (2020d) Adversarial attacks on graph neural networks via node injections: A hierarchical reinforcement learning approach. In: Proceedings of The Web Conference 2020, Association for Computing Machinery, WWW'20, p 673-683, DOI 10.1145/3366423.3380149

Sun Y, Yuan F, Yang M, Wei G, Zhao Z, Liu D (2020e) A generic network compression framework for sequential recommender systems. In: Proceedings of the 43rd International ACM SIGIR Conference on Research and Development in Information Retrieval, pp 1299-1308

Sundararajan M, Taly A, Yan Q (2017) Axiomatic attribution for deep networks. In: International Conference on Machine Learning, PMLR, pp 3319-3328

Sutskever I, Vinyals O, Le QV (2014) Sequence to sequence learning with neural networks. Advances in Neural Information Processing Systems 27: 3104-3112

Sutton RS, Barto AG (2018) Reinforcement learning: An introduction. MIT press

Sutton RS, McAllester DA, Singh SP, Mansour Y (2000) Policy gradient methods for reinforcement learning with function approximation. In: Advances in Neural Information Processing Systems, pp 1057-1063

Swietojanski P, Li J, Renals S (2016) Learning hidden unit contributions for unsupervised acoustic model adaptation. IEEE/ACM Transactions on Audio, Speech, and Language Processing 24(8): 1450-1463

Szegedy C, Liu W, Jia Y, Sermanet P, Reed S, Anguelov D, Erhan D, Vanhoucke V, Rabinovich A (2015) Going deeper with convolutions. In: Proceedings of the IEEE conference on computer vision and pattern recognition, pp 1-9

Szklarczyk D, Gable AL, Lyon D, Junge A, Wyder S, Huerta-Cepas J, Simonovic M, Doncheva NT, Morris JH, Bork P, et al (2019) String v11: protein-protein association networks with increased coverage, supporting functional discovery in genome-wide experimental datasets. Nucleic acids research 47(D1): D607-D613

Takahashi T (2019) Indirect adversarial attacks via poisoning neighbors for graph convolutional networks. In: 2019 IEEE International Conference on Big Data (Big Data), IEEE, pp 1395-1400

Tang J, Wang K (2018) Personalized top-n sequential recommendation via convolutional sequence embedding. In: Proceedings of the Eleventh ACM International Conference on Web Search and Data Mining, pp 565-573

Tang J, Qu M, Mei Q (2015a) Pte: Predictive text embedding through large-scale heterogeneous text networks. In: Proceedings of the 21th ACM SIGKDD international conference on knowledge discovery and data mining, pp 1165-1174

Tang J, Qu M, Wang M, Zhang M, Yan J, Mei Q (2015b) Line: Large-scale information network embedding. In: Proceedings of the 24th international conference on world wide web, pp 1067-1077

Tang R, Du M, Liu N, Yang F, Hu X (2020a) An embarrassingly simple approach for trojan attack in deep neural networks. In: Proceedings of the 26th ACM SIGKDD International Conference on Knowledge Discovery & Data Mining, pp 218-228

Tang X, Li Y, Sun Y, Yao H, Mitra P, Wang S (2020b) Transferring robustness for graph neural network against poisoning attacks. In: Proceedings of the 13th International Conference on Web Search and Data Mining, pp 600-608

Tao J, Lin J, Zhang S, Zhao S, Wu R, Fan C, Cui P (2019) Mvan: Multi-view attention networks for real money trading detection in online games. In: Proceedings of the 25th ACM SIGKDD International Conference on Knowledge Discovery & Data Mining, pp 2536-2546

Tarlow D, Moitra S, Rice A, Chen Z, Manzagol PA, Sutton C, Aftandilian E (2020) Learning to fix build errors with Graph2Diff neural networks. In: Proceedings of the IEEE/ACM 42nd International Conference on Software Engineering Workshops, pp 19-20

Tate JG, Bamford S, Jubb HC, Sondka Z, Beare DM, Bindal N, Boutselakis H, Cole CG, Creatore C, Dawson E, et al (2019) Cosmic: the catalogue of somatic mutations in cancer. Nucleic acids research 47(D1):D941-D947

Te G, Hu W, Zheng A, Guo Z (2018) Rgcnn: Regularized graph cnn for point cloud segmentation. In: Proceedings of the 26th ACM international conference on Multimedia, pp 746-754

Tenenbaum JB, De Silva V, Langford JC (2000) A global geometric framework for nonlinear dimensionality reduction. science 290(5500): 2319-2323

Teru K, Denis E, Hamilton W (2020) Inductive relation prediction by subgraph reasoning. In: International Conference on Machine Learning, PMLR, pp 9448-9457

Thomas S, Seltzer ML, Church K, Hermansky H (2013) Deep neural network features and semi-supervised training for low resource speech recognition. In: 2013 IEEE international conference on acoustics, speech and signal processing, IEEE, pp 6704-6708

Tian Z, Guo M, Wang C, Liu X, Wang S (2017) Refine gene functional similarity network based on interaction networks. BMC bioinformatics (16)

Torng W, Altman RB (2018) High precision protein functional site detection using 3d convolutional neural networks. Bioinformatics 35(9): 1503-1512

Train K (1986) Qualitative choice analysis: Theory, econometrics, and an application to automobile demand, vol 10. MIT press

Tramer F, Carlini N, Brendel W, Madry A (2020) On adaptive attacks to adversarial example defenses. In: Larochelle H, Ranzato M, Hadsell R, Balcan MF, Lin H (eds) Advances in Neural Information Processing Systems, Curran Associates, Inc., vol 33, pp 1633-1645

Tran D, Bourdev L, Fergus R, Torresani L, Paluri M (2015) Learning spatiotemporal features with 3d convolutional networks. In: Proceedings of the IEEE international conference on computer vision, pp 4489-4497

Trivedi R, Dai H, Wang Y, Song L (2017) Know-evolve: Deep temporal reasoning for dynamic knowledge graphs. In: International Conference on Machine Learning, PMLR, pp 3462-3471

Trivedi R, Farajtabar M, Biswal P, Zha H (2019) Dyrep: Learning representations over dynamic graphs. In: International Conference on Learning Representations

Trouillon T, Welbl J, Riedel S, Gaussier É , Bouchard G (2016) Complex embeddings for simple link prediction. In: International Conference on Machine Learning, pp 2071-2080

Tsai YHH, Bai S, Yamada M, Morency LP, Salakhutdinov R (2019) Transformer dissection: An unified understanding for transformer's attention via the lens of kernel. In: Proceedings of the 2019 Conference on Empirical Methods in Natural Language Processing and the 9th International Joint Conference on Natural Language Processing (EMNLP-IJCNLP), pp 4335-4344

Tsuyuzaki K, Nikaido I (2017) Biological systems as heterogeneous information networks: a mini-review and perspectives. WSDM HeteroNAM 18-International Workshop on Heterogeneous Networks Analysis and Mining

Tu C, Zhang W, Liu Z, Sun M, et al (2016) Max-margin deepwalk: Discriminative learning of network representation. In: IJCAI, vol 2016, pp 3889-3895

Tu K, Cui P, Wang X, Wang F, Zhu W (2018) Structural deep embedding for hypernetworks. In: Proceedings of the AAAI Conference on Artificial Intelligence, vol 32

Tu M, Wang G, Huang J, Tang Y, He X, Zhou B (2019) Multi-hop reading comprehension across multiple documents by reasoning over heterogeneous graphs. In: Proceedings of the 57th Annual Meeting of the Association for Computational Linguistics, pp 2704-2713

Tufano M, Drain D, Svyatkovskiy A, Sundaresan N (2020) Generating accurate assert statements for unit test cases using pretrained transformers. arXiv preprint arXiv: 200905634

Tzirakis P, Zhang J, Schuller BW (2018) End-to-end speech emotion recognition using deep neural networks. In:2018 IEEE international conference on acoustics, speech and signal processing (ICASSP), IEEE, pp 5089-5093

Ulutan O, Iftekhar A, Manjunath BS (2020) Vsgnet: Spatial attention network for detecting human object interactions using graph convolutions. In: Proceedings of the IEEE/CVF Conference on Computer Vision and Pattern Recognition, pp 13617-13626

Vahedian A, Zhou X, Tong L, Li Y, Luo J (2017) Forecasting gathering events through continuous destination prediction on big trajectory data. In: Proceedings of the 25th ACM SIGSPATIAL International Conference on Advances in Geographic Information Systems, pp 1-10

Vahedian A, Zhou X, Tong L, Street WN, Li Y (2019) Predicting urban dispersal events: A two-stage framework through deep survival analysis on mobility data. In: Proceedings of the AAAI Conference on Artificial Intelligence, vol 33, pp 5199-5206

Van Hasselt H, Guez A, Silver D (2016) Deep reinforcement learning with double q-learning. In: Proceedings of the AAAI Conference on Artificial Intelligence, vol 30

Van Oord A, Kalchbrenner N, Kavukcuoglu K (2016) Pixel recurrent neural networks. In: International Conference on Machine Learning, pp 1747-1756

Vashishth S, Yadati N, Talukdar P (2019) Graph-based deep learning in natural language processing. In: Proceedings of the 2019 Conference on Empirical Methods in Natural Language Processing and the 9th International Joint Conference on Natural Language Processing (EMNLP-IJCNLP): Tutorial Abstracts

Vashishth S, Sanyal S, Nitin V, Talukdar P (2020) Composition-based multi-relational graph convolutional networks. In: International Conference on Learning Representations

Vasic M, Kanade A, Maniatis P, Bieber D, Singh R (2018) Neural program repair by jointly learning to localize and repair. In: International Conference on Learning Representations

Vaswani A, Shazeer N, Parmar N, Uszkoreit J, Jones L, Gomez AN, Kaiser u, Polosukhin I (2017) Attention is all you need. In: Proceedings of the 31st International Conference on Neural Information Processing Systems, Curran Associates Inc., Red Hook, NY, USA, NIPS'17, p 6000-6010

Veličković P, Cucurull G, Casanova A, Romero A, Lio P, Bengio Y (2018) Graph attention networks. In: International Conference on Learning Representations Velickovic P, Fedus W, Hamilton WL, Liò P, Bengio Y,

Hjelm RD (2019) Deep graph infomax. In: ICLR (Poster)

Veličković P, Ying R, Padovano M, Hadsell R, Blundell C (2019) Neural execution of graph algorithms. In: International Conference on Learning Representations

Velickovic P, Buesing L, Overlan M, Pascanu R, Vinyals O, Blundell C (2020) Pointer graph networks. In: Larochelle H, Ranzato M, Hadsell R, Balcan MF, Lin H (eds) Advances in Neural Information Processing Systems, Curran Associates, Inc., vol 33, pp 2232-2244

Veličković P, Fedus W, Hamilton WL, Liò P, Bengio Y, Hjelm RD (2019) Deep graph infomax. In: International Conference on Learning Representations

Vento M, Foggia P (2013) Graph matching techniques for computer vision. In: Image Processing: Concepts, Methodologies, Tools, and Applications, IGI Global, chap 21, pp 381-421

Vignac C, Loukas A, Frossard P (2020a) Building powerful and equivariant graph neural networks with structural message-passing. arXiv e-prints pp arXiv-2006

Vignac C, Loukas A, Frossard P (2020b) Building powerful and equivariant graph neural networks with structural message-passing. In: Larochelle H, Ranzato M, Hadsell R, Balcan MF, Lin H (eds) Advances in Neural Information Processing Systems, Curran Associates, Inc., vol 33, pp 14143-14155

Vincent P, Larochelle H, Bengio Y, Manzagol P (2008) Extracting and composing robust features with denoising autoencoders. In: Cohen WW, McCallum A, Roweis ST (eds) Machine Learning, Proceedings of the Twenty-Fifth International Conference (ICML 2008), Helsinki, Finland, June 5-9, 2008, ACM, ACM International Conference Proceeding Series, vol 307, pp 1096-1103, DOI 10.1145/1390156.1390294

Vinyals O, Fortunato M, Jaitly N (2015) Pointer networks. In: Neural Information Processing Systems (NeurIPS), pp 2692-2700

Vinyals O, Bengio S, Kudlur M (2016) Order matters: Sequence to sequence for sets. In: International Conference on Learning Representations

Vishwanathan SVN, Schraudolph NN, Kondor R, Borgwardt KM (2010) Graph kernels. Journal of Machine Learning Research 11(Apr): 1201-1242

VONLUXBURG U (2007) A tutorial on spectral clustering. Statistics and Computing 17: 395-416

Vrandečić D, Krötzsch M (2014) Wikidata: a free collaborative knowledgebase. Communications of the ACM 57(10): 78-85

Vu MN, Thai MT (2020) Pgm-explainer: Probabilistic graphical model explanations for graph neural networks. arXiv preprint arXiv: 201005788

Wald J, Dhamo H, Navab N, Tombari F (2020) Learning 3d semantic scene graphs from 3d indoor reconstructions. In: Proceedings of the IEEE/CVF Conference on Computer Vision and Pattern Recognition, pp 3961-3970

Wan S, Lan Y, Guo J, Xu J, Pang L, Cheng X (2016) A deep architecture for semantic matching with multiple positional sentence representations. In: Proceedings of the AAAI Conference on Artificial Intelligence, vol 30

Wan Y, Zhao Z, Yang M, Xu G, Ying H, Wu J, Yu PS (2018) Improving automatic source code summarization via deep reinforcement learning. In: Proceedings of the 33rd ACM/IEEE International Conference on Automated Software Engineering, ACM, pp 397-407

Wang B, Gong NZ (2019) Attacking graph-based classification via manipulating the graph structure. In: Proceedings of the 2019 ACM SIGSAC Conference on Computer and Communications Security, pp 2023-2040

Wang C, Pan S, Long G, Zhu X, Jiang J (2017a) Mgae: Marginalized graph autoencoder for graph clustering. In: Proceedings of the 2017 ACM on Conference on Information and Knowledge Management, pp 889-898

Wang D, Cui P, Zhu W (2016) Structural deep network embedding. In: Proceedings of the 22nd ACM SIGKDD international conference on Knowledge discovery and data mining, pp 1225-1234

Wang D, Jamnik M, Lio P (2019a) Abstract diagrammatic reasoning with multiplex graph networks. In: International Conference on Learning Representations

Wang D, Lin J, Cui P, Jia Q, Wang Z, Fang Y, Yu Q, Zhou J, Yang S, Qi Y (2019b) A semi-supervised graph attentive network for financial fraud detection. In: 2019 IEEE International Conference on Data Mining (ICDM), IEEE, pp 598-607

Wang D, Jiang M, Syed M, Conway O, Juneja V, Subramanian S, Chawla NV (2020a) Calendar graph neural networks for modeling time structures in spatiotemporal user behaviors. In: Proceedings of the 26th ACM SIGKDD International Conference on Knowledge Discovery & Data Mining, pp 2581-2589

Wang F, Preininger A (2019) Ai in health: State of the art, challenges, and future directions. Yearbook of medical informatics 28(1): 16-26

Wang F, Zhang C (2007) Label propagation through linear neighborhoods. IEEE Transactions on Knowledge and Data Engineering 20(1): 55-67

Wang G, Dunbrack RL (2003) PISCES: a protein sequence culling server. Bioinformatics 19(12): 1589-1591, DOI 10.1093/bioinformatics/btg224

Wang H, Huan J (2019) Agan: Towards automated design of generative adversarial networks. arXiv preprint arXiv: 190611080

Wang H, Schmid C (2013) Action recognition with improved trajectories. In: Proceedings of the IEEE international conference on computer vision, pp 3551-3558

Wang H, Wang J, Wang J, Zhao M, Zhang W, Zhang F, Xie X, Guo M (2018a) Graphgan: Graph representation learning with generative adversarial nets. In:Proceedings of the AAAI conference on artificial intelligence, vol 32

Wang H, Zhang F, Zhang M, Leskovec J, Zhao M, Li W, Wang Z (2019c) Knowledge-aware graph neural networks with label smoothness regularization for recommender systems. In: KDD'19, pp 968-977

Wang H, Zhao M, Xie X, Li W, Guo M (2019d) Knowledge graph convolutional networks for recommender systems. In: The world wide web conference, pp 3307-3313

Wang H, Zhao M, Xie X, Li W, Guo M (2019e) Knowledge graph convolutional networks for recommender systems. In: WWW'19, pp 3307-3313

Wang H, Wang K, Yang J, Shen L, Sun N, Lee HS, Han S (2020b) Gcn-rl circuit designer: Transferable transistor sizing with graph neural networks and reinforcement learning. In: Design Automation Conference, IEEE, pp 1-6

Wang J, Zheng VW, Liu Z, Chang KCC (2017b) Topological recurrent neural network for diffusion prediction. In: 2017 IEEE International Conference on Data Mining (ICDM), IEEE, pp 475-484

Wang J, Huang P, Zhao H, Zhang Z, Zhao B, Lee DL (2018b) Billion-scale commodity embedding for e-commerce recommendation in alibaba. In: Proceedings of the 24th ACM SIGKDD International Conference on Knowledge Discovery & Data Mining, pp 839-848

Wang J, Oh J, Wang H, Wiens J (2018c) Learning credible models. In: Proceedings of the 24th ACM SIGKDD International Conference on Knowledge Discovery & Data Mining, pp 2417-2426

Wang J, Luo M, Suya F, Li J, Yang Z, Zheng Q (2020c) Scalable attack on graph data by injecting vicious nodes. Data Mining and Knowledge Discovery 34(5): 1363-1389

Wang K, Singh R, Su Z (2018d) Dynamic neural program embeddings for program repair. In: International Conference on Learning Representations

Wang M, Liu M, Liu J, Wang S, Long G, Qian B (2017c) Safe medicine recommendation via medical knowledge graph embedding. arXiv preprint arXiv: 171005980

Wang M, Yu L, Zheng D, Gan Q, Gai Y, Ye Z, Li M, Zhou J, Huang Q, Ma C, Huang Z, Guo Q, Zhang H, Lin H, Zhao J, Li J, Smola AJ, Zhang Z (2019f) Deep graph library: Towards efficient and scalable deep learning on graphs. International Conference on Learning Representations Workshop on Representation Learning on Graphs and Manifolds

Wang M, Lin Y, Lin G, Yang K, Wu Xm (2020d) M2grl: A multi-task multi-view graph representation learning framework for web-scale recommender systems. In: Proceedings of the 26th ACM SIGKDD International Conference on Knowledge Discovery & Data Mining, pp 2349-2358

Wang Q, Mao Z, Wang B, Guo L (2017d) Knowledge graph embedding: A survey of approaches and applications. IEEE Transactions on Knowledge and Data Engineering 29(12): 2724-2743

Wang Q, Li M, Wang X, Parulian N, Han G, Ma J, Tu J, Lin Y, Zhang H, Liu W, et al (2020e) Covid-19 literature knowledge graph construction and drug repurposing report generation. arXiv preprint arXiv: 200700576

Wang R, Yan J, Yang X (2019g) Learning combinatorial embedding networks for deep graph matching. In: Proceedings of the IEEE/CVF International Conference on Computer Vision, pp 3056-3065

Wang R, Zhang T, Yu T, Yan J, Yang X (2020f) Combinatorial learning of graph edit distance via dynamic embedding. arXiv preprint arXiv: 201115039

Wang S, He L, Cao B, Lu CT, Yu PS, Ragin AB (2017e) Structural deep brain network mining. In: Proceedings of the 23rd ACM SIGKDD International Conference on Knowledge Discovery and Data Mining, pp 475-484

Wang S, Tang J, Aggarwal C, Chang Y, Liu H (2017f) Signed network embedding in social media. In: Proceedings of the 2017 SIAM international conference on data mining, SIAM, pp 327-335

Wang S, Chen Z, Li D, Li Z, Tang LA, Ni J, Rhee J, Chen H, Yu PS (2019h) Attentional heterogeneous graph neural network: Application to program reidentification. In: Proceedings of the 2019 SIAM International Conference on Data Mining, SIAM, pp 693-701

Wang S, Chen Z, Yu X, Li D, Ni J, Tang L, Gui J, Li Z, Chen H, Yu PS (2019i) Heterogeneous graph matching networks for unknown malware detection. In: Proceedings of the Twenty-Eighth International Joint Conference on Artificial Intelligence, IJCAI, pp 3762-3770

Wang S, Li BZ, Khabsa M, Fang H, Ma H (2020g) Linformer: Self-attention with linear complexity. CoRR abs/2006.04768

Wang S, Li Y, Zhang J, Meng Q, Meng L, Gao F (2020h) Pm2. 5-gnn: A domain knowledge enhanced graph neural network for pm2.5 forecasting. In: Proceedings of the 28th International Conference on Advances in Geographic Information Systems, pp 163-166

Wang S, Wang R, Yao Z, Shan S, Chen X (2020i) Cross-modal scene graph matching for relationship-aware image-text retrieval. In: Proceedings of the IEEE/CVF Winter Conference on Applications of Computer Vision, pp 1508-1517

Wang T, Ling H (2017) Gracker: A graph-based planar object tracker. IEEE transactions on pattern analysis and machine intelligence 40(6): 1494-1501

Wang T, Liu H, Li Y, Jin Y, Hou X, Ling H (2020j) Learning combinatorial solver for graph matching. In: Proceedings of the IEEE/CVF conference on computer vision and pattern recognition, pp 7568-7577

Wang T, Wan X, Jin H (2020k) Amr-to-text generation with graph transformer. Transactions of the Association for Computational Linguistics 8: 19-33

Wang X, Gupta A (2018) Videos as space-time region graphs. In: Proceedings of the European conference on computer vision (ECCV), pp 399-417

Wang X, Cui P, Wang J, Pei J, Zhu W, Yang S (2017g) Community preserving network embedding. In: Proceedings of the AAAI Conference on Artificial Intelligence, vol 31

Wang X, Girshick R, Gupta A, He K (2018e) Non-local neural networks. In: Proceedings of the IEEE conference on computer vision and pattern recognition, pp 7794-7803

Wang X, Ye Y, Gupta A (2018f) Zero-shot recognition via semantic embeddings and knowledge graphs. In: Proceedings of the IEEE conference on computer vision and pattern recognition, pp 6857-6866

Wang X, He X, Cao Y, Liu M, Chua TS (2019j) Kgat: Knowledge graph attention network for recommendation. In: KDD'19, pp 950-958

Wang X, He X, Wang M, Feng F, Chua TS (2019k) Neural graph collaborative filtering. In: Proceedings of the 42nd international ACM SIGIR conference on Research and development in Information Retrieval, pp 165-174

Wang X, Ji H, Shi C, Wang B, Ye Y, Cui P, Yu PS (2019l) Heterogeneous graph attention network. In: The World Wide Web Conference, pp 2022-2032

Wang X, Ji H, Shi C, Wang B, Ye Y, Cui P, Yu PS (2019m) Heterogeneous graph attention network. In: The World Wide Web Conference, pp 2022-2032

Wang X, Zhang Y, Shi C (2019n) Hyperbolic heterogeneous information network embedding. In: Proceedings of the AAAI conference on artificial intelligence, vol 33, pp 5337-5344

Wang X, Bo D, Shi C, Fan S, Ye Y, Yu PS (2020l) A survey on heterogeneous graph embedding: Methods, techniques, applications and sources. arXiv preprint arXiv: 201114867

Wang X, Lu Y, Shi C, Wang R, Cui P, Mou S (2020m) Dynamic heterogeneous information network embedding with meta-path based proximity. IEEE Transactions on Knowledge and Data Engineering pp 1-1, DOI 10.1109/TKDE.2020.2993870

Wang X, Wang R, Shi C, Song G, Li Q (2020n) Multi-component graph convolutional collaborative filtering.

In: Proceedings of the AAAI Conference on Artificial Intelligence, vol 34, pp 6267-6274

Wang X, Wu Y, Zhang A, He X, seng Chua T (2021) Causal screening to interpret graph neural networks

Wang Y, Ni X, Sun JT, Tong Y, Chen Z (2011) Representing document as dependency graph for document clustering. In: Proceedings of the 20th ACM international conference on Information and knowledge management, pp 2177-2180

Wang Y, Shen H, Liu S, Gao J, Cheng X (2017h) Cascade dynamics modeling with attention-based recurrent neural network. In: Proceedings of the 26th International Joint Conference on Artificial Intelligence, pp 2985-2991

Wang Y, Che W, Guo J, Liu T (2018g) A neural transition-based approach for semantic dependency graph parsing. In: Proceedings of the AAAI Conference on Artificial Intelligence, vol 32

Wang Y, Yin H, Chen H, Wo T, Xu J, Zheng K (2019o) Origin-destination matrix prediction via graph convolution: a new perspective of passenger demand modeling. In: Proceedings of the 25th ACM SIGKDD International Conference on Knowledge Discovery & Data Mining, pp 1227-1235

Wang Y, Liu S, Yoon M, Lamba H, Wang W, Faloutsos C, Hooi B (2020o) Provably robust node classification via low-pass message passing. In: 2020 IEEE International Conference on Data Mining (ICDM), pp 621-630, DOI 10.1109/ ICDM50108.2020.00071

Wang Z, Zhang J, Feng J, Chen Z (2014) Knowledge graph embedding by translating on hyperplanes. In: Proceedings of the AAAI Conference on Artificial Intelligence, vol 28

Wang Z, Zheng L, Li Y, Wang S (2019p) Linkage based face clustering via graph convolution network. In: Proceedings of the IEEE/CVF Conference on Computer Vision and Pattern Recognition, pp 1117-1125

Wass MN, Barton G, Sternberg MJE (2012) CombFunc: predicting protein function using heterogeneous data sources. Nucleic Acids Research 40(W1): W466-W470

Watkins KE, Ferris B, Borning A, Rutherford GS, Layton D (2011) Where is my bus? impact of mobile real-time information on the perceived and actual wait time of transit riders. Transportation Research Part A: Policy and Practice 45(8): 839-848

Watts DJ, Strogatz SH (1998) Collective dynamics of 'small-world' networks. nature 393(6684): 440-442

Wei J, Goyal M, Durrett G, Dillig I (2019) LambdaNet: Probabilistic type inference using graph neural networks. In: International Conference on Learning Representations

Wei X, Yu R, Sun J (2020) View-gcn: View-based graph convolutional network for 3d shape analysis. In: Proceedings of the IEEE/CVF Conference on Computer Vision and Pattern Recognition, pp 1850-1859

Weihua Hu MZYDHRBLMCJL Matthias Fey (2020) Open graph benchmark: Datasets for machine learning on graphs. arXiv preprint arXiv: 200500687

Weininger D (1988) Smiles, a chemical language and information system. 1. introduction to methodology and encoding rules. Journal of chemical information and computer sciences 28(1): 31-36

Weisfeiler B (1976) On Construction and Identification of Graphs. Lecture Notes in Mathematics, Vol. 558, Springer

Weisfeiler B, Leman A (1968) The reduction of a graph to canonical form and the algebra which appears therein. Nauchno-Technicheskaya Informatsia 2(9): 12-16

Weisfeiler B, Leman A (1968) The reduction of a graph to canonical form and the algebra which appears therein. NTI, Series 2(9): 12-16

Weng C, Shah NH, Hripcsak G (2020) Deep phenotyping: embracing complexity and temporality-towards scalability, portability, and interoperability. Journal of biomedical informatics 105: 103,433

Weston J, Bengio S, Usunier N (2010) Large scale image annotation: learning to rank with joint word-image embeddings. Machine learning 81(1): 21-35

Whirl-Carrillo M, McDonagh EM, Hebert J, Gong L, Sangkuhl K, Thorn C, Altman RB, Klein TE (2012) Pharmacogenomics knowledge for personalized medicine. Clinical Pharmacology & Therapeutics 92(4): 414-417

White M, Tufano M, Vendome C, Poshyvanyk D (2016) Deep learning code fragments for code clone detection. In: 2016 31st IEEE/ACM International Conference on Automated Software Engineering (ASE), IEEE, pp 87-98

Williams RJ (1992) Simple statistical gradient-following algorithms for connectionist reinforcement learning. Machine learning 8(3-4): 229-256

Wishart DS, Feunang YD, Guo AC, Lo EJ, Marcu A, Grant JR, Sajed T, Johnson D, Li C, Sayeeda Z, et al

(2018) Drugbank 5.0: a major update to the drugbank database for 2018. Nucleic acids research 46(D1): D1074-D1082

Wold S, Esbensen K, Geladi P (1987) Principal component analysis. Chemometrics and intelligent laboratory systems 2(1-3): 37-52

Woźnica A, Kalousis A, Hilario M (2010) Adaptive matching based kernels for labelled graphs. In: Advances in Knowledge Discovery and Data Mining, Springer, Lecture Notes in Computer Science, vol 6119, pp 374-385

Wu B, Xu C, Dai X, Wan A, Zhang P, Tomizuka M, Keutzer K, Vajda P (2020a) Visual transformers: Token-based image representation and processing for computer vision. arXiv preprint arXiv: 200603677

Wu F, Souza A, Zhang T, Fifty C, Yu T, Weinberger K (2019a) Simplifying graph convolutional networks. In: International conference on machine learning, PMLR, pp 6861-6871

Wu H, Wang C, Tyshetskiy Y, Docherty A, Lu K, Zhu L (2019b) Adversarial examples for graph data: Deep insights into attack and defense. In: Proceedings of the Twenty-Eighth International Joint Conference on Artificial Intelligence, IJCAI-19, International Joint Conferences on Artificial Intelligence Organization, pp 4816-4823

Wu H, Ma Y, Xiang Z, Yang C, He K (2021a) A spatial-temporal graph neural network framework for automated software bug triaging. arXiv preprint arXiv: 210111846

Wu J, Cao M, Cheung JCK, Hamilton WL (2020b) Temp: Temporal message passing for temporal knowledge graph completion. In: Proceedings of the 2020 Conference on Empirical Methods in Natural Language Processing (EMNLP), pp 5730-5746

Wu L, Chen Y, Ji H, Li Y (2021b) Deep learning on graphs for natural language processing. In: Proceedings of the 2021 Conference of the North American Chapter of the Association for Computational Linguistics: Human Language Technologies: Tutorials, pp 11-14

Wu L, Chen Y, Shen K, Guo X, Gao H, Li S, Pei J, Long B (2021c) Graph neural networks for natural language processing: A survey. arXiv preprint arXiv:210606090

Wu N, Zhao XW, Wang J, Pan D (2020c) Learning effective road network representation with hierarchical graph neural networks. In: Proceedings of the 26th ACM SIGKDD International Conference on Knowledge Discovery & Data Mining, pp 6-14

Wu S, Tang Y, Zhu Y, Wang L, Xie X, Tan T (2019c) Session-based recommendation with graph neural networks. In: Proceedings of the AAAI Conference on Artificial Intelligence, vol 33, pp 346-353

Wu T, Ren H, Li P, Leskovec J (2020d) Graph information bottleneck. In: Larochelle H, Ranzato M, Hadsell R, Balcan MF, Lin H (eds) Advances in Neural Information Processing Systems, Curran Associates, Inc., vol 33, pp 20437-20448

Wu Y, Warner JL, Wang L, Jiang M, Xu J, Chen Q, Nian H, Dai Q, Du X, Yang P, et al (2019d) Discovery of noncancer drug effects on survival in electronic health records of patients with cancer: a new paradigm for drug repurposing. JCO clinical cancer informatics 3: 1-9

Wu Z, Ramsundar B, Feinberg EN, Gomes J, Geniesse C, Pappu AS, Leswing K, Pande V (2018) MoleculeNet: A benchmark for molecular machine learning. Chemical Science 9: 513-530

Wu Z, Pan S, Chen F, Long G, Zhang C, Yu PS (2019e) A comprehensive survey on graph neural networks. CoRR abs/1901.00596

Wu Z, Pan S, Chen F, Long G, Zhang C, Philip SY (2021d) A comprehensive survey on graph neural networks. IEEE Transactions on Neural Networks and Learning Systems 32(1): 4-24

Xhonneux LP, Qu M, Tang J (2020) Continuous graph neural networks. In: Proceedings of the International Conference on Machine Learning

Xia R, Liu Y (2015) A multi-task learning framework for emotion recognition using 2d continuous space. IEEE Transactions on Affective Computing 8(1): 3-14

Xiao C, Choi E, Sun J (2018) Opportunities and challenges in developing deep learning models using electronic health records data: a systematic review. Journal of the American Medical Informatics Association 25(10): 1419-1428

Xie L, Yuille A (2017) Genetic cnn. In: Proceedings of the IEEE International Conference on Computer Vision, pp 1379-1388

Xie M, Yin H, Wang H, Xu F, Chen W, Wang S (2016) Learning graph-based poi embedding for location-based recommendation. In: Proceedings of the 25th ACM International on Conference on Information and Knowledge Management, Association for Computing Machinery, CIKM'16, p 15-24, DOI 10.1145/2983323.2983711

Xie S, Kirillov A, Girshick R, He K (2019a) Exploring randomly wired neural networks for image recognition. In: Proceedings of the IEEE/CVF International Conference on Computer Vision, pp 1284-1293

Xie T, Grossman JC (201f8) Crystal graph convolutional neural networks for an accurate and interpretable prediction of material properties. Physical Review Letters 120: 145301

Xie Y, Xu Z, Wang Z, Ji S (2021) Self-supervised learning of graph neural networks: A unified review. arXiv preprint arXiv: 210210757

Xie Z, Lv W, Huang S, Lu Z, Du B, Huang R (2019b) Sequential graph neural network for urban road traffic speed prediction. IEEE Access 8: 63349-63358

Xiu H, Yan X, Wang X, Cheng J, Cao L (2020) Hierarchical graph matching network for graph similarity computation. arXiv preprint arXiv: 200616551

Xu D, Zhu Y, Choy CB, Fei-Fei L (2017a) Scene graph generation by iterative message passing. In: Proceedings of the IEEE conference on computer vision and pattern recognition, pp 5410-5419

Xu D, Cheng W, Luo D, Liu X, Zhang X (2019a) Spatio-temporal attentive rnn for node classification in temporal attributed graphs. In: International Joint Conference on Artificial Intelligence, pp 3947-3953

Xu D, Ruan C, Korpeoglu E, Kumar S, Achan K (2020a) Inductive representation learning on temporal graphs. In: International Conference on Learning Representations

Xu H, Jiang C, Liang X, Li Z (2019b) Spatial-aware graph relation network for large-scale object detection. In: Proceedings of the IEEE/CVF Conference on Computer Vision and Pattern Recognition, pp 9298-9307

Xu J, Gan Z, Cheng Y, Liu J (2020b) Discourse-aware neural extractive text summarization. In: Proceedings of the 58th Annual Meeting of the Association for Computational Linguistics, pp 5021-5031

Xu K, Ba J, Kiros R, Cho K, Courville A, Salakhudinov R, Zemel R, Bengio Y (2015) Show, attend and tell: Neural image caption generation with visual attention. In: International conference on machine learning, PMLR, pp 2048-2057

Xu K, Li C, Tian Y, Sonobe T, Kawarabayashi K, Jegelka S (2018a) Representation learning on graphs with jumping knowledge networks. In: International Conference on Machine Learning, pp 5453-5462

Xu K, Wu L, Wang Z, Feng Y, Sheinin V (2018b) Sql-to-text generation with graph-to-sequence model. arXiv preprint arXiv: 180905255

Xu K, Wu L, Wang Z, Feng Y, Witbrock M, Sheinin V (2018c) Graph2seq: Graph to sequence learning with attention-based neural networks. arXiv preprint arXiv: 180400823

Xu K, Wu L, Wang Z, Yu M, Chen L, Sheinin V (2018d) Exploiting rich syntactic information for semantic parsing with graph-to-sequence model. In: Proceedings of the 2018 Conference on Empirical Methods in Natural Language Processing, Association for Computational Linguistics, Brussels, Belgium, pp 918-924

Xu K, Chen H, Liu S, Chen PY, Weng TW, Hong M, Lin X (2019c) Topology attack and defense for graph neural networks: An optimization perspective. In: Proceedings of the Twenty-Eighth International Joint Conference on Artificial Intelligence, IJCAI-19, International Joint Conferences on Artificial Intelligence Organization, pp 3961-3967, DOI 10.24963/ijcai.2019/550

Xu K, Hu W, Leskovec J, Jegelka S (2019d) How powerful are graph neural networks? In: International Conference on Learning Representations

Xu K, Hu W, Leskovec J, Jegelka S (2019e) How powerful are graph neural networks? In: International Conference on Learning Representations

Xu K, Wang L, Yu M, Feng Y, Song Y, Wang Z, Yu D (2019f) Cross-lingual knowledge graph alignment via graph matching neural network. In: Proceedings of the 57th Annual Meeting of the Association for Computational Linguistics, pp 3156-3161

Xu K, Li J, Zhang M, Du SS, Kawarabayashi Ki, Jegelka S (2020c) What can neural networks reason about? In: International Conference on Learning Representations

Xu L, Wei X, Cao J, Yu PS (2017b) Embedding of embedding (eoe) joint embedding for coupled heterogeneous networks. In: Proceedings of the Tenth ACM International Conference on Web Search and Data Mining, pp 741-749

Xu M, Li L, Wai D, Liu Q, Chao LS, et al (2020d) Document graph for neural machine translation. arXiv preprint arXiv:201203477

Xu Q, Sun X, Wu CY, Wang P, Neumann U (2020e) Grid-gcn for fast and scalable point cloud learning. In: Proceedings of the IEEE/CVF Conference on Computer Vision and Pattern Recognition, pp 5661-5670

Xu R, Li L, Wang Q (2013) Towards building a disease-phenotype knowledge base: extracting disease-manifestation relationship from literature. Bioinformatics 29(17):2186-2194

Yamaguchi F, Golde N, Arp D, Rieck K (2014) Modeling and discovering vulnerabilities with code property graphs. In: 2014 IEEE Symposium on Security and Privacy, IEEE, pp 590-604

Yan J, Yin XC, Lin W, Deng C, Zha H, Yang X (2016) A short survey of recent advances in graph matching. In: Proceedings of the 2016 ACM on International Conference on Multimedia Retrieval, pp 167-174

Yan J, Yang S, Hancock E (2020a) Learning for graph matching and related combinatorial optimization problems. In: Bessiere C (ed) Proceedings of the Twenty-Ninth International Joint Conference on Artificial Intelligence, IJCAI-20, International Joint Conferences on Artificial Intelligence Organization, pp 4988-4996

Yan S, Xiong Y, Lin D (2018a) Spatial temporal graph convolutional networks for skeleton-based action recognition. In: AAAI Conference on Artificial Intelligence, vol 32

Yan X, Han J (2002) gspan: Graph-based substructure pattern mining. In: Proceedings of IEEE International Conference on Data Mining, IEEE, pp 721-724

Yan Y, Mao Y, Li B (2018b) Second: Sparsely embedded convolutional detection. Sensors 18(10):3337

Yan Y, Zhang Q, Ni B, Zhang W, Xu M, Yang X (2019) Learning context graph for person search. In: Proceedings of the IEEE/CVF Conference on Computer Vision and Pattern Recognition, pp 2158-2167

Yan Y, Qin J, Chen J, Liu L, Zhu F, Tai Y, Shao L (2020b) Learning multi-granular hypergraphs for video-based person reidentification. In: Proceedings of the IEEE/CVF Conference on Computer Vision and Pattern Recognition, pp 2899-2908

Yanardag P, Vishwanathan S (2015) Deep graph kernels. In: Proceedings of the 21th ACM SIGKDD International Conference on Knowledge Discovery and Data Mining, ACM, pp 1365-1374

Yang B, Yih W, He X, Gao J, Deng L (2015a) Embedding entities and relations for learning and inference in knowledge bases. In: Bengio Y, LeCun Y (eds) 3rd International Conference on Learning Representations, ICLR 2015, San Diego, CA, USA, May 7-9, 2015, Conference Track Proceedings

Yang B, Luo W, Urtasun R (2018a) Pixor: Real-time 3d object detection from point clouds. In: Proceedings of the IEEE conference on Computer Vision and Pattern Recognition, pp 7652-7660

Yang C, Liu Z, Zhao D, Sun M, Chang EY (2015b) Network representation learning with rich text information. In: IJCAI, vol 2015, pp 2111-2117

Yang C, Zhuang P, Shi W, Luu A, Li P (2019a) Conditional structure generation through graph variational generative adversarial nets. In: NeurIPS, pp 1338-1349

Yang F, Fan K, Song D, et al (2020a) Graph-based prediction of protein-protein interactions with attributed signed graph embedding. BMC Bioinformatics 21(1): 323

Yang H, Qin C, Li YH, Tao L, Zhou J, Yu CY, Xu F, Chen Z, Zhu F, Chen YZ (2016a) Therapeutic target database update 2016: enriched resource for bench to clinical drug target and targeted pathway information. Nucleic acids research 44(D1): D1069-D1074

Yang J, Zheng WS, Yang Q, Chen YC, Tian Q (2020b) Spatial-temporal graph convolutional network for video-based person re-identification. In: Proceedings of the IEEE/CVF Conference on Computer Vision and Pattern Recognition, pp 3289-3299

Yang K, Swanson K, Jin W, Coley C, Eiden P, Gao H, Guzman-Perez A, Hopper T, Kelley B, Mathea M, et al (2019b) Analyzing learned molecular representations for property prediction. Journal of chemical information and modeling 59(8): 3370-3388

Yang L, Kang Z, Cao X, Jin D, Yang B, Guo Y (2019c) Topology optimization based graph convolutional network. In: Proceedings of the Twenty-Eighth International Joint Conference on Artificial Intelligence, pp 4054-4061

Yang L, Zhan X, Chen D, Yan J, Loy CC, Lin D (2019d) Learning to cluster faces on an affinity graph. In: Proceedings of the IEEE/CVF Conference on Computer Vision and Pattern Recognition, pp 2298-2306

Yang Q, Liu Y, Chen T, Tong Y (2019e) Federated machine learning: Concept and applications. ACM Transactions on Intelligent Systems and Technology (TIST) 10(2): 1-19

Yang S, Li G, Yu Y (2019f) Dynamic graph attention for referring expression comprehension. In: Proceedings of the IEEE/CVF International Conference on Computer Vision, pp 4644-4653

Yang S, Liu J, Wu K, Li M (2020c) Learn to generate time series conditioned graphs with generative adversarial nets. arXiv preprint arXiv: 200301436

Yang X, Tang K, Zhang H, Cai J (2019g) Autoencoding scene graphs for image captioning. In: Proceedings of the IEEE/CVF Conference on Computer Vision and Pattern Recognition, pp 10685-10694

Yang Y, Abrego GH, Yuan S, Guo M, Shen Q, Cer D, Sung YH, Strope B, Kurzweil R (2019h) Improving multi-lingual sentence embedding using bidirectional dual encoder with additive margin softmax. In: Proceedings of the 28th International Joint Conference on Artificial Intelligence, AAAI Press, pp 5370-5378

Yang Z, Cohen W, Salakhudinov R (2016b) Revisiting semi-supervised learning with graph embeddings. In: International conference on machine learning, PMLR, pp 40-48

Yang Z, Qi P, Zhang S, Bengio Y, Cohen W, Salakhutdinov R, Manning CD (2018b) Hotpotqa: A dataset for diverse, explainable multi-hop question answering. In: Proceedings of the 2018 Conference on Empirical Methods in Natural Language Processing, pp 2369-2380

Yang Z, Zhao J, Dhingra B, He K, Cohen WW, Salakhutdinov RR, LeCun Y (2018c) Glomo: Unsupervised learning of transferable relational graphs. In: Advances in Neural Information Processing Systems, pp 8950-8961

Yang Z, Ding M, Zhou C, Yang H, Zhou J, Tang J (2020d) Understanding negative sampling in graph representation learning. In: Proceedings of the 26th ACM SIGKDD International Conference on Knowledge Discovery & Data Mining, pp 1666-1676

Yao L, Wang L, Pan L, Yao K (2016) Link prediction based on common-neighbors for dynamic social network. Procedia Computer Science 83: 82-89

Yao L, Mao C, Luo Y (2019) Graph convolutional networks for text classification. In: Proceedings of the AAAI Conference on Artificial Intelligence, vol 33, pp 7370-7377

Yao S, Wang T, Wan X (2020) Heterogeneous graph transformer for graph-to-sequence learning. In: Proceedings of the 58th Annual Meeting of the Association for Computational Linguistics, pp 7145-7154

Yao T, Pan Y, Li Y, Mei T (2018) Exploring visual relationship for image captioning. In: Proceedings of the European conference on computer vision (ECCV), pp 684-699

Yarotsky D (2017) Error bounds for approximations with deep relu networks. Neural Networks 94: 103-114

Yasunaga M, Liang P (2020) Graph-based, self-supervised program repair from diagnostic feedback. In: International Conference on Machine Learning, PMLR, pp 10799-10808

Ye Y, Hou S, Chen L, Lei J, Wan W, Wang J, Xiong Q, Shao F (2019a) Out-of-sample node representation learning for heterogeneous graph in real-time android malware detection. In: Proceedings of the Twenty-Eighth International Joint Conference on Artificial Intelligence, IJCAI-19, International Joint Conferences on Artificial Intelligence Organization, pp 4150-4156

Ye Y, Wang X, Yao J, Jia K, Zhou J, Xiao Y, Yang H (2019b) Bayes embedding (bem): Refining representation by integrating knowledge graphs and behavior-specific networks. In: Proceedings of the 28th ACM International Conference on Information and Knowledge Management, Association for Computing Machinery, CIKM'19, p 679-688, DOI 10.1145/ 3357384.3358014

Yefet N, Alon U, Yahav E (2020) Adversarial examples for models of code. Proceedings of the ACM on Programming Languages 4(OOPSLA): 1-30

Yeung DY, Chang H (2007) A kernel approach for semi-supervised metric learning. IEEE Transactions on Neural Networks 18(1): 141-149

Yi J, Park J (2020) Hypergraph convolutional recurrent neural network. In: Proceedings of the 26th ACM SIGKDD International Conference on Knowledge Discovery & Data Mining, pp 3366-3376

YILMAZ B, Genc H, Agriman M, Demirdover BK, Erdemir M, Simsek G, Karagoz P (2020) Recent trends in the use of graph neural network models for natural language processing. In: Deep Learning Techniques and Optimization Strategies in Big Data Analytics, IGI Global, pp 274-289

Ying J, de Miranda Cardoso JV, Palomar D (2020a) Nonconvex sparse graph learning under laplacian constrained graphical model. Advances in Neural Information Processing Systems 33

Ying R, He R, Chen K, Eksombatchai P, Hamilton WL, Leskovec J (2018a) Graph convolutional neural networks for web-scale recommender systems. In: Proceedings of the 24th ACM SIGKDD International

Conference on Knowledge Discovery & Data Mining, pp 974-983

Ying R, He R, Chen K, Eksombatchai P, Hamilton WL, Leskovec J (2018b) Graph convolutional neural networks for web-scale recommender systems. In: Proceedings of the 24th ACM SIGKDD International Conference on Knowledge Discovery & Data Mining, pp 974-983

Ying R, Bourgeois D, You J, Zitnik M, Leskovec J (2019) Gnnexplainer: Generating explanations for graph neural networks. Advances in neural information processing systems 32: 9240

Ying R, Lou Z, You J, Wen C, Canedo A, Leskovec J, et al (2020b) Neural subgraph matching. arXiv preprint arXiv: 200703092

Ying Z, You J, Morris C, Ren X, Hamilton W, Leskovec J (2018c) Hierarchical graph representation learning with differentiable pooling. In: Advances in Neural Information Processing Systems, pp 4800-4810

YLow, JGonzalez, AKyrola, DBickson, CGuestrin, JHellerstein (2012) Distributed graphlab: A framework for machine learning in the cloud. PVLDB 5(8): 716-727

You J, Liu B, Ying Z, Pande V, Leskovec J (2018a) Graph convolutional policy network for goal-directed molecular graph generation. In: Advances in Neural Information Processing Systems, pp 6412-6422

You J, Ying R, Ren X, Hamilton W, Leskovec J (2018b) Graphrnn: Generating realistic graphs with deep auto-regressive models. In: International Conference on Machine Learning, PMLR, pp 5708-5717

You J, Ying R, Leskovec J (2019) Position-aware graph neural networks. In: International Conference on Machine Learning, PMLR, pp 7134-7143

You J, Ying Z, Leskovec J (2020a) Design space for graph neural networks. Advances in Neural Information Processing Systems 33

You J, Gomes-Selman J, Ying R, Leskovec J (2021) Identity-aware graph neural networks. CoRR abs/2101.10320, 2101.10320

You Y, Chen T, Sui Y, Chen T, Wang Z, Shen Y (2020b) Graph contrastive learning with augmentations. In: Larochelle H, Ranzato M, Hadsell R, Balcan MF, Lin H (eds) Advances in Neural Information Processing Systems, Curran Associates, Inc., vol 33, pp 5812-5823

You Y, Chen T, Wang Z, Shen Y (2020c) When does self-supervision help graph convolutional networks? In: International Conference on Machine Learning, PMLR, pp 10871-10880

You ZH, Chan KCC, Hu P (2015a) Predicting protein-protein interactions from primary protein sequences using a novel multi-scale local feature representation scheme and the random forest. PLOS ONE 10: 1-19

You ZH, Li J, Gao X, et al (2015b) Detecting protein-protein interactions with a novel matrix-based protein sequence representation and support vector machines. BioMed Research International 2015: 1-9

Yu B, Yin H, Zhu Z (2018a) Spatio-temporal graph convolutional networks: a deep learning framework for traffic forecasting. In: Proceedings of the 27th International Joint Conference on Artificial Intelligence, pp 3634-3640

Yu D, Fu J, Mei T, Rui Y (2017a) Multi-level attention networks for visual question answering. In: Proceedings of the IEEE Conference on Computer Vision and Pattern Recognition, pp 4709-4717

Yu D, Zhang R, Jiang Z, Wu Y, Yang Y (2021a) Graph-revised convolutional network. In: Hutter F, Kersting K, Lijffijt J, Valera I (eds) Machine Learning and Knowledge Discovery in Databases, Springer International Publishing, Cham, pp 378-393

Yu H, Wu Z, Wang S, Wang Y, Ma X (2017b) Spatiotemporal recurrent convolutional networks for traffic prediction in transportation networks. Sensors 17(7): 1501

Yu J, Lu Y, Qin Z, Zhang W, Liu Y, Tan J, Guo L (2018b) Modeling text with graph convolutional network for cross-modal information retrieval. In: Pacific Rim Conference on Multimedia, Springer, pp 223-234

Yu L, Du B, Hu X, Sun L, Han L, Lv W (2021b) Deep spatio-temporal graph convolutional network for traffic accident prediction. Neurocomputing 423: 135-147

Yu T, Wang R, Yan J, Li B (2020) Learning deep graph matching with channel-independent embedding and hungarian attention. In: International conference on learning representations

Yu Y, Chen J, Gao T, Yu M (2019a) Dag-gnn: Dag structure learning with graph neural networks. In: International Conference on Machine Learning, pp 7154-7163

Yu Y, Wang Y, Xia Z, Zhang X, Jin K, Yang J, Ren L, Zhou Z, Yu D, Qing T, et al (2019b) Premedkb: an integrated precision medicine knowledgebase for interpreting relationships between diseases, genes, variants and drugs. Nucleic acids research 47(D1):D1090-D1101

Yuan F, He X, Karatzoglou A, Zhang L (2020a) Parameter-efficient transfer from sequential behaviors for user modeling and recommendation. In: Proceedings of the 43rd International ACM SIGIR Conference on Research and Development in Information Retrieval, pp 1469-1478

Yuan H, Tang J, Hu X, Ji S (2020b) Xgnn: Towards model-level explanations of graph neural networks. In: Proceedings of the 26th ACM SIGKDD International Conference on Knowledge Discovery & Data Mining, pp 430-438

Yuan J, Zheng Y, Zhang C, Xie W, Xie X, Sun G, Huang Y (2010) T-drive: driving directions based on taxi trajectories. In: Proceedings of the 18th SIGSPATIAL International conference on advances in geographic information systems, pp 99-108

Yuan J, Zheng Y, Xie X (2012) Discovering regions of different functions in a city using human mobility and pois. In: Proceedings of the 18th ACM SIGKDD international conference on Knowledge discovery and data mining, pp 186-194

Yuan Y, Liang X, Wang X, Yeung DY, Gupta A (2017) Temporal dynamic graph lstm for action-driven video object detection. In: Proceedings of the IEEE international conference on computer vision, pp 1801-1810

Yuan Z, Zhou X, Yang T (2018) Hetero-convlstm: A deep learning approach to traffic accident prediction on heterogeneous spatio-temporal data. In: Proceedings of the 24th ACM SIGKDD International Conference on Knowledge Discovery & Data Mining, pp 984-992

Yue-Hei Ng J, Hausknecht M, Vijayanarasimhan S, Vinyals O, Monga R, Toderici G (2015) Beyond short snippets: Deep networks for video classification. In: Proceedings of the IEEE conference on computer vision and pattern recognition, pp 4694-4702

Yun S, Jeong M, Kim R, Kang J, Kim HJ (2019) Graph transformer networks. Advances in Neural Information Processing Systems 32: 11983-11993

Zaheer M, Kottur S, Ravanbakhsh S, Poczos B, Salakhutdinov RR, Smola AJ (2017) Deep sets. In: Advances in Neural Information Processing Systems, pp 3391-3401

Zanfir A, Sminchisescu C (2018) Deep learning of graph matching. In: Proceedings of the IEEE conference on computer vision and pattern recognition, pp 2684-2693

Zelnik-Manor L, Perona P (2004) Self-tuning spectral clustering. Advances in neural information processing systems 17: 1601-1608

Zeng H, Zhou H, Srivastava A, Kannan R, Prasanna V (2020a) Graphsaint: Graph sampling based inductive learning method. In: International Conference on Learning Representations

Zeng R, Huang W, Tan M, Rong Y, Zhao P, Huang J, Gan C (2019) Graph convolutional networks for temporal action localization. In: Proceedings of the IEEE/CVF International Conference on Computer Vision, pp 7094-7103

Zeng X, Song X, Ma T, Pan X, Zhou Y, Hou Y, Zhang Z, Li K, Karypis G, Cheng F (2020b) Repurpose open data to discover therapeutics for covid-19 using deep learning. Journal of proteome research 19(11): 4624-4636

Zeng Z, Tung AK, Wang J, Feng J, Zhou L (2009) Comparing stars: On approximating graph edit distance. Proceedings of the VLDB Endowment 2(1): 25-36

Zhang B, Hill E, Clause J (2016a) Towards automatically generating descriptive names for unit tests. In: Proceedings of the 31st IEEE/ACM International Conference on Automated Software Engineering, ACM, pp 625-636

Zhang C, Huang C, Yu L, Zhang X, Chawla NV (2018a) Camel: Content-aware and meta-path augmented metric learning for author identification. In: Proceedings of the 2018 World Wide Web Conference, pp 709-718

Zhang C, Chao WL, Xuan D (2019a) An empirical study on leveraging scene graphs for visual question answering. arXiv preprint arXiv: 190712133

Zhang C, Song D, Huang C, Swami A, Chawla NV (2019b) Heterogeneous graph neural network. In: Proceedings of the 25th ACM SIGKDD International Conference on Knowledge Discovery & Data Mining, pp 793-803

Zhang C, Swami A, Chawla NV (2019c) Shne: Representation learning for semantic-associated heterogeneous networks. In: Proceedings of the Twelfth ACM International Conference on Web Search and Data Mining, pp 690-698

Zhang D, Yin J, Zhu X, Zhang C (2016b) Collective classification via discriminative matrix factorization on sparsely labeled networks. In: Proceedings of the 25th ACM International on Conference on Information and Knowledge Management, pp 1563-1572

Zhang D, Yin J, Zhu X, Zhang C (2018b) Metagraph2vec: Complex semantic path augmented heterogeneous network embedding. In: Pacific-Asia conference on knowledge discovery and data mining, Springer, pp 196-208

Zhang D, Yin J, Zhu X, Zhang C (2018c) Network representation learning: A survey. IEEE transactions on Big Data 6(1): 3-28

Zhang G, He H, Katabi D (2019d) Circuit-GNN: Graph neural networks for distributed circuit design. In: International Conference on Machine Learning, pp 7364-7373

Zhang H, Zheng T, Gao J, Miao C, Su L, Li Y, Ren K (2019e) Data poisoning attack against knowledge graph embedding. In: Proceedings of the Twenty-Eighth International Joint Conference on Artificial Intelligence, IJCAI-19, International Joint Conferences on Artificial Intelligence Organization, pp 4853-4859

Zhang J (2020) Graph neural distance metric learning with graph-bert. arXiv preprint arXiv: 200203427

Zhang J, Bargal SA, Lin Z, Brandt J, Shen X, Sclaroff S (2018d) Top-down neural attention by excitation backprop. International Journal of Computer Vision 126(10): 1084-1102

Zhang J, Shi X, Xie J, Ma H, King I, Yeung DY (2018e) Gaan: Gated attention networks for learning on large and spatiotemporal graphs. arXiv preprint arXiv: 180307294

Zhang J, Wang X, Zhang H, Sun H, Wang K, Liu X (2019f) A novel neural source code representation based on abstract syntax tree. In: 2019 IEEE/ACM 41st International Conference on Software Engineering (ICSE), IEEE, pp 783-794

Zhang J, Zhang H, Xia C, Sun L (2020a) Graph-bert: Only attention is needed for learning graph representations. arXiv preprint arXiv: 200105140

Zhang L, Lu H (2020) A Feature-Importance-Aware and Robust Aggregator for GCN. In: ACM International Conference on Information & Knowledge Management, DOI 10.1145/3340531. 3411983

Zhang M, Chen Y (2018a) Link prediction based on graph neural networks. In: Advances in Neural Information Processing Systems, pp 5165-5175

Zhang M, Chen Y (2018b) Link prediction based on graph neural networks. In: Proceedings of the 32nd International Conference on Neural Information Processing Systems, pp 5171-5181

Zhang M, Chen Y (2019) Inductive matrix completion based on graph neural networks. In: International Conference on Learning Representations

Zhang M, Chen Y (2020) Inductive matrix completion based on graph neural networks. In: International Conference on Learning Representations

Zhang M, Schmitt-Ulms G, Sato C, Xi Z, Zhang Y, Zhou Y, St George-Hyslop P, Rogaeva E (2016c) Drug repositioning for alzheimer's disease based on systematic 'omics' data mining. PloS one 11(12): e0168,812

Zhang M, Cui Z, Neumann M, Chen Y (2018f) An end-to-end deep learning architecture for graph classification. In: Association for the Advancement of Artificial Intelligence

Zhang M, Cui Z, Neumann M, Chen Y (2018g) An end-to-end deep learning architecture for graph classification. In: the AAAI Conference on Artificial Intelligence, pp 4438-4445

Zhang M, Hu L, Shi C, Wang X (2020b) Adversarial label-flipping attack and defense for graph neural networks. In: 2020 IEEE International Conference on Data Mining (ICDM), IEEE, pp 791-800

Zhang M, Li P, Xia Y, Wang K, Jin L (2020c) Revisiting graph neural networks for link prediction. arXiv preprint arXiv: 201016103

Zhang N, Deng S, Li J, Chen X, Zhang W, Chen H (2020d) Summarizing chinese medical answer with graph convolution networks and question-focused dual attention. In: Proceedings of the 2020 Conference on Empirical Methods in Natural Language Processing: Findings, pp 15-24

Zhang Q, Chang J, Meng G, Xiang S, Pan C (2020e) Spatio-temporal graph structure learning for traffic forecasting. In: Proceedings of the AAAI Conference on Artificial Intelligence, vol 34, pp 1177-1185

Zhang R, Isola P, Efros AA (2016d) Colorful image colorization. In: European conference on computer vision, Springer, pp 649-666

Zhang S, Hu Z, Subramonian A, Sun Y (2020f) Motif-driven contrastive learning of graph representations. arXiv preprint arXiv: 201212533

Zhang W, Tang S, Cao Y, Pu S, Wu F, Zhuang Y (2019g) Frame augmented alternating attention network for video question answering. IEEE Transactions on Multimedia 22(4): 1032-1041

Zhang W, Fang Y, Liu Z, Wu M, Zhang X (2020g) mg2vec: Learning relationship-preserving heterogeneous graph representations via metagraph embedding. IEEE Transactions on Knowledge and Data Engineering 14(8):1

Zhang W, Liu H, Liu Y, Zhou J, Xiong H (2020h) Semi-supervised hierarchical recurrent graph neural network for city-wide parking availability prediction. In: Proceedings of the AAAI Conference on Artificial Intelligence, vol 34, pp 1186-1193

Zhang W, Wang XE, Tang S, Shi H, Shi H, Xiao J, Zhuang Y, Wang WY (2020i) Relational graph learning for grounded video description generation. In: Proceedings of the 28th ACM International Conference on Multimedia, pp 3807-3828

Zhang X, Zitnik M (2020) Gnnguard: Defending graph neural networks against adversarial attacks. Advances in Neural Information Processing Systems 33

Zhang X, Li Y, Zhou X, Luo J (2019) Unveiling taxi drivers' strategies via cgail: Conditional generative adversarial imitation learning. In: 2019 IEEE International Conference on Data Mining (ICDM), pp 1480-1485, DOI 10.1109/ICDM.2019.00194

Zhang X, Li Y, Zhou X, Luo J (2020a) cgail: Conditional generative adversarial imitation learning-an application in taxi drivers' strategy learning. IEEE Transactions on Big Data pp 1-1, DOI 10.1109/TBDATA.2020.3039810

Zhang X, Li Y, Zhou X, Zhang Z, Luo J (2020b) Trajgail: Trajectory generative adversarial imitation learning for long-term decision analysis. In: 2020 IEEE International Conference on Data Mining (ICDM), pp 801-810, DOI 10.1109/ICDM50108.2020.00089

Zhang Y, Zheng W, Lin H, Wang J, Yang Z, Dumontier M (2018h) Drug-drug interaction extraction via hierarchical rnns on sequence and shortest dependency paths. Bioinformatics 34(5): 828-835

Zhang Y, Fan Y, Ye Y, Zhao L, Shi C (2019a) Key player identification in underground forums over attributed heterogeneous information network embedding framework. In: Proceedings of the 28th ACM International Conference on Information and Knowledge Management, pp 549-558

Zhang Y, Khan S, Coates M (2019b) Comparing and detecting adversarial attacks for graph deep learning. In: Representation Learning on Graphs and Manifolds Workshop at ICLR

Zhang Y, Li Y, Zhou X, Kong X, Luo J (2019c) Trafficgan: Off-deployment traffic estimation with traffic generative adversarial networks. 2019 IEEE International Conference on Data Mining (ICDM) pp 1474-1479

Zhang Y, Pal S, Coates M, Ustebay D (2019d) Bayesian graph convolutional neural networks for semi-supervised classification. In: Proceedings of the AAAI Conference on Artificial Intelligence, vol 33, pp 5829-5836

Zhang Y, Defazio D, Ramesh A (2020a) Relex: A model-agnostic relational model explainer. arXiv preprint arXiv: 200600305

Zhang Y, Deng W, Wang M, Hu J, Li X, Zhao D, Wen D (2020b) Global-local gcn: Large-scale label noise cleansing for face recognition. In: Proceedings of the IEEE/CVF Conference on Computer Vision and Pattern Recognition, pp 7731-7740

Zhang Y, Guo Z, Teng Z, Lu W, Cohen SB, Liu Z, Bing L (2020c) Lightweight, dynamic graph convolutional networks for amr-to-text generation. In: Proceedings of the 2020 Conference on Empirical Methods in Natural Language Processing (EMNLP), pp 2162-2172

Zhang Y, Yu X, Cui Z, Wu S, Wen Z, Wang L (2020d) Every document owns its structure: Inductive text classification via graph neural networks. In: Proceedings of the 58th Annual Meeting of the Association for Computational Linguistics, pp 334-339

Zhang Z, Wang M, Xiang Y, Huang Y, Nehorai A (2018i) Retgk: Graph kernels based on return probabilities of random walks. In: Advances in Neural Information Processing Systems, pp 3964-3974

Zhang Z, Cui P, Zhu W (2020e) Deep learning on graphs: A survey. IEEE Transactions on Knowledge and Data Engineering pp 1-1, DOI 10.1109/TKDE.2020. 2981333

Zhang Z, Zhang Z, Zhou Y, Shen Y, Jin R, Dou D (2020f) Adversarial attacks on deep graph matching. Advances in Neural Information Processing Systems 33

Zhang Z, Zhao Z, Lin Z, Huai B, Yuan NJ (2020g) Object-aware multi-branch relation networks for spatio-temporal video grounding. arXiv preprint arXiv: 200806941

Zhang Z, Zhao Z, Zhao Y, Wang Q, Liu H, Gao L (2020h) Where does it exist: Spatio-temporal video grounding for multi-form sentences. In: Proceedings of the IEEE/CVF Conference on Computer Vision and Pattern Recognition, pp 10668-10677

Zhang Z, Zhuang F, Zhu H, Shi Z, Xiong H, He Q (2020i) Relational graph neural network with hierarchical attention for knowledge graph completion. In: Proceedings of the AAAI Conference on Artificial Intelligence, vol 34, pp 9612-9619

Zhao H, Du L, Buntine W (2017) Leveraging node attributes for incomplete relational data. In: International Conference on Machine Learning, pp 4072-4081

Zhao H, Zhou Y, Song Y, Lee DL (2019a) Motif enhanced recommendation over heterogeneous information network. In: Proceedings of the 28th ACM international conference on information and knowledge management, pp 2189-2192

Zhao H, Wei L, Yao Q (2020a) Simplifying architecture search for graph neural network. In: Conrad S, Tiddi I (eds) Proceedings of the CIKM 2020 Workshops co-located with 29th ACM International Conference on Information and Knowledge Management (CIKM 2020), Galway, Ireland, October 19-23, 2020, CEUR Workshop Proceedings, vol 2699

Zhao J, Zhou Z, Guan Z, Zhao W, Ning W, Qiu G, He X (2019b) Intentgc: a scalable graph convolution framework fusing heterogeneous information for recommendation. In: Proceedings of the 25th ACM SIGKDD International Conference on Knowledge Discovery & Data Mining, pp 2347-2357

Zhao J, Wang X, Shi C, Liu Z, Ye Y (2020b) Network schema preserving heterogeneous information network embedding. In: Bessiere C (ed) Proceedings of the Twenty-Ninth International Joint Conference on Artificial Intelligence, IJCAI-20, International Joint Conferences on Artificial Intelligence Organization, pp 1366-1372

Zhao J, Wang X, Shi C, Hu B, Song G, Ye Y (2021) Heterogeneous graph structure learning for graph neural networks. In: Proceedings of the AAAI Conference on Artificial Intelligence

Zhao K, Bai T, Wu B, Wang B, Zhang Y, Yang Y, Nie JY (2020c) Deep adversarial completion for sparse heterogeneous information network embedding. In: Proceedings of The Web Conference 2020, pp 508-518

Zhao L, Akoglu L (2019) Pairnorm: Tackling oversmoothing in gnns. In: International Conference on Learning Representations

Zhao L, Song Y, Zhang C, Liu Y, Wang P, Lin T, Deng M, Li H (2019c) T-GCN: A temporal graph convolutional network for traffic prediction. IEEE Transactions on Intelligent Transportation Systems 21(9): 3848-3858

Zhao M, Wang D, Zhang Z, Zhang X (2015) Music removal by convolutional denoising autoencoder in speech recognition. In: 2015 Asia-Pacific Signal and Information Processing Association Annual Summit and Conference (APSIPA), IEEE, pp 338-341

Zhao S, Su C, Sboner A, Wang F (2019d) Graphene: A precise biomedical literature retrieval engine with graph augmented deep learning and external knowledge empowerment. In: Proceedings of the 28th ACM International Conference on Information and Knowledge Management, pp 149-158

Zhao S, Qin B, Liu T, Wang F (2020d) Biomedical knowledge graph refinement with embedding and logic rules. arXiv preprint arXiv: 201201031

Zhao S, Su C, Lu Z, Wang F (2020e) Recent advances in biomedical literature mining. Briefings in Bioinformatics

Zhao T, Deng C, Yu K, Jiang T, Wang D, Jiang M (2020f) Error-bounded graph anomaly loss for gnns. In: Proceedings of the 29th ACM International Conference on Information & Knowledge Management, pp 1873-1882

Zhao Y, Wang D, Gao X, Mullins R, Lio P, Jamnik M (2020g) Probabilistic dual network architecture search on graphs. arXiv preprint arXiv: 200309676

Zheng C, Fan X, Wang C, Qi J (2020a) Gman: A graph multi-attention network for traffic prediction. In: Proceedings of the AAAI Conference on Artificial Intelligence, vol 34, pp 1234-1241

Zheng C, Zong B, Cheng W, Song D, Ni J, Yu W, Chen H, Wang W (2020b) Robust graph representation learning via neural sparsification. In: International Conference on Machine Learning, pp 11458-11468

Zheng D, Song X, Ma C, Tan Z, Ye Z, Dong J, Xiong H, Zhang Z, Karypis G (2020c) Dgl-ke: Training knowledge graph embeddings at scale. In: Proceedings of the 43rd International ACM SIGIR Conference on Research and Development in Information Retrieval, pp 739-748

Zheng L, Lu CT, Jiang F, Zhang J, Yu PS (2018a) Spectral collaborative filtering. In: Proceedings of the 12th ACM Conference on Recommender Systems, ACM, pp 311-319

Zheng L, Li Z, Li J, Li Z, Gao J (2019) Addgraph: Anomaly detection in dynamic graph using attention-based temporal gcn. In: Proceedings of the Twenty-Eighth International Joint Conference on Artificial Intelligence, IJCAI-19, pp 4419-4425

Zheng X, Aragam B, Ravikumar PK, Xing EP (2018b) Dags with no tears: Continuous optimization for structure learning. Advances in Neural Information Processing Systems 31:9472-9483

Zheng Y, Liu F, Hsieh HP (2013) U-air: When urban air quality inference meets big data. In: Proceedings of the 19th ACM SIGKDD international conference on Knowledge discovery and data mining, pp 1436-1444

Zheng Y, Capra L, Wolfson O, Yang H (2014) Urban computing: Concepts, methodologies, and applications 5(3), DOI 10.1145/2629592

Zhou C, Liu Y, Liu X, Liu Z, Gao J (2017) Scalable graph embedding for asymmetric proximity. In: Proceedings of the AAAI Conference on Artificial Intelligence, vol 31

Zhou C, Bai J, Song J, Liu X, Zhao Z, Chen X, Gao J (2018a) Atrank: An attention-based user behavior modeling framework for recommendation. In: Proceedings of the AAAI Conference on Artificial Intelligence, vol 32

Zhou C, Ma J, Zhang J, Zhou J, Yang H (2020a) Contrastive learning for debiased candidate generation in large-scale recommender systems. arXiv preprint csIR/200512964

Zhou D, Bousquet O, Lal TN, Weston J, Schölkopf B (2004) Learning with local and global consistency. Advances in neural information processing systems 16(16): 321-328

Zhou F, De la Torre F (2012) Factorized graph matching. In: 2012 IEEE Conference on Computer Vision and Pattern Recognition, IEEE, pp 127-134

Zhou G, Zhu X, Song C, Fan Y, Zhu H, Ma X, Yan Y, Jin J, Li H, Gai K (2018b) Deep interest network for click-through rate prediction. In: Proceedings of the 24th ACM SIGKDD, pp 1059-1068

Zhou G, Wang J, Zhang X, Guo M, Yu G (2020b) Predicting functions of maize proteins using graph convolutional network. BMC Bioinformatics 21(16):420

Zhou J, Cui G, Zhang Z, Yang C, Liu Z, Sun M (2018c) Graph neural networks: A review of methods and applications. arXiv preprint arXiv: 181208434

Zhou K, Song Q, Huang X, Hu X (2019a) Auto-gnn: Neural architecture search of graph neural networks. arXiv preprint arXiv: 190903184

Zhou K, Dong Y, Wang K, Lee WS, Hooi B, Xu H, Feng J (2020c) Understanding and resolving performance degradation in graph convolutional networks. arXiv preprint arXiv: 200607107

Zhou K, Huang X, Li Y, Zha D, Chen R, Hu X (2020d) Towards deeper graph neural networks with differentiable group normalization. In: Advances in Neural Information Processing Systems, vol 33

Zhou K, Song Q, Huang X, Zha D, Zou N, Hu X (2020e) Multi-channel graph neural networks. In: International Joint Conference on Artificial Intelligence, pp 1352-1358

Zhou N, Jiang Y, Bergquist TR, et al (2019b) The CAFA challenge reports improved protein function prediction and new functional annotations for hundreds of genes through experimental screens. Genome Biology 20(1), DOI 10.1186/s13059-019-1835-8

Zhou T, Lü L, Zhang YC (2009) Predicting missing links via local information. The European Physical Journal B 71(4): 623-630

Zhou Y, Tuzel O (2018) Voxelnet: End-to-end learning for point cloud based 3d object detection. In: Proceedings of the IEEE Conference on Computer Vision and Pattern Recognition, pp 4490-4499

Zhou Y, Hou Y, Shen J, Huang Y, Martin W, Cheng F (2020f) Network-based drug repurposing for novel coronavirus 2019-ncov/sars-cov-2. Cell discovery 6(1): 1-18

Zhou Z, Kearnes S, Li L, Zare RN, Riley P (2019c) Optimization of molecules via deep reinforcement learning. Scientific reports 9(1): 1-10

Zhou Z, Wang Y, Xie X, Chen L, Liu H (2020g) Riskoracle: A minute-level citywide traffic accident forecasting framework. In: Proceedings of the AAAI Conference on Artificial Intelligence, vol 34, pp 1258-1265

Zhou Z, Wang Y, Xie X, Chen L, Zhu C (2020h) Foresee urban sparse traffic accidents: A spatiotemporal multi-granularity perspective. IEEE Transactions on Knowledge and Data Engineering pp 1-1, DOI 10.1109/TKDE.2020.3034312

Zhu D, Cui P, Wang D, Zhu W (2018) Deep variational network embedding in wasserstein space. In: Proceedings of the 24th ACM SIGKDD International Conference on Knowledge Discovery & Data Mining, pp 2827-2836

Zhu D, Zhang Z, Cui P, Zhu W (2019a) Robust graph convolutional networks against adversarial attacks. In: Proceedings of the 25th ACM SIGKDD International Conference on Knowledge Discovery amp; Data Mining, Association for Computing Machinery, KDD'19, p 1399-1407, DOI 10.1145/3292500.3330851

Zhu J, Li J, Zhu M, Qian L, Zhang M, Zhou G (2019b) Modeling graph structure in transformer for better AMR-to-text generation. In: Proceedings of the 2019 Conference on Empirical Methods in Natural Language Processing and the 9th International Joint Conference on Natural Language Processing (EMNLP-IJCNLP), Association for Computational Linguistics, Hong Kong, China, pp 5459-5468

Zhu JY, Park T, Isola P, Efros AA (2017) Unpaired image-to-image translation using cycle-consistent adversarial networks. In: Proceedings of the IEEE international conference on computer vision, pp 2223-2232

Zhu Q, Du B, Yan P (2020a) Self-supervised training of graph convolutional networks. arXiv preprint arXiv: 200602380

Zhu R, Zhao K, Yang H, Lin W, Zhou C, Ai B, Li Y, Zhou J (2019c) Aligraph: a comprehensive graph neural network platform. Proceedings of the VLDB Endowment 12(12): 2094-2105

Zhu S, Yu K, Chi Y, Gong Y (2007) Combining content and link for classification using matrix factorization. In: Proceedings of the 30th annual international ACM SIGIR conference on Research and development in information retrieval, pp 487-494

Zhu S, Zhou C, Pan S, Zhu X, Wang B (2019d) Relation structure-aware heterogeneous graph neural network. In: 2019 IEEE International Conference on Data Mining (ICDM), IEEE, pp 1534-1539

ZHU X (2002) Learning from labeled and unlabeled data with label propagation. Tech Report

Zhu Y, Elemento O, Pathak J, Wang F (2019e) Drug knowledge bases and their applications in biomedical informatics research. Briefings in bioinformatics 20(4): 1308-1321

Zhu Y, Che C, Jin B, Zhang N, Su C, Wang F (2020b) Knowledge-driven drug repurposing using a comprehensive drug knowledge graph. Health Informatics Journal 26(4): 2737-2750

Zhu Y, Xu Y, Yu F, Liu Q, Wu S, Wang L (2020c) Deep graph contrastive representation learning. arXiv preprint arXiv: 200604131

Zhu Y, Xu Y, Yu F, Liu Q, Wu S, Wang L (2021) Graph Contrastive Learning with Adaptive Augmentation. In: Proceedings of The Web Conference 2021, ACM, WWW '21

Zhuang Y, Jain R, Gao W, Ren L, Aizawa K (2017) Panel: cross-media intelligence. In: Proceedings of the 25th ACM international conference on Multimedia, pp 1173-1173

Zimmermann T, Zeller A, Weissgerber P, Diehl S (2005) Mining version histories to guide software changes. IEEE Transactions on Software Engineering 31(6): 429-445

Zitnik M, Leskovec J (2017) Predicting multicellular function through multi-layer tissue networks. Bioinformatics 33(14): i190-i198

Zitnik M, Agrawal M, Leskovec J (2018) Modeling polypharmacy side effects with graph convolutional networks. Bioinformatics 34(13): i457-i466

Zoete V, Cuendet MA, Grosdidier A, Michielin O (2011) SwissParam: A fast force field generation tool for small organic molecules. Journal of Computational Chemistry 32(11): 2359-2368

Zoph B, Le QV (2016) Neural architecture search with reinforcement learning. arXiv preprint arXiv: 161101578

Zoph B, Yuret D, May J, Knight K (2016) Transfer learning for low-resource neural machine translation. In: Proceedings of the 2016 Conference on Empirical Methods in Natural Language Processing, pp 1568-1575

Zoph B, Vasudevan V, Shlens J, Le QV (2018) Learning transferable architectures for scalable image recognition. In: Proceedings of the IEEE Conference on Computer Vision and Pattern Recognition, pp 8697-8710

Zügner D, Günnemann S (2019) Adversarial attacks on graph neural networks via meta learning. In: International Conference on Learning Representations, ICLR

Zügner D, Günnemann S (2019) Certifiable robustness and robust training for graph convolutional networks. In: Proceedings of the 25th ACM SIGKDD International Conference on Knowledge Discovery & Data Mining, pp 246-256

Zügner D, Günnemann S (2020) Certifiable robustness of graph convolutional networks under structure perturbations. In: Proceedings of the 26th ACM SIGKDD International Conference on Knowledge Discovery amp; Data Mining, Association for Computing Machinery, KDD '20, p 1656-1665, DOI 10.1145/3394486.3403217

Zügner D, Akbarnejad A, Günnemann S (2018) Adversarial attacks on neural networks for graph data. In: Proceedings of the 24th ACM SIGKDD International Conference on Knowledge Discovery & Data Mining, pp 2847-2856

Zügner D, Borchert O, Akbarnejad A, Günnemann S (2020) Adversarial attacks on graph neural networks: Perturbations and their patterns. ACM Trans Knowl Discov Data 14(5): 57: 1-57: 31

Zügner D, Kirschstein T, Catasta M, Leskovec J, Günnemann S (2021) Language-agnostic representation learning of source code from structure and context. In: International Conference on Learning Representations